松口蘑、松茸（食用、药用）

红黄鹅膏菌

灵芝（药用，食用保健，中国之文化名菌）

短柄红菇

猴头菌（食、药用菌，可人工培养）

金黄褐伞

美味牛肝菌（白牛肝，可食，味鲜美）

亮黄鸡油菌

紫芝（药用）

上：紫灵芝　下：红干酪菌

大毒滑锈伞（有毒）

绒斑条孢牛肝菌（可食，味好）

云南干巴菌

香菇（中国之国菇，食用、药用）

小孢灵芝

白灵菇（食用、药用）

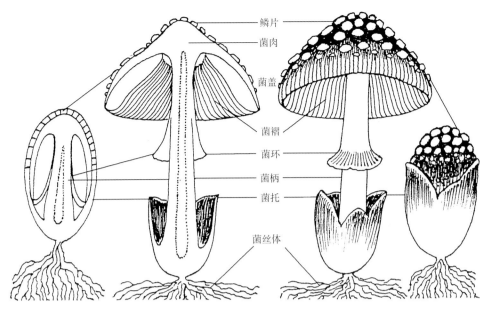

图一 伞菌形态结构图示

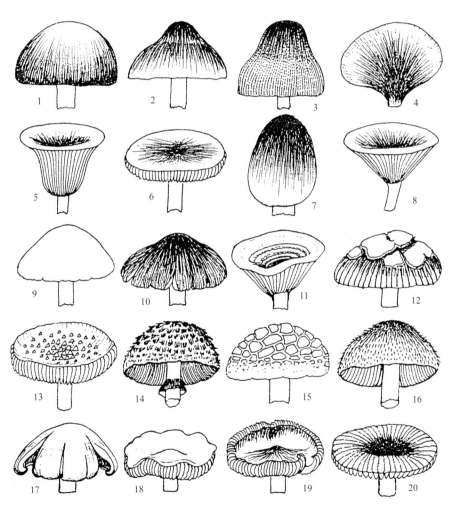

图二 菌盖特征

1. 半球形；2. 斗笠形；3. 钟形；4. 扇形或近半圆形；5. 杯状；6. 平展；7. 卵圆形；8. 漏斗形；
9. 表面光滑；10. 具毛状条纹；11. 具环纹；12. 具块状鳞片；13. 具角锥状鳞片；14. 被纤毛状丛生鳞片；
15. 龟裂鳞片；16. 具短纤毛；17. 边缘开裂且内卷；18. 边缘波状；19. 边缘翻卷；20. 边缘有条棱

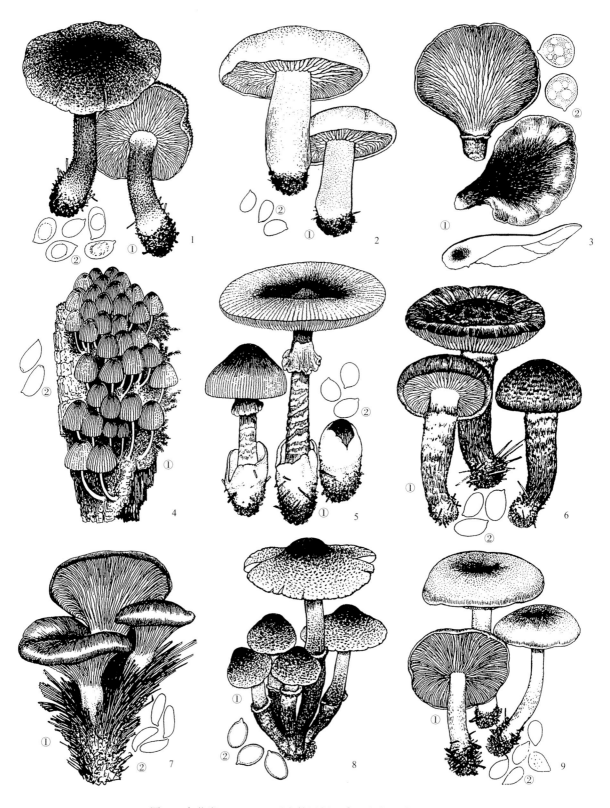

图三　伞菌类 Agaricales 子实体图例（①子实体　②孢子）

1. 黑鳞口蘑 Tricholoma atrosquamosum；2. 香杏丽蘑 Calocybe gambosa；3. 月夜菌 Omphalotus japonicus；
4. 小假鬼伞 Coprinellus disseminatus；5. 红黄鹅膏菌 Amanita hemibapha；6. 粗壮口蘑 Tricholoma robustum；
7. 阿魏侧耳 Pleurotus ferulae；8. 暗鳞白鬼伞 Leucocoprinus bresadolae；9. 浅白绿杯伞 Clitocybe odera

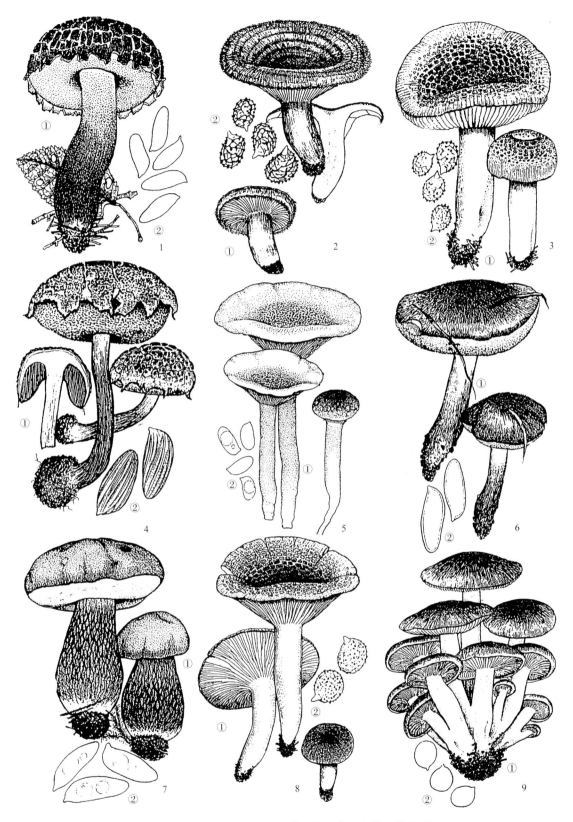

图四　伞菌类 Agaricales 子实体图例（①子实体　②孢子）

1. 裂皮疣柄牛肝菌 *Leccinum extremiorientale*；2. 毛头乳菇 *Lactarius torminosus*；3. 变绿红菇 *Russula virescens*；

4. 木生条孢牛肝菌 *Boletellus emodensis*；5. 大革耳 *Panus giganteus*；6. 黑褐牛肝菌 *Boletus badius*；

7. 铜色牛肝菌 *Boletus aereus*；8. 黄斑红菇 *Russula crustosa*；9. 荷叶离褶伞 *Lyophyllum decastes*

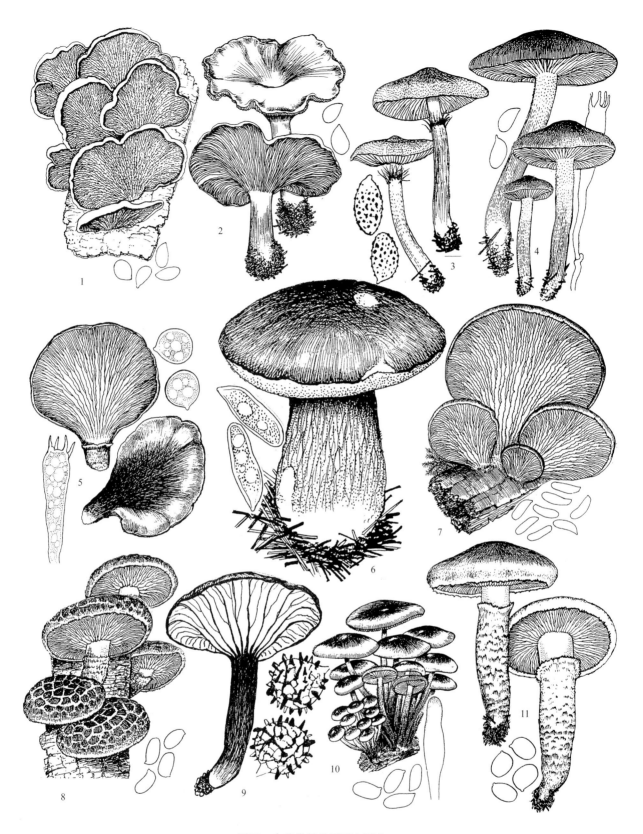

图五　伞菌类部分属形态图之一

1. 网褶菌属 *Paxillus*；2. 杯伞菌属 *Clitocybe*；3. 丝膜菌属 *Cortinarius*；4. 蜡伞菌属 *Hygrophorus*；
5. 月夜菌属 *Omphalotus*；6. 牛肝菌属 *Boletus*；7. 侧耳属 *Pleurotus*；8. 香菇属 *Lentinus*；
9. 乳菇属 *Lactarius*；10. 针菇属 *Flammulina*；11. 口蘑属 *Tricholoma*

图六 孢子电镜扫描图之一

1. 木生条孢牛肝菌 *Boletellus emodensis*，1×3000；2. 棱孢南牛肝菌 *Austroboletus fusisporus*，1×3000；
3. 环纹苦乳菇 *Lactarius insulsus*，1×3000；4. 淡绿南牛肝菌 *Austroboletus subvirens*，1×5000；
5. 松乳菇 *Lactarius deliciosus*，1×3000；6. 桦网孢牛肝菌 *Heimioporus betula*，1×3000

图七　孢子电镜扫描图之二

1. 混淆松塔牛肝菌 *Strobilomyces confusus*，1×4000；2. 正红菇 *Russula vinosa*，1×5000；

3. 蘑菇 *Agaricus campestris*，1×6000；4. 家园鬼伞 *Coprinus domesticus*，1×6000；

5. 红皮美口菌 *Calostoma cinnabarinum*，1×4000；6. 白鳞马勃 *Lycoperdon mammiforme*，1×3500

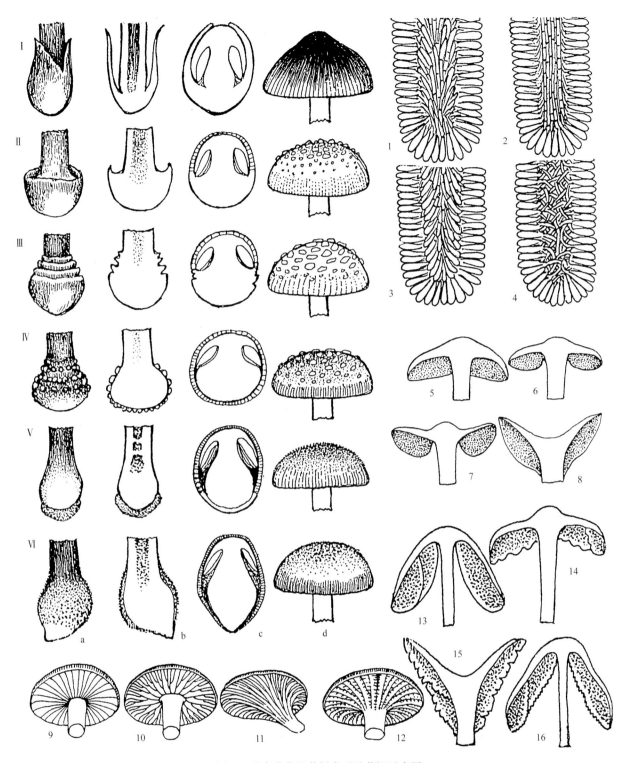

图八　鹅膏菌类的菌托类型及菌褶示意图

Ⅰ．袋状（苞状）型　Ⅱ．浅杯型　Ⅲ．领口型　Ⅳ．颗粒型　Ⅴ．小托型

Ⅵ．分托型（a．菌托 b．菌托剖面 c．菌蕾及子实体幼时菌体剖面 d．菌盖表面鳞片情况）

1～4 褶髓细胞排列类型：1．倒羽脉状（倒两侧型）　2．平行（规则型）　3．羽脉状（两侧型）　4．交织（混杂型）；

5～8 菌褶与菌柄关系：5．直生　6．弯生　7．离生　8．延生；9～12 菌褶间的关系：9．菌褶长短一致（等长）　10．菌褶长短不一致

（不等长）　11．菌褶分叉　12．菌褶间有横脉；13～16 菌褶边缘：13．全缘（平整）　14．波状　15．缺刻　16．锯齿状

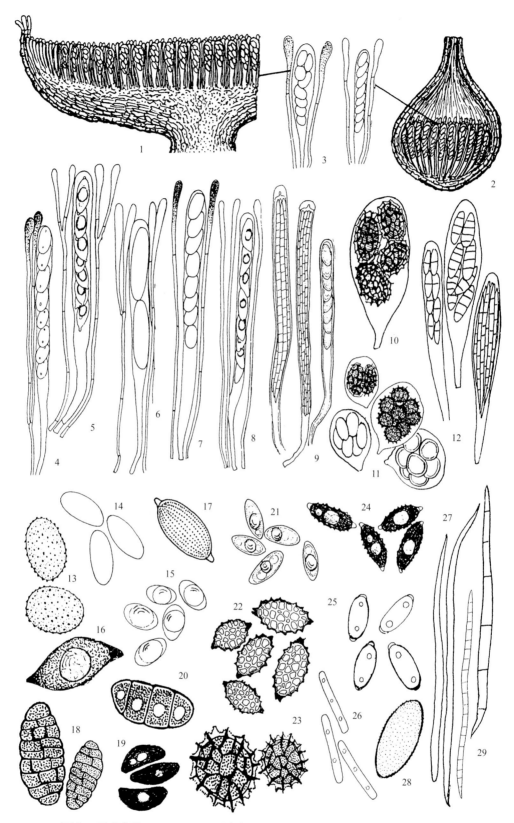

图九　子囊菌类 Ascomycotina 子囊盘、子囊壳、子囊、侧丝及孢子形态特征

1. 子囊盘剖面；2. 子囊壳剖面；3～8. 子囊及侧丝（顶端膨大或弯曲、线形或分枝）；子囊形状（9～12）：9. 柱形　10. 泡囊状　11. 近球形
12. 棒状；孢子形态（13～29）：13. 具小疣　14. 椭圆形光滑　15. 含大油珠　16. 两端具斜尖　17、24、25. 两端有凸起附属物
18. 砖隔状花纹　19. 近肾形　20. 有横隔　21. 长椭圆形　22. 具网纹　23. 具网刺　26. 短棍状　28. 粗糙具麻点　27、29. 线形或披针形

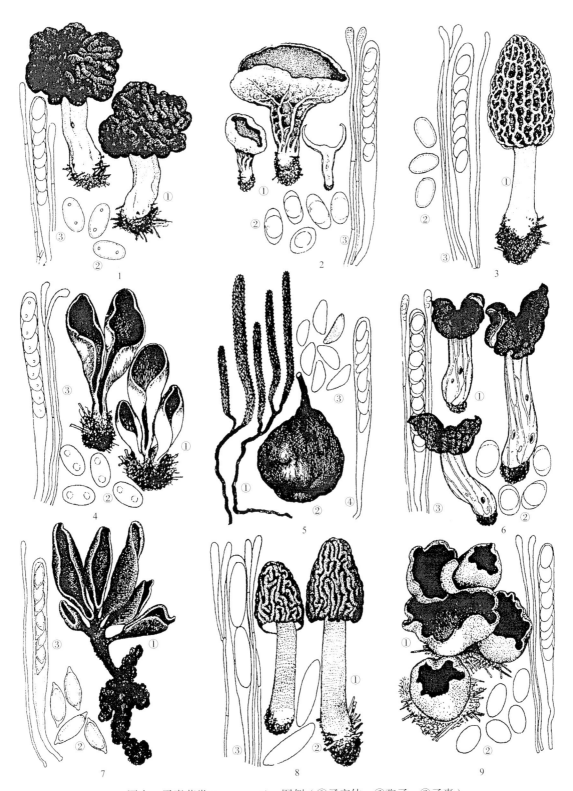

图十　子囊菌类 Ascomycotina 图例（①子实体　②孢子　③子囊）

1. 鹿花菌 *Gyromitra esculenta*；2. 碟形马鞍菌 *Helvella acetabulum*；3. 小羊肚菌 *Morchella deliciosa*；
4. 兔耳侧盘菌 *Otidea leporina*；5. 黑柄炭角菌 *Xylaria nigripes*；6. 棱柄马鞍菌 *Helvella lacunosa*；
7. 美洲丛耳菌 *Wynnea americana*；8. 钟菌 *Verpa digitaliformis*；9. 波缘盘菌 *Peziza repanda*

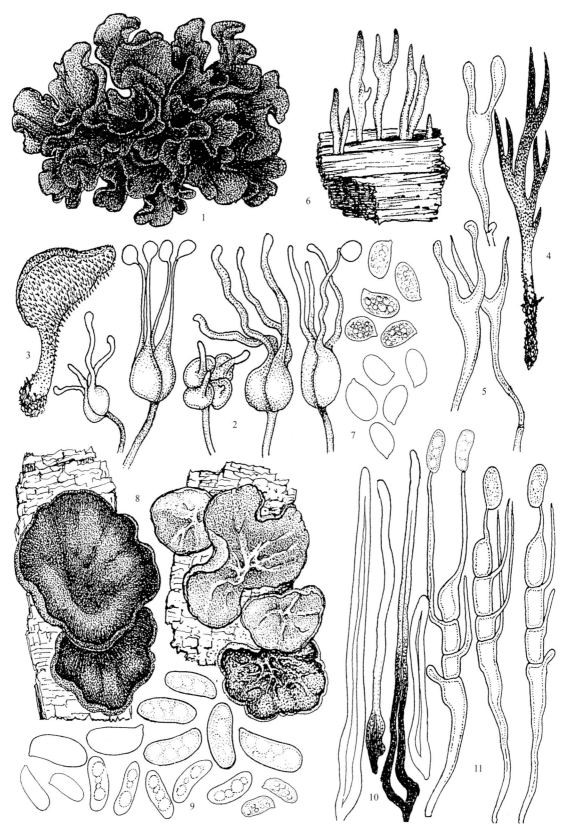

图十一　胶质菌类（银耳、花耳、木耳）形态特征图

1. 银耳属 *Tremella*；2. 担子（纵裂为四部分）；3. 虎掌菌属 *Tremellodon*；4. 花耳属 *Dacrymyces*；5. 担子（呈叉状）；
6. 胶角菌属 *Calocera*；7. 孢子；8. 木耳属 *Auricularia*；9. 孢子；10. 子实体背部毛；11. 横隔担子

图十二　胶质菌类 Heterobasidiomycetes 图例（①子实体　②孢子　③担子）

1. 褐毡木耳 *Auricularia mesenterica*；2. 虎掌刺银耳 *Pseudohydnum gelatinosum*；3. 褐血耳 *Tremella fimbriata*；
4. 黑皱木耳 *Auricularia moellerii*；5. 金耳 *Tremella aurantialba*；6. 朱红银耳 *Tremella cinnabarina*；
7. 盾形木耳 *Auricularia peltata*；8. 掌状花耳 *Dacrymyces palmatus*；9. 黑胶耳 *Exidia glandulosa*

图十三　多孔菌类部分属种形态图示

1. 灵芝属 *Ganoderma*；2. 革菌属 *Thelephora*；3. 薄芝属 *Polystictus*；4. 环孔菌属 *Cycloporus*；

5. 绣球菌属 *Sparassis*；6. 假芝属 *Amauroderma*；7. 囊孔菌属 *Hirschioporus*；

8. 韧革菌属 *Stereum*；9. 鸡冠孢芝属 *Haddowia*；10. 层孔菌属 *Fomes*；11. 小孔菌属 *Microporus*

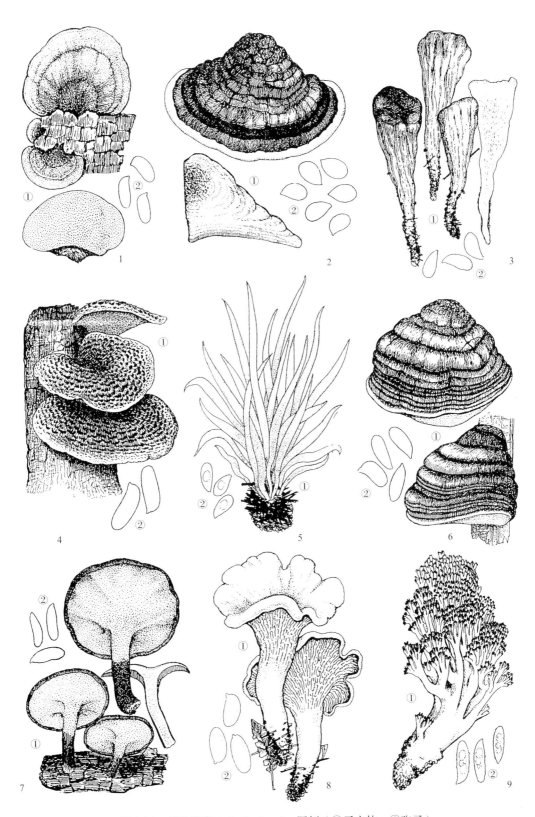

图十四　多孔菌类 Aphyllophorales 图例（①子实体　②孢子）

1. 朱红栓菌 Pycnoporus cinnaharinus；2. 红缘拟层孔菌 Fomitopsis pinicola；3. 平截棒瑚菌 Clavariadelphus truncates；
4. 宽鳞大孔菌 Polyporus squamosus；5. 虫形珊瑚菌 Clavaria vermicularis；6. 红肉拟层孔菌 Fomitopsis rosea；
7. 拟多孔菌 Polyporellus brumalis；8. 鸡油菌 Cantharellus cibarius；9. 红顶枝瑚菌 Ramaria botrytoides

图十五　非褶菌（多孔菌）类 Aphyllophorales 图例（①子实体　②孢子）

1. 粉红枝瑚菌 *Ramaria formosa*；2. 光盖大孔菌 *Favolus mollus*；3. 朱红硫磺菌 *Laetiporus miniatus*；
4. 亚红顶枝瑚菌 *Ramaria subbotrytis*；5. 偏肿栓菌 *Trametes gibbosa*；6. 圆瘤孢多孔菌 *Bondarzewia montana*；
7. 美味齿菌 *Hydnum repandum*；8. 云芝 *Trametes versicolor*；9. 猪苓 *Trametes umbellata*

图十六　牛肝菌类图例（①子实体　②孢子　③囊体）

1. 绒斑条孢牛肝菌 *Boletus mirabilis*；2. 褐环黏盖牛肝菌 *Suillus luteus*；3. 大孢条孢牛肝菌 *Boletellus projectellus*；

4. 黄白黏盖牛肝菌 *Suillus placidus*；5. 细南牛肝菌 *Austroboletus gracilis*；6. 黏铆钉菇 *Gomphidius glutinosus*；

7. 红孢牛肝菌 *Porphyrellus porphyrosporus*；8. 斑点铆钉菇 *Gomphidius maculatus*；9. 皱盖乳菇 *Lactarius corrugis*

EDIBLE AND MEDICAL FUNGI IN CHINA
Qianjunfang Candidate Medicine

中国食药用菌物

——千菌方备药

卯晓岚　陈增华　著

科学出版社
北　京

内 容 简 介

这部大型菌物备药著作以食药用菌物为主体，共记录菌物1590种，记述我国丰富的菌物资源，展现其创新开发研究的前景。

本书定位于食药用菌物的整理，其对应的彩色图更有利于鉴别野生标本，同时本书也精选了约30种有毒种类照片，同样是为了便于对比识别毒菌，防止人们误采、误食或误用。特别值得一提的是，使用野生菌物开发药物，精确辨别和科学炮制非常重要。

本书受千菌方菌物医学开发菌物药的理论启发，为药物研究提供更广泛菌物生物备药信息，故在原有菌物研究成果基础上，对菌物的食、药、毒等功用和危害做了重要说明，可供中医药科研工作者、医师、药师、菌物爱好者及食药用菌种植、生产企业参考使用。

审图号：GS（2019）4353号

图书在版编目（CIP）数据

中国食药用菌物——千菌方备药/卯晓岚，陈增华著. —北京：科学出版社，2020.12

　ISBN 978-7-03-062173-3

　Ⅰ. ①中… Ⅱ. ①卯… ②陈… Ⅲ. ①真菌–图集 Ⅳ. ① Q949.32-64

中国版本图书馆CIP数据核字（2019）第182647号

责任编辑：张会格　王　静　刘新新/责任校对：郑金红
责任印制：肖　兴/封面设计：金舵手世纪

科学出版社 出版

北京东黄城根北街16号
邮政编码：100717
http://www.sciencep.com

北京汇瑞嘉合文化发展有限公司　印刷

科学出版社发行　各地新华书店经销

＊

2020年12月第 一 版　开本：889×1194　1/16
2020年12月第一次印刷　印张：78 1/4
字数：2 649 000

定价：1180.00 元
（如有印装质量问题，我社负责调换）

继承创新菌物医药

为增进人民健康服务

彭珮云 二〇一九年
五月廿二日

序

　　卯晓岚先生八十高龄，仍笔耕不辍，瞬间让我脑海浮现四十年前初识卯先生时的情景。那时他风华正茂，正成为中国真菌界第一个走遍全国的人，正用画笔将他看到的每一个蕈菌栩栩如生地记录下来，他提出了至今仍是国际真菌界研究中国大型真菌主要参照的中国真菌地理分布七区理论。本书的合著者，陈增华先生不仅是一名教授级的中医师，而且专注灵芝等蕈菌药应用研究近二十载。他们正思考蕈菌和人类健康之间的关系，推崇"一荤一素一菇（蕈菌）"为人类最佳饮食结构思想。

　　老骥伏枥，志在千里！人这一辈子，用心做好一件事，就可称此生无憾。据英国史密斯（Martin Smith）于2016年由化石标本文献报道，在4400万年前蕈菌就已经开始在陆地生存。到了我们这一代投身蕈菌学时，我国的蕈菌科研和生产在国际上处在发展阶段。机遇总是与挑战并存，挣扎和追赶贯穿于始终。我们要和大自然争抢时间，在人类触角还没有破坏原始的自然环境下，尽可能多地保存下来对人类生存有着至关重要作用的菌种，在未来蕈菌大发展中，保留对中华民族更久远传承至关重要的基本版图；我们要和时间赛跑，在人类文明进化过程中，让蕈菌可以更多地为我们研究服务，让更多的人参与到蕈菌事业当中来，让更多的人认识到蕈菌对人类的重要性。

　　基于这些理念，我和卯先生就有了一次深入而持久的跨学科领域的畅谈。卯先生风趣开朗的性格和严肃谨慎的治学态度使我颇受触动。记得是在1986年，他应香港中文大学之邀与生物系的蕈菌研究团队一起在香港开展了联合科考行动，并于1995年联合出版了《香港蕈菌》一书。在这本书中，我们还在食用、药用、有毒等实用方面做了特别记述。我们的意图在于，对所有具有食药用价值的大型真菌予以标准化，并将食药用大型真菌予以统计，使之成为蕈菌临床和大健康应用研究的标准参考工具书，是继刘波教授1974年《中国药用真菌》之后的又一本里程碑式著作。

　　人类一直在不断寻找新的物质，以改善生物学功能（biological function），使人类生活得更健康，更快乐，更长寿。特别是近30年来，人们把植物、药草、蕈菌和非传统食物作为增进健康的新来源。蕈菌长期以来被用作健康食品、滋补品和药物，对人类健康的作用近年来更广泛地覆盖在①膳食食品；②膳食补充剂产品；③一类被称为"蕈菌药"（mushroom pharmaceuticals or mushroom drugs）的新型药物；④具有杀虫、杀菌、除草、抗病毒活性的天然植物保护生物调节剂；⑤药妆（cosmeceuticals）。这本巨作还旨在引起人们对21世纪药用菌科学未来发展中许多至关重要的未解决问题的关注，包括蕈菌膳食补充剂产品的生产、标准化和安全性问题及其价值链延伸遵循"自然→生物→人类→环境"的基本规律。蕈菌在大自然中，以"分解""吸收""转化"作用，中介生物能量的循环，从而影响生物物种的进化，被人类发现后，广泛应用到人类健康的各个方面，并进一步改造人类的生存环境。在每一个环节，都有着深厚的需要广泛投入的科研。蕈菌产业的高速发展离不开政府的大力支持，政府对菌物产业的重视离不开各个方面对产业的投入和推动，更离不开学者们的呼吁和建言。从这个角度来看，这本书不仅是蕈菌资源学方面的一本巨著，更是蕈菌医药学方面的一本奠基著作，也因此，希望能引起政府及企业界对蕈菌产业的重视及支持，尤其是在国家提出"健康中国"战略的时候，出版这样的著作，还具有特殊的时代意义。为此，我衷心地希望这本书能够得到菌物科学界、医学界及产业界同仁的重视，也因此，欣然地写下这篇序。

張樹庭

香港中文大学生物系荣休讲座教授

2019 年 3 月 21 日于堪培拉

前　言

菌物是自然界赐给人类最宝贵的财富之一，尤其是其多样性十分丰富，由此，越来越多的新菌物物种不断被发现、采集、驯化、开发、利用。

《2018 世界真菌状况报告》预估菌物总量数已达 380 万种，仅 2017 年就新发现约 2000 种真菌种类，食药用菌的全球市场规模已高达近千亿美元。菌物研究的步伐和速度在不断加快，新物种、新名称、新方法、新应用等层出不穷。

现代研究已表明许多菌物种类不应仅限于特产，如冬虫夏草，首发现于青藏高原，闻名于世，备受世界关注，并在中医药领域有着广泛的医疗应用。另外还有多种羊肚菌、蝉花、盘菌、块菌等等，都应通过对其药理药化和食用、药用功能的进一步研究，提高其应用程度。

在菌物中，食用和药用组成种类最多的是担子菌，可分作九类：胶质菌类的银耳、木耳、金耳等；珊瑚菌类的枝瑚菌、尖枝菌等；多孔菌、齿菌类及革类的地花菌、灰白迷孔菌、革菌等；鸡油菌类的小鸡油菌、金黄喇叭菌等；伞菌类的田野蘑菇、田头菇、花柄鹅膏菌、*Armillaria labesceins*、墨汁鬼伞、鸡足山乳菇、小包鳞伞等；牛肝菌类的松林小牛肝菌、美味牛肝菌、松塔牛肝菌、厚环黏盖牛肝菌等；腹菌类的硬皮地星、白秃马勃、长裙竹荪、红鬼笔、豆包马勃、黄硬皮马勃等。

本书所用菌物照片均拍摄于野外，部分图片是多年来根据标本特征综合参考而绘制的。对标本进行特别鉴定而绘图，是通过观察孢子、担子、子囊及其子囊孢子的特征而完成的重要研究工作。

北京千菌方菌物科学研究院在现代菌物科学研究和中医理论传承与创新基础上，创立了菌物医学体系，为菌物药的大规模临床应用奠定了理论基础，并于 2017 年承担了国家中医药管理局直属中国中医药科技开发交流中心设立启动的"菌物医药应用标准推广工程"，主导了中国中药协会药用菌物专业委员会具体工作，力推菌物药成为中药中除植物药、动物药、矿物药之外的第四个品类，促进菌物科研、食用菌产业、药用菌产业、菌物大健康产业持续发展，新成果不断问世。

我国的食用菌产业已成为第五大农业，一荤一素一菌菇的人类健康饮食结构正在逐渐形成，菌物的健康价值得到更大范围和更大程度的认识。本书跳出单纯的菌物分类学框架，以标准化为核心，以食药用菌物为主要对象，对大型真菌进行了标准化编辑，为菌物大健康类企业定向开发高附加值产品提供依据，为菌物药物科研人员遴选课题并选择突破方向提供参考，为中医药企业以菌物产品为创新方向提供标准范本。

本书是由菌物科学和菌物医学方面的两位专家共同努力完成的，共有 1590 种药用、食用、药食两用和毒菌。本书不仅用文字详细描述了形态特征、生态习性、分布、应用情况及功能作用等内容，而且配有多种形态的彩色照片、彩图、线条图等。在编辑过程中，参考了李玉、杨祝良、图力古尔、戴玉成、王贺祥等专家的著作，在此谨向这些专家表示最衷心的感谢！

卯晓岚

2019 年元月

目　　录

第一章

中国菌物地理分布

我国疆域辽阔，地形复杂，气候、土壤及植被类型多样，有益于不同生态习性的菌物繁殖生长。菌物作为一类重要的生物资源，自20世纪七八十年代开始，已引起国内外多方面的重视并进行研究。这里说的菌物即大型真菌，现用菌物一词更能体现中国悠久的菌文化历史，与植物动物平等，在农林牧副业、轻工食品、医疗卫生等方面显示出广阔的应用前景。我国菌物种类、资源极其丰富。本文以食、药用菌为重点，记述我国的物种资源，以促进其研究、开发和创新发展。

第一节　中国地形地貌概况

我国地形的总特点是西高东低。雄踞西南边陲的青藏高原平均海拔4000m以上，气温寒冷，适于耐高寒的菌物繁殖生长。靠近西北部及中部为海拔1000～2000m的高原和盆地，特别是蒙古高原和帕米尔高原以东的广大内陆腹地，受东南和西南季风的影响小，气候干旱，降水少，大部分地区年降水量250mm以下，是耐干旱草原及荒漠的菌物分布区域。

东南部地势最低，主要是平原和海拔500m以下的山丘、林地、草地或农田。北回归线以南地区终年处于高温，年平均降水1500～2000mm，四季常青，属于热带气候，适宜喜高温真菌繁生。北回归线以北广大地区属于温带，而长江流域及东南部地区气候属于亚热带，有大量温带和亚热带的菌物种类分布。福建和两广南部、台湾、香港及海南西沙群岛等，云南南部及西藏东南部的雅鲁藏布江下游高山峡谷地带属于热带季雨林区，有利于喜高温和湿热的菌物繁衍。

我国大部分地区降水集中在全年气温比较高的6～8月，这与绝大多数的菌物繁殖生长习性相一致。夏末秋初华中、华南地区多受台风影响而出现大量降水，加之气温较高，往往出现繁殖生长的又一个高峰。大多数林地生长的种类同高等植物或森林环境关系密切。尤其绝大多数菌物是森林生态系统不可缺少的组成成分。在我国广阔的地理地貌中，数量巨大的菌物反映出以下特点：

（1）菌物种类多，资源丰富，组成成分复杂多样。据有关专家估计，自然界大约有菌物150万种，其中大型菌物25万～30万种，而我国包括各类菌物在内至少有10万～20万种。

（2）我国疆域辽阔，气候、植被、土壤类型多样，菌物在热带、亚热带、温带、寒温带以至高山寒带等自然带均有分布。总的来讲繁殖生长期长，同时随着种类的不同交替生长。

（3）分布广泛且地区性差异明显。尤其我国山地占总面积的2/3，适宜山林野生种类繁殖生长，垂直分布和水平分布均具有特色，于是我国被列入全球生物物种资源高度丰富的12个国家和地区之一。学者经近100多年来的调查研究已掌握我国野生食用菌物近1000种左右，药用菌物700余种，毒菌500余种，木腐菌有2000多种，外生菌根菌可达2500种或更多。

第二节　我国菌物生态及地理分布

我国不同地理位置的地貌、气温、降水、植被、土壤有所差异，决定了菌物的地区性变化和物种起源及区系成分不同，这在开发利用及资源保护方面具有重要意义。以下将全国划分为7个地理区域加以分析。

1. 东北温带、寒温带针叶林区

此区包括黑龙江、吉林和辽宁大部及内蒙古东北部。地处温带湿润半湿润森林和森林草原带，北部大兴安岭地处寒温带针叶林区，辽南属于华北暖温带。大部分地区气候温和而较湿润。夏季受季风的影响及大、小兴安岭的屏障作用，雨量丰富，年降水量400～800mm，其中75%～80%集中在7～9月。大、小兴安岭及长白山区又是我国最大的天然林区，海拔400～1000m为山地针阔混交林，为各

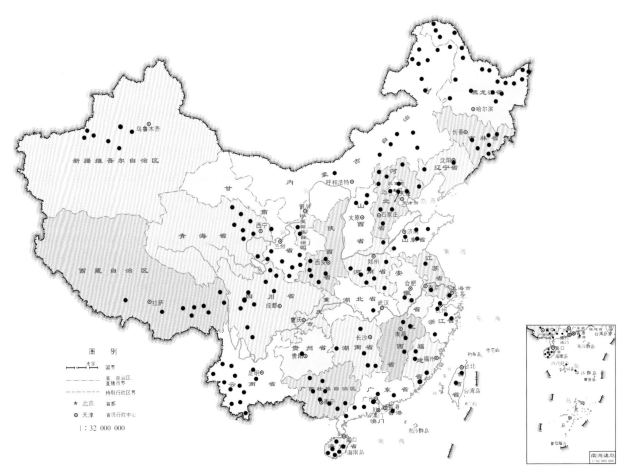

作者在全国各地考察、采集、收集菌物标本地点示意图

类菌物生长提供了良好的生态环境。新中国成立后在西北部营造的大面积防护林，又为林生菌类扩大了生长场地。作者自1972年至2000年多次在本区森林考察收集标本。尤其2000年从漠河沿黑龙江考察到抚远县乌苏镇，该区有食用菌300余种，常见种有蜜环菌（榛蘑）*Armillaria mellea*、亚侧耳（美味扇菇）*Panellus edulis*、金顶侧耳（榆黄蘑）*Pleurotus citrinopileatus*、黑木耳 *Auricularia auricula-judae*、猴头菌 *Hericium erinaceus* 等。长白山区产有著名的松口蘑 *Tricholoma matsutake*。其他有棕灰口蘑 *Tricholoma myomyces*、黏盖牛肝菌 *Suillus bovinus*、红菇属 *Russula* 和乳菇属 *Lactarius* 的大量种类。在针叶林带丝膜菌属 *Cortinarius*、环锈伞属 *Pholiota* 的食用菌颇多。该区香蘑属 *Lepista* 和钴囊蘑属 *Melanoleuca* 的食用菌多达7种，产量多且味道好。该区还有短裙竹荪 *Dictyophora duplicata* 分布。

东北区林带产药用层孔菌 *Fomitopsis officinalis*、树舌灵芝 *Ganoderma applanatum*、松杉灵芝 *G. tsugae*、红缘多孔菌 *Fomitopsis pinicola* 等药用真菌90多种，毒蝇鹅膏菌 *Amanita muscaria*、白毒鹅膏菌 *A. verna*、豹斑毒鹅膏菌 *A. pantpherina*、毒粉褶菌 *Entoloma sinuatum*、毒红菇 *Russula emetic* 和月夜菌 *Omphalotus japonicas* 等毒菌40余种。目前对吉林省食用菌、毒菌和药用真菌了解较多。桦木林多产药用菌桦褐孔菌 *Inonotus obliquus*，针叶林区产多种民间称之为"桑黄"的木层孔菌 *Phellinus* spp.。该区还特有生榆木上的榆耳 *Gloeostereum incarnatum*。杨树林地多有杨树口蘑 *Tricholoma populinum*。

东北区的林带种类相当丰富，是我国松口蘑、亚侧耳、离褶榆蘑（大榆蘑）*Hypsizygus ulmarius*、毒蝇鹅膏菌、月夜菌等重要种类的集中分布区。尤其蜜环菌（榛蘑）、亚侧耳等野生食用菌产量多，开发利用潜力很大。另外还有巨大的树舌灵芝、松杉灵芝、药用层孔菌等，资源丰富。在黑龙江发现被认为日本特有种的毛盖厚褶胶耳 *Protodaedalea hispida*，在俄罗斯西伯利亚地区曾发现的黑边奥德蘑 *Oudemansiella brunneomarginata* 等也在我国境内有分布。

2. 华北暖温带落叶阔叶区

其范围包括山东、河北、河南、山西、陕西及甘肃的部分地区。该区地面较广，降水适中，气候温和，生长季节较长，是我国主要的暖温带落叶阔叶林区。与阔叶林有关的菌物种类较多。已知食用菌 160 余种，主要有侧耳 *Pleurotus ostreatus*、紫孢侧耳 *P. cornucopiae*、假蜜环菌 *Armillaria tabescens*、黄伞 *Pholiota adiposa*、木耳、猴头菌，以及红菇属、乳菇属、黏盖牛肝菌属的种类。在松林区多有铆钉菇 *Chroogomphus orientirutilus*，甚至还有瘤孢地菇 *Terfezia arenaria*。近年来还发现了太原块菌 *Tuber taiyuanense* 等。上述地菇和块菌是我国目前第一次记载的地菇类真菌。该区有猪苓 *Polyporus umbellatus*、木蹄层孔菌 *Fomes fomentarius*、灵芝 *Ganoderma lucidum* 等药用真菌约 100 种。该区已知毒菌近 50 种，原来记载有鳞柄白毒鹅膏菌 *Amanita virosa*、包脚蘑菇 *Agaricus pequinii*、肉褐鳞小伞 *Lepiota brunneoincarnata*、裂丝盖伞 *Inocybe rimosa*、豹斑鹅膏菌、簇生黄韧伞 *Hypholoma fasciculare* 等分布广泛的有毒种类。

华北曾是我国古文化发源地，千百年来在人类活动及其对生态环境的影响下，原来的自然面貌发生了巨大变化。然而目前该区在某些菌物的地理分布上仍反映出交汇或过渡地带，或是温带和亚热带种类的重要分界地。该区北部的河北、山西是我国著名的口蘑（白蘑）*Tricholoma mongolicum*、大白桩菇（大青菇）*Leucopaxillus giganteus* 和香杏丽蘑 *Calocybe gambasa* 分布的南界。而河南、陕西南部和甘肃南部是野生香菇 *Lentinula edodes*、银耳 *Tremella fuciformis*、黑柄炭角菌 *Xylaria nigripes* 和松塔牛肝菌 *Strobilomyces floccopus* 的分布北界。

另外，华北地区基本属于暖温带落叶阔叶林区，杨树广布，当年每到秋末北风劲吹时期，枯树、腐木及木桩上侧耳（平菇）大量生长，便产生"北风菌"名称，传布全国。华北大地的农村，早先多用"毛草"盖屋，多雨时节房屋上便生长毛头鬼伞 *Coprinus comatus*，人们喜欢食用，还形象地命名为"鸡腿蘑"。这便是鸡腿蘑的来历。

3. 华中及华南亚热带常绿阔叶林区

包括湖南、湖北、江西、浙江全部及福建、广东、广西大部分地区，属于亚热带，气温较高，降水量较多，森林分布较广。本区以常绿阔叶林为主，另广布马尾松和竹林。本区有食用菌 350 多种，常见的有鸡油菌 *Cantharellus cibarius*、黑根须腹菌 *Rhizopogon piceus* 和根鸡枞菌 *Termitomyces eurhizus* 等。

该区是我国香菇、草菇、银耳、木耳栽培的起源地，至今仍为食药用菌重要人工生产区。药用真菌至少有 150 种，如茯苓 *Wolfiporia cocos*，传统以"闽苓"和"安苓"著名。茯苓在中药里传统被作为配伍成分，本身含有多糖等有效物质。另有竹黄 *Shiraia bambusicola*、亚香棒虫草 *Cordyceps gunnii* 和雷丸 *Laccocephalum mylittae* 等天然真菌药物。本区有毒菌 80 多种，主要是小毒蝇伞 *Amanita melleiceps*、亚稀褶黑红菇 *Russula subnigricans*、叶状耳盘菌 *Cordierites frondosa*，以上三种均属剧毒。

4. 云贵高原植被类型多样区

此区包括了云贵高原和四川盆地及横断山区。在这一特殊区域里，大部分地区属于亚热带，高等植物种类颇多，森林广布。仅云南境内就有高等植物 15 000 种左右，居全国首位。复杂的地形、丰富的植被及温暖湿润的气候条件有利于各类习性的菌物繁生。云南估计有食用菌 500 种以上，主要属于牛肝菌科 Boletaceae、红菇科 Russulaceae、白蘑科 Tricholomataceae、丝膜菌科 Cortinariaceae、多孔菌科 Polyporaceae、鹅膏菌科 Amanitaceae、珊瑚菌科 Clavariaceae 的枝瑚菌属 *Ramaria* 及鬼笔科 Phallaceae 的竹荪属等，野生资源最为丰富，有我国"食用菌王国"之称，其原产品、加工产品供销国内外市场。美味牛肝菌 *Boletus edulis*、木耳、毛木耳 *Auricularia polytricha*、绿菇 *Russula virescens*、梭

柄松苞菇 *Catathelasma ventricosum*、油口蘑 *Tricholoma flavovirens*、鸡油菌、松口蘑大量出口。该区重要的食用菌还有香菇、长裙竹荪 *Dictyophora indusiata*、羊肚菌 *Morchella esculenta*、印度块菌 *Tuber indicum*、干巴菌等。药用真菌至少有 150 种，主要有茯苓、灵芝、紫芝、金耳 *Tremella aurantialba*、黑炭角菌、竹生肉球菌 *Engleromyces goetzii*、竹黄、云芝 *Trametes versicolor*、小竹黄 *Shiraella phyllostachydis* 及冬虫夏草 *Ophiocordyceps sinensis*。毒菌也很丰富，估计在 200 种以上，主要是丝膜菌科 Cortinariaceae 的有毒种类，如黄褐丝盖伞 *Inocybe flavobrunnea*、黄丝盖伞 *Inocybe fastigiata*、细网牛肝菌 *Boletus satanas*、橘黄裸伞 *Gymnopilus spectabilis*。这些毒菌的毒素及中毒类型多种多样。

该区最引人注目的是白蚁伞属 *Termitomyces*，种类较丰富。这类与白蚁有着共生关系的真菌已知 10 余种，正受到昆虫学家和真菌学家的重视和研究。我国云南是白蚁伞和白蚁主要的分布区，已知白蚁多达百种，和白蚁伞共生的近 20 种。该区特别是云南菌物种类资源相当丰富，是我国真菌资源的宝库，开发应用富有潜力。

5. 中国南缘热带季雨林区

该区包括北回归线以南的福建少部及台湾大部，两广南部及雷州半岛、海南岛、西沙及南沙群岛、香港、澳门和滇南及藏东南雅鲁藏布峡谷地带。年降水 1000～2000mm，藏东南可达 3000mm。这些地区属于热带季雨林区，高温高湿，森林茂密，生态系统复杂。菌物物种多样性高，可谓世界上菌物种质资源最丰富的地区之一。这里有与树木形成外生菌根的白蘑科 Tricholomataceae、鹅膏菌科 Amanitaceae、牛肝菌科 Boletaceae、红菇科 Russulaceae 的物种，同时木腐菌类也非常丰富。在有些地区考察曾发现的大锁银耳、红菇和乳菇、白蚁伞属、簇生小管菌 *Filoboletus manipularis*、环柄香菇 *Lentinus sajurcaju*、菌核香菇 *L. tuberregium*、漏斗形香菇 *Panus javanicus*，还有毛蜂窝菌 *Hexagonia apiaria* 等，都是热带生境里比较常见且具代表性的种类。但是还有相当多的热带菌物等待我们考察研究。作者 20 世纪 80 年代考察香港菌物，由于在港时间有限等原因，不可能做深入细致的工作。庄文颖也于 20 世纪末组织多人在我国大陆热带区考察，完成了《中国热带高等真菌》（2001）。杨祝良和臧穆写了《中国南部高等真菌的热带亲缘》（2003），吴兴亮、戴玉成等在考察研究的基础上，编写了《中国热带真菌》（2011）。

上述热带菌物的考察研究和论著，为我国进一步考察、研究及对热带地区的菌物种质资源库的建立和合理开发利用、物种保护等奠定了基础。多年来海南省的菌物，经有关科技人员的考察研究，特别是赵继鼎和张小青考察分类，发表的论著说明中国灵芝科 Ganodermataceae 种类丰富。许多物种属于热带特有种，灵芝属的喜热灵芝 *Ganoderma calidophilum*、海南灵芝 *G. hainanense*、拟热带灵芝 *G. ahmadii*、热带灵芝 *G. tropicum*、弯柄灵芝 *G. flexipes*，假芝属的华南假芝 *Amauroderma austrosinense*、广西假芝 *A. guangxiense* 等，鸡冠孢芝属 Haddowia 的长柄鸡冠孢芝 *H. longipes* 和网孢芝属 Humphreya 的咖啡网孢芝 *H. coffeatum* 均属于热带物种。据统计，灵芝科全国有 108 种，在海南多达 4 属 57 种，表明海南是我国灵芝种类分布最集中的地区。

6. 蒙新草原、荒漠干旱区

该区地处内陆，包括内蒙古、宁夏和甘肃北部及新疆大部，属于典型的大陆性气候。雨量由东至西逐减。植被由干草原过渡到荒漠草原及荒漠。大型真菌种类较以上各区均少，但有其特色。尤其以适应空旷、干旱生境的种类为主。主要是蘑菇属 *Agaricus*、口蘑属 *Tricholoma*、马勃菌属 *Lycoperdon*、秃马勃属 *Calvatia*、灰锤属 *Tulostoma* 及粪生的花褶伞属 *Panaeolus* 种类多。已知食用菌近百种，具代表性的有口蘑、虎皮香杏（香杏口蘑）、大白桩菇、白鳞蘑菇 *Agaricus bernadii*、野蘑菇 *Agaricus arvensis*、瓦鳞蘑菇 *Agaricus praerimosus*、草地蘑菇 *Agaricus pratensis*。在新疆还有一种巨大蘑菇，可食用，菌肉肥厚，往往生长在土中，名圆孢蘑菇或尖柄包脚蘑菇 *Agaricus gennadii*，反映了干旱区生态习性。药用真菌不及百种，以栓皮马勃 Mycenastrum corium、大秃马勃 Calvatia gigantea、白灰锤 Tulostoma jourdani、沙漠柄灰包 T. sabulosum、灰包菇 Secotium agaricoides、毛柄白钉灰包 Battarrea stevenii 为主。宁夏地区的菌物曾经属于空白，1983 年时，仅知道 3～4 种，后来我们组织考察，共发现菌物 200 多种。

北疆准噶尔盆地四周的前山带是阿魏植物分布区，特产阿魏侧耳 Pleurotus ferulae 和白灵侧耳（白灵菇）Pleurotus nebrodensis。南、北疆绿洲有杨树的区域，多产裂皮侧耳 Pleurotus dryinus 和浅杯状香菇 Lentinus cyathiformis，林地上多有羊肚菌、裂盖马鞍菌 Helvella leucopus 等。阿尔泰区是我国唯一的北冰洋水系，其落叶松区多产药用层孔菌（阿里红）Fomitopsis officinalis。在山地草原和荒漠区粪生种类多，有毒菌约 40 种，包括网纹花褶伞 panaeolus papailionaceus、半球盖菇 Stropharia semiglobata、半卵形花褶伞 Panaeolus semiovatus 及蘑菇属的大量种类，反映了牧区菌物的种类组成特点。

7. 青藏高原高山灌丛草甸区

该区包括青藏高原全部，是地球上海拔最高、地质年代却比较年轻的高原。除藏东南地区受印度洋暖湿气流影响外，绝大部分以地势高寒、生长季节短、光辐射强为特点。在此自然条件下高等植物和菌物的种类及其生长发育受到限制，区系组成比较简单。植被多为低矮的多年生草本，组成高山草甸或高山灌丛。

整个青藏高原被几条高大的山脉分割，形成藏北高原、川西高原、青海高原及柴达木盆地和藏南谷地。藏北高原气候极其恶劣，植物稀少，目前大型真菌所知甚少，可谓空白区。青海高原广阔，高山草甸植被发育较好，适于蘑菇属的大肥菇 Agaricus bitorquis、大紫蘑菇 Agaricus augustus、白鳞蘑菇、草地蘑菇、野蘑菇等食用菌生长。川西高原及藏南谷地靠近横断山区，地势起伏且高差悬殊。高原草地上亦有蘑菇属、花褶伞属、大秃马勃和黄绿蜜环菌 Armillaria luteovirens 分布。

藏南谷地属高山峡谷地貌，在西南季风的影响下，植物和大型真菌种类组成比较复杂，且垂直分布明显。高海拔区针叶林带适宜翘鳞肉齿菌 Sarcodon imbricatum、蜜环菌、金黄褐伞 Phaeolepiota aurea、皱皮环锈伞 Rozites caperata 及丝盖伞属 Inocybe、环锈伞属 Pholiota、丝膜菌属 Cortinarius 的真菌大量繁生。在海拔较低的针阔叶林带，有油口蘑、荷叶离褶伞 Lyophyllum decastes、圆瘤孢多孔菌 Bondarzewia montana、绣球菌 Sparassis crispa、毛木耳、猪苓、鸡油菌、木耳等分布。松林区还出产著名食用松口蘑及松乳菇 Lactarius deliciosus、大白菇 Russula delica、褐白坂氏齿菌 Sarcodon fuligineo-albus、金耳、灵芝、松杉灵芝、硫磺多孔菌等食药用菌。在青藏高原具有代表性的真菌是冬虫夏草，寄生于虫草蝙蝠蛾的幼虫体上。一般分布在海拔 4000m 上下的高山草甸和高山灌丛带，从青海祁连山脉经玉树至西藏喜马拉雅均有分布。

大毒滑锈伞 Hebeloma crustuliniforme、毒滑锈伞 H. fastibile、秋生盔孢伞 Galerina autumnalis、毒红菇、毛头乳菇 Lactarius torminosus、窝柄黄乳菇 L. scrobiculatus、簇牛黄韧伞、鳞盖韧伞 Leratiomyces squamosus、喜粪生裸盖菇 Psilocybe coprophila、粪生光盖伞 P. merdaria、鹿花菌 Gyromitra esculenta 和球盖菇属的毒菌，均属常见种类。上述不少食用菌和毒菌多见于祁连山针叶林带和高原边缘地区林地。

青藏高原是世界上菌物垂直分布最高的区域，据初步统计，东喜马拉雅海拔 3000～5800m（雪线），就有菌物 300 余种。其中海拔 4000m 以上有 50 种左右，有淡黄蘑菇 Agaricus fissurata、金针菇 Flammulina velutipes、黑白铦囊蘑 Melanoleuca melaleuca、洁小菇 Mycena pura、黄绿蜜环菌等。尤其是斑金钱菌 Rhodocollybia maculata=Collybia maculata 等最高分布到海拔 5800m，为世界所罕见。所以青藏高原汇聚了全球分布海拔最高的大型真菌，被称为"高山真菌宝库"，已引起国内外真菌学家的极大兴趣。青藏高原及其喜马拉雅是研究菌物垂直分布变化的最佳环境。

上述内容表明，在我国不同地区的自然环境中，均有各种类型的菌物，并具有不同的生态习性。当前国内外对菌物的研究给予高度重视。许多菌物不仅具有重要的经济价值，同时在维持生态平衡中起着不可替代的作用。

第三节　中国菌物生态与地理区划的意义

自 20 世纪 50 年代开始，中国科学院多次组织全国综合科学考察。其中包括动物、植物和菌物等生物学专业科考。我国真菌学科技人员同样有组织、有计划地进行各地资源调查研究。在菌物方面收集研究和记载了数万号标本。作者自 1967 年开始也参加野外考察和室内分类研究工作。当到达东北林区、云贵高原、内蒙古草原、福建、两广、香港地区，特别是 1977 年参加中国科学院和国家体委组织的天山托木尔峰登山科考和西藏喜马拉雅南迦巴瓦峰登山科考之后，便感到我国辽阔大地上菌物物种资源非常丰富，同时注意到不同的地区及不同的植被中菌物的生态习性与地理分布明显不同。于是从 1981 年、1983 年开始分析食药用菌及毒菌的地理分布及生态生境。

通过对我国菌物及其地理分布的分析，联想到菌物的物种起源、演变、迁徙及自然的和人为的影响等问题。例如，为什么白蘑科 Tricholomataceae 的蒙古口蘑 Tricholoma mongolicum 仅分布于蒙古草原，另外大白桩菇 Leucopaxillus giganteus 和香杏丽蘑 Calocybe gambosa 不生长在森林中却生长在蒙古草原上。像这样有关生态及地理分布不同，便认为可能与长时间以来森林生态变化有关。看到在喜马拉雅疣柄牛肝菌 Leccinum sp.、鹅膏菌 Amanita sp. 及蜡蘑 Laccaria sp. 等出现在海拔 4000m 以上的"高山草甸"，便联想到印度板块冲击欧亚大陆板块，由于强大的抬升作用出现喜马拉雅。在不断抬升的过程中，气温不断降低，在山高风大寒冷的情况下，森林树木逐渐以变矮变小来适应环境，而很可能由于这些菌物与树木形成外生菌根的生态习性都未变，于是经过亿万年适应，在这里的高山草甸上本应比较高大的柳树等变成了茎枝伏地而生的伏枝柳 Salix sp.，并进一步发现，原来杨柳科树木特有的葇荑花序变成了伸直向上的粉白色花序。在低矮的柳枝中，菌物却依旧显得高大。不难理解，这种柳与菌物能够在高山草甸上共同生存，与它们形成的共生关系，即外生菌根起到了抗衡高海拔恶劣生境的重要作用。

对于菌物生态与地理区域划分，还有益于菌物物种资源即种质基因的保护。还可以对已被破坏的生态系统及其分布区人为地进行保护性恢复，进行科学治理，建立生态园和原生态保护区。例如，香菇、白蘑、松口蘑、灵芝、虫草、鸡枞菌等生态地理区的划分，有利于依据国际通行的地理标志产品保护制度，推崇国家和地方食药用菌等特产，申报国家地理标志产品保护，促进我国菌业适应全球化经济发展。

第二章

子　囊　菌

图 1-1

图 1-2

1　橙黄网孢盘菌

别　　名　网孢盘菌
拉丁学名　*Aleuria aurantia* (Pers.) Fuckel
曾用学名　*Peziza aurantia* Pers.; *Otidea onotica* Pers.
英 文 名　Orange Peel Fungus, Great Orange Elf Cup

形态特征　子实体较小。子囊盘直径 1～8cm，盘状或近杯状，无柄，上表面色彩艳丽，呈橙黄色或鲜橙黄色，背面及外表面近白色，粉末状。子囊无色，光滑后期形成网纹，两端有一小尖，圆柱形，15～21μm×8～11.5μm。侧丝纤细，粗 2.5～3μm，顶端膨大 5～6μm。

生态习性　夏秋季于针、阔叶林中地上群生或近丛生。

分　　布　分布于吉林、青海、山西、湖南、广西、贵州、黑龙江、西藏等地。

应用情况　记载可食用，但生食有毒。此菌含具抗氧化、抗衰老活性的黄色色素，以及抑肿瘤的三萜类成分。

2 胶鼓菌

别　　名　胶陀螺、猪嘴菇、污胶菌、污胶鼓菌
拉丁学名　***Bulgaria inquinans*** (Pers.) Fr.
英 文 名　Poor Man's Licorice, Black Jelly Drops

图2-2

形态特征　子实体小。子囊盘 1～4cm，宽 1～4.5cm，圆形至陀螺形，有短柄，伸展后呈浅杯状，外部黑褐色，有成簇的绒毛，干后多皱。子实层黑色，干后稍皱。菌肉韧胶质。子囊近棒状，有长柄，120～170μm×10～11μm，有孢子部分长 45～68μm。子囊孢子光滑，褐色，无隔，肾形或不等边椭圆形，11～14μm×6～7μm，每个子囊内含 8 个孢子，单行排列或在子囊上端近双行排列。侧丝线形，顶端淡褐色并弯曲，粗 1μm。

生态习性　夏秋季群生或丛生于栎及桦等阔叶树皮上。

分　　布　分布于云南、四川、河北、辽宁、吉林、甘肃等地。

应用情况　在野外易被误认为是未长成的木耳而采食，食后发生中毒，其主要症状是日光过敏性皮炎，颜面多从嘴周围开始红肿，手背肿胀，剧烈螯灼样疼痛，见日光及风吹症状加重。曾在吉林、黑龙江、辽宁、河北等地因采食此菌发生上述中毒症状，因此采食野生木耳时要特别慎重。不过有认为经浸泡、煮洗去毒可食用。药用可降低血黏度，能抑肿瘤等。另外，据研究测定含有氨基酸 18 种，其中必需氨基酸 7 种，另含有丰富的糖、蛋白质和脂类等。

图 3-1　　　　　　　　　　图 3-2

3　艳毛杯菌

别　　名　橘黄刺杯菌

拉丁学名　*Cookeina speciosa* (Fr.) Dennis

形态特征　子实体小，高 3～4cm，杯状，橙黄或橘黄色，似蜡质。子囊盘直径 2～2.6cm，深 1～1.5cm，呈杯或碗状，边缘有短刺状毛，毛呈束状或弯曲，内侧平滑，外侧有散而平行排列的束状毛。菌柄长 1～1.5cm，柱形，多弯曲，内实。子囊圆柱形。孢子椭圆形，15～22μm×8～12μm。侧丝线形，等粗。

生态习性　于腐木或枯树枝上散生或群生。

分　　布　分布于云南西双版纳等地。

应用情况　可研究药用。

4　毛缘毛杯菌

别　　名　橙黄刺杯菌

拉丁学名　*Cookeina tricholoma* (Mont.) Kuntze

形态特征　子囊盘直径 0.8～2.8cm，杯状或盘状，橙红色至橙黄色，边缘向内卷且有白色细毛，外侧色较深，有白色长毛。菌柄长 0.7～2.5cm，粗 0.2～0.3cm，浅黄色到白色，上部粗而向基部细。

生态习性　夏秋季于林中枯枝或倒腐木上群生。

分　　布　分布于四川、广西、海南、西藏等地。

应用情况　可研究药用。

图4

图5-1

5 叶状耳盘菌

别　　名　毒木耳、暗皮皿菌、假木耳
拉丁学名　*Cordierites frondosa* (Kobayasi) Korf

形态特征　子实体小。子囊盘直径2～3.5cm，呈浅盘状或浅杯状，边缘薄波状，黑色，具短柄或几乎无柄，表面光滑，下表面粗糙和有棱纹，湿润时有弹性，味略苦涩。子囊细长，呈棒状，43～48μm×3～5μm，内有8个近双行排列的孢子。孢子无色，稍弯曲，短柱状，5～7.6μm×1～1.4μm。侧丝近无色，细长，顶部弯曲，有分隔和分枝，顶端粗约3μm。

图5-2

生态习性　夏秋季于阔叶树腐木上丛生或簇生。
分　　布　分布于湖南、广西、陕西、云南、贵州、四川等地。
应用情况　有毒。此种极似还未长大的黑木耳，容易误采误食而中毒，其症状如胶陀螺菌中毒，属日光过敏性皮炎，可能含有卟啉类毒素。在野外采集食用和药用配伍时需慎重考虑胶陀螺菌、叶状耳盘菌这类有毒真菌。

6 斯氏耳盘菌

拉丁学名　*Cordierites sprucei* Berk.

形态特征　子囊盘直径1～1.5cm，或较大些，呈盘状或耳状，多聚生一起，边缘波状，较薄，子实体

图6

图7-1

层暗紫色、暗褐色，干时黑褐或近黑色，子囊盘外侧黑褐色，有疣状突起。菌柄长达 20mm，粗 2～12mm。子囊近柱形，60～75μm×4～4.5μm，含 8 个孢子，单行排列。孢子含 2 个油滴，椭圆形，3.7～5.1μm×2.1～3μm。侧丝线形，顶端直生，宽 1.5～2μm。

生态习性 秋季生于阔叶树桩上，多聚生。

分　布 分布于广东等热带区域。

应用情况 可能有毒，含紫红色色素。其形似木耳，注意区别。

7　多枝虫草

拉丁学名 *Cordyceps arbuscula* Teng

形态特征 子座狭细，分枝很多，从寄主的前端或后端长出，高 5～10cm，柄和头部都能分枝。柄细，弯曲，淡赭黄色，干后颜色改变不大，长 3～6.5cm，粗 1mm 或更细一些。头部浅赭黄色至肉桂黄色，干后浅肝褐色，圆柱形，顶端尖削，长 2～3.5cm，粗 1～1.5mm，因子囊壳孔口的突出而呈粗糙状。子囊壳群生，半埋生，卵形或近圆锥形，400～480μm×210～245μm，孔口突出。子囊圆柱形，200～215μm×4μm。孢子线形，宽约 0.7μm，有很多不明显的隔膜。

这个种与 *Cordyceps polyarthra* 很接近，后者是天蛾科上的一个巴西种。Petch（1933）认为 *Cordyceps subpolyarthra*、*Cordyceps concurrens*、*Cordyceps caespitosofiliformis* 以及 *Cordyceps fasciculata* 所有这些美国种可能全部是 *Cordyceps polyarthra* 的异名。根据描述，这些种大多数都是鲜红色的。*Cordyceps arbuscula* 完全没有这种颜色。

生态习性 寄生于金龟子科 Scarabaeidae 昆虫的幼虫上。

分　布 分布于云南、西藏等地。

应用情况 可研究药用。

图 7-2　　图 7-3　　图 8

8　巴恩虫草

别　　　名　香棒虫草
拉丁学名　***Cordyceps barnesii*** Thwaites
曾用学名　*Ophiocordyceps barnesii* (Thwaites) G. H. Sung et al.
英　文　名　Headlike Cordyceps

形态特征　子实体小，高 1.2～2.5cm，粗 1.5～2mm，短棒状，单生，无不孕顶尖，新鲜时橙黄色，成熟后褐红色、黑褐色，表面光滑。柄细长，高 3～4cm，粗 2mm，等粗，不分枝，黑褐色、栗褐色，柄表基部的皮层有毛绒细胞。子囊壳埋生于子实体内，圆锥形、椭圆形，320～370μm×130～170μm，孔口不外凸。子囊圆柱形，基部具短柄，100～180μm×8～10μm，顶部直径 4.5～5.5μm。孢子长线形，易断，断后有次生孢，4～5μm×1～1.5μm。

生态习性　夏秋季生金龟子成虫体上。习见于热带和亚热带。

分　　布　分布于台湾、海南、云南等地。

应用情况　可药用，含有虫草素（cordycepin）。有补虚、保肺益肾功效。有明显的镇静作用。

无性型名称　巴恩束梗孢 *Stilbella barnesii* Massee

9 双梭孢虫草

拉丁学名 *Cordyceps bifusispora* Eriksson

形态特征 子座柱状至棒状，淡黄色，不分枝，长 13cm，粗 0.5～1mm。可孕部拟球形至长梭形，长 6～11.3mm。子囊壳倒梨形，埋生，孔口外露，300μm×150～170μm。子囊柱状，200～220μm×3～4.5μm。子囊孢子 8 个，双梭形，长 145～225μm，中部变为细丝状，宽仅 0.4μm，无明显分隔。无性型孢子两端明显膨大，狭梭形，30μm×1.6μm，多具 3 个分隔。

生态习性 寄生于鳞翅目昆虫。

分　　布 分布于贵州、云南等地。

应用情况 可研究药用。

无性型名称 双梭隔梭孢 *Septofusidium bifusispora* Z. Y. Liu et al.

10 巴西虫草

拉丁学名 *Cordyceps brasiliensis* Henn.

曾用学名 *Cordyceps olivaceovirescens* Henn.; *Cordyceps olivacea* Rick ex Lloyd

形态特征 子座单生，肉质，棒状，长 5cm，粗 2mm，顶部可分叉，上部暗橄榄色，基部苍白色。子囊壳倾斜埋生，拟卵形，500～530μm×340～360μm。子囊粗 6～7.5μm，子囊帽短，宽 5μm。次生子囊孢子 3.5～5μm×1～1.5μm。

生态习性 寄生于一种鞘翅目幼虫。

分　　布 分布于浙江、福建、广东等地。

应用情况 含多糖、氨基酸、虫草酸（甘露醇）等成分，药理作用与冬虫夏草相似。用柞蚕蛹培养的有致畸作用。

11 蚁虫草

拉丁学名 *Cordyceps forquignonii* Quél.

曾用学名 *Cordyceps myrmecophila* Ces.

英　文　名 Ant Fungus, Ant Eater

形态特征 子座从寄主胸部或颈部长出，长 3～4.5cm，粗 0.5～1mm，单生至 3 个，不分枝，棕褐色。可孕部侧生、间生或顶生，椭圆形，1～4mm×1.5mm 或 5mm×15mm。子囊壳倾斜埋生，卵形，270μm×150μm，或长颈瓶形，750～960μm×180～320μm。子囊 105～157μm×5.5～13μm，子囊帽扁球形至近球形，高 2～4.8μm，宽 4.2～5μm。子囊孢子断裂，次生子囊孢子长梭形，6～10μm×1～1.5μm。

图 14-1

生态习性　寄主为一种蚁，12mm×4mm。

分　　布　分布于贵州、福建、广东等地。

应用情况　可药用。有补虚、保肺益肾、治疗肝炎等功效。

无性型名称　蚁被毛孢 *Hirsutella formicarum* Petch

12　蟋蟀虫草

别　　名　蟋蟀草

拉丁学名　*Cordyceps grylli* Teng

形态特征　子实体单个或群生，高 2～5cm，中空，新鲜时黄色，干后灰黄色。柄呈圆柱形，多弯曲，粗 1～2mm。头部棒形或柱形，长 1～2cm，粗 2～3mm，顶端钝。子囊壳外露或近表面生，瓶状，650～810μm×270～370μm。子囊圆柱形，长 300μm×3～4μm。孢子线形，有多数横隔，断为小段，3.5～5μm×1μm。

生态习性　生于鳞翅目昆虫的成虫上。

分　　布　分布于福建、广东、海南等地。

应用情况　可药用。含虫草素，具有抗肿瘤、抗菌、抗病毒、免疫调节、清除自由基等活性。滋养、补肾、止血化痰。

13　广东虫草

别　　名　日本虫草广东变型

拉丁学名　*Cordyceps guangdongensis* T. H. Li, Q. Y. Lin et B. Song

形态特征　子座从寄主上长出，单生或多个，不分枝，柱形至棒形，长 3～8cm，肉质。可育部顶生，柱形，顶端圆形、橄榄色、暗橄榄色至黄灰色或褐灰色，有些在下部出现折皱，无不育顶端。子囊壳

图 14-2

图 14-3

点状，不突出；不育部 2～4cm×0.4～0.6cm，黄灰色、灰橄榄色至灰色或暗黄色，通常在靠基部呈灰色；基部和部分寄主处缠绕着一些白色菌丝。子囊孢子线形，两端平截，180～260μm×2～3.7μm。

生态习性　寄生在地上大团囊菌 *Elaphomyces* sp. 上，散生至群生。

分　　布　分布于广东等地。

应用情况　可食用。含多糖、脂肪酸、虫草素和腺苷；其脂肪酸组成主要为亚油酸、油酸、棕榈酸和十四酸等。具抗氧化活性，对感染禽流感病毒小鼠肺有保护作用和对慢性支气管炎治疗有显著作用。在对其治疗腺嘌呤致大鼠慢性肾功能衰竭（chronic renal failure, CRF）的研究中发现，能显著降低 CRF 大鼠血尿素氮、肌酐，促进机体生成白蛋白和总蛋白，明显减轻肾脏的病理损害，对延缓大鼠 CRF 有显著作用。广东虫草子实体安全无毒，该虫草子实体的人工栽培已成功。对慢性肾衰有一定疗效，具抗疲劳及增强免疫力的作用。

14　古尼虫草

别　　名	冈恩虫草、霍克斯虫草、亚香棒虫草
拉丁学名	*Cordyceps gunnii* (Berk.) Berk.
曾用学名	*Cordyceps hawkesii* Gray
英 文 名	Dark Vegetable Caterpillar, Hawke's Cordyceps

形态特征　子实体小，长 6～8cm，粗 2mm，单生，由寄主前端发出。柄多弯曲，褐色至黑色，有纵皱或棱纹，上部光滑，下部有细毛，头部顶端圆，短圆柱形，长 12mm，粗 3.5mm，茶褐色。子囊壳埋生子囊座内，椭圆形至卵圆形，600～700μm×230～260μm，孔口黑色，粒点状。子囊 400～500μm×5μm。孢子断成 8～9μm×0.5～1μm 的小段。

生态习性　生林中落叶层下的鳞翅目幼虫上。

分　　布　分布于湖南、江西、广西等地。

应用情况　可食药用。外形似冬虫夏草，其成分也类似。含核苷类活性成分、具免疫调节作用的多糖

图 16-1　　　　　　　　　　　　　　　　　图 16-2

类、有镇痛功能的糖肽类、具止咳平喘功能的甘露醇类以及可清除自由基的黄酮类等。具有滋养、补肾、止血化痰、镇痛、降血压、提高免疫力功能。

无性型名称　古尼拟青霉 *Paecilomyces gunnii* Z. Q. Liang

15　小林虫草

别　　名　辛克莱虫草
拉丁学名　***Cordyceps kobayasii*** Koval
曾用学名　*Cordyceps sinclairii* Kobayasi

形态特征　菌丝膜包裹寄生虫体。子座自寄主头部长出，圆柱形，上部变粗，长约2cm，柄10mm×1mm，被短毛，皮层由菌丝组成。头部圆柱状，与柄分界不明显，长1cm，黄褐色。子囊壳全部埋生，卵形，180μm×270μm。子囊未成熟。无性阶段为辛克莱棒束孢。分生孢子梗束长3～5cm。
生态习性　夏秋生于阔叶林中地上。寄生于蝉的若虫。
分　　布　分布于福建等地。
应用情况　可药用。本种常混在蝉花中一起药用。粗提取物可作为丝氨酸棕榈酰基转移酶抑制剂。
无性型名称　辛克莱棒束孢 *Isaria sinclairii* (Berk.) Lloyd

16　九州虫草

拉丁学名　***Cordyceps kyushuensis*** A. Kawam.

形态特征　子实体高1.5～3cm，棍棒状，往往数枚簇生，革质，顶部渐尖，可孕部分近棒状椭圆或圆筒状，橘黄色或橙黄色。柄部长0.5～2cm，粗约0.2cm，近圆柱形，浅黄色，与可孕部分无明显界线。子囊壳半裸生，顶端突出，近卵圆形，410～580μm×210～330μm。子囊圆柱形。孢子近无色，光滑，有

图 17-1

图 17-2

隔，线形，断裂后呈短柱状，4～5μm×1μm。

生态习性 夏秋季菌丝体从地下鳞翅目豆青蛾幼虫头部或腹部形成近丛生棒状子实体。

分　布 此种首发现于日本九州并命名。后在我国辽宁、台湾、山东、陕西、贵州、西藏等地发现。

应用情况 可药用。有认为其药用功能同蛹虫草。含黄酮类、核苷类、多糖等有效物，可止血化痰、补肾润肺、保肝强心、镇咳、镇静、清热解毒、抗菌、利尿、降压、抑肿瘤、抗氧化及治疗心脑血管疾病。现可人工培养食用。

17　蛹虫草

别　　名 蛹草、北虫草、北冬虫夏草、虫草花
拉丁学名 *Cordyceps militaris* (L.) Link
英 文 名 Scarlet Caterpillar Fungus, Trooping Cordyceps

图 17-5

形态特征 子实体单个或数个从寄主头部长出，有时从虫体节部生出，橙黄色，有时分枝，高 3～5cm。子实体柄部近圆柱形，长 2.5～4cm，粗 2～4mm，实心。头部呈棒状，长 1～2cm，粗 3～5mm，表面粗糙。子囊壳外露，近圆锥形，下部埋生，400～300μm×4～5μm，内含 8 个线形孢子。孢子细长，几乎充满子囊内，粗约 1μm，成熟时有横隔，并断成 2～3μm 的小段。

生态习性 春至秋季从半埋腐枝落叶层下鳞翅目昆虫蛹上生出。

分　布 分布于全国各林区。

应用情况 可药用，治疗结核、老人虚弱、贫血等多种疾病，报道抗癌。含虫草素，对昆虫寄主细胞核变性起到毒杀效果。止血化痰，抑肿瘤，抗菌，补肾，治疗支气管炎。还有分离的活性成分虫草素（3'-脱氧腺苷）有降血脂功能。已人工培养成功。可作为食用菌。

无性型名称 蛹虫草拟青霉 *Paecilomyces militaris* Z. Q. Liang

图 17-7

图 17-3

图 17-4

图 17-6

图 17-8

图 17-9

图 21-1   图 21-2

18 蛾蛹虫草

别 名 香棒虫草、蛾蛹草

拉丁学名 *Cordyceps polyarthra* Möller

形态特征 子实体小、线形、丛生，高 2～2.5cm，蜜黄色。柄部弯曲，粗 1mm。可孕部分近圆柱状，6～8mm×2～1.4mm。子囊表生，长卵形或瓶状，240～456μm×150～195μm。子囊线形，长130～180μm，宽 3～3.6μm。子囊孢子线形，宽 0.5μm，多隔，每段细胞长 4.2～7.2μm。

生态习性 群生至丛生于埋在阔叶树的腐立木及灌丛中的鳞翅目幼虫体或天蛾科蛾蛹上。

分 布 分布于辽宁、河南、安徽、四川、云南、广东等地。

应用情况 可药用。补虚、保肺益肾。含有甾醇类、糖醇类、生物碱和有机酸类。其无性型具有镇痛、镇静、耐缺氧等作用，能增强机体非特异性免疫能力，有抗凝血活性。可开发保健养生茶等产品。

无性型名称 细脚拟青霉 *Paecilomyces tenuipes* (Peck) Samson

19 粉被虫草

拉丁学名 *Cordyceps pruinosa* Petch

曾用学名 *Ophiocordyceps pruinosa* (Petch) Johnson, G. H. Sung, Hywel-Jones et Spatafora

形态特征 子座多群生，高约 1.5cm，橙红色、铁水红色或暗红色。柄可分枝，粗 1mm 左右。头部棒状，无不孕顶端，3～7mm×1.5mm。子囊壳表生，长卵圆形，180～400μm×90～200μm。子囊细长，柱状，80～240μm×2.5～3.5μm。子囊孢子线形，8 个，多隔，成熟后断裂成柱形或梭状的次生子囊孢子，3.2～5.7μm×0.8～1.5μm。

生态习性 寄生于鳞翅目刺蛾科几种昆虫的茧。

分 布 分布于贵州、四川、浙江、江西等地。

图 21-3

应用情况　其培养物具特别的抗紫外线辐射功能，还有提高免疫力及抗癌作用。

无性型名称　粉被马利亚霉 *Mariannaea pruinosa* Z. Q. Liang

20　山西虫草

别　　名　金棒棒虫草、晋虫草

拉丁学名　*Cordyceps shanxiensis* B. Liu et al.

形态特征　子座多单生，偶双生，直立不分枝，从寄主不同部位处生出。柄圆柱状，长 0.5～5cm，粗 1～1.5mm。头部近球形，直径 2mm 左右，暗红褐色。子囊壳埋生，长细颈瓶状，300～400μm×90～100μm。子囊细长，140～220μm×5～5.7μm，囊顶部呈凹形增厚，厚 4～6μm。囊内子囊孢子 4 个，相结成麻花状扭曲。孢子具横隔，断裂后的孢子小段（或称次生孢子），3.5～4μm×1～1.5μm。

生态习性　在林地枯叶下寄生于鞘翅目的沟金针虫 *Pleonomus canaliculatus* 及褐纹金针虫 *Melanotus candex* 的幼虫体上。虫体多埋于林地的落叶层中，见于海拔 1900m 处。

分　　布　分布于山西中条山区等地。

应用情况　可药用。现为山西当地的珍贵虫草药用真菌，故起名为金棒棒虫草，其疗效高于一般虫草。

21　细座虫草

别　　名　蛾草

拉丁学名　*Cordyceps tuberculata* (Leb.) Maire

形态特征　子实体细小，1 到多个，高 0.3～2.5cm，粗 0.6～1mm，纤细，长短不一，白色或灰白色，从基部向上渐变细。子囊壳在子实体表面裸生，稀疏或簇生一起，卵状或近瓶状，淡黄至淡黄褐色，直径约 250μm。子囊细长，粗 4～5μm。孢子细长，呈线形，最后断为很短的小段，3～7μm×1μm。

图22 　　　　　　　　　　　　　　　　　　　　图23-1

生态习性　夏秋季生鳞翅目夜蛾科昆虫 *Eubatula macrops* 成虫的腹面和背面。此标本生夜蛾科昆虫卷裳魔目夜蛾上。

分　　布　分布于浙江、云南西双版纳等地。

应用情况　可作药用研究。

22　浙江虫草

别　　名　大蝉虫草、金蝉花、大蝉花虫草、大蝉草、虫花

拉丁学名　*Cordyceps zhejiangensis* (Shing) Z. Y. Liu et al.

形态特征　子实体聚生至近丛生，从寄主的整个腹部长出，新鲜时古铜色，干后暗黄橘青色，长1.5～2.5cm。柄圆柱形，光滑，粗约1mm。头部棍棒形，7～15mm×1.5～2mm，顶端钝圆。子囊壳圆锥形，450～600μm×180～250μm，斜埋在子实体内，孔口明显地突出。子囊圆柱形，有短柄或近无柄，顶端头状，220～260μm×5～6μm。子囊孢子线形，有很多隔膜，无色，断裂为5～6.5μm×1μm的小段。

生态习性　寄生于一种蝉的若虫上，个体较大，4.2cm×1.2cm。

分　　布　分布于浙江、广东、福建、安徽、四川、贵州、云南等地。

应用情况　可药用。具有降低血、尿肌酐，提高内生肌酐清除率，改善血清蛋白含量，减少尿蛋白的排出，免疫抑制作用，对肾病、动脉粥样硬化、贫血等疾病具有一定的治疗作用。其中 N^6-(2-羟乙基)腺苷具有 Ca^{2+} 拮抗作用和肌肉收缩活性，对心律失常、心肌缺血、心绞痛、高血压、血栓等心血管系统疾病有治疗作用。大蝉虫草无性型名称为蝉棒束孢 *Isaria cicae*，即蝉拟青霉，其药用功效同大蝉草 *Cordyceps cicadae*。可人工培植。

无性型名称　蝉拟青霉 *Paecilomyces cicadae* (Miq.) Samson；蝉棒束孢 *Isaria cicadae* Miq.

图 23-2

23 黄地锤菌

拉丁学名 *Cudonia lutea* (Peck) Sacc.

形态特征 子实体小，似蜡质。子囊盘直径 0.5～2cm，呈扁半球形，青绿色或污黄褐色或黄绿色，边缘内卷。菌柄长 2～6cm，粗 0.2～0.5cm，近圆柱形，或有扁压或浅凹窝，淡黄色，顶部往往粗，弯曲，有的基部稍膨大。子囊长棒状，90～120μm×9～12μm，含孢子 8 个。孢子无色，多行排列，线形，48～68μm×2～2.5μm。侧丝线形，顶部稍弯曲。
生态习性 夏秋季多于针、阔叶林地上群生或近丛生。
分　　布 分布于甘肃、青海、四川、陕西、云南、新疆、西藏等地。
应用情况 有认为可食用，但子实体小，食用价值不大。

24 轮纹层炭球菌

别　　名 黑轮纹炭球菌、炭球菌
拉丁学名 *Daldinia concentrica* (Bolton) Ces. et De Not.
英 文 名 Cramp Balls, King Alfred's Cake

形态特征 子实体较小，直径 1.5～5cm，高 1～3.5cm，半球形或近球形，无柄或近无柄，表面土褐或紫褐色，后变褐黑至黑色，内部暗褐色，纤维状，有明显的同心环带。子囊壳近棒状，孔口点状

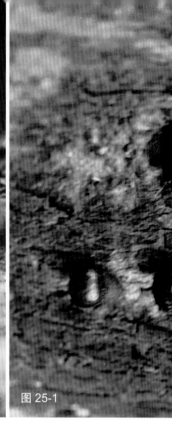

图24　　　　　　　　　　　　　　　　　　　　　　　图25-1

至稍明显。子囊圆筒形，有孢子部分75～85μm×8～10μm。孢子8个，单行排列，不等边椭圆形或肾脏形，11～16μm×6～9μm。

生态习性　于阔叶树腐木或树皮上单生或群生。形成白色腐朽。

分　　布　分布于吉林、辽宁、黑龙江、山西、河北、河南、内蒙古、陕西、甘肃、江苏、浙江、福建、安徽、广东、广西、江西、青海、海南、台湾、香港、新疆、西藏、云南、山东等地。

应用情况　含炭球菌素等。有记载此菌抑肿瘤，具有显著的抗HIV活性，抑制其病毒复制、降低免疫系统被损害。

25　亮陀螺炭球菌

拉丁学名　***Daldinia vernicosa*** (Schwein.) Ces. et De Not.

英 文 名　Sheeay Carbon Pestle

形态特征　子实体小。子座直径1～2.5cm，高1～3cm，上部近球形，下部收缩呈陀螺形或近陀螺形。外子座薄而脆，表面初期黑褐色后呈漆黑且具光泽。内子座灰白色，多空隙，有狭窄黑色的同心环纹。子囊壳卵形至长方圆形，孔口点状。孢子暗褐色，不等边椭圆形，11.5～13.9μm×6.4～7.5μm。

生态习性　于木麻黄等树木桩上或树干上单生或群生。属木腐菌。

分　　布　分布于广东、海南、福建、云南、山西、甘肃、河北、内蒙古等地。

应用情况　可研究药用。

图 25-2　　　图 25-3

26　珠亮平盘菌

别　　名　宽亚盘菌
拉丁学名　*Discina perlata* (Fr.) Fr.
英 文 名　Pig's Ears

形态特征　子囊盘较小，初期下凹，逐渐呈盘状，最后反卷，直径 3～7cm，外侧近白色。子实层暗褐色，有皱纹，中部呈脐状。柄白色，很短，粗壮，往往有凹槽。子囊圆柱形，220～300μm×15～17μm。孢子 8 个，单行排列，椭圆形，光滑，无色，两端各有一小突尖，含 1 大油滴，22.9～35μm×10～12.9μm。侧丝细长，顶端膨大，直径达 7.9～10.2μm，浅褐色。

生态习性　夏秋季生于杉、冷杉等针叶林地上，群生或散生。

分　　布　分布于四川、西藏、新疆等地。

应用情况　可食用，但要注意有时会中毒。

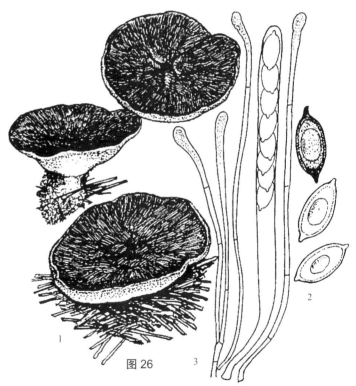

图 26

1. 子囊盘；2. 孢子；3. 子囊及侧丝

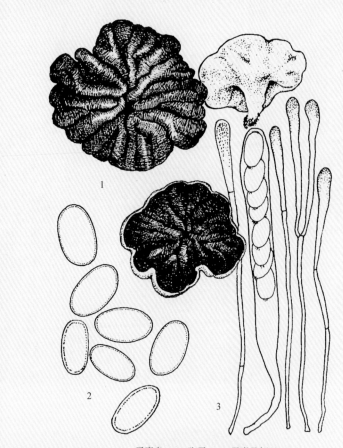

图 27

1. 子囊盘；2. 孢子；3. 子囊及侧丝

27　肋状皱盘菌

别　名　珠亮平盘菌、宽亚盘菌
拉丁学名　***Disciotis venosa*** (Pers.) Boud.
英文名　Veined Brown Cup Fungus

形态特征　子囊盘较小，初期下凹，逐渐呈盘状，最后反卷，直径3～7cm，外侧近白色。子实层暗褐色，有皱纹，中部呈脐状。柄白色，很短，粗壮，往往有凹槽。子囊圆柱形，220～300μm×15～17μm。孢子8个，单行排列，椭圆形，光滑，无色，两端各有一小突尖，含1大油滴，22.9～35μm×10～12.9μm。侧丝细长，顶端膨大，直径达7.9～10.2μm，浅褐色。

生态习性　夏秋季生于杉、冷杉等针叶林地上，群生或散生。

分　布　分布于四川、西藏、新疆等地。

应用情况　可食用。但要注意，有时会中毒。

28　头状大团囊虫草

别　名　头状虫草
拉丁学名　***Elaphocordyceps capitata*** (Holmsk.) G. H. Sung et al.
曾用学名　*Cordyceps capitata* (Holmsk.) Fr.; *Elaphocordyceps canadensis* Ellis et Everh.
英文名　Truffle Eater, Elapho Cordyceps

形态特征　子实体直接生于大团囊菌子实体上，单个，不分枝，高5～10cm。柄部长5～8cm，粗0.5～1.5cm，圆柱形，直或稍扭曲，黄色或黄白色，上部有的色暗，基部白色，表面粗糙有颗粒和条纹。子实体头部近球形，直径0.5～1.5cm，褐黄色至黑褐色，密布颗粒。子囊细长，320～350μm×9～10μm。孢子细长，绒形，无色，有多数分隔，成熟后断

图 28

成小段，16～25μm×2～3μm。

生态习性 夏秋季生于林内，寄生于大团囊菌上，寄主是菌根菌。

分　　布 分布于云南等地。

应用情况 有药用研究价值。

29　稻子山团囊虫草

别　　名 稻子山虫草

拉丁学名 *Elaphocordyceps inegoensis* (Kobayasi) G. H. Sung, J. M. Sung et Spatafora

形态特征 子实体单个或2个，从寄主蝉的头部长出，不分枝，高8.5～10.5cm，圆柱形至棒状，肉质，直或稍弯曲。可孕部顶生，柱形至纺锤形，暗橄榄色，长4～5cm，粗5～7mm，表面粗糙稍有颗粒状，无不孕尖端。柄部长3～4cm，粗5～7mm，淡黄色或淡黄白色，向下近白色。子囊350～420μm×6～8.5μm。子囊孢子断裂。次生子囊孢子短柱状，2～3μm×2.5μm。

生态习性 长在毛竹林边的潮湿地方，寄生于蝉上。

分　　布 分布于福建、广西、台湾等地。

应用情况 福建民间作为药用。

30　大团囊虫草

别　　名 大团囊草

拉丁学名 *Elaphocordyceps ophioglossoides* (J. F. Gmel.) G. H. Sung et al.

曾用学名 *Cordyceps ophioglossoides* (J. F. Gmel.) Fr.

英 文 名 Golden-thread Cordyceps

形态特征 子实体由根状多分枝的菌丝索与大团囊菌相连，地上部分高2～8cm。子实体的头部椭圆、倒卵圆形至橄榄形，长0.5～1.5cm，粗0.3～0.5cm，暗褐色至橄榄褐色，干后呈黑褐色。柄部长2～7cm，粗0.1～0.6cm，不分枝或偶有分枝，暗绿褐色有纵纹。子囊壳卵圆形，孔口凸起，600～650μm×300～350μm。子囊细长，300～400μm×7～8μm。孢子细长，线形，无色透明，多横隔，成熟后断裂为3～4μm×2～2.5μm的小段。

生态习性 多见于树林中，寄生在土中大团囊菌 *Elaphomyces granulatus* 上。

分　　布 分布于四川、江苏、广西、云南等地。

应用情况 子实体部分可药用。在中药里用于活血、调经，主治妇科血崩和月经不调等症。有抗氧化活性。

无性型名称 轮枝孢之一种 *Verticillium* sp.

图 30

31　分枝团囊虫草

别　　名　分枝虫草、分枝鹿虫草
拉丁学名　***Elaphocordyceps ramosa*** (Teng) G. H. Sung et al.
曾用学名　*Cordyceps ramosa* Teng

形态特征　子实体生于寄主上，丛生，多分枝。柄弯曲，橙褐色至锈褐色，30～46mm×1.3～3mm。头部与柄无明显分界。子囊壳全部生于子实体表面，卵形，300～360μm×210～275μm。子囊孢子圆柱形，多隔，不断裂形成次生子囊孢子，隔细胞2～3μm×1～1.8μm。
生态习性　寄生于大团囊菌属真菌的子实体上。
分　　布　分布于甘肃、安徽、福建、广东等地。
应用情况　可药用，作妇科止血用药。

32　竹生肉球菌

别　　名　戈茨肉球菌、肉球菌、竹菌
拉丁学名　***Engleromyces goetzii*** Henn.
英　文　名　Flesh Ball Fungus

形态特征　子实体中等大，圆球形，直径6～10cm或更大，肉质，新鲜时表面浅肉色，后变深色，内部白色，平滑且有凸起，干燥时硬。子囊壳埋生子实体内，呈多层排列，椭圆形、卵圆形或近球形，720～780μm×480～590μm，壁呈肉桂色。子囊近圆柱形，有孢子部分135～150μm×16～19μm，每个子囊内有孢子8个，单行排列。孢子初期无色，后变成淡紫色，最后褐色，广椭圆形，15～21μm×11～15μm。侧丝细长，线形。
生态习性　生竹竿上且包围竹竿生长。
分　　布　分布于云南、四川、西藏等地。
应用情况　晒干后药用，民间用于治无名肿毒及癌症。有抗菌消炎作用，对喉炎、扁桃腺炎、腮腺炎、胃炎、胃溃疡、急性肾炎、皮肤化脓等症有一定疗效。其味苦，某些人服后可能产生呕吐反应。

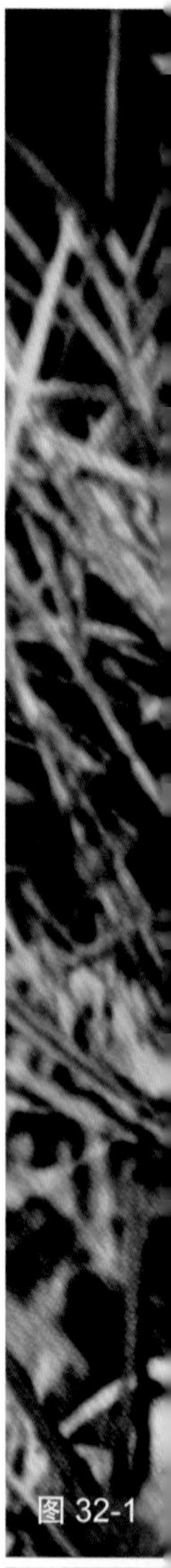

图 32-1

33　华美胶球炭壳菌

拉丁学名　***Entonaema splendens*** (Berk. et M. A. Curtis) Lloyd
曾用学名　*Xylaria splendens* Berk. et M. A. Curtis

形态特征　子实体较小，近球形或不正规球形，直径2～5cm，幼时或新鲜时有弹性，表面光滑或平滑，橙黄色或浅红褐色，有光亮感，内部似胶质，黄色，老后渐变空，外部变暗，喷散

图 32-2

图 32-3

图 34-1

图 34-2

图 34-3

图 35

黑孢子粉，并堆积表面，皮层干时硬，稍厚。子囊长圆筒形，含8个孢子，有侧丝。孢子椭圆形，光滑，黑褐色，8.5～11.5μm×4.5～6μm。

生态习性　夏秋季生林中腐木上，群生一起。

分　　布　一般分布于暖热地区。原产于日本，2000年在我国吉林东部发现。

应用情况　此种色彩特殊，还可研究药用。

34　鹿花菌

别　　名　河豚菌、鹿花蕈

拉丁学名　*Gyromitra esculenta* (Pers.) Fr.

英 文 名　Conifer False Morel, False Morel, Brain Mushroom

形态特征　子实体较小或中等，高达8～10cm。菌盖直径4～8cm，皱曲呈大脑状，褐色、咖啡色或褐黑色，表面粗糙，边缘有部分与菌柄连接。菌柄长4～5cm，粗0.8～2.5cm，往往短粗，污白色，空心，表面粗糙而凹凸不平，有时下部埋在土中或其他基物里。子囊中含孢子8个，单行排列。孢子椭圆形，含2个小油滴，18～22μm×8～10μm。侧丝浅黄褐色，细长，分叉，有隔，顶部膨大5～8μm。

生态习性　春至夏初于林中沙地上单生或群生。

分　　布　分布于黑龙江、吉林、云南、四川、西藏等地。

应用情况　此种含鹿花菌素，一般食后6～12h出现腹痛、腹泻等胃肠道病症，表现为肝、肾受损，黄疸等溶血症状。中毒往往因人而异。有认为孢子含毒多，经水浸泡、煮沸后多次冲洗可食用。

35　大鹿花菌

拉丁学名　*Gyromitra gigantean* (Krombh.) Cooke

形态特征　子实体中等至较大。菌盖直径8.9～15cm，呈不明显的马鞍形，稍平坦微皱，黄褐色。菌柄长5～10cm，粗1～2.5cm，圆柱形，较盖色浅，平坦或表面稍粗糙，中空。子囊表面粗糙，圆柱形，280～300μm×18～25μm，含8个孢子，单行排列。孢子23～28μm×10～12μm。侧丝顶部膨大，有横隔。

生态习性　于针叶林中地上靠近腐木单生或群生。

分　　布　分布于川西等地。

应用情况　含溶血毒素，经煮沸、浸泡、冲洗后方可食用。

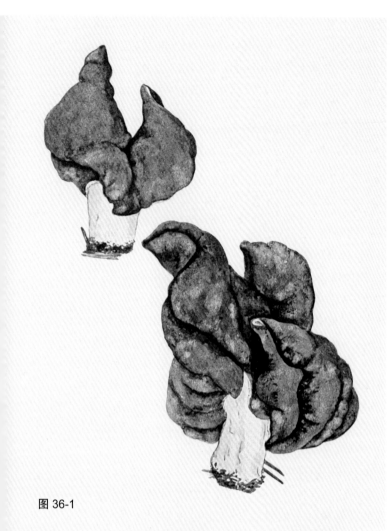

图 36-1

36 赭鹿花菌

别　　名　赭马鞍菌、马鞍状鹿花菌、毒马鞍菌

拉丁学名　*Gyromitra infula* (Schaeff.) Quél.

英 文 名　Saddle-shaped False Morel

形态特征　子实体中等大。菌盖直径 5～8cm，呈马鞍状，褐色或红褐色，表面多皱，粗糙。菌柄长 3～8cm，粗 1～2cm，污白或稍带粉红色，表面粗糙并有凹窝。子囊圆柱形，165～220μm×12～15μm，子囊孢子单行排列或上部双行。孢子近无色，壁厚，含 2 个油滴，椭圆形，16～20μm×8～10μm。侧丝浅褐色，具分隔及分枝，顶端膨大，粗 9～10μm。

生态习性　夏秋季于云杉、冷杉或松林地上或腐木上单生或群生。

分　　布　分布于吉林、山西、甘肃、新疆、四川、黑龙江、青海、西藏等地。

应用情况　含鹿花菌素，中毒后主要表现为溶血症状。外形与马鞍菌近似，注意区分，可研究药用，不宜食用。

37 拟赭鹿花菌

拉丁学名　*Gyromitra tengii* Cao

形态特征　子实体较小。菌盖高 2～7cm，宽 2.5～10cm，规则或至不规则马鞍形，边缘完整不反卷，一般将菌柄包围。子实层长 1～5cm，粗 1～2.5cm，表面平整或稍皱，空心。菌柄近圆柱形或稍扁，色较浅。子囊

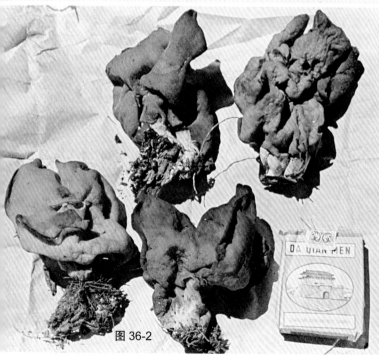

图 36-2

圆柱形，8个孢子单行排列，表面亮红褐色或红褐色至较暗，平坦，不育面淡褐至污白黄色。孢子无色，有小疣，含数个小油滴，椭圆形或长椭圆形，20～25μm×8～11μm。侧丝带锈红色，线形，有隔及少分枝，顶部稍膨大近弯曲近钩状。

生态习性　生云杉等林中地上，单生或散生。

分　　布　分布于新疆等地。

应用情况　有溶血作用，其毒素可研究药用。

图 36-3

38　白柄马鞍菌

别　　名　裂盖马鞍菌、白柄裂盖马鞍菌、胡杨菌（新疆）

拉丁学名　***Helvella leucopus*** Pers.

曾用学名　*Helvella albipes* Peck

英 文 名　White Stalked Helvella

形态特征　子实体一般较小或中等大。菌盖裂片3～4片，暗褐色至黑褐色，表面似绒状，边缘有几点与柄连接，盖下面污白色。菌柄长2～7cm，粗1～1.8cm，白色至乳白色，表面似有粉末，空心，下部膨大且有沟或凹窝。子囊长棒状至长圆柱形，250～300μm×16～20μm，含孢子8个单行排列。孢子无色或带黄色，光滑，壁厚，宽椭圆形至宽卵圆形，17.7～22.9μm×12.7～16.5μm。侧丝顶部膨大5～8μm，带黄色，有隔。

生态习性　夏季于异叶杨树下沙质地上群生、单生或散生。

分　　布　分布于新疆、甘肃、河北等地。

应用情况　可食用，味道好。新疆地区多产，群众有采食习惯。试验其甲醇提取物有显著抑癌作用。

图 37

39　黑马鞍菌

拉丁学名　*Helvella atra* J. König
曾用学名　*Leptopodia atra* (J. König) Boud.; *Helvella nigricans* Pers.
英　文　名　Dark Elfin Saddle

图 38-1

形态特征　子实体小，黑灰色。菌盖直径 1～2cm，呈马鞍形或不正规马鞍形，边缘完整，与柄分离，上表面即子实层面黑色至黑灰色，平整，下表面灰色或暗灰色，平滑，无明显粉粒。菌柄圆柱形或侧扁，稍弯曲，黑色或黑灰色，往往较盖色浅，长 2.5～4cm，粗 0.3～0.4cm，表面有粉粒，基部色淡，内部实心。子囊圆柱形，200～280μm×15～19μm，含孢子 8 个，单行排列。孢子无色，平滑，椭圆形至长方椭圆形，16～19.5μm×9.5～12.3μm，含 1 大油球。侧丝细长，有分隔，不分枝，灰褐色至暗褐色，顶端膨大呈棒状，粗 8μm。
生态习性　夏秋季于林中地上散生或群生。
分　　布　分布于河北、云南、四川、湖南、山西、甘肃、新疆等地。
应用情况　多记载为食用菌。但最好煮洗后加工食用。

40　皱马鞍菌

别　　名　皱柄马鞍菌、皱柄白马鞍菌、棱柄白马鞍菌
拉丁学名　*Helvella crispa* (Scop.) Fr.
英　文　名　White Helvella, White Saddle, Fluted White Helvella

形态特征　子实体较小。菌盖直径 2～4cm，马鞍形，后呈不规则瓣片状，白色到淡黄色。菌柄长 5～6cm，粗 1.6～2cm，圆柱形，白色，有纵生深槽，形成纵棱。子囊圆柱形，240～300μm×12～18μm，子囊孢子 8 个单行排列。孢子无色，光滑至粗糙，宽椭圆形，13～20μm×10～15μm。侧丝单生，顶端膨大，粗 6～8μm。
生态习性　于林中地上单生或群生。
分　　布　分布于云南、四川、河北、山西、黑龙江、江苏、浙江、陕西、甘肃、青海等地。
应用情况　可食用，味道较好。但记载有微毒，经充分煮洗后方可食用。

图 39-1

图 39-2

图 38-2

图 40-1

图 40-2

图 40-3

图 41-1

图 41-2

图 41-4

图 41-5

图 41-3

41 马鞍菌

拉丁学名 *Helvella elastica* Bull.
英 文 名 Brown Elfin Saddle, Smooth-stalked Helvella

形态特征 子实体小。菌盖直径 2～4cm，马鞍形，蛋壳色至褐色或近黑色，表面平滑或蜷曲。菌柄长 4～9cm，粗 0.6～0.8cm，圆柱形，蛋壳色至灰色。子囊 200～280μm×14～21μm，含孢子 8 个，单行排列。孢子无色，含 1 大油滴，光滑或粗糙，椭圆形，17～22μm×10～14μm。侧丝线形上端膨大，粗 6.3～10μm。

生态习性 夏秋季于林中地上群生。

分 布 分布于云南、河北、山西、吉林、江苏、浙江、江西、陕西、甘肃、青海、海南等地。

应用情况 记载可食用，但也有怀疑含微毒，经煮沸、淘洗加工方可食用。

图 42

42 乳白马鞍菌

别　　名　纯白马鞍菌

拉丁学名　*Helvella lactea* Boud.

形态特征　子实体小，白色至乳白色。菌盖马鞍形，直径 1~2.5cm，表面比较平整，边缘完整而与柄分离或有数点相连，干时呈乳黄色，上下面同色。菌肉白色。菌柄稍细，长 1.5~3cm，粗 0.5~1cm，具纵沟条及棱脊，棱脊缘窄而往往交织，内部实心。子囊圆柱形，200~255μm×14~18μm，含孢子 8 个。孢子椭圆形，平滑，无色，16~18μm×11~13μm，含 1 大油球。侧丝线形，无隔或稀有隔，不分枝，无色，顶端膨大，粗 7μm。

生态习性　夏秋季生栎等阔叶林地上，单生或散生。

分　　布　分布于山西、云南、陕西等地。

应用情况　有记载可食用。此种与皱马鞍菌 *Helvella crispa* 非常相似，明显差异是后者菌盖污白带淡土黄色，子实体较小，表面往往皱。

43 棱柄马鞍菌

图 43-1

别　　名　多洼马鞍菌

拉丁学名　*Helvella lacunosa* Afzel.

英 文 名　Black Saddle, Common Grey Saddle, Fluted Black Helvella

---

形态特征　子实体小。菌盖直径 2~5cm，马鞍形，褐色或暗褐色，表面平整或凹凸不平。菌柄长 3~9cm，粗 0.4~0.6cm，空心，灰白至灰色，具纵向沟槽。子囊 200~280μm×14~21μm，子囊里有 8 个孢子单行排列。孢子无色，光滑，含 1 大油滴，椭圆形或卵形，15~22μm×10~13μm。侧丝细长，有或无隔，顶部膨大 5~10μm。

生态习性　夏秋季于林中地上单生或群生。

分　　布　分布于云南、四川、山西、黑龙江、吉林、江苏、广东、甘肃等地。

应用情况　可食用，也有记载有毒，不宜采食和药用。此种菌盖有时多皱曲，外形近似于鹿花菌。

图 43-2

图 43-3

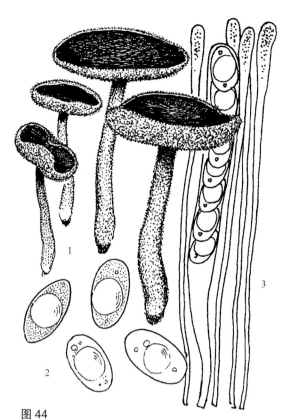

图 44
1. 子囊盘；2. 孢子；3. 子囊及侧丝

44 粒柄马鞍菌

别　　名	灰高脚盘菌
拉丁学名	***Helvella macropus*** (Pers.) P. Karst.
曾用学名	*Macropodia macropus* (Pers.) Fuckel
英 文 名	Elfin Cup, Felt Saddle

形态特征　子囊盘较小呈高脚盘状，直径 3～4cm，似盘状，子实层面褐色，干时近黑色，背部表面灰色，边缘内卷或上翘。柄有深沟槽，浅土黄色或浅锈色，内实，长 4～5.5cm，粗 0.7～0.8cm。子囊圆柱形或长棒状，230～340μm×14～18μm。孢子 8 个，无色，单行排列，光滑，宽椭圆形，含 1 大油滴，18～21μm×11～13.5μm。侧丝细长，至顶部渐膨大，粗可达 6～8μm。

生态习性　夏秋季生于林中地上，散生、群生或单生。

分　　布　分布于云南、西藏等地。

应用情况　记载可食用，但有怀疑具毒。

45 具脉马鞍菌

别　　名	脉马鞍菌
拉丁学名	***Helvella phlebophora*** Pat. et Doass.

形态特征　子实体小。菌盖直径 1～2cm，近半球形至扁半球形，边缘完整而与柄分离，子实层面较平坦，灰褐色、暗灰色至灰褐色，平后近黑色，下表面淡灰色至灰色，柄顶部延伸出数条棱脉接近盖边缘。棱脉分叉或否，色浅。菌柄浅灰褐色或灰黑色，具平坦的棱沟，长 1～3cm，粗 0.3～0.6cm，内部实心，基部色变浅。子囊圆柱形，含 8 个孢子，230～300μm×12～15μm。孢子椭圆形或宽椭圆形，无色，平滑，15～17μm×10～12μm，含 1 大油球。侧丝细长有隔，不分枝，灰褐色，顶部膨大，粗 5～7μm。

生态习性　夏秋季生栎、栲等阔叶林中地上，偶生于朽木上，群生或散生。

分　　布　分布于山西等地。

应用情况　记载可食用。

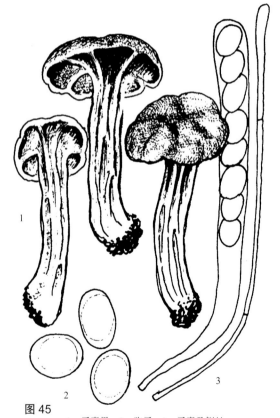

图 45
1. 子囊果；2. 孢子；3. 子囊及侧丝

46 脑状腔地菇

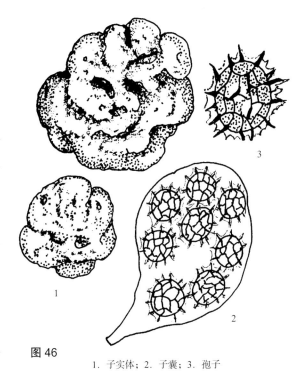

别　　名　脑状腔块菌
拉丁学名　*Hydnotrya cerebriformis* Harkn.
曾用学名　*Hydnoboletes cerebriformis* Tul.; *Hydnotryopsis suevica* Soehner

形态特征　子实体较小，往往形态不正或块状扭曲折叠成脑状，直径 0.5～5cm，高 1～2.5cm，多处有明显的或大小不等的孔口，污白色、奶油色或黄色至黄褐色，干后呈褐色，表面平滑。包被浅黄褐色，产孢组织白色至浅黄色，由迷路状分枝和狭窄的向外开口的腔组成，子实层排列于腔的内侧。菌髓子实体表面污白色。子囊宽柱形，含 8 个孢子，埋生于子实层侧丝间，180～250μm×30～80μm。孢子球形，厚壁，初期光滑无色，成熟时黄褐色具刺，含 1 大油球，直径 18～33μm。侧丝圆柱形，粗 4～7.5μm，顶端略膨大。
生态习性　夏秋季生针阔叶混交林地土中，群生。可能与树木形成菌根。
分　　布　分布于山西等地。
应用情况　可食用。

图 46

1. 子实体；2. 子囊；3. 孢子

47 竹生小肉座菌

别　　名　竹小肉座菌、竹砂仁、竹果、竹花、竹红菌
拉丁学名　*Hypocrella bambusae* (Berk. et Broome) Sacc.
英　文　名　Little Bamboo

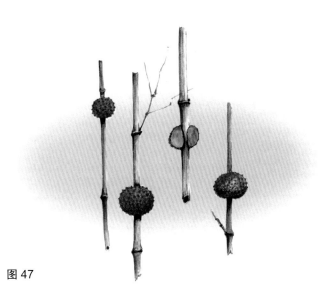

图 47

形态特征　子实体小，近半球形，直径 0.07～1.5cm 或达 2cm，新鲜时粉红色或浅肉色，较松软，干后变为灰黄色或红褐色，较坚硬，表面有不规则的喙状突起，内部粉红色至深红色。子囊壳单列，埋生于子实体外围，壳壁无色透明。子囊细长，350～430μm×16～20μm。子囊孢子蠕虫形，8 个，右旋扭曲，270～310μm×8～8.9μm，透明无色至微黄色。
生态习性　围生于箭竹属 *Sinarundinaria* 的节间或近节处。

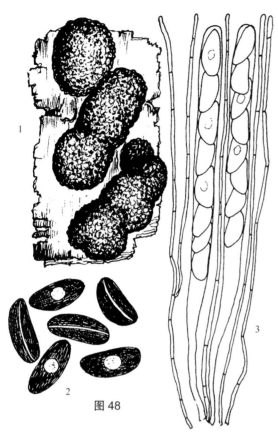

图48

1. 子座；2. 孢子；3. 子囊及侧丝

分　　布　分布于云南等地。

应用情况　民间泡酒治胃病及风湿性关节炎。另含有近似蒽醌衍生物，是一种具有光敏活性的色素，即竹红菌甲素（hypocrellin A，$C_{30}H_{26}O_{10}$）。可药用治疗妇科病，还可治疗胃病、关节炎、牛皮癣和白癜风等。

48　多形炭团菌

别　　名　炭团

拉丁学名　*Hypoxylon multiforme* (Fr.) Fr.

形态特征　子实体垫状或半球形或其他形状，高0.2～0.8cm，宽0.5～1.7cm，红褐色或锈红褐色，渐变暗褐色，最后呈黑色，炭质。子囊壳显著，孔口呈乳头状突起。子囊圆筒形，110～160μm×5～7μm，有孢子部分65～90μm。孢子单行排列，不等边椭圆形，暗褐色，光滑，9～11μm×3～3.5μm，有记载孢子比较大，为17～24μm×7～10μm。侧丝细长呈线形，有隔或分叉，上部长4～8μm。

生态习性　生于桦树皮及其他阔叶树上，一般从树皮裂缝生出。并引起木质腐朽。

分　　布　分布于河北、山西、吉林、陕西、宁夏、甘肃、四川、云南、新疆、西藏等地。

应用情况　用途不清，可研究应用。

49　虫花粉菌

别　　名　虫花菌、虫花棒孢、虫花棒束孢、虫草棒束孢、粉质棒束孢

拉丁学名　*Isaria farinosa* (Holmsk.) Fr.

曾用学名　*Penicillium farinosum* (Holmsk.) Biourge

形态特征　孢梗束群生或近丛生，基部蛋壳色至米黄色，光滑。柄细，蛋壳色至米黄色，光滑。头部珊瑚状分枝，白色至黄白色粉末状。孢梗束的高度与茧蛹大小和环境湿度有关，一般为1.5～5cm。分生孢子近球形至广椭圆形，2～3μm×1.5～2.5μm。

生态习性　寄生于鳞翅目、鞘翅目、同翅目和半翅目等昆虫体上。

分　　布　分布于河北、浙江、福建、四川、贵州、云南、广东等地。

应用情况　具有抑肿瘤作用。菌丝体糖蛋白可明显提高小鼠单核巨噬细胞吞噬能力，并可使小鼠脾重量明显增加。具有抗氧化和抗抑郁的药理活性。民间常用于代替蝉花入药。

50　地菇状马蒂菌

别　　名　瘤孢地菇、网孢地菇
拉丁学名　*Mattirolomyces terfezioides* (Matt.)
　　　　　　E. Fisch.
曾用学名　*Terfezia terfezioides* (Matt.) Trappe;
　　　　　　Choiromyces terfezioides Matt.

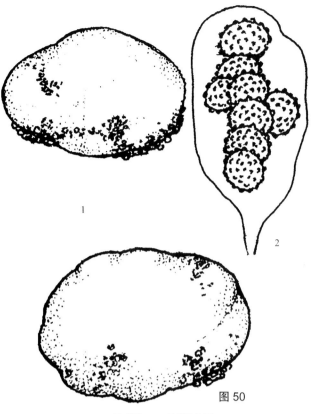

1. 子囊果；2. 子囊及孢子
图 50

形态特征　子囊果近球形，椭圆形不等，表面光滑，白色，长 3～6cm，横粗 2.5～3.5cm，内部白色。子囊球形至椭圆形，无柄或有短的柄状基部，100～120μm×55～68μm，内含孢子 8 个。孢子球形，无色，具不规则的网纹或隆脊，直径 18～23μm，小瘤长 1～2μm。
生态习性　春末晚秋于刺槐树旁或农田土中散生或群生。属于菌根菌。
分　　布　分布于河北、河南、山西等地。
应用情况　可食用，其味鲜美。刘波先生认为，原来在《中国的真菌》中所记载的 *Terfezia leonis*，应是此种。

51　凉山虫草

别　　名　凉山亚虫草、凉山绿僵虫草、麦秆虫草
拉丁学名　*Metacordyceps liangshanensis* (M. Zang, D. Liu et R. Hu) G. H. Sung et al.
曾用学名　*Cordyceps liangshanensis* M. Zang et al.

形态特征　寄主体内菌丝，新鲜时白色、淡乳白色。子实体多分枝或单生，细长而坚硬，多直立少曲折，由寄主口部生出，高 20～30cm，粗 1.5～2.3mm。头部圆柱状或棒状，褐色、黑褐色，顶端有微延长的不孕性尾尖，粗 2～2.3mm，具假薄壁组织的皮层。子囊壳椭圆形或卵圆形，400～740μm×300～450μm，黑褐色，表面生，凸出，呈天南星果序状，子囊壳下的壳柄多分枝，新鲜时褐黄色或麦秆色，偶呈深褐色。子囊圆柱状，260～480μm×8～12μm。子囊孢子透明或微黄、线状、蠕虫状，多横隔，160～350μm×2.5～3.5μm，呈断裂状，断裂后的孢子小段长棒形，每段10～20μm×2.5～3.5μm。
生态习性　寄生于鳞翅目昆虫的幼虫体上，多分布于海拔 1500m 以下的地带，尤多见于笻竹和罗汉竹林下。多见于 7～8 月。
分　　布　分布于四川、贵州、云南等地。本种为我国西南地区的特有种。

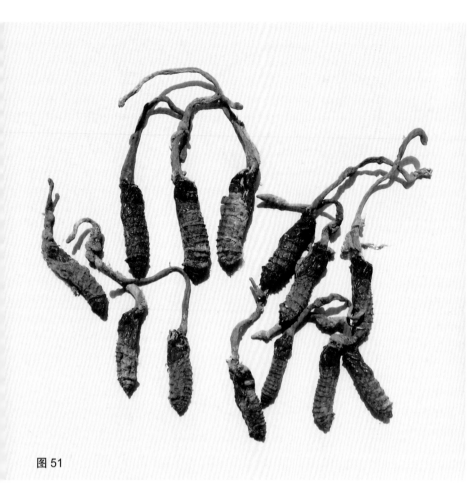

图 51

图 52

应用情况 民间已作药用虫草，功效与冬虫夏草类似，但质量略逊。经急性、亚急性毒性试验，本品较安全。所含主要化学成分有甘露醇、麦角甾醇、硬脂酸等。

52 珊瑚虫草

别　　名 珊瑚绿僵虫草
拉丁学名 *Metacordyceps martialis* (Speg.) Kepler et al.
曾用学名 *Cordyceps martialis* Speg.
英 文 名 Coral Cordyceps

形态特征 子实体长 3～9cm，从寄主各处发出，多生于顶端，橘红色，头部及柄均能分枝，有时不分枝。柄多弯曲。头部棒形，长 1～3cm，粗 0.2～0.6cm，顶端钝或尖往往不孕。子囊壳近卵形，550～600μm×240～280μm，孔口凸出，圆锥形。子囊 250～330μm×4～5μm，短棍状。孢子 3～4μm×1μm。

生态习性 从埋土中的鳞翅目昆虫蛹上生出，有时生幼虫上。

分　　布 分布于广东、海南、香港、浙江、福建、云南、四川、西藏等地。

应用情况 菌丝体可发酵培养，可药用。有保肺、益肾等作用。

53 戴氏虫草

别　　名　戴氏绿僵虫草

拉丁学名　*Metacordyceps taii* (Z. Q. Liang et A. Y. Liu) G. H. Sung, J. M. Sung, Hywel-Jones et Spatafora

曾用学名　*Cordyceps taii* Z. Q. Liang et A. Y. Liu

形态特征　寄主体表有苍黄色菌丝层。子座常 3～5 个簇生于寄主头部。柄柱状，25～45mm×2～3mm，下部常连生，粗 6mm。可孕部柱状，向上变细，与柄有明显界限，苍黄色，20～35mm×2～5mm。子囊壳瓶形，颈部弯曲，倾斜埋生，767～1100μm×247～354μm。子囊柱状，305～480μm×3.3～4.5μm，子囊帽宽度略小于子囊，1.8～2.4μm×3～3.5μm。次生子囊孢子较长，17～34μm×1～1.4μm。

生态习性　在自然界常寄生于一种鳞翅目夜蛾科昆虫的幼虫上，虫体一般 4.5cm×0.8～1cm。

分　　布　分布于贵州、安徽、河南等地。

应用情况　在有些地方被当成冬虫夏草，用于治疗肺结核、肺癌等，过量服用会出现恶心、呕吐等。子实体中含有清除自由基的活性物质，有免疫调节作用。

无性型名称　戴氏绿僵菌 *Metarhizium taii* Z. Q. Liang et A. Y. Liu

54 半开钟柄菌

别　　名　半开羊肚菌

拉丁学名　*Mitrophora semilibera* DC. : Boud.

曾用学名　*Morchella semilibera* DC. : Boud.

英 文 名　Dog Pecker, Half-free Morel, Semi-free Morel

形态特征　子实体较小，高 6～15cm。菌盖近钟形或近圆锥形，高 1～4cm，宽 1～3cm，盖边缘与柄分离并明显伸展，褐色或黄褐色。脉纹由顶部发出形成许多条，相互连接形成无数小窝。菌柄圆柱状向基部渐粗，长 6～12cm，粗 1～1.5cm，近白色，表面有细颗粒，空心。孢子光滑，无色，椭圆形，22～30μm×12～17μm，无色。侧丝有分隔，顶部明显膨大，粗 11～12.5μm。

生态习性　春至早夏生于林中地上，散生至群生，常单生。

分　　布　分布于甘肃等地。

应用情况　可食用，味道鲜美。但亦有记载含毒，不宜食用。

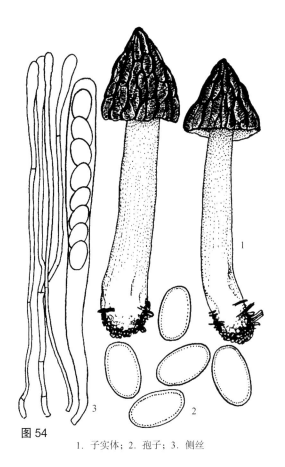

图 54

1. 子实体；2. 孢子；3. 侧丝

55　黑脉羊肚菌

别　　名　小尖羊肚菌、小顶羊肚菌
拉丁学名　*Morchella angusticeps* Peck
英 文 名　Black Morel, Narrow-capped Morel

形态特征　子实体中等至较大，高 6～12cm。菌盖高 4～6cm，粗 2.3～5.5cm，锥形或近圆柱形，顶端一般尖，凹坑多呈长方圆形，淡褐色至蛋壳色，棱纹黑色，纵向排列，由横脉交织，边缘与菌柄连接。菌柄长 5.5～10.5cm，粗 1.5～3cm，近圆柱形，乳白色，上部稍有颗粒，空心，基部往往有凹槽。子囊近圆柱形，128～280μm×15～23μm。孢子 8 个，单行排列，20～26μm×13～15.3μm。侧丝基部或有分隔，顶端膨大，粗 8～13μm。

生态习性　于针叶林地上大量群生。在西藏分布海拔 4000m 高度的云杉林带。

分　　布　分布于新疆、甘肃、西藏、山西、内蒙古、青海、四川、云南等地。

应用情况　可食用，味道鲜美。可药用，有助消化、益肠胃、理气等功能，可治疗肠胃病。可以用菌丝体进行深层发酵培养。现在试验人工培养子实体。

图 55-1

56　尖顶羊肚菌

别　　名　圆锥羊肚菌
拉丁学名　*Morchella conica* Pers.
英 文 名　Cone Morel, Conic Morel, Morille

形态特征　子实体较小，高 5～7μm。菌盖高 3～5cm，宽 2～3.5cm，近圆柱形，顶端尖，形成许多长形凹坑，多纵向排列，浅褐色。柄长 3～5cm，粗 1～2.5cm，空心，白色，有不规则纵沟。子囊 250～300μm×17～20μm，含孢子 8 个，单行排列。孢子椭圆形，20～24μm×12～15μm。侧丝无色，细长，顶端稍膨大。

生态习性　于林中地上或腐叶层上单生或群生。

分　　布　分布于河北、山西、江苏、吉林、辽宁、甘肃、西藏、云南、新疆等地。

应用情况　可食用，味道鲜美，可利用菌丝体发酵培养。可药用，有益于肠胃、化痰理气，治消化不良、痰多气短等症。

图 56-1

图 55-2

图 56-2

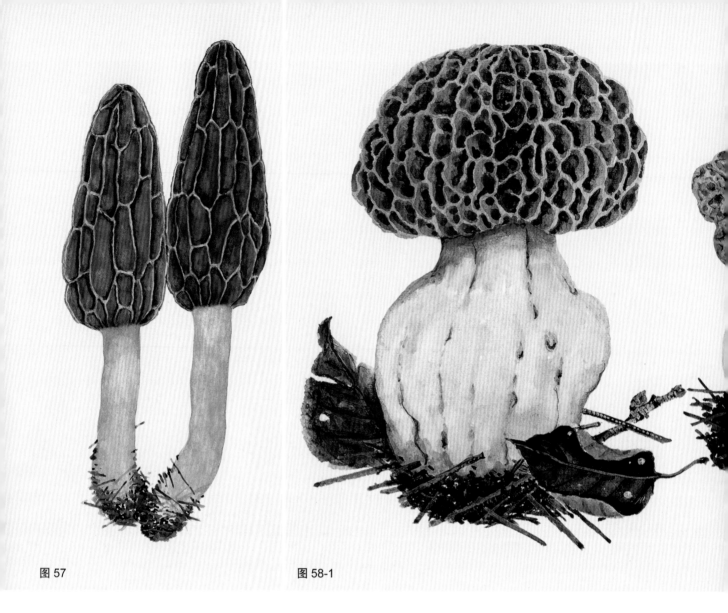

图 57 　　　　　　　　　　　　图 58-1

57　肋脉羊肚菌

拉丁学名　*Morchella costata* (Vent.) Pers.

形态特征　子实体中等大。菌盖高 6～8cm，直径 3.5～4.5cm，长圆锥形或长卵圆形，顶端钝或尖，浅黄土色或淡黄褐色，脉棱少及凹窝宽而长，其纵脉棱明显长。菌柄长 7～10cm，粗 2～2.5cm，近柱形，空心，基部稍膨大，同盖色，表面似有一层粉末，内部直至盖部空心。菌肉较薄。子囊近长圆柱形，含 8 个孢子，单行排列。孢子无色，平滑，椭圆形，18.7～24.5μm×10～13μm。侧丝细长，顶部稍粗。

生态习性　春至初夏于林中地上单生或群生。

分　　布　分布于甘肃、四川等地。

应用情况　可食用，其质地较薄。

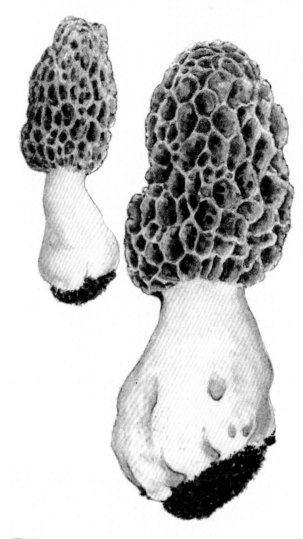

图 58-2   图 58-3

58 粗柄羊肚菌

别　　名 粗腿羊肚菌

拉丁学名 *Morchella crassipes* (Vent.) Pers.

英 文 名 Crassipes Morel, Thick Stemmed Morel

形态特征 子实体中等大。菌盖长 5～7cm，宽 5cm，近圆锥形，有凹坑，似羊肚状，凹坑近圆形或不规则形，大而浅，淡黄色至黄褐色，交织成网状，网棱窄。柄长 3～8cm，粗 3～5cm，粗壮，空心，基部膨大，稍有凹槽。子囊圆柱形，230～260μm×18～21μm，含孢子 8 个，单行排列。孢子无色，椭圆形，15～26μm×12.5～17.5μm。侧丝顶部膨大。

生态习性 初夏季生林中地上和开阔地及河边地上低海拔阔叶林带，群生或散生。

分　　布 分布于河北、北京、山西、黑龙江、新疆、甘肃、西藏等地。

应用情况 可食用，味道鲜美。可药用治消化不良、痰多气短。

59　美味羊肚菌

别　　名　小羊肚菌
拉丁学名　*Morchella deliciosa* Fr.
英　文　名　Delicious Morel, Sponge Morel, White Morel

形态特征　子实体较小或中等大，高 4～10cm。菌盖高 1.7～3.3cm，直径 0.8～1.5cm，圆锥形、凹坑长圆形，浅褐色，棱纹多纵向排列，有横脉相互交织。菌柄长 2.5～6.5cm，粗 0.5～1.8cm，空心，近白色至浅黄色，基部稍膨大且有凹槽。子囊近圆柱形，300～350μm×16～25μm。子囊孢子 8 个单行排列，椭圆形，18～20μm×10～11μm。侧丝有分隔或分枝，顶端膨大，粗 11～15μm。

生态习性　多生稀疏阔叶林地上。

分　　布　分布于甘肃、山西、河北、四川、福建等地。

应用情况　可食用和药用。含有人体必需氨基酸 7 种。可用菌丝体深层发酵培养。治消化不良、化痰等。

图 59-1

60　黑羊肚菌

别　　名　黑高羊肚菌
拉丁学名　*Morchella elata* Fr.
英　文　名　Black Morel, Conical Morel, Fire Morel

形态特征　子实体小或中等大至高大，高 7～25cm。菌盖高 3～11cm，粗 2～5cm，长形至近圆锥状，黄褐色，似蜂窝状，由长和近放射状的条棱形成似蜂窝状凹窝。菌柄长 5～15cm，粗 2～4cm，近白色，被细颗粒或粉粒，空心。子囊近柱状，孢子 8 个单行排列。孢子光滑，椭圆形，24～28μm×12～14μm。侧丝线形，细长，有分隔，顶部稍膨大不明显。

生态习性　春季或初夏在针叶林或针阔叶混交林中的沙土上群生。

分　　布　分布于云南、甘肃、新疆等地。

应用情况　可食用，味鲜美。此种子实体大，适于人工大规模培养，可为优良培养的品种。受国际市场欢迎。

图 59-4

图 59-2　　　　　　　　　　　图 59-3　　　　　　　　　　　图 60-1

图 59-5　　　　　　　　　　　图 60-2

图61

61 紫褐羊肚菌

别　　名 高羊肚菌紫褐变种、变紫羊肚菌
拉丁学名 *Morchella elata* var. *purpurascens* Krombh.
曾用学名 *Morchella purpurascens* (Krombh. ex Boud.) Jacquet.

形态特征 子实体小至中等大。菌盖呈圆锥形或近圆柱形，高4～9cm，宽2～5cm，顶部多钝圆或稍尖，由比较明显的纵棱纹交织成网格状，并形成许多近长方形或近角形的凹窝，浅茶褐色、茶褐带紫色，往往棱纹色较深。菌柄白色、黄白色或带浅黄褐色，近圆柱形或近棒状，长3～5cm，粗0.7～3cm，空心，中部以上平滑或被白色粉末状细颗粒，基部稍膨大，有纵沟槽纹，空心。子囊细长圆柱形，无色透明，230～300μm×17.5～23μm，含8个单行排列的孢子。孢子无色，光滑，椭圆形至长椭圆形，18～22.5μm×9～15μm。侧丝细长，无色，有横隔顶部稍膨大，粗10～12.5μm。

生态习性 春夏季多在杂灌木林地上散生或单生，偶有群生。

分　　布 分布于甘肃、四川、新疆等地。

应用情况 可食用，是一种味道很好的食用菌。

62 羊肚菌

别　　名 羊肚蘑、羊肚菜、编笠菌、蜂窝菌
拉丁学名 *Morchella esculenta* (L.) Pers.
曾用学名 *Morchella rotunda* (Fr.) Boud.
英 文 名 Common Morel, Yellow Morel, Morille

形态特征 子实体较小或中等大，高6～13cm。菌盖长4～6cm，宽4～6cm，不规则圆形、长圆形，表面许多凹坑，淡黄褐色。菌柄长5～7cm，粗2～2.5cm，空心，白色，有浅纵沟，基部稍膨大。子囊200～300μm×18～22μm。子囊孢子8个，单行排列，宽椭圆形，20～24μm×12～15μm。侧丝顶端膨大，有时有隔。

生态习性 于阔叶林中地上单生或群生。

分　　布 分布于四川、云南、河北、山西、吉林、江苏、陕西、甘肃、青海、新疆等地。

应用情况 可食用，味道鲜美。含有7种人体必需氨基

图62

酸。可利用菌丝体发酵培养。可药用、益肠胃、化痰理气、补肾、抑肿瘤。

63　硬羊肚菌

别　　名　羊肚菌坚挺变种
拉丁学名　*Morchella esculenta* var. *rigida* (Krombh.) I. R. Hall et al.

图63

形态特征　子实体中等至较大，高10～20cm。菌盖部高5～10cm，宽5～8cm，近圆锥形、椭圆形或卵圆状，呈蜂窝状，凹下底部较平，浅黄褐色至褐色。菌柄较粗，长5～8cm，粗1.5～2.5cm，较盖色浅，表面微粗糙，基部膨大，空心。子囊长棒状，300～390μm×18～22μm，含孢子8个，单行排列。孢子无色，光滑，宽椭圆形，18～23μm×11～14μm。侧丝细长，多分隔，顶部稍膨大。
生态习性　春夏季于阔叶林地上单生或散生。
分　　布　分布于甘肃等地。
应用情况　可食用，味道好。

图64-1

64　褐赭色羊肚菌

别　　名　羊肚菌褐赭色变种
拉丁学名　*Morchella esculenta* var. *umbrina* (Boud.) S. Imai
曾用学名　*Morchella umbrina* Boud.

形态特征　子实体较小或中等大，高5～8cm。菌盖高2～4.5cm，宽2～4cm，近球形或头状或近卵圆形，黑灰色至黑褐色，顶部平或凹，脉棱多纵向排列并有小横脉相连，凹窝深。菌肉污白色或带褐色。菌柄长2～4cm，粗0.5～1cm，近白色，有时带赭色，表面近光滑，空心，基部膨大。子囊圆柱形，325～380μm×16.9～23μm，含8个孢子，单行排列。孢子无色，光滑，椭圆形，18～23μm×8.5～12μm。侧丝线形，顶部稍膨大达20μm，有分隔及分枝。
生态习性　春季生阔叶林地上，群生或散生。
分　　布　分布于甘肃、四川、河北等地。
应用情况　可食用，味鲜美。

图64-2

图 65-1

图 65-2

图 66-2

图 66-3

图 65-3

图 66-1

65 庭院羊肚菌

别　　名　羊肚菌
拉丁学名　*Morchella hortensis* Boud.

生态习性　生于树林边地上。
分　　布　分布于青海等地。
应用情况　可食用。含蛋白质、脂肪和氨基酸。抑肿瘤。该菌具有开发成天然抗氧化剂和抗生素的潜力。

66 梯纹羊肚菌

拉丁学名　*Morchella importuna* M. Kou et al.

形态特征　子实体中等至较大，高 6～16cm，宽 3～5cm。子囊盘钝锥形，纵脊近平行，横脊与纵脊近垂直，呈梯状，近黑色。子实层表面黄褐色，下陷。菌柄长 3～9cm，粗 2～5cm，近棒形，污白色，被白色绒毛。子囊 200～300μm×15～25μm，具 8 个子囊孢子。子囊孢子 18～24μm×10～13μm，椭圆形，表面平滑。
生态习性　夏秋季生于林中地上。
分　　布　分布于我国许多地区。
应用情况　可食用，还可药用。已有人工培养。

图 67

图 68-1

67 薄棱羊肚菌

拉丁学名 *Morchella miyabeana* S. Imai

形态特征 子实体一般中等大，高7～13cm。盖部长3～6cm，粗2.5～3cm，纹脉近纵向交接呈角形，边缘往往薄或短，淡黄褐色、污黄色，老后纹沿色变深。柄圆筒形，向基部稍细，白色带黄色。子囊圆筒形，含8个孢子。孢子椭圆形，光滑。

生态习性 生林中草地上，散生或群生。

分　　布 分布于四川、甘肃等地。

应用情况 可食用。

图 68-2

68 宽圆羊肚菌

拉丁学名 *Morchella robusta* Boud.
曾用学名 *Morchella esculenta* var. *rotunda* Pers.

形态特征 子实体中等至稍大，高6～15cm。菌盖高3～6cm，直径3.5～5cm，浅黄褐色至褐色，老后色暗，凹窝近角形或圆形或椭圆形，脉棱曲折，窝底稍平。菌柄稍粗，圆柱状，基部稍有膨大，污白色至淡黄色，长3～9cm，粗1.8～3.5cm，表面稍粗糙，稀有凹窝。子囊长圆柱形，内含8个孢子，单行排列，近无色，245～355μm×15～21μm。孢子椭圆形，光滑，近无色，18～25μm×12～13.5μm。侧丝细长，线形，顶部稍有膨大，近棒状，基部分隔及分枝。

生态习性 春末夏初生于山林地上。

分　　布 分布于青海、甘肃等地。

应用情况 可食用。此种比较少，其味同其他羊肚菌。

图 68-3

69 淡褐羊肚菌

拉丁学名 *Morchella smithiana* Cooke

形态特征 子实体大，高可达 24cm。菌盖粗 4～6cm，近球形或宽卵圆形，淡黄褐色，棱脉较细呈多角形网络或凹窝。菌柄长 3～6cm，粗 0.5～1cm，粗圆柱形，白色或污白带黄色，多有浅凹凸，表面被细小粉粒，空心。子囊圆柱形，含 8 个孢子，200～285μm×18～21μm。孢子 20～28μm×12～16.5μm。侧丝线形。

生态习性 于林地上群生或散生。

分　　布 分布于甘肃等地。

应用情况 可食用。

图 69

70 矮小羊肚菌

别　　名 羊肚菌
拉丁学名 *Morchella* sp.

形态特征 子实体小。菌盖高 1～1.5cm，宽 0.8～1cm，近椭圆形、卵圆形至近圆锥形，顶部稍凸，浅褐色至褐色，棱脉粗且呈纵向交织呈长形或不规则凹窝。菌柄长 0.8～1.5cm，粗 0.5～0.7cm，近柱形，表面平滑，基部稍膨大，有的稍有沟，中空。子囊圆柱形，180～320μm×18～23μm，含 8 个孢子，单行排列。孢子无色，光滑，椭圆形，19～23μm×11.5～18.5μm。侧丝无色，线形，细长，顶端稍膨大。

生态习性 于林地上散生或群生。

分　　布 分布于甘肃舟曲等地。

应用情况 可食用，子实体呈手指端大小，别有风味。

71 小球羊肚菌

拉丁学名 *Morchella* sp.

形态特征 子实体小。菌盖直径 1～3cm，呈球形或扁圆形，顶部多稍凹，网脉似纵向又互相交织，内实。菌柄短粗，长 1～3cm，粗 0.3～0.6cm，污白色，平滑或稍有纵沟和凹窝。子囊呈长棒状，孢子 8 个，单行排列。孢子光滑，椭圆，17～20μm×9～13μm。

生态习性 秋季于林中地上群生或散生。

分　　布 分布于甘肃陇南等地。

应用情况 可食用。

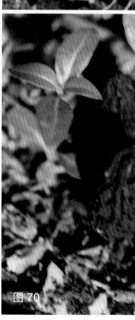

图 70

图 71-1

图 71-2

图 72-1

图 72-2

图 72-3

72 小海绵羊肚菌

拉丁学名 *Morchella spongiola* Boud.

形态特征 子实体较小。菌盖高 2～4cm，宽 1.5～3.5cm，扁圆形至近圆锥形，新鲜时色淡，黄褐色至灰褐色或暗褐色，表面凹窝深而不规则，凹窝间相连的棱较厚，凹窝内与棱面比颜色稍浅。菌柄长 3～5cm，直径 1.5～2.5cm，往往近基部膨大，白色，平滑，空心。子囊 194～267μm×14～17μm，长柱形，薄壁，无色，具 8 个孢子，单行排列。孢子 17.5～22μm×11.5～14μm，椭圆形，无色，光滑，非淀粉质。

生态习性 春季群生于阔叶林中地上或草地上。

分　　布 东北地区有分布。

应用情况 据记载可食用。

73 普通羊肚菌

别　　名 尖顶羊肚菌、常见羊肚菌

拉丁学名 *Morchella vulgaris* (Pers.) Boud.

曾用学名 *Morchella conica* Pers.; *Morchella esculenta* var. *vulgaris* Pers.

英 文 名 Common Morel

形态特征 子实体一般较小，高 5～11cm。菌盖部高 5～5.5cm，宽 3.5～5cm，呈圆形或宽椭圆形或近圆锥形，灰褐色，变为浅黄褐色，棱厚，后期色较浅，凹窝不规则而深，浅乳黄褐色至暗灰褐色。柄较短，长 3～5cm，粗 1～3cm，似有纵向凹沟，污白色，基部膨大，内部空心。子囊 330～360μm×18～20μm。孢子无色，光滑，椭圆形，16～18μm×9～11μm。侧丝有隔及顶部稍膨大呈棒状，上部往往分枝，顶部粗达 20μm。

生态习性 春季于沙质地上散生或群生。

分　　布 分布于吉林等地。

应用情况 可食用。记载与硬羊肚菌 *Morchella esculenta* var. *rigida* 形态相似，同样有益肠、化痰等作用。

74 紫螺菌

拉丁学名 *Neobulgaria pura* (Pers.) Petrak

形态特征 子囊盘小，倒圆锥形或近似陀螺形，边缘近波状，高 0.5～2cm，直径 0.8～4cm，具有较艳的淡紫色，后变灰紫，半透明似胶质，有弹性，表面近平滑，内部充实，柔软半透明，无明显气味。子囊棒状，56～66μm×4.5～6μm。孢子淡黄，含 2 个油滴，在子囊中上部双行排列，而下部单行排列，5.1～6μm×2.8～3μm。侧丝近无色，细长，顶部膨大。

生态习性 夏秋季在阔叶林中的腐朽树干、倒木、枯枝上成群生长。

分　布 分布于西藏等地。

应用情况 可食用。此种菌体比较小，食用价值不大。

图 73

75 阔孢线虫草

别　名 阔孢虫草、宽孢虫草、蚁生虫草
拉丁学名 ***Ophiocordyceps crassispora*** (M. Zang, D. R. Yang et C. D. Li) G. H. Sung et al.
曾用学名 *Cordyceps crassispora* M. Zang, D. R. Yang et C. D. Li

形态特征 子实体一根至多根。柄圆柱状，中下部有丛生的绒毛，中上部光滑，长 4.5～6.5cm，宽 2～4mm，褐色或紫褐色。产孢的头部呈长棒形，长 2～3.5cm，宽 2～4mm，顶端具不孕性的尾尖。子实体表面粗糙，有棘刺状微突，新鲜时紫褐色、深紫堇色或黑褐色。子囊壳圆形、卵圆形，200～450μm×190～420μm，几乎全部埋入子实体内，唯孔口呈疣状突，子实体表层呈假薄壁组织排列。子囊圆柱形，基部微狭，170～220μm×7.8～10.4μm，顶部具半圆形的中孔罩。子囊孢子透明至淡黄色，棒状，多隔，较粗壮，120～196μm×5.2～6.2μm。断裂后

图 74

图75

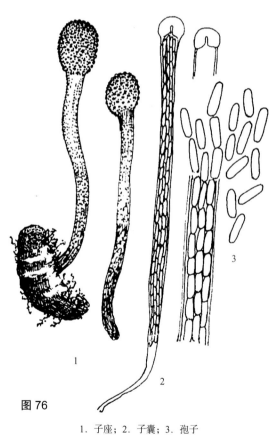

图76

1. 子座; 2. 子囊; 3. 孢子

的次生孢子小段 6.5～9.8μm×5.2～6.5μm。

生态习性　生于白马蝙蝠蛾的幼虫体上。分布于海拔 4300～4500m 的高山带。

分　布　分布于云南德钦等地。

应用情况　臧穆先生记载，此虫草在原产地与冬虫夏草同为药用虫草类中药上品。具有强效镇静等作用。

76　细线虫草

别　名　细虫草、黑槌虫草、新疆虫草、圆头虫草

拉丁学名　***Ophiocordyceps gracilis*** (Grav.) G. H. Sung, J. M. Sung, Hywel-Jones et Spatafora

曾用学名　*Cordyceps gracilis* (Grav.) Durieu

形态特征　子实体单生。子实体柄圆柱形，长 2～3cm，粗 1～1.5mm，新鲜时粉红色，有粉质外被，成熟后色泽转深，近红褐色。头部球形或近球形，粉红色、粉黄色，干后呈褐色，直径约 5mm。子囊壳埋生于子实体内，近椭圆形，不呈长方形，有渐

长的颈部，如烧瓶状，壳径基部750～800μm×200μm，孔口疣状，稍突起，具栅状假组织排列的皮层。子囊250μm×10～12μm。孢子无色透明，呈串珠状排列，内具淡黄色油滴，分隔呈小段，每段长8～10μm，宽3～4μm，两端钝圆。

生态习性　生于鳞翅目的虫体上。稀少。

分　　布　分布于云南、江苏等地。多分布于温带和亚热带地区。

应用情况　云南见于中草药摊上出售，据说与蝉花混杂入药，有明目之效。

无性型名称　羽束根孢 *Paraisaria dubia* (Delacr.) Samson et Brady

77　异足线虫草

别　　名　异足蝉花、异足虫草

拉丁学名　*Ophiocordyceps heteropoda* (Kobayasi) G. H. Sung et al.

曾用学名　*Cordyceps heteropoda* Kobayasi

形态特征　子实体从寄主头胸部长出，单生，长100～120mm。柄圆柱形，肉质，光滑，直径3～5mm，淡黄色。可孕部顶生，头状、卵形，黄褐色，7～9mm×6～7mm。子囊壳埋生，细长颈瓶形，600～660μm×200～215μm。子囊260～300μm×5～7μm，子囊帽扁球形，直径5.0～7.5μm。子囊孢子断裂，次生子囊孢子7～8μm×1μm。

生态习性　生于鞘翅目昆虫的幼虫上。

分　　布　分布于贵州、福建等地。

应用情况　具有抗菌作用，所含cicadapeptin I 和 cicadapeptin II 显示有较好的抗细菌和抗真菌活性。

78　江西线虫草

别　　名　江西虫草

拉丁学名　*Ophiocordyceps jiangxiensis* (Z. Q. Liang, A. Y. Liu et Yong, C. Jiang) G. H. Sung et al.

形态特征　子实体从寄主的头部长出，往往簇生在一起，柱状，分枝，淡褐色，无不孕尖端，45～80mm×4～5mm。子囊400～450μm×5.5～6.5μm。子囊孢子不断裂，长柱状，5～7μm×1～1.5μm。

生态习性　在林下的潮湿地方，寄生于丽叩甲或绿腹丽叩甲昆虫的幼虫体上。

分　　布　分布于江西、福建、广东、广西等地。

应用情况　具有镇静催眠功效。江西虫草在江西具有悠久的民间用药史，对治疗毒蛇咬伤有良好的效果。该虫草菌丝体中分离获得核苷类成分，具有防治心律失常、血管扩张和改善血液循环等功能。

无性型名称　江西青霉 *Penicillium jiangxiensis* H. Z. Kong et Z. Q. Liang

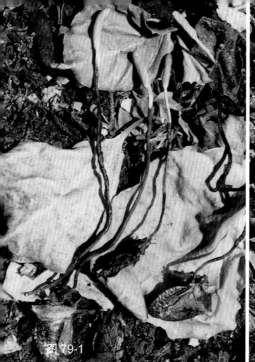

图 79-1

图 79-2

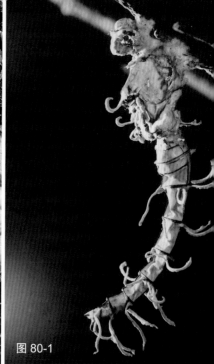

图 80-1

79　垂头虫草

别　　名　弯垂虫草、蝽象虫草、下垂虫草、半翅目虫草、金龟子虫草
拉丁学名　***Ophiocordyceps nutans*** (Pat.) G. H. Sung et al.
曾用学名　*Cordyceps nutans* Pat.

形态特征　寄主体内菌丝新鲜时乳白色。子实体单一，线状，细长，长 5～18cm，粗 0.4～0.7mm，柔软易折。柄部棕黑色、黑色，由寄主胸部或口部生出。头部纺锤形圆柱形或呈卵圆形，直立或微倾斜，顶端钝，4～7mm×1～2mm，橙黄色、朱红色、红色，新鲜时色泽极艳丽。子囊瓶口微突出，子实体表面呈疣点状突起，具栅状假组织排列的皮层。子囊壳具较长的颈部，斜向排列，埋生。子囊 330～460μm×7～8μm，顶端粗 5～6μm。孢子长线形，可断为次生小段，每段 6.5～10μm×1～1.6μm。

生态习性　夏秋季生于半翅目的昆虫体上，多生于藓类丛中的虫体上，分布于海拔 2000m 以下林地。

分　　布　分布于贵州、云南、安徽、浙江、广东、海南、广西等地。

应用情况　有记载云南和贵州民间用此菌和蝉花水煎口服，具有明目、补肺、益肾之效。

80　蜻蜓虫草

拉丁学名　***Ophiocordyceps odonatae*** (Kobayasi) G. H. Sung et al.
曾用学名　*Cordyceps odonatae* Kobayasi

形态特征　子实体从蜻蜓成虫的每个体节长出，单生至数个，不分枝，高 0.3～0.5cm，黄褐色。可

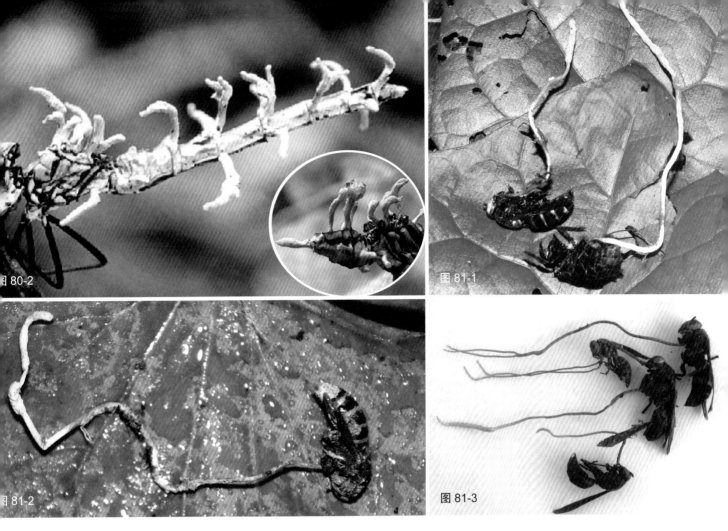

图80-2　　图81-1

图81-2　　图81-3

孕部顶生，卵形至球形，直径 1～1.5mm。子囊壳埋生，细瓶形，100～150μm×30～35μm。子囊直径 8μm，子囊帽 10μm×7μm。子囊孢子未完全成熟。

生态习性　据记载可寄生于一种蜻蜓。

分　　布　分布于贵州、福建等地。

应用情况　可研究药用。

无性型名称　蜻蜓层束梗孢 *Hymenostilbe odonatae* Kobayasi

81　尖头线虫草

别　　名　尖头虫草

拉丁学名　***Ophiocordyceps oxycephala*** (Penz. et Sacc.) G. H. Sung et al.

曾用学名　*Cordyceps oxycephala* Penz. et Sacc.

形态特征　子座细长，弯曲，长 13～15cm，黄色，单个或 2 个从蜂体头颈部及胸部生出，上部不分枝，或偶有二叉分枝。可育部分成熟时较粗，长占全长的 1/6～1/4，10～20mm×1～2mm，椭圆形至柱形，尖端不育。不育菌柄常弯曲。子囊壳 800～1000μm×220～300μm，长瓶颈状，倾斜埋生。子囊420～470μm×4～6μm，子囊帽 3.5～4μm×3～4.2μm，近球形。孢子比子囊略短，易断裂形成分孢子。

分生孢子 8～12μm×1～1.5μm，长梭形。

生态习性　秋季寄生于胡蜂科或姬蜂科昆虫成虫上。

分　　布　分布于贵州、福建、广东、广西等地。

应用情况　可药用。

82　冬虫夏草

别　　名　虫草、冬虫草、夏草冬虫、中国虫草、雅札贡布（藏语）

拉丁学名　*Ophiocordyceps sinensis* (Berk.) G. H. Sung et al.

曾用学名　*Cordyceps sinensis* (Berk.) Sacc.

英 文 名　Caterpillar Fungus, China Cordyceps

图 82-1

形态特征　子实体棒状，生鳞翅目幼虫体上，一般从寄主头部长出一个子实体，少数从胸部生出 2～3 个，长 5～12cm，基部粗0.15～0.4cm，头部褐色，圆柱形，长 1～4.5cm，粗 0.25～0.6cm，尖端有部分不孕，实心变中空。子囊壳椭圆形至卵圆形，基部埋生子实体中，330～500μm×138～240μm。子囊长圆筒形，240～480μm×12～16μm。子囊孢子 2～3 个，无色，线形，横隔多且不断，160～470μm×4.5～6μm。

生态习性　自然分布在海拔 3000～5000m 的高山草甸和高山灌丛带，寄生虫草蝙蝠蛾 *Hepialus armoricanus* 的幼虫体上。每年 5～7月出现。

分　　布　冬虫夏草集中分布于青藏高原，已记载产地有青海、西藏、甘肃、四川、云南、贵州、新疆等。

应用情况　食用和药用。为名贵中药，性温、味甘后微辛，补精益髓、保肺、止血化痢、止痨咳。强壮、镇静、益肾、抑肿瘤、治疗多种肺病。有耐缺氧、调节细胞免疫和非特异性免疫功能的作用。含有虫草菌素等多种有效物质。提取物能强烈抑制肺、肾、肝的纤维化；所含 H1-A 能有效抑制人肾小球膜细胞的增生，可研究用于治疗红斑狼疮肾炎等自身免疫病。冬虫夏草是中国传统保健品，目前人工驯化进展较快，现在利用菌丝体深层发酵培养，其培养物用于保健品和制药。冬虫夏草载于《中华人民共和国药典》（2010）。

无性型名称　中华被毛孢霉 *Hirsutella sinensis* X. J. Liu et al.

图 82-5

图 82-2

图 82-3

图 82-4

图 82-6

图 82-7

图83-1

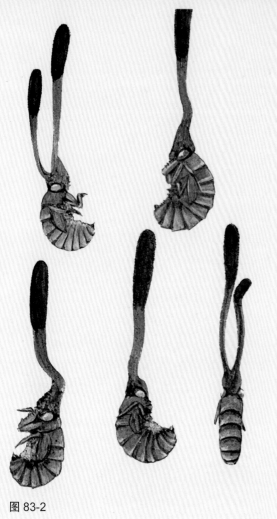

图83-2

83 蝉花虫草

别　　名	蝉花、蝉虫草、小蝉草、蝉蛹草、蝉茸、冠蝉、胡蝉、蜩、螗蜩、唐蜩、小蝉花、蝉茸虫草
拉丁学名	***Ophiocordyceps sobolifera*** (Hill ex Watson) G. H. Sung et al.
曾用学名	*Cordyceps sobolifera* (Hill ex Watson) Berk. et Broome
英　文　名	Cicada Fungus

形态特征　子实体单个或2～3个从寄主体前端成束生出,长2.5～6cm,中空。其柄部呈肉桂色,干燥后呈深肉桂色,直径1.5～4mm,有时具有不孕的小分枝。头部呈棒状,肉桂色,干燥后呈浅腐叶色,长0.7～2.8cm,直径2～7mm。子囊壳埋生在子囊座内,孔口稍凸出,呈长卵形,500～620μm×200～260μm。子囊长圆柱状,200～380μm×6～7μm。子囊孢子线形,具有多横隔,后断裂成8～16μm×1～1.5μm的单细胞小段。
生态习性　生长在蝉蛹或山蝉的幼虫体上。
分　　布　分布于江苏、浙江、福建、四川、云南、甘肃、陕西、西藏等地。
应用情况　可食用和药用。性寒、味甘、无毒,有散风热、退翳障、透疹、明目、清凉解毒、治疗糖尿病等功效,还对慢性肾衰竭有较好疗效。活性成分HEA具有抗惊厥作用。
无性型名称　小蝉白僵菌 *Beauveria sobolifera* Z. Y. Liu et al.

84 蜂头线虫草

别　　名	蜂头虫草、球头虫草
拉丁学名	***Ophiocordyceps sphecocephala*** (Klotzsch ex Berk.) G. H. Sung et al.
曾用学名	*Cordyceps sphecocephala* (Klotzsch ex Berk.) Berk. et M. A. Curtis

形态特征　子实体单生,稀上部分叉,高3～12cm,

淡黄色至橙黄色。柄细长，多弯曲，粗 0.5～
1mm。头部棒状或纺锤状，色较深，5～20mm×
1～2mm。子囊壳埋生于子实体内，瓶状至椭圆
形，320～800μm×200～300μm，孔口稍突。子囊
呈长袋形至圆柱形，140～210μm×4～8μm，成熟
时顶端开口。孢子断成 6～14μm×1～1.5μm 的
小段。

生态习性　子实体从黄蜂成虫的胸部生长出。

分　　布　分布于安徽、浙江、广东、西藏等地。

应用情况　可药用于补虚、保肺益肾、止血化痰
等。此种同许多目前未被利用的虫草及其无性型
阶段，均具有重要的药用研究价值。

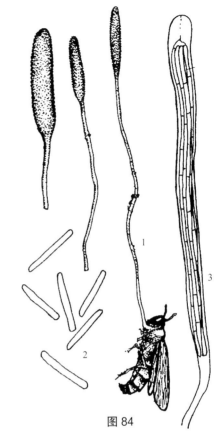

图 84

1. 子座；2. 子囊；3. 成段的孢子

85　褐侧盘菌

别　　名　褐地耳

拉丁学名　***Otidea cochleata*** (L.) Fuckel

曾用学名　*Otidea umbrina* (Pers.) Bres.

形态特征　子实体小，褐黄色或赭黄色。子囊
盘两侧不对称，呈斜杯状又似耳状，耸立，直
径 3～5cm，边缘内卷、平整或有裂。子实
层暗褐色，外侧面近平滑或稍粗糙，浅皮革
色，几无柄。菌肉浅褐色。子囊圆柱形，220～
230μm×11～15μm，孢子 8 个，单行排列。孢子
无色，椭圆形，光滑，无隔，含 2 个油滴，9～
11.5μm×16～18μm。侧丝线形，有隔，顶部膨
大又弯曲，有分枝。

生态习性　秋季生于林中腐枝落叶层上，群生或
近丛生。

分　　布　分布于云南、西藏等地。

应用情况　可食用。但有记载有毒，需要注意。

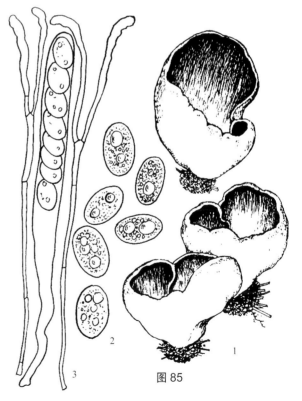

图 85

1. 子囊盘；2. 孢子；3. 子囊及侧丝

图 86-1

图 86-2

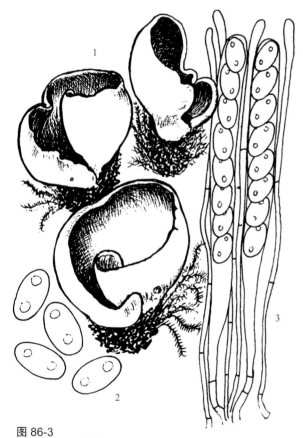

图 86-3
1. 子囊盘；2. 孢子；3. 子囊及侧丝

86 优雅侧盘菌

拉丁学名 *Otidea concinna* (Pers.) Sacc.

形态特征 子实体小，柠檬黄色。子囊盘两侧不对称，向一侧延长，近耳状，有的侧边向内卷曲，高 2～5cm，亮黄色至稍暗，基部色稍浅，内外侧色一致，边缘平整或有缺刻，外侧近平滑。菌肉黄白色。子囊细长，圆柱状，130～150μm×9～10μm。孢子光滑，椭圆形，含2个油滴，无色，9.8～12μm×5～6μm。侧丝细长，线形，顶部稍膨大，有横隔，粗3～4μm。

生态习性 夏秋季生阔叶林中地上，常出现于苔藓间，单生或群生，有时近丛生。

分　布 分布于云南、新疆等地。

应用情况 未记载食用，产地有人怀疑有毒。

87 兔耳侧盘菌

别　　名　地耳

拉丁学名　*Otidea leporina* (Batsch) Fuckel

形态特征　子实体小。子囊盘高 3～5cm，宽 2～3cm，向一侧延长，对侧开裂至基部，似耳状，向下变细柄状，浅土黄色至茶褐色，外侧浅粉灰色。柄乳白色。子囊圆柱形，150～200μm×10～12μm。孢子无色，光滑，单行排列，内含 2 个油滴，椭圆形，12～15μm×6～8μn。侧丝无色，线形，顶端弯曲，粗 2.5～4μm。

生态习性　夏秋季于针叶林或阔叶林地上群生或散生。

分　　布　分布于吉林、黑龙江、陕西、四川、云南、新疆、西藏等地。

应用情况　记载可食用。

图 87

88 葡萄紫盘菌

拉丁学名　*Peziza ampelina* Quél.

英 文 名　Violet Cup

形态特征　子实体小，无菌柄。子囊盘幼时呈碗状，伸张后呈盘状或碟状，直径 1～5cm，上表面红色、紫红色或紫色，平滑，背面污白、黄白色至浅粉红色。菌肉白色，稍厚，无明显气味。子囊圆柱形，顶部钝圆，无色，壁厚，有孢子部分158～190μm×16～18μm。孢子 8 个，椭圆形或宽椭圆形，单行排列，无色，光滑，单胞，往往含大油球，18～25μm×9～11μm。侧丝细长，不分枝，无隔，无色，粗 1.8～2.8μm。

生态习性　在阔叶林中腐枝上单生或散生。

分　　布　分布于广东、香港等地。

应用情况　不清，但可研究药用。

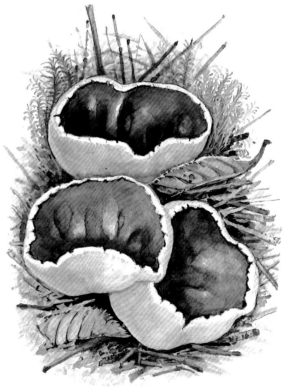

图 88

图 89-1　图 89-2　图 89-3　图 89-4

89　林地盘菌

别　　名　林地碗、阿维纳盘菌、森林盘菌
拉丁学名　*Peziza arvernensis* Roze et Boud.
曾用学名　*Peziza sylvestris* (Boud.) Sacc. et Traverso
英 文 名　Fairy Tub, Woodland Cup

形态特征　子实体较小。子囊盘直径3～8cm，浅盘形或小碗形。子实层面淡褐色，外侧面白色，光滑，无柄，边缘不整齐且内卷。子囊260～280μm×12～16μm，含孢子8个单行排列。孢子无色，光滑，宽椭圆形，12～20μm×8～11μm。侧丝线形，细长，顶端稍粗，长3.5～6μm。
生态习性　夏秋季于林中地上单生或群生。
分　　布　分布于云南、河北、山西、黑龙江、江苏、西藏、湖北、陕西、甘肃、新疆、台湾等地。
应用情况　可食用，但需注意。亦记载有毒。

图 90-1　图 90-2　图 90-3　图 90-4

90　疣孢褐盘菌

别　　名	疣孢褐地碗
拉丁学名	*Peziza badia* Pers.
英 文 名	Brown Peziza, Pig's Ears

形态特征　子实体小。子囊盘直径 3～6cm，深杯状，暗褐色，丛生，无柄。子囊上部圆柱形，向下渐细形成长柄，产孢子部分 90～150μm×1～16μm。孢子无色或稍有色，有明显小疣，单行排列，椭圆形，一般含 2 个油滴，18～21μm×8～10μm。侧丝浅黄色，细长，有横隔，顶部稍膨大。

生态习性　生林中地上。

分　　布　分布于吉林、甘肃、青海、西藏、江苏等地。

应用情况　可食用，但需注意，生食有毒。

91　波缘盘菌

别　　名　盘菌

拉丁学名　*Peziza repanda* Pers.

英 文 名　Recurved Cup

形态特征　子实体较小。子囊盘直径6～8cm，初期杯状后伸展，黄褐色至褐色，外侧近白色，粗糙，无柄或近无柄，边缘完整和波状向内卷。子囊圆柱形，200～270μm×12～14μm。孢子无色，光滑，含油滴，椭圆形，13～18μm×8～10μm。侧丝顶端带黄褐色，细长，稍膨大。

生态习性　夏秋季于腐烂木上数枚群生一起。

分　　布　分布于吉林、四川、新疆、西藏等地。

应用情况　记载可食用，但需注意。

图 91-1

92　泡质盘菌

别　　名　粪碗

拉丁学名　*Peziza vesiculosa* Pers.

英 文 名　Bladder Cup, Blistered Cup

形态特征　子囊盘中等大，直径2～10cm，有时可达14cm，初期近球形，逐渐伸展呈杯状，无菌柄。子实层表面近白色，逐变成淡棕色，外部白色，有粉状物。菌肉白色，质脆，厚达3.5mm。子囊270～335μm×16～18μm。孢子光滑，无油球，几无色，单行排列，20～23μm×10～14μm。侧丝细长呈线形，上端粗，有横隔，直径7μm。

生态习性　夏秋季生于空旷处的肥沃土地及粪堆上，往往成群生长在一起。

分　　布　分布于河北、河南、江苏、云南、台湾、四川、西藏等地。

应用情况　可食用，但需注意。怀疑有毒，经煮洗、加工食用。另外含多糖，增强免疫功能，抑制肿瘤。

图 92-1

图 92-3

图 91-2

图 92-2

图 92-4

图 93

93　红角肉棒菌

拉丁学名 *Podostroma cornu-damae* (Pat.) Boedijn

形态特征　子实体高 3～13cm，粗棒状或扁压或分枝呈指状或掌状，顶端钝或尖，橙红色、鲜红色，上部渐褪色变粉肉色或浅，内实。菌肉白色，肉质，硬，味苦。上部有子囊壳，埋生。幼时表面有光泽。

生态习性　在阔叶林中地上单生、群生或近丛生。

分　　布　分布于甘肃、云南，可能陕西亦有分布。

应用情况　日本报告极毒。食用后会产生胃肠系统反应或肝肾受损、呼吸受阻以及刺激皮肤病症，严重时致死亡。不能采食和作药用。

94　滇肉棒菌

别　　名　滇肉棒、粗肉棒菌

拉丁学名　*Podostroma grossum* M. Zang

曾用学名　*Podostroma grossum* (Berk.) Boedijn；*Podostroma yunnanensis* M. Zang

形态特征　子实体直立，不规则双分叉，橙黄色、土褐色，8～14cm×0.5～1cm，头部棒状，内部乳白色，较坚实。柄圆柱状。子囊壳表面稍突，埋生于子实体内，卵圆形，120～200μm×75～124μm，孔口长约 40μm。子囊圆柱状，62～75μm×3.8～5μm，具短柄。子囊孢子 16 个，单行排列，圆形或近方形，无色，壁表光滑，5.5～10μm×3.5～4.5μm。侧丝透明，丝状弯曲，长于子囊，囊层基白色，为拟薄壁组织。

生态习性　生于混交林中地上。

分　　布　分布于云南等地。

应用情况　《中华本草》中有收载。具止血作用，主外伤出血。此种作药用，最好慎用。

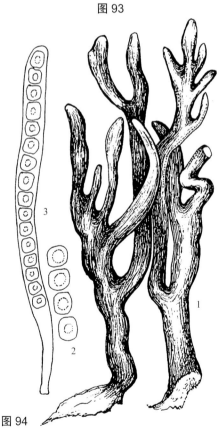

图 94

1. 子座；2. 孢子；3. 子囊

95 皱盖钟菌

别　　名　褐皱盖钟菌、波地钟菌
拉丁学名　***Ptychoverpa bohemica*** (Krombh.) Boud.
曾用学名　*Verpa bohemica* (Krombh.) J. Schröt.
英 文 名　Wrinkled Thimble-cap, Early Morel,
　　　　　Thimble Fungus

形态特征　子实体一般较小，高 4～13cm。菌盖高
2～3cm，宽 1.5～3cm，钟形，黄褐色到浅褐色，有纵
向沟槽又相互交织的棱，盖下表面污白色，具有横向
排列的细小鳞片，长 8～12cm，粗达 1cm 左右。子囊
近圆柱形，粗 20～22μm，向下渐细成柄状基部，含
2 个子囊孢子。孢子椭圆形，16～20μm×5.8～7.8μm。
侧丝细线条，顶部膨大呈棒形，有分隔，粗 4.5～8μm。
生态习性　夏秋季于阔叶林中地上散生或单生。
分　　布　分布于陕西、甘肃、新疆等地。
应用情况　记载可食，也有认为有毒。在有的地区同
羊肚菌一起采食，其明显区别是此种菌盖小呈钟形，
边缘与菌柄不相连接。

图 95

96 波状根盘菌

拉丁学名　***Rhizina undulata*** Fr.

形态特征　子实体小至较大。子囊盘一般平展在基
地上，直径 3～10cm，厚 0.2～0.3cm，子实层面红
褐色，光亮，凹凸不平，呈波状，边缘瓣状，色浅
常呈黄白色，下面浅土黄色，有菌丝束固着在地上。
菌肉浅红褐色。子囊近圆柱形，含 8 个孢子，300～
400μm×15～25μm。孢子纺锤形或梭形，无分隔，两
端突尖，含 2 个小油滴，22～40μm×8～11μm。侧丝
线形，有横隔，顶部膨大，带浅褐色，粗 8～10μm。
生态习性　秋季在松、杉等针叶林地上群生。往往引
起森林树木病害。
分　　布　分布于云南、西藏、甘肃等地。
应用情况　可食用。

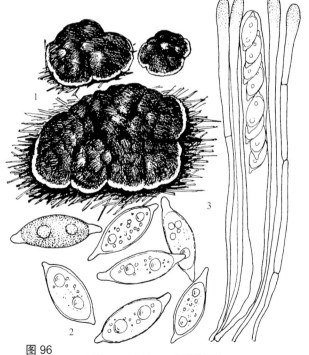

图 96
1. 子囊盘；2. 孢子；3. 子囊及侧丝

图 97-1

97 绯红肉盘菌

别　　名	红白毛杯菌
拉丁学名	*Sarcoscypha coccinea* (Scop.) Lamb.
英 文 名	Scarlet Cup

形态特征　子实体小。子囊盘小呈杯状，直径 1.5～5cm，有柄至近无柄，边缘常内卷。子实层面朱红色至土红色，干时褪色，背面近白色，有微细绒毛，绒毛多弯曲，无色。菌柄往往上部稍粗，长 0.5～1.5cm，粗 0.4～0.5cm。子囊圆柱形，240～400μm×12～15μm。孢子 8 个，单行排列，无色，光滑，长椭圆形，22～30μm×9～12μm，往往含油滴。侧丝细线形，顶端稍膨大，粗 2～3μm，含有红色小颗粒。

生态习性　夏秋季生林中枯枝上，单生或散生。

分　　布　分布于贵州、广西、广东、四川、云南、西藏等地。

应用情况　有记载可食用。

98 爪哇盖尔盘菌

别　　名	黑胶鼓、黑胶菌、胶鼓菌、爪哇肉盘菌、盖尔盘菌
拉丁学名	*Galiella javanica* (Rehm) Nannf. et Korf
曾用学名	*Sarcosoma javanicum* Rehm
英 文 名	Java Sarcosoma

形态特征　子实体较小。子囊盘呈圆锥形或陀螺状，高 4～6.5cm，直径 3～5.5cm，胶质有弹性，上表面灰褐色至黑色，平展稍下陷，边缘有细长毛，外侧密被烟黑色、暗褐色绒毛而粗糙。子囊长筒形，430～560μm×15～22μm，含孢子 8 个，单行排列。孢子椭圆至长椭圆形，不等边，有小疣，24～39μm×11～16μm。侧丝线形，无色，顶端稍膨大。

生态习性　多在壳斗科树腐木上群生。为木材腐朽菌。

分　　布　分布于云南、安徽、四川、西藏、广东、广西、海南、香港、台湾等地。

应用情况　可采集食用，但需注意。

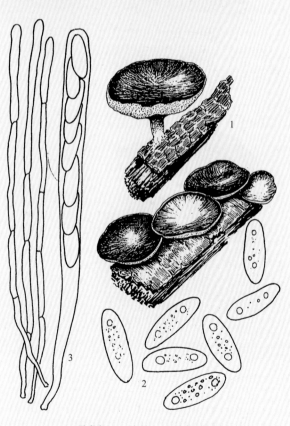

1. 子囊盘；2. 孢子；3. 子囊及侧丝

图 97-2

图 98-1

图 98-2

图 99-1

图 99-2

图 99-3

99　紫星裂盘菌

别　　名　紫星菌

拉丁学名　*Sarcosphaera coronaria* (Jacq.) J. Schröt.

英 文 名　Pink Crown

形态特征　子实体中等大。子囊盘直径4～10cm，幼时近球形，埋生基物内，中空，渐外露伸展出，从顶部星状开裂呈瓣状向外翻卷，有短的柄状基部。内侧面子实层紫色或淡紫色，平整，外侧面污白色，往往黏附有沙土及杂物。子囊圆柱形，有孢子部分长60～70μm，孢子8个，单行排列。孢子无色，光滑，含有1～2个油滴，椭圆形，13～18μm×8～9μm。侧丝上部浅褐色，线形，顶端膨大，3～4μm。

生态习性　秋季于云杉林沙地上埋生至半埋生，群生或散生。

分　　布　分布于青海、甘肃、吉林、新疆、西藏、四川、云南、香港、台湾等地。

应用情况　可食用，味好。但也怀疑有毒，采食时注意。

图100

图101

100 竹黄

别　　名 竹茧、竹花、淡竹花、竹三七、竹赤斑菌、赤团子、竹赤团子、天竹花
拉丁学名 *Shiraia bambusicola* Henn.
英 文 名 Bamboo Gall Fungus

形态特征 子实体较小，长1～4.5cm，宽1～2.5cm，形状不规则，多呈瘤状，淡粉红色，后期粉红色，较平滑，可龟裂，内部粉红色，肉质，后变为木栓质。子囊壳近球形，埋生子实体内，直径480～580μm。子囊长，含有6个单行排列的孢子，圆柱形，280～340μm×22～35μm。孢子无色透明或近无色，堆集一起时柿黄色，两端稍尖，具纵横隔膜，长方椭圆形至近纺锤形，42～92μm×13～35μm。侧丝呈线形。
生态习性 春夏季生刺竹属 *Bambusa* 及刚竹属 *Phyllostachys* 竹子的枝秆上。
分　　布 分布于南方及西南方竹林区。
应用情况 药用治虚寒胃疼、风湿性关节炎、坐骨神经痛、跌打损伤、筋骨酸痛等，我国南方民间常用药物。有止咳、舒筋、益气、补血、通经等功效。

101 黄地勺菌

拉丁学名 *Spathularia flavida* Pers.
英 文 名 Fairy Fan

形态特征 子实体肉质，较小，高3～8cm，有子实层的部分黄色或柠檬黄色，呈倒卵形或近似勺状，延柄上部的两侧生长，宽1～2cm，往往波浪状或有向两侧的脉棱。菌柄色深，近柱形或略扁，基部稍膨大，粗0.3～0.5cm，长2～5.5cm。子囊棒状，90～120μm×10～13μm。孢子成束，8个，无色，棒形至线形，多行排列，35～48μm×2.5～3μm。侧丝线形，细长的顶部粗约2μm。

生态习性　夏秋季在云杉、冷杉等针叶林中地上成群生长，往往生于苔藓间。与树木形成外生菌根。

分　　布　分布于吉林、黑龙江、西藏、新疆、四川、山西、陕西、甘肃、青海、内蒙古等地。

应用情况　有记载可食用。但有认为有毒，不宜食用和药用。

102　绒柄地勺菌

拉丁学名　*Spathularia velutipes* Cooke et Farl.

形态特征　子实体小，黄色，肉质，高3～8cm，有子实层部分黄色至柠檬黄色，纵立扁平呈勺状，或扁平倒卵形，延生至菌柄两侧，往往呈波状或有辐射状皱纹或棱纹，长2～5cm，宽1～3cm。菌柄近柱形或稍有扁平，长2～5.5cm，污黄色或暗金黄色，有密生细绒毛，后期绒毛似脱落而近平滑。子囊棒状，80～130μm×11～12.5μm。孢子无色，在子囊中成束，多行排列，棒形至线形，35～50μm×2.1～3μm。侧丝线形，粗约2μm。

生态习性　夏秋季生于云杉、松等针叶林中地上。

分　　布　分布于陕西、云南、四川、西藏等地。

应用情况　有记载食用，但含微毒，最好不要食用和药用。

图102

103　稻球孢菌

别　　名　稻尾孢、稻尾孢霉

拉丁学名　*Sphaerulina oryzina* Hara

曾用学名　*Cercospora oryzae* Miyake

形态特征　此菌在小稻叶上呈褐色斑出现。叶斑常呈长方形，位于叶片之两面，与叶脉平行，往往互相纵联，无明确边缘，中央近白色。孢梗生于叶斑之两侧，单个或2～4个成簇，褐色，具1～3横隔，40～78μm×4.5～5μm。分生孢子圆柱形，或有的靠基部稍膨大，无色，具2～6横隔，18～50μm×4～5μm。

生态习性　水稻生长期间生于水稻上。此菌属水稻寄生病害。

分　　布　分布于台湾、广西、湖南、湖北、云南、四川、辽宁、吉林等地。

应用情况　记载能抑肿瘤，抵抗腹水癌细胞。

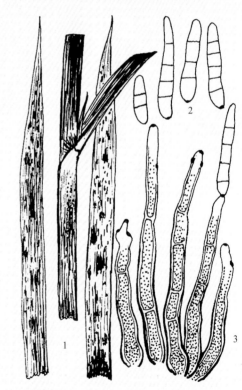

1. 水稻叶上生长成斑点状；2. 分生孢子梗；
3. 分生孢子

图103

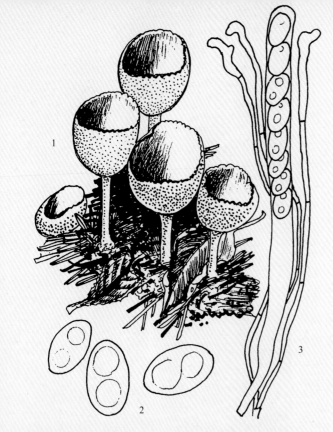

图 104-1   1. 子囊盘；2. 孢子；3. 子囊及侧丝

图 104-2

图 105

104　碗状疣杯菌

别　　名　小疣地杯菌、壳斗菌、杯状疣杯菌
拉丁学名　***Tarzetta catinus*** (Holmsk.) Korf et J. K. Rogers
曾用学名　*Geopyxis catinus* (Holmsk.) Sacc.

形态特征　子囊盘较小，浅土黄色或褐黄色，碗状或杯状，直径 2～5cm，子囊层面光滑，边缘多缺刻或近齿状，幼时边缘向内卷曲，后期稍扩展，呈波状及瓣状，外侧淡黄色或浅黄白色，粗糙，有短绒毛状鳞片。基部具有一个很短的菌柄或近无柄。子囊近柱形，280～340μm×15～20μm。子囊孢子椭圆形，无色光滑，内有 2 个大油球，20～25μm×11～13μm。

生态习性　夏秋季在林下土中的腐木及腐枝层上单生或群生。

分　　布　分布于河北、宁夏等地。

应用情况　有记载可食用。

105　瘤孢地菇

别　　名　瘤孢菇、瘤孢假块菌
拉丁学名　***Terfezia arenaria*** (Moris) Trappe
曾用学名　*Terfezia leonis* (Tul. et C. Tul.) Tul.
英　文　名　Truffles

形态特征　子实体小，肉质，近球形或椭圆形，表面光滑，白色或污白色，高 2.5～3.5cm，长 3～6cm，内部白色。子囊不规则地散布在子囊腔内，近球形至椭圆形或块状，无柄或有短的柄状基部，100～120μm×55～68μm，子囊内有孢子 8 个。孢子近球形，有小瘤，无色，直径 18～23μm，小瘤长达 2μm。

生态习性　生松树附近的土中，半外露。

分　　布　分布于河北、山西等地。

应用情况　可食用。药用抑肿瘤，抗耳部肿瘤、治鼻息肉、肛门肿瘤及湿疣。

106 刺孢地菇

拉丁学名 *Terfezia spinosa* Harkn.
曾用学名 *Terfezia terfezioides* var. *spinosa* (Harkn) Trappe

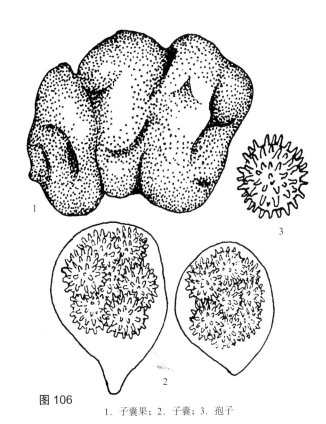

形态特征 子实体小，近球形，直径达3～4.6cm，白色或橙黄色，平滑。包被由平行和缠结两种菌丝所组成。子囊近球形至稍延长，子囊内含孢子8个，疏松地排列着。孢子圆球形，直径20～40μm×28μm，小刺有时纤细或顶端钝且基部增宽，刺基部有时交织成断的蜂窝状网纹。

生态习性 于林内沙质土地上，往往半外露。

分　　布 分布于河北等地。

应用情况 可食用。

图106
1. 子囊果；2. 子囊；3. 孢子

107 夏块菌

拉丁学名 *Tuber aestivum* Vittad.

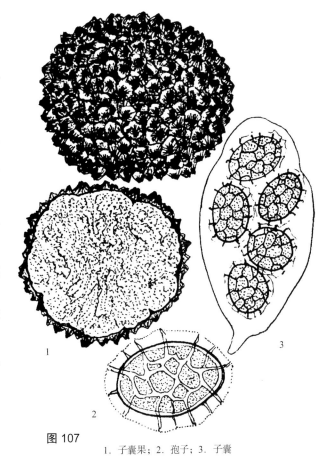

形态特征 子囊果呈不规则球形，基部常有凹陷，直径3～6cm，表面具有5～6边的角形疣凸，疣的直径可达0.5cm。内部（孢体）苍白色，后呈奶油色或污黄灰色，或有的带红色或紫色，内有相互交连和分枝的脉络。子囊初期呈棒状，后期变为近球形，子囊柄不明显，内部一般有4个子囊孢子。孢子椭圆形，表面有网纹，25～35μm×25～26μm。

生态习性 夏秋季在壳斗科树木下钙质土壤区域生长。子囊果通常半露土表。

分　　布 多产于英国等北欧地区，近些年来已在我国北方及西南山林区发现。

应用情况 是味道鲜美的名贵食用菌之一。目前在欧洲采用半人工培养。

图107
1. 子囊果；2. 孢子；3. 子囊

图 108-1

图 108-2

图 108-3

图 108-4

图 108-5

图 108-6

108 印度块菌

拉丁学名　***Tuber indicum*** Cooke et Massee
曾用学名　*Tuber sinense* K. Tao et B. Liu
英 文 名　India Tuber, Indian Truffle, China Tuber

形态特征　子实体较小，直径2～4.5cm或1.5～3cm或更大，不规则球形或椭圆形，粉褐色、咖啡色、棕褐色、棕黑色，表面具桑葚状疣凸起，由网状的沟缝所分隔，凸起圆钝或锐尖，凸起的锥基0.2～2mm。内部组织灰褐色、紫褐色、粉褐色，具粉白色分支的网络。子囊近圆形、长圆形或卵圆形，175～160μm×150～600μm，含1～4个孢子，多达6个。孢子微透明，后呈深褐色，卵圆形、长椭圆形，稀呈圆形，14.3～45μm×12～40μm，表面具细长疣状凸起，凸起脊基呈斑点状、条纹状，偶有分叉，疣凸高0.5～3μm，粗细变异较大。
生态习性　生云南松、华山松、麻栎等树木根际土地上。属外生菌根菌。
分　　布　分布于云南、贵州、四川及西藏等地。
应用情况　可食用，新鲜时有清甜味。另含有多种有效物质，具有调节免疫、抗氧化、抑肿瘤等活性。

109 太原块菌

拉丁学名　***Tuber taiyuanense*** B. Liu

形态特征　子囊果宽0.7～1.5cm，近球形至块状，早期淡褐色，成熟时变成褐色，光滑，外脉白色，内脉褐色。子囊54.8～75.5μm×47.3～51μm，无色，梨形，袋状椭圆或近球形，有柄，内含2～4（大多为4）个孢子。子囊孢子褐色，28.4～32.1μm×18.9～24.61μm（4个孢子），37.8μm×26.5μm（2个孢子），有刺网，刺长3.8～4μm，有钩，网眼直径2.8～4.7μm，壁厚2～2.2μm，2个孢子的子囊较3或4个孢子的子囊内的孢子稍大。
生态习性　生于松林下土中10cm深处。
分　　布　分布于山西等地。
应用情况　可食用。

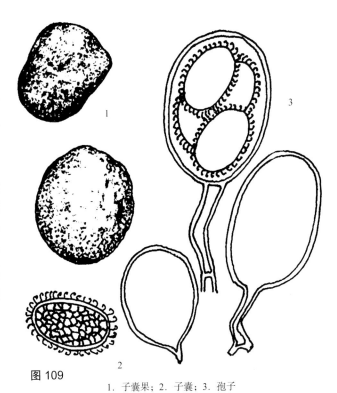

图 109
1. 子囊果；2. 子囊；3. 孢子

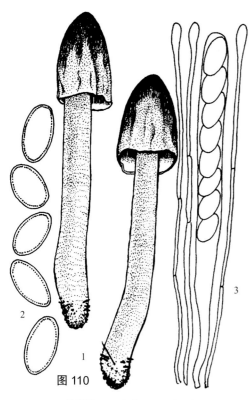

图 110

1. 子囊果；2. 孢子；3. 子囊及侧丝

110 圆锥盖钟菌

拉丁学名 **Verpa conica** (O. F. Müll.) Sw.
英 文 名 Smooth Thimble-cap, Thimble Morel

形态特征 子实体小，高 5～9.5cm。菌盖呈圆锥形或近钟形，高 1～3cm，直径 1～2cm，暗褐色或褐色至浅褐色，表面近平滑或稍有凹窝，近顶部下与柄着生，边缘与柄分离。菌肉薄，近无色。柄近圆柱形，有时稍弯曲，长 4～7cm，粗 0.5～1.5cm，污白色，表面近平滑或有细小疣，内部空心。子囊 300～350μm×21～23μm，含 8 个孢子。孢子近椭圆形，几无色，光滑，20～26μm×12～15μm。侧丝有分隔，顶部膨大。
生态习性 春季生于林中地上，散生。
分　　布 分布于山西、青海、甘肃等地。
应用情况 可食用。

111 钟菌

拉丁学名 **Verpa digitaliformis** Pers.
英 文 名 Early Morel

形态特征 子实体较小。菌盖钟形或半球形，较大，肉质，易破碎，表面平滑或有皱纹，顶端稍下凹，赭石色至暗褐色，高 1～3cm，宽 1～4cm。柄圆柱形，近白色，中空，表面有横排列细小鳞片，长 3～10cm，粗 5～10mm。子囊圆柱形，230～250μm×14～20μm。子囊孢子 8 个，单行排列，无色，长椭圆形，22.9～26μm×11.4～14.3μm。侧丝细长，顶端稍粗，粗 8μm。
生态习性 春季于阔叶林中地上单生或散生。
分　　布 分布于陕西、甘肃、新疆、吉林等地。
应用情况 可食用，但有认为不宜食用。经浸泡煮洗后方可安全食用。

图 111

112 美洲丛耳菌

拉丁学名 **Wynnea americana** Thaxt.
英 文 名 Moose Antlers, Rabbit Ears

形态特征 子实体一般中等大，由多数耸立的兔耳状子囊盘组

图 113-1

成，直径 3～10cm，高 6～14cm。子囊盘边缘向内稍卷，厚，外表面黑褐色，内侧粉肉色。由共同的基部延伸至呈球形或块状菌核，直径 3.5～5cm。子囊长柱形，220～280μm×15～20μm。孢子无色至浅褐色，近似椭圆形，两端有小凸，表面有纵条纹，内部含油滴，35～43μm×12.8～16μm。侧丝细长，有分隔，顶部膨大。

生态习性　秋季生阔叶林中地上。

分　　布　分布于辽宁、四川、陕西、河北等地。

应用情况　可食用，但需注意。据说辽宁东部地区，群众作为药物治疗某些疾病。

113　大丛耳菌

别　　名　大丛耳、丛耳菌
拉丁学名　***Wynnea gigantea*** Berk. et M. A. Curtis
英 文 名　Giant Wynnea

形态特征　子实体中等至较大型，成丛长出几个到十多个兔耳状的子囊盘，高达 10～15cm。子囊盘长 3～8cm，宽 1～3cm，紫褐色至褐色，两侧向内稍卷。子实层面红褐色，平滑，侧面色较浅亦皱缩。基部延伸柄状及根状，长 3～7cm 或更长，粗 1～2cm，黑褐色有皱。子囊圆柱形，400～500μm×14～18μm，内含 8 个单行排列的孢子。孢子长椭圆形至肾脏形，22～38μm×12～15μm。侧丝细长，顶部稍粗，达 4～5μm。

生态习性　夏秋季生林中树根旁。

分　　布　分布于吉林、山西、陕西、浙江、安徽、江西、四川、云南、西藏等地。

应用情况　记载可食用，但有怀疑含毒。与美洲大丛耳菌外形特征很相似，但美洲丛耳菌色深，孢子两端有小凸起。

图 113-2

图 114

114　小丛耳菌

别　　名　大丛耳菌小变种、短柄大丛耳
拉丁学名　*Wynnea gigantea* var. *nana* Pat.
英 文 名　Little Wynnea

形态特征　子实体较小或中等大。子囊盘呈兔耳状，较小或大，数个生长在一起，子囊盘的外侧淡棕褐色至浅褐色，内侧红褐色至紫褐色，幼时边缘稍内卷。菌柄短，长 1~2cm，表面粗糙，凸出部分常呈黑褐色而硬，内部比较硬而坚实。菌核块状，黑色。子囊细长，呈圆筒状，下部细长，内有 8 个孢子。子囊孢子光滑，近似肾形，20~23μm×10~12μm。侧丝细长。
生态习性　秋季于林中地上单生。
分　　布　分布于河南、四川等地。
应用情况　记载可食用，但又怀疑有毒，需慎食和研究药用。

115　丛生炭角菌

别　　名　丛炭角
拉丁学名　*Xylaria bipindensis* Lloyd

形态特征　子实体一般不分枝，罕分枝呈叉状，圆柱状，高 1.8~8cm，粗 0.3~0.9cm，表面黑色，稍皱，内部白色，充实近木质。柄短，黑色，长 0.4~1cm。子囊壳近球形，埋生于子座内，炭色，表面黑色，孔口稍凸起，有龟裂纹，300~560μm×220~430μm。子囊棒状，有孢子部分为 50~70μm×4~6μm，内有孢子 8 个，单行排列。孢子椭圆形至近纺锤形，稍歪斜，6~10μm×3.5~4μm。
生态习性　生于阔叶林中腐木上，子实体群生或近丛生。
分　　布　分布于广东、海南等地。
应用情况　有记载可作药用。

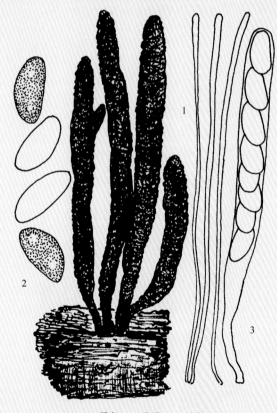

1. 子座；2. 孢子；3. 子囊

图 115

116-1

图 116-2

116　果生炭角菌

别　　名　果实炭角菌、果实炭笔
拉丁学名　*Xylaria carpophila* (Pers.) Fr.
英 文 名　Carbon Chinese Brush

形态特征　子实体小。子座一个或数个从一坚果上生出，不分枝，长 0.5～2.5cm，粗 0.15～0.25cm，有纵向皱纹，内部白色，头部近圆柱形，顶端有不孕小尖。柄长短不一，长约 50μm，粗约 1mm，基部有绒毛。子囊壳球形，直径 400μm，埋生，孔口疣状，外露。子囊呈圆筒形，有孢子部分 100～120μm×6μm。孢子单行排列，褐色，不等边椭圆形或肾形，12～16μm×5μm。
生态习性　夏秋季生于枫香等坚果上。
分　　布　分布于江苏、浙江、安徽、江西、湖南、贵州、广西、福建等地。
应用情况　据记载此种具有抑肿瘤活性。可能有分解纤维素的作用。

117　痂状炭角菌

拉丁学名　*Xylaria echaroidea* (Berk.) Sacc.
曾用学名　*Sphaeria echaroidea* Berk.

生态习性　生于白蚁巢上。
分　　布　分布于台湾、四川等地。
应用情况　含多糖，有抑肿瘤、抗氧化等活性。

图 119-1   图 119-2

118 纤细炭角菌

拉丁学名 *Xylaria gracillima* (Fr.) Fr.
曾用学名 *Xylosphaera gracillima* (Fr.) Dennis

形态特征 子实体多分枝，纤细，多曲折，枝长 5~15.6cm，粗 0.2~0.3cm，其下部粗可达 0.5cm，幼枝灰白色或带灰蓝色，靠近顶端白灰色或污白色且具细绒毛，内部充实暗色。可产生近球形子囊壳且突出子座表面。取新鲜样品幼枝分成小段做试管培养，同时在培养皿上培养形成污白色菌落，菌丝体逐渐生长成细枝，形色同野生样品，证明本种培养性状稳定。
生态习性 此标本原发现于黑翅土白蚁巢上。
分　　布 标本采自于浙江湖州，并由朱志熊提供。
应用情况 可分离培养进一步做保健药用研究。

119 鹿角炭角菌

别　　名 炭角菌、鹿角菌
拉丁学名 *Xylaria hypoxylon* (L.) Grev.
曾用学名 *Sphaeria hypoxylon* (L.) Pers.
英 文 名 Candle Snuff Fungus, Stag's Horn, Carbon Antlers

形态特征 子实体不规则分枝，呈鹿角状，稀不分枝，顶尖不育，淡色或呈白色，内部白色而实心，高 1.5~6cm，基部向下延长伸入土中似根状。柄长 1~3cm，粗 0.5~1.5mm，暗褐色至黑色，光滑，头部灰褐色至黑色。子囊壳近球形，孔口外凸。子囊圆筒形，有孢子部分 30~35μm×3.5~4μm。孢子不等边椭圆形或半球形，4~5μm×2.5~3μm。
生态习性 于林地上散生或群生。

图 121-1　图 121-2

分　　布　　分布于香港、江苏、云南、广东、海南、河北、西藏等地。
应用情况　　含多糖等活性物质，具有抑菌、抗生素和抑肿瘤作用。

120　枫香炭角菌

别　　名　　果实炭角、果实炭笔
拉丁学名　　*Xylaria liquidambaris* J. D Rogers et al.

形态特征　　子座直立，不分枝或偶分枝，单生或从一个果实上簇生，高 2～8cm。可育部分圆柱形至棒形，通常顶端尖锐，10～25mm×1～3mm，可育部分表面最初褐色，后呈黑色。柄黑色。内部白色。子囊壳球形，直径 0.2～0.4mm，埋生，孔口突起。子囊圆柱形，有孢子部分 64～116μm×6～7.5μm。子囊孢子褐色，单胞，椭圆形至新月形，不等边，光滑，12～16μm×4.5～6.5μm。
生态习性　　生于 *Liquidamba styaciflua* 的落果上。
分　　布　　分布于安徽、江苏、浙江、江西、湖南、贵州、广东、广西、福建等地。
应用情况　　据记载此种炭角菌含真菌多糖，具抑肿瘤作用。

121　长柄炭角菌

别　　名　　长炭棒
拉丁学名　　*Xylaria longipes* Nitschke

形态特征　　子实体小或中等大，呈棒状或柱状，往往数个在基部相连接，不分枝，高 3～12cm，顶部钝圆，表面暗褐色至褐黑色，多皱，粗糙，后期龟裂。柄部呈圆柱形，基部有毡状细绒毛，长 1.5～9cm，粗 0.3～0.8cm。子囊壳埋生于子座内，球形，直径 560～650μm，孔口似黑点。子囊圆筒形，130～140μm×6～7μm。孢子暗褐色，不等边椭圆形或近似肾形，光滑，含 1～2 个油球，13～77μm×4～7μm。侧丝细长呈线形，无分隔，顶部不膨大。

图 122-1　　　　　　　　　　　　　　　　　　　　图 122-2

生态习性　此种多生于阔叶树腐木上，往往散生或群生。属于木腐菌。

分　　布　分布于海南、江西、福建等地。

应用情况　据试验具有抑肿瘤活性。治软骨病，有抗真菌活性。

122　黑柄炭角菌

别　　名　地炭棍、乌苓参、乌灵参、鸡㙡蛋、鸡茯苓、地震子、雷震子、鸡㙡香、吊金钟

拉丁学名　*Xylaria nigripes* (Klotzsch) Sacc.

英　文　名　Black Candle-snuff, Black Carbon Whip

形态特征　子实体中等大，通常棍棒状，单生有时分枝，高 3.5～16cm，早期白色，后变黑色。柄长 1.5～7cm，粗 1～5mm，头部有纵行皱纹。假根从柄基部延伸在地下可达 23cm，末端连接着菌核。菌核暗褐色至黑色、卵圆形、近球形或不规则形或扁平，直径 5～12cm，内部白色，坚实或粉状。子囊圆柱状，有孢子部分 30～36μm×3.5～4.2μm。子囊孢子褐色，不等边，椭圆形至半球形，4～5.7μm×2.5～3μm。

生态习性　生地上，其下从废弃的白蚁巢穴内菌核上生出。

分　　布　一般此种炭角菌分布在南方热带、亚热带高温白蚁活动区。

应用情况　乌灵参因色乌黑，具有人参样补气作用而功效灵验得名。民间传说此物系鸡㙡菌窝内的蛋状菌核，故名鸡㙡蛋。《灌县志》："结实虚悬空窟中，当雷震时必转动，故谓之雷震子。"菌核药用，其性温、味微苦。具有安神、利便、止血、壮阳、平脂、降血压、增强免疫力等功效，主治失眠、心悸、吐血、衄血、高血压、烫伤等。研究表明还能抗氧化、调节中枢神经系统、抗前列腺增生、提升造血功能。有抑肿瘤活性，抑瘤率达 80%～90%。民间药用于除湿、镇惊、止心悸、催乳等，治产后失血、跌打损伤，可与肉炖食，作为补药。

图 123

123　总状炭角菌

拉丁学名　*Xylaria pedunculata* (Dicks.) Fr.

形态特征　子实体多丛生或簇生，分枝柱状或稍偏，上部呈指状鹿角状，或近似鸡冠状，粉红黄色、淡土黄色，后期变暗褐色，顶钝或尖而不孕。菌柄基部色淡或污白色，似有一层细绒毛。子囊壳呈点状凸起。子囊长圆柱形，含 8 个孢子。孢子光滑，近椭圆形（此种有时产生一层青霉样菌）。
生态习性　多出现于毛头鬼伞 *Coprinus comatus* 伏土栽培菌床上，往往大量丛生、簇生或群生，严重影响其产量。
分　　布　此种标本采于北京，目前已在许多地区有分布。
应用情况　有认为幼嫩时口感脆，气味不明显。

124　多形炭角菌

别　　名　炭棒菌
拉丁学名　*Xylaria polymorpha* (Pers.) Grev.
曾用学名　*Xylaria rugosa* Sacc.; *Sphaeria polymorpha* Pers.
英 文 名　Dead Man's Fingers

形态特征　子实体一般中等大，呈棒形、圆柱形、椭圆形、哑铃形、近球形或扁曲，干时质地较硬，高 3～12cm，粗 0.5～2.2cm，内部肉色，表皮多皱，暗色或黑褐色至黑色，无不育顶部。子囊壳埋生，近球形至卵圆形，直径 500～800μm，孔口疣状，外露。子囊有长柄，圆筒状，

图 124-1　　　　　　　　　　　　　　　　　图 124-2

图 124-3　　　　　　　　　　　　　　　　　图 125-1

图 125-3

150～200μm×8～10μm。孢子褐色至黑褐色，单行排列，常呈不等边梭形。

生态习性　多在林间倒腐木、树桩的树皮或裂缝间单生或数枚群生，有被认为似一群人在一起。

分　　布　分布于台湾、香港、广东、广西、海南、四川、河南、福建、江苏、浙江、云南、安徽、贵州、西藏等地。

应用情况　记载可药用。

125　笔状炭角菌

别　　名　炭笔
拉丁学名　***Xylaria sanchezii*** Lloyd
曾用学名　*Xylaria apiculata* Cke.

形态特征　子实体高8～12cm，粗0.5～0.8cm，圆柱形，不分枝，顶端有不育的小尖长1cm左右，表面灰褐色，内实而色浅。柄长1cm左右，基部有扭曲的长假根。子囊壳椭圆至卵形，400～680μm×260～450μm。孢子暗褐色，光滑，不等边椭圆形，6～9μm×4～4.6μm。

生态习性　于林地上散生。

分　　布　分布于四川、安徽、福建等地。

应用情况　可药用。据四川等民间应用，认为同黑柄炭角菌有类似作用。研究发现有抗氧化等活性。

第三章

胶 质 菌

图 126-1

图 126-2

图 126-4

图 126-6

图 126-7

126-3

126-5

126-8

126　木耳

别　　名	耳子、黑木耳、细木耳、细耳、木耳菇、黑菜、黑叶、云耳、光木耳、木茸、木蛾、树鸡
拉丁学名	*Auricularia auricula-judae* (Bull.) Quél.
曾用学名	*Auricularia auricula* (L. ex Hook.) Underw.
英 文 名	Black Wood Ear, Egypt Ear, Jew's Ear, Wood Ear

形态特征　子实体一般较小或中等大，胶质，直径2~12cm，浅圆盘形、耳形或不规则形，新鲜时软，干后收缩硬脆。子实层生内面，光滑或略有皱纹，红褐色或棕褐色，干后变深褐色或黑褐色。外侧面有短毛，青褐色。担子细长，有3个横隔，柱形，50~65μm×3.5~5.5μm。孢子无色，光滑，常弯曲，腊肠形，9~17.5μm×5~7.5μm。

生态习性　在多种阔叶树或针叶树朽木上密集成丛生长。可引起木材腐朽。

分　　布　分布广泛，黑龙江、吉林、湖北房县、甘肃康县等是重要产区。

应用情况　可食用，中国人工栽培历史悠久。传统为棉麻、毛纺织工人的保健食物。《本草纲目》记载木耳性平、味甘，治痔，补血气，止血活血，降血脂，有滋润、强壮、通便之功能。据刘波《中国药用真菌》等书记载，此种治寒温性腰腿疼痛，产后虚弱，抽筋麻木；外伤引起的疼痛，血脉不通，麻木不仁，手足抽搐；崩淋血痢，痔疮，肠风，白带过多；便血，痔疮出血，子宫出血；反胃多痰，误食毒中毒，年老生疮久不封口；高血压，血管硬化，眼底出血；诸疮溃烂，无多脓血、不能结痂者。对小白鼠肉瘤180及艾氏癌的抑制率分别为42.5%~70%和80%。现代研究证明具有降血脂等药用价值，还有抗溃疡、润肺、降血糖、抗辐射等作用。

图 127

图 128-1

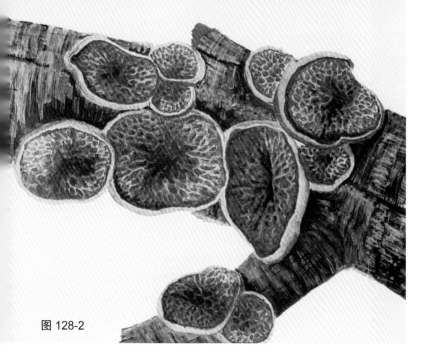

图 128-2

127 角质木耳

别　　名	网木耳、沙皮木耳、黄牛皮木耳、粗木耳、砂耳
拉丁学名	*Auricularia cornea* Ehrenb.
英 文 名	Cloud Ear, Ear-shaped Bracket, Hairy Jew's Ear, Wood Ear

形态特征　子实体一般较小，有时大，革质至胶质，下表面粗糙呈杯状或浅杯状，有细脉纹或棱，无柄或近有柄，新鲜时红褐色，干时黄褐色或暗绿褐色，直径可达 15cm，厚 0.8～1.2cm，背面毛长 180～220μm，粗 5～7μm，顶端圆。子实层表面光滑，厚约 80～90μm。担子棒状，具 3 横隔，45～55μm×4～5μm。孢子腊肠形，光滑，无色，13～16μm×5～6μm。
生态习性　春夏季生于榕、玉兰等阔叶树枯木上，多数成群生长，罕为单生。
分　　布　分布于福建、台湾、海南等地。
应用情况　可食用，但质地较硬。另外可药用。

128 皱木耳

别　　名	脆木耳、多皱木耳、网木耳、粗木、砂耳、网纹木耳
拉丁学名	*Auricularia delicata* (Mont.) Henn.
英 文 名	Rugulose Wood Ear, Wrinkle Wood Ear

形态特征　子实体一般较小，胶质，直径 1～7cm，耳形或圆盘形，无柄，着生腐木上。子实层生内侧面，淡红褐色，有

图 129-1

白色粉末，有明显皱褶并形成网格，外侧面稍皱，红褐色。担子3横隔，棒状，40～45μm×4～5μm。孢子透明无色，光滑，弯曲，圆筒形，10～13μm×5～6μm。另外，此种形成的网格多。

生态习性 多在阔叶树枯腐木上群生或单生。

分　　布 分布于云南、海南、贵州、湖南、四川等地。

应用情况 可食用，质地较脆，中国传统保健食物。药用补气血、润肺、止血，还有滋润、强壮、通便之功效和用于治痔。现可人工培养生产。

129　褐黄木耳

拉丁学名 *Auricularia fuscosuccinea* (Mont.) Henn.
英 文 名 Purple Wood Ear

形态特征 子实体一般较小，呈片状或浅盘状，直径4～5cm，最大可达12cm，较厚，平伏耳片状，暗褐色、红褐色、琥珀褐色至褐黄色，胶质至角质，薄而透明。背面被绒毛，污白色至淡黄褐色，毛长64～200μm×4～7.1μm。菌丝有锁状联合。担子3横隔，具4小梗，近圆柱形，30～60μm×4～6μm，小梗长11～15μm×1～2μm。孢子近长方椭圆形、弯曲近肾形，9～14μm×4～5μm。

生态习性 夏季在阔叶树腐木上群生。

分　　布 此种木耳原产地不明。现在较广泛人工培养。

应用情况 可食用，但口感不如木耳，近似毛木耳。目前已大量人工栽培。

图 129-2

图 130-1

130 毡盖木耳

别　　名	肠膜状木耳、肠膜木耳、牛皮木耳
拉丁学名	*Auricularia mesenterica* (Dicks.) Pers.
英文名	Tripe Fungus

形态特征　子实体小或中等，胶质，干时脆骨质。菌盖平伏又反卷，背着生木上，往往相互连接，宽3～4cm×3.5～6cm，盖面蛋壳色、淡黄褐色，被绒毛，有环纹，边缘波状或向内卷呈花瓣状。子实层面平滑有皱褶、脉纹，暗紫灰色。担子圆柱状，有横隔。孢子14～15μm×6～6.8μm。

生态习性　生阔叶树倒木、腐木桩上，常呈覆瓦状。

分　　布　分布于云南、广东、广西、台湾、海南、福建、河北、河南、山西、宁夏、吉林、西藏等地。

应用情况　可食用，口感较普通食用木耳差。试验抑癌，报道子实体热水提取多糖对小白鼠肉瘤180及艾氏癌的抑制率分别为42%～60%和60%。

130-2

图 130-3

图 131-1

131　褐毡木耳

别　　名　皱极木耳、毡盖木耳、蛤蚧菌（广西龙州）
拉丁学名　*Auricularia rugosissima* (Lév.) Bres.
英 文 名　Rugulose Ear

形态特征　子实体平伏并反卷，有时全部平伏，往往左右相连，松软，有绒毛和同心环纹，可可色至咖啡色，老后渐变光滑，并褪至淡炭色。子实层面平滑有皱褶，栗褐色至灰黑色，边缘肉桂色至深肉桂色，由近无色和直径 2～3μm 的菌丝组成。毛长，褐色，长 3.5～4.5μm，互相交织形成厚达 1mm 的非胶质层。担子圆柱形，近棒状，30～35μm×4～4.5μm。

生态习性　夏秋季生于栎、樟等阔叶树木桩及倒木上。

分　　布　分布于吉林、内蒙古、河北、河南、山西、江西、广东、广西、福建、海南、甘肃、安徽、江苏、湖南、四川、贵州等地。

应用情况　可食用，口感粗糙。

图 131-2

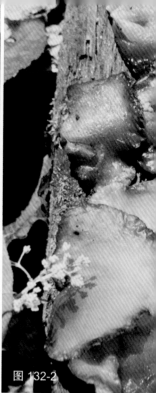

图 132-1

图 132-2

132　黑皱木耳

拉丁学名　*Auricularia moellerii* Lloyd
英 文 名　Rugulose Wood Ear

形态特征　子实体一般较小，耳状，胶质，稍坚韧，直径 1.5～4cm，紫褐色或紫红色，干时色变深，子实层生下表面，有显著皱褶，形成网格。不育面深栗褐色至略带紫黑色，密生短细绒毛，与木耳相似，唯较短，毛长 20～70μm，粗 4μm 左右，无色，10～40μm×5～6.5μm，基部膨大，粗 8～10μm。担子棒状，无色，具 3 横隔，4 小梗，30～32μm×2.5～3μm。孢子圆柱形，无色，透明，10～12μm×3.5～5.5μm。此种耳片上形成的网格较稀。
生态习性　在阔叶树腐木上成群生长。
分　　布　分布于云南、广西、海南、香港、湖南等热带亚热带地区。
应用情况　可食用。其质地较硬脆，别具风味，云南西双版纳已人工栽培，是耐湿热的一种木耳。有时出现在香菇等食用菌段木上，视为"杂菌"。

133　盾形木耳

拉丁学名　*Auricularia peltata* Lloyd
英 文 名　Pelt Ear Fungus

形态特征　子实体一般较小，盘状、杯状或耳状，胶质，软，背面着生，无柄或稍有柄，边缘游离

图 133　　　　　　　　　图 134-1　　　　　　　　　图 134-2

或常连接在一起，褐色至红棕褐色。毛长 70～80μm，粗 3～3.5μm，透明无色至淡褐色，中线明显，顶端圆，子实层生于下表面，宽约 150μm，有无定形的草酸结晶分散于整个子实层中。担子 3 横隔膜，无色，具 4 小梗，35～45μm×3.5～4μm。孢子腊肠形至圆柱形，11～13μm×5～5.6μm。

生态习性　春夏季生于阔叶树枯干上。

分　　布　分布于福建、江西、香港、台湾、云南西双版纳等亚热带至热带地区。

应用情况　可食用。

134　毛木耳

别　　名　粗木耳、牛皮木耳、黄背木耳、海蜇菌、荒毛木耳

拉丁学名　*Auricularia polytricha* (Mont.) Sacc.

英 文 名　Chinese Black Fungus, Hairy Wood Ear, Velvet Wood Ear, Hairy Jew's Ear

形态特征　子实体一般较大，胶质，直径 2～15cm，浅圆盘形、耳形或不规则形，有明显基部，无柄，基部稍皱，新鲜时软，干后收缩。子实层生里面，平滑或稍有皱纹，紫灰色，后变黑色。外面有较长绒毛，无色，仅基部褐色，400～1100μm×4.5～6.5μm，常成束生长。担子 3 横隔，具 4 小梗，棒状，52～65μm×3～3.5μm。孢子无色，光滑，弯曲，圆筒形，12～18μm×5～6μm。

生态习性　于多种阔叶树枯树干上或腐木上丛生。

分　　布　广泛分布于全国各省区。

应用情况　可食用，质地硬、厚、脆，别有风味。已广泛人工栽培。可药用，为中国传统保健食品，其功效与木耳近似。抗辐射、活血、止痛、治疗痔疮。抑肿瘤，对小白鼠肉瘤 180 及艾氏癌的抑制率分别为 90% 和 80%。

图 135-1

图 135-2

135　毛木耳银白变种

别　　名	银白木耳、毛木耳白色变种
拉丁学名	***Auricularia polytricha*** var. ***argentea*** D. Z. Zhao et Chao J. Wang
英 文 名	Silver White Ear, Cornea Ehrenb

形态特征　子实体中等至较大，胶质，近透明，盘状至耳状，新鲜时纯白色，直径4～12cm，厚1～2.3mm，外面密生毛，子实层面在脉纹和皱纹，干燥后浅白黄色。毛层的毛长150～480μm，粗5～7μm，无色透明，顶端钝圆或渐变尖细，基部膨大又收缩变细，部分有中线。致密层宽40～50μm，菌丝分不清单条。亚致密上层宽60～90μm，菌丝致密，相互交织，菌丝粗2～2.5μm。疏松上层宽300～330μm，菌丝疏松交织，粗2～2.5μm。髓层宽250～400μm，菌丝多数平行、整齐，粗2～3μm。疏松下层宽270～300μm，菌丝粗2～2.5μm。亚致密下层宽80～110μm，菌丝粗2～2.2μm。孢子无毛，光滑，长椭圆形或近肾形，10.5～17.5μm×5.5～6μm。

生态习性　在培养物上单生或群生。

分　　布　目前发现于河北等地。

应用情况　可食用，具有木耳及毛木耳共同特点。尤其色泽洁白，质脆，产量高，具有开发利用价值。据报道还具有比木耳耐高温、抗木霉性能强的优点。此种由河北省农科院首先驯化人工栽培成功。

图 135-3

图 136

136 网脉木耳

别　　名　西沙木耳
拉丁学名　***Auricularia reticulata*** L. J. Li
曾用学名　*Auricularia xishaensis* L. J. Li
英 文 名　Reticulate Ear

形态特征　子实体一般中等大，新鲜时呈胶质，半透明，耳状，直径4～10cm×3～5cm，厚0.5～0.8mm，不孕面被黄褐色柔毛，干后呈褐色，有隆起的网络，多形成明显的网络状。子实层黄褐色或淡褐色，表面近光滑，干时暗褐色。具柔毛层，毛长达260μm，近透明，顶端圆，基部褐色。菌肉菌丝致密，与表面近于平行列。担子长棱形，45～55μm×3～4μm，具3隔。孢子近无色，腊肠形，14.5μm×5～6μm。草酸钙晶体分布于菌内的各层，以子实层为最多。此种比前两种木耳网格更稀，耳片薄。
生态习性　生于阔叶树的枯枝上。
分　　布　分布于海南西沙群岛。
应用情况　食用菌。

137 胶角耳

拉丁学名　***Calocera cornea*** (Batsch) Fr.
英 文 名　Yellow Antler Fungus, Staghorn Fungus

形态特征　子实体比较小，胶质，橙黄色，一般几枝丛生一起而伸入腐木内，圆柱形，分枝稍扁，顶部分叉而尖，直立或稍弯曲，高0.5～3cm。子实层生于表面。担子顶端二分叉，带黄色。孢子呈肾形或长方椭圆形，无横隔至1横隔，无色带黄色，光滑，7～10μm×3.5～4μm。
生态习性　春至秋季多在针叶树倒木、伐木上生长。
分　　布　分布于河北、吉林、四川、甘肃、江苏、浙江、福建、广东、香港、广西、西藏等地。
应用情况　可食用，含胡萝卜素，防辐射，有益于人体保健。

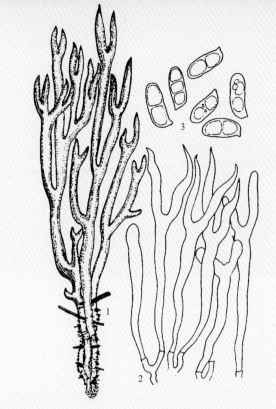

图 138　　1. 子实体；2. 担子；3. 孢子

138　黏胶角耳

别　　名	鹿胶角菌

拉丁学名　***Calocera viscosa*** (Pers.) Fr.
英 文 名　Yellow Tuning Fork

形态特征　子实体小，下部偏圆，上部二至三叉状分枝，似鹿角，高 4～8cm，粗 0.3～0.6cm，胶质黏，平滑，干后软骨质，色橙黄而鲜艳，往往顶部色深。子实层生于表面。担子叉状，淡黄色。孢子光滑，椭圆形或肾形，稍弯曲，后期形成 1 横隔，浅黄色，8～12.7μm×3.8～5.1μm。

生态习性　夏秋季在云杉、冷杉等针叶树倒腐木或木桩上成丛或成簇生长，基部往往伸入树皮和木材裂缝间。

分　　布　分布于吉林、四川、福建、云南、贵州、甘肃、陕西、西藏等地。

应用情况　可食用。此菌分叉像鹿角，又似珊瑚菌，色彩十分艳丽，幼时同桂花耳相似，含类胡萝卜素等物质。

139　掌状花耳

图 139-1

图 139-2

图 139-3

拉丁学名　***Dacrymyces palmatus*** Bres.
英 文 名　Orange Jelly

形态特征　子实体比较小，胶质，直径 1～6cm，高 2cm 左右，橘黄色，近基部近白色，当干燥时带红色，形状不规则瓣裂成堆。菌肉有弹性。担子呈叉状细长。孢子印带黄色。孢子光滑，圆柱状至腊肠形，初期无隔，后变至 8～10 细胞（多隔）。

生态习性　夏秋季或春季均可生长在针叶树腐木上。

分　　布　分布于云南、四川、香港、台湾、贵州、福建等地。

应用情况　可食用。此种花耳似金耳，其担子有明显差异。记载另一种花耳 *Dacrymyces stillalus* 可能含有丰富的类胡萝卜素，该物质在肌体内转化为维生素 A，有降低致癌和抑肿瘤作用。

140 桂花耳

别　　名　桂花菌

拉丁学名　***Dacryopinax spathularia*** (Sch-wein.) G. W. Martin.

曾用学名　*Guepinia spathularia* (Sch-wein.) Fr.

英 文 名　Jelly Spoon

形态特征　子实体微小，胶质，匙形或鹿角形，上部常不规则裂成叉状，橙黄色，干后橙红色，不孕部分色浅，光滑。子实体高 0.6～1.5cm，柄下部粗 0.2～0.3cm，有细绒毛，基部栗褐色至黑褐色，延伸入腐木裂缝中。担子 2 分叉，叉状，28～38μm×2.4～2.6μm。孢子 2 个，椭圆形近肾形，无色，光滑，初期无横隔，后期形成 1～2 横隔，即成为 2～3 个细胞，8.9～12.8μm×3～4μm。

生态习性　春至晚秋于杉木等针叶树倒腐木或木桩上群生或丛生。

分　　布　分布于吉林、河北、山西、福建、江苏、浙江、安徽、江西、河南、湖南、广东、香港、广西、四川、贵州、云南、西藏、甘肃等地。

应用情况　可食用。子实体虽小，但色彩鲜艳，便于认识。含类胡萝卜素等，有保健作用。

141 短黑耳

别　　名　黑胶碟

拉丁学名　***Exidia recisa*** (Ditmar) Fr.

形态特征　子实体一般较小，直径 1.5～

图 140-1

图 140-2

图 140-3

图 140-4

3cm，高 1～2cm，鲜时硬胶质，初期黄棕色至肉桂色，干后黑色。不育面中部具短柄状着生点，被褐色细鳞片，似轮状分布。子实层向上一侧光滑，常具黑色乳头状突起，不育面菌丝具锁状联合。原担子初期近梭形，渐变为近球形，成熟后下担子通常卵圆形，十字纵分隔，上担子管状。担孢子 10.3～14.9μm×3.1～4.2μm，腊肠形，透明，萌发产生再生担孢子。

生态习性　群生于阔叶林中阔叶树树枝上。

分　布　分布于河北、陕西、贵州、云南、青海、西藏等地区。

应用情况　有人采食，但须慎食。

图 141

142　焰耳

别　名　胶勺、鞍形胶勺耳

拉丁学名　*Guepinia helvelloides* (DC.) Fr.

曾用学名　*Phlogiotis helvelloides* (DC.) G.W. Martin; *Tremiscus helvelloides* (DC.) Donk

英文名　Apricot Jelly, Candied Red Jelly Fungus, Helvelloid Phlogiotis

形态特征　子实体一般较小，胶质，高 3～8cm，宽 2～6cm，匙形或近漏斗状，柄部半开裂呈管状，浅土红色或橙褐红色，内侧表面被白色粉末。子实层面近平滑，或有皱或近似皱纹状，盖缘蜷曲或后期呈波状。担子部分细长，纵分裂成四部分，倒卵形，14～20μm×10～11μm。孢子无色，光滑，宽椭圆形，9.5～12.5μm×4.5～7.5μm。

生态习性　于针叶林或针阔叶混交林中地上苔藓层或腐木上单生或群生，有时近丛生。

分　布　分布于广东、广西、云南、福建、四川、浙江、湖南、湖北、江苏、陕西、甘肃、贵州、山西、西藏、青海等地。

应用情况　可食用。抑肿瘤，试验对小白鼠肉瘤180 及艾氏癌的抑制率分别为 70% 和 80%。

图 142-1

图 142-2

图 142-3

图 143

143　虎掌刺银耳

别　　名	虎掌菌
拉丁学名	***Pseudohydnum gelatinosum*** (Scop.) P. Karst.
曾用学名	*Exidia gelatinosa* (Scop.) P. Crouan et H. Crouan; *Trmellodon gelatinosus* (Scop.) Fr.
英 文 名	Toothed Jelly Fungus

形态特征　子实体较小，扇形、匙形或掌状至圆形，污白色，半透明似胶质，软，具短柄。菌盖直径 2～6cm，阴湿处多呈污白至乳白色，多处带淡褐色，开始有细毛，后变光滑。菌盖下密生长 0.2～0.5cm 的小肉刺。菌柄长约 1cm，粗 0.5～0.8cm。担子具 4 小梗。孢子无色，遇 KOH 带黄色，近球形，7.4～8.4μm×4.6～6.4μm。

生态习性　夏季多于比较阴湿的针叶树倒腐木或枯木桩基部成群生长。

分　　布　分布于吉林、广东、广西、四川、湖南、贵州、青海、甘肃、西藏等地。

应用情况　可食用，其味鲜美，认为可筛选驯化培养。可抑肿瘤，对小白鼠肉瘤 180 及艾氏癌抑制率均为 90%。

144　橙黄银耳

别　　名	金耳、金色银耳、黄银耳、黄木耳、脑耳
拉丁学名	***Tremella aurantia*** Schwein.
曾用学名	*Naematelia aurantia* (Schwein.) Brut
英 文 名	Golden Ear, Yellow Tremella

形态特征　子实体橙黄色，柔软，由许多瓣片扭曲组成团块状或似脑状，瓣片稍厚。担子纵裂。孢子近卵圆形，6～7μm×4～4.5μm。

图 144

图 145-1   图 145-2

生态习性　多生于栎树干上，未发现与革菌 *Stereum* 的菌丝生成复合体。

分　　布　分布于山西、江西、福建、四川、江苏、云南、贵州、西藏等地。

应用情况　可食用，属养生补品。据记载，金耳性温中带寒、味甘，可化痰、止咳、定喘、调气、平肝肠，主治肺热、痰多、感冒咳嗽、气喘、高血压等。提高机体代谢机能，抑制肿瘤细胞生长；调节机体代谢机能，改善机体营养状况，提高机体血红蛋白和血浆的含量；提高机体抗衰老、抗缺氧能力，降血脂、降胆固醇，防治脑血栓，可研究用于治疗脑梗和脑出血；促进肝脏脂代谢，防止脂肪在肝脏积累，提高肝脏解毒功能。可有效地防病健身，延缓衰老。

145　金耳

别　　名　黄白银耳、黄木耳、茂若色尔布（藏语）、云南黄木耳、金木耳、黄耳、黄金银耳

拉丁学名　*Tremella aurantialba* Bandoni et M. Zang

英 文 名　Golden-white Ear, Yellow Fungus, Golden Tremella

形态特征　子实体中等至较大，胶质，直径 8~15cm，宽 7~11cm，呈脑状或瓣裂状，新鲜时金黄色或橙黄色，干后坚硬，浸泡后可复原状。担子纵裂为 4 瓣，圆形至卵圆形，上担子长达 125μm，下担子阔约 10μm。孢子近圆形、椭圆形，3~5μm×2~3μm。

生态习性　夏秋季生高山栎等阔叶树腐木或冷杉倒腐木上，与韧革菌 *Stereum hirsutum* 等有寄生或共生关系。

分　　布　分布于西藏、云南、四川、甘肃等地。

应用情况　可食用。含有甘露糖、葡萄糖及多糖。可抑肿瘤。药用保健治肺热、气喘、气管炎、高血压、化痰等作用。现已人工培养。

图 145-3

图 146

146　朱砂银耳

| 别　　名 | 橙黄耳、橙耳、砖砂色银耳、黄木耳、桑耳、橙银耳、朱红银耳 |

别　　名　橙黄耳、橙耳、砖砂色银耳、黄木耳、桑耳、橙银耳、朱红银耳
拉丁学名　***Tremella cinnabarina*** (Mont.) Bull.
曾用学名　*Tremella samoensis* Lloyd
英 文 名　Orange-yellow Tremella

形态特征　子实体较小，胶质，由许多瓣片组成，橙黄色，直径 6～7cm，子实层生于子实体表面。担子卵形，四裂，浅黄色，14～16μm×10～12μm。孢子近球形，光滑，近无色，具小尖，直径 6～7μm。
生态习性　生阔叶树倒木上。
分　　布　分布于福建、广东、海南、云南等地。
应用情况　可食用。养生保健。药用医病，增强机体免疫力。据《本草纲目》记载"其黄熟陈白者止久泄，益气不饥"。

147　脑状银耳

别　　名　头状金耳、头状银耳
拉丁学名　***Tremella encephala*** Pers.
英 文 名　Pink Brain Fungus

形态特征　子实体比较微小，垫状至半球形，近无柄而有狭窄

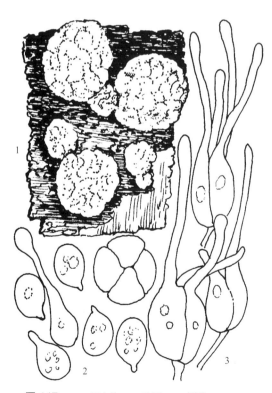

图 147　1. 子实体；2. 孢子；3. 担子

图 148

图 149-1

图 149-2

基部，直径 0.5～2cm，高 2～7mm，外层硬胶质，淡黄色至淡黄褐色，表面粗糙具皱褶，近于脑状。内部为肉质纤维状白色的核心。干后为暗棕褐色至褐黑色坚硬粒状小块。菌丝粗 2.5～4μm，有锁状联合。原担子近球形，成熟时下担子球形或倒卵形，十字形纵分隔，13～20μm×13～18μm，上担子狭圆柱形，顶部膨大，35μm×2.5～4μm。孢子近球形至卵形，无色，透明，光滑，9～11μm×7～9μm。

生态习性 在马尾松、粤松等针叶树落枝上单生至群生或丛生，与血痕韧革菌 Stereum sanguinolentum 伴生或生于其上。

分 布 分布于福建、湖南等地。

应用情况 可食用。亦养生保健，具有其他银耳相似药用功能。

148 大锁银耳

拉丁学名 ***Tremella fibulifera*** Möller

形态特征 子实体直径 1～20cm，宽 1～8.5cm，高 1～3.5cm，脑状，由许多瓣片组成，白色，干后色变米黄色，胶质，柔软，半透明。菌丝粗 2.5～5μm，锁状联合大而明显。原担子十字形纵隔，近球形或卵形，11～25μm×8～14μm，上担子直径 2～4μm。孢子无色，光滑，具一歪尖，近卵圆形，6.5～10.5μm×5～8.5μm。

生态习性 于阔叶林中腐木上群生。

分 布 分布于广西、四川、西藏东南等地。

应用情况 可食用，含水量大。

149 茶色银耳

别 名 血耳、茶银耳、褐银耳、褐血耳、药耳

拉丁学名 ***Tremella foliacea*** Pers.

曾用学名 *Tremella nigrescens* Fr.; *Tremella fimbriata* Pers.

英 文 名 Brown Witch's Butter, Tea-colored Jelly

形态特征 子实体小或中等大，直径 4～12cm，

由无数宽而薄的瓣片组成，瓣片厚1.5～2mm，浅褐色至锈褐色，干后色变暗至近黑褐色，角质。菌丝有锁状联合。担子纵裂四瓣，12～18μm×10～12.5μm。孢子无色，近球形、卵状椭圆形，基部粗，7.5～12.9μm×6.5～10.4μm。

生态习性　春至秋季多生于林中阔叶树腐木上，往往似花朵，成群生长。

分　布　分布于吉林、河北、广东、广西、海南、青海、四川、云南、安徽、湖南、江苏、陕西、贵州、西藏等地。

应用情况　可食用。含有 16 种氨基酸，其中人体必需氨基酸 7 种。药用可治妇科病。新鲜时黑褐色，当在自然条件下浸泡会明显减退颜色，整个子实体呈红褐色、淡褐色，甚至更淡色，非常像血红银耳。

150　叶状银耳

别　名　花片银耳

拉丁学名　*Tremella frondosa* Fr.

形态特征　子实体小或中等大，直径8～10cm，黄色至浅锈褐色，由薄而卷曲的瓣片组成。菌丝有明显的锁状联合。担子梨形，12～18μm×8～11μm。孢子近球形，基部有小尖，无色透明，光滑，6.5～10μm×5.5～8μm。

生态习性　夏秋季多生于阔叶树腐木上。

分　布　分布于吉林、四川、安徽、浙江、广东、广西、海南、山西、福建、浙江、陕西等地。

应用情况　可食用。此种与褐血耳、茶色银耳、血红银耳形态特征均很相似。亦有养生保健功能。

图 149-3

图 149-4

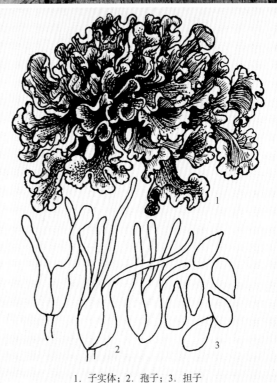

图 150

1. 子实体；2. 孢子；3. 担子

图 151-1

图 151-4

图 151-2

图 151-5

图 152-2

图 151-3

图 152-1

图 152-3

151 银耳

别　　名 雪耳、银耳子、通江银耳、白木耳
拉丁学名 *Tremella fuciformis* Berk.
英 文 名 Jelly Fungus, Silver Ear, White Jelly Fungus

形态特征 子实体中等至较大，胶质，直径 3～15cm，纯白至乳白色，半透明，柔软有弹性，由数片至十余片瓣片组成，形似菊花形、牡丹形或绣球形，干后收缩，角质，硬而脆，白色或米黄色。子实层生瓣片表面。担子纵分隔，近球形或近卵圆形，10～12μm×9～10μm。孢子无色，光滑，近球形，6～8.5μm×4～7μm。

生态习性 夏秋季生阔叶树腐木上。

分　　布 分布于福建、浙江、湖北、湖南、四川、贵州、广东、广西、海南、云南等地。

应用情况 可食用和药用，为中国传统保健食品。有"补肾、润肺、生津、止咳"之功效，主治肺热咳嗽、肺燥干咳、久咳喉痒、咳痰带血或痰中血丝或久咳络伤胁痛、肺痈、妇人月经不调、肺热、胃炎、大便秘结、大便下血，是一种重要的保健食品，能提高人体的免疫能力，起扶正固本的作用，提高肌体的原子能辐射的防护能力。可抑制病毒。银耳多糖浆治疗慢性支气管炎和治疗慢性原发性心脏病，抑肿瘤，多糖类物质对小白鼠肉瘤 180 有抑制作用。补肾、滋阴、润肺、清热、补脑等。现已大量人工培养，销售国内外。

152 黄银耳

别　　名 橙黄银耳、金黄银耳、黄金耳、黄金银耳
拉丁学名 *Tremella mesenterica* Retz.
曾用学名 *Tremella lutescens* Pers.
英 文 名 Golden Jelly Fungus, Yellow Trembler, Witche's Butter, Witche's Tremella

---

形态特征 子实体不规则形，似脑状，全体金黄色，宽 2～7cm，高 2～3cm，胶质。子实层生于脑状突起表面。担子梨形，纵分隔。孢子球形或卵圆形，无色，光滑，8～13μm×8～10μm。

生态习性 生栎树及其他阔叶树腐木上。

分　　布 分布于福建、四川、云南、西藏等地。

应用情况 可食用。亦可药用，治疗神经衰弱、气喘、高血压等。

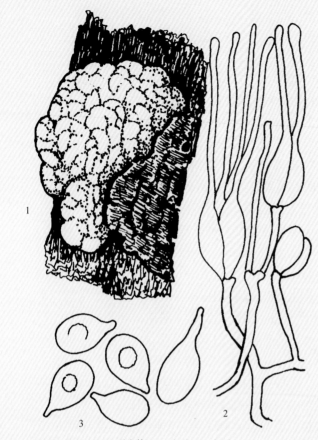

1. 子实体；2. 孢子；3. 担子

图 153

图 154

153 垫状银耳

拉丁学名 *Tremella pulvinalis* Kobayasi

形态特征 子实体小，胶质，纯白色，半透明，垫状扩展，长 1～3cm，稀达 10cm，宽 0.5～3cm，高 0.2～1.5cm，表面具脑状沟回，干后强烈收缩。菌丝宽 2.5～4.5μm，锁状联合多，显著。子实层无分生孢子。下担子卵形至卵状椭圆形，长 11～17.5μm，宽 10～14μm，2～4 纵裂，上担子 37.5～88μm×2.5～3μm。孢子卵形，有小尖，7～10μm×5～7μm，内含 1 个油球。

生态习性 生于阔叶林中腐枝上，单生或散生。

分　布 报道湖南有分布。

应用情况 可食用。

154 珊瑚状银耳

拉丁学名 *Tremella ramarioides* M. Zang

形态特征 子实体较韧硬，珊瑚状向周围叉状分枝，分枝粗而短，丛体高 3～5cm，阔 6～9cm。顶枝顶端圆钝，集成珊瑚状压紧丛集，顶端近白色，下部黄色、金黄色、褐黄色。菌体干后坚硬。菌丝粗 2～5μm，具锁状联合。下担子呈阔长棒状，4 枚分隔的细胞基部组成圆形个体，15～20μm×10～16.5μm，有 4 小梗上伸。上担子卵圆形，6～7μm×5～6.5μm。分生孢子椭圆形、近圆形，3～3.5μm×2～2.6μm。

生态习性 5～10 月见于海拔 2100～3100m 的栎属 *Quercus* 树干上。

分　布 分布于云南等地。

应用情况 可食用。中国特产。

155 血红银耳

别　　名　血耳、血银耳
拉丁学名　*Tremella sanguinea* Y. B. Peng

形态特征　子实体中等至大，鲜时暗赤褐色至黑褐色，叶状，大型，瓣片薄，边缘全缘，下部联合，上部裂成片，皱曲，常丛生成一大团呈半球形至菊花状，长5～24cm，宽5～20cm，高5～8cm，瓣片厚250～560μm，表面有赤褐色色素层，淋雨时有赤褐色酱油状液体，表面微皱，干后黑色。菌丝粗细悬殊，粗者直径3～5μm，细者1～3μm。孢子卵形至近球形，7～9μm×5～7.8μm，有小尖。成熟担子卵形、近球形至椭圆形，十字形纵分隔，稀一纵隔或稍斜分隔，长12～25μm，宽10～19.5μm，多为14～19.5μm×11.5～17μm，上担子长12.5～25μm，宽3～5μm。

生态习性　在栎类等阔叶树朽木上单生、群生。

分　　布　分布于湖南、湖北、广西、海南等地。

应用情况　可食用，营养丰富，含29种氨基酸。民间药用于治疗妇科病。

图155
1. 子实体；2. 担子及泡囊细胞；3. 孢子萌发

第四章

珊 瑚 菌

图 156   图 157

156 树状滑瑚菌

拉丁学名　*Aphelaria dendroides* (Jungh.) Corner

形态特征　子实体小，高 3.5～5.5cm，多分枝，革质，上部黄白色，下部黄白色至黄褐色，扭曲。菌柄长 1～1.5cm，粗 0.1～0.2cm，3～4 次分枝，其上双叉分枝，枝端尖长。担子棒状，具 2 小梗。孢子无色，光滑，含多数油球，广椭圆形至近球形，7～10μm×6.5～8μm。
生态习性　秋季于阔叶林地上单生或散生。
分　布　分布于广东、海南、云南、西藏等地。
应用情况　可食用，但味苦，气味腥，需洗淘浸泡加工。

157 杯珊瑚菌

别　　名　囊盖密瑚菌、密瑚菌、杯瑚菌
拉丁学名　*Artomyces pyxidatus* (Pers.) Jülich
曾用学名　*Clavicorona pyxidata* (Pers.) Doty
英 文 名　Crown Coral Fungus, Crown-tipped Coral

形态特征　子实体中等至较大，高 3～13cm，淡黄色或粉红色，老或伤后变为暗土黄色。菌肉白色或色淡。菌柄纤细，粗 1.5～2.5mm，向上膨大，顶端杯状，由枝端分出一轮小枝，多次从下向上杯状分枝，上层小枝多次分枝，形状呈杯状。孢子印白色。孢子光滑，含油球，椭圆形，3.5～4.5μm×2～2.5μm。囊体无色，梭形。有大量油囊。
生态习性　生腐木上，有时生腐木桩上，特别是在杨、柳属的腐木上群生或丛生。
分　布　分布于四川、云南、湖南、贵州、广东、广西、西藏、福建、江苏、浙江等地。
应用情况　可食用，此种质脆，其味一般。

图 158-1

图 158-2

158　烟色珊瑚菌

拉丁学名　*Clavaria fumosa* Pers.

形态特征　子实体较小，高 4～6cm，粗 0.1～0.6cm，细长近棒状或变至扁平，或近梭形，灰褐色至烟黑色，顶端尖或钝且色浅或呈棕色，不分枝或者顶端偶有分枝或者分叉，多弯曲，表面有纵沟纹，近无菌柄，往往数枚簇生一起或丛生。菌肉带黄褐色，无锁状联合。担子细长，4 小梗。孢子无色，光滑，椭圆形，5.2～7μm×3.3～4μm。

生态习性　夏秋季于阔叶林腐枝落叶层及朽木或草地上群生或丛生。

分　　布　分布于云南、广东、西藏、四川、东北等地。

应用情况　记载可食用。

159　紫珊瑚菌

拉丁学名　*Clavaria purpurea* O. F. Müll. : Fr.

形态特征　子实体一般较小，长 5～14cm，粗 0.2～0.6cm，棒状或长筒状，细长，紫灰到紫褐色，不分枝或稀分枝，鲜时近水浸状或似蜡质，基部稍细面色浅，上部表面似有细粉末，顶部一般尖，老后变褐或变黑褐，有时扁或有纵沟。菌肉白色带紫，内部实心变空心。担子细长，具 4 小梗。孢子无色，光滑，椭圆形，6.5～9μm×3～5μm。

生态习性　夏秋季多于松、云杉等针叶林地上苔藓间丛生。

分　　布　分布于四川、台湾、福建、云南等地。

应用情况　可食用，还有观赏价值。

图 159　　　　　　　　　　　　　　　图 160

160　虫形珊瑚菌

拉丁学名　*Clavaria vermicularis* Batsch

形态特征　子实体小，高 2.5～10cm，粗 2～6mm，细长圆柱形或长棱形，常稍弯曲，白色，老后变浅黄色，很脆，不分枝，内实，后变中空，顶端尖，后变钝，顶部稍带淡黄色。菌柄不明显。孢子无色，光滑，有颗粒状内含物，近椭圆形，4～1.5μm×3～5μm。

生态习性　夏秋季于林中地上丛生。

分　　布　分布于吉林、江苏、浙江、四川、海南、西藏、广东、广西、香港、云南等地。

应用情况　可食用。因子实体小，往往食用价值不很大。

161　董紫珊瑚菌

拉丁学名　*Clavaria zollingeri* Lév.
曾用学名　*Clavaria lavandula* Peck
英 文 名　Violete-branched Coral

形态特征　子实体较小，高 1.5～7.5cm，最高达 15cm，肉质，密集成丛，基部常常相连在一起，每

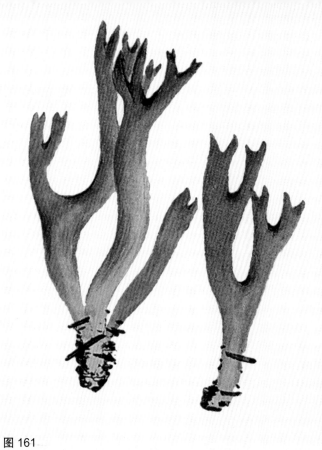

图 161

图 162

一个通常不分枝，有时顶部分为两叉或多分叉的短枝，呈齿状，新鲜时具艳丽的堇紫色、水晶紫色，向上部分较暗，基部渐褪色。菌肉浅紫色，很脆，味道温和，无异味。孢子白色，光滑，卵圆形或椭圆形，7～8.6μm×3.3～4.5μm。

生态习性　夏秋季于冷杉等林中地上丛生或群生。

分　布　分布于台湾、福建、四川、吉林等地。

应用情况　可食用和药用。发酵液有抗结核菌的作用。还有抑肿瘤功效等。

162　小棒瑚菌

拉丁学名　*Clavariadelphus ligula* (Schaeff.) Donk
英 文 名　Ochre Club, Strap-shaped Coral

形态特征　子实体小，高5～11cm，呈棒状或近梭形，顶端稀稍尖，淡黄褐色、粉褐色至近灰褐色，表面平滑或稍有不平，基部色淡，延伸。菌肉白色，松软，变色不明显。孢子无色，平滑，椭圆形，8～15μm×3.2～6μm。

生态习性　夏秋季于林中地上群生。

分　布　分布于黑龙江、云南、湖南、广东等地。

应用情况　记载可食用。

图 163

163　肉色平截棒瑚菌

拉丁学名　*Clavariadelphus pallidoincarnatus* Methven

形态特征　子实体往往较大，高 13～20cm，粗 1～2.6cm，棒状或长圆锥状，顶端平截，截面不明显下凹或稍圆凸，表面稍粗糙，具纵条纹，向基部渐变细似根状伸入土中，上部淡肉色或淡褐黄至褐赭色，下部色浅至污白色。孢子浅黄色，光滑，宽卵圆形，9～11.5μm×6～7μm。

生态习性　夏秋季于针阔叶混交林中地上群生、近丛生或散生。

分　　布　分布于四川、湖北、云南、甘肃等地。

应用情况　可食用。

164　棒瑚菌

别　　名　杵棒

拉丁学名　*Clavariadelphus pistillaris* (L.) Donk

英 文 名　Giant Club, Pestle-shaped Coral, Common Club Coral

形态特征　子实体中等大，高 7～30cm，粗 2～3cm，棒状，柄细长，不分枝，顶部钝圆，土黄色，后期赭色或带红褐色，向下渐变浅色，幼时光滑，后渐有纵条纹或纵皱纹，向基部渐渐变细，直或变曲。菌肉白色，松软，有苦味。子实层生棒的上部周围。菌柄污白色。孢子印白色至带乳黄色。孢子无色，光滑，椭圆形，11～14μm×6～8μm。

生态习性　夏秋季于阔叶林中地上单生、群生或近丛生。

分　　布　分布于云南、贵州、四川、湖南、湖北、广东、广西、福建、江苏、浙江、安

图 164

徽、台湾、江西等地。

应用情况　一般记载可食用，微带苦味。但曾有中毒发生。注意清泡加工。

165　长棒瑚菌

拉丁学名　*Clavariadelphus sachalinensis* (S. Imai) Corner

形态特征　子实体小，呈长棒状，高可达 8cm 左右，粗约 0.3cm，不分枝或很少分枝，褐赭色，柄基部色浅至白色。菌肉白色。菌丝粗约 10μm，有锁状联合。孢子圆柱形至长椭圆形，无色，壁薄，5～5.5μm×16～20μm。
生态习性　夏秋季生于针阔叶混交林中地上。
分　　布　分布于海南、云南、黑龙江、西藏等地。
应用情况　可食用。

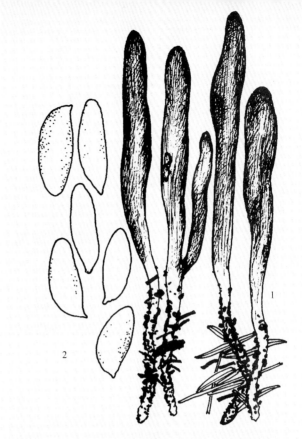

图 165　　　　1. 子实体；2. 孢子

166　平截棒瑚菌

拉丁学名　*Clavariadelphus truncatus* (Quél.) Donk
英 文 名　Truncated Club Coral, Flat-topped Coral

形态特征　子实体较大，高 6～15cm，上部直径 2.5～7.5cm，呈棒状且上部平截状，黄褐色至土黄色，表面近光滑或稍有皱。菌肉白色至污白色，伤处色变暗，充实繁密至松软呈海绵状。菌柄基部有白色细绒毛。担子棒状，40～5.2μm×6～9.5μm。孢子印带污白黄色。孢子无色，光滑，椭圆形，9.5～12.5μm×5.5～8μm。
生态习性　夏秋季于云杉等针叶林及混交林地上单生或群生。
分　　布　分布于西藏、四川、青海、云南、陕西、贵州、福建、台湾、香港、甘肃等地。
应用情况　可食用，气味温和，味道好。

图 166

图 168-1

图 168-2

图 167

1. 子实体；2. 孢子；3. 担子

167 灰色锁瑚菌

别　　名　灰仙树菌
拉丁学名　***Clavulina cinerea*** (Bull.) J. Schröt.
英 文 名　Ashy Coral Mushroom, Grey Coral Fungus

形态特征　子实体较小，多分枝，高 3～9cm，灰色，有柄，分枝顶端呈齿状。担子细长，2 小梗。孢子无色，光滑，近球形，有小尖，直径 6.5～10μm，内含 1 大油滴。
生态习性　夏秋季生阔叶林地上，群生或丛生。
分　　布　分布于甘肃、江苏、黑龙江、湖南、云南、青海、浙江、海南、广西、河南、西藏、四川、贵州等地。
应用情况　可食用，味道好。

168 冠锁瑚菌

别　　名　鸡冠瑚菌、仙树菌
拉丁学名　***Clavulina coralloides*** (L.) J. Schröt.
曾用学名　*Clavulina cristata* (Holmsk.) J. Schröt.
英 文 名　Crested Coral, White Coral

形态特征　子实体小，许多分枝丛生一起，高 3～6cm，纯白色或灰白色或带淡粉红色，分枝的顶端有鸡

图 169-1

图 169-2

冠状分枝，尖端锐。菌肉白色。孢子无色，光滑，近球形，内含 1 大油球，7～9.5μm×6.1～7.5μm。

生态习性　在阔叶或针叶林地腐枝上群生或近丛生。

分　布　分布于云南、四川、贵州、广东、广西、海南、内蒙古、黑龙江、吉林、河北、河南、江苏、浙江、西藏、青海、香港等地。

应用情况　可食用，味道较好。2013 年国内已驯化培养生产。

169　皱锁瑚菌

拉丁学名　*Clavulina rugosa* (Bull.) J. Schröt.

英　文　名　Wrinkled Club

形态特征　子实体较小，高 4～8.5cm，粗 3～7mm，不分枝，或有极少不规则的分枝，常呈鹿角状，平滑或有皱纹，纯白色，干后谷黄色。菌肉白色，内实。孢子无色，光滑，有小尖，内含 1 油球，近球形，7.7～10.4μm×7.3～9μm。

生态习性　于混交林中腐枝上或苔藓间单生、群生或丛生。

分　布　分布于江苏、江西、青海、甘肃、新疆、陕西等地。

应用情况　可食用。

170　怡人拟锁瑚菌

别　名　黄豆芽菌

拉丁学名　*Clavulinopsis amoena* (Zoll. et Moritzi) Corner

形态特征　子实体较小，呈黄色至橙色，不分枝，细长，梭形至长纺锤形或披针形，高 1.5～8cm，粗 2～6mm，往往变为中空，扁平或有纵皱纹，有时扭曲，顶端尖锐，基部白色有细毛。担子棍棒状，35～45μm×9～11μm，具 4 个孢子，有锁状联合。孢子近无色，光滑，近球形至宽椭圆形，内含 1 大油滴，具小尖，光滑或微粗糙，5～7.5μm×4.5～6.5μm。

生态习性 夏秋季生于云杉、冷杉等针叶林、阔叶林及竹林地上，单生或丛生。

分　布 分布于江苏、四川、云南、浙江、福建、广东、海南、西藏、安徽、台湾等地。

应用情况 可食用。

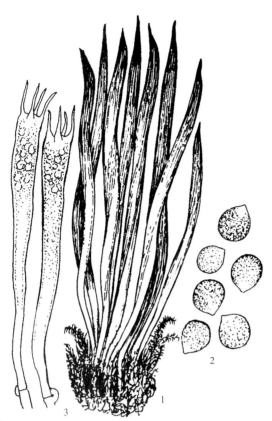

图 170
1. 子实体；2. 孢子；3. 担子

171　角拟锁瑚菌

拉丁学名 *Clavulinopsis corniculata* (Schaeff.) Corner
英 文 名 Meadow Coral

形态特征 子实体一般较小，高 6～9cm，上端枝丛阔 3～3.5cm。主枝多不增粗，肉质，表面光滑，暗赭色，顶端的分枝向上呈现辐射状，微扁，或有细沟纹。分枝高 4～5cm，阔 0.3cm，分枝稀疏，近等粗。枝末渐尖，色泽近光亮。内部近乳黄色。担子短柱形，长 4～10μm，阔 6～8μm。孢子近圆形，直径 4～7μm，具一明显的喙突，喙突长 1～1.2μm，内含 1 颗明亮油滴。菌肉的菌丝粗 1.8～4μm，粗细不等，有锁状联合。

生态习性 夏秋季多生于壳斗科树木林下地上，近丛生。

分　布 分布于四川、贵州、云南、湖南等地。

应用情况 食用菌，西南地区广泛采食。

172　梭形黄拟锁瑚菌

别　名 黄拟锁瑚菌
拉丁学名 *Clavulinopsis fusiformis* (Sowerby) Corner
曾用学名 *Clavaria fusiformis* Sowerby : Fr.
英 文 名 Spindle-shaped Yellow Coral

形态特征 子实体小，常以丛生，鲜黄，近似橙黄色，色彩艳丽，棒状或圆柱形，往往呈长梭形或近似

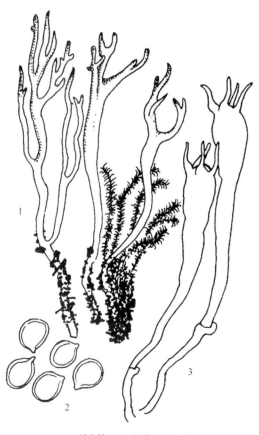

图 171
1. 子实体；2. 孢子；3. 担子

172-1　　图 172-2

长纺锤状，有时扁压，基部细，顶部钝尖呈褐色，长 4～10cm，粗 0.3～0.5cm，表面近平滑。菌肉黄色。孢子近球形或宽椭圆形，几无色，平滑，5～9.2μm×4.5～8.3μm。

生态习性　夏秋季生混交林地上，丛生、群生或单生。在西藏林芝、雅鲁藏布沿岸针、阔叶林中地上丛生。

分　　布　分布于河南、广西、四川、陕西、西藏、青海等地。

应用情况　可食用。记载无毒，因子实体小而很少有人采集食用。

173　微黄拟锁瑚菌

拉丁学名　*Clavulinopsis helvola* (Pers.) Corner
曾用学名　*Clavaria helvola* Pers. : Fr.
英 文 名　Yellow Club, Yellow Coral Fungus

形态特征　子实体小，呈细棒状，顶端尖，长 2～7cm，粗 0.3～0.8cm，亮黄、橙黄至金黄色，有时扁平、稍弯曲和扭曲，内部实心老后变空心，基部有黄白色绒毛。菌肉微黄色，不变色。孢子近球形，5～8.5μm×5～7μm，无色或带黄色，粗糙有小瘤或刺，非拟淀粉反应。无囊状体。菌丝有分隔且有锁状联合。

生态习性　在阔叶林中地上群生或丛生。

分　　布　分布于台湾、广东、四川、海南、香港等地。

应用情况　可食用。

图 173

图 174

174 红拟锁瑚菌

别　　名	红豆珊瑚菌
拉丁学名	***Clavulinopsis miyabeana*** (S. Ito) S. Ito
英 文 名	Red Coral

形态特征　子实体细长，呈细棒状，数枚丛生一起，顶部和基部渐尖，高4～15cm，粗0.3～1cm，往往扭曲，表面鲜红至朱红色。柄不明显，基部淡红至白色，内部充实。担子细长，棒状。孢子印白色。孢子无色，近球形，直径6～8μm。

生态习性　夏至秋季在阔叶林或针叶林中地上群生。

分　　布　分布于台湾、四川、香港等地。

应用情况　可食用，味温和。

175 环沟拟锁瑚菌

别　　名	银朱拟锁瑚菌、大红豆芽菌
拉丁学名	***Clavulinopsis sulcata*** Overeem
曾用学名	*Clavulinopsis miniatus* (Berk.) Corner; *Clavaria miniata* Berk.

形态特征　子实体一般较小，高达12cm，粗0.2～0.4cm，往往变扁，宽0.5～0.7cm，红色，干后浅肉色或深蛋壳色，不分枝，偶有短分枝，梭形，顶端尖锐，有纵棱或皱纹，内部渐变空。柄短而不明显，色浅，基部近白色。担子细长，棍棒状，2～4小梗，40～80.8μm×6.5～9μm。孢

子无色，光滑，球形或近球形，内含1大油滴，具小尖，5.5～7μm×5.5～6.5μm。

生态习性　夏秋季生于林中地上，近丛生。

分　　布　分布于四川、云南、西藏等地。

应用情况　可食用，但子实体较小而食用价值不大。

176　中华地衣珊瑚菌

别　　名　中华多枝瑚、中华地衣棒瑚菌

拉丁学名　*Multiclavula sinensis* R. H. Petersen et M. Zang

形态特征　子实体小，棒状，高2～2.7cm，宽2～2.5mm，基部有白色菌丝集成垫状，全株呈橙黄色、朱红色，几等粗，顶端钝圆，不尖，口尝其菌味微甘。菌肉菌丝呈平行列，近子实层处菌丝相互交织形成假薄壁组织。担子阔椭圆形，25～35μm×7～9μm，具锁状联合。担孢子圆筒形或近肾形，光滑，透明，壁薄，顶端具尖突。菌体基部薄层呈明显绿色基垫状。

生态习性　生于较陡斜的土坡上，其薄层往往连成一片，盖覆裸露的土表。在向阳的开垦后的荒地坡上，该菌和藻类易于伴生和成长。

分　　布　分布于云南、广东、海南等地。

应用情况　近似红拟锁瑚菌 *Clavulinopsis miyabeana*。可食用，但子实体弱小，食用意义不大。

177　变绿枝瑚菌

别　　名　冷杉枝瑚菌、绿丛枝瑚菌、冷杉丛枝瑚菌

拉丁学名　*Ramaria abietina* (Pers.) Quél.

曾用学名　*Ramaria ochraceovirens* (Jungh.) Donk

英 文 名　Greening Coral-fungus

形态特征　子实体小至中等，高4～10cm，宽达3～4cm，多分枝，丛生一起，灰黄色带黄褐色至肉桂色，基部有白色绒毛，受伤处及其附近枝变青绿色。菌柄短或几无，长1.5～2.5cm，粗0.3～0.8cm，枝细长，不规则，直立，密集，1～3次分叉，稍内弯，质脆，柔软。孢子淡锈色，有疣，椭圆形，6～9μm×3.5～5μm。

生态习性　夏秋季于针叶林地腐枝上群生。

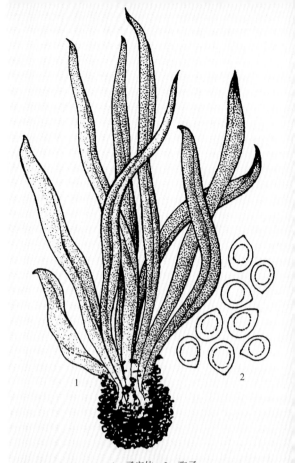

图 175　1. 子实体；2. 孢子

图 177-1

图 177-2

图 178

分　布　分布于吉林、四川、黑龙江、新疆、甘肃、青海、西藏、湖南、广东等地。

应用情况　可食用，且稍有苦味，浸泡等加工后食用。

178　尖枝珊瑚菌

别　　名　尖顶枝瑚菌、木瑚菌、木瑚
拉丁学名　*Ramaria apiculata* (Fr.) Donk
英 文 名　Green-tipped Coral, Sharp Coral Fun-gus

形态特征　子实体较小，高 4～6cm，浅肉色，顶端近同色。菌肉白色，软韧质。菌柄短，粗 0.3～0.4cm，由基部或靠近基部开始分枝，着生于绵绒状菌丝垫上，小枝弯曲生长，下部 3～4 叉，上部双叉分枝，顶端细而尖。孢子淡锈色，有皱或疣，宽椭圆形，6～9μm×4～5μm。

生态习性　于林中倒腐木、落果及腐殖质上单生或丛生。

分　布　分布于安徽、吉林、云南、四川、广东、广西、西藏等地。

应用情况　可食用。抑肿瘤，对小白鼠肉瘤 180 及艾氏癌的抑制率分别为 70% 和 60%。

179　亚洲枝瑚菌

拉丁学名　*Ramaria asiatica* (R. H. Petersen et M. Zang) R. H. Petersen

形态特征　子实体中等，高可达 11cm，宽 4.5cm，重复多回分枝，由基部单一或多次分枝，向上再分枝。基部有根状菌丝，白色，主轴向上色泽由白色渐转成淡紫堇色、深酒紫色以及紫褐色，以至深橄榄褐色。分枝的节间，下端较长，上端渐短，故枝顶末端，趋于密集，枝端纤细，多为双叉分。菌肉白色，口尝微涩，但有清香味。担孢子椭圆形，脐突一侧压扁，10.4～12.2μm×5～5.8μm。脊突趋于相互结联，几呈碎网状。担子基部具锁状联合。

生态习性　8～9 月生于以松属为主的林下。

分　布　分布于云南丽江、玉龙雪山等地。

应用情况　臧穆先生考察，在云南民间采集食用。

180-1

180-2

图 180-3

图 180-4

180　金黄枝珊瑚菌

别　　名　金刷巴、金黄枝瑚菌
拉丁学名　***Ramaria aurea*** (Schaeff.) Quél.
英 文 名　Golden Coral, Yellow Coral

形态特征　子实体中等或较大，形成一丛，有许多分枝由较粗的柄部发出，高可达 20cm，宽可达 5～12cm，分枝多次分成叉状，金黄色、卵黄色至赭黄色，柄基部色浅或呈白色。担子棒状，3.8～5.5μm×7.5～10μm，4 小梗。孢子带黄色，表面粗糙有小疣，椭圆至长椭圆形，7.5～15μm×3～6.5μm。

生态习性　秋季在云杉等混交林中地上群生或散生。另外，与云杉、山毛榉等树木形成菌根。

分　　布　分布于四川、云南、台湾、吉林、西藏等地。

应用情况　可食用。往往野生量大，可收集加工。不过也有记载有毒，经煮洗浸泡后食用。据试验此菌有抑肿瘤作用，对小白鼠肉瘤 180 和艾氏癌的抑制率均为 60%。

图 181-1

图 181-2

图 182

181 葡萄色顶枝瑚菌

别　　名	葡萄状枝瑚菌、葡萄色珊瑚菌
拉丁学名	***Ramaria botrytis*** (Pers.) Ricken
英 文 名	Clavaire Chou-fleur, Rosso Coral, Clustered Coral

形态特征　子实体中等至大型，珊瑚状，高可达 40cm，粗 10~30cm，从柄上分出许多主枝，然后再分较多的叉枝，小枝顶部膨大叉状，分枝密集，白色带污黄色，枝端桃红色至淡紫色。菌肉白色，质脆，受伤不变色。子实层生枝表面。担子棒状，具 4 小梗，45~65µm×8.5~9µm。孢子光滑，长椭圆形，带黄色，14~16µm×5~7µm。

生态习性　夏秋季生林中地上，散生。

分　　布　分布于吉林、四川、台湾、云南、西藏等地。

应用情况　可食用。其质脆嫩，味鲜美可口。据《云南食用菌》中记载：具有和胃气、祛风、破血、缓冲等药用效果。另有报道，抑肿瘤，对小白鼠肉瘤 180 和艾氏癌的抑制率均达 60%。

182 红顶枝瑚菌

别　　名	红顶粉丛枝菌
拉丁学名	***Ramaria botrytoides*** (Peck) Corner
英 文 名	Red-tipped Clavaria, Red-tipped Coral Fungus

形态特征　子实体中等，高 6~10cm，从近地表处开始分枝，基部短白色，主枝直立，顶部分枝多，肉色，顶尖成丛呈粉玫瑰色。菌肉脆。孢子印锈褐色。孢子近无色至淡黄色，稍粗糙，椭圆形，7~10.4µm×3.6~4.5µm。

生态习性　于阔叶林中地上丛生。

分　　布　分布于安徽、贵州、云南、四川、西藏等地。

应用情况　报道可食用。在贵州民间作药用，有和胃气、祛风、破血等作用。

183　红顶枝瑚菌小孢变种

拉丁学名　*Ramaria botrytoides* var. *microspora* R. H. Petersen et M. Zang

形态特征　子实体中等大，高 10cm，宽 7cm，整体呈倒三角形。主枝 2～4 个，分枝 3～6 回，幼时淡赭色，成熟时颜色稍深。小分枝纤细易碎，二叉分枝，幼时或遮光处亮玫瑰粉色，成熟后与主枝同色。菌肉紧密，白色，半胶质化，脆。菌柄较粗壮，淡粉紫色至带白色，具白色粉状附属物，具败育枝。孢子 6.5～9μm×4～5μm，宽椭圆形，纹饰显著，有不规则排列的分散小瘤或短脊。

生态习性　夏秋季常丛生于针阔叶混交林中地上。

分　　布　分布于安徽、湖南、云南、贵州、湖北等地。

应用情况　可食用。此变种比原种红顶枝瑚菌孢子较小。

184　小孢密枝瑚菌

别　　名　红顶密枝瑚菌
拉丁学名　*Ramaria bourdotiana* Maire
英 文 名　Straight-branched Coral

形态特征　子实体小，高 3～6cm，小枝极多，直立，细而密，双叉分枝，顶端细齿状，淡黄色，后期呈浅锈色。菌肉污白色。菌柄长 1～1.5cm，粗 0.2～0.3cm，近柱形，基部有白色毛及菌丝索。孢子浅锈色，微粗糙，椭圆形，4.5～6μm×3～3.5μm。

生态习性　夏秋季于阔叶树的腐木上群生。

分　　布　分布于云南、安徽、吉林、西藏等地。

应用情况　可食用。

图 184-1

图 184-2

图 185　　　　　图 186

185　棕顶枝瑚菌

拉丁学名　*Ramaria brunneipes* R. H. Petersen et M. Zang

形态特征　子实体由基部生出多次分枝，高可达 20cm，宽达 13cm，集成椭圆形或近圆形。主轴和次主轴圆柱形，基部有根状菌丝，白色，近褐色，但不呈红色。柄表近水浸状但不黏。枝端分枝不规则叉分，呈钝棒状、臼齿形、短指形，明亮黄色或赭黄色。菌肉白色，具芳香气味。担子长棒状，95～115μm×10～11μm，基部菌丝具锁状联合。担孢子，柱形，牛肝菌属孢子形，壁光滑，脐突一侧压扁，11.2～14μm×4～5μm。

生态习性　夏秋季生针阔叶混交林下。

分　　布　分布于云南丽江、玉龙雪山等地。

应用情况　可食用。产菌季节当地采集食用并到市场上出售。

186　粗茎枝瑚菌

拉丁学名　*Ramaria campestris* (K. Yokoy. et Sagara) R. H. Petersen

形态特征　子实体较大，高可达 10cm。茎呈块状，向下细，上部茎枝 4～5 分枝成丛，茎长3～5cm，粗 2～4.5cm，浅黄色、淡土黄色至浅黄色，基部白色，顶部枝粗 0.2～0.4cm。菌肉白色至灰白色，伤处变色。孢子 11～15μm×5～7μm。

生态习性　夏秋季生林中草地上。

分　　布　分布于四川、西藏等地。

应用情况　可食用。

图 187

图 188

187 蓝尖枝瑚菌

拉丁学名 *Ramaria cyanocephala* (Berk. et M. A. Curtis) Corner

形态特征 子实体稍大，高 7~12cm，宽 4~5cm，浅咖啡色，顶端蓝色。菌肉污白色。菌柄部粗壮，长 1~4cm，粗 1~1.5cm，主枝数枚 3~4 次叉状分枝，小枝顶端呈蓝色，基部长似根。孢子浅黄褐色，有刺疣，近椭圆形，10~15μm×5~8μm。

生态习性 秋季于阔叶林中地上群生。

分　布 分布于湖南、四川、安徽、海南等地。

应用情况 可食用。

188 离生枝瑚菌

拉丁学名 *Ramaria distinctissima* R. H. Petersen et M. Zang

形态特征 子实体中等或较小，外观近梨形，主轴单一，基被绒毛，仅在中上端分枝，高可达 14cm，宽达 7cm，白色，表光滑，向上渐显出黄色至金黄色，后期微赭黄，枝轴脆，极易断裂。小枝直立或仰俯，橘黄至洋红黄色。末端钝圆，顶面组成较为平整的界面。菌肉白色至微黄，遇 KOH 液呈黄色。担子棒状，85~95μm×10~12μm，担子基部的菌丝具锁状联合。担孢子长椭圆形，近牛肝菌属孢子型，12.6~15.8μm×5~6μm，脐突一侧压扁，有离散的脊突。

生态习性 生于高山带的落叶林下。8~9 月也见于云杉、冷杉和箭竹林下丛生。

分　布 分布于云南丽江、玉龙雪山等地。

应用情况 可食用，菌肉有清香气味。产菌季节滇西北一带民间常以为食，并常见于市场出售。

图 189

图 191-1

189　肉粉色枝瑚菌

拉丁学名　*Ramaria ephemeroderma* R. H. Petersen et M. Zang

形态特征　子实体较大，外观呈纺锤形或钝圆形，从基部呈假分枝，成排而上仰，丛生。主轴往往三出或以上，高可达 13cm，宽达 6cm，肉桂粉红色、赭肉桂色、有时呈橘黄色，枝表粗糙，具钟乳石状突疣。向上的次级分枝，3～7 次分枝，近于直立，肉桂色，枝表潮湿而多被水黏质，柄内实至中空，脆而易折。分枝的节间距离不密集。小枝末端呈指状，亮黄色、芥子黄色。菌肉白色，无异味。担子棒状，55～62μm×7～9μm，担子基部菌丝无锁状联合。担孢子椭圆形，9～12.2μm×4.7～6.5μm，具斑点和片状脊突，有时联结成网眼状。

生态习性　夏秋季于高山针阔叶混交林下丛生。

分　　布　分布于云南丽江、玉龙雪山、永胜等地。

应用情况　可食用。

190　洱源丛枝瑚菌

拉丁学名　*Ramaria eryuanensis* R. H. Petersen et M. Zang

形态特征　子实体由基部生出多回分枝。基柄粗大，单一，呈圆柱状或柱状团块，7cm×5cm，光滑，

1. 子实体；2. 孢子；3. 担子

191-2

图 192

下根根状菌丝，基部白色，具粉红状斑点，手压后变褐色，由基部向上叉分或不叉分，中上部呈多次分枝，挺直，成丛，淡粉红色、淡肉桂红色。顶端的小枝依次减细，轴圆，末端呈指状丛集，蔷薇红色，不呈深红色，老时褐红色。菌肉白色，不黏，伤后变灰污色，口尝有蚕豆香味。孢子狭长，近牛肝菌属孢子型，脐突一侧压扁，但具斜长的斑马纹状平行脊突，10～13μm×4～5μm。

生态习性 7～9月生针阔叶混交林下。

分　　布 分布于云南洱源、永胜等地。四川可能有分布。

应用情况 为云南西北部的食用菌。夏秋季于民间集市上销售。产量较大。

191 雅形枝瑚菌

别　　名　长茎黄枝瑚菌、长茎黄丛枝

拉丁学名 *Ramaria eumorpha* (P. Karst.) Corner

曾用学名 *Ramaria invalii* (Cotton et Wakef.) Donk

形态特征 子实体小至中等，高 4～13cm，蜜黄色至茶灰色，干后淡烟色。柄长且粗壮，基部米黄色，主枝少而粗，小枝多分枝短细而密。担子呈棒状。孢子长方椭圆形，淡黄色，内含油滴，粗糙，8～10.5μm×4.5～5μm。

生态习性 在针阔叶混交林中地上群生。

分　　布 分布于四川、安徽、云南等地。

应用情况 可食用。

图 193

192 疣孢黄枝瑚菌

别　　名 黄枝珊瑚菌、黄丛枝瑚菌
拉丁学名 *Ramaria flava* (Schaeff.) Quél.
英 文 名 Yellow-tipped Coral, Beautiful Coral Fungus, Yellow Coral Fungus

形态特征 子实体中等或较大，高 10～15cm，宽 5～15cm，成丛，多分枝似珊瑚，表面黄色，干燥后青褐色。菌柄较短，长 4～6cm，粗 1.5～2.5cm，靠近基部近乎白色，小枝密集，稍扁，节间的距离较长。孢子浅黄色，具小疣，含油滴，椭圆形，10～13μm×4.5～5μm。

生态习性 于阔叶林中地上群生。

分　　布 分布于河南、福建、台湾、云南、西藏等地。

应用情况 记载可食，味较好，但也有记载具毒，食后引起呕吐、腹痛、腹泻等中毒反应，采食时需注意。抑肿瘤。

193 浅黄枝瑚菌

拉丁学名 *Ramaria flavescens* (Schaeff.) R. H. Petersen

形态特征 子实体较大，高 10～15cm，直径可达 10～20cm，大量的分枝常由一个粗大的茎上分出，并再次分枝密集成丛，上部多呈 U 形分枝，小枝顶端较尖，亮黄色到草黄色，后期变暗。菌肉白色。担子 4 小梗。孢子无色，有瘤状凸起，椭圆形，9～13μm×4.5～5.5μm。

生态习性 夏秋季于壳斗科等阔叶树林中地上单生、群生或丛生。

分　　布 分布于湖南、四川、云南等地。

应用情况 可食用。

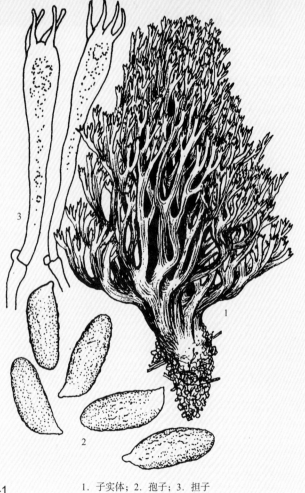

图 194-1

1. 子实体；2. 孢子；3. 担子

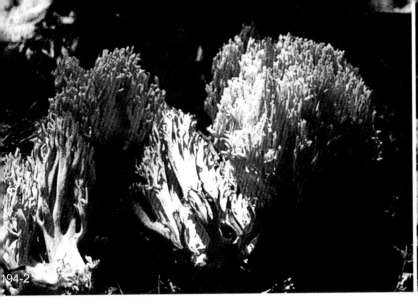
194-2

图 195

194 棕黄枝瑚菌

别　　名 扫巴菌、帚巴菌、小孢丛枝菌

拉丁学名 *Ramaria flavobrunnescens* (G. F. Atk.) Corner

英 文 名 Yellow Brown Coral Fungus

形态特征 子实体较大，多分枝，高4～12cm，宽4～8cm，质脆，浅橘黄色，干后深蛋壳色，基部色浅至近白色。菌肉污白带黄色。柄短，其上分出数个主枝，每个主枝再次不规则数次分枝，形成稀疏的枝冠，顶尖常细弱，柄基部往往有细短的小枝。担子细长，具小梗，55～68μm×7.5～9μm。孢子色淡或近无色，椭圆形至长椭圆形，稍粗糙，7～11.4μm×3.5～4.8μm。

生态习性 夏秋季生于混交林中地上，散生或群生。

分　　布 分布于甘肃、四川、云南、福建、西藏等地。

应用情况 可食用。往往野生量大，便于收集加工。

195 美丽枝瑚菌

别　　名 粉红枝珊瑚菌、粉红枝瑚菌、珊瑚菌、扫帚菌、刷把菌、鸡爪菌、粉红丛、粉红丛枝菌

拉丁学名 *Ramaria formosa* (Pers.) Quél.

英 文 名 Beautiful Coral Fungus, Yellow-tipped Coral

形态特征 子实体较大，浅粉红色或肉粉色，由基部分出许多分枝形成珊瑚状，高达10～15cm，宽5～10cm，干燥后呈浅粉灰色，每个分枝又多次分叉，小枝顶端叉状或齿状。菌肉白色。孢子表面粗糙，很少光滑，椭圆形，8～15μm×4～6μm。

生态习性 阔叶林中地上一般成群丛生在一起。与多种阔叶树木形成外生菌根。

分　　布 分布于黑龙江、吉林、河北、河南、甘肃、贵州、四川、西藏、安徽、云南、山西、陕

图 196 　　1. 子实体；2. 孢子；3. 担子

西、福建等地。

应用情况　经煮沸、浸泡、冲洗后食用，但往往中毒，产生比较严重的腹痛、腹泻等胃肠炎症状。抑肿瘤，对小白鼠肉瘤 180 及艾氏癌的抑制率分别为 80% 和 70%。

196　深褐枝瑚菌

拉丁学名　*Ramaria fuscobrunnea* Corner

形态特征　子实体较小，多枝，丛生，高 4～7cm，淡锈色或污褐色，受伤处变为绿色。菌肉质韧，颜色与外表相同。柄长 1.5～2.5cm，粗 0.3～0.8cm，基部有白色绒毛状菌丝，不规则地多次分枝，小枝密集，直立，最后顶端分为两叉状，尖锐。担子 30～50μm×6～7.5μm，狭棍棒状，多油滴，具 4 个担子小柄。菌丝宽 3～11μm。孢子淡锈色，杏仁形，有小疣或仅粗糙，6～9μm×3～5μm。

生态习性　生于针叶林中腐殖土上。

分　　布　分布于吉林、四川等地。

应用情况　食用菌。略带苦味，煮沸漂洗后加工食用。

197　细顶枝瑚菌

拉丁学名　*Ramaria gracilis* (Fr.) Quél.

形态特征　子实体小至中等，高 3～10cm，宽 2～5cm，多次分枝而密，上部分枝较短，白黄色，顶端小枝粗 0.1～0.3cm，小枝呈小齿，2～3 个一起似鸡冠状，下部赭黄色、黄褐色，基部色浅污白，被细绒毛。菌肉白色，质脆。担子无色，有锁状联合，长棒状，25～38μm×7～8μm。孢子无色，粗糙或小疣，浅黄色，椭圆形或近似宽椭圆形，5～7μm×3～4μm。

生态习性　夏秋季于高山针叶林地上成丛群生或单生。

分　　布　分布于四川、甘肃等地。

应用情况　具大茴香气味。记载可食用，但需慎食。

图 197

198

图 199

198 白尖枝瑚菌

拉丁学名 *Ramaria grandis* (Peck) Corner

形态特征 子实体较小，高约 5～8cm，宽 4～7.5cm，2～4 次多分枝，褐色至黄褐色。基部伸入土中呈根状。柄部污白色，有绒毛状。分枝顶端呈现为白尖。菌肉污白，渐变暗色。孢子褐色，椭圆形，12～18μm×7～10μm，粗糙有刺。

生态习性 于林中地上群生。

分　布 见于四川等地。

应用情况 记载可食用。

199 淡红枝瑚菌

别　名 淡红枝珊瑚菌、葡萄枝珊瑚、淡红扫巴菌

拉丁学名 *Ramaria hemirubella* R. H. Petersen et M. Zang

形态特征 子实体较大，高 8～13cm，宽 5～8cm，中部分枝密，基部主轴粗而明显，末端渐稀疏。基部主轴高 3～5cm，粗 2～2.5cm，短而钝，近似胡萝卜形，并常弯曲，乳白色、白色，摸伤处出现黄色斑点。由主干向上呈 2～3 歧分叉，由粗而细，小枝 3～6 列，向上倾立，象牙白色、粉红色、紫红色、玫瑰红色，枝顶末端多双叉分，微弯曲，红色、橙红色，节间微缢缩。孢子印淡赭黄色。孢子狭卵形，9.4～11.5μm×4.3～5μm，孢壁厚 0.2～0.3μm，具线条状突起，间以疣突，呈纵轴向排列，脐上区钝，芽管位于一侧呈乳头状突起。

生态习性 生松属和壳斗科混交林地上。

分　布 分布于四川、贵州、云南思茅等地。

应用情况 可食用。抑肿瘤。

图 201

200　脐孢枝瑚菌

拉丁学名　*Ramaria hilaris* R. H. Petersen et M. Zang

形态特征　子实体中等，外形呈长梨形。基部的主轴狭棒形，下部具根状菌丝，向上分成二至多列分枝，高可达 12cm，宽达 4.6cm。枝表光滑，洁白，偶带淡黄色，但绝不呈赭色。菌肉白色，具大理石状晕斑。末端的小枝 3～5 出，略曲，仰俯，金黄色，脆，节间距离长，不密集，尖端呈指状，钝而不锐。担子棒状，55～65μm×8～9μm，基部无锁状联合。担孢子椭圆形，扁，脐突一侧压扁，而脐突明显突出，壁脊突大，多弯曲呈 V 形，7.9～10.8μm×4.3～5μm。
生态习性　于高山针阔叶混交林带地上丛生。
分　　布　分布于云南丽江、玉龙雪山等地。
应用情况　可食用。一般当地居民采集食用。

201　浅红顶枝瑚菌

拉丁学名　*Ramaria holorubella* (G. F. Atk.) Corner

形态特征　子实体较大，高 8～13cm，米黄色，丛生多分枝，小枝较密顶端紫微色。菌肉白色。

202-1

图 202-2

菌柄短而粗壮，近白色，基部向下变尖。孢子近无色，近光滑，圆柱形或椭圆形，10～15μm×4～5μm。

生态习性　夏秋季于林中地上丛生。

分　　布　分布于山西、云南、四川等地。

应用情况　慎食，此枝瑚菌需经煮沸清洗加工后方可食用。

202　印滇枝瑚菌

别　　名　印滇丛枝瑚菌

拉丁学名　*Ramaria indoyunnaniana* R. H. Petersen et M. Zang

形态特征　子实体中等大，高 4～8cm，宽 2～6cm。从基部向上分枝，枝表光滑。主枝短，向上分枝，微倾而不甚直。菌体象牙白色、淡橙褐色、黄色，末端呈淡玫瑰红色，下端主茎处呈淡赭褐色，近土表处往往呈葡萄紫色，手压后微呈褐红色斑。菌肉淡粉黄色、乳白色。担子长棒状，具 4 小梗，35～45μm×6～7.5μm，遇 KOH 液呈橘黄色。孢子印浅黄褐色。孢子卵圆形，微弯曲，近蚕豆形，7.2～8.3μm×4.3～5μm，脐上区弯曲，芽孔管侧生呈乳头状突起。孢壁具疣突，呈不规则斑点状，片块状，脊高 0.1～0.2μm。肉髓菌丝有锁状联合。

生态习性　于松属和壳头科植物的混交林下地上丛生。

分　　布　现发现于云南。

应用情况　可食用，肉质较细，乳黄色，生尝有豆汁味，煮熟后有清香味，色味均较佳。

203　光孢枝瑚菌

拉丁学名　*Ramaria laeviformosoides* R. H. Petersen et M. Zang

形态特征　子实体中等大，外形呈阔圆形。主轴高 6～5cm，多枝相聚近于簇生，整体高达 11cm，宽达 7cm。基部表面具粗糙的粉质覆被，越向上而渐趋光滑，基部白色，微褐色。顶端的次分枝 3～6 出，直立，不弯曲，粉褐色，分枝的节间短，近顶渐密集，枝尖呈指状，乳白色。菌肉白色，无特殊气味。担子棒状，60～70μm×9～10μm，基部具锁状联合。担孢子圆柱形，脐突侧生而压扁面较短，壁光滑。

生态习性　生于高山针阔叶混交林下，簇生或丛生。

分　　布　分布于云南丽江、玉龙雪山等地。

应用情况　可食用。夏秋时节云南西北一带民间采食。

204　橘色枝瑚菌

拉丁学名　*Ramaria leptoformosa* Marr et D. E. Stuntz

形态特征　子实体呈珊瑚状，向上直立叉状分枝，丛体高 12～25cm，阔 15～30cm，主枝细长，粗 2～4cm，全株上部 3/5 处，橘黄色，色泽艳丽，下部 2/5 处渐趋淡黄色至白色，分枝向上呈 V 形。菌肉白色，非淀粉质。基部渐细，顶部具 4 小菌柄。担子长棒状，50～60μm×10～12μm。孢子长杏仁状，尖微弯曲，椭圆形，10～12μm×4～5μm。表面有短线状纹饰和散生疣凸。

生态习性　7～10 月见于针叶林下，尤以云南松 *Pinus yunnanensis* 习见。

分　　布　分布于四川、云南等地。

应用情况　具清香气味，可食用。

图 204

205　拟细枝瑚菌

别　　名　拟细丛枝瑚菌
拉丁学名　*Ramaria linearioides* R. H. Petersen et M. Zang

形态特征　子实体一般中等，外形呈长梨形，高达 12cm，宽 5cm，主轴单一，纤细，多数簇集于基部，外表光滑，白色或微黄，高 3cm，粗 1cm 左右。向上分枝，次级分枝近于直立，小枝 3～6 出，线条形，近肉桂色，节间较长，枝末端也长，钻形，双叉分，乳白色。菌肉有豆香气。担子棒状，50～60μm×8～9μm，基部具锁状联合。担孢子椭圆形，脐突一侧压扁。孢壁具脊突，斑点状，分散，不联结。
生态习性　夏秋季于高山针阔叶混交林下多呈簇生。
分　　布　分布于云南洱源等地。
应用情况　可食用。夏秋时节产区民间习惯采集食用。

206　细枝瑚菌

别　　名　细丛枝瑚菌
拉丁学名　*Ramaria linearis* R. H. Petersen et M. Zang

形态特征　子实体较大或中等，外形呈长纺锤形，高可达 14cm，宽 6cm。主轴基部较钝，圆柱形，白色，表面光滑，湿润。向上呈不规则树状分枝，黄色、橘黄色、锑黄色，分枝 4～7 次，直立，色泽较下部为深，近赭黄色，分枝节间较长。枝端圆钝，呈指尖状，多双叉分，黄色、金黄色。菌肉白色，无特殊气味。担子棒状，57～65μm×9～11μm，基部无锁状联合。担孢子狭牛肝菌孢子型，10～13.7μm×4.3～18μm，脐突面渐弯曲，脊突纹饰呈长条状弯曲，局部结连成网络状。
生态习性　夏秋季在高山针阔叶混交林下簇生或丛生。
分　　布　分布于云南丽江、玉龙雪山等地。
应用情况　可食用。夏秋季节，当地民众采集食用或上市场出售（应建浙等，1994b）。

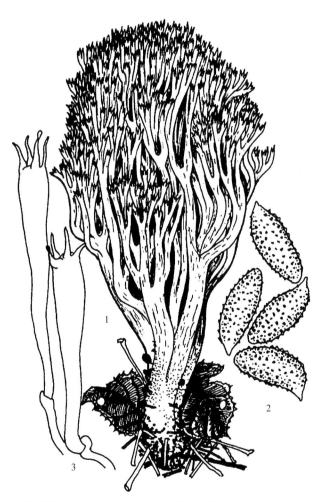

图 207　　1. 子实体；2. 孢子；3. 担子

207　长茎枝瑚菌

拉丁学名　*Ramaria longicaulis* (Peck) Corner

形态特征　子实体中等，高 5～10cm，宽 2～4cm，初期为白色，伤变粉红色，后变茶褐色至可可色，不规则分枝，形成一丛直立的小枝，有纵皱纹。柄明显，长 1.5～3cm，粗 0.4～0.6cm。担子长棒状，4 个担孢子。孢子浅锈色，有明显小刺，倒卵形或近椭圆形，有一偏生的小尖，8～11μm×4～5.5μm（不包括小刺）。

生态习性　生于林中落叶层上。

分　布　分布于四川、江苏、福建、海南等地。

应用情况　可食用。

208　淡黄枝瑚菌

拉丁学名　*Ramaria lutea* Schild

形态特征　子实体中等大，高可达 10cm，直径达 3.5～4cm，大量分枝由总的粗大的菌柄状基部生出，然后多次呈 V 形分枝，小枝顶端钝，基部近白色，其他分枝浅黄色至鲜黄色。菌肉白色，有香味。担子棒状，具 4 小梗。孢子较小，浅黄色，有小疣，柱状椭圆形，6.5～9μm×3.5～4.5μm。

生态习性　夏秋季于针阔叶混交林地上单生或群生，多丛生。

分　布　分布于四川、云南、甘肃、贵州等地。

应用情况　可食用。

图 208

209　褐锈枝瑚菌

拉丁学名　*Ramaria madagascariensis* (Henn.) Corner

形态特征　子实体中等大，高 4～10cm，淡锈色、锈褐色至肉桂色。菌柄长 2～4cm，粗 1cm 左右，多分枝，直立又多次叉状分枝，小枝顶端齿状分叉。担子比较长，棒状，具 4 小梗，基部有锁状联合。孢子淡色，表面粗糙或光滑，长方椭圆形，12.7～13μm×2.5～5.6μm。

生态习性　夏秋季于针、阔叶林中地上单生或群生。

分　布　分布于吉林、云南、西藏等地。在西藏林区分布广泛，产量较大。

应用情况　可食用，味鲜美可口。

图210-1   图210-2

210   紫丁香枝瑚菌

别　　名　紫色枝瑚菌、丁香丛枝菌、梅尔丛枝瑚菌
拉丁学名　***Ramaria mairei*** Donk
英 文 名　Violet Coral

形态特征　子实体中等或较大，高达6~15cm，宽4~8cm，珊瑚状，紫色、丁香紫色。菌肉白色。菌柄短粗，基部近白色。孢子印浅土黄色。孢子近无色，稍粗糙，椭圆形至长椭圆形，9~12.7μm×4.5~6.5μm。
生态习性　夏秋季于阔叶林中地上散生或群生。
分　　布　分布于安徽、云南、青海、西藏、福建等地。
应用情况　一般报道可食用，但菌体老后不易消化，也有认为有毒不宜食用。

211   短孢枝瑚菌

拉丁学名　***Ramaria nanispora*** R. H. Petersen et M. Zang

形态特征　子实体中等，外形呈近梨形，高可达10cm，宽达7cm。主轴基部圆而狭，光滑，白色，手压后呈现出褐色水浸斑晕。向上的多回分枝扁平，仰俯，分枝3~7出，肉桂色、赭褐色，以及苯胺紫色，分枝节间较短，枝顶较密集，枝端呈纤细的不规则双分叉，长而弯曲，末端指状，乳白色、肉白色，干后呈赭肉桂色，全株具豆香气。担子棒状，48~55μm×8~9μm，基部具锁状联合。担孢子6.8~7.9μm×3.2~4μm，近圆柱形，短小，壁具散生的片状和点状脊突。本种孢子以短小的特征易于识别。
生态习性　8~9月见于云南松林下近丛生。
分　　布　分布于云南洱源等地。
应用情况　夏秋季节，为云南西北部一带的民间喜食的野生菌。

图 212-1

图 212-2

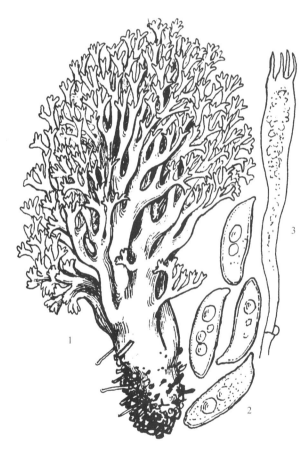

图 212-3　　1. 子实体；2. 孢子；3. 担子

212　米黄枝瑚菌

别　　名　光孢黄丛枝菌

拉丁学名　*Ramaria obtusissima* (Peck) Corner

形态特征　子实体中等至较大，高 5～13cm，米黄色，基部白色，短而粗，向下渐细，主枝粗壮，每主枝再数次不规则分枝，形成稀疏的菌冠，节间距离较长，小枝顶端钝，有 2～3 小齿。菌肉白色，内实。孢子印黄色。孢子近无色，光滑，长方椭圆形至短圆柱形，9.1～13.5μm×3.5～5μm。

生态习性　于阔叶林或针叶林中地上群生或散生。

分　　布　分布于安徽、湖南、贵州、四川、甘肃等地。

应用情况　可食用，其味较好。

213　朱细枝瑚菌

别　　名　朱细丛枝瑚菌

拉丁学名　*Ramaria rubriattenuipes* R. H. Petersen et M. Zang

形态特征　子实体中等至较大，外观呈纺锤形或阔纺锤

215-1　　　　　　　　　　　　　　图 215-2

形，高可达 16cm，宽达 6cm。诸分枝集于基端，约 5cm×2～3cm，向上渐呈多回不规则分枝，白色，以至微褐红色。分枝 4～6 出，乳白色、赭黄色以至芥菜黄色，手压后易显出红赭色斑。枝在顶部成丛集成钝阔的平面圆顶。末枝先端呈指状或聚成手套状，黄色、芥菜黄色。菌肉白色，有清香味，质地韧实，不黏滑，呈水浸状透明。担子棒状，75～92μm×11～13μm，基部不具锁状联合。担孢子椭圆形至圆柱形，脐突面较平宽，脊突分散，较长而弯曲，微结连，11.5～15.8μm×4.7～5.4μm。

生态习性　夏秋季于云杉和冷杉林下丛生。

分　　布　分布于云南丽江、玉龙雪山等地。

应用情况　可食用。云南西北部群众采集食用。

214　红柄枝瑚菌

别　　名　红柄丛枝瑚菌、红斑扫帚菌

拉丁学名　*Ramaria sanguinipes* R. H. Petersen et M. Zang

形态特征　子实体较大，高 5～8cm，少数可达 12cm，宽 4～6cm。基部的主轴多粗壮，或在基部分叉呈丛状分枝，近象牙白色、乳白色，伤后或触摸后立即显出紫红色、紫褐色斑块。分枝倾立，近规则状双叉分枝或多叉分枝，3～6 分枝，小枝末端较钝，象牙白色、乳白色、淡黄色、土黄色，伤后小枝变色不明显。菌肉乳白色，生尝有蚕豆香气。担子棒状，40～45μm×8～10μm，担子小柄 4 枚，含多数颗粒状物，有锁状联合。孢子印乳白色。孢子椭圆形、狭卵形，脐部平截，一侧压扁，9.4～11.5μm×4.3～5μm，孢壁具不规则状的疣斑状突起，脊高 0.3μm。

生态习性　多生于松、云杉和栗等林下腐殖土和落叶层。

分　　布　分布于西藏、四川、云南等地。

应用情况　可食用，肉质较细，有清香气味。

图 218-1　　　　　　　　　　　　　　　　　　图 218-2

215　偏白枝瑚菌

别　　名　白丛枝菌

拉丁学名　***Ramaria secunda*** (Berk.) Corner

形态特征　子实体中等至较大，高 6～12cm，宽 3～6cm，群生，多枝，米黄色。柄短而粗壮，其向上分为多数主枝，然后少数分枝，顶端钝或稍尖。菌肉近白色，肉实，质脆。担子棒状，几无色，40～65μm×6.5～10μm。孢子色淡，常常粗糙，罕近光滑，椭圆形，往往具小尖，8～18.5μm×4～7.6μm。

生态习性　夏末至秋季生于阔叶林为主的针阔叶混交林地上及腐叶上，群生。

分　　布　分布于西藏、新疆、安徽、四川、云南、广东、广西、海南、福建等地。

应用情况　可食用。

216　华联枝瑚菌

拉丁学名　***Ramaria sinoconjunctipes*** R. H. Petersen et M. Zang

形态特征　子实体高 9.5cm，直径 5cm。由基部丛出多轴集生，基部有根状菌丝，轴表多具纵皱条纹，白色，基部呈海螺红色，不黏，但具水浸状润滑感，近软骨质。上仰的分枝 5～2 出，直立而微扁，淡肉桂色，越向上则色泽愈深，呈淡肉桂色、肉赭色、褐黄色，粉红蜡质，分枝节间长。顶部末枝端长，微曲，具钻状长尖，帝国黄色、赭黄色。菌肉白色，无特殊气味。担子棒状，52～57μm×9～11μm，基部无锁状联合。担孢子阔柱形、蓖麻子形，具分散的片状脊突和点状突，7.2～8.3μm×4.7～5.4μm。

生态习性　8～9 月生于高山针阔叶混交林带。

分　　布　分布于西藏东南部，云南丽江、玉龙雪山等地。

应用情况　可食用。8～9 月习见于滇西北集市上销售。

图 219

217　斯氏丛枝瑚菌

拉丁学名　*Ramaria strasseri* (Bres.) Corner
曾用学名　*Clavaria strasseri* Bres.

形态特征　子实体基部单一而粗大，圆柱形。全株呈树形，14cm×8cm，表面光滑。基部白色，向上端的多回分枝由淡赭色渐上部转化成黄土色或深赭色。顶端分枝高矮不等的组成参差不齐的顶面，每一小枝的末端，钝圆呈手指状。菌肉白色，紧密。担孢子狭长，近牛肝菌属型，脐突一侧压扁，具不规散生的脊突和点突，13～16μm×5～6.5μm，花纹呈不规则的对角线排列，具 1 大油滴。
生态习性　8～9 月生于针阔叶混交林下。
分　　布　分布于云南、四川、贵州等地。
应用情况　可食用。夏秋季节产区民间多采集食用。

218　密枝瑚菌

别　　名　密木瑚菌
拉丁学名　*Ramaria stricta* (Pers.) Quél.
英 文 名　Straight-branched Coral, Upright Coral

形态特征　子实体中等大，高 4～8cm，淡黄色或皮革色至土黄色，有时带肉色，变为褐黄色，顶端浅黄色，老后同一色。菌肉白色或淡黄色，内实。菌柄长 1～6cm，粗 0.5～1cm，色浅，基部有白色菌丝团或根状菌索，双叉分枝数次，形成直立、细而密的小枝，尖端有 2～3 齿。孢子近无色，长方椭圆形或宽椭圆形，7～9.6μm×4～5μm。
生态习性　于阔叶树的腐木或枝条上群生。
分　　布　分布于山西、黑龙江、吉林、安徽、海南、西藏、四川、河北、广东、云南等地。
应用情况　可食用。

图 220

图 221

219　金色枝瑚菌

拉丁学名　*Ramaria subaurantiaca* Corner

形态特征　子实体中等大，高 8～12cm，多分枝，金黄色，干后赭褐色，微带红色。菌柄以上多次分枝，枝端钝。菌丝无锁状联合。孢子赭黄色，有疣状凸起，含油滴，椭圆形，9～11.5μm×5～6μm。

生态习性　夏秋季于云杉、杜鹃等混交林地上群生。

分　　布　分布于西藏、云南、贵州、四川等地。

应用情况　可食用。

220　亚红顶枝瑚菌

别　　名　亚葡萄状枝瑚菌

拉丁学名　*Ramaria subbotrytis* (Coker) Corner

英 文 名　Clavaire Chou-fleur, Rosso Coral

形态特征　子实体较小或中等，高 4～10cm，宽 5.5～9cm，幼时全体桃红色，下部干酪色。主枝粗 0.5～1cm，多分枝。分枝粗 0.2～0.4cm，顶部多次二叉分枝，密，直立或稍向外弯曲扩张，先端钝尖，粗 0.1～0.15cm。菌肉与表面同色，质脆，干时易碎。柄长 1～3cm，基部狭细，无毛，常为桃红色或白色。担子具 4 小梗，呈棒状。孢子印带桃红色。孢子椭圆形，平滑或具小疣，淡肉桂黄色，7～9μm×3～4μm。

生态习性　夏秋季生林中地上。

分　　布　分布于湖南、广东、广西等地。

应用情况　可食用，有香气味。

221　白枝瑚菌

拉丁学名　***Ramaria suecica*** (Fr.) Donk

形态特征　子实体一般中等大，高4～10cm，主枝直立，2～4次分枝，近白色至浅肉色，顶尖长而细且色相同。菌肉近白色，软而韧，干后质脆，味带苦。菌柄部长2cm左右，粗3～7mm，基部有明显的白色细绒毛。担子细长，棒状，4小梗。孢子带黄色，表面稍粗糙，椭圆形，7.5～10.5μm×4～5μm。

生态习性　夏秋季于云杉等针叶林中地上群生。

分　　布　分布于黑龙江、吉林、浙江、新疆、甘肃等地。

应用情况　经浸泡除去苦味后可食用。

222　白色拟枝瑚菌

拉丁学名　***Ramariopsis kuntzei*** (Fr.) Corner

形态特征　子实体小，高2～6cm，乳白色至象牙白色，多分枝。菌柄长0.5～1cm，粗0.2～0.3cm，有细微绒毛，主枝3～5个，其上3～6次叉状分枝，小枝直立，圆柱形，顶端尖锐，子实层生于分枝上部表面。孢子粗糙，广椭圆形，4.5～6μm×3.5～4μm。

生态习性　夏秋季生林中地上，有时也生于倒腐木上，记载还生于枕木上。也可引起木质腐朽。

分　　布　分布于黑龙江、辽宁、吉林、广东、海南、广西、西藏，湖北等地。

应用情况　可食用。

图222
1. 子实体；2. 孢子

第五章

多 孔 菌

图 223

图 224-1

图 224-2

223　粉迷孔菌

别　　名	二年残孔菌、褐残孔菌
拉丁学名	***Abortiporus biennis*** (Bull.) Singer
曾用学名	*Daedalea biennis* (Bull.) Fr.

形态特征　子实体中等至较大，近革质至革质，无菌柄或有侧生或近中生短柄。菌盖直径3～12cm，厚1～2mm，半圆形，米黄色至浅肉色，无环带或有不明显环纹，有黄褐色绒毛，边缘薄锐且波浪状至瓣裂。菌肉白色至近白色，厚2～7mm，上层松软而下层木栓质。管孔多角形或迷路状至渐裂为锯齿状，白色，孔径0.3～1mm。有囊体，近棒状。孢子无色，光滑，椭圆形、卵圆形至近球形，4.5～6.5μm×3.5～4.5μm。

生态习性　生栎、山杨、枫香及苹果等阔叶树干或木桩上，有时生松树腐木上。一年生。引起树木、倒木、枕木等木质白色腐朽。

分　　布　分布于吉林、辽宁、河北、甘肃、四川、江苏、浙江、江西、湖南、贵州、云南、广东、广西、海南、陕西、福建、台湾等地。

应用情况　据试验对小白鼠肉瘤180有抑制作用。

图 225

224　黄白地花孔菌

别　　名　地花孔菌、地花菌、黄白孔菌、波缘多孔菌、绵毛状多孔菌
拉丁学名　*Albatrellus confluens* (Alb. et Schwein.) Kotl. et Pouzar
曾用学名　*Polyporus confluens* (Alb. et Schwein.) Fr.

形态特征　子实体一般较大。菌盖肉质，黄色或淡橙黄色，有深色小鳞片，渐变光滑，近圆形、扇形至不规则形，中部一般稍下凹，直径 3～12cm，边缘波浪状或裂为瓣状，一般较短。菌肉白色或黄色。菌管延生，干时约 1mm，壁薄、完整，管口多角形，每毫米 3 个，白色或黄色，干处呈朱红色。菌柄同管口色，侧生、偏生或不规则着生，单生或基部相连，长 3～6cm，粗 0.5～1cm。菌丝细，无色，有锁状联合。孢子光滑、无色，椭圆形、宽椭圆形，3～5μm×2.5～3.5μm。
生态习性　生于云杉、冷杉或落叶松等针阔叶混交林地上，群生或成丛生长。与落叶松、云杉等多种针叶树形成菌根。
分　　布　分布于吉林、江西、云南、四川、青海、西藏等地。
应用情况　幼时菌肉嫩可食用。据报道试验抑肿瘤。

225　毛地花孔菌

别　　名　冠凸多孔菌、毛地花、冠状多孔菌
拉丁学名　*Albatrellus cristatus* (Schaeff.) Kotl. et Pouzar
曾用学名　*Polyporus cristatus* (Schaeff.) Fr.
英 文 名　Crested Polypore

形态特征　子实体中等至较大，肉质，柔软，多汁，干后硬而脆。菌盖直径 1～16cm，厚 0.5～1.3cm，近圆形，扁平而中部下凹，浅黄至黄绿色，有细毛或细鳞片，边缘薄而呈波状，干后内卷。

多孔菌

菌肉白色，厚 0.2~0.5cm。菌管乳白色，延生，长 0.2~0.4cm，管口与菌管同色，干后污白色至淡黄色，多角形至不规则形，管口边缘齿状，每毫米约 2 个。菌柄偏生，基部相连，长2~5cm，粗 0.8~1.4cm，同盖色，具毡毛，实心，白色。孢子无色，平滑，近球形至卵圆形，5~6μm×3.8~4.5μm。

生态习性　多在针叶树林中地上成群生长。与杨等树木形成外生菌根。

分　　布　分布于吉林、四川、云南、青海、西藏等地。

应用情况　据记载幼嫩时菌肉柔软，可食用。

226　散放地花孔菌

别　　名　奇丝地花孔菌、奇丝地花菌、散放多孔菌

拉丁学名　*Albatrellus dispansus* (Lloyd) Canf. et Gilb.

曾用学名　*Polyporus dispansus* Lloyd

形态特征　子实体大或巨大。菌盖扇形或半圆形，直径 3~11cm，由许多菌盖生长一起，高 6~15cm，宽 5~20cm，表面亮黄色，平滑或有小鳞片或裂纹，边缘波浪状翘起或卷曲。菌肉薄，白色，脆。菌管层薄，近白色，长约 1mm，仅延生至柄基部，管口很小，圆形或形状不规则。由一总的菌柄上分枝，往往每个菌盖和小的菌柄之间无明显界限。孢子球形，光滑，无色，直径3~5μm。

生态习性　夏秋季生于阔叶林中地上或常见于针叶林中群生。

分　　布　分布于四川、福建、云南、西藏等地。

应用情况　记载可食用和药用。所含 grifolic acid 等具有抗炎及抑肿瘤活性。

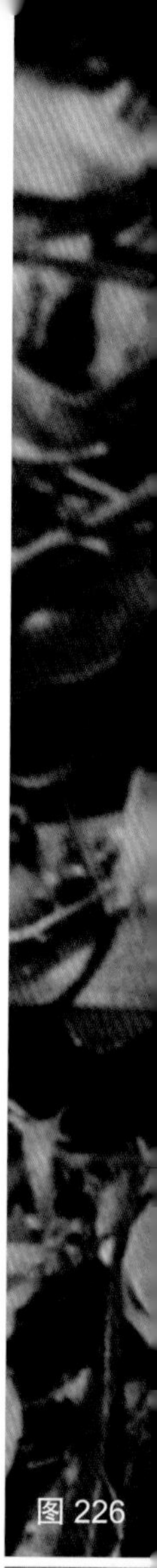

图 226

227　大孢地花孔菌

别　　名　大孢地花菌、绵毛盖多孔菌、黄鳞大孢多孔菌、黄鳞多孔菌、黄鳞地花、黄虎掌菌

拉丁学名　*Albatrellus ellisii* (Berk.) Pouzar

曾用学名　*Polyporus ellisii* Berk.

英 文 名　Ellis's Polypore, Greening Goat's Foot

形态特征　子实体中等至较大。菌盖直径 8~15cm，扇形或近圆形，硫黄菌色至橘黄色带有淡绿色，具有覆瓦状排列的丛毛状鳞片，盖缘波状至瓣裂。菌肉白色至乳黄色，伤后稍变为淡黄绿色，厚达 1.8cm。菌管延生达柄中下部，管长 1~1.5cm，孔口近角形，复式，老后稍呈齿状，每毫米 2~3 个，近白色或淡黄色，伤处绿黄色。无囊体。菌柄长 7~9cm，粗4~5cm，侧生或偏生至近中生，黄色至土黄色，中下部有块状黄色突起，向基部渐变细。孢子卵圆状、椭圆形，光滑，无色，6~10μm×5~7μm。

生态习性　在松林地上单生或丛生。

分　　布　分布于河北、四川、云南等地。

应用情况　新鲜幼嫩时可食用，但菌肉韧硬，后期稍木栓化，具特殊味道。在四川西昌及云南见于市场。可药用。

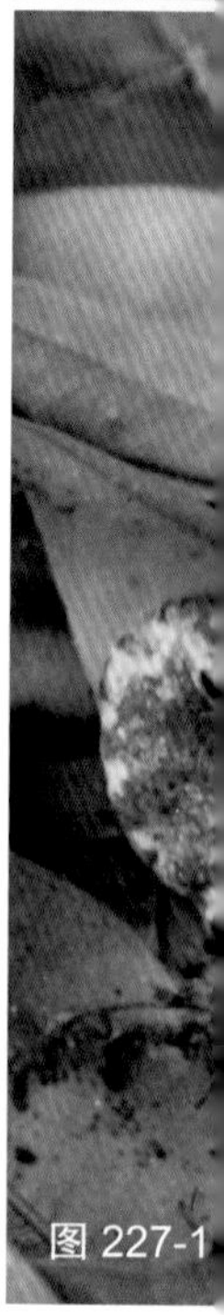

图 227-1

图 227-2

多 孔 菌

图 228　　　　　　　　　　　　　　　　　　　　　　　　　　　　　图 229

228　绵毛地花孔菌

别　　名	绵地花孔菌、绵毛盖多孔菌、黄白多孔菌、绵羊状多孔菌
拉丁学名	***Albatrollus ovinus*** (Schaeff.) Kotl. et Pouzar
曾用学名	*Polyporus ovinus* (Schaeff.) Fr.
英　文　名	Forest Lamb, Sheep Polypore

形态特征　子实体一般中等大。菌盖直径 3～12cm，中部平至下凹成漏斗状，初期边缘内卷，表面干燥，白至黄色，具有黄褐色或褐色鳞片。菌肉较厚，近白色，柔软肉质，微有香气味。管孔较密，同菌肉色，管口近圆形至不正形，延生。菌柄生盖中部或偏生，长 2～6cm，粗 0.5～1.5cm，上下等粗或往往向下渐变细，近黄白色，内部充实。菌丝细长，多分隔，无锁状联合。孢子印白色。孢子宽卵圆形，无色，5.5～6.5μm×3.3～3.5μm。菌柄、菌管部菌肉伤变红色。
生态习性　秋季多群生在针叶林地上。与针叶树形成菌根。
分　　布　分布于云南、四川、西藏等地。
应用情况　幼嫩时可食用，味道好，菌肉厚。另外，含有抗氧化活性物质。

229　青黑地花孔菌

别　　名	青黑色地花、黑盖地花菌、安田地花菌、青蓝多孔菌
拉丁学名	***Albatrellus yasudai*** (Lloyd) Pouzar
曾用学名	*Polyporus yasudai* Lloyd

形态特征　子实体较小。菌盖直径 2.5～8cm，初期近扁半球形，渐平展，近圆形，暗青黑色、深蓝褐色，表面粗糙至近光滑，湿时黏，干后近黑褐色，边缘内卷。菌肉白色，近肉质，稍味苦。菌管

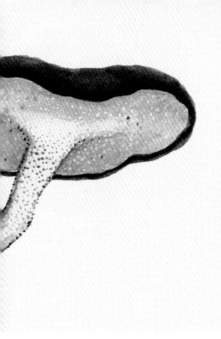

图 230

污白色，粗糙，延生。菌柄白色，部分带蓝色，长 3～6cm，粗 0.4～1.3cm，实心，表面粗糙，有疣。孢子近椭圆，无色，光滑，4.6～5μm×3.7～4μm。

生态习性 夏秋季于针阔叶混交林中地上群生，很少单生。属外生菌根菌。

分　　布 分布于福建、云南、陕西、四川等地。

应用情况 记载可食用，云南昆明见于市场出售。日本曾认为特产。

230　庄氏地花菌

拉丁学名 *Albatrellus zhuangii* Y. C. Dai et Juan Li

形态特征 子实体一般中等大。菌盖近圆形，直径可达 10cm，中部厚可达 6mm，表面粉黄色至浅黄色，光滑，具黏性，边缘锐，新鲜时为浅黄色，干后浅褐色，内卷，有时开裂。菌肉新鲜时肉质，白色至奶油色，干后质脆，暗褐色，厚可达 2mm，表皮上层浅黄色，下层黑色。菌管与管口同色，延生至菌柄上部，管口每毫米 2～3 个，新鲜时管口白色至奶油色，干处呈黄褐色。菌柄中生或侧生，浅褐色，干后暗褐色，长可达 6cm，粗可达 1cm。孢子无色，宽椭圆形，5～6μm×3.9～4.5μm，壁薄至稍厚。

生态习性 夏末及秋季单生于针叶林中地上。

分　　布 分布于华中地区。

应用情况 可食用。

231　珠丝盘革菌

别　　名 串珠盘革菌

拉丁学名 *Aleurodiscus amorphus* (Pers.) J. Schröt.

形态特征 子实体小，盘状，软革质，直径 2～5mm，厚 0.6～1cm，散生或相互连接。子实层粉

图 232-1

图 232-2

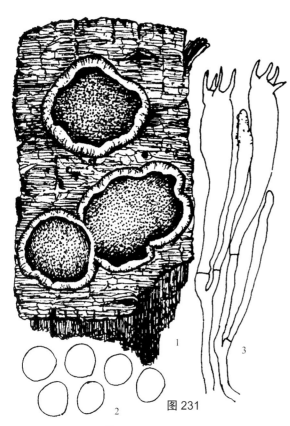

图 231

1. 子实体；2. 孢子；3. 担子

末状，新鲜时浅肉色至鲑色，边缘白色，凸起。菌丝有隔，无色，粗 3.5~4μm，其上有颗粒状的结晶体。担子棒形，105~180μm×18~25μm，具 4 小梗。孢子近球形，无色，光滑，后渐有细微小刺，22~28μm×20~26μm。侧丝无色，线形，多弯曲，往往呈串珠状，粗 4~6.5μm。

生态习性 生于冷杉及云杉的树皮上。木腐菌。

分　布 分布于甘肃、四川、黑龙江等地。

应用情况 据试验抑肿瘤，对小白鼠肉瘤 180 和艾氏癌的抑制率均为 100%。

232　厦门假芝

拉丁学名 *Amauroderma amoiense* J. D. Zhao et L. W. Hsu

形态特征 子实体较小，木栓质。菌盖直径 4~7cm，厚 0.4~0.6cm，近圆形或半圆形或不规则形，浅褐色至暗褐色，凹凸不平，无光泽，有深浅相间的沟棱和纵皱纹，边缘完整或瓣裂，并形成一圈浅色环带。菌肉灰褐色至黑色，厚达 0.3cm。菌管长 1~3mm，菌管面暗褐至黑褐色，孔口近圆形，每毫米 5~6 个。菌柄长 5~10cm，粗 0.5~1cm，柱形或扁圆形，同盖色，弯曲，中生、偏生或侧生。孢子近球形，无色或淡黄色，双层壁，外壁无色透明，平滑，内壁无小刺，7~10.8μm×7~9.6μm。

生态习性 夏秋季于相思树下沙地上单生或散生。一年生。

分　布 分布于福建、广东、海南等地。

应用情况 可研究药用。

233 耳匙假芝

别　　名　白肉假芝、耳匙乌芝
拉丁学名　*Amauroderma auriscalpium* (Pers.) Pat.

形态特征　子实体小。菌盖近半圆形或近肾形，3～4.5cm×3～3.5cm，厚约0.6cm，表面茶褐色至暗褐色，湿润后近黑褐色，无漆样光泽，有明显带棱纹和纵皱纹，边缘钝，波浪状。菌肉淡白褐色，厚2～3mm。菌管同菌肉色，长2～3mm，管口深褐色或近似锈色，略圆形，每毫米6～7个。菌柄圆柱形，或有小分枝，长3～5cm，粗约0.4～0.5cm，背侧生，同盖色。菌丝无色至淡褐色，直径1.5～6.9μm，有分枝，多弯曲，无隔及锁状联合。孢子近球形，壁双层，外壁无色，平滑，内壁有小刺，75～10μm×8～11μm。
生态习性　在阔叶树附近地上散生或群生，有时单生。一年生。
分　　布　分布于广东、香港、福建等地。
应用情况　可研究药用。

234 大孔假芝

拉丁学名　*Amauroderma bataanense* Murrill

形态特征　子实体小，木栓质。菌盖直径2～4cm，厚0.2～0.4cm，半圆形或近扇形，表面乌黑，无漆样光泽，有较明显的纵皱纹和不很显著的同心环纹，边缘薄且向内卷。菌肉呈深木材色，厚0.1～0.2cm。菌管面褐色，菌管深褐色，长0.1～0.2cm，管口圆形，每毫米约4个。菌柄细长，长11～12cm，粗0.3～0.7cm，多弯曲，上部较粗。孢子近球形或球形，外层壁无色透明，内层壁淡褐色或者无色，有微小刺，10～12μm×9～10.5μm。
生态习性　生阔叶树旁或腐木上。一年生。
分　　布　分布于广西等地。
应用情况　可研究药用。

图233-1　　　图233-2

图234-1

图234-2

图 235-1

235 黑漆假芝

拉丁学名 *Amauroderma exile* (Berk.) Torrend

形态特征 子实体较小，近革质。菌盖直径5~6cm，厚2.5~3mm，肾形至近扇形或近似半圆形，黑色，薄，硬，皮韧，光滑，有辐射状皱纹，边缘薄，有不明显球状棱纹或有时似波状或瓣状，表面光滑或似漆样光泽。菌肉暗土黄色，厚约3mm。菌管长约1mm，每毫米约5个管口，伤处变暗褐色。菌柄长7~10cm，粗0.7~1cm，暗褐色至黑色，有时下部弯曲，侧生。孢子淡黄色，双壁，内壁无小刺或有小刺不明显，近球形，9~10.5μm×8~9μm。

生态习性 于树桩附近地上单生或散生。一年生。

分　　布 分布于云南西双版纳。

应用情况 民间药用。

236 广西假芝

拉丁学名 *Amauroderma guangxiense* J. D. Zhao et X. Q. Zhang

形态特征 子实体中等至较大。菌盖直径9~15cm，厚0.4~1.1cm，近圆形或圆形，紫褐色到紫黑色，有似漆样光泽，光滑，边缘呈浅紫褐色，有稀疏同心轮沟纹及纵皱纹，边缘稍薄或略钝而完整，其下面有不孕带。菌肉均匀深褐色到栗褐色，厚2~8mm。菌管长2~3mm，同菌肉色，孔面淡褐色到褐色，部分凹凸不平，管口略圆形，每毫米5~6个。菌柄长4.5cm，粗2.5cm，有时长或较细，

图 235-2　图 236

粗细不均，同盖色，偏侧生。孢子内层壁带褐色，有小刺或不明显，近球形或者宽卵圆形，6～7μm×6～7.5μm。

生态习性　生林中腐木上。一年生。

分　　布　分布于广西、云南等地。

应用情况　可研究药用。

237　香港假芝

拉丁学名　***Amauroderma hongkongense***
　　　　　　 L. Fan et B. Liu
英 文 名　Hong Kong Amauroderma

图 237

形态特征　子实体小或中等大。菌盖直径6.5～8cm，厚0.2～2.5cm，往往近圆形或近扇形，表面褐黄色、黑褐色至黑色，被细绒毛和环棱，中部下凹，边缘薄而波状或近瓣状，单生或多个相联合。菌肉呈黑色，厚0.2～1.2cm。菌管面褐色至暗褐色，管长0.1～0.12cm，管口近圆形，每毫米4～5个。菌柄长4～6cm，粗0.8～1.4cm，暗褐色，具细绒毛，偏生或侧生。孢子内壁近平滑，椭圆至广椭圆形或长卵圆形，5～7.5μm×2.5～3.8μm。

生态习性　生阔叶树朽木上，一年生。可引起木材腐朽。

分　　布　发现于香港岛屿。

应用情况　可研究药用。

多孔菌

图238-1

图238-2

238 漏斗形假芝

别　　名　漏斗状乌芝

拉丁学名　*Amauroderma infundibuliforme* Wakef.

形态特征　子实体中等至大型，木栓质，有柄，干后硬。菌盖直径8～15cm或更大，近圆形、近似漏斗状，初期黄白，近光滑稍有光亮，后灰褐或浅烟褐色，伤处变浅红棕褐至黑色，中央明显下凹，表面凹凸不平，有纵皱纹及绒毛。菌肉色浅，稍厚。菌管面近灰白色，管孔小，每毫米7～9个。菌柄中生，长11～17cm，粗1～3cm，顶部较粗，实心。孢子双层壁，外层透明、平滑，内壁有小刺，近球形或宽椭圆形，8.5～10.5μm×8～9μm。

生态习性　夏秋季于常绿阔叶树桩附近单生至群生。一年生。

分　　布　见于广东、海南、香港及闽南等地。据赵继鼎先生记述此种与五指山假芝 *Amauroderma wuzhishanense* 外形相似。

应用情况　民间药用。

239 江西假芝

拉丁学名　*Amauroderma jiangxiense* J. D. Zhao et X. Q. Zhang

形态特征　子实体有柄，木栓质到木质。菌盖圆形，上面平展，中央下凹呈脐状，近边缘处向下垂，形成帽状，直径约18.5cm，厚1～2cm，表面黑色，近边缘呈黑褐色，有似漆样光泽，具不明显的同心环纹和放射状皱纹，边缘完整而薄。菌肉呈褐色，厚5～10mm。菌管长5～10mm，与菌肉同色，孔面淡褐色到褐色，管口近圆形，每毫米4～5个。菌柄黑色，有较强的似漆样光泽，长约8cm，粗约3cm，基部稍膨大。担孢子近球形，双层壁，外壁无色透明，平滑，内壁有不明显的小刺，淡褐色，8.6～11μm×8.6～10.5μm。

生态习性　生林中。一年生。

分　　布　分布于江西等地。

应用情况　可研究药用。

240 黑肉假芝

别　　名　黑肉乌芝、黑假芝、黑乌芝
拉丁学名　*Amauroderma niger* (Lloyd)
曾用学名　*Amauroderma nigrum* Rick
英 文 名　Black False Ling Zhi, Black Amaur-oderma

形态特征　子实体中等大，木栓质，硬。菌盖直径2～12cm，厚0.2～0.4cm，肾形或扇形，稀呈圆形，黑褐色且有浅烟色至暗青褐色绒毛及辐射状皱纹，后变光滑，边缘薄而锐，波浪状或瓣状。菌肉淡烟色至浅烟色，厚0.7～2mm。菌管长1.3～2mm，变为暗灰色至黑色，管口近圆形，每毫米4～5个。菌柄细长，长可达12cm，粗达1cm，呈圆柱形，同盖色，侧生，有时分叉柄上生两个菌盖，基部近根状。孢子近无色，近球形，6～9μm×6～7.8μm。

生态习性　生林中地上或腐木上。一年生。

分　　布　分布于广东、海南、香港、广西、云南等地。

应用情况　可供药用。

图 240-1

241 脐盖假芝

拉丁学名　*Amauroderma omphalodes* (Berk.) Torrend

形态特征　子实体较小或近中等。菌盖直径6～9cm，圆形或者近圆形，中央下凹呈脐状，淡黑紫色，干时色变淡，表面平滑无光泽，有辐射状皱纹和环状沟纹，具有皮壳，边缘薄，波状，其下侧有2～3mm宽的不育层。菌肉黄褐色，纤维状。菌管面淡黑色到黄褐带黑色，管口圆形，每毫米6～7个，管孔长5～7mm。菌柄长5～6cm，粗0.6～0.7cm，皮层厚而硬，松软至空心，偏生。孢子外壁无色，光滑，内壁褐色，有小刺，球形至近球形，8～11μm×7～9μm。

生态习性　生常绿阔叶林地上。

分　　布　分布于广东、海南等地。

应用情况　可研究药用。

图 240-2

图 240-3

第十章
多孔菌

图 241　　图 242　　图 243

242　新见假芝

拉丁学名　***Amauroderma praetervisum*** (Pat.) Torrend

形态特征　子实体小。菌盖直径 1.8～2.5cm，厚 0.7～0.8cm，半圆形至肾形，灰黑色，绒状至近光滑，具同心沟环纹及放射状皱纹，边缘厚而钝。菌肉黄褐色，近表皮处黑色。菌柄细长，长 9～18cm，粗 0.2～0.3cm，柱形，稍弯曲，同盖色，有细绒，侧生，老后变空心。菌管面暗灰色或灰铅色，伤处变黑，管孔圆形，每毫米 3～5 个，长 3～4mm。担子 4 小梗。孢子内壁光滑至粗糙，外壁无色，10～12μm×8～10μm。
生态习性　常绿阔叶林地上单生或散生。
分　　布　分布于广东等地。
应用情况　民间药用。

243　普氏假芝

别　　名　皮勒假芝、布勒假芝、乌芝
拉丁学名　***Amauroderma preussii*** (Henn.) Steyaert

形态特征　子实体较小或中等大。菌盖直径 7～12cm，厚 0.4～0.6cm，圆形至近圆形，干时暗红褐色，光滑，无光泽，中部下凹，表面凹凸不平，有深皱纹和不明显环沟纹，边缘薄而锐，有柄。菌肉浅褐色，厚 2～3mm。菌管面粉白色，伤处变血红色后变黑色，干时色变浅，管孔近圆形，每毫米 6～7 个，稍延生。菌柄长 16～17cm，粗 0.5～9.5cm，光滑，偏生或近中生。孢子浅褐色至无色，内壁有小齿，近圆形，3～9μm×7～8μm。
生态习性　夏秋季生林中地上。
分　　布　分布于广东、香港、福建、云南等地。
应用情况　可研究药用。

图 244-1　　　　　　　　　　　　　　　　　　　图 244-2

244　皱盖假芝

别　　名　皱盖乌芝、相思树芝、血芝
拉丁学名　***Amauroderma rude*** (Berk.) Torrend
曾用学名　*Polyporus rudis* Berk.
英 文 名　Wrinkled Dark Cap, Wrinkled Dark Cap Amauroderma

形态特征　子实体一般中等大，木栓质。菌盖直径 3～10cm，厚 0.5～0.7cm，肾形、半圆形，表面浅烟色、近灰褐色，具辐射的深皱纹和细微绒毛，往往有同心环带，边缘薄后期增厚呈平截，波浪状。菌肉蛋壳色至浅土黄色，厚 0.5～0.4cm。菌管长 0.2～0.3cm，色较菌肉深，管口圆形，每毫米 5～6 个，污白色，受伤处变红色至黑色。菌柄长 4～12cm，粗 0.3～1cm，近柱形同盖色，常弯曲并有细微绒毛，侧生。孢子壁双层，内壁小刺不明显，近无色至淡黄褐色，近球形，8.7～12μm×8.7～10μm。
生态习性　夏秋季生林中，其基部附着于土中的腐木上，广泛分布热带、亚热带。一年生。属木腐菌，腐朽力强，被侵害树干木材形成蜂窝状白色腐朽。
分　　布　分布于云南、贵州、福建、台湾、广西、广东、海南、香港、西藏等地。
应用情况　可供药用，性平、味淡。可消炎、消积化瘀。试验抑肿瘤，对小白鼠肉瘤 180 抑制率为 80%。

245　假芝

别　　名　乌芝、假灵芝、假乌芝
拉丁学名　***Amauroderma rugosum*** (Blume et T. Nees) Torrend
曾用学名　*Ganoderma rugosum* (Blume et T. Nees) Pat.
英 文 名　False Ling Zhi

形态特征　子实体较小或中等大，木栓质。菌盖直径 2～10cm，厚 0.3～1.6cm，近圆形、近肾形或半圆形，灰褐色、污褐色、暗褐色、黑褐色或黑色，无光泽，有明显纵皱及同心环带，并有辐射状

图 245　　　　　　　　　　　　　　　　　　　　　　　　　　　　　　图 247

皱纹，表面有绒毛，边缘钝且稍内卷。菌肉浅褐色。菌管暗褐色，长 2～6mm，管口近圆形或不规则形，每毫米 4～6 个。菌柄长 3～10cm，粗 0.3～1.5cm，圆柱形，弯曲，光滑，有假根，侧生或偏生。孢子内壁有小刺，近球形，9～11μm×7.5～10μm。

生态习性　于林中地上或地下腐木上单生或散生。一年生。

分　　布　分布于福建、海南、广西、云南等地。

应用情况　可研究药用。有消炎、利尿、益胃、抑肿瘤等作用。

246　树脂假芝

拉丁学名　*Amauroderma subresinosum* (Murrill) Corner

形态特征　子实体中等大，新鲜时木质，干后硬木质，干后重量明显减轻。菌盖半圆形，直径 4～10cm，中部厚可达 3cm，新鲜时黄褐色，后变为深红褐色至黑色，有同心环纹，边缘钝，奶油色。无柄。孔面初为白色，后变乳白色，干后奶油色。菌肉乳白色，新鲜时木栓质，干后硬木栓质，有明显环区，厚可达 20mm。菌管奶油色，与管口表面同色，比菌肉色略深，长可达 10mm，管口圆形或多角形，每毫米 4～5 个，边缘厚。孢子卵圆形或宽椭圆形，浅黄褐色，双层壁，内壁具刺，12～16μm×7～9μm。

生态习性　单生或覆瓦状叠生于多种阔叶树储木和建筑木上。一年生。造成木材白色腐朽。

分　　布　分布于海南、广西等地。

应用情况　可研究药用。

图248

247　亚乌假芝

拉丁学名　*Amauroderma subrugosum* (Bres. et Pat.) Torrend

形态特征　子实体较小或中等大。菌盖直径3～8cm，厚0.2～0.5cm，近圆形，灰褐至棕褐色，无光泽，有微细绒毛和不明显环纹，干时皱或裂，边缘薄，波状。菌肉灰白。菌管面污白至淡灰褐色，伤处变黑，菌孔圆形，每毫米3～4个。菌柄长6～15cm，粗0.5～1.3cm，锈褐色至土黄褐色，被绒毛，侧生。孢子近无色至漆褐色，内壁光滑或有刺，近球形，10～13μm×9～10μm。
生态习性　于阔叶林地上散生。
分　布　分布于广东、广西、海南、福建等地。
应用情况　可研究药用。

248　白迷孔菌

别　名　白薄孔菌
拉丁学名　*Antrodia albida* (Fr.) Donk
曾用学名　*Daedalea albida* Fr.; *Coriolellus albidus* (Fr.) Bondartsev

形态特征　子实体无柄。菌盖平伏或平伏反卷，通常覆瓦状叠生，有时单生，无气味，软革质，干燥后变为木栓质，单个菌盖长可达4cm，宽可达7cm，厚可达8mm，平伏可达20cm，宽达2.5cm，

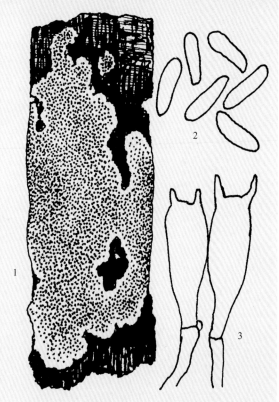

1. 子实体；2. 孢子；3. 担子

图 249

菌盖表面新鲜时奶油色至淡黄色，干后变淡黄色至土黄色或黄褐色，同心环带不明显或无，奶油色、淡黄色至黄褐色。不育边缘几乎无。菌肉白色至浅黄褐色。菌管或菌齿单层，黄褐色，干后硬木栓质。初期子实层体为孔状，后期变为不规则状、半褶状、裂齿状。孔口面奶油色，后呈淡黄褐色或黄褐色，孔口形状不规则，每毫米 1～2 个，管口边缘薄呈撕裂状。菌丝系统二体系，生殖菌丝具锁状联合，菌丝组织在 KOH 试剂中无变化；菌肉生殖菌丝无色，薄壁到厚壁，偶尔分枝，直径为 1.8～4.6μm；骨架菌丝无色，厚壁至几乎实心，弯曲，交织排列，直径为 2～5.2μm；菌管生殖菌丝薄壁到稍厚壁，常分枝，直径 1.6～4μm。担孢子椭圆形，无色，薄壁，光滑，6.8～9μm×2.8～5μm。

生态习性 通常在夏季和秋季出现，生长在阔叶树的腐朽木、树桩、倒木、储木、栅栏木和薪炭木上。一年生。

分　布 分布于北京、福建、河南、黑龙江、湖北、吉林、江苏、辽宁、陕西、山西、四川、西藏、云南、浙江等地。

应用情况 可抑肿瘤，对小白鼠肉瘤 180 抑制率为 70%～80%。

249　黄薄孔菌

别　名 黄卧孔菌

拉丁学名 *Antrodia xantha* (Fr.) Ryvarden

曾用学名 *Poria xantha* (Fr.) Cooke

形态特征 子实体平铺生基物上，近似方形，直径大者可达 100cm，厚 1～3mm，鲜黄色，管口色浓，老时呈淡黄色。易与基物上剥离，而剥离部分粉末状。边缘初期白色，毛状至蛛网状，宽 1～2mm，初期无子实层。基层薄，厚 0.5mm 以内，色淡。菌管鲜黄色，菌口圆形至类圆形，蛋黄色，每毫米 5～7 个。无囊体。担子棒状，具 2 小梗或 4 小梗，一般短粗，15～19μm×4～6.5μm。孢子长椭圆形或腊肠形，稍弯曲，无色，光滑，4～5.2μm×1～1.5μm。

生态习性 生于针叶树倒木及原木上。一年生。属木腐菌，引起木材褐色腐朽。

分　布 分布于吉林等地。

应用情况 可产生抗生素，对小白鼠肉瘤 180 有抑制作用。

图 250-1

图 250-2

250 薄皮多孔菌

别　　名	裂干酪菌
拉丁学名	***Aurantiporus fissilis*** (Berk. et M. A. Curtis) H. Jahn ex Ryvarden
曾用学名	*Tyromyces fissilis* (Berk. et M. A. Curtis) Donk

图 250-3

形态特征　子实体较大。菌盖直径 4～8cm×6～15cm，厚 2～3cm，呈半球形，剖面呈扁半球形，白色，干后淡褐色至带红色，表面凹凸不平或有皱纹和平伏绒毛，无环带，老后近光滑，干后边缘内卷。菌肉白色，肉质，软而多汁，干后变硬，呈蛋壳色至浅蛋壳色，厚 1.5～2cm，有明显环纹。菌管白色，长 5～12mm，管口多角形，白色后变淡褐色，干后或伤后有粉红色斑点，每毫米 1～2 个，管壁薄。无菌柄。担子短，棒状，20～26μm×5～6μm。孢子无色，光滑，近球形，5～7.5μm×2.5～3μm。

生态习性　生栎、桦、槭、板栗、柞等立木树干上、倒木或原木上。属木腐菌，腐朽力强，引起多种树木的心材白色腐朽。

分　　布　分布于黑龙江、吉林、辽宁、河北、山西等地。

应用情况　幼嫩时可食。

图 251-1

251 褐白坂氏齿菌

别　　名	褐白肉齿菌、褐白班克齿菌、白褐肉齿菌
拉丁学名	***Bankera fuligineoalba*** (J. C. Schmidt) Coker et Beers ex Pouzar
曾用学名	*Sarcodon fuligineoalbus* (J. C. Schmidt) Quél.
英 文 名	Drab Tooth, Tooth Fungus, Fleshy Urchin Fungus

形态特征　子实体中等大。菌盖半球形到平展，中部稍下凹，直径 4～15cm，浅灰黄色、黄褐色，

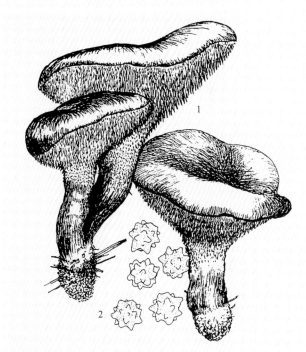

图 251-2　　　　1. 子实体; 2. 孢子

图 252-1

图 252-2

干后色淡近浅烟灰褐色，平滑无毛，湿时稍黏。菌肉白黄色，肉刺锥状，延生，长 1～2mm，乳白色至浅土黄色。菌柄偏生或中生，同菌盖色，长 3～8cm，粗 1.5～3cm，表面平滑实心，基部稍膨大。孢子近球形，无色透明或稍带淡黄色，具疣状突起，直径 4.8～5.3μm。

生态习性 夏季或秋末生于针阔叶混交林地上，群生或散生。与树木形成外生菌根。

分　　布 分布于安徽、四川、云南、西藏等地。

应用情况 此菌气味浓香，鲜嫩时可食用。在西藏为藏族常采食。另外药用消炎，并有抗肿瘤作用，对小白鼠肉瘤 180 抑制率为 96.8%。

252　黑管孔菌

别　　名 烟色多孔菌、黑管菌、烟管菌

拉丁学名 *Bjerkandera adusta* (Willd.) P. Karst.

英 文 名 Smoky Polypore

形态特征 子实体较小，无柄，软革质，以后变硬。菌盖半圆形，宽 2～7cm，厚 0.1～0.6cm，表面淡黄色、灰色到浅褐色，有绒毛，以后脱落，表面近光滑或稍有粗糙，环纹不明显，边缘薄，波浪形，变黑，下面无子实层。菌肉软革质，干后脆，纤维状，白色至灰色，很薄。菌管黑色，管孔面烟色，后变鼠灰色，孔口圆形近多角形，每毫米 4～6 个。担孢子椭圆形，基部有尖突，无色。

生态习性 生于云杉、桦树等伐桩、枯立木、倒木上，覆瓦状排列或连成片。一年生。引起木材产生白色腐朽。

分　　布 分布于黑龙江、吉林、河北、山西、陕西、甘肃、青海、宁夏、贵州、江苏、江西、福建、河南、台湾、湖南、广西、新疆、西藏等地。

应用情况 报道有抑肿瘤作用。

253 亚黑管孔菌

别　　名 烟色烟管菌、亚黑管菌

拉丁学名 *Bjerkandera fumosa* (Pers.) P. Karst.

形态特征 子实体中等，无菌柄。菌盖直径 2～8.5cm，厚 4～10mm，半平伏生长，反卷部分呈贝壳状，往往呈覆瓦状生长在一起，表面有微细绒毛，白色至淡黄色或浅灰色，无环带或有不明显的环带，边缘厚或薄。菌肉白色或近白色，木栓质，厚 2～7mm。菌管近似肉色或稍暗，长 1.5～2.5mm，菌管层与菌肉之间有一黑色条纹，管口近白色至灰褐色，有时受伤处变暗色，多角形，每毫米 3～5 个。菌丝薄壁，粗 3～5μm，具横隔及锁状联合。孢子无色，光滑，长方椭圆或椭圆形，5～7μm×2.5～4μm。

生态习性 生阔叶树倒木及枯树干上。属木材腐朽菌，引起边材海绵状白色腐朽。

分　　布 分布于辽宁、吉林、黑龙江、河北、青海、陕西、江苏、湖南、四川、贵州、云南、福建、广西等地。

应用情况 抑肿瘤。已驯化成功。

254 伯氏邦氏孔菌

别　　名 伯克利瘤孢多孔菌

拉丁学名 *Bondarzewia berkeleyi* (Fr.) Bondartsev et Singer

英 文 名 Berkeley's Polypore

形态特征 子实体较大。菌盖直径 6～13cm，厚 1～1.5cm，圆形至扇形，幼时半肉质，黄白

图 254

图 255

色，逐渐呈浅土黄色至浅黄褐色，表面有微细绒毛，边缘钝。菌肉纯白色，略苦。菌管污白色或黄白色，伤处变深，管孔近角形，靠近基部渐呈迷路状或近似褶状。菌柄长 2.5～5cm，粗 1～2cm，近扁平或近柱形，同盖色，侧生。担子 2～4 小梗。孢子具小瘤，宽椭圆形或近球形，6～7μm×5～6μm。

生态习性 生阔叶林中腐朽木上。

分　　布 分布于广东、海南等地。

应用情况 可食用和药用，并能解毒。有认为此种与生于针叶树腐木上的圆瘤孢多孔菌为不同种。

255　高山邦氏孔菌

别　　名 圆瘤孢多孔菌、高山地花、莲花菌、莲花菇、塔菇、塔菰、圆孢地花、山地刺孢多孔菌

拉丁学名 *Bondarzewia montana* (Quél.) Singer

曾用学名 *Polyporus montanus* (Quél.) Ferry

英 文 名 Bergporling, Bondarzew's Polypore

形态特征 子实体大。许多菌盖从一个短粗的菌柄上生出，形成一丛，总直径可达 30cm 或更大。菌盖直径 6～14cm，厚 0.5～1cm，扇形或匙形，蛋壳色，干后浅青色、褐色至浅烟色，有微细绒毛，渐变光滑，无环带或近边缘处有不明显的环带，边缘呈波浪状，干后内卷，菌盖半肉质，干后质硬而脆。菌肉白色，厚 0.3～0.7cm。菌管白色至近白色，延生，长 0.2～0.7cm，管壁薄，管口多角形，直径 0.05～0.15cm，边缘渐呈锯齿状。菌柄长 3～6cm，粗 2～3cm。孢子无色，有小刺，近球形，直径 6～8μm。

生态习性 生冷杉等针叶林内的树桩旁。引起树木白色腐朽。

分　　布 分布于四川、云南、西藏、福建等地。

应用情况 幼嫩时可食用，味微苦。在福建民间用以解野菇中毒。

256 褐栗孔菌

拉丁学名 *Castanoporus castaneus* (Lloyd) Ryvarden

形态特征 子实体中等至大型，平伏，不易与基物分离，革质至软木栓质，干后硬木栓质或硬纤维质，平伏子实体长可达20cm，宽可达3.5cm，厚约1mm。孔口表面新鲜时肉桂色、黄褐色、红褐色、暗褐色，手触摸后变为深褐色，干后棕褐色，无折光反应，不育边缘明显、奶油色、乳灰色、肉桂色或浅土黄色，宽可达1.5mm，孔口近圆形、多角形、不规则形或裂齿状，每毫米1~2个，管口薄至厚，全缘至撕裂状。菌肉干后硬木栓质，与孔口表面同色，极薄，厚不到1mm。菌管与孔口表面同色，单层，干后硬纤维质，长约1mm。菌丝系统一体系，生殖菌丝具简单分隔，菌丝组织在KOH试剂中无变化。菌肉生殖菌丝无色至黄色，厚壁，偶尔分枝，有时被具大量细小的黄色颗粒，紧密交织排列，直径为3~6μm。菌管生殖菌丝无色至黄色，厚壁，偶尔分枝，紧密交织排列，直径为2~5μm。担子棍棒状，具4个担孢子梗，基部具一简单分隔，19~22μm×5~6μm。担孢子腊肠形，无色，薄壁，光滑，5.7~9.7μm×2.2~3.2μm。子实层中具大量囊状体，囊状体圆锥形，厚壁，由菌髓中伸出，突出子实层，上部具结晶，36~57μm×8~12μm。

生态习性 夏季和秋季生松树死枝、落枝或倒木上。一年生。

分　　布 分布于北京、福建、黑龙江、吉林、四川、西藏等地。

应用情况 具有抑肿瘤等活性。

257 单色齿毛菌

别　　名 单色云芝、齿毛芝、单色革盖菌、一色齿毛菌

拉丁学名 *Cerrena unicolor* (Bull.) Murrill

曾用学名 *Trametes unicolor* (Bull.) Pilát; *Daedalea unicolor* (Bull.) Fr.; *Coriolus unicolor* (Bull.) Pat.

英 文 名 Unicolored Polypore

形态特征 子实体一般小，革质，无柄。菌盖直径4~8cm，厚0.5cm，扇形、贝壳形或平伏而反卷，往往侧面相连，表面白色、灰色至浅褐色，有时藻类附生而呈绿色，有细长的毛或粗毛和同心环带，边缘薄而锐，波浪状或瓣裂下侧无子实层。菌肉白色或近白色，厚0.1cm，在菌肉及毛层之间有一条黑线。菌管近白色、灰色，管孔面灰色到紫褐色，孔口迷宫状，平均每毫米2个，裂成齿状，靠边缘的孔口很少开裂。

图 257-1

图 257-2

图 257-3

图 258

1. 子实体；2. 孢子；3. 囊体

生态习性 于多种树木的伐桩、枯立木、倒木上覆瓦状排列，并形成白色腐朽。

分　布 分布于河北、北京、辽宁、吉林、黑龙江、山西、河南、陕西、甘肃、宁夏、山东、江苏、浙江、福建、广东、广西、江西、安徽、四川、云南、湖南、湖北、贵州、内蒙古、西藏等地。

应用情况 可药用。治疗慢性支气管炎。抑肿瘤，对小白鼠艾氏癌以及腹水癌有抑制作用。

258　北方肉齿菌

别　名 大肉齿耳菌、北方刺猬菌
拉丁学名 *Climacodon septentrionalis* (Fr.) P. Karst.
曾用学名 *Steccherinum septentrionale* (Fr.) Banker
英文名 Northern Tooth Fungus

形态特征 子实体大，近似覆瓦状生长，无柄或有短柄，基部愈合。菌盖 2.5～15cm×3.5～14cm，厚 1～1.5cm，米黄色至深蛋壳色，生有短绒毛和细纤毛，老后毛脱落，边缘明显向下卷曲。菌肉白色至淡白黄色，鲜时肉质、半肉质，平时硬而脆。菌盖下有细而长的刺，长 6～10mm，近白色，后期呈黄褐色至橙褐色。孢子无色，椭圆形，4.5～5.5μm×2.5～3μm。子实层中有棱形、厚壁的囊体，无色，光滑，32.5～45μm×10～15μm。

生态习性 在阔叶树的树干、枯枝上生长。一年生。导致椴、槭、桦、榆等树木白色中央腐朽或边材腐朽。

分　布 分布于黑龙江、吉林、辽宁、河北、河南等地。

应用情况 幼嫩时可以食用。

259　隐孔菌

别　名 松橄榄、木鱼菌、荷包菌、香木菌、树荷包
拉丁学名 *Cryptoporus volvatus* (Peck) Shear
英文名 Veiled Polypore, Cryptic Globe Fungus

形态特征 子实体较小，无柄或偶尔有柄。菌盖 1.5～3.5cm×2～4.5cm，厚 1～3cm，扁球形或近球形，浅土黄色或深蛋壳色，老后淡红褐色，木栓质，表面光滑，边缘钝滑而厚，与菌幕相连。菌肉纯白至污白色，软木栓质，

图 259

厚 2～8mm。菌幕白色至污白色，厚约 1mm。菌管层由菌幕所包盖，初期完全封闭，后期在靠近基部出现一个圆形或近圆形的孔口，偶有两个，孔径 2～4.5mm，菌管同菌肉色，长 2～5mm，管口圆形至近多角形，管口面浅粉灰色或带褐色。

生态习性 在松等树干上侧生。引起边材褐色腐朽。

分 布 分布于湖北、浙江、江苏、江西、四川、贵州、广东、广西、安徽、海南、云南、福建、河北、黑龙江、西藏等地。

应用情况 民间药用，治疗哮喘和气管炎等，抗菌、消炎。抑肿瘤，对小白鼠肉瘤 180 及艾氏癌的抑制率分别为 80% 和 90%。

图 260-1

图 260-2

260 浅褐环褶孔菌

别 名 丝光薄针孔菌、丝光环褶孔菌、丝光薄环褶孔菌、烟草色纤孔菌

拉丁学名 *Cyclomyces tabacinus* (Mont.) Pat.

曾用学名 *Polyporus tabacinus* Mont.; *Inonotus tabacinus* (Mont.) G. Cunn.

形态特征 子实体一般中等大。菌盖浅栗色至栗褐色，密集覆瓦状，有狭窄的同心棱带和细微绒毛，并有光泽，1～4.5cm×2～7cm，厚 2～2.5mm。菌肉同盖色，厚约 1mm。菌管 1～1.5mm，壁厚，管口圆形，色较菌肉深，每毫米 7～8 个。刚毛多，长 20～25μm，基部膨大处粗 4～6μm。担子棒状，具 4 小梗，17～23μm×3～4.5μm。孢子无色，圆柱形，光滑，近无色，5～7μm×1.8～2μm。

生态习性 生于栎等腐木上。

分 布 分布于四川、江西、云南、广东、广西、福建、海南等地。

应用情况 抑肿瘤，据试验对小白鼠肉瘤 180 和艾氏癌的抑制率分别为 100% 和 90%。

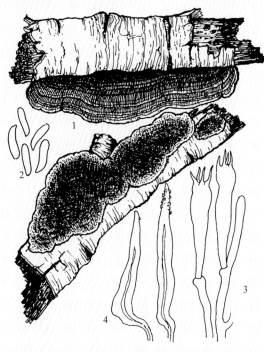

1. 子实体；2. 孢子；3. 担子；4. 刚毛
图 260-3

261 迪氏迷孔菌

别 名 肉色栓菌、肉色迷孔菌、白肉迷孔菌

拉丁学名 *Daedalea dickinsii* Yasuda

曾用学名 *Trametes dickinsii* Berk. ex Cooke

形态特征 子实体大，木栓质，无菌柄，侧生。菌盖直径

图 261

图 262-1

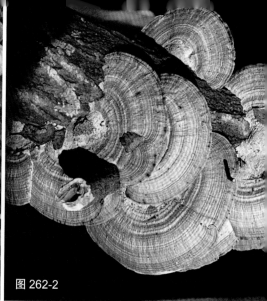

图 262-2

4～27cm，厚1～2cm，基部厚达3cm，半圆形、扁平或稀马蹄形，表面有不明显的辐射状皱纹和环纹，或有小疣和小瘤或细绒毛，渐变光滑，浅肉色，后变为棕灰色至深棕灰色，盖缘薄、钝、全缘，下侧无子实层。菌肉淡褐色、粉红色至肉桂色，具环纹，厚3～10mm，可达20mm。菌管同菌肉色，单层，长3～20mm，管口近似盖色，形状不整齐，边缘多为圆形，其他为多角形至长方形，每毫米1～2个，向边缘渐呈长方形至迷路状，偶尔出现近褶状，管壁厚，全缘。孢子无色，光滑，近球形，直径5～4μm。

生态习性　于阔叶树倒木、伐木桩上单生或覆瓦状叠生。一年生。引起木材及枕木等形成片状或块状褐色腐朽。

分　　布　分布于吉林、黑龙江、台湾、内蒙古、河北、河南、山西、陕西、甘肃、安徽、江苏、浙江、四川、云南、贵州、广西等地。

应用情况　抑肿瘤，子实体的热水提取物对小白鼠肉瘤180的抑制率为80%，对艾氏癌的抑制率为100%。

262　茶色拟迷孔菌

拉丁学名　*Daedaleopsis confragosa* (Bolton) J. Schröt

形态特征　子实体中等至较大，无菌柄。菌盖直径7～22cm，宽4～10cm，厚1.5～5cm，半圆形、扇形、肾形，叠生，边缘薄，污白色或黄褐色，具有红褐色同心环纹。菌肉白色至带粉色或浅褐色。菌管管口稍大，浅白至粉红色或带暗色，管孔长5～15mm，近黄褐色。担子棒状，具4小梗。孢子无色，柱状，8～11μm×2～3μm。

生态习性　生桦、杨、栎、柳、木荷等腐木上。导致木质白色腐朽。

分　　布　分布广泛。

应用情况　试验抑肿瘤，对小白鼠肉瘤180及艾氏癌的抑制率均为90%。

图 262-3

图 262-4

263-1

图 263-2

263　红拟迷孔菌

拉丁学名　*Daedaleopsis rubescens* (Alb. et Schwein.) Imazeki

形态特征　子实体较小至中等大，无菌柄，侧生，木栓质。菌盖 2.5～7cm×1.5～1.7cm，厚 0.8～4.5cm，半圆形、近扁平或马蹄形，淡黄色、淡黄褐色至茶褐色，表面有网状起伏的皱纹或粗糙感，边缘有较明显的环纹或环沟。菌肉白色至淡黄色，厚 1.5～9mm。菌管白色、淡黄白色，后期呈黄褐色至茶褐色，长 3～22mm，管孔圆形或多角形，至迷路状或近齿状。担子棒状，4 小梗，18～

图 264-1　　　　图 264-2　　　　图 264-3

23μm×3～5μm。孢子无色，平滑，弯曲，腊肠形，7～8.5μm×2～2.5μm。

生态习性　生杨、桦等阔叶树的立木、倒木上。一年生。属木腐菌，被侵害木质部形成白色腐朽。

分　　布　分布于黑龙江、吉林、陕西、四川、云南等地。

应用情况　可研究药用。

264　三色拟迷孔菌

拉丁学名　*Daedaleopsis tricolor* (Bull.) Bondartsev et Singer

形态特征　子实体一般中等大，革质或木栓质，无菌柄。菌盖直径2～8cm，厚2～10cm，半圆形或基部狭小，扁平，有时左右相连，朽叶色至肝紫色，渐褪至浅茶褐色或肉桂色，甚至变为灰白色，有细绒毛后变光滑，有环带和辐射状皱纹，边缘薄锐，波浪状。菌肉淡色，厚1～2mm。菌褶初期暗褐色，后期褪为肉桂色，薄，宽1～8mm，往往分叉，近基部相互交织，褶缘波浪状或近锯齿状。孢子无色，平滑，长圆柱形，5.5～7.5μm×2.2～2.5μm。

生态习性　在多种阔叶树腐木上或针叶树枯立木或倒木上侧生或覆瓦状叠生。一年生。属木腐菌，使木质部形成白色腐朽。

分　　布　分布于辽宁、吉林、黑龙江、河北、河南、内蒙古、陕西、甘肃、山西、安徽、湖南、福建、广东、广西、四川、云南、贵州、西藏等地。

应用情况　抑肿瘤。据试验，子实体热水提取液对小白鼠肉瘤180及艾氏癌的抑制率分别为36.5%和90%。

图 266-1
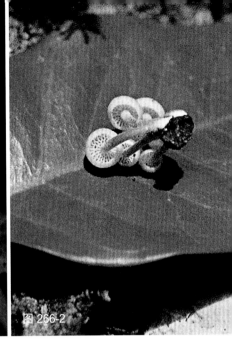
图 266-2

265 皱褶栓孔菌

别　　名 灰硬孔菌、红贝栓菌、皱褶栓菌、樟菌、红贝俄氏孔菌
拉丁学名 *Earliella scabrosa* (Pers.) Gilb. et Ryvarden
曾用学名 *Trametes corrugata* (Pers.) Bres.

形态特征 子实体中等至稍大，无柄，木栓质。菌盖平伏而反卷，其反卷部分呈贝壳状，往往覆瓦状着生，2～6.5cm×3～12cm，厚2～8mm，基部厚达12mm，盖两侧常相连，宽达20cm，表面光滑或有皱纹和同心环带及环纹，暗红褐色、红褐色和褐色相间呈环纹，盖缘色浅呈白色或木材白色的环带，薄、锐或钝，波浪状或瓣状浅裂，下层无子实层。菌肉白色，木栓质，有环纹，厚2～4mm。菌管一层，近白色，长1～3mm，管口蛋壳色，多角形，壁厚，每毫米2～3个。孢子无色，光滑，椭圆形，7～9μm×3～4μm。
生态习性 生于阔叶树枯立木或倒木上。一年生。引起木材腐朽。
分　　布 分布于吉林、浙江、福建、广东、广西、海南、贵州、四川、云南、湖南、西藏等地。
应用情况 药用菌。据记载，用于镇静、活血、止血、疗风、止痒等。

266 簇生小管菌

拉丁学名 *Filoboletus manipularis* (Berk.) Singer

形态特征 子实体小，夜晚发荧光。菌盖直径1～3.5cm，半球形至扁半球形，表面湿润近似透明，幼时暗褐色，后渐褪色至污白色，往往表面可透视到管孔和条棱。菌肉污白，较薄。菌管孔状，长1.5～5mm，直生，较盖色浅或污白色，蜡质，管口多角形，直径0.5～1mm。菌柄生中央，长3～5cm，粗0.2～0.3cm，圆柱形，中空，同盖色或较浅，质脆，表面有细粉末至光滑。孢子印白

图 267-1

图 267-2

图 267-3

色。孢子无色，在 Melzer 试剂中变浅蓝灰色，卵圆或宽椭圆，7.6～8μm×4～5μm。有褶缘囊体。

生态习性　夏秋季于桃树等腐木上成簇生长。

分　布　分布于台湾、西藏、广西、海南、云南等地。主要分布于热带地区。

应用情况　记载可食用。子实体在暗处发白色荧光，可作为研究生物发光的材料。

267　牛舌菌

别　　名　牛排菌、猪舌菌、肝色牛排菌
拉丁学名　*Fistulina hepatica* (Schaeff.) With.
英　文　名　Beefsteak Polypore, Ox-tongue Fungus

形态特征　子实体中等大，肉质，有柄，软而多汁，半圆形、匙形或舌形，暗红色至红褐色。菌盖黏，有辐射状条纹及短柔毛，宽9～10cm。菌肉厚，剖面可见条纹。子实层生菌管内。菌管各自分离，无共同管壁，密集排列在菌盖下面，管口土黄色后变为褐色。担子近棒状，具4小梗，20～25μm×5.5～7μm。孢子无色，光滑，球形，含1油滴，4～5.5μm×3.5～4.5μm。

生态习性　夏秋季生板栗树桩上及其他阔叶树干上。

分　布　分布于台湾、河南、浙江、广东、广西、福建、甘肃、云南、贵州、四川等地。

应用情况　可食用，含水多，味道较一般，已人工栽培成功。且含明胶胨、木糖及阿拉伯糖等。试验有抑肿瘤作用，对小白鼠肉瘤 180 抑制率为 80%～95%，对艾氏癌抑制率为 90%。可治疗肠胃病。

268 浅黄囊孔菌

别　　名　黄囊菌、黄囊孔菌、黄囊孔
拉丁学名　*Flavodon flavus* (Klotzsch) Ryvarden
曾用学名　*Hirschioporus flavus* (Klotzsch) Teng

形态特征　子实体小，革质，平伏而反卷。菌盖1.5～2.5cm×2.5～5cm，厚达2.5mm，米黄色，有绒毛及同心环棱，边缘薄、完整、钝或锐，常左右相连。菌肉深黄色，厚0.5～1mm。菌管长1～1.5mm，柠檬黄色，渐变为浅褐色，或褪至深蛋壳色，管口每毫米约2个，后裂为齿状。孢子光滑，无色，球形至近球形，5.5～6.5μm×3～4.5μm。囊体30～40μm×4～6μm。
生态习性　生于林中倒腐木上。一年生。引起木材腐朽。
分　　布　分布于广东、广西、海南、云南、贵州等地。
应用情况　该菌提取液对小白鼠肉瘤180有抑制作用。

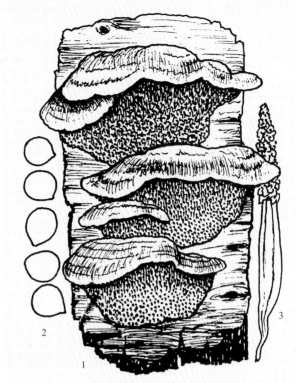

图268　1. 子实体；2. 孢子；3. 囊体

269 木蹄层孔菌

别　　名　木蹄、老木菌、火绒层孔菌、树基子、引火菌
拉丁学名　*Fomes fomentarius* (L.) Fr.
曾用学名　*Pyropolyporus fomentarius* (L.) Teng
英 文 名　Tinder Polypore, Hoof Fungur, Tuckahoe

形态特征　子实体大至巨大，无柄。菌盖8～64cm，厚5～20cm，马蹄形，多呈灰褐、浅褐色至黑色，老后可褪至灰白，有厚的角质皮壳及明显环带和环棱，边缘钝。菌肉锈褐色，软木栓质，厚0.5～5cm。菌管锈褐色，管层很明显，每层厚3～5mm。管口每毫米3～4个，圆形，灰色至浅褐色。孢子无色，光滑，长椭圆

图269-1

图269-2

多孔菌

图 269-3　　　　　　　　　　图 269-4　　　　　　　　　　图 27

形，14～18μm×5～6μm。

生态习性　生多种阔叶树干上或木桩上。多年生。引起木材白色腐朽。在生境阴湿或光少的生境出现棒状畸形子实体。

分　　布　分布于河北、辽宁、吉林、黑龙江、内蒙古、河南、陕西、山西、甘肃、四川、新疆、山东、浙江、湖南、湖北、安徽、云南、贵州、广东、广西、台湾、香港、海南、西藏等地。

应用情况　药用有消积、化瘀作用，其味微苦，性平。具抗氧化、增强免疫力功能。抑肿瘤，试验对小白鼠肉瘤 180 的抑制率达 80%，可用于治疗食道癌、胃癌。另外民间还用于点燃后熏蚊虫。

270　哈蒂嗜蓝孢孔菌

别　　名　哈蒂针层孔菌、哈尔蒂木层孔菌
拉丁学名　*Fomitiporia hartigii* (Allesch. et Schnabl) Fiasson et Niemelä
曾用学名　*Phellinus hartigii* (Allesch. et Schnabl) Pat.

形态特征　子实体较大，木质，坚硬，无柄。菌盖直径 4.5～14.5cm，厚 4～12.5cm，半球形或马蹄形，土黄色后变黄褐色、灰黑褐色至深灰黑色，有明显的同心环棱和轮沟，老时龟裂，盖边缘黄褐色，厚而钝，有滑润感。菌肉锈褐色，厚 1～3.5mm。菌管同菌肉色，多层次且明显，栗褐色，较平整，管口小而密，圆形，壁较厚，每毫米 5～6 个。菌丝黄褐色至褐色，少分枝，粗 2.3～4μm。刚毛无或稀少，褐色。担子棒状，4 小梗。孢子无色，平滑，近球形或广椭圆形，6.5～7.5μm×6～6.5μm。

生态习性　生冷杉等针叶树活立木及倒木上。多年生。属木腐菌，引起木质部形成白色腐朽。

分　　布　分布于黑龙江、吉林、河北、山西、甘肃、青海、新疆、福建、广西、四川、贵州、云南等地。

应用情况　据报道其提取物有抑制肿瘤作用，对小白鼠肉瘤 180 及艾氏癌的抑制率分别为 67.9%～100% 和 90%。

图 272

271 沙棘嗜蓝孢孔菌

拉丁学名 *Fomitiporia hippophaeicola* (H. Jahn) Fiasson et Niemelä

形态特征 菌盖蹄形或半圆形，边缘外伸可达 8cm，宽可达 12cm，基部厚可达 5cm，表面浅黄褐色至暗褐色，具同心环沟，幼时被绒毛，后期变光滑或有龟裂，边缘钝。菌肉浅灰褐色，无环带。菌管层与菌肉同色，干后硬木栓质，分层不明显，长可达 30mm，孔口表面浅灰褐色至暗褐色，孔口圆形至多角形，每毫米 6～8 个，孔口边缘全缘。菌丝系统二体系，无锁状联合，菌丝组织遇 KOH 试剂变黑。担子近球形至桶形，具 4 小梗，11～14μm×8～9μm。担孢子近球形，无色，厚壁，光滑，5.2～8μm×4.8～7.8μm。

生态习性 生长在沙棘属和胡颓子属树木的活立木或倒木上。多年生。

分　　布 分布于青海、陕西、四川、西藏、新疆、云南等地。

应用情况 有药用价值，可研究利用。

272 斑点嗜蓝孢孔菌

别　　名 斑褐孔菌、层卧孔菌
拉丁学名 *Fomitiporia punctata* (P. Karst.) Murrill
曾用学名 *Fuscoporia punctata* (Fr.) G. Cunn.

形态特征 子实体大型，紧贴基物，呈长条形或多种形状，宽可达 20cm 或更多。菌管面多层，每层 2～3mm，间隔狭窄的菌丝层。菌管层逐年缩小形成扁半球形的子实体，其厚度达 15mm。管孔

图 273-1

图 273-2

1

图 274

2

1. 子实体；2. 孢子

呈锈褐色后变淡烟色、棕灰色至浅烟色，边缘变灰黑色，管孔壁厚而完整，孔口圆形，每毫米 6～8 个。孢子球形或近半球形，无色，光滑，直径 5～8μm。

生态习性 生栎、槲等阔叶树的树皮和腐木上。多年生。引起边材白色腐朽。

分　布 分布于河北、吉林、江苏、浙江、海南、广西、陕西、云南等地。

应用情况 可药用治疗冠心病。

273　稀针嗜蓝孢孔菌

别　名 稀针木层孔菌、稀硬木层孔菌、稀针层孔

拉丁学名 *Fomitiporia robusta* (P. Karst.) Fiasson et Niemelä

曾用学名 *Phellinus robustus* (P. Karst.) Bourdot et Galzin

形态特征 子实体中等至较大，宽马蹄形，木质，硬。菌盖直径 5～12cm，半圆形，表面有稀而宽的同心环棱，灰褐色，后期变黑色龟裂，边缘钝而宽，有细绒毛，褐色。菌肉褐色、蜜黄色，有光泽及同心环带。菌管与菌肉同色，多层，管孔面土黄色至深褐色，孔口圆形，每毫米 5～6 个。刚毛稀或无，35～40μm×4～5.5μm。孢子无色，光滑，球形，直径 6～8μm。

生态习性 生柳、杨等树干上。多年生。引起心材白色腐朽。

分　布 分布于辽宁、吉林、黑龙江、河北、四川、云南、宁夏、山西、台湾、浙江、福建、广东、广西、青海、新疆、西藏等地。

应用情况 可药用。报道抑肿瘤，对小白鼠肉瘤 180 及艾氏癌抑制率分别为 60% 和 70%。

图 275

274　栗生灰拟层孔菌

别　　名	栗黑褐拟层孔菌、厚黑层孔菌、栗生黑孔菌、栗生灰黑孔菌
拉丁学名	*Fomitopsis castanea* Imazeki
曾用学名	*Nigroporus castaneus* (Imazeki) Ryvarden; *Fomitopsis nigra* (Berk.) Imazeki

形态特征　子实体大，木质而坚硬。菌盖一般呈马蹄形，直径 10～18cm，厚 4.5～12cm，幼时栗褐色，老时黑褐色至黑色，表皮有坚硬的皮壳，具明显较密的同心环带和环棱，往往纵横交错形成龟裂使表皮显得很粗糙，菌盖边缘钝，波浪状突曲，褐色、灰褐色至暗紫褐色，且有细绒毛，形成 3～8mm 宽的棱带。菌肉木栓质，有环纹，栗褐色至暗紫色，厚 2～4cm。菌管多层或多达 30 余层，各层间有白色菌丝层。菌孔面近似菌肉色，管口圆形，壁厚，每毫米 5～6 个。孢子无色，光滑，近球形，直径 4～5μm。
生态习性　生阔叶树枯立木和伐木桩上，稀生于活立木上。多年生。属木腐菌，被侵害树木形成褐色腐朽。
分　　布　分布于吉林、黑龙江等地。
应用情况　此菌试验抑肿瘤，对小白鼠肉瘤 180 的抑制率为 90%，对艾氏癌的抑制率为 100%。

275　红颊拟层孔菌

别　　名	红颊层孔菌
拉丁学名	*Fomitopsis cytisina* (Berk.) Bondartsev et Singer
曾用学名	*Fomes cytisinus* Berk.

形态特征　子实体中等至较大，木栓质。菌盖直径 3～12cm，厚 5～3.5mm，覆瓦状，扁平，初期近白色，渐变为红褐色，边缘近白色，表面光滑，有不明显环纹或粗糙不平，边缘薄或厚，波浪状

图276

图277-1

至瓣裂，受伤处由白色变深色。菌肉近白色，新鲜时浅肉色，厚4～30mm，有环纹。菌管近似菌肉色，长2～10mm，往往单层，壁薄，管口近白色、淡粉灰色至浅褐色，近圆形至多角形，每毫米4～6个。菌肉及菌管遇KOH时变为黑色。孢子无色，光滑，卵圆形，4～7.5μm×3～5μm。

生态习性　生阔叶树干基部。多年生。属木腐菌，被侵害木质部形成白色腐朽。

分　　布　分布于北京、河北、山东、山西、安徽、江苏、江西、浙江、湖南、广东、广西、海南、陕西等地。

应用情况　有抑制肿瘤作用。其子实体热水提取物对小白鼠肉瘤180抑制率为44.2%。而热水提取液为70.2%。

276　药用拟层孔菌

别　　名	阿里红（新疆）、苦白蹄、药用层孔菌
拉丁学名	*Fomitopsis officinalis* (Vill.) Bondartsev et Singer
曾用学名	*Polyporus officinalis* Vill.; *Fomes officinalis* (Vill.) Bres.
英 文 名	Larch Polypore, Quinine Conk

形态特征　子实体巨型，无柄，木质或木栓质。菌盖直径2～25cm，厚2～18cm，马蹄形至近圆锥形，甚至沿树呈圆柱形，白色至淡黄色，后期呈灰白色，表面有光滑的薄皮后开裂变粗糙，有同心环带，龟裂。菌肉白色、近白色，稍软，老时易碎，味甚苦。菌管同色，多层，管孔表面白色，有时边缘带乳黄色，管口圆形，平均每毫米3～4个。孢子无色，光滑，卵圆形，4.5～6μm×3～4.5μm。

生态习性　生落叶松等针叶树树干上。多年生。可引起心材褐色块状腐朽。

分　　布　分布于河北、山西、云南、四川、吉林、黑龙江、甘肃、内蒙古、新疆、福建等地。

应用情况　为民间使用的药材，新疆称"阿里红"，治疗腹痛、感冒、肺结核患者盗汗和慢性气管炎及毒蛇咬伤（卯晓岚，1998a）。降气、消肿、利尿、通便、治疗胃病、抑肿瘤等（Liu，1984；戴玉成和图力古尔，2007）。报道试验对小白鼠肉瘤180及艾氏癌的抑制率均为80%（应建浙等，1987；卯晓岚，1998a；邬利娅等，2003；郭淑英等，2010）。具抗氧化作用（夏国强，2010）。

图 277-2　图 277-3

277　红缘拟层孔菌

别　　名　松生拟层孔菌、红缘层孔菌、红缘多孔菌、松木菌、红缘菌、松层孔菌、红带菌
拉丁学名　*Fomitopsis pinicola* (Sw.) P. Karst.
曾用学名　*Fomes pinicola* (Sw. : Fr.) Cke.
英 文 名　Red-belted Polypore

形态特征　子实体巨大，马蹄形、半球形、近扁平，甚至有的平伏而反卷，无柄，木质或木栓质。菌盖直径 4～30cm，初期有红色、黄红色胶状皮壳，后期变为灰色至黑色，有宽的棱带，边缘钝常保留橙色到红色，其下侧无子实层。菌肉近白色至木材色，有环纹。管孔面白色至乳白色，管口圆形，每毫米 3～5 个。孢子无色，光滑，卵圆形、椭圆形，5～7.5μm×3～4.5μm。
生态习性　生云杉、落叶松、红松、桦树的倒木、枯立木、伐木桩以及原木上。多年生。引起褐色腐朽。
分　　布　分布于河北、甘肃、黑龙江、新疆、山西、福建、云南、四川、台湾、内蒙古、广东、广西、湖南、吉林、西藏等地。
应用情况　据《中华本草》记载，能祛风除湿，主治风寒湿痹、关节疼痛。抑肿瘤（Liu，1984；戴玉成和图力古尔，2007）。提取物对肝癌细胞 H22 有抑制作用。其子实体水提取物对小白鼠肉瘤 180 抑制率为 51.2%，另报道，该菌子实体提取物对小白鼠肉瘤 180 及艾氏癌抑制率分别为 70% 和 80%。

278　玫瑰拟层孔菌

别　　名　红肉拟层孔菌、红拟层孔菌、粉肉黑蹄
拉丁学名　*Fomitopsis rosea* (Alb. et Schwein.) P. Karst.
曾用学名　*Fomes rosea* (Alb. et Schwein. : Fr.) Cke.

形态特征　子实体中等大，扁半球形至马蹄形，无柄，木栓质。菌盖直径 4～12cm，厚 0.2～5cm，

图 278-1　　　　　　　　　　　　　　　　　　　　　　　　图 278-2

初期粉红色、菱色至赤酱色，后期变黑色，有同心环棱，稍开裂，边缘钝。菌肉浅肉红色。菌管同色，多层，显著，管孔面色稍深，管口圆形，每毫米 4～5 个，潮湿时管面往往有水珠。孢子无色，光滑，长方形，5～8μm×2～3μm。

生态习性　于云杉、落叶松等针叶树的枯木、倒木、伐木桩上单生或群生。多年生。

分　　布　分布于黑龙江、四川、云南、甘肃、青海、西藏、新疆等地。

应用情况　可药用。有抑肿瘤作用，对小白鼠肉瘤 180 及艾氏癌的抑制率分别为 80% 和 60%。

279　拟热带灵芝

拉丁学名　*Ganoderma ahmadii* Steyaert

形态特征　子实体有柄，木栓质到木质。菌盖直径 5～9.5cm，厚 0.3～0.4cm，近圆形或扇形，中央稍下凹或呈漏斗状，紫褐色，微皱，无或微具光泽，边缘白色到浅黄褐色，完整而其下不育。菌肉褐色。菌管面淡白色，管口每毫米 5～6 个。菌柄长 4～10.5cm，粗 1～1.5cm，柱形或略扁，具光泽。孢子内壁浅褐色，有小刺，双层壁，椭圆或卵形，7.5～10μm×5～6.5μm。

生态习性　生台湾相思树根部。一年生。

分　　布　分布于海南、云南等地。

应用情况　可药用，代替普通灵芝。

图279　　　　　　　　　　　　　　　　图280

280　鹿角灵芝

拉丁学名　*Ganoderma amboinense* (Lam.) Pat.

形态特征　子实体小。菌盖长 1.5～2.5cm，宽 1～2cm，厚 0.7～0.8cm，半圆形或近匙形，红褐色，老后紫褐色，边缘淡褐色且下面不孕，表面光亮。菌肉木材色。菌管面木材色或带褐色，菌管长约 0.5cm，管口近圆形，每毫米 4～5 个。菌柄长 9～25cm，粗 0.7～1cm，似念珠状，长分枝呈鹿角状，黑褐或深褐色、侧生、光滑、略扁。孢子浅褐色，双层壁，内壁有小刺，卵圆形，8.7～10.4μm×5.2～6.9μm。

生态习性　生阔叶树腐木桩旁或地上。一年生。

分　布　分布于海南、广西、云南、贵州等地。

应用情况　民间药用。

281　树舌灵芝

别　名　扁平灵芝、老木菌、猴板橙、树舌扁灵芝、老母菌、枫树菌、皂夹菌、树舌、扁芝、扁蕈、扁木灵芝、枫树芝、柏树菌、梨菌、皂荚菌、平盖灵芝、药用点火菌

拉丁学名　*Ganoderma applanatum* (Pers.) Pat.

曾用学名　*Elfvingia applanata* (Pers.) P. Karst.

英 文 名　Artist's Fungus, Artist's Conk, Desi-gner's Mushroom

形态特征　子实体大或巨大，无柄或几乎无柄。菌盖直径 5～50cm，厚 1～12cm，半圆形、扁半球形或

图 281-1

图 281-2

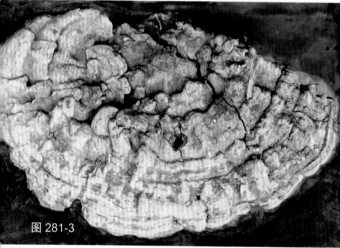

图 281-3

扁平，基部常下延，表面灰色，渐变褐色至污白褐色。有同心环纹棱，有时有瘤，皮壳胶角质，边缘较薄。菌肉浅栗色，有时近皮壳处白色后变暗褐色。孔口圆形，每毫米 4～5 个。孢子双层壁，外壁无色，内壁褐色、黄褐色，有刺，卵圆形，一端近平截，7.5～10μm×4.5～6.5μm。

生态习性 生多种阔叶树、枯立木、倒木和伐桩上。多年生，长可达 20 余年或更长。属重要的木腐菌，导致木质部形成白色腐朽。

分　　布 北到大、小兴安岭，西至天山，东到台湾，南至海南、香港。

应用情况 树舌灵芝可药用。性味：苦、平。入肝、脾、胃、肺。功效：强心、抗凝、抗结核、消炎抗菌、清热化痰、化积、止血止痛、滋补强身、抑肿瘤、抗病毒、抗氧化、降血糖、增强免疫等。在中国和日本民间作为抗癌药物，中国传统保健品。可以治疗风湿性肺结核、急慢性肝炎、早期肝硬化、糖尿病、急慢性胃炎、胃溃疡、结核、食管癌、神经病、肺癌、肝癌、鼻咽癌、胰腺癌。试验对小白鼠肉瘤 180 的抑制率为 64.9%。还具有抑制水痘、抗带状疱疹病毒的活性等。现开发有治疗慢性活动性肝炎的树舌灵芝片。产生草酸和纤维素酶，可应用于轻工、食品工业等。

282　黑灵芝

别　　名	黑芝
拉丁学名	***Ganoderma atrum*** J. D. Zhao, L. W. Hsu et X. Q. Zhang
英 文 名	Black Ling Zhi

形态特征 子实体较小，木栓质。菌盖直径 2～6.5cm，厚 0.8～2cm，半圆形或近蹄形，扁平，表面黑色或暗红黑色，无光泽或稍有漆样光泽，具同心环沟或不明显，或有轻微纵皱纹，边缘往往稍厚。菌肉厚 0.2～1cm，上层深木材色或淡褐色，下层褐色。菌管淡褐色至竭色，管口近圆形，管壁暗褐色，每毫米 5～6 个。菌柄长 10～23cm，粗 0.4～0.7cm，圆柱形，同盖色，细长，背生或背侧生，弯曲或念珠状。孢子双层壁，外壁无色，透

图 282

明，内壁有小刺或小刺不清楚，淡褐色，卵圆形，顶端钝圆，8～11μm×5.3～7.5μm。

生态习性　常生阔叶树木桩上。一年生。

分　　布　分布于广西、贵州、江西、海南等地。

应用情况　可研究药用、抗氧化、抑制细菌、抑肿瘤及其癌转移等。

283　南方灵芝

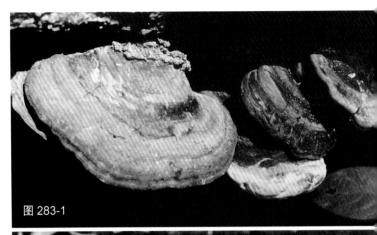

图 283-1

别　　名　老木菌、树鸡子、南方树灵芝

拉丁学名　*Ganoderma australe* (Fr.) Pat.

曾用学名　*Ganoderma adspersum* (Schulzer) Donk

英 文 名　Southern Tree Tongue

形态特征　子实体中等至大型，无柄。菌盖直径 6.5～13cm，厚 2～7cm，半圆形，表面黑褐色或灰褐色，无漆光泽，有环棱和环带或有龟裂，边缘钝。菌肉均棕色或肉桂色，厚 1.5～3cm，有黑色壳质层。菌管褐色至深褐色，管口近圆形，每毫米 4～5 个。孢子双层壁，卵圆形、宽椭圆形，一端平截，外壁无色，内壁有刺，淡褐色至褐色，10.4～14μm×7～8.7μm。

生态习性　生树干或木桩上，有时生立木上。一年或二年生。导致木材白色腐朽。

分　　布　分布于浙江、江苏、陕西、江西、湖北、海南、广东、广西、云南、四川、贵州、福建、西藏等热带、亚热带地区。

应用情况　可研究药用。海南市场作为树舌销售。可抑细菌、抑肿瘤、治疗慢性肝病。

图 283-2

284　狭长孢灵芝

拉丁学名　*Ganoderma boninense* Pat.

英 文 名　Narrow sporpus Ling Zhi

形态特征　子实体中等大，无柄或有短粗柄，木栓质或木质。菌盖直径 5～10cm，厚约 1.2cm，近圆形，暗紫色，有细密而清晰的同心

图 284

多孔菌

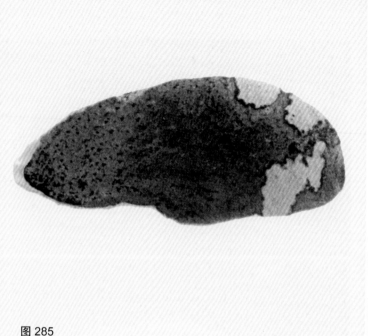

图 285

图 286-1

环纹和纵皱纹，表面似漆样光泽，边缘钝。菌肉近皮壳处褐色，接近菌管处深褐，厚 0.3cm。菌管褐色，长 0.8cm，管口褐色，管壁较厚，每毫米 5 个。偶有菌柄于背部近于中央处生。菌丝无色至褐色，有分枝，直径 1.5～6.9μm，壁厚，粗菌丝有的具横隔，无锁状联合。孢子壁双层，外壁无色，平滑，内壁有不明显的小刺，淡黄褐色，狭长卵圆或椭圆形或顶端平截，9.2～12.5μm×5～7μm，含 1 油滴。

生态习性　生于腐木上。一年生。引起木材白色腐朽。

分　布　分布于广东、海南等地。

应用情况　抑制肿瘤，据试验对小白鼠肉瘤 180 及艾氏癌的抑制率均为 100%。

285　布朗灵芝

别　　名　褐树舌、老木菌

拉丁学名　*Ganoderma brownii* (Murrill) Gilb.

曾用学名　*Elfvingia brownii* Murrill

形态特征　子实体一般中等大，无柄，木栓质。菌盖半圆形或不规则形，4～7cm×6～13cm，厚 1.5～4cm，表面褐色至黑褐色，光滑，同心环纹明显或不明显，无似漆样光泽，边缘薄或厚，完整，边缘不孕。菌肉淡褐色到褐色，有同心环纹，无黑色壳质层，厚 1～2cm。菌管褐色，长 1～1.5cm，孔面新鲜时污白色或淡褐色，后为褐色至暗褐色，管口近圆形，每毫米 4～5 个。无柄，基部形成柄基与基物连接。孢子卵圆形、椭圆形或顶端平截，双层壁，外壁透明，平滑，内壁淡褐色，有小刺或小刺不清楚，7～11μm×6～7μm。

图 286-2

图 286-3

生态习性 生于阔叶林腐木上。一年生。引起木材腐朽。

分　布 分布于江苏、湖南、江西、贵州、云南、西藏、福建、广东、广西、海南等地。

应用情况 可药用，治疗胃病和慢性肝炎。海南地区中药市场上作为灵芝出售。

286　喜热灵芝

拉丁学名 *Ganoderma calidophilum* J. D. Zhao, L. W. Hsu et X. Q. Zhang

英　文　名 Thermophilous Ling Zhi

形态特征 子实体小，木栓质。菌盖直径 1.3～5.5cm，厚 0.4～1.5cm，近圆形、半圆形或肾形，有时呈不规则形，红褐色、暗红褐色、紫褐色或黑褐色，有时带橙色，表面有漆样光泽，具同心环沟和环纹及辐射状皱纹，边缘钝或呈截形。菌肉双层，上层木材色至淡褐色，近菌管处呈淡褐色至暗褐色，厚 0.1～0.3cm。菌管长 0.3～0.5cm，褐色，管口白色，近圆形，每毫米 4～6 个。菌柄长 5～12cm，粗 0.4～0.9cm，背侧生或背生，通常紫褐色或紫黑色，光亮，常粗细不等或弯曲。孢子双层壁，外壁无色，平滑，内壁有小刺，卵圆形，少数顶端平截，淡褐色至褐色，10～12μm×6.5～9μm。

生态习性 生阔叶树腐木上。一年生。引起树木质腐朽。

分　布 分布于广东、广西、云南、江苏、福建、江西、湖南、海南等地。

应用情况 可药用。含抑制乙酰胆碱酶的三萜类活性物质，有神经保护作用。抑肿瘤。市场上充当灵芝出售，治疗胃病及慢性肝炎。

图 287-1

图 287-2

287 背柄紫灵芝

拉丁学名 *Ganoderma cochlear* (Blume et T. Nees) Bres.

形态特征 子实体一般中等大，木栓质至木质。菌盖直径 4～7cm×6～8cm，厚 1.5～1.8cm，表面紫黑色至黑色，有漆样光泽，有环纹及辐射状皱纹或条纹，边缘钝或截形。菌肉深咖啡色，厚达 1cm。菌管长 3～5mm，与菌肉色相似，管口近白色或黄色，圆形或者近圆形，壁厚，每毫米 4～5 个。菌柄背着生，有的壁粗，长 3～5cm，粗 1～1.4cm，有光泽，基部有时膨大。菌丝淡褐色至褐色，菌丝常无色并分枝。孢子淡褐色至褐色，双层壁，外壁无色，平滑，内壁有小刺，卵圆形，顶端平截，10～14μm×5～8.7μm。

生态习性 于阔叶林中倒木上群生。一年生或两年生。属木材的腐朽菌，引起白色腐朽。

分　布 分布于云南、福建、广东、香港等地。

应用情况 可研究药用。

288 弱光泽灵芝

别　　名 弱光灵芝
拉丁学名 *Ganoderma curtisii* (Berk.) Murrill
曾用学名 *Fomes curtisii* (Berk.) Cooke

形态特征 子实体中等至较大。菌盖直径 3.5～11cm，厚 0.5～1.5cm，肾形、半圆形或近扁平，表面黄褐色或污紫褐色，有不明显环纹，纵纹显著，表面光泽弱，平滑，边缘钝或稍呈截形，下边有较宽的不育带。菌肉木材色，厚 0.2～0.5cm，较坚硬。菌管长 0.7～1cm，浅褐色，孔面污白黄色或淡褐色，管口每毫米 4～5 个。菌柄长 4～7cm，粗 0.4～1.3cm，紫红或紫褐色，侧生弯曲，有弱光泽。孢子内壁有小刺，卵圆形或顶端平截，8.7～11.3μm×5.2～7μm。

生态习性 生阔叶树木桩上。一年生。属木腐菌。

分　布 分布于河北、福建、海南、四川、贵

图 288

州、云南、江西、湖南等地。

应用情况　可研究药用。含灵芝酸和灵芝酸C2。民间充当普通灵芝药用治胃病等。

289　密环树舌灵芝

拉丁学名　*Ganoderma densizonatum* J. D. Zhao et X. Q. Zhang

形态特征　子实体较大。菌盖13～16cm×21～27cm，厚度1～1.5cm，基部达5cm，半圆形或扇形，表面红褐色、褐色至黑褐色，有光泽具同心环棱，或有瘤状物及纵皱纹，边缘平而钝。菌肉两层，上层木材色，下层褐色，厚0.4～0.5cm。菌管长约1cm，孔面褐色，每毫米4～5个管口。孢子内壁褐色，有小刺，卵形或平截，7.5～9μm×4.5～6μm。

生态习性　生阔叶树倒木或枯腐木上。

分　布　分布于广西、宁夏等地。

应用情况　民间药用。

图 289

290　吊罗山树舌灵芝

拉丁学名　*Ganoderma diaoluoshanese* J. D. Zhao et X. Q. Zhang

形态特征　子实体中等至较大，无柄。菌盖4.5～8cm×7.5～14cm，厚0.5～2cm，基部厚达4.5cm，半圆形或肾形，表面有同心环纹和环沟，略有光泽，具明显的黑褐色到褐色环带，靠边缘约有1cm宽的黄褐色环带，边缘完整、钝而其下不孕带约1mm。菌肉深褐色，火绒状，厚0.3～0.4cm，无黑色壳质层。菌管淡褐色到灰白色，多层，孔面污黄白色，管口略圆形，每毫米4～6个。孢子双层壁，内壁无小刺或不清楚的小刺，宽椭圆形或卵圆形，6～10.5μm×4.5～7.5μm。

生态习性　生树木桩上。多年生。

分　布　首次发现于海南吊罗山，故命名为吊罗山树舌灵芝。

应用情况　有作为树舌灵芝药用。

图 290-1

图 290-2

多孔菌

图 291

图 292-1

291 硬孔灵芝

拉丁学名 *Ganoderma duropora* Lloyd

形态特征 子实体大。菌盖直径 17～18.5cm，近圆形，中央下凹似漏斗状，表面紫黑色或深黑色，似漆样光亮，有环棱和放射状纵皱纹和皱褶，或凹凸不平，边缘波状。菌肉深褐色，厚达 1.5cm。菌管深褐色，孔面紫褐色，管口近圆形，每毫米 5～6 个。菌柄长 10～17cm，粗 1.5～2cm，柱形，同盖色，表面光亮。孢子双层壁，有小刺，卵圆形，10.5～13μm×6.5～8μm。

生态习性 生枫树朽根上。

分　　布 分布于浙江、广东、贵州等地。

应用情况 可研究药用。

292 弯柄灵芝

拉丁学名 *Ganoderma flexipes* Pat.

形态特征 子实体小。菌盖小，菌盖直径 0.5～1.6cm，厚 0.5～1.3cm，匙形或近似马蹄形，表面红褐色，具显著的同心环纹，有漆样光泽。菌肉深木材色到淡褐色，厚 0.1～0.2cm。菌管褐色，孔面污白色带褐色，管口近圆形，每毫米 4～5 个。菌柄长 3～11.5cm，粗 0.2～0.5cm，细长且弯曲，紫褐色或者紫黑色，有光泽，侧生或背生。孢子双层壁，小刺不明显，顶平截，卵形或者宽卵形，7.5～10.5μm×6.5～7.5μm。

生态习性 生林中腐木上。一年生。

分　　布 分布于云南、海南等热带、亚热带林区。

应用情况 民间药用。

图 292-2

293 台湾灵芝

拉丁学名 *Ganoderma formosanum* T. T. Chang et T. Chen

形态特征 子实体中等至较大，木栓质。菌盖半圆形、近肾形或近圆形，直径5～12.5cm，厚0.8～1.8cm，黑褐带紫色或呈黑色，表面平滑具漆样光泽，有同心环纹和环沟，近中部下凹，边缘近波状或钝。菌肉上层白色，下层紫褐至黑褐色。菌管面深褐到黑褐色，菌管深褐色，长0.3～1.5cm，管口近圆形，每毫米4～6个。菌柄偏生或侧生或近中生，圆柱形，粗细不均或呈念珠状，有漆样光泽，同盖色，长10～15.6cm，最长可达30cm，粗0.8～2.7cm。孢子卵圆或瓜子形，顶端多不呈平截状，壁双层，外壁无色透明，内壁淡褐色，具小刺，8.5～12μm×6～8μm。

生态习性 夏秋季在阔叶林中地下腐木及朽根上生出，单生或散生。一年生。

分　布 分布于台湾、福建、广西、贵州等地。

应用情况 此种首次发现于台湾省，其形态特征与紫灵芝*Ganoderma sinense*形色相似，往往不易区别。产区作为紫芝应用。

图 293-1

294 拱状灵芝

拉丁学名 *Ganoderma fonicatum* (Fr.) Pat.
曾用学名 *Fomes fornicatus* (Fr.) Sacc.
英 文 名 Fornicate Ling Zhi

形态特征 子实体中等大。菌盖直径2～8cm，略圆形或近肾形，表面紫褐色至深褐色或紫黑色至黑色，有光泽，有明显环带，边缘平整而钝。菌肉褐色。菌管褐色，长0.3～0.5cm，管孔近圆形，每毫米4～6个。菌柄长3～4cm，粗0.7～1.5cm，同盖色，有光泽，背着生。孢子内壁有小刺，卵圆或近椭圆形，8.7～10.4μm×5.2～7μm。

生态习性 生腐木桩上。引起树木腐朽。

分　布 分布于海南、广东、台湾、四川等地。

应用情况 可研究药用。含多糖等抑肿瘤物质，对小白鼠肉瘤180抑制率为76%。

图 293-2

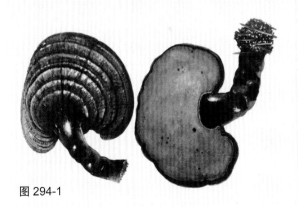

图 294-1

图 294-2

图 295-1

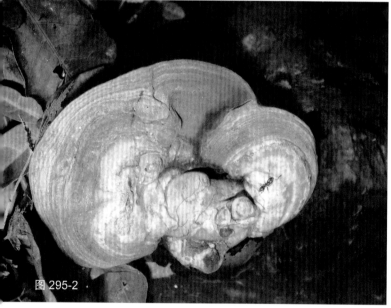

图 295-2

295　黄褐灵芝

别　　名　褐肉树芝、黄绿灵芝
拉丁学名　*Ganoderma fulvellum* Bres.
英 文 名　Yellowish-brown Ling Zhi

形态特征　子实体无柄，木栓质到木质。菌盖半圆形、扇形或贝壳形，7～9cm×5.5～8cm，最小的菌盖仅2cm×1.5cm，新菌盖可从老菌盖上生出，形成覆瓦状或连接在一起，表面红褐色到黑褐色，有似漆样光泽，有不明显同心环纹，边缘薄或钝，呈淡黄褐色到黄褐色。菌肉棕褐色、褐色至深褐色，厚0.3～1.5cm。菌管单层，有时多层，褐色至深褐色，长达1cm，孔面幼时米黄色，老后深褐色到茶褐色，管口近圆形，每毫米4～5个。无菌柄或有柄基。孢子卵形或近椭圆形，顶端圆钝或稍平截，双层壁，外壁透明，平滑，内壁淡褐色，小刺不明显或无小刺，8.7～10.4μm×5.2～6.9μm。
生态习性　夏秋或全年生于阔叶树腐木上。一年生或多年生。
分　　布　分布于浙江、福建、海南、云南等地。
应用情况　可药用代替灵芝。

图 296-1

296　有柄灵芝

别　　名　有柄树舌灵芝、有柄树舌

拉丁学名　*Ganoderma gibbosum* (Blume et T. Nees) Pat.

曾用学名　*Fomes gibbosus* (Blume et T. Nees) Sacc.

英 文 名　Stalked Artist's Conk

图 296-2

形态特征　子实体一般中等大，有明显的菌柄，木栓质至木质。菌盖直径 4～10cm，厚达 2cm，半圆形或近扇形，表面锈褐至土黄色，有圆心环带及环沟，皮壳明显后期龟裂，无漆样光泽，边缘钝而完整。菌肉褐色或深棕褐色，厚 0.5～1cm。菌管深褐色，长 0.5～1cm，孔面污白或褐色，管口近圆形，每毫米 4～5 个。菌柄短粗，侧生或背侧生，长 4～8cm，粗 1～3.5cm，同盖色。孢子壁双层，外壁无色透明，内壁有小刺，淡褐色，顶平截，卵圆或椭圆形，6.9～8.9μm×5～5.2μm。

生态习性　生阔叶树腐木桩上。一年生或多年生。属木腐菌。

分　　布　分布于江苏、浙江、海南、广西、广东、河北、陕西、湖北、贵州等地。

应用情况　可药用，民间药用治胃病等，其功效同树舌灵芝，或代替树舌灵芝。

多孔菌

图 298

297　桂南灵芝

拉丁学名　*Ganoderma guinancnse* J. D. Zhao et X. Q. Zhang

形态特征　子实体中等至大型。菌盖直径 5～15cm，厚 0.3～1cm，紫红褐、紫黑褐至紫黑色，呈漏斗状，有同心环纹，具光泽。菌管面初白，变红。菌柄长 15～20cm。

生态习性　生于阔叶树腐木上。

分　布　分布于广西、贵州等地。

应用情况　似四川灵芝，可药用。已人工培养生产。

298　海南灵芝

拉丁学名　*Ganoderma hainanense* J. D. Zhao, L. W. Hsu et X. Q. Zhang

英 文 名　Hainan Ling Zhi, Hinan Ganoderma

形态特征　子实体较小，木栓质。菌盖直径 1.5～5.5cm，厚 1～2.2cm，半圆形、近圆形或近肾形，扁平或近马蹄形，幼时橙红色、红褐色至暗红褐色、紫红色、紫褐至黑褐色，表面有漆样光泽，具明显的同心环纹及沟棱，纵条纹不明显，边缘钝或厚呈截状。菌肉分层不明显，上层木材色、黄褐色或淡褐色，接近菌管处呈褐色，厚 0.1～0.2cm。菌管褐色，长 0.3～2cm，分层不明显，管口污白色、浅褐色至褐色，近圆形或圆形，每毫米 4～6 个。菌柄细长，长 4～15cm，粗 0.3～1cm，圆柱形，光亮，粗细不均呈念珠状，同盖色或较深，背着生或背侧生。孢子淡褐色，双层壁，外壁无色透明，平滑，内壁褐色至淡褐色，有小刺，一端平截，卵圆形，8.7～10.4μm×5.2～6.9μm。

生态习性　于阔叶树干或树桩附近或土中腐木上单生或群生。一年生或多年生。可引起木材形成白色腐朽。

分　布　分布于海南、云南、浙江、福建、广西、广东等地。

应用情况　可研究药用。含三萜成分，有保护神经作用。在海南作为四川灵芝 *Ganoderma sichuanense* 见于市场以药用销售，民间治疗胃病和慢性肝炎等。

图 299

299 胶纹灵芝

拉丁学名 *Ganoderma koningshergii* (Lloyd) Teng

形态特征 子实体中等至较大。菌盖直径5~13cm，厚0.5~2cm，基部厚达4.5cm，半圆形或肾形，锈褐色或污锈褐色，常常被有锈色孢子，无漆样光泽，具密的同心棱环带，边缘褐色、红褐色或黄白色，完整而钝。菌肉浅土黄色、褐色至肉桂色，厚0.5~1cm。菌管褐色，有白色填充物，长1~1.2cm，孔面褐色或锈褐色、新鲜黄白色，管口近圆形，每毫米4~5个。无柄或基部柄状。孢子双层壁，内层浅褐色到褐色，有明显小刺，卵圆形，8.7~10.4μm×6.9~8.7μm。

生态习性 生腐木上。

分　　布 分布于湖北、海南、云南等地。

应用情况 可研究药用。

300 昆明灵芝

拉丁学名 *Ganoderma kunmingense* J. D. Zhao

形态特征 子实体较小。菌盖2~4cm×2.8~7cm，厚1~3mm，近匙形或半圆形，稀近扇形，新鲜时淡红褐色，老后褐色至黑褐色，有光泽，无同心环沟，有纵皱沟纹，边缘色浅，薄而锐。菌肉木材色，厚1~2.5cm。菌管长0.5~1mm，管孔面污白色、淡黄褐色，管口近圆形，每毫米约4个。菌柄侧生，变曲，长可达18cm，粗1~1.5cm，靠盖处扁平达2cm。孢子内壁淡褐色，有小刺或小刺不明显，宽椭圆形或近球形，7.5~10.5μm×6~9μm。

生态习性 生腐木上。

分　　布 分布于云南等地。

应用情况 可研究药用。

图 300-1

图 300-2

图 300-3

多孔菌

图 301-1　　　　　　　　　　　图 301-2

301　层叠灵芝

别　　名　层迭树舌、裂迭树舌、重生灵芝、迭层灵芝
拉丁学名　*Ganoderma lobatum* (Schwein.) G. F. Atk.
曾用学名　*Fomes lobatus* (Schwein.) G. F. Atk.; *Elfvingia lobata* (Schwein.) Murrill
英 文 名　Stratified Tree Tongue

形态特征　子实体中等至大型，无菌柄，木栓质至木质。菌盖直径 7～25cm，宽达 4～15cm，近圆形、半圆形，稍扁平，灰色到浅褐色，新鲜时呈锈褐色，表面近平滑，无光泽，有明显环带，后期呈现裂纹，边缘钝。菌肉褐色，稍厚。菌管单层，长 1～2cm，深褐色，每毫米 4～5 个管口，管面污白至近灰色。孢子卵圆形，顶端平截，外壁无色，内壁褐色有小齿，7～9.5μm×4.3～6μm。
生态习性　于阔叶树腐木桩上叠生。一般新菌盖生老菌盖之下。导致木腐。
分　　布　分布于海南、浙江、云南、河北、广东、香港、福建、台湾、湖南、四川、贵州、广西、西藏等地。
应用情况　可药用，具有抑制肿瘤的活性。

302　灵芝

别　　名　松杉灵芝、红芝、赤芝、漆光灵芝、仙草、神芝、三秀、芝草、灵芝草、丹芝、瑞芝、瑞草、朱芝、木灵芝、菌灵芝、万年蕈、欧洲灵芝、亮盖灵芝
拉丁学名　*Ganoderma lucidum* (Curtis) P. Karst.
英 文 名　Ling Chih, Ling Qi, Sacred Mushroom, Varnished Conk

形态特征　子实体中等至较大或更大，木栓质。菌盖直径 5～15cm，厚 0.8～1cm，半圆形、肾形或近圆形，红褐色并有漆样光泽，具有环状棱纹和辐射状皱纹，边缘薄往往内卷。菌肉白色至淡褐色。管孔面初期白色，后期变浅褐色、褐色，平均每毫米 3～5 个管口。菌柄长 3～15cm，粗 1～3cm，侧生或偶偏生，紫褐色，有光泽。孢子褐色，卵圆形，9～12μm×4.5～7.5μm。

02-1

图 302-2

图 302-3

02-4

图 302-5

302-6

图 302-7

图 302-8

图 302-9

图 302-10

图 302-11

生态习性 生阔叶树伐木桩旁。一般一年生。引起木材白色腐朽。

分　　布 目前除宁夏、新疆、青海外，其他地区均有野生灵芝分布。

应用情况 在历代药典中均有灵芝的记载，自古作为"扶正固本，久食长生"传统保健药物。目前已大规模生产加工多种保健或药用产品。此种以黄河流域分布广泛，以灵芝为代表，药用历史悠久，并形成具有特色的中国灵芝文化。灵芝作为拥有数千年药用历史的中国传统珍贵药材，具备很高的药用价值，经过科研机构数十年的现代药理学研究证实，灵芝对于调节血糖、辅助肿瘤放化疗、保肝护肝、促进睡眠等具有显著疗效。亦可健脑、抑肿瘤、降血压、抗血栓、增强免疫等。

303　黄边灵芝

拉丁学名 *Ganoderma luteomarginatum* J. D. Zhao,
L. W. Hsu et X. Q. Zhang
英 文 名 Yellow Margin Ling Zhi, Yellow Crustaceous Slime

形态特征 子实体小，木栓质至木质。菌盖直径 3～5.5cm，厚 0.5cm，半圆形、近扇形或略圆形，有时呈匙状，表面黑褐色或暗褐色，有漆样光泽和纵皱纹，具同心环纹且不显著，边缘薄，浅黄至黄褐色，其下不孕。菌肉褐色或深褐色，厚 0.1～0.4cm。菌管淡褐色、灰褐色或褐色，长 0.1～0.4cm，孔面污白色至污褐色或褐色，管口近圆形，每毫米 4～6 个。菌柄细长，长 6～20cm，粗 0.5～1.5cm，

图 303-1

图 303-2

侧生或背侧生，不等粗，向下渐粗，同盖色或黑色，有光泽。孢子双层壁，外壁无色透明，内壁淡褐色有小刺，顶端多平截，卵圆形，8.7～11μm×5.2～7.5μm。

生态习性 生林中阔叶树桩上。一年生。

分　　布 分布于海南、福建、贵州等热带地区。

应用情况 可药用。含三萜类有效物质，可治疗胃病和慢性肝炎（吴兴亮等，2013）。海南见于市场出售，视为喜热灵芝。

图 303-3

304　小孢子灵芝

拉丁学名 *Ganoderma microsporum* Hseu

形态特征 子实体中等至较大，无柄。菌盖直径5～18cm，肾形至贝壳状，表面为古铜色至紫黑色，有漆样光泽，具同心环纹及放射状纵条纹，边缘薄呈黏土色。菌肉淡肉桂黄色。菌管呈栗褐色，管口初为奶油色，后为黄褐色。孢子顶端凸起，呈卵圆形，6～8.5μm×4.5～5μm。

生态习性 寄主为柳树。

分　　布 此种首次由台湾大学许瑞祥发现。

应用情况 可研究药用。

图 304

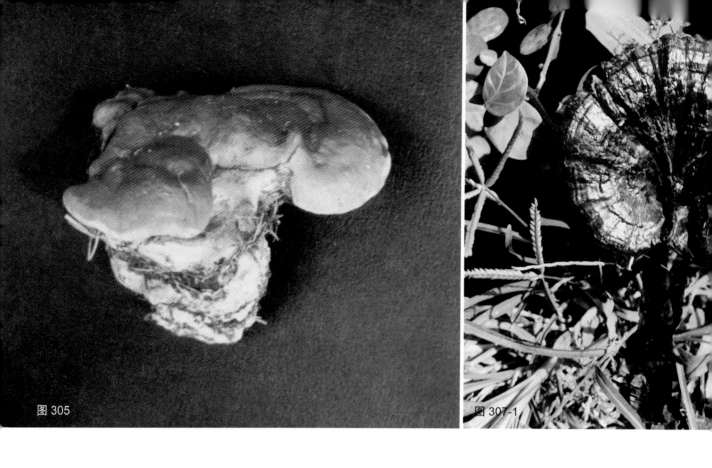

图 305   图 307-1

305   蒙古灵芝

拉丁学名   *Ganoderma monglicum* Pilát

形态特征   子实体小或中等。菌盖直径 5～10cm，圆形或肾形，壳状，不发光，污赭色、褐色或暗色，无环纹或有不明显的环纹，边缘同色，表面有皱纹或小疣，缢缩状，紫黑色。菌肉厚1～2cm，木色、土铜色或污褐色，软木质，易破碎，干时常网状开裂。孔口同色，直径0.15～0.3mm，圆形或近有棱角。菌柄侧生，长5～8cm，粗2～3cm，壳状或油漆状，紫黑色。菌丝粗1～6µm，壁厚。孢子褐色，倒卵形，基部平截或圆锥状，无色，有小刺，9～12µm×6.5～8µm。
生态习性   生于枯木桩上。属木腐菌。
分   布   分布于内蒙古呼伦贝尔北部林区、河北等地。
应用情况   可能药用。此种是 Pilát 于 1940 年发表的新种。作者于 1986 年在内蒙古呼伦贝尔额右旗考察时又发现一株新鲜的标本，其形态特征同原文记述，但盖面环纹较明显和较光亮。

306   覆盖灵芝

拉丁学名   *Ganoderma multipileum* Ding Hou

形态特征   子实体具侧生柄，连生，干后木栓质。菌盖扇形至半圆形，单个菌盖外伸可达4.5cm，宽可达7cm，基部厚可达8mm，菌盖表面干后红棕色至棕黄色，具似漆样光泽，具明显的环纹，边缘棕

图 307-2

图 307-3

黄色，圆钝。菌肉软木栓质，深棕色，厚约 4.5mm。菌管深褐色，单层，硬木栓质，长约 3.5mm，孔口表面奶油色至浅黄色，孔口圆形至不规则形，每毫米 5～7 个；管口边缘厚，全缘。菌丝结构菌丝系统三体系，生殖菌丝具锁状联合，菌丝组织在 KOH 试剂中变黑。菌肉生殖菌丝少见，无色，薄壁至稍厚壁，直径为 2～4μm；骨架菌丝占多数，金黄色，稍厚壁至厚壁，偶尔分枝，直径为 3～5μm；缠绕菌丝交织排列，直径为 2～2.5μm；皮壳组成菌丝棍棒状，顶端膨大，明显厚壁。菌管中生殖菌丝占少数，无色，薄壁至稍厚壁，不分枝，直径为 1.8～3.5μm；骨架菌丝占多数，金黄色，稍厚壁至厚壁，偶尔分枝，近似平行于菌管排列，直径为 2.2～4μm；缠绕菌丝交织排列，直径为 1.8～2.5μm。子实层中无囊状体和拟囊状体。担子近球形至圆桶状，具 4 个担孢子梗，基部具一锁状联合，大小为 12.2～14.8μm×10～11.5μm。孢子担宽椭圆形，顶端通常平截，褐色，双层壁，外壁无色，光滑，内壁具小刺，大小为 8～10.4μm×5～7μm。

生态习性　于春季和夏季生长在多种阔叶树的倒木和树桩上。一年生。

分　　布　分布于广东、海南、台湾等地。

应用情况　具有抑肿瘤等功效。

307　新日本灵芝

别　　名　新颖灵芝、日本灵芝、黑紫灵芝

拉丁学名　*Ganoderma neo-japonicum* Imazeki

英 文 名　Japan Ling Zhi

形态特征　子实体中等大。菌盖直径 4～11cm，扁平，厚 1cm 左右，半圆形或近肾形，表面红褐

多孔菌

图 308-1

图 308-2

图 309

色、紫褐色、黑紫色，最后近黑色，幼嫩时边缘白色，具漆样光泽，有同心环沟和放射状条纹和皱纹。后期菌管面淡黄褐至黄褐色，管口近圆形，每毫米 4～6 个。菌柄细长，直立，侧生稀中生，长 6～18cm，粗 0.5～1.5cm，柱形或近似念珠状，同菌盖色，光亮。孢子卵圆至近椭圆形，顶端钝或平截，壁双层，外壁无色透明，内壁淡黄褐色，具小刺，$8～11\mu m \times 6～8\mu m$。

生态习性　生针阔叶混交林中腐木桩旁及附近，单生或群生。

分　布　分布于海南、广东、广西、云南、福建、香港、山东、贵州等地。

应用情况　此种与紫灵芝非常相似，在民间作为紫芝药用。但一般子实体单条，更为精巧雅致。可开发应用。

308　棕褐灵芝

拉丁学名　*Ganoderma nitidum* Murrill

形态特征　子实体中等大。菌盖直径 6～9cm，半圆或近扇形，棕褐色或暗褐色，表面有弱光泽，具环纹及环带，边缘较钝。菌肉似木材色。菌管面污黄或褐色，菌管每毫米 1 个，管口近圆形，侧生或有柄状基部。孢子双层壁，内壁有小刺，卵圆形，$7～11\mu m \times 5～8\mu m$。

生态习性　生阔叶林腐木上。属木腐菌。

分　布　分布于福建等地。

应用情况　可研究药用。

309　黄孔灵芝

拉丁学名　*Ganoderma oroflavum* (Lloyd) Teng

形态特征　子实体较大，无菌柄，木栓质到木质。菌盖 5～24cm×3～9cm，厚 1.3～

图 310-2

3cm，半圆形至扇形、扁平或近马蹄形，锈褐色或褐色，表面凹凸不平，有同心环带，光滑但无漆样光泽，有薄而坚硬的皮壳，往往外层呈龟裂，流出胶状物质，边缘较薄。菌肉锈褐色至深咖啡色，厚 0.5～lcm，近着生处达 3cm，边缘较薄。菌管表面淡黄白色至芥黄色，伤后变褐色，管口圆形，每毫米 3～5 个，菌管壁较厚，长达 5～15mm，分层不明显。孢子双层壁，外壁无色，平滑，内层壁褐色，有小刺，顶端平截，宽椭圆形至卵圆形，10～14μm×7～8.7μm。

生态习性　生石栗 *Aleurites moluccana* 等阔叶树腐木桩上。多年生。属木腐菌，引起木材白色腐朽。

分　　布　分布于广东、海南、云南、香港等地。

应用情况　可能有药用价值。

310　贝壳状灵芝

别　　名　薄盖灵芝、薄树芝、薄树灵芝
拉丁学名　***Ganoderma ostacodes*** Pat.
曾用学名　*Ganoderma capense* (Lloyd) Teng
英 文 名　Thermophilous Ling Zhi, Thermophilous Ganoderma, Thin wood Ling Zhi

形态特征　子实体比较大，木栓质，无柄或有短柄。菌盖半圆形或近扇形或肾形，9～25cm×6～13cm，厚 1～2.5cm，表面黑褐色或紫红色，靠近边缘黄褐色，幼嫩时边缘黄白色，完整，表面漆样光亮，无或有很宽的环带，具皱纹，或靠近基部有小颗粒。菌肉木材色，有明显的轮纹，厚达 2cm。菌管管口污黄色，伤处变褐色，每毫米 4～5 个。若有菌柄则长约 3.5cm，粗约 4cm，侧生，表面光亮。菌丝无色带褐色，粗 1.2～6.9μm。孢子卵圆或宽椭圆形，有的顶端平截，壁双层，外壁无色，平滑，内壁有不明显小刺，淡褐色或稍带褐色，7.5～9.7μm×5.7～6.9μm。

生态习性　生于树桩基部。属木腐菌。

分　　布　分布于云南、广东、广西、海南、贵州、香港等地。

应用情况　记载可药用。具抗氧化及抑菌活性，在免疫激活的同时还具有抑制白明胶酶的作用。抑制癌转移。20 世纪 60 年代记载药用的不是此种灵芝，而是后来由赵继鼎先生定名的密纹灵芝 *Ganoderma tenus*，其药用名称等均误认为是薄树灵芝 *Ganoderma capense*。

多孔菌

图 312

311　弗氏灵芝

拉丁学名　*Ganoderma pfeifferi* Bres.
英文名　Coppery Lacquer Bracket

形态特征　子实体无柄到有柄基，木栓质。菌盖近扇形、近半圆形或贝壳状，往往在基部形成重叠，25cm×20cm，厚1～2.5cm，基部厚可达6cm，表面红褐色到紫褐色，边缘色稍浅，有似漆样光泽或较弱，有明显的同心环纹，纵皱明显或不明显，边缘圆钝，完整。菌肉呈褐色至深褐色，丝绒状，厚0.5～1.5cm，菌肉层有黑色壳质层。菌管长1～2cm，褐色，孔面初期淡白色、淡褐色，后为褐色，孔口近圆形，每毫米4～5个。无柄或有一个狭窄的柄基，长4～5cm。孢子卵圆形，双层壁，外壁无色透明，平滑，内壁淡黄褐色，有小刺或小刺不清楚，9～11μm×6.8～8μm。

生态习性　生于阔叶林中的腐木上。引起林木腐朽。

分　布　分布于海南等地。

应用情况　可研究药用。有报道具抗病毒作用。

312　多分枝灵芝

拉丁学名　*Ganoderma ramosissimum* J. D. Zhao

形态特征　子实体有柄，木栓质。菌盖直径3～4cm，厚0.5～1cm，扇形或不规则，有的相连，表面浅黄褐色、褐色或紫褐色，有光泽，同心环纹不明显，边缘色淡至黄褐色。菌肉淡白色至木材色。菌管长2～4mm，管面淡褐色，管口略圆形，每毫米4～5个。菌柄稍分叉或多分枝，表面光亮。孢子淡褐色，双层，内壁有小刺，顶端平截，卵圆形，7.8～10.5μm×5.2～7μm。

生态习性　生阔叶树腐木上。一年生。引起木材白色腐朽。

分　布　分布于海南、香港、广东、广西、湖北、河北、云南等地。

应用情况　可研究药用。

图 313-1

图 313-2

图 3.14-1　　　　　　　　　　　图 3.14-2

313　无柄灵芝

别　　名　树灵芝

拉丁学名　*Ganoderma resinaceum* Boud.

形态特征　子实体中等至大型，无柄。菌盖直径 9～26cm，最大可达 35cm，厚可达 4～8cm，半圆形或近扇形，往往呈覆瓦状生长，表面红褐色、黑褐色，基部色深具土褐色和土黄相间的环带，有似漆样光泽，边缘薄而色浅。菌肉上层木材色，接近菌管处褐色至肉桂色。菌管长 0.5～0.8cm，管口近圆形，每毫米 4～5 个，管壁厚。无柄或有时具短柄，长约 3cm，黑褐色，有光泽。孢子淡褐色，内壁有小刺，外壁平滑，卵圆形，7.8～10.5μm×5.2～6.9μm。

生态习性　生阔叶树腐木上。一年生。为白色腐朽菌。

分　　布　分布于宁夏、河北、湖北、云南、海南、广西等地。

应用情况　可研究药用。含三萜类等成分，用乙醇提取的三萜类成分抑制 HL-60 和 MCF-7 细胞的生长，影响 HL-60 的细胞周期，诱导其凋亡。

314　大圆灵芝

拉丁学名　*Ganoderma rotundatum* J. D. Zhao, L. W. Hsu et X. Q. Zhang

---

形态特征　子实体大。菌盖直径 17～39cm，厚 1.5～4cm，略圆形或近扇形，表面暗紫褐色或深枣红色或污红褐色，稍有似漆光泽，具明显的同心环带和沟纹，平滑，边缘钝而完整或稍呈波状。菌肉厚可达 2.5cm，上层淡白色或木材色，下部褐色。菌管长达 2.5cm，不分层，褐色或肉桂色，管孔面污白色变至浅褐色，管口略圆形，每毫米 4～5 个。无柄，往往连生而基部形成近圆形。孢子近无色至浅褐色，顶端平截，双层，内壁有小刺，卵圆形，7～12μm×5～7μm。

生态习性　夏秋季于阔叶树桩基部覆瓦状生长。

分　　布　分布于海南、香港等地。

应用情况　可研究药用。

多孔菌

图 315

315 三明树舌灵芝

拉丁学名 *Ganoderma sanmingense* J. D. Zhao et X. Q. Zhang

形态特征 子实体一般较小或中等大。菌盖直径4～8cm，厚0.5～0.8cm，半圆形或扇形，黑褐色，具较宽的淡褐色到褐色同心环带，表面凹凸不平及有同心环带，光滑或有纵皱，无光泽，边缘有一条深沟。菌肉淡黄褐色，硬，厚0.2～0.5cm。菌管长0.2～0.3cm，孔面黄褐色，管口近圆形或稍多角形，每毫米6～7个。孢子内壁有刺或刺不明显，宽椭圆形至近球形，6.5～10.5μm×4～9μm。

生态习性 生阔叶树腐木上。属木腐菌。

分　　布 分布于福建、香港等地。

应用情况 民间药用。

图 316-1

316 四川灵芝

拉丁学名 *Ganoderma sichuanense* J. D. Zhao et al.

形态特征 子实体一般中等大，有柄，木栓质。菌盖近肾形、半圆形或近圆形，长20～25cm，宽5～8cm，厚0.5～2cm，表面红褐色或暗红褐色，幼时边缘黄褐色，有似漆样光泽，同心环沟显著或不明显，边缘锐或稍钝。菌肉厚0.5～1cm，分层不明显，上层淡白色或木材色，接近菌管处呈淡褐色。菌管长0.5～1cm，孔面淡白色、淡黄色至淡褐色，管口近圆形，每毫米4～6个。菌柄侧生、偏生或中生，长5～25cm，粗0.8～3.5cm，近圆柱形，有时粗细不等或近似念珠状，与菌盖同色或稍深，有光泽。孢子卵圆形或顶端平截，外壁无色透明，平滑，内壁淡褐色，有小刺，7.5～10.5μm×5.5～6.5μm。

生态习性 生于阔叶林中地下腐木上或腐木桩周围地上。

分　　布 分布于四川、贵州等地。

图 316-2

应用情况 灵芝有抑肿瘤、免疫抑制、抗氧化、抗辐射、抗病毒、抗炎性和抗溶血等活性。民间药用。主要含灵芝三萜酸（ganolucidic acid A～T）、lucidenic acid A～E、灵芝三萜醇（ganoderiol A 和 B）、灵芝多糖（ganoderan A 和 B）等有效成分。可进一步研究药用。

317 紫芝

别　　名	中国紫芝、紫灵芝、中国灵芝、黑芝、灵芝草、紫草
拉丁学名	***Ganoderma sinense*** J. D. Zhao et al.
曾用学名	*Ganoderma japonicum sensu* Teng
英文名	Reishi, Black Varnish Polypore, China Ganoderma

图 3.17-1

形态特征 子实体一般中等有时巨大，具较长的柄。菌盖直径5～30cm，厚0.6～1cm，半圆形至肾形，极少数为近圆形，表面黑色有漆样光泽，边缘钝或完整。菌肉锈褐色。菌管锈褐色，硬，平均每毫米有5个。菌柄长10～15cm，有漆黑色光泽，一般侧生，有时粗细不均。孢子内壁深褐色有小疣，外壁无色透明，广椭圆形，10～12μm×6～9μm。

生态习性 生阔叶树木桩旁或地下朽木上。一年生。

分　　布 分布于河北、山东、江苏、浙江、江西、福建、贵州、台湾、安徽、湖北、湖南、香港、广东、广西、海南等地。按赵继鼎先生认为，紫芝主要分布长江流域，灵芝主要分布黄河流域，为我国两种主要灵芝的分布差异。

图 317-2

应用情况 据《神农本草经》记载"主治耳聋、利关节、保神、益精气、坚筋骨"，紫芝以长江流域分布较多，药用历史悠久，同灵芝一样，长期以来形成

图 317-3

了博大精深、源远流长、内容丰富的中国灵芝文化。药用，性温，味淡。子实体及菌丝体含蛋白质、氨基酸、还原性物质、糖类、香豆精、甾类或三萜类等。有抗缺氧和增加冠脉流量作用。治神经衰弱、头昏失眠、慢性肝炎、支气管哮喘。能健脑、消炎、杀菌、利尿、益胃、抑肿瘤，具有免疫调节功能，有滋补强壮作用。可人工栽培及培养菌丝体。提取物对于四氯化碳引起的小白鼠谷丙转氨酶活力和肝脏甘油三酯含量的升高均有降低作用，并能减轻乙硫氨酸引起小鼠肝脏脂肪的蓄积，减少小白鼠因大剂量洋地黄毒苷和消炎痛中毒引起的死亡，提高小鼠肝脏代谢戊巴比妥钠的能力，促进部分切除肝脏小鼠的肝脏的再生。

318　聚宝灵芝

别　　名　元宝灵芝
拉丁学名　*Ganoderma* sp.

形态特征　子实体中等或巨大。目前均见于人工培养标本。菌盖直径最大可达 35cm，厚度可达 15cm，盖面多平展，边缘平滑且钝或波状，橘红色、紫红或棕红色，中部深多呈枣红色，向边缘渐淡或随环带轮纹明显呈现色彩深浅间隔变化，表面光亮及具漆样光泽。此菌株标本其肉发达，白黄色，菌管层无或不发育，只形成白黄色与菌肉难以区分的平滑表面，即无子实层及其孢子等。
生态习性　此人工培养菌株由徐序坤先生原发现于浙江杭州地区，10 多年来人工培养，一直保持上述性状。
应用情况　可大规模人工培养多年，并加工生产。聚宝灵芝作为一种形态特殊的物种或菌株，有待进一步研究药用。

319　无孢灵芝

拉丁学名　*Ganoderma* sp.

形态特征　子实体中等至较大。菌盖直径 5～13.5cm，近半圆形、扇形或近圆形，土红色至枣红色，有光泽，具同心环纹或环棱及放射状条纹，干时有皱纹，边

图 318-1

图 318-2

图 318-3

图 318-4

图 319-1

图 319-2

多孔菌

图 320

图 322-1

图 321

缘波状或近瓣状。菌肉木材色。菌管面白色或者乳白黄色，管孔较小。菌柄长 5～8cm，粗 1～2.3cm，较盖色深，光滑，侧生。孢子无或极少，淡黄褐色，双层壁，内壁厚，有小刺，顶端钝或平截，椭圆形，6～10.2μm×5～6.2μm。

分　布　分布于福建、台湾等地。

应用情况　台湾和福建亦有人工栽培。可用来加工保健品。

320　具柄灵芝

拉丁学名　*Ganoderma stipitatum* Murrill

形态特征　菌盖直径 1.8～8cm，厚 0.5～1.5cm，半圆、肾形或不规则形，红褐色至紫褐色，具光泽，有同心环纹。菌肉木材色。菌管浅褐色，管口近圆形。菌柄侧生，紫褐色至黑色，具光泽，长 1.5～8cm，粗 0.5～1.5cm。孢子卵圆至宽卵圆形，壁双层，内壁有刺疣至近网状纹饰。

生态习性　生林中腐木上。一年生。

分　布　分布于江苏、浙江、河南、云南等地。

应用情况　作药用。

图 322-2

321 褐孔灵芝

别　　名　褐孔树舌
拉丁学名　*Ganoderma subtornatum* Murrill
英 文 名　Brown Pore Tree Tongue

形态特征　子实体较小或中等，木栓质。菌盖直径 5～10.5cm，半圆形、近圆形或扇形，锈褐色或黑褐色，有时污褐色，无光泽，具同心环棱和环沟，皮壳硬，边缘钝而较厚。菌肉深褐色或肉桂色，厚 0.5～0.6cm。菌管褐色，稍有白色物质填充，长 1.5～1.8cm，管口近圆形，深褐或褐色，每毫米 5～6 个。孢子双层壁，内壁淡褐色，小刺不明显，外壁无色透明，卵圆形，7.5～10.4μm×5.2～6.9μm。
生态习性　生阔叶树腐木上。一年生。属木腐菌。
分　　布　分布于海南、贵州等地。
应用情况　作药用。

322 密纹灵芝

别　　名　密纹薄灵芝、密纹薄芝
拉丁学名　*Ganoderma tenus* J. D. Zhao, L. W. Hsu et X. Q. Zhang
英 文 名　Concentric Ling Zhi, Concentric Ganodrema, Tender Ganodrema

形态特征　子实体较小，木栓质。菌盖薄，直径 3.5～7.5cm，厚 0.2～0.4cm，半圆形、近扇形或近肾形，紫褐色或近黑褐色，边缘呈红褐色，似漆样光泽及明显而细密的环纹，基部纵皱显著，

多孔菌

图 323-1　　　　　　　　　　　　　　图 323-2

边缘薄锐而内卷呈波状。菌肉淡白色至木材色，厚 0.1～0.2cm。菌管长 1～1.5mm，淡褐色，管口近圆形，污白到污黄色，每毫米 5～6 个。菌柄长 1～3cm，粗 0.5～0.8cm，圆柱形，粗细不等，有时近念珠状或稍扁，侧生或稍呈背侧生，与菌盖接触处凸起，同盖色或较深，有光泽。孢子壁双层，外壁无色透明，又平滑，内壁淡褐色至褐色，有不明显小刺，顶端平截，卵圆形，8.7～10.4μm×5.7～6.9μm。

生态习性　此菌属木生。

分　　布　原产海南，后在贵州等地亦有记载。

应用情况　可药用，具有镇静作用，并能明显降低血清转氨酶，治疗肝炎，对急、慢性肝炎，改善肝功能及缓解症状有一定效果。对神经系统和肝脏功能有调节作用。可能与提高机体的非特异性抗病能力有关。用于保健品的研制，有明显的药用价值。此种可人工培养子实体及用菌丝体发酵培养。

323　茶病灵芝

拉丁学名　*Ganoderma theaecolum* J. D. Zhao et al.
英 文 名　Tea-colored Ling Zhi

形态特征　子实体中等或较大。菌盖直径 5～10cm，宽 6～8cm，厚 0.7～1.5cm，半圆形或近扇形，表面红褐色至紫褐色，有很强的光泽，初期淡黄白色，具不显著的宽同心环，平滑或钝，无柄或有短柄，木栓质。菌肉厚 0.4～0.8cm，上层淡白褐色，下层淡褐色或褐色。菌管褐色，长 0.3～0.7cm，孔面污白色至黄色，管口六角形或近圆形，每毫米 4～5 个。孢子淡黄褐色，内壁有小刺，平截，卵圆形，7～9μm×5.2～6.2μm。

生态习性　生茶树根部或台湾相思树桩基部。一年生。引起红根病。

分　　布　分布于海南、福建、香港、云南、广东、广西等地。

应用情况　可药用，用于治疗胃病及慢性肝炎等。海南中药市场代替灵芝销售。

图 324

324 硬皮树舌灵芝

拉丁学名 *Ganoderma tornatum* Pers.

形态特征 子实体一般中等大，无柄，木栓质或木质。菌盖直径 5～13cm，厚约 4cm，半圆或扇形，表面暗褐色或灰褐色或带红褐色，无光泽，有明显环枝和环带，有时龟裂，边缘钝。菌肉棕褐色或肉桂色，硬，有黑色龟壳质层。菌管面褐色或黄褐色，管口略圆形，每毫米 4～5 个。孢子顶端平截，卵形、宽椭圆形，直径 7～9μm。

生态习性 生树木桩上。一年生。属木材白色腐朽菌。

分 布 分布于浙江、湖北、江西、海南、广西、云南等地。

应用情况 民间作为药用。

325 热带灵芝

别 名 相思灵芝、仙人脚

拉丁学名 *Ganoderma tropicum* (Jungh.) Bres.

英 文 名 Tropic Ganoderma, Tropic Ling Zhi

形态特征 子实体中等或较大，半圆形、近扇形，木栓质至木质。菌盖半圆形、近扇形、近肾形以及近漏斗状，往往形状不规则，变化大或有重叠的小菌盖，直径 1.5～8.5cm×4.5～20cm，厚 0.5～3cm，红褐色、紫红色至红褐色，表面有似漆样光泽，中部色深，边缘淡黄褐色至有一条黄白色宽带，有同心环带。菌肉褐色，厚 0.5～1.9cm。管口形状不规则，污白或淡褐色，每毫米

图 325-1
图 325-2
图 325-3

4～5个。菌柄侧生或偏生，菌柄短、粗，或近无柄，长2～5.5cm，粗1.2～4cm，紫红色或紫褐色，甚暗黑紫褐色，具光泽。菌丝淡褐色至褐色，细菌丝色淡多弯曲，有分枝，直径1.7～6.9μm，褐色。孢子卵圆形或顶端平截，壁双层，外壁无色，平滑，内壁有小刺，淡褐色，有时含油滴，8.4～11.5μm×5.2～6.9μm。

生态习性　多生于相思树等豆科树木根部及树桩基部周围。一年生。

分　　布　分布于广东、福建、台湾、香港、贵州、海南、广西等高温炎热地区。

应用情况　可药用。福建民间用于治冠心病。含灵芝酸、多糖、三萜类，能降血脂，治关节疼痛、慢性支气管炎，抑肿瘤等。

326　松杉灵芝

别　　名　松杉树芝、漆光灵芝

拉丁学名　*Ganoderma tsugae* Murrill

英文名　Hemlock Varnish Shelf

形态特征　子实体中等至大型。菌盖半圆形、扁形、肾形，木栓质，直径6.5～21cm，厚0.8～2cm，表面红色，皮壳亮，漆样光泽，无环纹带，有的有不十分明显的环带和不规则的皱褶，边缘有棱纹。菌肉白色，厚0.5～1.5cm。管孔面白色，后变肉桂色，浅褐色，每毫米4～5个。菌柄一般短粗，侧生或偏生，有与菌盖相同的皮壳，长3～8cm，粗3～4cm。孢子卵形，内壁刺显著，5.4～11μm×5.5～6.6μm。

图326-2 图327-2 图327-3

生态习性 生松树干基部以及树根上。属木腐菌，引起松、杉等针叶树木材白色腐朽。

分　布 分布于黑龙江、吉林、辽宁、山西、西藏、云南、甘肃、四川、河北、河南、陕西、内蒙古等地。

应用情况 可药用。分离出灵芝酸、灵芝醇、灵芝酮等多种类型有效成分。松杉灵芝多糖对阳性物质致突变作用有抑制作用，能明显拮抗环磷酰胺所致小鼠骨髓细胞微核率升高。据报道子实体所含多糖，有抑肿瘤活性，对小白鼠肉瘤180和艾氏癌的抑制率分别为60%和70%。子实体水提取液对小白鼠腺癌755有抑制作用。NaOH提取部分对小白鼠肉瘤180的抑制率为77.8%。亦可安神补肝。现已大量人工栽培。

327　粗皮灵芝

拉丁学名 *Ganoderma tsunodae* Yasuda
英文名 Scabrous Ling Zhi

形态特征 子实体中等至大型。菌盖直径4.5～25cm，厚1.5～3.5cm，半圆形或基部狭窄似扇形或舌状，土褐或棕黄色至咖啡色，近边缘薄而色浅，表面粗糙有粒状凸起，有皱纹及放射状纵条纹或

多孔菌

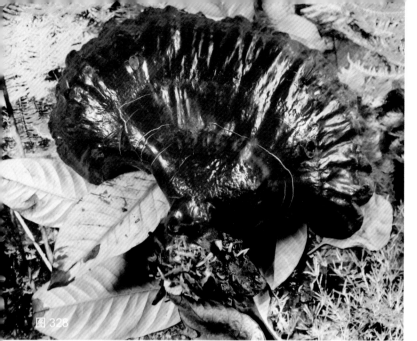

图328

脉纹。菌肉污白色，干时质地硬。菌管面污白带黄至污褐色，管孔小。无柄。孢子浅黄色，顶部钝圆，双层壁，内壁有刺，卵圆形或宽椭圆形，16.5～24μm×14～16.5μm。

生态习性 生水青冈等阔叶树木桩上。导致白色腐朽。

分　布 分布于台湾、云南、海南、河北、福建、四川等地。

应用情况 此种灵芝云南西双版纳较多。子实体大，菌盖表皮粗糙，近似树舌灵芝。可研究加工药用。

328　紫光灵芝

拉丁学名 *Ganoderma valesiacum* Boud.
英 文 名 Purple Ganoderma, Purple Ling Zhi

形态特征 子实体一般中等大，木栓质。菌盖半圆形、近圆形，或贝壳状或不规则形状，5～7cm×4～9cm，厚0.5～1cm，表面紫褐色到黑褐色，有漆样光泽，具同心环棱、环纹以及放射状纵纹，皮壳易与菌肉分离，盖边缘圆钝。菌肉分两层，上层白色，下层褐色，厚0.3～0.5cm。菌管褐色至深褐色，长约0.7cm，管口淡褐色至栗褐色，管壁较厚，每毫米4～5个。菌丝无色至污白色，有分枝，直径1.5～5.2μm，壁厚，无隔，无锁状联合。孢子卵圆形，顶端圆或平截，双层壁，外壁无色，平滑，内壁稍有粗糙，近无色至淡褐色，9.5～12μm×6～6.9μm。

生态习性 于林中倒腐木上群生。属一年生或二年生。属木材腐朽菌，引起白色腐朽。

分　布 分布于海南、福建、广东、广西、香港等地。

应用情况 可研究药用。

图329

图 330-1　　　　　　　　　　　　　　　　　图 330-2

329　小褐黏褶菌

拉丁学名　*Gloeophyllum abietinum* (Bull.) P. Karst.

形态特征　子实体较小，无柄。菌盖直径 3～7.5cm，厚 0.15～0.4cm，半圆形或者近似扇形，锈褐色至栗褐色，后期变棕灰或深棕灰色，革质，平伏又反卷，常左右相连接，表面有密集而平伏的绒毛，环纹常不明显，边缘薄。菌肉锈褐色，厚约 1mm。菌褶浅朽叶色变至灰色、青灰至棕灰色，密，不等长。孢子无色，近圆柱形，8～12μm×3～4μm。

生态习性　春至秋季生于多种针叶树倒木上，多见于云杉和松树林区。一年生或多年生。造成褐色腐朽。

分　　布　分布于甘肃、新疆、四川、广东、福建、青海等地。

应用情况　可药用。

330　篱边黏褶菌

别　　名　深褐褶菌、褐褶孔菌

拉丁学名　*Gloeophyllum saepiarium* (Wulfen) P. Karst.

曾用学名　*Lenzites saepiaria* Fr.

英 文 名　Yellow-red Gill Polypore

形态特征　子实体中等至较大，木栓质，无柄。菌盖直径 2～12cm，厚 0.3～1cm，长扁半球形、长条形，平伏而反卷，表面深褐色，老的部位带黑色，有粗绒毛及宽环带，韧，边缘薄而锐，波浪状。菌褶锈褐色到深咖啡色，宽 0.2～0.7cm，极少相互交织，深褐色至灰褐色，初期厚渐变薄，波浪状。孢子无色，光滑，圆柱形，7.5～10μm×3～4.5μm。

生态习性　在云杉、落叶松的倒木上群生。引起心材褐色块状腐朽。

分　　布　分布于河北、河南、山西、内蒙古、吉林、黑龙江、陕西、甘肃、云南、四川、江苏、江西、福建、安徽、广东、广西、湖南、湖北、青海、西藏、新疆等地。

应用情况　可药用。抑制肿瘤，对小白鼠肉瘤 180 及艾氏癌抑制率均为 60%。

图 332-1

图 332-2

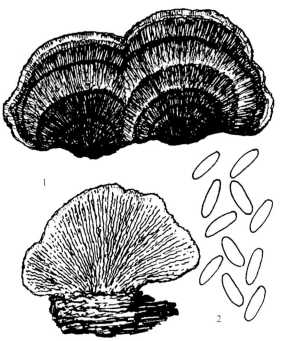

图 331　　1. 子实体; 2. 孢子

331　亚锈褐褶菌

别　　名　褐黏褶菌

拉丁学名　***Gloeophyllum subferrugineum*** (Berk.) Bondartsev et Singer

---

形态特征　子实体小至中等，无柄，木栓质，或基部小。菌盖半圆形、扇形，2～5cm×2～10cm，厚5～9mm，常覆瓦状或边缘相互连接，锈褐色，渐褪为灰白色，表面有绒毛渐变光滑，有宽的同心棱带，边缘薄而锐。菌肉茶色至锈褐色，厚1～3mm。菌褶宽2～6mm，间距1mm，往往分散，并不相互交织，褶缘薄变至锯齿状。菌丝浅褐色，壁厚，粗2.5～5µm，不分枝，无横隔。孢子短圆柱形，光滑，无色，6.4～8.9µm×2.6～3.5µm。

生态习性　夏秋季在冷杉、铁杉、松、云杉倒腐木上群生。导致木材褐色腐朽。

分　　布　分布于福建、江苏、浙江、江西、湖南、海南、广西、吉林、安徽、甘肃、西藏、台湾、广东、云南等地。

应用情况　据试验可抑肿瘤，对小白鼠肉瘤180的抑制率为80%。另有顺气、祛湿功效。

332　密褐褶菌

别　　名　密黏褶菌、密褐褶孔菌

拉丁学名　***Gloeophyllum trabeum*** (Pers.) Murrill

曾用学名　*Lenzites trabea* Fr.

形态特征　子实体较小，无柄，革质。菌盖直径2～5cm，厚0.2～0.5cm，半圆形，锈褐色，有时侧

图 333

面相连或平伏又反卷至全部平伏，有绒毛或近光滑，凹凸不平且有环纹，边缘钝，完整至波浪状，有时色稍浅，下侧无子实层。菌肉同菌盖色，厚 1～2mm。菌管长 1～3mm，迷路状或褶状，圆形，直径 0.3～0.5mm。孢子 7～9μm×3～4μm。

生态习性 生杨树等阔叶树木上，有时生针叶树木材上。一年生。导致树木及枕木的木质褐色腐朽。

分　布 分布于河北、山西、四川、江苏、湖南、广东、广西、贵州、台湾、甘肃、新疆等地。

应用情况 抑肿瘤，菌液对小白鼠肉瘤 180 有抑制作用。

333　榆耳

别　名 肉红胶质韧革菌、榆蘑
拉丁学名 *Gloeostereum incarnatum* S. Ito et S. Imai

形态特征 子实体较小或中等大。菌盖初期近球形，呈半圆形、贝壳状或扇形或盘状，背着生，边缘向内卷，胶质，柔软，有弹性，直径 2～13cm，厚 0.3～0.5cm，盖面污白带粉红黄色，被短细绒毛，后期变暗褐色，干时呈浅咖啡色。子实层面粉肉色或浅土黄褐色，具曲折又近辐射状的棱脉纹，表面往往似有粉末，干燥时浅赤褐色至琥珀褐色。菌肉淡褐色，半透明或近胶质。菌丝近无色，具锁状联合。无菌柄。子实层栅状排列。担子具 4 小梗。孢子无色，平滑，卵圆至椭圆形，6～8μm×0.7～4μm。囊体棒状或近柱状，43.7～140μm×4～15μm。其形似木耳，但色淡，胶质，有弹性。

生态习性 生于榆 *Ulmus* 枯树枝干上。往往数个子实体生长一起。

分　布 此种原发现于日本北海道、本州等地，1980 年后在我国辽宁、吉林亦有野生的发现。

应用情况 可食用和药用。提高免疫力，抗细菌，抗氧化，抑肿瘤。辽宁民间用来治疗痢疾等病症。此种首先由我国辽宁地区有关单位驯化栽培成功，大量加工生产。

图 334-1

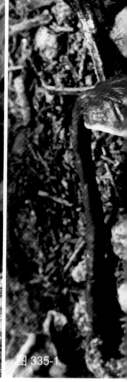

图 335-1

图 334-2

图 334-3

334　灰树花孔菌

別　　名　灰树花、重生菇、贝叶多孔菌、莲花菌、舞蕈、栗蘑、栗子蘑、千佛菌

拉丁学名　***Grifola frondosa*** (Dicks.) Gray

曾用学名　*Polyporus frondosus* (Dicks.) Fr.;
Polyporus albicans (Imazeki) Teng

英 文 名　Hen of the Woods, Maitake, Sitting-hen Mushroom

形态特征　子实体大或特大，肉质，有菌柄，多分枝，末端生扇形或匙形菌盖，重叠成丛，宽可达 40～60cm。菌盖直径 2～8cm，掌状、叶状，边缘波状，灰色至淡褐色，表面有细绒毛，干后硬，老后光滑，有放射状条纹，边缘薄，内卷。菌肉白色。

生态习性　夏秋季生于板栗树基部腐木处。多分枝形成大量小菌盖。引起树木白色腐朽。

分　　布　分布于河北、吉林、广西、四川、西藏等地。

应用情况　可食用，味鲜美。可人工栽培或利

图 335-2

图 335-3

图 335-4

用菌丝体深层发酵培养，制作饮料等。可药用，含真菌多糖等有效物质。据报道试验对小白鼠肉瘤180 及艾氏癌的抑制率分别为 100% 和 90%。治疗肝病、糖尿病、高血压，抑肿瘤，抑制艾滋病毒等。有认为白树花 Polyporus albicans 虽呈现白色现象，但仍为灰树花。

335 长柄鸡冠孢芝

别　　名　鸡冠孢芝、假灵芝
拉丁学名　*Haddowia longipes* (Lév.) Steyaert
曾用学名　*Amauroderma longipes* (Lév.) Pat.
英 文 名　Long-stipe Dark Cap

形态特征　子实体一般较小，质硬，木栓质。菌盖直径 1.5～4cm，厚 0.5～2cm，近马蹄形，带土黄色变为污红色、褐红色，并有光泽，具同心环棱纹及辐射状皱纹，边缘薄且稍内卷。菌肉近白色，厚 0.1～0.2cm。菌管同菌肉色，管口近白色，圆形或多角形，每毫米约 2 个。菌柄细长，长8～16cm，粗 0.3～0.8cm，近圆柱形，常呈黑色或黑褐色，具光泽，往往从菌盖近顶部侧生向下弯曲。孢子褐色，近球形，内壁有排列成带状的明显小疣，10.5～15.6μm×10～12.5μm。

生态习性　生林中树桩附近地上。一年生。

分　　布　分布于广东、云南、福建、广西、海南等热带林区。

应用情况　可药用。民间治疗胃病和慢性肝炎。

多孔菌

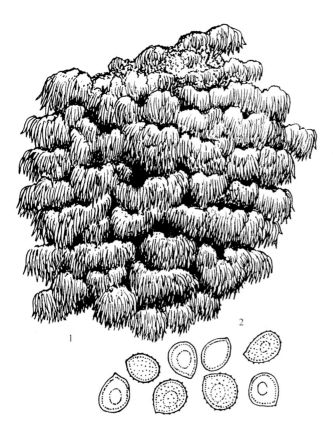

图 336　　　　1. 子实体；2. 孢子

336　高山猴头菌

别　　名　雾猴头菌
拉丁学名　*Hericium alpestre* Pers.

形态特征　子实体中等或大，嫩时肉质，干后近纤维质，基部有主轴，粗4～20cm，基部有盘状坐垫。多次分枝，呈不规则分叉，向末端渐趋纤细，有时末端微弯曲，外形柔软不坚韧。全株近圆形，直径8～15cm，白色、乳白色，干后微呈淡黄褐色。顶枝如珊瑚菌状至多裂，裂齿纤细，长0.5～1.2cm，粗0.1cm以下，软肉质，下垂，近侧着生，偶或从周围着生。子实层无色透明。担子短棒状，具4小柄。孢子长圆形至圆形，3.5～3.9μm×4～5.6μm，光滑或有微小刺，含大而明显的圆形油滴，遇KOH液后微呈浅褐色。囊体呈棒状，末端渐粗，基部渐细，宽7～12μm，长20～30μm，稀疏排列。

生态习性　多生于海拔3000m以上的云杉和冷杉倒腐木上。此菌又是树木及木材的腐朽菌。

分　　布　分布于云南、四川、西藏等地。

应用情况　可食用，能够人工培养。

337　卷须猴头菌

别　　名　卷须齿耳菌、肉齿耳
拉丁学名　*Hericium cirrhatum* (Pers.) Nikol.
曾用学名　*Steccherinum cirrhatum* (Pers.) Teng
英 文 名　Tiered Tooth

形态特征　子实体一般中等大，近白色，半肉质。菌盖直径4～8cm，半圆形，表面无环，密生刺状的粗毛。菌肉白色，不变色，厚。盖下刺长0.5～1cm，乳白色，延生，锥形而纤细，有黄色的胶囊体。担子棒状，无色，具2～4小梗，25～45μm×5～5.5μm。孢子光滑，无色，3.5～4μm×3μm，内含1大油滴。

生态习性　主要在栎树等枯立木上叠生。属树木的腐朽菌。

分　　布　分布于吉林、四川等地。

应用情况　幼时可食用，风味特殊。

图 337　　　　1. 子实体；2. 孢子

38-1

338　珊瑚猴头菌

| 别　　名 | 珊瑚状猴头菌、玉髯、菜花菌、分枝猴头、分叉猴头菌、假猴头菌 |

别　　名　珊瑚状猴头菌、玉髯、菜花菌、分枝猴头、分叉猴头菌、假猴头菌

拉丁学名　*Hericium coralloides* (Scop.) Pers.

曾用学名　*Hericium caput-ursi* (Fr.) Corner; *Hericium laciniatum* (Leers) Banker; *Hericium ramosum* (Bull.) Letell.

英 文 名　Bear's Head Tooth, Coral Toothfungus, Comb Tooth

形态特征　子实体往往很大，直径可达 30cm，其高可达 50cm，纯白色，干燥后变褐色。由基部发出数条主枝，每条主枝上生出大量下垂较密的长刺。刺柔软，肉质，长 0.5～1.5cm，顶端尖锐。孢子产生于小刺周围，无色，光滑，含 1 油滴，椭圆形至近球形，4.5～7.4μm×4.3～5.2μm。油囊体顶端钝圆，稍尖或呈节状及圆柱形或近棒状，25～33μm×5～7μm。

生态习性　夏秋季生冷杉、云杉等倒腐木或枯木桩或树洞内。引起树木白色腐朽。

分　　布　分布于吉林、四川、云南、西藏、黑龙江、内蒙古、陕西、新疆等地。

应用情况　可食用，其味鲜美。现已人工栽培成功。可药用，能助消化、治胃溃疡，以及滋补强身，治神经衰弱、身体虚弱等。

多 孔 菌

图 338-2　　　　　　　　　　　　　　　　图 339-1

图 339-2　　　　图 339-3　　　　图 339-4

339　猴头菌

别　　名　猴头蘑、刺猬菌、猴头、猴头菇、菜花菌
拉丁学名　***Hericium erinaceus*** (Bull.) Pers.
曾用学名　*Hericium caput-medusae* (Bull.) Pers.
英　文　名　Bear's-Head, Bearded Tooth, Old Man's Beard, Monkey Head Mushroom, Lion's mane Hericium

形态特征　子实体中等、较大或大型，直径 5～10cm 或可达 30cm，呈扁半球形或头状，由无数肉质软刺生长在狭窄或较短的菌柄部，刺细长下垂，长 1～3cm，新鲜时白色，变浅黄至浅褐色。子实层生刺周围。孢子无色，光滑，含油滴，球形或近球形，5.1～7.6μm×5～7.6μm。

生态习性　秋季多生栎等阔叶树立木上或腐木上，少生于倒木。引起树木白色腐朽。在海拔 3000m 以上菌色调加深。在川西、西藏、云南的高山上有的呈褐黄色。

分　　布　分布于河北、山西、内蒙古、黑龙江、浙江、吉林、辽宁、河南、广东、广西、安徽、陕西、贵州、甘肃、四川、云南、湖南、西藏等地。

应用情况　猴头菌因望似金丝猴头故而得名。《临海水土异物志》记载："民皆好啖猴头羹，虽五肉膲不能及之，其俗言曰：宁负千石粟，不愿负猴头羹。"民间谚语："多食猴菇，返老还童。"是中国宴席上的名菜。现已广泛人工栽培，也可利用菌丝体进行深层发酵培养。含有 8 种人体必需的氨基酸，以及多糖体和多肽类物质，可药用健胃等，可增强抗体及免疫功能。《中华人民共和国卫生部药品标准》记载："猴头菇具有养胃和中的功效，用于胃、十二指肠溃疡及慢性胃炎的治疗。"发酵液对小白鼠肉瘤 180 有抑制作用。另外，现代医学和药理研究证明猴头菇有提高免疫力、抑肿瘤、抗衰老、抗辐射、抗血栓、降血脂、降血糖等多种生理功能。其中含多种活性成分可抗阿尔茨海默病和脑梗死。

340 小孔异担子菌

别　　名 多年拟层孔菌、落叶松蕈、松根层孔菌、药用点火菌

拉丁学名 *Heterobasidion parviporum* Niemelä et Korhonen

曾用学名 *Fomitopsis annosa* (Fr.) P. Karst.; *Fomes annosa* (Fr.) Cooke

英 文 名 Conifer-base Polypore, Root Fomes

形态特征 子实体较大，贝壳状，木栓质，半平伏到平伏。菌盖直径2.5～25cm，厚0.4～2cm，覆瓦状，小而窄，初期蛋壳色、浅土黄色到淡赭石色，有皱纹及瘤状突起、棱纹及环带，并有微细绒毛，后变光滑，呈棕灰色至暗灰色，有时还有薄的皮壳，边缘薄锐。菌肉近白色。菌管近白色，多层但层次不明显，管孔近圆形，孔面白色，每毫米3～4个。孢子无色，光滑，球形，直径4.5～6μm。常受环境的影响，形态变化大，其特征是菌盖窄。

生态习性 生云杉、落叶松的干基部和根上。多年生。引起树木白色腐朽，危害针叶树的幼苗。

分　　布 分布广泛。

应用情况 可供药用。据1967年Kelpler试验，从该菌的发酵液中分离得到fomannsin，对某些细菌显示抗毒性作用。

图340

341 毛蜂窝孔菌

别　　名 蜂窝菌、毛蜂窝菌、龙眼梳

拉丁学名 *Hexagonia apiaria* (Pers.) Fr.

英 文 名 Hexagon Fungus

形态特征 子实体中等至较大，无柄。菌盖肾形、半圆形，扁平，2.5～13cm×4～22cm，厚0.4～0.7cm，韧木栓质，基部暗灰色，向边缘呈锈褐色，有不明显环纹和辐射状皱纹，有分支、深色而易脱落的粗毛，

图341-1

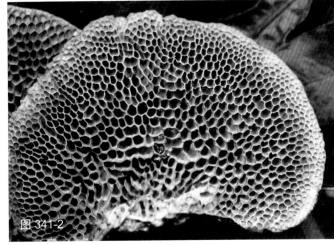

图341-2

多孔菌

图342

边缘薄而锐。菌肉棕褐色，厚0.1~0.2cm。管口大呈蜂窝状，近基部处每厘米3~4个，近边缘处每厘米5~6个，深3~6mm，与菌肉色相同，孔内往往灰白色。菌丝柱锥形，顶端近无色，突逾子实层110~170μm，基部褐色，粗22~56μm。孢子无色，光滑，椭圆形，17.6~22μm×7.2~8.8μm。

生态习性 生荔枝等阔叶树的树干枝上。对热带区域的荔枝、龙眼等树木引起木材白色腐朽。

分　布 分布于福建、台湾、海南、广东、广西、四川、云南、香港、澳门等地。

应用情况 可药用。微苦带涩。温、平、无毒、益肠、健胃、止酸、治胃痛理气。常用量干品12~15g，煎汤温服。民间煎服治肾结石及中药用于治慢性肾炎。其发酵液试验抑肿瘤。

342　光盖蜂窝孔菌

拉丁学名 *Hexagonia glabra* (P. Beauv.) Ryvarden

图343-1

形态特征 子实体无柄，新鲜时革质，无臭无味，干后木栓质。菌盖半圆形，外伸可达4cm，宽可达8cm，基部厚度可达2mm，表面干后浅褐色至黄褐色，具明显的同心环纹和环沟，边缘锐，灰白色。孔口表面淡黄褐色，无折光反应，六角形，每毫米1个，边缘薄，全缘。菌肉异质，上层浅黄褐色，木栓质，厚可达0.7mm；下层白色，木栓质，厚可达0.3mm。菌管干后浅黄褐色，长可达1mm。担孢子13.1~15.3μm×4.2~5.6μm，圆柱形，无色，薄壁，光滑，非淀粉质，不嗜蓝。

生态习性 夏秋季单生于阔叶树上。一年生。造成木材白色腐朽。

分　布 分布于华南等地。

应用情况 民间药用。

图343-2

343　多毛蜂窝菌

拉丁学名　*Hexagonia hirta* (Fr.) Fr.

形态特征　子实体较大。菌盖直径 3～13cm，厚 0.2～0.5cm，半圆至扇形，常左右相连，深褐色，边缘带紫，后部有时附苔藓带绿色，密被分枝或不分枝的粗糙毛，边缘薄，完整，毛渐少。菌肉浅棕褐色。菌管褐紫色，管孔六角形，每毫米 1～1.5 个。孢子无色，光滑，柱状椭圆形，10～14μm×3.5～5.2μm。
生态习性　夏秋季于桉等阔叶树上叠生。属木腐菌。
分　　布　分布于广东、福建等地。
应用情况　可研究药用。

图 344

344　硬蜂窝菌

拉丁学名　*Hexagonia rigida* Berk.

形态特征　子实体中等大，无柄。菌盖直径 4～8cm，厚 0.25～0.3cm，半圆形，浅褐色至锈褐色，薄而硬，表面光滑或同心棱纹或辐射状皱纹，后期变粗糙多疣，边缘薄而完整。菌肉米黄色至蛋壳色。菌管内侧初灰白色，后变浅褐色，整齐，每厘米 9 个，圆形，深 0.15～0.2cm。
生态习性　生阔叶树枯枝干或腐木上。系热带区域的种类，对龙眼、荔枝等树木侵害，属木腐菌，可引起木材白色腐朽。
分　　布　分布于云南、广西、香港等地。
应用情况　可研究药用。

图 345-1

345　美蜂窝菌

拉丁学名　*Hexagonia speciosa* Fr.

形态特征　子实体中等大。菌盖长 3～10cm，宽 2～6cm，厚 3～5mm，半圆形、扇形，木栓质，锈褐色，中部色较浅，有深色环带，边缘波浪状并且薄而黑色，表面平滑。菌肉深肉桂色，厚不及 1mm。管孔棕褐色，新鲜时灰白色，壁薄，后期破裂，平均每厘米 6 个，深 5～6mm。孢

图 345-2

子无色，光滑，椭圆形，15～18μm×6～7μm。

生态习性　于阔叶树腐木上群生或散生。

分　　布　分布于广东、云南、香港等地。

应用情况　可研究药用。

346　亚蜂窝菌

拉丁学名　*Hexagonia subtenuis* Berk.

形态特征　子实体较小。菌盖直径 2～3.5cm×3.5～6.5cm，厚 1～1.5mm，半圆形或肾形，蛋壳色，有深色环纹及同心棱纹，干后硬，革质，表明光滑。菌肉蛋壳色，厚约 1mm。管孔与菌盖面色相似，每毫米 1～2 个，壁完整。孢子无色，光滑，椭圆形，3.5～5μm×2～3μm。

生态习性　生常绿阔叶树腐木上。

分　　布　分布于海南、广东、香港等地。

应用情况　可研究药用。

图 346-1

347　薄蜂窝菌

拉丁学名　*Hexagonia tenuis* (Fr.) Fr.

形态特征　子实体小至中等，无柄。菌盖 3～6.5cm×4～11cm，厚 1.5～2cm，扁平、贝壳状、肾形，淡色至锈褐色，有同心环纹，革质，光滑，边缘很薄而锐，完整或稍呈波浪状。菌肉淡色，厚达 1mm。管孔浅，壁厚，完整，圆形，每厘米 10～12 个。孢子无色，光滑，椭圆形，7～12.5μm×3.5～5μm。

生态习性　生阔叶树腐木上。属木腐菌。

分　　布　分布于海南、广东、广西、贵州、云南、香港等地。

应用情况　可研究药用。

348　咖啡网孢芝

拉丁学名　*Humphreya coffeatum* (Berk.) Steyaert
曾用学名　*Ganoderma coffeatum* (Berk.) J. S. Furtado
英 文 名　Coffee Ling Zhi, Coffee Humphreya

形态特征　子实体小，木栓质，有较长的柄。菌盖直径 3～

图 347

图 348-2

图 348-2 图 348-3

多孔菌

图 349　　　　　　　　　　　　　　　　　　　　　　　　　　图 350

4cm，厚 1～1.2cm，近圆形或近扇形，紫褐色，有漆样光泽，具同心环棱，边缘呈波状。菌肉淡褐色或略带褐色，厚 0.1～0.4cm。菌管褐色，长 0.4～0.8cm，管口孔面污白色或污褐色，管口圆形，每毫米 3～4 个。菌柄长 9～10cm，粗 0.5～0.7cm，基部似根伸长达 8cm，紫黑色，光亮，背着生或侧生。孢子双层壁，内壁有网状脊纹饰，顶端平截不明显，卵圆形至近宽卵圆形，11～13.5μm×7.5～9.7μm。

生态习性　从地下死树根部长出。

分　　布　分布于海南、广西、四川、西藏等阔叶林区。

应用情况　可研究药用。

349　橙黄亚齿菌

别　　名　金黄亚齿菌、金黄小齿菌
拉丁学名　***Hydnellum aurantiacum*** (Batsch) P. Karst.
曾用学名　*Hydnum aurantiacum* (Batsch) Alb. et Schwein.
英 文 名　Orange Hydnellum

形态特征　子实体较小或中等。菌盖直径 3～5.8cm，近圆形，平展，中部下凹，橙黄色至土黄色，边缘波状，色浅至近白黄或近白色，有环纹或放射状棱纹，表面绒毛状。菌肉橙黄色，有环纹，革质。盖下刺白色，渐呈现暗褐色，在菌柄上延生。菌柄长 2～5cm，粗壮，基部似块状，暗褐色。担子 4 小梗。孢子浅褐色，有小瘤状凸起，近球形，5～6.5μm×4.5～5.5μm。

生态习性　夏秋季于针、阔叶林地上群生或散生。可能为树木的外生菌根菌。

分　　布　分布于新疆、西藏、山西等地。

应用情况　含三萜类化合物，有抗氧化、抗菌、抑肿瘤等活性。

图 351

350　环纹亚齿菌

别　　名	环纹丽齿菌、褐薄亚齿菌
拉丁学名	***Hydnellum concrescens*** (Pers.) Banker
曾用学名	*Calodon zonatus* (Batsch) P. Karst.

形态特征　子实体较小。菌盖直径 3～7cm，扁平至近漏斗形或稍不规则，锈褐色、肝褐色或棕褐色，幼时边缘色浅，革质，有同心环带和环棱及辐射的纤毛条纹，中央有明显的粗糙锥状凸起物。菌肉同盖色。菌柄长 1～4.5cm，粗 0.3～1cm，同盖色，有长软毛，基部膨大，或彼此相连接。孢子浅褐色，有疣，近球形，4.5～6.2μm×3.5～4.7μm。

生态习性　夏秋季于混交林中腐枝物上群生，有时子实体相连。

分　　布　分布于云南、浙江、山西、四川、甘肃、安徽、江西、广东、广西、青海、新疆、西藏等地。

应用情况　幼嫩时可食用。含麦角甾，有抗菌等活性。

351　蓝柄亚齿菌

别　　名	蓝柄丽小齿菌、蓝柄丽亚齿菌、蓝柄丽齿菌
拉丁学名	***Hydnellum suaveolens*** (Scop.) P. Karst.
曾用学名	*Calodon suaveolens* (Scop.) Quél.
英 文 名	Fragrant Hydnellum

形态特征　子实体较小，多单生，偶有相连。菌盖凸镜形至平展形，2～4cm×1～5cm，被丝状长纤毛，

多孔菌

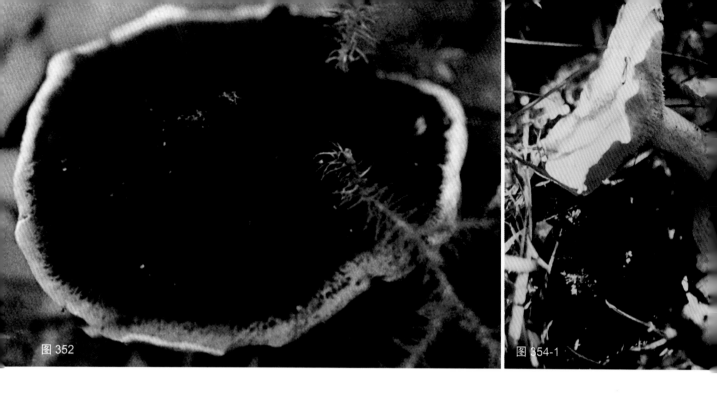

图 352   图 354-1

常凹凸不平，有瘤状凸起，灰褐色至近蓝灰褐色。菌肉极薄，有环带。刺棕灰色至蓝灰褐色，延生。菌柄有绒毛，长 5～15mm，粗 3～8mm，灰蓝褐色。孢子淡黄色，近球形，表面具疣，4～6μm×3～4μm。

生态习性　生于混交林中的枯枝落叶层上，单生或群生等。

分　　布　分布于四川、云南、西藏等地。

应用情况　含多种化学成分，具抗菌和抗肿瘤活性。此种有明显菌香气味。

352　黑栓齿菌

拉丁学名　*Hydnum niger* (Fr.) P. Karst.

曾用学名　*Hydnum nigvun* Fr.; *Calodon niger* (Fr.) Quél.

英 文 名　Black Tooth

形态特征　子实体小，革质。菌盖扁半球至平展或近似浅盘或浅杯状，直径 2～7cm，披绒毛，灰色，中部灰黑或青紫黑色，周边近白色，有环纹，靠近中部粗糙，凹凸不平，表面似干燥。菌肉较硬，青灰黑色至黑色。菌齿初期灰白色或灰色，后期色变深，往往延生至柄上。菌柄常粗壮而呈不规则的圆柱形，黑褐色，粗糙，外层稍松软，而内部实心坚硬，长 3～6cm，粗 1～3cm。孢子无色，近球形，具刺状或瘤状突起，直径 4.5～6μm。

生态习性　生于松树及阔叶混交林地上，单生或数个生长一起。

分　　布　中国大陆未见记载。香港见于新界大埔。

应用情况　此菌干后有明显的芳香气味，可能有开发利用价值。

图 354-2

353　扁刺齿耳

| 别　　名 | 拟茶色刺耳 |

拉丁学名　***Hydnum rawakense*** Pers.

曾用学名　*Steccherinum rawakense* (Pers.) Banker

形态特征　子实体半圆形、薄，膜质、软革质，2～3.5cm×1～2cm，边缘处较薄，厚约 2mm，近基质处厚，约 4mm，无柄，仅在菌体的增厚部分与基质相连。盖表浅土黄色，无绒毛，光滑，但有不甚明显的环生轮纹。菌肉薄，厚 0.7～1.2mm，色泽淡于菌盖。子实层密被锥刺，刺扁平，茶褐色，长 1～4mm。担子棒状，12～16μm×4～5μm。担孢子椭圆形，平滑，无色，3～4μm×2μm。囊状体短纺锤形，具锐尖头，壁厚，逾越子实层约 10μm。

生态习性　生于树干及木桩上。

分　　布　分布于云南、海南、广西、西藏等地。

应用情况　可食用。据臧穆先生记述，此菌无毒。过去滇南早春时有以此为食者。

354　美味齿菌

别　　名　齿菌、卷缘齿菌

拉丁学名　***Hydnum repandum*** L.

曾用学名　*Hydnum medium* Pers.

英 文 名　Hedgehog, Sweet Tooth, Wood Hedgehog, Pig's Trotter

形态特征　子实体中等。菌盖直径 3.5～13cm，扁半球形至近扁平，有时不规则圆形，表面有微细绒

图 355　　　　　　　　　　　　　　　　　　　　图 356

毛，后光滑，初期边缘内卷，后期上翘或有时开裂，蛋壳色至米黄色。菌柄长 2～12cm，粗 0.5～2cm，同盖色，内实。孢子无色，光滑，球形至近球形，7～9μm×6.5～8μm。

生态习性　夏秋季于混交林中地上常常散生或群生。属外生菌根菌。

分　　布　分布于河北、河南、山西、黑龙江、吉林、内蒙古、江苏、陕西、台湾、贵州、甘肃、青海、四川、云南、西藏等地。

应用情况　可食用，味道比较鲜美，是一种优良野生食用菌，但也有人怀疑含毒。此种含多种有效物，具有抗细菌、抑肿瘤等活性。

355　美味齿菌白齿变种

别　　名　白齿菌、齿菌白色变种

拉丁学名　*Hydnum repandum* var. *albidum* (Quél.) Rea

英 文 名　White Wood Hedgehog

形态特征　子实体形态特征基本同美味齿菌，但往往小，最明显区别在于此白齿菌子实体白色至乳白色。菌盖直径 3～5cm，扁半球形至近平展，中部稍下凹，边缘内卷。菌肉白色。刺白色延生。菌柄圆柱形，中空，长 3～5cm，粗 6～10mm。担子 30～35μm×5～8μm。孢子无色，光滑，近球形，直径 3.5～5.8μm。

生态习性 夏秋季在阔叶林中地上散生或单生。与树木形成外生菌根。

分　　布 分布于湖北、四川、贵州、云南、江西、广东、广西、山西、黑龙江等地。

应用情况 可食用，且味道好。此变种同样具有食、药用价值。

356　变红齿菌

别　　名 红齿菌

拉丁学名 *Hydnum rufescens* Pers.

英　文　名 Red Hedgehog

形态特征 子实体较小，肉质。菌盖直径3～6cm，半球形至稍平展，有时中部稍小凹，浅橘黄色或橘褐色，边缘色较浅且波状和内卷，表面光滑，无毛。菌肉带浅黄色，稍厚。子实层为无数软肉刺组成。孢子无色，光滑，宽卵圆形至近球形，8～10μm×6～7μm。此种变色往往不均匀。

生态习性 夏秋季多于冷杉、云杉等针叶林中地上散生或群生。可能为树木外生菌根菌。

分　　布 分布于广东、广西、湖南、贵州、吉林、内蒙古、四川及西藏东南部林区。

应用情况 可食用，菌肉细嫩，味道比较好。含有17种氨基酸，其中7种必需氨基酸。

357　光核纤孔菌

拉丁学名 *Inocutis levis* (P. Karst.) Y. C. Dai et Niemelä

形态特征 子实体较大，无柄。菌盖近马蹄形，通常单生，新鲜时无嗅无味，软木栓质，干后木质至纤维质，外伸可达8cm，宽可达12cm，基部厚可达6cm，盖表面黑褐色，具不明显的同心环，被粗毛或粗糙，边缘钝。孔口表面浅灰褐色，孔口圆形，每毫米2～3个。管口边缘稍厚，全缘。菌肉黄褐色，纤维质，厚达2cm，基部具黑褐色菌核，硬木栓质。菌管黄褐色，比孔口表面颜色深，纤维质至脆质，长4cm。菌丝系统一体系，菌丝隔膜简单分隔，菌丝组织在KOH试剂中变黑。菌肉中生殖菌丝浅黄色至浅褐色，稍厚壁，偶尔分枝，多分隔，规则排列，直径为5～8μm，次生菌丝无色，薄壁，频繁分枝和分隔，直径为3～6μm。菌髓菌丝无色至浅褐色，薄壁或稍厚壁，偶尔分枝，频繁分隔，沿菌管平行排列，次生菌丝，无色，薄壁，直径为2～4μm。担子棍棒状，具4个小梗并在基部具一横隔膜，15～20μm×6～8μm。拟担子形状与担子相似，但略小。孢子椭圆形，黄褐色，厚壁，7～10μm×4.7～6.8μm。

生态习性 夏末至秋季生长在阔叶树的活立木或倒木上。一年生。

分　　布 分布于内蒙古、陕西、宁夏、新疆等地。

应用情况 可药用。有记载止血、止痛、治痔等。有增强免疫力、抑肿瘤、降血糖、治疗糖尿病等功效。

图 357

1. 子实体；2. 孢子；3. 担子

358　杨生核纤孔菌

<table>
<tr><td>别　　名</td><td>团核褐孔菌、团核褐孔</td></tr>
<tr><td>拉丁学名</td><td>*Inocutis rheades* (Pers.) Fiasson et Niemelä</td></tr>
<tr><td>曾用学名</td><td>*Inonotus rheades* (Pers.) Bondartsev et Singer; *Xanthochrous rheades* (Pers.) Pat.</td></tr>
</table>

形态特征　子实体较大，无柄。菌盖单生或叠生，扁半球形至马蹄形，4～14cm×5～20cm，厚2.5～7cm，红褐色，幼时具密绒毛，后渐脱落近光滑，最后几乎光滑，边缘厚而钝或波状。菌肉黄褐色，或红褐色，厚0.5～4cm，鲜时含水多，海绵质变纤维质，有环纹，基部中央有菌丝团核，直径3～4cm，内含白色菌丝束。菌管同菌肉色，长0.4～3cm，管壁薄，管口多角形，每毫米2～3个。菌丝罕分枝，有横隔，粗3～10μm。担子棒状，具4小梗，18～24μm×5～6.5μm。孢子黄褐色，光滑，椭圆形，5.5～9μm×5～7μm。

生态习性　生于杨、桑、柽柳或柞木等活立木基部。属木腐菌，引起多种阔叶树干基部白色腐朽。

分　　布　分布于黑龙江、吉林、辽宁、内蒙古、河北、宁夏、甘肃、陕西、新疆、云南、山西、浙江、安徽、江西、青海、广西等地。

应用情况　可药用。有止血、止痛以及治疗痔疮等作用。

359　柽柳核纤孔菌

<table>
<tr><td>别　　名</td><td>柽柳核针孔菌</td></tr>
<tr><td>拉丁学名</td><td>*Inocutis tamaricis* (Pat.) Fiasson et Niemelä</td></tr>
</table>

形态特征　子实体通常覆瓦状叠生，新鲜时软木栓质，无嗅无味，干后木栓质。菌盖半圆形或扇形，外伸可达8cm，宽可达12cm，基部厚可达5cm，菌盖表面黄褐色，具不明显的同心环带，被硬毛或长柔毛，成熟后变粗糙或光滑，边缘钝。孔口表面锈褐色，成熟后暗褐色，不育边缘窄，宽

2mm，孔口多角形或圆形，每毫米 2～3 个，管口边缘薄，撕裂状。菌肉锈褐色，纤维质，明显具环带，厚可达 3cm，菌肉基部具颗粒状菌核，菌核锈褐色，菌肉和颗粒状菌核中具白色菌丝束。菌管黄褐色，比孔口表面颜色略浅，新鲜时纤维质，干后脆木栓质，长达 20mm。菌丝系统一体系，所具隔膜无锁状联合，菌丝组织在 KOH 试剂中变黑。菌肉菌丝无色、浅黄色或褐色，薄壁至厚壁，偶尔分枝，多分隔，规则排列，直径为 4～6μm。菌核菌丝弯曲，暗红褐色，厚壁，多分枝，直径 5～7μm，有些菌核菌丝硬化，暗褐色，外形不规则，直径达 12μm。菌髓菌丝无色至浅黄色，薄壁至略厚壁，多分枝且分隔，沿菌管平行排列，直径为 3.5～5μm。次生菌丝常存在于子实层中，无色，薄壁，直径为 1.8～3μm。子实层中无刚毛和囊状体。担子近棍棒状，具 4 个小梗并在基部具一横隔膜，12～15μm×5～8μm。拟类担子的形状与担子相似，但略小。担孢子椭圆形，黄褐色，厚壁，平滑。

生态习性　偶见种类，春季至秋季出现。生长在柽柳的活立木或枯树上。一年生。属木腐菌。

分　　布　分布于北京、河北、新疆等地。

应用情况　可药用。具有止血、止痛和治疗痔疮等功效。

360　鲍姆纤孔菌

拉丁学名　*Inonotus baumii* (Pilát) T. Wagner et M. Fisch.

形态特征　子实体干后硬木质。菌盖多为蹄形，偶尔半圆形，外伸可达 7cm，宽可达 10cm，基部厚可达 5cm，表面黑灰色至近黑色，具同心环带和浅的沟纹，粗糙至光滑，具放射状裂纹或开裂，边缘钝，污褐色。孔口表面褐色、污褐色至黑褐色，具折光反应，不育边缘明显，黄褐色，宽可达 5mm，孔口多角形至圆形，每毫米 7～10 个，管口边缘薄，全缘。菌肉褐色至污褐色，硬木质，厚可达 1cm，明显比菌管薄，略呈放射状生长。当年菌管层金黄褐色，老菌管褐色，菌管分层明显，每层厚度小于 1mm，长达 3cm。菌丝系统二体系，菌丝隔膜简单分隔，菌丝组织在 KOH 试剂中变黑。生殖菌丝无色，薄壁，或浅黄色微厚壁，偶尔分枝，直径 2.2～4.5μm；骨架菌丝金黄褐色，稍厚壁至厚壁并具宽的内腔，罕分枝，常具分隔，规则排列，直径 4.2～6μm。子实层刚毛呈锥形，暗褐色，厚壁，14～24μm×5～9μm。担子窄桶状，具 4 个小梗，基部具一横隔膜，7.5～11μm×4.5～6μm。担孢子宽椭圆形，幼期浅黄色，薄壁或稍厚壁。成熟的孢子浅黄色，厚壁，平滑，2.4～4.5μm×2.1～3.5μm。梭形拟囊状体常见，偶见菱形结晶体。

生态习性　生长于多种阔叶树的活立木或垂死树木上。多年生。

分　　布　分布于北京、河北、黑龙江、吉林、辽宁、内蒙古等地。

应用情况　该菌为桑黄的一种。对小鼠肝癌细胞 H-22、肉瘤细胞 S-180 和肺癌细胞 Lewis 均表现出较好的抑瘤作用，其中，激活巨噬细胞、增强其吞噬功能、诱导巨噬细胞产生和分泌肿瘤坏死因子是桑黄抗肿瘤作用的重要机制之一；另外，该菌还具有抗突变、抗肝纤维化、抗脂质过氧化、增强人体外周血单个核细胞产生 γ-干扰素（IFN-γ）、抗血栓形成、降血脂以及抗肺炎等作用；该菌的脂溶性提取物对神经元细胞 PC-12 具有保护作用。

图 361

361 薄壳纤孔菌

别　　名　薄皮纤孔菌、桂花菌、合树菌
拉丁学名　*Inonotus cuticularis* (Bull.) P. Karst.

形态特征　子实体一般较大，软肉质，干后硬，无柄。菌盖直径 3～20cm，厚 3～20mm，半圆形或扇形，基部狭窄呈覆瓦状着生，有时左右相连，琥珀褐色至栗色，有粗绒毛，渐变为纤毛状或近光滑，有环带，菌盖边缘暗灰色，薄锐，常内卷。菌肉近似盖色，厚 1～10mm，纤维质。菌管长 2～10mm，管口初期近白色后变至同盖色，每毫米 2～5 个，管壁薄裂为齿状，有少数刚毛呈褐色，多角形、锥形，13～30μm×5～7μm。孢子黄褐色，光滑，近球形至宽椭圆形，4～8μm×3.5～5.5μm。
生态习性　于桦等阔叶树腐木上覆瓦状生长。引起阔叶树木白色腐朽。
分　　布　分布于吉林、四川、江苏、浙江、湖南、广东、广西、海南、西藏等地。
应用情况　可药用，香而甘，顺气益神、去邪风、治狐臭、止血、疗胃疾、治麻风病。抑肿瘤，对小白鼠肉瘤 180 及艾氏癌的抑制率分别为 90% 和 100%。

362 浅黄纤孔菌

别　　名　松鼠针孔菌、浅黄昂尼孔菌、松鼠状针孔菌
拉丁学名　*Inonotus flavidus* (Berk.) Ryvarden
曾用学名　*Polystictus flavidus* (Berk.) Cooke

形态特征　菌盖半圆形，单生或覆瓦状着生，直径4～6.5cm，厚0.6～0.8cm，淡黄褐色至锈栗褐色，有粗绒毛，无环带，盖缘薄锐。菌肉鲜时柔软，而干燥时硬而脆，淡黄褐色，双层，间有一条黑色细线。菌管面黄褐色至褐色，管孔单层，厚0.3～1cm，孔口小，每毫米4～5个。孢子圆柱状，光滑，无色，5～6.5μm×1.5～2μm。
分　　布　分布于云南、广西、广东、福建等地。
应用情况　抑肿瘤，对小白鼠肉瘤180和艾氏癌的抑制率分别为60%和70%。

363 粗毛黄褐孔菌

别　　名　粗毛褐孔菌、粗毛纤孔菌、粗毛黄孔菌、粗毛针孔菌、槐蘑
拉丁学名　*Inonotus hispidus* (Bull.) P. Karst.
曾用学名　*Xanthochrous hispidus* (Bull.) Pat.
英 文 名　Shaggy Polypore

形态特征　子实体中等至较大，无柄，马蹄形、半圆形或垫状，软而多汁，干后脆。菌盖直径9～25cm，黄褐色到锈红色，后变黑褐色到黑色，有粗毛无环纹，边缘钝圆，有绒毛。菌肉锈红色。菌管长1～2.5cm，管孔面浅黄色，渐与菌肉同色，孔口多角形，平均每毫米2～3个。孢子黄褐色，光滑，卵形、宽椭圆形或近球形，7.5～10.5μm×6～9μm。
生态习性　生多种阔叶树活立木树干和主枝上。一年生。引起心材形成海绵状白色腐朽。
分　　布　分布于黑龙江、河北、吉林、山东、山西、陕西、云南、宁夏、新疆、西藏等地。
应用情况　可药用。治疗消化不良，还可止血。抑肿瘤，对小白鼠肉瘤180及艾氏癌抑制率分别为80%和70%。

图363

图 364-1

图 364-2

364 忍冬纤孔菌

别　　名　忍冬木层孔菌
拉丁学名　***Inonotus lonicericola*** (Parmasto) Y. C. Dai
曾用学名　*Phellinus lonicericola* Parmasto

形态特征　子实体通常单生，有时覆瓦状叠生，新鲜时木栓质。菌盖半圆形或近圆形，外伸可达8cm，宽可达9cm，基部厚可达3cm，上表面生长初期具微细绒毛，后期变为粗糙并具不规则龟裂，黑褐色或灰褐色，具同心环沟，边缘钝，活跃生长时浅黄色，后期变为黄褐色或暗褐色，菌盖上表面后期形成一薄壳。管口表面黄褐色至锈褐色，具折光反应，不育边缘明显，黄褐色，宽可达5mm，管口近圆形，每毫米8～10个，管口边缘薄且全缘。菌肉黄褐色，干后木栓质，厚可达1cm。菌管多层，分层明显，当年生菌管金黄褐色，老菌管浅褐色，新鲜时木栓质，长达20mm。菌丝系统二体系，生殖菌丝简单分隔，菌丝组织在KOH试剂中变黑。菌肉中生殖菌丝占多数，无色至浅黄色或金黄色，薄壁至厚壁，直径3.5～4.5μm；骨架菌丝占少数，金黄色，厚壁且具一空腔，不分隔且不分枝，规则排列，直径45μm。菌管生殖菌丝占少数，无色，薄壁，偶尔分枝，直径1.8～2.8μm；骨架菌丝占多数，金黄色，厚壁且具一中等程度空腔，偶尔分隔，不分枝，大致平行于菌管排列，直径2.1～3.2μm。子实层具大量刚毛，葫芦形，顶端尖锐，厚壁，褐色，14～22μm×5～8μm。菱形的结晶体有时存在于子实层中。担子窄圆桶形，着生4个担孢子梗，基部具一简单分隔，7.5～10μm×4.2～5.8μm。担孢子广椭圆形，黄褐色，厚壁，光滑，3～4.6μm×2.3～3.7μm。

生态习性　为偶见种类，在春季、夏季和秋季均出现。只生长在忍冬的活立木和倒木上。多年生。

分　　布　分布于黑龙江、吉林等地。

应用情况　有时作为"桑黄"被出售。可抑肿瘤，增强免疫力等。

图 364-3

图 365

365 桦褐孔菌

别　名 白桦茸、斜生纤孔菌、斜纤孔菌、斜生褐孔菌

拉丁学名 *Inonotus obliquus* (Ach. ex Pers.) Pilát

曾用学名 *Scindalma obliquum* (Ach.) Chevall.; *Phellinus obliquus* (Ach.) Pat.; *Fuscoporia obliqua* (Pers. ex Fr.) Aoshima

英 文 名 Black Birch touchwood, Clinker polypore, Birch Canker Polypore

---

形态特征　子实体呈块状，往往在树干上形成大小不等的团状物，表面深裂、坚硬、干脆、木栓质，黑褐色或黑色，内部黄褐色，高 10～20cm，宽 8～10cm。可育部分厚约 5mm，暗褐色。菌管 3～10mm，每毫米 6～8 个管口，圆形，污白变暗褐色。孢子广椭圆形至卵圆形，光滑，9～10μm×5.4～6.5μm，亦有刚毛。

生态习性　主要生桦树上，也生榆、杨等立木上。属木腐菌，引起心材白色腐朽。

分　布　分布于黑龙江、吉林等地。

应用情况　桦褐孔菌主要分布在北纬 45°～50° 的地区。以俄罗斯、中国东北、日本、北美、北欧多产。俄罗斯及我国民间药用历史悠久。桦褐孔菌含有大量的植物纤维类多糖体，可以提高免疫细胞的活力，抑制癌细胞扩散和复发，在胃肠内防止致癌物等有害物质的吸收，并促进排泄。在俄罗斯称之 Chaga，一般用来治疗癌症、糖尿病、心脏病及其防治艾滋病、胃炎、结肠炎等疑难杂症。可增强免疫功能，降血糖，抑肿瘤。据俄罗斯研究表明，桦褐孔菌提取物对糖尿病治愈率达 93%。

366 辐射状纤孔菌

拉丁学名 *Inonotus radiatus* (Sowerby) P. Karst.
英 文 名 Alder bracket

形态特征 子实体有时平伏反卷，通常覆瓦状叠生，新鲜时无特殊气味，革质，干后木栓质。菌盖半圆形或贝壳形，外伸可达 6cm，宽可达 11cm，基部厚可达 20mm，表面浅黄褐色至浅红褐色，被纤细的绒毛至光滑，具明显的环纹，边缘锐，干后内卷。孔口表面栗褐色，具明显的折光反应，不育边缘明显，宽可达 4mm，孔口多角形，每毫米 4～7 个，孔口边缘明显撕裂。菌肉栗褐色，比菌管颜色暗，硬木栓质，环区不明显，厚可达 10mm。菌管浅灰褐色，颜色明显比孔口表面浅，木栓质，长可达 11mm。菌丝系统一体系，所有隔膜无锁状联合，菌丝组织在 KOH 试剂中变黑。菌肉菌丝浅黄色至金黄色，略厚壁，内腔宽，多分枝，少分隔，菌丝近规则排列，直径 3.8～7.2μm，菌肉中无菌丝刚毛。菌髓菌丝无色至浅黄色，薄壁至略厚壁，内腔宽，少分枝，多分隔，沿菌管平行排列，直径 2.5～5μm。子实层刚毛多，钩状，暗褐色，厚壁，末端尖，18～32μm×8～12μm，有时子实层刚毛的基部深入到菌髓中，看起来像菌丝刚毛一样，长 50～80μm。子实层中无囊状体和拟囊状体。担子近棍棒状，具 4 个小梗并在基部具一横隔膜，10～16μm×5.5～7μm。孢子椭圆形，无色至浅黄色，略厚壁，平滑，3.5～5.2μm×2.5～3.8μm。

生态习性 生长在阔叶树的活立木或倒木上。一年生。导致木材腐朽。

分 布 分布于北京、河北、黑龙江、吉林、内蒙古等地。

应用情况 具有抑肿瘤等功效。

367 桑黄

拉丁学名 *Inonotus sanghuang* Sheng H. Wu, T. Hatt. et Y. C. Dai

形态特征 子实体菌盖多数叠生在一起，马蹄形或不规则形，长 6～1.5cm，宽 10～20cm，基部厚 3～6cm，菌盖表面黄褐色、褐色、灰褐色，老时黑褐色，具同心环带和浅沟纹，粗糙至光滑，老后常具不均匀、放射状裂纹，并开裂或龟裂，初期有细微绒毛，后变粗糙，边缘钝，幼时柠檬黄色至金黄色，老时土黄色或黄棕色。孔口表面呈金黄色或棕黄色，老后黄棕色，管口圆形或角形，每毫米 5～7 个。菌肉黄色、棕黄色、土黄色至浅黄褐色，厚 0.5～2cm。菌管与菌肉同色，多层，浅黄褐色至棕色。孢子宽椭圆形，浅棕黄色，光滑，4～4.5μm×3.5～4μm。

生态习性 生于桑树的树干上。

分 布 分布于吉林、浙江、四川等地。

应用情况 桑黄性味：甘、辛、苦、寒。入肝、肾经。功效：活血止血、化饮、止泻、和胃。主治：血崩、血淋、脱肛泄血、带下、经闭、癖饮。《神农本草经》记载"利五脏，宣肠胃气，排毒气。"抗癌，缓解癌症特有的疼痛。据现代医学研究表明，广义的"桑黄"能诱导癌细胞自行凋亡，抑制癌细胞的增殖及转移，减少化疗或放疗对正常细胞损伤的副作用，以及能缓解癌症患者特有的疼痛；预防癌细胞生成，阻止溃疡、息肉、良性肿瘤等恶变为癌症，抗氧化，提升免疫力或避免癌症的复发、转移；抗肝纤维化，促进肝细胞再生，防治慢性肝炎、肝硬化、肝腹水等；降低和调整

血糖浓度，有效预防糖尿病及改善糖尿病症状；降低血脂，防止动脉硬化，防止心脑血管病的发生；抗过敏，对过敏性鼻炎及久治不愈的湿疹疗效良好；预防和治疗类风湿性关节炎；抑制尿酸，对痛风有良好的防治效果。可人工培植。火木层孔菌 *Phellinus igniarius*、裂蹄木层孔菌 *Phellinus linteus*、鲍氏木层孔菌 *Phellinus baumii* 等都统称为"桑黄"，并药用。

368 瓦泥纤孔菌

拉丁学名 *Inonotus vaninii* (Ljub.) T. Wagner et M. Fisch.

形态特征 菌盖外伸可达 7cm，宽可达 12cm，厚可达 5cm，平伏时长达 30cm，宽可达 8cm，菌盖表面红褐色至灰黑色，具不明显的环带，边缘鲜黄色，在 KOH 试剂中变血红色。孔口表面栗褐色，具折光反应，不育边缘明显，鲜黄色，宽可达 1mm，孔口多角形至圆形，每毫米 6~8 个，管口边缘薄，全缘或撕裂。菌肉鲜黄色至污褐色，硬木质，具同心环带，厚可达 3cm，有时具一层薄的黑色环纹，通常具白色菌丝束，成熟后菌盖覆盖一层黑色的薄皮壳。菌管与孔口表面同色，硬木栓质，菌管分层明显，长达 20mm。菌丝系统二体系，菌丝隔膜简单分隔，菌丝组织在 KOH 试剂中变黑。菌肉中生殖菌丝无色，薄壁，偶尔分枝，常分隔，直径 2~3.2μm；骨架菌丝占多数，黄褐色至金黄褐色，厚壁并具宽内腔，少分枝，少分隔，略平直，相互松散的交织排列，直径 3~5μm。菌管

多孔菌

图 370-1

图 370-2

图 371-1

生殖菌丝少见，无色，薄壁，偶尔分枝，多分隔，直径 2～3.2μm；骨架菌丝占多数，黄褐色，厚壁并具一狭窄至宽内腔，不分枝，少分隔，平直，沿菌管近平行排列，直径 2.5～4μm。子实层刚毛常见，多数腹鼓状，暗褐色，厚壁，25～36μm×6～9μm。菱形结晶体存在。担子宽棍棒状，具 4 个小梗并在基部具一横分隔，8～11μm×4.5～5μm。担孢子卵形至广椭圆形，浅黄色，略厚壁，平滑，3.5～4.6μm×2.5～4μm。

生态习性　有认为偶见种类，在春季、夏季和秋季均出现，只生长在杨树的活立木和倒木上。多年生。

分　　布　分布于黑龙江、吉林、辽宁等地。

应用情况　药用菌，含多酚和黄酮类化合物，在清除自由基方面有明显效果。

369　锦带花纤孔菌

拉丁学名　*Inonotus weigelae* T. Hatt. et Sheng H. Wu

形态特征　子实体木栓质，干后木质。菌盖平展，外伸可达 4cm，宽可达 10cm，基部厚 4cm，菌盖表面酒红褐色至鼠灰色，具明显的环沟和环区，有时不规则开裂，边缘钝，橘黄色。孔口表面黄褐色，具折光反应，不育边缘明显，肉桂黄色，宽可达 3cm，孔口圆形，每毫米 5～7 个，孔口边缘薄，全缘。菌肉肉桂色，硬木栓质，异质，在上层的绒毛层和菌肉之间具一黑线区，上层厚可达 1mm，下层厚可达 2mm。菌管与菌肉同色，木质，分层明显，每层间具薄菌肉层，整个菌管长可达 3.7cm。菌肉菌丝一体系，菌管菌丝二体系，所有隔膜无锁状联合，菌丝组织在 KOH 试剂中变黑。菌肉中生殖菌丝无色至浅黄色，薄壁至稍厚壁，具窄或宽内腔，不分枝，频繁分隔，直径 2～4μm，菌丝在黑色区暗褐色，明显厚壁，具窄内腔，强烈黏结，交织排列。菌管生殖菌丝少见，无色，偶尔分枝，多分隔，平直，直径 2～2.5μm；骨架菌丝占多数，黄褐色，厚壁，具宽内腔至近实心，少分枝，偶尔分隔，交织排列，直径 2～3μm。子实层刚毛常见，通常锥形，暗褐色，厚壁，末端尖，17～28μm×5～10μm。子实层中具梭形拟囊状体。菱形结晶体偶尔存在。担子桶状，5～7μm×4～5μm。担孢子广椭圆形，浅黄色，厚壁，平滑，2.9～4μm×2.1～3.1μm。

生态习性　从春季到秋季均出现，生长在多种阔叶树的活立木或倒木上。多年生。

图 371-2

分　　布　分布于贵州、湖北、湖南、浙江等地。
应用情况　具有抑肿瘤等活性。

370　褐黄纤孔菌

拉丁学名　*Inonotus xeranticus* (Berk.) Imazeki et Aoshima
英 文 名　Brownish Yellow Innotus

形态特征　子实体一般中等，无菌柄。菌盖直径 3～10cm，半圆形，多数叠生一起，盖表面黄褐色并有短毛及环纹，边缘亮黄色，革质，柔软。菌肉薄，柔软，革质，分上下两层。菌管层黄褐色，管面鲜黄至黄褐色，管孔长 2～3mm，管孔小，每毫米 4～5 个。刚毛多，褐色，壁厚，30～60μm× 5～9μm。孢子无色，长椭圆形，2.5～4μm×1.2～1.7μm。
生态习性　生阔叶树枯木、树桩上。此菌为木材腐朽菌，可引起木材白色腐朽。
分　　布　分布于台湾、福建、香港、云南等地。
应用情况　可研究药用。

371　鲑贝云芝

别　　名　鲑贝革盖菌、鲑贝耙齿菌、鲑贝芝、环带小薄孔菌
拉丁学名　*Irpex consors* Berk.
曾用学名　*Cerrena consors* (Berk.) K. S. Ko et H. S. Jung; *Coriolus consors* (Berk.) Imazeki; *Antrodiella zonata* (Berk.) Ryvarden

形态特征　子实体较小，无柄。菌盖直径 1～3.5cm，厚 0.6cm，后褪为近白色，无毛且有不明显环带，边缘薄且锐。菌肉白色，厚 0.5～1mm。菌管长达 5mm，同菌盖色，管口每毫米 1～3 个，边缘裂为齿状。孢子光滑，椭圆形，无色，4.5～6.5μm×2～3.5μm。

多孔菌

生态习性 生于栎等阔叶树腐木上，群生或叠生，稀单生。此菌引起木材白色腐朽，其腐朽力强。

分　布 分布于河南、陕西、江苏、浙江、江西、安徽、福建、湖南、广东、广西、四川、贵州、云南、甘肃、海南、香港、西藏等地。

应用情况 对艾氏腹水癌及小白鼠白血病 L-1210 显示抗癌作用。从发酵液及菌丝体中分离出的革盖菌素（coriolin）和二酮革盖菌素 B（diketocoriolin B）可抑制革兰氏阳性菌。对小白鼠肉瘤 180 的抑制率为 80%，对艾氏癌的抑制率为 90%。中药还用为发散剂。据记载，此菌腐朽力强可用于发酵猪饲料，对破坏木质素，加速饲料发酵，增加蛋白质，提高饲料的营养价值很有效果。有时生长在食用菌段木上，被视为"杂菌"。

372　齿状囊耙齿菌

别　名 乳白齿耙菌、齿状囊耙菌

拉丁学名 *Irpex hydnoides* Y. W. Lim et H. S. Jung

形态特征 子实体平伏，边缘反卷，新鲜时革质，无特殊气味，干后木栓质。菌盖窄平展，通常左右相连，外伸可达 0.5cm，宽可达 3cm，基部厚可达 0.4cm，上表面乳白色至奶油色，覆细密绒毛，具同心环带，边缘与菌盖同色，波状。子实层体表面新鲜时奶油色至淡黄色，干后浅黄色，年幼时孔状，后期耙齿至齿状。孔口或菌齿每毫米 2～4 个。不育边缘明显，奶油色。菌肉奶油色，软纤维质，厚 1mm。菌齿与子实层体表面同色，木栓质至脆质，长可达 3mm。生殖菌丝简单分隔，菌丝组织在 KOH 试剂中无变化。菌肉生殖菌丝占多数，无色，薄壁至厚壁，偶尔分枝，有时塌陷，直径 2～5μm；骨架菌丝无色，厚壁内腔，少分枝，规则排列，直径为 4～8μm。菌管生殖菌丝常见，无色，薄壁至厚壁，偶尔分枝，直径为 2～4.5μm；骨架菌丝无色，厚壁内腔，不分枝，有些被细小结晶，疏松交织排列，直径为 3.8～6μm。囊状体无色，厚壁，由菌髓中骨架菌丝伸长形成，前端锐或钝，表面覆盖大量块状结晶，埋藏或突出子实层，结晶包被 40～65μm×6～10μm。担子粗棍棒形，15～26μm×4～5μm。孢子椭圆形，无色，薄壁，光滑，4.8～6μm×2.9～4μm。

生态习性 春至秋季生长在阔叶树枯死树、倒木和落枝上。一年生。

分　布 分布于黑龙江、吉林、辽宁等地。

应用情况 与白囊耙齿菌具有类似的药用功能。

373　白囊耙齿菌

别　名 白齿状囊耙齿、乳白耙菌、白囊菌

拉丁学名 *Irpex lacteus* (Fr.) Fr.

曾用学名 *Hydnum lacteum* (Fr.) Fr.

形态特征 子实体在基物表面平伏生长，边缘反卷，有时则完全平伏。反卷的菌盖部分 0.8～1.5cm×0.5～3.5cm，宽 1～3mm，菌盖表面白色，密被短绒毛，环纹往往不很明显，边缘薄，波状，起伏。菌盖下子实层面白色或乳白色，管孔裂为粗糙、齿状突起。菌肉白色，革质，韧，干后硬。囊体明显，梭形至纺锤形，突越子实层约 15mm，顶端常有结晶。担子呈棒状，近无色，具 4 小

梗。孢子无色透明，平滑，椭圆形，4.5～6μm×2.5～3μm。

生态习性 生于阔叶树的树皮及木材上，大量成片状生长。属木腐菌，导致边材白色腐朽。

分　布 分布于黑龙江、吉林、辽宁、河北、河南、山西、陕西、甘肃、四川、台湾、安徽、江苏、浙江、江西、湖南、贵州、云南、广东、广西、福建、西藏等地。

应用情况 可药用，治疗慢性肾炎、尿少、浮肿、腰痛、血压升高等症，具抗炎活性。另含有多糖、皂甙、有机酸、生物碱及17种氨基酸。

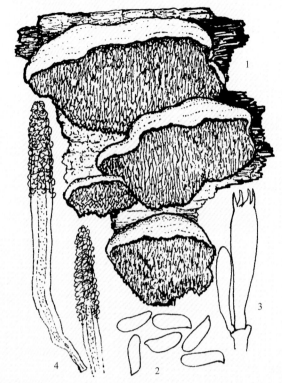

1. 子实体；2. 孢子；3. 担子；4. 囊体

图373

374　松脂皱皮孔菌

别　　名 皱皮孔菌、皱皮菌、树脂多孔菌
拉丁学名 *Ischnoderma resinosum* (Fr.) P. Karst.
英　文　名 Resinous Polypore

形态特征 子实体大。菌盖直径7～13cm×9～20cm，厚1～3cm，半圆形或扁半球形，扁平，表面锈褐色至黑褐色，无柄，侧生，单个或几个叠生，肉质，柔软多汁，干后变硬或木栓质，有不明显的同心环带，新鲜时表面平滑而干后有放射状皱纹，表皮层薄，有细绒毛，后渐脱落，边缘厚而钝，干时内卷，波状或有瓣裂，下侧无子实层。菌肉近白色，柔软，干后木栓质，呈蛋壳色至淡褐色，厚0.5～2.5cm。菌管与菌肉同色，长0.2～0.6cm，管壁薄，管口近白色，干后或伤后变灰褐色，圆形至多角形，每毫米4～6个。孢子无色，光滑，稍弯曲，近圆柱形，5～7μm×1～2μm。

生态习性 生云杉、红松、榆等活立木、倒木和枯立木上。

分　布 分布于黑龙江、吉林、河北、广西、云南、陕西、四川、西藏等地。

应用情况 幼嫩时可食用。试验抑肿瘤，对小白鼠肉瘤180及艾氏癌的抑制率分别为70%和80%。

图374-1

图374-2

图 374-3

图 374-4

图 375-1

图 375-2

375　雷丸

别　　名　雷实、竹苓、竹铃芝、来丸、雷
矢、竹矢、竹铃子、白雷丸、竹
兜、雷斧、雷楔

拉丁学名　*Laccocephalum mylittae* (Cooke et Massee) Núñez et Ryvarden

曾用学名　*Polyporus mylittae* Cooke et Massee;
Omphalia lapidescens J. Schröt.

英 文 名　Black Fellowis Bread

形态特征　子实体很少形成。一般形成菌核，其直径0.8～5cm，呈球形、扁圆形、大豆形、蚕豆形、不规则形、小指至拇指形等，直径0.5～3.5cm，褐色、红褐色、黄褐色、黑褐色和黑色，表面有细密皱纹，干后坚硬，有时附菌索，内部白色或带黄色，略带黏性。菌核干后坚硬如石。子实体难发现。菌盖肉质，较薄，约0.2～0.5cm，圆形，中央脐凹，表面浅褐色，直径1.5～4.2cm。菌褶白色，稍延生。菌柄长1.4～5.1cm，粗0.3～0.8cm。孢子印白色。孢子球形（于夏季温度在25～35℃时发生）。

生态习性　偶见，单生或群生。生竹根或老竹兜及竹鞭下面，也生于泡桐、鱼藤等树下面。

分　　布　分布于河南、安徽、浙江、四川、湖南、湖北、广西、陕西、甘肃、云南、吉林、内蒙古、福建、西藏等地。

应用情况　中药将其菌核称为雷丸而药用。据《神农本草经》记载"逐毒气，胃中热""除小儿百病"，故有消积、杀虫、除热功效。且性寒、味苦、有小毒，本菌是驱除人畜绦虫的特效药物。也用来杀"三虫"，治疗蛔虫病、蛲虫病、血吸虫病等。主要成分雷丸素，系一种蛋白酶，对杀钩绦虫、无钩绦虫及微小膜壳绦虫均有效。雷丸蛋白酶对小白鼠肉瘤180有抑制作用。

376 奶油绚孔菌

别　　名　硫黄菌、硫黄多孔菌
拉丁学名　*Laetiporus cremeiporus* Y. Ota et T. Hatt.

形态特征　子实体无柄或具短柄，覆瓦状叠生，肉质至干酪质。菌盖扁平，外伸可达7cm，宽可达10cm，中部厚可达2cm，表面新鲜时黄褐色至红褐色，边缘波状，较菌盖表面颜色浅，干后内卷。孔口表面新鲜时奶油色至白色，成熟时淡黄色，多角形，每毫米3~4个，边缘薄，撕裂状。不育边缘窄。菌肉乳白色，厚可达2cm。菌管与孔口表面同色，长可达1mm。担孢子5.2~6.2μm×3.3~3.8μm，宽椭圆形，无色，薄壁，光滑，非淀粉质，不嗜蓝。
生态习性　春夏季生于阔叶树的活立木、倒木和树桩上，尤其以壳斗科树上最为常见。一年生。造成木材褐色腐朽。
分　　布　分布于河北、河南、黑龙江、吉林、辽宁、甘肃、陕西、山西、海南等地。
应用情况　食药兼用。据戴玉成研究，东北有此种，另一种生于针叶树木的高山绚孔菌，同样食药兼用。

377 朱红硫磺菌

别　　名　红硫磺菌、朱红干酪菌
拉丁学名　*Laetiporus miniatus* (Jungh.) Overeem
曾用学名　*Laetiporus sulphureus* var. *miniatus* (Jungh.) Imazeki

形态特征　子实体中等至大型。菌盖直径可达30~40cm，单个菌盖5~20cm，厚1~2cm，肉质，扇形至半圆形，有放射状条棱，多数重叠生长，鲜朱红色或带深橘红色。菌肉带黄白至肉色，幼时肉质，有弹性，干后变白且酥脆，下面淡肉色至淡黄褐色。管孔长2~10mm，管口圆形至不正形。孢子无色，光滑，椭圆形，6~8μm×4~5μm。
生态习性　生落叶松、栎等树干上或基部。引起树干基块状褐色腐朽。
分　　布　分布于河北、黑龙江、西藏、新疆等地。
应用情况　幼时可食用，别具风味。亦有怀疑有毒，食用和药用时注意。

图377

图 379

378 高山绚孔菌

拉丁学名 *Laetiporus montanus* Černý ex Tomšovský et Jankovský

形态特征 子实体无柄或具短柄，覆瓦状叠生，肉质至干酪质。菌盖扁平，外伸可达 24cm，宽可达 36cm，中部厚可达 2cm，表面幼嫩时橘黄色，成熟后淡黄褐色，边缘钝或略锐，波状，颜色较菌盖表面浅。孔口表面新鲜时浅黄色，成熟时污白色，多角形，每毫米 3～4 个，边缘薄，撕裂状。不育边缘窄。菌肉乳白色，厚可达 1cm。菌管与孔口表面同色，长可达 1cm。孢子 6～7.5μm×4.1～5μm，宽椭圆形，无色，薄壁，光滑，非淀粉质，不嗜蓝。

生态习性 春夏季生于针叶树特别是落叶松的活立木、倒木和树桩上。一年生。造成木材褐色腐朽。

分　布 分布于东北等地。

应用情况 食药兼用。

379 硫磺菌

别　名 硫磺干酪菌、硫色多孔菌、硫色绚孔菌

拉丁学名 *Laetiporus sulphureus* (Bull. : Fr.) Murrill

曾用学名 *Grifola sulphuraa* (Bull.) Pilát

英　文　名 Sulfur Shelf, Chicken Mushroom, Sulphur Polypore

形态特征 子实体大型。菌盖初期瘤状、似脑髓状，以后长出一层层菌盖，直径 8～30cm，厚

1～2cm，表面硫黄色至鲜橙色，有细绒或无，有皱纹，无环带，边缘薄而锐，波浪状至瓣裂，多汁，干后轻且脆。菌肉白色或浅黄色。管孔面硫黄色，干后褪色，孔口多角形，平均每毫米3～4个。孢子无色，光滑，卵形、近球形，4.5～7μm×4～5μm。

生态习性　生针叶树或阔叶树活立木树干、枯立木上，重叠或覆瓦状生长。引起心材褐色腐朽。

分　　布　分布于河北、黑龙江、吉林、辽宁、山西、内蒙古、陕西、甘肃、河南、福建、台湾、云南、广东、广西、四川、贵州、西藏、新疆等地。

应用情况　幼时可食用，味道较好。可人工培养。可药用、性温、味甘，能调节肌体、增进健康、抵抗疾病，对人体可起到重要的调节作用。补益气血，抑肿瘤。另据试验，对小白鼠肉瘤180及艾氏癌抑制率分别为80%和90%。

380　变孢绚孔菌

別　　名　杂色硫磺菌
拉丁学名　***Laetiporus versisporus*** (Lloyd) Imazeki
曾用学名　*Calvatia versispora* Lloyd

形态特征　子实体中等至大型。菌盖着生于树干上，半球形瘤状，或由数个瘤状生长在一起，直径8～18cm，厚达2～4.5cm，黄色、白黄色至污白黄色，后期呈现污黄褐至污褐色，质硬，内部污白至带褐色。记载厚膜孢子卵圆形或近球形，黄褐色，平滑，5～10μm×8～10μm。

生态习性　子实体无菌柄，盖着生于阔叶立木、枯木上，并引起木材褐色腐朽。

分　　布　分布于吉林、黑龙江、河北等地。

应用情况　幼嫩时可食。另外含三萜类等药用成分。

381 桦褶孔菌

别　　名　桦褶孔、桦革褶菌
拉丁学名　*Lenzites betulina* (L.) Fr.
曾用学名　*Lenzites umbrina* Fr.
英 文 名　Multicolor Gilled Polypore

形态特征　子实体小至中等大，革质或硬革质。菌盖直径 2.5～10cm，厚 0.6～1.5cm，半圆形或近扇形，有细绒毛，新鲜时初期浅褐色，有明显的环纹和环带，后呈黄褐色、深褐色或棕褐色至深肉桂色，老时变灰白色至灰褐色。菌肉白色或近白色，后变浅黄色至土黄色，厚 0.5～1.5mm。菌褶近白色，后期土黄色，宽 3～11mm，分叉少，干后波状弯曲，褶缘完整或近齿状。孢子无色，平滑，近球形至椭圆形，4～6μm×2～3.5μm。

生态习性　夏秋季于阔叶树腐木上呈覆瓦状生长或叠生。一年生。属木腐菌，被侵害活立木、倒木、木桩等木质部形成白色腐朽。

分　　布　分布于河北、辽宁、吉林、黑龙江、内蒙古、山西、河南、陕西、甘肃、青海、新疆、四川、云南、安徽、江苏、浙江、江西、贵州、福建、台湾、广东、广西、海南、西藏等地。

应用情况　可药用治腰腿疼痛、手足麻木、筋络不舒、四肢抽搐等病症，散寒、舒筋。子实体甲醇提取液对小白鼠肉瘤 180 抑制率为 23.2%～38%，另报道可达 90%，对艾氏癌的抑制率为 80%。

图 381-1

382 巨盖孔菌

别　　名　亚灰树花、大盖孔菌、大刺孢树花、大奇果菌
拉丁学名　*Meripilus giganteus* (Pers. : Fr.) P. Karst.
曾用学名　*Polyporus giganteus* (Pers.) Fr.; *Grifola gigantea* (Pers.) Pilát
英 文 名　Giant Polypore, Black-staining Polypore

形态特征　子实体大或特大。菌盖直径 10～20cm，厚达 1cm 以上，许多菌盖有一共同菌柄，一株直径可达 15cm 至 50cm 或更大，表面黄褐色、茶褐至浓茶褐色，并具有放射状条纹和深色环纹，表皮有细微颗粒或呈绒毛状小鳞片。菌肉白色，纤维状肉质，逐渐变暗色，气味温和。管孔白色，触摸部位变暗

图 381-2

图 381-3

图 382

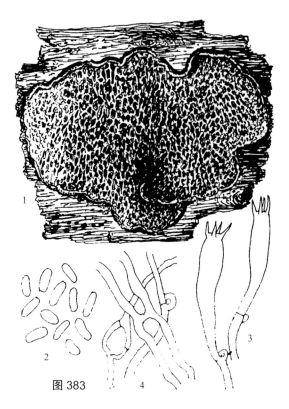

图 383

1. 子实体；2. 孢子；3. 担子；4. 菌丝

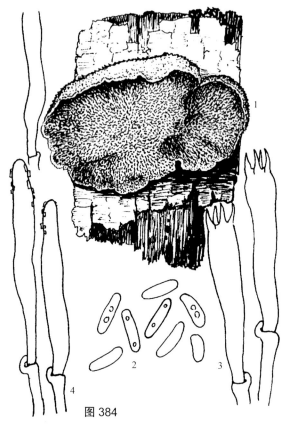

图 384

1. 子实体；2. 孢子；3. 担子；4. 囊体

色，菌管短，管口小，近圆形，延生。菌柄短粗，实心。孢子卵圆形、宽椭圆形，4.5～7μm×3.5～5.5μm。

生态习性 夏秋季生阔叶树桩周围及树根部位。引起树木白色腐朽。

分　　布 分布于云南、贵州、四川、浙江等地。

应用情况 幼时可食用，味道好，可用盐渍等方法加工保存。可研究药用。子实体的水提取物对小白鼠肉瘤 180 及艾氏癌的抑制率分别为 80% 和 90%。

383　黄干朽菌

别　　名　黄皱孔菌、金黄干朽菌、金色干朽黄
拉丁学名　***Merulius aureus*** Fr.
曾用学名　*Merulius imbricatus* Balf.

形态特征 子实体平伏，膜质，易从基物上成片分离，边缘绵绒状，0.5～2cm×1～2.5cm，可相互连接平铺更长，或边缘反卷形成菌盖达 7mm×13mm，厚达 300～400μm，表面光滑或近光滑，呈黄色。菌肉薄，软，黄色。子实层新鲜时金黄色，且有辐射状皱褶及皱纹，皱褶间距离 0.5～1mm，由横脉相连形成小凹坑。菌丝无色，分枝，疏松交织，粗 2.5～4μm，无结晶体，锁状联合多。无囊体。孢子无色，光滑，3～4μm×1.5～2μm。

生态习性 夏秋季在松等腐朽木上生长。

分　　布 分布于安徽、四川等地。

应用情况 此菌含抑肿瘤物质，实验对小白鼠肉瘤 180 和艾氏癌的抑制率均高达 100%。

384　胶皱干朽菌

别　　名　胶射脉革菌、胶皱孔菌、胶质干朽菌
拉丁学名　***Merulius tremellosus*** Schrad.
曾用学名　*Phlebia tremellosa* (Schrad.) Nakasone et Burds.

形态特征 子实体平伏而边缘反卷，或幼期完全平伏，往往相互连接或有的近覆瓦状生长。盖面近污白色有绒毛，无环带，直径 2～7cm，厚可达 2mm 左右，边缘薄。菌肉白色，软，厚约 1～1.5mm。子实层胶质，干后角质，表面粉红、粉肉色至稍淡，半透明状，干后浅紫褐或土黄色，

由棱脉交织成凹坑，平均每毫米 1～2 个小凹坑。孢子无色，光滑，腊肠形，3～4.5μm×1μm，含 2 个油滴以上。囊体稀少，有结晶，15～17μm×4～5μm。

生态习性 夏秋季生于枯木或腐木上。往往引起严重木材白色腐朽。

分　布 分布于黑龙江、河北、吉林、内蒙古、安徽、浙江、贵州、云南、广西、四川、陕西、西藏等地。

应用情况 此菌含有 L- 苹果酸（L-malic acid，$C_4H_6O_5$）。试验抑肿瘤，对小白鼠肉瘤 180 和艾氏癌的抑制率分别为 90% 和 80%。

图 385

385　褐红小孔菌

拉丁学名 *Microporus affinis* (Blume et T. Nees) Kuntze

形态特征 子实体小，革质。菌盖直径 2.5～5cm×3～6.3cm，厚 2～3mm，近圆形、扇形、肾脏形、蝶形，偶有侧面相连，鲜时柔软，干时变硬，表面平滑或光亮，有橙黄、土红、黄褐或者红褐色相间接同心环纹和环带，或有放射状纵沟条，边缘薄锐，往往色浅，干后下卷，或波状起伏或瓣状。菌肉白色至黄白色，或变至蛋壳白色，厚达 1.5mm。菌管很短，厚 0.3～1mm，管口细小，近圆形或多角形，管壁完整，每毫米 4～10 个，靠近边缘不孕。柄侧生，长 1～2.5cm，粗 0.3～0.5cm，较盖色深，基部膨大。子实层中菌丝无色透明，粗 3.5～4μm。孢子小，无色，平滑，透明，长椭圆形，4～5μm×1.5～2μm。

生态习性 生杨、柳、栎、赤杨等多种阔叶树倒木、枯枝、木桩上。引起多种阔叶树木的木质部形成海绵状白色腐朽。

分　布 分布广泛。

应用情况 含纤维素酶，可应用于食品工业等。

386　扇形小孔菌

拉丁学名 *Microporus flabelliformis* (Fr.) Pat.

形态特征 子实体一般较小。菌盖直径 2～5cm，厚

图 386-1

271

多孔菌

图 386-2

0.1～0.3cm，扇形，黄褐色、锈褐色或栗色，稀呈黑褐色，薄，革质，平展，有同心环纹，边缘薄而波状或开裂，初期有细绒毛，渐变光滑至光亮。菌肉白色，纤维质，厚约0.5mm。菌管小，圆形，每毫米7～10个，管面白色至黄白色，靠盖边缘无子实层。菌柄侧生，长0.5～3cm，粗0.2～0.5cm，基部着生部位呈吸盘状，浅褐色至暗褐色。孢子光滑，椭圆形，4～6μm×1.5～2.5μm。

生态习性　于阔叶树倒腐木上或枯枝上群生。属木腐菌，引起木材形成白色腐朽。

分　　布　分布广泛。

应用情况　可研究药用。

387　白长齿耳

别　　名　长刺白齿耳菌、长齿白齿耳、艾类小齿菌

拉丁学名　***Mycoleptodonoides aitchisonii***
(Berk.) Maas Geest.

曾用学名　*Mycoleptodonoides pergamenea* (Yasuda) Aoshima et H. Furuk.; *Steccherinum pergameneum* (Yasuda) S. Ito

形态特征　子实体中等大，无柄至几无柄。菌盖扇形，薄，4～8cm×5～10cm，厚0.2～0.6cm，边缘乳白色，光滑，干后海绵状。菌肉白色，薄。菌盖下子实层面白色，刺细长，柔软，密，锐尖，长0.1～1cm，粗0.05～0.1cm，干后变淡土黄色。菌丝无色，壁薄，直径5μm。孢子长圆，5～7μm×2～7μm，光滑，无色。

生态习性　生阔叶树枯立木或倒木上。是一种木材腐朽菌。

分　　布　分布于吉林、云南、西藏等地。

应用情况　可食用。

388　骨质多孔菌

别　　名　硬树掌、骨干酪孔菌、骨寡孔菌、叠生褐腐干酪孔菌、纯白稀管菌

拉丁学名　***Oligoporus obductus*** (Berk.) Gilb. et Ryvarden

曾用学名　*Tyromyces obductus* (Berk.) Murrill; *Polyporus osseus* Kalchbr.; *Osteina obducta* (Berk.) Donk

英 文 名　Bone Polypore

形态特征　子实体中等至较大，有侧生短柄或仅有柄状基部。菌盖直径6～12cm×4～8cm，近扇形

387

388-1

多孔菌

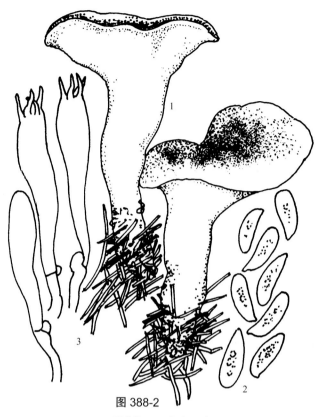

图 388-2
1. 子实体；2. 孢子；3. 担子

或扁半球形，厚可达 0.5～1.5cm，丛生成覆瓦状，半肉质，含水汁多，干后硬而坚实，平滑，白色至污白色，干时带浅黄色，边缘薄而锐。菌肉白色，新鲜时软，干后坚硬呈污黄色，厚。菌柄白色至褐色，侧生，长 1～4cm，粗 0.5～1.5cm。菌管延生，长 1～3mm，白色，干后呈浅黄色，管口多角形，每毫米 3～5 个。菌丝有锁状联合。担子有 4 小梗，20～25μm×4～5μm。孢子短柱形，光滑，无色，4～6μm×2～32.5μm。

生态习性　夏秋季生于山区落叶松等倒腐朽木上，丛生一起，有时单生。属木腐菌。

分　　布　分布于吉林、云南等地。

应用情况　幼嫩时多汁，肉软，但干后硬而坚实。此种曾误定为白树花 Polyporus albicans。可研究药用。可抑肿瘤。

389　乳白黄稀孔菌

别　　名　乳白稀孔菌

拉丁学名　*Oligoporus tephroleucus* (Fr.) Gilb. et Ryvarden

形态特征　子实体较小，白黄色。菌盖直径 2～8cm，厚 0.5～2.5cm，表面近平滑，无毛，无环纹及环带，幼时含水多而近肉质，干时轻。菌肉白色。菌管面白色，管孔长 0.5～1.5cm，孔口小，近圆形，每毫米 5～6 个。孢子无色，光滑，近柱形，4～5μm×1.4～1.6μm。

生态习性　生针叶树或阔叶树腐木上，并形成褐色腐朽。

分　　布　分布于河北、山西、四川、江西等地。有认为此菌同蹄形干酪菌。

应用情况　据试验抑肿瘤。

390　浅黄昂尼孔菌

别　　名　松鼠状针孔菌、松鼠状纤孔菌

拉丁学名　*Onnia flavida* (Berk.) Y. C. Dai

曾用学名　*Inonotus sciurinus* Imazeki

形态特征　子实体中等大，无柄。菌盖半圆形，扁平或凸起，直径 3～10cm，厚 1～3cm，表皮有毛，厚度 4mm 左右，褐色或茶褐色环纹。菌肉鲜时柔软，而干燥时硬而脆，黄褐色且与盖毛皮层之间有一条黑色界线。菌管面黄褐色，管孔单层，厚 0.3～1cm，孔口小，每毫米 3～5 个。刚毛 15～22μm×5～7.5μm。孢子圆筒状，光滑，无色，5～6.5μm×2μm。

生态习性 于阔叶树枯木、腐木上群生。一年生。此菌属木腐菌。

分　　布 分布于广西、广东、福建等地。

应用情况 报道试验抑肿瘤，对小白鼠肉瘤 180 和艾氏癌的抑制率为 60% 和 70%。

391　墙昂尼孔菌

别　　名 东方针孔菌、硬褐多孔菌、东方翁氏菌

拉丁学名 ***Onnia vallata*** (Berk.) Aoshima

曾用学名 *Inonotus orientalis* (Lloyd) Teng; *Onnia orientalis* (Lloyd) Imazeki

英文名 Oriental Polypore

形态特征 子实体中等至较大，木栓质或木质。菌盖近平展，圆形，中部下凹，直径 4~13cm，厚 0.5~1cm，被皮革质短细绒毛，黄褐色或土黄褐色，具同心环带及沟纹。菌肉坚硬，黄褐色，具浅、深色环纹，皮壳下有一黑褐色线条。菌管灰黄色，管口圆形，每毫米 6~7 个。菌柄粗壮，长 3~10cm，粗 2~4cm，同盖色，内实硬，黄褐色。刚毛近纺锤形，厚膜，褐色。孢子近球形或宽椭圆形，无色，3~5μm×2.5~4μm。

生态习性 于松木桩根际单生或群生。导致木材白色腐朽。

分　　布 分布于广西、福建、香港等地。

应用情况 具有抑肿瘤活性。

392　皮生锐孔菌

别　　名 树皮生卧孔菌、树皮酸味菌、皮生卧孔菌、背孔菌

拉丁学名 ***Oxyporus corticola*** (Fr.) Ryvarden

曾用学名 *Rigidoporus corticola* (Fr.) Pouzar; *Poria corticola* (Fr.) Sacc.

英文名 Boring Poria

形态特征 子实体薄，平伏扩展而生长，其形状不定，白色、淡黄色至污褐色，近革质，边缘薄。无管孔而常有绒毛，有时扩展呈网状。基层薄，白色，厚

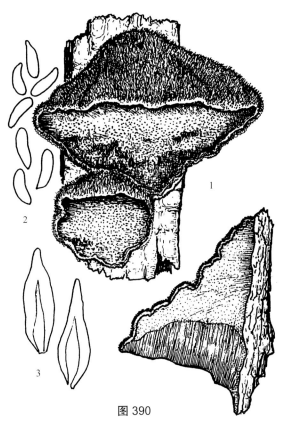

图 390

1. 子实体；2. 孢子；3. 刚毛

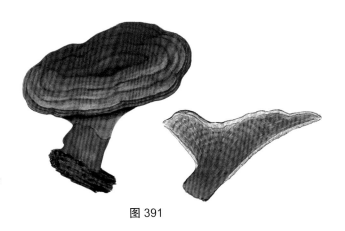

图 391

图 392

0.5～3mm。菌管白色微带土黄色，长 0.5～2.5mm，管口圆形至不整形，直径 0.3～1mm，与菌管同色，干后变土黄色至淡褐色。孢子宽椭圆形至卵圆形，5～6μm×3.5～4μm。囊状体多或少，近纺锤形，壁薄，无色，顶部常有结晶。

生态习性　生于杨树等树干或树皮上。属木腐菌，腐朽力很强，形成白色腐朽。

分　布　分布于吉林、河北等地。

应用情况　该菌产生草居菌素（nemotin）、草居菌酸（nemotinic acid），对细菌和真菌有抑制作用。据报道其菌液及菌丝抑肿瘤，对小白鼠肉瘤 180 及小白鼠腺癌 755 有拮抗作用。

393　白蜡多年卧孔菌

拉丁学名　*Perenniporia fraxinea* (Bull.) Ryvarden
曾用学名　*Fomes fraxineus* (Bull.) Cooke

形态特征　子实体中等，通常覆瓦状叠生，革质至木栓质。菌盖半圆形，外伸可达 9cm，宽可达 13cm，基部厚可达 2cm，表面浅黄褐色至红褐色或污褐色，同心环带不明显，生长期间具细绒毛，后期脱落，粗糙至光滑，边缘锐或钝。菌肉浅黄褐色，干后木栓质，厚可达 1cm。菌管与菌肉同色，木栓质，长达 1cm，孔口表面新鲜时奶油色，手触后变为浅棕褐色，无折光反应，孔口圆形，每毫米 7～8 个，管口边缘厚，全缘。菌丝系统二体系，生殖菌丝具锁状联合，菌丝组织在 KOH 试剂中无变化。菌肉生殖菌丝无色，薄壁，直径 2.5～4μm；骨架菌丝占多数，无色，厚壁且有一宽或窄的空腔，常分枝，不分隔，直径为 4～8μm，骨架菌丝大量分枝，分枝菌丝交织排列，厚壁。菌管生殖菌丝占少数，无色，薄壁，通常分枝，直径 2～3μm；骨架菌丝无色，厚壁，具内腔，大量分枝，骨架菌丝交织排列，分枝菌丝交织排列，直径 3.5～6μm。担子棍棒形，20～25μm×7～8μm。孢子广椭圆形至近球形，无色，厚壁，平滑，5～7μm×4.1～5.4μm。

生态习性　夏季和秋季生长于多种阔叶树的活立木、死树、倒木和树桩上。导致木材腐朽。通常一年生。

分　　布　分布于安徽、北京、福建、广东、江苏、江西、四川、云南、浙江等地。

应用情况　此种有抑肿瘤等功效。

394　角壳多年卧孔菌

别　　名　硬壳层孔菌、硬皮层孔菌、梓菌
拉丁学名　*Perenniporia martius* (Berk.) Ryvarden
曾用学名　*Fomes hornodermus* (Mont.) Cooke

形态特征　子实体中等至较大。菌盖直径 8～21cm，厚 3～6cm，扁平或蹄形，暗褐色至黑色，皮壳很硬，光滑，具棱纹，边缘钝。菌肉白色，后渐变为茶褐色，木质，硬，厚 0.4～0.9cm。菌管近白色，分层，每年增长 0.3～0.5cm，管口白色，圆形，每毫米 4～5 个。孢子无色，光滑，卵圆形，6～8μm×3.5～4μm。

生态习性　生栎等枯树干上。多年生。属树木的木腐菌。

分　　布　分布于广东、广西、湖南、贵州、云南等地。

应用情况　可药用，有镇静、止血、疗风、止痒等功效。

图 394

395　槐生多年卧孔菌

别　　名　硬壳层孔菌、槐耳、槐栓菌、刺槐多年卧孔菌
拉丁学名　*Perenniporia robiniophila* (Murrill) Ryvarden
曾用学名　*Trametes robiniophila* Murrill

形态特征　子实体中等至较大，木栓质，无菌柄。菌盖 3.5～8cm×4～13.5cm，厚 1～3.5cm，半圆形，常呈履瓦状，白色至灰白色或者淡黄色，表面近光滑。菌肉白色，干后常具香气味，厚 5～30mm。菌

多　孔　菌

图 395

图 396

管长 3~19mm，壁厚完整，管口白色，圆形至多角形，每毫米 4~6 个。孢子无色，光滑，卵圆形至球形，7~8.5μm×5.5~6.5μm。往往有囊体。

生态习性　在夏秋季生槐或刺槐的活立木、死树、倒木及树桩上。通常多年生。导致树木心材腐朽。

分　　布　分布于北京、河北、陕西、辽宁、湖南、广西、福建、江苏、山东、四川等地。

应用情况　研究药用医疗多种疾病。庄毅教授为我国研究开发槐耳药用，首先奠定了重要基础。具有抑制肿瘤细胞生长、促使肿瘤细胞凋亡、诱导机体产生多种细胞因子、提高机体免疫力等作用。临床上可用于多种肿瘤的治疗，可用于治疗白血病、骨肉瘤、恶性淋巴瘤、乳腺癌、肺癌、直肠癌、肝癌等肿瘤疾病。槐耳对巨噬细胞的吞噬功能也有非常明显的促进作用，能增强溶菌酶活性，提高机体体液及细胞免疫力。抑制肿瘤。此外，该菌还能提高血清中的血红蛋白含量，对红细胞生成有一定促进作用。

396　黄白多年卧孔菌

别　　名　黄白卧孔菌

拉丁学名　*Perenniporia subacida* (Peck) Donk

曾用学名　*Poria subacida* (Peck) Sacc.

形态特征　子实体在基物上平伏生长，形成大小不等的片，边缘有绒毛，白色、浅乳黄色或浅红黄。菌肉白色至乳黄色，遇 KOH 不变色。菌管新鲜时木栓质，干后软骨质，长达 5mm，管口表面通常带乳黄色，干后色稍暗或稍带浅红色或褐色，管口圆形至多角形，每毫米 3~4 个。菌丝粗 3~5μm，具锁状联合。孢子多为卵圆形，常一端平截，无色，光滑，含 1 油球，4~5.5μm×3~4μm。无囊体。

生态习性　夏秋季往往在云南松等针叶树火烧后的倒木上出现。一年生。引起白色腐朽。

分　　布　分布于广西、云南等地。

应用情况　试验抑肿瘤，对小白鼠白血病细胞 L-1210 抑制作用明显。

图 397-1

397　松杉暗孔菌

别　　名　大孔褐瓣菌、栗褐暗孔菌
拉丁学名　*Phaeolus schweinitzii* (Fr.) Pat.
曾用学名　*Coltricia schweinitzii* (Fr.) G. Cunn.; *Polyporus schweinitzii* Fr.
英 文 名　Dye Polypore

图 397-2

形态特征　子实体大。菌盖直径20～28cm，厚0.5～1cm，半圆形、扇形及圆形等多个组成大菌盖且有一个共同的短柄，初期黄褐色到暗褐色，柔软似海绵状，表面粗糙有粗绒毛和环纹及环带。管面色浅，管口褐黄或暗褐黄色，近角形或不规则至齿状，管口直径0.2～0.3cm。孢子无色，平滑，椭圆形，6～7.2μm×4.5μm。

生态习性　夏秋季生针叶树木桩旁。一年生。可导致心材褐色腐朽。

分　　布　分布于全国松杉林区。

应用情况　抑肿瘤。

图 397-3

图 398

398　橡胶木层孔菌

别　　名	橡胶小木层孔菌、橡胶针层孔、威廉木层孔菌
拉丁学名	***Phellinidium lamaoense*** (Murrill) Y. C. Dai
曾用学名	*Phellinus lamaoensis* (Murrill) Sacc. et Trotter; *Phellinus williamsii*

形态特征　子实体中等至较大，无柄。菌盖平伏而反卷，半圆形，近覆瓦状，扁平，复有角质而脆的皮壳，其上有同心棱纹，具细绒毛或无毛，锈褐色至暗灰色，2～16cm×4～20cm，厚6～30mm，边缘厚，钝，完整或稍呈波浪状，下侧无子实层。菌肉锈褐色至浅咖啡色，厚3～4mm。菌管色较菌肉为深，管口咖啡色、酱色至深棕灰色，圆形，平均每毫米6个。刚毛多，15～35μm×5～8μm。孢子无色，球形，直径4～4.5μm。

生态习性　生于橡胶及其他阔叶树的腐木和树木的基部。属木腐菌，导致树木木质白色腐朽。

分　　布　分布于云南、广西、海南等地。

应用情况　抑肿瘤，据试验对小白鼠肉瘤180和艾氏癌的抑制率均为60%。

399　赤杨木层孔菌

拉丁学名　***Phellinus alni*** (Bondartsev) Parmasto

形态特征　子实体无柄，硬木栓质至木质。菌盖马蹄形，外伸可达8cm，宽可达12cm，基部厚可达6cm，表面灰色、黑灰色至近黑色，具宽的同心环带和沟纹，成熟后开裂，边缘钝，肉桂褐色。孔口表面浅褐色至黑褐色，圆形，每毫米5～6个，边缘厚，全缘。不育边缘不明显，暗褐色，宽可达1mm。菌肉锈褐色，厚可达3mm，上表面具明显皮壳，有时与基物相连处具菌核。菌管锈褐色，分层明显，长可达5.7cm，具白色的次生菌丝束。孢子4.9～6μm×4～5.2μm，近球形，无色，厚壁，非淀粉质，弱嗜蓝。

生态习性　春季至秋季单生或叠生于多种阔叶树的活立木、倒木及树桩上。多年生。造成木材白色腐朽。

分　　布　分布于吉林、辽宁、黑龙江、内蒙古等地。

应用情况　可药用。戴玉成认为此种是火木层孔菌复合种的一种。

400　鲍姆木层孔菌

别　　名	丁香层孔菌、绒毛菌
拉丁学名	***Phellinus baumii*** Pilát

形态特征　子实体中等大，木质，无柄。菌盖半圆形、贝壳状，4～10cm×3.5～15cm，厚2～

7cm，基部厚达4～6cm，幼体表面有微细绒毛，肉桂色带黑色，老后表面粗糙，黑褐色至黑色，有同心环带及放射状环状龟裂，无皮壳，盖边缘钝圆，全缘或稍波状，下侧无子实层。菌肉锈色。管口面栗褐色或带紫色，管口微小，圆形，每毫米8～11个。刚毛纺锤状多。孢子近球形，淡褐色，平滑，3～4.5μm×3～3.5μm。

生态习性　侧生于阔叶树、灌木等活立木或枯立木干部，以及其他树干部。多年生。属木腐菌，腐朽力强，引起心材白色腐朽。

分　　布　分布于吉林、河北、山西、甘肃、黑龙江等地。

应用情况　具有抑肿瘤、降血脂以及抗肺炎作用。

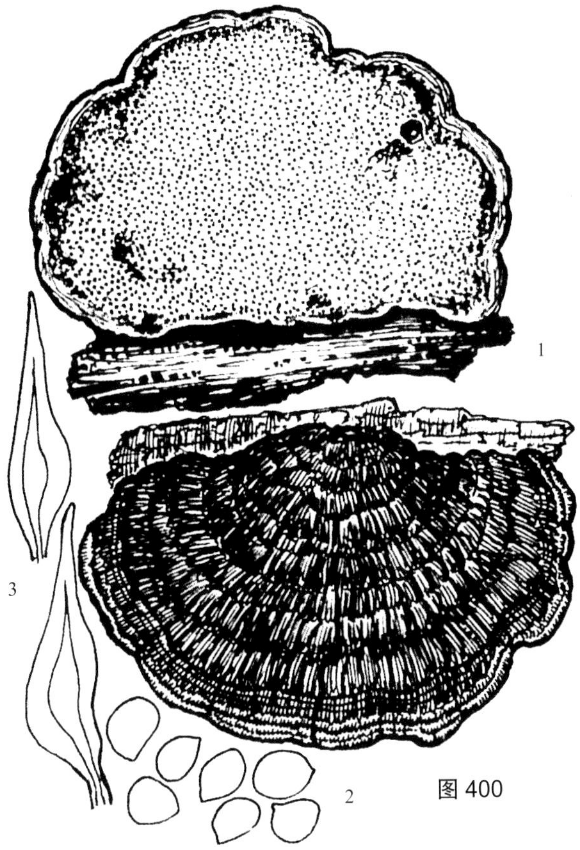

401　贝状木层孔菌

别　　名　针贝、贝针层孔菌
拉丁学名　*Phellinus conchatus* (Pers.) Quél.

1. 子实体；2. 孢子；3. 刚毛

图400

形态特征　子实体中等至较大，木质，硬，无柄。菌盖直径3～12cm，厚5～15mm，平伏状而反卷，半圆形或呈贝壳状，反卷部分咖啡色至酱色，变至近黑色，或褪为深棕灰色，具同心环纹和环棱，边缘锐，波浪状，有绒毛。菌肉锈褐色，厚1.5～3mm。菌管与菌肉同色，多层且层次不明显，每层厚1.5～2.5mm，管口圆形，每毫米5～7个。刚毛顶端尖锐，长22～32μm，基部膨大处4～10μm。孢子无色，近球形，直径4～5μm。

生态习性　生阔叶树腐木上。多年生。属木腐菌，引起树木白色腐朽。

分　　布　分布于河北、陕西、甘肃、江苏、浙江、安徽、江西、福建、湖南、广东、广西、河南、四川、贵州、云南、海南等地。

应用情况　药用活血、补五脏六腑、化积、解毒、抑肿瘤、增强免疫力等。

402　厚贝木层孔菌

拉丁学名　*Phellinus densus* (Lloyd) Teng

形态特征　子实体中等到较大，木质，硬，无柄。菌盖2～11cm×13.5cm，厚1～4.5cm，半圆形或贝壳状，黄褐色至近黑色，有同心环棱，边缘锐，波浪状，有绒毛，下侧无子实层。菌肉浅褐色，厚1～2mm。菌管同菌肉色，多层，层次不甚明显，每层厚2～3mm，管口圆形，每毫米4～6个，黄褐色。刚毛多，25.4～35μm×7.5μm。孢子无色至近无色，卵圆形至近球形，5～6μm×4.5～5μm。

生态习性　生榆、栎等树木上。

图 401

图 402

分　　布　分布于河北、湖南、四川等地。

应用情况　可药用杀虫、解热，治痹积和血吸虫病。

403　淡黄木层孔菌

别　　名　粗皮针层孔

拉丁学名　*Phellinus gilvus* (Schwein.) Pat.

英 文 名　Oak Conk, Mustard-yellow Polypore

形态特征　子实体中等大，木栓质，无菌柄。菌盖平状而反卷，半圆形，覆瓦状，1～4cm×1.5～10cm，厚2～15mm，锈褐色、浅朽叶色至浅栗色，无环带，有粗毛或粗糙，菌盖边缘薄锐，常呈黄色。菌肉浅锈黄色至锈褐色，厚3～10mm。菌管长2～6.5mm，罕有2～3层，管口咖啡色至浅烟色，每毫米6～8个。刚毛多，褐色，锥形，15～35μm×4.5～6μm。菌丝有色，不分枝或稀分枝，有横隔，无锁状联合，粗2.5～3μm。孢子无色，光滑，宽椭圆形至近球形，4～5μm×3.5～4μm。

生态习性　生柳、栎、女真等阔叶树及柳杉等针叶树的腐木上。产生白色腐朽。

分　　布　分布于黑龙江、吉林、河北、河南、山西、陕西、安徽、四川、江苏、浙江、江西、湖南、贵州、云南、广西、海南、福建、台湾、广东等地。

应用情况　可药用，有补脾、祛湿、健胃、抑肿瘤、增强免疫力等作用。对小白鼠肉瘤180的抑制率为90%，对艾氏癌的抑制率为60%。

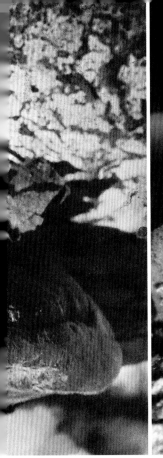
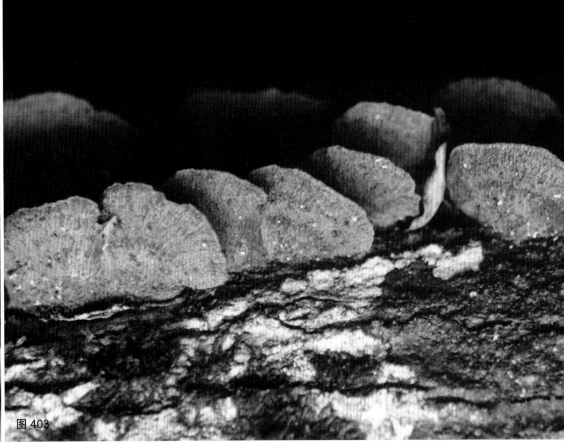

图 403

404 火木层孔菌

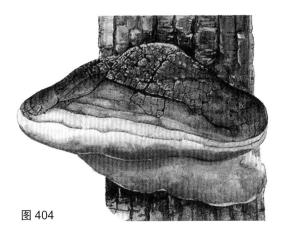

图 404

别 名 针层孔菌、桑黄、胡孙眼

拉丁学名 *Phellinus igniarius* (L.) Quél.

英 文 名 Flecked-flesh Polypore, False Tinder Conk

形态特征 子实体中等至较大，马蹄形至扁半球形，木质，硬。菌盖直径 3～12cm，初期有微细绒毛，以后光滑，浅褐色变暗灰黑或黑色，无皮壳，老时龟裂，有同心环棱，边缘钝圆，浅咖啡色，下侧无子实层。菌肉深咖啡色，硬木质。管孔多层，与菌肉同色，老的菌管中充满白色菌丝，管孔面锈褐色，管口圆形，每毫米 4～5 个。刚毛基部膨大，顶端渐尖。孢子无色，光滑，近球形，4.5～6μm×4～5μm。

生态习性 生阔叶树的树桩或树干上或倒木上。多年生。引起多种阔叶树心材白色海绵状腐朽。

分 布 分布十分广泛。

应用情况 药用止血，用于崩漏带下、和胃止泻等。抑肿瘤，子实体热水提取物对小白鼠肉瘤 180 及艾氏癌的抑制率分别为 87% 和 80%。

多孔菌

图 407-1

405　平滑木层孔菌

拉丁学名　*Phellinus laevigatus* (P. Karst.) Bourdot et Galzin

形态特征　子实体平伏或有时平伏反卷，新鲜时木栓质，无嗅无味，平伏时长达 30cm，宽可达 10cm，厚可达 2cm，具菌盖时，其外伸可达 0.5cm，宽可达 10cm。菌盖表面黑色，无环带或具不明显的环带，光滑，通常具明显的皮壳，后期开裂至具裂缝，边缘钝。孔口表面黑红褐色至黑褐色，不育边缘黄褐色至锈褐色，孔口通常圆形，每毫米 7～9 个，管口边缘厚，全缘。菌肉深褐色，硬木质。菌管与孔口表面同色，硬木质，长达 1.5cm，菌管分层不明显，在老的菌管中具白色菌丝束填充。菌丝组织在 KOH 试剂中变黑。骨架菌丝占多数，锈褐色，厚壁，相互交织排列，直径为 2.8～4.4μm。子实层中具锥形刚毛，黑褐色，厚壁，13～19μm×4～5.5μm。担子宽棍棒状，8～12μm×4～5.5μm。孢子宽椭圆形，无色，厚壁，平滑，3～4.5μm×2.1～3.1μm。

生态习性　春至秋季均出现，生长在桦树的倒木或腐朽木上。多年生。

分　　布　分布于河北、黑龙江、吉林、辽宁、内蒙古、山西等地。

应用情况　民间作为桑黄药用，出现在地方市场。可抑肿瘤，增强免疫力等。

406　落叶松木层孔菌

拉丁学名　*Phellinus laricis* (Jacz. ex Pilát) Pilát

形态特征　子实体较大，无柄。菌盖贝壳状，单生，新鲜时无嗅无味，干后硬木质，外伸可达 8cm，

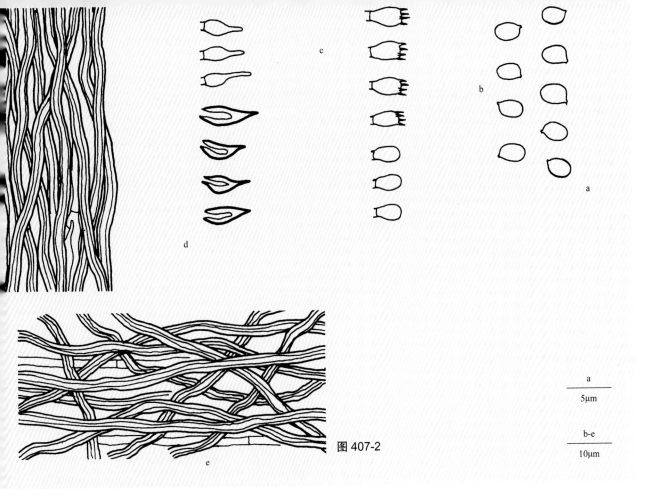

图 407-2

a
———
5μm

b-e
———
10μm

宽可达 16cm，基部厚达 2.5cm，盖表面污褐色至暗红褐色或灰黑色，具同心环沟和窄的环带，初期被绒毛，成熟后变短绒毛或被皮壳，污褐色，边缘锐。管孔面黄褐色至锈褐色，孔口圆形，每毫米 2~3 个，管口全缘。菌肉肉桂褐色，硬木质，明显比菌管层薄，厚约 5mm。当年生菌管黄褐色，老菌管棕褐色，木栓质，菌管分层不明显。菌丝组织在 KOH 试剂中变黑。骨架菌丝占多数，黄褐色，直径 3~5μm；绒毛层菌丝稍厚壁至厚壁并具宽的内腔，不分枝，多分隔，平直，规则排列，直径 3~4.8μm；皮壳处的菌丝明显厚壁并具狭窄内腔至近实心，暗褐色，强烈胶黏并相互交织排列，直径为 3~5μm。菌髓中生殖菌丝无色至浅黄色，薄壁，直径 1.5~3.5μm；骨架菌丝黄褐色至锈褐色，厚壁，直径 2.5~4μm。子实层刚毛多，通常在管口边缘处和菌髓里埋生，锥形，34~50μm×7~12μm。担子棍棒状，15~22μm×5~6μm。孢子近球形至宽椭圆形，无色，薄壁至稍厚壁，平滑，3.9~6μm×3.3~4.9μm。

生态习性　春至秋季生长在落叶松的活立木和倒木上，一般单生。

分　　布　分布于黑龙江、吉林、内蒙古等地。

应用情况　民间将本菌作为桑黄出售。另外可抑肿瘤，增强免疫力等。

407　隆氏木层孔菌

拉丁学名　*Phellinus lundellii* Niemelä

形态特征　子实体一般中等大，无菌柄。菌盖平伏或平伏反卷，附着在基物上，新鲜时木栓质，平伏部分长达 12cm，宽可达 7cm，厚可达 3cm，菌盖表面黑色，具不明显的环带，被微绒毛，后期变光滑，通常具明显的皮壳，后期开裂至具裂缝，边缘钝。孔口表面黑红褐色至暗褐色，有不育边缘窄或宽，新边缘比孔口表面颜色浅，孔口通常圆形，每毫米 4～6 个，管口边缘厚，全缘。菌肉深褐色，硬木质，白色菌丝束存在菌肉中。菌管黄褐色或暗褐色，硬木质，分层不明显，在老的菌管中具白色菌丝束填充。菌丝组织在 KOH 试剂中变黑。菌肉生殖菌丝少见，无色，薄壁；骨架菌丝占多数，锈褐色，厚壁，相互交织排列，直径 2～3.5μm。菌管生殖菌丝少见；骨架菌丝占多数，锈褐色，厚壁并具狭窄内腔，交织排列，直径 2～3μm。子实层中具锥形刚毛，黑褐色，厚壁，13～18μm×4～6μm。担子宽棍棒状或长桶状，8～10μm×5～7μm。孢子宽椭圆形，无色，厚壁，平滑，4.3～5.8μm×3.1～5μm。

生态习性　春至秋季生桦树的活立木和倒木上。多年生。

分　　布　分布于黑龙江、吉林、辽宁、内蒙古等地。

应用情况　据报道有的地方作为桑黄出售。可抑肿瘤，增强免疫力等。

408　平伏木层孔菌

别　　名　平伏褐层孔菌

拉丁学名　***Phellinus macgregorii*** (Bres.) Ryvarden

曾用学名　*Pyropolyporus macgregorii* (Bres.) Teng

形态特征　子实体比较小，半平伏，反卷部分 1～1.5cm×2.5～5cm。菌盖表面暗灰色，有狭密环状棱纹，边缘深咖啡色并有微细绒毛。菌肉薄，深咖啡色。菌管多层，每层厚 1～1.5mm，管口咖啡色，近圆形，每毫米 4～5 个。菌丝有色，薄壁，无横隔，直径 2.5～3.5μm。孢子宽椭圆形光滑，有色，5～6μm×4～4.5μm。

生态习性　生于杨树等阔叶树腐木及树皮上。多年生。属木腐菌。

分　　布　分布于河北、河南、四川、贵州、云南、广东、广西、陕西等地。

应用情况　此菌可增强免疫力。试验有抑肿瘤作用，对小白鼠肉瘤 180 的抑制率为 70%，对艾氏癌的抑制率为 60%。

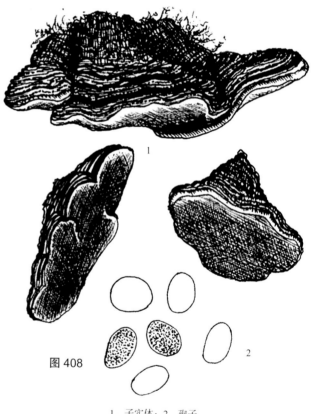

图 408

1. 子实体；2. 孢子

409 桑木层孔菌

拉丁学名 *Phellinus mori* Y. C. Dai et B. K. Cui

形态特征 子实体大型，平伏，垫状，不易与基质分离，新鲜时无特殊气味，木栓质，干后木质，长可达 15cm，宽可达 6cm，中部厚可达 10mm。孔口表面新鲜时肉桂褐色，触摸后变为黑褐色，干后土黄色开裂，具折光反应，边缘与孔口同色，孔口多数圆，少数扭曲形，每毫米 7~8 个。菌肉肉桂褐色至浅黄褐色，硬木栓质。菌管边缘薄，全缘，菌管与孔口表面同色，木质，白色的次生菌丝束存在于老菌管中，分层明显，长可达 10mm。菌丝组织遇 KOH 溶液变黑。菌肉生殖菌丝无色至浅黄色，薄壁，多分枝，直径 2~3.2μm；骨架菌丝占多数，锈褐色，交织排列，直径 2.5~4μm。菌管生殖菌丝无色，薄壁，偶尔分枝，直径 1.5~2.5μm；骨架菌丝占多数，锈褐色，厚壁具窄内腔至近实心，平直或弯曲，与菌管近平行排列，直径 2.2~3.5μm。子实层刚毛，锥形至腹鼓状，黑褐色，厚壁，11~24μm×5~8.5μm。担子桶状，9~13.2μm×5.3~8μm。孢子卵圆形至近球形，无色，厚壁，光滑，4~5.4μm×3.5~4.8μm。

生态习性 在春至秋季出现，仅在桑树的活立木、枯树和倒木上生长。多年生。属木腐菌。

分　　布 分布于北京、黑龙江等地。

应用情况 可抗衰老。子实体提取物具明显的抗氧化功能。

410 黑木层孔菌

别　　名 黑盖木层孔菌、黑盖针层孔

拉丁学名 *Phellinus nigricans* (Fr.) P. Karst.

英文名 Black Phellinus

形态特征 子实体一般中等大，无菌柄。菌盖直径 4.5~10cm，厚 1.5~2.3cm，扁平，表面黑褐色，平滑，有环棱，后期龟裂。菌肉浅咖啡色，厚约 5mm。菌管层褐色，常充满白色菌丝，每年增长 2~3mm，管口褐色，圆形，每毫米 6~7 个。刚毛锥形。孢子光滑，壁厚，含大油滴，近球形，5.5~7μm×5~6μm。

生态习性 生桦等阔叶树木上。多年生。属木腐菌。

分　　布 分布于四川等地。

应用情况 可药用。有发现此种层孔菌同样作为"桑黄"药用。

图 410

图 411-1

411 松木层孔菌

别　　名	松针层孔菌、松白腐菌

别　　名　松针层孔菌、松白腐菌
拉丁学名　***Phellinus pini*** (Brot.) A. Ames
曾用学名　*Porodaedalea pini* (Fr.) Murrill
英　文　名　Golden Spreading Polypore, Pine Conk

形态特征　子实体较大，马蹄形、贝壳形、半圆形，有的扁平，木质。菌盖直径 3～20cm，表面初期深咖啡色，有绒毛，以后渐变黑褐色，毛脱落有明显的同心环棱，稍开裂，边缘锐且有金黄色绒毛，其下侧无子实层。菌肉咖啡色。菌管同色，多层，管孔面同色，多角形至迷路状，管壁厚，管口每毫米 1～3 个，有的每毫米 3～5 个。子实层中有褐色刚毛。孢子淡褐色，光滑，近球形或椭圆形，4.5～6μm×4.5～5μm。

生态习性　生针叶树活立木上。多年生。对多种针叶树有危害，腐朽力强，引起木质部形成白色腐朽。

分　　布　分布于河北、山西、甘肃、内蒙古、辽宁、吉林、黑龙江、陕西、云南、山西、青海、宁夏、四川、台湾、新疆、西藏等地。

应用情况　药用可增强免疫力。据试验抑肿瘤，对小白鼠肉瘤 180 及艾氏癌的抑制率均高达 100%。

图 411-2

412　裂蹄木层孔菌

别　　名　裂褐层孔菌、缝裂木层孔菌、稀裂层孔
拉丁学名　***Phellinus rimosus*** (Berk.) Pilát
曾用学名　*Pyropolyporus rimosus* (Berk.) Teng
英 文 名　Cracked Cap Polypore

形态特征　子实体中等至较大，半球形、宽马蹄形，硬，木质。菌盖直径 6～15cm，黑色，初有细绒毛，后变光滑，龟裂，边缘锐至钝，其下侧无子实层。菌肉锈褐色或浅咖啡色。菌管与菌盖同色，多层，管孔面与菌肉同色，孔口小而圆形，每毫米 6～8 个。刚毛基部膨大，上部渐尖。孢子黄褐色，光滑，近球形，直径 3～4.5μm。

生态习性　春至秋季生杨、柳树干上。多年生。是树木重要的木腐菌，引起活立木树干心材白色腐朽。

分　　布　分布于山西、江西、湖南、广东、广西、新疆、西藏等地。

应用情况　可药用，有益气、补血、增强免疫力等功效。报道抑肿瘤，对小白鼠肉瘤 180 有抑制作用。

图 412-1

图 412-2

图 413

413 毛木层孔菌

别　　名 毛针层孔菌、木毛层孔菌、亚针裂蹄
拉丁学名 *Phellinus setulosus* (Lloyd) Imazeki

形态特征 子实体较小，木质，硬，无柄。菌盖直径 4～6.5cm，厚 1.2～3cm，半圆形、扁半球形至马蹄形，罕扁平，暗灰色至黑色，有同心环棱，老后龟裂。菌肉深肉桂色至锈褐色，薄。菌管色较浅于菌肉色或茶色至深肉桂色，多层，每层厚 1.5～3mm，管口同色，小，圆形，每毫米 7～8 个。刚毛多，基部膨大，顶端骤缩成细尖，15～40μm×7～16μm。孢子无色，光滑，近球形，4～6.5μm×3.5～5.5μm。

生态习性 在阔叶树立木、枯立木和倒木上。多年生。属木腐菌，引起木材白色腐朽。

分　　布 分布于吉林、安徽、云南等地。

应用情况 能增强免疫力。抑肿瘤，对小白鼠肉瘤 180 及艾氏癌的抑制率分别为 70% 和 60%。

414 宽棱木层孔菌

别　　名 簇毛针层孔菌、剑皮树菌、宽棱针层孔
拉丁学名 *Phellinus torulosus* (Pers.) Bourdot et Galzin

形态特征 子实体小至中等大，木栓质至木质，无柄，侧生或半平伏。菌盖直径 5～16cm，厚 8～25mm，扁平，黄褐色至深灰褐色后期变为灰黑色，有较宽的同心环棱，生长时期有绒毛，黄褐色，后期变薄，色深，边缘钝，下侧无子实层。菌肉锈褐色，后期咖啡色，具环纹，厚 5～10mm。菌管与菌肉同色，内部灰色，多层但层次不甚明显，每层厚 2～3mm，管口色较暗，生长期间带紫色，壁厚，圆形，每毫米 5～6 个。刚毛多，披针形，顶端稍尖，20～30μm×5～6μm。孢子无色，光滑，近球形，4～5μm×3～4.5μm。

生态习性 生多种阔叶树干基部或枯立木或枯枝上。多年生。属木腐菌，引起木材白色腐朽。

分　　布 分布于黑龙江、吉林、河北、浙江、江西、云南、广东、广西、海南、台湾、福建等地。

应用情况 可药用，能解毒，治疗贫血等。

415 窄盖木层孔菌

别　名　山杨窄盖菌、山杨白腐菌

拉丁学名　***Phellinus tremulae*** (Bondartsev) Bondartsev et P. N. Borisov

形态特征　子实体一般中等，木质，坚硬，无柄。菌盖往往背着生于基物上，具有狭窄的菌盖，边缘钝，基部厚，其形状近似三角形、斜马蹄形，或瘤状或块状，6～8cm×7～10cm，厚7～10cm，边缘色浅，灰白色至栗褐色，具柔滑感。菌肉锈褐色至深栗褐色，近木栓质，常与树木韧皮部组织紧密结合。菌管多层同菌肉色，木质而坚硬，层次稍明显，每层厚1.5～5.5mm，老的菌管中常充满灰白色粉状物，菌管面栗褐色、灰褐色或灰白色，管口细小而密，圆形或近圆形，壁厚，全缘，每毫米4～6个。菌丝棕黄褐色或黄褐色，无隔少分枝，粗3.5～5μm。刚毛较多，黄褐色至褐色，壁厚，基部膨大，顶端尖锐，15～21.5μm×6.5～12.5μm。孢子近球形至宽椭圆形，壁厚，无色，平滑，3.5～5.5μm×3.5～5μm。

生态习性　生于山杨、桦等树活立木上。多年生。引起心材海绵状白色腐朽。

分　布　分布于黑龙江、吉林等地。

应用情况　有抑肿瘤，增强免疫力等作用。

416 苹果木层孔菌

拉丁学名　***Phellinus tuberculosus*** (Baumg.) Niemelä

形态特征　子实体中等大。菌盖半圆形至近马蹄形，单生至覆瓦状叠生，干后硬木质，外伸可达8cm，宽可达15cm，基部厚可达4cm，表面浅灰褐色至暗褐色，具细绒毛至光滑，后期开裂，边缘钝，灰褐色。孔口表面灰褐色，边缘污褐色，粗糙，宽可达2mm，孔口圆形，每毫米5～7个，管口边缘厚，全缘。菌肉黄褐色，木栓质，厚可达0.5cm，具白色菌丝束。菌管红褐色，比孔口表面颜色稍浅，有时在老菌管中具白色菌丝束，明显分层，每层3～5mm。菌丝组织在KOH试剂中变黑。菌肉生殖菌丝无色，薄壁，偶尔分枝，常

图 414

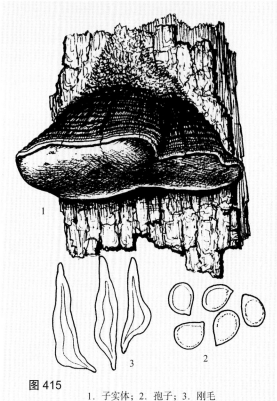

图 415

1. 子实体；2. 孢子；3. 刚毛

图 416

具隔膜，直径为 2.5～4.2μm；骨架菌丝黄色，稍厚壁至厚壁并具宽的内腔，很少分枝，常具隔膜，略弯曲，规则排列，直径 3.8～5.5μm。菌管生殖菌丝无色，薄壁，偶尔分枝，常具隔膜，直径 1.8～3.1μm；骨架菌丝占多数，黄褐色。子实层刚毛锥形至中部腹鼓，黑褐色，厚壁，13～16μm×4～6μm。担子宽棍棒状，10～12μm×4.6～6.5μm。担孢子宽椭圆形，无色，厚壁，平滑，含 1 个小油滴，3.5～5μm×2.8～4.5μm。

生态习性 通常生蔷薇科桃树和苹果树的活立木上。多年生。

分　　布 分布于北京、甘肃、河南、湖北、吉林、辽宁、内蒙古、陕西、山东、山西、四川、西藏、云南等地。

应用情况 有的市场作为桑黄出售。可抑肿瘤，增强免疫力等。

417　瓦宁木层孔菌

别　　名 杨黄

拉丁学名 *Phellinus vaninii* Ljub.

形态特征 子实体较大或中等，平伏反卷，无柄，长 10～25cm，宽 2～6cm，厚 2～3.5cm。菌盖表面浅红褐色至灰黑色，环纹不明显，边缘浅黄色至鲜黄色，被绒毛。菌肉鲜黄色至暗褐色。菌管面浅褐色至栗褐色，管口角形至圆形，每毫米 5～7 个。孢子近球形，光滑，浅黄色，3.5～4.5μm×2.5～3.5μm。

生态习性 生于杨树等阔叶树的活立木或腐木上。属木腐菌。

分　　布 分布于黑龙江、吉林、陕西、河南、安徽、浙江等地。

应用情况 提取物具有抑肿瘤和抗氧化活性，亦可增强免疫力。瓦宁木层孔菌已经人工栽培成功，见于市场作为桑黄或杨树桑黄出售。

418　山野木层孔菌

别　　名 亚玛木层孔菌

拉丁学名 *Phellinus yamanoi* (Imazeki) Parmasto

形态特征 子实体中等至大型，无柄，新鲜时木栓质、硬木质。菌盖近蹄状，外伸可达 12cm，宽可达 20cm，基部厚可达 5cm，表面暗褐色至黑灰色，具同心环沟和狭窄的环带，边缘钝或锐，具硬毛，黄褐色至黑褐色。孔口表面锈褐色至肉桂褐色，略具折光反应，孔口圆形至迷宫状，每毫米 2～3 个，管口边缘厚而全缘。菌肉肉桂褐色至污褐色，硬木质，厚约 5mm。菌管与孔口表面同色，木栓质，菌管分层明显，每层被薄的菌肉层隔开，长达 45mm。菌丝组织在 KOH 试剂中变黑色。菌肉生殖菌丝无色，薄壁或稍厚壁，直径为 2.7～3.4μm；骨架菌丝黄褐色，规则排列。子实层中刚毛多，锥形，黑褐色，厚壁，35～60μm×8～12μm。担子棍棒状，15～20μm×4.5～6μm。孢子近球形至宽椭圆形，无色，薄壁至稍厚壁，平滑，通常 4 个或更多个胶黏在一起，4～6μm×3.5～5μm。

图 418-1

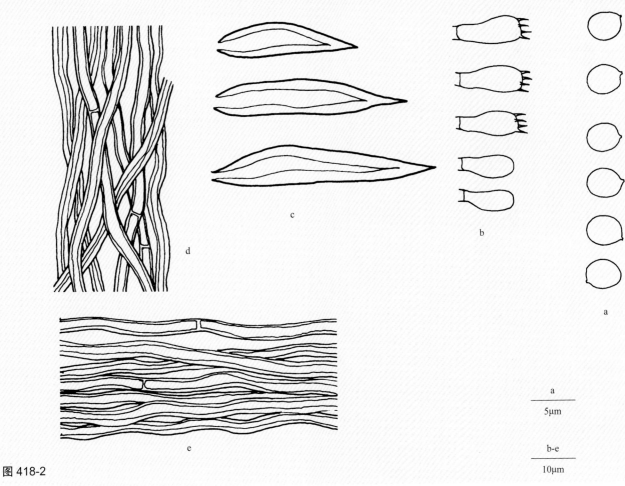

图 418-2

多　孔　菌

图419

生态习性 春至秋季生云杉的活立木和倒木上。多年生。

分　布 分布于黑龙江、吉林等地。

应用情况 记载亦将此菌作为桑黄出售。该菌的石油醚提取物和单体化合物对小鼠肝癌细胞 H-22 有明显的抑制作用，并能够改善小鼠的免疫功能。

419　黑白栓齿菌

拉丁学名 *Phellodon melaleucus* (Fr.) P. Karst.

形态特征 子实体高 3～6.5cm。菌盖直径 2～5.5cm，圆形，扁平，中部下凹，灰黄褐色至暗褐色，表面及边缘波状，有宽的环带，有放射状凸起。菌肉薄，1～3mm，灰褐色至暗褐色。盖下密布小刺，长 1～2cm，延生，白色至灰白或蓝紫灰色。菌柄黑褐色，基部近根状，实心，近革质，韧。担子 4 小梗。孢子球形，无色，有小刺凸。

生态习性 秋季于针、阔叶林中地上群生。

分　布 分布于云南、新疆、四川等地。

应用情况 干燥后具陈香气味，可研究应用。

420　射纹皱孔菌

别　名 射脉菌、辐射脉菌、射纹革菌

拉丁学名 *Phlebia radiata* Fr.

曾用学名 *Phlebia contrta* Fr.; *Merulius merismoides* Fr.

英文名 Radiating Phlebia

形态特征 子实体半肉质，平伏，紧贴于基物上，呈粉红色。菌柄变酱红色，有放射脉纹，圆形，直径 1～2cm，相互连接却可彼此分开。孢子无色，光滑，腊肠形至长方椭圆形，4.5～5μm×2～2.5μm。

生态习性 生阔叶树枯枝上。引起树木的木材腐朽。

分　布 分布于黑龙江、四川、广西、香港等地。

应用情况 民间用于治痢疾。

图420

图 421

421 茶藨子叶状层孔菌

拉丁学名 ***Phylloporia ribis*** (Schumach.) Ryvarden
曾用学名 *Xanthochrous ribis* (Schumach.) Pat.

形态特征 子实体较小、无柄。菌盖通常贴生，可相互侧面连接或上下叠生，新鲜时软木栓质，无嗅无味，干后木栓质，直径 3～15cm，厚 0.5～2cm，盖表面粗糙，暗褐色，具同心环带和沟纹，被微细绒毛，成熟后发育成薄的皮壳，有时具小瘤，边缘锐，黄褐色，活跃生长时金黄色。孔口表面黄褐色至锈褐色，略具折光反应，边缘金黄色，孔口圆形，每毫米 6～8 个，管口边缘薄，全缘。菌肉金黄褐色至锈褐色，厚可达 8mm，双层，中间具一黑色细线，下层菌肉木栓质，上绒毛层软木栓质。菌管污褐色，分层不明显，长可达 2mm。菌丝组织在 KOH 试剂中变黑。菌肉菌丝无色至浅黄色，薄壁或稍厚，多分隔，相互交织排列或近规则排列。子实层中无刚毛，偶尔具近纺锤状的拟囊状体。担子宽棍棒状，具 4 个小梗并在基部具一横隔膜，8～11μm×3.5～4.5μm。孢子广椭圆形，浅黄色，稍厚壁，多数 4 个胶黏在一起，3～4μm×2.5～3μm。

生态习性 春至秋季出现，在茶藨子等多种植物的基部或伐桩上生长。

分　布 分布于北京、河北、山西、陕西、山东等地。

应用情况 亦有市场作为桑黄出售。报道此菌抑肿瘤。

多孔菌

图 422-1

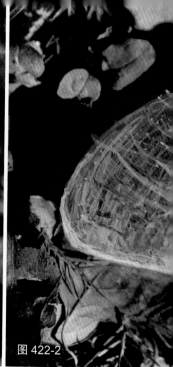

图 422-2

422　桦剥管孔菌

别　　名　桦剥管菌、桦滴孔菌
拉丁学名　***Piptoporus betulinus*** (Bull.) P. Karst.
曾用学名　*Polyporus betulinus* Fr.
英 文 名　Birch Polypore, Birch Conk, Razor-strop Fungus

形态特征　子实体中等至巨大，无柄或几无柄。菌盖直径 5～35cm，厚 2～10cm，扁半球形、扁平，基部常凸起，近肉质至木栓质，光滑，污白褐色后呈褐色，有一层薄的表皮可剥离露出白色菌肉，边缘内卷。菌肉很厚，近肉质而柔韧，干后比较轻，呈木质。菌管层色稍深，长 2.5～8mm，易与菌肉分离，管口小而密，近圆形或近多角形，每毫米 3~4 个，靠近盖边沿有一圈不孕带。孢子无色，平滑，弯曲，圆筒形或腊肠形，4～7μm×1.5～2μm。
生态习性　在桦木属的树干上单生或群生。一年生。
分　　布　全国各省区均有分布。可引起木质部形成褐色腐朽。
应用情况　有认为幼嫩时可食用。抗菌，抑肿瘤。据试验，子实体的热水提取液加乙醇结晶，对小白鼠肉瘤 180 抑制率为 49%。

423　皱褶革菌

拉丁学名　***Plicatura crispa*** (Pers.) Rea

形态特征　子实体小，革质，几无菌柄或有短菌柄。菌盖直径 0.5～3cm，半圆形或扇形，边缘呈花瓣状或波状，向内卷，表面浅黄色，边缘白黄色，中部带橙黄色。菌肉白色，较薄，柔软。子实层面乳白色至浅灰黄褐色，由基部放射状发出皱曲的褶脉亦分叉或断裂。菌柄基部色浅，被细毛及不

图 422-3

多 孔 菌

明显环纹。担子具 4 小梗，12～16μm×3～4μm。孢子小，无色，光滑，往往含 2 个油球，近柱状弯曲，3～6μm×1～2μm。

生态习性　夏末至秋季于阔叶树枝干及腐木上群生。

分　　布　分布于河北、山西、甘肃、陕西、四川等地。

应用情况　当地认为可作为药用，但不宜食用。

424　拟多孔菌

拉丁学名　*Polyporellus brumalis* (Pers.) P. Karst.

形态特征　子实体小或中等大。菌盖直径 2～6cm，扁半球形至平展或扁平，表面褐色、黄褐色、黄灰色至暗灰色，干时土黄色，新鲜时肉质面韧，干时变硬，中部稍呈脐状，初期有微细刚毛且渐脱落变粗糙或光滑，边缘薄且具毛，干时内卷，鞭下无子实体层。菌肉白色。菌管黄白色，延生，长 0.1～0.2cm，管口色较深，圆形至多角形，边缘完整，每毫米 3～4 个。菌柄长 1.5～3cm，粗 0.3～0.5cm，后期毛脱落。孢子光滑，稍弯曲，圆柱形，7～8μm×2～3μm。

生态习性　于针叶或阔叶树立木或倒木上单生或群生。属木腐菌。

分　　布　分布于吉林、山西、内蒙古、黑龙江、陕西、甘肃、河南、广西、四川、贵州、河北、

图 424

图 425-1

西藏、青海、云南等地。

应用情况　幼嫩时可食用。

425　漏斗多孔菌

别　　名　漏斗大孔菌、漏斗棱孔菌
拉丁学名　***Polyporus arcularius*** (Batsch) Fr.
曾用学名　*Favolus arcularius* (Batsch : Fr.) Ames
英 文 名　Spring Polypore, Fringed Polypore

形态特征　子实体一般较小。菌盖直径 1.5～
8.5cm，扁平，中部脐状，后期边缘平展或翘起似
漏斗状，有褐色、黄褐色至深褐色鳞片，薄，无环
带，边缘有明显长毛，新鲜时肉质、韧、柔软，干
后变硬且边缘内卷，湿润时吸收水分恢复原状。菌
肉白色或污白色，厚不及 1mm。菌管白色，干时
呈草黄色，延生，长 1～4mm，管口辐射状排列，

图 425-2

多 孔 菌

图 425-3

近长方椭圆形，直径 1～3mm。菌柄长 2～8cm，粗 1～5mm，圆柱形、中生，同盖色，往往有深色鳞片，基部有污白色粗绒毛。孢子无色，平滑，长椭圆形，6.5～9μm×2～3μm。

生态习性　常生倒腐木上，群生。引起树木白色腐朽。

分　布　分布于河北、河南、山西、山东、吉林、黑龙江、内蒙古、陕西、福建、浙江、江苏、广东、香港、台湾、海南、云南、贵州、西藏、广西等地。

应用情况　幼嫩时可食用。可抑肿瘤，对小白鼠肉瘤 180 及艾氏癌的抑制率分别为 90% 和 100%。

426　雅致多孔菌

别　名　黄多孔菌
拉丁学名　*Polyporus elegans* Bull. : Fr.
英 文 名　Elegant Polypore

形态特征　子实体中等。菌盖直径 2～9cm，厚 2～8mm，扇形、近圆形至肾形，蛋壳色至深肉桂色，新鲜时柔软，干时硬，光滑，常有辐射状细条纹。菌肉白色至近白色，薄，厚 1～6mm。菌管延生，长 1～3mm，管口多角形至近圆形，近白色或稍暗，每毫米 4～5 个。菌柄长 0.5～5cm，粗 3～7mm，上部同盖色，下部尤其基部近黑色，偏生或侧生，光滑。孢子无色，光滑，圆柱形，6.8～10.4μm×2.5～3.8μm。

生态习性　夏秋季于阔叶树腐木及枯木上散生或群生。

图 427

分　　布　分布于吉林、黑龙江、山西、河北、河南、江苏、浙江、福建、广西、四川、云南、安徽、青海、西藏、新疆等地。

应用情况　可药用。其性温、味微咸，具追风散寒、舒筋活络等作用。

427　橘红多孔菌

拉丁学名　*Polyporus fraxineus* (Bull.) Fr.

形态特征　子实体大，无菌柄。菌盖直径6～18cm，厚0.5～1.6cm，半圆形，扁平，基部下凹，黄白色或淡黄色，最后呈黄褐至黑褐色，表面无毛，凹凸不平，有不明显环纹和环棱。菌肉污白黄色，后呈灰褐至暗褐色。菌管及管孔同盖色，孔口每毫米6～7个，圆形。孢子无色，卵圆形，5～7μm×4.5～6μm。

生态习性　生林中树桩上。导致树木根部心材白色腐朽。

分　　布　分布于河北、黑龙江、吉林等地。

应用情况　幼嫩时可食。

428　射纹多孔菌

拉丁学名　*Polyporus grammocephalus* Berk.

形态特征　子实体中等至较大，新鲜时半肉质，无菌柄或仅有侧生短菌柄。菌盖直径4～20cm，宽3～12cm，厚0.2～0.7cm，扁形、肾形或半圆形，浅肉色到浅黄色，干时黄褐色至近茶褐色，表面光滑，有辐射状棱纹或不明显环带，边缘波浪状或开裂。菌肉白色或淡黄色，厚0.1～0.6cm。菌管淡黄色，延生，管口圆形或角形，每毫米2～6个。孢子无色，光滑，椭圆形，6～10.5μm×2.5～3.5μm。无囊体。

生态习性　生阔叶树腐木上。属木腐菌，引起木材白色腐朽。

分　　布　分布于广东、广西、海南、贵州、云南、西藏等地。

应用情况　幼嫩时可食。

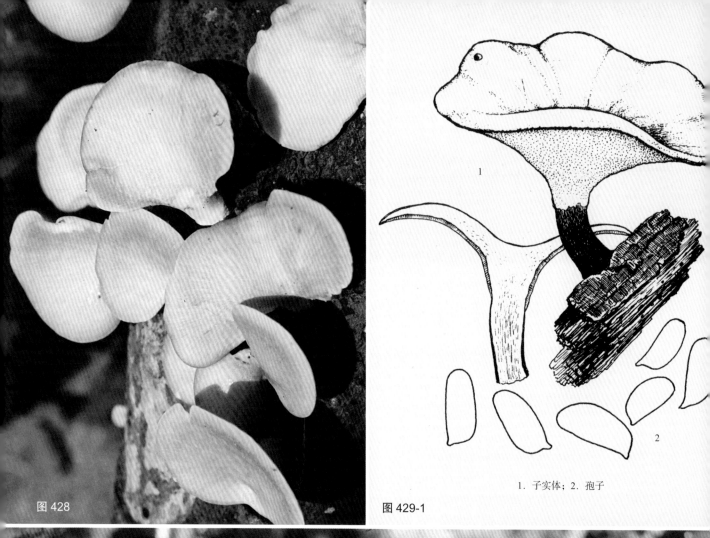

图 428

1. 子实体；2. 孢子

图 429-1

图 429-2

429　黑柄多孔菌

别　　名　黑柄拟多孔菌、黑柄仙盏
拉丁学名　*Polyporus melanopus* (Pers.) Fr.
曾用学名　*Polyporellus melanopus* (Pers.) P. Karst.

形态特征　子实体较小或中等大。菌盖直径 3～10cm，扁平至中部下凹呈浅漏斗形或脐状，半肉质，干后硬而脆，初期白色，污白黄色变黄褐色，后期呈茶褐色，表面平滑无环带，边缘呈波状。菌管白色，孔口多角形，每毫米 4 个，管孔边缘呈锯齿状。菌柄长 2～6cm，粗 0.3～1cm，近圆柱形稍弯曲，暗褐色至黑色，内部白色，近中生，内实而变硬，有绒毛，基部稍膨大。孢子无色，光滑，椭圆至长椭圆形或近圆柱状，7.5～9μm×2～4.5μm。

生态习性　于桦、杨等阔叶树腐木桩上或靠近基部腐木上单生或群生。引起木材腐朽。

分　　布　分布于河北、北京、吉林、黑龙江、河南、江西、广东、广西、湖北、贵州、甘肃、海南、西藏等地。

应用情况　可药用。抑肿瘤，对小白鼠肉瘤 180 及艾氏癌的抑制率均为 60%。

图431

430 桑多孔菌

别　　名	大孔菌、大孔多孔菌、棱孔菌
拉丁学名	***Polyporus mori*** (Pollini) Fr.
曾用学名	*Favolus alveolaris* (DC.) Quél.; *Polyporus alveolavius* (DC.) Bondartsev et Singer
英文名	Hexagonal-pored Polypore

形态特征　子实体中等大。菌盖肾形至扇形至圆形，偶呈漏斗状，后期往往下凹，3～6cm×1～10cm，厚0.2～0.7cm，新鲜时韧肉质，干后变硬，无环纹，初期浅朽叶色，并有由纤毛组成的小鳞片，后期近白色，光滑，边缘薄常内卷。菌肉白色，厚0.1～0.2cm。菌管长1～5mm，近白色至浅黄色，管口辐射状排列，长1～3mm，宽0.5～2.5mm，管壁薄，常呈锯齿状。有侧生或偏生短柄。有菌丝柱，无色，30～75μm×15～25μm。孢子圆柱形，9～12μm×3～4.5μm。

生态习性　生于阔叶树的枯枝上。导致多种阔叶树木质部形成白色杂斑腐朽。

分　　布　分布于河北、山西、黑龙江、辽宁、西藏、浙江、安徽、河南、湖南、广西、陕西、甘肃、四川、贵州、云南等地。

应用情况　子实体的乙醇加热水提取物对小白鼠肉瘤180的抑制作用达71.95%。另记载对小白鼠肉瘤180的抑制率为70%，对艾氏癌抑制率为60%。另有抗菌作用。

431 青柄多孔菌

别　　名	褐多孔菌
拉丁学名	*Polyporus picipes* Fr.
曾用学名	*Polyporus badius* (Pers. ex Gray) Schwein.

图 433

形态特征　子实体大。菌盖直径 4～16cm，厚 2～3.5mm，扇形、肾形、近圆形至圆形，稍凸至平展，基部常下凹，栗褐色，中部色较深，有时表面全呈黑褐色，光滑，边缘薄而锐，波浪状至瓣裂。菌肉白色或近白色，厚 0.5～2mm。菌管延生，长 0.5～1.5mm，与菌肉色相似，干后呈淡粉灰色，管口角形至近圆形，每毫米 5～7 个。菌柄侧生或偏生，长 2～5mm，粗 0.3～1.3cm，黑色或基部黑色，初期具细绒毛后变光滑。子实层中菌丝体无色透明，菌丝粗 1.2～2μm。孢子椭圆形至长椭圆形，一端尖狭，无色透明，平滑，5.8～7.5μm×2.8～3.5μm。

生态习性　生于阔叶树腐木上，有时生针叶树上。属木腐菌，导致桦、椴、水曲柳、槭或冷杉的木质部形成白色腐朽。

分　　布　分布于辽宁、吉林、黑龙江、河北、甘肃、江苏、安徽、浙江、江西、广西、福建、四川、云南、贵州、西藏等地。

应用情况　产生齿孔菌酸、有机酸、多糖类以及纤维素酶、漆酶等代谢产物，供轻工、化工及医学使用。

432 孤苓多孔菌

别　　名	虎乳灵芝
拉丁学名	*Polyporus rhinocerus* Cooke

形态特征　子实体中等，肉革质。菌盖薄而硬，略圆形，直径 6～9cm，中部下凹，浅茶褐色至褐色，有同心环纹和辐射状皱纹，有细微绒毛，边缘不整齐或瓣裂。菌肉白色。菌管白色，孔面白色或淡白色，管口略圆形，每毫米 5～6 个。菌柄中生，圆柱形，一般粗短，内实，干时灰白色至灰色，表面粗糙，有细微绒毛，长 8～12cm。孢子近球形或近宽椭圆形，透明，平滑，2.5～3.5μm×3μm。

生态习性　从埋在腐殖土下的菌核中生出。

多 孔 菌

图 434-1

图 434-2

分　　布　见于广东、海南等地。
应用情况　所含多糖具有抗肿瘤活性，具有抗菌作用。另外药用治疗肝病、胃病等。

433　宽鳞多孔菌

别　　名　宽鳞大孔菌
拉丁学名　*Polyporus squamosus* (Huds.) Fr.
曾用学名　*Polyporus rostkovii* Fr.; *Favolus squamosus* Berk.
英 文 名　Dryad's Saddle, Scaly Polypore

形态特征　子实体中等至巨大，具短柄或近无柄。菌盖直径 5.5～26cm，厚 1～3cm，扁平至扇形，黄褐色，有暗褐色大、小鳞片。菌肉白色，稍厚。菌管白色，延生，管口辐射状排列，长形，长 2.5～5mm，宽 2mm。菌柄长 2～6cm，粗 1.5～3cm，基部黑色，软，干后变浅色，侧生，偶尔近中生。孢子无色，光滑，长椭圆形，9.7～16.6μm×5.2～7μm。
生态习性　夏秋季生柳、杨、榆、槐、刺槐等阔叶树的树干上。引起被生长树木的木材白色腐朽。
分　　布　分布于河北、山西、内蒙古、吉林、江苏、西藏、湖南、陕西、甘肃、青海、四川等地。
应用情况　幼时可食用，老后木质化。抑肿瘤，试验对小白鼠肉瘤 180 抑制率为 60%。

434 猪苓多孔菌

| 别　　名 | 伞形多孔菌、猪苓芝、猪粪菌、粉猪苓、猪苓花、地乌桃、导河缘、粉缘苓、猪苓（菌核称猪苓） |

别　　名　伞形多孔菌、猪苓芝、猪粪菌、粉猪苓、猪苓花、地乌桃、导河缘、粉缘苓、猪苓（菌核称猪苓）

拉丁学名　*Polyporus umbellatus* (Pers.) Fr.

曾用学名　*Grifola umbellata* (Pers.) Pilát; *Polypilus umbellatus* (Pers.) P. Karst.

英 文 名　Umbrella Polypore, Hog-tuber, Grifola umbellata

形态特征　子实体大型，肉质，有菌柄，多分枝，末端生圆形、白色至浅褐色菌盖，一丛可达35cm。菌盖直径1～4cm，圆形，中部下凹近漏斗形，边缘内卷，被深色细鳞片。菌肉白色，孔面白色干后草黄色，孔口圆形或破裂呈不规则齿状，延生，每毫米2～4个。孢子无色，光滑，一端圆形，一端有歪尖，圆筒形，7～10μm×3～4.2μm。

生态习性　生阔叶林中地上或腐木桩旁，有时也生针叶树旁。

分　　布　分布于河北、陕西、山西、西藏、甘肃、内蒙古、四川、吉林、河南、云南、黑龙江、湖北、贵州、青海等地。

应用情况　子实体幼嫩时可食用，味道十分鲜美。其地下菌核为著名中药猪苓，黑色，形状多样。治疗肝病，有利尿治水肿之功效。含猪苓多糖，试验可抑肿瘤。抗辐射。有抑制病毒的作用。

多 孔 菌

图 435

435 变形多孔菌

别　　名　多孔菌、黑柄多孔菌
拉丁学名　***Polyporus varius*** (Pers.) Fr.
英 文 名　Elegant Polypore

形态特征　子实体中等至稍大。菌盖直径3～19cm，厚0.3～1cm，肾形或近扇形，平展且靠近基部下凹，浅褐黄色至栗褐色，近平滑，边缘薄，呈波浪状或瓣状裂形。菌肉白色或污白色，稍厚。菌管长2～3mm，与管面同色，后期呈浅粉灰色，管口圆形至多角形，每毫米3～5个。菌柄长0.7～4cm，粗0.3～1cm，黑色，侧生或偏生，有微细绒毛，后变光滑。孢子无色，光滑，长椭圆，8.5～11μm×3.5～4μm。

生态习性　于阔叶树腐木上群生或单生。属木腐菌，引起木质腐朽。

分　　布　分布于四川、河北、云南、海南、广东、江西、安徽、陕西、青海、浙江、甘肃、新疆、黑龙江、吉林等地。

应用情况　可药用，祛风寒、舒筋活络。试验抑肿瘤。

436　蓝灰干酪菌

图 436

别　　名　蓝灰波斯菌

拉丁学名　*Postia caesia* (Schrad.) P. Karst.

曾用学名　*Oligoporus caesius* (Schrad.) Gilb. et Ryvarden; *Tyromyces caesius* (Schrad.) Murrill

形态特征　子实体小，1～4cm×2～8cm，厚0.3～1.5cm，无菌柄或平伏而反卷，剖面往往呈三角形，白色或灰白色，有绒毛，基部毛较粗，后期近光滑，无环带，软而多汁，干后松软，边缘薄而锐，干时内卷。菌肉白色，味香，厚2～10mm。菌管白色，渐变为灰蓝色，长2～8mm，壁薄，渐开裂，管口同色，多角形，每毫米3～4个。菌丝无色，不分枝或少分枝，壁厚，有横隔和锁状联合，粗4～7μm。担子无色，短，棒状，10～13μm×5～6.2μm。孢子无色，光滑，圆柱形或腊肠形，4～5μm×1～1.5μm。

生态习性　于阔叶树及针叶树的腐木上单生。导致木材褐色腐朽。

分　　布　分布于河北、山西、吉林、辽宁、黑龙江、陕西、新疆、浙江、安徽、广东、广西、四川、云南等地。

应用情况　幼时可食用，鲜时菌肉柔嫩多汁，具香味。

437　油斑泊氏孔菌

别　　名　扇盖干酪菌、瓣状干酪菌

拉丁学名　*Postia guttulata* (Peck) Jülich

曾用学名　*Tyromyces guttulatus* (Peck) Murrill

形态特征　子实体较大，近无柄或基部狭缩似柄。菌盖半圆形、扇形或肾形，扁平而侧生，2.5～15cm×3～10cm，厚0.4～1.5cm，白色，光滑，干时变为淡黄色，并有辐射状皱纹。菌肉白色，厚2～3mm，半肉质，干后变硬。菌管长1～3mm，壁薄而完整，同菌肉色，干后污黄色，管口白色，

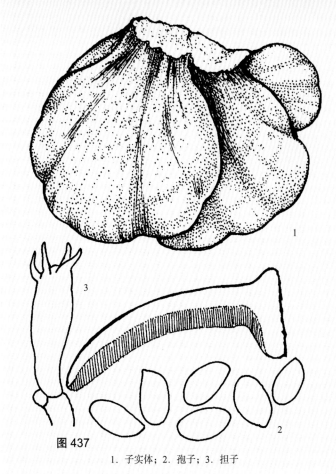

图 437

1. 子实体；2. 孢子；3. 担子

图 438

干后变淡褐色，多角形，每毫米 3～5 个。菌丝无色，大多数不分枝，粗 5～7.5μm。担子近棒状，4 小梗，12～14μm×4～5μm。孢子椭圆形，平滑，无色，3.5～5μm×2.5～3.5μm。

生态习性 生于云杉等针叶树枯立木或火烧后的枯立木树干上。属木腐菌，引起多种针叶树木材褐色腐朽。

分　布 分布于黑龙江、吉林、河北、广东、云南、山西等地。

应用情况 抑肿瘤，对小白鼠肉瘤 180 和艾氏癌的抑制率高达 100%。

438　奶油泊氏孔菌

别　　名 蹄形干酪菌

拉丁学名 *Postia lactea* (Fr.) P. Karst.

曾用学名 *Tyromyces lacteus* (Fr.) Murrill

形态特征 子实体较小，无柄。菌盖近马蹄形，剖面呈三角形，纯白色，后期或干时变为淡黄色，鲜时半肉质，干时变硬，2～3.5cm×2～4.5cm，厚 1～2.5cm，表面无环而有细绒毛，边缘锐，内卷。菌肉软，干后易碎，厚 7～15mm。菌管白色，干时长 3～10mm，管口白色，干后变为淡黄色，多角形，每毫米 3～5 个，管壁薄，易形裂。菌丝无色，少分枝，有横隔和锁状联合，粗 3.5～5.5μm。担子棒状，短，4 小梗，10～15μm×2.3～4μm。孢子腊肠形，无色，3.5～5μm×1～1.5μm。

生态习性 生于阔叶树或针叶树腐木上。属木腐菌，引起木材褐色腐朽。

分　　布 分布于河北、山西、四川、浙江、江西、广东、西藏等地。

应用情况 据试验抑肿瘤，对小白鼠肉瘤180和艾氏癌的抑制率分别为90%和80%。

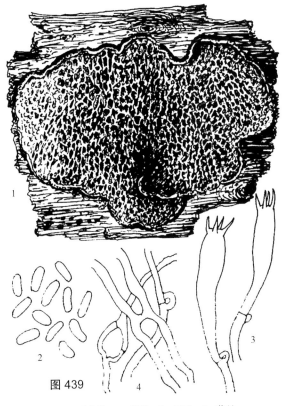

图439

1. 子实体；2. 孢子；3. 担子；4. 菌丝

439　黄假皱孔菌

别　　名 黄皱孔菌、金色干朽黄

拉丁学名 *Pseudomerulius aureus* (Fr.) Jülich

曾用学名 *Merulius aureus* Fr.

形态特征 子实体平伏，膜质，易从基物上成片分离，边缘绵绒状，0.5～2cm×1～2.5cm，可相互连接平铺更长，或边缘反卷形成菌盖达7mm×13mm，厚达300～400μm，表面光滑或近光滑，呈黄色。菌肉薄，软，黄色。子实层新鲜时金黄色，且有辐射状皱褶及皱纹，皱褶间距离0.5～1mm，由横脉相连形成小凹坑。菌丝无色，分枝，疏松交织，粗2.5～4μm，无结晶体，锁状联合多。孢子无色，光滑，3～4μm×1.5～2μm。无囊体。

生态习性 夏秋季在松等腐朽木上生长。

分　　布 分布于安徽、四川等地。

应用情况 此菌含抗癌物质，实验抑肿瘤，对小白鼠肉瘤180和艾氏癌的抑制率均高达100%。

440　卷边网褶菌

别　　名 波缘假皱孔菌、波纹假皱孔菌、波纹卷伞菌、波纹桩菇、覆瓦网褶菌

拉丁学名 *Pseudomerulius curtisii* (Berk.) Redhead et Ginns

曾用学名 *Paxillus curtisii* Berk.

英 文 名 Curtis' Pax

形态特征 子实体中等至较大，无菌柄。菌盖扁平，半圆形或扁形，平展，直径可达3～15cm，黄色，老后茶褐灰色，表面具细绒毛或光滑，边缘内卷。菌肉黄色，具强烈的腥臭气味。菌褶较密，波状，长短不一，分叉交织成网状，初期橘黄色，老后青色至深烟色。孢子印锈色。孢子光滑，很小，椭圆形，浅青黄色，3～4μm×2～2.5μm。

生态习性 夏秋季在阔叶林等树木桩上覆瓦状生长。

分　　布 分布于河南、山西、福建、云南、香港、广东、广西、四川、西藏等地。

应用情况 此菌有强烈的腥臭气味，认为有毒，一般无人采食。记载具抗氧化活性等。

图440

441 朱红密孔菌

别　　名　鲜红密孔菌、红栓菌、朱红栓菌、朱砂菌、胭脂栓菌
拉丁学名　***Pycnoporus cinnabarinus*** (Jacq.) P. Karst.
曾用学名　*Trametes cinnabarina* (Jacq.) Fr.
英 文 名　Cinnabar Red Polypore

形态特征　子实体一般小或中等，木栓质，无柄，侧着生。菌盖直径 2~11cm，厚 0.5~1cm，扁半球形、扁平，表面橙色至红色，后期稍褪色，变暗，无环纹或不明显，有或无细绒毛，稍有皱纹，新鲜时肉质，干后木栓质。菌肉橙色，有明显的环纹，遇 KOH 时变黑色。管孔面红色，每毫米 2~4 个。孢子无色，椭圆形，一端尖并弯曲，4.5~6μm×1.5~3μm。
生态习性　于针、阔叶树枯枝上成群成片生长。属木腐菌。侵害木质部处开始呈橙色，后期为白色腐朽。
分　　布　分布于吉林、黑龙江、内蒙古、河北、河南、山西、山东、江苏、江西、福建、台湾、广东、广西、香港、海南、安徽、浙江、湖南、贵州、云南、四川、青海、甘肃、新疆、西藏等地。
应用情况　可药用。子实体有清热除湿、消炎、解毒作用。抑肿瘤，对小白鼠肉瘤 180 及艾氏癌的抑制率均为 90%。

442　血红密孔菌

别　　名　血红栓菌
拉丁学名　***Pycnoporus sanguineus*** (L.) Murrill
曾用学名　*Trametes cinnabarina* var. *sanguinea* (L.) Pilát

形态特征　子实体小至中等。菌盖直径达 3～10cm，厚 2～6mm，初期血红色，后褪至苍白，往往呈现出深淡相间的环纹或环带，木栓质，无菌柄或近无菌柄，表面平滑或稍有细毛。菌管与菌肉同色，一层，长 1～2mm，管口暗红色，往往有闪光感，细小，圆形，每毫米 5～8 个。孢子无色，平滑，稍弯曲，长椭圆形，7～8μm×2.5～3μm。

生态习性　夏秋季多生栎、槭、杨、柳、枫香、桂花等阔叶树枯立木、倒木、伐木桩上，有时也生松、云杉、冷杉木上。一年生。属木腐菌，被侵害木材初期染以橘红色，后期呈现为白色腐朽。

分　　布　分布于安徽、北京、重庆、福建、广东、广西、海南、河北、河南、湖北、湖南、吉林、江苏、江西、辽宁、内蒙古、山东、山西、四川、云南、浙江等地。

应用情况　具有抗细菌、抑肿瘤作用，对小白鼠肉瘤 180 的抑制率达 90%。用作中药有祛风湿、止血、止痒等功效。

图 442-1

图 442-2

图 442-3

443 硬皮褐层孔菌

别　　名 硬红皮孔菌、钢青褐层孔菌
拉丁学名 *Pyrrhoderma adamantinum* (Berk.) Imazeki
曾用学名 *Pyropolyporus adamantinus* (Berk.) Teng; *Fomes adamantinus* (Berk.) Cke.

形态特征 子实体中等或稍大，无柄或偶有柄。菌盖扁平至半球形，4.5～15cm×4～8cm，厚1.5～3.5cm，硬，木质，褐黑色、灰褐色，平滑无毛，表面有显著的环沟棱或棱纹，边缘厚，变至锐或稍钝，呈波状。菌肉厚0.1～0.4cm，浅锈黄色，后变为咖啡色。菌管多层，每层厚4～5mm，同菌肉色，管口每毫米5～8个，圆形，壁厚，深蜜黄色。担子棒状，短，具4小梗。孢子近球形，光滑，无色，4.5～7.5μm×5～7.3μm。

生态习性 生于栎、油茶等阔叶树干基部及木桩上。多年生。属木腐菌。

分　　布 分布于广东、广西、福建、湖南、贵州等地。

应用情况 据记载药用治胃气痛。

图 445

444　泡囊伏革菌

别　　名	汇合伏革菌
拉丁学名	***Radulomyces confluens*** (Fr.) M. P. Christ.
曾用学名	*Corticum confluens* (Fr.) Fr.

生态习性　生于倒腐木上。导致木腐。

分　　布　分布于吉林、河北、台湾等地。

应用情况　所含倍半萜 A 具有很强的抗肿瘤活性。

445　榆硬孔菌

别　　名	榆拟层孔菌、榆生拟层孔菌、榆生针层孔
拉丁学名	***Rigidoporus ulmarius*** (Sowerby) Imazeki
曾用学名	*Fomitopsis ulmaria* (Sowerby) Bondartsev et Singer
英　文　名	Elm Polypore

形态特征　子实体巨大，木栓质或木质，无柄。菌盖最大直径达 30cm，甚至可达 60cm，半圆形、扁平或不规则马蹄形，白色至土黄色，较厚，光滑，无环纹和环沟，密生不规则的扁瘤，无皮壳，

边缘钝，其下无子实层，有时向下稍内曲。菌管多层，层间有薄而白色的菌肉，菌管长3～8mm，白色至浅褐色，管口圆形，管壁厚且全缘，每毫米4～5个。孢子无色，近球形，直径5～7μm。

生态习性　生榆等阔叶树干基部或倒木上。多年生。属木腐菌，被浸染树木引起白色腐朽。

分　　布　分布于吉林、台湾、河南、云南、内蒙古、黑龙江、山西、新疆、四川等地。

应用情况　此菌有抑肿瘤作用。子实体水提取液对小白鼠肉瘤180的抑制率为44.8%。湖南民间药用，中医认为可补骨髓、固精脉。

图446

446　香肉齿菌

别　　名	褐紫肉齿菌、虎掌菌、黑虎掌
拉丁学名	*Sarcodon aspratus* (Berk.) S. Ito
曾用学名	*Hydnum aspratum* Berk.

形态特征　子实体大，高15～30cm。菌盖直径10～20cm，近圆形，中部深下凹至菌柄部，似喇叭状，表面淡红褐色，有大量黑褐色大小不等的鳞片，尤其中部鳞片大而翘起，或直立，色更深。菌肉厚，白色带粉红色，有特殊香味。子实层为刺状，刺长10mm左右，延生，初期淡褐色，老后色深。菌柄长3～20cm，粗0.2～0.8cm，同盖色，上下等粗而基部膨大，空心，表面平滑。孢子浅褐色，有疣状凸起，近球形，直径5～6μm。

生态习性　夏秋季在阔叶林地上群生。与树木形成外生菌根。

分　　布　分布于云南、甘肃、贵州、四川、台湾等地。

应用情况　可食用，加工不熟时产生肠胃不适。在中国云南及日本被视为珍稀野生食用菌。日本称之香茸，味鲜。与虎掌菌形态特征非常相似，被认为是同一种。

447　翘鳞肉齿菌

别　　名	褐紫肉齿菌、獐子菌、獐头菌、钟馗菌、钟馗帽、虎掌菌、黑虎掌、香肉齿菌
拉丁学名	*Sarcodon imbricatus* (L.) P. Karst.
曾用学名	*Sarcodon aspratus* (Berk.) S. Ito
英 文 名	Scaly Tooth, Shingled Hedgehog

形态特征　子实体中等至较大。菌盖直径6～20cm，扁半球形后扁平，中部下凹或脐状，或呈浅漏斗状，浅粉灰色，表面有暗灰色到黑褐色大鳞片，鳞片厚，覆瓦状，趋向中央翘起，呈同心环状排列。菌肉近白色。刺灰白色后变深褐色，延生，锥形，长1～1.5cm。菌柄长5～9cm，粗0.7～3cm，

图 447-1

图 447-2

有时短粗或较细长，上下等粗或基部膨大可达 4cm，淡白色变淡褐色，中生或稍偏生，实心，平滑。孢子淡褐色，具大而不规则的疣，形状不规则，6～8.6μm×5～6.1μm。

生态习性 于高山凉爽针叶林中地上群生、散生。属树木外生菌根菌。

分　布 分布于甘肃、新疆、四川、云南、安徽、台湾、吉林、西藏等地。

应用情况 可食用，新鲜时味道很好，而老后或雨多浸湿者带苦味。子实体有降低血中胆固醇的作用，并含有较丰富的多糖类物质，起到抗肿瘤作用。可研究保健药用。此种在新疆天山云杉林中多见。

448　鳞盖肉齿菌

别　名 粗糙肉齿菌

拉丁学名 *Sarcodon scabrosus* (Fr.) P. Karst.

曾用学名 *Hydnum scabrosum* Fr.

英文名 Bitter Hedgehog

形态特征 子实体较大。菌盖直径 7～15cm，淡褐色，密被贴生或平伏的鳞片，鳞片淡褐色至锈褐或棕褐色，后期色变深而翘起，幼时边缘内卷。菌肉污白带淡红褐色，略有苦味。刺浅褐色后变暗褐色，锥形。菌柄长 4～8cm，粗 1.5～3.5cm，淡褐色，基部青黑褐色，上部色浅有刺延生，内部实

图 449   图 451-1

心变松软。孢子具瘤状凸起，近球形，5.6~8μm×5.5~7μm。

生态习性　夏秋季于针、阔叶林地上散生或单生。可能为外生菌根菌。

分　　布　分布于山西、四川、青海、西藏等地。

应用情况　革质，味略苦，加工后可食用。据报道，可消炎，抑制细菌，含有降胆固醇的药用成分。另可抗肿瘤。

449　紫肉齿菌

别　　名　紫褐肉齿菌

拉丁学名　*Sarcodon violaceus* Quél.

形态特征　子实体中等至较大。菌盖直径 10~15cm，平展后中部稍下凹，扁平或浅漏斗状，烟紫色，被黑褐色鳞片，干时黑褐色。菌肉灰紫色，厚。刺长 1~2mm，灰紫色，延生，密。菌柄长 3~5cm，粗 1~2cm，灰紫色，偏生，实心，基部尖而色浅。孢子淡色，具小瘤，近球形，直径 4.5~5.5μm。

生态习性　夏秋季于松林等地上群生或丛生。可能为外生菌根菌。

分　　布　分布于香港、四川、西藏、云南等地。

应用情况　幼嫩时可食用。

450　紫盖肉齿菌

别　　名　鹿菌

拉丁学名　*Sarcodon violascens* (Alb. et Schwein.) Quél.

曾用学名　*Hydnum violascens* Alb. et Schwein.

形态特征　子实体一般中等大。菌盖扁平，中部下陷，盖缘薄而平展，中央部有鳞稀疏叠生，盖

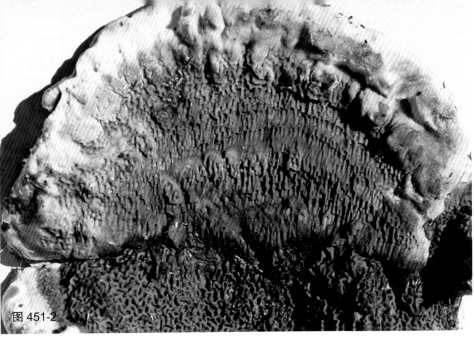

图 451-2

缘裸露而光滑，盖径 3～10cm，鳞片和盖表呈蓝紫色、褐紫色或蔚蓝紫色，盖缘呈淡紫色或近白色。菌肉纤维质，淡紫色，干后呈淡污白色，菌肉具香草味。菌齿长锥刺形，长 8～15mm，紫褐色。菌柄多弯曲，或间有分叉，上部淡紫色，下部褐色，向下渐细，呈钻形，长 2～10cm，粗 0.25～1.5cm。担孢子圆形，无色，有刺突，3.5～5μm×3.5～4μm。

生态习性　生于针叶林下土上，7～8 月出现，量少。

分　布　分布于四川、云南等地。

应用情况　据四川有群众反映，此菌煎服治胆囊炎。还发现此种和鳞盖肉齿菌 Sarcodon scabrosus 在草药摊上销售。

451　干朽菌

别　名　伏果圆炷菌

拉丁学名　*Serpula lacrymans* (Wulfen) J. Schröt.

曾用学名　*Serpula lacrimans* (Wulfen : Fr.) P. Karst.; *Gyrophana lacrymans* (Wulfen) Pat.; *Merulius lacrymans* (Jacq. : Fr.) Schumach.

英文名　Dry Rot Fungus

形态特征　子实体平伏，一般长 10～20cm，平伏呈近圆形、椭圆形，有时数片连接成大片可达 100cm，肉质，干后近革质。子实层锈黄色，由棱脉交织呈凹坑或皱褶，棱脉边缘后期割裂成齿状，子实层边缘有宽达 1.5～2cm 的白色或黄色具绒毛状的不孕宽带。凹坑宽 1～2mm，深约 1mm。孢子浅锈色，光滑，往往不等边，椭圆形，7.5～13μm×5～8μm。囊体长棱形，50～80μm×6～8μm。

生态习性　生各种建筑木材上。呈片状平伏生长，往往相互接连形成大片。是世界著名的木腐菌，腐朽力很强，破坏力极大，使木材形成块状褐色腐朽。朽材褐色，形成方块，之间有菌索，后期朽块变成粉末。

分　布　多分布在北方林区。

应用情况　试验抑肿瘤，对小白鼠肉瘤 180 及艾氏癌的抑制率分别为 70% 和 60%。

多　孔　菌

图 452

452 绣球菌

别　　名 大瓣片绣球菌、广叶绣球菌
拉丁学名 *Sparassis crispa* (Wulfen) Fr.
曾用学名 *Sparassis brevipes* Krombh.
英 文 名 Eastern Cauliflower Mushroom

形态特征　子实体中等至大型，肉质，由一个粗壮的菌柄上发出许多片状分枝，枝端形成无数曲折的瓣片，形似巨大的绣球，直径 10～40cm，白色至污白或污黄色。瓣片似银杏叶状或扇形，薄而边缘弯曲不平，干后色深，质硬而脆。子实层生瓣片上。孢子无色，光滑，卵圆形至球形，4～6μm×4～4.6μm。

生态习性　夏秋季于云杉、冷杉、栗子树或松林及混交林中地上分散生长，菌柄基部似根状并与树根相连。

分　　布　分布于广东、云南、福建、西藏、河北、陕西、吉林、黑龙江等地。

应用情况　可食用，味道较好。还可利用菌丝体进行深层发酵培养。可增强免疫力。此种还抑肿

53

瘤。其培养物对小白鼠肉瘤 180 有抑制作用。另外含绣球菌素（sparassol）和多种氨基酸。绣球菌素对某些真菌有抑制作用。

453　瓣片绣球菌

拉丁学名　*Sparassis laminosa* Fr.
英 文 名　Cauliflower Fungus, Wood Cauliflower

形态特征　子实体中等至大型，往往紧靠近地面，由大量曲折的似勺状的瓣片组成，形成较大的半球形，直径 20～25cm，高 15～30cm。每个瓣片白色至污白或污黄色，边缘色浅近白色，较厚，似蜡质，韧，平滑。菌肉近无色。担子细长，近棍棒状，45～60μm×6～8μm，担子上生 4 个孢子。孢子无色，含颗粒，光滑，卵圆形或近宽椭圆形，4.5～6μm×3.5～4.5μm。
生态习性　夏秋季于壳斗科树木木桩附近地上生长，有时见于针阔叶混交林地上。
分　　布　分布于云南、西藏等地。
应用情况　可食用。

323
多孔菌

图454-1   图454-2

454   海绵皮孔菌

别　　名　松软毡被孔菌、小孔毡被
拉丁学名　*Spongipellis spumeus* (Sowerby) Pat.

形态特征　子实体中等至大型，无柄，海绵质，软而多汁。初期菌盖纯白色，干后硬而易碎，表面米黄色，具有一层疏松的粗毛，呈淡褐色，后期近光滑，5～14cm×8～25cm，厚2～5cm。菌肉白色带黄色，干后浅土黄色，厚1～3cm。菌管长1～1.5cm，浅黄色，管壁薄，管口同色，多角形，每毫米2～5个，干后裂为齿状。担子棒状，无色，26～35μm×5.5～8μm。孢子无色，光滑，椭圆形至近球形，5～8μm×4～6μm，内含油滴。

生态习性　生于榆、杨、椴、槭等立木、枯木和木桩上，常单生或群生。属木腐菌，腐朽力强，引起被侵染树木白色腐朽。

分　　布　分布于黑龙江、吉林、河北、山西、江苏、甘肃、陕西等地。

应用情况　作者在甘肃迭部考察发现，此菌往往在老的杨树桩上大量生长，有的菌盖直径可达30cm。当地用来点燃后烟火熏蚊等害虫。可能食用。

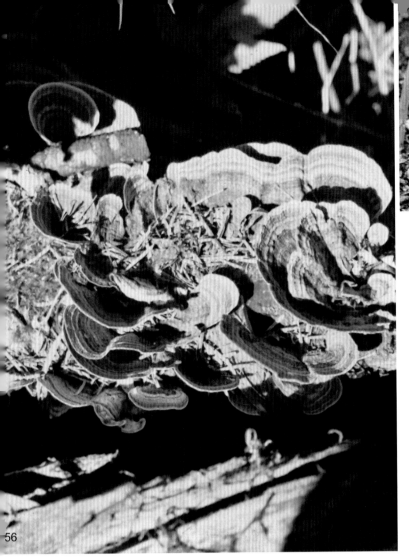

455　杯状韧革菌

拉丁学名　*Stereum cyathoides* Henn.

形态特征　子实体小。菌盖直径 1.5～2cm，呈杯状或漏斗状，浅褐色至褐红色，有环纹，表面平滑，边缘波浪状具白色。菌肉革质。子实层呈蛋壳色，似有环纹。盖下缩成菌柄状。

生态习性　夏秋季于林地腐枝、腐草茎等基物上群生。

分　　布　分布于湖南、香港等地。

应用情况　可药用。

456　烟色韧革菌

别　　名　烟色血韧革菌、烟色血革菌
拉丁学名　*Stereum gausapatum* (Fr.) Fr.
曾用学名　*Thelephora gausapata* Fr.

形态特征　子实体小，革质，平伏而反卷，反卷部分长 1～2cm，丛生呈覆瓦状，常相互连接，有细长毛或粗毛，呈烟色，多少可见辐射状皱褶。子实层淡粉灰色至浅粉灰色，受伤和割破处流汁液以后色乃变污，剖面无毛层厚 400～750μm，中间层与绒毛层之间有紧密有色的边缘带。子实层上有无数色汁导管，75～100μm×5μm。担子长圆柱状，具4小梗。孢子无色，平滑，长椭圆形，5～8μm×2.5～3.5μm。

生态习性　生于栲、栎等腐木上。此菌导致树木的木质腐朽，可引起橡胶树的管腐病。

分　　布　分布于河北、山西、甘肃、四川、安徽、江苏、浙江、江西、云南、广西、福建、海南、陕西、贵州等地。

应用情况　试验可抑肿瘤，对小白鼠肉瘤 180 和艾氏癌的抑制率分别为 90% 和 100%。出现在香菇段木上，属食用菌段木栽培中的"杂菌"之一，危害程度往往严重。

图 457-1

457　毛韧革菌

别　　名　粗毛韧革菌、粗毛硬革菌、毛革盖菌、毛栓菌
拉丁学名　***Stereum hirsutum*** (Wiilld.) Pers.
英　文　名　Hairy Parchment

形态特征　子实体小至中等大，半圆形、贝壳形或扇形，无柄，单生或覆瓦状着生。菌盖直径2～3cm，厚不及1cm，表面浅黄色至淡褐色，有粗毛或绒毛和同心环棱，边缘薄而锐，完整或波浪状。菌肉白色至淡黄色。管孔面白色、浅黄色、灰白色，有时变暗灰色，孔口圆形至多角形，每毫米2～3个，管壁完整。担子棒状，45～65μm×3～6.5μm。担孢子圆柱形、腊肠形，光滑，无色，6～7.5μm×2～2.5μm。囊体棒状。

生态习性　生杨、柳等阔叶树活立木、枯立木、死枝杈或伐木桩上。此菌引起木材形成海绵状白色腐朽。

分　　布　分布于河北、河南、吉林、辽宁、黑龙江、内蒙古、陕西、山西、山东、江苏、浙江、福建、广东、广西、台湾、香港、海南、江西、湖南、湖北、贵州、云南、西藏、新疆等地。

应用情况　可供药用，民间用于除风湿、疗肺疾、止咳、化脓、生肌。对小白鼠肉瘤180和艾氏癌的抑制率分别为90%和80%。

57-2

458 扁韧革菌

拉丁学名 *Stereum ostrea* (Blume et T. Nees) Fr.

形态特征 子实体小至中等大。菌盖1.5～7.5cm×2～12cm，半圆形、扇形、薄，往往相互连接，干时向下卷曲，有蛋壳色至浅茶褐色短绒毛，渐褪色为烟灰色，同心轮纹明显，盖边缘有绒毛，粗5～7μm。子实层面平滑，浅肉色至藕色，剖面厚500～750μm，包括子实层、中间层及紧密呈褐色的边缘带。无菌柄或有时具短菌柄。子实层有囊体和刚毛体。孢子无色，平滑，椭圆或卵圆形，5～6.5μm×2～3.5μm。

生态习性 于阔叶树枯立木、倒木和木桩上大量覆瓦状叠生。属木腐菌，引起多种阔叶树木质腐朽。

分 布 分布广泛。

应用情况 记载产生草酸，含纤维素分解酶，可应用于食品加工等方面。

多孔菌

图458-1

图458-2

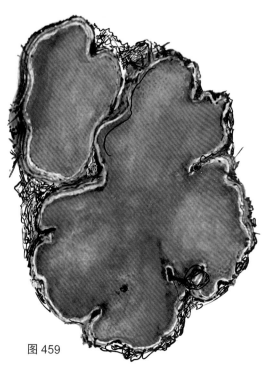

图459

459　牛樟芝

別　　名　樟芝、牛樟菌、台湾樟芝、台湾牛樟芝
拉丁学名　***Taiwanofungus camphoratus*** (M. Zang et C.
　　　　　H. Su) Sheng H. Wu et al.
曾用学名　*Ganoderma camphoratum* M. Zang et C. H. Su;
　　　　　Antrodia cinnamomea T. T. Chang et W. N. Chou
英 文 名　Shiny Cinnamon Polypore

形态特征　子实体小至中等，无柄，木栓质至木质。菌盖平伏至不规则形或为蹄形，背着生，直径5～13cm或稍大，子实层面血红、橙红色，渐变浅或出现黑褐色，边缘厚而有环纹，不育。菌肉乳白至淡肉桂色，味很苦。菌孔圆形至角形，橙红、鲜红至淡肉桂色，最后呈赭褐色，每毫米4～6个。孢子圆柱形稍弯，无色，平滑，3.5～5μm×1.5～2μm。

生态习性　春至秋季生牛樟树桩内腐朽处的空洞内，呈片块状生长。引起木质腐朽。

分　　布　目前仅发现分布台湾。

应用情况　台湾民间传统药用。据记载能增加肝功能和免疫力以及抑肿瘤等。解酒效果好。提取物能强烈抑制肺、肾、肝的纤维化。含有 Antrocamphin A 和 Hepasin 等活性成分。现已人工培养。

图 460-1

460-2

多孔菌

图 461

460 黑毛柄网褶菌

别　　名	黑毛柄小塔氏菌、黑毛桩菇、毛柄网褶菌
拉丁学名	***Tapinella atrotomentosa*** (Batsch) Šutara
曾用学名	*Paxillus atrotomentosus* (Batsch) Pers.
英 文 名	Velvet Pax

形态特征　子实体中等或较大，深褐色。菌盖直径5～10cm，初期半球形，后平展中部下凹，污黄褐色、锈褐色至烟灰色，具细绒毛，边缘内卷。菌肉污白，稍厚。菌褶浅黄褐色，后变褐黄色至青褐色，延生，长短不一，褶间有横脉连接成网状，菌褶与菌柄接连处往往部分白色。菌柄偏生，具栗褐色至黑紫褐色粗糙绒毛，粗壮，肉质，长3～5cm，最长可达10cm，粗1～3cm。孢子黄色至锈黄色，光滑，卵圆或宽椭圆形，厚壁，含1油滴，4.5～7.5μm×3～5μm。

生态习性　春至秋季生针叶林、竹林等地上或基部腐木上。常常数个菌体丛生一起或单个生长。生于倒腐木，引起木材腐朽。

分　　布　分布于河北、吉林、江苏、安徽、广东、广西、贵州、福建、湖南、河南、云南、四川、西藏等地。

应用情况　此种气味难闻，味道略苦，据报道有毒，不宜食用。记载有血液凝集活性和抗菌作用。

461 耳状网褶菌

别　　名	耳状小塔氏菇、耳状桩菇
拉丁学名	*Tapinella panuoides* (Fr.) E.-J. Gilbert
曾用学名	*Paxillus panuoides* Fr.
英 文 名	Stalkless Pax

形态特征　子实体小至中等大。菌盖直径3～8cm，初期近扁平或平展，后期贝状、半圆形、耳状或呈扇形，浅黄色至褐黄色，被绒毛状小鳞片，后期变光滑，边缘波状或瓣裂。菌肉薄，白色至污白色。菌褶浅黄色或橙黄色，延生，密而窄，弯曲而多横脉，往往靠近基部交织成网状。几无柄。孢子印锈色。孢子淡黄至带褐色，光滑，近球形，4～5μm×3～4μm。

生态习性　夏秋季在针叶树腐木上群生或叠生。引起树木的木质腐朽。

分　　布　分布于黑龙江、吉林、河北、山西、广东、广西、香港、云南等地。

应用情况　记载有毒。此菌和覆瓦网褶菌具有强烈的腥臭气味，作者在大陆和香港考察，一般无人采食。有记载具有抗菌作用。

图 462-2

462 橙黄革菌

别　　名　橙黄干巴菌、橙黄糙孢革菌、黄干巴菌
拉丁学名　***Thelephora aurantiotincta*** Corner
英 文 名　Orange Red Thelephora

形态特征　子实体中等大，高 3～8cm，直径 5～9cm，分枝呈宽扇状，向四面伸展，近全缘少开裂，枝端橙黄色、褐黄色，边缘白黄色，厚，表面粗糙，有瘤状凸起。菌肉淡粉黄色，遇 KOH 液呈墨绿色。孢子淡黄色，不规则多角形，5.4～7.9μm×5.1～7.2μm。
生态习性　在针阔叶混交林地上群生、丛生或簇生，并形成外生菌根。
分　　布　分布于云南滇中和滇西等地。
应用情况　可食用，有香味，云南群众习惯采集食用。幼时食用，具有特殊风味。具有抗氧化、抑肿瘤活性。

图 463-2

63-1

图 463-3

333

多孔菌

图 464

图 465

463 云南干巴菌

别　　名　暗兰干巴菌、干巴糙孢革菌、干巴革菌、干巴菌
拉丁学名　***Thelephora ganbajun*** M. Zang
英 文 名　Ganba Fungus, Ganbajum

形态特征　子实体较大，高 5～14cm，直径 4～14cm，由许多分枝呈扇状的裂片组成，表面呈灰白色或灰黑色。菌肉灰白色，柔软，遇 KOH 液呈蓝褐色。孢子透明微具淡褐色，多角形且有刺凸，7～12μm×6～8μm。
生态习性　生云南地区云南松等林地上，并形成外生菌根。
分　　布　目前仅分布于云南滇中和滇南的海拔 600～2500m 的松林带。
应用情况　味美可食，具有异香，生尝微甘，似有海藻气味，是云南特产著名的野生食用菌之一。另外具抗氧化活性。

464 日本糙孢革菌

别　　名　日本革菌、干巴菌
拉丁学名　***Thelephora japonica*** Yasuda

形态特征　子实体高 5～14cm，宽 4～14cm，丛生，珊瑚状多次分枝，由基部较厚的干片向上依次裂成扇状至帚状分枝，灰白色或灰黑色，基部的干片高 2～2.5cm，宽 2.5～4cm，无绒毛，具环纹，下端具根状菌丝。中部的枝片高 2～5cm，宽 2.5～4.5cm。菌肉厚 0.2～0.4cm。枝片间相互于基部结联。孢子多角形，有刺突，透明，淡褐色，7～12μm×6～8μm。
生态习性　生于云南松林或针阔叶混交林中地上。可能为外生菌根菌。

分　　布　　分布于云南等地。
应用情况　对细菌有一定的抑制作用。

465　掌状革菌

别　　名　手掌革菌
拉丁学名　***Thelephora palmata*** (Scop.) Fr.
曾用学名　*Thelephora palmata* Scop.
英文名　Palmate Fiber Vase

图 466

1. 子实体；2. 孢子；3. 担子

形态特征　子实体一般小，多分枝，直立，上部由扁平的裂片组成，高 2～8cm，灰紫褐色或紫褐色至暗褐色，顶部色浅呈蓝灰白色，并具深浅不同的环带，干时全体呈锈褐色。菌肉近纤维质或革质。菌柄较短，幼时基部近白色，后呈暗灰至紫褐色。菌丝有锁状联合。担子柱状，具 4 小梗，70～80μm×9～12μm。孢子浅黄褐色，角形具刺状突起，8～10μm×6～9μm。
生态习性　于松林或阔叶林中地上丛生和群生。可能与松等形成外生菌根。
分　　布　分布于安徽、江苏、江西、广东、海南、湖南、甘肃、香港、黑龙江等地。
应用情况　有记载气味稍臭，日本记载具类似海藻气味。与云南产的干巴菌外形特征很相似，具有强的海藻气味，然而当地却作为气味香美的食用菌。此种含革菌酸（thelephoric acid）和黑色素，对阿尔茨海默病有一定抑制活性。

466　疣革菌

别　　名　具疣革菌
拉丁学名　***Thelephora terrestris*** Ehrh.
英文名　Common Fiber Vase

形态特征　子实体较小或中等大，软革质，由多数扇形或半圆形、近平展的菌盖组成，肉桂色带灰色或肝褐色或暗紫褐色，盖面粗糙，具粗毛组成的鳞片，且有环带，边缘薄呈撕裂状或锯齿状。菌肉近软革质。下侧子实层面疣状突起及凹凸不平，靠近边缘似有环纹。菌丝褐色具锁状联合。担子近棒状，65～90μm×8～10μm，具 4 小梗。孢子浅锈色，不规则角形，6～11μm×5～9.5μm。
生态习性　生针叶林或落叶松林或针阔叶混交林中地上，丛生。可能是松等树木的外生菌根菌。
分　　布　分布于江苏、云南、黑龙江、西藏、香港等地。
应用情况　食毒不明。含多糖成分，有抗氧化和抑肿瘤活性。

多孔菌

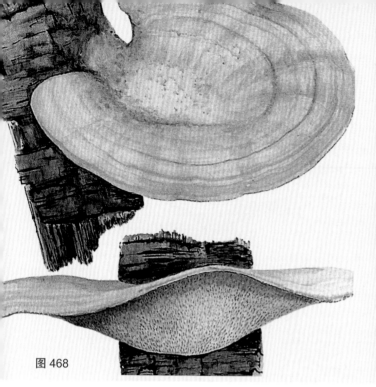

图 468　　　　　　　　　　　　　　　　　　　图 469

467　莲座革菌

别　　名　莲糙孢座革菌、莲座状革巴菌
拉丁学名　***Thelephora vialis*** Schwein.
英 文 名　Vase Thelephore

形态特征　子实体有菌盖与菌柄，革质，漏斗状，高宽各达10cm。菌盖扇形，于中部层叠呈莲座状，上表浅米黄色至浅褐色，通常有辐射状皱纹，下表淡粉灰色至暗灰色。菌肉白色。子实层生于菌盖下表，平滑或有疣状突起。菌柄偏生至中生，较短。孢子淡青灰色，有小瘤，5～7μm×4.5～5μm。

生态习性　生于针叶林或阔叶林中地上。

分　　布　分布于云南、四川、江苏、浙江、安徽、福建、江西、广东、青海等地。

应用情况　幼嫩时可食用。为中药"舒筋丸"的成分之一，制成的舒筋丸可治腰腿疼痛、手足麻木、筋络不适、四肢抽搐。

468　雅致栓孔菌

别　　名　紫椴栓菌、密褶菌、皂角菌、密孔菌
拉丁学名　***Trametes elegans*** (Spreng.) Fr.
曾用学名　*Trametes palisotii* (Fr.) Imazeki

形态特征　子实体中等或大，木栓质，无柄。菌盖直径3.5～17cm，厚0.5～1.3cm，基部常狭缩呈圆形、半圆形、肾形至扇形，扁平，白色至玉米黄色，有明显褐色或暗红色的污染，有不明显的

图470

棱纹，边缘薄，锐或稍钝，全缘或波浪状至瓣裂。菌肉白色，厚0.15～0.8cm。菌管同菌肉色，长2～5mm，管口迷路状，与菌盖表面色相近，宽0.3～0.5mm，管壁完整。孢子无色，光滑，长椭圆形，5～7μm×2.5～5μm。

生态习性　生于腐木上，有时在倒木或枕木上单生或群生。一年生。属木腐菌，导致木质形成海绵状白色腐朽。

分　　布　分布于河北、江苏、江西、福建、台湾、湖南、广东、广西、四川、贵州、云南、黑龙江、吉林等地。

应用情况　药用可祛风、止痒等。

469　迷宫栓孔菌

别　　名　偏肿栓菌、短孔栓菌
拉丁学名　*Trametes gibbosa* (Pers.) Fr.

形态特征　子实体中等至大型，木栓质，无柄，侧生、单生或叠生。菌盖多为半圆形，扁平，5～14cm×7～25cm，往往左右相连，厚0.5～2.5cm，基部厚达4～5cm，表面密被绒毛，浅灰色、灰白色，近基部色深呈肉桂色，后期毛脱落，具较宽的同心环纹及棱纹，基部常有藻类附生而呈现绿色，盖缘完整，较薄，钝或波状，下侧无子实层。菌肉厚3～25mm，白色。菌管同菌肉色，长3～10mm，壁厚，完整，管口木材白色，外观呈长方形，宽约1mm，放射状排列或迷路状或有沟状，有时局部呈短褶状。孢子偏椭圆形，无色，光滑，4～6μm×2～3μm。

生态习性　生于柞、榆、椴等树木的枯木、倒木、木桩上。一年生。属木腐菌，引起木材海绵状白色腐朽。

分　　布　分布于河南、福建、浙江、四川、贵州、广西、广东、西藏、吉林、黑龙江、河北、山

多孔菌

图 471-1

图 471-2

图 471-3

西、甘肃、青海、湖南、江西、台湾等地。

应用情况　该菌抑肿瘤。据报道子实体热水提取物和乙醇提取物对小白鼠肉瘤 180 抑制率为 49%，对艾氏癌抑制率为 80%。

470　毛栓孔菌

别　　名　毛革盖菌、毛云芝、毛栓菌
拉丁学名　***Trametes hirsuta*** (Wulfen) Lloyd
曾用学名　*Coriolus hirsutus* (Fr. ex Wulfen) Quél.
英 文 名　Hairy Turkey Tail

形态特征　子实体小至中等大，无菌柄。菌盖直径 4～10cm，厚 0.2～1cm，半圆形、贝壳形或扇形，表面浅黄色至淡褐色，有粗毛或绒毛和同心环棱，边缘钝或锐，完整或波浪状。菌肉白色至淡黄色。管孔面白色、浅黄色、灰白色至暗灰色，孔口圆形到多角形，每毫米 2～3 个，管壁完整。孢子无色，光滑，圆柱形、腊肠形，6～7.5μm×2～2.5μm。

生态习性　于杨、柳等阔叶树活立木、枯立木、死枝杈或伐桩上单生或覆瓦状生长。属木腐菌，引起木材形成海绵状白色腐朽。

分　　布　分布于黑龙江、吉林、河北、山西、河南、内蒙古、四川、安徽、江苏、浙江、江西、福建、台湾、广东、广西、云南、贵州、青海、甘肃、湖南、湖北、新疆、西藏等地。

应用情况　可药用，民间用于除风湿、疗肺疾、止咳、化脓、生肌。对小白鼠肉瘤 180 及艾氏癌的抑制率分别为 90% 和 80%。

471　乳白栓菌

别　　名　大白栓菌、乳栓菌
拉丁学名　***Trametes lactinea*** (Berk.) Sacc.
曾用学名　*Polyporus lactinea* Berk.; *Tramete levis* Berk.

形态特征　子实体中等或大型，无菌柄。菌盖 5～23cm×4～13cm，厚 0.8～2cm，半圆形或贝形，平展，相互连接形成更大的子实体，污白色渐变浅肉色，木栓质，表面有微细绒毛，渐变光滑，有小瘤状凸起和不明显棱纹，边缘波状或瓣裂。菌肉白色至米黄色。菌管同盖色，管口圆形，每毫米约 3 个。孢子无色，光滑，宽椭圆形，4.5～5μm×2.5～3.5μm。

生态习性　夏秋季生阔叶树腐木上。属木腐菌。

分　　布　分布于云南、香港、广东、广西、陕西、西藏、海南等地。

应用情况　具抑肿瘤活性物质。可研究药用。

多孔菌

图 472

472 酱赤褐芝

别　　名　粉灰栓菌

拉丁学名　*Trametes menziesii* (Berk.) Ryvarden

曾用学名　*Polystictus didrichsenii* Fr.

形态特征　子实体小，基部狭缩有时具短菌柄。菌盖直径 2～6cm，厚 0.1～0.4cm，扇形或贝壳状，革质，浅粉灰或赤酱色或赤褐色，常有丝质光泽，具宽的棱带，边缘薄而锐，其下无子实层。菌肉浅乳黄色，厚 0.5～1.5mm。菌管长 0.5～2.5mm，管口亦同色，圆形，每毫米 4 个。孢子无色，光滑，椭圆形，6～7μm×3～3.5μm。

生态习性　夏秋季于林中腐木上散生。属木腐菌。

分　　布　分布于广东、广西、海南等地。

应用情况　含抑制黑色素肿瘤细胞活性物质。

3-1

473　东方栓孔菌

别　　名　绒拟革盖菌、东方栓菌、白鹤菌、灰带栓菌
拉丁学名　*Trametes orientalis* (Yasuda) Imazeki
曾用学名　*Coriolopsis occidentalis* (Klotzsch) Murrill
英　文　名　Orient Trametes

形态特征　子实体大，木栓质，无菌柄。菌盖直径 3～20cm，厚 3～10mm，半圆形、扁平或近贝壳状，侧生，米黄色、灰褐色至红褐色，常有浅棕灰色至深棕灰色的环纹和较宽的同心环棱，具微细绒毛后渐光滑，有放射状皱纹，具褐色小疣凸，边缘锐或钝，全缘或波状。菌肉白色至木材白色，坚韧，厚 2～6mm。菌管与菌肉同色或稍深，管壁厚，管口圆形，白色至浅锈色，每毫米 2～4 个，口缘完整。孢子无色，光滑，稍弯曲，具小尖，长椭圆形，5.5～8μm×2.5～3μm。

生态习性　于阔叶树枯立木及腐木或枕木上覆瓦状叠生。引起枕木、树木的木材腐朽。

分　　布　分布于吉林、黑龙江、湖北、江西、湖南、云南、广东、广西、贵州、海南、台湾、西藏等。

应用情况　可药用治炎症、肺结核、支气管炎、风湿。抑肿瘤，对小白鼠肉瘤 180 及艾氏癌的抑制率分别为 80% 和 100%。

图 473-2

图 473-3

图 474-2

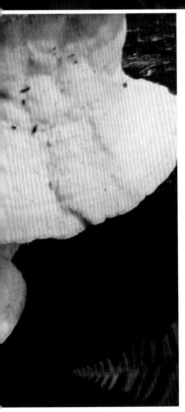

474　绒毛栓孔菌

别　　名　毛盖干酪菌、绒盖干酪菌、绒毛栓菌
拉丁学名　*Trametes pubescens* (Schumach.) Pilát
曾用学名　*Tyromyces pubescens* (Schumach.) Imazeki

形态特征　子实体一般中等大，无菌柄。菌盖直径2~8cm，厚3~6mm，覆瓦状生长于基物上，半圆形至扇形、贝形、木栓质，盖面白色至灰白色，有密而细的绒毛，环带不明显，边缘薄或厚，锐或钝，波浪状，干后内卷。菌肉白色，厚1~4mm。菌管白色，长2~5mm，管口圆形，白色，后变为灰白色，每毫米3~4个，薄壁，口缘常呈锯齿状。菌丝厚壁，无横隔和锁状联合，粗3~6.5μm。孢子无色，光滑，稍弯曲，近圆柱形，6~10μm×2~3μm。
生态习性　生阔叶树倒木或伐木桩上，也生枕木上。属木腐菌，对木质的破坏力较强，蔓延迅速，属白色腐朽类型。
分　　布　分布于黑龙江、吉林、辽宁、河北、山西、宁夏、甘肃、青海、四川、云南、福建、新疆、内蒙古、陕西、湖北、贵州、西藏等地。
应用情况　抑肿瘤，对小白鼠肉瘤180的抑制率为59.5%。

多 孔 菌

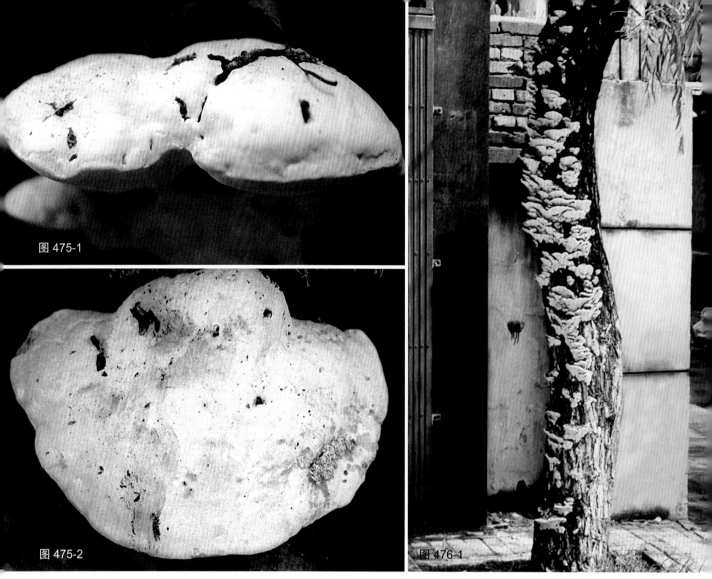

图 475-1

图 475-2

图 476-1

475　香栓菌

拉丁学名 *Trametes suaveolens* (L.) Fr.

形态特征　子实体中等或较大，无菌柄。菌盖3~9cm×4.5~16cm，厚1~3.5cm，半圆形，垫状，白色至浅灰色或浅黄白色、浅黄色，新鲜时软木栓质，干时坚硬，无或有明显的同心环带和轮纹，被细绒毛，后变近光滑，边缘钝或稍薄。菌肉白色或者稍带黄色，厚1~2cm。菌管一层，长3~10mm，同菌肉色，管口白色或灰色，圆形至近多角形，每毫米1~3个，通常为2个。孢子无色，透明，平滑，长椭圆形或者短圆柱形，8~11.5μm×3.5~4.5μm。

生态习性　主要生杨、柳属的树木，有时也生桦树活立木、枯立木及伐桩上。属木腐菌，被侵害树木引起心材或边材形成典型的白色腐朽。

分　　布　分布广泛。

应用情况　记载新鲜时候有香气味，干时气味渐消失。香栓菌多糖对小鼠移植肿瘤 S180、乳癌、腹水癌具有明显而稳定的抑制作用，对小鼠和兔造血系统急性辐射损伤具有显著的预防和治疗作用，对放疗、化疗引起的血液系统中白细胞低下具有治疗作用。

6-2

图 476-3

476 毛栓菌

别　　名 硬毛粗盖孔菌

拉丁学名 *Trametes trogii* Berk.

形态特征 子实体小至中等大，无菌柄，侧生，木栓质。菌盖 1.5～7.5cm×2～13.5cm，厚 5～25mm，半圆形、扁平，近薄片状，密被黄白色、黄褐色或深栗褐色粗毛束，有同心环带，有时褪为灰白色或浅灰褐色。菌管一层，与菌肉同色同质，长 2.5～15mm，管孔较大，圆形或广椭圆形，有时多弯曲，不正形，每毫米 2～3 个管口。担子呈短棒状，具 4 小梗，15～20μm×5～6μm。孢子无色，透明，平滑，长椭圆形或者圆筒形，8.5～12.5μm×2.8～4μm。

生态习性 生杨和柳属的活立木、枯立木、伐木桩上。一年生。主要危害杨柳科的树木，形成白色腐朽，故又名杨柳白腐菌。

分　　布 分布广泛。

应用情况 可研究药用。

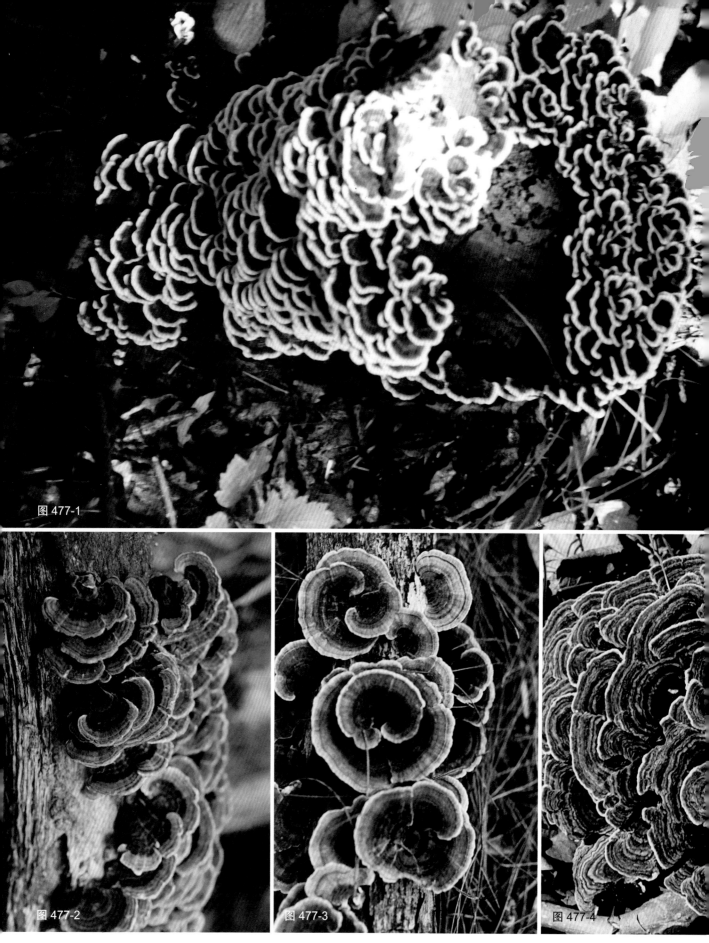

图 477-1

图 477-2

图 477-3

图 477-4

477 云芝栓孔菌

图 477-5

别　　名　云芝、彩云革盖菌、变色栓菌、杂色
云芝、彩色云芝、变色云芝、彩色革
盖菌、瓦菌、千层菌、彩绒栓菌
拉丁学名　***Trametes versicolor*** (L.) Lloyd
曾用学名　*Polyporus versicolor* (L.) Fr.; *Coriolus
versicolor* (L.) Quél.; *Polystictus
versicolor* var. *nigricans* (Lasch) Rea
英　文　名　Versicolored Coriolus, Many Zoned
Polypore, Turkey Tail

形态特征　子实体一般小至较大，革质，无柄。菌
盖直径 1～8cm，厚 0.1～0.3cm，平伏而反卷，扇形
或贝壳状，往往相互连接在一起呈覆瓦状，有细长
绒毛和褐色、灰黑色、污白色等多种颜色组成的狭
窄的同心环带，绒毛常有丝绢光彩，边缘薄，波浪
状。菌肉白色。管孔面白色、淡黄色，管口每毫米
3～5 个。孢子无色，圆柱形，4.5～7μm×3～3.5μm。
生态习性　在多种树木的树枝、木桩、倒木上大量
生长。可侵害近 80 种阔叶树木，形成白色腐朽。
分　　布　分布于黑龙江、吉林、辽宁、河北、山
东、山西、湖北、湖南、陕西、青海、甘肃、新疆、
西藏、广东、广西、贵州、江西、江苏、台湾、浙
江、福建、安徽、四川、云南、内蒙古等地。
应用情况　云芝是重要的药用真菌之一，可健脾祛
湿、止咳平喘、清热解毒等。药用去湿、化痰、疗
肺疾，作为肝癌免疫治疗的药物。菌丝体提取的多
糖和从发酵液中提取的多糖均具有强烈的抑肿瘤
作用，对小白鼠肉瘤 180 及艾氏癌的抑制率分别为
80% 和 100%。抗辐射。其中所含云芝糖肽（PSP）
能增强机体免疫力、阻碍肿瘤细胞生活周期并抑制
癌细胞生长、诱导肿瘤细胞凋亡、靶向抑制肿瘤（如
前列腺癌）干细胞，由此抑制肿瘤。PSP 还能抑制
HIV 病毒的感染和增殖。云芝有效成分提取研制品
曾在日本和我国使用，治疗肝病等。主治慢性活动
性肝炎、肝硬化、慢性支气管炎、小儿痉挛性支气
管炎、咽喉肿痛、类风湿性关节炎、白血病及多种
肿瘤。

图 477-6

图 477-7

多孔菌

图 478-1　　　　　　　　　　　　　　　　　　　　　　　　　图 478-2

478　冷杉附毛孔菌

别　　名　冷杉附毛菌、松囊孔菌、冷杉附囊孔菌、褐紫囊孔菌、冷杉囊孔菌
拉丁学名　*Trichaptum abietinum* (Dicks. : Fr.) Ryvarden
曾用学名　*Hirschioporus abietinus* (Pers.) Donk
英 文 名　Violet-pored Bracket Fungus

形态特征　子实体小或中等，无柄或平伏而反卷，革质。菌盖长 2～4cm，宽 1～3cm，半圆形、扇形或长条形，厚 0.15～0.4cm，往往左右相连，边缘薄而锐，波浪状，褐色。菌肉锈褐色。菌褶浅褐色，后变灰色往往带紫色，裂为齿状，边缘薄而锐。孢子无色，近圆柱形，5～8μm×2～4μm。囊体顶端有附属物。
生态习性　生云杉、落叶松枯立木、倒木枯枝条上。导致木边材白色腐朽。
分　　布　分布于河北、甘肃、陕西等地。
应用情况　抑肿瘤，对小白鼠肉瘤 180 及艾氏癌抑制率均为 100%。

479　二型附毛孔菌

别　　名　二型革盖菌、二型附毛菌
拉丁学名　*Trichaptum biforme* (Fr.) Ryvarden
曾用学名　*Coriolus biformis* (Fr.) Pat.; *Bjerkandera biformis* (Fr.) P. Karst.; *Trametes biformis* (Fr.) Pat.

形态特征　子实体较小，革质。菌盖多为覆瓦状生长，薄，半圆形，基部狭窄，呈扇形，或相互连接，直径 2～6cm，厚 1～3mm，表面灰白到浅黄褐色，具短密毛，并有环纹，边缘很薄而锐，干

时明显向下卷曲。菌肉白色，柔韧。管孔短齿状，长0.5～1.5mm，后期浅褐色至灰褐色。孢子长椭圆形，稍弯曲，无色，平滑，5～7μm×2～2.5μm。囊体近纺锤形，顶端有结晶。

生态习性　在阔叶树腐木上群生。一年生。引起多种树木木质白色腐朽。

分　　布　分布于黑龙江、河北、山西、内蒙古、江苏、浙江、云南等地。

应用情况　抗细菌、抗真菌、抑肿瘤。对小白鼠肉瘤180的抑制率为70%，对艾氏癌的抑制率为60%。

480　毛囊附毛孔菌

别　　名　长毛囊孔菌
拉丁学名　***Trichaptum byssogenum*** (Jungh.) Ryvarden
曾用学名　*Hirschioporus versatilis* (Berk.) Imazeki

形态特征　子实体一般中等大。菌盖平伏而反卷，革质，覆瓦状生长，3～7cm×4～10cm，厚2～3mm，表面被有长毛，灰色至浅褐色，边缘薄而锐。菌肉近白色，厚2～3mm。菌管长达7mm，壁薄，管口直径0.5～1.5mm，多角、长形至迷路状等多样，灰色至浅褐色，往往带紫色。孢子长椭圆形，光滑，无色，6～8μm×2～3.8μm。囊体近棱形，厚壁，15～22μm×4.5～5.5μm。

生态习性　生针叶树或阔叶树腐木桩上或枕木上。使树木木质形成白色腐朽。

分　　布　分布于河北、安徽、江苏、浙江、江西、湖南、云南、广东、广西、海南、福建、台湾等地。

应用情况　此菌试验有抑肿瘤作用，对小白鼠肉瘤180和艾氏癌的抑制率均为70%。

481　褐紫附毛孔菌

别　　名　褐紫囊孔菌、褐紫耙齿菌
拉丁学名　***Trichaptum fuscoviolaceum*** (Ehrenb.) Ryvarden
曾用学名　*Hirschioporus fuscoviolaceus* (Ehrenb.) Donk

形态特征　子实体小，革质稍胶质，湿时柔软，干时

图479

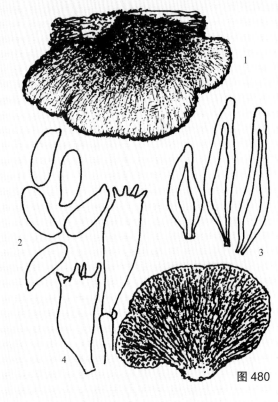

图480

1. 子实体；2. 孢子；3. 囊体；4. 担子

第五章
多孔菌

图 481 图 483

硬。菌盖半圆形，瓦状叠生，往往左右相互连接，宽1～4cm，厚1～3mm，上表面白色至灰白色，被粗毛和有环纹，边缘薄，近锯齿状。菌肉薄，厚约1mm。子实层面淡红紫色至淡紫青色，后逐渐褪色，子实层形成薄的齿状突起，近放射状排列，长约1～2mm。孢子长椭圆形，无色，平滑，5～7μm×1.5～2μm。囊体长棱形，稍突越子实层表面，顶端有结晶，无色，壁稍厚。

生态习性 春至秋季在松及其他树木、枕木上大量生长。此菌对数种树木及枕木形成白色腐朽。

分　　布 分布于西藏、河北、黑龙江、陕西、浙江、云南、四川、甘肃等地。

应用情况 试验抑肿瘤。对小白鼠肉瘤180和艾氏癌的抑制率为80%。

482　桦附毛孔菌

拉丁学名 *Trichaptum pargamenum* (Fr.) G. Cunn.

形态特征 子实体覆瓦状叠生，革质。菌盖半圆形，外伸可达2cm，宽可达3cm，厚可达6mm，表面乳白色至淡黄褐色，被细密绒毛，具同心环带，边缘锐，干后略内卷。菌肉明显分层，上层乳白色，下层淡褐色，厚可达3mm。子实层体齿状，菌齿每毫米1～2个，菌齿长可达4mm。孢子4.5～5.6μm×2～2.5μm，圆柱形，无色，薄壁，表面光滑，稍弯曲，非淀粉质，嗜蓝。

生态习性 春至秋季生于阔叶树特别是桦树的倒木和树桩上，近叠生和群生。一年生。造成木材白色腐朽。

图 484

分　布　分布地区比较广泛。
应用情况　可药用，试验抑肿瘤。

483　薄片白干酪菌

别　　名　薄皮干酪菌、薄白干酪菌
拉丁学名　*Tyromyces chioneus* (Fr.) P. Karst.
曾用学名　*Tyromyces albellus* (Peck) Bondartsev et Singer
英 文 名　White Cheese Polypore

形态特征　子实体较小或中等。菌盖直径 1～9cm，厚 0.5～0.9cm，纯白色，后变污白至淡黄色，鲜时软而多汁，干时硬，表面光滑或近光滑，有薄的表皮层，扁平或边缘波状或翘起。菌肉白色，较薄。菌管长 2～3mm，管口多角形，每毫米 4～5 个。孢子无色，光滑，圆柱形至腊肠形，4.2～5μm×1.5～2μm。
生态习性　生阔叶树木桩上。引起木质腐朽。
分　布　分布于河北、山西、黑龙江、陕西、福建、湖南、浙江、安徽、广东、广西、四川、云南、西藏等地。
应用情况　可研究药用。

图 485

图 486

图 487

484　硫磺干酪菌

拉丁学名　*Tyromyces kmetii* (Bres.) Bondartsev et Singer
曾用学名　*Leptoporus kmetii* (Bres.) Pilát

形态特征　子实体较小，无柄。菌盖近扁平至半圆形，长 2～5cm，宽 1～2cm，厚 0.2～0.4cm，盖表橙黄色，上覆细绒毛，边缘锐，稍呈波浪状。菌肉白色，软。菌管面浅橘色，管口角形，每毫米 3～4 个。孢子宽椭圆形，无色，光滑，4～4.5μm×2～2.5μm。
生态习性　生于阔叶树腐木上。
分　　布　分布于黑龙江、吉林等地。
应用情况　据记载药用补益气血，治气血不足。另外，含木聚糖酶、3-β-羟基羊毛甾 -8, 24- 二烯 -21- 烷酸、葫芦巴碱和龙虾肌碱。

485　类舌状干酪菌

拉丁学名　*Tyromyces raduloides* (Henn.) Ryvarden

形态特征　子实体小。菌盖直径 0.4～2.5cm，厚 1～4cm，扇形或贝壳状，黄色、浅褐色至红褐色，

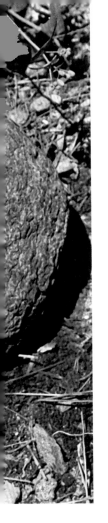

有短绒毛或粉末，有不明显条纹和环纹，边缘波状。菌肉白色带黄色。菌管面白色带肉褐或肉红色，管口角形或呈迷路状至裂为齿状，每毫米1～2个。孢子无色，光滑，椭圆形，5～6μm×2.5～3μm。

生态习性　于枯腐木上叠生。

分　　布　分布于广东、四川等地。

应用情况　幼嫩时可食。

486　接骨木干酪菌

拉丁学名　*Tyromyces sambuceus* (Lloyd) Imazeki

形态特征　子实体中等至大型。菌盖直径8～20cm，厚1～3cm，半圆形、扁平，污白色，平滑，幼时近褐色有粉状细绒毛，表面往往凹凸不平，有不明显的环纹及辐射状沟条纹，边缘稍呈波状。菌肉含水多，柔软肉质，干燥时变轻，白色，初期新鲜时带粉红色。菌管层同盖色，菌管长3～15mm，干时白色，管孔口小，近圆形至多形角，多纵裂。孢子无色，平滑，椭圆形，4～5.5μm×2～2.5μm。

生态习性　夏秋季于阔叶树栖木上近覆瓦状或叠生。属木材腐朽菌，可引起白色腐朽。

分　　布　分布于吉林、辽宁等地。

应用情况　记载幼嫩时可以食用。还可研究药用。

487　茯苓

别　　名　茯苓菌、松茯苓、茯兔、伏兔、玉灵、更生、不死面、万灵精、万苓精、茯灵、杜茯苓、松柏芋、松月叟、金翁、皖苓、鄂苓、川苓、云苓、闽苓、徽苓、安苓、茯苓沃菲卧孔菌

拉丁学名　*Wolfiporia cocos* (Schwein.) Ryvarden et Gilb.

曾用学名　*Wolfiporia extensa* (Peck) Ginns; *Poria cocos* (Schwein.) F. A. Wolf

英 文 名　Hoelen, Tuckahoe, Fuling

形态特征　茯苓常以巨大的菌核出现。菌核直径10～50cm，近球形或不规则块状，深褐色或暗棕褐色，内部白色或稍带粉红色，鲜时稍软，干时硬，表面粗糙或多皱呈壳皮状及粉粒状。子实层白色，老后变浅褐，生菌核表面，平伏，厚3～8mm。管孔多角或不规则或齿状，孔口0.5～1.55mm。孢子长方形、椭圆或近圆形，7.5～8μm×3～3.5μm。

生态习性　野生茯苓（菌核）主要生松树根部，偶见于杉、柏、柳等根部。

分　　布　安徽、福建、云南、湖北、浙江、西藏、四川等南方各省区分布比较广泛。

应用情况　茯苓菌核属中国传统药用真菌，常以福建产"闽苓"、安徽产"安苓"、云南产"云苓"著名。主要药用或作为保健食品。含有茯苓多糖等多种有效成分。现代

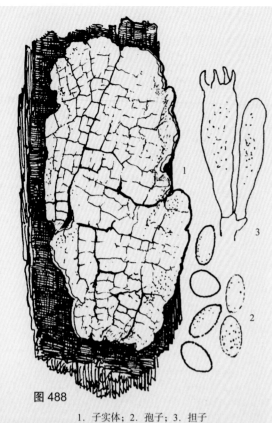

图488

1. 子实体；2. 孢子；3. 担子

图489

研究试验对小白鼠肉瘤180抑制率达96.88%。茯苓多用于中药配伍，故有无药不用茯苓配之说。具有止咳、利尿、安神、退热作用，可抑肿瘤、抑制病毒、抗辐射。

488 平伏木革菌

别　　名　平伏韧革菌、平伏刷革菌
拉丁学名　***Xylobolus annosus*** (Berk. et Broome) Boidin
曾用学名　*Stereum annosum* Berk. et Broome

形态特征　子实体小，木质，大片平伏生长，反卷部分仅0.2～0.6cm，其上部分表面暗灰色至灰黑色，并有同心环纹。子实层面浅肉色，有密而细的龟裂纹，剖面厚约1～2mm，茶褐色，多层，含有分散的结晶体，瓶刷状侧丝粗4～5μm。担子具4小梗，近棒状。孢子椭圆形，4～6μm×3～4μm。
生态习性　生于多种阔叶树腐木上，平伏成片生长。此菌可导致木材白色孔状腐朽。
分　　布　分布于云南、广西、海南、广东等地。
应用情况　有抑肿瘤作用，据试验对小白鼠肉瘤180的抑制率为90%，对艾氏癌的抑制率为100%。

489 丛片韧革菌

别　　名　丛片木革菌、龟背刷革菌
拉丁学名　***Xylobolus frustulatus*** (Pers.) P. Karst.
曾用学名　*Stereum frustulatum* (Pers.) Fr.

形态特征　子实体小，平伏，直径0.2～1cm，厚约1～2mm，木质，初期为半球形小疣，后渐扩大相连且不相互愈合，往往挤压呈不规则角形，形成龟裂状外观，坚硬，表面近白色、灰白色至浅肉色，边缘黑色粉状。菌肉肉桂色，多层。担子近圆柱状，具4小梗。孢子长卵形至卵圆形，平滑，无色，5～6μm×3～3.5μm。子实层上有瓶刷状的侧丝，粗约2～4μm。
生态习性　生于青红椆等枯树干上。属木腐菌，引起木材的白色孔状腐朽。
分　　布　分布于黑龙江、云南、广东、广西、福建、海南等地。
应用情况　抑肿瘤，对小白鼠肉瘤180和艾氏癌的抑制率分别为90%和80%。此菌是林区树木重要病源菌之一。

490 亚盖木革菌

别　　名　硬笋革菌

拉丁学名　**Xylobolus subpileatus** (Berk. et M. A. Curtis) Boidin

曾用学名　*Lloydella subpileata* (Berk. et M. A. Curtis) Höhn. et Litsch.; *Stereum subpileatum* Berk. et M. A. Curtis

形态特征　子实体小，质地硬，平伏而反卷，反卷部分1～3cm×1.5～4cm，往往左右相连，表面有同心棱纹及绒毛，锈褐色。子实层近白色，剖面厚800～1200μm，包括子实层、中间层和紧密深色的边缘带，中间层疏松，由粗3～4μm的菌丝组成。子实层多层次，总厚250～320μm，囊体有结晶体，圆柱形，35～55μm×5～8μm，突越子实层达20μm，无色，埋生于深层的有色。孢子卵圆形，光滑无色，4～5μm×2.5～3μm。

生态习性　生于栎等树上，平伏生长。引起木材腐朽。

分　　布　分布于甘肃、河北、浙江等地。

应用情况　抑肿瘤，其菌丝体发酵液对小白鼠肉瘤180有抑制作用。

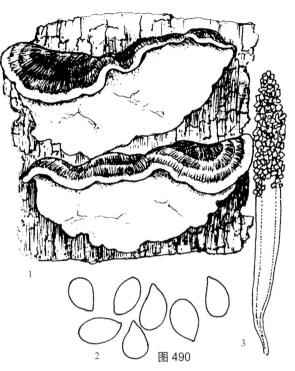

图490

1. 子实体；2. 孢子；3. 囊体

第六章

鸡　油　菌

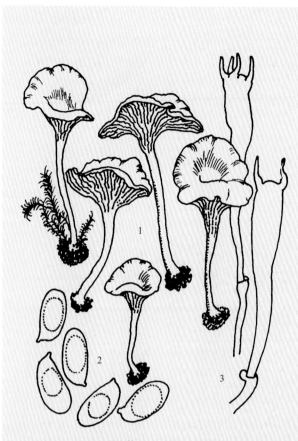

1. 子实体；2. 孢子；3. 担子

图 491

图 492-1

491 白鸡油菌

别　　名	白老伞
拉丁学名	*Cantharellus albidus* Fr.
曾用学名	*Gerronema albidum* (Fr.) Singer

形态特征　子实体较小，黄白色或白色。菌盖中部下凹，呈浅漏斗状，直径 2～3cm，有绒毛至近光滑，不黏。菌肉靠近盖中部厚，乳白黄色。菌褶橙黄色，延生，分叉，有横脉连接，厚。菌柄长 2～5cm，粗 1～3.5cm，同盖色，实心，具绒毛和纵条纹。担子长棒状，无色，具 2～4 小梗，38～65μm×9～13μm，有颗粒状内含物。孢子椭圆形，光滑，无色，7～9μm×4.5～5μm。无囊状体。

生态习性　于混交林中地上单生或散生。与树木形成菌根。

分　　布　分布于安徽、四川、广东、甘肃、西藏等地。

应用情况　可食用且味道好，气味香。

492 鸡油菌

别　　名	杏黄菌、鸡蛋黄菌、杏菌、鸡油黄菌
拉丁学名	*Cantharellus cibarius* Fr.
曾用学名	*Craterellus cibarius* (Fr.) Quél.
英 文 名	Chanterelle, Golden Chanterelle, Girolle

形态特征　子实体一般中等大，喇叭形，肉质，杏黄色至蛋黄色。菌盖直径 3～10cm，高 7～12cm，盖扁平后渐下凹，边缘伸展呈波状或瓣状向内卷。菌肉蛋黄色，稍厚。棱褶延生至菌柄部，窄而分叉或有横脉相连。菌柄长 2～8cm，粗 0.5～1.8cm，含黄包，向下渐细，光滑，内实。孢子无色，光滑，椭圆形，7～10μm×5～6.5μm。

生态习性　夏秋季于林中地上散生或群生，稀近丛生。与云杉、栎、栗、山毛榉、鹅耳枥等形成外生菌根。

分　　布　分布广泛。

应用情况　可食用，味道鲜美，具浓郁的水果香味。可药用，其性寒、味甘，能清目、益肠胃，用于治疗维生素 A 缺乏症，还可抗某些呼吸道及消化道感染疾病。对小白鼠肉瘤 180 有抑制作用。

图 492-2

493　灰褐鸡油菌

拉丁学名　*Cantharellus cinereus* (Pers.) Fr.
英 文 名　Ashen Chanterelle, Horni Black Chanterelle

形态特征　子实体较小，呈喇叭状。菌盖直径 3～5cm，灰褐色到暗褐色，与菌柄相连，薄，粗糙，边缘往往波状。菌肉薄。菌柄长 3～4cm，粗 0.5～0.8cm，管状，灰褐色至灰白色，向基部变细，似根状。孢子平滑或微粗糙，椭圆形，7.5～10μm×5.5～6μm。

生态习性　夏秋季于阔叶林或针阔叶混交林地上群生或近丛生。属树木外生菌根菌。

分　　布　分布于四川、云南、西藏、湖南等地。

应用情况　可食用。具有特殊口感和风味。

494　红鸡油菌

拉丁学名　*Cantharellus cinnabarinus* (Schwein.) Schwein.
英 文 名　Cinnabar Chanterelle, Red Chanterelle

形态特征　子实体小，红色。菌盖直径 1～3cm，呈漏斗状或杯状，橘红色，边缘波状及向内卷曲，无条棱。菌肉较厚。菌褶呈脉状，延生，分叉或呈网棱状。菌柄较粗，长 2～2.5cm，粗 0.3～0.4cm，表面光滑，红色，内实。孢子印白色。孢子椭圆至宽椭圆形，8～9μm×5.5～6μm。

生态习性　夏秋季在林中地上群生。属于外生菌根菌。

图 492-3

分　布　分布于广东、浙江、江苏、安徽、云南。

应用情况　可食用，气味芳香。此菌具有鲜红色彩，西双版纳多见市场销售。

495　伤锈鸡油菌

拉丁学名　*Cantharellus ferruginascens* P. D. Orton

形态特征　子实体小。菌盖直径2～6cm，最初似块状或扁半球形，边缘卷曲，后期近扁平，中部下凹，周边波状突起或上翘至瓣裂，表面似蜡质，污黄色、奶油色至赭黄色，伤处呈赫锈色。菌肉厚，污白色至乳黄色，气味温和或具有一种使人愉快的香气。菌褶延生，棱状，分叉或交织。菌柄短粗，长2～4cm，粗1～2cm，往往上部粗，表面污白黄色。孢子印奶油色。孢子无色，宽椭圆形，近光滑，7.5～10μm×5～6μm。

生态习性　夏秋季在高山灌丛或苔原地上散生、群生或形成蘑菇圈。属树木的外生菌根菌。

分　布　分布于吉林长白山等地。

应用情况　可食用，味鲜美，具芳香气味。

496　圭雅纳鸡油菌

拉丁学名　*Cantharellus guyanensis* Mont.

形态特征　子实体小至中等大。菌盖直径3～11cm，鲜亮橘红色，稍厚，具香气味，中部下凹呈漏斗状，表面似有一层细绒毛，边缘稍呈波状。菌肉稍厚。菌褶稍密，延生又分叉，不等长，带红色、橙色。菌柄柱形，实心，色浅。孢子椭圆形，无色光滑。

生态习性　生常绿阔叶林中地上，群生或散生。

分　布　分布于云南西双版纳勐仑等地。

应用情况　当地群众采食又在集市上销售。

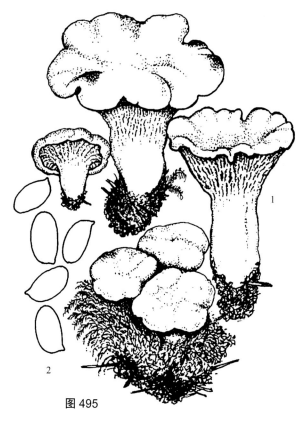

图494

图495

1. 子实体；2. 孢子

图497　　　　　　　　　　　　　　　　　　　　　　　　　　图498

497　薄黄鸡油菌

拉丁学名　***Cantharellus lateritius*** (Berk.) Singer
英 文 名　Smooth Chanterelle

形态特征　子实体小至中等。菌盖直径3～10cm，近喇叭状，似蜡质，边缘延伸至后期向上翻卷，盖较薄，表面光滑，淡橘黄色至黄色。菌肉较薄，橘黄色，靠近菌柄部菌肉近黄白色，具有水果香气。子实层近平滑或呈低的条棱或浅沟纹，橘黄色，后期带浅粉红色。菌柄表面橘黄色，往往细，长2.5～10cm，粗0.5～2cm，有时上部粗，内部白色空心。孢子印粉黄色。孢子椭圆形，光滑，无色，7.5～12μm×4～6.5μm。
生态习性　秋季生于林中地上。是树木的外生菌根菌。
分　　布　分布于福建、湖南、山西、西藏等地。
应用情况　可食用，味鲜美。

498　小鸡油菌

别　　名　小鸡蛋黄菌
拉丁学名　***Cantharellus minor*** Peck
曾用学名　*Merulius minor* (Peck) Kuntze
英 文 名　Small Chanterelle

形态特征　子实体小，肉质，喇叭形。菌盖直径1～3cm，中部扁平后下凹，橙黄色，边缘不规则波

图 499

1. 子实体；2. 孢子

状，内卷。菌肉很薄。菌褶延生，较稀疏，分叉。菌柄长 1～2cm，粗 0.2～0.6cm，橙黄色。孢子无色，光滑，椭圆形，6～8μm×4.5～5.5μm。

生态习性 于混交林中地上群生，有时丛生。属树木外生菌根菌。

分　　布 分布广泛。

应用情况 可食用，味鲜美。记载可药用，清目、利肺、益肠胃。含有维生素 A，对皮肤干燥、夜盲症、眼炎等有医疗作用。

499　苍白鸡油菌

拉丁学名 *Cantharellus pallidus* Yasuda

形态特征 子实体一般中等大，白色至污白色或稍带黄色，肉质，高 4～13cm。菌盖直径4～10cm，扇形、半漏斗状或裂成片状，表面平滑，边缘近波状。菌肉近白色，味温和，伤处变黄色或暗色。子实层脉状褶棱，同盖色。菌柄部分长 4～10cm，粗 1～1.5cm，单个或 2～3 次分枝，上部粗下部细，内实，偏生或侧生，同盖色。孢子印近白色。孢子椭圆形，无色，有细疣，8～12μm×4～4.5μm。

生态习性 秋季在针叶林或阔叶林中地上群生或散生。属树木的外生菌根菌。

分　　布 分布于湖南等地。

应用情况 可食用，味道好。

图 501

图 500

1. 子实体；2. 孢子；3. 担子

500 近白鸡油菌

别　　名　白喇叭菌

拉丁学名　***Cantharellus subalbidus*** A. H. Sm. et Morse

英 文 名　White Chanterelle

形态特征　子实体中等，乳白色。菌盖直径 4～9cm，中部下凹或近漏斗状，或边缘瓣裂，表面近光滑，不黏。菌肉带黄色或白色，伤后不变色，很厚。子实层乳白色或带黄色。棱褶呈脉状，延生，不规则分叉并有横脉，褶缘平滑。菌柄圆柱形，同盖色，长 2～5cm，粗 0.2～0.7cm，内实，表面光滑或有条纹。菌丝具锁状联合。孢子印白色。孢子光滑，椭圆形，无色，7～10μm×4.5～6μm，内含颗粒状物。

生态习性　在混交林地上单生、散生或群生。此种属树木的外生菌根菌，与黄杉等形成菌根。

分　　布　分布于四川、安徽、云南、广东等地。

应用情况　可食用，味道好。

2

501　疣孢鸡油菌

拉丁学名　*Cantharellus tuberculosporus* M. Zang

形态特征　子实体较小，黄色。菌盖直径 3～8.5cm，中部下凹，边缘渐延伸呈漏斗状，浅黄色，表面平滑，盖缘薄而内卷。菌肉黄色，较厚。菌褶浅黄至金黄色，延生至菌柄部，往往呈窄而厚的条棱，分叉或交织。菌柄黄色而基部色淡，与菌盖无明显界线，上部粗而向下渐细。孢子无色，透明，具小疣，椭圆形，7～9μm×6～6.5μm。
生态习性　夏秋季于高山栎同云杉混交林地上散生或群生。属树木外生菌根菌。
分　　布　分布于四川及西藏的米林、波密、墨脱地区。
应用情况　可食用，具水果香气，味道鲜美，为优质食菌。

502　黄柄鸡油菌

别　　名　金柄鸡油菌
拉丁学名　*Cantharellus xanthopus* (Pers.) Duby
英 文 名　Yellow-footed Chanterelle

形态特征　子实体较小。菌盖圆形，中央平凹，呈浅盘形，不呈深漏斗形，盖表褐金黄色，径阔

图503

5～7cm，微黏。菌肉生嚼微甜。菌褶下延，较粗壮，褶间有横脉络相连结，近柄处集成网络脉状，金黄色。柄中生，棒形，等粗，中实，长4～8cm，粗0.3～0.7cm，表里均呈金黄色。孢子椭圆形，7～11μm×5～6.5μm，壁光滑。未见囊状体。

生态习性　多生于落叶阔叶林下，也见于松林下。为外生菌根菌。

分　　布　分布于云南等地。

应用情况　可食用。据臧穆先生考察研究，此种比较罕见，野生量少。

503　云南鸡油菌

拉丁学名　*Cantharellus yunnanensis* W. F. Chiu

形态特征　子实体小，淡橙黄色，肉质。菌盖直径1.5～2.5cm，中部微下凹，有微细绒毛，边缘波状内卷。菌肉白色。菌褶白色，后来变淡鲑色，延生，厚而窄，稀，双分叉。菌柄长3～5cm，粗0.5～1cm，白色，有不规则的小沟槽，向下渐细，有纤维状条纹。孢子无色，椭圆形、橄榄形，4～5μm×2～3.5μm。

生态习性　生混交林中地上。属树木外生菌根菌。

分　　布　分布于贵州、云南等地。由裴维藩先生首次发现于云南。

应用情况　可食用。

504　东方色钉菇

别　　名　血红铆钉菇、铆钉菇、色钉菇

拉丁学名　*Chroogomphus orientirutilus* Yan C. Li et Zhu L. Yang

形态特征　子实体一般较小或中等，形似铆钉。菌盖直径3～8cm，初期钟形或近圆锥形，后平展，中部凸起，浅棠梨色至咖啡褐色，光滑，湿时黏，干时有光泽。菌肉带红色，干后淡紫红色，近菌柄基部带黄色。菌褶延生，二叉状，稀疏，蜡质，青黄色变至紫褐色，不等长。菌柄长6～18cm，粗1.5～2.5cm，等粗，圆柱形且向下渐细，稍黏，与菌盖色相近且基部带黄色丛毛，实心，上部往往有易消失的菌环，含纤维状丛毛。菌幕脱落后在柄上遗留一易消失的菌环，菌环绵毛状，易消失。孢子青褐色，光滑，近纺锤形，具3个油滴，14～22μm×6～7.5μm。褶缘囊体和褶侧囊体无色，近圆柱形，100～135μm×12～15μm。

生态习性 夏秋季在松林地上散生或群生。

分　布 分布于黑龙江、吉林、辽宁、湖北等地。

应用情况 可食用，菌肉厚，味道较好。含多糖、氨基酸、蛋白质、内酯、香豆素、酚类、甾类、萜类和脂肪族化合物（李华等，2011）。抗氧化。具有较强的抑肿瘤活性。治神经性皮炎。

505　拟绒盖色钉菇

拉丁学名 *Chroogomphus pseudotomentosus* O. K. Mill. et Aime

形态特征 子实体较小或中等。菌盖直径4～7cm，橘黄色至黄褐色，中央色较深，被绒毛状至纤丝状鳞片，边缘有弱条纹。菌肉橘黄色至淡黄色。菌褶淡橘黄色至灰褐色。菌柄长7～15cm，粗1～2cm，圆柱形，淡黄色至橘黄色，实心，被绒毛状至纤丝状鳞片，基部菌丝体淡橙红色。菌环上位，不明显，易消失。孢子14.5～18μm×8～9.5μm，椭圆形，光滑，淡褐色。

生态习性 于针叶林中地上群生、散生。

分　布 分布地区十分广泛。

应用情况 可食用，别有风味。

图 504

506　淡紫色钉菇

别　名 铆钉菇

拉丁学名 *Chroogomphus purpurascens* (Lj. N. Vassiljeva) M. M. Nazarova

形态特征 菌盖直径2～7cm，初期半球形，渐变为钟形，浅咖啡色至褐色，光滑，湿时稍黏，后期平展，中部略微凸起，干时有光泽。菌肉薄，新鲜时淡红色，干后淡紫红色，近菌柄处略带黄色。菌褶稀，延生，初期浅黄色，后渐变为紫褐色，不等长。菌柄长7～15cm，直径1～3cm，圆柱形或向下渐细，实心，稍黏，与菌盖同色且基部浅黄色。菌环上位，易消失。孢子17～21μm×6.5～8.5μm，长椭圆形，光滑，棕色至浅褐色。

生态习性 夏秋季单生或群生于林中地上，多见于松林地上。

分　布 分布于东北、河北等地。

应用情况 可食用，味较好，不易虫蛀，常通称铆钉菇。

图 507-1

图 507-2

07-3

507 血红铆钉菇

别　　名　暗红色钉菇、红肉蘑
拉丁学名　***Chroogomphus rutilus*** (Schaeff. : Fr.) O. K. Mill.
曾用学名　*Gomphidius viscidus* (L.) Fr.; *Gomphidius rutilus* (Schaeff. : Fr.) O. K. Mill.
英 文 名　Pine Spike, Brownish Chroogomphus

形态特征　子实体一般较小。菌盖宽 3～8cm，初期钟形或近圆锥形，后平展中部凸起，浅棠梨色至咖啡褐色，光滑，湿时黏，干时有光泽。菌肉带红色，干后淡紫红色，近菌柄基部带黄色。菌褶延生，稀，青黄色变至紫褐色，不等长。菌柄长 6～18cm，粗 1.5～2.5cm，圆柱形且向下渐细，稍黏，与菌盖色相近且基部带黄色，实心上部往往有易消失的菌环。孢子印绿褐色。孢子青褐色，光滑，近纺锤形，14～22μm×6～7.5μm。褶缘囊体和褶侧囊体近圆柱形，无色，100～135μm×12～15μm。
生态习性　夏秋季在松林地上单生或群生。该菌是针叶树木重要的外生菌根菌。
分　　布　分布于河北、山西、吉林、黑龙江、辽宁、云南、西藏、广东、湖南、青海、四川等地。
应用情况　此种菌肉厚，味道较好。可药用治疗神经性皮炎。

图 508

508　金黄喇叭菌

别　　名	金号角、石花菌、金号角菌

拉丁学名　***Craterellus aureus*** Berk. et M. A. Curtis

曾用学名　*Cantharellus aureus* (Berk. et M. A. Curtis) Bres.; *Craterellus laetus* Pat. et Har.

英 文 名　Golden Chanterelle

形态特征　子实体较小，近喇叭状，高7～12cm，金黄色至老金黄色。菌盖直径2～5.5cm，下凹至菌柄部，高3～6.5cm，边缘往往呈波状，内卷或向上伸展，近光滑，有蜡质感。子实层面平滑无褶棱。菌柄长2～6cm，粗0.3～0.8cm，与盖相连形成筒状或管状，偏生，向基部渐细。孢子无色，光滑，椭圆形，7.5～10μm×6～7.5μm。

生态习性　夏秋季在壳斗科等阔叶林地上群生或丛生。与树木形成外生菌根。

分　　布　分布于香港、台湾、海南、福建、河南、广西、广东、西藏、云南、四川等地。

应用情况　可食用，味道鲜美，且有浓郁的水果香气。

509 灰黑喇叭菌

别　　名　灰喇叭菌、灰号角、喇叭菌、灰号角菌
拉丁学名　*Craterellus cornucopioides* (L.) Pers.
曾用学名　*Cantharellus cornucopioides* (L.) Fr.
英 文 名　Black Chanterelle, Horn of Plenty Craterellus

形态特征　子实体小至中等，呈喇叭或号角形，高3～10cm，全体灰褐色至灰黑色，半膜质，薄。菌盖中部凹陷很深，表面有细小鳞片，边缘波状或不规则形向内卷曲。子实层淡灰紫色，平滑或稍有皱纹。孢子无色，光滑，椭圆形，8～14μm×6～8μm。无囊体。

生态习性　于阔叶林中地上单生或群生至丛生。与树木形成外生菌根。

分　　布　分布广泛。

应用情况　可食用，味道鲜美。

图 509

510 薄喇叭菌

别　　名　薄鸡油菌、薄盖鸡油菌
拉丁学名　*Craterellus lutescens* (Fr.) Fr.
曾用学名　*Cantharellus lutescens* Fr.

形态特征　子实体一般小。菌盖直径2～6cm或稍大，初期稍凸，后渐伸展且中部下凹呈漏斗状，表面具有微细脱落的毛状小鳞片，边缘薄而波状或反卷，或不规则浅裂。菌肉薄，柔软，黄色。菌褶狭窄呈条棱状，稍密，多次分叉和横脉交织，明显延伸至柄部。菌柄近柱形，稍弯曲或向基部稍细，表面近光滑，长2～5cm，粗0.3～0.8cm，内部实。孢子印白色。孢子光滑，无色，椭圆至宽椭圆形，8～9.5μm×4～7μm。

生态习性　夏秋季在马尾松及混交林地上散生或群生。与树木形成外生菌根。

分　　布　分布于湖南、湖北、四川、云南、福建等地。

应用情况　可食用，且味道鲜美同鸡油菌，是质味优良的野生食用菌之一。

1. 子实体；2. 孢子；3. 担子

图 510

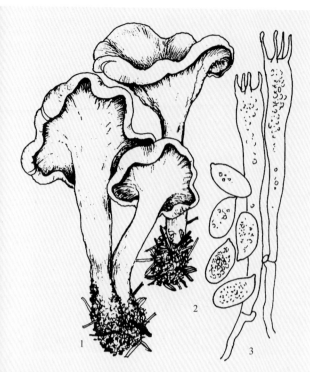

图 511　1. 子实体；2. 孢子；3. 担子

511　芳香喇叭菌

别　　名	瓜花菌、黄漏斗菌
拉丁学名	*Craterellus odoratus* (Schwein.) Fr.
英 文 名	Fragrant Chanterelle

形态特征　子实体中等，分枝或不分枝，高 3～10cm。菌盖直径 2～8cm，中央下凹至呈杯形，橙黄色至黄色，边缘向下卷曲，往往裂为瓣状。子实层面平滑或稍有皱纹或皱褶，深蛋壳色至橙黄色。菌柄圆柱形，长 2～6cm，粗 0.3～1.5cm，往往向下渐细，内坚实。孢子宽椭圆或近椭圆形，7～9μm×4～6μm，有颗粒状内含物。

生态习性　夏末秋初在林中地上群生或丛生。

分　　布　分布于吉林、安徽、江苏、海南、香港等地。

应用情况　可食用，味道好、气味香。

512　管形喇叭菌

别　　名	管形鸡油菌、黄喇叭菌、漏斗鸡油菌
拉丁学名	*Craterellus tubaeformis* (Fr.) Quél.
曾用学名	*Cantharellus tubaeformis* Fr.; *Cantharellus infundibuliformis* (Scop.) Fr.
英 文 名	Funnel Chanterelle, Winter Chanterelle, Trumpet Chanterelle

形态特征　子实体小。菌盖直径 2～6cm，扁半球形后近扁平，中部深下凹，有时近漏斗形，淡褐色，边缘呈波状或内卷，有丝状纤毛或粗糙。菌肉浅黄色，薄。菌褶淡黄褐色至浅灰黄色，延生或呈条棱状，褶缘钝，具分叉或褶间有明显脉相连。菌柄长 2.5～6cm，粗 0.3～0.7cm，圆柱形，淡黄色至赭色，基部近白色，表面光滑，实心变空心。孢子印白色。孢子带淡黄色，椭圆形或宽椭圆形，7～13μm×5～9μm。

生态习性　夏秋季于林中潮湿苔藓丛间或腐朽木上散生、群生或丛生。属树木外生菌根菌。

分　　布　分布于福建、云南等地。

应用情况　可食用，味很好。子实体浸出液对某些细菌有抗菌或抑菌作用，可研究药用。

图 512

图 513-2

513 黏铆钉菇

别　　名 铆钉菇

拉丁学名 *Gomphidius glutinosus* (Schaeff.) Fr.

英 文 名 Slimy Gomphidius, Glutinous Gomphidius, Slimy Spike

形态特征 子实体中等至较大。菌盖直径 4～8cm，近半球形或扁平而伸展，带紫褐色到暗褐色，往往部分有深色斑点，表面光滑且有一层黏液。菌柄的上部有丝膜状菌环，易消失留有痕迹，菌柄下部呈黄色或亮黄色。孢子印褐灰绿色。孢子黄褐色至褐色，光滑，梭形，16～23μm×5～7.6μm。褶侧囊体长棒状，100～180μm×10～16μm。

生态习性 夏秋季于针叶林或针阔叶混交林中地上单生或群生。属树木外生菌根菌。

分　　布 分布于西藏、四川、广东、山西等地。

应用情况 可食用。

514 斑点铆钉菇

拉丁学名 *Gomphidius maculatus* (Scop.) Fr.

英 文 名 Spotted Gomphidius

形态特征 子实体较小。菌盖直径 3～6cm，近半球形至近扁平，老后中央稍下凹，污粉白红色或浅褐色，后期出现暗色或黑褐色斑点，尤其边缘斑点比较明显，湿时黏，光滑。菌肉污白至带肉色，厚，柔软，味温和。菌褶初期色淡白，后期烟灰色，宽，厚，稀，不等长及分叉。菌柄长4～9cm，粗 1.2～2cm，圆柱形且中部以下渐变细，污白色，后期黑褐色斑点，有纤毛或光滑，内实至松软，基部菌肉呈橙黄色。菌环位于上部，膜质，易消失。孢子淡烟褐色，平滑，长椭圆形，

图 514-1

图 514-2

15.2～20μm×5.1～7.6μm。褶侧囊体近无色,近圆柱形,89～137μm×12.7～21μm。

生态习性 夏秋季于松、云杉等针阔叶混交林地上群生、散生或单生。属树木的外生菌根菌。有时与黏盖牛肝菌寄生一起。

分　布 分布于黑龙江、吉林、云南、四川、西藏等地。

应用情况 可食用,有特殊气味。

515　红铆钉菇

拉丁学名 *Gomphidius roseus* (Fr.) Fr.
英 文 名 Pink Gomphidius, Rosy Spike-cap

形态特征 子实体较小。菌盖直径2～6cm,半球形至近平展,后期中部稍下凹,粉红或玫瑰红至珊瑚红色,黏或黏滑,干后有光泽。菌肉白色后期带粉色,中部肉厚,味温和。菌褶污白色至灰褐或褐色,

5

延生，稀，稍厚，稍宽，靠近菌柄处有分叉。菌柄长 3～5cm，粗 0.5～1cm，近柱形，基部稍细，上部白色，中部以下粉灰白色，基部黄褐色且内部呈黄色，内实。菌环生菌柄上部，似绵毛状，常有部分残挂在菌盖边缘。孢子光滑，近纺锤形，15～18μm×5～6μm。褶侧囊体近无色，圆柱形。

生态习性　夏秋季于针叶树等混交林地上群生或散生。与树木形成外生菌根。

分　　布　分布于吉林、辽宁、黑龙江、湖南、云南、江西、广东、贵州、四川、西藏等地。

应用情况　可食用。水分少，易保存。

图 516

516　亚红铆钉菇

拉丁学名　*Gomphidius subroseus* Kauffman
英 文 名　Rosy Gomphidius

形态特征　子实体一般较小。菌盖直径 3～6cm，半球形，后期近平展或边缘向上，粉红至浅红色，表面黏，光滑。菌肉白色，较厚，硬。菌褶白色至烟灰色，延生，宽。菌柄长 3～7.5cm，粗 0.5～

图 517-1

图 517-2

8-1

1.5cm，近圆柱形，向基部稍细，白色，靠菌柄下部黄色至深黄色，靠菌柄上部有菌环，黏，较薄，往往散落孢子呈黑褐色。孢子光滑，卵圆形至椭圆形，14～20μm×5～10μm。褶侧囊体近圆柱形。

生态习性　夏秋季于针叶林地上单生或散生。与针叶树木形成外生菌根。

分　　布　分布于甘肃、黑龙江、吉林、河北、内蒙古、西藏等地。

应用情况　可食用，味道好。

517　陀螺菌

别　　名　地陀螺

拉丁学名　*Gomphus clavatus* (Pers.) Gray

曾用学名　*Cantharellus clavatus* (Pers.) Fr.

英 文 名　Pig's Ears, Pig's Ear Gomphus

形态特征　子实体中等至较大。菌盖直径7～15cm，平展后近陀螺状或中部下凹呈漏斗形或喇叭状，表面深蛋壳色至带紫褐色，干，光滑或具小鳞片，边缘薄呈花瓣状。褶棱粉灰紫褐色，延生，厚，窄，皱褶，交织成网或近似孔。菌柄较短，长1～4cm，粗1～3cm，基部有白色绒毛。孢子印带浅黄色。孢子壁粗糙有皱，椭圆形，13.9～15.3μm×5.2～6.3μm。

图 518-2　　图 519-1　　图 519-2　　图 519-3

生态习性　夏秋季于云杉、冷杉等针叶林地上丛生、群生或单生。属树木外生菌根菌。

分　　布　分布于甘肃、云南、贵州、四川、西藏等地。

应用情况　可食用。菌肉厚，味道好。

518　喇叭陀螺菌

别　　名　陀螺菌、毛钉菇

拉丁学名　***Gomphus floccosus*** (Schwein.) Singer

曾用学名　*Cantharellus floccosus* Schwein.

英 文 名　Scaly Chanterelle

形态特征　子实体中等大，喇叭状。菌体高达 10～15cm。菌盖直径达 8～10cm，表面有橙褐红色大鳞片。菌肉厚而白色。菌褶厚而窄似棱状，在菌柄延生或相互交织。菌柄细长，后期内部呈管状。

孢子淡黄色或近无色，椭圆形，初期光滑，成熟后表面粗糙，12～16μm×6～7.5μm。

生态习性　在阔叶或针叶林中地上成群或单独生长。

分　布　分布于四川、云南、湖南、湖北、安徽、广西、广东、福建、陕西、台湾、山东、贵州、西藏等地。

应用情况　含 17 种氨基酸，包括 7 种必需氨基酸。含有松草酸（agaric acid）。但有毒，误食产生胃肠炎症状。经煮洗加工后可食用。

519　浅褐陀螺菌

别　名　浅褐钉菇
拉丁学名　*Gomphus fujisanensis* (S. Imai) Parmasto

形态特征　子实体中等至较大，肉质。菌盖直径 5～8cm，喇叭状，高可达 12cm，淡粉褐色、淡

图 520

黄褐色间黄白色，被淡褐色鳞片，中央下陷至菌柄基部。菌褶不典型，皱褶状，延生，污白色、米色至淡褐色。菌柄长 3～8cm，直径 0.5～2cm，污白色。担子 60～80μm×10～12μm。孢子 14～18μm×6～7.5μm，椭圆形，稍粗糙。

生态习性　夏秋季生于针、阔叶林中地上。

分　布　在云南等西南地区多见。

应用情况　此菌最初发现于日本，有胃肠中毒反应，经浸泡加工处理后可食用。

520　东方陀螺菌

拉丁学名　*Gomphus orientalis* R. H. Petersen et M. Zang
英 文 名　Ryane Snow

形态特征　子实体中等或较大。菌盖直径 3.8～8.5cm，呈喇叭状或漏斗状，紫色，具细绒毛，盖下延至柄中上部。菌肉白色带紫色。子实层面紫色，有延生分叉的粗棱条纹，或相互连结或路状。菌柄部与盖结合，紫色而基部浅白紫色。孢子粗糙，椭圆形，10.3～15.3μm×4.5～7.5μm。

生态习性　夏秋季于针叶林或针阔叶混交林中地上丛生或群生。为树木外生菌根菌。

分　布　分布于贵州、云南、甘肃、青海、湖北、湖南等地。

应用情况　可食用。味道好，菌肉厚。

图 521

521 紫陀螺菌

拉丁学名 *Gomphus purpuraceus* (Iwade) K. Yokoy.
曾用学名 *Cantharellus purpuraceus* (Iwade) K. Yokoy.
英文名 Purple Chanterelle

形态特征 子实体中等或大型，高达20cm，幼时呈陀螺状，后呈近喇叭状。菌盖部呈扇形或近半圆形，边缘呈波状或花瓣状，紫色。菌肉淡紫色。子实层面紫色，延生到菌柄部，有分叉的条棱，或相互连结或交织，盖与菌柄无明显界限。孢子平滑，长椭圆形，9.2～12.5μm×4.3～6.5μm。

生态习性 夏秋季于林地上单生或成群丛生。为树木外生菌根菌。

分　布 分布于贵州、四川、云南、湖北、甘肃等地。
应用情况 可食用。菌肉厚，味道较好。

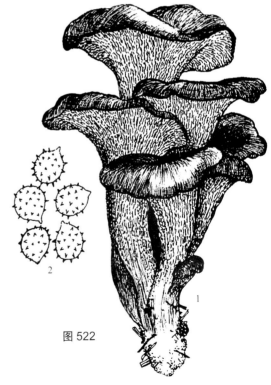

图 522

1. 子实体；2. 孢子

图 523

1. 子实体；2. 孢子；3. 担子

522　簇扇菌

别　　名	黑叉片菌、乌鸡油菌、乌茸菌
拉丁学名	*Polyozellus multiplex* (Underw.) Murrill
曾用学名	*Cantharellus multiplex* Underw.
英文名	Blue Chanterelle

形态特征　子实体大，多数散片状成丛生长，形状如丛集的花瓣，高 10～20cm，直径可达 10～30cm。基部呈团块状。顶端的伞盖呈片状或漏斗状，或密集成重叠，多数结合交织。下部渐趋狭窄，基柄部粗 0.5～2cm。伞面呈铅黑色、暗紫色、黑煤色，边缘呈波状卷曲。菌肉暗紫色或灰白色。子实层面具突起的纵条脉纹，叉分或不规则交织，色泽稍淡，灰色。担子具 4 小梗。孢子卵圆形或不规则圆球形，无色，孢壁有粒状小疣，4～6μm×4～5.5μm。

生态习性　夏秋季于针阔叶混交林下地上丛生、群生。

分　　布　分布于四川、云南、青海、西藏等地。

应用情况　可食用，菌肉脆韧，有清香味。可能药用。

523　波假喇叭菌

别　　名	小喇叭菌、小漏斗
拉丁学名	*Pseudocraterellus undulatus* (Pers.) Rauschert
曾用学名	*Craterellus sinuosus* (Fr.) Fr.
英文名	Sinuous Chanterelle

形态特征　子实体小，浅棕灰色至暗灰色，高 1.5～5.5cm。菌盖直径 2～3.5cm，较薄，近半膜质，表面有细绒毛，边缘呈波浪状。菌肉很薄。子实层平滑或有皱纹，浅烟灰色，干后变为淡粉灰色。菌柄圆柱形，长 1～3.5cm，粗 0.2～0.4cm，内部松软。孢子印带黄色。孢子光滑，椭圆形，淡黄色，8～11μm×6～7μm。

生态习性　生于阔叶林中地上，丛生至群生。

分　　布　分布于四川、江苏、浙江、江西、广东、云南等地。

应用情况　据记载可食用。

第七章

伞　菌

图 524

524　球基蘑菇

别　　名	淡黄蘑菇、肥脚蘑菇

拉丁学名 *Agaricus abruptibulbus* Peck

英 文 名 Woodland Agaricus, Abruptly-bulbous Agaricus

形态特征　子实体中等至较大。菌盖直径6～15cm，卵球形、扁半球形，后扁平，白色带黄色，伤处呈污黄色，表面平滑或有平伏丝毛状条纹，干燥。菌肉白色，伤处呈黄色，稍厚。菌褶白色至粉红，最后呈紫褐色，密，离生，不等长，较宽。菌柄圆柱状，长6～18cm，粗1～2.5cm，基部膨大近球形或呈块茎状，表面白色带黄色，中下部似有纤毛状细鳞片，松软变空心。孢子椭圆形，光滑，带紫褐色，6～8μm×3.5～5μm。

生态习性　夏秋季于阔叶树林中地上群生、散生。

分　　布　分布于香港、吉林、西藏、河北、陕西、云南等地。

应用情况　可食用，具蘑菇香味。但有认为需谨慎。

图 525

525 高柄蘑菇

别　　名	夏生菇、夏生蘑菇、鹧鸪菌
拉丁学名	*Agaricus altipes* (F. H. Møller) F. H. Møller
曾用学名	*Agaricus aestivalis* (F. H. Møller) Pilát
英 文 名	Long Stalked Agaricus

形态特征　子实体较小。菌盖直径 5～6.5cm，初半球形，后平展，白色，渐变为淡褐色，有淡粉灰色、平状的纤毛鳞片。菌肉白色。菌褶初污白色，后变为粉红色至黑褐色，离生，密，不等长。菌柄长 3～5.2cm，粗 1～1.4cm，圆柱形，白色到淡粉红色，光滑，中实，基部向下渐细。菌环单层，白色，膜质，生菌柄中部，易脱落。孢子褐色，光滑，椭圆形至卵圆形，6～7.8μm×4～5μm。

生态习性　春夏季于松林下草地上散生。

分　　布　分布于广西、广东等地。

应用情况　可食用。菌肉细嫩，味鲜美，可驯化培养。

图 526

526　褐顶银白蘑菇

拉丁学名　*Agaricus argyropotamicus* Speg.

形态特征　子实体较小。菌盖直径 2～6cm，初期半球形，后呈扁半球形，表面白色有毡状绒毛，中部具褐色近毛状鳞片，边缘表皮延伸并有明显菌幕残片。菌肉白色，伤处略变淡红褐色，有蘑菇香气味。菌褶粉红色，后变黑褐色，离生，密，不等长。菌柄长 2～5.5cm，粗 0.3～1.3cm，圆柱形，白色，菌环以下具纤毛状鳞片且易脱落。菌环白色，单层，易脱落，生菌柄上部。担子 4 小梗，18～28.8μm×5.5～8.5μm。孢子褐色，光滑，卵圆至椭圆形，5.5～7.2μm×3.6～4.5μm。

生态习性　夏秋季于林中地上单生或群生。

分　　布　分布于香港、广东、云南等地。

应用情况　可食用。

527 野蘑菇

别　　名	田蘑菇、田野蘑菇、燕麦蘑菇
拉丁学名	*Agaricus arvensis* Schaeff.
曾用学名	*Agaricus fissuratus* (F. H. Møller) F. H. Møller
英 文 名	Horse Mushroom

形态特征　子实体中等至大型。菌盖直径 6～20cm，初半球形，后扁半球形至平展，近白色，中部污白色，光滑，边缘常开裂，有时出现纵沟和细纤毛。菌肉白色，较厚。菌褶初期粉红色，后变褐色至黑褐色，离生，较密，不等长。菌柄长 4～12cm，粗 1.5～3cm，近圆柱形，与菌盖同色，初期中部实心，后变空心，伤处不变色，有时基部略膨大。菌环双层，白色，膜质，较厚而大，生菌柄上部，易脱落。孢子褐色，光滑，椭圆形至卵圆形，7～9.5μm×4.5～6μm。褶缘囊体淡黄色，近纺锤形，较稀疏，25～37.8μm×5～7μm。

生态习性　夏秋季于草地上单生。

分　　布　分布于河北、黑龙江、河南、青海、新疆、云南、西藏、内蒙古、甘肃、陕西、山西等地。

应用情况　可食用和药用。治疗腰腿疼痛、手足麻木等（Liu，1984）。抑制革兰氏阳性菌。试验抑肿瘤，对小白鼠肉瘤 180 及艾氏癌的抑制率达 100%。

图 528-1

图 528-2

528　大紫蘑菇

别　　名　窄褶菇、橙黄蘑菇
拉丁学名　***Agaricus augustus*** Fr.
曾用学名　*Agaricus perrarus* Schulzer
英 文 名　The Prince

形态特征　子实体大型。菌盖直径 3～15cm，近球形，后扁半球形至近平展，褐色，有纤毛组成的紫褐色鳞片，周围稍带红色。菌肉白色，厚，紧密，有杏仁气味。菌褶粉红色变暗紫褐色到黑褐色，离生，窄。菌柄长 8～11cm，粗 2～2.5cm，圆柱形，松软变空心，向基部稍膨大，菌环以下有白色至黄褐色并翘起的毛状鳞片，后变光滑。菌环双层，白色或带黄色，生柄中上部，有皱褶。孢子褐色，光滑，椭圆形到近卵圆形，7～9μm×5.5～6.5μm。

生态习性　秋季于草原上散生到近丛生。

分　　布　分布于青海、西藏、黑龙江、吉林、内蒙古、甘肃、四川、新疆等地。

应用情况　可食用，比较肥大，菌肉厚，味较好。

29-1

529 白鳞蘑菇

别　　名　贝内什蘑菇
拉丁学名　***Agaricus bernardii*** (Quél.) Sacc.
曾用学名　*Agaricus ingratus* (F. H. Møller) F. H. Møller
英 文 名　Salt loving Agaricus, Salt Mushroom

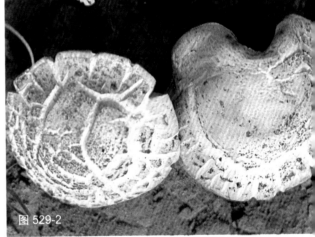

图 529-2

形态特征　子实体大型。菌盖直径 7.5～15cm，初半球形，后平展，白色或淡黄褐色，有块状多角形鳞片，中部鳞片较厚而大，表皮失水或干旱时多龟裂，常反卷，边缘多纵裂，有时附着菌幕残片。菌肉白色，坚实，厚，伤变蓝紫粉色，尤其菌柄与菌盖连接处更明显，幼时有鱼腥味或石碳酸味。菌褶初为白色，后变粉红色到黑色，离生，稍密，窄，不等长。菌柄长 5～7cm，粗 2～4cm，坚实，有时稍带粉灰紫色，近圆柱形或向下渐细，常呈纺锤形，菌环以下有赭石色鳞片。菌环白色，膜质，较窄，单层，生菌柄上部或中部。孢子褐色，光滑，卵圆形至广椭圆形，6～8μm×5～6μm。

生态习性　夏秋季于草原上单生、丛生或散生。因喜生于含盐分高的沙地，后期菌肉带粉色。

分　　布　分布于内蒙古、河北、青海、四川、西藏、山西、新疆等地。

应用情况　可食用，味道较差。有资料记载怀疑有毒，或有鱼腥味，或老后较坚韧，食后不易消化。

图 530-1

图 530-2

530 双孢蘑菇

别　名 双孢菇、白蘑菇、洋蘑菇、西洋菇、蘑菇、洋菇

拉丁学名 *Agaricus bisporus* (J. E. Lange) Imbach

英 文 名 Spring Agaricus

形态特征 子实体中等大。菌盖直径 5～12cm，半球形、扁半球形至近平展，白色或污白色，光滑，干时渐变淡黄色，边缘初期内卷。菌肉白色，伤处略变淡红色，厚，具蘑菇特有的气味。菌褶初粉红色，后变褐色至黑褐色，离生，密，窄，不等长。菌柄长 4.5～9cm，粗 1.5～3.5cm，近圆柱形，白色，光滑，具丝光，松软或实心。菌环白色，膜质，单层，生菌柄中部，易脱落。孢子褐色，光滑，多生 2 担孢子，椭圆形，6～8.5μm×5～6μm。

生态习性 生林地、草地、田野、公园、道旁等处。

分　布 分布广泛，质味特殊，现已有分离菌种并人工驯化成功。亦多发现白色野生变种。

应用情况 可食用，味道鲜美。此种食用菌国内外普遍栽培或菌丝体发酵培养。报道尚可药用及加工保健食品。含有抑肿瘤物质和抗细菌的广谱抗生素。助消化、降血压（杨相甫等，2005）。

图 531-1　　图 531-2

531　大肥蘑菇

别　　名　大肥菇、美味蘑菇、双环菇、
双环蘑菇、大白蘑菇
拉丁学名　*Agaricus bitorquis* (Quél.) Sacc.
英 文 名　Pavement Mashroom, Banded
Agaricus, Urban Agaric

图 531-3

形态特征　子实体大型。菌盖直径6～
20cm，半球形至扁半球形，顶部平或略下
凹，白色变暗黄色、淡粉灰色至深蛋壳色，
中部色较深，边缘内卷，表皮超越菌褶，无
鳞片。菌肉白色，伤渐变淡红色，肥厚，紧密。菌褶污白色变粉红色到黑褐色，离生，稠密，窄，
不等长。菌柄短，长4.5～9cm，粗1.5～3.5cm，近圆柱形，白色，粗壮，内实。菌环白色，膜质，
双层，生菌柄中部。孢子褐色，光滑，广椭圆形到近球形，6～7.5μm×5.5～6μm。褶缘囊体无色，
透明，多棒状，14～20μm×6～7μm。
生态习性　夏秋季多在草原上散生、单生或近群生。
分　　布　分布于青海、河北、新疆、内蒙古、甘肃等地。
应用情况　可食用，菌肉肥厚，味鲜美。可人工栽培以及利用菌丝体发酵培养。

532 巴氏蘑菇

别　　名　巴西蘑菇、姬菇、姬松茸
拉丁学名　*Agaricus blazei* Murrill
曾用学名　*Agaricus blasiliensis* Wasser et al.
英文名　Hime Matsutake, Blazei Mushroom

形态特征　子实体中等至较大。菌盖直径6～12cm，扁半球形至近扁平，中部平或稍低，被淡褐色至浅灰褐色纤维状鳞片，边缘附有菌幕残片。菌肉白色，伤处变橙黄色，气味特殊。菌褶白色至肉色变黑褐色，离生，稠密。菌柄长6～13cm，粗1～2cm，等粗或基部稍膨大，白色且伤处变黄色，内实，菌环以下有小鳞片。菌环膜质，其下面有褐色棉絮状物。孢子光滑，宽椭圆形至卵圆形，5.2～6.6μm×3.7～4.5μm。
生态习性　夏秋季于有畜粪的草地上群生。
分　　布　原产于美洲。中国已有引种栽培。
应用情况　此种可食用，其味特殊，口感亦好，人们多喜食。在日本称之姬松茸，记载有抑癌、降血糖、降血压、改善动脉硬化等保健功能。抗辐射。

图 532-1

图 532-2

图 532-3

图 533-1　　　　图 533-2

533　蘑菇

别　　名　四孢蘑菇、四孢菇、田野蘑菇、黑蘑菇、雷窝子
拉丁学名　*Agaricus campestris* L.
英 文 名　Field Mushroom, Meadow Mushroom

形态特征　子实体中等至稍大。菌盖直径 3～13cm，半球形至近平展，有时中部下凹，白色至乳白色，光滑或具丛毛状鳞片，干燥时边缘开裂。菌肉白色，厚。菌褶粉红色，后变褐至黑褐色，离生，

图 533-3

图 533-4

较密。菌柄较短粗，长 1～9cm，粗 0.5～2cm，圆柱形，白色，近光滑或略有纤毛，实心。菌环单层，白色，膜质，易脱落。孢子褐色，光滑，椭圆形至广椭圆形，6.5～10μm×5～6.5μm。

生态习性 春到秋季于草地、路旁、田野、堆肥场、林间空地等处单生及群生。

分　　布 分布于河北、辽宁、吉林、黑龙江、内蒙古、山西、陕西、甘肃、湖北、湖南、江苏、四川、广东、广西、台湾、云南、青海、新疆、西藏等地。

应用情况 可食用。可人工栽培和利用菌丝体深层发酵培养。治疗贫血症、脚气、消化不良，抗细菌等。试验抑肿瘤，对小白鼠肉瘤 180 及艾氏癌的抑制率均为 80%。

534 肤色蘑菇

别　　名　绵毛蘑菇
拉丁学名　***Agaricus cappellianus*** Hlaváček
曾用学名　*Psalliota vaporaria* (Vittad.) F. H. Møller
　　　　　et Jul. Schäff.
英　文　名　Clustered Mushroom

形态特征　子实体大至较大。菌盖直径9.5～15cm，初期半球形，污白至近褐色，后呈扁平，往往有大而平的鳞片，似形成花斑。菌肉白色，厚，受伤处变淡红色。菌褶初期粉红色，渐变暗褐色至黑色，边缘近白色，离生，不等长，密。菌柄较粗，长6～12cm，粗0.9～2cm，环以上近光滑，以下粗糙有鳞片。菌环厚。孢子印赭褐色。孢子椭圆形，光滑，暗褐色，5～7.6μm×3～3.5μm。

生态习性　夏末至秋季在阔叶或混交林地上大量群生。

分　　布　分布于新疆、内蒙古等地。

应用情况　据记载可食用。

图534

535 小白蘑菇

别　　名　小白菇、孕白菇
拉丁学名　***Agaricus comtulus*** Fr.
英　文　名　Small White Mushroom

形态特征　子实体小。菌盖直径2.5～4cm，半球形或扁半球形至平展，白色或污白色，中部略带黄色，光滑有纤毛状鳞片。菌肉白色，较薄。菌褶粉红色，后呈褐色至黑褐色，离生。菌柄长2.5～4cm，粗0.7～0.8cm，圆柱形，白色，光滑。菌环白色，膜质，单层，生菌柄中部，易破碎。孢子褐色，光滑，广椭圆形，6～7.5μm×4.5～5μm。

生态习性　夏秋季于林中草地上单生。

分　　布　分布于河北、北京、陕西、云南、黑龙江、江苏、安徽、台湾、湖南、青海、西藏等地。

应用情况　可食用，味道较好。

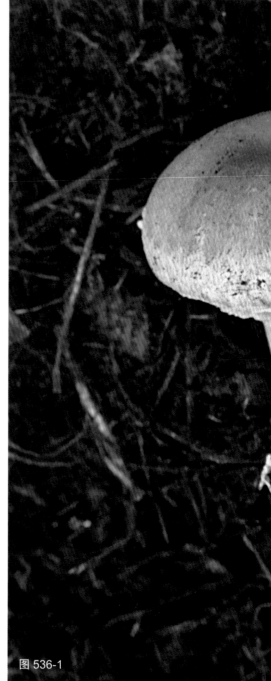

图536-1

图 535

图 536-2

图 537

536 褐鳞蘑菇

拉丁学名 *Agaricus crocopeplus* Berk. et Broome

图 538-1

形态特征 子实体中等大。菌盖直径4～12cm，初期半球形，后渐平展，白至污白色，被有赭褐色丛毛鳞片，中部鳞片少至平滑且赭褐至暗褐色，边缘初期内卷后平展至波状。菌肉白色，较薄，气味温和。菌褶初期白色至粉红色，最后变黑褐色，离生，密，较窄，不等长。菌柄长5～15cm，粗约1cm，上部较细而基部膨大近球形，菌环以上白色，近平滑，菌环以下有细小鳞片，内实至空心。菌环生菌柄的中、上部，大，膜质，双层，上面白色，而下面有絮状物且带褐色。孢子暗紫色，平滑，椭圆形，6.5～8μm×4～5μm。有褶缘囊体。

生态习性 夏秋季于林中地上群生或单生。

分　　布 分布于吉林、台湾、西藏等地。

应用情况 可食用，其味一般。抑肿瘤。

537 松林蘑菇

别　　名 松柏蘑菇
拉丁学名 *Agaricus cupressophilus* Kerrigan
英 文 名 Brown Field Mushroom

图 538-2

形态特征 子实体较小或近中等。菌盖直径2～7cm，初期扁半球形至近平展，中部稍凸，表面被褐色、淡棕褐色鳞片，菌盖边缘内卷。菌肉白色稍松软，伤变红色，老后棕褐色。菌褶离生，较密，不等长，粉褐色、暗棕褐色，最后成黑褐色。菌柄中生，圆柱形，基部较粗，长3～7cm，粗0.5～0.9cm，灰白棕色，平滑或有纵条纹，内部空心。菌环膜质，生柄上部，单层，白色，孢子堆积后呈褐棕色。担子棒状，具4小梗，或有2小梗。孢子宽椭圆至卵圆形，棕褐色，光滑，4.5～6μm×3～4.5μm。

生态习性 夏秋季生松柏等针叶林中地上，单生或群生。

分　　布 此种原发现于北美，2014年苏胜宇等采自云南丽江。

应用情况 可食用。

图 539

538 细鳞蘑菇

拉丁学名 *Agaricus decoratus* (F. H. Møller) Pilát

形态特征 子实体较小至中等。菌盖宽 4～8cm，半球形至平展，白色，中部浅黄褐色，具浅褐色丛毛状小鳞片。菌肉白色，伤不变色，气味难闻。菌褶初粉红色，后呈黑褐色，密，离生。菌柄长 5～10cm，粗 1～2cm，圆柱形，基部球状膨大，白色，光滑。菌环白色，双层，膜质，下层放射状撕裂，绒毛状，生菌柄上部，不易脱落。担子棒状，4孢，19.8～25.2μm×7.2～9.0μm。孢子褐色至紫褐色，椭圆形，光滑，6.3～9.0μm×3.6～4.5μm。无缘囊体。

生态习性 秋季生于阔叶林地上，单生。

分　布 分布于云南西双版纳等地。

应用情况 可食用。

539 浅灰白蘑菇

别　名 包柄蘑菇

拉丁学名 *Agaricus devoniensis* P. D. Orton

形态特征 子实体较小至中等。菌盖直径 3～7cm，半球形至平展，中部稍凹，白色或污白色，表面光滑。菌肉白色，伤变淡红褐色，厚。菌褶粉红色至紫褐色，离生，密。菌柄长 2.5～7cm，粗 0.5～1.6cm，白色，伤变淡红褐或橘红色，上部光滑，中、下部被菌幕覆盖，残留环状碎片而不形成明显菌环。担子具 4 小梗。孢子褐色至紫褐色，光滑，卵圆形，直径 4.5～7.2μm。褶缘囊体棒状。

生态习性 秋季于林中地上散生或单生。

分　布 分布于河北、北京、江苏响水等地。

应用情况 可食用，子实体较小，其味一般。

图 540-1

540 紫褐蘑菇

别　　名　甜蘑菇、紫小蘑菇、紫菇、紫色蘑菇
拉丁学名　*Agaricus dulcidulus* Schulzer
曾用学名　*Agaricus rubellus* (Gillet) Sacc.; *Agaricus purpurellus* (F. H. Møller) F. H. Møller
英 文 名　Rosy Wood Mushroom

形态特征　子实体较小。菌盖直径 4~6cm，扁半球形至平展，污白色至淡粉红色，有淡褐或紫红色平伏鳞片，后期变为淡紫褐色。菌肉白色变粉红色。菌褶肉红色、深褐色至黑褐色，离生。菌柄长 5~7cm，粗 0.5~1cm，圆柱形，基部稍膨大，白色，实心。菌环白色，膜质，单层，易脱落。孢子褐色，光滑，广椭圆形至卵圆形，6~7.5μm×4.5~5μm。
生态习性　秋季生林中草地上，单生、散生或群生。
分　　布　分布于江苏、河北、云南、西藏、广东、香港等地。
应用情况　可食用。另外含多糖，具抑肿瘤作用（应建浙等，1994a；卯晓岚，2000b）。

图 540-2

541　美味蘑菇

拉丁学名　*Agaricus edulis* Bull.
英 文 名　Sidewalk Mushroom

形态特征　子实体一般较小或中等大。菌盖直径 3~10cm，半球至扁半球形，中部平，边缘幼时内卷，表面白色，平滑。菌肉纯白色，伤处微变红褐色，厚，具蘑菇香气。菌褶粉红至黑褐色，离生，较密和较宽，不等长。菌柄长 3~5.5cm，粗 0.8~2cm，圆柱形，白色至污白色，平滑，伤处微变红褐色，内实。菌环双层，膜质，往往双层分开，生菌柄下部。担子 4 小梗。孢子近球形或卵圆形，光滑，4.5~7μm×4.2~6.3μm。有棒状褶缘囊体。
生态习性　于林缘、空旷草地单生或群生。
分　　布　分布于河北、北京、山西、江苏等北方地区。
应用情况　可食用，菌肉细嫩，味鲜美。本书暂将此种和大肥蘑菇 *Agaricus bitorqur* 作为两种列出。

图 540-3

图 541-1

图 541-2

542　淡黄蘑菇

拉丁学名　*Agaricus fissurata* (F. H. Møller) F. H. Møller

形态特征　子实体中等大。菌盖直径 5～10cm，半球形、扁半球形，有时中部扁平，初近白色，后变柠檬黄色到赭黄色，干后金黄色，中部一般有辐射状裂纹到龟裂，向外常呈黄色的条纹，有时可形成平伏的鳞片，边缘内卷，带有菌幕残片。菌肉白色，较厚。菌褶初色淡，渐变粉红色到黑褐色，离生，密，不等长。菌柄短粗，长 2.5～8cm，粗 1～2.5cm，白色，后变淡黄色，初具丝光，有白色鳞片但极易脱落，内部填充至中空，伤处变浅红色，棒状。菌环干后淡黄色，膜质，单层，上面光滑，下面有白色到淡红色的鳞片。孢子褐色，光滑，广椭圆形，7～9.5μm×5.5～6.5μm。褶缘囊体淡黄色，椭圆形、棒状等多种形状，15.7～39.2μm×9.4～12.5μm。

生态习性　秋季于草原上单生到散生。

分　布　分布于内蒙古、河北、西藏、新疆、甘肃、香港等地。

应用情况　可食用。

图 542-2

图 542-3

543 圆孢蘑菇

图 542-4

别　　名　尖柄包脚蘑菇
拉丁学名　*Agaricus gennadii* (Chatin et Boud.)
P. D. Orton

形态特征　子实体中等或较大。菌盖直径 4.5～
8cm，初期半球形，后渐平展，表面污白色、
蛋壳色至浅土黄色，微有光泽，近光滑，边缘
初时内卷，后期反卷。菌肉白色，伤处微变污
褐色，后再转为白色，味微甘。菌褶初白色后
粉红变黑褐色至黑色，离生。菌柄长 4～8cm，粗 2～3cm，近纺锤形或柱形，同盖色，表面被浅淡
褐色絮状纤毛，偶有翘起的鳞片。外菌幕在菌柄基部呈托状。孢子紫褐色，光滑，内含 1 油滴，近
球形，6.5～8μm×5.5～6.3μm。褶缘囊体棒状。

生态习性　夏秋季于灌丛沙地、湖边芦苇丛中单生、散生或丛生。

分　　布　分布于新疆西部托木尔峰地区及西南部等地。

应用情况　可食用，菌肉嫩脆，较厚，微变褐红色，味道鲜美。

图 543

图 544

544 红肉蘑菇

拉丁学名 *Agaricus haemorrhoidarius* Schulzer

形态特征 菌盖宽4~9cm，扁半球形至平展，淡褐色至褐色，具褐色或红褐色鳞片。菌肉白色，伤变血红色或淡红色，具蘑菇香气味。菌褶肉粉色至褐色，最后呈黑褐色，密，离生。菌柄长4~7cm，粗0.7~1.8cm，圆柱形，有时基部稍膨大，污白色，伤变红色，光滑，中空。菌环单层，白色或淡褐色，膜质，生菌柄中上部，不易脱落。担子棒状，4孢，19.8~30.6μm×5.4~8.1μm。孢子褐色至紫褐色，卵圆形，光滑，6.3~9μm×4.5~6.3μm。缘囊体棒状，成丛，25.2~43.2μm×10.8~14.4μm。

生态习性 秋季生于林中地上，单生或群生。

分　　布 分布于四川、西藏、新疆等地。

应用情况 可食用。此种明显特征是伤处及后期多处变红色。

545　灰褐蘑菇

拉丁学名　*Agaricus halophilus* Peck

形态特征　子实体中等至较大。菌盖直径 5～12cm，半球形至近平展，淡褐色，有点状平伏小鳞片，干时中部龟裂。菌肉白色。菌褶粉红至黑褐色，离生，密，不等长。菌柄长 5～8cm，粗 1～2cm，白色，光滑，变空心。菌环白色，膜质，双层，生菌柄中部，不易脱落。担子 4 小梗。孢子紫褐色，光滑，近球形至椭圆形，5.5～6.5μm×4.5～5.5μm。褶缘囊体棒状，19.8～27μm×6.3～8.1μm。
生态习性　秋季于针叶林中地上单生。
分　　布　分布于新疆等地。
应用情况　可食用。

546　短柄蘑菇

拉丁学名　*Agaricus ingratus* (F. H. Møller) Pilát

形态特征　子实体较小至中等。菌盖直径 3～7.5cm，半球形到平展而中凸，白色，具褐色丛毛状

图 546

图 547-1

鳞片，边缘有时有条纹，可纵裂。菌肉白色。菌褶褐色到黑褐色，离生，中等密，不等长。菌柄长3~4.5cm，粗2cm，近梭形，白色。菌环白色，膜质，单层，宽大，易消失，生菌柄上部。孢子印黑褐色。担子棒状，具2~4个小梗。孢子褐色，光滑，椭圆形，7~8μm×5.5~6.5μm。褶缘囊体无色到淡黄色，光滑，稀疏，棒状，22~25μm×8~11μm。

生态习性 生云杉林中地上，散生或单生。

分　布 分布于新疆等地。

应用情况 可食用。

547　菌索蘑菇

拉丁学名 *Agaricus lamnipes* (F. H. Møller et Jul. Schäff.) Singer

形态特征 子实体中等大。菌盖直径5~10cm，初半球形或扁半球形，后近平展，中部稍下凹，赭褐或暗褐色，表面开裂成宽的鳞片，边缘鳞片显著。菌肉白色，变浅肉红色，柄基部菌肉变橘黄色。菌褶离生，浅粉红色变至暗褐色，不等长，较密。菌柄粗壮，长4~6cm，粗2~3.5cm，近白色，向下膨大，基部有白色的菌丝索。菌环白色。孢子印暗褐色。孢子椭圆形，5.5~6.5μm×3.5~4μm。褶缘囊体棒状，无色，16~28μm×8~14μm。

生态习性 夏秋季生于林中地上或田野。

分　布 分布于北京、河北、新疆等地。

应用情况 可食用。

图 547-2

548　赭褐蘑菇

拉丁学名　*Agaricus langei* (F. H. Møller et Jul. Schäff.) Maire
英 文 名　Scaly Wood Mushroom

形态特征　子实体中等至稍大。菌盖直径 3～12cm，扁半球形，被锈褐色近鳞片状鳞片。菌肉白色，很快呈粉红色。菌褶深粉红至暗色，离生，密。菌柄粗，长 3～11cm，粗 1～3cm，柱状，污白色，有浅粉褐鳞片，内部实心。菌环膜质，似双层。孢子光滑，椭圆形，7～9μm×3.5～5μm。
生态习性　夏秋季于混交林中地上散生、群生。
分　　布　分布于青海、甘肃、宁夏等地。
应用情况　可食用。

549　环柄菇状蘑菇

别　　名　假环柄蘑菇
拉丁学名　*Agaricus lepiotiformis* Y. Li

形态特征　子实体小。菌盖直径 2.5～4.5cm，白色，中部褐色，平展，中部稍凸起，其褐色丛毛鳞片且向边缘减少。菌肉白色，伤处不变色。菌褶乳白色至紫褐色，密，离生，不等长。菌柄长

图 548-1　　　　　　　　　　　　　　　　图 548-2

图 549

图 550-2

5.5～7.5cm，粗 0.4～0.7cm，圆柱形，白色，伤处变浅黄色，基部稍膨大，上部平滑，下部具纤毛。菌环白色，膜质，单层。孢子褐色，光滑，椭圆形，4.5～6.3μm×2.7～3.6μm。褶缘囊体丛生，似葫芦形。

生态习性　秋季于竹林地上单生。

分　布　分布于香港、云南等地。

应用情况　可食用。

550　雀斑蘑菇

别　　名　小蘑菇、小伞菌
拉丁学名　***Agaricus micromegethus*** Peck
英 文 名　Anise Agaricus Mushroom

形态特征　子实体较小。菌盖直径 2～8cm，扁半球形，后平展，白色，具浅棕灰色至浅灰纤毛状鳞片，中部色深，老时边缘开裂。菌肉污白色。菌褶污白色渐变粉色、紫褐至黑褐色，离生。菌柄长 2～6cm，粗 0.7～1cm，柱形，基部有时膨大。菌环白色，单层，易脱落。孢子褐色，光滑，椭圆形，4.5～6.5μm×3.5～4μm。

生态习性　夏秋季于草地或林地上单生或群生。

分　布　分布于河北、江苏、海南、广西等地。

应用情况　可食用。

图 551　　　　　　　　　　　　　　　　　　　　　　　　图 55

551　白杵蘑菇

别　　名　白杵菇、白杵
拉丁学名　*Agaricus osecanus* Pilát
曾用学名　*Agaricus nivescens* (F. H. Møller) F. H. Møller
英　文　名　Giant Horse Mushroom

形态特征　子实体中等或较大。菌盖直径 6～10cm，初半球形，中部扁平，后开展，常具轻微龟裂，有丝光，白色或淡黄色，伤变柠檬黄色，光滑，有时边缘稍带绒并常留有菌幕残片。菌肉白色，伤变淡乳黄色，厚，略带杏仁味。菌褶长时间色淡，后变橙肉色到黑褐色，褶缘色淡，离生，密，窄，不等长。菌柄长 6～10cm，粗 3～5cm，圆柱状或下部稍粗，有少数白色圆鳞或丝状纤毛，老时光滑，可变中空，伤变柠檬黄色。菌环白色，厚，生菌柄中部，上面光滑，下面有白色鳞片，后变浅褐色。孢子褐色，光滑，卵圆形、广椭圆形，5.5～7μm×4.5～5.5μm。褶缘囊体淡黄色，卵圆形，9～15.6μm×6.5～12.5μm。

生态习性　秋季于草原上可形成蘑菇圈，群生或散生。

分　　布　分布于河北、内蒙古、新疆等地。

应用情况　产地多采集食用，并见于市场。张北草原的群众，产菇时节大量收集后风干储藏或销售。

图 552-2

552　包脚蘑菇

拉丁学名　*Agaricus pequinii* (Boud.) Singer

形态特征　子实体中等至大。菌盖直径 5～16cm，扁半球形，后扁平及近平展，中部稍凹，表面平滑，污白至淡黄色。菌肉白色，伤变红，厚。菌褶粉红至黑褐色，离生，宽。菌柄长 3～13cm，粗 2.5～4cm，粗壮，白至污白色，向下渐粗到膨大，表面平滑，实心。菌托边缘齿状，无菌环。孢子褐色带缘，光滑，卵圆形至近球形，4.5～6.3μm×3.6～4.5μm。褶缘囊体棒状。
生态习性　夏秋季生阔叶林缘、旷野或农田。
分　　布　分布于青海、河北等地。
应用情况　国外有记载可食，记载在北京曾有误食中毒事例，严重者死亡。

553　灰白褐蘑菇

拉丁学名　*Agaricus pilatianus* (Bohus) Bohus

形态特征　子实体中等至大。菌盖直径 6～12cm，扁半球形，污白色至浅灰褐色或带浅黄色，近平滑。菌肉白色，菌柄基部菌肉带浅黄色。菌褶污白、粉红色至赭褐色，离生。菌柄长 5～8cm，粗 1.5～2.5cm，柱形，基部稍膨大，内部松软。菌环膜质。孢子暗褐色，光滑，卵圆形，5.5～6.5μm×4.5～5.5μm。

图 554

生态习性 秋季生林间空旷草地上。

分　布 分布于内蒙古、青海等地。

应用情况 可食用。

554　双环林地蘑菇

别　名 双环菇

拉丁学名 *Agaricus placomyces* Peck

英文名 Flatcap Mushroom

形态特征 子实体中等至稍大。菌盖直径 3～14cm，扁半球形至平展，近白色，中部凸起呈淡褐色到灰褐色，覆有纤毛组成的褐色鳞片，边缘有时纵裂。菌肉白色，较薄，具蘑菇气味。菌褶近白色，变粉红色，后呈褐色至黑褐色，离生，稠密，不等长。菌柄长 4～10cm，粗 0.4～1.5cm，白色，光滑，松软变空心，基部稍膨大，伤处变淡黄色。菌环白色，膜质，双层，下面呈海绵状，易脱落。孢子褐色，椭圆形至广椭圆形，5～6.5μm×3.5～5μm。褶缘囊体无色至淡黄色，棒状，丛生。

生态习性 秋季于林中地上单生、群生。

分　布 分布于河北、辽宁、吉林、黑龙江、内蒙古、陕西、山西、山东、江苏、福建、江西、

安徽、湖南、湖北、广东、广西、香港、贵州、云南、海南、甘肃、四川、青海、西藏等地。

应用情况 可食用，菌肉较薄，其味道一般。含有石碳酸气味，具微毒，晒干及煮洗后食用方可安全。亦药用。具有抑制肿瘤作用，其提取液对小白鼠肉瘤 180 及艾氏癌的抑制率均为 100%。可利用菌丝体进行深层发酵培养。

555 细褐鳞蘑菇

拉丁学名 *Agaricus praeclaresquamosus* Freeman

形态特征 子实体中等至较大。菌盖直径 5～10cm，初期半球形，后期近平展，中部平或稍凸，表面污白色，具有带褐色、黑褐色纤毛状小鳞片，中部鳞片灰褐色，边缘有少量菌幕残物。菌肉白色，稍厚。菌褶初期灰白至粉红色，最后变黑褐色，离生，较密，不等长。菌柄长 6～12cm，粗 0.8～1cm，圆柱形，污白色，表面平滑或有白色的短小纤毛，基部膨大，伤处变黄色，内部松软。菌环白色，薄膜质，双层，生菌柄上部，上面有褶纹，下面有白色短纤毛。孢子椭圆形至卵圆形，5～6.5μm×3.5～4.5μm。褶缘囊体泡囊状。

生态习性 夏秋季生林中地上。

分　布 分布于河北、北京、香港、广东、广西等地。

应用情况 误食后引起呕吐或腹泻等中毒症状。

图 556

图 557-1

图 557-2

556 瓦鳞蘑菇

拉丁学名 **Agaricus praerimosus** Peck

形态特征 子实体一般中等大。菌盖直径 7～9cm，半球形至近平展，污白色，表皮深裂形成覆瓦状呈块状的鳞片。菌肉白色。菌褶离生，密，不等长。菌柄长 6～8cm，粗 1.5～2.5cm，污白色，伤处变黑褐色、黄色，基部膨大，平滑。菌环白色，膜质，双层。担子 4 小梗。孢子光滑，卵圆形，6.5～8.1μm×4.5～5.5μm。褶缘囊体近棒状或串珠状，丛生。

生态习性 秋季于针叶林地上散生或丛生。

分　布 分布于新疆、内蒙古等地。

应用情况 可食用。

557 草地蘑菇

别　　名 灰白蘑菇
拉丁学名 **Agaricus pratensis** Schaeff.
英 文 名 Reddish Field Agaric

形态特征 子实体中等或有时较大。菌盖直径 4～10cm，初期半球形，后期渐伸展，白色、灰白色至淡粉灰色，有平伏小鳞片，有时中部龟裂。菌肉白色，稍厚。菌褶初期灰白色，后期暗褐至紫褐色，稍密，离生，不等长。菌柄长 4～10cm，粗 1～1.5cm，同盖色，光滑，内实，伤处变暗粉红色，基部稍膨大。菌环单层，白色，膜质，较厚，生柄的中部，易脱落。孢子印深褐色。孢子椭圆形至宽椭圆形，暗褐色，光滑，6.5～9μm×5～6μm。

生态习性 夏秋季在草地或草原上单生或群生。

分　布 分布于河北、山西、青海、新疆、四川、内蒙古、西藏等地。

应用情况 可食用，此种是草原地区重要的食用菌之一。

558 假根蘑菇

拉丁学名 *Agaricus radicatus* Schumach.
曾用学名 *Agaricus bresadolanus* Bohus

形态特征 子实体一般中等。菌盖直径3～11cm，半球形至扁平或平展，有时边缘上翘，白色或污白色，老后边缘有时呈淡紫红色，中部有黄褐色至土黄色平状鳞片，边缘鳞片色浅。菌肉白色，不伤变，具香气味。菌褶粉红至黑褐色，离生。菌柄长9cm，粗0.5～1.6cm，圆柱形，白色，基部膨大近球形且具假根，菌环以下有细小纤毛形成的白色鳞片，松软至空心。担子4小梗。孢子光滑，卵圆形，5.5～7.5μm×3.6～4.6μm。无囊体。

生态习性 秋季于林地上单生或群生。

分　　布 分布于北京、江苏等地。

应用情况 可食用。

图 558-1

559 拟林地蘑菇

别　　名 红褐蘑菇
拉丁学名 *Agaricus rubribrunnescens* Murrill

形态特征 子实体较小或中等。菌盖宽6～8cm，扁半球形至平展，污白色，具淡红褐色纤毛状鳞片。菌肉白色，伤变红褐色。菌褶粉红色至黑褐色，较密，离生。菌柄长5～7cm，粗0.5～0.7cm，圆柱形，污白色至淡褐色，中空。菌环单层，白色，膜质，生菌柄上部，易脱落。担子棒状，4孢，13.5～17.1μm×5.4～7.2μm。孢子褐色，卵圆形或椭圆形，光滑，3.6～5.4μm×2.7～3.6μm。缘囊体卵圆形或梨形，散生，14.4～23.4μm×9～18μm。

生态习性 秋季生于混交林地上，单生。

分　　布 分布于贵州梵净山等地。

应用情况 可食用。

图 558-2

图 559-1

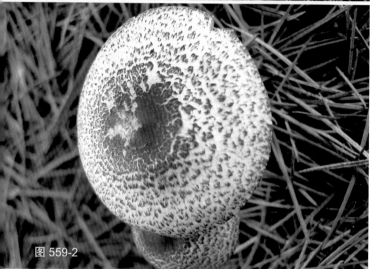

图 559-2

560　小红褶蘑菇

别　　名　拟小白蘑菇、红褶小白蘑菇
拉丁学名　*Agaricus rusiophyllus* Lasch

形态特征　子实体小。菌盖直径 2.5～4cm，扁半球形至平展，白色，表面有绒毛或丛毛状鳞片。菌肉白色，伤处变色不明显。菌褶深褐色，离生，密。菌柄长 2.5～3.5cm，粗 0.3～1cm，圆柱形，污白色，基部稍膨大，被绒毛，内实。菌环白色，膜质，单层生菌柄中上部，易脱落。担子 4 小梗。孢子褐色或紫褐色，光滑，卵圆形，4.5～6.5μm×3.6～4.5μm。无囊体。
生态习性　秋季于混交林地上单生。
分　　布　分布于北京、河北、香港、江苏等地。
应用情况　可食用。

图 560-1

561　小红褐蘑菇

别　　名　远离伞菌
拉丁学名　*Agaricus semotus* Fr.
英 文 名　Rosy Wood Mushroom, Red-brown Mushroom

形态特征　子实体小。菌盖直径 2～5cm，近卵圆形、扁平球形或近平展，初白色具紫红褐色小鳞片，边缘带黄色和带褐色，边沿表皮延伸。菌肉白色，稍厚。菌褶初期呈粉色，变灰褐色，离生，不等长。菌柄细长，长 3～6cm，粗 0.4～0.8cm，白色，基部膨大带黄色。菌环膜质。孢子褐色，光滑，椭圆形，4.5～6μm×2.8～3μm。褶缘囊体卵圆至宽棒状。
生态习性　夏秋季生针叶林及混交林地上，单生或散生。
分　　布　分布于香港、广东、西藏、北京等地。
应用情况　可食用，但某些人对其有中毒反应，采集食用时注意。

图 560-2

562 林地蘑菇

别　　名　林地伞菌、林地菇
拉丁学名　***Agaricus silvaticus*** Schaeff.
曾用学名　*Agaricus silvicola* var. *pallidus* (F. H. Møller) F. H. Møller
英 文 名　Bleeding Agaricus, Brown Wood Mushroom

形态特征　子实体中等或稍大。菌盖直径5～12cm，扁半球形至近平展，近白色，有浅褐或红褐色鳞片，向边缘渐少，干时边缘裂开。菌肉白色，稍厚。菌褶白色，变粉红色、栗褐色至黑褐色，离生，稠密。菌柄长6～12cm，粗0.8～1.6cm，白色，伤处变污黄色，有白色纤毛状鳞片，变空心，基部略膨大。菌环白色，膜质，单层，生菌柄中上部。孢子光滑，发芽孔明显，椭圆形，5.5～6.5μm×3.5～4.5μm。褶缘囊体近宽棍棒状。

生态习性　夏秋季于针、阔叶林中地上散生或单生。

分　　布　分布于河北、山西、广东、江苏、安徽、浙江、辽宁、吉林、黑龙江、新疆、云南、四川、西藏等地。

应用情况　可食用。

563 白林地蘑菇

别　　名　白林地菇
拉丁学名　***Agaricus silvicola*** (Vittad.) Peck
曾用学名　*Agaricus essettei* Bon
英 文 名　Silvan Mushroom, Wood Mushroom

形态特征　子实体中等至稍大。菌盖直径6.5～11cm，半球形至平展，白色或淡黄色，有平伏的丝状纤毛，边缘常开裂。菌肉白色，稍厚。菌褶初白色变粉红色、褐色、黑褐色，离生。菌柄长7～15cm，粗0.6～1.5cm，近圆柱形，基部稍膨大，污白色，伤处变黄色，尤其基部更明显，松软到空心。菌环白色，膜质，单层，易脱落，生菌柄上部。孢子褐色，光滑，椭圆形到卵形，5～8μm×3～4.5μm。褶缘囊体近洋梨形。

生态习性　夏秋季于林中地上单生到散生。

分　　布　台湾、香港、广东、广西、云南、四川、

图 561

图 562-1

图 562-2

图 563-1

图 563-2

山西、河南、青海、甘肃、河北、吉林、辽宁、黑龙江、宁夏、西藏等地分布广泛。

应用情况　可食用，菌肉厚，味道较好，曾有怀疑有毒，食用时注意。

564　粗柄蘑菇

拉丁学名　*Agaricus spissicaulis* F. H. Møller

形态特征　子实体中等或稍大。菌盖直径 5～8.5cm，初期半球形至扁半球形，后扁平，污白色或带浅粉灰色，表面稍干，中部有时具龟裂状大鳞片。菌肉白色或带微红色，伤处微变粉黄色，厚，致密。菌褶初期粉红色，渐呈褐色至黑褐色，离生，较宽，密，不等长。菌柄往往粗，长 4～8cm，粗 1～2.5cm，圆柱状，白色，内部实体至松软，基部菌肉剖开后呈浅黄色。孢子褐色，光滑，宽椭圆形至近球形，6.5～8μm×6～7.5μm。褶缘囊体棍棒状。

生态习性 夏秋季于草原上散生或群生。

分　　布 分布于内蒙古、四川等地区。

应用情况 可食用。

565　鳞褐蘑菇

别　　名 褐缘鳞蘑菇

拉丁学名 *Agaricus squamuliferus* (F. H. Møller) Pilát

形态特征 子实体小至较大。菌盖直径 4.5～13cm，半球形，扁平至平展，中部稍下凹，污白色，表面有土褐色丛毛鳞片且往往边缘多。菌肉白色，伤处变色不明显。菌褶粉红至黑褐色，离生，较密，边缘齿状。菌柄长 3～7cm，粗 1.5～2.3cm，柱状或近棒状，污白色，光滑，内实。菌环白色，膜质，双层，生菌柄上部，易脱落。担子具 4 个孢子。孢子褐至紫褐色，光滑，近球形或卵圆形，5.5～7.5μm×4.5～5.5μm。褶缘囊体棒状，丛生。

生态习性 于地上单生或散生。

分　　布 分布于北京、浙江、新疆等地。

应用情况 可食用。

图 565

566　翘鳞蘑菇

图 566

拉丁学名 *Agaricus squarrosus* Y. Li
英 文 名 Scaly Mushroom

形态特征　子实体中等至大型。菌盖直径 6～18cm，扁半球形，近平展或扁平，老后有的边缘稍翻起，浅红褐色，中部色深呈暗红褐色，有翘起至反卷的深色鳞片。菌肉污白带浅粉色，伤处变暗红色。菌褶污白粉色变暗褐色，离生，密而宽，不等长。菌柄长，长 13～20cm，粗 2～3cm，柱形，稍弯曲，污白至浅红黄色或浅红褐色，伤处色深，表面平滑或稍有条纹。菌环膜质，双层，生柄之靠顶部。孢子近卵圆形，紫褐色，光滑，23.4～36μm×7.2～9.9μm。褶缘囊体近棒状，顶端钝圆。

生态习性　秋季于针叶树下群生。

分　　布　初次考察发现于新疆天山南木札尔特河牧区。

应用情况　可食用。个体大，菌肉厚，伤处稍变红色。

567 赭鳞蘑菇

别　　名　赭鳞黑伞
拉丁学名　*Agaricus subrufescens* Peck
英 文 名　Almond Mushroom

图 567

形态特征　子实体中等或较大。菌盖薄，直径4～15cm，扁半球形，后稍平展，浅朽叶色至朽叶色，密被绒毛状反卷的鳞片。菌肉薄，浅褐色。菌褶离生，密，暗紫褐色，不等长。菌柄近圆柱形，向下渐粗，空心，长5～15cm，粗0.8～1.5cm，菌环以下同盖色，具鳞片。孢子椭圆形，光滑，紫褐色，6.5～7μm×4～5μm。

生态习性　秋季生林中地上，单生、群生或近丛生。

分　　布　分布于江苏、福建、山西、四川、云南、吉林、黑龙江、西藏、河南、青海等地。

应用情况　可食用。试验可抑肿瘤。

图 568-1

568 紫红蘑菇

拉丁学名　*Agaricus subrutilescens* (Kauffman) Hotson et D. E. Stuntz
英 文 名　Wine Colored Agaricus

形态特征　子实体大。菌盖直径5～13cm，半球形、扁半球形，后期近平展，表面干，近白色，被紫红褐色鳞片。菌肉污白色，较厚。菌褶离生，不等长，密，粉红色至赭褐色。菌柄圆柱形，长7～20cm，粗1～2cm，光滑，下部有纤毛状鳞片，污白色。菌环膜质，白色，大而薄，生柄上部。孢子印赭色。孢子光滑，椭圆形，褐色，5.3～6.3μm×3.2～3.5μm。褶缘囊体近棒状。

生态习性　夏季在针叶林中地上单生或群生。

分　　布　分布于西藏、甘肃等地。

应用情况　可食用，但要慎食。据试验抑肿瘤，对小白鼠肉瘤180和艾氏癌的抑制率均为100%。

图 568-2

图 569-1 图 569-2

569 淡茶色蘑菇

别　　名	污白蘑菇、麻脸蘑菇

拉丁学名 *Agaricus urinascens* (Jul. Schäff. et F. H. Møller) Singer

曾用学名 *Agaricus excellens* F. H. Møller; *Agaricus villaticus* Brond.; *Agaricus urinascens* var. *excellens* (F. H. Møller) Nauta

英 文 名 Macro Mushroom

形态特征　子实体中等至较大。菌盖直径8~15cm，半长圆形至扁半球形，白色或银白色或浅黄白色，中部色深，表面平滑或有细小鳞片。菌肉白色，稍厚。菌褶浅粉红色至灰肉褐色，密。菌柄长9~13cm，粗1.8~3cm，圆柱形，白色，下部有毛状小鳞片，内部实至松软。菌环双层。孢子光滑，椭圆形，9~12μm×5~6.8μm。

生态习性　夏秋季生林中草地上。

分　　布　分布于新疆、河北、内蒙古等地。

应用情况　可食用。

570 黄斑蘑菇

拉丁学名 *Agaricus xanthodermus* Quél.

形态特征　子实体较大。菌盖直径可达13cm，扁半球形，开伞后平展，白色，光滑，受伤部位变金

图 570

黄色，边缘无条棱。菌肉白色，靠近表皮处及菌柄基部变黄色最明显，较厚。菌褶初期白色渐变至黑色，离生，不等长。菌柄较长，长 7~9cm，粗 1.5~2.5cm，圆柱形，白色，伤变金黄色，基部稍膨大。菌环膜质，生菌柄上部。无菌托。孢子紫褐色，光滑，椭圆形或近球形，5~8μm×3.5~5μm。

生态习性　夏秋季于林中地上或草原上单生或群生。

分　　布　分布于青海、河北、新疆、山西、西藏等地。

应用情况　有毒，含胃肠道刺激物，食后引起头痛及腹泻等病症。不宜轻易采集食用和配药。

571　菌核田头菇

别　　名　核田头菇、野田头菇

拉丁学名　*Agrocybe arvalis* (Fr.) Singer

曾用学名　*Agaricus arvalis* Fr.; *Agrocybe tuberosa* (Henn.) Singer

形态特征　子实体小。菌盖直径 1.5~4cm，半球形至扁平，中部稍突起，幼时褐色至深茶褐色，边缘色淡，有细条纹。菌肉污淡黄色。菌褶污黄褐色至褐色，密，直生至近弯生，不等长。菌柄 3~9cm×0.2~0.6cm，淡黄白色至淡黄色，向下渐呈淡土黄色至淡褐色，基部似根状，往往形成黑褐色菌核。孢子淡黄褐色，光滑，椭圆形或卵圆形，9~11μm×5~6μm。

生态习性　生林缘或林中地上，单生、群生或散生。

分　　布　分布于河北、北京、浙江、湖南、四川等地。

应用情况　提高免疫力、抑肿瘤。日本记载该种对小白鼠肉瘤 180 和艾氏癌的抑制率均达 100%。

图 572-1

572 柱状田头菇

别　　名　杨树菇、杨树田头菇、朴菇、柳菇、茶薪菇、茶树蘑、柱状环锈伞、杨树蘑、树菇、
　　　　　树蘑、柳环菇、柳蘑菇
拉丁学名　***Agrocybe cylindracea*** (DC.) Gillet
曾用学名　*Agrocybe aegerita* (Brig.) Fayod
英　文　名　Columnar Agrocybe, Southers Poplar Mushroom, Black Poplar Mushroom

形态特征　子实体小或中等。菌盖直径 2～9.5cm，半球形至扁平，中部稍凸起多皱纹，幼时深褐至
茶褐色，变淡褐色、淡灰褐色至淡土黄色，边缘色淡，湿润时稍黏。菌肉污白色，较厚。菌褶污黄
褐色至褐色，直生至近弯生，密，不等长。菌柄长 3～9cm，粗 0.4～1cm，污白色，向下渐呈淡褐
色，具纤毛状小鳞片，内实至松软，多弯曲和稍扭转。菌环白色，上面具细条纹，往往布满孢子而
呈褐色，膜质。孢子淡黄褐色，光滑，椭圆形或宽椭圆形至卵圆形，8～10.4μm×5.2～6.4μm。褶缘
囊体和褶侧囊体近纺锤状或棒状，顶部钝。
生态习性　春至秋季于茶树、杨柳等树木或树桩的腐朽部分丛生或单生。
分　　布　分布于福建、江西、香港、台湾、云南、西藏等地。
应用情况　可食用，味道好，可人工培养。抑肿瘤，对小白鼠肉瘤 180 及艾氏癌的抑制率分别
为 90% 和 80%。药用利尿、健脾、止泻。另可抗氧化、提高免疫力、抑菌、抗菌、抗病毒、抗血
凝等。

72-2

图 573-1

573 硬田头菇

拉丁学名 ***Agrocybe dura*** (Bolton) Singer
英 文 名 Hard Agrocybe, Bearded Fieldcap, Cracked-cap
Agrocybe

形态特征 子实体较小。菌盖直径 3～9cm，扁半球形后
平展，白色至淡黄色或象牙白色，光滑，或具裂纹，菌
盖肉质，较硬，盖缘有菌膜残片。菌肉白色。菌褶带白色
至青灰色、陶土色，后褐色，弯生，褶缘白色。菌柄长
5～8cm，粗 1～1.5cm，纤维质，实心，顶端粉状，基部弯
曲，有白色纤细根状菌索。菌环大，膜质，生菌柄上部。
孢子有芽孔，椭圆形、卵圆形，10.7～14μm×6～8μm。褶
侧囊体无色，梭形或袋状。

生态习性 春至秋季生草地、田园、菜园。

分　布 分布于四川、云南、山西等地。

应用情况 可食用，亦可药用。产生田头菇素 (agrocybin)，
为聚乙炔类抗生素，对革兰氏阳性菌、阴性菌及真菌有拮
抗作用。

图 573-2

图 574

图 575

574 湿黏田头菇

拉丁学名 **_Agrocybe erebia_** (Fr.) Kühner et Singer
曾用学名 _Pholiota erebia_ (Fr.) Gillet
英 文 名 Dark Fieldcap

形态特征 子实体小。菌盖直径 1.5～5cm，半球形或扁半球形，新鲜时灰褐色至暗褐色，老后或干时色浅，湿润时黏，光滑，初期盖边缘具白色絮状纤毛。菌肉污白或带浅褐色，稍厚。菌褶污白至锈褐色，边缘白色，直生至稍延生，较密，粗糙。菌柄长 3～6cm，粗 0.3～1cm，近圆柱形，菌环以上污白色具粉末，环以下浅褐色及纤维状条纹，下部稍粗，空心。菌环污白色，膜质，上表面有条纹。通常担子上形成 2 个孢子。孢子褐色，光滑，长椭圆形，10.5～15μm×6～7μm。褶缘囊体近纺锤状。

生态习性 春至秋季于林中地上群生或近丛生。

分 布 分布于吉林、辽宁、黑龙江、内蒙古、陕西、新疆等地。

应用情况 可食用。抑肿瘤，对小白鼠肉瘤 180 及艾氏癌的抑制率分别为 60% 和 70%。

575 无环田头菇

别 名 粉味田头菇
拉丁学名 **_Agrocybe farinacea_** Hongo
英 文 名 Powder Agrocybe

形态特征 子实体小。菌盖直径 2～7cm，初期扁半球形，或近钟形，开伞后近扁平，中部突起，表面黏，平滑，浅土黄色至土黄色，初时边缘稍内卷而无明显条纹。菌肉污白色或浅黄白色，中部厚。菌褶直生，污白色，后期稍弯生暗褐色，不等长，稍宽，边缘有细的白色粉粒。菌柄近圆柱形，表面光滑同盖色，有纵条纹，长 4～9cm，粗 0.4～9cm，顶部有细粉粒，基部膨大，内部松软至空心。

孢子印深褐色。孢子光滑，卵圆形或椭圆形，黄褐色，8～11μm×6～8.5μm。褶缘囊体近棒状或纺锤状，顶部钝圆，有黄色内含物及分泌物。褶侧囊体泡囊状或近似褶缘囊体。

生态习性 生道旁或林缘及空旷草地或肥沃的地上，单生、群生或近丛生。

分　　布 分布于香港等地。

应用情况 可食用。抑肿瘤，对小白鼠肉瘤180及艾氏癌的抑制率分别为80%和90%。

图 576

576　沼生田头菇

别　　名	沼泽田头菇、沼地田头菇
拉丁学名	***Agrocybe paludosa*** (J. E. Lange) Kühner et Romagn.
英 文 名	Paludal Agrocybe

形态特征 子实体小。菌盖直径1.5～3cm，半球形、扁半球形至近平展，中部平凸，浅褐黄或蜜黄色，表面湿润或稍黏，平滑，边缘平滑无条纹且向上伸展或翻起。菌肉浅黄色，薄。菌褶污白褐色、黄褐色至暗褐色，边缘白粉状，直生至弯生，稍密，不等长，宽可达5～6mm。菌柄细长，长3～8cm，粗0.2～0.3cm，柱形，直立或稍弯曲，白黄色或浅黄褐色，表面纤维状，基部有白色菌丝索，内部空心。菌环生柄之上部，膜质。孢子浅黄褐色，光滑，有发芽孔，卵圆形或宽椭圆形，9.5～12μm×6～8μm。褶缘囊状体近棒状。褶侧囊状体无色，顶部钝圆，近纺锤状。

生态习性 春至秋季生树林缘潮湿处。

分　　布 分布于香港、新疆等地。

应用情况 记载可食用和抑肿瘤等。

577　平田头菇

别　　名	浅黄田头菇
拉丁学名	***Agrocybe pediades*** (Fr.) Fayod
英 文 名	Hemispheric Agrocybe, Common Agrocybe, Common Fieldcap

形态特征 子实体小。菌盖直径1～3cm，扁半球形，浅

图 577

图 578

黄褐色，湿润，光滑，中部稍下凹。菌肉白色带黄，薄。菌褶直生，较密，稍宽，初期污白黄色，后变锈褐色，不等长。菌柄圆形，长 2～5cm，粗 0.2～0.3mm，污白黄色至带褐色。孢子光滑，椭圆形，近黄褐色，具发芽孔，9～12.5μm×6.5～7.5μm。

生态习性　夏秋季生于草地上，群生或散生。

分　布　分布于辽宁、吉林、黑龙江、河北、江苏、湖南、广西、四川、云南、西藏等地。

应用情况　可食用。抑肿瘤，对小白鼠肉瘤 180 及艾氏癌的抑制率分别为 80% 和 90%。

578　田头菇

别　名　白环锈伞、早生白菇、春生田头菇
拉丁学名　*Agrocybe praecox* (Pers.) Fayod
曾用学名　*Pholiota praecox* (Pers.) P. Kumm.
英 文 名　Spring Agaric, Early Agrocybe, Spring Fieldcap

形态特征　子实体较小。菌盖直径 2～8cm，扁半球形至平展，乳白色至淡黄色，边缘平滑初期内卷，常有菌幕残片，稍黏，干龟裂。菌肉白色，较厚。菌褶锈褐色，直生或近弯生，不等长。菌柄长 3.5～8.5cm，粗 0.3～1cm，圆柱形，白色至污白色，有粉末状鳞片，基部稍膨大并具有白色绒毛。菌环白色，膜质，易脱落。孢子锈色，平滑，椭圆形，一端平截，10～13μm×6.5～8μm。褶缘囊体较少，无色，棒形或顶端稍细。褶侧囊体纺锤状。

生态习性 春至秋季于林中地上、田野或路边草地上散生或群生至近丛生。

分　布 分布于广东、香港、福建、广西、河北、山西、甘肃、江苏、陕西、湖南、西藏、云南、青海、四川、新疆等地。

应用情况 可食用。可人工栽培。抑肿瘤等，对小白鼠肉瘤 180 及艾氏癌的抑制率均高达 100%。

579　长柄鹅膏菌

拉丁学名 *Amanita altipes* Zhu L. Yang et al.

图 580

形态特征 菌盖直径 4～9cm，扁平至平展，表面淡黄色至黄色，稀橘黄色，中央常有淡褐色色调，被菌幕残余，菌幕残余毡状至絮状，淡黄色、黄色至污黄色（环境干燥时呈污白色），菌盖边缘有沟纹。菌肉白色。菌褶白色至淡黄色，离生，短菌褶近菌柄端多平截，褶缘淡黄色至黄色。菌柄长 9～16cm，直径 0.5～1.8cm，近圆柱形，淡黄色至近白色，菌环之上被黄色、淡黄色细小鳞片，菌环之下被淡黄色至白色细小鳞片，中空，菌柄基部膨大呈近球状至卵状，直径 0.8～3.2cm，白色，其上半部被有的菌幕残余黄色至淡黄色，破布状至疣状，有时形成卷边状。菌环上位至近顶生，膜质，上表面米色至淡黄色，下表面淡黄色，边缘黄色。担子 40～60μm×10～16μm，棒状，具 4 小梗，稀具 2 小梗，小梗长 3～8μm。担孢子 8～10μm×7.5～9.5μm，球形至近球形，非淀粉质，光滑，薄壁。菌盖上的菌幕残余由或多或少辐射状至不规则排列的菌丝和膨大细胞组成。菌环由近辐射状、疏松排列的菌丝和膨大细胞组成。锁状联合阙如。

生态习性 夏秋季生于亚高山针叶林及针阔叶混交林中地上。树木外生菌根菌。

分　布 分布于湖北、四川、云南、西藏和甘肃等地。

应用情况 可能有毒。

580　雀斑鳞鹅膏菌

别　名 片鳞鹅膏、白托柄菇、苞脚鹅膏菌、片鳞托柄菇、平缘托柄菇、托柄菇、显鳞鹅膏

拉丁学名 *Amanita avellaneosquamosa* (S. Imai) S. Imai

曾用学名 *Amanita agglutinata* (Berk. et M. A. Curtis) Lloyd; *Amanitopsis volvata* (Peck) Sacc.; *Amanita clarisquamosa*

英 文 名 Volvate Amanita

形态特征 子实体中等大。菌盖直径 5～8cm，扁半球形变至近平展，中部稍下凹，初期污白色，后变土黄至土褐色，表面附有大片粉质鳞片，边缘有不明显的短条棱。菌肉白色。菌褶白色，后变污

图 581-1　　　　　　　　　　图 581-2

图 581-3　　　　图 581-4　　　　图 581-5

白色至带褐色，离生，褶缘似有粉粒，小菌褶似刀切状，不等长。菌柄细长，长 5～11cm，粗可达 0.8～1cm，圆柱形，表面似有细粉末，基部膨大，内部实心。无菌环。具较大的苞状菌托，同盖色。孢子印白色。孢子无色，内含颗粒状物，宽椭圆形至卵圆形，8～12.7μm×6～8.8μm，糊性反应。

生态习性　于阔叶林中地上散生或单生。

分　　布　分布于吉林、河北、江苏、安徽、湖南、湖北等地。

应用情况　毒菌，中毒引起呕吐、下痢，以及肝、肾等脏器病变。在收集食用菌和药用菌时应特别注意。治疗腰腿疼痛、手足麻木等。

581　拟橙盖鹅膏菌

拉丁学名　*Amanita caesareoides* Lj. N. Vassiljeva

形态特征　子实体一般中等大。菌盖直径 5～13cm，扁半球形至平展，成熟时中央凸起，表面幼时深红色，成熟后中部红色至橘红色，边缘红色至橘黄色，边缘有长沟纹。菌肉较薄。菌褶米色至淡黄色，褶缘黄色，短菌褶近菌柄端多平截。菌柄长 8～18cm，直径 0.7～2cm，淡黄色至黄色，被橘黄色至污黄色不规则蛇皮纹状鳞片，中空。菌环着生于菌柄上部，黄色至橘黄色。菌幕残余（菌

图 582-1

图 582-2

图 582-3

托）袋状，高 3～7cm，直径 2～4.5cm，白色。担子 33～45μm×8～12μm，棒状，具 4 小梗。担孢子 7～11μm×6～8.5μm，宽椭圆形，稀椭圆形或近球形，非淀粉质。菌环主要由近辐射状排列的菌丝构成，其间夹杂有个别膨大细胞。锁状联合常见。

生态习性　夏秋季生于阔叶林或针阔叶混交林中地上。树木外生菌根菌。

分　　布　在我国分布于南部热带地区。

应用情况　可食用。

582　圈托麟鹅膏菌

別　　名　圈托柄菇

拉丁学名　***Amanita ceciliae*** (Berk. et Broome) Bas

曾用学名　*Amanita inaurata* Secr.

英文名　Strangulated Amanita

形态特征　子实体一般中等大。菌盖直径 5～13cm，初期钟形，后半球形至平展，淡土黄色至灰褐色，具灰褐色至灰黑色易脱落的粉质颗粒，稍黏，边缘具明显条纹。菌肉白色，薄。菌褶白色或稍

图 583

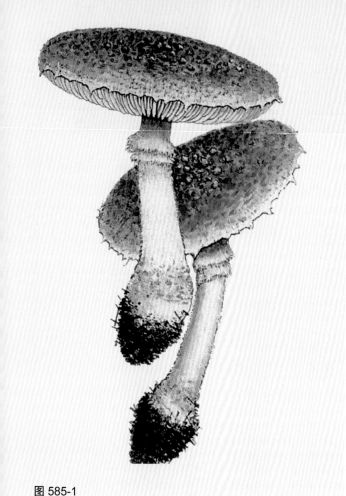

图 585-1

带灰色，离生。菌柄长 11~18cm，粗 1~2cm，细长，圆柱形，上部白色，下部带灰色，具深色纤毛状小鳞片形成花纹，内部松软至空心，基部稍膨大。菌托由 2~3 圈深灰色粉质环带组成。孢子无色，光滑，近球形，12~15μm×10~12μm，非糊性反应。

生态习性 夏秋季于林中地上单生或散生。与松、杉等树木形成外生菌根。

分　　布 分布于广东、台湾、云南等地。

应用情况 可食用。在日本有食后拉痢等胃肠道中毒反应记载。另有记载能抗湿疹。

583　白条盖鹅膏菌

别　　名　白鹅膏菌、大白鹅膏菌、白条盖鹅膏
拉丁学名　***Amanita chepangiana*** Tulloss et Bhandary

形态特征 子实体一般大型。菌盖直径 7~20cm，初期近卵圆形、扁半球形至钟形，最后渐平展，白色至乳白色，往往中部凸起并带淡土黄色，光滑，边缘具明显长条纹，通常无菌幕残余。菌肉白色至乳白色。菌褶白色至米色，离生至近离生，宽，稍密，不等长，具刀切状小菌褶，近菌柄端多平截。菌柄长 8~19cm，粗 1~3cm，圆柱形，向上渐细，白色，光滑或具纤毛状鳞片，内部松软至空心。菌环生菌柄上部，白色，膜质，下垂，上面有细条纹，易脱落。菌托大，呈苞状，有时破裂成片附着在菌盖表面，袋状，高 5~8cm，直径 5~5.5cm。担子棒状，通常具 4 小梗。孢子无色，光滑或近光滑，宽椭圆形至近卵圆形，10.5~12.6μm×8.7~10.5μm，非糊性反应。菌托内部主要由纵向排列的菌丝组成。

生态习性 夏秋季于亚热带针阔叶混交林中地上单生、散生或群生。属树木外生菌根菌。

分　　布 分布于云南、江苏、四川、湖南、广东、安徽等地。

应用情况 可食用，味道较好，但也有报道含有微量鹅膏肽类毒素，值得注意。

584 缠足鹅膏菌

图585-2

拉丁学名 *Amanita cinctipes* Corner et Bas

形态特征 子实体较小。菌盖直径5～7cm，扁半球形至平展，中央有时稍凸起，表面灰色、暗灰色至褐灰色，具灰色至深灰色易脱落的粉质疣状至毡状菌幕残余，边缘具沟纹。菌褶白色至淡灰色，短菌褶近菌柄端多平截。菌柄长6～13cm，直径0.5～1.5cm，细长，污白色至淡灰色，下半部被灰色纤丝状至绒状鳞片，上半部被灰色粉末状鳞片，内部空心，基部不膨大，无球状体。菌环阙如。菌幕残余（菌托）灰色至深灰色，不规则至环带状排列。担子35～55μm×10～15μm，棒状，具4小梗。担孢子8～11.5μm×8～10.5μm，球形至近球形，非淀粉质。菌盖表面菌幕残余由近纵向排列至不规则排列的菌丝和膨大细胞构成，膨大细胞非常丰富。锁状联合阙如。

生态习性 生于壳斗科等阔叶树组成的林中地上。树木外生菌根菌。

分　　布 分布于台湾、广东、海南等地。

应用情况 可食用。

585 灰褐鳞鹅膏菌

拉丁学名 *Amanita cinereoconia* G. F. Atk.

形态特征 菌盖直径5～12cm，灰白色或污灰白色，中部色深，初期半球形，渐开伞后扁平，盖表有灰褐色角形或不定形状的鳞片，边缘少。菌肉白色。菌褶白色，近离生，密，不等长。菌柄细长，污灰白色，8～15cm×1.2～1.8cm，向下渐粗，并有灰褐色、不定形状的粉质鳞片，基部膨大。菌环白色，不易脱落，生柄的顶部。菌托由数圈不明显的碎片组成。孢子椭圆形至卵圆形，平滑，8.5～11μm×7～8μm。

生态习性 生于林中地上。

分　　布 分布于江苏、四川、云南、广东、海南等地。

应用情况 具有体外抗癌细胞毒活性。

586 环鳞鹅膏菌

拉丁学名 *Amanita concentrica* T. Oda et al.

形态特征 子实体中等至稍大。菌盖直径7～13cm，扁半球形至平展，盖表面白色至污白色，被菌幕残余，菌幕残余圆锥状、角锥状至颗粒状，白色至污白色，高和宽均为1～3mm，至菌盖边缘渐

图 587

变小，菌盖边缘有辐射状沟纹。菌褶白色至米色，短菌褶近菌柄端多平截。菌柄长 7～17cm，直径 0.8～1.7cm，白色，被白色絮状至粉末状鳞片，菌柄基部膨大呈卵状至近球形，白色，直径 2～3cm，在其上半部被有白色锥状、疣状至颗粒状菌幕残余，它们呈同心环状排列。菌环膜质，白色，宿存或破碎消失。担子 40～55μm×9～11μm，多具 4 小梗。担孢子 7.5～12.5μm×6.5～10μm，近球形至宽椭圆形，非淀粉质。菌盖上的菌幕残余由或多或少近纵向排列的菌丝和膨大细胞构成。锁状联合常见。

生态习性　夏秋季生于阔叶林或针阔叶混交林中地上。可能与松属和壳斗科植物形成外生菌根。

分　　布　分布于云南等地。

应用情况　可能有毒。不宜作食用菌采食，更不能作药用配伍。

587　食用鹅膏菌

拉丁学名　*Amanita esculenta* Hongo
英 文 名　Esculent Amanita

形态特征　子实体中等大。菌盖直径 3～9cm，初期扁半球形，后期近平展，灰褐色，中部深褐色，表面光滑，边缘具明显条棱。菌肉白色。菌褶白色至污白色，离生，密或较密，小菌褶似刀切状。菌柄长 6～10cm，粗 0.5～1.2cm，有细条纹及小鳞片状花纹，空心。菌环膜质。菌托白色，苞状。孢子宽椭圆形，10～14μm×7.2～8.5μm，非糊性反应。

生态习性　夏秋季于针阔叶混交林地上散生或单生。属树木外生菌根菌。

分　　布　分布于四川等地。

应用情况　可食用，并见于四川西昌市场出售。

图 588-1

图 588-2

图 588-3

588　致命鹅膏菌

拉丁学名　***Amanita exitialis*** Zhu L. Yang et T. H. Li

形态特征　子实体较小或中等大。菌盖直径 4～8cm，扁半球形至扁平，表面白色，但中央常米黄色，光滑，通常无菌幕残余，边缘无沟纹。菌褶白色，短菌褶近菌柄端渐窄。菌柄长 7～9cm，直径 0.5～2cm，白色，光滑或被白色纤毛状鳞片，菌柄基部近球形，直径 1～3cm。菌环顶生至近顶生，白色，膜质，通常宿存。菌幕残余（菌托）浅杯状，游离托檐高达 1～2cm。担子体各部位遇 5%KOH 立即变为黄色。担子 27～55μm×10～15μm，具 2 小梗。担孢子 9～14.5μm×8.5～13μm，球形至近球形，淀粉质。菌柄基部托檐内部主要由不规则、紧密排列的菌丝组成，其间夹杂的膨大细胞稀少至少量。锁状联合阙如。

生态习性　春夏季生于阔叶林中地上。树木外生菌根菌。

分　　布　分布于湖南、广东、云南等地。

应用情况　此种为剧毒菌，严禁食用和配伍药用。其毒素对抑制癌细胞有一定作用。

589　小托柄鹅膏菌

别　　名　小柄菇、小托柄菇
拉丁学名　***Amanita farinosa*** Schwein.
曾用学名　*Amanitopsis farinosa* (Schwein.) G. F. Atk.
英 文 名　Powder-cap Amanita

形态特征　子实体较小。菌盖直径 2～6cm，表面灰褐至棕灰色，中部多粉质小鳞片，边缘有长沟条棱。菌肉白色。菌褶白色，离生。菌柄长 3～8cm，粗 0.3～0.7cm，白色至灰白色小鳞片，基部膨大近球形。无菌环。菌托残留菌柄基部末端，暗灰色。孢子近球形，7～8.9μm×5.6～7.1μm，非糊性反应。

生态习性　于针阔叶混交林中地上群生或散生并形成外生菌根。多见于松林地上。

分　　布　分布于广东、广西、福建、浙江、湖南、湖北、四川、云南、贵州等地。

应用情况　误食中毒出现胃肠道症状。野外采集时注意鉴别。

图 589

图 590

590　黄柄鹅膏菌

别　　名	黄柄基鹅膏菌
拉丁学名	***Amanita flavipes*** S. Imai
英 文 名	Yellow Stalk Amanita

形态特征　子实体一般较小。菌盖直径 3～10.5cm，幼时近半球形顶部稍凸，后扁半球形至近平展，浅黄至黄褐色，中央色深而边缘淡黄褐色，平滑附有浅黄白色，呈片状，颗粒状至近小块状菌幕残片，往往局部或全部脱落。菌肉近白色。菌褶离生，浅黄白色，不等长，稍密。菌柄圆柱形，长 5～13cm，粗 0.5～1.8cm，上部乳白色，向下变黄色且有细颗粒状小鳞片，基部膨大呈球状，黄色鳞片呈环带状排列。菌环薄，膜质，淡黄色，生柄中上部。孢子宽椭圆至近卵圆形，7.5～9.2μm×6.2～7μm。

生态习性　夏秋季生针、阔叶林中或林缘地上。

分　　布　分布于四川、云南、西藏、黑龙江、吉林、湖北等地。

应用情况　中毒引起胃肠道症状。采集食用或药用时需注意。

591 格纹鹅膏菌

拉丁学名 *Amanita fritillaria* (Berk.) Sacc.
曾用学名 *Amanitopsis fritillaria* (Berk.) Sacc.

图 591

形态特征　子实体中等大。菌盖直径 4～12cm，扁半球形至平展，表面淡灰色、褐灰色至淡褐色，中部色较深，具辐射状隐生纤丝花纹，被菌幕残余，菌幕残余锥状、疣状、颗粒状至絮状，有时菌幕残余在菌盖伸展中未被撕开而连成破布状，常为深灰色、鼻烟色至近黑色，有时为灰色，菌盖边缘无沟纹。菌肉白色，受伤后不变色。菌褶白色，短菌褶近菌柄端渐变窄。菌柄长 5～10cm，直径 0.6～1.5cm，白色至污白色，菌环之上有淡灰色至灰色的蛇皮纹状鳞片，菌环之下被有灰色、淡褐色至褐色常呈蛇皮纹状的鳞片，菌柄基部近球状、陀螺状至梭形，直径 1～3cm，其上半部被有的菌幕残余深灰色、鼻烟色至近黑色，絮状至疣状，呈环带状排成数圈。菌环上位至近顶生，上表面近白色、淡灰色至灰色，下表面淡灰色至灰色，有时淡褐色，在菌环边缘常有深灰色、粉质菌幕残余。担子 30～40μm×8～10μm，棒状，具 4 小梗。担孢子 7～12μm×5.5～8.5μm，宽椭圆形至椭圆形，淀粉质。菌盖表面的菌幕残余由或多或少纵向排列的菌丝和膨大细胞构成，膨大细胞丰富，菌丝夹杂在膨大细胞之间，较丰富至丰富。菌环主要由疏松排列的菌丝组成，膨大细胞稀少。锁状联合阙如。

生态习性　夏秋季于针、阔叶林中散生或群生。树木外生菌根菌，可能与松属（如云南松、思茅松、马尾松）和壳斗科植物（如栓皮栎、石栎）形成外生菌根。

分　布　分布于吉林、江苏、安徽、湖北、湖南、福建、台湾、广东、广西、海南、四川、贵州、云南、西藏等地。

应用情况　含有微毒，应避免采食和药用。

592 灰花纹鹅膏菌

别　名　暗黑鹅膏
拉丁学名 *Amanita fuliginea* Hongo

形态特征　子实体较小。菌盖直径 3～6cm，幼时近卵圆形，展开后中部稍凸起，暗灰色，中央近黑色，表面有比较明显的纤维状花纹。菌肉白色，稍薄。菌褶白色，离生，较密，不等长。菌柄细长，长 5～8cm，粗 0.4～0.8cm，近圆柱形，灰白色或灰褐色纤维状小鳞片并具花纹，基部色浅呈污白

图 592

图 593-1

图 593-4

色。菌环膜质，灰白色，生菌柄上部或顶部。菌托白色近苞状。孢子光滑，球形至近球形，直径 7.5～9.5μm，糊性反应。

生态习性　夏秋季于针、阔叶林中地上群生或散生。属树木外生菌根菌。

分　　布　分布于广东、四川、云南、江西、湖南等地。

应用情况　在日本视为猛毒菌，在我国曾发生多次中毒，出现吐泻、腹痛后，进一步引起肝大、黄疸等内脏损坏或引起死亡。在采集食用或药用时倍加注意。

593　拟灰花纹鹅膏菌

拉丁学名　*Amanita fuligineoides* P. Zhang et Zhu L. Yang

形态特征　子实体中等至较大。菌盖直径 7～14cm，扁平至平展，表面灰褐色、暗灰褐色至近黑色，中部色较深，具深色纤丝状隐生花纹或斑纹，光滑，菌盖边缘无沟纹，一般无菌环残余。菌褶白色，短菌褶近菌柄端渐变窄。菌柄长 10～20cm，直径 0.8～2cm，白色至淡灰色，常被灰褐色细小鳞片，菌柄基部萝卜状至近棒状，直径 1～2.5cm。菌环顶生至近顶生，膜质，白色至淡灰色。菌幕残余（菌托）浅杯状，游离托檐高达 1.5cm，内外两面皆为白色。担子 30～45μm×9～12μm，具 4 小梗。担孢子 7.5～10μm×7～9μm，球形至近球形，淀粉质。托檐内部主要由菌丝组成，其间夹杂的膨大细胞较少。锁状联合阙如。

生态习性　夏秋季生于壳斗科林中地上，散生或群生。属树木的外生菌根菌。

分　　布　分布于湖南和云南等地。

应用情况　剧毒菌，严禁食用和配伍药用。

图 593-2

图 593-3

594　灰褶鹅膏菌

别　　名　圈托鹅膏、金疣鹅膏、圈托柄菇
拉丁学名　*Amanita griseofolia* Zhu L. Yang
曾用学名　*Amanita inaurata* Secr. ex Gillet

形态特征　子实体较小或中等大。菌盖直径 5～13cm，初期钟形，后半球形至平展，淡土黄色至灰褐色，具灰褐色至灰黑色易脱落的粉质颗粒，稍黏，边缘具明显条纹。菌肉白色，薄。菌褶白色或稍带灰色，较密，离生，不等长。菌柄细长，向下渐粗，圆柱形，长 10～18cm，粗 1～2cm，上部白色，下部带灰色，具深色纤毛状小鳞片并往往形成花纹似蛇皮，内部松软至空心，基部稍膨大。菌托由 2～3 圈深灰色粉质环带组成。孢子印白色。孢子无色，近球形，光滑，12～15μm×10～12μm，非糊性反应。

生态习性　夏秋季于壳斗科或针叶林中地上单生或散生。与松、杉及阔叶树木形成外生菌根。

分　　布　分布于河北、吉林、安徽、江苏、福建、云南、海南、广东、西藏、台湾、广东、四川等地。

应用情况　可食用。同角鳞灰鹅膏菌比较相似，但后者菌盖边缘无条纹，或老后有不明显的条纹，菌托由数圈黑色颗粒组成，并有膜质菌环。据记载可药用，此菌能抗湿疹。

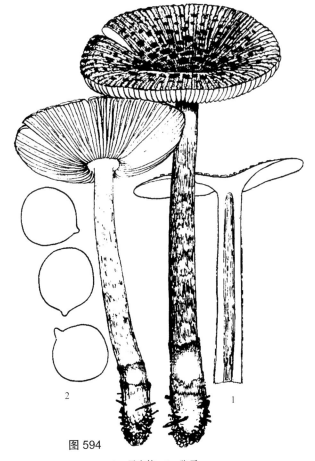

图 594
1. 子实体；2. 孢子

图 595　　　　　　　　　　　　　　　　　　　　　　　　　　　图 596-1

595　红黄鹅膏菌

别　　名　　花柄橙红鹅膏菌、暗褐鹅膏菌
拉丁学名　　***Amanita hemibapha*** (Berk. et Broome) Sacc.
曾用学名　　*Amanita caesarea* (Scop.) Pers.
英　文　名　　Ochraceous Half-dyed Slender Caesar

形态特征　　子实体中等至较大。菌盖直径 5～15cm，初期近卵圆形至近钟形，后期近平展，中央明显凸起，红色、橙红色、亮红色，表面光滑，边缘色淡有长条棱，湿时黏。菌肉黄白色。菌褶白色带黄，离生，不等长。菌柄长 11～16cm，粗 0.5～2cm，圆柱形，黄色且有橙红色显著花纹，松软至空心。菌环膜质，生柄上部，黄色、橙黄色。菌托纯白色，大而厚，苞状。孢子无色，光滑，宽椭圆形，9～12μm×7.5～10μm，非糊性反应。
生态习性　　夏秋季于阔叶林，有时在针叶林中地上单生或散生，稀或似环状群生。属树木外生菌根菌。
分　　布　　分布于台湾、云南、黑龙江、吉林等地。
应用情况　　可食用。此种与橙盖鹅膏菌相似，色彩艳丽、优美，其菌柄上无明显花纹。抑肿瘤。

596　浅橙黄鹅膏菌

拉丁学名　　***Amanita hemibapha*** subsp. ***javanica*** (Berk. et Broome) Sacc.

形态特征　　子实体大，浅橙黄色至浅黄色。菌盖直径 6～17cm，初期近卵形、钟形，后呈扁平至近

图 596-2　　　　图 596-3

平展，中部有宽的凸起，表面光滑或光亮，湿时黏，边缘有细长条棱。菌肉白黄色，中部稍厚。菌褶浅黄至黄色，离生稍密，不等长。菌柄长 9.5～30cm，粗 0.8～2.5cm，柱形或上部渐细，同盖色，有深色花纹，内部松软至空心。菌环膜质，同盖色，生菌柄上部。菌托白色，苞状，大型。孢子印白色。孢子无色，光滑，宽椭圆形至近球形，7.7～12μm×6～7.5μm，非糊性反应。

生态习性　夏秋季于混交林中地上单生或散生。属树木外生菌根菌。

分　　布　分布于西藏墨脱、察隅等地。

应用情况　产地食用，其味鲜美。

597　红黄鹅膏暗褐色亚种

拉丁学名　*Amanita hemibapha* subsp. *similis* (Boedijn) Corner et Bas

形态特征　子实体较大。菌盖直径 6～13.5cm，暗褐色或褐棕色，中部深暗，边缘带土黄褐色，表面黏，平滑，有放射状长条纹。菌肉带黄色。菌褶带黄色，离生，稍密，小菌褶似刀切状。菌柄长 8～15cm，粗 0.9～2.3cm，淡黄色，深色花纹，向基部渐粗，松软至空心。菌环膜质，生菌柄上部。菌托白色，苞状。孢子无色，光滑，宽椭圆形或卵圆形，7.5～10.5μm×5.6～7.6μm。

生态习性　夏秋季于阔叶林中地上单生或散生。

分　　布　分布于湖南等地。

应用情况　可食用。要注意同有毒鹅膏菌相区别。

598 红黄鹅膏黄褐变种

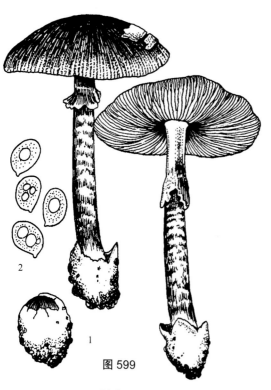

图 599

1. 子实体；2. 孢子

拉丁学名 *Amanita hemibapha* var. *ochracea* Zhu L. Yang

英 文 名 Ochraceous Half-dyed Slender Caesar

形态特征 子实体中等至大型。菌盖直径 10～25cm，幼时钝圆锥状，成熟后扁半球形至平展，中央凸起，表面幼时暗褐色，成熟后中部褐色至黄褐色，至边缘逐渐变为赭色、黄褐色至黄色，边缘有长沟纹。菌褶白色至米色，偶淡黄色，短菌褶近菌柄端多平截，褶缘黄色至褐色。菌柄长 15～35cm，直径 2～5cm，表面黄色至淡黄色，被黄褐色至红褐色的蛇皮纹状鳞片，中空。菌环生菌柄上部，上表面黄色，下表面黄褐色。菌幕残余（菌托）袋状，高 4～12cm，直径 3～7cm，白色。担子 38～60μm×10～12μm，棒状，具 4 小梗。担孢子 8～17μm×6～10μm，宽椭圆形至椭圆形，非淀粉质。菌环主要由近辐射状排列的菌丝构成，其间夹杂有个别膨大细胞。锁状联合常见。

生态习性 夏秋季在由冷杉、云杉、松和栎等树木组成的针叶林或混交林中地上单生或群生。树木外生菌根菌。

分 布 分布于四川、云南和西藏等地。

应用情况 可食用。注意同有毒鹅膏相区别。

599 湖南鹅膏菌

别 名 鹧鸪菌

拉丁学名 *Amanita hunanensis* Y. B. Peng et L. J. Liu

形态特征 子实体一般中等大。菌盖直径 4～13cm，幼时半球形，后平展，密被灰褐色鳞片，稍作同心圆轮状分布，中部色深，向边缘色渐浅，边缘平滑或微撕裂，有条纹，有时盖表附着大块白外菌幕残片。菌肉白色。菌褶白色，离生，较密，宽，有少数短褶，褶缘微锯齿状。菌柄圆柱状，长 7～14cm，粗 5～20mm，白色，有灰褐色鳞片，内部松软至中空，向下渐粗，基部略膨大。菌环位于菌柄中下部，膜质，薄，下垂，上表面灰白色，下表面灰黑色。菌托杯状或苞状，白色，较厚，柔软，高 1.5～3.5cm，宽 1.5～3.5cm，边缘齿裂。孢子印白色。孢子无色，光滑，椭圆形，8.5～14μm×7.5～9.5μm，糊性反应。

生态习性 夏秋季散生于马尾松和栎混交林中地上。属于外生菌根菌。

分 布 分布于湖南和安徽等地。

应用情况 记载可食用。注意同有毒的鹅膏菌相区别。

600 假球基鹅膏菌

拉丁学名 *Amanita ibotengutake* T. Oda et al.

图 600-1

形态特征 菌盖直径7～9cm，扁平至平展，表面幼时茶褐色，成熟后皮革褐色至黄褐色，中部色较深，被菌幕残余，菌幕残余角锥状、疣状至毡状，白色至淡灰色，常易脱落，边缘有短沟纹。菌褶离生至近离生，白色至米色，短菌褶近菌柄端多平截。菌柄长7～13cm，直径0.5～1.5cm，米色至白色，上部被白色粉末状鳞片，下部被白色至污白色、稍反卷的鳞片，菌柄基部卵状至近球状，直径1.5～2.5cm，上部被有白色、有时淡灰色至淡褐色的小颗粒状至粉末状菌幕残余，在菌柄下部与球状体过渡处菌幕残余常呈不完整的领口状。菌环着生于菌柄中部至中上部，膜质，白色至污白色，易撕裂。担子35～45μm×9～10μm，棒状，多具4小梗。担孢子7.5～10μm×6～7.5μm，宽椭圆形、稀椭圆形、非淀粉质。菌盖上的菌幕残余由近纵向排列的菌丝和膨大细胞组成。菌柄基部的菌幕残余由菌丝和膨大细胞组成。菌环主要由近辐射状排列的菌丝组成，其间夹杂有零星至较多的膨大细胞。锁状联合常见。

生态习性 夏秋季生于温带针叶林或针阔叶混交林中地上。树木外生菌根菌。

分　　布 分布于吉林等地。

应用情况 有毒。

图 600-2

601 灰鳞柄鹅膏菌

拉丁学名 *Amanita imazekii* T. Oda et al.

形态特征 子实体较小。菌盖直径6～6.5cm，扁半球形至平展，中央稍凸起，表面淡灰色至褐灰色，中部色较深，边缘有沟纹。菌褶白色至米色，短菌褶近菌柄端多平截。菌柄长15～19cm，直径1～1.3cm，菌环之下白色至污白色，被暗灰色鳞片，菌环之上淡灰色，近光滑，中空。菌环距菌柄顶端约2cm，膜质，上表面淡灰色，下表面灰褐色。菌幕残余（菌托）袋状，高5cm，直径2.5cm，白色至污白色。担子53～75μm×11～17μm，棒状，多具4小梗。担孢子8.5～11.5μm×8～11μm，球形至近球形，非淀粉质。菌幕残余内部主要由近纵向至不规则排列的菌丝组成。菌环主要由近辐射状排列的菌丝构成。锁状联合常见。

生态习性 夏秋季生于亚高山针阔叶混交林中地上。树木外生菌根菌。

图 600-3

图 600-4

图 603

分　　布　分布于四川等地。

应用情况　可食用。要注意与毒菌区别。

602　粉褶鹅膏菌

拉丁学名　*Amanita incarnatifolia* Zhu L. Yang

形态特征　子实体较小至中等。菌盖直径 3.5～8cm，扁半球形至平展，表面淡灰色、灰色、灰褐色至褐色，中部色较深，边缘有沟纹。菌褶粉红色，较密，短菌褶近菌柄端多平截。菌柄长 5～10cm，直径 0.5～1.5cm，菌环之上淡粉红色，在菌环之下白色。菌环着生于菌柄上部，白色至淡灰色。菌幕残余（菌托）袋状，高 1.5～4cm，直径 1～2.5cm，白色。担子 45～65μm×11～16μm，棒状，具4 小梗。担孢子 8.5～17μm×6.5～12μm，大多数椭圆形，有时宽椭圆形，非淀粉质。菌托内部主要由不规则至纵向排列的菌丝组成，其间夹杂有较为丰富的膨大细胞。菌环主要由近辐射状排列的菌丝构成。锁状联合常见。

生态习性　夏秋季生于由高山松、云南松及其他针叶树或阔叶树组成的林中。树木外生菌根菌。

分　　布　分布于江苏、安徽、台湾、四川、云南等地。

应用情况　可能有毒，应避免采食。

603　爪哇鹅膏菌

别　　名　鸡蛋黄菌

拉丁学名　*Amanita javanica* (Corner et Bas) T. Oda et al.

形态特征　子实体一般中等大。菌盖直径 6～10cm，幼时钝圆锥状，成熟后扁半球形至平展，中央凸起，稀不凸起，表面幼时暗红褐色，成熟后中部红褐色，边缘黄色至淡黄褐色，边缘有红褐色长沟纹。菌褶米色至淡黄色，短菌褶近菌柄端多平截，褶缘红色至橘红色。菌柄长 8～15cm，直径 1～1.5cm，被红褐色至黄褐色不规则蛇皮纹状鳞片，中空。菌环粉红色、红色至橘红色，生于菌柄上部。菌幕残余（菌托）袋状，高 2～5cm，直径 2～4cm，白色。担子 30～40μm×8～10μm，棒状，具 4 小梗。担孢子 7.5～10μm×5.5～7.5μm，宽椭圆形至椭圆形，非淀粉质。菌环主要由近辐射状排列的菌丝构成，其间夹杂有个别膨大细胞。锁状联合常见。

生态习性　生于热带阔叶林中地上。树木外生菌根菌。

分　　布　分布于东南亚热带至中国南部热带地区。

应用情况　可食用，味道较好，但要注意与有毒的鹅膏菌相区别。

图 604-1

604　隐花青鹅膏菌

别　　名　草鸡𪈭、檐托鹅膏

拉丁学名　*Amanita manginiana sensu* W. F. Chiu

形态特征　子实体较大。菌盖直径 5～14cm，初期卵圆形至钟形，后渐平展，中部稍凸起，肉桂褐色至灰褐色，有时近红褐色，光滑，具深色纤毛状隐花纹，边缘平滑无条纹并往往悬挂内菌幕残片。菌肉白色，较厚。菌褶白色，离生，稍密，宽，不等长，边缘锯齿状。菌柄长 10～17cm，粗 1～4.5cm，圆柱形，白色，无花纹，肉质，脆，空心，具纤毛状鳞片，基部稍粗。菌环白色，膜质，易脱落或悬挂在菌盖的边缘。菌托白色，苞状或杯状，高可达 6cm。孢子印白色。孢子无色，光滑，具颗粒状内含物，近球形至卵圆形，7.5～10μm×5.5～6.3μm，糊性反应（淀粉质）。

生态习性　夏秋季于针阔叶混交林地上单生或散生。属树木外生菌根菌。

分　　布　分布于四川、云南、贵州、江苏、福建、安徽、湖南、广东、广西等地。

应用情况　可食用，味道较好，在云南产菌季节可见于集市销售。抑肿瘤。

图 604-2

图 605

605 小毒蝇鹅膏菌

别　　名 小毒蝇伞

拉丁学名 *Amanita melleiceps* Hongo

形态特征 子实体小。菌盖直径 2～4cm，初期半球形，后渐平展，浅黄或米黄色或浅土黄色，中部色深，湿润时黏，边缘具明显条棱，表面具颗粒状白色鳞片。菌肉白色。菌褶白色，褶缘有细粉粒。菌柄较短，质脆易断，上部有粉粒，基部膨大并形成环带状菌托。无菌环。孢子无色，椭圆形至宽椭圆形，10～12.5μm×75～8.8μm，非糊性反应。

生态习性 春至秋季于混交林中地上群生或散生。

分　　布 分布于广西、福建、湖南、安徽、河南等地。

应用情况 中毒后有强烈恶心、呕吐、腹泻等胃肠道症状，苍蝇对此菌毒性十分敏感，杀死力强。可研究用于毒杀昆虫药物。

606 姜黄鹅膏菌

拉丁学名 *Amanita mira* Corner et Bas

形态特征 子实体小至中等。菌盖直径 4～8cm，扁平至平展，表面中部淡褐色至淡黄色，老时色更深，向边缘渐变为橘红色、黄色至淡黄色，被菌幕残余，菌幕残余角锥状至颗粒状，米色、淡黄色至黄色，常易脱落，边缘有长沟纹。菌褶离生至近离生，白色，短菌褶近菌柄端多平截。菌柄长 5～8cm，直径 0.8～1.2cm，米色至白色，基部膨大呈腹鼓状至卵状，直径 1～2cm，上半部被有黄色至淡黄色的疣状、絮状至粉末状菌幕残余，这些残余有时呈不完整同心环状排列。菌环阙如。担子 30～45μm×8～12μm，棒状，具 4 小梗。担孢子 6～8μm×6～7.5μm，球形至近球形，非淀粉质。菌盖上的菌幕残余由近

图 606

纵向排列的菌丝和膨大细胞构成，膨大细胞十分丰富。菌柄基部的菌幕残余主要由不规则排列至近规则排列的菌丝组成。锁状联合阙如。

生态习性 夏秋季生于热带、南亚热带常绿阔叶林（特别是栲和石栎）中地上，多群生。树木外生菌根菌。

分　布 分布于云南等地。

应用情况 此种鹅膏菌有毒，不能随便采集食用和药用。

图 607-1

607　毒蝇鹅膏菌

别　名 毒蝇菌、毒蝇伞、蛤蟆菌、捕蝇菌、毒鹅膏

拉丁学名 *Amanita muscaria* (L.) Lam.

英 文 名 Fly Agaric, Fly Amanita

形态特征 子实体较大。菌盖直径 6～20cm，鲜红色或橘红色，有白色或稍带黄色的颗粒状鳞片，边缘有明显的短条棱。菌肉白色，靠近盖表皮处红色。菌褶纯白色，离生，密，不等长。菌柄长 12～25cm，粗 1～2.5cm，纯白色，有细小鳞片，基部膨大呈球形。菌环白色，膜质。菌托由数圈白色絮状颗粒组成。孢子印白色。孢子无色，光滑，内含油滴，宽卵圆形，8.6～10.4μm×6～8.8μm，非淀粉质。

生态习性 夏秋季于林中地上群生。树木外生菌根菌。

分　布 分布于黑龙江、吉林、辽宁、四川、河北、内蒙古、新疆等地。

应用情况 所含毒蝇碱等毒素对苍蝇等昆虫毒杀力很强，可用于农林业生物防治。安眠。试验抑肿瘤，对小白鼠肉瘤 180 有抑制作用。因毒蝇而得名，对人产生胃肠道及神经系统症状。此菌为世界著名毒菌，长期以来，俄罗斯西伯利亚雅库特等民族有采食毒蝇菌的习惯和嗜好，并形成一种特殊菌文化。毒蝇菌甚至是世界童话故事中的主角。

图 607-2

图 607-3

图 607-4

8-1

图 608-2

08-3

608 拟卵盖鹅膏菌

拉丁学名 *Amanita neoovoidea* Hongo

形态特征 子实体一般中等大。菌盖直径5～13cm，半球形或扁半球形，后期扁平，污白色，覆盖大片菌托残片，湿时稍黏，边缘无条纹且表皮延伸撕裂。菌肉白色。菌褶白色至稍深，离生，密，不等长，边缘有细粉粒。菌柄长8～14cm，粗1.2～2.2cm，棒状，基部延伸近纺锤状，内实，白色至污白色，表面似粉状或绵毛状。菌环呈棉絮状膜，渐脱落。菌托浅土黄色紧贴基部。孢子宽椭圆形，8～10.5μm×6～8.5μm，糊性反应。

生态习性 夏秋季生林中地上。

分　布 分布于江西、湖南、广东、广西、四川、西藏、云南等省区。

应用情况 日本记载中毒产生急性呕吐等胃肠系统反应，甚至有幻觉神经性中毒。其毒素有可能作为研究神经系统疾病的药物。

图 609

609 雪白毒鹅膏菌

别　　名　雪白鹅膏菌
拉丁学名　*Amanita nivalis* Grev.
曾用学名　*Amanita vaginata* var. *alba* Gillet
英 文 名　White Grisette, Snow-white Amanita

形态特征　子实体较小或中等大，白色。菌盖直径 5～10cm，初期卵形至钟形，后期渐平展，中部稍带淡土黄色，边缘具明显条纹。菌褶白色。菌柄长 6～11cm，粗 1.2～1.5cm，白色，空心，基部稍膨大。菌托苞状。孢子近球形至卵圆形，8.1～14μm×8～13μm，非糊性反应。

生态习性　夏秋季于林中地上单生。杨祝良报告有生高山草甸上，与草本植物形成菌根。

分　　布　分布于四川、云南、内蒙古、西藏等地。

应用情况　可食用。与极毒的白毒鹅膏菌相似。采食时要特别注意。

图 610

610 瓦灰鹅膏菌

拉丁学名　*Amanita onusta* (Howe) Sacc.

形态特征　子实体中等大。菌盖直径 3～8cm，半球形或扁平球形，或平展，中部平凸，白色至灰色，有瓦灰至深灰色角锥状鳞片，边缘鳞片呈絮状，表面稍干。菌肉白色。菌褶白至乳黄色，离生，密。菌柄长 4～15.5cm，粗 0.5～15cm，灰至灰褐色，上部色浅有絮状鳞片，基部膨大，稍延伸，有絮状角鳞。孢子无色，光滑，宽椭圆形，8～12μm×5.5～8.5μm，糊性反应。

生态习性　生混交林地上。属树木外生菌根菌。

分　　布　分布于四川、云南等地。

应用情况　有认为可食用。

图 610-2

图 611

611 东方褐盖鹅膏菌

别 名	赤褐鹅膏菌、褐托柄菇
拉丁学名	*Amanita orientifulva* Zhu L. Yang et al.
曾用学名	*Amanita fulva* (Schaeff.) Fr.
英 文 名	Tawny Grisette

形态特征 子实体中等大，土黄色至淡土黄褐色。菌盖直径 6～11cm，初期卵圆形至钟形，后渐平展，中部凸起色深，光滑，稍黏，边缘具明显条纹，有时附菌幕残片。菌肉白色或乳白色。菌褶白色至乳白色，离生，较密，不等长，褶缘稍粗糙。菌柄长 9～18.5cm，粗 0.9～2.5cm，圆柱形，较盖色淡，光滑或有粉质鳞片，空心。菌托苞状，浅土黄色。孢子无色，光滑，球形至近卵圆形，10～13μm×9～12μm，非糊性反应。

生态习性 夏秋季于针、阔叶林中地上单生或散生。与树木形成外生菌根。

分 布 分布于广东、四川、吉林、湖南、贵州、云南、西藏等地。

应用情况 有认为可食用。亦有怀疑有毒。日本记载生食会中毒，采食时需慎重。

图 612-1　　　　　　　　　　　　　　图 612-2　　　　　　　　　　图 613-1

612　东方黄盖鹅膏菌

拉丁学名　*Amanita orientigemmata* Zhu L. Yang et Yoshim. Doi

形态特征　菌盖直径 4～10cm，扁平至平展，表面幼时黄褐色，成熟时黄色至淡黄色，中部有时色稍深，被菌幕残余，菌幕残余毡状、破布状至碎片状，有时近锥状，白色至污白色，常易脱落，边缘有短沟纹。菌褶离生至近离生，白色至米色，短菌褶近菌柄端多平截。菌柄长 6～12cm，直径 0.5～1cm，米色至白色，有纤丝状鳞片，基部球状体直径 1～2cm，上部被有白色至淡黄色破布状、碎片状至疣状菌幕残余，有时菌幕残余相互连接形成卷边状。菌环膜质，白色，易脱落。担子 38～60μm×10～14μm，棒状，具 4 小梗。担孢子 8～10μm×6～7.5μm，宽椭圆形至椭圆形，非淀粉质。菌盖表面的菌幕残余由近纵向排列的菌丝和膨大细胞组成。菌柄基部的菌幕残余结构与菌盖表面的相似，但菌丝和膨大细胞排列不规则。锁状联合普遍存在于担子体各部位，但在菌褶菌髓和担子基部较常见，而在其他部位较少。

生态习性　夏秋季生于针叶林、针阔叶混交林或阔叶林中地上。树木外生菌根菌。

分　　布　分布于吉林、福建、海南和陕西等地。

应用情况　此种鹅膏菌有毒，不能轻易采集食用。

613　卵盖鹅膏菌

拉丁学名　*Amanita ovoidea* (Bull.) Quél.

形态特征　子实体中等至较大。菌盖直径 8～15cm，初期卵圆形，后半球形，污白至草黄白色，近

图 613-2

光滑，边缘絮状。菌肉白色。菌褶白色，离生。菌柄长9～15cm，粗0.8～1.3cm，柱形，同盖色，有鳞片，基部似根状，有白色或带污黄色苞状托。菌环膜质，生菌柄上部。孢子无色，光滑，椭圆形，9.5～12.5μm×6.5～7.5μm。

生态习性 夏秋季生阔叶林或混交林地上。

分　布 分布于广东、云南、四川等地。

应用情况 含致死毒素。

614　环盖鹅膏菌

拉丁学名 *Amanita pachycolea* D. E. Stuntz

形态特征 子实体中等至较大。菌盖直径5～13cm，近半球形至扁平或平展，中央稍凸起，褐色或灰褐色，往往有浅色和深色环带，黏，平滑，边缘色较浅具长条纹。菌肉白色。菌褶污白至边缘浅黄色，离生，稍密，不等长。菌柄长10～18cm，粗0.8～1.5cm，白色，有纤毛状小鳞片或深色花纹，向下渐粗，松软至空心。菌托污白色或部分带黄褐色，苞状，厚膜质。担子4小梗。孢子无色，球形到宽椭圆形，11.5～15μm×10.5～12.5μm。

生态习性 秋季于混交林中地上单生或散生。

分　布 分布于广西、广东、江西、云南、四川等地。

应用情况 有人认为可食用。

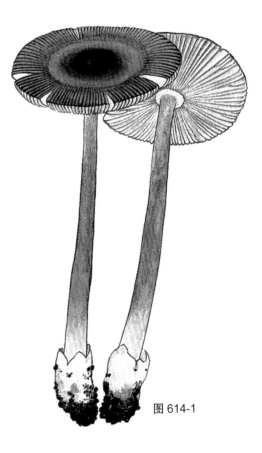

图 614-1

图 614-2

图 614-3

615　淡红鹅膏菌

别　　名　玫瑰红鹅膏菌
拉丁学名　*Amanita pallidorosea* P. Zhang et Zhu L. Yang

形态特征　菌盖直径5～10cm，幼时钝锥形，成熟后扁平，中央常凸起，表面白色，中央淡粉红色，有时菌盖中央和边缘皆为白色，一般无菌幕残余，边缘无沟纹，有时有辐射状裂纹。菌褶白色，短菌褶近菌柄端渐变窄。菌柄长8～15cm，直径0.6～1.2cm，白色、污白色至淡黄褐色，基部近球状，直径1.2～2.2cm。菌环上位，膜质，白色，宿存。菌幕残余（菌托）浅杯状，游离托檐高达2cm，内表面和外表面皆为白色。担子体遇5%KOH快速变黄色。担子30～45μm×9～11μm，具4小梗。孢子6～8μm×6～7.5μm，球形至近球形，淀粉质。托檐内部主要由菌丝组成，其间夹杂的膨大细胞较少。锁状联合阙如。
生态习性　夏秋季生于由壳斗科（如石栎）与松科（如松）树木组成的针阔叶混交林中地上，有时生阔叶林中地上。树木外生菌根菌。
分　　布　分布于吉林、山东、河南、湖北、湖南、重庆、四川、贵州、云南和陕西等地。
应用情况　剧毒菌，严禁食用。吉林曾发生误食中毒。

616　豹斑毒鹅膏菌

别　　名　豹斑毒伞、斑毒伞
拉丁学名　*Amanita pantherina* (DC.) Krombh.
英文名　Panther Amanita

形态特征　子实体中等大。菌盖直径7.5～14cm，初期扁半球形，后期渐平展，褐色或棕褐色，有时污白色，散布白色至污白色的小斑块或颗粒状鳞片，边缘有明显的条棱，湿时表面黏。菌肉白色。菌褶白色，离生，不等长。菌柄长5～17cm，粗0.8～2.5cm，圆柱形，表面有小鳞片，松软

图 616-1

图 616-2

图 616-3

图 616-4

至空心，基部膨大有几圈环带状的菌托。菌环膜质。孢子印白色。孢子无色，光滑，宽椭圆形，
10～12.5μm×7.2～9.3μm，非糊性反应。

生态习性　夏秋季于阔叶林或针叶林中地上群生。属树木外生菌根菌。

分　　布　分布于四川、云南、河南、福建、吉林等地。

应用情况　多记载含有毒蝇鹅膏菌相似的毒素及豹斑毒伞素等毒素，食后半小时至 6h 之间发病，
主要为副交感神经兴奋、呕吐、腹泻、大量出汗、流泪、流涎、瞳孔缩小、感光消失、脉搏减慢、
呼吸障碍、体温下降、四肢发冷等症状，中毒严重时出现幻视、谵语、抽搐、昏迷，甚至有肝损害
和出血等症状，一般很少死亡，及时服用阿托品疗效较好。可用来毒杀苍蝇等昆虫，用于农林业生
物防治。另外，与此种形态特征相似的种多，其生境也相同，往往不易区分。曾认为在我国南方误
食此种毒菌中毒的比较多。

617 小豹斑鹅膏菌

拉丁学名 *Amanita parvipantherina* Zhu L. Yang et al.
曾用学名 *Amanita porphyria* var. *lute* W. F. Chiu

图618

形态特征 子实体较小。菌盖直径3~6cm，扁平至平展，表面淡灰色、淡褐色至淡黄褐色，中部带褐色调，至边缘颜色变淡，被菌幕残余，菌幕残余疣状至角锥状，高1~2cm，米色、白色至污白色，有时带灰色调，易脱离，边缘有沟纹。菌褶离生至近离生，白色至米色，短菌褶近菌柄端多平截。菌柄长4~10cm，直径0.5~1cm，淡黄色、米色至白色，基部膨大，近球形至卵形，直径1~2cm，白色，上部被有白色、米色至淡黄色或淡灰色菌幕残余。菌环着生于菌柄上部，膜质，较小，白色至米色，宿存。担子45~58μm×11~14μm，棒状，具4小梗。孢子8.5~11.5μm×7~8.5μm，宽椭圆形至椭圆形，有的近球形，非淀粉质。菌盖上的菌幕残余在菌盖中央由纵向排列的菌丝和膨大细胞组成，但至菌盖边缘则由不规则排列的菌丝和膨大细胞组成。在菌柄基部，领口状菌幕残余主要由纵向排列的菌丝组成。锁状联合阙如。

生态习性 生于由栎和石栎等树木组成的阔叶林中地上，或生于由松、冷杉或云杉等组成的针叶林中地上，或生于上述针阔叶混交林中地上。树木外生菌根菌。

分　布 分布于北京、湖南、广西、海南、四川、云南和西藏等地。

应用情况 可能有毒。此种近似豹斑鹅膏菌而起名，怀疑是毒菌。故野外采集食用菌及药用菌时注意。

618 毒鹅膏菌

别　名 毒伞、绿帽菌、蒜叶菌、鬼笔鹅膏、瓢蕈、伸腿伞、死盖伞
拉丁学名 *Amanita phalloides* (Vaill. ex Fr.) Link
英文名 Death Cap

形态特征 子实体一般中等大。菌盖直径4~13cm，初期近卵圆形至钟形，开伞后近平展，灰褐绿色、烟灰褐色至暗绿灰色，表面光滑，边缘无条纹，往往有放射状内生条纹。菌肉白色。菌褶白色，离生，稍密，不等长。菌柄长5~18cm，粗0.6~2cm，圆柱形，白色，表面光滑或稍有纤毛状鳞片及花纹，基部膨大呈球形，松软至空心。菌环白色，生菌柄上部。菌托白色，苞状，较大而厚。孢子印白色。孢子无色，近球形或卵圆形，1.7~7.8μm×6.5~7.8μm，糊性反应。

生态习性 夏秋季于阔叶林中地上单生或群生。属于外生菌根菌。

分　布 分布比较广泛。

9-1

图 619-2

应用情况 极毒或剧毒，务必注意。含有毒肽（phallotoxins）和毒伞肽（amatoxins）两大类毒素，中毒后潜伏期长达 24h 左右，发病初期恶心、呕吐、腹痛、腹泻，一两天后毒素进一步损害肝、肾、心脏、肺、大脑中枢神经系统，病情很快恶化，出现呼吸困难、烦躁不安、谵语、面肌抽搐、小腿肌肉痉挛，病情进一步加重，出现肝、肾细胞损害，黄疸，急性肝炎，肝肿大及肝萎缩，最后昏迷或导致死亡。有认为我国没有此种。

619　褐云斑鹅膏菌

拉丁学名 *Amanita porphyria* (Alb. et Schwein.) Secr.

形态特征 子实体中等大。菌盖直径 3～8cm，初期半球形，开伞后稍平展，中部凸起或平坦，灰褐色、鼠褐色或褐色，具有紫灰褐色鳞片，湿时黏，边缘无条棱。菌肉白色。菌褶白色，离生，较密，不等长。菌柄长 5～10cm，粗 0.5～0.7cm，细长圆柱形，具小鳞片，膨大的基部有近似浅杯状的菌托，往往菌托与菌柄基部紧密相连且呈灰色。孢子印白色。孢子无色，光滑，球形，7.6～8.1μm×6.7～8μm，糊性反应。

生态习性 夏秋季于林中地上单生或散生。可与云杉、松等树木形成外生菌根。

分　布 分布于吉林、湖南、广西、海南等地。

应用情况 含有蟾蜍素（bufonin），也有记载含有毒蝇母、蜡子树酸等毒素，中毒后主要产生彩色幻视症状。野外采集食用和药用菌时要注意。

图 620

图 621-1

图 621-2

620 假豹斑鹅膏菌

别　　名　拟豹斑毒鹅膏菌
拉丁学名　*Amanita pseudopantherina* Zhu L. Yang

形态特征　子实体一般中等大。菌盖直径 5～10cm，扁平至平展，表面灰褐色、褐色、黄褐色，中部色较深，被菌幕残余，菌幕残余角锥状至疣状，白色、污白色、米色至淡灰色，菌盖边缘常有短沟纹。菌褶离生至近离生，白色，短菌褶近菌柄端多平截。菌柄长 7～10cm，直径 1～2cm，近圆柱形，白色，基部膨大呈近球状至卵形，直径 1.5～3cm，上部被有白色、呈领口状菌幕残余，有时在菌柄基部还有 1～3 圈带状菌幕残余。菌环着生于菌柄上部，膜质，白色。担子 45～60μm×10～13μm，棒状，具 4 小梗。孢子 9.5～12.5μm×7～9μm，宽椭圆形至椭圆形，非淀粉质。菌盖上的菌幕残余由纵向排列的菌丝和膨大细胞组成。在菌柄基部，领口状菌幕残余主要由菌丝组成。锁状联合阙如。

生态习性　夏秋季在由云杉等树木组成的亚高山针叶林或针阔叶混交林中地上单生或群生。树木外生菌根菌。

分　　布　分布于四川和云南等地。

应用情况　可能有毒。

621 假褐云斑鹅膏菌

别　　名　假云斑鹅膏
拉丁学名　*Amanita pseudoporphyria* Hongo
英 文 名　Hongo's False Death Cap

形态特征　子实体中等至稍大。菌盖直径 4～16cm，幼时半球形，后渐扁平或近平展，灰褐色，有隐生纤毛及形成花纹，光滑，稍黏，有时表面附有菌托碎片，边缘平滑无条棱，常附有白色絮状菌幕残物。菌肉白色。菌褶纯白色。菌柄长 5～18cm，粗 0.6～3cm，纯白色，有纤毛状鳞片或白色絮状物，基部膨大延伸呈根状，内实。菌环白色，膜质近顶生。菌托白色，苞状或袋状。孢子卵圆形至宽椭圆形，8～13μm×7～10μm，糊性反应。

生态习性　夏秋季生针叶林或阔叶林中地上。属树木外生菌根菌。

分　　布　分布于四川、湖南、江苏、福建、广东、广西、云南、贵州、海南、甘肃等地。

应用情况 记载中毒产生胃肠道及神经性反应症状。外形、色泽似毒鹅膏菌，采食、药用时务必注意。

622 假灰托鹅膏菌

拉丁学名 *Amanita pseudovaginata* Hongo

形态特征 子实体较小。菌盖直径4～6.5cm，半球形至扁半球形，后期近平展或边缘上翘且有长条棱，灰褐色。菌肉白色或近污白色。菌褶灰白色，边缘色暗，离生，不等长。菌柄长5～8.5cm，粗0.8～1.5cm，柱形，灰色，中空。无菌环。菌托污白或灰白色。孢子无色，光滑，宽卵圆形，8.5～12.5μm×8～10μm。

生态习性 于林中地上单生或群生。

分　　布 分布于四川西昌等地。

应用情况 可食用。也有认为食毒不明。

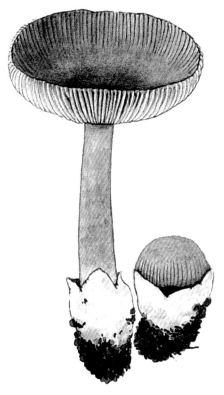

图 622

623 裂皮鹅膏菌

别　　名 小白毒鹅膏

拉丁学名 *Amanita rimosa* P. Zhang et Zhu L. Yang

形态特征 子实体较小。菌盖直径3～5cm，扁半球形至扁平，表面中部米色，稀淡黄褐色，其他部位白色，平滑或偶有辐射状细小裂纹，一般无菌幕残余，边缘无沟纹，有时有辐射状裂纹。菌褶白色，短菌褶近菌柄端渐变窄。菌柄长5～8cm，直径0.3～1cm，白色至污白色，有时被白色细小鳞片，基部近球形，直径0.8～1.6cm。菌环近顶生，膜质，白色。菌幕残余（菌托）浅杯状，游离托檐高8mm，膜质，内外两面皆为白色。担子体遇5%KOH快速变黄色。担子35～48μm×10～13μm，具4小梗。孢子7～10μm×6.5～9μm，球形至近球形，淀粉质。锁状联合阙如。

生态习性 夏秋季生于以壳斗科为主的阔叶林中地上。树木外生菌根菌。

分　　布 分布于江西、湖南、湖北、广东和海南等地。

应用情况 剧毒菌，严禁食用，更不能药用配伍。

图 624

图 625

624　赭盖鹅膏菌

拉丁学名　*Amanita rubescens* (Pers.) Gray

....

形态特征　子实体中等大。菌盖直径 3.5～8cm，扁半球形至平展，浅土黄色或浅红褐色，具块状和近疣状鳞片，边缘有不明显的条纹。菌肉白色，后变红褐色，薄。菌褶白色至近白色，渐变红褐色，离生，稍密，不等长。菌柄长 6～12cm，粗 0.5～1cm，圆柱形，同盖色，具纤毛状鳞片，上部有花纹，基部膨大，内部松软变至空心。菌环上面白色，下面灰褐色，膜质，生菌柄上部，下垂，易脱落。菌托由灰褐色絮状鳞片组成。孢子印白色。孢子无色，宽椭圆形至近卵圆形，8.3～9.3μm×6.2～7μm，糊性反应。

生态习性　夏秋季于林中地上单生或散生。与松、云杉、高山栎、山毛榉、榛等树木形成外生菌根。

分　　布　分布于安徽、福建、四川、湖北、广西、西藏等地。

应用情况　一般认为可食，但也有报道含溶血毒素。

625　红托鹅膏菌

拉丁学名　*Amanita rubrovolvata* S. Imai

....

形态特征　子实体较小。菌盖直径 2～6.5cm，扁半球形至平展，表面近中部红色至橘红色，至边缘逐渐变为橘色至黄色，被菌幕残余，菌幕残余粉末状至颗粒状，红色、橘红色至黄色，边缘有辐射状沟纹。菌褶离生，白色，短菌褶近菌柄端多平截。菌柄长 5～10cm，直径 0.5～1cm，菌环之上米色，菌环之下米色至带黄色调，基部膨大至近球形，直径1～2cm，上半部被红色、橘红色至橙色粉末状菌幕残余。菌环着生于菌柄中上部，薄膜质，上表面白色，下表面带黄色调，边缘常红色至橙色，宿存。担子35～48μm×9～13μm，棒状，具4小梗。孢子7.5～9μm×7～8.5μm，球形至近球形，非淀粉质。菌盖上的菌幕残余由近纵向至不规则、稀疏排列的菌丝和膨大细胞构成。菌柄基部的菌幕残余结构与菌盖上的相似，但菌丝和膨大细胞排列不规则，菌丝更多。锁状联合阙如。

生态习性　生于针叶林或由松属和壳斗科针阔叶混交林中地上，也见于亚热带常绿阔叶林中地上。树木外生菌根菌。

分　　布　分布于浙江、湖北、台湾、四川、云南、西藏等地。

应用情况　可能有毒。

图 626-1

626　土红鹅膏菌

拉丁学名　*Amanita rufoferruginea* Hongo

形态特征　子实体小至中等。菌盖直径3～7.5cm，初期半球形，开伞后平展或边缘翻起，具明显长条棱，密被土红色、锈红色粉末，老后渐脱落。菌肉白色。菌褶白色。菌柄长5～12cm，粗0.7～1cm，被土红色、锈红色粉末，基部稍膨大。菌环膜质或破碎和脱落，生菌柄上部。有几圈粉粒状鳞片组成菌托。孢子近球形，7.5～10μm×6.3～8.8μm，非糊性反应。

生态习性　于林地上单生或群生。树木的外生菌根菌。

分　　布　分布于湖南、福建、云南、广西等地。

应用情况　怀疑有毒，甚至有毒蝇作用。注意不能食用和药用。

图 626-2

627　刻鳞鹅膏菌

拉丁学名　*Amanita sculpta* Corner et Bas

形态特征　子实体大型。菌盖直径 8～15.5cm，开展后更大，半球形至稍平展，紫褐色，中部棕褐色，具角锥状紫褐色至暗褐色大鳞片，边缘有紫灰白色菌幕残片。菌肉淡粉紫褐色，无明显气味。菌褶初期污白色、灰白色至淡灰褐色，伤处变褐色，离生，稍密，不等长，短菌褶刀切状，边缘有粉粒。菌柄长 16～18.5cm，粗 2～3cm，圆柱形，同盖色，中上部有灰白色棉絮状绒毛，菌环以下有紫褐色鳞片，实心至松软，基部膨大呈球形，直径可达 5.2cm。菌环膜质，边缘呈丝膜或絮状，具细条纹，易脱落。菌托由环状排列的大型鳞片组成。孢子淡黄色，含颗粒，近球形，10.4～12.4μm×8.5～11μm，糊性反应。褶缘囊状体泡囊状至椭圆形，20～31.2μm×14.5～20μm。

生态习性　夏秋季生针、阔叶林地上，多在常绿阔叶林地上单生、散生。属树木外生菌根菌。

分　　布　分布于福建、广东、广西、海南、湖南、云南等地。

应用情况　食毒不明。但当地视为有毒菌，以不食为好。

图 627-1

图 627-2

628　淡橄榄色鹅膏菌

拉丁学名　*Amanita similis* Boedijn

形态特征　子实体中等大。菌盖直径 6～12cm，初期半球形至扁半球形至平展，中央凸起，盖表面中部灰色、暗灰色至橄榄褐色，至边缘逐渐变为灰黄色，边缘有长沟纹。菌褶淡黄色，短菌褶近菌柄端多平截，褶缘米色至淡黄色。菌柄长 8～15cm，直径 1～1.5cm，淡黄色或被淡黄色不规则蛇皮纹状鳞片，中空。菌环着生于菌柄上部，淡黄色。菌幕残余（菌托）袋状，高 2～4cm，直径 2～3cm，白色。担子 45～50μm×10～12μm，棒状，具 4 小梗。担孢子 9～12μm×6.5～8.5μm，宽椭圆形至椭圆形，非淀粉质。菌环主要由近辐射状排列的菌丝构成，其间夹杂有个别膨大细胞，锁状联合常见。

生态习性　夏秋季生于南亚热带森林中地上。树木外生菌根菌。

分　　布　分布于福建、海南等地。
应用情况　可食用。

629　中华鹅膏菌

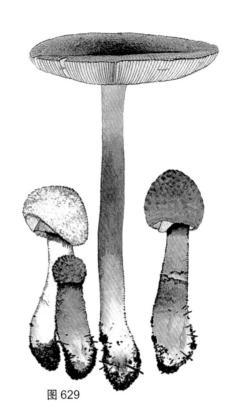

图 629

别　　名　松果伞、大灰鹅膏菌、松塔鹅膏菌、松果鹅膏菌
拉丁学名　*Amanita sinensis* Zhu L. Yang
曾用学名　*Amanita strobiliformis* (Paulet ex Vittad.) Bertill.
英 文 名　Chinese Gray Amanita

形态特征　子实体大型，灰白色，有带灰色的絮状大鳞片。菌盖直径 9～16cm，初期近球形或半球形，开伞后平展，边缘具条棱。菌肉白色，离生，较密，宽，不等长。菌柄长 12～20cm，粗 2.5～3cm，圆柱形，基部膨大并呈假根状，实心或松软，表面有絮状或绒毛状鳞片，老后渐脱落。菌环生菌柄上部或靠顶部，易脱落。菌托由絮状鳞片组成，易脱落，或破碎后悬挂在盖边缘。孢子无色，内含 1 油滴，椭圆形，7.6～12.5μm×7.5～8.8μm，糊性反应。
生态习性　春至秋季于马尾松或阔叶林地上单生或群生。与马尾松、栎等树木形成外生菌根。
分　　布　分布于湖南、广东、广西、云南、贵州、四川等地。
应用情况　在广西有人采食，具有浓烈硫黄气味，但在福建等地有中毒发生。含有蜡子树酸、muscimol、muscaronl 等毒素，可使苍蝇中毒致死。不能食用和药用。

630　杵柄鹅膏菌

拉丁学名　*Amanita sinocitrina* Zhu L. Yang

形态特征　菌盖直径 3～8cm，扁平至平展，中央有时有圆钝凸起，表面中央色较深，灰黄色、淡褐色至茶褐色，边缘色较淡，带黄色，被菌幕残余，菌幕残余毡状、疣状至絮状，直径 0.2～1cm，厚 0.1～0.2cm，污白色、灰色、肉褐色至淡褐色，不规则分布，菌盖边缘无沟纹。菌褶白色至米色，短菌褶近菌柄端渐窄。菌柄长 6～10cm，直径 0.5～1.5cm，白色至米色，在菌环之上被有淡黄色纤毛状鳞片，在菌环之下被有白色至淡灰色鳞片或纤毛，菌柄基部呈杵状，直径 1.5～3cm，在其上部边缘有淡灰色至肉褐色疣状至絮状菌幕残余，有时近膜质并形成低矮的托檐。菌环上位至中位，白色、米色或淡黄色，宿存。担子 20～40μm×8～11.5μm，棒状，具 4 小梗。担孢子 5.5～8μm×5.5～7.5μm，球形至近球形，淀粉质。菌盖上的菌幕残余由不规则排列的菌丝和膨大细胞构成：膨大细胞非常丰富；菌丝较丰富至丰富，夹杂在膨大细胞之间。锁状联合阙如。
生态习性　夏秋季生于混交林（如石栎＋松）中地上。树木外生菌根菌。
分　　布　分布于湖南、广东、海南和陕西等地。
应用情况　可能有毒，应避免采食。

图 631-1

图 631-2

631 角鳞白鹅膏菌

拉丁学名 *Amanita solitaria* (Bull.) P. Karst.

形态特征 子实体较大，白色。菌盖直径可达25cm，初期近半球形至半球形，开伞后近平展，上布满角状鳞片。菌肉白色。菌褶离生，较密，不等长。菌柄长8～20cm，粗1～3cm，圆柱形，较粗壮，基部膨大，直径2.5～5.3cm，有时向下延伸似假根，内部实心。菌环生靠菌柄顶部。菌托由呈片状至近似角状鳞片组成。孢子无色，光滑，宽椭圆形，9.5～12.7μm×6～8.4μm，糊性反应。

生态习性 夏秋季常常于阔叶林地上单生。与云杉、鹅耳枥、栎等树木形成外生菌根。

分　　布 分布于安徽、江苏、福建、云南、贵州、广东、广西、四川等地。

应用情况 在四川曾有人采食，但也有中毒发生。含毒蝇碱和豹斑毒伞素，中毒后恶心、呕吐、出汗、发烧或肝大、少尿，甚至数天内无尿或出现脸部及下肢浮肿等症状。

632 凸顶红黄鹅膏菌

拉丁学名 *Amanita* sp.

形态特征 菌盖直径8～10cm，扁半球形至平展，中央凸起，表面中部猩红色至橘红色，至边缘逐渐变为黄色，边缘有长沟纹。菌褶淡黄色至硫黄色，短菌褶近菌柄端多平截，褶缘黄色。菌柄长15～20cm，直径1.5～3cm，淡黄色至硫黄色，被黄色至橘红色不规则蛇皮纹状鳞片，中空。菌环着生于菌柄上部，上表面硫黄色至淡黄色，下表面稍淡。菌幕残余（菌托）袋状，高5～7cm，直径3～5cm，白色至污白色。担子35～48μm×10～12μm，棒状，具4小梗。担孢子8.5～12μm×6.5～8.5μm，宽椭圆形、稀椭圆形或近球形，非淀粉质。菌环主要由近辐射状排列的菌丝构成，其间夹杂有个别膨大细胞。锁状联合常见。

生态习性 夏季生于常绿阔叶林中地上。树木外生菌根菌。

分　　布　　分布于亚热带地区。
应用情况　　可食用，味道较好。

633　隐丝粉褶鹅膏菌

拉丁学名　*Amanita* **sp.**

形态特征　菌盖直径3～6cm，扁平至平展，中央有时稍下陷，表面灰色至灰褐色，具深色纤丝状隐生花纹或斑纹，光滑，中央暗灰褐色，边缘无沟纹，有时有辐射状裂纹。菌褶带粉红色，稀白色，短菌褶近菌柄端渐变窄。菌柄长5～7cm，直径0.5～1cm，白色至污白色，常被同色细小鳞片，基部近球形，直径1～1.5cm。菌环上位至中位，距菌柄顶端1～3cm，膜质，白色。菌幕残余(菌托)浅杯状，游离托檐高达1cm，厚0.05cm，内表面和外表面白色至污白色。担子40～48μm×11～12μm，具2小梗。担孢子8～11.5μm×7～11μm，球形至近球形，淀粉质。

图635

托檐内部主要由菌丝组成，其间夹杂的膨大细胞较少。锁状联合阙如。
生态习性　夏季生于壳斗科植物组成的阔叶林中地上。树木外生菌根菌。
分　　布　分布于海南、云南等地。
应用情况　剧毒菌，严禁食用。

634　圆足鹅膏菌

拉丁学名　*Amanita sphaerobulbosa* Hongo

形态特征　子实体小。菌盖直径4～7cm，扁半球形至平展，表面白色，被菌幕残余，菌幕残余白色至污白色，锥状至近锥状，高0.5～2mm，从菌盖中央至边缘逐渐变小，边缘常有絮状物，无沟纹。菌褶离生至近离生，白色至米色，短菌褶近菌柄端渐窄。菌柄长6～9cm，直径0.5～0.8cm，白色，菌环之下被有白色纤丝状鳞片，菌柄基部近球形，直径1.8～2.5cm，上部近平截并被有白色至污白色的小颗粒状菌幕残余，这些颗粒常呈不完整的同心环状排列。菌环距离菌柄顶端1～1.5cm，膜质，白色，宿存。担子45～70μm×11～13μm，棒状，多具4小梗。孢子7.5～10μm×7～9μm，近球形、稀球形或宽椭圆形，淀粉质。菌盖上的菌幕残余由近纵向排列的菌丝和膨大细胞组成，膨大细胞十分丰富。锁状联合主要局限于担子基部和亚子实层细胞横隔上。
生态习性　夏秋生于针阔叶混交林中地上。树木外生菌根菌。
分　　布　分布于湖南等地。
应用情况　在日本亦视为有毒菌。不能食用和药用。

635 块鳞灰鹅膏菌

图 636-1

拉丁学名 *Amanita spissa* (Fr.) P. Kumm.
英 文 名 Stout Agaric

形态特征 菌盖直径 5～10cm，扁半球形至平展，表面灰色至褐灰色，被菌幕残余，菌幕残余破布状、片状至疣状，灰色至淡灰色，边缘一般无沟纹。菌肉白色，受伤后几乎不变色。菌褶白色至米色，短菌褶近菌柄端渐变窄。菌柄长 8～15cm，直径 0.5～1cm，表面淡灰色至污白色，有时有红褐色调，菌柄基部稍膨大至近球状，直径 0.8～1.3cm，其上半部被有灰色至灰褐色菌幕残余。菌环上位，上表面近白色至米色，下表面污白色。担子 30～37μm×9～11μm，棒状，具 4 小梗。担孢子 6.5～10μm×5～7μm，宽椭圆形，稀椭圆形，淀粉质。菌盖表面的菌幕残余由不规则排列的菌丝和膨大细胞构成：膨大细胞丰富；菌丝夹杂在膨大细胞之间，较丰富至丰富。菌环主要由疏松排列的菌丝组成，膨大细胞稀少。锁状联合阙如。

生态习性 夏秋季生于温带针阔叶混交林中。树木外生菌根菌。

分 布 分布于吉林、江西、福建、湖南等地。

应用情况 可食用。

636 角鳞灰鹅膏菌

别 名 油麻菌、黑芝麻菌、麻子菌、麻子菇、角鳞灰毒伞
拉丁学名 *Amanita spissacea* S. Imai
英 文 名 Sharp-scaled Gray Amanita

形态特征 子实体中等大。菌盖直径 3～11cm，湿时稍黏，边缘平滑或有不明显的条棱，具黑褐色角锥状或颗粒状鳞片并环状分布。菌肉白色。菌褶白色，离生。菌柄长 4～10cm，粗 1～2cm，顶部色深而菌环以下灰色并有深灰色花纹，基部膨大。菌环上白下灰，边缘灰黑色，膜质，生菌柄上部。菌托由 4～7 圈黑褐色颗粒状鳞片组成。孢子印白色。孢子宽椭圆形，7.5～8.9μm×5.6～7.6μm。

生态习性 春至秋季于针阔叶混交林中地上单生或群生。与松、栎等形成外生菌根。

分 布 分布于台湾、香港、广东、广西、福建、海南、四川、云南、贵州、江苏、湖南、湖北、安徽、西藏等地。

应用情况 在广西、四川等地区有人采食，但有中毒发生，中毒后引起恶心、头晕、腿脚疼痛、神志不清及昏睡不醒。有昏睡期间幻觉到"怪人"时而变得高大，时而变得矮小的情况发生。约两三天后恢复正常。

图 636-2

图 636-3

637 黄鳞鹅膏菌

拉丁学名 *Amanita subfrostiana* Zhu L. Yang

形态特征 菌盖直径4～7cm，扁平至平展，表面红色、橘红色至淡橘红色，边缘橘黄色至黄色，被菌幕残余，菌幕残余黄色、淡黄色或橘红色，粉末状、絮状至毡状，常易脱落，菌盖边缘有长沟纹。菌褶离生至近离生，白色至米色，短菌褶近菌柄端多平截。菌柄长6～10cm，直径1～1.5cm，近圆柱形，菌环之上米色，菌环之下米色至淡黄色，菌柄基部膨大呈球状至卵状，直径1～3cm，上部被有淡黄色、粉末状至絮状菌幕残余，常呈领口状。菌环着生于菌柄上部，膜质，上表面近白色，下表面淡黄色。担子38～55μm×10.5～12μm，棒状，多具4小梗，有时具2小梗。孢子8.5～10.5μm×8～10μm，球形至近球形，非淀粉质。菌盖上的菌幕残余由不规则、稀疏排列的菌丝和膨大细胞组成。菌柄基部的菌幕残余由菌丝和膨大细胞组成。菌环主要由近辐射状排列的菌丝构成，其间夹杂有零星至较多的膨大细胞。锁状联合常见。

生态习性 夏秋季于针叶林或针阔叶混交林中地上单生或群生。树木外生菌根菌。

分　　布 分布于四川、云南、西藏等地。

应用情况 可能有毒。不能轻易食用，以防中毒。

638 球基鹅膏菌

拉丁学名 *Amanita subglobosa* Zhu L. Yang

形态特征 子实体中等至较大。菌盖直径4～16cm，初期半球形、扁半球形，后期平展，或边缘翻起，褐色到浅棕色，中央色深，边缘有条棱，表面有白色到污白色颗粒状至角锥状或疣状鳞片。菌肉白色，薄。菌褶白色至污白色，离生，较密，不等长。菌柄近柱状，长7～18cm，粗1～2.5cm，近白色，内部松软至中空，表面有纤毛状鳞片，基部膨大近球形，其上部边缘呈领口状。菌环膜质，白色，着生于菌柄中上部。孢子宽椭圆形至椭圆形，无色，光滑，8～12.5μm×7～11.5μm，非

图 638

图 639

糊性反应。

生态习性 夏秋季生混交林中地上。属外生菌根菌。

分　　布 分布于江西、广西、广东等地。

应用情况 可能有毒。不宜食用，防止中毒。

639　芥黄鹅膏菌

别　　名 黄盖鹅膏、芥黄鹅膏
拉丁学名 *Amanita subjunquillea* S. Imai

形态特征 子实体较小。菌盖直径 2.5～9cm，初期近圆锥形、半球形至钟形，渐开伞后扁平至平展，中部稍凸或平，污橙黄色到芥土黄色，边缘色较浅，表面平滑或有似放射状纤毛状条纹，菌盖边缘似有不明显条棱，湿时黏，有时附白色托残片。菌肉白色，近表皮处带黄色，较薄。菌褶离生，近白色，稍密。菌柄柱形，上部渐细，黄白色，有纤毛状鳞片，长 12～18cm，粗 0.5～1.6cm，内部松软至变空心。菌环膜质，黄白色，生柄之上部。菌托苞状，大，灰白色。孢子印白色。孢子近球形，无色，光滑，直径 6.6～9.5μm，糊性反应。

生态习性 夏季于针阔叶混交林中地上单生。

分　　布 西藏察隅有分布。此种首次报道于日本，中国东北地区可能有分布。

应用情况 日本记载有剧毒，不能食用及药用。

640　黄盖鹅膏白色变种

别　　名 白黄盖鹅膏菌
拉丁学名 *Amanita subjunquillea* var. *alba* Zhu L. Yang

形态特征 本变种与原变种之间的区别主要在于：本变种的菌盖白色（有时中央米黄色至很淡的淡黄色）。担子体各部位遇 5%KOH 立即变为黄色。

生态习性 夏秋季生于壳斗科、松科植物组成的阔叶林、针阔叶混交林或针叶林中地上。树木外生菌根菌。

分　　布 分布于吉林、河南、湖北、湖南、台湾、广东、四川、贵州、云南、西藏、陕西、甘肃等地。

应用情况 剧毒菌，严禁食用和药用。

图 640-1

图 640-2

641 黄盖鹅膏原变种

拉丁学名 *Amanita subjunquillea* var. *subjunquillea* S. Imai

形态特征 子实体较小。菌盖直径 3~6cm，扁半球形至扁平，中央有时有圆钝凸起，表面黄褐色、污橙黄色至芥黄色，通常无菌幕残余，边缘无絮状悬垂物，无沟纹。菌褶白色，短菌褶近菌柄端渐窄。菌柄长 4~15cm，直径 0.3~1.5cm，白色至淡黄色，常被纤毛状或反卷的淡黄色鳞片，基部近球形，直径 1~2.5cm。菌环近顶生至上位，白色，宿存或有时破碎消失。菌幕残余（菌托）浅杯状，游离托檐高达 2cm，厚达 2mm，两面皆为白色至污白色。担子 30~48μm×9~12μm，具 4 小梗。孢子 6.5~11μm×5.5~10μm，球形至近球形，有时宽椭圆形，糊性反应（淀粉反应）。菌柄基部托檐内部主要由近纵向至不规则排列的菌丝组成，其间夹杂有少数膨大细胞。锁状联合阙如。
生态习性 夏秋季生于林中地上。树木外生菌根菌。
分　　布 分布于河北、吉林、河南、湖北、广东、贵州、云南、陕西、甘肃等地。
应用情况 剧毒菌，严禁食用和药用。

642 假淡红鹅膏菌

拉丁学名 *Amanita subpallidorosea* Hai J. Li

形态特征 菌盖直径 5~8cm，幼时钝锥形，成熟后扁平，中央有圆钝凸起，表面白色，中央呈粉红色至肉红色，一般无菌幕残余，边缘无沟纹。菌褶白色，短菌褶近菌柄端渐变窄。菌柄长

图643

7～10cm，直径0.6～1.2cm，白色至污白色，被同色鳞片，基部近球状，直径1.5～2.5cm。菌环近顶生，白色，膜质，宿存。菌幕残余（菌托）浅杯状，游离托檐高达1cm，内外表面皆为白色。担子35～50μm×11～13μm，具4小梗。担孢子7.5～11.5μm×7～10μm，球形至近球形，淀粉质。托檐内部主要由菌丝组成，其间夹杂的膨大细胞较少。锁状联合阙如。

生态习性　夏秋季生于阔叶林或针阔叶混交林中地上。树木外生菌根菌。

分　　布　分布于台湾和贵州等地。

应用情况　剧毒菌，严禁食用和药用。

643　残托斑鹅膏菌有环变型

别　　名　残托斑鹅膏菌

拉丁学名　*Amanita sychnopyramis* f. *subannulata* Hongo

曾用学名　*Amanita kwangsiensis* Y. C. Wang

形态特征　子实体中等大。菌盖直径3～9.5cm，初期扁半球形，后平展，表面浅褐色至棕褐色，中央色深，有白色至污白色角锥状鳞片，边缘内卷而具较明显的条纹。菌肉白色。菌褶白色，离生，较密，不等长。菌柄长3～11cm，粗1～1.7cm，圆柱形，白色，基部膨大，内实。菌环膜质，生柄中下部。菌托只残留痕迹或少数角形颗粒。孢子光滑，近球形，7.5～8.8μm×6.2～7.5μm，非糊性反应。

生态习性　夏季于马尾松林地上群生。

分　　布　分布于广西、贵州、云南、福建等地。可能与马尾松形成外生菌根。

应用情况　在广西地区发生中毒，且有死亡，毒素不明，另对苍蝇毒杀敏感。

644　残托鹅膏原变型

拉丁学名　*Amanita sychnopyramis* f. *sychnopyramis* Corner et Bas

形态特征　子实体较小至中等。菌盖直径3～8cm，扁平至平展，表面淡褐色、灰褐色至深褐色，至边缘颜色变淡，被菌幕残余，菌幕残余角锥状至圆锥状，白色、米色至淡灰色，基部色较深，菌盖边缘有长沟纹。菌褶离生至近离生，白色，短菌褶近菌柄端多平截。菌柄长5～11cm，直径0.7～1.5cm，米色至白色，菌柄基部膨大呈近球状至腹鼓状，有时呈萝卜状，直径1.5～2cm，上半部被有米色、淡黄色至淡灰色的疣状、小颗粒状至粉末状菌幕残余，这些残余常呈不规则同心环状排列。菌环阙如。担子30～42μm×8～12μm，棒状，多具4小梗。孢子6.5～8.5μm×6～8μm，球形至近球形，非淀粉质。菌盖上的菌幕残余由近纵向排列的菌丝和膨大细胞构成。菌柄基部的菌幕

图 644

残余主要由不规则排列的菌丝组成，其间夹杂有少量膨大细胞，但在疣状、颗粒状菌幕残余的顶部膨大细胞较多。锁状联合阙如。

生态习性　夏秋季生于阔叶林或针阔叶混交林中地上。树木外生菌根菌。

分　布　分布于云南、广东、广西等地。

应用情况　有毒。不能食用和药用。

645　灰褐黄鹅膏菌

别　　名　褐黄鹅膏菌
拉丁学名　*Amanita umbrinolutea* (Gillet) Bataille
英 文 名　Grisette

形态特征　子实体中等，灰色或灰褐色至褐黄色。菌盖直径5～10cm，初期近卵圆形，开伞后近平展，中部凸起，边缘有明显的长条棱和宽的深色环带纹，有时附小鳞片或纤毛。菌肉白色。菌褶白色至污白

图 645

图 646

色，离生，稍密，不等长，有平截短菌褶。菌柄细长，长 7～14cm，粗 0.5～1.5cm，圆柱形，向下渐粗，污白或带灰褐色小鳞片。无菌环。具有白色较大的菌托，外表有淡锈褐色小斑，内表面白色。孢子无色，光滑，球形至近球形，9～14μm×8.5～12μm，非糊性反应。

生态习性　夏至秋季于松、杉树林中地上单生或散生。与树木形成外生菌根。

分　布　分布于山东、广东、四川、贵州、陕西等地。

应用情况　可食用。

646　灰托鹅膏菌

别　名　灰托柄菇、大水菌

拉丁学名　*Amanita vaginata* (Bull. : Fr.) Lam.

形态特征　子实体中等。菌盖直径 3～8cm，扁半球形至平展，中央或多或少凸起，表面灰色，有时带淡褐色，至边缘色较淡，有沟纹。菌褶白色，不等长，短菌褶近菌柄端多平截。菌柄长 5～10cm，直径 0.5～1.5cm，白色至污白色，近光滑至被淡灰色至淡褐色的纤丝状鳞片。无菌环。菌幕残余（菌托）袋状至杯状，高 2～4cm，直径 1.5～3cm，厚 1～2mm，外表面白色至污白色，内表面白色。担子 48～60μm×13～18μm，具 4 小梗。孢子 9～14μm×8.5～13.5μm，球形至近球形，非淀粉质。菌幕残余（菌托）内部由不规则至近纵向排列较稀疏的菌丝和膨大细胞组成。锁状联合阙如。

生态习性　夏秋季生于松科（如高山松）和壳斗科（如栎）树木组成的林中地上。树木外生菌根菌。

分　布　分布于吉林、江苏、湖南、广东、海南、台湾、四川、云南等地。

应用情况　记载有毒，应避免食用。

647　锥鳞白鹅膏菌

拉丁学名　*Amanita virgineoides* Bas

英文名　Sharp-scaled White Amanita

形态特征　子实体大，白色。菌盖直径 6～15cm，半

图 647-1

球形至近平展，有角锥状鳞片且中部稍多，幼时边缘向内卷曲，湿时稍黏。菌肉白色，伤处不变色。菌褶白色，后期带黄色，较宽，稍密，边缘似粉状。菌柄粗壮，长10～20cm，粗2～2.5cm，基部近棒状且有锥状及反卷的鳞片，实心。菌环膜质，表面有条纹，下面有角锥状小鳞片，生于菌柄上部，破碎后悬挂于盖缘。孢子印白色。孢子宽椭圆形，8～10μm×6～7.5μm，糊性反应。

生态习性　夏秋季于混交林中地上单生。属树木外生菌根菌。

分　　布　分布于香港、海南等地。

应用情况　记载可食用或有中毒产生胃肠系统症状，谨慎为好。

图 647-2

648　鳞柄白毒鹅膏菌

别　　名　鳞柄白毒伞、鳞柄白鹅膏
拉丁学名　*Amanita virosa* (Fr.) Bertill.
英 文 名　Destroying Angel

形态特征　子实体中等大，纯白色。菌盖直径6～15cm，中部凸略带黄色。菌肉白色，遇KOH变金黄色。菌褶白色，离生。菌柄长8～14cm，粗1～1.2cm，有显著的纤毛状鳞片，基部膨大呈球形。菌环生于菌柄中上部。菌托苞状。孢子印白色。孢子无色，近球形，直径7～10μm，糊性反应。

生态习性　夏秋季于阔叶林地上单生或散生。与多种树木形成外生菌根。

分　　布　分布于吉林、广东、北京、四川等地。

应用情况　其毒性很强，死亡率很高，属著名极毒鹅膏菌，被称作"致命小天使"，含有毒肽及毒伞肽两大类毒素。

图 647-3

649　白鳞粗柄鹅膏菌

拉丁学名　*Amanita vittadinii* (Moret.) Vittad.

形态特征　子实体中等大，白色。菌盖直径4～9cm，白色或带黄色，表面干燥，有角锥状鳞片，鳞片易脱落，边缘无条棱。菌肉白色。菌褶离生，较密，不等长，边缘平滑或细锯齿状。菌柄粗壮，长8～12cm，粗1～2.5cm，有环状排列的鳞片及肥大的基部。孢子无色，光滑，椭圆形至宽椭圆形，8.6～16μm×6～9μm，糊性反应。

生态习性　春至秋季于林中地上单生。与栗、高山栎等树木形

图 648

图 649-1　　　　　　　　　　　　　　　　　　图 649-2

成外生菌根。

分　　布　分布于四川、湖南、台湾、广东、海南等地。

应用情况　有人认为可食，有人认为有毒。发病初期出现胃肠道反应，然后有心悸、喘气、肝肿大、胆囊肿大、黄疸、血尿、少尿及心脏、肾脏等脏器损害，可引起死亡，故不能轻易采食。

650　袁氏鹅膏菌

别　　名　印花纹鹅膏菌
拉丁学名　*Amanita yuaniana* Zhu L. Yang
英 文 名　Yuan's Slender Caesar

形态特征　子实体中等至稍大。菌盖直径 5～14cm，扁半球形，近渐平展，灰白色至灰褐色，光滑，稍黏，具灰褐色隐纹形成的花斑，边缘平滑或有不明显条纹。菌肉白色，较厚。菌褶白色，离生，稍密，不等长。菌柄长 7～14cm，粗 1～2.5cm，圆柱形，基部稍粗，白色，菌环以下具白色纤毛状小鳞片。菌环生菌柄上部，膜质。孢子近球形至卵圆形，9.2～12.5μm×6～8.5μm，糊性反应。
生态习性　夏季于林中地上散生或单生。属树木的外生菌根菌。
分　　布　分布于云南、四川等地。
应用情况　可食用。

651　棒柄瓶杯伞

别　　名　棒柄杯伞
拉丁学名　*Ampulloclitocybe clavipes* (Pers.) Redhead et al.
曾用学名　*Clitocybe clavipes* (Pers.) P. Kumm.
英 文 名　Club Foot, Club Footed Clitocybe, Fat-fooded Citocybe

形态特征　子实体中等大。菌盖直径 3～8cm，扁平，中部下凹呈漏斗状，中央很少具小突起，灰褐

图 650-1

图 650-2

图 651-1

色或煤褐色，中部色暗，光滑，表面干燥，初期边缘明显内卷。菌肉白色，质软。菌褶白黄色，明显延生，薄，稍稀，不等长。菌柄长 3～47cm，粗 0.8～1.5cm，基部膨大呈棒状，可达 2cm，无毛，同盖色稍浅，内部实心。孢子印白色。孢子光滑，椭圆形，4.5～7.5μm×3.5～4.5μm。

生态习性　夏秋季于林中地上散生或丛生。

分　布　分布于西藏、青海、内蒙古、河北、吉林、黑龙江、云南等地。

应用情况　可食用，但有记载含微毒，饮酒易中毒，半小时后似醉者，严重时呼吸困难，意识不清。试验抑肿瘤，对小白鼠肉瘤 180 及艾氏癌的抑制率分别为 70% 和 60%。采集食用或药用配伍时注意。

652　白斑褶菇

拉丁学名　*Anellaria antillarun* (Berk.) Singer

形态特征　子实体一般较小。菌盖直径 2～4.5cm，半球形到扁半球形或钟形，白色或有的污白色或顶部带乳黄，干时常龟裂。菌肉白色。菌褶污白灰色至青灰褐或灰黑色，或有斑纹，直生又弯生，宽，不等长。菌柄细长，长 6～11cm，粗 0.3～0.8cm，白色，有粉末或纵条纹。孢子黑色，光滑，宽椭圆或卵圆形，12.5～18μm×8～10μm。褶侧囊体纺锤状或棒状。

生态习性　夏秋季于牛、马粪上群生，稀单生。

分　布　分布于内蒙古、青海、西藏、香港等地。

应用情况　含毒素，不能食用。

图 651-2

图 652-1　　　　　　　　图 652-2　　　　　　　　图 653-1

653　橘黄蜜环菌

拉丁学名　*Armillaria aurantia* (Schaeff. : Fr.) Quél.

形态特征　子实体中等至较大。菌盖近球形至扁球形或近扁平，直径 5～15cm，中部稍凸，橘黄色或深橙黄色，有鳞片且幼时较多，老时色浅，湿时稍黏，边缘有不明显条棱或毛状鳞片。菌肉白黄色，较厚，质稍脆。菌褶白色至乳白色，弯生，稍密而宽，不等长。菌柄长 6～11cm，粗 0.8～1.5cm，圆柱形，白色，内实至松软，中下部有明显环状排列的黄色鳞片。孢子无色，光滑，卵圆形或近球形，4.5～6μm×3～4.3μm。

生态习性　夏秋季于混交林地上散生。

分　　布　分布于河北、陕西、吉林、黑龙江等地。

应用情况　有认为可食用。

654　北方蜜环菌

别　　名　榛子蘑、榛蘑、蜜环菌

拉丁学名　*Armillaria borealis* Marxm. et Korhonen

形态特征　子实体中等至较大。菌盖直径 3～10cm，半球形或扁半球形至扁平，黄褐色至浅黄褐色，边缘内卷而成熟后拱起并呈现深色的环带，中部稍凸有短纤毛状鳞片。菌肉白色带灰褐色，具香气，味温和。菌褶白色、带粉红色至红褐色，直生或稍延生，不等长。菌柄长 5～13cm，粗 0.5～1.5cm，近柱形，向下渐增粗，基部膨大，菌环生近柄上部，菌环以下浅黄色或粉黄色，有白色绒毛或纤毛状鳞片，内部松软。孢子无色，光滑，宽椭圆形，6～9μm×4.5～5μm。

生态习性　夏秋季生林中木桩上或周围群生。引起树木根部白色腐朽。

分　　布　分布于陕西、青海、甘肃等地。

应用情况　可食用，但有人怀疑有毒。可镇静，增强免疫力，治疗神经衰弱、失眠、四肢麻木等症状。过去曾以 "*Armillariella mellea* (Vahl) P. Karst. 蜜环菌" 报道。

图 653-2

图 654-1

图 654-2

图 655-1

图 655-2

图 655-3　　　　　　　　　　　　　　　　　　　　　　　图 656-1

655　黄小蜜环菌

别　　名　黄蜜环菌、榛蘑
拉丁学名　*Armillaria cepistipes* Velen.

形态特征　子实体大。菌盖直径4～15cm，半球形至扁平，浅黄褐色或红褐色，中央色深，形成宽的环带，幼时有暗褐色鳞片，老后边缘上翘并有条纹，表面湿时水浸状，有细小纤毛或老后变光滑。菌肉污白色或变深。菌褶污白或出现褐斑，直生又延生，稍密，不等长。菌柄长5～12cm，粗0.5～1.3cm，上部污白色，下部色深，有白色或浅黄色鳞片，向下渐粗，基部膨大明显。菌环呈污白色或带黄色丝膜状，后期仅留痕迹，有时盖缘留有残迹。担子4小梗。孢子光滑，宽椭圆形，7.2～9.5μm×5～6.5μm。
生态习性　夏秋季于腐木上群生，稀单生。
分　　布　分布于西藏、甘肃、吉林等地。
应用情况　需慎食。

656　法国蜜环菌

别　　名　高卢蜜环菌
拉丁学名　*Armillaria gallica* Marxm. et Romagn.
英 文 名　Bulbous Honey Fungus

形态特征　子实体中等大。菌盖幼时半球形至钟形，成熟时圆形，直径8cm，中部厚，表面新鲜时灰橘黄色至暗褐色，具橘黄色至暗褐色的鳞片，鳞片尖端直立并反卷，在菌盖中央厚密，向边缘逐渐稀疏，菌盖表面干后变为黄褐色至红褐色，无环带，粗糙，边缘钝或锐，干后内卷。菌肉干后软木栓质，较厚。菌褶表面新鲜时乳白色，干后变为橙褐色，菌褶密，不等长，通常延生，脆质。菌

　中国食药用菌物
Edible and Medical Fungi in China

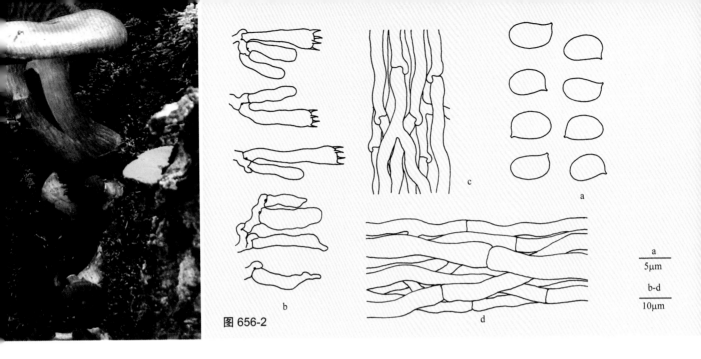

图 656-2

柄具菌环，成熟后多等粗，纤维质，上部灰橘黄色、褐橘黄色，中部灰红色、褐色，基部褐色、黑褐色，菌柄上分布白色或浅黄色绒毛状菌幕残留物，菌柄基部有时密布浅黄色的纤毛，菌柄上有时具纵条纹，菌柄长可达 13cm，直径可达 1cm。菌丝隔膜具锁状联合或简单分隔。菌肉菌丝无色或浅黄色，平直或略弯曲，有些菌丝略膨胀，规则排列，直径 4～10μm，膨胀菌丝可达 21μm。菌髓菌丝无色，薄壁，多分枝及分隔，疏松交织排列，直径为 3～9μm，有些菌丝膨胀，直径可达 19μm。担子近棍棒状，具 4 小梗并在基部具一锁状联合，16～50μm×6.5～10.5μm。孢子椭圆形，无色，薄壁至厚壁，平滑，通常具 1 大油滴，菌盖上孢子常厚壁，8～10.5μm×5～6.5μm。褶缘囊状体梭形、近圆柱形、卵圆形、短棒状，基部具锁状联合，顶部常具乳头状或细长的不规则突起，多薄壁至略厚壁，近无色，9～52μm×5～14μm。

生态习性　夏末和秋初生长在多种针、阔叶树的活立木根部、倒木、腐朽木及伐桩上。

分　　布　分布于黑龙江、吉林等地。

应用情况　可药用。具有镇静、抗惊厥、增强耐缺氧能力，以及机体免疫力等功效。目前，已经开发出蜜环菌糖浆、复方蜜环菌糖浆、蜜环菌浸膏、健脑露等保健药品。临床用于治疗神经衰弱、失眠、耳鸣、眩晕、四肢麻木及癫痫等疾病（徐锦堂，1997；刘吉开，2004；杨淑云等，2007）。我国报道的 "*Armillariella mellea* (Vahl) P. Karst. 蜜环菌" 实际上是个复合群，包括了蜜环菌属的多个物种。

657　蜜环菌

别　　名　榛蘑、小蜜环菌、蜜环蕈、栎蘑、蜜色环菌、根索菌、根腐蕈

拉丁学名　*Armillaria mellea* (Vahl) P. Kumm.

曾用学名　*Armillariella mellea* (Vahl) P. Karst.

英 文 名　Honey Fungus, Honey Mushroom

形态特征　子实体中等至较大。菌盖直径 4～14cm，淡土黄色、蜜色至浅黄褐色，老后棕褐色，中部有平伏或直立的小鳞片，边缘具条纹。菌肉白色。菌褶白色或稍带肉粉色，老后出现暗褐色斑点，

图 657-1

图 657-2

658-1

图 658-2

直生至延生。菌柄长 5～13cm，粗 0.6～1.8cm，圆柱形，稍弯曲，同菌盖色，有纵条纹和毛状小鳞片，纤维质，松软至空心，基部稍膨大。菌环白色，生柄上部，呈双层，松软。孢子无色或带黄色，光滑，椭圆形或近卵圆形，7～11.3μm×5～7.5μm。菌丝体或菌丝索能在暗处发荧光。

生态习性　夏秋季在多种树干基部、根部、立木或倒木上丛生。侵害多种树木形成根朽病或导致树木白色腐朽。

分　　布　分布于吉林、黑龙江、内蒙古、河北、山西、陕西、甘肃、河南、江西、青海、西藏、新疆、四川、云南、贵州、福建、湖南、广西等地。

应用情况　可食用，我国东北林区野生资源丰富，每年以榛蘑产品大量上市。但在加工不熟时会引起腹泻等中毒反应。利用其共生关系，提高栽培天麻的产量和质量。现可人工栽培和利用菌丝体发酵培养。可药用，增强免疫力、治疗失眠、抑肿瘤、抗辐射等。

658　奥氏蜜环菌

别　　名　红褐蜜环菌、红褐小蜜环菌、暗鳞盖蜜环菌
拉丁学名　*Armillaria ostoyae* (Romagn.) Herink
曾用学名　*Armillariella obscura* (Schaeff.) Romagn.; *Armillariella polymyces* (Pers. ex Gray) Singer et Clc.
英 文 名　Dark Honey Fungus

形态特征　子实体中等至较大。菌盖直径 3.5～11cm，初期扁半球形或平展，后期平展，中央稍凹或稍凸，表面近土红色，边缘色浅近白色，波状或翘起，鳞片白色变至褐色。菌褶污白色，浅肉色或灰白色，往往出现红褐色斑点，直生至弯生，不等长。菌柄近圆柱形，基部稍膨大，长 5～13cm，粗 0.5～2cm，上部色浅近污白色，中部以下褐色至暗褐或黑褐色，具明显鳞片，内部实心至松软。菌环膜质，上表面白色，下面暗褐色。孢子近球形或宽椭圆形，无色，光滑，6.5～7.8μm×4.5～6.9μm。

图 660-1

生态习性 夏末至秋季在云杉林中腐木上群生、丛生、稀单生。属木腐菌。

分　布 分布于甘肃、新疆及四川西部高山林区。

应用情况 可食用和药用。可镇静，增强免疫力，治疗神经衰弱、失眠、四肢麻木等症状。过去此种曾以 "*Armillariella mellea* (Vahl) P. Karst. 蜜环菌" 报道。

659　芥黄蜜环菌

拉丁学名 *Armillaria sinapina* Bérubé et Dessur.

形态特征 子实体中等。菌盖幼时半球形至钟形，成熟时扁圆形，平展或稍凹，直径可达 5～9cm，中部厚可达 2cm，表面新鲜时鲜黄色至硫黄色，具褐色至暗褐色的鳞片，鳞片尖端直立并反卷，在菌盖中央厚密，向边缘逐渐稀疏，菌盖表面干后变为黄褐色，无环带，粗糙，边缘钝或锐，干后内卷。菌肉新鲜时乳白色，厚可达 0.4cm。菌褶表面新鲜时乳白色，干后变为橙褐色，菌褶密，不等长，通常延生。菌柄具菌环，成熟后多等粗，纤维质，上部乳白色，中部橘白色、淡橘黄色，基部鲜黄色至硫黄色，柄长 5～10cm，粗可达 1.1mm，具近白色至灰橘黄色的菌幕残物。菌丝具锁状联合或简单分隔。菌肉菌丝无色或浅黄色，薄壁至略厚壁，常分枝，多具简单分隔，平直或略弯曲，有些菌丝略膨胀，规则排列，直径通常为 5～9μm，膨胀菌丝直径可达 18μm。菌髓菌丝无色，薄壁，多分枝，频繁分隔，疏松交织排列，直径为 4～7μm，有些菌丝通常膨胀，直径可达 24μm。担子近棍棒状，具 4 小梗并在基部具一锁状联合，24～50μm×6～10μm。孢子椭圆形，无色，薄壁至厚壁，平滑，通常具 1 大油滴，菌盖上孢子常厚壁，6.8～9.5μm×4.9～6.8μm。褶缘囊体棒状、椭圆形、卵形至近球形，常成串排列，基部具锁状联合，顶部偶尔具乳头状突起，无色、薄壁，常密集排列形成不育的褶缘，9～21μm×6～11μm。

生态习性 夏末和秋初生长在多种针叶树的倒木和腐朽木上，以及落叶层上，偶尔生阔叶树的腐朽木上。

分　布 分布于黑龙江、吉林、内蒙古等地。

应用情况 过去曾以 "*Armillariella mellea* (Vahl) P. Karst. 蜜环菌" 报道食用、药用。具有镇静、增强免疫力等功效，还用于治疗神经衰弱、失眠和四肢麻木等症。

660　白小蜜环菌

拉丁学名 *Armillaria* sp.

形态特征 子实体较小或中等，白色。菌盖直径 2～3.5cm，纯白色，初期扁半球形，边缘内卷，黏，盖缘有明显的细长条棱。菌肉白色，直生至近弯生。菌柄细长，近柱形，白色，基部略带灰褐色，长7～12cm，粗0.5～0.8cm，表面有细条纹，内部松软至变空心。菌环生柄之顶部或上部，膜质，明显双层，白色。孢子印白色。孢子光滑，近无色，近卵圆形、宽椭圆形至椭圆形，8.9～11.5μm×7.6～11.5μm。

生态习性　夏秋季生于七叶树腐木桩附近，丛生。

分　　布　分布于西藏墨脱，海拔2400m常绿阔叶林带。

应用情况　可食用。此种与蜜环菌明显区别是此种颜色为纯白色。作者1982年南迦巴瓦峰登山科学考察时发现。

661　美洲蜜环菌

拉丁学名　*Armillaria straminea* var. *americana* Mit. et A. H. Sm.

形态特征　子实体一般中等至较大。菌盖直径5～13cm，初期近锥形或扁半球形，后期近平展，幼时边缘内卷，有条棱纹及被绵毛状鳞片，表面干，具黄色或稍暗色的平伏或突起的鳞片，可变平滑，草黄色或黄白色。菌肉白色带黄色，中部较厚，不变色。菌褶直生，不等长，较密，宽，白色，后期呈柠檬黄色，边缘粗糙。菌柄近圆柱形，长5～10cm，粗1～2.6cm，上部近白色，平滑，基部稍膨大，菌环以下有明显鳞片，菌环以上带黄色，绵毛状。孢子印白色。孢子椭圆形，光滑，无色，6～8.5μm×4～5.5μm。

生态习性　夏秋季生混交林中地上，单生或散生。

分　　布　分布于河北、甘肃、陕西等地。

应用情况　产地群众有说可食用，需慎食。另外此种与在青藏高原高山草甸上生长的黄绿卷毛菌 *Floccularia Luteovirens* 形色均近似。

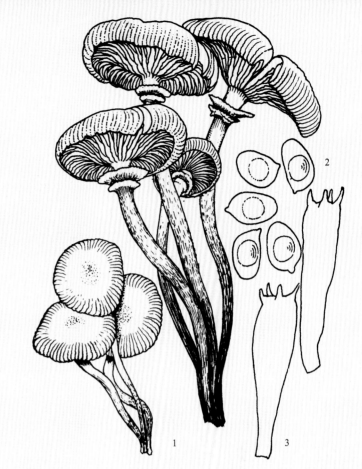

1. 子实体；2. 孢子；3. 担子

图660-2

图661-1

图 661-2

662　假蜜环菌

别　　名	青杠菌、亮菌、树秋、发光假蜜环菌、青杠钻
拉丁学名	***Armillaria tabescens*** (Scop.) Emel
曾用学名	*Armillariella tabescens* (Scop.) Singer; *Clitocybe tabescens* (Scop.) Bres.
英 文 名	Ringless Honey Mushroom

形态特征　子实体中等大。菌盖直径 2.8～8.5cm，扁半球形至平展，有时边缘稍翻起，蜜黄色或黄褐色，老后锈褐色，中部有纤毛状小鳞片。菌肉白色或带乳黄色。菌褶白色或稍带暗肉粉色，近延生，稍稀，不等长。菌柄长 2～13cm，粗 0.3～0.9cm，上部污白色，中部以下灰褐至黑褐色，具平伏丝状纤毛，松软至空心。无菌环。孢子无色，光滑，宽椭圆形至近卵圆形，7.5～10μm×5.3～7.5μm。

生态习性　夏秋季在阔叶树干基部或根部丛生。引起多种树木根部白色腐朽。

分　　布　分布于吉林、黑龙江、内蒙古、河北、山西、陕西、山东、江苏、江西、湖南、福建、浙江、广东、广西、云南、四川、贵州、河南、甘肃等地。

应用情况　可食用，味好，食量多时会产生消化不良等胃肠道反应。菌丝体在暗处发荧光。可药用。据研究菌丝体对胆囊炎及传染性肝炎有疗效，包括急慢性、迁延性肝炎。抑肿瘤，试验对小白鼠肉瘤 180 及艾氏癌的抑制率均为 70%。

2-1

62-2

图 662-3

图 663
1. 子实体；2. 孢子；3. 担子

图 664

663　金黄盖亚氏菇

别　　名　褐亚脐菇
拉丁学名　*Arrhenia epichysium* (Pers.) Redhead et al.
曾用学名　*Omphalina epichysium* (Pers.) Quél.

形态特征　子实体小。菌盖直径 1.5～4cm，初期扁半球形，后期近平展，中央下凹呈脐状，有时近似浅漏斗状，水浸状，灰褐色至暗灰褐色，初期似有细小鳞片，后期变光滑，边缘有条纹且向内稍卷。菌肉带灰色，薄，无明显气味。菌褶浅灰至灰褐色，稍宽，直生至近弯生，边缘平滑。菌柄柱形，向顶部或基部稍粗，长 2～4cm，粗 0.2～0.5cm，光滑，灰褐至暗褐色，基部有白色绒毛，内部松软至空心。孢子椭圆形，光滑，无色，6.5～9μm×3.5～5.5μm。
生态习性　在林中倒腐木、枯树干或枯枝上单生或群生。属木腐菌。
分　　布　分布于山西、吉林、云南等地。
应用情况　记载可食用。

664　粉黏粪锈伞

拉丁学名　*Bolbitius demangei* (Quél.) Sacc. et D. Sacc.

形态特征　子实体较小。菌盖直径 3～6cm，薄，初期卵圆或钟形，渐呈扁半球形至斗笠形，平展后中部稍凸起，淡白色、浅褐色至淡灰褐色，中部褐黄色，稍黏滑，有放射状细长条棱。菌肉污白色，薄，无明显气味。菌褶初期粉白色，后呈锈色，边缘白色，离生，密或稍密，宽 0.4～0.5cm，不等长。菌柄细长，6～12cm×0.4～0.7cm，粉红白色，幼时上部表面有细粉粒，中下部有纵条纹，基部稍膨大，内部空心。孢子浅黄色，光滑，有明显发芽孔，宽椭圆形或近卵圆形，12～16.2μm×7～9.5μm。褶缘囊体棒状或泡囊状，宽纺锤形，2.8～4.5μm×12～40μm。盖囊体近棒状或洋梨形。
生态习性　夏秋季于草堆、垃圾堆、牛马粪上群生。
分　　布　分布于河北、北京、香港等地。
应用情况　据说在河北产地可食，未见记载有毒。

665 粪锈伞

拉丁学名 *Bolbitius vitellinus* (Pers.) Fr.

形态特征 子实体一般较小。菌盖直径 2~4.5cm，近钟形，中部淡黄色或柠檬黄色，向边缘渐变米黄色，半膜质，表面黏，光滑，有皱纹，边缘有细长条棱可接近顶部。菌肉很薄。菌褶深肉桂色，褶缘色淡，近弯生，密或稍稀，窄。菌柄细长，长 5~10cm，粗 0.2~0.3cm，柱形，污黄白色，质脆有透明感，光滑或上部有白色细粉粒，空心，基部稍许膨大。孢子锈黄色，光滑，一头平截，有芽孔，椭圆形，11~12μm×6~8.5μm。
生态习性 春至秋季于牲畜粪上或肥沃地上单生或群生。
分　　布 分布广泛。
应用情况 怀疑有毒，注意不要随便采食。

图 665

666 肉色黄丽蘑

别　　名 肉色丽蘑、淡土黄丽蘑
拉丁学名 *Calocybe carnea* (Bull.) Donk
英 文 名 Pink Domecap, Yellow-red Calocybe

形态特征 子实体较小。菌盖直径 3~7cm，半球形至扁半球形或扁平，浅土黄至浅柿黄色，表面平滑无条纹。菌肉白色，稍厚，有水果香气。菌褶乳白，直生至弯生，不等长，边缘波状。菌柄长 3~8cm，粗 0.3~1.3cm，柱形，白色或乳黄色，上部粗糙，内部松软，近纤维质，有的基部变细。孢子无色，光滑，椭圆形，4.5~6μm×2.5~3.5μm。
生态习性 夏秋季于林中草地上群生、单生或形成蘑菇圈。
分　　布 分布于香港、广东、广西等地。
应用情况 可食用，味道较好。

图 666-1

667 香杏丽蘑

别　　名 香杏口蘑、香杏、虎皮口蘑、虎皮香信、香信口蘑
拉丁学名 *Calocybe gambosa* (Fr.) Donk
曾用学名 *Tricholoma gambosum* (Fr.) Gillet
英 文 名 St George's Mushroom, Tiger-skin Mushroom

形态特征 子实体中等大。菌盖直径 6~12cm，半球形至平展，光

图 666-2

图 667-1

图 667-2

滑，不黏，带白色或淡土黄至淡土红色，边缘内卷。菌肉白色，肥厚，具香味。菌褶白色或稍带黄色，弯生，稠密，窄，不等长。菌柄长 3.5～10cm，粗 1.5～3.5cm，白色或稍带黄色，具条纹，内实。孢子印白色。孢子无色，光滑，椭圆形，5～6μm×3～4μm。

生态习性　夏秋季于草原上群生、丛生或形成蘑菇圈。国外记载多生于林中。

分　布　分布于河北、四川若尔盖、甘肃、内蒙古、吉林、黑龙江等地。

应用情况　可食用，是味道鲜美的优良食菌，系"口蘑"之上品。在我国未发现此种有毒。记载试验人工栽培。民间药用治疗小儿麻疹欲出不出、烦躁不安。具有益气、散热等功能。

668　雪白拱顶菇

拉丁学名　*Camarophyllus niveus* (Scop.) Wünsche

形态特征　子实体小。菌盖直径 1～3cm，初期扁半球形，后呈扁半球形至平展，污白至粉白稍带褐色。菌肉白色。菌褶白色，延生，较稀。菌柄长 2～5cm，粗 0.2～0.4cm，稍弯曲，白色，向下渐细，内部松软。孢子无色，光滑，椭圆形，8～9μm×4～6μm。

生态习性　秋季生草地或林间地上。

分　布　较广泛。

应用情况　可食用。

669　脐突伞

图 669

1. 子实体；2. 孢子；3. 担子

别　　名　脐形鸡油菌、脐型凸顶伞

拉丁学名　***Cantharellula umbonata*** (J. F. Gmel.) Singer

曾用学名　*Clitocybe umbonata* (J. F. Gmel.) Konrad;
　　　　　Cantharellus umbonatus J. F. Gmel.

英 文 名　Gray Sakecup Mushroom

形态特征　子实体小。菌盖直径 2～5cm，幼时近半球
形至扁平，中部下凹呈脐状，中央有一小凸起，表面平
滑或有平伏的小鳞片，暗灰褐色，湿润时近黑褐色、褐
红色，有时呈现环带，干燥时带灰色，幼小时边缘内
卷，成熟后边缘伸展。菌肉白色或灰褐色。菌褶白色至乳
白色，近直生至近延生，稍密，近蜡质，不等长。菌柄
长 3～9cm，粗 0.3～0.5cm，圆柱形或稍扭曲，表面浅灰

图 670-1

图 670-2

褐色，上部有白色粉末，基部有白色绒毛，内部松软至空心。孢子长椭圆形或近似纺锤状椭圆形，8～10.5μm×3.5～4μm。

生态习性 夏秋季生云杉林中苔藓间，单生或群生。

分　　布 分布于甘肃等地。

应用情况 记载可食用，也有认为不宜食用。经试验抑肿瘤，对小白鼠肉瘤 180 和艾氏癌的抑制率均为 100%。

670　壮丽松苞菇

别　　名 壮观乳头蘑、沙罗苞、老人头

拉丁学名 *Catathelasma imperiale* (Fr.) Singer

曾用学名 *Armillaria zelleri* D. E. Stuntz et A. H. Sm.

英 文 名 Imperial Cat, Imperial Mushroom

形态特征 子实体大型。菌盖直径 10～35cm，半球形至扁半球形，边缘内卷，后期扁平或中部稍下凹，边缘翘起，污黄褐色至暗褐色，平滑无毛且呈现隐纤毛状条纹，老时边缘开裂。菌肉厚，白色。菌褶白色，直生至延生，密，不等长。菌柄粗壮，长 9～18cm，粗 3.5～5cm，梭形或延伸成根状，实心白色，有鳞片。菌环双层，上层薄而较大，有条纹。孢子无色，光滑，长椭圆形或近圆柱状，9.5～15μm×4～5.5μm。

生态习性 夏秋季于针叶林等林中地上群生或散生。属松、云杉等树木的外生菌根菌。

分　　布 分布于四川、福建、云南、甘肃等地。

应用情况 可食用，质味较好，尤其菌柄部菌肉往往肥厚。

671 梭柄松苞菇

别　　名　梭柄环蕈、梭柄乳头菌、老人头、松苞菇、
　　　　　沙罗苞、罗汉菌、松柄乳头蘑
拉丁学名　***Catathelasma ventricosum*** (Peck) Singer
曾用学名　*Armillaria ventricosa* (Peck) Peck
英 文 名　Swollen-stalked Cat

形态特征　子实体大型。菌盖直径 7～20cm，半球形至
近扁半球形，白色至灰白色，带灰褐色，光亮，黏，边
缘内卷并附着菌幕残片。菌肉白色，肥厚。菌褶白色，
延生，有时分叉，稍密，窄，不等长。菌柄长 5～14cm，
粗 4～5.5cm，中部膨大呈梭形，白色至污白色，内实。
菌环白色，双层，生菌柄中部。孢子无色或带淡黄色，
光滑，有颗粒状内含物，椭圆形至卵圆形，8～14μm×
5.6～7.5μm。褶缘囊状体近棒形。
生态习性　夏秋季在松、杉林或混交林中地上单生。与
云南松、马尾松形成外生菌根。
分　　布　分布于四川、贵州、云南、黑龙江、西藏等地。
应用情况　可食用，个体大，肉肥厚，质细软，味较好。
四川、云南当地形象取名"老人头"。含二萜化合物、新
脑苷，有抑肿瘤活性等。

图 671

672 陀螺青褶伞

别　　名　陀螺绿褶伞、灰包菇、伞菌状灰包菇
拉丁学名　***Chlorophyllum agaricoides*** (Czern.) Vellinga
曾用学名　*Secotium agaricoides* (Czern.) Hollós;
　　　　　Endoptychum agaricoides Czern.
英 文 名　Puffball Agaric, Gastroid Lepiota

形态特征　子实体较小，直径 3～4cm，卵形到扁球形，
似桃子，白色、污白色，表面近平滑或渐形成鳞片。柄
短而明显，粗 1～1.5cm，倒圆锥形，向上伸长至包皮顶
端，形成中轴。表面浅黄色，单层，厚 1～2mm，光滑
后期出现鳞片，沿基部与柄连接处开裂。内部浅黄绿色，
腔迷路状，宽达 1mm，隔片与伞菌的菌褶相似。孢子黄
色，光滑，含 1 油滴，常附有一短柄，球形或近球形，
6～9μm×6～7.5μm。

图 672

图 673-1

图 673-2

生态习性　秋季在草原砂地、草地上散生或群生。

分　布　分布于河北、内蒙古、新疆、西藏等地。

应用情况　幼嫩时可食用。老后可药用，有清肺、利喉、消肿、止血、解毒作用。

673　大青褶伞

别　名　铅青褶伞

拉丁学名　*Chlorophyllum molybdites* (G. Mey.) Massee

形态特征　子实体大，白色。菌盖直径 5～25cm，半球形、扁半球形，中部稍凸起，幼时表皮暗褐色或浅褐色，逐渐裂为鳞片，顶部鳞片大而厚呈褐紫色，边缘渐少或脱落，后期近平展。菌盖部菌肉白色或带浅粉红色，松软。菌褶初期污白色，后期呈浅绿至青褐色，离生，宽，不等长，褶缘有粉粒。菌柄长 10～28cm，粗 1～2.5cm，圆柱形，污白色至浅灰褐色，纤维质，表面光滑，菌环以上光滑，环以下有白色纤毛，基部稍膨大，内部空心，菌柄菌肉伤处变褐色，干时气香。菌环膜质，生菌柄上部。孢子印带青黄褐色，后呈浅土黄色。孢子光滑，具明显的发芽孔，宽卵圆形至宽椭圆形，8～12μm×6～8μm。褶缘囊体无色，棒状或近纺锤状，25～45μm×2～8μm。

生态习性　夏秋季于林中或林缘草地上群生或散生。

分　布　分布于香港、福建、云南、台湾、海南等地，世界其他国家分布较少。

应用情况　普遍认为有毒，但亦有记载加工后可食。据记载可人工培养，供进一步研究。

674　粗鳞青褶伞

别　名　粗鳞大环柄菇、粗鳞环柄菇

拉丁学名　*Chlorophyllum rhacodes* (Vittad.) Vellinga

曾用学名　*Macrolepiota rhacodes* (Vittad.) Singer；*Lepiota rhachodes* (Vittad.) Quél.

英文名　Shaggy Parasol

形态特征　子实体大型。菌盖直径 7～18cm，球形至扁半球形，最后平展，表皮锈褐色开裂成大鳞片，易脱落边缘逐渐变为白色。菌肉白色，可变红色。菌褶白色或略带淡红色，离生，稍密，宽。菌柄长 7～15cm，粗 0.8～2cm，污白色，伤变淡红色，光滑，基部膨大。菌环白色至

淡褐色，生菌柄的上部，厚，双层，后期与柄分离能上下移动。孢子椭圆形至卵圆形，9～12.5μm×6～8.5μm。褶缘囊体淡黄色，近棒状，丛生。

生态习性　夏秋季在林中地上单生或散生。

分　　布　分布于香港、广东、台湾、海南等地。

应用情况　可食用，个体大，味道较好，亦有怀疑有毒。食用和作药时必须谨慎。

图 674

675　黏黄褐杯伞

别　　名　黏盖杯伞

拉丁学名　*Clitocybe acromelalga* Ichimura

形态特征　子实体小至中等。菌盖直径 3～10cm，杯状或漏斗状，表面土黄褐色，平滑或黏，边缘内卷，近波状。菌肉较薄。菌褶延生，稍密，淡黄褐色。菌柄长 3～5cm，粗 0.5～0.9cm，较菌盖色浅或近似，中空，似纤维质。孢子卵圆或宽椭圆形，光滑，很小，3～4.2μm×2.5～3.2μm。

生态习性　夏末至秋季在混交林中地上群生、近丛生或呈环状轮生。

分　　布　此种在中国南北方有分布，在四川、云南、贵州发现。

应用情况　在日本是一种著名毒菌，曾在许多地方误食引起中毒，发病时数日内手足红肿，火烧样刺痛等。在野外采集食用菌时，需特别注意，不能配伍药用。

676　白杯伞

别　　名　白雷蘑、白桩菇、白壳杯菌

拉丁学名　*Clitocybe candida* Bres.

曾用学名　*Leucopaxillus candidus* (Bres.) Singer

形态特征　子实体较大。菌盖直径 7～15cm，扁半球形，平展后中部下凹，白色，光滑，边缘平滑内卷。菌肉白色，较厚。菌褶白色，稠密，窄，近延生，不等长。菌柄近柱状，白色，长 5～7cm，粗 2～3cm，光滑，内实。孢子无色，光滑，椭圆形，5～6.3μm×3～4μm。

生态习性　秋季生云杉等针叶林中地上。

分　　布　分布于黑龙江、山西、青海等地。

应用情况　可食用。据资料报道，此种和雷蘑产生杯伞素 (clitocybin)，有抗肺结核病的作用。另外，抗细菌，对革兰氏阳性、阴性细菌有抑制作用。

图 676

677 芳香杯伞

图 677

别　　名　香杯伞

拉丁学名　***Clitocybe fragrans*** Sowerby

曾用学名　*Clitocybe fragrans* (With.) P. Kumm.

英 文 名　Fragrant Funnel, Fragrant Clitocybe

形态特征　子实体小。菌盖直径 2～3.5cm，初期扁半球形至扁平，中部下凹，边缘内卷，后期向上伸展，似杯状或浅漏斗状，表面湿润，浅灰黄色或淡灰褐黄色，边缘有细条纹，干燥时褪色至污白色。菌肉很薄，同盖色，有特殊的芳香气味。菌褶幼时直生或稍延生至延生，污白色，窄，不等长，较密。菌柄细长，柱形，同盖色，长 3～5cm，粗 0.2～0.3cm，往往下部稍弯曲，基部有白色毛，内部空心。孢子印白色。孢子光滑，狭长椭圆形，无色，6.5～7.5μm×3.5～4.5μm。

生态习性　夏秋季在台湾相思树等多种树林中地上群生。

分　　布　分布于山西、香港、云南、西藏等地。

应用情况　可食用。但有报道有毒，食后出现胃肠道及神经系统中毒症状，食用时需注意。另外可抑肿瘤。

678 肉色杯伞

图 678

拉丁学名 *Clitocybe geotropa* (Bull.) Harmaja
英 文 名 Rickstone funnel-cap

形态特征 子实体中等至大型。菌盖直径 4～
15cm，扁平，中部下凹呈漏斗状，中央往往有
小凸起，表面干燥，幼时带褐色，老时呈肉色
或淡黄褐色并具毛，边缘内卷不明显。菌肉近
白色，厚，紧密，味温和。菌褶近白色或同菌盖
色，延生，不等长，密，比较宽。菌柄细长，上
部较细，5～12cm×2～2.5cm，粗 1.5～3cm，白
色或带黄色，或同盖色，表面有条纹呈纤维状，
内部实心。孢子印白色。孢子无色，光滑，近球
形或宽卵圆形，6.4～10.2μm×4～6μm。

生态习性 秋季生于林中地上或草地上，往往
分散生长或成群生长。

分　　布 分布于四川、云南、西藏、山西
等地。

应用情况 可食用，国外曾试验栽培。抑肿瘤，
对小白鼠肉瘤 180 和艾氏癌的抑制率均为 80%。

679 深凹杯伞

拉丁学名 *Clitocybe gibba* (Pers.) P. Kumm.
英 文 名 Funnel Cap, Funnel Clitocybe

形态特征 子实体较小。菌盖直径 5～8cm，扁
半球形至扁平，后中部下凹呈漏斗状，表面干，
光亮，浅土红至浅粉褐色，有时橘黄色，湿润
时色彩鲜艳。菌褶延生，密，白色至污白色，
不等长。菌柄细长，圆柱形，长 4～8cm，粗
0.4～1cm，光滑，同盖色或较盖色浅，内部松
软。孢子印白色。孢子无色，光滑，椭圆形，
5～8μm×3.5～5μm。

生态习性 夏秋季在阔叶林或针叶林中地上生
长，群生、散生。

分　　布 分布于云南、青海、甘肃、四川等地。

应用情况 可食用。

图 679-1

图 679-2

图 680

1. 子实体；2. 孢子；3. 担子

680 灰褶杯伞

拉丁学名 *Clitocybe griseifolia* Murrill

形态特征 子实体中等。菌盖直径5～10cm，初期平展中央稍突起，后期中部稍下凹，表面平滑，灰白色中部黄褐色，边缘内卷且有开裂。菌肉白色，稍薄。菌褶不等长，稍密，白色至污白色或带灰色，延生，边缘平整。菌柄圆柱形，白色，有绒毛，长4～8cm，粗0.8～10cm，内部实心或松软，基部明显膨大。担子棒状，22～28μm×5.8～6.6μm，具4小梗。孢子印白色。孢子卵圆形至椭圆形，光滑，无色，6～7μm×3.5～4.5μm。

生态习性 夏秋季生于混交林中地上，单生、群生或丛生。

分　布 分布于广东等地。

应用情况 记载可食用，味道鲜。

681 杯伞

图 681

别 名 漏斗杯伞、杯蕈

拉丁学名 *Clitocybe infundibuliformis* (Schaeff.) Fr.

英 文 名 Common Funnel-cap, Funnel Clitocybe

形态特征 子实体小至中等大。菌盖直径5～10cm，中部下凹至漏斗状，幼时中央具小凸尖，浅黄褐色或肉色，干燥，薄，微有丝状柔毛，后变光滑，边缘平滑波状。菌肉白色，薄。菌褶白色，延生，稍密，薄，窄，不等长。菌柄长4～7cm，粗0.5～1.2cm，圆柱形，白色或近似菌盖色，光滑，内部松软，基部膨大且有白色绒毛。孢子印白色。孢子无色，光滑，近卵圆形，5.6～7.5μm×3～4.5μm。

生态习性 秋季于林中地上或腐枝落叶层及草地上单生或群生。

分 布 分布于辽宁、吉林、黑龙江、河北、山西、陕西、甘肃、青海、四川、新疆、西藏等地。

应用情况 可食用。试验抑肿瘤，对小白鼠肉瘤180及艾氏癌的抑制率分别为70%和80%。

682 条边杯伞

1. 子实体；2. 孢子；3. 担子

图 682

拉丁学名 *Clitocybe inornata* (Sowerby) Gillet

形态特征 子实体小至中等。菌盖直径3～6cm，初期半球形到平展，中央明显下凹，边缘有明显的沟条纹及波浪状，表面平滑污白黄色。菌肉白色至浅灰褐色。菌褶直生至弯生，褐灰色，密，较宽。菌柄长4～6cm，粗0.3～0.5cm，近柱形，基部稍细，有纵条纹，内部实心至松软。担子4小梗，棒状。孢子印白色。孢子无色，光滑，近椭圆形，7.5～9μm×3～4μm。

生态习性 秋季生林缘草地上，单生或群生。

分 布 分布于四川、西藏、东北等地。

应用情况 有记载可食用。

图 683-1

图 683-2

683　粉肉色杯伞

拉丁学名　*Clitocybe leucodiatreta* Bon

形态特征　子实体较小。菌盖直径 3～7.5cm，幼时半球形，后期近平展，中部稍下凹似漏斗状，表面干，近平滑，湿润，肉褐色，质脆。菌肉浅黄褐色或浅乳白色。菌褶稍宽，污白至浅白黄色，直生至延生。菌柄柱形，长 4～5cm，粗 0.5～1cm，同盖色，具条纹或白绒毛，实心。孢子椭圆形，光滑，4.5～6.5μm×2.5～3.5μm。
生态习性　夏秋季生林中沙石地上，近丛生。
应用情况　不宜食用。

684　大杯伞

别　　名　大杯蕈
拉丁学名　*Clitocybe maxima* (Gaertn. et G. Mey.) P. Kumm.
英 文 名　Large Funnel Cap, Giant Clitocybe

形态特征　子实体大型。菌盖直径 10～20cm 或更大，中部下凹呈漏斗状，灰黄色至淡土黄色，表面平滑，干燥，边缘内卷至伸展且波状，老后有条纹。菌肉白色，较薄，中部较厚。菌褶白色至污黄色，延生，较密，狭窄，不等长。菌柄长 7～10cm，粗 1.5～2.5cm，近柱形，

图 684-1

4-2

图 685

近白色或似盖色，靠近基部渐膨大呈棒状且有绒毛，内部松软。孢子印白色。孢子无色，平滑或微粗糙，近球形或近宽椭圆形，6.6～8μm×5.3～6.3μm。

生态习性　夏秋季于林中地上或腐枝落叶层群生或近丛生。

分　布　分布于河北、山西、黑龙江、青海等地。

应用情况　可食用。

685　水粉杯伞

别　名　烟云杯伞、水粉伞、水粉菌

拉丁学名　*Clitocybe nebularis* (Batsch) P. Kumm.

曾用学名　*Lepista nebularis* (Batsch) Harmaja

英文名　Clouded Funnel Cap, Cloudy Clitocybe

形态特征　子实体较大。菌盖直径4～13cm，颜色多变化，呈灰褐、烟灰色至近淡黄色，干时稍白，边缘平滑无条棱，但有时呈波浪状或近似花瓣状。菌褶污白色，稍延生，窄而密。菌柄长5～9cm，粗2～3cm，表面白色，基部往往膨大。孢子印白色。孢子无色，光滑，椭圆形，5.5～7.5μm×3.5～4μm。

生态习性　于林中地上群生或散生。

分　布　分布于河南、黑龙江、山西、吉林、四川、青海等地。

应用情况　记载可食用。有报道有毒，中毒产胃肠道反应。含水粉伞素 (nebularine)，能强烈抑制分枝杆菌和噬菌体的增生。试验抑肿瘤，对小白鼠肉瘤180有抑制作用。

图 686

686 浅白绿杯伞

别　　名　香杯伞、兰绿杯伞、浅黄绿杯伞
拉丁学名　***Clitocybe odora*** (Bull.) P. Kumm.
曾用学名　*Clitocybe odora* var. *alba* J. E. lange
英　文　名　Anise-scented Clitocybe, Blue-green Anise Mushroom

形态特征　子实体较小，白色带黄绿色。菌盖直径 2～7cm，幼时半球形、扁半球形，后期稍扁平至扁平，中部稍下凹或有凸起，白色而部分带浅黄绿色，顶部往往呈现浅黄褐色，表面平滑，边缘条纹无或不明显。菌肉白色，稍厚，具强烈的香气味。菌褶白色至乳白色或稍带粉红色，不等长，直生或稍延生。菌柄长 2～5cm，粗 0.5～0.7cm，白色或下部略带浅褐色稍弯曲，具纤毛状鳞片，基部常有白色绒毛，实心至空心。担子具 4 小梗。孢子宽椭圆形或近卵圆形，光滑，无色，5.5～7μm×3.5～5μm。
生态习性　夏秋季生山林草地上，群生或散生。
分　　布　分布于陕西、辽宁、山西、内蒙古等地。

应用情况 可食用，但也有记载不宜食用。可抑肿瘤，对小白鼠肉瘤 180 和艾氏癌抑制率分别为 70% 和 60%。

687 水银杯伞

别 名	合生杯伞、水银伞
拉丁学名	*Clitocybe opaca* (With.) Gillet
英 文 名	Funnel Cap

形态特征 子实体小至中等大。菌盖直径 3～8cm，扁半球形，白色至灰白色，光滑，边缘内卷并往往呈不规则波状。菌肉白色，稍厚。菌褶白色，密，直生至近延生，或近弯生。菌柄长 4～8cm，粗 0.8～1.5cm，圆柱形，白色，光滑，纤维质，内实，基部相连。孢子印白色。孢子无色，光滑或近粗糙，椭圆形至宽椭圆形，5～7.1μm×3～4μm。
生态习性 秋季在林中地上近丛生或群生。
分 布 分布于黑龙江、吉林、青海等地。
应用情况 此种可食用。不过也有记载此菌有毒，采食时要注意同有毒的白杯伞及毒杯伞相区别，其明显差异为后两种菌盖中部下凹或浅杯状。

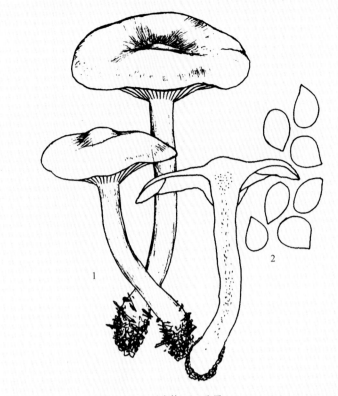

1. 子实体；2. 孢子
图 687

688 粗壮杯伞

拉丁学名	*Clitocybe robusta* Peck

形态特征 子实体中等至较大。菌盖直径 6～16cm，平展，肉质，乳白色或污白色，稍黏。菌肉白色。菌褶白色、乳黄色，直生稍延生，不等长。菌柄长 3～8cm，粗 0.8～1.8cm，近棒形，白色，有纤色状条纹。孢子带黄色，光滑，椭圆形，4.5～6μm×3.5～4.5μm。
生态习性 生林中地上。
分 布 分布于广东等地。
应用情况 可食用。

图 688

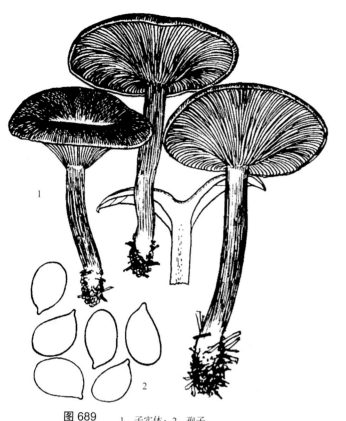

图 689   1. 子实体；2. 孢子

689 赭杯伞

拉丁学名 *Clitocybe sinopica* (Fr.) P. Kumm.

形态特征 子实体较小。菌盖直径 5～7cm，中间下凹至漏斗状，干燥，无光泽，土红色至砖红色，干后浅朽叶色至朽叶色，中部色深且具有细小鳞片，后变光滑。菌肉白色，薄。菌褶白色，渐变黄色，稠密，延生，不等长。菌柄圆柱形，内部松软，近似菌盖色，长 5～8cm，粗 0.5～0.7cm。孢子无色，光滑，倒卵圆形或近椭圆形。7.5～9.5μm×5.5～7μm。

生态习性 夏秋季在林中地上单生或散生。

分 布 分布于云南、吉林、新疆等地。

应用情况 可食用。

690 平头杯伞

别 名 平顶杯伞

拉丁学名 *Clitocybe truncicola* (Peck) Sacc.

形态特征 子实体小。菌盖直径 1～3.5cm，宽凸镜形，后渐平展，中部下凹，白色，湿时有时稍带水浸状，黄色、淡黄色，老熟时有贴生灰白色毛，边缘内卷，波状，无条纹。菌肉白色，薄。菌褶白色，密至稠密，窄，直生至短延生。菌柄圆柱形，白色，后呈现淡黄色，内实，常弯曲，长 1～3cm，粗 0.15～1.5cm，顶部有时有粉状物，下部则有平伏纤毛，基部稍膨大有散生菌丝体。孢子印白色。孢子光滑，无色，近球形至宽椭圆形，3.5～5μm×2.5～4μm。

生态习性 秋季散生于林中腐木上。

分 布 分布于吉林、黑龙江和青海等地。

应用情况 食用菌，味鲜美。

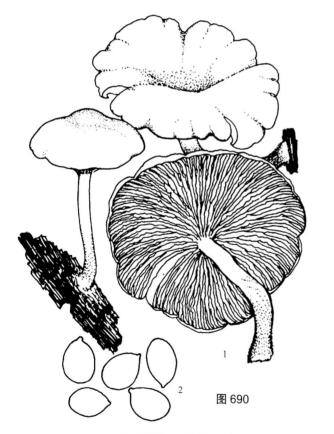

图 690

1. 子实体；2. 孢子

691 空柄黄杯伞

别　　名　空柄黄杯蕈
拉丁学名　*Clitocybe vermicularis* (Fr.) Quél.

形态特征　子实体小。菌盖直径 2～5cm，初期近扁半球形，后呈漏斗形，鲜时色浅，干燥时浅土黄色至深肉桂色，光滑，边缘平滑且内卷或波浪状至裂瓣状。菌肉白色或近白色，薄。菌褶白色，稠密，延生，窄，不等长。菌柄细长，柱形，长 5～7cm，粗 3～7mm，白色或近白色，基部稍膨大，有白色绒毛，内部空心。孢子印白色。孢子无色，近卵圆形，光滑，4.5～5.5μm×3.5～4.5μm。
生态习性　在落叶松等林中地上生长。
分　　布　分布于吉林等地。
应用情况　可食用。

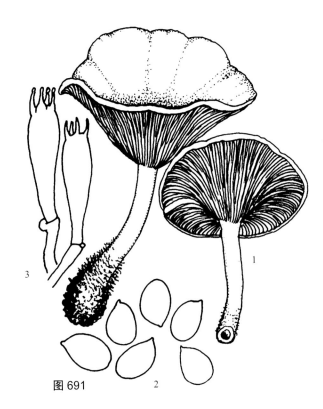

图 691

1. 子实体；2. 孢子；3. 担子

692 五台杯伞

别　　名　五台山杯伞、五台山杯菌、鸡爪子香蕈
拉丁学名　*Clitocybe wutaishanensis* B. Liu et al.

形态特征　子实体较大，白色。菌盖直径 10～17cm，中央下凹成浅漏斗状，边缘无条纹，光滑无毛，表面干燥，具有少数突起的同心环棱，干时不明显。菌肉白色，在菌柄处厚 0.4～0.6cm，在边缘处厚 1～2mm。菌褶稠密，薄，狭窄，宽近 0.4cm，不等长，淡棕色，直生至稍延生。菌柄长 5～9cm，顶部粗 0.8～1.3cm，中生至稍偏生，纤维质，表面平滑，基部膨大呈棒状，内部松软全变实心。担子 4 小梗。孢子平滑，无色，椭圆形，3.8～6.3μm×2.5～3.8μm，无囊体。柄囊体和盖囊体相似，倒棒状，80～140μm×10～22μm。
生态习性　秋季生于山坡草地上并形成蘑菇圈，常群生至丛生。
分　　布　分布于山西五台山等地。
应用情况　可食用。据记载此菌是山西五台山地区著名的食用菌之一。

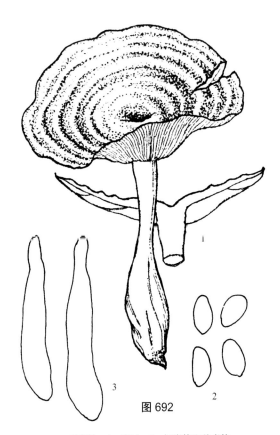

图 692

1. 子实体；2. 孢子；3. 柄囊体和盖囊体

图 693   图 694

693   丛生斜盖伞

拉丁学名   *Clitopilus caespitosus* Peck

形态特征   子实体白色。菌盖直径 5～8.5cm，半球形至平展，中部常下凹，白色至乳白色，干后纯白色且具丝光，光滑，初期边缘内卷，伸展后常呈瓣状并开裂。菌肉白色，薄。菌褶白色、粉红色，直生至延生，较密，不等长，往往边缘具小锯齿。菌柄长 3～7cm，粗 0.4～1cm，上部有细小鳞片，内部松软，易纵向开裂。孢子印粉红色。孢子无色，光滑，宽椭圆形，4.5～5μm×3～4μm。
生态习性   夏秋季于林中地上丛生。
分　　布   分布于河北、山西、黑龙江、吉林、江苏等地。
应用情况   可食用，味鲜美，属优良食菌。提取水溶性多糖，对小白鼠肉瘤 180 抑制率为 42.3%。

694   皱纹斜盖伞

拉丁学名   *Clitopilus crispus* Pat.

形态特征   子实体较小。菌盖直径 2～7cm，扁半球形至扁平或平展，中部稍下凹，纯白至污白色，幼时边缘内卷且有绒毛，表面有稀疏近辐射状皱棱纹。菌肉白色。菌褶白色到乳黄至带粉红色，延生，密。菌柄长 1.5～6cm，粗 0.3～0.7cm，近柱形，常弯曲，白色或带污白，光滑或有时有细绒毛。担子棒状，具 4 小梗。孢子近无色，具沟条，椭圆或近卵圆形，5.6～7.8μm×4.2～5.6μm。

图 695

生态习性 夏秋季于林中地上群生或近丛生。

分　　布 分布于香港、澳门、云南西双版纳等热带季雨林区。

应用情况 食毒不明。

695　斜盖伞

别　　名 斜盖菇

拉丁学名 *Clitopilus prunulus* (Scop.) P. Kumm.

英 文 名 Sweetbread Mushroom

形态特征 子实体小或中等大。菌盖直径 3~8cm，幼时扁半球形，后渐平展，中部下凹近浅盘状，白色或污白色，表面似有细粉末至平滑，部分有条纹，湿时黏，边缘波状或花瓣状及内卷。菌肉白色，细嫩，气味香，中部厚而边缘薄。菌褶白色至粉红色，延生，稍密，较窄，不等长，边缘近波状。菌柄短，长 2~4cm，粗 0.4~1cm，弯曲，稍偏生，白色至污白色，往往向下部渐细，内部实心至松软。孢子印粉肉色。孢子近无色，有 6 条纵向肋状隆起，横面观似六角形，宽椭圆形或近纺锤形，9~13μm×5.5~6.5μm。

生态习性 春夏季于林缘附近草地上散生或群生。

分　　布 分布于青海、四川等地。

应用情况 可食用，味道好。

图 696-1   图 696-2

696　堇紫金钱菌

拉丁学名　*Collybia iocephala* (Berk. et M. A. Curtis) Singer
英　文　名　Violet Collybia

形态特征　子实体小。菌盖直径 1～3.2cm，半球形、扁半球形或近似钟形至近扁平，堇紫色，干燥时褪色，中部色深，表面平滑且边缘有宽的沟纹。菌肉薄。菌褶浅堇紫色，直生至弯生，稍稀，不等长。菌柄细长，长 3～5.5cm，粗 0.2～0.3cm，向基部稍膨大且有白色绒毛。孢子无色，光滑，椭圆形，6.5～8μm×3～4μm。
生态习性　夏秋季于林地上散生或群生。
分　　布　见于香港等地。
应用情况　可食用，子实体弱小。

697　红斑金钱菌

拉丁学名　*Collybia maculata* (Alb. et Schwein.) P. Kumm.
英　文　名　Spotted Collybia

形态特征　子实体小至中等。菌盖直径 6～10cm，扁半球形至近扁平，中部钝或凸起，表面白色或污白，常有锈褐色斑点或斑纹，老后表面带黄色或褐色，平滑无毛，边缘幼期卷无条棱。菌肉白色，

图 697

中部厚，气味温和或有淀粉味。菌褶直生或离生，白色或带黄色，很密，窄，不等长，褶缘锯齿状，老化或受伤处带红褐色斑痕。菌柄圆柱形，细长，近基部常弯曲，长 5.5～12cm，粗 0.5～1.2cm，有时中下部膨大和基部处延伸呈根状，具纵长条纹或扭曲的纵条沟，软骨质，内部松软至空心。孢子印近白色。孢子近球形，无色，光滑，6～7.6μm×4～6.5μm。无囊状体。

生态习性 夏秋季在林中腐枝、腐朽木或地上群生或近丛生。

分　　布 分布于甘肃、陕西、西藏、新疆等地。

应用情况 可食用，味较好。有抗真菌、抗病毒活性。

698　堆联脚伞

别　　名 丛生裸伞、堆裸伞、堆金钱菌、堆钱菌

拉丁学名 *Connopus acervatus* (Fr.) K. W. Hughes et al.

曾用学名 *Gymnopus acervatus* (Fr.) Murrill; *Collybia acervata* (Fr.) P. Kumm.

英 文 名 Clustered Collybia, Tufted Collybia

形态特征 子实体较小。菌盖直径 2～7cm，半球形至近平展，中部稍凸，有时成熟后边缘翻起，浅土黄色至深土黄色，光滑，湿润时具不明显条纹。菌肉白色，薄。菌褶白色，直生至近离生，较密，不等长。菌柄细长，长 3～6.5cm，粗 0.2～0.7cm，圆柱形，有时扁圆或扭转，浅褐色至黑褐色，纤维质，空心，基部具白色绒毛。孢子印白色。孢子无色，光滑，椭圆形，5.6～7.7μm×2.6～3.8μm。

生态习性 夏秋季于阔叶林落叶层或腐木上近丛生、丛生至群生。

图698

分　布　分布于吉林、河北、西藏、青海、广东、云南等地。

应用情况　可食用。此菌个体小，却往往大量生长，便于收集利用。

699　小假鬼伞

别　　名	白假鬼伞、白小鬼伞
拉丁学名	*Coprinellus disseminatus* (Pers.) J. E. Lange
曾用学名	*Pseudocoprinus disseminatus* (Pers.) J. E. Lange

形态特征　子实体很小。菌盖直径1cm左右，卵圆形至钟形，后期平展，白色至污白色，顶部呈黄色，膜质，被白色至褐色颗粒状至絮状小鳞片，边缘具长条纹。菌肉近白色，很薄。菌褶初期白色，渐变为褐色至近黑色，成熟时缓慢自溶。菌柄长2～3cm，粗1～2mm，有时稍弯曲，白色

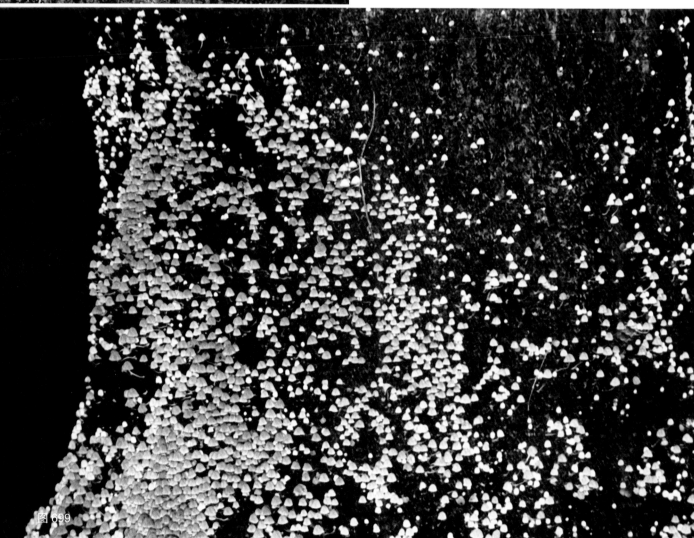

图699

至灰白色，中空。无菌环。孢子黑褐色或淡灰褐色，6～10μm×4～5μm，椭圆形至卵形，光滑，具芽孔。

生态习性 夏秋季生在路边、林中的腐木或草地上。

分　　布 分布十分广泛。

应用情况 记载幼时可食，但子实体弱小，食用价值不大，甚至有认为不宜食用。

700　晶粒小鬼伞

图 700-2

别　　名 晶粒鬼伞、晶鬼伞、狗尿苔

拉丁学名 *Coprinellus micaceus* (Bull.) Vilgalys et al.

曾用学名 *Coprinus micaceus* (Bull.) Fr.

英　文　名 Glistening Ink Cap

形态特征 子实体小。菌盖直径 2～4cm 或稍大，初期卵圆形、钟形、半球形、斗笠形，污黄色至黄褐色，表面有白色颗粒状晶体，中部红褐色，边缘有显著的条纹或棱纹，后期可平展而反卷，有时瓣裂。菌肉白色，薄。菌褶初期黄白色，离生，密，窄，不等长，后变黑色而与菌盖同时自溶为墨汁状。菌柄白色，具丝光，较韧，中空，圆柱形，长 2～11cm，粗 0.3～0.5cm。孢子印黑色。孢

图 701

图 702-1

图 702-2

子黑褐色，卵圆形至椭圆形，光滑，7～10μm×5～5.5μm。褶侧和褶缘囊体无色，透明，短圆柱形，有时呈卵圆形，61～200μm×40～49μm。

生态习性 春夏秋三季于阔叶林中树根部地上丛生。

分　　布 分布于河北、山西、黑龙江、四川、吉林、辽宁、江苏、河南、湖南、香港、陕西、甘肃、新疆、青海、西藏等地。

应用情况 初期幼嫩时可食用。与酒同吃，易发生中毒。据试验对小白鼠肉瘤 180 的抑制率为 70%，对艾氏癌的抑制率为 80%。此菌可产生腺嘌呤（adenine）、胆碱（choline）和色胺（tryptamine）等生物碱。

701　辐毛小鬼伞

别　　名 辐毛鬼伞

拉丁学名 *Coprinellus radians* (Desm.) Vilgalys et al.

曾用学名 *Coprinus radians* (Desm.) Fr.

英 文 名 Orange-mat Coprinus, Miniature Woolly Inky

形态特征 子实体小。菌盖直径 2.5～4cm，高 2～2.5cm，卵圆形变钟形至平展，黄褐色，中部色深且边缘浅黄色，具浅黄褐色粒状鳞片，有辐射状长条棱。菌肉白色，很薄。菌褶白色至黑紫色，直生，密，窄，不等长。菌柄较细，长 2～5cm，粗 0.4～0.7cm，圆柱形或基部稍膨大，白色，表面有细粉末，菌柄基部周围出现大片多分枝呈毛状的黄褐色菌丝块。孢子黑褐色，有芽孔，椭圆形，6.5～8.5μm×3～5μm。

生态习性 夏秋季于树桩及倒腐木上成群丛生。

分　　布 分布较广。

应用情况 幼时可食用，子实体却易液化，食用意义不大。可做菌丝体发酵培养。试验对小白鼠肉瘤 180 及艾氏癌的抑制率分别为 70% 和 90%。

702　墨汁拟鬼伞

别　　名 墨汁鬼伞、柳树蘑、柳树钻、地盖鬼菇、地苓鬼盖

拉丁学名 *Coprinopsis atramentaria* (Bull.) Redhead et al.

曾用学名 *Coprinus atramentarius* (Bull. : Fr.) Fr.

英 文 名 Common Ink Cap, Inky Cap, Alcohol Inky

形态特征 子实体小或中等。菌盖直径 3～8cm，卵形至钟形，盖缘菌褶逐渐液化成墨汁状，未开伞前顶部钝圆，污白至灰褐色或有鳞片，边沿灰白色具沟棱或瓣状。菌肉白色，变灰白色。菌褶灰白至灰粉色，最后呈黑色汁液，离生，很密，不等长。菌柄长 5～15cm，粗 1～2.2cm，向下渐粗环以下又变细，污白色，空心。孢子黑褐色，光滑，椭圆形，7～10μm×5～6μm。囊体圆柱形或棒状。

生态习性 春至秋季在林中、田野、路边、公园等处地下有腐木的地方大量丛生。

分　　布 分布全国各地森林、草地。

图 703-1

应用情况 子实体易液化成墨汁状。可食用，但有人食后有不适反应。甚至与酒同食出现精神烦躁、心跳加快、耳鸣、发冷、四肢麻木、脸色苍白等症状，最初常恶心、呕吐。有记载可药用，助消化、祛痰、解毒、消肿，子实体煮熟后烘干，研成细末和醋成糊状敷用，治无名肿毒和其他疮疽。试验抑肿瘤，对小白鼠肉瘤 180 和艾氏癌的抑制率均高达 100%。

703 灰拟鬼伞

<table>
<tr><td>别　　名</td><td>长根鬼伞</td></tr>
<tr><td>拉丁学名</td><td>Coprinopsis cinerea (Schaeff.) Redhead et al.</td></tr>
<tr><td>曾用学名</td><td>Coprinus macrorhizus (Pers.) Rea</td></tr>
</table>

形态特征 子实体较小。菌盖直径 2～4cm，高 3～5cm，初期卵形，白色，覆有白绒毛状鳞片，鳞片脱落后变为灰色，沿棱纹开裂，后期渐伸展，呈圆锥形，中部淡黄褐色，向外渐淡。菌肉白色，极薄。菌褶白色、灰紫红色，后变黑色而自溶为墨汁状，离生，密，不等长。菌柄长 5～12cm，粗 1～2cm，中空，白色，并具有白色绒毛状鳞片，有丝光，向上渐细，基部略粗，向下呈长根状。孢子印黑色。孢子黑褐色，椭圆形，光滑，8～11μm×5～7.5μm。褶侧和褶缘囊体梭形至棒状，75～90μm×28～35μm。

生态习性 夏秋季在施有厩肥的地上散生至丛生。

分　　布 分布于河北、河南、四川、云南等地。

应用情况 幼时可食用，成熟后菌盖自溶成墨汁状。此菌试验抑肿瘤，对小白鼠肉瘤 180 的抑制率为 80%，对艾氏癌的抑制率为 70%。

1. 子实体；2. 孢子；3. 褶侧和褶缘囊体

图 703-2

704 费赖斯拟鬼伞

<table>
<tr><td>别　　名</td><td>费赖斯鬼伞</td></tr>
<tr><td>拉丁学名</td><td>Coprinopsis friesii (Quél.) P. Karst.</td></tr>
<tr><td>曾用学名</td><td>Coprinus friesii Quél.</td></tr>
</table>

形态特征 子实体很小。菌盖卵状椭圆形，直径 0.5～1cm 或稍大，表面白色有粉状物，后灰色，条棱长而明显。菌肉白色，甚薄。菌褶离生，密，窄，白

色变褐至带紫褐色。菌柄长 1～2cm 或稍长，粗 0.1cm 左右，白色，表面有粉状物，基部膨大球状且有放射状毛。孢子印暗栗褐色。孢子卵圆形或近球形，光滑，淡褐色带蓝紫色，7.5～9.5μm×6.5～8μm，发芽孔明显。褶侧囊体棍棒形，顶端钝圆，无色，薄壁，37～80μm×12～14μm。褶缘囊体棍棒状，近瓶状，无色，薄壁，22～60μm×14～16μm。

生态习性 夏秋季在地上腐草等物上生长。

分　　布 分布于山西等地。

应用情况 据报道，试验抑肿瘤，对小白鼠肉瘤 180 的抑制率为 90%，对艾氏癌的抑制率高达 100%。

705 疣孢拟鬼伞

别　　名 疣孢鬼伞

拉丁学名 *Coprinopsis insignis* (Peck) Redhead et al.

曾用学名 *Coprinus insignis* Peck

形态特征 子实体一般较小。菌盖直径 5～7.5cm，初期卵圆形后呈钟形，锈褐色，薄，光滑，有长达顶部呈辐射状的长条棱。菌肉白色，薄。菌褶近离生，稠密，不等长，初期白色，后变黑色。菌柄细长，中空呈管状，长 10～14cm，粗 0.8～1cm，表面有纵条纹。孢子黑色，卵圆或椭圆形，具明显的小疣，10～12μm×7～8μm。有褶侧囊体。

生态习性 夏秋季生榆等树桩周围。

分　　布 分布于新疆、吉林、西藏等地。

应用情况 据报道试验抑肿瘤，对小白鼠肉瘤 180 和艾氏癌的抑制率为 70%。

706 白绒拟鬼伞

别　　名 白绒鬼伞、绒鬼伞

拉丁学名 *Coprinopsis lagopus* (Fr.) Redhead et al.

曾用学名 *Coprinus lagopus* (Fr.) Fr.

英 文 名 Woolly Inky Cap

形态特征 子实体细弱，较小。菌盖初期圆锥形至钟形，后渐平展，薄，直径 2.5～4cm，初期有白色绒毛，

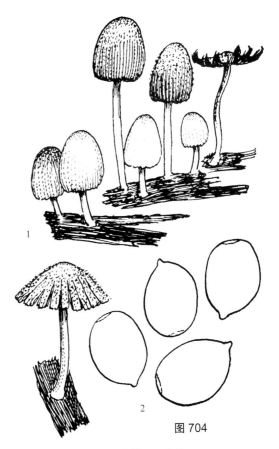

图 704

1. 子实体；2. 孢子

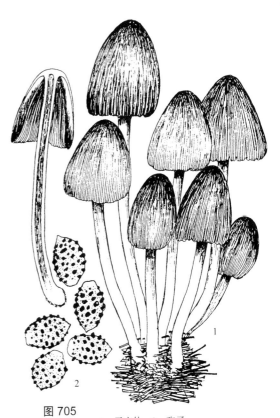

图 705

1. 子实体；2. 孢子

图 706

图 707-1

后渐脱落，变为灰色，并有放射状棱纹达菌盖顶部，边缘最后反卷。菌肉白色，膜质。菌褶白色、灰白色至黑色，离生，狭窄，不等长。菌柄细长，白色，长可达 10cm，粗 0.3～0.5cm，质脆，有易脱落的白色绒毛状鳞片，柄中空。孢子椭圆形，黑色，光滑，9～12.5μm×6～9μm。褶侧囊体大，袋状。

生态习性　生肥土地上或生林中地上，常群生或近丛生。

分　布　分布于黑龙江、吉林、辽宁、河北、新疆、广西、四川、云南、内蒙古、青海、广东等地。

应用情况　此菌子实体易消解成墨汁状汁液，不宜食用。含多糖等抑肿瘤活性物质，对小鼠肉瘤 180 和艾氏癌抑制率分别为 100% 和 90%。此菌还可应用于生物遗传、教学研究材料。墨汁鬼伞、毛头鬼伞等多种子实体均易消解成墨汁状，作者曾试用书画，很有特色。

707　毛头鬼伞

别　　名　大鬼伞、鸡腿菇、毛鬼伞、鬼盖、鸡腿蘑

拉丁学名　*Coprinus comatus* (O. F. Müll.) Pers.

曾用学名　*Coprinus ovatus* (Schaeff.) Fr.

英 文 名　Lawyer's Wig, Shaggy Mane, Shaggy Ink Cap

形态特征　子实体较高大。菌盖直径 3～5cm，高达 9～11cm，长卵圆或圆柱形，表面褐色至浅褐

7-2

图 707-3

色，并随着菌盖长大而断裂成较大型鳞片，边缘菌褶溶化成墨汁状液体。菌肉白色。菌柄较细长，长 7～25cm，粗 1～2cm，圆柱形且向下渐粗，白色。孢子光滑，椭圆形，12.5～16μm×7.5～9μm。囊状体无色，棒状顶部钝圆。

生态习性 春至秋季在田野、林缘、道旁、公园、茅草屋顶上单生或群生。

分　布 分布于河北、吉林、辽宁、黑龙江、内蒙古、山西、江苏、山东、浙江、河南、湖北、湖南、江西、福建、广东、广西、安徽、陕西、四川、云南、青海、海南、贵州、西藏等地。

应用情况 一般可食用，但国外有记载中毒，尤其与酒类同吃易中毒。易化为墨汁状液体。含有石碳酸等胃肠道刺激物及鬼伞毒素（coprine）。我国大规模培养生产和食用，目前国内未发现有中毒事例。可人工培植。此种菌因成熟快，避免出现液化，必须掌握采摘时间。药用助消化、抑肿瘤、抗真菌、治疗痔疮和糖尿病。

图 707-4

图 708　　　1. 子实体；2. 孢子

708　光头鬼伞

别　　　名　变褐鬼伞
拉丁学名　*Coprinus fuscescens* (Schaeff.) Fr.

形态特征　子实体中等。菌盖直径 5～8cm，初期卵圆形到钟形，铅灰色到灰黄色，中部色较深，边缘渐浅，有时略有细纤毛。菌肉白色，较薄。菌褶初期黄白色，渐变为玫瑰色、紫黑色、黑色而与菌盖同时溶为墨汁状，密，离生，不等长。菌柄长 6～12cm，粗 0.5～0.9cm，白色，较脆，具丝光，略弯曲，上下等粗，松软到中空。孢子印黑色。孢子黑褐色，长椭圆形到卵圆形，光滑，7～11μm×5～6μm。有褶侧囊体。
生态习性　秋季于腐木桩上丛生。
分　　　布　分布于河北、新疆等地。
应用情况　幼嫩时可食，且口感差，成熟后液化不宜食用。

709　粪鬼伞

别　　　名　粪生鬼伞、堆肥鬼伞、鬼盖
拉丁学名　*Coprinus sterquilinus* (Fr.) Fr.
英　文　名　Dunghill Inky Cap

形态特征　子实体较小。菌盖直径 2.5～4cm，高 5～7cm，短圆柱形或椭圆形，变圆锥形至平展，纯白色、灰色，顶部浅褐色，有鳞片，边缘有明显的棱纹。菌肉白色，较薄。菌褶白色，变粉红色至黑色而自溶为黑汁状。菌柄长 5～18cm，粗 0.5～0.9cm，白色，伤处变污，基部膨大，松软变空心。菌环白色，膜质，窄，残留柄基部。孢子黑褐色，光滑，椭圆形，18～24μm×10～13μm。褶缘囊体淡黄色，椭圆形。
生态习性　春秋季于粪堆上散生至群生。
分　　　布　分布于河北、江苏、台湾、广西、云南、内蒙古、青海等地。
应用情况　幼时可食用。可药用，有益肠胃、化痰理气、解毒、消肿、治疗痔疮作用。抑肿瘤，据报告对小白鼠肉瘤 180 及艾氏癌的抑制率均为 80%。

图 709-1

9-2

图 710

710 白紫丝膜菌

别　　名　淡紫丝膜菌
拉丁学名　*Cortinarius alboviolaceus* (Pers.) Fr.
英　文　名　Silvery-violet Cortinarius

形态特征　子实体中等大。菌盖直径 3～10cm，初期半球形至钟形，后期近平展，中部凸起，成熟后边缘撕裂，表面干燥，蓝白色或紫色到褐色，初期有灰白色丝毛。菌肉浅紫色。菌褶初期浅紫色，后变褐色，不等长，近直生至近弯生。菌柄细长，近圆柱形，5～8.5cm×1.5～2cm，向下渐膨大或稍膨大，同盖色或下部色深，带赭色，柄上部有灰白紫色丝膜。孢子印锈色。孢子椭圆形，粗糙有疣，8～10.5μm×5.5～6μm。

生态习性　秋季常生阔叶树下，或生云杉或混交林中地上，群生或散生。与树木形成外生菌根。

分　　布　分布于青海、四川、甘肃、西藏、黑龙江等地。

应用情况　可食用，味道较好。

图 711

711 阿美尼亚丝膜菌

拉丁学名 *Cortinarius armeniacus* (Schaeff.) Fr.

形态特征 子实体中等至稍大。菌盖半球形至近平展，中部稍凸或钝，直径 3～9cm，表面光滑，湿时肉桂色，干时土黄褐色至赭色，初期边缘内卷，后近平展且附有白色丝膜残迹。菌肉中部厚，白色，无特殊气味。菌褶直生至近弯生，中等密，宽，薄，淡褐至锈褐色，不等长。菌柄长 4.5～10cm，粗 1～1.5cm，圆柱形，向基部逐渐膨大，污白色有毛状鳞片，实心。丝膜白色，易消失。孢子印锈褐色。孢子椭圆形，稍粗糙，8～9μm×5～5.5μm。

生态习性 秋季在针阔叶混交林地上群生。与铁杉、松和栎等树木形成外生菌根。

分　布 分布于吉林、辽宁、四川、内蒙古、西藏等地。

应用情况 可食用，此种在欧洲、美洲也记载食用。

712 蜜环丝膜菌

拉丁学名 *Cortinarius armillatus* (Alb. et Schwein.) Fr.
英文名 Bracelet Cort, Saffron-foot Cortinarius

形态特征 子实体中等至较大。菌盖直径 4～15cm，初期近钟形至扁半球形或扁平，中部凸起，表面平滑且有深色细条纹，红褐色，中部色暗，边缘平滑。菌肉污白色，稍厚。菌褶直生至弯生，稍密，较宽，不等长，浅黄褐色至褐锈色。菌柄较细长，近圆柱形，长 6～16cm，粗 1～1.8cm，表面纤维状，浅褐色，顶部和基部色浅至污白色，中下部至靠上部均有朱红色呈环带状排列的花纹，内部实心至松软。孢子印锈褐色。孢子椭圆形，浅黄褐色，粗糙，10～13μm×6～8μm。

生态习性 夏秋季在桦、杨树等阔叶林地上群生或单生。属外生菌根菌，可能与桦、栎及杨等树木形成菌根。

分　布 分布于内蒙古、黑龙江、四川、青海、西藏等地。

应用情况 据记载可食用，味道好。试验抑肿瘤。

1. 子实体；2. 孢子；3. 担子

图 712

713 掷丝膜菌

拉丁学名 *Cortinarius bolaris* (Pers.) Fr.

形态特征 子实体小。菌盖直径 2～3.5cm，初期半球形，后期凸镜形，逐渐平展，有时中央具突起，浅黄色至褐黄色，密布着平伏的红褐色绒毛状小鳞片，边缘内弯至平展。菌肉白色，伤后变橘黄色。菌褶弯生，浅黄褐色至黄褐色，略带橄榄色，稍密，不等长。菌柄长 2.5～4.5cm，直径 3～6mm，圆柱形，基部稍膨大，幼时实心，成熟后变空心，表面浅黄色，密布平伏的红褐色绒毛状鳞片。内菌幕蜘蛛丝状，幼时近白色，成熟后因担孢子转成红褐色。担孢子 6～8μm×5～6μm，近球形至卵圆形，表面具疣状突起，浅褐色。

生态习性 夏秋季单生或群生于阔叶林或针阔叶混交林中地上。

分　　布 分布于华中地区。

应用情况 国外记载有毒。

图 714

714 牛丝膜菌

拉丁学名 *Cortinarius bovinus* Fr.
英 文 名 Ox Cortinarius

形态特征 子实体小至中等。菌盖直径 6～8cm，扁半球形，至近平展，中部稍凸起，表面湿润，深褐色至暗栗褐色，具纤维状平伏条纹，干时有丝光，幼时边缘有白色纤维状物。菌肉带浅褐色，厚。菌褶浅褐色、暗褐色至深肉桂色，直生又弯生，密至稍稀，宽，边缘平滑或锯齿状，不等长。菌柄长 6～8cm，粗 0.7～2.5cm，浅褐至深褐色，有白色丝状条纹，基部膨大近球形，粗可达 2cm。菌柄中部有污白色絮状丝膜，后期消失形成白色环带，菌膜珠网状。孢子带褐色，具疣，椭圆形，7.5～11μm×5～6.5μm。

生态习性 夏末至秋季于云杉等针叶林地上成群生或稀丛生。与云杉、冷杉等树木形成外生菌根。

分　　布 分布于新疆、青海、西藏等地。

应用情况 可食用。抑肿瘤，试验对小白鼠肉瘤 180 及艾氏癌的抑制率分别为 90% 和 80%。

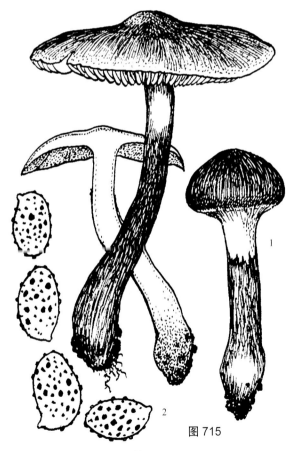

图 715

1. 子实体；2. 孢子

图 716-1   图 716-2

715　布氏丝膜菌

别　　名　布里丝膜菌、佛兰奇丝膜菌
拉丁学名　***Cortinarius bulliardii*** (Pers.) Fr.
英 文 名　Hotfoot Webcap

形态特征　子实体一般较小。菌盖直径 2.5～8cm，初期钟形至半球形，后期渐平展中部稍凸起，表面干燥，暗红褐色至黄褐色，具有带红色的纤毛状小鳞片。菌肉浅白色，近表皮处带褐色。菌褶初时带紫色，后变锈色，直生，稍稀，较宽，褶缘色浅。菌柄长 3～8cm，粗 0.4～1.5cm，上部细而向下渐粗，血红色，基部膨大，具有血红色纤毛，有红色菌丝索，上部菌肉白色而下部血红色。丝膜白色，易消失。孢子印锈色。孢子椭圆形，粗糙具疣，7～8.5μm×4～5μm。有褶缘囊体，似棒状，24～35μm×11～15μm。
生态习性　秋季生阔叶林或针阔叶混交林地上。可与树木形成菌根。
分　　布　见于吉林等地。
应用情况　可食用。

716　蓝丝膜菌

别　　名　淡灰紫丝膜菌
拉丁学名　***Cortinarius caerulescens*** (Schaeff.) Fr.
曾用学名　*Cortinarius caesiocyaneus* Britzelm.
英 文 名　Blue Cortinarius

形态特征　子实体中等大。菌盖直径 3.5～11.5cm，扁半球形至平展，蓝灰色至土褐色，老后淡褐色，有平伏丝状物，很黏，边缘有丝膜。菌肉淡蓝灰色。菌褶蓝灰褐色至淡褐色，弯生到近直生，不等长。菌柄长 4.5～8.5cm，粗 1.5～3cm，蓝灰色，有锈褐色丝状物，基部膨大呈球形或近臼形，

图 717

白色，纤维质。孢子有小疣，近椭圆形或近杏仁形，8~12μm×5.5~6.5μm。

生态习性　夏秋季于阔叶林中地上群生至丛生。与栗、栎、山毛榉等树木形成外生菌根。

分　布　分布于吉林、安徽、云南等地。

应用情况　可食用。

717　托柄丝膜菌

别　名　托腿丝膜菌

拉丁学名　*Cortinarius callochrous* (Pers.) Gray

形态特征　子实体中等或大。菌盖直径 4~15cm，扁半球形，后渐平展，表面光滑，黏，深蛋壳色，边缘内卷，平滑。菌肉白色，质地紧密，稍厚。菌褶直生到弯生，稍密至近稠密，宽，不等长，初期堇紫色后呈锈褐色。菌柄圆柱形，长 4~10cm，粗 0.6~1.5cm，淡黄色，基部膨大且白色又呈臼形，内部实心。孢子近椭圆形或纺锤形，稍不等边，8~12μm×5~6.5μm，稍粗糙，有小疣。

生态习性　生于混交林中地上。此菌自然产量较大，常群生，稀丛生。属树木的外生菌根菌。

分　布　分布于四川、云南、西藏等地。

应用情况　可食用、味较好。食用前需充分浸泡淘洗加工。

718　皱盖丝膜菌

别　名　皱盖罗鳞伞、皱皮环锈伞

拉丁学名　*Cortinarius caperata* (Pers.) Fr.

曾用学名　*Rozites caperata* (Pers.) P. Karst.

英文名　Gypsy Mushroom

形态特征　子实体中等至稍大。菌盖直径 5~15cm，初期半球形或扁半球形，后中央凸起，伸展后

图 718

呈扁平，褐黄色或土黄色，无毛或有外菌幕粉末状残物，有显著的皱纹或凹凸不平。菌肉白色，中部厚。菌褶直生或弯生，稍密，宽，近白色，后呈锈色，常具有色较深或较浅的横带。菌柄近白色或带淡黄色，粗壮，近圆柱形，内实，长 7～17cm，粗 1～2cm，基部有外菌幕残痕。菌环白色或黄白色，膜质，生柄之中部或较上部。孢子印锈褐色。孢子淡锈色，椭圆形，有小疣，11～14.6μm×7～8μm。褶缘囊体无色，近棒状，但顶端稍尖细，30～37μm×9～12μm。

生态习性　秋季于林中地上单生、散生或群生。此菌为树木的外生菌根菌，与云杉、冷杉和一些阔叶树形成菌根。

分　布　分布于黑龙江、四川、江苏、贵州、西藏、吉林、辽宁、青海、云南等地，西南山地林地多产。

应用情况　可食用，味道鲜美，属优良食菌，含 10 多种氨基酸。抑肿瘤，试验有抗癌作用，对小白鼠肉瘤 180 抑制率为 70%，对艾氏癌的抑制率为 70%。

719　栗色丝膜菌

拉丁学名　*Cortinarius castaneus* (Bull.) Fr.
英 文 名　Cinnamon Webcap

形态特征　子实体一般中等大。菌盖直径 4～8cm，初期扁半球形，后期近平展，硫黄色，被暗色鳞片。菌肉硫黄色，稍厚。菌褶初期硫黄色后呈红褐黄色，直生至近弯生，不等长，稍密。菌柄长，近圆柱形，长 3～7cm，粗 0.7～1cm，表面有纤毛状条纹，内部实心，基部膨大并形成较宽的边。菌柄上部有黄色蛛网状丝膜。孢子印褐色。孢子宽纺锤形，有小疣，褐黄色，10～12μm×5～6.5μm。

生态习性　秋季生于林中砂质地上。属树木的外生菌根菌。

分　布　分布于云南、甘肃、青海、西藏等地。

应用情况　记载有毒，有认为可食用。但需浸洗等加工，不要轻易采集食用。

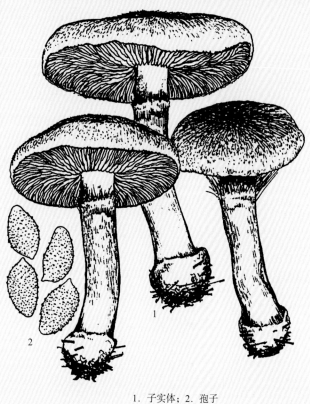

1. 子实体；2. 孢子

图 719

720 黄棕丝膜菌

拉丁学名 *Cortinarius cinnamomeus* (L.) Fr.
曾用学名 *Dermocybe cinnamomea* (L. : Fr.) Wünsche
英 文 名 Cinnabar Cortinarius, Cinnamon Colored Cort, Cinnamon Webcap

形态特征 子实体较小。菌盖直径 2~6cm，扁半球形，中部钝或稍凸，浅黄褐色，中部色深，密被小鳞片，表面干，老后变平滑。菌肉浅橘黄或稻草黄色，薄。菌褶略黄至橘黄色至褐色，直生至弯生，密，稍宽。菌柄长 5~8cm，粗 0.4~0.7cm，圆柱形，或稍弯曲，黄色有褐色纤毛，伤处变暗色，内实至空心，基部带附有黄色菌索。丝膜黄色，纤毛状，易消失。孢子稍粗糙，宽椭圆形，6~7μm×4~4.5μm。

生态习性 秋季于云杉至混交林地上群生或近丛生。外生菌根菌。

分 布 分布于黑龙江、吉林、四川、甘肃、新疆等地。

应用情况 可食用和药用，也有胃肠中毒反应记载。据试验抑肿瘤，对小白鼠肉瘤 180 及艾氏癌的抑制率分别为 80% 和 90%。

图 721

721　亮色丝膜菌

拉丁学名　*Cortinarius claricolor* (L.) Fr.

形态特征　子实体中等至较大。菌盖初期扁半球形至平展，中部稍凸起，直径 8～12cm，表面湿时黏，光滑无毛，黄赭色至橙黄色，边缘初期内卷且附着有丝膜残迹。菌肉白色，较厚。菌褶弯生，稍宽，不等长，密，堇灰色变至黏土色，边缘锯齿状。菌柄近圆柱形，长 5～7cm，粗 1～2.2cm，白色至浅黄褐色，基部近杵状，直径可达 3.5cm，丝膜以上具粉末，以下有纤毛，后近光滑，实心。孢子印锈色。孢子杏仁形，表面具细疣，3.3～9.5μm×4.5～5.4μm。

生态习性　秋季在针、阔叶林地上群生或散生。属树木的外生菌根菌。

分　　布　分布于黑龙江、吉林、甘肃、青海等地。

应用情况　可食用。

图 722-1 A

图 722-2

722 黏柄丝膜菌

别　　名	黏腿丝膜菌

拉丁学名 *Cortinarius collinitus* (Pers.) Fr.

曾用学名 *Cortinarius muscigenus* Peck

英 文 名 Belted Slimy Cort, Slimy-banded Cort

形态特征 子实体小至中等。菌盖直径 4～10cm，扁半球形后平展，淡土黄色至黄褐色，黏滑，边缘平滑有丝膜。菌肉近白色。菌褶土黄色至褐色，弯生，不等长，中间较宽。菌柄长 4～15cm，粗 1～1.2cm，圆柱形向下渐细，污白色，下部带紫色，黏滑，有环状鳞片。菌幕蛛网状。孢子淡锈色，粗糙，扁球形或近椭圆形，12.4～16μm×7～9μm。褶缘囊体无色，近棒状。

生态习性 秋季于混交林中地上群生。与树木形成外生菌根。

分　　布 分布于吉林、黑龙江及西南林区。

应用情况 可食用和药用，味较好。东北通称趟子蘑。试验抑肿瘤。

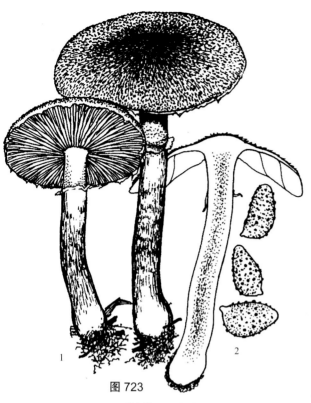

图 723
1. 子实体；2. 孢子

723 棕丝膜菌

拉丁学名 *Cortinarius cotoneus* Fr.
英文名 Scaly Cort

形态特征 子实体较小或中等大。菌盖扁半球形至平展，中部凸起，直径4~8cm，黄褐色，具鳞片，边缘残存黄色菌膜。菌肉稍厚，白色，不伤变，味微苦，无明显气味。菌褶紫肉色，稀，弯生，不等长，边缘波状。菌柄圆柱状，长6~8cm，粗0.8~1cm，纤维质，白色或带污黄色，被绒毛，基部膨大，内部实心。菌环膜质，生柄之上，易脱落。孢子印锈褐色。孢子近卵圆形，黄褐色，具小瘤，6.5~10μm×5~6.3μm。褶缘囊体棒状，带黄色，50~58μm×6~8μm。

生态习性 夏秋季生于林中地上，近丛生。为树木的外生菌根菌。

分　布 分布于云南、西藏、广东等地。

应用情况 可食用。

724 蓝赭丝膜菌

别　　名 较高丝膜菌
拉丁学名 *Cortinarius elatior* Fr.
曾用学名 *Cortinarius livid-ochraceus* (Berk.) Berk.
英文名 Higher Cortinarius, Glutinous Cort

形态特征 子实体中等大。菌盖直径7~9cm，近球形或钟形，后渐平展，中部凸起，污黄色至黄褐色，中部色较深，黏，有放射状沟纹，边缘有丝膜。菌肉污黄色，薄。菌褶锈褐色，中部较宽，弯生，不等长。菌柄长6~8cm，粗0.8~2cm，顶部及基部白色，中部带蓝紫色，向下渐细，有细纵纹，黏。孢子淡黄褐色，有疣，近椭圆形，12~15μm×7.5~10μm。褶缘囊体无色，近倒梨形。

生态习性 秋季在杂林落叶层上单生、散生或群生。与松、柳等形成外生菌根。

分　布 分布于黑龙江、广西、台湾、云南、新疆、四川、西藏等地。

应用情况 可食用。试验抑肿瘤，对小白鼠肉瘤180及艾氏癌的抑制率分别为70%和80%。

图 724

725 雅致丝膜菌

别　　名　大孢丝膜菌
拉丁学名　***Cortinarius elegantior*** (Fr.) Fr.
英　文　名　Elegant Web-cap

形态特征　子实体大。菌盖直径5.5～16cm，半球形，厚，肉质，光滑，松软，浅橘黄色至深肉桂色，往往散布有褐色水滴状斑点。菌肉浅黄色，厚。菌褶直生，稍密，长，黄色后变至锈褐色。菌柄圆柱形，基部膨大呈臼形，长8～15cm，粗1～2cm，黄色，纤维质，内部实心。孢子印褐锈色。孢子淡锈色，宽椭圆形或杏仁形，粗糙，9～16μm×8～9μm。

生态习性　夏秋季生于混交林中地上。此种又是树木的外生菌根菌。

分　　布　分布于四川、云南、青海、西藏等地。

应用情况　可食用。

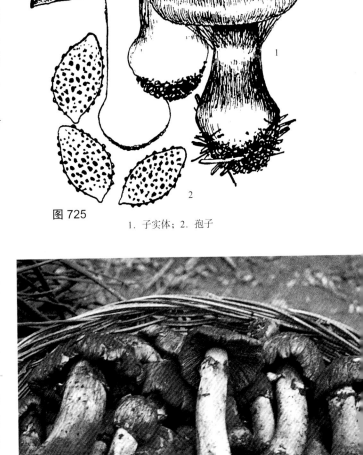

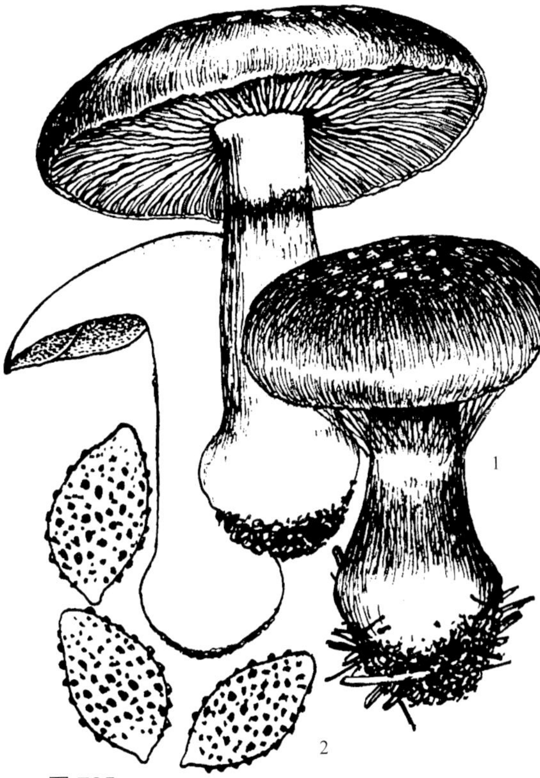

图 725　　1. 子实体；2. 孢子

726 喜山丝膜菌

别　　名　喜马拉雅丝膜菌、灰蓝丝膜菌、紫皱盖罗鳞伞、紫皱皮罗鳞伞

拉丁学名　***Cortinarius emodensis*** Berk.
曾用学名　*Rozites emodensis* (Berk.) M. M. Moser

形态特征　子实体中等至稍大，紫色。菌盖直径4～12cm，幼时半球形至扁半球形，后期稍平展或扁平，中部凸起，表面紫色到浅紫褐色，后呈褐黄色，有皱或白色粗糙附属物，边缘内卷。菌肉浅紫色，较厚。菌褶初期浅紫色后变锈色，较密，不等长，直生至近弯生，褶间有横脉。菌柄比较粗壮，圆柱形，长7～15cm，粗2～3.5cm，菌环

图 726-1

以上淡紫色，菌环以下污白带紫色，有纵条纹或纤毛状鳞片，基部有环带状附物，内部实心或变松。菌环膜质，白色带紫色，位于菌柄上部，上面有条纹，近双层，不易脱落。孢子印锈褐色。孢子锈色，近卵圆形而两端稍凸，表面有疣，12.5～16μm×8.5～11μm。褶缘囊体近棒状。

生态习性　夏至秋季在冷杉、铁杉等林中地上单生或群生。是树木的外生菌根菌。

分　　布　云南、西藏、贵州、四川等高山林区多分布。

应用情况　可食用，味道好。西藏、四川产区群众多收集加工食用。

图 726-2

图 727

727 光黄丝膜菌

别　　名 光亮丝膜菌
拉丁学名 *Cortinarius fulgens* (Alb. et Schwein.) Fr.

形态特征 子实体中等至较大。菌盖直径5～10cm或较大，半球形至扁平，表面鲜橙黄色、橙黄褐色，中部色暗，具纤毛，条纹状或细鳞片，湿时黏，边缘幼时内卷。菌肉带黄色，厚。菌褶黄色至深黄色，最后锈黄色，密，宽，边缘全缘。菌柄长4～8cm，粗1.5～2cm，圆柱形，基部膨大呈纺锤状，上部黄色，下部近黄褐色，有蛛网状丝膜，内部实心。孢子印锈褐色。孢子近椭圆形，具疣，黄褐色，12～18μm×8～10μm。

生态习性 夏秋季在阔叶林中地上大量群生。可与栎形成菌根。

分　　布 分布于四川等地。

应用情况 可食用。

图 729

728 氏族丝膜菌

别　　名	尖顶丝膜菌
拉丁学名	*Cortinarius gentilis* (Fr.) Fr.
英　文　名	Deadly Cortinarius

形态特征　子实体较小。菌盖直径 1~5.5cm，顶部有明显突出呈一小尖，褐色或红褐色至黄褐色，具小鳞片或表面粗糙，边缘内卷。菌肉黄色或黄褐色，至浅红褐色，中部厚，无明显气味。菌褶红褐色、棕褐至锈褐色，稍密，不等长，直生至弯生。菌柄细长近圆柱形，稍弯曲，基部往往变细，浅黄色至黄褐色，后期呈红褐色，下部呈棕褐色，长 3~10cm，粗 0.3~0.8cm，内部松软至空心，表面毛状或有纤毛状鳞片。孢子印锈褐色。孢子近椭圆形，7.6~9μm×5.5~6.5μm。

生态习性　夏末至秋季生松等针叶林中地上，群生或散生。属树木的外生菌根菌。

分　　布　分布于湖北、青海、甘肃等地。

应用情况　有剧毒。记载中毒可致死，其毒性属于奥来毒素（orellanine），潜伏期大约 2~3 天，主要表现为肾功能衰竭而导致死亡。千万不能采集误食此种或以此种作药用。

729 胶质丝膜菌

别　　名	黏丝膜菌
拉丁学名	*Cortinarius glutinosus* Peck

形态特征　子实体一般中等大。菌盖直径 4~8cm，扁半球形至扁平，褐色至淡黄褐色或浅锈色，黏，平滑。菌肉浅黄色。菌褶青黄褐至褐锈色，秆生又弯生，不等长。菌柄长 5~8cm，粗 0.5~1.5cm，柱

图 730

形，污白或浅黄白色，基部稍膨大。孢子粗糙，近球形至宽卵圆形，6.5～8μm×5.5～6.5μm。

生态习性　夏秋季于针叶或阔叶林中地上单生或群生。属树木外生菌根菌。

分　　布　分布于四川、青海、西藏等地。

应用情况　药用抑肿瘤。

730　半被毛丝膜菌

拉丁学名　*Cortinarius hemitrichus* (Pers.) Fr.

英文名　Frosty Webcap

形态特征　子实体小。菌盖半球形至近平展，被纤毛，直径1.5～6.5cm，褐色至暗褐色，黏。菌肉淡褐色，较薄。菌褶锈色至暗锈色，密，不等长，直生至弯生。菌柄长2.5～6cm，粗0.3～1cm，淡紫褐色，圆柱形，丝光，实心。孢子宽椭圆形，稍粗糙至粗糙，浅褐黄色、浅褐色或锈色，3～10.5μm×5～7.6μm。

生态习性　夏秋季于阔叶林中地上群生。属树木的外生菌根菌。

分　　布　分布于新疆、西藏等地。

应用情况　据报道可食用。此菌有抑肿瘤作用，对小白鼠肉瘤180的抑制率为80%，对艾氏癌的抑制率为70%。

731　浅黄褐丝膜菌

拉丁学名　*Cortinarius hinnuleus* Fr.

形态特征　子实体小或中等。菌盖初期近圆锥形至钟形，或呈斗笠形，最后稍平展而中央明显突起，直径5～9cm，表面黄褐色至土黄褐色，平滑而具少量放射状沟条纹。菌肉黄土褐色或浅黄褐色，中央稍厚。菌褶浅黄褐色至土褐色，直生至近弯生，稀，宽，不等长。菌柄细长呈柱形，稍弯曲，长5～10.5cm，粗0.5～0.7cm，浅黄褐色或浅土黄色，表面呈丝毛状或有花纹，上部色浅，有明显的黄白色菌环（丝膜）痕迹，基部近白色，内部松软至空心。孢子椭圆形或近卵圆形，具麻点，7～11μm×4～7μm。

生态习性　夏秋季生阔叶林地上，往往群生。属于阔叶树木的外生菌根菌。

分　　布　分布于甘肃、青海等地。

应用情况　食毒不明。据试验抑肿瘤。

图731

1. 子实体；2. 孢子

732　紫光丝膜菌

别　　名　堇丝膜菌
拉丁学名　*Cortinarius iodes* Berk. et M. A. Curtis
英文名　Sticky Violet Cort

形态特征　子实体小，蓝紫色。菌盖初期半球至扁半球形，后稍伸展，表面平滑，湿时黏，幼时深灰紫色，后蓝紫色，中部带浅褐色，直径3.5～6cm。菌肉浅蓝紫色，稍厚而边缘薄。菌褶密，稍宽，弯生，不等长，由紫罗蓝色变灰肉桂色至灰锈褐色。菌柄稍长，近圆柱形或向下渐增粗，长4～8cm，粗0.8～1.4cm，幼时紫罗蓝色后变浅色至污白，黏，纤维质，有深色纤毛，内部实心，基部膨大。老时常有丝膜痕迹。孢子印锈色。孢子宽椭圆形，浅棕锈色，8.4～12.7μm×5.4～6μm。

生态习性　夏末至秋季生于林中地上，散生。属树木的外生菌根菌。

分　　布　分布于吉林、西藏等地。

应用情况　此菌可以食用。

图732

1. 子实体；2. 孢子

图733

图734

733 大丝膜菌

拉丁学名 *Cortinarius largus* Fr.

形态特征 子实体中等至大型。菌盖直径6～16cm，扁半球形、扁平至近平展，土黄色或带黄褐色，表面黏，干时有光泽，平滑无毛，边缘内卷。菌肉白色或带紫色，较厚。菌褶淡紫色或肉桂色，直生至弯生，密，宽。菌柄长6～12cm，粗1～2.5cm，短粗，纤维质，内实，上部近白色，基部膨大呈粗棒状或球状。孢子椭圆形，粗糙，9～14.5μm×3～7.5μm。

生态习性 夏秋季在云杉等林地上散生或群生。属外生菌根菌。

分 布 分布于黑龙江、吉林、新疆等地。

应用情况 可食用。

734 黄盖丝膜菌

别 名 侧丝膜菌

拉丁学名 *Cortinarius latus* (Pers.) Fr.

形态特征 子实体中等。菌盖直径6～10cm，扁半球形，后平展，稍黏，有纤毛，渐变光滑，浅土黄色中央色较深。菌肉白色。菌褶淡黄色后变土黄色，凹生，密或稍密。菌柄长5～7cm，粗1.5～2cm，圆柱形，基部膨大，白色，内实，纤维质。孢子淡锈色，微粗糙，长方椭圆形，10～13μm×6～7μm。

生态习性 于云杉林中地上群生。外生菌根菌。

分 布 分布于青海、新疆等地。

应用情况 可食用。抑肿瘤，记载对小白鼠肉瘤180及艾氏癌的抑制率均可达100%。

735 长腿丝膜菌

别 名 长柄丝膜菌

拉丁学名 *Cortinarius longipes* Peck

形态特征 子实体小至中等。菌盖直径5～8cm，初期

图 735

半球形至扁半球形，后期扁平至近平展，较薄，表面平滑或有时粗糙，黏，橙黄色、淡褐黄色或褐棕色至深肉桂色。菌肉较薄，无明显气味，浅黄褐色。菌褶初期直生至弯生，稍密，不等长，青黄色渐变至浅咖啡色、褐黄色。菌柄细长，近圆形，向上渐变细，白色至浅褐黄色，纤维质，长10～13cm，粗 0.5～0.8cm，表面近半滑，内部松软至空心。丝膜呈蛛网状。担子棒状，无色至浅黄色，35～50μm×10～15μm。孢子椭圆形至近球形，具小疣，锈褐色，6.5～9μm×6～7μm。

生态习性　夏秋季生针、阔叶林中地上，散生或近丛生。此种属树木的外生菌根菌。

分　　布　分布于四川、吉林、黑龙江等地。

应用情况　记载可食用。

736　皮革黄丝膜菌

拉丁学名　*Cortinarius malachius* (Fr.) Fr.

形态特征　子实体中等或稍大。菌盖直径5～12cm，半球形至扁平和平展，黄褐色带蓝紫色至赭黄色，幼时似有白色绒毛，老后出现深色小斑点。菌肉污白黄色。菌褶紫到锈红色，直生又弯生，稍密。菌柄长5～13cm，粗1～2.2cm，向基部稍膨大，较盖色浅而微带蓝紫色，被白色绒毛，上部有丝膜，内部松软或实心。孢子粗糙，椭圆形，5.5～9μm×3～4.6μm。

生态习性　秋季于针叶林地上群生。属树木外生菌根菌。

分　　布　分布于青海等地。

应用情况　经浸泡、煮洗加工除去汁液方可食用。

图 736

737 松杉丝膜菌

别　　名 黏丝膜菌、纹盖丝膜菌
拉丁学名 *Cortinarius mucifluus* Fr.
曾用学名 *Cortinarius pinicola* P. D. Orton

形态特征 子实体中等大。菌盖直径 4.5～8.5cm，初期近球形，后渐平展，盖表面有黏液，尤其湿时黏滑和胶黏，蜜黄色至黄褐色，干时污褐色，初期边缘内卷而后平展或有时反卷，亦有条棱。菌肉污白色，老后带黄色或锈色。菌褶直生至弯生，密，稍宽，不等长，浅黄褐色至浅褐色，褶缘白色不平滑。菌柄长 7～10cm，粗 0.6～1.8cm，近圆柱形或向下渐变细似根状，上部近白色，向下浅紫灰色，具一层黏液，干后有光泽，内实。孢子印锈色。孢子椭圆形，具疣，12～14μm×6～6.5μm。褶缘囊体无色，上部近球形，28～32μm×14～15μm。
生态习性 秋季在松林或针阔叶混交林地上群生。此菌与松、栎等树木形成菌根。
分　　布 分布于黑龙江、吉林、辽宁、四川等地。
应用情况 可食用，味道比较好。试验抑肿瘤，对小白鼠肉瘤 180 抑制率为 100%，对艾氏癌的抑制率为 90%。

图 737-2

图 738

738　米黄丝膜菌

拉丁学名　*Cortinarius multiformis* Fr.
英　文　名　Variable Cort

形态特征　子实体中等大。菌盖直径 4～15cm，扁半球形至平展，幼时似覆有白色絮状物，渐变为深蛋壳色，黏，表皮易剥离，边缘有丝膜。菌肉白色。菌褶淡土黄至近锈色，变为土黄至近锈色，直生至弯生，密或稍密。菌柄长 3～8cm，粗 0.8～3.5cm，圆柱形，白色后变黄色，基部膨大近臼形，内部松软。孢子淡褐色，有疣，椭圆形，9～12μm×6.5～7.5μm。
生态习性　秋季于针叶林及混交林中地上群生或散生。属树木外生菌根菌。
分　　布　分布于四川、云南、贵州、青海、西藏、陕西、河南等地。
应用情况　可食用，味较好。抑肿瘤，对小白鼠肉瘤 180 抑制率为 100%，对艾氏癌的抑制率为 90%。

739　毒丝膜菌

别　　名　奥来丝膜菌
拉丁学名　*Cortinarius orellanus* Fr.

形态特征　子实体中等大。菌盖茶褐色或浅红褐色，被满小鳞片，半球形至近扁平，中部稍凸起，

1. 子实体；2. 孢子

图739

图740

表面干燥。菌肉浅黄色，具香气。菌褶茶红色或锈褐色，稀，厚，宽，弯生或延生。菌柄长4～9cm，粗1～2cm，圆柱形，具有带红色或同盖色的纤毛，基部变细，菌柄上有黄色蛛网状丝膜。孢子锈褐色，椭圆形，具疣，8.5～12μm×5.5～6.5μm。

生态习性　夏秋季生阔叶林中，有时生松林地上。属于树木的外生菌根菌。

分　布　分布于吉林、辽宁等地。

应用情况　此种是极毒菌。含奥来毒素（orellanine）。中毒后潜伏期最短3～5天，最长11～14天。发病时表现为口腔干燥、严重口渴，继之有呕吐、腹泻、寒战、发热和剧烈头痛等症状，严重时肾功能衰竭，后期有神经症状，神志丧失和癫痫样发作。使肾脏受损害，可转变为慢性肾炎，死亡率为10%～20%。在我国陕西秦岭地区曾发生严重的误食毒丝膜菌中毒事例。野外采集食用菌或配伍药用时千万注意。

740　皮尔松丝膜菌

别　　名　皮革黄丝膜菌
拉丁学名　*Cortinarius pearsonii* P. D. Orton
曾用学名　*Cortinarius malachius* (Fr.) Fr.

形态特征　子实体中等至较大。菌盖直径5～15cm，初期扁半球形或扁平，边缘内卷，后期近平展，中部平凸而边缘呈波浪状，表面赭色或红皮革色，近平滑或具细的隐条纹或平伏放射状线条。菌肉白色带黄紫色。菌褶初期黄紫色，很快变至肉桂色及锈色，直生至近弯生或离生，不等长，较密。菌柄近柱形，向下渐膨大，长8～15cm，粗1～1.5cm，初期污白色很快呈浅红褐色条纹，下部往往表面污白色或基部变红褐色，中上部有一明显的菌丝膜环痕。孢子印锈色。孢子椭圆形至杏仁形，光滑或细微小疣，5.6～8.5μm×3～4.5μm。

生态习性　秋季生于混交林沙质土地上，散生或群生。属外生菌根菌。

分　布　分布于四川、吉林、甘肃等地。

应用情况　食药用不明，采食及药用时注意。

741 鳞丝膜菌

图 741

拉丁学名 *Cortinarius pholideus* (Fr.) Fr.
英 文 名 Scaly Webcap, Scaly Cortinarius

形态特征 子实体一般中等大。菌盖直径3～10cm，半球形、近钟形，后扁半球形至扁平，中部凸起，近红褐色或肉桂褐色，中部色暗，表面密被小而翘起或直立的褐色鳞片。菌肉初期带浅紫色，变白色至褐色，无特殊气味。菌褶直生至弯生，堇紫色后速变黄褐色至褐色，密而宽，不等长。菌柄长4～9cm，粗0.6～1.5cm，向下渐增粗，基部膨大，丝膜以上浅堇紫色，以下密被同盖色的大鳞片，纤维质，实心。丝膜生菌柄中上部。孢子带黄色，有疣，宽椭圆形，6～10μm×4～6μm。
生态习性 夏秋季于阔叶林地上群生或丛生。
分 布 分布于辽宁、黑龙江、内蒙古、云南、吉林、西藏等地。
应用情况 可食用。记载有抑肿瘤作用，对小白鼠肉瘤180及艾氏癌的抑制率均为70%。

742 缘纹丝膜菌

图 742

别 名 纹缘丝膜菌
拉丁学名 *Cortinarius praestans* Cordier
英 文 名 Goliath Webcap

形态特征 子实体大。菌盖直径7～25cm，初期近扁半球形至半球形，渐呈扁平，边缘内卷，深褐色、棕褐色或边缘带紫红色，表面黏，往往附有白色膜片，中部平滑而近边缘有细沟条纹。菌肉污白色，厚，无明显气味。菌褶直生至弯生，密，边缘近齿状或波状，初期黄白褐色，后期呈锈褐色。菌柄较粗壮，长8.5～21cm，粗2.5～5cm，表面白色、浅土白黄色或土黄色，基部膨大并呈现污白带紫灰色菌膜，内部实心或稍松软。孢子近纺锤状，较大，具疣点，褐黄色，15～21μm×9～11μm。
生态习性 夏末至秋季在阔叶林中地上群生或近丛生，往往在林中形成蘑菇圈。属树木的外生菌根菌。
分 布 分布于云南、四川、西藏、新疆等地。
应用情况 可食用。

图 743

图 744-1

743 拟荷叶丝膜菌

拉丁学名 *Cortinarius pseudosalor* J. E. Lange

形态特征 子实体一般中等。菌盖直径 3～8cm，幼时近圆锥形或半球形或平展，中部凸起，赭黄或赭褐色，边缘色浅具波状条纹，顶部色深，湿时黏。菌肉近白色到污黄色。菌褶褐锈色，弯生，不等长。菌柄长 6～10cm，粗 0.1～1.8cm，白带堇紫色，中下部有环状花纹，基部变细，实心至松软。孢子粗糙，似柠檬形，12～15μm×7～9.5μm。

生态习性 秋季生林中地上。属树木外生菌根菌。

分　布 分布于甘肃、青海、新疆等地。

应用情况 可食用。

744 紫色丝膜菌

别　名 紫丝膜菌

拉丁学名 *Cortinarius purpurascens* (Fr.) Fr.

英 文 名 Purple Cort

形态特征 子实体中等至较大。菌盖直径 5～8cm，扁半球形渐平展，带紫褐色或橄榄褐色、茶色，边缘色较淡，光滑，黏，有丝膜。菌肉紫色。菌褶初期堇紫色，很快变为土黄色至锈褐色，弯生，稍密。菌柄长 5～9cm，粗 1～2cm，近圆柱，淡堇紫色，后渐变淡，基部膨大呈臼形，内实。孢子淡锈色，有小疣，椭圆形至近卵圆形，10～12μm×6～7.5μm。

生态习性　秋季于混交林中地上群生或散生。外生菌根菌。

分　　布　分布于吉林、湖南、四川、云南、安徽、黑龙江、江西、青海、西藏等地。

应用情况　可食用。

745　硬丝膜菌

拉丁学名　*Cortinarius rigidus* (Scop.) Fr.

形态特征　子实体小。菌盖直径 2～4cm，初期圆锥形，后呈扁半球形，中部凸起，深褐色至肝褐色，水浸状，光滑，边缘有白色丝质光泽。菌肉浅褐色。菌褶浅朽叶色至褐棕色，直生，稍密。菌柄柱形，长 4～8cm，粗 0.3～0.6cm，较盖色浅，有纤毛形成环状花纹，内部松软至空心。孢子椭圆形，粗糙，淡锈色，8～10μm×4.5～5.5μm。

生态习性　夏秋季生林中地上。属树木外生菌根菌。

分　　布　分布于青海、四川、云南等地。

746　紫红丝膜菌

拉丁学名　*Cortinarius rufo-olivaceus* (Pers.) Fr.
英 文 名　Red and Olive Webcap

形态特征　子实体中等或稍大。菌盖直径 5～13cm，扁半球形至扁平，紫红褐、青褐红色至土褐红色，部分边缘堇紫色，表面平滑，湿时黏。菌肉污白带紫色，近表皮处红紫色，厚。菌褶青黄色或青褐红色，弯生至近离生，密，不等长。菌柄粗壮，长 5～10cm，粗 1.2～2.5cm，污白紫色或土褐色，具长纤毛，有丝膜，菌柄基部膨大近球形或似杵状。孢子粗糙，10.5～13μm×6.5～8μm，宽椭圆形。

生态习性　夏秋季于云杉等针叶林地上群生。属树木外生菌根菌。

分　　布　分布于四川、宁夏、青海、西藏等地。

应用情况　可食用。

图 744-2

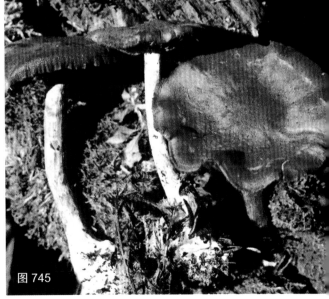

图 745

图746

747　荷叶丝膜菌

图747

别　　名　蓝紫丝膜菌、芋头菌
拉丁学名　*Cortinarius salor* Fr.

形态特征　子实体中等大。菌盖直径6～11cm，圆锥形至钟形，后渐平展，老后边缘上翘，蓝紫色，中间淡锈褐色，黏，光滑。菌肉淡堇紫色。菌柄蓝紫色渐变成紫锈褐色，直生至弯生，较密，不等长。菌柄长4～6cm，粗0.8～2cm，上部堇紫色，下部紫白色，基部膨大球状，内实。孢子有小疣，近卵圆形或近球形，7.5～10μm×7～9.5μm。褶缘囊体无色，棒状或近棒状。

生态习性　秋季于阔叶林中地上群生或单生。与树木形成外生菌根。
分　　布　分布于安徽、四川、甘肃、青海、西藏等地。
应用情况　可食用，也有怀疑有毒。试验抑肿瘤，对小白鼠肉瘤180及艾氏癌的抑制率分别为80%和90%。

748 红丝膜菌

别　　名　血红丝膜菌
拉丁学名　*Cortinarius sanguineus* (Wulfen) Fr.
曾用学名　*Dermocybe sanguinea* (Wulfen : Fr.)
　　　　　Wünsche
英　文　名　Blood Red Webcap

形态特征　菌盖宽 0.6～4cm，扁半球形，后平展，有毛状细小鳞片，暗血红色。菌肉薄，淡红色。菌褶弯生到直生，稍宽，不等长，暗血红色，后变锈褐色。菌柄长 4.5～7cm，粗 0.2～0.6cm，圆柱形，与菌盖同色，内部松软变中空，有时扭曲，有近纤维状毛，有时基部色淡。孢子近椭圆形或卵圆形，有细微麻点，淡锈色，7.5～10μm×5～5.7μm。

生态习性　秋季于林中藓间群生。树木的外生菌根菌。

分　　布　分布于黑龙江、辽宁、吉林、四川、安徽、青海、西藏等地。

应用情况　据记载可食用，或有胃肠道中毒反应，需慎食。抑肿瘤。

图 748

749 细鳞丝膜菌

拉丁学名　*Cortinarius speciosissimus* Kühner et
　　　　　Romagn.

形态特征　子实体中等大。菌盖直径 2.5～8cm，半球形至近锥状，开伞后中部凸起，黄褐色至褐红色或棕褐色，边缘色浅，表面有红褐色而紧贴盖表的纤毛状小鳞片，有的靠近中央近光滑或鳞片少。菌肉浅黄色，靠近表皮下和柄基部呈浅黄褐色。菌褶初期浅赭石色，变黄褐色至深锈色。菌柄长 5～10cm，粗 0.5～1.5cm，具丝光样纤毛，同盖色或较浅，靠柄下部具有似环带状菌膜残物，基部稍膨大或膨大。孢子印锈色。孢子浅锈褐色，宽椭圆形至近球形，粗糙似有小疣，9～12.7μm×6.5～10μm。

生态习性　夏秋季生冷杉、云杉等针叶林中地上。

图 749

1. 子实体；2. 孢子

属树木的外生菌根菌，可能与云杉、冷杉等形成菌根。

分　　布　分布于陕西、四川、西藏等地。

应用情况　此种极毒，含有奥来毒素（orellanine）。中毒症状同毒丝膜菌，死亡率高。采集食用或药用时必须注意。

750　亚美丝膜菌

图 750

别　　名　拟蜜环丝膜菌

拉丁学名　*Cortinarius subarmillatus* Hongo

形态特征　子实体一般中等大。菌盖直径 3.5~9 (10.5)cm，半球形或扁半球形，或近平展，中部稍凸起，浅黄褐色或褐橙黄色，边缘附朱红色膜质残物，表面黏且有纤维状毛。菌肉污白色，盖中部厚。菌褶褐色，较宽而稀，不等长。菌柄细长，呈棒状，基部近纺锤状，长 6~13cm，粗 0.8~1.5cm，淡褐色，上部带浅灰紫色，表面纤维状，中下部有数圈朱红色环带。孢子带浅黄褐色，宽椭圆形，表面有疣，9.5~12.5μm×7.3~8.5μm。

生态习性　秋季在阔叶林地上群生。属外生菌根菌。

分　　布　分布于甘肃、陕西等地。

应用情况　食毒不明。抑肿瘤，对小白鼠肉瘤 180 和艾氏癌抑制率均为 100%。

751　锈色丝膜菌

别　　名　亚褐黄丝膜菌

拉丁学名　*Cortinarius subdelibutus* Hongo

形态特征　子实体小。菌盖直径 3~5.6cm，扁半球形至平展，表面平滑，黏液黄褐色，中部色暗。菌肉色浅，稍厚。菌褶直生稍延生，不等长，褐黄色，稍密。菌柄圆柱状，向下渐粗，长 3~7.5cm，粗 0.4~0.6cm，同盖色，有纵条纹和黏液，上部有丝膜痕迹，基部稍膨大。孢子 8~10μm×6~7.5μm，卵圆形至近球形，具麻点或疣。

生态习性　夏秋季生林中地上，单生或散生。为外生菌根菌。

分　　布　分布于吉林、内蒙古、四川、云南、甘肃等地。

应用情况　可食用。含有 17 种氨基酸，其中必需氨基酸 7 种。试验抑制肿瘤，对小白鼠肉瘤 180 和艾氏癌的抑制率分别为 80% 和 90%。有免疫调节作用。

图753

752　白紫柄丝膜菌

拉丁学名　*Cortinarius subpurpurascens* (Batsch) Fr.

形态特征　子实体一般中等大。菌盖直径 5～10cm，扁半球形至扁平，中部稍凸或稍下凹，表面浅土黄色，边缘有波沟，平滑。菌肉白色。菌褶污黄带浅红褐色或稍带紫色。菌柄长 5～8cm，粗 1～1.2cm，柱形或棒状，基部膨大而带堇紫色，内实。孢子有疣，椭圆或柠檬形，8.6～10μm×5.5～6μm。

生态习性　秋季生林中地上。属树木外生菌根菌。

753　暗黄丝膜菌

拉丁学名　*Cortinarius subturbinatus* Rob. Henry

形态特征　子实体中等或稍大。菌盖直径 6～13cm，半球形至扁半球形，暗黄褐色，边缘内卷有白絮毛，表面黏。菌肉厚，白色。菌褶浅赭色至锈褐色，窄，密。菌柄长 3.5～9cm，粗 0.8～2cm，污白至浅黄色，基部明显膨大，实心。丝膜白色。孢子粗糙，柠檬形，11～13μm×6～6.8μm。

生态习性　秋季生阔叶林地上。属树木外生菌根菌。

分　布　分布于新疆等地。

754　细柄丝膜菌

拉丁学名　*Cortinarius tenuipes* (Hongo) Hongo

形态特征　子实体中等大。菌盖直径 4～10cm，扁平至近平展，橙红至浅土黄红色，中部稍凸，暗褐黄色，边缘常有白色丝状菌膜，湿时黏。菌肉浅黄色。菌褶污白色至米黄色及肉桂色，直生又弯生，密，不等长。菌柄长 5～10cm，粗 0.7～1cm，弯曲，表面白色至浅黄褐色，丝膜多

图 754

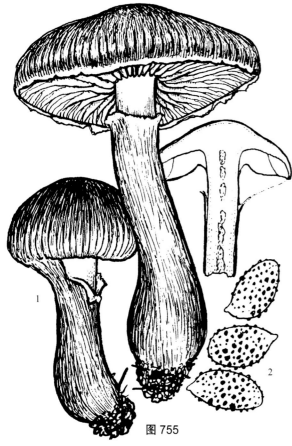

图 755

1. 子实体；2. 孢子

残存于菌柄上部。孢子淡黄褐色，近光滑，椭圆形，7～10μm×3.5～5μm。

生态习性 秋季于针阔叶混交林地上群生或丛生。属外生菌根菌。

分　布 分布于云南、内蒙古、四川、青海、吉林、辽宁等地。

应用情况 可食用。

755　野丝膜菌

拉丁学名 *Cortinarius torvus* (Fr.) Fr.
曾用学名 *Cortinarius agaricus-torvus* Fr.
英文名 Sheathed Web-cap

形态特征 子实体一般中等大。菌盖直径4～10cm，初期扁半球形，后期稍平展或扁平，褐黄色或土黄褐色，表面初期有细微的鳞片，边缘有不明显条沟纹和菌幕残片。菌肉白色带紫，稍厚。菌褶近直生，宽而稀，紫色至暗黄褐色，不等长。菌柄较粗，长4～10cm，粗1～2cm，基部膨大可达3cm。菌环呈膜状，近污白色，往往明显存留在柄上部。孢子近卵圆形，粗糙有疣，

图 757

8～10.5μm×5～6.5μm。

生态习性　秋季生林中地上。属外生菌根菌。

分　　布　分布于西藏等地。

应用情况　此菌有抑肿瘤作用，对小白鼠肉瘤 180 和艾氏癌的抑制率均达 90%。

756　环带丝膜菌

别　　名　环带柄丝膜菌

拉丁学名　*Cortinarius trivialis* J. E. Lange

英 文 名　Girdled Webcap

形态特征　子实体中等至较大。菌盖直径 5～11cm，幼时扁半球形，后呈扁平至近平展，中部稍凸起，污黄色、土褐色、赭黄褐色至近褐色，表面平滑而有一层黏液，初期边缘内卷且无条纹，干燥或老后可开裂。菌肉稍厚，污白色，无明显气味。菌褶直生至近弯生，不等长，浅黄褐色至锈褐色，稍密。菌柄细长，圆柱形，向下浅变细或稍膨大，长 8～16cm，粗 0.6～3cm，幼时上部污白有浅色小鳞片，中部以下有明显的鳞片，且裂成许多环带，实心，色暗，肉质至纤维质。丝膜生柄上部，蛛网状，易消失。担子棒状，35～45μm×10～12μm。孢子近椭圆形或柠檬形，锈黄色，表面粗糙具疣，9～12μm×5.5～7.5μm。

生态习性　秋季在阔叶林中地上群生。此菌属外生菌根菌。

分　　布　分布于四川、内蒙古大兴安岭等地。

应用情况　记载可食用，但需要在食用前加工除去表面黏液。

图 758

757 黄丝膜菌

拉丁学名 *Cortinarius turmalis* Fr.
英 文 名 Yellow Cort

形态特征 子实体一般中等大。菌盖直径 3～10cm，扁半球形至平展，中部稍凸，深蛋壳色、土黄褐色或浅黄褐色，中部色深，湿时黏，干时有光泽，边缘平滑。菌肉白色。菌褶污白黄或黄褐至锈褐色，弯生，密。菌柄长 7～12cm，粗 1～1.5cm，柱形或向下渐变细，白色或浅黄褐至黄褐色，有白色纤毛，上部有污白色丝膜。孢子椭圆形或近杏仁形，光滑或稍粗糙，6.5～9μm×3.5～4.3μm。
生态习性 夏秋季于林地上群生。属树木外生菌根菌。
分　　布 分布于安徽、云南、湖南、辽宁、吉林等地。
应用情况 可食用。含多种氨基酸。试验抑肿瘤，对小白鼠肉瘤 180 和艾氏癌抑制率分别为 80% 和 90%。

758 变色丝膜菌

别　　名 褐紫丝膜菌
拉丁学名 *Cortinarius variicolor* (Pers.) Fr.
曾用学名 *Cortinarius nemorensis* (Fr.) J. E. Lange

形态特征 子实体一般中等大。菌盖直径 6～11cm，扁半球形至近平展，中部黄褐色，边缘紫色，

平滑，湿时黏，干时似有纤毛。菌肉白色带紫。菌褶浅灰白紫色至褐色，直生至近弯生，较密。菌柄长 8～10cm，粗 1～2cm，基部膨大稍延伸，浅褐黄色，上部白紫色，有丝膜，实心。孢子具小疣点，9～10.5μm×5.5～6μm。

生态习性　生针、阔叶林中地上。属树木外生菌根菌。

分　　布　分布于青海等地。

应用情况　可食用，但要倍加浸泡、淘洗后加工。

759　白柄丝膜菌

别　　名　白腿丝膜菌

拉丁学名　*Cortinarius varius* (Schaeff.) Fr.

英 文 名　Contrary Webcap

形态特征　子实体小或中等。菌盖直径 3～10cm，扁半球形后渐平展，土黄色至浅黄褐色，光滑，稍黏，边缘初期内卷。菌肉白色。菌褶初期堇紫色，后呈肉桂色，直生至凹生，不等长。菌柄长 4～7cm，粗 0.6～1.2cm，近圆柱形，白色，后期似有花纹，松软至中空，基部膨大呈球形，初期有白色蛛网状菌幕。孢子淡锈色，有小疣，椭圆形至杏仁形，9.5～11.5μm×6～7μm。

生态习性　秋季于林地上大量群生。与云杉形成外生菌根。

分　　布　分布于新疆、广东、山西等地。

应用情况　可食用。

图 760

760 黏液丝膜菌

别　　名　苔丝膜菌
拉丁学名　*Cortinarius vibratilis* (Fr.) Fr.
英 文 名　Bitter Cort

形态特征　于实体一般较小。菌盖直径 4～6cm，幼时半球形，后期近平展，中部凸起，表面有黏液，平滑光亮，黄色或浅赭黄褐色，干燥时色变浅。菌肉白色，薄，有苦味。菌褶直生至弯生，密，较窄，初时淡后深肉桂色，不等长。菌柄长 5～6cm，粗 0.5～0.9cm，圆柱形或向下渐粗，白色，幼时具一层黏液，内部松软至空心。孢子印深肉桂色。孢子椭圆形，微粗糙，7.5～8μm×4.5～5μm。
生态习性　秋季在云杉林中地上成群生长。属树木的外生菌根菌。
分　　布　分布于云南、安徽、湖南、西藏、黑龙江、吉林等地。
应用情况　可食用，但也有记载不能食用。在采集食用及药用配伍时注意。另试验抑肿瘤，对小白鼠肉瘤 180 和艾氏癌的抑制率分别为 100% 和 90%。

761 紫绒丝膜菌

别　　名　深紫绒丝膜菌、丝膜菌
拉丁学名　*Cortinarius violaceus* (L.) Gray
英 文 名　Violet Cort, Violet Webcap

形态特征　子实体中等至较大。菌盖直径 4～
8.5cm，扁半球形，呈深堇紫色或暗紫色，边
缘稍内卷，丝膜易消失，不黏，密被绒毛和成
簇的小鳞片。菌肉呈深堇紫色。菌褶弯生，较
稀。菌柄长 9～15cm，粗 0.9～2.5cm，与菌盖
同色或稍淡，向下部稍膨大，基部渐细，具
丝状细毛，内部松软。孢子有小疣，椭圆形，
9.6～12.1μm×7～7.8μm。褶侧囊体无色，近
棒状或顶端稍尖细。

生态习性　秋季于针阔叶混交林中地上散生
或单生。多与云杉、榛等形成外生菌根。

分　　布　分布于河北、安徽、云南、新疆、
西藏等地。

应用情况　可食用。试验抑制肿瘤，对小白
鼠肉瘤 180 及艾氏癌的抑制率分别为 100% 和
90%。

图 761

762 黄茸绣耳

别　　名　鳞锈耳、黄茸靴耳
拉丁学名　*Crepidotus fulvotomentosus* Peck

形态特征　子实体一般较小。菌盖臀形或半
圆形，直径 3～6cm，淡锈色，密被浅朽叶色
的细鳞片，边缘向内卷，无菌柄且基部有白色
毛。菌肉近白色，薄。菌褶宽，初期污白色，
后期为锈褐色，褶后基部辐射而生。孢子浅锈
色，光滑，椭圆形，7～10μm×5.5～6.5μm。
有褶缘囊体。

生态习性　夏秋季在腐木上群生。属木腐菌。

分　　布　分布于河北、四川、江苏等地。

应用情况　幼时可食用。

图 762-1　　1. 子实体；2. 孢子；3. 担子

图 762-2

763 黏绣耳

别　　名 软靴耳、黏锈褶耳

拉丁学名 *Crepidotus mollis* (Schaeff.) Staude

英 文 名 Soft Slipper Toadstool, Jelly Crep, Flabby Crepidotus

形态特征 子实体小。菌盖直径1～5cm，半圆形至扇形，干后纯白色，水浸后半透明，黏，光滑，基部有毛，初期边缘内卷。菌肉薄。菌褶初白色，后变为褐色，从盖至基部辐射而出，延生，稍密。孢子印褐色。孢子淡锈色，有内含物，椭圆形或卵形，7.5～10μm×4.5～6μm。

生态习性 于倒腐木上叠生、群生。

分　　布 分布于河北、山西、吉林、江苏、浙江、湖南、福建、河南、广东、香港、陕西、青海、四川、云南、西藏等地。

应用情况 可食用，但子实体较小，食用意义不大。

图 764　　1. 子实体；2. 孢子；3. 担子

764 草地拱顶伞

别　　名　草地蜡伞
拉丁学名　*Cuphophyllus pratensis*
(Fr.) Bon

形态特征　子实体较小。菌盖直径4～7cm，凸镜形至半球形，后期平展，边缘常开裂，浅杏色至橙色，表面光滑，边缘幼时光滑，后渐深波状。菌肉白色，伤不变色。菌褶近延生，稍稀，浅杏色至奶黄色，不等长，褶缘近平滑。菌柄长2.5～7cm，直径1～2cm，圆柱形，浅杏色至奶黄色，表面具浅条纹。孢子5～7.5μm×4～5μm，椭圆形，光滑，无色，非淀粉质。

生态习性　夏秋季于针阔叶混交林或针叶林中草地上群生、散生或单生。

分　　布　分布于黑龙江、吉林、内蒙古、广东、云南等地。

应用情况　可食用。

图 765

765 黄盖囊皮菌

拉丁学名　*Cystoderma amianthinum* (Scop.) Fayod
曾用学名　*Armillaria amianthina* (Scop.) Kauffman
英　文　名　Earthy Powdercap, Rugose Mushroom

形态特征　子实体小型。菌盖直径2～5cm，扁半球形至近平展，黄褐色至橙黄色，密被颗粒状鳞片和放射状皱纹，边缘有菌幕残片。菌肉白色或带黄色。菌褶白色带淡黄色，近直生。菌柄长2～6cm，粗0.2～0.6cm，圆柱形，菌环以下同盖色，具小疣，松软，基部稍膨大。菌环生菌柄上部，膜质，易脱落。孢子无色或带淡黄色，椭圆至卵圆形，6.2～8.3μm×3.5～4.1μm。

生态习性　夏秋季于针叶林中地上单生或散生。

分　　布　分布于吉林、黑龙江、河北、山西、云南、四川、江苏、香港、福建、新疆、西藏等地。

应用情况　可食用。

图766

766 黄皱盖囊皮菌

别　　名 黄皱纹囊皮菌、黄盖囊皮菌皱纹变种

拉丁学名 *Cystoderma amianthinum* var. *rugosoreticulatum* (F. Lorinser) Bon

英 文 名 Pungent Cystoderma

形态特征 此变种子实体小。橘黄色的表面具近似放射状皱沟纹，其他特征与原种黄盖囊皮菌 *Cystoderma amianthinum* 基本相同。

生态习性 夏秋季生针叶林中地上，单生、群生，有时丛生。

分　　布 分布于四川、云南、福建、河南、香港等地。

应用情况 可食用。已有人工培养生产。

767 金粒囊皮菌

拉丁学名 *Cystoderma fallax* A. H. Sm. et Singer

英 文 名 Common Conifer Cystoderma

形态特征 子实体较小。菌盖直径2～5cm，扁半球形至稍平展，表面密被金黄色或黄褐色颗粒，菌盖边缘无明显条纹。菌肉稍厚，黄白色。菌褶黄白色，近直生。菌柄长3～7.5cm，粗0.4～0.6cm，近圆柱形，乳白黄色，近光滑，菌环以下有颗粒，基部稍膨大，内部松软。菌环膜质，上面白黄色，下面有颗粒。孢子无色，光滑，椭圆形，3.5～6μm×2.5～3.6μm。

生态习性 秋季于针阔叶混交林地上散生。

分　　布 分布于辽宁、吉林、黑龙江等地。

应用情况 可食用。

图767

768 朱红小囊皮菌

别　　名	朱红囊皮菌
拉丁学名	***Cystodermella cinnabarina*** (Alb. et Schwein.) Harmaja
曾用学名	*Cystoderma cinnabarinum* (Alb. et Schwein.) Fayod; *Cystoderma terreii* (Berk. et Broome) Harmaja
英 文 名	Cinnabar Red Cystoderma

形态特征　子实体较小。菌盖直径 3～8cm，半球形或扁半球，后稍平展，中部钝，褐红色，表面密被粗糙颗粒，边缘常附着菌幕残片。菌肉浅黄白色，表皮下带红色。菌褶白色。菌柄 4～7cm×0.8～1cm，粗 0.8～1cm，近圆形向下渐粗，菌环以下同盖色且密被颗粒，松软至空心。菌环上表面白色，易破碎而悬挂盖边缘。孢子椭圆形，4～5μm×2.5～3μm。囊体披针形，顶部锐细。

生态习性　夏末至秋季于林中地上散生。

分　　布　分布于云南、西藏、四川、河南、辽宁、吉林、黑龙江等地。

应用情况　可食用。

图 768-1

769 疣盖小囊皮菌

别　　名	疣盖囊皮菌、疣皮环蕈
拉丁学名	***Cystodermella granulosa*** (Batsch) Harmaja
曾用学名	*Cystoderma granulosum* (Batsch) Fayod
英 文 名	Granular Mushroom

形态特征　子实体小。菌盖直径 2～5cm，初期近卵圆形，渐扁半球形至平展，中部凸起，表面干，土褐色至深咖啡色，密被黑褐色小疣且中部较稠密，边缘附菌幕残片。菌肉白色，薄。菌褶白色至乳黄色，直生。菌柄长 2～9cm，粗 0.3～0.7cm，菌环以下同盖色，具小疣，松软至中空。菌环膜质，易脱落。孢子无色，光滑，卵圆至椭圆形，4～5.5μm×2.8～3.5μm。

图 768-2

图 769

图 770-1

生态习性 夏秋季于林中地上群生或单生。

分　　布 分布于黑龙江、吉林、山西、江苏、甘肃、新疆、西藏等地。

应用情况 可食用。

770　黄环鳞伞

别　　名 黄环圆头伞

拉丁学名 *Descolea flavoannulata* (Lj. N. Vassiljeva) E. Horak

曾用学名 *Rozites flavoannulata* Lj. N. Vassiljeva; *Cortinarius flavoannulata* (Lj. N. Vassiljeva) E. Horak

---

形态特征 子实体中等大。菌盖直径 4～10cm，初期半球形或扁平，后期近平展中部稍凸，蜜黄色、土黄色至深黄褐色，表面黏并有破碎的菌膜颗粒，边缘平滑或有沟条棱。菌肉白色至黄褐色。菌褶直生至弯生，较稀，不等长，黄色到褐黄色，褶缘似粉末。菌柄圆柱形，直立或稍弯曲，长6～12cm，粗 0.7～1.3cm，上部带土黄色，有条纹，下部带褐色且有纤维状鳞片。孢子宽椭圆形或纺锤状，壁厚，带黄色，粗糙，11～16μm×7.2～9.6μm。具棒状褶缘囊体。

生态习性 夏秋季在落叶松林地或阔叶林中地上散生。属外生菌根菌。

分　　布 分布于吉林、黑龙江、辽宁、内蒙古、贵州、西藏等地。

应用情况 可食用。这是常见于东北地区的一种食用菌。采集食用时要注意与其他丝膜菌区别。

771 斜盖粉褶菌

别　　名　败育粉褶蕈、不孕粉褶菌、斜盖菇、角孢斜盖伞、角孢斜顶菇

拉丁学名　*Entoloma abortivum* (Berk. et M. A. Curtis) Donk

曾用学名　*Rhodophyllus abortivus* (Berk. et M. A. Curtis) Singer

英 文 名　Aborted Entoloma, Aborted Pinkgill

形态特征　子实体中等至稍大。菌盖直径3～9.5cm，扁球形至近平展，往往偏斜，中部稍下凹，污白色或灰白色有时变淡黄褐色，光滑，边缘平滑。菌肉白色。菌褶近白色，后变粉红色，延生，稍密，不等长。菌柄长3～8cm，粗0.5～1.5cm，近柱形，淡灰色，基部白色，内实，纤维质，有纵纹。孢子印粉红色。孢子无色，光滑，长椭圆状多角形，7.5～10.4μm×5～6.3μm。

生态习性　秋季于林中地上丛生、群生或单生。

分　　布　分布于河北、四川、陕西、河南等地。

应用情况　可食用，味道鲜美，有时子实体变畸形，只形成球形或半球形的菌丝块，同样也可以食用。记载抑肿瘤，对小白鼠肉瘤180有抑制作用。

图 771

772 黑紫粉褶菌

别　　名　黑粉褶菌
拉丁学名　*Entoloma atrum* (Hongo) Hongo
曾用学名　*Entoloma ater* (Hongo) Hongo et Izawa; *Rhodophyllus ater* Hongo
英 文 名　Black-lilac Entoloma

形态特征　子实体小。菌盖直径 1~4.2cm，初期扁平，中部下凹，后期近扁平，表面黑褐色至褐带紫色，水浸状，有微小鳞片，边缘有细条纹，边缘内卷或稍上翘。菌肉很薄，同盖色。菌褶直生到延生，淡灰白色带粉肉色，后期变粉红色，不等长。菌柄长 2~5cm，粗 0.2~0.3cm，柱形，灰褐色，基部有白色丝状毛，表面平滑，空心。孢子椭圆状角形，10~12μm×7.5~9μm。褶缘囊状体顶部钝，近圆柱状或宽棒状，50~70μm×6~20μm。

生态习性　夏秋季在林中草地上群生。

分　　布　分布于香港、湖北、西藏等地。

应用情况　据试验抑肿瘤，对小白鼠肉瘤 180 及艾氏癌的抑制率分别为 70% 和 80%。此菌可能含毒。

图772

773　晶盖粉褶菌

别　　名　豆菌、红盾赤褶菰、红盾粉褶菇
拉丁学名　*Entoloma clypeatum* (L.) P. Kumm.
曾用学名　*Rhodophyllus clypeatus* (L.) Quél.
英 文 名　Shield-shaped Entoloma

形态特征　子实体中等大。菌盖直径2～10cm，近钟形至平展，中部稍凸起，表面灰褐色或朽叶色，光滑，具深色条纹，湿时水浸状，边缘近波状，老后具不明显短条纹。菌肉白色，薄。菌褶初期粉白色，后变肉粉色，弯生，较稀，边缘齿状至波状，不等长。菌柄长5～12cm，粗0.5～1.5cm，圆柱形，白色，具纵条纹，质脆，内实变空心。孢子印粉色。孢子呈球状多角形，8.8～13.8μm×7.5～11.3μm。

生态习性　夏秋季于混交林中地上群生或散生。与树木形成外生菌根。

分　　布　分布于河北、黑龙江、吉林、青海、四川等地。

应用情况　可食用，而日本记载有呕吐、腹泻等胃肠道中毒反应。据试验抑肿瘤，对小白鼠肉瘤180及艾氏癌的抑制率均为100%。

图 773

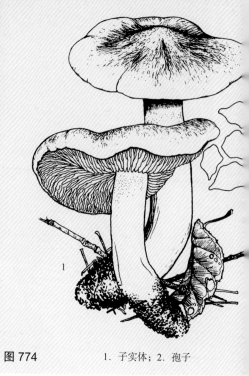

图 774　　　　1. 子实体；2. 孢子

774　粗柄粉褶菌

拉丁学名　*Entoloma crassipes* (Imazeki et Toki) Imazeki et Hongo
曾用学名　*Rhodophyllus crassipes* (Imazeki et Toki) Imazeki et Hongo

形态特征　子实体中等至较大。菌盖直径 7～12cm，初期圆锥形，后呈半球形稍平展，中部平凸起，边缘内卷，表面平滑，鼠灰褐色，有白色丝光样条纹，后呈鼠灰色细条纹。菌肉白色，较薄。菌褶污白色、粉红色，弯生至近离生，宽，不等长，边缘近波状或似锯齿状。菌柄等粗或向下部渐粗，长 8～15cm，粗 1～1.2cm，白色，平滑，内部实心。孢子光滑，无色至浅粉红色，宽椭圆状多角形，9～12μm×7～8.5μm。
生态习性　夏秋季生阔叶林地上，群生或单生。
分　　布　分布于香港、吉林、甘肃等地。
应用情况　可食用。在日本和韩国作为食用菌，但要注意同毒粉褶菌相区别。另外抑肿瘤，对小白鼠肉瘤 180 和艾氏癌抑制率分别为 80% 和 90%。

775　方孢粉褶菌

别　　名　穆雷粉褶菌、黄方孢粉褶菌、白黄粉褶菌
拉丁学名　*Entoloma murraii* (Berk. et M. A.Curtis) Sacc.
曾用学名　*Rhodophyllus murraii* (Berk. et M. A.Curtis) Sacc.
英　文　名　Yellow Unicorn Entoloma

形态特征　子实体弱小。菌盖直径 2～4cm，顶部具凸尖，黄色到橙黄色，表面丝光发亮，湿润

时边缘可见细条纹。菌肉薄，近无色。菌褶近粉黄色至粉红色，稍稀，不等长，弯生至近离生，边缘近波状。菌柄细长柱形，黄白色，光滑或有丝状细条纹，长4～8cm，粗0.2～0.4cm，内部空心，基部稍膨大。孢子印粉红色。孢子有四角呈方形，粉黄褐色，光滑，9～12.8μm×8～10μm。褶缘囊体袋状，无色，5.1～11.4μm×10～12.7μm。

生态习性 夏秋季在混交林地上单生或成群生长。

分　　布 分布于四川、湖南等地。

应用情况 记载有毒。外形与赭红粉褶菌相似。抑肿瘤，据试验对小白鼠肉瘤180抑制率为90%，对艾氏癌的抑制率为100%。

图 775-1

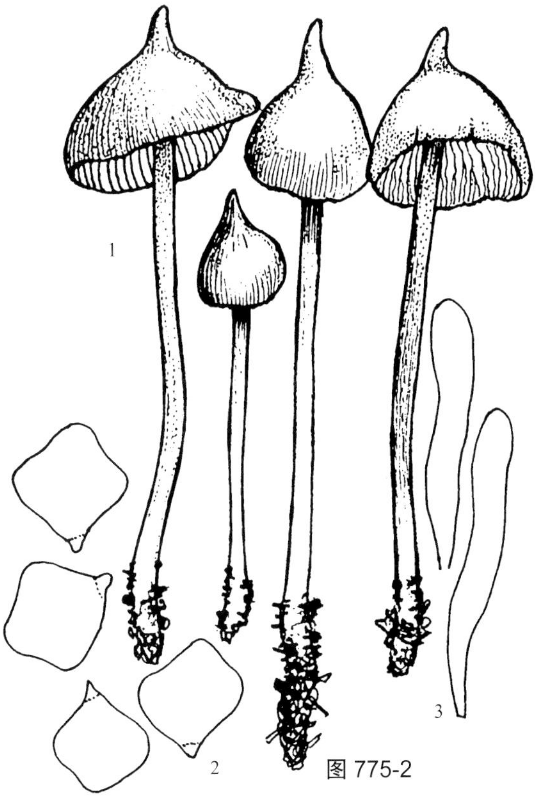

776 臭粉褶菌

拉丁学名 *Entoloma nidomari* (Fr.) Quél.

形态特征 子实体中等大。菌盖直径3～7cm，污白、黄褐色至带灰色，湿时水浸状边缘呈现轻微条纹，开伞后边缘上拱而中部凸起，表皮易剥离。菌肉白色，具强烈的难闻气味。菌褶粉色，直生至近离生，不等长。菌柄圆柱形，长4.5～9cm，粗0.3～1cm，表面白色至污白色，具纵条纹，内部空心，顶部有白色粉末。孢子印粉红色。孢子角形，带粉色，7～10μm×6～7.5μm。

生态习性 夏秋季在阔叶林或针叶林地上成群生长。属外生菌根菌。

分　　布 分布于湖南、辽宁、四川、云南、吉林等地。

应用情况 据记载有毒不宜食用。此菌试验抑肿瘤，对小白鼠肉瘤180的抑制率为60%，对艾氏癌的抑制率为70%。

777 褐盖粉褶菌

别　　名 褐粉褶菌

拉丁学名 *Entoloma rhodopolium* (Fr.) P. Kumm.

曾用学名 *Rhodophyllus rhodopolium* (Fr.) Quél.

英　文　名 Woodland Pink-gill

形态特征 子实体中等大。菌盖褐灰色、灰白色、直

1. 子实体；2. 孢子；3. 褶缘囊体

图 775-2

图 776-1

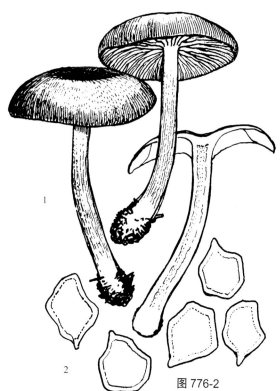

1. 子实体；2. 孢子

图 776-2

径5～12cm，表面往往有条纹，湿时边缘呈现条棱。菌肉白色，薄。菌褶初期近白色，后变浅红褐色，稍密，直生至弯生。菌柄圆柱形，细长，有时向下渐细，长6～15cm，粗0.8～1.5cm，内部实心至松软，表面湿润，灰白色至带褐黄色。孢子印粉红色。孢子带粉红色，近球形而有角，8～11μm×7～9μm。

生态习性 夏秋季生阔叶林地上。可与松及某些阔叶树木形成菌根。

分　布 分布于吉林、福建、湖南、四川、云南、甘肃、广东、西藏等地。

应用情况 记载可食用。但也有记载，中毒出现胃肠炎症状。食后约半小时出现头痛、头昏、耳鸣、嘴唇发麻、四肢无力、心跳加快等症状，不宜食用。食用野生菌及配伍药用时注意。

778 赭红粉褶菌

别　　名　朱顶红褶伞

拉丁学名　*Entoloma salmoneum* (Peck) Sacc.

曾用学名　*Rhodophyllus salmoneus* (Peck) Singer

形态特征　子实体较小，土红色或朱红色。菌盖近圆锥形或钟形，顶部尖，直径 1~4cm，具放射状条纹或条沟。菌肉薄。菌褶暗粉红色，直生至弯生，不等长。菌柄圆柱形，长 5~12cm，粗 0.2~0.4cm，具纵条纹，空心。孢子印粉红色。孢子四角形近似方形，长 10~13μm。

生态习性　夏秋季在林中地上成群生长。

分　　布　分布于福建、香港、云南、西藏等地。

应用情况　报道有毒，不宜食用。此菌试验抑肿瘤，对小白鼠肉瘤 180 的抑制率为 60%。

图 778

1. 子实体；2. 孢子

779 淡黄褐粉褶菌

拉丁学名 ***Entoloma saundersii*** (Fr.) Sacc.
曾用学名 *Rhodophyllus saundersii* (Fr.) Romagn.

形态特征 子实体中等或较大。菌盖直径 3.5～12cm，初期钟形、斗笠形至近平展，中部凸起，污黄褐或浅黄褐至灰褐色，边缘平滑近波状。菌肉白色，中部厚。菌褶白色变浅粉红色。菌柄较短粗，长 3～6cm，粗 1～2.5cm，白色至浅白色，内部松软，基部稍膨大。孢子近球形且有角，稍带粉色，光滑 9～12μm×8～10.2μm。
生态习性 夏至秋季于林中地上群生或散生。
分　　布 分布于黑龙江等地。
应用情况 可食用，但注意与有毒的毒粉褶菌 *Rhodophyllus sinuatus* 等相混淆。

780 毒粉褶菌

别　　名 毒赤褶菇、土生红褶菇
拉丁学名 ***Entoloma sinuatum*** (Bull.) P. Kumm.
曾用学名 *Rhodophyllus sinuatus* Singer; *Rhodophyllus lividus* (Bull.) Quél.
英 文 名 Lead Poisoner

图 779

形态特征 子实体较大。菌盖直径 5～20cm，扁半球形，后期近平展，中部稍凸起，污白色至黄白色，有时带黄褐色，边缘波状常开裂，表面有丝光。菌肉白色，稍厚。菌褶初期污白，老后粉红或粉肉色，直生至近弯生，稍稀，边缘近波状，不等长。菌柄长 9～11cm，粗 1.5～3.8cm，白色至污白色，往往较粗壮，上部有白粉末，表面具纵条纹，基部稍膨大。孢子多角，8～11μm×6.5～8μm。
生态习性 夏秋季于混交林地群生或丛生。与树木形成外生菌根。
分　　布 分布于吉林、四川、云南、江苏、安徽、台湾、河南、河北、甘肃、广东、黑龙江等地。
应用情况 著名毒菌之一，中毒引起严重吐泻。试验抑肿瘤，对小白鼠肉瘤 180 及艾氏癌的抑制率均为 100%（应建浙等，1987；杨相甫等，2005）。

图 780-1

图 780-2

图 781

图 782-1

781 锥盖粉褶菌

拉丁学名 *Entoloma turbidum* (Fr.) Quél.
曾用学名 *Rhodophyllus turbidus* (Fr.) Quél.
英 文 名 Yellow Foot Pinkgill

形态特征 子实体小。菌盖直径 3～7cm，钟形至近平展，中部凸起，表面水浸状，暗褐色，有隐条纹，后期呈波状和开裂。菌肉灰白色，薄。菌褶直生至弯生，后期近离生，密，较宽，灰白色变至棕灰色，边缘波状，不等长。菌柄圆柱形，基部稍粗，长 3.6～9.5cm，粗 0.4～1cm，表面光滑有纵条纹，同盖色至银灰色，基部有白色绒毛，内部实至松软。孢子印粉红色。孢子近球形有角，8～10.5μm×6.5～8μm。
生态习性 夏秋季生云杉、冷杉等林中地上，单生或散生。
分　布 分布于广东、四川、吉林等地。
应用情况 可食用，但要注意同有毒的褐盖粉褶菌等相区别。

782 金针菇

别　　名　冬菇、朴蕈、朴菇、构菌、毛柄金钱菌、冻菌、金针蘑、金钱菇、白金针菇、毛柄
类火菇

拉丁学名　*Flammulina velutipes* (Curtis) Singer

英 文 名　Golden Mushroom, Velvet Foot, Velvet Stem

形态特征　子实体小。菌盖直径 1.5～7cm，扁半球形后渐平展，黄褐色或淡黄褐色，边缘乳黄色并
有细条纹，湿润时黏滑。菌肉白色，较薄。菌褶乳白色，弯生，稍密，不等长。菌柄长 3cm，具黄
褐色或深褐色短绒毛，纤维质，内部松软，基部往往延伸似假根并紧靠在一起。孢子无色或淡黄色，
光滑，长椭圆形，6.5～7.8μm×3.5～4μm。

生态习性　早春和晚秋至初冬在阔叶树腐木桩上丛生。使树木木质部形成黄白色腐朽。

分　　布　分布于吉林、辽宁、黑龙江、内蒙古、山西、河北、陕西、河南、北京、台湾、甘肃、
江西、福建、安徽、青海、西藏、四川、云南等地。

应用情况　可食用和药用，我国人工栽培较广泛，产品销售国内外，属重要的食用菌。降低血压、
胆固醇。含有多糖，具有明显的抑肿瘤作用。试验其水提取多糖抑肿瘤，对小白鼠肉瘤 180 的抑制
率达 81.1%～100%，对艾氏癌的抑制率为 80%。

图 782-2

图 782-3

783 白黄卷毛菇

别　　名　白黄蜜环菌、变白卷毛菌、黄蘑
拉丁学名　***Floccularia albolanaripes*** (G. F. Atk.) Redhead
曾用学名　*Armillaria albolanaripes* G. F. Atk.
英 文 名　Sheathed Armillaria

形态特征　子实体中等至稍大。菌盖直径 3～12.5cm，初期半球形或扁半球形，后期近平展，黄色而向边缘黄白色，中部黄褐色，表面稍干，有小的近平伏的纤毛状鳞片，边缘撕裂状。菌肉带黄色。菌褶直生至近离生，不等长，密，白色带黄色。菌柄长 3～7.6cm，粗 0.8～1.2cm，菌环以上白色，其下为黄白色或带褐色，具有近似环状排列的鳞片。菌环膜质，边缘撕裂呈齿状。孢子印白色。孢子光滑，椭圆形，无色，6～8μm×4～5μm。

生态习性　夏秋季群生，青藏高原高山草丛、草甸带有时可形成蘑菇圈。

分　　布　分布于西藏、青海、川西等地。

应用情况　可食用，味鲜美，珍稀。此种与黄绿蜜环菌近似，但生态习性差异明显。

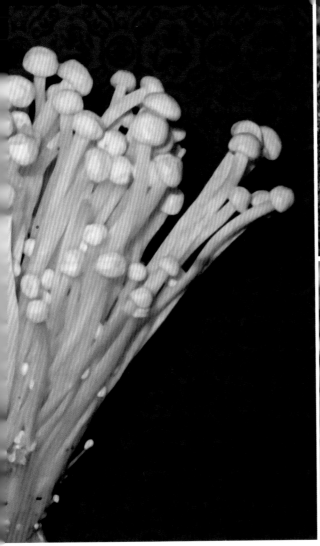

图 783-1

图 783-2

784 黄绿卷毛菇

别　　名	黄绿蜜环菌、黄蘑菇、黄环菌、黄环蕈、金黄菇
拉丁学名	*Floccularia luteovirens* (Alb. et Schwein.) Pouzar
曾用学名	*Armillaria luteovirens* (Alb. et Schwein.) Sacc.; *Armillaria albolanaripes* G. F. Atk.
英 文 名	Honey Fungus, Yellow Mushroom

形态特征　子实体中等大。菌盖厚，肉质，直径 5～11cm，扁半球形至平展，硫黄色干后近白色，幼时具絮毛状鳞片或表皮龟裂，边缘内卷。菌肉白色，厚。菌褶近似菌盖色，稍密，弯生，不等长。菌柄柱形，长 3.5～10cm，粗 1.2～2.5cm，白色或带黄色，内实，菌环以下具黄色鳞片，基部往往膨大。菌环生柄的上部，黄色。孢子印白色。孢子光滑，椭圆形，无色，6～7.2µm×4～4.5µm。

生态习性　夏秋季生于草原或高山草地上。在西藏珠穆朗玛峰地区，分布可达海拔 5000m 处高山草甸。2015 年青海祁连县作为资源保护区。

分　　布　分布于河北、陕西、甘肃、青海、四川、西藏等地。

应用情况　可食用。其味鲜美，口感好，是高山草地上的一种质地优良的野生食用菌。在青海、西藏和甘肃甘南草原居民广泛采食。据分析，干品含粗蛋白 38.5%、粗脂肪 3.3%、灰分 8.7%，以及钙 0.07%、磷 2.21% 等。此菌可收集加工，对国内外销售。

图 784-1

图 784-2

785 秋生盔孢伞

拉丁学名 *Galerina autumnalis* (Peck) A. H. Sm. et Singer

形态特征　子实体小。菌盖直径 1.5～4.5cm，半球形、钟形至平展，中部有乳状突起，赭色、黄褐色至褐色，湿时黏，具透明状条纹，水浸状。菌肉薄，褐色。菌褶宽达 0.5cm，直生或稍延生，稍密，初期与菌盖同色，后期颜色变深为铁锈色。菌柄长 5.5～8cm，直径 0.3～0.5cm，棒状，空心，锈褐色，上部比下部颜色稍浅，上部有易脱落的、纤维质的菌环，基部有白色菌丝体。孢子 8～9.5μm×5～6μm，椭圆形，不等边，非淀粉质，无芽孔，表面有不明显皱纹或细小麻点，脐上光滑区明显，形似盔状，棕褐色至深褐色。

生态习性　晚秋生于林地腐烂的倒木苔藓间。

分　　布　全国各林区有分布。

应用情况　极毒。往往误食中毒导致死亡。

图786

786　簇生盔孢伞

拉丁学名　*Galerina fasciculata* Hongo

形态特征　子实体小。菌盖直径 2～5cm，初期半球形，后展开，表面不黏，光滑，暗肉桂色，水浸状，干后由中部向边缘呈淡黄色。菌肉薄，白色至淡黄色。菌褶直生至稍延生，肉桂色，边缘稍粉状，密或疏。菌柄长 6～9cm，直径 0.25～0.5cm，表面淡黄色至淡黏土色，空心，纤维状，顶部粉状，基部具有白色菌丝体。菌环中下位，污褐色，膜质，纤维状，脱落后无残留。担孢子 6～9μm×4～5μm，长椭圆形、椭圆形至卵圆形，表面除脐上光滑区外具小疣，无芽孔，红褐色至褐色，非淀粉质。

生态习性　秋季单生至簇生于林中地上。

分　　布　分布于四川等地。

应用情况　剧毒。本种易与秋生盔孢伞 *Galerina autumnalis* 混淆，区别在于本种菌环中下位、膜质，而后者菌环上位且纤维质。

787　长沟条盔孢伞

别　　名　条盖盔孢伞

拉丁学名　*Galerina sulciceps* (Berk.) Boedijn

形态特征　子实体小。菌盖直径 1～3cm，扁平至平展，黄褐色，中央稍下陷且具小乳突，边缘波状，具有明显可达菌盖中央的辐射状沟条。菌肉薄，近白色至淡褐色。菌褶弯生，淡褐色，稀。菌柄长 3～5cm，直径 0.3～0.5cm，顶部黄色，向下颜色变深，基部黑褐色。菌环无。孢子 7.5～10μm×4.5～5μm，杏仁形至椭圆形，具小疣和盔状外膜，锈褐色。

生态习性　夏秋季生于热带至南亚热带林中腐殖质上或腐木上。

分　　布　分布于热带地区。

应用情况　剧毒。江西曾发现中毒。

788　细条盖盔孢伞

拉丁学名　*Galerina subpectinata* (Murrill) A. H. Sm. ex Singer

形态特征　子实体小，褐色。菌盖直径 2～7cm，初扁平，后平展中部稍下凹，光滑，水浸状，开始土黄色，后为深褐色，边缘有明显的细条纹。菌褶初期浅黄色，后为黄褐色，窄，较密，直生至稍延生，不等长。菌柄长3～9cm，粗0.2～0.5cm，光滑，纤维质，上部浅黄色，下部深褐至褐红色。无菌环。孢子印锈色。孢子褐色，粗糙具麻点，顶部近光滑，具脐部，有盔状外膜，1～10μm×4.5～5.6μm。褶侧和褶缘囊体瓶状，50～81μm×5.1～13μm。

生态习性 秋季于针叶树腐木堆上成群生长。

分　　布 仅在四川发现此菌。

应用情况 此种属于极毒菌。误食后会引起肝损坏型中毒症状，死亡率达50%。

789　绿褐裸伞

别　　名 苦菌

拉丁学名 *Gymnopilus aeruginosus* (Peck) Singer

曾用学名 *Pholiota aeruginosa* Peck

英 文 名 Coooery Gym, Coppery Gymnopilus

形态特征 子实体中等大。菌盖直径3～11cm，扁半球形至近平展，褐色，不均匀地呈现紫褐、墨绿色，并有鳞片，边缘常附有菌幕残片后期脱落。菌肉淡黄色，较厚，味苦。菌褶淡黄绿色，后期锈色斑点，直生至弯生，不等长。菌柄长1～8cm，粗0.3～2.3cm，有纵条纹，弯曲，内部实心，上部有膜质菌环呈锈色，环以下褐色至紫褐色。孢子浅锈褐色，具麻点，卵圆形至椭圆形，6.5～7.8μm×4.4～5.2μm。褶缘囊体近瓶状，顶部钝圆，25～30μm×5～6.5μm。

生态习性 夏秋季多于针、阔叶树腐木或树皮上群生、单生或丛生。

分　　布 分布于吉林、甘肃、河南、海南、湖南、广西、云南、福建、西藏、香港等地。

应用情况 此菌味苦，多认为有毒，食后引起头晕、恶心、神志不清等中毒反应。亦有采食，但需煮洗浸泡等方可安全。抑肿瘤等。

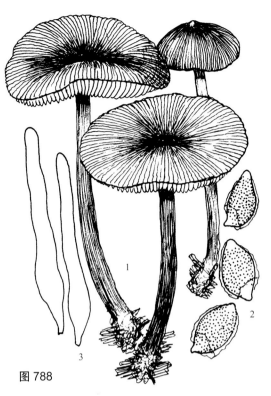

图788

1. 子实体；2. 孢子；3. 褶缘和褶侧囊体

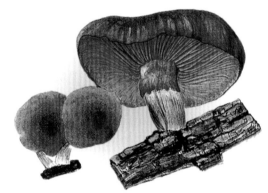

图789-1

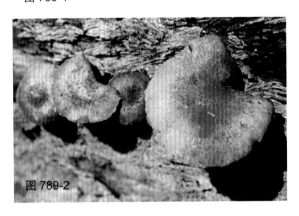

图789-2

图 790

图 791-1

图 791-2

790　条缘裸伞

别　　名　条纹裸伞
拉丁学名　*Gymnopilus liquiritiae* (Pers.) P. Karst.
曾用学名　*Flammulina liguiritiae* (Pers.) P. Kumm.

形态特征　子实体小，黄色。菌盖直径 3.5～4.5cm，半球形至近钟形或近平展，中部稍凸，淡黄至玉米黄色，边缘细条纹。菌肉黄色，薄，味苦。菌褶窄，密，不等长。菌柄柱形，长 4.5～7cm，粗 0.4～0.5cm，淡黄至污白色，稍弯曲，松软至空心，具条纹，基部白色。孢子粗糙，浅锈色，近杏仁形，6.3～8.4μm×4.5～5.2μm。有囊状体。

生态习性　夏秋季于针叶树腐木上群生。

分　　布　分布于云南、吉林、新疆等地。

应用情况　有认为有毒。试验抑肿瘤，对小白鼠肉瘤 180 和艾氏癌的抑制率分别为 80% 和 90%。

791　橘黄裸伞

别　　名　红环锈伞、大笑菌
拉丁学名　*Gymnopilus spectabilis* (Fr.) Singer
英 文 名　Big Lauphing Gym, Giat Gymnopilus

形态特征　子实体中等大。菌盖直径 3～8.3cm，半球形至近平展，橙黄色至橘红色，中部有细鳞片，边缘平滑。菌肉黄色，味苦。菌褶黄色后变锈色，稍密。菌柄长 3～10cm，粗 0.4～1cm，近柱形，较盖色浅，具毛状鳞片，内部实心，基部稍膨大。菌环膜质，生菌柄之靠顶部。孢子锈色，具麻点，椭圆或宽椭圆形，6～8μm×4.5～5.5μm。褶缘囊体瓶状，20～25μm×6～10μm。

生态习性　夏秋季于阔叶或针叶树腐木或树皮上群生或丛生。可对多种木材引起腐朽。

分　　布　分布于黑龙江、吉林、内蒙古、福建、湖南、广西、云南、海南、西藏等地。

应用情况　此种有毒。中毒后产生精神异常，如同酒醉者一样，手舞足蹈，活动不稳，狂笑，或意识障碍，谵语，或产生幻觉，感到房屋变小，东倒西歪，视力不清，头晕眼花等。抑肿瘤，对小白鼠肉瘤 180 及艾氏癌的抑制率分别为 60% 和 70%。

792 安络小皮伞

<table>
<tr><td>别　名</td><td>鬼毛针、树头发、茶褐小皮伞、安络裸柄伞、安络菌、黑柄皮伞、盾盖小皮伞</td></tr>
<tr><td>拉丁学名</td><td>*Gymnopus androsaceus* (L.) J. L. Mata et R. H. Petersen</td></tr>
<tr><td>曾用学名</td><td>*Marasmius androsaceus* (L.) Fr.</td></tr>
<tr><td>英 文 名</td><td>Alpine Scotch Bonnet, Horsehair Fungus</td></tr>
</table>

形态特征 子实体小。菌盖直径 0.5～2cm，半球至近平展，中部脐状，具沟条，茶褐至红褐色，中央色深，很薄，膜质，光滑，干燥，韧。菌褶近白色，直生至离生，稀，长短不一。菌柄长 3～5cm，粗 1mm 或稍粗，细长针状，黑褐色或稍浅，平滑，弯曲，中空，软骨质，往往生长有黑褐色至黑色细长的菌索，最长的菌索长达 150cm 以上，极似细铁丝或马鬃，直径 0.5～1mm。孢子无色，光滑，长方椭圆形，6～9μm×3～4.5μm。

生态习性 生于比较阴湿的林内枯枝、腐木、落叶及枯枝上，往往菌索发达。

分　布 分布于福建、湖南、云南、吉林等地。

应用情况 可研究药用。治疗关节痛，抑肿瘤等。

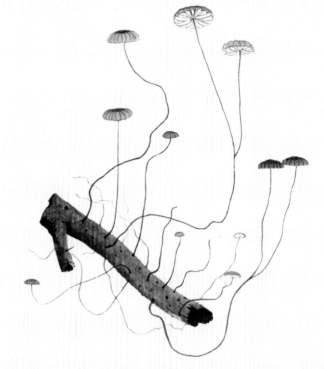

图 792

793 绒柄裸伞

<table>
<tr><td>别　名</td><td>簇生金钱菌、簇生小皮伞、毛柄小皮伞、绒柄小皮伞、群生金钱菌、长腿皮伞</td></tr>
<tr><td>拉丁学名</td><td>*Gymnopus confluens* (Pers.) Antonín et al.</td></tr>
<tr><td>曾用学名</td><td>*Marasmius confluens* (Pers.) P. Karst.;
Collybea confluens (Pers.) P. Kumm.</td></tr>
<tr><td>英 文 名</td><td>Clustered Tough Shank, Tufted Collybia, Tufted Gymnopus</td></tr>
</table>

形态特征 子实体小。菌盖直径 2～4.5cm，半球形至扁平，新鲜时带粉红色，干后土黄色，中部色较深，湿润时有短条纹，幼时边缘内卷。菌肉同盖色，薄。菌褶弯生至离生，稍密至稠密，窄，不等长。

图 793

图 794-1　　　　　　　　　　　图 794-2

菌柄长 5～12cm，粗 0.3～0.5cm，细长，脆骨质，中空，表面密被污白色细绒毛。孢子印白色。孢子无色，光滑，椭圆形，7.6～8μm×3～4μm。

生态习性　夏秋季于林中落叶层上群生或近丛生。

分　　布　分布于黑龙江、吉林、河北、山西、广东、甘肃、青海、四川、云南、陕西、江苏、安徽、西藏等地。

应用情况　可食用。此菌含 collybial 化合物，抑制真菌和病毒。

794　栎裸伞

别　　名　栎裸柄伞、栎金钱菌、栎小皮伞、干褶金钱菌、嗜栎金钱菌
拉丁学名　*Gymnopus dryophilus* (Bull.) Murrill
曾用学名　*Collybia dryophila* (Bull.) P. Kumm.; *Marasmius dryophilus* (Bull.) P. Karst.
英　文　名　Common Gymnopus, Russet Shank, Oak Collybia, Common Collybia

形态特征　子实体较小。菌盖直径 2.5～6cm，黄褐或带紫红褐色，一般呈乳黄色，表面光滑。菌褶窄而很密。菌柄细长，长 4～8cm，粗 0.3～0.5cm，上部白色或浅黄色，而靠基部黄褐色至带有红褐色。孢子印白色。孢子无色，光滑，椭圆形，5～7μm×3～3.5μm。

生态习性　一般在阔叶林或针叶林中地上丛生或群生。

分　　布　分布于河北、河南、内蒙古、山西、吉林、陕西、甘肃、青海、安徽、广东、云南、西藏等地。

应用情况　一般认为可食，但有人认为含有胃肠道刺激物，食后引起轻微中毒，故采食或药用研究时要注意。

795　红柄裸伞

别　　名　红柄小皮伞

拉丁学名　*Gymnopus erythropus* (Pers.) Antonín et al.

曾用学名　*Marasmius erythropus* (Pers.) Quél.

英 文 名　Red Stalked Marasmius, Redleg Toughshank

形态特征　子实体较小。菌盖直径2~4.5cm，半球形至平展，中部稍凸或后期稍凹，淡黄色或茶褐色，中央稍深，向外色变浅，边缘有不明显条纹。菌肉白色，中厚。菌褶乳白或黄色，近离生，宽。菌柄长4~8cm，粗0.2~0.5cm，柱形，细长，稍弯曲或扁压状，红褐色，上部色浅，中空，基部有白色绒毛。孢子无色，光滑，长卵圆形，7~9μm×3.5~5μm。

生态习性　夏秋季于针阔叶混交林地上丛生和群生。

分　　布　分布于河南、辽宁、江苏、云南、台湾等地。

应用情况　可食用。

图 795

796　梭柄裸伞

别　　名　梭柄金钱菌

拉丁学名　*Gymnopus fusipes* (Bull.) Gray

曾用学名　*Collybia fusipes* (Bull.) Quél.

英 文 名　Spindle Shank

形态特征　子实体小或中等大。菌盖宽3~12cm，半球形至扁半球形、斗笠形，后期近平展，中部稍有凸起，水浸状，带红褐色到褐色，干时色浅，光滑，初期边缘内卷。菌肉污白色至浅红褐色，宽，不等长。菌褶直生到离生，带污白色至浅红褐色，宽，不等长。菌柄长6.5~15cm，粗0.8~1.8cm，浅红褐色，靠下部膨大呈梭形，基部渐变细呈根状，常有纵条纹。孢子印白色。孢子椭圆形至卵圆形，无色，壁薄，5.5~6.3μm×3~3.5μm。褶缘囊体梭形或柱形，30~35μm×2~5μm。褶侧囊体20~25μm×2.5~3.5μm，梭形。

生态习性　夏秋季生阔叶树腐木上，往往丛生。

分　　布　分布于河北、湖北、山西、西藏等地。

应用情况　可食用。

图 796

图 797-1

797　褐黄裸伞

别　　名　褐黄金钱菌

拉丁学名　***Gymnopus ocior*** (Pers.) Antonín et Noordel.

曾用学名　*Collybia luteifolia* Gillet

形态特征　子实体小。菌盖直径 2.5～5cm，幼时半球形，边缘内卷条纹不明显，后呈扁半球形，表面光滑湿润时光膏或水浸状，棕褐色或棕红褐色，中央往往具一平的突起，中部有时色浅呈乳黄色。菌肉白色或带红色，稍薄，具蘑菇香气味。菌褶带黄色，稍宽，密，弯生至离生，不等长。菌柄柱形，长 3～6cm，粗 0.3～0.5cm，水浸状，顶端稍粗，黄褐色，光滑或有的具细小粉粒，内部松软，基部有白色绒毛。孢子椭圆形或近卵圆形，光滑，无色，4.5～6.5μm×3～3.5μm。

生态习性　夏秋季生于阔叶或针叶林地上，群生，有时近丛生。

分　　布　分布于甘肃、香港等地。

应用情况　记载可食用。

798　盾状裸伞

别　　名　毛脚裸伞、毛脚金钱菌、盾状小皮伞、靴状金钱菌、靴状裸伞

拉丁学名　***Gymnopus peronatus*** (Bolton) Gray

曾用学名　*Collybia peronata* (Bolton) P. Kumm.; *Marasmius peronatus* (Bolton) Fr.

英 文 名　Wood Woolly Foot

形态特征　子实体小。菌盖直径 1.5～5.5cm，初期半球形，渐平展，后期往往中部下凹，淡土黄色

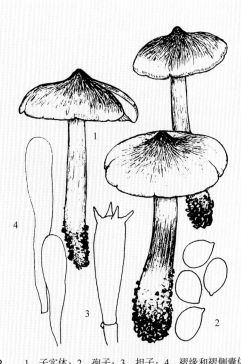

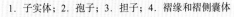

1. 子实体；2. 孢子；3. 担子；4. 褶缘和褶侧囊体　　　　图 798-1

图 798-3

至皮革色或土褐色，中部色较深，表面具皱纹，边缘有条纹。菌肉薄，革质。菌褶淡污黄色或淡褐色，直生至近弯生，较稀，不等长。菌柄长 3.5～8cm，粗 0.3～0.5cm，近似菌盖色，内实，下部具显著细绒毛。孢子光滑，椭圆形，7.6～10.2μm×3.5～5μm。

生态习性　夏秋季于林中地上群生或丛生，多生于林中枯枝落叶层中。

分　　布　分布于香港、甘肃、陕西、黑龙江、云南、西藏等地。

应用情况　可食用。但也有怀疑有毒，采集应用时应注意。

图 799

799 大毒滑锈伞

拉丁学名 *Hebeloma crustuliniforme* (Bull.) Quél.

形态特征 子实体中等大。菌盖光滑，黏，直径5～10cm，初期扁半球形，后期平展中部稍凸起，浅黄色或淡土黄色，中部带红褐色，边缘平滑或似有条棱。菌肉白色，厚。菌褶初期白色，后变土黄至褐色，弯生，密，不等长。菌柄长5～10cm，粗0.5～2cm，圆柱形，近白色，基部稍膨大，无菌环，菌柄上部有白色粉末，内部松软至空心。孢子印淡锈色。孢子具小麻点或近光滑，内含1油滴，椭圆形，10.7～12.7μm×5.6～7.5μm。无褶侧囊状体。褶缘囊体无色，圆柱形，35～50μm×8μm。

生态习性 秋季于混交林地上群生。可与松、柳、榆等形成外生菌根。

分　　布 分布于河北、吉林、新疆、云南、青海、西藏等地。

应用情况 记载含有毒蝇碱及胃肠道刺激物等毒素。中毒后主要产生胃肠炎等症状，食后约半小时发病，处于沉睡，随后因腹痛、腹泻而苏醒，一两天内恢复正常。

800　长根滑锈伞

拉丁学名　*Hebeloma radicosum* (Bull.) Ricken
英文名　Rooting Hebeloma

形态特征　子实体较小。菌盖直径3～4cm，半球形后平展，中部稍凸起，浅黄褐色，中部暗褐色，平滑，湿时黏，边缘波状或上翘。菌肉白色，稍厚。菌褶灰赭色，弯生，密，不等长。菌柄长7～8cm，粗0.7～0.9cm，圆柱形，基部稍膨大，黄褐色，顶部白色有粉末，下部具条纹，质脆，内实至空心。孢子印黄褐色。孢子浅黄褐色，具疣，卵圆形，9.5～10μm×6.5～7μm。褶缘囊体无色，棒状，30～80μm×9～11μm。

生态习性　于针叶林或针阔叶混交林地上散生。与树木形成外生菌根。

分　布　分布于吉林、四川、福建等地。

应用情况　可食用，但也有记载中毒反应。食用和药用时注意。

图800

801　大孢滑锈伞

拉丁学名　*Hebeloma sacchariolens* Quél.

形态特征　子实体较小。菌盖直径2～6cm，初期扁半球形后平展，白色，中部带红色，光滑而黏，边缘平滑无条棱。菌肉白色，薄。菌褶初期色淡，后变深肉桂色，弯生，稍密，不等长。菌柄长2～7cm，粗0.3～1cm，圆柱形，白色，基部细长，内部松软。孢子淡锈色，光滑或稍粗糙，近杏仁形，11～15μm×6～8.5μm。褶缘囊体丛生，近圆柱形，30～50μm×6.5～8μm。

生态习性　夏秋季生林中地上。可与柳等树木形成外生菌根。

分　布　分布于吉林、四川、甘肃、云南、山西、黑龙江等地。

应用情况　报道云南有中毒情况，群众称作"笑菌"，少食则有甜味，且逐渐使中毒者发笑，以至大笑，严重时危及生命。

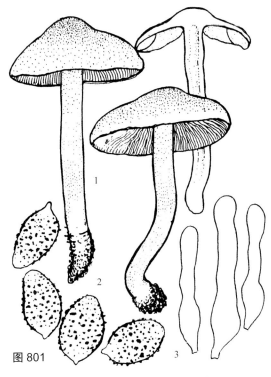

图801

1. 子实体；2. 孢子；3. 褶缘囊体

图 802

802　芥味滑锈伞

拉丁学名　*Hebeloma sinapizans* (Fr.) Sacc.
英文名　Scaly-stalked Hebeloma

形态特征　子实体中等大。菌盖直径 5～12cm，扁半球形，后期平展中部稍凸起，深蛋壳色至深肉桂色，表面光滑，黏，边缘平滑。菌肉白色，厚，质地紧密。菌褶淡锈色或咖啡色，弯生或离生，稍密，不等长。菌柄长 6～11.5cm，粗 0.8～2cm，圆柱形，污白色或较盖色浅，平滑，松软至空心。孢子淡锈色具细微麻点，椭圆形，11～15μm×5.5～7.5μm。有褶缘囊体。
生态习性　夏秋季于混交林中地上群生或单生。
分　　布　分布于四川、吉林、云南、山西、陕西等地。
应用情况　味道很辣，有强烈芥菜气味或萝卜气味，误食后产生胃肠炎中毒症状。有记载可食。可用菌丝体进行深层培养。食用和药用此种时注意。

803 荷叶滑锈伞

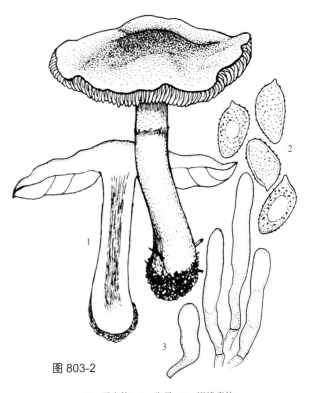

别　　名 波状滑锈伞

拉丁学名 *Hebeloma sinuosum* (Fr.) Quél.

形态特征 子实体中等至较大。菌盖初期
扁半球形，后平展中部稍有凸起，直径
7～14cm，光滑，浅赭色，中部深色，边缘
近白色呈波状。菌褶初期污白色后变为锈褐
色，弯生，稍密，不等长。菌柄圆柱形，长
5～15cm，粗 1.5～2cm，白色，上部有白色小
鳞片，下部有条纹，基部稍膨大，空心。孢子
印黄锈色。孢子卵圆形，淡锈色，具小麻点，
10～15μm×6～7μm。褶缘囊体近棒状，顶部
膨大，无色，40～50μm×2～3μm。

生态习性 秋季在针、阔叶林内地上群生或散
生。与树木形成外生菌根。

图 803-2

1. 子实体；2. 孢子；3. 褶缘囊体

图 804　　　　　　　图 805

分　　布　分布于吉林、山西、贵州、四川、陕西、甘肃、云南等地。

应用情况　可食用。具辣味。在云南产地认为味好，晒干后可以贮藏食用。但也有人认为有毒，需慎食。

804　黄盖滑锈伞

别　　名　黄盖黏滑菇

拉丁学名　*Hebeloma versipelle* (Fr.) Gillet

形态特征　子实体较小。菌盖直径 3.5～8cm，扁半球形至扁平，中部平或稍凸，表面乳白色且中央色深呈红褐、铜褐色，边缘平滑。菌肉污白色。菌褶米黄至褐黄色，近直生，稍密，不等长。菌柄一般较短，长 6～8cm，粗 0.8～1.8cm，柱形，污白色，平滑，内实至松软。孢子粗糙，有麻点，宽椭圆形，7.7μm×9.5～5.6μm。

生态习性　生针阔叶混交林中地上，群生或散生。

分　　布　分布于云南、甘肃、辽宁、青海等地。

应用情况　有毒。含三萜类成分，具抑肿瘤活性。

805　黏滑锈伞

别　　名　西澳黏滑菇、西澳黏滑锈伞

拉丁学名　*Hebeloma westraliense* Bougher

生态习性　生于林中地上，散生或群生。

分　　布　分布于吉林、四川、湖南、广东、云南、西藏、黑龙江等地。

应用情况　食毒不明。所含化学成分具抗氧化作用。

806 白褐环锈伞

别　　名　白小圈齿鳞伞
拉丁学名　*Hemistropharia albocrenulata* (Peck) Jacobsson et E. Larss.
曾用学名　*Pholiota albocrenulata* (Peck) Sacc.

形态特征　子实体中等至较大。菌盖初期近半球形，后期稍平展至扁平，直径 3～12cm，表面黏或干，污白黄褐至褐红色，中部色较深，具明显的丛毛状鳞片且往往后期干燥脱落，盖边缘平滑无条棱且附有菌幕残片。菌肉白至污白色，厚。菌褶稀，宽，较厚，初期污白后期变褐至肉桂色，褶缘色浅，呈锯齿状。菌柄较长，近圆柱形，稍弯曲，长 5～10cm，粗 0.8～1.5cm，菌环以上污白色或带浅褐色及粉末，其以下褐黄色至肉桂色，被纤毛状鳞片，内部松软至空心。菌环生柄之上部，易消失。孢子印锈褐色。孢子光滑，褐黄色，近纺锤形，12～13.7μm×6～7.5μm。褶侧囊体褐黄色，30～48μm×7.7～10μm。

生态习性　夏秋季在林内阔叶树倒腐木及树桩基部丛生，稀单个生长。

分　　布　分布于吉林、辽宁、西藏等地。

应用情况　可食用。但有记载含微毒，食用和药用时注意。

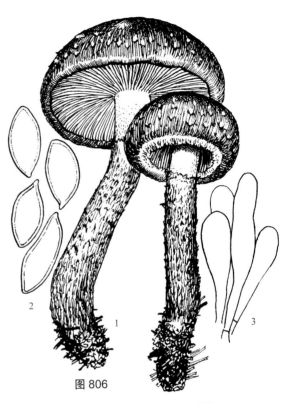

图 806

1. 子实体；2. 孢子；3. 褶侧囊体

807 小亚侧耳

别　　名　柔膜侧耳
拉丁学名　*Hohenbuehelia fluxilis* (Fr.) P. D. Orton
曾用学名　*Hohenbuehelia algida* (Fr.) Singer; *Hohenbuehelia flexinis* Fr.; *Pleurotus fluxilis* Fr.

形态特征　子实体小或很小，无菌柄或几无菌柄。菌盖直径 0.8～2cm，肉质，近扇形，白色至污白色带浅灰褐色，边缘有细条纹，呈波状，干后卷缩。菌肉白色，很薄。菌褶白色至污白色，较密而窄，不等长，由基部生出，幼时近圆形、半圆形、扇形。孢子印白色。孢子无色，长方椭圆形或长椭圆形，光滑，7～9.5μm×3.9～4.5μm。

生态习性　秋季生于混交林内枯枝及倒木上，近叠生或丛生。

分　　布　分布于香港。

应用情况　可食用。

图 807-1　　　　　　　　　　　　　　　　图 807-2

808　勺状亚侧耳

别　　名　地生亚侧耳、密褶亚侧耳、花瓣状亚侧耳
拉丁学名　*Hohenbuehelia geogenia* (DC.) Singer
曾用学名　*Hohenbuehelia petaloides* (Bull.) Schulzer
英 文 名　Leaflike Oyster

形态特征　子实体较小。菌盖直径3～7cm，勺形或扇形，向菌柄部渐细，无后檐，光滑，白色后呈淡粉灰色至浅褐色，水浸状，稍黏，边缘有条纹。菌褶白色，不等长，稠密，延生，窄。菌柄侧生，污白色，有细绒毛，长1～3cm，粗0.5～1cm。孢子光滑，无色，近椭圆形，壁薄，有内含物，4.5～6μm×3～4.6μm。囊状体多，无色至浅黄色，梭形，厚壁，35～85μm×10～20μm。
生态习性　夏季在枯腐木上或埋于地下的腐木上生出，群生或近丛生。
分　　布　分布于河北、吉林、河南、广东、西藏等地。
应用情况　可食用。可抑肿瘤。有试验人工培养。

809　肾形亚侧耳

拉丁学名　*Hohenbuehelia reniformis* (G. Mey.) Singer

形态特征　子实体小。菌盖直径1～4cm，半圆形至扇形，表面褐色、棕色至深棕色，表面上密被白色、灰白色至淡灰褐色鹅绒状绒毛，盖缘处近光滑，近基部处绒毛渐密，边缘内卷或波浪状。菌肉薄，分两层，上层是灰色的凝胶层，下层是白色肉质层。菌褶白色至淡灰色，老时呈淡黄色或米色，延生，窄，较密。无菌柄，背生在基物上，或具有近基部的着生点状的柄，灰褐色至淡黄褐色，基部具白色绒毛。担孢子7.5～8μm×3～3.5μm，圆柱形或椭圆形，光滑，无色。
生态习性　夏秋季生于榆树、杨树等多种阔叶树腐木上。
分　　布　分布于东北、西北、华北、华中等地区。
应用情况　可食用。

810 纹缘湿菇

别　　名　纹缘蜡伞、棱边蜡伞
拉丁学名　***Humidicutis marginata*** (Peck) Singer
曾用学名　*Hygrophorus marginatus* Peck
英 文 名　Orange-gilled Waxy Cap

形态特征　子实体较小。菌盖直径2～5cm，卵圆锥形，后期扁半球形且中部凸起，湿润，光滑无毛，偶尔有鳞片，黄色至橘黄色，边缘带橄榄色且有轻微条纹。菌肉薄，较盖色浅，受伤处不变黑色。菌褶橘黄色至黄色，不等长，直生至凹生，褶缘色暗，蜡质。菌柄长4～10cm，粗0.4～0.6cm，圆柱形或向基部渐膨大，光滑无毛，表面干。担子细长达40～50μm。孢子印白色。孢子光滑，无色，椭圆形，7～9.1μm×3.9～5.5μm。

生态习性　在阔叶林或针叶林中地上单生或群生。

分　　布　见于西藏等地。

应用情况　记载可食用。此种与变黑蜡伞外形相似，但伤处不变黑色，可依此相区别。

图 810

811 粉灰紫湿伞

别　　名　粉灰紫蜡伞
拉丁学名　***Hygrocybe calyptriformis*** (Berk.) Fayod
英 文 名　Pink Waxcap, Salmon Waxy Cap

形态特征　子实体小至中等。菌盖直径2.5～8cm，近锥形、钟形至斗笠形，灰紫色带褐色，有细小条纹，黏。菌肉带粉红色。菌褶近直生，稍窄。菌柄长7～12cm，粗0.5～0.8cm，等粗圆柱形，有时扭曲，近似盖色，内部变空。孢子无色，光滑，近椭圆形，7～8.9μm×4.5～5μm。

生态习性　于林中地上散生。

分　　布　分布于广东、西藏、云南、四川等地。

应用情况　可食用。也有怀疑有毒。采食和药用时注意。

图 811

图812

812 鸡油湿伞

别　　名　鸡油蜡伞、舟蜡伞、鸡油菌状湿伞
拉丁学名　***Hygrocybe cantharellus*** (Schwein.)
　　　　　Murrill
曾用学名　*Hygrophorus cantharellus* (Schwein.)
　　　　　Fr.
英 文 名　Chanterelle Waxy Cap

形态特征　子实体小。菌盖直径2～4.5cm，扁半球形至近漏斗形，土黄色至橘红色，具细小鳞片。菌肉黄色。菌褶延生、厚，稀，宽。菌柄长5～12cm，粗0.3～0.9cm，橘黄色，基部白色至淡黄色，中空。孢子无色，光滑，椭圆形，6.5～10μm×5～6μm。
生态习性　于林中地上单生或群生。与树木形成外生菌根。
分　　布　分布于江苏、吉林、安徽、西藏、云南、山西、贵州、香港等地。
应用情况　可食用。

813 蜡质湿伞

别　　名　蜡伞
拉丁学名　***Hygrocybe ceracea*** (Wulfen) P. Kumm.
曾用学名　*Hygrophorus ceraceus* (Wulfen) Fr.
英 文 名　Butter Waxcap

形态特征　子实体小，黄色。菌盖扁半球形至平展，直径2～4.5cm，脆，蜡黄色至浅橘黄色，黏，光滑，边缘有细条纹。菌肉黄色，很薄。菌褶淡黄色，稀，很宽，较厚，近延生。菌柄细长，圆柱形，长5～9cm，粗0.3～0.5cm，同盖色，基部白色，表面光滑，内部空心。孢子无色，光滑，椭圆形或宽椭圆形，6.5～8.5μm×5～6μm。
生态习性　夏秋季生于林中地上，单生或散生。
分　　布　分布于安徽、西藏等地。
应用情况　可食用。

图813-1　1. 子实体；2. 孢子；3. 担子

图 813-2

图 814

图 815

814　蜡黄湿伞

别　　名　硫磺蜡伞、金黄蜡伞
拉丁学名　***Hygrocybe chlorophana*** (Fr.) Wünsche
曾用学名　*Hygrophorus chlorophanus* (Fr.) Wünsche
英　文　名　Golden Waxcap

形态特征　子实体一般小。菌盖直径 2～5cm，初期半球形到钟形，后平展，硫黄色至金黄色，表面黏而光滑，边缘有细条纹或常开裂。菌肉淡黄色，薄，脆。菌褶同盖色或稍浅，稍稀，薄，直生到弯生。菌柄同盖色，长 4～8cm，粗 3～8mm，圆柱形，稍弯曲，表面平滑，黏，往往有纵裂纹。孢子印白色。孢子无色，椭圆形，光滑，6～8μm×4.5～5μm。
生态习性　夏秋季在林中或林缘及草地上成群生长。
分　　布　分布于吉林、云南等地。
应用情况　可食用。

815　绯红湿伞

拉丁学名　***Hygrocybe coccinea*** (Schaeff.) P. Kumm.
英　文　名　Red Waxy Cap, Scarlet Waxy Cap

形态特征　子实体小。菌盖直径 2～5cm，初期近半球形顶部凸起似钟形，边缘内卷，后期近扁平中部钝凸，湿时表面黏和湿润，红色至亮橘红色，光滑无毛，有时边缘有细条纹。菌肉近似盖色或淡红色，脆而薄，无明显味。菌褶近直生至弯生，密或稍稀，较宽，厚，橙红或橙黄色，不等

图 816　　图 8

长，边沿平滑。菌柄圆柱形或扁压或扭曲，光滑或有纤毛状条纹，脆，同盖色或下部色浅至黄色，基部白色，长 3～8cm，粗 0.4～8cm，内部实心至空心。孢子印白色。孢子无色，光滑，椭圆形，7.5～10.5μm×4～5μm。

生态习性　春至秋季在林中草地上成群生长。

分　　布　分布于四川、云南、湖南、台湾、西藏等地。

应用情况　可食用。

816　凸顶橙红湿伞

拉丁学名　***Hygrocybe cuspidata*** (Peck) Murrill
曾用学名　*Hygrophorus cuspidatus* Peck
英 文 名　Sharp-cap Hygrophorus

形态特征　子实体小。菌盖直径 2～5cm，锥形至斗笠形，中部凸尖，橙红至橙黄色，有丝状条纹，边缘裂，黏。菌肉黄白色，近表皮下红色。菌褶黄色，离生，稀而宽。菌柄长 3～8cm，粗 0.4～1cm，柱形，空心。孢子光滑，椭圆形，9～12μm×4.5～7μm。

生态习性　于林中地上群生。

分　　布　分布于广东、香港等地。

应用情况　有认为可食，但需倍加注意。

图818

817 肉色湿伞

拉丁学名 *Hygrocybe fuscescens* (Bres.) P. D. Orton et Watling

形态特征 子实体较小。菌盖直径2~5.3cm，初期半球形、扁平至平展，后期边缘翘，浅褐黄色、乳白黄色，表面平滑，湿润。菌肉浅黄褐色。菌褶浅乳白黄或浅黄褐色，或带红褐色，延生，宽，稀，不等长。菌柄长3~6cm，粗0.3~0.6cm，顶部稍粗，乳白黄色，表面平滑。担子4小梗。孢子无色，光滑，宽椭圆形，7.3~9.5μm×4.5~6.3μm。

生态习性 夏秋季于林中地上或林缘草地上单生、散生至群生。

分　布 分布于陕西等地。

应用情况 可食用。

818 小红湿伞

别　　名 小红蜡伞

拉丁学名 *Hygrocybe miniata* (Fr.) P. Kumm.

曾用学名 *Hygrophorus miniatus* (Fr.) Fr.

英 文 名 Fading Scarlet Waxy Cap, Miniature Waxy Cap

形态特征 子实体小。菌盖直径2~4cm，扁半球形，中部呈脐状，橘红色至朱红色，干，有微细鳞

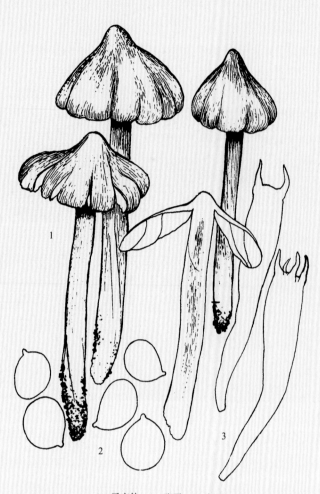

1. 子实体; 2. 孢子; 3. 担子

图 819

图 820

片或近光滑。菌肉黄色,肉薄。菌褶鲜黄色,直生至近延生。菌柄长 5.5cm,粗 0.2～0.4cm,圆柱形,橘黄色,光滑,内实变中空。孢子无色,光滑至近光滑,椭圆形,7～7.9μm×4.5～6μm。

生态习性 于林缘地上群生。

分　布 分布于香港、广西、广东、台湾、西藏等地。

应用情况 可食用。

819　草地湿伞康拉德变种

别　名 亚球孢湿伞

拉丁学名 *Hygrocybe persistens* var. ***konradii*** (R. Haller Aar.) Boertm.

曾用学名 *Hygrocybe subglobispora* (P. D. Orton) M. M. Moser

形态特征 子实体较小,橘黄色。菌盖直径 3～7cm,初期近锥形至钟形或斗笠形,顶部明显突出,亮黄色至橘黄色,有丝条纹,湿时黏,边缘色深,近瓣裂和内曲。菌肉白色,近表皮处黄色。菌褶黄色,近直生,不等长,边缘白色。菌柄长 3～9cm,粗 0.5～1cm,上下等粗呈柱形,同盖色而基部渐呈白色,内部菌肉白色,变空心。担子多为 2 小梗。孢子印白色。孢子光滑,宽椭圆形至近球形,无色,10～12.9μm×8～10μm。

生态习性 夏秋季生林中草地上。

分　布 见于西藏等地。

应用情况 记载可以食用。此菌特殊的是菌盖边缘色深呈橘黄色。

820　草地湿伞

别　名 草地拱顶菇、草地拱顶伞、草地蜡伞

拉丁学名 *Hygrocybe pratensis* (Pers.) Bon

曾用学名 *Camarophyllus pratensis* (Pers.) P. Kumm.

英文名 Buff Wax-cap, Meadow Waxcap

形态特征 子实体较小,黄色。菌盖直径 1.5～

7.5cm，扁半球形至平展，中部稍凸，表面干，光滑或有细小鳞片，浅鲑色、橘黄色至茶褐色，或赭皮革色。菌肉稍厚。菌褶明显延生，宽，稀，厚且边缘薄，不等长，蜡质，粉黄色变至白色。菌柄长 2.5～7.5cm，粗 0.5～2cm，有时上部粗，表面干，光滑，污白至黄色。孢子椭圆形至近圆形，无色，光滑，5.5～8μm×3.5～5μm。

生态习性　春至秋季在林间空旷草地上单生或群生。

分　　布　分布于云南、广东、吉林等地。

应用情况　可食用。

821　青绿湿伞

图 821

1. 子实体；2. 孢子；3. 担子

别　　名　青绿蜡伞

拉丁学名　*Hygrocybe psittacina* (Schaeff.) P. Kumm.

曾用学名　*Hygrophorus psittacinus* (Schaeff.) Fr.

英 文 名　Parrot Waxcap

形态特征　子实体小。菌盖直径 1～4cm，半球形至扁半球形，往往中部稍凸起，幼时暗绿色后变至带红色或黄色，湿时表面黏，初期边缘有细条纹。菌肉薄，近似盖色，质脆。菌褶带绿色，后期带红色或黄色，直生，稍稀，不等长。菌柄细，近圆柱形，光滑，长 3～8cm，粗 2～5mm，稍弯曲，同盖色，很快变至黄色或橙黄色，老时变红，表面黏，基部色淡。孢子印白色。孢子无色，光滑，椭圆形，6～8μm×4.5～5μm。

生态习性　夏秋季在林中或草地上群生或散生。

分　　布　分布于山西、福建等地。

应用情况　可食用。

822　红湿伞

别　　名　红蜡伞、红紫腊伞、深红蜡伞

拉丁学名　*Hygrocybe punicea* (Fr.) P. Kumm.

曾用学名　*Hygrophorus puniceus* (Fr.) Fr.

英 文 名　Crimson Waxcap, Scarlet Waxy Cap

形态特征　子实体小或中等大，似腊质。菌盖直径 4～7cm，圆锥形或钟形至近平展，顶部凸起，鲜红色至朱红色，光滑，黏，有细条纹或瓣裂。菌肉薄，橙黄色。菌褶黄色，弯生至近离生，宽，厚，

图 822

图 824-1

稀，褶间有横脉。菌柄近柱形，长 5～9cm，粗 0.6～1cm，似盖色，有纵条纹，松软，基部稍收缩。孢子光滑，无色，椭圆形，7～9μm×5～5.6μm。

生态习性　夏秋季于林地上单生或群生。

分　　布　分布于广西、陕西、吉林、西藏等地。

应用情况　可食用。

823　金黄拟蜡伞

别　　名　橙蜡伞、金黄鸡油菌、橙黄拟蜡伞

拉丁学名　*Hygrophoropsis aurantiaca* (Wulfen) Maire

曾用学名　*Cantharellus aurantiacus* (Wulfen) Fr.; *Agaricus aurantiaca* Wulfen

英 文 名　False Chanterelle, Orange Clitocybe, Orange Chanterelle

形态特征　子实体较小或中等。菌盖直径 3～8cm，扁半球形，中部下凹，边缘伸展呈漏斗状，橙黄至黄褐色，表面绒状至近平滑，边缘内卷。菌肉黄色或黄白色，稍有香气。菌褶橘黄色，延生，密，窄，有横脉，不等长。菌柄长 1～5cm，粗 0.3～0.8cm，柱形，稍变曲，较盖色浅，内部松软，基部常有绒毛。孢子无色或浅黄色，光滑，椭圆形，5.5～6.5μm×3～4.5μm。

图824-2

生态习性　夏秋季于腐木附近地上单生或群生。

分　　布　分布于云南、四川、陕西等地。

应用情况　日本和我国记载可食用。欧洲却视为有毒，还有认为食后引起致幻反应。有认为煮洗后除去毒可食用。另外对果蝇幼虫有毒杀作用。

824　尖顶金蜡伞

拉丁学名　*Hygrophorus acutoconica* (Clem.) A. H. Sm.

形态特征　子实体小。菌盖直径2～5cm，圆锥形至斗笠形，中部有一凸尖，金黄色至橙黄色，表面黏，边缘可开裂。菌肉浅黄色。菌褶浅黄色，近离生，有横脉，不等长。菌柄长4～6cm，粗0.3～0.6cm，向基部渐粗，黄色，表面有条纹。担子多为2小梗。孢子光滑，近卵圆形，11～12.5μm×7～10μm。

生态习性　秋季生林中地上。

分　　布　分布于四川、陕西等地。

应用情况　可食用。

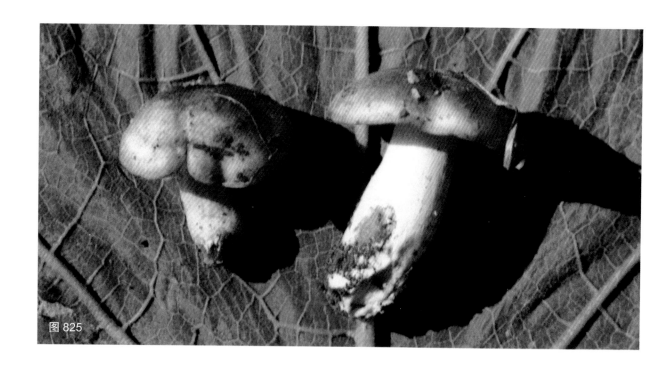

图 825

825　美味蜡伞

拉丁学名　*Hygrophorus agathosmus* (Fr.) Fr.
英　文　名　Gray Almond Waxy Cap

形态特征　子实体小至中等大。菌盖直径 3～8cm，初期扁半球形，后期近平展，中部稍凸起，表面黏，光滑，鼠灰色，边缘内卷至平展。菌肉白色，稍厚，气味香。菌褶直生至稍延生，较密或稀薄，似蜡质，白色变至带灰色。菌柄长 4～10cm，粗 0.5～2cm，干或湿润，光滑，上部有粉粒，下部在老时变灰色及有条纹，实心。孢子印白色。孢子椭圆、长椭圆或卵圆，光滑，无色，7～10μm×4.5～55μm。
生态习性　夏秋季在云杉、松及混交林中地上成群生长。另记载此菌可与树木形成外生菌根。
分　　布　分布于吉林、云南、新疆等地。
应用情况　可食用，有记载菌肉杏仁味。

826　林生蜡伞

拉丁学名　*Hygrophorus arbustivus* Fr.
英　文　名　Forest Woodwax

形态特征　子实体较小。菌盖直径 2～7cm，近半球形至扁平，中部稍凸，湿时黏或很黏，中部栗褐色，向边缘色渐淡且有内生纤毛状条纹。菌肉白色，近表皮下带红褐色。菌褶稍稀，白色，不等长，直生至近延生。菌柄圆柱状，黏白色，长 4～9cm，粗 0.8～0.9cm，上部有颗粒，内实。孢子印白色。孢子椭圆形，光滑，无色，8～9μm×5～6μm。

生态习性 夏秋季在阔叶林或云杉等混交林地上群生。属外生菌根菌，可与栎等形成外生菌根。

分　　布 分布于吉林、四川等地。

应用情况 可食用，味道好。

827　美蜡伞

拉丁学名 *Hygrophorus calophyllus* P. Karst.
英 文 名 Gray-brown Waxy Cap

形态特征 子实体中等。菌盖直径6～10cm，扁半球形，顶部钝或稍凸起，暗褐色或黑褐色，边缘色淡且内卷，表面光滑无毛，黏或较黏。菌肉白色，较厚。菌褶稍稀，较窄，厚，淡红色至带淡黄褐色，常有横脉，延生，不等长。菌柄长6～16cm，粗0.8～1.5cm，表面干燥，黑灰褐色，具细条纹，上部被粉粒，内部松软。孢子印白色。孢子椭圆形，光滑，无色，5.5～7μm×4～5μm。

生态习性 夏秋生针叶林中地上。

分　　布 分布于湖南、吉林等地。

应用情况 有认为可食用。该菌子实体含有橡胶物质，有认为不宜采食。

图826

1. 子实体；2. 孢子；3. 担子

828　褐盖蜡伞

别　　名 黑盖蜡伞
拉丁学名 *Hygrophorus camarophyllus* (Alb. et Schwein.) Dumée et al.
曾用学名 *Hygrophorus caprinus* (Scop.) Fr.
英 文 名 Dusky Waxy Cap

形态特征 子实体中等。菌盖直径6～10cm，扁半球形，顶部钝或稍凸起，暗褐色或黑褐色，表面光滑无毛，黏或较黏，边缘色淡且内卷。菌肉白色，较厚。菌褶淡红色至带淡黄褐色，延生，常稍稀，较窄，厚，有横脉，不等长。菌柄长6～16cm，粗0.8～1.5cm，表面干燥，黑灰褐

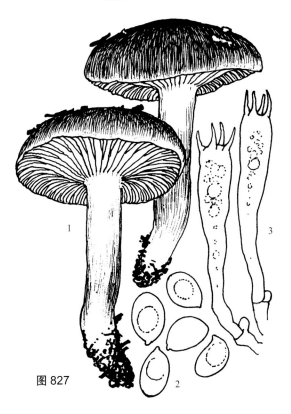

图827

1. 子实体；2. 孢子；3. 担子

图 828

色，具细条纹，上部被粉粒，内部松软。孢子印白色。孢子无色，光滑，椭圆形，5.5～7μm×4～5μm。

生态习性 夏秋季生针叶林中地上。

分　布 分布于湖南、吉林、云南等地。

应用情况 可食用。但子实体具细胞毒活性。另含有橡胶物质，不宜采食。

829　金粒蜡伞

拉丁学名 *Hygrophorus chrysodon* (Batsch) Fr.
曾用学名 *Hygrophorus chrysodon* var. *leucodon*
英 文 名 Flaky Waxy Cap, Golden Spotted Waxy Cap

形态特征 子实体较小，白色。菌盖直径2.5～8cm，扁半球形至稍平展，顶部凸起，湿时黏，干时有光亮，初期边缘内卷，具簇生绒毛，中部白色，有金黄色颗粒。菌肉白色，稍厚。菌褶延生，稀宽，厚且边缘薄，白色，蜡质，褶缘有黄色粉状物。菌柄长2.5～8.5cm，粗0.5～2cm，白色，顶部具金黄色粉粒。孢子印白色。孢子椭圆形，无色，光滑，7～10μm×3.5～5μm。

生态习性 夏秋季在林中地上单生或群生。

分　布 分布于黑龙江、吉林、辽宁、甘肃、云南、西藏等地。

应用情况 可食用。具有抗真菌活性。

830　深黄蜡伞

拉丁学名 *Hygrophorus craceus* (Bull.) Bres.

形态特征 子实体小。菌盖直径2～4.5cm，扁半球形至平展，蜡黄色、浅橘黄色及污黄色，边缘有条纹，质脆，黏。菌肉薄，同盖色。菌褶浅黄色，近延生，稀，厚，宽。菌柄细长，长4～9cm，粗0.3～0.6cm，圆柱形，同盖色，光滑。孢子无色，光滑，椭圆形，6.5～9μm×5～6μm。

生态习性 夏秋季生林地上。

分　布 分布于河北、吉林、安徽等地。

应用情况 可食用。

图 829

831 盘状蜡伞

拉丁学名 *Hygrophorus discoideus* (Pers.) Fr.

形态特征 子实体小。菌盖直径 2～4.5cm，扁半球形至扁平，后期中部凸或稍凹，黄褐色，边缘浅而中央暗青褐色，后期周边稍上翘。菌肉白色。菌褶污白带黄，不等长。菌柄长 3～6cm，粗 0.3～0.8cm，柱形，白色至浅褐色，有纤毛状鳞片，松软至空心。孢子无色，光滑，椭圆形，5.5～8μm×3.3～5μm。

生态习性 秋季于针叶林地上群生。

分　布 见于宁夏等地。

应用情况 可食用。

图 831

832 粉黄蜡伞

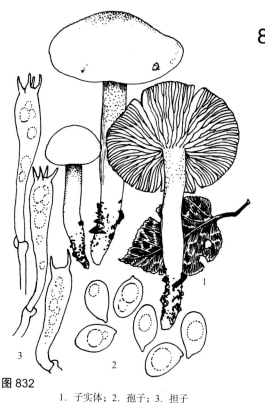

图 832
1. 子实体；2. 孢子；3. 担子

拉丁学名 *Hygrophorus discoxanthus* Rea
英 文 名 Yellowing Woodwax

形态特征 子实体一般较小。菌盖直径 2~7cm，初期半球形或扁半球形，后期扁平且边缘上翘，污粉白黄至粉黄色或浅粉黄褐色，中部带褐黄色且凸起，湿时黏和光滑。菌肉白色，具香气味，中部厚。菌褶浅粉黄色，后期呈黄褐色，直生至弯生，不等长，稍稀。菌柄稍长，近柱形，稍弯曲，长 3~9cm，粗 0.5~1.2cm，向基部稍变细，较盖色浅，粉黄色或浅黄色，有小鳞片，内部松软至变空心。担子棒状，35~40μm×6~8μm。孢子近卵圆形，宽椭圆形，光滑，无色，含 1 大油滴，7~10μm×5~5.9μm。
生态习性 夏秋季生针阔叶混交林地上，群生或单生。
分　　布 分布于四川、甘肃等地。
应用情况 可食用。

833 白蜡伞

别　　名 象牙白蜡伞
拉丁学名 *Hygrophorus eburnesus* (Bull.) Fr.
英 文 名 White Waxy Cap, Satin Wax-cap

形态特征 子实体一般较小，白色。菌盖直径 2~8cm，扁半球形至平展，白色，带黄色或带粉红色，光滑，黏。菌肉白色。菌褶近延生，稀。菌柄长 5~13cm，粗 0.3~1.5cm，近柱形，下部渐细，光滑，顶部有鳞片。孢子无色，光滑，椭圆形，6~9.5μm×3~5μm。
生态习性 于阔叶林或混交林中地上群生或丛生。
分　　布 分布于黑龙江、吉林、四川、云南、广西、青海、贵州、西藏等地。
应用情况 可食用。具有抗真菌和细菌的活性。

834 变红蜡伞

拉丁学名 *Hygrophorus erubesceus* (Fr.) Fr.
英 文 名 Blotched Woodwax, Ruddy Mushroom

形态特征 子实体中等大。菌盖扁半球形后扁平，中部稍凸，直径 6~10cm，湿时黏，初期中部有污红色斑点，后期表面由污白变至红色，具内生条纹，边缘内卷至逐渐上翘。菌肉较厚，白色，伤处变黄色。菌褶直生至延生，较密至稍稀，窄，不等长，白色后变淡红色及褐红色斑点。菌柄圆柱形且向下渐细，长 5～12cm，粗 0.8～2cm，白色，后同盖色且有红褐色斑点，顶部具有粉末状颗粒，内实。孢子印白色。孢子无色，光滑，椭圆形，7～9μm×5～6μm。

生态习性　夏秋季在林中地上群生。

分　　布　分布于黑龙江、吉林、四川、云南、甘肃、陕西等地。

应用情况　可食用。具有抗细菌和真菌的活性等（吴兴亮等，2013）。

图 833

835　粉肉色蜡伞

拉丁学名　*Hygrophorus fagi* G. Becker et Bon

形态特征　子实体中等大。菌盖大，直径 5～10cm，半球形至扁平，浅污白黄带粉红色，中部色深，边缘内卷，表面黏。菌肉白色，较厚。菌褶直生至延生，稍密，不等长。菌柄长 6～15cm，粗 0.6～1.5cm，粗壮，粗糙，有条纹，基部稍细变金黄色，内实。孢子光滑，6.5～8μm×4.5～6μm。

生态习性　秋季于林中地上群生或散生。

分　　布　见于青海等地。

应用情况　可食用。

图 834

836　青黄蜡伞

别　　名　金蜡伞、晚秋生蜡伞

拉丁学名　*Hygrophorus hypothejus* (Fr.) Fr.

曾用学名　*Hygrophorus aureus* Arrh.

英　文　名　Herald of Winter, Late Fall Waxy Cap

形态特征　子实体小。菌盖直径 3～5cm，初期近半球形且中部凸起，后变至扁平，中部稍凸或凹，橄榄褐色且边缘色淡，后变土黄色，初期表面有一层黏液，具内生条纹。菌肉白色，薄，近表皮处带黄色。菌褶白色后带黄色，延生，稍稀和稍窄。菌柄长 5～11cm，粗 0.5～1cm，下部变细，菌环以上

图 835

图 836-1

图 836-2

淡黄色，以下有一层胶黏液，黄白相间或鲜黄色，内部实心。菌环消失后留有环的痕迹。孢子印白色。孢子无色，平滑，椭圆形，7～10μm×4.5～6μm。

生态习性 秋季生于针阔叶混交林或云杉林中地上，群生。松等树木的外生菌根菌。

分　　布 分布于陕西、甘肃、吉林、西藏等地。

应用情况 有认为可食用。但具凝血作用，不宜采食。

837　丝盖蜡伞

拉丁学名 *Hygrophorus inocybiformis* A. H. Sm.
英 文 名 Inocybe-like Waxy Cap

形态特征 子实体一般较小。菌盖直径3.5～8.5cm，初期近圆锥形至扁半球形，边缘向内卷，后期近平展且中部凸起，表面较干燥，灰褐色至深灰褐色，中部近黑褐色，有平伏的纤毛状鳞片及丝毛状条纹或裂纹，幼时盖边缘与菌柄间具有白色丝毛状菌幕。菌肉白色，伤不变色，中部较厚，无明显气味。菌褶白色或浅灰褐色，宽，直生至延生，不等长，较厚，蜡质。菌柄圆柱形，长3～10cm，粗0.5～1.5cm，向基部有时渐呈根状，菌环以上白色近光滑，其下有暗色纤毛状鳞片及花纹，实心。担子棒状，无色，45～65μm×10.8～12μm。孢子印白色。孢子椭圆形，光滑，无色，

图 838

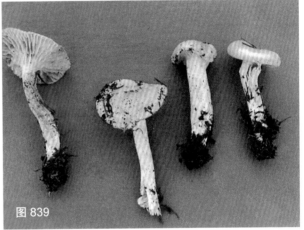

图 839

1. 子实体；2. 孢子；3. 担子

9～14μm×5～7.8μm。

生态习性 夏秋季生高山针叶林中地上，散生。

分　　布 分布于四川、陕西等地。

应用情况 记载可食用，但要谨慎，注意同丝盖伞类毒菌相区别。

838 浅黄褐蜡伞

拉丁学名 *Hygrophorus leucophaeus* (Scop.) Fr.

形态特征 子实体小。菌盖直径3～4.5cm，浅橙黄色至浅黄褐色，中部稍凸带褐红色，表面黏。菌肉呈肉色，中部厚。菌褶白色至乳黄白色，直生至延生，稀。菌柄细长，长5～10cm，粗0.5～0.7cm，稍弯曲，向下渐变细，乳白黄色，黏，顶部有细粉粒，内实至松软。孢子无色，椭圆形，7～8.5μm×4～5μm。

生态习性 秋季于林中地上单生或群生。

分　　布 分布于陕西、内蒙古、甘肃等地。

应用情况 可食用。具有抗氧化活性。

图 840-1　　　　　　　　　　　图 840-2

839　柠檬黄蜡伞

别　　名　小黄蘑、柠檬黄拱顶伞、黄油蘑
拉丁学名　*Hygrophorus lucorum* Kalchbr.
英 文 名　Larch Woodwax, Lemon-yellow Waxy Cap

形态特征　子实体小。菌盖直径 2～4.5cm，幼时近半球形，后平展且中部稍凸起，湿时胶黏，光滑，柠檬黄色，盖缘初期内卷，后期平展，平滑，表面有厚的一层黏液而胶黏。菌肉白色或带黄色，中部厚，味柔和。菌褶幼时白色，后期淡黄色，延生，稍稀。菌柄长 3～9cm，粗 0.3～1.5cm，圆柱形，向下稍细，白色或带黄色，有一层黏液，内部实心变至空心。孢子无色，光滑，椭圆形，7～9μm×4～6.5μm。
生态习性　夏秋季于云杉等针叶林或针阔叶混交林地上群生或散生。属树木外生菌根菌。
分　　布　分布于吉林、黑龙江、内蒙古、西藏、甘肃等地。
应用情况　可食用，味鲜。此种蜡伞新鲜时亮黄色，在东北林区资源丰富，产地民众大量采集制作成串、自食、干品备用或市售。另含多糖等多种化学物质，具有抑菌活性。

840　黄粉红蜡伞

拉丁学名　*Hygrophorus nemoreus* (Pers.) Fr.
英 文 名　Oak Woodwax

形态特征　子实体中等大。菌盖直径 3～10cm，扁半球形至稍扁平，中部稍下凹或呈脐状，呈粉

图 841

黄红色或带粉肉红色，初期边缘内卷，表面干，有皱纹或细小鳞片。菌肉白色或乳黄色，具香气味。菌褶乳白色、浅粉黄褐色，直生又延生，宽，稍密，不等长。菌柄长 5～8cm，粗 0.7～1.2cm，圆柱形，向基部渐变细，白色至乳黄色或带褐色，顶部有粉粒，实心。孢子无色，光滑，椭圆形，6.5～8μm×3.5～5μm。

生态习性 于混交林地上群生。

分　　布 见于陕西等地。

应用情况 可食用。

841　橄榄白蜡伞

别　　名 茶褐白蜡伞

拉丁学名 *Hygrophorus olivaceo-albus* (Fr.) Fr.

英 文 名 Slimy-sheathed Waxy Cap

形态特征 子实体小至中等大。菌盖直径 4～9.8cm，扁半球形至近平展，中部稍凸起，茶褐色至橄榄灰色，中部色更深，表面有一层黏液。菌肉白色，中部厚，柔软。菌褶直生至稍延生，密至稍密，较宽，白色而厚近柄处带灰色。菌柄长 7～10cm，粗 1.5～2cm，圆柱形，向上稍细而具一层黏液，有黑褐色纤毛，菌环以上白色，而环以下有黑褐色纤维状同心环带，内部实心。菌环近膜质而易消失。孢子印白色。孢子无色，平滑，椭圆形，9～13μm×5.5～7μm。

生态习性 夏秋季生于林中地上，群生或散生。

分　　布 分布于吉林、黑龙江、河北、辽宁等地。

应用情况 可食用。

图842　　1. 子实体；2. 孢子；3. 担子

图843

842　肉色蜡伞

别　　名　太平洋蜡伞

拉丁学名　*Hygrophorus pacificus* A. H. Sm. et Hesler

形态特征　子实体一般小。菌盖直径3～6cm，初扁半球形，边缘内卷，后渐平展，边缘不规则瓣裂，浅肉色，黏，光滑。菌肉白色，薄。菌褶淡黄色，延生，稀疏，不等长。菌柄圆柱形，长4～12cm，粗0.7～1cm，上部有白色纤毛和微细小颗粒，下部黄色，光滑，内部松软。孢子印白色。孢子无色，光滑，近椭圆形，10～14μm×6～8μm。

生态习性　生于混交林中地上。

分　　布　见于四川等地。

应用情况　可食用。

843　佩尔松蜡伞

拉丁学名　*Hygrophorus persoonii* Arnolds

曾用学名　*Hygrocybe persoonii* (Arnolds) X. L. Mao

英　文　名　Persoon Waxy Cap

形态特征　子实体一般中等大。菌盖直径4～9cm，扁半球形或近平展，浅褐色或淡绿褐色，中部

图 844

暗褐黑色，有暗色细条纹，中央平凸，光滑或近光亮，湿时黏，边缘色浅。菌肉白色，气味不明显，中部稍厚。菌褶白色，直生又延生，后期近弯生，稍稀，较宽，厚，不等长。菌柄长 4～10cm，粗 1～2.5cm，圆柱形，直或稍变细，中下部有黑褐色似花纹状鳞片，实心至松软。孢子无色，光滑，椭圆或卵圆形，9.2～12.5μm×5～7μm。

生态习性　夏秋季于阔叶或针阔叶混交林地上群生、散生或近丛生。

分　　布　分布于云南、四川、甘肃、陕西等地。

应用情况　有记载可食用。

844　大白蜡伞

拉丁学名　*Hygrophorus poetarum* R. Heim

形态特征　子实体较大。菌盖直径 6～15cm，扁半球形至扁平，表面稍黏而平滑，乳白色至土黄色，中部稍下凹且中央凸起呈浅橙黄色，边缘色浅而内卷。菌肉白色或带浅黄色，厚，无明显气味。菌褶白色至乳白色，直生至稍延生，密，不等长。菌柄粗，长 3～9cm，粗 1～2cm，柱形，向下稍变细，白色而基部带淡黄色，顶部有粉粒，具纤毛状鳞片，湿时黏，内实。

生态习性　夏秋季于针叶林中单生至群生。

分　　布　分布于青海等地。

应用情况　可食用。

845　拟光蜡伞

拉丁学名　*Hygrophorus pseudolucorum* A. H. Sm. et Hesler

形态特征　子实体小。菌盖直径 0.8~2.5cm，半球形至近半展，中部略凹，橙褐至橙黄色，表面近平滑或有绒毛。菌肉同盖色，薄。菌褶延生，不等长。菌柄长 2~5cm，粗 0.2~0.5cm，近柱形，同盖色，中空。孢子微黄色，光滑，椭圆形，10~11.5μm×6~7.5μm。

生态习性　夏秋季于林中地上群生或丛生。

分　　布　分布于广东、广西等地。

应用情况　可食用。

图 845

846　粉红蜡伞

拉丁学名　*Hygrophorus pudorinus* (Fr.) Fr.

英 文 名　Turpentine Waxy Cap, Rosy Woodwax, Spruce Waxy Cap

形态特征　子实体中等大。菌盖直径 5~10cm，半球形至扁半球形，后期近扁平，鲜红色至朱红色，有时粉黄色，光亮，潮湿时黏。菌肉带红色。菌褶红色、橙黄色，直生又弯生，宽，很稀，有时分叉，不等长。菌柄长 5~11cm，粗 0.8~2.3cm，近柱形，橘红至深红色，基部白色，具条纹，光滑，空心。孢子无色，光滑，椭圆形至卵圆形，6.3~8.5μm×3.6~5.6μm。

生态习性　于林中苔藓间单生或群生。

分　　布　分布于四川、西藏等地。

应用情况　可食用，但怀疑有毒。采集野生食用菌和药用菌时注意。

847　淡紫蜡伞

拉丁学名　*Hygrophorus purpurascens* (Alb. et Schwein.) Fr.

英 文 名　Purple-Red Waxy Cap

形态特征　子实体一般中等大。菌盖直径 5~12cm，半球形至扁平，污白带紫到淡紫褐色，边缘色浅，有纤毛状鳞片，表面黏。菌肉白色，稍厚。菌褶污白至浅黄色带紫红色，直生又延生。菌柄长 5~10cm，粗 0.9~2cm，有带紫色条纹，向基部变细，内部松软。孢子无色，光滑，椭圆至近卵圆形，6~8.5μm×3~4.5μm。

生态习性　秋季生针叶林中地上。

分　　布　见于甘肃等地。

应用情况　可食用。

图 847

图 846

图 848-1

图 848-2

图 849

848 红菇蜡伞

别　　名　红蜡伞、淡红蜡伞、紫罗盘
拉丁学名　***Hygrophorus russula*** (Schaeff.) Kauffman
曾用学名　*Tricholoma russula* (Schaeff.) Gillet
英　文　名　Pinkmottle Woodwax, Reddish Waxy Cap, Russula Waxy Cap

形态特征　子实体中等至大型。菌盖直径 8～17cm，扁半球形至近平展，污粉红至暗紫红色，常有深色斑点，中部具细小鳞片，一般不黏。菌肉白色带粉红色，厚。菌褶初期近白色，常有紫红色至暗紫红色斑点，直生、延生或近弯生，蜡质，不等长。菌柄长 6～11cm，粗 1.5～4cm，污白色至暗紫红色，具细条纹，上部有粉末，实心。孢子无色，光滑，椭圆形，5.5～8μm×3.3～4.5μm。

生态习性　秋季生混交林地上，群生或形成蘑菇圈状。与栎、赤松形成外生菌根。

分　　布　分布于黑龙江、吉林、辽宁、台湾、四川、云南、河北、西藏等地。

应用情况　可食用，菌肉厚，味较好。也有报道有毒，需注意。另外含多糖，有抑肿瘤、抗氧化的活性。

849 美丽蜡伞

拉丁学名　***Hygrophorus speciosus*** Peck
英　文　名　Larch Waxy Cap

形态特征　子实体小。菌盖直径 2～5cm，扁半球形至近平展，中部稍凸起，边缘内卷，橘黄色至金黄色，光滑，黏。菌肉白色带黄色。菌褶白色或淡黄色，直生至延生，较稀。菌柄长 4.5～10cm，粗 0.4～1.2cm，近圆柱形，白色至浅橘黄色，内实，黏，具小纤毛。孢子光滑，无色，椭圆形，7～11μm×4～6μm。

生态习性　夏秋季生林中地上。

分　　布　分布于吉林、四川、福建等地。

应用情况　可食用。

图 850

图 851

850　单色蜡伞

拉丁学名　***Hygrophorus unicolor*** Gröger

形态特征　子实体小。菌盖直径 2.5～5cm，半球形至扁平，或边缘上翘，浅粉黄色，边缘污白而中部近红褐色，表面平滑或有深色小条纹。菌肉近白色，中部稍厚。菌褶浅鲑红色，直生近延生，不等长。菌柄长 5～7.5cm，粗 0.5～1cm，柱状或弯曲，基部膨大或稍变细，污白色，有小纤毛，实心至空心。孢子光滑，椭圆形，7.5～10µm×4.5～5.5µm。
生态习性　秋季于阔叶林地上群生或单生。
分　　布　见于广西等地。
应用情况　有认为可食用，亦有认为不宜食用，采集加工时需注意。

851　洁白拱顶菇

别　　名　洁白蜡伞、洁白湿伞、拱顶菇
拉丁学名　***Hygrophorus virginea*** (Wulfen) P. D. Orton et Watling
曾用学名　*Camarophyllus virgineus* (Wulfen) P. Kumm.; *Hygrocybe virginea* (Wulfen) P. D. Orton et Watling
英 文 名　Snowy Waxcap, Pure Hygropgorus

形态特征　子实体较小，纯白色。菌盖直径 3～7cm，初期近钟形，后扁平，中部稍下凹，带黄色，初期表面湿润，后期干燥至龟裂，盖缘薄。菌肉白色，稍软，稍厚，味温和。菌褶延生，稀，厚，不等长，褶间有横脉相连。菌柄长 3～7cm，粗 0.5～1cm，向下部渐变细，平滑或上部有粉末，干燥，内实至松软。孢子光滑，无色，椭圆形或卵圆形，7.9～12µm×4～5.1µm。

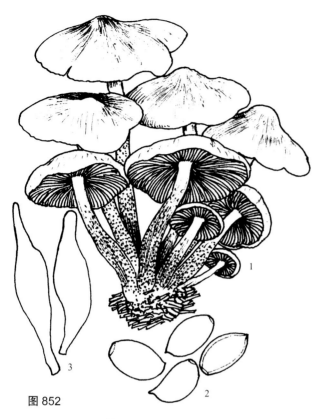

图 852

1. 子实体；2. 孢子；3. 褶侧及褶缘囊体

生态习性 夏秋季于阔叶林地上散生、近丛生或单生。与榛等树木形成外生菌根。

分　布 分布于广东、广西、台湾、香港、吉林、云南、青海、甘肃、西藏等地。

应用情况 一般作为食用菌。但有认为有毒，采食及入药配伍时需注意。

852　烟色垂幕菇

别　名 橙黄褐韧伞

拉丁学名 *Hypholoma capnoides* (Fr.) P. Kumm.

曾用学名 *Naematoloma capnoides* (Fr.) P. Karst.

英文名 Conifer Tuft

形态特征 子实体较小。菌盖直径 2～7.5cm，半球形至扁半球形，中央凸起，边缘内卷且有菌丝膜状残物，表面橙黄至黄褐色，往往带土红黄色，边沿色较浅，湿润，表面光滑或光亮。菌肉较薄，白黄色，伤处不变色，无明显气味。菌褶直生，密，稍宽，不等长，污白色渐呈灰褐至紫褐色。菌柄近圆柱形，黄白色，后期变至褐黄色，长 3～8cm，粗 0.3～0.8cm，纤维质，有纤毛，基部有绒毛，内部松软至空心。柄上部有丝幕，后期消失。孢子印紫褐色。孢子光滑，椭圆形，灰褐色，具发芽孔，6～8μm×4～4.8μm。褶侧囊体和褶缘囊体似呈圆柱形或梭形，黄色，36～50μm×10～15μm。

生态习性 夏秋季在针叶树腐朽木桩或朽树干上或附近成丛或成簇生长。

分　布 分布于四川、新疆等地。

应用情况 可食用。形态特征相近于有毒的簇生黄韧伞，但后种味苦，注意区别。

853　簇生垂幕菇

别　名 簇生沿丝伞、簇生黄韧伞、黄香蕈、包谷菌、毒韧黑伞

拉丁学名 *Hypholoma fasciculare* (Huds.) P. Kumm.

曾用学名 *Naematoloma fasciculare* (Huds.) Singer

英文名 Sulphur Tuft, Sulfur Tuft

形态特征 子实体较小。菌盖直径 3～5cm，半球形变平展，表面硫黄色或玉米黄色，中部锈褐色至红褐色。菌肉黄色。菌褶青褐色，直生至弯生，密，不等长。菌柄长 8～12cm，粗 0.8～1cm，黄色而下部褐黄色，纤维质，表面附纤毛，实心至松软。菌环呈蛛网状。孢子淡紫褐色，光滑，椭圆形至卵圆形，6～9μm×4～5μm。褶侧和褶缘囊体金黄色，顶端较细，有金黄色内含物，近梭形。

生态习性 夏秋季成丛或成簇生长在腐木桩旁，或群生。

图 854

分　　布　分布于河北、黑龙江、吉林、江苏、安徽、山西、台湾、香港、广东、广西、湖南、河南、四川、云南、西藏、青海、甘肃、陕西等地。

应用情况　此种味虽苦，但有人采食，食用前用水浸泡或煮后浸水多次。不过也曾发生中毒，引起呕吐、恶心、腹泻等胃肠道病症，严重者会引起死亡。在日本视为猛毒类毒菌。抑肿瘤，对小白鼠肉瘤 180 及艾氏癌的抑制率分别为 80% 和 90%。

854　砖红垂幕菌

别　　名　亚砖红垂幕菌、亚砖红沿丝伞、砖红韧伞、砖红韧黑伞、亚砖红垂幕菇、砖红黄伞

拉丁学名　*Hypholoma lateritium* (Schaeff.) P. Kumm.

曾用学名　*Naematoloma sublateritium* (Schaeff.) P. Karst.; *Hebeloma lateritium* (Schaeff.) P. Kumm.; *Hypholoma sublateritium* (Schaeff.) Quél.

形态特征　子实体一般中等大。菌盖直径 5~15cm，扁半球形，后渐平展，中部深肉桂色至暗红褐

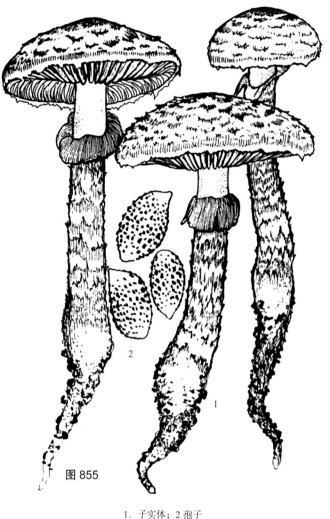

图 855

1. 子实体；2 孢子

色，或近砖红色，有时具裂缝，边缘色渐淡，呈米黄色，光滑，不黏。菌肉污白色至淡黄色，较厚。菌褶初暗黄色、烟色、紫灰色、青褐色到栗褐色，较密，宽，直生至近延生，不等长。菌柄长 5～13cm，粗 0.5～1.2cm，圆柱形，深肉桂色至暗红褐色，上部色较浅，具纤毛状鳞片，质地较坚硬。孢子印暗褐色。孢子褐色，卵圆形到椭圆形，光滑，6.5～8μm×4.5～5.5μm。囊体淡黄色，棒状至纺锤形，顶端有乳头状突起，稀疏，31.6～47.4μm×7.9～9.5μm。褶缘囊体淡黄色，棒状，顶端有时有乳头突起，丛生，18.9～23.7μm×3.5～6.5μm。

生态习性　秋季于混交林及桦树木桩上丛生。

分　　布　分布于吉林、黑龙江、内蒙古、山西、台湾、陕西、青海、云南、新疆、西藏、湖南、江西等地。

应用情况　可食用。也有资料认为有毒。日本作为食菌而人工栽培。该种与有毒的簇生黄韧伞相近似，故采食时应注意。有抑肿瘤作用，对小白鼠肉瘤 180 抑制率为 60%，对艾氏癌的抑制率为 70%。

855　长根垂幕菇

别　　名　长根滑锈伞、长根黏滑伞
拉丁学名　*Hypholoma radicosum* J. E. Lange
曾用学名　*Pholiota radicosum* (Bull.) P. Kumm.; *Hebeloma radicosum* (Bull.) Ricken
英 文 名　Rooting Brownie

形态特征　子实体较小。菌盖直径 3～4cm，初期半球形，后平展，中部稍凸起，浅黄褐色，中部暗褐色，平滑，湿时黏，边缘薄似波状或上翘。菌肉白色，稍厚。菌褶弯生，密，不等长，稍密，初期稍带浅紫红色，或呈灰赭色。菌柄长 7～8cm，粗 0.7～0.9cm，圆柱形，基部稍膨大并延伸成根状，黄褐色，顶部白色有粉末，下部具条纹，质脆，内实至空心。孢子印黄褐色。孢子卵圆形，浅黄褐色，具疣，9.5～10μm×6.5～7μm。褶缘囊体棒状，无色，30～80μm×9～11μm。

生态习性　于针叶林或针阔叶混交林地上散生。与松、桦、杨、柳等树木形成菌根。

分　　布　分布于吉林、四川、福建等地。

应用情况　可食用。

图 856-3

图 856-4

856 斑玉蕈

别　　名	真姬菇、姬菇、蟹味菇、海鲜菇、花纹菇、玉蕈、白玉蕈
拉丁学名	*Hypsizygus marmoreus* (Peck) H. E. Bigelow
曾用学名	*Pleurotus elongatipes* Peck
英 文 名	Beech Mushroom, Shimeji

形态特征　子实体中等至较大。菌盖直径 3～15cm，扁半球形，后稍平展，中部稍凸起，污白色至灰白黄色，表面平滑，水浸状，中央有浅褐色隐印斑纹（似大理石花纹）。菌肉白色，稍厚。菌褶污白色，近直生，密或稍稀，不等长。菌柄细长，长 3～11cm，粗 0.5～1cm，稍弯曲，表面白色，平滑或有纵条纹，实心，柄丛生而基部相连或分叉。孢子印白色。孢子无色，光滑，宽椭圆形或近球形，4～5.5μm×3.5～4.2μm。

生态习性　夏秋季于阔叶树枯木桩旁及倒腐木上丛生。

分　　布　分布于黑龙江、吉林等地。

应用情况　可食用，味道鲜，口感好。已人工大量培养。记载凝集兔红细胞。

图 857-1

图 857-2

图 858

857　玉蕈

别　　名　小斑玉蕈
拉丁学名　*Hypsizygus tessulatus* (Bull.) Singer
英 文 名　Elm Oyster

形态特征　子实体中等至较大。菌盖直径 5～10cm，扁半球形至近扁平，表面白色有褐黄色细小或斑状鳞片。菌肉白色。菌褶白色至乳白色，延生，稍密，不等长。菌柄长 5～10cm，粗 1～1.5cm，白色，实心，平滑，或有条纹状毛。孢子无色，光滑，近球形，直径 5～7μm。
生态习性　于阔叶树腐木上单生。
分　　布　分布于吉林地区。
应用情况　可食用，味道比较好。

858 榆生玉蕈

别　　名　榆生斑玉蕈、榆生离褶伞、榆干
离褶伞、榆干侧耳、大榆蘑、榆
蘑、榆侧耳、榆生菇
拉丁学名　***Hypsizygus ulmarius*** (Bull.) Redhead
曾用学名　*Pleurotus ulmarius* (Bull.) P. Kumm.;
Lyophyllum ulmarium (Bull.) Kühner
英　文　名　Elm Oyster, Elm Tree Mushroom

形态特征　子实体中等至较大。菌盖直径
7～15cm，扁半球形，污白黄色，中部有时
带浅赭石色而边缘浅黄色，逐渐平展，光滑，
有时龟裂。菌肉白色，厚。菌褶白色或近白
色，弯生，宽，稍密。菌柄长 4～9cm，粗
1～2cm，偏生，往往弯曲，白色，内实。孢
子无色，球形或近球形，直径 5～6μm。
生态习性　夏秋季于榆树或其他阔叶树干上
近丛生、丛生或单生。属木腐菌，引起木材褐
色腐朽。
分　　布　分布于黑龙江、吉林、青海等地。
应用情况　可食用，其味鲜美，口感好。已
有人工栽培。试验抑肿瘤，对小白鼠肉瘤 180
及艾氏癌的抑制率均为 60%。

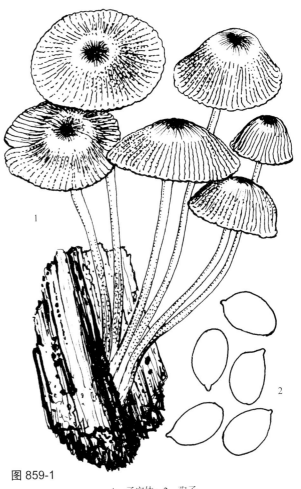

图 859-1

1. 子实体；2. 孢子

859 肉色漏斗蕈

别　　名　肉色杯伞、漏斗伞
拉丁学名　***Infundibulicybe geotropa*** (Bull.)
Harmaja
曾用学名　*Clitocybe geotropa* (Bull.) Quél.

形态特征　子实体中等至大型。菌盖直径
4～15cm，扁平，中部下凹呈漏斗状，中央往
往有小凸起，表面干燥，幼时带褐色，老时呈
肉色或淡黄褐色并具毛，边缘内卷不明显。菌
肉近白色，厚，紧密，味温和。菌褶近白色或
同菌盖色，延生，不等长，密，比较宽。菌
柄细长，上部较细，5～12μm×2～2.5μm，粗

图 859-2

图 860

图 861-1

1.5～3cm，白色或带黄色，或同盖色，表面有条纹呈纤维状，内部实心。孢子印白色。孢子无色，光滑，近球形或宽卵圆形，6.4～10.2μm×4～6μm。

生态习性 秋季生于林中地上或草地上，往往分散或成群生长。

分　布 分布于四川、云南、西藏、山西等地。

应用情况 可食用，国外曾试验栽培。药用有抗炎活性。抑肿瘤，对小白鼠肉瘤 180 和艾氏癌的抑制率均为 80%。国外曾试验人工培养。

860　毛盖丝盖伞

别　名 毛纹丝盖伞

拉丁学名 *Inocybe hirtella* Bres.

形态特征 子实体小。菌盖直径 1～3cm，钟形或扁平至近平展，中部凸起，草黄色至黄色，有短纤毛或长条纹状鳞片，边缘色深或撕裂。菌肉污白。菌褶污白至草黄色至青褐色。菌柄长 2～5cm，粗 0.2～0.4cm，柱形，污白至近肉色，基部稍膨大有污白色绒毛。孢子浅黄色，光滑，柠檬形，9.5～10μm×5～6μm。

生态习性 生混交林地上。

分　布 分布于青海等地。

应用情况 有毒。中毒后发病快，主要出现神经症状反应，如发汗、流涎、发冷发热、视力减弱等。注意不要采集食用或药用。

861　变红丝盖伞

拉丁学名 *Inocybe patouillardii* Bres.

形态特征 子实体一般较小。菌盖直径 3～8cm，圆锥形、钟形至扁半球形，中部稍凸，边缘常开裂，草黄褐色，有褐红色纤毛状长条纹，伤处或部分变暗红色。菌肉白黄色，伤处变暗红色。菌褶浅红褐或青褐色至深褐红色，直生。菌柄长 3.5～9cm，粗 1～2cm，草黄色或变褐红色，内实，表面有深色长条纹。孢子菜豆籽形或近肾形，

图861-3

$8\sim10.5\mu m\times5.6\sim6.8\mu m$。

生态习性 秋季于针叶林中地上散生或群生。

分　　布 分布于青海等北方针叶林区。

应用情况 有毒。不要随便采集食用和药用。

862　裂丝盖伞

别　　名 裂丝盖毛锈伞、裂毛锈伞、裂盖毛锈伞、黄
丝盖伞、茶褐丝盖伞

拉丁学名 *Inocybe rimosa* (Bull.) P. Kumm.

曾用学名 *Inocybe fastigiata* (Schaeff.) Quél.; *Inocybe
umbrinella* Bres.

英文名 Cracked-cap Head, Cracked Inocybe

形态特征 子实体小。菌盖直径3～7cm，初期近圆锥形
至钟形或斗笠形，淡乳黄色至黄褐色，中部色深，密被纤
毛状或丝状条纹，干燥时龟裂，边缘多放射状开裂。菌肉
白色。菌褶淡乳白色或褐黄色，凹生近离生，较密，不等
长。菌柄长2.5～6cm，粗0.5～1.5cm，圆柱形，上部白色
有小颗粒，下部污白至浅褐色并有纤毛状鳞片，常常扭曲
和纵裂，实心，基部稍膨大。孢子锈色，光滑，椭圆形或

图862

图 863-1

近肾形，10～12.6μm×5～7.5μm。褶侧囊体瓶状，顶端有结晶。

生态习性　夏秋季于林中或道旁树下地上群生或单生。

分　　布　分布于吉林、河北、江苏、青海、云南、西藏、新疆、香港等地。

应用情况　有毒，中毒后潜伏期半小时至 2h，主要产生神经精神病状、大汗、流涎、瞳孔缩小、视力减弱、发冷发热、牙关紧闭或小便后尿道刺痛、四肢痉挛等，有的精神错乱，甚至有的因大量出汗引起虚脱而死亡。野外采集食用、药用菌时需要特别注意。抑肿瘤。

863　毛柄库恩菇

别　　名　毛腿环锈伞、库恩菌、库恩菇

拉丁学名　*Kuehneromyces mutabilis* (Schaeff.) Singer et A. H. Sm.

曾用学名　*Pholiota mutabilis* (Schaeff.) P. Kumm.

英 文 名　Changing Pholiota, Two-toned Pholiota, Sheathed Woodtuft, Wood Tuft

形态特征　子实体较小。菌盖直径 2.5～6cm，扁半球形后渐扁平，肉桂色，干后深蛋壳色，湿时呈半透明状，光滑，湿润时有线条。菌肉白色或带褐色。菌褶初期近白色，后呈锈褐色，直生或稍下延，稍密。菌柄长 3～7cm，粗 0.5～0.8cm，柱形，色与盖相似，下部色较深，松软变空心，菌环以下有毛状鳞片。菌环与菌柄同色，膜质，生柄之上部，易脱落。孢子淡锈色，平滑，椭圆形或卵形，

图863-2

6～8μm×4～5μm。褶缘囊体无色，有时顶端稍细，棒形或圆柱形。

生态习性 夏秋季于阔叶树木桩或倒木上丛生。为树木的木腐菌。

分　布 分布于吉林、青海、河北、甘肃、新疆、西藏、云南等地。

应用情况 可食用，但有记载含毒。有试验人工栽培。

864　紫蜡蘑

别　名 假花脸蘑、紫皮条菌、紫晶蜡蘑、紫蜡盘

拉丁学名 *Laccaria amethystea* (Bull.) Murrill

曾用学名 *Laccaria amethystina* Cooke

英文名 Amethyst Deceiver, Dirty Pruple Laccaria, Amethyst Laccaria

图864-1

形态特征 子实体小。菌盖直径2～5cm，初扁球形，后渐平展，中央下凹成脐状，蓝紫色或藕粉色，湿润时似蜡

图 864-2

图 864-3

质，边缘波状或瓣状并有粗沟条。菌肉同菌盖色，薄。菌褶蓝紫色，直生或近弯生，宽，稀疏，不等长。菌柄长 3～8cm，粗 0.2～0.8cm，有绒毛，纤维质，实心，常弯曲。孢子无色，有小刺，圆球形，直径 8.7～13.8μm。

生态习性　夏秋季于林中地上单生或群生。多与针叶树形成外生菌根。

分　布　分布于广西、四川、西藏、山西、甘肃、陕西、河南、云南等地。

应用情况　可食用。据试验抑肿瘤，对小白鼠肉瘤 180 和艾氏癌的抑制率均为 60%。

865　双色蜡蘑

拉丁学名　*Laccaria bicolor* (Maire) P. D. Orton
曾用学名　*Laccaria proxima* var. *bicolor* (Maire) Kühner et Romagn.
英 文 名　Bicoloured Deceiver

形态特征　子实体小。菌盖直径 2～4.5cm，初期扁半球形，后期稍平展，中部平或稍下凹，边缘内卷，浅赭色或暗粉褐色至皮革褐色，干燥时色变浅，表面平滑或稍粗糙，边沿有条纹。菌肉污白色或浅粉褐色，无明显气味。菌褶浅紫色至暗色，干后色变浅，直生至稍延生，等长，厚，宽，边沿稍呈波状。菌柄细长，柱形，常扭曲，同盖色，具长的条纹和纤毛，长 6～15cm，粗

图865　　　　　　　　　　　　　　图866

0.3～1cm，带浅紫色，基部稍粗且有淡紫色绒毛，内部松软至变空心。孢子印白色。孢子近卵圆形，7～10μm×6～7.8μm。

生态习性　秋季生针阔叶混交林地上，群生或散生。有记载为树木的外生菌根菌。

分　　布　分布于香港、西藏、四川、云南、青海、广东、广西等地。

应用情况　可食用。菌肉柔韧。

866　橘红蜡蘑

拉丁学名　*Laccaria fraterna* (Cooke et Massee) Pegler

形态特征　子实体小。菌盖直径2～2.5cm，扁半球形，后期平展或翻起，浅赭色、红褐色，水浸状，边缘有明显沟条。菌肉浅褐色至红褐色。菌柄长3～6cm，粗0.1～0.3cm，圆柱形，浅红褐色，有细鳞片，基部有灰白色菌丝体。菌褶肉红色，直生至近延生，宽，稀。担子2小梗。孢子无色，具小刺，近球形，8.5～10μm×7.5～9.5μm。

生态习性　秋季于杨、柳等阔叶林地上群生或近丛生。

分　　布　分布于青海等地。

应用情况　可食用。

图 867

867 红蜡蘑

别 名	红蜡膜、蜡蘑、红皮条菌
拉丁学名	*Laccaria laccata* (Scop.) Cooke
曾用学名	*Clitocybe laccata* (Scop.) P. Kumm.
英 文 名	Deceiver, Waxy Laccaria

形态特征 子实体一般小。菌盖直径 1～5cm，近扁半球形，后渐平展，中央下凹成脐状，肉红色至淡红褐色，湿时似蜡质，干燥时呈蛋壳色，边缘波状或瓣状并有粗沟条。菌肉同盖色，薄。菌褶同盖色，直生或近延生，稀疏，宽，不等长。菌柄长 3～8cm，粗 0.2～0.8cm，圆柱形或稍扁圆，下部常弯曲，同盖色，纤维质，韧，内部松软。孢子无色或带淡黄色，具小刺，圆球形，直径 7.5～10μm。

生态习性 夏秋季于林中地上散生或群生，有时近丛生。与树木形成外生菌根。

分 布 分布于河北、黑龙江、吉林、江苏、浙江、江西、广西、山西、海南、台湾、西藏、青海、四川、云南、新疆等地。

应用情况 可食用。含蛋白多糖，试验抑肿瘤，对小白鼠肉瘤 180 和艾氏癌的抑制率分别为 60% 和 70%。

868 条柄蜡蘑

别 名	柄条蜡蘑、近似蜡蘑、皮条蜡蘑
拉丁学名	*Laccaria proxima* (Boud.) Pat.
曾用学名	*Clitocybe proxima* Boud.
英 文 名	Scurfy Deceiver, Striped Laccaria

形态特征 子实体较小。菌盖直径 2～6cm，初期扁半球形至近平展，中部稍下凹，淡土红色，具微细小鳞片，湿润时呈水浸状，边缘具细沟条。菌肉淡肉色。菌褶直生至延生，稀，宽，厚，不等长。菌柄长 8～12cm，粗 0.2～0.9cm，柱形，同盖色，有纤维状纵条纹，内松软，基部色浅或有白绒毛。孢子无色，具小刺，近卵圆至近球形，7.6～9.5μm×6.3～8.1μm。

图 868

图 870

生态习性　夏秋季于林中地上单生或群生。属树木外生菌根菌。

分　　布　分布于黑龙江、青海、吉林、河北、山西、新疆、云南等地。

应用情况　可食用。有抑肿瘤活性，对小白鼠肉瘤 180 和艾氏癌均有抑制作用。

869　林生红蜡蘑

别　　名　矮蜡蘑

拉丁学名　*Laccaria pumila* Fayod

曾用学名　*Laccaria altaica* Singer

形态特征　子实体小。菌盖直径 1～3.5cm，扁半球形、半球形至平展，后期边缘翻卷，中部稍凸，粉红褐色至土黄红色，水浸状，表面有小鳞片，边缘具条纹。菌肉粉红色。菌褶肉红色，直生至弯生，稀，宽。菌柄长 3～6cm，粗 0.3～0.7cm，柱形，肉红色至橙红褐色，空心。

生态习性　秋季于针叶林和高山灌丛草地上群生。

分　　布　分布于青海、西藏等地。

应用情况　可食用。

870　紫褐蜡蘑

拉丁学名　*Laccaria purpureobadia* D. A. Reid

形态特征　子实体小。菌盖直径 2～5cm，初期扁半球形，后渐平展，中部稍凸起变至中部低平，蜡质，表面暗褐色后期干时呈暗紫褐色，有细小的鳞片，边缘有明显沟条。菌肉污白至同菌盖色，较薄，无明显气味。菌褶直生，不等长，稍稀，中部较宽，初期粉红色，变至浅红褐色。菌柄细长，圆柱形，纤维质，长 3～6cm，粗 0.3～0.7cm，浅酒红色，向基部变至暗紫褐色。孢子卵圆形至宽椭

图 871

图 872-1

图 872-2

中国食药用菌物
Edible and Medical Fungi in China

圆形或近球形，无色，7～10μm×6～8μm。

生态习性　夏至秋季生于林中地上，散生。据记载此菌是树木的外生菌根菌。

分　　布　分布于西藏、青海、云南等地。

应用情况　有记载可食用。

871　二孢蜡蘑

别　　名　刺孢蜡蘑

拉丁学名　*Laccaria tortilis* (Bolton) Cooke

曾用学名　*Omphalia tortilis* (Bolton) Quél.

英 文 名　Twisted Deceiver

形态特征　子实体甚小。菌盖直径0.6～1.5cm，初期半球形至扁半球形，后扁平中部下凹，水浸状，光滑或有细微小鳞片，土褐黄至红褐色，边缘具条纹且十分明显。菌肉同盖色，很薄，膜质，味温和。菌褶直生至稍延生，淡肉红色，似有白粉，稀，厚，蜡质，宽达3mm。菌柄短，圆柱状或向下膨大，长0.4～1cm，粗0.2～0.3cm，纤维质，同盖色，无色或有条纹，内部实心。担子多为2小梗。孢子近无色，近球形，有刺，10.2～15μm×9.6～12.7μm，刺长2μm左右。

生态习性　夏秋季生混交林中地上，单生、散生至群生。在西藏高原可生于高山杜鹃灌丛带。为树木的外生菌根菌，可能与高山杜鹃、高山柳、松等形成菌根。

分　　布　分布于吉林、内蒙古、西藏、福建等地。

应用情况　可食用，但子实体太小。此菌试验抑肿瘤，对小白鼠肉瘤180和艾氏癌的抑制率高达100%。

872　酒色蜡蘑

拉丁学名　*Laccaria vinaceoavellanea* Hongo

形态特征　子实体小，浅肉褐色，干时色浅。菌盖直径3～5cm，初期扁半球形，中部下凹，边缘有长短不一的沟条。菌肉薄。菌褶直生至近生，稀，不等长。菌柄细长，有长条纹，稍弯曲，基部白色，内部松软至变空。孢子近球形，直径7.5～9μm。

生态习性　夏秋季于林地上群生。树木外生菌根菌。

分　　布　分布于山西、陕西等地。

应用情况　可食用。

图 875

图 876

875　黏绿乳菇

别　　名　黏乳菇、绿乳菇
拉丁学名　*Lactarius blennius* (Fr.) Fr.
英文名　Beech Milkcap, Slimy Milky Cap

形态特征　子实体中等。菌盖肉质，直径4～10cm，扁半球形，后平展至中部下凹，边缘最初内卷并有易消失的微细绒毛，灰绿色或浅橄榄灰色，常有同心排列的较深色的斑块，胶黏。菌肉白色，薄而脆，伤处变浅灰色，乳汁白色，味辣，干后变绿灰色。菌褶白色，后乳黄色，伤变浅灰色，稠密，狭窄，直生至近延生。菌柄长4～5cm，粗1～1.5cm，圆柱形或向下渐细，黏，颜色浅于菌盖。孢子印浅乳黄色。孢子无色，近球形至广椭圆形，有棱纹和部分网纹，7～9μm×5～6μm。

生态习性　夏秋季在阔叶林中地上群生。

分　　布　分布于福建、贵州、云南、广西、四川、江西、青海、香港等地。

应用情况　可食用。但有人因此种乳汁辣味而认为有毒。

876　香乳菇

别　　名　浓香乳菇、奶浆菌
拉丁学名　*Lactarius camphoratus* (Bull.) Fr.
英文名　Aromatic Milky, Curry Scented Milkcap

形态特征　子实体小。菌盖直径2～5cm，扁球形、扁半球形后渐下凹，中部往往有小凸起，深肉桂色至棠梨色，不黏。菌肉色浅于菌盖，乳汁白色不变。菌褶白色至淡黄色，老后色与菌盖相似，直生至稍下延，密。菌柄长 2～5cm，粗 0.4～0.8cm，近柱形，同盖色，松软变空心。孢子印乳白色。孢子无色，有疣和网纹，近球形，7.3～9μm×6.4～8μm。褶侧囊体梭形。

生态习性 夏秋季于林中地上散生或群生。与山毛榉、栎等形成外生菌根。

分　布 分布于江苏、海南、广东、广西、吉林、湖北、湖南、四川、贵州、甘肃、云南等地。

应用情况 可食用，味道柔和，尤其在干燥后气味浓香。试验可抑肿瘤，对小白鼠肉瘤 180 及艾氏癌的抑制率均为 70%。

877　鸡足山乳菇

别　名 香乳菇
拉丁学名 *Lactarius chichuensis* W. F. Chiu

形态特征 子实体较小，土红褐色。菌盖直径 3.5～7cm，扁平，薄，中部稍平或下凹，平滑，边缘向内卷。菌肉浅褐色，稍薄，乳汁白色，有辛辣味。菌褶同盖色，宽约 5mm，稠密，似离生，不等长。菌柄长 3.5～7cm，粗 0.7～0.8cm，近柱形，同盖色，有柔毛，稍硬。孢子球形至近球形，无色或淡橄榄色，在 Melzer 试剂中暗黑色，有瘤状小刺和棱纹，直径 6～8μm。有褶侧囊体。

生态习性 夏秋季生混交林地上，单生或群生。属树木外生菌根菌。

分　布 分布于云南、四川、西藏等地。

应用情况 可食用和药用。抑肿瘤，对小白鼠肉瘤 180 及艾氏癌的抑制率分别为 100% 和 90%。此种 1945 年裴维蕃教授发现于云南鸡足山并以鸡足山乳菇命名，1990 年作者又采于此山。在我国曾被误定为香乳菇 *Lactarius camphoratus*。

图 877-1

图 877-2

图 878-1

878 鲑黄乳菇

别　　名　黄汁乳菇、鲑黄色乳菇
拉丁学名　*Lactarius chrysorrheus* Fr.
英文名　Yellow Drop Milkcap

形态特征　子实体小至中等大。菌盖直径 4～9cm，扁半球形至近平展，中部下凹呈脐状，黄褐色或浅肉黄色，有较明显的同心环纹，湿时黏。菌肉污白色，伤处乳汁白色变黄色，味辛。菌褶淡壳色，延生，密。菌柄长 5～7cm，粗 0.8～2.5cm，同盖色，空心。孢子有网纹，近球形，8～9.2μm×6～8μm。褶缘及褶侧囊体近纺锤形。
生态习性　夏秋季生混交林中地上。属树木外生菌根菌。
分　　布　分布于香港、贵州、广东、福建等地。
应用情况　记载可食用。另外可研究药用。

-2

879 肉桂色乳菇

别　　名　黄褐乳菇
拉丁学名　*Lactarius cinnamomeus* W. F. Chiu

形态特征　菌盖直径 7cm，扁平，浅赭鲑色至肉桂色，光滑，略有皱纹，边缘稍有条纹。菌肉带褐色，乳汁白色，水状，有很辛辣的气味。菌褶短距延生，浅赭鲑色，较少在后部分叉，近稠密，当中夹杂着短褶片，宽达 0.5cm，褶片边缘略波浪状弯曲。柄长 8cm，粗 1cm，圆柱状，基部略膨大，葡萄酒褐色，上部有柔毛，下部有长毛，中空。担子 $30\sim45\mu m \times 11.3\sim13.8\mu m$。孢子近球形至短椭圆形，点状，有棱纹至部分有网纹，$7.5\sim8.8\mu m \times 6.3\sim7.5\mu m$。囊状体少。菌盖表皮宽 $2.5\sim10\mu m$。菌柄表皮宽 $2.5\sim10\mu m$。

生态习性　生于林中地上。

分　　布　分布于云南等地。

应用情况　此种乳菇微苦，经煮洗漂水可加工食用。

图 881-1

图 881-2

880 污灰褐乳菇

拉丁学名 *Lactarius circellatus* Fr.

形态特征 子实体小至中等。菌盖直径 4～10cm，扁半球形，中部稍下凹，灰褐色至灰褐紫，或近豆沙色，边缘内卷，表面近平滑，环纹不太明显。菌肉污白色。菌褶污白黄色变至深色乳黄色，直生至延生。菌柄长 2.5～5cm，粗 0.8～1.5cm，柱形，污白色至同盖色，内部实心至松软。孢子有疣，近球形，6～7.5μm×5～6.5μm。

生态习性 夏秋季于林中地上群生。属树木外生菌根菌。

分　布 分布于湖南、广西、吉林等地。

应用情况 可食用。

881 白杨乳菇

别　名 粉褶乳菇
拉丁学名 *Lactarius controversus* (Pers.) Fr.
英文名 Poplar Milkcap, Willow Milky

形态特征 子实体中等或更大。菌盖直径 8～15cm，扁半球形，中部下凹，展开后近漏斗形，湿时黏，白色，常有淡红色斑，边缘往往有模糊环带，有时有细微绒毛，后光滑。菌肉白色，有时在菌盖下为粉红色，硬而脆，乳汁白色不变。菌褶白色，后粉红色，薄，窄而密，直生至延生。菌柄长 2～5cm，粗 1～3cm，圆柱形或向下细，白色，后与菌盖同色，中生或有时偏生，内实。孢子印稍带粉红色。孢子无色近球形，有疣，相连呈棱或网纹，5.6～7.1μm×4.3～6.1μm。

生态习性 夏秋季于林中地上群生。属树木的外生菌根菌。

分　布 分布于河北、北京、山西、吉林、四川、青海、辽宁、广东、台湾、云南、甘肃等地。

应用情况 气味好闻，口味辛辣。可食用。

882 皱盖乳菇

别　　名　皱皮乳菇
拉丁学名　*Lactarius corrugis* Peck
英 文 名　Corrugated-cap Milky

形态特征　子实体较大。菌盖直径5～12cm，扁半球形，伸展后中部下凹至近漏斗形，浅栗褐色，不黏，多皱，无环带，有细绒毛。菌肉厚，白色，乳汁多，白色，渐变浅褐色。菌褶淡肉桂黄，伤变浅褐色，稠密，往往分叉，直生至延生。菌柄长4～6cm，粗1.5～3cm，近柱形，色浅于菌盖或污黄色，稍有细绒毛，实心。孢子印白色。孢子无色，近球形，有小刺和细网纹，6.9～9.1μm×6.4～7.3μm。褶侧囊体稀少，梭形，51～73μm×5.5～8.5μm。
生态习性　夏秋季于阔叶林中地上单生或群生。属树木外生菌根菌。
分　　布　分布于安徽、广东、广西、海南、河南、云南、西藏、福建、四川等地。
应用情况　可食用，味道柔和。伤处乳汁多。

图882

883 松乳菇

别　　名　美味松乳菇、松菌、雁来菌、美味乳菇
拉丁学名　*Lactarius deliciosus* (L.) Gray
英 文 名　Delicious Milkcap, Orange-latex Milky, Saffron Milk Cap

形态特征　子实体中等至较大。菌盖直径4～10cm，扁半球形，中央脐状，伸展后下凹，虾仁色、胡萝卜黄色或深橙色，后色变淡，有或没有色较明显的环带，伤处变绿色，特别是菌盖边缘变绿显著，边缘最初内卷后平展，湿时黏，无毛。菌肉带白色，后变胡萝卜黄色，乳汁量少，橘红色，最后变绿色。菌褶与菌盖同色，直生或稍延生，稍密，有分叉，褶间具横脉，伤处或老后变绿色。菌

图883-1

图 883-2

图 884

柄长 2～5cm，粗 0.7～2cm，近圆柱形或向基部渐细，有时具暗橙色凹窝，色同菌褶或更浅，伤处变绿色，松软后变空心。孢子印近米黄色。孢子无色，有疣和网纹，广椭圆形，8～10μm×7～8μm。褶侧囊体稀少，近梭形。

生态习性 夏秋季于针、阔叶林中地上单生或群生。与多种针叶和阔叶树形成外生菌根。

分　　布 分布于浙江、香港、台湾、海南、河南、河北、山西、吉林、辽宁、北京、湖北、山东、陕西、贵州、广东、广西、内蒙古、江苏、安徽、甘肃、青海、四川、云南、西藏、新疆等地。

应用情况 著名食用菌之一。味道较好，稍有辛辣感。抑肿瘤，对小白鼠肉瘤 180 抑制率为 100%，对艾氏癌的抑制率为 90%。另有抗真菌、治腹泻的作用。子实体含橡胶物质。

884　浅黄褐乳菇

别　　名 淡黄乳菇

拉丁学名 *Lactarius flavidulus* S. Imai

形态特征 子实体中等至较大。菌盖直径 5～15cm，扁半球形至扁平或平展，中央下凹，边缘内卷，污黄白色至浅黄褐色，伤变或老化后出现淡青绿色，似有环纹。菌肉白而厚，硬，乳汁白色变青绿色。菌褶白色带淡黄色，伤后变色，直生稍延生，密。菌柄长 4～6cm，粗 1.5～3cm，同盖色，白至淡黄色，变空心。孢子具网纹连接疣点，近球形，7.5～9.5μm×6～8μm。褶有缘囊体，近棒状。

图 885

生态习性 秋季于针叶树等林中地上群生或单生。属树木外生菌根菌。

分　布 分布于山西等地。

应用情况 可食用。子实体含凝集素。可抑制癌细胞的增殖，还可抑制大肠杆菌、金黄色葡萄球菌、枯草芽孢杆菌、白假丝酵母、深红色毛癣菌等。

885　脆香乳菇

拉丁学名 *Lactarius fragilis* (Burl.) Hesler et A. H. Sm.
英　文　名 Candy Cap

形态特征 子实体较小。菌盖直径 2.5～7cm，扁半球形或近扁平到浅漏斗状，中部下凹有时具小凸起，通常亮橘黄色到土红黄色，有时红褐色，中部色深，无环纹，表面干，湿时黏，边缘波状起伏并有短沟条。菌肉薄，质脆，伤破流白色乳汁，具香气味。菌褶浅粉黄红色，较盖色浅或黄色，直生到延生，密，不等长。菌柄长 4.5～8cm，粗 0.4～1cm，近等粗至柱形，近似盖色，质脆，变空心，基部有毛。孢子有小疣和网脊，近球形，直径 6～9μm。

生态习性 夏秋季于针叶林地上群生或散生。属树木外生菌根菌。

分　布 分布于江苏、四川、云南、广东、广西、湖南、湖北、贵州等地。

应用情况 可食用。子实体破碎干燥后研成细末，做调味品。有浓香气味。

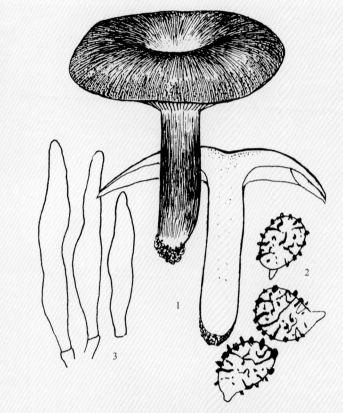

1. 子实体；2. 孢子；3. 褶侧囊体

图886

图887-1

886　暗褐乳菇

别　　名　褐乳菇、烟色乳菇
拉丁学名　*Lactarius fuliginosus* (Fr.) Fr.
英 文 名　Sooty Milkcap

形态特征　子实体中等或稍大。菌盖直径5～15cm，初期扁平，中部下凹，边缘内卷且后期伸长，表面平滑不黏，无环带，有微细绒毛变至光滑，暗青褐色至暗褐色。菌肉白色，受伤处渐变粉红色，乳汁白色，不变。菌褶直生至稍延生，稍密，近白色至蛋壳色。菌柄长2～8cm，粗0.4～1.5cm，近似盖色，近圆柱形，内部松软至空心。孢子球形，淡黄色，有小刺，直径7.5～10μm。褶侧囊体梭形，无色，薄壁，40～50μm×8～10μm。

生态习性　生于针、阔叶林中地上，群生或散生。可与松、栎等树木形成外生菌根。

分　　布　分布于安徽、四川、云南、河南、辽宁、西藏、浙江、黑龙江、江苏、福建、贵州等地。

应用情况　可食用。还可抑肿瘤，对小白鼠肉瘤180和艾氏癌的抑制率均高达100%。

887　甜味乳菇

别　　名　浅灰香乳菇
拉丁学名　*Lactarius glyciosmus* (Fr.) Fr.
英 文 名　Coconut Milkcap

形态特征　子实体小或中等。菌盖直径2～9cm，初期扁半球形，后期中部下凹近扁平，有时中央具小的凸起，表面灰色微带紫红或皮革色，稍有环纹，不黏，初期边缘内卷。菌肉浅皮革色，味稍麻辣，气味芳香，乳汁白色，不变色，微带酸辣味。菌褶延生，较密，带浅黄色或淡肉色后期变成灰紫色。菌柄近圆柱形，长2~8cm，粗0.4~1cm，污白色或带黄色或者较盖色浅，内部松软。孢子印乳白色。孢子宽椭圆形，有小疣，有时具不完整的网纹，6.8~8μm×5.5~6μm。褶侧囊体近梭形，60~6.5μm×6.5~9μm。

生态习性 夏秋季生于阔叶林中地上，群生。与云杉等树木形成外生菌根。

分　　布 分布于广东、四川、青海、西藏等地。

应用情况 记载可食用。

图 887-2

888　红汁乳菇

拉丁学名 *Lactarius hatsudake* Nobuj. Tanaka
英 文 名 Hat Sutake Milky, Red Milky

形态特征 子实体中等。菌盖直径4~10cm，扁半球形至扁平下凹或中央脐状，肉色、淡土黄色或杏黄色，有较深色同心环带，伤处渐变蓝绿色，光滑，湿时黏。菌肉粉红色，乳汁橘红色渐渐变蓝绿色。菌褶橙色或杏黄色，伤处变蓝绿色，延生，稍密，分叉。菌柄长2.5~6cm，粗1~3cm，空心，与菌盖同色，往往向下渐细并略弯曲。孢子无色，有网纹，广椭圆形，7.7~9.1μm×6~8μm。褶侧和褶缘囊体长棱形或近柱状。

生态习性 夏至秋季生松林地上。与松等树木形成外生菌根。

分　　布 分布于台湾、香港、海南、河南、福建、河北、吉林、辽宁、黑龙江、广东、西藏、湖南、甘肃、陕西、四川等。

应用情况 可食用，味较好。抑肿瘤，试验对小白鼠肉瘤180及艾氏癌的抑制率分别为100%和90%。

图 888

图 889-1

图 889-2

889　蓝绿乳菇

别　　名　靛蓝乳菇
拉丁学名　***Lactarius indigo*** (Schwein.) Fr.
英 文 名　Blue Milk Mushroom, Indigo Milky

形态特征　子实体中等大。菌盖直径6～15cm，扁半球形后平展，中部下凹呈浅漏斗状，表面浅蓝灰色或蓝青色，有环纹，伤处及乳液变绿色，边缘内卷。菌肉稍厚，污白色，伤处变绿色。菌褶延生带蓝绿色，不等长，稍密。菌柄近圆柱形，表面平滑，呈蓝绿色，长2～4cm，粗0.8～1.3cm，基部变细，松软变空心，老后变蓝绿色。孢子印白色。孢子有刺，近球形、近卵圆形，6～9μm×5.6～10μm。褶侧囊体梭形至纺锤形，25～45μm×5.6～10μm。褶缘囊体纺锤形、棱形或近圆柱形。

生态习性　夏秋季于松、栎或混交林中地上散生或群生。属树木外生菌根菌。

分　　布　分布于云南、湖南、吉林、黑龙江等地。
应用情况　可食用。

890　环纹苦乳菇

别　　名　劣味乳菇、铜钱菌、劣味轮纹乳菇
拉丁学名　***Lactarius insulsus*** (Fr.) Fr.
曾用学名　*Lactarius zonarius* var. *insulsus* (Fr.) Romell

形态特征　子实体小或中等。菌盖直径3～12cm，半球形，中部下凹呈脐状，深肉桂色，有同心环纹或环带，黏，光滑，边缘内卷。菌肉污白色，乳汁白色不变，味很苦。菌褶污白变至带黄色，较密，直生至延生，不等长，靠近柄处或有分叉。菌柄短粗，长1.5～3cm，粗0.6～1.8cm，近白色至浅肉色，光滑，内松软至空心。孢子近球形，有小刺及网纹，稍带浅黄色，6.5～12μm×7.8～10.5μm。无囊状体。

生态习性　夏秋季生阔叶林地上，单生至群生。属外生菌根菌。

分　　布　分布于河北、河南、山西、江苏、安徽、四川、甘肃、贵州、云南等地。

图 890

应用情况　此菌是舒筋丸的成分之一，可治腰腿疼痛、手足麻木、筋骨不适、四肢抽搐等。味辛辣，有认为具毒，不宜食用，采集食用菌时注意。

891　亮黄乳菇

图 891

别　　名	亮色乳菇
拉丁学名	***Lactarius laeticolorus*** (S. Imai) Imazeki et Hongo
曾用学名	*Lactarius deliciosus* f. *laeticolor* S. Imai

形态特征　子实体中等至较大。菌盖直径5～13cm，扁半球形，中部下凹边缘斜伸呈漏斗状，淡橘黄色，有深色环纹，表面黏，往往呈现变绿色。菌肉白色浅橘黄色，乳汁橘红色。菌褶直生又延生，较窄。菌柄长3～9cm，粗0.8～1.5cm，同盖色，弯曲或基部稍变细，靠表皮菌肉橙红色，内部松软变空心。孢子有网纹，宽椭圆形，7.5～10μm×6～7.5μm。有褶侧囊体，顶端细。

生态习性　夏秋季生针、阔叶林中地上群生或散生。外生菌根菌。

分　　布　分布于甘肃、四川等地。

应用情况　可食用。提取物萜类对癌细胞有毒杀作用。

892　黑褐白褶乳菇

别　　名	黑褐乳菇、尖顶暗褐乳菇、黑乳菇、核桃菌、黑奶浆菌、小黑乳菇
拉丁学名	***Lactarius lignyotus*** Fr.
英 文 名	Chocolate Milky

形态特征　子实体小或中等。菌盖直径4～10cm，褐色至黑褐色，扁半球形后渐平展，中部稍下凹，似有短绒毛，表面干，具黑褐色脉纹。菌肉白色，较厚，受伤处略变红色。菌褶白色，延生，宽，稀，不等长。菌柄长3～10cm，粗0.4～1cm，近柱形，同盖色，顶端菌褶延伸形成黑褐色条纹，基部有时具绒毛，内实。孢子具刺和网棱，球形至近球形，9～12.8μm×8.6～10.4μm。褶侧囊体梭形，51～79μm×6.3～6.8μm。

生态习性　夏秋季于林中地上散生。属树木外生菌根菌。有记述可生腐朽倒木上。

分　　布　分布于吉林、江苏、安徽、福建、云南、贵州、四川、黑龙江、广东、西藏、湖南等地。

应用情况　日本记载食用，我国有认为需慎食。此种分布较广泛，采集食用菌和药用菌时注意鉴别。

图 892

图 894

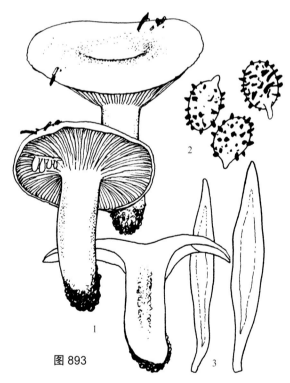

图 893

1. 子实体；2. 孢子；3. 褶侧和褶缘囊体

893　淡黄乳菇

别　　名　乳黄色乳菇
拉丁学名　*Lactarius luteolus* Peck
英 文 名　Buff Fishy Milky

形态特征　子实体小或中等。菌盖宽 2～10cm，扁半球形至平展或中部脐状下凹，近白色至米黄色，老后淡褐色，盖表粉茸状，无环带。菌肉白色，味道柔和，气味初期不显著，后稍带鱼腥，乳汁乳白色。菌褶直生，密，近柄处有分叉，白色，伤后变淡黄色至褐色。菌柄长 2～2.5cm，粗 0.6～0.9cm，白色至米黄色，被细茸毛，中实。孢子印白色至乳黄色。担子 32～43μm×6～9μm。孢子无色，7.2～9μm×5.4～7.6μm，宽椭圆形，有小疣，多数分散，有的疣间相连近串珠状。囊状体少，稍超逾子实层，近圆柱形，47～54μm×5.4～7.2μm。有

图 895-1

盖囊体及柄囊体。

生态习性　夏秋季于阔叶林中地上单生。树木外生菌根菌。

分　　布　分布于云南、四川、湖南、广东、福建、吉林、黑龙江、西藏、安徽、贵州等地。

应用情况　可食用。

894　乳黄色乳菇

拉丁学名　*Lactarius musteus* Fr.
英 文 名　Pine Milkcap

形态特征　子实体中等大。菌盖直径 3～10cm，扁半球形至扁平，中部下凹，污白至浅皮革色或淡乳黄色，厚而硬，边缘内卷，表面湿时黏。菌肉污白色，厚，乳汁白色变暗。菌褶密而窄，稍延生。菌柄长 3～7cm，粗 1～3cm，柱状，同盖色，表面平滑或有凹窝，基部往往变细，空心。孢子椭圆，有疣，8～9μm×6.5～7μm。

生态习性　夏秋季生林地上。属树木外生菌根菌。

分　　布　分布于河南、河北、山西、青海等地。

应用情况　可食用。

图 895-2

895 橄榄褶乳菇

别　　名　橄榄色乳菇、茶绿乳菇、灰褐乳菇
拉丁学名　***Lactarius necator*** (Bull.) Pers.
曾用学名　*Agaricus necator* Fr.; *Lactarius turpis* Weinm.
英　文　名　Ugly Milkcap, Tea-green Milky

形态特征　子实体中等或稍大。菌盖宽 5～12cm，扁半球形中部下凹，橄榄褐、灰褐或浅橄榄黑，盖缘色稍浅并具茸毛，有或无环带，鲜时黏。菌肉白色，近表皮处稍有色，乳汁白色，有时渐变浅黄绿色，味道很辛辣。菌褶初苍白色，后乳黄至淡黄色，伤变橄榄色至浅灰色，直生至延生，密而窄。菌柄长 3～6cm，粗 1～2cm，近等粗，表面光滑，色与菌盖相近或稍浅，黏，有窝斑，中实，后中空。担子 35～54μm×7.5～9μm。孢子印乳黄色。孢子无色，近球形，宽椭圆形，有疣、脊及部分网纹，6.8～7.6μm×5.7～6.8μm。囊状体梭形，37～67μm×6～10μm。
生态习性　于混交林中地上单生。与云杉属、松属、桦木属和栎属等的一些树种形成外生菌根。
分　　布　分布于四川、吉林、云南、辽宁、黑龙江、河北、河南、江苏、安徽等地。
应用情况　可食用。其形色不佳，疑似有毒。有增强免疫功能，抑肿瘤活性。

896　苍白乳菇

拉丁学名　*Lactarius pallidus* Pers.
曾用学名　*Lactfluus pallidus* (Pers.) Kuntze
英 文 名　Pale Milkcap, Pallid Milk-cap

形态特征　子实体中等至较大。菌盖直径7～12cm，
扁半球形开展后中部脐状下凹近漏斗形，污白色、浅
肉桂色、浅土黄色或略带黄褐色，黏，平滑，边缘内
卷后平展至上翘。菌肉白色，厚，致密。菌褶幼时白

图896-2

色，后变乳黄色至赭黄色，延生至离生，稠密，窄，薄，有分叉。菌柄长5～6.5cm，粗1.5～3cm，
近基部渐细，内实。孢子印浅赭黄色。孢子有小刺，球形，6.1～7.9μm×5.9～7μm。褶侧囊体和褶
缘囊体顶端乳头状。
生态习性　夏秋季于混交林地上群生。属树木外生菌根菌。
分　　布　分布于北京、福建、吉林、河北、陕西、河南、云南、四川、西藏等地。
应用情况　可食用。报道含抑肿瘤物，对小白鼠肉瘤180及艾氏癌的抑制率均为80%。

第七章　　**643**
伞　菌

图 897

图 898

图 899-1

897 黑乳菇

别　　名　沥青色乳菇
拉丁学名　***Lactarius picinus*** Fr.
曾用学名　*Lactfluus picinus* (Fr.) Kuntze
英　文　名　Black Epicoccum

形态特征　子实体较小或中等大。菌盖直径 4～8cm，扁半球形，渐变平展，黑色，不黏，无环带，初期有微细绒毛，后变光滑。菌肉白色，伤处在空气中变淡红色，薄，乳汁白，辛辣，不变色。菌褶近白色至淡黄色，直生，稠密。菌柄长 4～8cm，粗 1～1.5cm，近圆柱形，与菌盖色相近。孢子球形，有小疣和棱，直径 7.5～10μm。无囊状体。

生态习性　生林中地上。属于树木外生菌根菌。

分　　布　分布于安徽、四川、贵州、陕西等地。

应用情况　可食用，但味不佳，带麻辣味。可药用，治疗腰酸腿疼、手足麻木、筋骨不适、四肢抽搐等。

898 波宁乳菇

别　　名　土橙黄乳菇
拉丁学名　***Lactarius porninisis*** Rolland

形态特征　子实体较小至中等。菌盖直径 2.5～6cm，有时可达 9cm，扁半球形至扁平，中部下凹，浅土橙黄色、土黄色带红色及环纹，湿时稍黏，边缘平整稍内卷。菌肉浅土黄色或肉粉黄色，具水果香气，汁液白色，无味或带苦味。菌褶浅橙黄色，延生，稍密。菌柄长 3～6cm，粗 0.7～1.1cm，较盖色浅，向下部稍膨大变空心。孢子疣刺连接成网，近球形或近卵球形，7.5～10μm×6～7.5μm。有褶缘囊体，近梭形。

生态习性　夏秋季于针叶林中地上群生。属树木外生菌根菌。

分　　布　分布于四川、湖南、云南等地。

应用情况　食用，也有认为不宜食用。抑肿瘤，对小白鼠肉瘤 180 及艾氏癌的抑制率分别为 80% 和 90%。具有体外抗癌细胞毒活性（刘非燕，2006）。

图 899-2

图 899-3

899 白绒乳菇

拉丁学名 *Lactarius puberulus* H. A. Wen et J. Z. Ying

形态特征 菌盖直径 1.4～4.4cm，平展中凹，浅漏斗状，边缘内卷，具绒毛，白色，干后粉肉桂色至肉桂色。菌肉白色，伤变奶油色，1.5mm厚，味温和，乳汁丰富，灰奶油色，干后变奶油色。菌褶直生，白色带黄绿色，干后变粉肉桂色至肉桂色，窄，密，基部分叉。菌柄长 1.7～2.5cm，粗 1.2～1.4cm，白色，干后与盖同色，具绒毛，内实。担子 37.5～56.3μm×6.3～8.8μm，梭形，顶部常具一缢缩。孢子 6.3～7.5μm×7.5～10μm，宽椭圆形至近球形，具小疣，部分连成脊，但不形成网纹。巨大囊体 6.3μm×68.8μm。缘囊体 50μm×5μm，圆柱形或近棒状。菌盖菌髓异质，具玫瑰状纹饰。菌盖表皮菌丝宽 2.5μm，菌柄表皮宽 2.5～5μm。

生态习性 于混交林地上群生。

分　布 分布于贵州等地。

应用情况 可食用。

900 绒边乳菇

拉丁学名 *Lactarius pubescens* (Fr.) Fr.
曾用学名 *Lactarius torminosus* var. *pubescens* (Fr.) S. Lundell

形态特征 子实体中等大。菌盖直径5～13cm，扁半球形中部下凹，污白色至粉白色，边缘内卷并有长绒毛。菌肉白色或污白色，较厚。菌褶带粉红色，直生至近延生，较密，不等长。菌柄长2.5～5cm，粗1.2～1.5cm，与盖同色，表面平滑，内部松软。孢子无色，有小刺，宽椭圆形，8～10μm×6～8μm。褶侧囊体稀少，披针形。

生态习性 夏秋季在杨等阔叶林中地上群生，稀单生。属树木外生菌根菌。

分　布 分布于甘肃、四川、陕西、新疆、辽宁、吉林、黑龙江、青海、云南、西藏等地。

应用情况 记载有毒，误食后会产生呕吐、腹泻等胃肠道反应。采集食用菌及配伍药用菌时需注意。大兴安岭地区腌制加工后食用。

图 900-1

图 900-2

901 灰褐乳菇

拉丁学名 *Lactarius pyrogalus* (Bull.) Fr.

形态特征 子实体中等。菌盖直径3.5～10cm，灰色至灰褐色，边缘有同心环带，初期扁半球形，中部下凹，渐平展至浅漏斗状，表面平滑，湿时黏。菌肉白色且近表皮下灰绿色，乳汁白色，味辛辣。菌褶直生，较稀，近白色，后期变蜡黄色。菌柄白色至淡灰色，长3～6.5cm，粗0.7～2.5cm，后期呈蜡黄色，内部松软至变空心。担子10～11.3μm×40～60μm。孢子印近白色。孢子球形或宽椭圆形，有刺棱，淡黄色，7.5～8.8μm×8.8～11.3μm。巨大囊体纺锤形，56.3～62.5μm×8.8～11.3μm。菌盖表皮菌丝栅栏状排列，宽2.5～5μm。柄表皮菌丝栅栏状排列，宽2.5～5μm。

生态习性 夏秋季生林中地上，散生或单生。与树木形成外生菌根。

分　布 分布于吉林、四川、内蒙古等地。

应用情况 记载有毒，味苦而辛辣，引起呕吐和腹泻反应。野外采集和药用配伍时需注意。

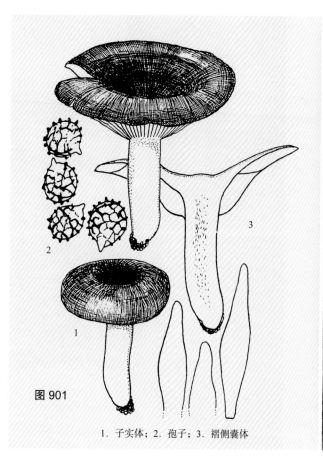

图 901

1. 子实体；2. 孢子；3. 褶侧囊体

图 902

902　油味乳菇

别　　名　静生乳菇
拉丁学名　*Lactarius quietus* (Fr.) Fr.
英 文 名　Oak Milkcap, Southern Milkcap

形态特征　子实体小至中等。菌盖宽3～9cm，初扁半球形，后渐平展至中下凹，暗红褐带肉桂色，最后变成浅肉桂色或污肉桂色，不黏或稍黏，常具少数不明显暗色同心环带或斑点，光滑无毛。菌肉浅米黄色至浅肉桂色，无特殊气味，味道柔和，乳汁白色或稍带乳黄色。菌褶初苍白色，后污藕色，近延生，密至稠密。菌柄长4～9cm，粗1～2cm，上下等粗，色同菌盖，内部松软。担子33～45μm×7～10.8μm。孢子印带白色至乳黄色。孢子无色，7～9μm×5.5～7.5μm，宽椭圆形，有疣相连成脊和不完整网纹。囊状体梭形、近梭形，36～90μm×5.5～9.0μm。

生态习性　夏秋季于混交林中地上单生、散生。为菌根真菌，与松属、栗属及栎属的一些树种形成外生菌根。

分　　布　分布于云南、江苏、甘肃、四川、新疆等地。

应用情况　可食用。含多糖等活性物质，可抑肿瘤。

图 903

903 黄毛乳菇

别　　名　复生乳菇
拉丁学名　*Lactarius repraesentaneus* Britzelm.
英 文 名　Purple-Staining Breaded Milk Cap, Northern Bearded Milky

形态特征　子实体大。菌盖宽 6~16cm，扁半球形中部下凹或平展中部下凹，盖缘内卷，老后呈浅漏斗形，土黄色或橙黄色，有成束纤毛，尤以盖缘更显著，有时盖中部光滑无毛，纤毛初浅色，后变淡黄色至土褐色，通常无环带，有时具不明显环带，湿时黏。菌肉白色，硬而脆，伤变浅酒紫色，味道及气味不显著，有时气味香、味道或稍苦或微辣，乳汁多，白色，与菌肉接触变紫色，味柔和或麻辣。菌褶直生至延生，密至稠密，较窄，乳黄色至浅赭色，最后带橙色，伤变淡紫色，有多数小褶片，近柄处有分叉。菌柄长 4~11cm，粗 1.5~4.5cm，黏，近白色或与菌盖色相近，伤变浅紫色，有窝斑，中实，很快变中空。担子 45~61.5μm×10~14μm。孢子印淡黄色。孢子无色，椭圆形，8~12.5μm×6~10μm，有脊棱和疣。囊状体近梭形，70~120μm×9~15μm。
生态习性　夏秋季于混交林中地上散生。属树木的外生菌根菌。
分　　布　分布于四川、吉林、云南、青海、西藏等地。
应用情况　此种有认为可食用，对某些细菌亦有抗菌抑菌作用。也有报道有毒，故采食时注意。

904　罗氏乳菇

拉丁学名　*Lactarius romagnesii* Bon

形态特征　子实体中等大。菌盖宽 4.5～8cm，扁半球形，中部稍下凹，盖缘内卷后平展，常具不明显条纹，不黏，有皱纹及微细绒毛，无环带，初期墨褐色，后深黄褐至茶褐色，盖缘褪至浅褐色。菌肉近白色，伤后变胡萝卜红色，无特殊气味，乳汁白色，与菌褶接触不变色，微辛辣。菌褶直生至延生，稍密或稀，稍厚，有分叉，因孢子堆而呈深赭色。菌柄长 2.6～10cm，粗 1～2cm，向下渐细，色浅于菌盖，被细绒毛，内部松软，后中空。孢子印赭色。担子 40～55μm×9～12.5μm。孢子淡黄色，6.9～9.0μm×6.6～9μm，球形或近球形，有疣、脊棱和不完整网纹。囊状体未见。

生态习性　夏秋季生阔叶林中地上。

分　布　分布于贵州贵阳等地。

应用情况　可食用，产菌季节贵阳市农贸市场有销售。

图 905

905　红褐乳菇

别　名　土红乳菇、红乳菇

拉丁学名　*Lactarius rufus* (Scop.) Fr.

曾用学名　*Lactarius mollis* D. A. Reid

英文名　Red-hot Milky, Rufous Milk Cap

形态特征　子实体小至中等大。菌盖直径 3～10cm，半球形或扁平后平展，中部有小凸起，表面暗红色、淡红色或铁锈色，平滑或有皱纹，边缘内卷且渐平展。菌肉淡红色，薄，脆，乳汁不变色，具胡椒味。菌褶淡肉桂色或带红色，延生，密，有分叉。菌柄长 3～10cm，粗 0.5～1cm，圆柱形，同盖色，空心，基部有细绒毛。孢子印白色。孢子无色，有疣及网纹，球形至近球形，6～9μm×6.5～8.5μm。褶侧囊体纺锤形。

生态习性　夏秋季于针叶林或混交林地上单生或群生。与多种树木形成外生菌根。

分　布　分布于云南、四川、西藏等地。

应用情况　有毒，中毒后引起胃肠道病症。亦有可食用报道，有抑制真菌的活性。收集利用时注意。

906　鲑色乳菇

拉丁学名　*Lactarius salmonicolor* R. Heim et Leclair

形态特征　子实体一般中等大。菌盖直径 4～11cm，扁半球形，中部下凹，渐平展至漏斗状，淡红褐色或蜜黄色至鲑鱼色，边缘有窄而较深色的环带或环纹。菌肉白色，伤处不变色。菌褶中等密，直生稍延生，不等长，淡褐色。菌柄圆柱状，近等粗，长5～20cm，粗1.5～2.6cm，同盖色，有卵圆或椭圆形凹窝，内部空心。孢子广椭圆形，有小疣且相连成串或带状，9.1～10.6μm×6.1～7.6μm。褶侧囊体近梭形，顶部尖细，往往超越子实层，45～55μm×5.5～9.1μm。

生态习性 夏秋季生于林中地上。属树木的外生菌根菌。

分　　布 分布于广东、云南、西藏等地。

应用情况 可食用。有研究含凝集素，增进机体免疫细胞的增殖。

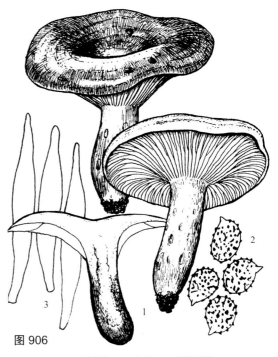

图 906

1. 子实体；2. 孢子；3. 褶侧囊体

907　血红乳菇

别　　名　桃花菌、猪血菌
拉丁学名　*Lactarius sanguifluus* (Paulet) Fr.
英 文 名　Bloody Milky Cap

形态特征 子实体中等大。菌盖直径3～12cm，扁半球、扁平，平展至中部下凹近漏斗形，边缘初内卷，橘红至浅红褐色，有绿色斑，具浅色环带或不明显，稍黏。菌肉浅米黄色至酒红色，在菌柄近表皮处红色更显著，味道柔和，稍苦或辛辣，气味稍香，乳汁血红色至紫红色。菌褶蛋壳色后浅红色带紫，伤变绿色，直生后延生，密，窄而薄，有时分叉。菌柄长3～6cm，粗0.8～2.5cm，等粗或基部渐细，较盖色浅，染有绿色斑，有时具暗酒红色凹窝，内实后空心。孢子印淡黄色。孢子无色，有疣和不完整网纹，近球形，8～9.8μm×6.7～7.6μm。褶侧囊体稀少，近梭形，54～65μm×5.5～9μm。

生态习性 夏秋季于针叶林地上单生或散生。属树木外生菌根菌。

分　　布 分布于山西、江苏、甘肃、青海、四川、云南、吉林、黑龙江、内蒙古、西藏等地。

应用情况 可食用。其味较松乳菇好。

908　窝柄黄乳菇

别　　名　黄乳菇、黄喇叭菌
拉丁学名　*Lactarius scrobiculatus* (Scop.) Fr.
英 文 名　Spotted-stalked Milky

形态特征 子实体中等至较大。菌盖直径5～18cm，扁半球形中部脐状后呈漏斗状，橙黄色，具软毛及明显或不明显的环纹，湿润时黏，边缘内卷并有长软毛。菌肉白色，伤处变浅黄褐色，乳汁白色变硫黄色，味苦辣。菌褶污白至带黄色，直生或稍延生，密，有分叉，不等长。菌柄粗壮，长

图907

图908

4～7cm，粗1.2～3cm，稍黏，实心至空心。孢子印白色。孢子有细疣及不完整网纹，近球形或广椭圆形，8.8～11μm×7.5～8.5μm。褶侧囊体近梭形。

生态习性 夏秋季于混交林或针叶林地上群生或散生。与高山松、云杉、冷杉、落叶松等形成外生菌根。

分　布 分布于吉林、黑龙江、四川、江苏、云南、山西、青海、甘肃、内蒙古、西藏等地。

应用情况 记载有毒，味苦辣。产生胃肠道不适反应。子实体含有橡胶物质。有抗细菌作用，可研究药用。

909　水液乳菇

拉丁学名 *Lactarius serifluus* (DC.) Fr.
英文名 Watery Milkcap

形态特征 菌盖直径2～5cm，平展中部有突起，边缘内卷，茶色至黄褐色，干燥，无环带。菌肉苍白色至污肉桂色，腐臭味，似臭虫味，乳汁稀少，水清状，味温和。菌褶近延生，苍白色后淡黄色，密而窄。菌柄长 2～5cm，粗 0.4～0.7cm，与盖同色或稍暗，中实。担子 40～45μm×10～15μm。孢子印污赭色。孢子 7.5～8.8μm×9.1～11.3μm，近球形至球形，具不完整网纹。无侧囊体。囊状体未见。菌盖表皮菌丝宽 3.8～7.5μm。菌柄表皮栅栏状排列，菌丝宽 2.5～6.3μm。

生态习性　生混交林地上。

分　　布　分布于西藏、广西、四川、贵州等地。

应用情况　可食用。

910　尖顶乳菇

别　　名　微甜乳菇

拉丁学名　*Lactarius subdulcis* (Bull.) Gray

英 文 名　Mild Milkcap, Dull Milkcap

形态特征　子实体小。菌盖直径 2～6cm，扁半球形至平展，中部下凹具小乳突，淡褐红色、暗褐红色，不黏，无环带，平滑或有微皱。菌肉薄，肉色至浅黄褐色，表皮色更深，乳汁白色不变色。菌褶带白色后变黄褐色，密，直生或稍延生，不等长，有时分叉，薄而窄。菌柄长 2.5～7cm，粗 0.3～1cm，圆柱形或基部弯曲，同盖色或近似，不黏，平滑，基部有软毛，松软变空心。孢子印浅赭色。孢子无色，近球形，有小刺和不完整网纹，7.3～8.5μm×6.7～8μm。囊状体梭形，无色，38～55μm×5.5～10μm。

生态习性　夏秋季于阔叶林中地上单生或群生。属树木外生菌根菌。

分　　布　分布于河北、安徽、浙江、江苏、福建、湖南、四川、广西、贵州、吉林、青海、云南、甘肃等地。

应用情况　可食用。味道柔和后微苦。含橡胶物质。

图 910

911　亚绒盖乳菇亚球变种

别　　名　石灰菌

拉丁学名　*Lactarius subvellereus* var. *subdistans* Hesler et A. H. Sm.

形态特征　子实体中等至较大。菌盖直径 5～10cm，半球形，中部下凹，渐平展，后呈浅漏斗形，菌盖面干，白色至污白色，有时带浅土黄色，有微细绒毛，无环纹，盖缘初时内卷，后展开。菌肉白色，致密，极辛辣，乳汁白色，有时带黄色，干后乳黄色，辛辣。菌褶延生，稍密，幅窄，不等长，分叉，白色。菌柄长3～9cm，粗2～4cm，圆柱形或向下渐细，白色，有细微绒毛，中实。孢子广椭圆形，无色，7～8μm×5～6μm。

生态习性　生于云杉、冷杉林内潮湿地上。属树木外生菌根菌。

分　　布　分布于黑龙江、吉林、内蒙古等地。

应用情况　可入药。舒筋活络，亦可抑肿瘤。

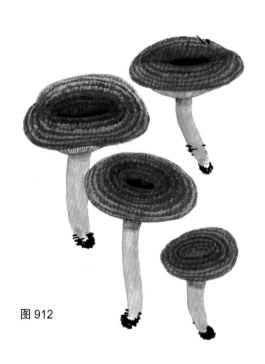

图912

912　亚香环纹乳菇

别　　名　香亚环乳菇、小环纹乳菇、亚环纹乳菇

拉丁学名　*Lactarius subzonarius* Hongo

形态特征　子实体小。菌盖直径2～4.5cm，近半球形至扁平，中部下凹呈浅杯状，浅肉色，具近褐色环状轮纹，边缘色较浅，近平滑，表面黏。菌肉较盖色浅，中部菌肉稍厚，伤处流白色乳汁，无明显气味。菌褶直生至延生，密，浅肉色，伤处稍变褐色。菌柄柱形，长2.6～3cm，粗0.4～0.8cm，较盖色深呈红褐色，似有白粉末，基部有近似黄褐色粗毛，空心。孢子近球形具网疣，6.3～8μm×5.7～6.8μm。褶缘囊体近棒状或柱状。

生态习性　夏秋季在林中地上群生或单生。属外生菌根菌。

分　　布　分布于陕西、河南、云南、江苏等地。

应用情况　有认为有毒，不宜食用。试验抑肿瘤，对小白鼠肉瘤180和艾氏癌的抑制率分别为80%和70%。

913　黏柄乳菇

拉丁学名　*Lactarius thyinos* A. H. Sm.

形态特征　子实体小或中等。菌盖直径3～8cm，幼时扁半球形，中部下凹漏斗形，湿时黏，胡萝卜红色至深橙色，有或无环带，如有环带，则与浅黄色带相间，表面常出现不规则绿色斑，僵化的菌蕾或老熟的菌盖呈暗灰绿色。菌肉薄，受伤或老后变绿，乳汁深橙色，味道柔和，气味微香。菌褶色浅于菌盖，伤处变绿，延生，较稀至密。菌柄长3.5～6cm，粗0.5～1.5cm，同菌盖色，有凹痕，新鲜时稍胶黏，很快即干。孢子印浅黄色。孢子无色，广椭圆形至近球形，具小疣和不完整网纹，8.3～11μm×6.5～9μm。

图913

囊状体散生，褶缘囊体较多，近梭形至近披针形，49～69μm×4.5～9.1μm。

生态习性　夏秋季于松林等针叶林或混交林地上散生至群生。属外生菌根菌。

分　　布　分布于四川、西藏等地。

应用情况　可食用，味道好，如松乳菇。

914　毛头乳菇

别　　名　疝疼乳菇

拉丁学名　*Lactarius torminosus* (Schaeff.) Gray

英 文 名　Beraded Milk Cap, Pink-fringed Milky, Woolly Milk Cap

形态特征　子实体中等大。菌盖直径4～12cm，扁半球形中部下凹呈漏斗状，深蛋壳色至暗土黄色，具同心环纹，边缘内卷有白色长绒毛。菌肉白色，伤处不变色，乳汁白色不变色，味苦。菌褶白色，后期浅粉红色，直生至延生，较密。孢子无色，有小刺，宽椭圆形，8～10μm×6～8μm。褶侧囊体披针状。

生态习性　夏秋季于林中地上单生或散生。子实体含橡胶物质。与栎、榛、桦、鹅耳枥等树木形成外生菌根。

图 915　　　　　　　　　　　　　　　　　　　　　图 916

分　　布　分布于吉林、黑龙江、内蒙古、陕西、山西、北京、河北、山东、江苏、浙江、福建、广东、广西、四川、青海、江西、湖北、甘肃、云南、贵州、新疆、西藏等地。

应用情况　含胃肠道刺激物，食后引起胃肠炎或产生四肢末端剧烈疼痛等病症。有认为含有毒蝇碱等毒素。在我国大兴安岭地区加工成"酸蘑菇"而食用。野外采集食用菌时仍需注意，防止误食中毒。

915　潮湿乳菇

别　　名　变紫乳菇

拉丁学名　*Lactarius uvidus* (Fr.) Fr.

英 文 名　Common Violet-latex Cap, Purple-staining Milkcap

形态特征　子实体中等大。菌盖直径4～10cm，扁半球形后平展，中部下凹，浅灰色带紫色至浅灰褐色，潮湿时黏。菌肉白色，受伤处及乳汁变紫色，味辛辣。菌褶白色，受伤处变紫色，直生至近延生，密，褶间具横脉，有分叉，不等长。菌柄长3～8cm，粗0.8～1.5cm，近柱形，空心，有时基部稍膨大。孢子印白色带乳黄色。孢子无色，具小刺或网棱，近球形至宽椭圆形，50～75μm×8～9.1μm。褶侧囊体无色，梭形。

生态习性　夏秋季于混交林地上群生或单生。与壳斗科树木形成外生菌根。

分　　布　分布于四川、吉林、湖北、黑龙江、西藏等地。

应用情况　可食用，但也有报道有毒。含胃肠道刺激物，食后产生消化系统不舒等症状。最好不要

图 917

在野外采集或配药。

916 绒白乳菇

别　　名　石灰菌、羊毛白乳菇、绒盖乳菇
拉丁学名　*Lactarius vellereus* (Fr.) Fr.
英 文 名　Fleecy Milkcap, Velvet-white Milky

形态特征　子实体中等至大型。菌盖直径6～19cm，扁半球形中部下凹呈漏斗状，白色至米黄色，表面干燥密被细绒毛，边缘内卷至伸展。菌肉白色，厚，味苦，乳汁白色不变。菌褶白色至米黄色，直生至稍延生，厚，稀，有时分叉，不等长。菌柄粗短，长3～5cm，粗1.5～3cm，圆柱形，往往稍偏生或下部渐细，有细绒毛，实心，质地稍硬。褶缘和褶侧囊体相似，近圆柱形或披针形，40～100μm×5～9μm。孢子印白色。孢子无色，具微小疣和连线，近球形或近卵圆状球形，7～9.5μm×6～7.5μm。

生态习性　夏秋季于混交林中地上群生或散生。属树木外生菌根菌。

分　　布　分布于江西、湖南、湖北、广东、广西、安徽、福建、四川、云南、贵州、河南、辽宁、吉林、黑龙江、甘肃、西藏等地。

应用情况　记载有毒，但经过加工处理后可食用。另外可药用，制成"舒筋丸"，治疗腰腿疼痛、手足麻木、筋骨不适、四肢抽搐。抑肿瘤，对小白鼠肉瘤180及艾氏癌的抑制率均为60%。

图 918

图 919

917　凋萎状乳菇

别　　名　污斑乳菇、凋萎乳菇
拉丁学名　*Lactarius vietus* (Fr.) Fr.
英 文 名　Grey Milkcap

形态特征　子实体较小。菌盖直径 2～4.5cm，扁平至平展，中部下凹，稀具小凸起，灰橙黄色至灰褐黄色，往往具不明显环纹，伤处变暗褐色，平滑，边缘内卷，表面稍黏。菌肉乳白色，稍厚，味辛麻，乳汁白色。菌褶乳黄色或亮黄，伤处变淡绿色，延生。菌柄长 1～2.5cm，粗 0.6～1cm，柱形，乳黄色，基部收缩，内实。孢子带黄色，具小疣及网纹，近球形，直径 6～7.2μm。有褶侧及褶缘囊体，呈棒状或长棱形。
生态习性　于针叶林或混交林中散生或单生。
分　　布　分布于吉林、黑龙江、云南、广东、河南、陕西等地。
应用情况　可食用。

918　堇紫乳菇

拉丁学名　*Lactarius violascens* (J. Otto) Fr.
英 文 名　Lilac Milky

形态特征　子实体较小。菌盖直径 3～6.5cm，扁半球形至扁平，中部下凹呈浅漏斗状，灰褐紫色、堇紫灰褐色，且有深色同心环纹，表面平滑，边缘内卷。菌肉淡紫色，稍厚，稍有苦味。菌褶堇紫色至粉紫色，近直生，稍密。菌柄短粗，长 3～4.5cm，粗 1～1.3cm，圆柱形，同盖色或稍淡，表面近平滑，基部似有白色绒毛。孢子有疣刺，近球形，7～8μm×6～7μm。

生态习性　秋季于阔叶林中地上散生或单生。属树木外生菌根菌。

分　　布　分布于广东、黑龙江、吉林、湖南等地。

应用情况　可食用。抑肿瘤，据试验对小白鼠肉瘤 180 和艾氏癌的抑制率均达 60%。

919　香环纹乳菇

别　　名　环纹苦乳菇、轮纹乳菇、铜钱菌、劣味乳菇

拉丁学名　*Lactarius zonarius* (Bull.) Fr.

曾用学名　*Lactarius insulsus* (Fr.) Fr.

形态特征　子实体中等至较大。菌盖直径 4～16cm，扁圆形至扁半球形，中央下凹近漏斗形，暗土黄色至污橘黄色，稍黏，有明显的同心环纹。菌肉白色，乳汁白，不变色。菌褶近延生，不等长，褶间有横脉。菌柄短粗，白色，黏，长 3.5～6.5cm，粗 1～1.6cm。孢子印白色。孢子无色，卵圆或椭圆形，有网纹，6.5～11.5μm×7.8～10.4μm。无囊状体。

生态习性　夏秋季于林中地上单生或群生。

分　　布　分布于河北、吉林、江苏、安徽、河南、四川、云南、贵州、甘肃、陕西、湖南等地。

应用情况　味很苦、麻辣。怀疑有毒，不宜食用。药用治疗腰酸腿疼，手足麻木。

920　宽褶多汁黑乳菇

别　　名　绒褐乳菇、稀褶茸乳菇、黑柄乳菇

拉丁学名　*Lactifluus gerardii* (Peck) Kuntze

曾用学名　*Lactarius gerardii* Peck

英 文 名　Gerard's Lactarius

形态特征　子实体小至中等大。菌盖直径 3～10cm，扁半球形至近平展，中部下凹往往呈浅漏斗状，中央初期稍凸起，湿时黏，污褐黄色至黑褐色，似绒状，边缘伸展或呈波状。菌肉白色不变，近表下褐黑色，乳汁白色，辛麻味。菌褶白色至污白色，边缘深褐色，宽而稀，不等长，直生又延生，褶有横脉，靠近菌柄处褶延伸成黑色线条。菌柄近圆柱形，长 3～7cm，粗 0.6～1.5cm，同盖色，空心。孢子近球形，表面有明显网纹，7.5～10μm×6.6～7.5μm。褶缘囊体近圆柱状或近梭形，27～45μm×3.5～10μm。

生态习性　夏秋季生于林中地上，单生、散生或群生。此种属外生菌根菌。

分　　布　分布于福建、云南、贵州、甘肃、西藏等地。

应用情况　据记载可食用。

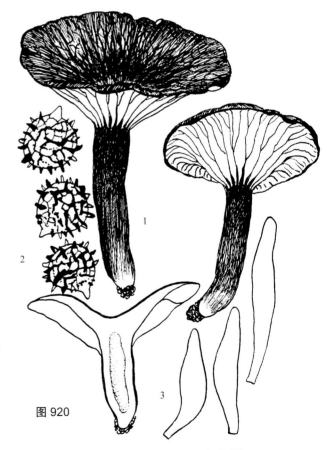

图 920

1. 子实体；2. 孢子；3. 褶缘囊体

图 921　　　　　　　　　　　　　　图 922

921　稀褶多汁乳菇

别　　名　蜡伞形乳菇
拉丁学名　***Lactifluus hygrophoroides*** (Berk. et M. A. Curtis) Kuntze
曾用学名　*Lactarius hygrophoroides* Berk. et M. A. Curtis
英 文 名　Distant Gilled Milkcap, Hygrophorus Milky

形态特征　子实体中等大。菌盖直径 2.5～9cm，扁半球形后平展，中部下凹至近漏斗形，虾仁色、蛋壳色至橙红色，光滑或稍有细绒毛，有时中部有皱纹，边缘内卷后伸展，无环带。菌肉白色，味道柔和，无特殊气味。菌褶黄白色、乳黄色至淡黄，直生至延生，稀疏，褶间有横脉，不等长。菌柄长 2～5cm，粗 0.7～1.5cm，圆锥形或向下渐细，蛋壳色或浅橘黄色或略浅于菌盖，实心或松软。孢子印白色。孢子有微细小刺和棱纹，近球形或广椭圆形，8.5～9.8μm×7.3～7.9μm。无囊体。
生态习性　夏秋季于林中地上单生或群生。与槠栲、松等树木形成外生菌根。
分　　布　分布于江苏、福建、海南、贵州、湖南、云南、四川、安徽、江西、广西、西藏等地。
应用情况　可食用。抑肿瘤，对小白鼠肉瘤 180 及艾氏癌的抑制率分别为 100% 和 90%。

922　白多汁乳菇

别　　名　板栗菌、白奶浆菌、辣味乳菇、辣乳菇、石灰菌
拉丁学名　***Lactifluus piperatus*** (L.) Roussel
曾用学名　*Lactarius piperatus* (L.) Pers.
英 文 名　Peppery White Milk Cap, Peppery Milky-cap

形态特征　子实体中等至大型，白色。菌盖直径 5～18cm，扁半球形，中央下凹呈脐状或呈漏斗状，光滑或平滑，不黏，无环带，边缘内卷后平展。菌肉白色，伤处变色不明显或淡黄色，厚，乳

图 923-2

汁白色，味很辣。菌褶白色，延生，窄，很密，分叉。菌柄短粗，长 2～6cm，粗 1～3cm，等粗或向下渐细，实心。孢子印白色。孢子无色，有小疣或粗糙，近球形，6.5～8.5μm×5～6.5μm。褶侧囊体和缘囊体顶部钝或锐，纺锤状或梭形至近柱形。

生态习性　夏秋季多在阔叶林中地上散生或群生。属树木外生菌根菌。

分　　布　分布于河北、陕西、甘肃、云南、四川、贵州、广东、广西、西藏、安徽、江苏、福建、辽宁、台湾、湖南、浙江、江西、山西、内蒙古、黑龙江、吉林、新疆等地。

应用情况　可食用，但具麻辣味，需煮沸、浸泡加工后方可食用。民间将子实体晒干粉碎作调味品。含类树脂物质，有人食用引起呕吐反应。治疗腰酸腿疼、手足麻木，抑肿瘤，记载对小白鼠肉瘤 180 及艾氏癌的抑制率分别为 80% 和 70%。

923　近辣多汁乳菇

别　　名　近辣乳菇、近白乳菇
拉丁学名　*Lactifluus subpiperatus* (Hongo) Verbeken
曾用学名　*Lactarius subpiperatus* (Hongo) Verbeken

形态特征　菌盖直径 9～10cm，浅漏斗状，幼时边缘内卷，菌盖表面稍皱，干，白色至乳白色。菌肉厚 0.4cm，白色，乳汁白色至奶油色，丰富，辣，缓慢变黄色至褐色，并可把菌体组织染成黄色至褐色。菌褶宽 3～4mm，稍稀，延生。菌柄长 6.5～7cm，粗 1.5～2cm，向下渐粗，中生至略偏生，有霜粉质感，与菌盖同色。孢子 5.5～7μm×5～6.5μm，宽椭圆形、椭圆形，有稀疏的条脊和疣，近无色，淀粉质。侧生大囊状体 45～55μm×5.5～6.3μm，丰富，近圆柱状、棒状，顶端圆钝，具浓稠内含物。

生态习性　于壳斗科林中地上群生。

分　　布　分布于华中、华南等地。

应用情况　可食用，多汁味麻辣。

图 924

图 925-1

图 925-2

924 亚绒盖多汁乳菇

别　　名	亚绒白乳菇、石灰菌、密褶绒白乳菇
拉丁学名	*Lactifluus subvellereus* (Peck) Nuytinck
曾用学名	*Lactarius subvellereus* Peck

形态特征　子实体中等至较大。菌盖直径4～15cm，扁半球形，中部下凹呈浅漏斗状，表面密被短绒毛，无环带，白色有浅黄色斑，干后或成熟后变为肉桂色，边缘内卷或伸展。菌肉致密，白色，味辛辣，乳汁白色或略呈淡乳黄色，干后黄色。菌褶窄，稠密，直生至稍延生，白色至浅黄色，伤后或干后呈肉桂色，常分叉。菌柄长2～5cm，粗0.8～2.5cm，一般短粗，白色有短绒毛，干后呈肉桂色。孢子印白色。孢子宽椭圆形、卵圆形至球形，有小疣并有连线，7.5～9.5μm×5.5～8μm。褶缘和褶侧囊体梭形或近圆柱形，有的顶端具乳头状突起，45～71μm×5.5～10.5μm。

生态习性　在阔叶林或针阔叶混交林地上单生或群生。此菌属外生菌根菌。

分　　布　分布于北京、福建、湖北、安徽、辽宁、吉林、河南、广东、广西、黑龙江、贵州、云南、四川、江苏、甘肃、西藏等地。

应用情况　可食用，味辛辣，食后有不适感，可煮洗、浸泡后加工食用。有人认为具毒。舒筋活络。记载有抑肿瘤活性，据报道对小白鼠肉瘤180和艾氏癌的抑制率分别为70%和60%。

925 多汁乳菇

别　　名	乳质乳菇、牛奶菌、红奶浆菌、奶汁菰、饭汤菇、谷熟乳菇
拉丁学名	*Lactifluus volemus* (Fr.) Kuntze
曾用学名	*Lactarius volemus* (Fr.) Fr.
英 文 名	Orange Brown Lactarius, Voluminous-latex Milky, Weeping Milk Cap

形态特征　子实体中等至较大。菌盖直径4～12cm，扁半球形至近扁平，中部下凹呈脐状，伸展后似漏斗状，琥珀褐色至深棠梨色或暗土红色，表面平滑，无环带，边缘内卷。菌肉白色，伤处渐变褐色，乳汁白色，不变色。菌褶白色或带黄色，伤处变褐黄色，直生至延生，稍密，分叉，不等长。菌柄

长 3～8cm，粗 1.2～3cm，近圆柱形，同盖色，表面近光滑，内部实心。孢子印白色。孢子具小疣和网棱，近球形，8.5～11.5μm×8.3～10μm。褶侧囊体多，淡黄色，明显厚壁，近圆柱形、棱形，35～110μm×8～12.5μm。

生态习性　夏秋季于针、阔叶林中地上散生、群生至单生。属树木外生菌根菌。

分　　布　分布于广东、广西、四川、安徽、福建、浙江、江苏、湖南、湖北、江西、海南、云南、贵州、甘肃、陕西、吉林、辽宁、黑龙江、山西、内蒙古、西藏、新疆等地。

应用情况　可食用，味鲜美。试验抑肿瘤，对小白鼠肉瘤 180 及艾氏癌的抑制率分别为 80% 和 90%。子实体含橡胶物质。

926　贝壳状小香菇

别　　名　螺壳状革耳、螺壳状小香菇、贝状小香菇
拉丁学名　*Lentinellus cochleatus* (Pers.) P. Karst.
英 文 名　Cockle-shell Lentinus, Spiral-formed Lentinus

形态特征　子实体小。菌盖直径 3～5.5cm，开始有细毛后变光滑，或具细条纹，茶褐色或浅黄褐

图 926

图 927

色，老后褪为浅土黄色，盖缘薄似有条纹。菌肉白色，韧，后变为近栓革或革质。菌褶延生，稍密或稀，稍宽，褶缘波状至锯齿状。菌柄侧生，短，长 2～4cm，粗 0.5～1cm，同盖色，较韧，内实。孢子印白色。孢子无色，近球形，4.8～5.8μm×4.1～5.1μm。褶缘囊状体宽棒状。

生态习性　夏秋季生于林中倒腐木上，往往丛生。引起树木腐朽。

分　　布　分布于山西、吉林、西藏等地。

应用情况　可食用，但以幼时食用较好，老后纤维化。抑肿瘤，有记载可利用研究抗癌。

927　北方小香菇

别　　名　绒毛扇菇

拉丁学名　***Lentinellus ursinus*** (Fr.) Kühner

曾用学名　*Lentinus ursinus* (Fr.) P. Kumm.

英 文 名　Bear Lentinus

形态特征　子实体中等大。菌盖直径 3～10cm，近肾形或贝壳状，半肉质，稍韧，表面干有细绒毛，暗褐色、肉桂色或红褐色，边缘薄而色浅，较光滑，有浅裂瓣，后期表面近光滑而基部绒毛较多。菌肉强韧，色浅至白色，后色深，厚 1.5mm。菌褶由近似柄状的基部发出呈放射状，白色，乳黄至棕灰色，稍密，宽达 0.7cm，褶缘锯齿状。孢子印白色。孢子光滑，无色，近球形至宽椭圆形，3～4.5μm×2～3.5μm。

生态习性　夏秋季在桦木等阔叶树腐木上覆瓦状生长或叠生，引起木材腐朽。

分　　布　分布于吉林、河北、四川、内蒙古等地。

应用情况　幼嫩时可食用，但味不佳。

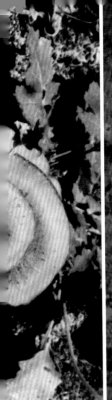

图 928-1

928 香菇

<table>
<tr><td>别　　名</td><td>香蕈、椎茸、香信、冬菰、厚菇、
花菇、薄菇、白花菇、香菰、板栗
菇、椎菇、珍珠菇</td></tr>
<tr><td>拉丁学名</td><td>***Lentinula edodes*** (Berk.) Pegler</td></tr>
<tr><td>曾用学名</td><td>*Lentinus edodes* (Berk.) Singer</td></tr>
<tr><td>英　文　名</td><td>Black Forest Mushroom, Black Winter
Mushroom, Oak Mushroom, Shiitake</td></tr>
</table>

图 928-2

形态特征　子实体较小或稍大。菌盖直径
5~12cm，可达20cm，扁半球形至稍开展，表面
菱色、浅褐色、深褐色至深肉桂色，有深色鳞片，
而边缘往往鳞片色浅至污白色，或有毛状或絮状
物。菌肉白色，稍厚或厚，细密。菌褶白色，弯
生，密，不等长。菌柄长 3~8cm，粗 0.5~2cm，
中生至偏生，白色，菌环以下有纤毛状鳞片，纤
维质，内实。菌环易消失，白色。孢子无色，光
滑，椭圆形至卵圆形，4.5~7μm×3~4μm。

生态习性　冬春季或高山区夏秋季生阔叶树倒
木上。

分　　布　我国香菇自然分布以秦岭为北界，向

图 928-3

伞　菌

图 929

图 930

西南达西藏东南雅鲁藏布大峡谷以东地区，南部可到香港、海南、福建、两广、浙江等热带、亚热带林区。

应用情况　香菇是中国传统的著名食用菌并最早人工驯化培养。香菇药用，可降低血糖，还可分离出降血清胆固醇的成分。现代研究证明，香菇多糖具有调节身体免疫的 T 细胞和降低甲基胆蒽诱发肿瘤的能力，对癌细胞有强烈的抑制作用；试验抑肿瘤，对小白鼠肉瘤 180 及艾氏癌的抑制率分别为 97.5% 和 80%。香菇还含有双链核糖核酸，能诱导产生干扰素，增强抗病毒能力；能抑制 HIV 病毒的感染和增殖；抗辐射。香菇味甘、性平，入肝经、胃经，主治正气衰弱、神倦乏力、纳呆、消化不良、贫血、佝偻病、高血压、高血脂、慢性肝炎、神经炎、盗汗、小便不尽、水肿等。

929　浅杯状韧伞

别　　名　浅杯状斗菇、浅杯状香菇
拉丁学名　*Lentinus cyathiformis* (Schaeff.) Bres.

形态特征　子实体小至中等。菌盖直径 4～9.5cm，近似杯状或浅杯状，淡褐色，具褐色龟裂状鳞片。菌肉较厚，白色或乳白色，变色不明显。菌褶白色或污白色，较密或较稀，较窄，褶间有横脉相连，延生。菌柄近偏生，质硬或近革质，长 2～3cm，粗 0.8～1.3cm，表面粗糙。孢子长椭圆形，光滑，无色，10～14.5μm×4～5cm。
生态习性　夏秋季于杨树桩上丛生或单生。为木腐菌。
分　　布　分布于新疆、云南、四川等地。
应用情况　可食用，但质味较差。可人工培养利用。

图 931-2

930　细鳞韧伞

别　　名　细鳞香菇

拉丁学名　*Lentinus polychreus* Lév.

形态特征　子实体小。菌盖直径 2～5cm，半球形至近扁平，中央下凹至浅漏斗状，污白色或近灰白色，后期污黄褐色或枯草黄色，表面粗糙多纤毛状鳞片。菌肉白色，肉质至革质，较薄。菌褶延生，稍密，不等长。菌柄长 2～4cm，粗 0.3～3cm，近柱形，同盖色，具毛鳞，坚实。孢子无色，光滑，椭圆形，5～7.2μm×3～3.9μm。

生态习性　夏秋季于阔叶树倒腐木或木桩上群生或近丛生。

分　　布　分布于海南、西沙群岛等地。

应用情况　幼时可食，但质味较差。

931　网纹韧伞

别　　名　细纹鳞香菇、网纹鳞香菇

拉丁学名　*Lentinus retinervis* Pegler

形态特征　子实体一般较小，灰白至污白色。菌盖直径 2～4.5cm，中央下凹呈漏斗形，往往表面鳞片连生。菌肉白色，稍薄。菌褶白色，延生，稍密。菌柄较短，长 1～3cm，粗 0.3～0.5cm，弯曲，

图 932-1

图 932-2

图 932-3

内实，近纤维质，稍硬。孢子光滑，椭圆形，5.5～16.8μm×2.5～3μm。

生态习性 于木桩上丛生，并引起木材腐朽。

分　　布 分布于海南等热带、亚热带地区。

应用情况 幼嫩时可食用。

932　环柄韧伞

别　　名 环柄侧耳、环柄斗菇、环柄香菇、凤尾侧耳、凤尾菇、凤尾平菇

拉丁学名 *Lentinus sajur-caju* (Fr.) Fr.

曾用学名 *Pleurotus sajor-caju* (Lév.) Singer

英 文 名 Sajor-kaju Mushroom, Phoenix-tai Mushroom

形态特征 子实体中等至较大。菌盖直径3～15cm，近圆形、脐状至漏斗状，浅黄白色，干后米黄色至浅土黄色，薄，革质，表面光滑，有不明显的细条纹，幼时边缘内卷。菌肉白色，较薄，革质。菌褶近白色，延生，稠密，窄，褶缘完整。菌柄短粗，长1～2cm，粗0.4～1.7cm，圆柱形，白色至污白色，光滑，内部实心。有一个较窄的膜质菌环，一般不易脱落。有菌丝柱，粗20～40μm，越子实层30～40μm。孢子无色，光滑，长椭圆形，5～10μm×2～3μm。

生态习性 于阔叶树倒木及木桩上群生或单生。

分　　布 分布于广东、福建、广西、云南、海南、西藏东南部和西沙群岛等地。

应用情况 幼嫩时可食用，后期柔韧不堪入口。其学名 *sajur-caju* 原来自马来语，意思是"像木质样的蔬菜"。另有提高免疫功能和抗衰老作用，治疗肾病，保护肾功能，有抗细菌及抑肿瘤活性。

933　绒柄香菇

拉丁学名 *Lentinus similis* Berk. et Broome

形态特征 子实体小或大。菌盖直径2～4.5cm，

杯状或漏斗状，黄褐色，薄，革质，有放射长条纹或条棱，表面有小毛，后变光，边缘有褐黄色绒毛。菌肉薄。菌褶延生，窄而较密，不等长。菌柄长5～9.8cm，粗0.2～0.6cm，细长，弯曲，被棕褐色绒毛，柔韧，内实，基部稍膨大或有白绒毛。孢子光滑，近柱状，5.8～7μm×2.3～3μm。褶缘囊体壁厚，纺锤形。

生态习性 于林下土中腐木块上单生或群生。

分　　布 分布于海南、广东、广西、贵州、云南等地。

应用情况 记载幼时可食用。

934　翘鳞香菇

别　　名 翘鳞韧伞、近裸香菇、白斗菇
拉丁学名 *Lentinus squarrosulus* Mont.
曾用学名 *Lentinus subnudus* Berk.

形态特征 子实体一般中等大。菌盖直径2.5～10cm，近漏斗状，白色，初期有鳞片，后渐变光滑。菌肉薄，白色，韧。菌褶白色，延生，稍密，很宽，褶缘完整，不等长。菌柄中生、偏生或近侧生，往往基部相连，近圆柱形，长1～5cm，粗0.2～0.8cm，初期有鳞片，后变光滑，白色，内部实心。菌丝无色，分枝，无横隔，粗3～7.5μm。有菌丝柱，圆锥形，63～71μm×15～10μm。孢子光滑，无色，长方椭圆形，5.6～8μm×2.5～3μm。

生态习性 夏秋季在木桩、倒木、铁道枕木等上丛生。可引起木材腐朽。

分　　布 分布于贵州、云南、广西、广东、海南、福建、西藏、台湾、吉林等地。

应用情况 幼时可食用，质味较差。

935　革耳

别　　名 粗毛韧伞、粗毛斗菇、粗毛香菇
拉丁学名 *Lentinus strigosus* (Schwein.) Fr.

形态特征 子实体较小，具中生柄，通常群生，新

图 933-1

图 933-2

图934

图935

鲜时韧肉革质，干后易碎，革质至木栓质。菌盖近圆形，中部略向下凹，稍漏斗状，直径可达6cm，厚可达2mm，表面黄褐色至灰褐色，被具浅黄褐色的粗毛，边缘奶油色，锐，干后内卷。菌肉奶油色，干后木栓质，厚可达1.5mm。菌褶表面奶油色，干后浅黄色，菌褶密，不等长，直生或延伸至菌柄。菌柄短圆柱形，实心，被具浅黄褐色的绒毛，长达2cm，直径达0.5cm。菌丝系统二体系，生殖菌丝具锁状联合，菌丝组织在KOH试剂中无变化。菌肉生殖菌丝无色，薄壁至稍厚壁，偶尔分枝，直径为3～4µm；骨架菌丝无色，厚壁至几乎实心，不分枝，紧密交织排列，直径为2.5～4.5µm。菌褶生殖菌丝无色，薄壁，常分枝，直径为2～4µm；骨架菌丝无色，厚壁至几乎实心，紧密交织排列，直径为2.5～4.5µm。担子棒状，顶部具4个担孢子梗，基部具一锁状联合，15～25µm×4～6µm。拟担子与担子形状相似，略小。担孢子椭圆形，无色，薄壁，光滑，5.1～7.5µm×2.5～3.3µm。囊状体棒状，薄壁至厚壁，30～60µm×8～18µm。

生态习性 为常见种类，春季至秋季生长在阔叶树的枯树、倒木和腐朽木上。一年生。

分　布 分布于安徽、福建、甘肃、广东、广西、贵州、海南、河北、河南、黑龙江、湖南、吉林、江苏、江西、四川、台湾、浙江等地。

应用情况 幼时质地柔韧，可食用。还可药用，有治疗疮痂和抑肿瘤等功效。

936　虎皮韧伞

别　名 虎皮香菇、虎皮斗菇、虎斑纹革耳、斗菇
拉丁学名 *Lentinus tigrinus* (Bull.) Fr.
曾用学名 *Panus tigrinus* (Bull. : Fr.) Singer
英 文 名 Tigerial Lentinus, Scaly Mushroom, Tiger Sawgill, Tiger-spot Lentinus

图 936

形态特征 子实体中等至稍大。菌盖直径 2.5～13cm，圆形，中部脐状至近漏斗形，白色，半肉质，边缘易开裂，有浅褐色翘起的鳞片。菌肉白色。菌柄长 2～5cm，粗 0.5～1.5cm，中生或偏生，有时基部相连，白色，内实，近革质，有细鳞片。孢子近圆柱形至长椭圆形，6～8μm×2～4μm。

生态习性 生阔叶树腐木上。属木材腐朽菌，引起褐色腐朽。

分　布 分布于香港、江苏、浙江、福建、湖南、广东、广西、新疆、四川、贵州、河北、西藏、北京、云南等地。

应用情况 幼时可食用，成熟后质地柔韧，口感差。

937　瘤凸韧伞

别　名 瘤凸香菇
拉丁学名 *Lentinus torulosus* (Pers. : Fr.) Lloyd

形态特征 子实体中等大。菌盖直径 3～10cm，半圆形、舌状、贝壳状至近漏斗状，表面污白色，较厚，有辐射状纤毛或近斑状鳞片，幼时有的表皮裂成厚而突出的鳞片，边缘内卷平滑。菌肉近白

图 937

图 938-1 　　　　　　　　　　　　　　　　　　　　　　　　　图 938-2

色，细，具香气。菌褶白色至乳黄色或微带淡紫色，延生，宽，稍厚，边缘平滑或波状。菌柄较短粗，长 2～3.5cm，粗 0.5～1.2cm，污白带褐紫色至后变暗褐色。担子 4 小梗。孢子无色，椭圆形，5～7.8μm×3.5～3.8μm。褶缘囊体棒状，厚壁，25～50μm×8～15μm。

生态习性 　夏季于腐木桩上丛生。引起木材褐色腐朽。

分　　布 　分布于甘肃、新疆、江苏、浙江、福建、湖南、广东、广西、香港、台湾、海南、四川、云南、贵州、西藏等地。

应用情况 　幼嫩时可食用，老后质味变差。

938　菌核韧伞

别　　名 　菌核侧耳、菌核斗菇、具核侧耳、菌核平菇、虎奶菌、虎奶菇、南阳茯苓、茯苓侧耳

拉丁学名 　***Lentinus tuber-regium*** (Fr.) Fr.

曾用学名 　*Pleurotus tuber-regium* (Rumph. : Fr.) Singer

英　文　名 　King Tuber Mushroom, Sclerotia oyster Mushroom

形态特征 　子实体中等至大型。菌盖直径 8～20cm，中部明显下凹呈漏斗状到杯状，灰白色至红褐色，肉质，光滑，中部有小的平伏状鳞片，边缘无条纹，薄，内卷至伸展，有沟条纹。菌褶浅污黄至淡黄色，延生，不等长，薄而窄。菌柄长 3.5～13cm，粗 0.7～2cm，圆柱形，常中生，同盖色且有小鳞片或有绒毛，实心，硬，基部膨大，生于菌核上。菌核卵圆、椭圆或块状，直径 10～25cm，

图 938-3

表面光滑，白色至暗色，内部实而近白色。孢子无色，光滑，壁薄，含少量颗粒，长椭圆形到近柱形，7.5～10μm×2.5～4μm。

生态习性　自然生长在树木基部形成的菌核上。

分　　布　分布于云南、海南、福建、广东等地。

应用情况　可食用。已人工培养，产生菌核和子实体，供食用和药用。药用治疗胃病、便秘、感冒、发烧、水肿、乳腺炎、疮疾、天花、哮喘、高血压和神经系统疾病等。含多糖。抑肿瘤，抗菌，治疗心血管病。

939　锐鳞环柄菇

拉丁学名　*Lepiota acutesquamosa* (Weinm.) Gill.
曾用学名　*Lepiota aspera* (Pers.) Quél.; *Lepiota friesii* (Lasch.) Quél.
英 文 名　Squarrose Lepiota, Sharp Scaly Lepiota

形态特征　子实体中等。菌盖直径 4～10cm，半球形至近平展，中部稍凸起，黄褐、浅茶褐至淡褐红色，具颗粒状尖鳞片，易脱落，边缘内卷常附絮状的白色菌幕。菌肉白色，稍厚。菌褶污白色，离生，稍密，不等长，褶缘粗糙似齿状。菌柄长 4～10cm，粗 0.5～1.5cm，圆柱形，基部膨大，同菌盖色，有小鳞片且易脱落，环以上污白色，松软至空心。菌环膜质，上面污白而下面同盖色，易破碎。孢子无色，光滑，椭圆形，5～8.6μm×3.6～4μm。褶缘囊体近粗棒状或近纺锤状。

生态习性　夏秋季于针叶或阔叶林中地上散生、群生。

图 939-1

图 939-2

图 939-3

分　　布　分布于吉林、黑龙江、安徽、四川、甘肃、陕西、广东、广西、香港、云南、台湾、西藏等地。

应用情况　可食用，但亦有食后胃肠道中毒反应记载，需加注意不要误采食药用。

940　肉褐鳞环柄菇

别　　名　肉褐鳞小伞

拉丁学名　*Lepiota brunneoincarnata* Chodat et C. Martín

形态特征　子实体小。菌盖直径 2～4cm，半球形至平展，具褐红色或暗紫褐色鳞片，中部鳞片密集，边缘有短条棱。菌肉粉白色，近表皮处带肉粉色。菌褶白色带粉色，受伤变暗红色，离生。菌柄长 3～6cm，粗 0.3～0.7cm，同盖色，菌环以下具小鳞片，内部松软至空心。菌环留有痕迹。孢子卵圆至宽椭圆形，7.8～8.8μm×4～5μm。褶缘囊体棒状。

生态习性　夏秋季于林下、路边草地上散生或群生。

分　　布　分布于河北、北京、江苏、安徽、山东、吉林等地。

应用情况　极毒，含毒肽（phallotoxins）和毒伞肽（amatoxins）。曾多次发生严重中毒。出现胃肠炎症状及肝、肾受害，出现烦躁、抽搐、昏迷等症状，死亡率高。在野外采集食用菌时倍加注意，防止误食中毒。

941　栗色环柄菇

拉丁学名　*Lepiota castanea* Quél.

形态特征　子实体小。菌盖直径 2～4cm，幼时近钟形至扁平，后平展而中部下凹，中央凸起，表面土褐色至浅栗褐色，中部色暗，表皮裂后形成粒状小鳞片。菌肉污白色，薄。菌褶白色带黄，离生，较密，不等长。菌柄细，长 2～4cm，粗 0.2～0.4cm，柱形，菌环以上近光滑且污白色，环以下同菌盖色有细小鳞片且往往呈环状排列，内部松软至变空心。菌环不很明显。孢子印白色。孢子无色，光滑，近梭形，9～12.5μm×4～5.5μm。褶缘囊体近棒状，

图 940-1

图 940-2

图 941

图 943-1

20～30μm×7～14μm。

生态习性 夏秋季于林中或林缘地上群生或散生。

分　布 分布于青海、宁夏等地，

应用情况 记载有毒。与褐鳞小伞环菌柄菇、肉褐鳞环菌柄菇外形特征比较近似，且均属毒菌或极毒菌。野外采集和配药用时注意。

942　细环柄菇

拉丁学名 *Lepiota clypeolaria* (Bull.) P. Kumm.

形态特征 子实体较小。菌盖直径 3～7cm，初期扁半球形，后扁平且中部稍凸起，表面白色，有红褐色鳞片且中部密集，边缘鳞片渐少而具条纹或有絮状菌幕残片。菌肉白色。菌褶白色，离生，稍密，不等长。菌柄长 4～8cm，粗 0.3～0.6cm，白色，菌环以下具绵毛状鳞片，实心至松软，质脆。菌环近膜质，易碎，生菌柄上部。孢子无色，光滑，近梭形，10～18μm×4.5～6μm。

生态习性 夏秋季于林中地上散生或群生。

分　布 分布于黑龙江、吉林、广东、山西、江苏、云南、香港、青海、新疆、西藏等地。

应用情况 有记载可食用，但有人认为有毒。

943　冠环柄菇

别　名 小环柄菇、冠状环柄菇

拉丁学名 *Lepiota cristata* (Bolton) P. Kumm.

形态特征 子实体小。菌盖直径 1～5cm，白色至污白色，被红褐色至褐色鳞片，中央具钝的红褐色突起。菌肉薄，白色，具令人作呕的气味。菌褶离生，白色。菌柄细长稍弯曲，长 1.5～8cm，粗 0.3～1cm，白色，后变为红褐色。菌环上位，白色，易消失。孢子 5.5～8μm×2.5～4μm，侧面观多角形或近三角形，无色，拟糊精质。盖表鳞片由子实层状排列的细胞组成。

生态习性 夏秋季生于林中、路边、草坪等地上，

图 943-3

图 943-4

图 943-5

常群生，稀散生。

分　　布　分布十分广泛。

应用情况　此种菌有毒，分布广泛，采集食药用菌时需注意。

944　白环柄菇

别　　名　貂皮环柄菇

拉丁学名　*Lepiota erminea* (Fr.) Gillet

曾用学名　*Lepiota alba* (Bres.) Sacc.

形态特征　子实体较小。菌盖直径3～7cm，半球形，开伞后中部凸起，表面白色，老后淡黄色，具纤维状丛毛鳞片，或往往后期有鳞片。菌褶密，稍宽，白色，不等长。菌柄较细长，圆柱形，向下渐粗，白色，长5～7cm，粗0.4～0.6cm，菌环以上光滑，以下初期有白色粉末，后变光滑，内实至空心。菌环白色，易消失。孢子印白色。孢子无色，平滑，椭圆形，含1油滴，10～12μm×7～7.3μm。有褶缘囊体。

生态习性　夏秋季于林地腐殖层上或草地上群生。

分　　布　分布于黑龙江、吉林、辽宁、香港、台湾等地。

应用情况　记载可食用。

图 944

图 945

945 褐鳞环柄菇

别　　名　褐鳞小伞
拉丁学名　*Lepiota helveola* Bres.

形态特征　菌盖直径 1～4cm，初期扁半球形，后平展，中部稍凸起，表面密被红褐色或褐色小鳞片，常呈带状排列，中部鳞片密集。菌肉白色。菌褶离生，较密，白色。菌柄长 2～6cm，直径 3～5mm，圆柱形，淡黄褐色，基部稍膨大。菌环上位，小而易脱落。孢子 5～9μm×3.5～5μm，椭圆形，光滑，无色，拟糊精质。
生态习性　春至秋季于林中、林缘草地上单生或群生。
分　　布　分布广泛。
应用情况　有毒至极毒。

946 梭孢环柄菇

拉丁学名　*Lepiota magnispora* Murrill
曾用学名　*Lepiota ventriosospora* D. A. Reid
英 文 名　Ventricose-spora Lepiota

图 946-1

形态特征　子实体小。菌盖直径 3～7cm，初期半球形或扁半球形，后期近平展或边缘稍上翘，表面白色至黄白色，有暗黄色或黄褐色鳞片，中部色深，而边缘色浅或有条棱。菌肉白色，薄或中部稍厚。菌褶纯白色或污白色带黄色，离生，不等长，较密。菌柄细长，等粗，长 4～8cm，粗 0.3～0.8cm，白色，有明显毛状或绵毛状鳞片，菌环以上近光滑或有细颗粒状鳞片。菌环近丝膜状。孢子印白色。孢子光滑，长梭形，歪斜，无色，13～17μm×4～5μm。
生态习性　夏秋季于林中、林缘及草地上散生或单生。
分　　布　分布于香港、西藏、青海等地。
应用情况　记载可食用。此种外形特征与细环柄菇近似，但后种往往色深。

图 946-2

947 褐顶环柄菇

别　　名　褐盖环柄菇
拉丁学名　*Lepiota prominens* (Fr.) Sacc.

形态特征　子实体中等。菌盖直径5～10cm，半球形，后平展，中央凸起，褐色或淡锈色，有向边缘逐渐稀少的浅褐色鳞片。菌肉白色，较薄。菌褶白色，离生，稍密。菌柄长7～15cm，粗0.8～1.2cm，圆柱形，基部膨大呈球形，与盖同色。菌环白色，膜质，生菌柄的中上部，可上下移动。孢子椭圆形，12～15.5μm×8～9μm。
生态习性　夏秋季生草地上。
分　　布　分布于广东、广西、台湾、四川、云南、贵州、吉林、青海、甘肃、河北、新疆等地。
应用情况　可食用。

图 947

948 小褐环柄菇

拉丁学名　*Lepiota sericea* (Cooke) Huijsman

形态特征　子实体小。菌盖直径2～4cm，扁半球形至平展，顶部凸起，表面平滑或有浅黄色细鳞，中部色深而边缘白色。菌肉白色，薄。菌褶白色，离生，不等长。菌柄长4～7.5cm，粗0.2～0.4cm，具小鳞片，基部膨大。菌环生菌柄上部。孢子无色，光滑，椭圆形，7.5～9μm×4～4.5μm。
生态习性　夏秋季生针叶林中地上。
分　　布　分布于青海、甘肃等地。
应用情况　食毒不明。

949 白香蘑

别　　名　白花脸蘑
拉丁学名　*Lepista caespitosa* (Bres.) Singer
英　文　名　Albescent Lepista

形态特征　子实体小至中等大。菌盖直径4～10cm，扁半球形至近平展，白色，边缘平滑近波状或具环带。菌肉

图 948

图 949

图 950-1

图 950-2

图 950-3

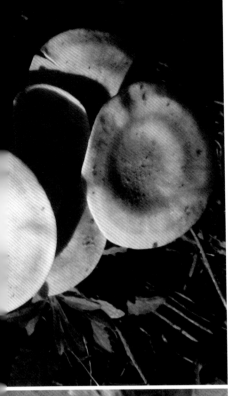

白色。菌褶白色，稍带粉色，直生或近延生，老后变离生，稍密。菌柄长3～5cm，粗0.5～1.2cm，柱形，白色，基部稍膨大。孢子印浅粉红色。孢子无色，粗糙具小麻点，卵圆形至宽椭圆形，5～6.2μm×3～4μm。

生态习性　夏秋季于山坡草丛中及草原上丛生或群生，并形成蘑菇圈。

分　　布　分布于吉林、山西、内蒙古、新疆等地。

应用情况　为食用菌，气味浓香，鲜美可口。待人工驯化培养。据报道，子实体浸出液对农作物种子萌发、生长、结实都有促进作用，可使大豆增产5%。

950　黄白卷边香蘑

别　　名　黄白杯伞、黄白香蘑、卷边杯伞、倒垂杯伞

拉丁学名　*Lepista flaccida* (Sowerby) Pat.

曾用学名　*Clitocybe gilva* (Pers.) P. Kumm.; *Clitocybe inversa* (Scop.) Quél.; *Clitocybe splendens* (Pers.) Gillet

英 文 名　Tawny Funnel Cap

形态特征　子实体小至中等。菌盖直径4～8.5cm，中部下凹近漏斗状，朽叶色或红色至褐色，光滑，边缘薄，内卷而平滑。菌肉白色，薄。菌褶白色，稍密，不等长，直生至延生。菌柄近白色，有绒毛，扭转，长4～10cm，粗0.6～1.2cm。孢子印白色。孢子无色，椭圆形、宽椭圆或近球形，微粗糙，4～5.1μm×3.5～4.5μm。

生态习性　秋季在林中地上丛生或群生。

分　　布　分布于吉林、西藏、新疆等地。

应用情况　可食用，味道较好。此种孢子粗糙，单椭圆或近球形或宽卵圆形，有人将它归之香蘑属。

951　灰紫香蘑

拉丁学名　*Lepista glaucocana* (Bres.) Singer

形态特征　子实体中等至稍大。菌盖直径6～12cm，扁半球形至近平展，淡灰紫色或灰丁香紫色，后褪至带白色，光滑，边缘稍内卷且有细小絮状粉末。菌肉白色。菌褶灰紫色，直生至弯生，密，窄，不等长。菌柄长3～8cm，粗1.5～2.5cm，内实，带紫色，上部具小颗粒，下部纵条纹，基部膨大。孢子无

图 951-1　　　　　　　　　　　　　　　　　　　　　　　　　　　图 951-2

色，粗糙，椭圆形，6～7.6μm×3～4.5μm。

生态习性　秋季于针、阔叶林中地上群生。

分　　布　分布于黑龙江、甘肃、山西等地。

应用情况　可食用，新鲜时具强烈的淀粉气味，是一种优良食菌，但曾有中毒记载，需谨慎食用和药用。

952　浓香蘑

拉丁学名　*Lepista graveolens* (Peck) Dermek

形态特征　子实体较小或近中等。菌盖直径 3～8.5cm 或稍大，扁平或平展且中部稍下凹，污白黄或淡灰黄色至浅蛋壳色，表面平滑，边缘稍内卷且有条棱。菌肉污白色，具浓香气味。菌褶肉粉色或稍带灰紫色，直生或近弯生，密，不等长。菌柄长 5～7.5cm，粗 0.5～1.2cm，圆柱形，较盖色浅，平滑，内实至松软。孢子表面近平滑或微粗糙，宽椭圆形或近卵圆形，6.9～9μm×5.2～6μm。

生态习性　夏秋季于松或壳斗科树木混交林中地上群生或散生。

分　　布　分布于云南、湖南、贵州等地。

应用情况　可食用，味香鲜。

图 952

953 肉色香蘑

别　　名　肉色花脸蘑
拉丁学名　*Lepista irina* (Fr.) H. E. Bigelow
曾用学名　*Tricholoma irinum* (Fr.) P. Kumm.
英 文 名　Pink Lepista, Flowery Blewit

形态特征　子实体中等至稍大。菌盖直径 5～13cm，扁半球形至近平展，带白色或淡肉色至暗黄白色，表面光滑，初期边缘内卷。菌肉白色至带浅粉色，柔软。菌褶白色至淡粉色，直生至延生，较密，不等长。菌柄长 4～8cm，粗 1～2.5cm，同菌盖色，表面纤维状，内实，上部粉状，下部多弯曲。孢子无色，粗糙，椭圆形至宽椭圆形，7～10.2μm×4～5μm。

生态习性　在草地、树林中地上群生或形成蘑菇圈。

分　　布　分布较广泛。

应用情况　可食用，菌肉细软，气味浓香，鲜美可口，具特殊风味。含维生素、硫胺素和核黄素。但有人怀疑有毒。试验对小白鼠肉瘤 180 及艾氏癌的抑制率分别为 80% 和 70%。

图 953

图 954   图 955-1

954   灰色香蘑

别　　名　灰褐香蘑、林缘口蘑
拉丁学名　***Lepista luscina*** (Fr.) Singer
曾用学名　*Lepista panaeola* (Fr.) Mre.

形态特征　子实体小至中等。菌盖直径 6～10cm，半球形至近平展，有时中部下凹，灰白色、浅棕灰色，中部浅灰黑色至灰褐色，边缘色淡或有深色斑点，光滑边缘有细纹。菌肉灰白色。菌褶白色带肉色，密，直生，不等长。菌柄长 3～8cm，粗 1.2～2cm，似盖色，具纵条纹，基部稍膨大。孢子无色，粗糙或近光滑，椭圆形或卵圆形，5～5.6μm×3.8～4μm。

生态习性　夏秋季于林缘草地或林中地上群生或丛生或形成蘑菇圈。

分　　布　分布于北方地区。

应用情况　可食用。具淀粉气味，味道鲜美可口。抑肿瘤，据报道其菌液对小白鼠腺癌 755 有抑制作用。

图 955-2　　　　　　　　　　　　　　　　　　　图 955-3

955　紫丁香蘑

别　　名　紫晶菇、紫晶蘑、裸口蘑、酱口蘑
拉丁学名　*Lepista nuda* (Bull.) Cooke
曾用学名　*Clitocybe nuda* (Fr.) H. E. Bigelow et A. H. Sm.; *Tricholoma nudum* (Bull.) P. Kumm.
英 文 名　Blewit, Great Violet Rider, Wood Blewit

形态特征　子实体中等。菌盖直径 3.5～10cm，半球形至平展，有时中部下凹，亮紫色或丁香紫色变至褐紫色，光滑，湿润，边缘内卷。菌肉淡紫色，较厚。菌褶紫色，直生至稍延生，往往边缘呈小锯齿状，密，不等长。菌柄长 4～9cm，粗 0.5～2cm，圆柱形，同菌盖色，初期上部有絮状粉末，下部具纵条纹，内实，基部稍膨大。孢子无色，椭圆形，近光滑至具小麻点，5～7.5μm×3～5μm。
生态习性　秋季于林中地上群生，有时近丛生。
分　　布　分布于辽宁、吉林、黑龙江、内蒙古、山西、甘肃、青海、云南、福建、西藏等地。
应用情况　可食用。味鲜美，具香气，色彩宜人，是优良食菌，但有记载生食会引起胃肠道不适，需注意加工处理。国外试验在腐殖质上栽培效果好。本种还能抗细菌，抑肿瘤。试验对小白鼠肉瘤180 及艾氏癌的抑制率分别为 90% 和 100%。

图 957

956 斑褐香蘑

别　　名　林缘口蘑、斑褐香菇
拉丁学名　*Lepista panaeolus* (Fr.) P. Karst.
曾用学名　*Tricholoma panaeolus* (Fr.) Quél.

形态特征　子实体较小或中等。菌盖直径 6～8cm，半球形至近平展，有时中部下凹，灰白色、浅棕灰色或中部浅灰黑色至灰褐色，边缘色淡，往往有深色斑点，光滑或有时边缘有条纹。菌肉灰白色。菌褶白色带肉色，密，直生至近离生，不等长。菌柄长 3～6cm，粗 1.2～2cm，似菌盖色，具纵条纹，基部稍膨大。孢子无色，粗糙，有时近光滑，椭圆形或卵圆形，5～6μm×4～4.5μm。
生态习性　生于针阔叶混交林地上，单生或散生。
分　　布　分布于北京、河北等地。
应用情况　可食用。据日本研究报道其提取物抑肿瘤，对小白鼠肉瘤 180 及艾氏癌等细胞生长有抑制作用。

957 粉紫香蘑

别　　名　宽褶香蘑、紫柄香蘑
拉丁学名　*Lepista personata* (Fr.) Cooke
英文名　Blue Legs, False Blewit, Field Blewit

形态特征　子实体中等至较大。菌盖直径 5～10cm，半球形至近平展，藕粉色或淡紫粉色，褪色至带污白色或蛋壳色，幼时边缘具絮状物。菌肉白色带紫色，较厚，具明显的淀粉气味。菌褶淡粉紫色，弯生，不等长。菌柄长 4～7cm，粗 0.5～3cm，柱形，紫色或淡青紫色，具纵条纹，上部色淡，具白色絮状鳞片，内实至松软，基部稍膨大。孢子无色，具小麻点，椭圆形，7.5～8.2μm×4.2～5μm。
生态习性　夏秋季于林缘、林中地上或草原上群生。在内蒙古草原上可形成直径达 20～40m 的蘑菇圈。
分　　布　分布于内蒙古、吉林、黑龙江、甘肃、新疆等地。
应用情况　味鲜美，具香气，属优良食用菌。还可研究药用。

图 958-1

3-2

958 花脸香蘑

别　　名	花脸蘑、紫花脸、紫花蘑、花脸
拉丁学名	*Lepista sordida* (Fr.) Singer
曾用学名	*Tricholoma sordidum* (Fr.) P. Kumm.
英 文 名	Purple Lepista, Sordid Lepista

形态特征　子实体较小。菌盖直径 3～7.5cm，扁半球形至平展，中部稍下凹，薄，湿润时水浸状，紫色，边缘内卷具不明显的条纹，常呈波状或瓣状。菌肉带淡紫色，薄。菌褶淡蓝紫色，直生或弯生，稍稀，不等长。菌柄长 3～6.5cm，粗 0.2～1cm，同菌盖色，常弯曲，内实。孢子无色，具麻点，椭圆至近卵圆形，6.2～9.8μm×3.2～5μm。

生态习性　夏秋季于山坡草地、林间草地、草原、菜园、村庄路旁、火烧田地、堆肥等处群生，有时可形成色彩美丽的蘑菇圈。

分　　布　分布于河北、河南、吉林、辽宁、黑龙江、内蒙古、山西、甘肃、江苏、浙江、福建、广东、广西、香港、海南、青海、四川、宁夏、云南、贵州、湖南、新疆、西藏、江西等地。

图 960-1

图 960-2

应用情况 可食用，气味浓香，味道鲜美，属优良食用菌。可人工驯化培养。药用保健、养生、养血、益神、补肝。有抗革兰氏阴性、阳性细菌，以及抗氧化、抑肿瘤作用。

959　鳞球盖菇

别　　名 多鳞球盖菇、鳞盖韧伞、多鳞沿丝伞、多鳞韧伞

拉丁学名 *Leratiomyces squamosus* (Pers.) Bridge

曾用学名 *Stropharia squamosus* (Pers.) Quél.; *Stropharia squamosum* (Pers.) Singer; *Naematoloma squamosum* (Pers.) Singer

英 文 名 Scaly-stalked Psilocybe

形态特征 子实体较小，表面有浅色毛状鳞片，黏。菌盖直径 3～6.5cm，半球形至扁半球形，黄褐色至橙褐色，纤毛黄色，边缘鳞片呈白色。菌肉白色。菌褶浅黄色至紫褐色，边缘具白色絮状物，直生至离生，不等长。菌柄长 7～12cm，粗 0.6～0.8cm，环以上有白色小鳞片，环以下密被浅黄至橙黄褐色小鳞片，有时基部膨大并有许多纤毛。菌环浅黄色，膜质，易碎，菌柄悬挂菌环残物。孢子光滑，椭圆形，11～15μm×6～8μm。褶缘囊体宽棍棒状。

生态习性 夏秋季于腐木上单生或数个生长在一起。

分　　布 分布于陕西、四川、云南、西藏等地。

应用情况 记载有毒，也有记载可食用。最好不要采食。抑肿瘤，对小白鼠肉瘤 180 及艾氏癌的抑制率分别为 90% 和 100%。

960　美洲环柄菇

别　　名 美洲白环蘑、变红小伞

拉丁学名 *Leucoagaricus americanus* (Peck) Vellinga

曾用学名 *Lepiota americana* (Peck) Sacc.

英 文 名 Reddening Lepiota

形态特征 子实体中等。菌盖直径 3～11cm，半球形或近钟形，后期近平展，中部凸起，污白色，具有红褐色或紫褐色的小鳞片，表面干燥，边缘有条棱。菌肉白色，伤处变红褐色。菌褶白色，干后变暗或带褐色，离生，密，不等长。菌柄长 5～12cm，粗 1～1.5cm，下部粗而基部变细，或基部

似纺锤形，污白色有褐色鳞片，松软至空心。菌环白色，膜质，生菌柄上部或中部。孢子椭圆形，7.5～10μm×5～7.6μm。

生态习性　夏秋季生林中腐木处地上，单生至丛生。

分　布　分布于福建、湖南、北京、山西、香港、四川、广东、安徽、甘肃、陕西、黑龙江、西藏等地。

应用情况　可食用，也有记载不宜食用。

961　纯白环菇

拉丁学名　*Leucoagaricus pudicus* Singer

图 961

形态特征　子实体中等。菌盖直径6～10cm，半球形至扁平或近平展，纯白色或带浅土黄色，中部稍凸，表面有细鳞片，边缘有絮状物。菌肉白色。菌褶白色，离生，较密，不等长。菌柄长4～8cm，粗0.8～1.2cm，圆柱形，白色，光滑或有小鳞片，松软至空心。菌环大而膜质，生菌柄上部。孢子无色，光滑，卵圆形，7～9μm×4.5～6μm。

生态习性　于林中地上单生或群生。

分　布　分布于香港、青海等地。

应用情况　可食用。

962　纯黄白鬼伞

拉丁学名　*Leucocoprinus birnbaumii* (Corda) Singer

形态特征　子实体小至中等。菌盖直径3～8cm，初期近圆柱状，后期盖开展呈伞状，被黄色、硫黄色至黄褐色鳞片，较薄，边缘具细密的辐射状条纹及绵毛状鳞片。菌肉乳白色。菌褶离生，乳黄色。菌柄长4～11cm，直径2～5mm，圆柱形，乳黄色至黄色，基部明显膨大。菌环中上位，上表面乳黄色至黄色，下表面淡黄色，易脱落。孢子9～10.5μm×6～7.5μm，侧面观卵状椭圆形或杏仁形，背腹观椭圆形或卵圆形，具明显的芽孔，光滑，无色，拟糊精质。

生态习性　夏秋季于林中地上、路边及公园地上散生至群生。

分　布　分布十分广泛。

应用情况　据记载有毒。

图 962   图 963-1

963 肥脚白鬼伞

拉丁学名 *Leucocoprinus cepaestipes* (Sowerby) Pat.

形态特征 子实体小，白色。菌盖直径 2～5cm，扁半球形，开伞后中央凸起，具有细小、松软易脱落的污白色鳞片，中部浅朽叶色，边缘有条棱。菌肉白色，味苦，很薄。菌褶白色，离生，稍密，不等长。菌柄细长，长 3～5cm，粗 0.3～0.5cm，白色，内部空心，基部膨大呈球形，直径可达 0.8～1.2cm。菌环生菌柄中部。无菌托。孢子无色，光滑，卵圆形至椭圆形，6～8μm×4～5μm。
生态习性 常在园中地上或稀疏的林地上群生或近丛生。
分 布 分布于广东、海南、香港、河北、湖南等地。
应用情况 可食用和药用，已有人工培养。有资料记载有毒，却未发现中毒病例。

964 球基污白丝膜菌

拉丁学名 *Leucocortinarius bulbiger* (Alb. et Schwein.) Singer
英 文 名 Albescent Cortinarius, White Waxcap, Abruptly-bulbous Leucocortinarius

形态特征 子实体中等至较大。菌盖直径 6～12cm，半球形至平展，顶部稍凸起，淡赭色，中部

图 963-2

深色，光滑，边缘有丝状菌幕残片。菌肉白色，较厚。菌褶近白色变褐色，近直生至近弯生，较密。菌柄长 5.5～12cm，粗 0.7～1cm，近柱形，污白色或浅黄褐色，上部具白色丝膜状菌环，内实，具纤毛，基部膨大呈球形或块茎状。孢子印近白色或奶油色，后变浅赭色。孢子无色，光滑，壁厚，卵圆形至椭圆形，6.4～10μm×4.6～6μm。

生态习性 秋季于针叶林地上单生或散生。属树木外生菌根菌。

分　布 分布于黑龙江、甘肃、吉林等地。

应用情况 可食用。

图 964

965 纯白桩菇

拉丁学名 *Leucopaxillus albissimus* (Peck) Singer
英 文 名 Large White Leucopaxillus, White Leucopax

形态特征 子实体一般中等大。菌盖直径 2～8cm，半球形或扁半球形，渐平展呈浅漏斗状，白色，

图 965

图 966

图 967

表面干燥，边缘平滑。菌肉白色，稍厚。菌褶白色，较密，直生至延生，不等长。菌柄圆柱形，短粗，下部稍膨大，长 2～6cm，粗 0.6～2.5cm，白色，内部实心至松软。孢子印白色。孢子椭圆形至卵圆形，粗糙具麻点，7.6～8.1μm×5～5.6μm。

生态习性 夏秋季生于云杉等针叶林中地上，往往成群大量生长。

分　　布 分布于新疆、西藏、山西等地。

应用情况 可食用，但稍带苦味，不影响食用。作者曾在天山科学考察时发现，云杉林中产量大，可收集加工利用。

966　黄大白桩菇

拉丁学名 *Leucopaxillus alboalutaceus* (F. H. Møller et Jul. Schäff.) F. H. Møller

形态特征 子实体较大。菌盖直径 8～17cm，扁半球形，后渐平展，中部稍凸或稍凹，表面白色，中部浅赭色或浅褐色，边缘波浪状且幼时内卷，有时具条纹，表面白色，致密，味柔和。菌褶白色至浅乳黄色，弯生又延生，密。菌柄长 8～10cm，粗 1.5～2cm，柱形，近白色，光滑，基部赭黄色。孢子微具疣，广卵圆形至近球形，4～5μm×3.5～4μm。

生态习性 夏秋季于针、阔叶林中地上丛生。为树木外生菌根菌。

分　　布 分布于四川、青海等地。

应用情况 可食用。其个体一般大，菌肉厚，便于收集加工。

967　苦白桩菇

拉丁学名 *Leucopaxillus amarus* (Alb. et Schwein.) Kühner

英 文 名 Bitter Brown Leucopaxillus, Bitter Leucopaxillus

形态特征 子实体中等至大型。菌盖直径 4～20cm，扁半球形至平展，中部稍下凹，污白色或土白

图 968-2

色至带土黄褐色，光滑或稍有微细绒毛，边缘平滑。菌肉白色至乳白色，稍厚。菌褶白色至乳白色，干后乳黄色，直生至延生，分叉，较密，不等长。菌柄短粗，长 2～6cm，粗 0.5～3.5cm，圆柱形，白色至污白色，基部稍膨大，实心。孢子无色，具小麻点，宽椭圆形至近球形，5～6μm×3.8～5μm。褶缘囊体较多，近披针形。

生态习性　夏秋季于云杉、冷杉等林中地上群生。

分　　布　分布于新疆、山西、西藏等地。

应用情况　可食用。干后气味香，略具苦味，经加工处理方可食用。

968　大白桩菇

别　　名　雷蘑、青腿子、大青蘑、大白桩蘑

拉丁学名　*Leucopaxillus giganteus* (Sowerby) Singer

曾用学名　*Clitocybe gigantea* (Sowerby) Quél.

形态特征　子实体大型。菌盖直径 7～36cm，作者曾在天山考察发现，最大直径可达 36cm，扁半球形至近平展，中部下凹至漏斗状，污白色、青白色或稍带灰黄色，光滑，边缘内卷至渐伸展。菌肉白色，厚。菌褶白色至污白色，老后青褐色，延生，稠密，窄，不等长。菌柄较粗壮，长 5～13cm，粗 2～5cm，白色至青白色，光滑，肉质，基部膨大可达 6cm。孢子印白色。孢子无色，光滑，椭圆形，6～8μm×4～6μm。褶缘囊体棍棒状，30～33μm×5.6～7μm。

生态习性　夏秋季在草原上单生或群生成蘑菇圈，有时生林中草地上。

分　　布　分布于河北、内蒙古、吉林、辽宁、山西、黑龙江、青海、新疆等地。

应用情况　可食用，个体大，肉肥厚，味道鲜，属"口蘑"之一种。袋栽、瓶栽均获成功（田绍义和黄文胜，1992）。商品名有大青蘑、青腿片、青蘑等。药用治小儿麻疹欲出不出，烦躁不安。用鲜姜、雷蘑各切片，水煎服，可治伤风感冒。另外产生杯伞素（clitocybin），有抗肺结核病的作用。能益气，散热，治疗伤风感冒。另外所产孢外多糖，试验对小白鼠肉瘤 180 有抑制作用。

图 969-1

969　奇异大白桩菇

拉丁学名　*Leucopaxillus paradoxus* (Cost. et Duf.) Bours.

形态特征　子实体一般中等大。菌盖直径 5～8cm，扁球形至扁平，或平展，中部下凹，污白色至乳黄褐色，表面平滑或有绒毛，厚，边缘内卷，无条纹。菌肉白色，厚，有香气味。菌褶白色或污白色带乳黄色，直生又近延生，较密，不等长。菌柄长 5～7.5cm，粗 0.3～0.5cm，白色，平滑或有纵条纹，内部实心至近松软，基部微膨大。孢子无色，光滑，椭圆形，6.5～9.5μm×3.2～4.7μm。

生态习性　秋季于林中地上单生或群生。

分　布　分布于广东等地。

应用情况　有记载可食用，亦有认为食毒不明。

970　石楠杯伞

别　名　伞形地衣脐菇

拉丁学名　*Lichenomphalia umbellifera* (L.) Redhead et al.

曾用学名　*Clitocybe ericetorum* (Bull.) Fr.

英 文 名　Brown Belly Buttons

形态特征　子实体一般较小。菌盖直径 3～5cm，呈杯状，白色至浅白黄色或乳黄色，表面平滑，具不明显条纹，边缘稍波状。菌肉白色。菌褶白色至黄白色，延生，较稀。菌柄长 3～4.5cm，粗 0.3～0.5cm，白色，似有短绒毛。孢子无色，光滑，微粗糙，卵圆至椭圆形，4～5μm×2.5～3μm。

生态习性　夏秋季于林中腐朽木或地上群生或近丛生。

分　布　分布于四川、青海等地。

应用情况　经加工后可食用。

图 969-2

图970

图971-1

图971-2

971 茶色黏盖伞

别　　名　茶色黏伞、皮黏伞
拉丁学名　***Limacella glioderma*** (Fr.) Maire
英 文 名　Slimy-veil Limacella

形态特征　子实体较小或中等。菌盖直径3～8cm，初期半球形或扁球形，渐扁平至平展，表面茶褐色或淡黄褐色，黏或湿时有黏液，有时边缘翻起。菌肉白色，有气味。菌褶白色，稍宽，密，离生，不等长。菌柄长3～8cm，粗0.6～1.3cm，有黏性，白色，具纤毛状鳞片，直立或有时下部弯曲，基部稍膨大，内部实心或松软。菌环膜质，边缘带茶褐色，部分破碎附着盖边缘，一般生柄中部或上部，有的在下部。孢子印白色。孢子无色，光滑，近球形或宽椭圆形，直径3～4.5μm。
生态习性　夏秋季在台湾相思、小叶榕等阔叶树下地上散生、单生或群生。可能与上述树木形成外生菌根。
分　　布　分布于香港、广东、云南等地。
应用情况　记载可食用。

图 972-1　　图 972-2

972　斑黏伞

拉丁学名　*Limacella guttata* (Pers.) Konrad et Maubl.
英 文 名　Weeping Slime-veil

形态特征　子实体中等至较大。菌盖直径 5～12cm，扁半球形至扁平，光滑，浅黄褐色，中部色深，边缘平滑。菌肉白色，稍厚。菌褶白色，离生，不等长。菌柄长，圆柱形，长 8～10cm，粗 1～2cm，近白色带黄色，基部稍膨大，内部松软。菌环膜质，生柄中上部。孢子印白色。孢子光滑，无色，椭圆形或近球形，6～7μm×4～5μm。
生态习性　夏秋季生林中地上。属树木的外生菌根菌。
分　　布　分布于香港、河北、河南等地。
应用情况　可食用，味好。

973　白黏伞

拉丁学名　*Limacella illinita* (Fr.) Maire
英 文 名　White Slime Mushroom, White Limacella

形态特征　子实体一般较小，白色至污白色，表面有一层黏液。菌盖直径 2～8cm，初期半球形或扁半球形，后期稍平展中部凸起，湿润时表面黏液很多，边缘平滑无条棱。菌肉白色，中部稍厚。菌褶白色，密，不等长，离生。菌柄圆柱形，稍弯曲，长 4～9cm，粗 0.4～0.8cm，表面白色并有黏液，基部常有污染色斑。孢子印白色。孢子光滑，无色，近球形至近椭圆形，5～6.5μm×4.5～5.5μm。
生态习性　夏秋季于针、阔叶林中地上群生、单生或散生。
分　　布　分布于河北、青海等地。
应用情况　可食用。此种外形特征近似白蜡伞或有的金钱菌，不过表面有一层很厚的黏液。

图 973

974　银白离褶伞

别　　名　丛生杯伞
拉丁学名　*Lyophyllum connatum* (Schumach.) Singer
曾用学名　*Clitocybe connata* (Schumach.) Gillet
英 文 名　Fried Chicken Mushroom, White Domecap

形态特征　子实体呈石膏样白色，一般较小或中等大。菌盖直径

图 975-2

3～8cm，扁平球形至近平展，近边缘有皱条纹，中部稍凸或平，表面白色，后期近灰白色。菌肉白色。菌褶直生又延生，不等长，稠密，后期似带粉黄色。菌柄细长，下部弯曲，常有许多柄丛生一起，内部实心至松软。孢子印白色。孢子椭圆形，无色，光滑，5～7μm×2.5～4μm。

生态习性　秋季在阔叶林中地上丛生，往往有数十枚子实体生长一起。

分　　布　分布于河北、陕西、甘肃、青海、黑龙江等地。

应用情况　可食用，有特殊的香气味。其形态特征与白霜杯伞相似。另外也有认为有毒，采食时需注意。

975　荷叶离褶伞

别　　名　簇生离褶伞、荷叶菇、炸鸡菇、荷叶蘑、一窝蜂、冻菌、冷菌、冷香菌、北风菌、丛生口蘑

拉丁学名　*Lyophyllum decastes* (Fr.) Singer

曾用学名　*Lyophyllum aggregatum* (Schaeff.) Kühner

英 文 名　Clustered Domecap, Fried Chicken Mushroom

形态特征　子实体中等至较大。菌盖直径 5～16cm，扁半球形至平展，中部下凹，灰白色、灰黄色至暗色，光滑，不黏，边缘平滑且内卷，伸展呈不规则波状瓣裂。菌肉白色，中部厚。菌褶白色，直生至延生，稍密至稠密，不等长。菌柄长 3～8cm，粗 0.7～1.8cm，近柱形或稍扁，白色，光滑，内实。孢子印白色。孢子无色，光滑，近球形，5～7μm×4.8～6μm。

生态习性　夏秋季于阔叶林中地上丛生。

分　　布　分布于江苏、河北、广西、青海、云南、甘肃、西藏、福建、新疆等地。

应用情况　可食用，味道鲜美，属优良食用菌。可驯化栽培。抑肿瘤。

图 976-1

图 976-2

976 褐离褶伞

拉丁学名 *Lyophyllum fumosum* (Pers.) P. D. Orton

曾用学名 *Clitocybe conglobata* (Vittad.) Bres.; *Tricholoma conglobatum* (Vittad.) Sacc.

形态特征 子实体丛生一起。菌盖较小，直径 1～5cm，半球形、扁半球形至平展，边缘稍翻起，初期灰褐或暗灰褐色，渐变灰褐到浅灰褐色，表面近平滑。菌肉白色或污白色。菌褶直生或弯生至稍延生，不等长，密，白至污白色。菌柄近圆柱形，弯曲，长 3～9cm，粗 0.5～0.6cm。孢子近球形或宽椭圆形，无色，光滑，5.5～7.5μm×5～7.5μm。

生态习性 秋季生林中地上，多生于阔叶林或混交林中地上，有记载与树木形成菌根。

分　布 分布于河北、甘肃、青海、辽宁、黑龙江等地。

应用情况 可食用，味道较好。已人工驯化培养。

977 紫皮丽蘑

拉丁学名 *Lyophyllum ionides* (Bull.) Kühner et Romagn.

曾用学名 *Calocybe ionides* (Bull.) Kühner; *Tricholoma ionides* (Bull.) P. Kumm.

英 文 名 Violet Domecap, Purple Calocybe

形态特征 子实体小。菌盖直径 2～5cm，扁半球形至平展，灰紫蓝色，湿润时呈半透明状，光滑，边缘平滑。菌肉白色或带紫色，薄。菌褶白色，弯生，稠密，不等长。菌柄长 2～5cm，粗 0.3～0.5cm，圆柱形，同盖色，内部松软。孢子无色，光滑或近光滑，短椭圆形至近球形，4～5μm×3～3.5μm。

生态习性 秋季生针叶或阔叶林中地上。

分　布 分布于安徽、浙江、山西、四川、云南、甘肃等地。

应用情况 可食用，但子实体较小。

978　烟味离褶伞

别　名 白褐离褶伞

拉丁学名 *Lyophyllum leucophaeatum* (P. Karst.) P. Karst.

曾用学名 *Lyophyllum fumatofoetens* Secr. ex Jul. Schäff.; *Clitocybe gangraenosa* (Fr.) Sacc.

形态特征 子实体一般较小或中等。菌盖直径 3～8.5cm，初期近锥形至扁半球形，后期近扁平，中部稍凸起，有时老后中央稍下凹，表面光滑或平滑，或有似放射状细绒毛，污白色至灰褐色，或污褐色，老时出现暗褐斑点，幼时边缘内卷白色且有细绒毛。菌肉中央厚，边缘薄，污白色，伤后色变暗，松软，具香气味。菌褶不等长，直生至近弯生，幼时污白色，后期灰褐色至带褐色，伤处色变暗。菌柄长 5～8cm，粗 0.5～1cm，近柱形或基部稍膨大，表面污白色至灰白色，有褐色长条纹或纤毛，内部实心，污白色，剖开后变铅灰色。担子 4 小梗，20～25μm×5.5～7.5μm。孢子长椭圆形或柱状椭圆形，无色，具小疣，5.5～8μm×2.8～4.5μm。

生态习性 夏末至秋季生阔叶林或针阔叶混交林地上，单生或丛生。

分　布 分布于甘肃、青海、内蒙古等地。

应用情况 可食用，但亦有人怀疑有毒。

图 977

图 978-1

图 978-2

图 979

图 980

图 981

979　暗褐离褶伞

拉丁学名　*Lyophyllum loricatum* (Fr.) Kühner ex Kalamees
曾用学名　*Tricholoma loricatum* (Fr.) Gillet

形态特征　子实体小至中等大。菌盖直径 3～12cm，半球形，开伞后中部钝，表面暗褐色或带黑褐色，往往深浅混杂斑点状色彩，并具有黑色小颗粒和放射状纹。菌肉初期污白色后带褐色，脆。菌褶直生近弯生，白色带灰色，或褶缘色变深，密，不等长，宽，褶边缘波浪状或锯齿状。菌柄细长，向下渐变粗或基部稍膨大有毛，灰白色至变暗，长 5～18cm，粗 0.6～1.5cm，上部有粉末，内部松软。孢子近球形，宽椭圆形至卵圆形，光滑，无色，5～7μm×4～6.5μm。
生态习性　夏秋季在腐木桩旁成丛生长。
分　　布　分布于西藏、云南、四川等地。
应用情况　可食用。

980　浅赭褐离褶伞

拉丁学名　*Lyophyllum ochraceum* (R. Haller Aar.) Schwöbel et Reutter

形态特征　子实体中等大。菌盖直径 3.5～10cm，扁球形、扁平至平展，中部稍凸起，表面浅褐黄至赭褐色或带青绿色，光滑或粗糙。菌肉污白色。菌褶近离生至弯生，密，污白带浅黄青色至赭黄

图 982

色，伤处变红至黑色。菌柄长 3～6cm，粗 0.5～1.5cm，较盖色浅，上部有粉末，下部色深有条纹或纤毛状鳞片，实心。孢子近球形，光滑，3.5～4.6μm×2.5～3.5μm。

生态习性 夏秋季于针阔叶混交林地上丛生或群生。

分　布 分布于四川、青海等地。

应用情况 可食用。

981　墨染离褶伞

别　名 黑染离褶伞

拉丁学名 *Lyophyllum semitale* (Fr.) Kühner ex Kalamees

曾用学名 *Tricholoma semitale* P. Karst.

形态特征 子实体较小。菌盖直径 3～6cm，近半球形或近钟形，中部有时稍微下凹，表面湿润似水浸状，灰褐色或褐鼠色、浅褐色，干燥时色变浅，光滑无毛或具隐纤毛。菌肉白色或带灰色，伤时变黑色。菌褶直生至弯生，白色至带灰色，伤处变黑色，不等长，稀，宽，边缘波浪状。菌柄长 2～6cm，粗 0.5～1.5cm，灰白色，纤维质，上部近等粗，下部至基部膨大且有白色毛，内部实心后变空心。孢子印白色。孢子近卵圆形到宽椭圆形，光滑，无色，6.0～10μm×4～5μm。

生态习性 秋季在林中地上成丛生长。

分　布 分布于西藏、青海、黑龙江、河北、山西等地。

应用情况 可食用，味道好。可筛选驯化栽培。此菌试验抑肿瘤。

982 真姬离褶伞

拉丁学名 *Lyophyllum shimeji* (Kawam.) Hongo
曾用学名 *Tricholoma shimeji* (Kawam.) Hongo

形态特征 子实体较小至中等。菌盖直径2～7cm，半球形、扁半球形至扁平，暗灰褐色、浅灰褐色，边缘内卷，表面平滑。菌肉白色。菌褶白色至污白色或稍暗，直生又延生，不等长。菌柄长3.5～8cm，幼时粗壮，稍呈瓶状，稍弯曲，污白色带黄或乳白色，上部有颗粒，具纵条纹，实心。孢子无色，光滑，球形，直径4～6μm。

生态习性 秋季于林中地上群生、近丛生。

应用情况 可食用，味道鲜美，口感好。

983 角孢离褶伞

别　　名 三棱孢离褶伞
拉丁学名 *Lyophyllum transforme* (Britzelm.) Singer
曾用学名 *Lyophyllum trigonosporum* (Bres.) Kühner

形态特征 子实体中等大。菌盖直径8～9cm，初为扁半球形，后渐平展，灰褐色至焦茶色，湿时表面黏，干后稍呈纤维状，边缘幼时内卷，后展形。菌肉白色至灰白色，较厚，柔软，受伤时变为黑色。菌褶淡灰色，稍密，宽5mm，受伤处变为黑色，与菌柄直生至延生。菌柄近圆形，长7～10cm，粗1～1.8cm，上部粉状，淡灰色，后渐变为黑色，表面纤维状，基部细球形或膨大，内实。孢子三角形，光滑，7～8.5μm×5～6.5μm，内含1个大油滴。

生态习性 夏秋季生于针叶林中地上，群生至近丛生。

分　　布 分布于云南、西藏、青海等地。

应用情况 可食用。此菌试验抑肿瘤。

图983

图984-1

图984-3

984 大白口蘑

别　　名	巨大口蘑、洛巴口蘑、金福菇
拉丁学名	***Macrocybe gigantea*** (Massee) Pegler et Lodge
曾用学名	*Tricholoma giganteum* Massee
英 文 名	Giant Tricholoma

形态特征　子实体中等至大型，白色。菌盖直径8～23cm，半球形或扁半球形至平展，白色、污白至浅奶油色，成熟后色变暗，后期表面偶有小突起，边缘波状或卷曲。菌肉白色，致密，具淀粉味。菌褶污白色，直生至弯生，稍密，由窄变宽。菌柄长8～28cm，粗1.5～4.6cm，幼时粗壮明显，膨大似瓶状，基部往往连合成一大丛，同盖色，表面有细线条纹，实心。孢子光滑，含1油球，卵圆或宽椭圆形，4.5～7.5μm×3～5μm。

生态习性　夏秋季于凤凰木等树桩附近及沃土上丛生。

分　　布　分布于香港、台湾、福建、广东、海南等地。

应用情况　可食用，味道比较好。有助消化等作用。已人工栽培。

图 985

985 洛巴口蘑

别　　名　洛巴伊大口蘑、金福菇、洛巴大白口蘑、大白口蘑、大口蘑
拉丁学名　***Macrocybe lobayensis*** (R. Heim) Pegler et Lodge
曾用学名　*Tricholoma lobayensis* R. Heim; *Tricholoma spectabilis* Peerally et Sutra; *Tricholoma giganteum* Massee

形态特征　子实体中等至大型，白色至污白色。菌盖直径 8～32cm，厚，初期半球形或扁半球形，边缘内卷，后期扁平至稍平展，中央微下凹，表面平滑或偶有小突起，白色、污白至浅奶油色，成熟后色变暗，边缘波状或部分卷曲。菌肉白色，致密，微具淀粉味。菌褶直生至弯生，污白至象牙白色，密至稍密，初期窄后变宽。菌柄幼时粗壮明显膨大似瓶，伸长后长 8～45cm，粗 1.5～4.6cm，基部往往连合成一大丛，表面有细线条纹，同盖色，实心。孢子印白色。孢子卵圆或宽椭圆形，含 1 油球，光滑，4.5～7.5μm×3.5～5μm。

生态习性　夏秋季在凤凰木等树桩附近及沃土上丛生。

分　　布　分布于台湾、广东、香港、海南等地。

应用情况　可食用，味道比较好。已人工培养生产。

986 凸顶大白口蘑

拉丁学名 *Macrocybe* **sp.**
曾用学名 *Tricholoma* sp.

形态特征 子实体大。菌盖直径6～15cm，半球形或扁半球形至扁平，污白或乳白黄色，中部凸起带乳黄褐色，边缘色浅而内卷。菌肉白色，较厚，致密。菌褶污白色，直生至弯生，较密，不等长。菌柄粗，长6～13cm，粗1～2.3cm，稍弯曲，污白色，表面粗糙，基部丛生或分离。其他特性与大白口蘑近似。
生态习性 生阔叶树下地上，近簇生、丛生。
分　　布 见于香港。
应用情况 可食用。

图 986-1

987 巨囊菌

拉丁学名 *Macrocystidia cucumis* (Pers.) Joss.

形态特征 子实体小。菌盖直径1～4cm，初期呈圆锥形，后期渐平化，中央有乳突，表面呈黄褐色至暗褐色，湿时有不明显的放射状条纹，边缘色淡。菌肉与菌盖同色，有鱼腥味。菌褶直生或弯生，稀疏，黏土色。菌柄30～60mm×2.5～6mm，上下等粗或上比下稍细，暗褐色，上部色淡，中空。孢子长椭圆形至圆柱形，6～11μm×3～5μm。囊状体47～73μm×13～25μm。
生态习性 生于林中地上。
分　　布 分布于吉林、内蒙古等地。
应用情况 有认为可食用，但有认为含倍半萜，具有一定毒性。

988 壳皮大环柄菇

拉丁学名 *Macrolepiota crustosa* L. P. Shao et C. T. Xiang

形态特征 子实体较大。菌盖直径6～13cm，初期球形，柔软，后扁平或中部略凹，中央具乳头状凸起，表面具壳状表皮，初期灰白色，干后变煤褐色，龟裂成块状裂片，周围易脱落且露出白色。菌肉白色，后变黄色，无气味。菌褶白色，离生，宽。菌柄长17～22cm，粗0.8～1.1cm，菌环生于菌柄上部，白色，

图 986-2　　　　图 986-3

图 988-1

图 988-2

后期与菌柄分离，能上下移动。孢子印白色。孢子无色，卵形至椭圆形，11～14.5μm×5～6μm。

生态习性 于落叶松人工林地上单生或群生。

分　布 分布于吉林、黑龙江等地。

应用情况 可食用。

989　长柄大环柄菇

拉丁学名 *Macrolepiota dolichaula* (Berk. et Broome) Pegler et R. W. Rayner

形态特征 子实体中等至较大。菌盖直径8～15cm，扁半球形至扁平，中部凸起呈小丘，具朽叶色或浅褐色细颗粒组成的鳞片，顶部鳞片密集，边缘鳞片少，白色，或有平伏纤毛。菌肉白色。菌褶白色，较密，离生，不等长。菌柄细长，圆柱形，长10～18cm，粗0.9～15cm，白色，有似盖色絮状及纤毛组成的花纹，具丝光，略扭转，松软至中空，基部膨大。菌环膜质，生菌柄上部，能活动。孢子无色，光滑，椭圆形或卵圆形，11～14.2μm×8～9μm。褶缘囊体棒状或宽披针形，20.5～28.3μm×5～7μm。

生态习性 于林中或绿草地上散生或群生。

分　布 分布于福建、云南等地。

应用情况 可食用。

990　裂皮大环柄菇

别　名 裂皮白环菇、脱皮环柄菇、裂皮环柄菇

拉丁学名 *Macrolepiota excoriata* (Schaeff.) Wasser

曾用学名 *Leucoagaricus excoriatus* (Schaeff.) Singer; *Lepiota excoriata* (Schaeff.) P. Kumm.

英文名 Parasol Mushroom Excoriated

形态特征 子实体中等至稍大。菌盖直径4～11cm，球形后平展，白色，中部带浅褐色，表面龟裂为淡黄褐色斑状细鳞。菌肉白色。菌褶白色，密，离生。菌柄长4～12cm，粗1～1.2cm，基部稍膨大，呈圆柱形，白色，空心。菌环白色，膜质，生柄之上部，能上下活动。孢子无色，椭圆形，14～17μm×7.5～10μm。

图 989

生态习性　夏秋季在草原及林间草地上群生或散生。

分　布　分布于内蒙古、河北、新疆、云南、四川、西藏等地。

应用情况　可食用。也有报道有毒。内蒙古、河北牧区收集成干品待食用。

图 990

991　红顶大环柄菇

别　　名　红顶环柄菇

拉丁学名　*Macrolepiota gracilenta* (Krombh.) Wasser

曾用学名　*Lepiota gracilenta* (Krombh.) Quél.

形态特征　子实体中等至较大。菌盖直径6～13cm，钟形到半球形，后平展，中部凸起，浅朽叶色，边缘白色，有浅褐色的块状鳞片。菌肉白色。菌褶白色，离生。菌柄长6～18cm，粗0.5～1cm，圆柱形，有纤毛状鳞片，松软到中空，基部膨大呈球形。菌环白色。孢子无色，宽椭圆形至卵圆形，12.6～18.5μm×9.1～11μm。

生态习性　夏秋季于林中草地上或空旷处地上单生或散生。

分　布　分布广泛。

应用情况　可食用。

992　乳头盖大环柄菇

别　　名　乳头大环柄菇、乳头状大环柄菇

拉丁学名　*Macrolepiota mastoidea* (Fr.) Singer

英　文　名　Slender Parasol

形态特征　子实体中等至较大。菌盖直径6～12cm，半球形至扁平，中央具乳头状小凸起，白色至乳白色，被浅赭黄色粒状小鳞片，顶部密集而色深。菌肉白色。菌褶白色，离生。菌柄长8～11cm，粗0.8～1.5cm，白色至乳白色，被黄褐色细鳞片，基部膨大，内部松软。菌环生菌柄上部。孢子椭圆形，无色，光滑，12～15.5μm×8～9μm。

生态习性　于林中空旷草地上单生或散生。

分　布　分布于黑龙江、吉林、辽宁、内蒙古等地。

应用情况　可食用。

图 991

图 992-1

993 高大环柄菇

别　　名 高环柄菇、大环柄菇、高柄环菇、棉花菇、棉花菌
拉丁学名 *Macrolepiota procera* (Scop. : Fr.) Singer
曾用学名 *Lepiota procera* (Scop.) Gray
英 文 名 Parasol Mushroom

形态特征　子实体大型。菌盖直径6～30cm，初期卵形，后平展中凸，褐色，有锈褐色棉絮状大型鳞片，边缘污白色，不黏。菌肉白色，较厚。菌褶白色，稠密，离生，不等长。菌柄长12～39cm，粗0.6～1.5cm，圆柱形，与菌盖同色，具有土褐色到暗褐色的细小鳞片，松软变中空，基部膨大呈球状。菌环厚，上面白色，下面与柄同色，与菌柄分离能上下活动。孢子无色，光滑，宽椭圆至卵圆形，14～18μm×10～12.5μm。
生态习性　夏秋季于林中地上或草地上单生至散生，稀群生。
分　　布　分布广泛。

图 992-3

图 993

应用情况　可食用，助消化，当加工不熟或生食，出现腹泻等反应。国内已驯化栽培成功。还可利用菌丝体深层发酵培养。

994　翘鳞大环柄菇

拉丁学名　*Macrolepiota puellaris* Fr.

形态特征　子实体小至中等。菌盖直径 4～8cm，扁球形至近扁平，白色或中央稍带浅土黄色，被凸起的白色鳞片，边缘絮状。菌肉白色。菌褶白色，离生。菌柄长 7～13cm，粗 1～2cm，柱形，基部膨大，近平滑，内部松软至变空。菌环生菌柄上部，近双层，白色。孢子无色，光滑，椭圆形，12～18μm×7～8μm。
生态习性　夏秋季生林间或草地上。
分　　布　分布于云南、内蒙古等地。
应用情况　可食用。

图 994-1

995　枝干微皮伞

别　　名　枝生微皮伞

拉丁学名　*Marasmiellus ramealis* (Bull.) Singer

形态特征　子实体小。菌盖直径 0.5～1.5cm，扁半球形，后渐平展，往往中部稍下凹，污白色、浅肉色至淡黄褐色，初期边缘内卷，后期有沟条纹。菌肉近白色，薄。菌褶带白色，近延生，较稀，不等长。菌柄细，短，长 1～1.6cm，粗 0.2～0.4cm，色浅或淡黄肉色，有粉状小鳞片，弯曲，往往下部色暗，基部有绒毛，内部实心。孢子披针形至椭圆形，8～9μm×2.5～3.5μm。囊状体袋形，顶具小凸起，30～51μm×5～6.3μm。

生态习性　秋季于枯枝或草本植物枯茎上生长。

分　　布　分布于湖南、云南、西藏等地。

应用情况　可食用。抗细菌，抑肿瘤，对小白鼠肉瘤 180 和艾氏癌的抑制率分别为 100% 和 90%。

图 994-2

图 995

图 996

996 大盖小皮伞

拉丁学名 *Marasmius maximus* Hongo
英 文 名 Large-cap Marasmius

形态特征 子实体一般小或中等。菌盖直径 3～10cm，初期近钟形、扁半球形至近平展，中部凸起或平，浅粉褐色、淡土黄色，中央色深，干时发白色，有明显的放射状沟纹。菌肉白色，薄，似革质。菌褶同盖色，弯生至近离生，宽，稀，不等长。菌柄长 5～10cm，粗 0.2～0.4cm，细，柱形，质韧，表面有纵条纹，上部似有粉末，内部实心。孢子无色，光滑，椭圆形，7.5～9μm×3～4μm。褶缘囊体近纺锤状或棒状或不规则形。

生态习性 春季或夏秋季于林中腐枝落叶层上散生、群生或稀丛生。

分 布 分布于香港、广西、湖南、福建、河北等地。

应用情况 可食用。

图 997 　　　　　　　　　　　　　　　　　　　　　　　　　　图 998-1

997　硬柄小皮伞

别　　名　仙环菌、硬柄皮伞、硬腿皮伞、仙环小皮伞、草蘑
拉丁学名　*Marasmius oreades* (Bolton) Fr.
英 文 名　Fairy Ring Champignon, Fairy Ring Mushroom

形态特征　子实体较小。菌盖直径 3～5cm，扁平球形至平展，中部平或稍凸，浅肉色至深土黄色，光滑，边缘平滑或湿时稍显出条纹。菌肉近白色，薄。菌褶白色，离生，宽，稀，不等长。菌柄长 4～6cm，粗 0.2～0.4cm，圆柱形，光滑，内实。孢子无色，光滑，椭圆形，8～10.4μm×4～6.2μm。
生态习性　夏秋季于草地上群生并形成蘑菇圈，有时生林中地上，是著名的形成蘑菇圈的种类。
分　　布　分布于河北、山西、海南、青海、四川、西藏、湖南、内蒙古、福建、贵州、甘肃、香港、安徽等地。
应用情况　这是一种著名的野生并形成蘑菇圈的食、药用菌。具香气，味鲜，可食。可在牛、马粪上培养。还可药用。民间治腰腿酸痛、手足麻木、筋络不活，抑肿瘤。

998　紫沟条小皮伞

拉丁学名　*Marasmius purpurreostriatus* Hongo

形态特征　子实体小。菌盖直径 1～3cm，初期扁半球形或钟形，后渐呈扁平，表面平滑，中部稍

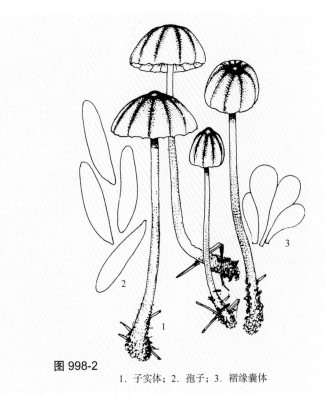

图998-2

1. 子实体；2. 孢子；3. 褶缘囊体

下凹成脐状，顶端有一小凸起，由盖顶部放射状形成紫褐或浅褐紫色沟条，后期盖面全部色彩变浅。菌肉污白色，薄。菌褶近离生，污白至浅黄白色，稀，较宽，不等长。菌柄长4～11cm，粗0.2～0.3cm，上部污白色，向基部渐呈褐色，圆柱形，直立，表面有微细绒毛，基部常有白色粗毛，内部松软至空心。孢子印白色。孢子长棒状，无色，光滑，22.5～30μm×5～7μm。褶缘囊体短粗，顶部钝圆，呈短棒状。

生态习性　春夏季生林间、林缘草地或落叶层上，群生或有时在草地上形成蘑菇圈。

分　　布　分布于香港、云南、湖南、湖北、广东、海南等地。

应用情况　食毒不明，作者在香港考察时发现，往往使附近小草枯黄或枯死。

999　宽褶大金钱菌

别　　名　宽褶菇、宽褶奥德蘑、水鸡枞、宽褶金钱菌

拉丁学名　*Megacollybia platyphylla* (Pers.) Kotl. et Pouzar

曾用学名　*Tricholomopsis platyphylla* (Pers.) Singer; *Oudemansiella platyphylla* (Pers.) M. M. Moser

英文名　Broad Gilled Agaric, Broad-gilled Mushroom, Platterful Mushroom

形态特征　子实体中等至较大。菌盖直径5～12cm，扁半球形至平展，灰白色至灰褐色，水浸状，光滑或具深色细条纹，边缘平滑且裂开或翻起。菌肉白色。菌褶白色，初期直生、弯生或近离生，宽，不等长，稀。菌柄长5～12cm，粗1～1.5cm，白色至灰褐色，具纤维状条纹，表皮脆骨质，里

图 999

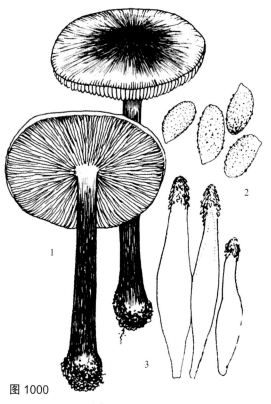

图 1000

1. 子实体；2. 孢子；3. 囊体

面纤维质，基部往往有白色根状菌丝索。孢子卵圆至宽椭圆形，7.7～10μm×6.2～8.9μm。褶缘囊状体袋状至棒状，30～55μm×5～10μm。

生态习性　夏秋季于腐木上或土中腐木上单生或近丛生。

分　布　分布于黑龙江、江苏、浙江、福建、台湾、海南、山西、四川、青海、西藏、云南等地。

应用情况　可食用，味较鲜美，有记载会产生腹痛、吐泻等胃肠道不适反应，食用时注意。试验抑肿瘤，对小白鼠肉瘤 180 及艾氏癌的抑制率分别为80% 和 90%。

1000　黑柄铦囊蘑

拉丁学名　*Melanoleuca arcuata* (Bull.) Singer

形态特征　子实体中等至较大。菌盖直径 5～12cm，初期扁平后期近平展，中部稍凸起或稍下凹，带浅

图 1001-1

图 1001-2

红褐色，近基部菌肉暗褐色至浅黑褐色。菌褶污白色，稍密，直生至弯生，不等长。菌柄细长，柱形，长 3.5～7cm，粗 0.5～1.5cm，暗褐色，上部色浅，向下部色变深，光滑或有细条纹，基部膨大有白细绒毛，内部松软。孢子印白色。孢子无色，椭圆至宽椭圆形，有小点，6.3～9.2μm×4.5～6μm。

生态习性 夏秋季生于林中地上，散生或群生。

分 布 分布于四川、西藏等地。

应用情况 可食用，干品气味浓香。

1001 短柄铦囊蘑

拉丁学名 *Melanoleuca brevipes* (Bull.) Pat.
英 文 名 Short-stemmed Melanoleuca

形态特征 子实体小或中等。菌盖直径 5～10cm，幼时半球形、扁半球形，后期平展，中部下凹有时具一小突起，表面光滑或有小鳞片，往往水浸状，湿润时灰褐至浅褐色，中部暗色，干燥时变赭色，边缘内卷。菌肉白色至奶油黄色，较厚，具香气味。菌褶初期浅奶油黄色，后期灰色至带灰紫褐色，稍弯生至近延生，较宽。菌柄长 2.5～5cm，粗 0.6～1.2cm，近圆柱形，褐色至带紫褐色，基部近棒状，顶端稍膨大，有细条纹及纤毛状鳞片，且靠近基部棕褐色，内部松软。孢子无色，粗糙，有小疣，宽椭圆形，6.5～10μm×4.5～7μm。褶侧囊状体近棒状或梭形，有隔，顶端有结晶附属物。

图 1002

生态习性 夏秋季于草地上单生或群生。

分　　布 分布于甘肃、黑龙江、吉林等地。

应用情况 可食用。

1002　铦囊蘑

拉丁学名 *Melanoleuca cognata* (Fr.) Konrad et Maubl.

英 文 名 Black-white Mushroom

形态特征 子实体较小或中等。菌盖直径 3～6.5cm，近钟形，后期渐平展，中部稍凸，表面灰白色至烟灰色，光滑，近水浸状，边缘平滑。菌肉白色，薄。菌褶白色，弯生，稍密，不等长。菌柄长 4～8cm，粗 0.4～0.9cm，圆柱形，同盖色，光滑，基部稍膨大，内部松软。孢子无色，具小疣，椭圆形，8.5～12.2μm×5.3～5.6μm。褶侧囊体近梭形，顶部具附属物，58～68μm×8.9～12.2μm。

生态习性 一般于林中、林缘草地或旷野地上群生。

分　　布 分布于吉林、河北、青海、四川、山西、江苏、云南、新疆、西藏等地。

应用情况 可食用，味道鲜，质地好，气味香。

图 1004

图 1005

03

1003 钟形铦囊蘑

别　　名　铦蘑
拉丁学名　*Melanoleuca exscissa* (Fr.) Singer
英 文 名　Smoky Cavalier

形态特征　子实体较小。菌盖直径 3.5～6cm，近白色至烟灰色，钟形至近平展，中部凸起，表面光滑，呈水浸状。菌肉白色，较薄。菌褶白色，直生至凹生，稍密，不等长。菌柄细长，圆柱形，直立，长 3.5～7cm，粗 0.4～1cm，表面同盖色，有纵条纹，基部膨大，内部松软。孢子印白色。孢子无色，椭圆形，具小麻点，7～10μm×5～6μm。囊状体顶端有附属物，60～80μm×7～12μm。

生态习性　夏秋季生林缘地上、草地上，常单生或散生。

分　　布　分布于河北、青海、四川、江苏、甘肃、山西、西藏等地。

应用情况　可食用，干后气味很香。

1004　草生铦囊蘑

拉丁学名　*Melanoleuca graminicola* (Velen.) Kühner et Maire

形态特征　子实体小。菌盖直径 2～7cm，幼时半球形至扁半球形或平展，后期中部下凹，中央凸起，表面光滑，暗褐色至暗灰褐色，中部色较深，边缘内卷。菌肉白色，表皮下带褐色，较薄，气味温和。菌褶白色，后变乳白色至带粉红色，直生至稍弯生，不等长。菌柄细长，长 3.5～5cm，粗0.3～0.4cm，柱形，乳白色至带粉白色，具长条纹，向下渐增粗近棒状，内部松软。孢子无色，粗糙，有疣，宽椭圆形或卵圆形，5.5～8μm×4.5～6.5μm。

生态习性　夏末至秋季于混交林地上单生或散生。

分　　布　分布于甘肃、青海等地。

应用情况　可食用，气味香。

1005　条柄铦囊蘑

拉丁学名　*Melanoleuca grammopodia* (Bull.) Murrill
英 文 名　Striated Stall Mushroom

形态特征　子实体较大。菌盖直径 6～16cm，扁半球至平展，中部凸起，幼时边缘内卷，污白色至暗褐色，中部色深，水浸状，光滑。菌肉白色至污白色，近表皮处淡褐色。菌褶白色至污白色，直生至延生，老后近弯生，边缘波状至齿状，密，不等长。菌柄长 7～12cm，粗 0.6～1.7cm，圆柱形，具褐色至黑褐色纵条纹，常扭转，内实，基部膨大。孢子印白色。孢子无色，具麻点，椭圆形至宽椭圆形，8～9.5μm×5～6.3μm。侧囊体和缘囊体较少，微带黄色，基部明显膨大，顶端呈细尖或稍钝，有时有附属物，33.7～51μm×2.5～4μm。

生态习性　夏秋季于林中或林缘草地上群生。

分　　布　分布于黑龙江、西藏、山西等地。

应用情况　可食用，味好，干品具浓香气味。

1006　黑白铦囊蘑

拉丁学名　*Melanoleuca melaleuca* (Pers.) Murrill
英 文 名　Changeable Melanoleuca

形态特征　子实体小至中等。菌盖直径约 7.5cm，扁球形至平展，中部凸起，湿时烟褐色至黑褐色，干后黄褐色至米黄色，水浸状。菌肉白色，薄。菌褶白色，密，弯生，不等长。菌柄长 4～5.5cm，粗 0.3～0.8cm，具褐色至暗紫褐色纵条纹，略扭转，内实，基部稍膨大且有白色短绒毛。孢子印白色。孢子无色，宽椭圆形至卵圆形，具麻点，7.2～10.2μm×5～6.2μm。囊状体梭形，顶端有结晶，32～56μm×6.3～10μm。

生态习性 春秋季于林中地上单生或群生。

分 布 分布于黑龙江、四川、西藏、新疆、山西等地。

应用情况 可食用，味好，干品浓香。

1007 灰褐铦囊蘑

拉丁学名 *Melanoleuca paedida* (Fr.) Kühner et Maire

形态特征 子实体较小。菌盖直径 3～5.5cm，扁半球形至近扁平，中央稍凸起，灰色至灰褐色，表面平滑，或后期有细小绒毛，边缘内卷而平整。菌肉白色，中部厚。菌褶污白、灰白色、灰色至浅黄褐色，离生，密，不等长。菌柄长 3～6cm，粗 0.6～1cm，圆柱形，灰白色，向下部灰褐色至暗褐色有深色条纹，基部膨大有白绒毛，内部松软。孢子无色，有小疣点，卵圆形，8～9.5μm×5.5～6.5μm。囊体近梭形，有隔，顶端具附属物。

生态习性 夏秋季生云杉、松等林中地上。

分 布 分布于新疆等地。

应用情况 可食用，味道较好。

图 1007

1008 直柄铦囊蘑

拉丁学名 *Melanoleuca strictipes* (P. Karst.) Jul. Schäff.

曾用学名 *Melanoleuca evenosa* (Sacc.) Konrad

英 文 名 Robust Melanoleuca

形态特征 子实体中等大。菌盖直径 4～11cm，初期半球形，后期近平展，表面白色至乳白色，有时稍带褐色，边缘无条纹。菌内白色，稍薄。菌褶白色至乳白色，直生至弯生，较密，不等长。菌柄长 4～8cm，粗 0.7～1.5cm，圆柱形，表面白色，有平伏的纤毛，内部松软，基部膨大。孢子椭圆形，有麻点，7.7～11.4μm×6.3～7.1μm。囊状体近梭形，有的近纺锤形，顶端有结晶，38～71μm×5～15μm。

生态习性 生混交林地上或灌丛草地上散生。本种一般为白色，但随海拔升高而变成浅褐色。

分 布 分布于新疆、山西、西藏等地。

应用情况 可食用，味道比较好，干品气味很香。

图 1008

图 1009

图 1010-1

1009　亚高山铦囊蘑

拉丁学名　*Melanoleuca subalpina* (Britzelm.) Bresinsky et Stangl

形态特征　子实体中等大。菌盖直径5～10cm，半球形至扁平，乳白黄色，中部稍凸，且色稍深，表面平滑，边缘无条纹而有时上翘。菌肉白色。菌褶乳白色，近直生，密，不等长。菌柄长4～6.5cm，粗0.6～1cm，柱形，直立，污白色，有时具长纤毛，实心。孢子无色，粗糙，椭圆形，6.5～10μm×4.5～5.5μm。

生态习性　夏至秋季于高山草地散生、单生。

分　　布　分布于青海、新疆、山西、宁夏等地。

应用情况　可食用，气味香。

1010　近条柄铦囊蘑

拉丁学名　*Melanoleuca substrictipes* Kühner

形态特征　子实体较小，白色。菌盖直径2～7cm，扁球形，后期扁半球形或扁平，往往边缘拱起，中央有一突起，表面光滑，初期白色，后期变乳黄褐色，中部色深。菌肉白色，中部稍厚，具香气味。菌褶直生或稍变生，白色、乳白色或带粉色，有时具褐斑，密，不等长。菌柄白色，后期带黄褐色，圆柱形，长3～7cm，粗0.4～0.8cm，基部稍膨大，具长条纹，伤处变粉褐色，内部实心或松软。孢子椭圆形或卵圆形，无色具麻点，8～10μm×5～6.5μm。褶侧囊体棱形，顶端有附属物，中部往往有隔膜，3.5～4.5μm×5～6.5μm。

生态习性 夏秋季生于高山和亚高山草场，常常群生，稀单生。

分　　布 分布于河北、山西、甘肃、陕西等地。

应用情况 可食用，气味浓香。

1011　点柄铦囊蘑

别　　名 绒点柄铦囊蘑、疣柄铦囊蘑

拉丁学名 *Melanoleuca verrucipes* (Fr.) Singer

形态特征 子实体较小至中等大。菌盖直径3～10cm，初期半球形，后渐平展，中部稍凸，污白色，中部黄褐色或褐色，平滑，盖缘初期内卷，后伸展。菌肉污白，中部稍厚，味温和。菌褶变生，较密，稍宽，不等长，污白至污黄色。菌柄较长，圆柱形，基部稍膨大，长4～10cm，粗0.5～1.2cm，白至污白色，有暗褐色至褐黑色疣状鳞片，内实至变空。孢子印白色。孢子椭圆形，无色，有疣，8.1～10.2μm×4.8～5.4μm。侧囊体梭形，顶部有附属物，48～51μm×5～6.1μm。缘囊体近棒状，25～45μm×2.5～5μm。

生态习性 夏秋季在针阔叶混交林中或林缘草地上群生或散生。

分　　布 分布于吉林、西藏等地。

应用情况 可食用，干品气味十分香。

1012　白铦囊蘑

拉丁学名 *Melanoleuca widofiavida* (Peck) Murrill

形态特征 子实体中等大。菌盖直径5～10cm，半球形至钟形，后平展，湿润，光滑，浅黄褐色变至深黄褐色，或白色。菌肉白色。菌褶直生至近弯生，密，近白色，不等长。菌柄细长，柱形，长4～15cm，粗0.5～1cm，有细条纹，污白淡黄色，内部实心。孢子印白色。孢子卵圆形，无色，有颗粒，8～10μm×4～5.5μm。囊体梭形，顶有结晶，64～66μm×6.4～8μm。

生态习性 夏秋季生林中地上，散生。

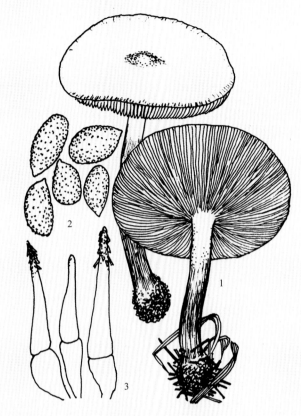

1. 子实体；2. 孢子；3. 囊体

图 1010-2

图 1011

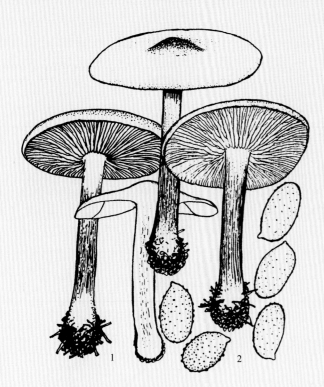

图 1012

1. 子实体；2. 孢子

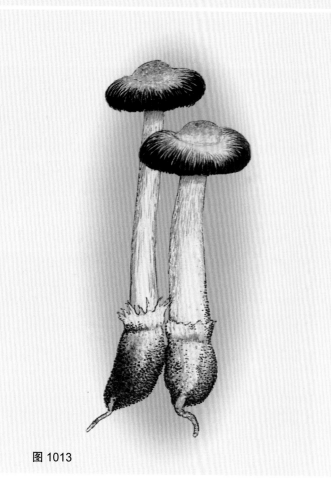

图 1013

分　布　分布于西藏东南部林区。

应用情况　此菌记载可食用，气味香。

1013　沙生蒙氏假菇

别　　名　大硬黑伞

拉丁学名　*Montagnea arenaria* (DC.) Zeller

曾用学名　*Montagnites pallasii* Fr.

英 文 名　Big Montagnea, Gastroid Coprinus

形态特征　子实体一般中等大，高 9～10cm。菌盖隆起，中央下凹，米黄色至浅棕灰色，直径 5～6cm。隔片宽约 5mm，垂挂于盖下，与柄离生。菌柄粗 0.6～0.8cm，圆柱形，同盖色，表面裂成鳞片状，基部有菌托，托上部扩展与菌盖结合在一起。孢子印黑色。孢子暗褐色，光滑，长方椭圆形至椭圆形，10～12μm×5.5～7.5μm。

生态习性　秋季生草原上。

分　布　分布于甘肃、新疆等地。

应用情况　幼嫩时可食用，味较好。民间作为消炎、止血药物（卯晓岚，1998b）。

1014　细弱蒙氏假菇

拉丁学名　*Montagnea tenuis* (Pat.) Teng

英 文 名　Little Montagnea

形态特征　子实体小，伞状，高 7～11cm。菌盖近扁平至平展，直径 1.3～2cm，浅棕灰色或灰白褐色。盖下隔片褶状，干后反卷于菌顶部，孢子粉黑色。柄柱形，浅褐灰色，长 6～12cm，粗 0.3～0.5cm，有撕裂呈纤维状小鳞片，基部近球形或蒜头状菌托。孢子卵圆形至近球形，光滑，暗褐黑色，6～10μm×4.5～6.5μm。

生态习性　生荒漠灌丛中，散生。

分　布　分布于新疆等沙漠荒漠区。

应用情况　药用消炎、止血。

1015　褐小菇

别　　名　碱味小菇
拉丁学名　*Mycena alcalina* (Fr.) P. Kumm.
英 文 名　Alkaline Mycena

形态特征　子实体小。菌盖直径 1～2cm，近钟形至斗笠形，表面平滑，带褐色，中部色深而边缘色浅且有细条纹，湿时黏。菌肉白色，较薄。菌褶白色带浅灰色，不等长，近直生。菌柄细长，常弯曲，长 3～8cm，粗 0.2～0.3cm，上部色浅，中下部近似盖色，基部白色有毛，内部空心。孢子光滑，无色，卵圆至椭圆形，6.8～9.4μm×5～6μm。缘囊体和褶侧囊体纺锤状，48～63μm×8～13μm。

生态习性　夏秋季在林地腐木或腐枝上近丛生。

分　　布　分布于西藏、吉林等地。

应用情况　试验有抑肿瘤作用，对小白鼠肉瘤 180 和艾氏瘤的抑制率高达 100%。

1016　灰盖小菇

别　　名　盔盖小菇、盔小菇
拉丁学名　*Mycena galericulata* (Scop.) Gray
英 文 名　Common Bonnet

形态特征　子实体较小。菌盖钟形或呈盔帽状，边缘稍伸展，直径 2～4cm，表面稍干燥，灰黄至浅灰褐色，往往出现深色污斑，光滑且有稍明显的细条棱。菌肉白色至污白色，较薄。菌褶直生或稍有延生，较宽，密，不等长，褶间有横脉，初期污白色，后浅灰黄至带粉肉色，褶缘平滑或钝锯齿状。菌柄细长，圆柱形，污白，光滑，常弯曲，脆骨质，长 8～12cm，粗 0.2～0.5cm，内部空心，基部有白色绒毛。孢子印白色。孢子光滑，无色，椭圆形或近卵圆形，7.8～11.4μm×6.4～8.1μm。囊体近棱形，顶部钝圆或尖，48～56μm×6.3～10.2μm。

生态习性　夏秋季在混交林中腐枝落叶层或腐朽的树木处单生、散生或群生。

分　　布　分布于吉林、广东、四川、西藏等地。

应用情况　可食用。据报道试验抑肿瘤，对小白鼠肉瘤 180 抑制率为 70%，对艾氏癌抑制率为 60%。

图 1014

图 1015

图 1016

图 1017-1

1017 红汁小菇

拉丁学名 *Mycena haematopus* (Pers.) P. Kumm.
英文名 Bleeding Mycena

形态特征 子实体小。菌盖直径 1～2.5cm，钟形至斗笠形，灰褐红色，具长条纹，表面湿润水浸状，光滑，边缘裂成齿状。菌肉薄。菌褶污白带粉色，直生至稍延生，较稀。菌柄细长，长 5～8cm，粗 0.2～0.4cm，同盖色，初期似有粉末，基部有灰白色毛，受伤处流血红色乳汁，脆骨质，空心。孢子无色，光滑，宽椭圆形或卵圆形，7.6～8μm×4.8～6.5μm。褶侧囊状体顶部钝圆，近纺锤形。

生态习性 夏秋季生于林内腐枝落叶层或腐朽木上。

分　布 分布于广东、广西、香港、台湾、海南、云南、河南、四川等地。

应用情况 记载可食用。试验抑肿瘤。对小白鼠肉瘤 180 和艾氏癌抑制率均为 100%。

1018 白粉红褶小菇

拉丁学名 *Mycena leucogala* (Cooke) Sacc.

形态特征 子实体小。菌盖直径 1～2cm，钟形至斗笠形，暗褐色到黑褐色，边缘有沟纹。菌肉灰白色，薄。菌褶污白至稍带粉红色，直生，不等长。菌柄细长，近等粗，长 5～11cm，粗 0.2～0.3cm，同盖色，基部有白色毛，顶部色浅。孢子近无色，光滑，椭圆形，10.5～13μm×5～6μm。

生态习性 于混交林中地上近丛生。

分　布 分布于黑龙江等地。

应用情况 记载可食用，但食用价值不大。

图 1017-2

1019 洁小菇

拉丁学名 *Mycena pura* (Pers.) P. Kumm.
英 文 名 Pink Mycena, Rosy Bonnet

形态特征 子实体小。菌盖直径 2～4cm，扁半球形，淡紫色或淡紫红色至丁香紫色，边缘具条纹。菌肉淡紫色。菌褶淡紫色，直生或近弯生，褶间具横脉，不等长。菌柄长 3～5cm，粗 0.3～0.7cm，近柱形，同盖色，空心，基部具绒毛。孢子无色，光滑，椭圆形，6.4～7.5μm×3.5～4.5μm。囊状体近梭形至瓶状。

生态习性 夏秋季生于林中地上和腐枝或腐木上。

分 布 分布于河南、河北、山西、陕西、吉林、辽宁、黑龙江、台湾、香港、海南、四川、内蒙古、江西、江苏、福建、广西、西藏、青海、甘肃、贵州等地。

应用情况 可食用。具萝卜气味。日本记载有毒物质，食后会产生腹泻、呕吐等反应，不宜食用。抑肿瘤，试验对小白鼠肉瘤 180 和艾氏癌的抑制率分别为 60% 和 70%。

图 1018

1020 红边小菇

拉丁学名 *Mycena roseomarginata* Hongo

形态特征 子实体小，带粉红色。菌盖直径 0.8～0.2cm，近半球形，薄，中部浅褐色或带褐灰色，边缘粉红色，湿润时有细条纹。菌肉薄。菌褶带粉红色，不等长，近直生。菌柄细，同盖色，顶部色浅，长 3～5cm，粗 0.1～0.2cm，光滑，下部浅色，空心，基部有白色毛。孢子椭圆形或近卵圆形，光滑，8.1～10.4μm×5.6～7.6μm。有缘囊体，近棒状有指状突起。

生态习性 夏季在阔叶林中腐枝落叶上群生、散生或单生，有时近丛生。

分 布 分布于吉林、河北、香港、湖北等地。

应用情况 有毒，不宜食用，应用时注意。有抑肿瘤活性，据记载对小白鼠肉瘤 180 的抑制率为 80%，对艾氏癌的抑制率为 90%。

图 1019

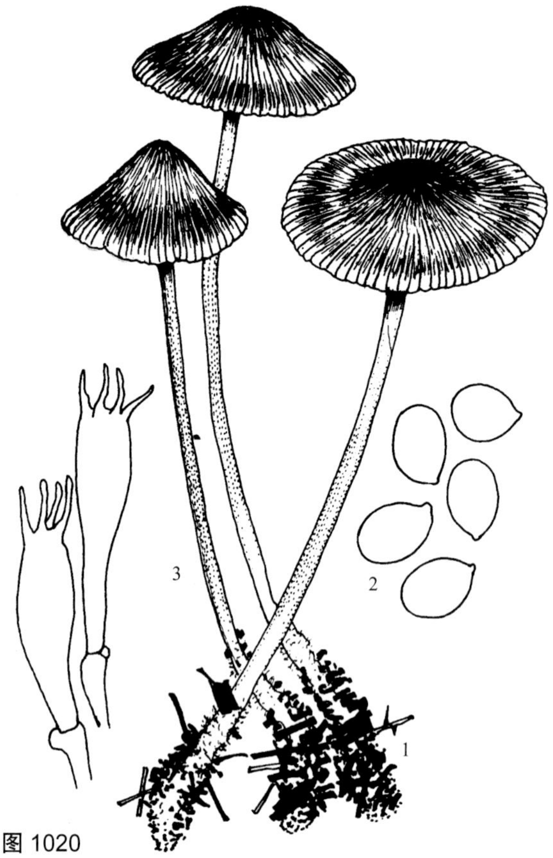

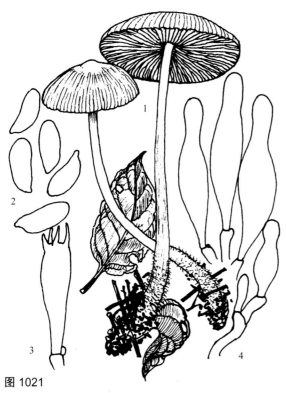

图 1020

1. 子实体；2. 孢子；3. 缘囊体

图 1021

1. 子实体；2. 孢子；3. 担子；4. 缘囊体

1021　浅白小菇

拉丁学名　*Mycena subaquosa* A. H. Sm.

形态特征　子实体较小。菌盖直径 3～5cm，白色微带黄色，初半球形或扁半球形，后近扁平，中部稍凸，边缘有条棱，表面平滑。菌肉白色，薄。菌褶白色，直生，不等长，褶间有横脉。菌柄细长，或弯曲，白色，长 5～8cm，粗 0.2～0.7cm，内松软至空心。孢子椭圆至宽椭圆，无色，光滑，4～10μm×2.5～5μm。褶缘和褶侧囊体近纺锤形，顶部钝圆，无色，60～62μm×13～18μm。

生态习性　夏秋季在混交林中地上生长。

分　　布　分布于西藏等地。

应用情况　据试验有抑肿瘤作用，对小白鼠肉瘤 180 的抑制率为 70%，对艾氏癌的抑制率为 60%。

1022　蒜头状微菇

拉丁学名　*Mycetinis scorodonius* (Fr.) A. W. Wilson

曾用学名　*Marasmius scorodonius* (Fr.) Fr.

英　文　名　Garlic Mushroom

形态特征　子实体小型，纤弱。菌盖幼时半球形，成熟后逐渐平展，边缘稍向内弯曲，直径可达 2.5cm，表面具放射状褶皱，干，光滑，黄褐色至带红色调，颜色逐渐变淡。菌褶直生，较窄，稍稀疏，常分叉，色淡至肉粉色。菌柄圆柱形，顶部与盖同色或稍淡，其余部分为深褐色，具较明显的蒜味，柄长达 6cm，直径 0.2cm。菌丝系统一体系，菌丝分隔，薄壁，在 KOH 试剂中淡黄色或近无色。菌盖表皮由一层亚球形至倒卵形的膨大细胞构成，厚壁，黄色，有时分隔，内部带褐色，大小为 30～50μm×17.5～25μm。菌髓菌丝带黄色至无色，薄壁，具锁状联合，稍疏松，厚 4～8μm。

中国食药用菌物
Edible and Medical Fungi in China

图 1024-1　　图 1024-2

图 1024-3

担子细长，棒状，具 4 个小梗，基部具锁状联合，30～40μm×5～7μm。孢子长椭圆形，无色，光滑，含油滴，7～9μm×3～5μm。褶缘囊状体棒状，无色或淡黄色，25～37μm×9～13μm。

生态习性　初夏至夏季生针叶林内地上或腐殖质及植物残体上。

分　　布　分布于湖南、吉林等地。

应用情况　据报道在发酵液中含有大蒜素，具有抗细菌、酵母菌和丝状真菌的作用。

1023　黏新香菇

别　　名　黏斗菇、黏香菇、裂条纹小香菇、黏革耳

拉丁学名　*Neolentinus adhaerens* (Alb. et Schwein.) Redhead et Ginns

曾用学名　*Lentinus adhaerens* (Alb. et Schwein.) Fr.

形态特征　子实体小。菌盖直径 2～7cm，初期半球形、扁半球形，中部稍下凹，边缘有短条棱并有缺刻，表面近光滑或近似绒毛，湿时有黏性，中部色深，赭黄色、土红褐色至红褐色。菌肉稍厚，污白色，有菇香气味，柔韧。菌褶污白色，污黄白色，宽，较稀，不等长，边缘粗糙有缺刻，直生至近弯生又延生。菌柄长 2～5cm，粗 0.5～1.2cm，近柱形，稍弯曲，中生至稍偏生，近平滑或似有绒毛，基部色深或稍变细，顶部色浅。担子 4 小梗，无色，6～8.5μm×2.5～3.5μm。孢子长椭圆形，近柱形，光滑，不等边，10～110μm×4～15μm。侧囊体近长梭形，顶部有附属物。

生态习性　秋季至春季在针叶树腐木上单生或丛生。引起木材腐朽。

分　　布　分布于吉林、内蒙古等地。

应用情况　可食用，但此种生长后期柔韧，食用性差。另外，具有抑肿瘤活性。

1024　豹皮新香菇

别　　名　豹皮香菇、豹皮菇、洁丽香菇、豹皮斗菇

拉丁学名　*Neolentinus lepideus* (Fr.) Redhead et Ginns

曾用学名　*Lentinus lepideus* (Fr.) Fr.

英 文 名　Scaly Sawgill, Train Wrecker

形态特征　子实体中等大。菌盖直径 5～15cm，扁半球形，后渐平展或中部下凹，淡黄色，有深色或浅色大鳞片。菌肉白色。菌褶白色，延生，宽，稍稀，褶缘锯齿状，不等长。菌柄短，长 3～7cm，粗 0.8～3cm，近圆柱形且弯曲有鳞片，偏生，内实。孢子无色，光滑，近圆柱状，8～13μm×3.5～5μm。

生态习性　夏秋季在针叶树的腐木上近丛生。属木腐菌，引起木材块状褐色腐朽，其破坏力强。

分　　布　分布于河北、北京、黑龙江、吉林、江苏、安徽、山西、福建、四川、甘肃等地。

应用情况　可食用，以幼嫩时食用较好。但日本曾记载有毒，误食产生腹痛、呕吐、腹泻等胃肠系统症状。子实体含有齿孔菌素，可以合成甾体药物。甾体药物对身体有重要的调节作用。试验抑肿瘤，对小白鼠肉瘤 180 及艾氏癌的抑制率分别为 60% 和 70%。还有抗氧化及抗酪氨酸酶活性等。药用记述味甘、性平。入心经、脾经。补心血、宜心肝。主治气血不足、心脾两虚、疲乏无力、失眠、心悸等。

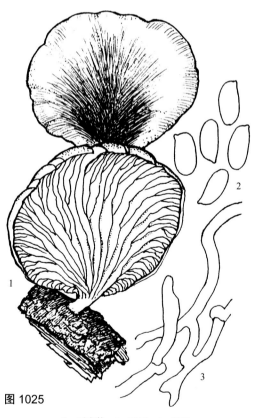

图 1025

1. 子实体；2. 孢子；3. 菌丝

1025　真线假革耳

别　　名　真线侧耳

拉丁学名　*Nothopanus eugrammus* (Mont.) Singer

曾用学名　*Pleurotus eugrammus* (Mont.) Dennis

形态特征　子实体中等。菌盖扇形、匙形或漏斗形，黄褐色、灰褐色，光滑，边缘有或无沟条纹，后期开裂呈瓣状，直径 4～9cm，肉质。菌肉灰白色，薄，无明显气味。菌褶白色或黄白色，密，延生，不等长。菌柄无或侧生、偏生或有的中生，长 0.8～2cm，粗 0.3～1cm，内部实心，白色有绒毛。孢子无色，椭圆形，光滑，6.3～9.5μm×3～4.8μm。

生态习性　春至秋季生阔叶树腐木上。属于木腐菌。

图 1027

分　　布　分布于广东等地。
应用情况　可食用。

1026　月夜菌

别　　名　发光脐菇、日本毒侧耳、日本类脐菇、日本发光菌、胱菌
拉丁学名　***Omphalotus japonicus*** (Kawam.) Kirchm. et O. K. Mill.
曾用学名　*Lampteromyces japonicus* (Kawam.) Singer
英 文 名　Lamp Mushroom, Japan Mushroom

形态特征　子实体中等至大型。菌盖直径 10～27cm，扁平，幼时盖表面肉桂色或黄色，后呈现暗紫或紫褐色。菌肉污白。菌褶污白，不等长。菌柄很短，具菌环，破开菌柄后靠近基部菌肉中一块暗紫色斑。孢子印白色稍带紫色。孢子无色，光滑，近圆球形，直径 10～16μm。
生态习性　秋季多在槭树等阔叶树倒木上生长，往往数个叠生一起。
分　　布　在中国东北长白山等地区发现此种，另发现于福建、湖南及贵州等地。
应用情况　此种有毒，含月光菌素（lunamycin）。国内外有中毒现象。在日本中毒较多，食后半小时许发病，出现腹痛、吐泻、脱水、眩晕、沉闷、呼吸缓慢、心音异常及脉弱、嗜睡等症状，严重者会引起死亡。试验抑肿瘤，对小白鼠肉瘤 180 及艾氏癌的抑制率均为 70%。野外采集食用菌时注意与元蘑相区别。

图 1028-1

图 1028-2

1027 发光类脐菇

别　　名　奥尔类脐菇、发光杯伞、橄榄杯伞、毒徒斗
拉丁学名　***Omphalotus olearius*** (DC.) Singer
曾用学名　*Clitocybe olearia* (DC.) Gillet

形态特征　子实体中等至稍大。菌盖直径可达 12cm，中间下凹近漏斗状，表面橙褐色至橙黄色。菌褶又窄而密，金黄色或橙色，延生。菌柄一般细长，尤其靠近基部渐变细，同盖色，长 5～18cm，粗 0.5～2.2cm。孢子印白色带黄。孢子无色，球形至卵圆形，表面光滑，5～7μm×5～6μm。
生态习性　此菌通常成簇生长在橄榄树及橡树的基部。子实体可在夜晚发荧光。对树木基部木质有腐朽作用。
分　　布　分布于山西、云南等地。
应用情况　此菌含有胃肠道刺激物等毒素，另据报道含 muscaronl 等毒素。不宜采集食用。更不能误作药用菌收集加工。

1028 腐木生硬柄菇

别　　名　白密褶杯伞、腐木生侧耳、木生侧耳
拉丁学名　***Ossicaulis lignatilis*** (Pers.) Redhead et Ginns
曾用学名　*Pleurotus lignatilis* (Pers.) P. Kumm.; *Clitocybe lignatilis* (Pers.) P. Karst.

形态特征　子实体较小。菌盖初期扁半球形，后期渐扁平至近扇形，中部稍下凹，表面平滑，白色或中部灰色，开始边缘内卷，直径 3～5cm。菌肉白色，具强烈气味。菌褶延生，稠密，窄，长短不一。菌柄近圆柱形，偏生，长 2～5cm，粗 0.3～0.6cm，白色，常弯曲，内实或松软至变空心。孢子印白色。孢子光滑，无色，卵圆形，5～6μm×3.5～4μm。
生态习性　夏秋季在阔叶树等腐木上群生至近丛生。侵害树木导致木材腐朽。
分　　布　分布于吉林、四川、西藏、广东、香港等地。

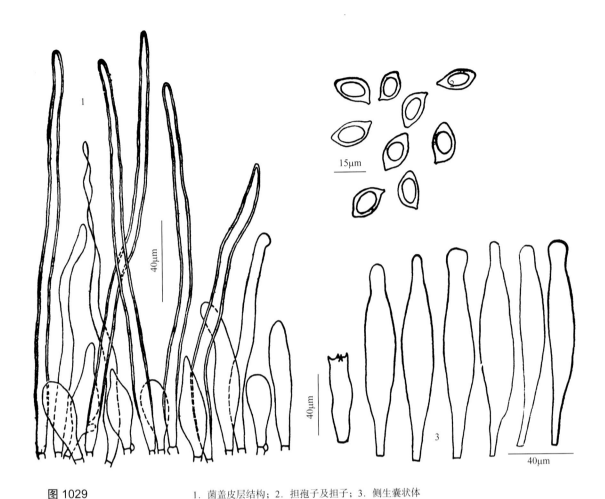

图 1029　　　　　　　1. 菌盖皮层结构；2. 担孢子及担子；3. 侧生囊状体

应用情况　可食用。

1029　杏仁形小奥德蘑

拉丁学名　*Oudemansiella amygdaliformis* Zhu L. Yang et M. Zang

形态特征　菌盖宽 4～8cm，扁半球形至扁平，中部常稍凸，灰褐色，被短绒毛，渐变光滑，干至稍黏。菌肉薄，白色，味淡。菌褶弯生至直生，白色，较稀，较厚，宽达 8mm，有小菌褶。菌柄长 6～20cm，粗 3～10mm，近圆柱形，向下稍变粗，上部白色，中、下部灰褐色，被褐色鳞毛，有假根。菌盖皮层细胞 24～63μm×10～15μm，多呈棒状，拟子实层型排列。担子 45～60μm×10～18μm，棒状，4孢。孢子 14～22μm×10～16μm，杏仁形，光滑，无色。侧生囊状体 88～280μm×16～30μm，梭形，顶端常呈头状。褶缘囊状体 60～140μm×15～20μm，梭形。盖面囊状体长达 300μm，粗 6～12μm，近圆柱形，近基部稍膨大，壁稍加厚。菌丝有锁状联合。
生态习性　夏秋季单生或散生于林中地上，假根与地下腐木相连。
分　　布　分布于云南勐腊等地。
应用情况　可食用。

图 1030-1

图 1030-2

1030　褐褶边小奥德蘑

别　　名　褐褶边奥德蘑
拉丁学名　*Oudemansiella brunneomarginata* Lj. N. Vassiljeva

形态特征　子实体中等至较大。菌盖直径 3～12cm，扁半球形，渐平展，中部稍凸，暗褐色、浅褐色或朽叶色，湿润而黏，有放射条纹或皱纹，表皮可剥离。菌肉白色。菌褶白色，直生至近弯生，褶缘有黑褐色颗粒。菌柄长 5～11cm，粗 0.5～1cm，稍弯曲，顶部白色，表面有明显的黑褐色颗粒及花纹，颗粒少，色深，松软近空心。孢子宽卵圆形或广椭圆形，无色，光滑，14.5～22.5μm×9.5～13.5μm。褶缘囊状体棒状至近纺锤状，3.5～9.5μm×10.5～24μm。

生态习性　秋季生于阔叶树腐木上，单生或群生。
分　　布　分布于黑龙江、吉林、辽宁、山西、河北、甘肃、内蒙古等地。
应用情况　可食用，味较好。

1031　热带小奥德蘑

别　　名　淡褐奥德蘑
拉丁学名　*Oudemansiella canarii* (Jungh.) Höhn.

形态特征　子实体一般中等大。菌盖直径 3～10cm，表面褐色至棕褐色，湿润时黏。菌肉白色。菌褶白色至污白色，较稀，不等长，直生至延生，褶缘粗糙呈褐色至暗色。菌柄常弯曲，污白色，表面有深褐色纤毛及纵条纹，内部松软至变空心。孢子卵圆形、宽卵圆至近球形，12～23μm×10.5～18μm。褶缘囊体长达 80～150μm，宽可达 12～40μm。

生态习性　夏秋季生阔叶林中腐木上，单生或群生。
分　　布　分布于云南、海南等地。
应用情况　可食用，质味、口感均好。此种与宽褶菇形色近似，均属腐木生。已由王守现在我国首次驯化成功并可大量培养生产。

1032 鳞柄小奥德蘑

别　　名　鳞柄奥德蘑、鳞柄长根菇、鳞柄长根
　　　　　奥德蘑
拉丁学名　***Oudemansiella furfuracea*** (Peck) Zhu
　　　　　L. Yang et al.
曾用学名　*Oudemansiella radicata* var. *furfuracea*
　　　　　(Peck) Pegler et T. W. K. Young
英 文 名　Scurfy-stalked Rooting Oudemansiella

形态特征　子实体中等或较大。菌盖直径6～
16cm，初半球形，后扁平，褐色至淡褐色，表
面湿润，近光滑，边缘有明显条纹。菌肉白色，
较滑，柔软。菌褶离生至近离生，较宽，有短
褶。菌柄柱状，直而向下渐粗，基部稍膨大，长
8～20cm，粗1～1.3cm，近似盖色，有深色小鳞
片，延伸呈假根连至腐木，内部松软，纤维质。
担子具4小梗。孢子椭圆至长椭圆形，光滑无色，
12～17.3μm×10.5～15μm。有囊状体。
生态习性　夏秋季生于林中地上，菌根延伸呈假
根与地下腐木相连，单生或群生。
分　　布　分布于福建、广东、广西、四川、云
南、贵州等地。
应用情况　可食用，口感一般柔软、黏滑。据记
载含氨基酸、微量元素、多糖体。所含三萜类抑
肿瘤，奥德蘑酮（oudemansine）等抗真菌，小奥
德蘑酮（oudenone）有降血压作用。

1033 日本小奥德蘑

拉丁学名　***Oudemansiella japonica*** (Dörfelt)
　　　　　Pegler et T. W. K. Young

形态特征　子实体一般中等。菌盖直径3～10cm，
扁平，表面褐色，胶黏，光滑。菌肉白色，较
薄。菌褶弯生，稀，宽6～12mm，有小菌褶。
菌柄长15～18cm，粗0.6～1cm，灰白，被稀
疏的褐色纤丝鳞片，向上渐细，基部膨大呈近
球状，直径达1.5cm，有假根。菌盖皮层细胞

图 1031

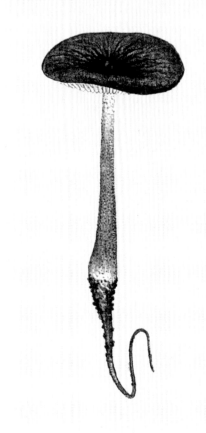

图 1032

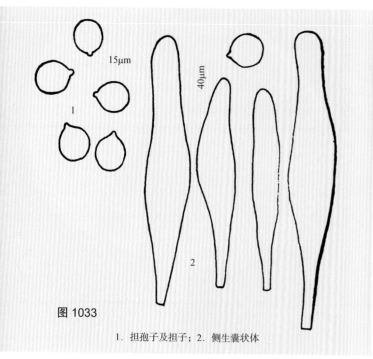

图 1033

1. 担孢子及担子；2. 侧生囊状体

图 1035

30～45μm×15～20μm，多呈棒状，拟子实层型排列，埋生于胶质层中。担子 50～60μm×18～22μm，棒状，4 孢。孢子 12.5～17.5μm×11.3～16.3μm，近球形。侧生囊状体 56～175μm×16～30μm，梭形、棒状至近圆柱形，壁薄，稀少。褶缘囊状体未见。

生态习性　夏秋季单生或散生于地上。

分　　布　分布于云南宾川等地。

应用情况　可食用。

1034　长柄小奥德蘑

拉丁学名　*Oudemansiella longipes* (Bull. : Fr.) M. M. Moser
曾用学名　*Agaricus longipes* Bull. : Fr.

形态特征　子实体小。菌盖宽 2～5cm，初扁半球形，伸展后中部稍凸，褐色至深棕褐色，具褐色短绒毛，不黏。菌肉白色，薄。菌褶白色，较稀，宽，近离生。菌柄长 7～12cm，粗 0.4～0.8cm，近圆柱形，基部稍膨大并向下延伸成假根状，土褐色，上部色淡，密被短绒毛。孢子无色，宽椭圆形至近球形，光滑，10～13.6μm×10～12.6μm。囊状体梭形，顶端钝圆，68～75μm×15～23μm。

生态习性　夏秋季生于树桩或腐木上，单生。

分　　布　分布于云南、贵州、四川、江苏、浙江、安徽、福建等地。

应用情况　可食用。

1035 白环黏奥德蘑

别　　名　黏蘑、霉状小奥德蘑、白环蕈、白蜜
　　　　　环菌、白环蘑
拉丁学名　*Oudemansiella mucida* (Schrad.) Höhn.
英 文 名　Slimy Beech Cap, Porcelain Fungus,
　　　　　Poached Egg Fungu, Mucous Mushroom

形态特征　子实体中等大，白色。菌盖直径 3～
7cm，半球形至近扁平，水浸状，黏滑或胶黏，边
缘近平滑。菌肉白色，黏滑。菌褶直生至弯生，
宽，稀。菌柄长 4～6cm，粗 0.3～1cm，基部膨
大，内实。菌环膜质，生柄之上部。孢子近球形，
16～22.9μm×15～20μm。褶缘和褶侧囊状体梭形至
长筒形，顶端钝圆，65.7～113.8μm×17.7～20.2μm。
生态习性　于树桩或倒木、腐木上群生或近丛生。
分　　布　分布于台湾、福建、广东、广西、浙
江、海南、江西、四川、湖南、贵州、西藏等地。
应用情况　可食用，软滑，带有腥味。另外产生黏
蘑菌素（mucidin）、奥德蘑酮（oudemansine），可
消炎、抗真菌、抗氧化。试验抑肿瘤，对小白鼠肉
瘤 180 及艾氏癌的抑制率分别为 80% 和 90%。

1036 黄绒小奥德蘑

别　　名　绒奥德蘑、毛长根菇
拉丁学名　*Oudemansiella pudens* (Pers.) Pegler
曾用学名　*Agaricus pudens* Pers.; *Xerula pudens*
　　　　　(Pers. : Fr.) Singer

形态特征　子实体小，被褐色短绒毛。菌盖直
径 2～5cm，扁半球形，褐色至深棕褐色，具短绒
毛。菌肉白色。菌褶白色。菌柄长 7～12cm，粗
0.4～0.8cm，土褐色，密被短绒毛，后期具纵条沟，
基部稍膨大并下延生成假根。孢子无色，光滑，近
球形，10～13.6μm×10～12.6μm。褶侧囊状体顶端
钝圆，梭形。

图 1036

图 1037-1

图 1037-2

图 1038

生态习性 从林下土中腐木上生出。

分　　布 分布于云南、四川、福建、海南、香港、广东、广西、山西、甘肃、陕西等地。

应用情况 可食用，且味道比较好。有试验人工培养。

1037　长根小奥德蘑

别　　名 长根金钱菌、长根菇、长根蘑、露水鸡㙡、长根奥德蘑、水鸡㙡

拉丁学名 *Oudemansiella radicata* (Relhan) Singer

英 文 名 Rooting Shank, Beech Rooter, Rooted Oudemansiella

形态特征 子实体中等至稍大。菌盖直径2.5～11.5cm，半球形至渐平展，中部凸起或似脐状并有深色辐射状条纹，浅褐色至暗褐色，光滑，湿润，黏。菌肉白色，薄。菌褶白色，弯生，宽，不等长。菌柄长5～18cm，粗0.3～1cm，近柱状，浅褐色，近光滑，有纵条纹，表皮脆骨质，内部纤维质且松软，基部稍膨大延生成假根。孢子无色，光滑，卵圆形至宽圆形，13～18μm×10～15μm。褶侧囊状体和褶缘囊状体无色，近梭形。

生态习性 夏秋季生于阔叶林中地上，其假根着生于地下腐木上。

分　　布 分布于河北、河南、山东、山西、江苏、江西、陕西、福建、广东、广西、安徽、浙江、台湾、香港、青海、西藏、云南、贵州、海南等地。

应用情况 可食用，味道好。发酵液及子实体中含有长根菇素，有降血压等作用。抑肿瘤，对白鼠肉瘤180抑制率明显。现可人工培养生产子实体。

1038　长根小奥德蘑白色变型

别　　名 大毛草菌、长根金钱菌、露水鸡㙡、长根菇、白变长根奥德蘑、白奥德蘑

拉丁学名 *Oudemansiella radicata* var. *alba* (Dörfelt) Pegler et T. W. K. Young

英 文 名 White Rooting Shank

形态特征 此变种菌盖白色、污白至浅蛋壳色。菌柄纯白

色，平滑。其他特征同长根奥德蘑。

生态习性　生于混交林中地上，单生。

分　布　分布于云南、四川等地。

应用情况　可食用。

1039　卵孢小奥德蘑

拉丁学名　*Oudemansiella raphanipes* (Berk.) Pegler et T. W. K. Young

曾用学名　*Agaricus raphanipes* Berk.

形态特征　子实体中等。菌盖宽5～12cm，扁平，灰褐色、褐色，光滑，稍黏或不黏。菌肉白色。菌褶弯生至直生，白色，褶缘常呈褐色，宽达12mm，稍稀，有小菌褶。菌柄长达15cm，粗5～15mm，表面密被褐色鳞片，有假根。菌盖皮层细胞20～60μm×10～15μm，棒状至泡囊状，拟子实层型排列。担子30～55μm×10～18μm，棒状，2～4孢，有时壁加厚。孢子11～18μm×10～14μm，卵形至宽卵形，壁薄。侧生囊状体80～160μm×20～35μm，棒状、梭形至近圆柱形。褶缘囊状体40～80μm×7～20μm，棒状，常含有褐色内含物。

生态习性　夏秋季单生或散生于林中或林缘地上。

分　布　分布于云南勐腊等地。

应用情况　可食用。

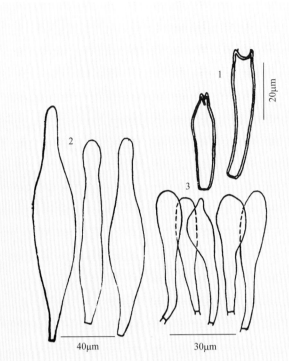

1. 担孢子及担子；2. 侧生囊状体；3. 褶缘囊状体

图 1039

1040　拟黏小奥德蘑

拉丁学名　*Oudemansiella submucida* Corner

形态特征　子实体较小。菌盖直径2～7cm，半球形，扁平，纯白至污白色，中部色稍深，水浸状，甚至光亮，胶黏。菌肉肉质，白色。菌褶厚而稀。菌柄长2～8cm，直径2～8mm，圆柱形，近白色至米色，被白色绒毛，基部膨大，无假根。菌环中上位，膜质。孢子18～24μm×16～21μm，近球形至宽椭圆形。缘生囊状体密集组成不育带。侧生囊状体140～210μm×40～50μm，棒状至梭形。

生态习性　夏秋季生于亚热带林中腐木上。

分　布　分布于广东、云南、海南、湖南、湖北等地。

应用情况　可食用。

图 1040

图 1041-1

1041 钟形花褶菌

别　　名　笑菌、粪菌、舞菌、紧缩花褶伞
拉丁学名　***Panaeolus campanulatus*** (L.) Quél.
曾用学名　*Panaeolus sphinctrinus* (Fr.) Quél.
英 文 名　Bell Cap Panaeolus, Bell-shaped Mottlegill

形态特征　子实体小。菌盖直径 2～3cm，近圆锥形或钟形，后扁半球形，中部稍凸，表面黏，光滑，蛋壳色至褐灰或带红色，边缘色浅，干时顶部龟裂，盖缘附污白色菌幕残片。菌肉近盖色，薄。菌褶有灰、黑相间花斑，褶缘近白色，直生。菌柄长 6～20cm，粗 0.2～0.4cm，上部有纵条纹，下部色较深，空心。孢子黑色，光滑，柠檬形，14～16μm×9～12μm。褶缘囊体圆柱形。
生态习性　春至秋季于粪上或肥土上单生或群生。
分　　布　分布于香港、台湾、福建、广东、河北、山西、吉林、四川、甘肃、云南、西藏等地。
应用情况　有毒，误食产生精神错乱、跳舞、歌唱、大笑及幻觉等反应。光盖伞素及光盖伞辛毒素可研究应用于治疗神经及精神疾病。

1042 粪生花褶伞

拉丁学名　***Panaeolus fimicola*** Fr.

形态特征　子实体小。菌盖直径 1～4.5cm，半球形至钟形，表面平滑，灰褐色至灰白色，中部黄褐色至茶褐色，早期盖边缘有菌幕残片。菌肉污白色，很薄。菌褶灰褐色至黑色，褶缘白色絮状，且花斑黑白相间，直生，不等长。菌柄细长，长 5～15cm，粗 0.1～0.4cm，柱形，污白至茶褐色，顶部似粉物，内部空心。孢子褐灰色，光滑，10～14μm×7～8μm。褶缘囊体瓶状，顶部钝圆。
生态习性　春至秋季单个或成群生长在厩肥、牲畜粪及肥沃地上。

图 1041-2

图 1042-1

图 1042-2

图 1043

分　　布　分布于山西、江苏、广东、台湾、内蒙古等地。

应用情况　有毒，其神经毒素可能为光盖伞素。

1043　花褶菌

拉丁学名　*Panaeolus leucophanes* (Berk. et Broome) Sacc.

生态习性　生于肥沃的地上。

分　　布　分布于云南等地。

应用情况　该种所含的光盖伞素、光盖伞辛、蟾蜍素、baeocystin、norbaeocystin 等毒素可用于精神分裂症、强迫性神经失调、身体畸形恐惧症等精神疾病的诊断和治疗方面，在治疗并发性头痛、帮助戒毒、减轻癌症晚期病人痛苦、辅助精神治疗方面均可研究利用。定向催眠和戒酒等方面都有显著效果。

图 1044

图 1045-1

图 1045-2

1044 网文花褶菌

别　　名　大孢花褶伞、蝶形斑褶菇
拉丁学名　***Panaeolus papilionaceus*** (Bull.) Quél.
曾用学名　*Panaeolus campamilatus* (Bull.) Quél.; *Panaeolus sphinctrinus* (Fr.) Quél.; *Panaeolus retirugis* (Fr.) Gillet
英 文 名　Macrospora Panaeolus

形态特征　子实体小。菌盖直径 3～4cm，半球形至近钟形，表面平滑，有光泽，湿时带灰白色，顶部红褐色，干时有龟裂，边缘附有白色菌幕残片。菌肉污白色。菌褶有黑灰相间的花斑，褶缘近白色。菌柄长 7～16cm，粗 0.2～0.6cm，圆柱形，近白色或同盖色，下部褐色，空心。孢子黑色，柠檬形，11～22μm×8～12μm。有褶缘囊体。

生态习性　春至秋季在粪和粪肥地上单生或群生。

分　　布　分布于黑龙江、吉林、内蒙古、山西、河北、陕西、青海、新疆、江苏、浙江、湖南、四川、贵州、云南、西藏、广东、广西等地。

应用情况　毒菌，中毒出现精神异常及多形象的彩色幻觉反应或出现腹痛、呕吐等胃肠道反应。其毒素可研究应用于精神异常疾病的治疗。

1045 半卵形花褶伞

拉丁学名　***Panaeolus semiovatus*** (Sowerby) S. Lundell et Nannf.
曾用学名　*Anellaria semiovata* (Sowerby) A. Pearson et Dennis

形态特征　子实体中等至较大。菌盖直径 2～5cm，钟形，污白色至米黄色，平滑至有皱纹，湿时黏，有时中部撕裂成鳞片。菌肉污白色至淡灰黄色，伤不变色。菌褶灰褐色，有深色斑纹。菌柄长 7～12cm，直径 0.3～0.6cm，圆柱形，与菌盖同色。菌环上位至中位，易消失。担孢子 17～20μm×9.5～12μm，椭圆形，光滑，暗褐色，有芽孔。缘生囊状体 30～45μm×8～15μm，花瓶状至近梭形。

生态习性　夏秋季生于废弃的牧场上或牛马粪上。

分　　布　分布于四川、甘肃、青海、新疆、西藏等地。

应用情况　有毒，引起神经反应症状。

图 1046-2

1046 美味扇菇

别　　名 亚侧耳、冬蘑、元蘑、晚生扇菇、晚生亚侧耳、晚生侧耳、晚生北风菌、黄蘑、冻蘑

拉丁学名 *Panellus edulis* Y. C. Dai et al.

曾用学名 *Hohenbuehelia serotina* (Pers.) Singer; *Panellus serotinus* (Schrad. : Fr.) Kühner; *Hohenbuehelia serotina* (Schrad. : Fr.) Singer; *Sarcomyxa serotina* (Pers.) P. Karst.

英　文　名 Late Fall Oyster, Green Oyster

形态特征 子实体中等至稍大。菌盖直径 3～12cm，扁平球形至平展、半圆形或肾形，黄绿褐色，黏，有短绒毛，边缘光滑。菌肉白色，厚。菌褶白色至淡黄色，近延生，稍密，宽。菌柄短，侧生或几无。孢子无色，光滑，腊肠形，4.5～5.5μm×1～1.6μm。囊状体梭形，中部膨大，29～45μm×10～15μm。

生态习性 秋季于桦树或其他阔叶树的腐木上覆瓦状丛生。

分　　布 分布于四川、云南、陕西、山西、河北、吉林、黑龙江、广西、西藏等地，东北地区多产。

应用情况 可食用。著名食用菌之一，可试验人工培养。增强免疫力。试验抑肿瘤，对小白鼠肉瘤 180 及艾氏癌的抑制率均为 70%。

图 1047

1047　鳞皮扇菇

别　　名　发光扇菇、山葵菌、止血扇菇
拉丁学名　***Panellus stypticus*** (Bull.) P. Karst.
曾用学名　*Panus stypticus* (Bull.) Fr.
英 文 名　Styptic Fungus, Styptic Panus, Luminescent Panellus

形态特征　子实体小。菌盖直径 1～3cm，扇形，浅土黄色，表面有麦皮状小鳞片，质地较韧，干后潮湿时能恢复原状。菌肉薄，味辛辣带松脂味。菌褶窄而密。菌柄很短，生菌盖的一侧。孢子无色，光滑，短圆柱状，4～6μm×2～2.5μm。褶缘囊状体披针形，25～50μm×2.5～5μm。
生态习性　常于阔叶树的腐木上或树桩上群生。晚上发荧光，但往往因地区差异而不一定发光。
分　　布　分布于河南、山西、西藏、福建、四川、甘肃、云南、广东、广西、陕西、吉林、辽宁、黑龙江等地。
应用情况　多记载有毒。在野外采集时，很容易把它误认为可食用的裂褶菌 *Schizophyllum commune*。记载中毒产生胃肠道不适反应。可药用，有调节肌体、增进健康、抵抗疾病的作用。另有齿菌酸，可合成甾体药物，治疗爱迪森氏病等内分泌病。亦有收敛作用。可将子实体制干研成粉

图 1048-1

图 1048-2

末，敷外伤处治出血。抑肿瘤，对小鼠肉瘤 180 和艾氏癌的抑制率分别为 70% 及 80%。

1048　纤毛革耳

别　　名　绒毛香菇
拉丁学名　***Panus ciliatus*** (Lév.) T. W. May et A. E. Wood
曾用学名　*Lentinus velutinus* Fr.

形态特征　子实体中等或较大。菌盖直径 2～10cm，呈漏斗状或浅杯状，黄褐色，密被绒毛状鳞片，边缘无条棱而内卷。菌肉白色，薄，纤维质，无明显气味。菌褶污白色，渐呈黄色，延生，不等长，稍密。菌柄长 3～15cm，粗 0.5～1cm，圆柱形，一般中生，较盖色浅或相同，被细绒毛，内部实心纤维质。孢子无色，光滑，长椭圆形，5～8μm×3～3.8μm。有缘囊体，近棒状、梭形或不正形，顶部钝圆或稍凸，无色。

生态习性　夏秋季于阔叶树腐木上单生或群生。属木腐菌。

分　　布　分布于海南、广东、广西、云南、香港等地。

应用情况　幼嫩时可食用。

图 1049

图 1050

1049　大革耳

别　　名　大杯韧伞、巨大香菇、巨大韧伞、大斗菇、猪肚菇、大漏斗菌、革耳、大杯香菇

拉丁学名　***Panus giganteus*** (Berk.) Corner

曾用学名　*Lentinus giganteus* Berk.

英 文 名　Giant Lentinus

形态特征　子实体大型。菌盖直径5～23cm，幼时扁半球形至近扁平，逐渐呈漏斗状至碗状，初期有白色或稍暗色鳞片，中部有深色小鳞片，边缘有条纹。菌肉白色，略有气味。菌褶白色至浅黄白色，稍密，较宽，不等长。菌柄长5～18cm，粗0.8～2.5cm，圆柱形，直立，中生或稀偏生，污白色至白色，表面有深色绒毛，实心至松软，内部白色，基部向下延伸成根状。孢子无色，光滑，椭圆形，6.5～9.5μm×5～7.5μm。褶侧囊状体和褶缘囊状体近棒状，23～38μm×6.5～11.5μm。

生态习性　夏秋季于常绿阔叶林地下的腐木上单生或群生。

分　　布　分布于广东、香港、海南、福建、浙江等地。

应用情况　可食用，有一种特殊气味，记载味微苦。现可人工栽培。据分析含有17种氨基酸，其中必需氨基酸7种。

1050　漏斗形香菇

别　　名　漏斗韧伞、漏斗香菇、合生韧伞

拉丁学名　***Panus javanicus*** (Lév.) Corner

曾用学名　*Lentinus javanicus* Lév.; *Lentinus connatus* Berk.; *Lentinus infundibuliformis* Berk. et Broome

英 文 名　Funnel Lentinus

形态特征　子实体中等至大型。菌盖直径8～20cm，呈喇叭状至漏斗状，初期白色且有小鳞

图 1051-2

51-1

片，后期污白至浅褐色，很薄，变近平滑，无明显条纹。菌肉白色，薄。菌褶延生，窄而稠密。菌柄细长，长9～18cm，粗0.5～1.5cm，表面具细绒毛，白色变褐色，直立至稍弯曲，内实。孢子无色，光滑，椭圆形，6μm×2.5～3.5μm。

生态习性 于地下腐木或腐木桩上单生或近丛生。

分　　布 分布于福建、云南、海南、广西等地。

应用情况 幼嫩时可食用，成熟后革质或木栓质。可研究药用。

1051　新粗毛革耳

别　　名 紫革耳、贝壳革耳、带紫色革耳、野生革耳、柳耳菌、桦树蘑

拉丁学名 *Panus neostrigosus* Drechsler-Santos et Wartchow

曾用学名 *Panus conchatus* (Bull.) Fr.; *Panus rudis* Fr.; *Panus torulosus* (Pers.) Fr.

英文名 Conch Panus, Lilac Oysterling

形态特征 子实体小或中等大。菌盖直径2～9cm，中部下凹或漏斗形，初浅土黄色，后深土黄色、茶色带紫至锈褐色，有粗毛，革质。菌褶白至浅粉红色，干后浅土黄色，延生，窄，稠密。菌柄短，长0.5～2cm，粗0.2～1cm，偏生或近侧生，内实。孢子无色，光滑，椭圆形，3.6～6μm×2～3μm。

图 1051-3　　　　　　　　　　　　　　　　　　　　　　　　　　　　　　　图 1052

囊状体无色，棒状，23.4～56μm×7.2～14μm。

生态习性　夏秋季于柳、杨、桦及楝树的腐木上丛生或群生。侵害树木形成白色腐朽。

分　　布　分布于河南、陕西、甘肃、云南、西藏等地。

应用情况　幼时可食用，但柔韧且味差。据试验可抑肿瘤，对小白鼠肉瘤 180 及艾氏癌的抑制率分别为 60% 和 70%，另报道均达 100%。可药用。治疗腰腿酸痛、筋络不适、四肢抽搐、手足麻木等。

1052　褶纹鬼伞

别　　名　射纹鬼伞

拉丁学名　*Parasola plicatilis* (Curtis) Redhead et al.

曾用学名　*Coprinus plicatilis* (Curtis) Fr.

英　文　名　Little Japanese Umbrella, Toadstool

形态特征　子实体小。菌盖直径 0.8～2.5cm，初期扁半球形，后平展，中部扁压，膜质，褐色、浅棕灰色，中部近栗色，有辐射状明显的长条棱，光滑。菌肉白色，很薄。菌褶较稀，狭窄，生于柄顶端呈明显的离生。菌柄长 3～7.5cm，粗 2～3mm，圆柱形，白色，中空，表面有光泽，脆，基部稍膨大。孢子宽卵圆形，光滑，黑色，8～13μm×6～10μm。有褶侧和褶缘囊体。

生态习性　春至秋季生于林中地上，单生或群生。

分　　布　分布于甘肃、江苏、山西、四川、西藏、香港等地。

图 1053-1

图 1053-2

应用情况　此种记载可食用，因子实体小，易液化成黑色汁液，食用意义不大。另记载，试验抑肿瘤，对小白鼠肉瘤 180 的抑制率为 100%，对艾氏癌的抑制率为 90%。

1053　卷边桩菇

别　　名　黄花蘑、卷边网褶菌、卷伞菌、落褶菌
拉丁学名　*Paxillus involutus* (Batsch) Fr.
英 文 名　Brown Roll-rirm, Poison Paxillus, Inrolled Pax Brown Rollrim

形态特征　子实体中等至较大。菌盖表面直径 5～15cm，最大达 20cm，浅土黄色至青褐色，扁半球形，后渐平展，中部下凹或漏斗状，边缘内卷，湿润时稍黏，老后绒毛减少至近光滑。菌肉浅黄色，较厚。菌褶浅黄绿色、青褐色，受伤变暗褐色，延生，较密，有横脉，不等长，靠近菌柄部分的菌褶间连接呈网状。菌柄长 4～8cm，粗 1～2.7cm，棕黑褐色，被粗绒毛，往往偏生，实心，基部稍膨大。孢子锈褐色，光滑，椭圆形，6～10μm×4.5～7μm。褶侧囊体黄色，呈棒状。
生态习性　春末至秋季于阔叶或针叶林地上群生、丛生或散生。与树木形成外生菌根。
分　　布　分布于吉林、辽宁、黑龙江、内蒙古、河北、北京、山东、山西、陕西、甘肃、河南、四川、云南、安徽、新疆、贵州、江苏、台湾、福建、宁夏、湖南、广东、广西、西藏等地。
应用情况　此种含褐色色素，伤处变褐棕色，可食用。也有报道有毒或生吃有毒，出现胃肠道等病症，采食时需注意煮洗、加工。可药用。治腰腿疼痛、手足麻木等。

图 1054

1. 子实体；2. 孢子；3. 褶缘囊体

1054　暗褐金钱菌

拉丁学名　*Phaeocollybia fallax* A. H. Sm.
英 文 名　Pretty Phaeocollybia

形态特征　子实体比较小。菌盖直径 1～4cm，初期圆锥形，后呈斗笠状且顶部尖，边缘开始向内卷，成熟后稍平展，近光滑，橄榄褐色至浅橄榄色或褐黄色。菌肉带黄褐色。菌褶近离生或近直生，密，不等长，灰紫褐色至锈褐色。菌柄细长，基部伸长呈假根，浅褐色，上部浅而下部深暗，长 7～12cm，粗 0.4～1cm。孢子印暗锈色。孢子近卵圆形，带褐锈色具麻点，5.4～9μm×4.5～5.5μm。褶缘囊体近无色，近披针形至近棒状，顶端细长。

生态习性　夏秋季在阔叶林中地上群生。
分　　布　分布于西藏等地。
应用情况　不宜食用。注意形态特征。

1055　金黄褐伞

别　　名　金黄鳞伞、金盖褐环柄菇、金盖鳞伞、金盖环锈伞、金褐伞
拉丁学名　*Phaeolepiota aurea* (Matt.) Maire
曾用学名　*Pholiota aurea* (Matt.) Pers. et Sacc.
英 文 名　Golden Bootleg, Golden Cap

形态特征　子实体中等至大型，黄色。菌盖直径 5～30cm，初期半球形、扁半球形，后期稍平展，中部凸起或有皱，金黄、橘黄色及密布粉粒状颗粒，老后边缘有不明显的条纹。菌肉白色带黄色，厚。菌褶初期白色带黄色，后变黄褐色，直生，不等长，较密，褶缘有小锯齿。菌柄细长，圆柱形，基部膨大，有橘黄至黄褐色纵向排列的颗粒状鳞片，长 5～25cm，粗 1.5～5cm。菌环膜质，大，上表面光滑近白色，下面有颗粒并同菌柄连系在一起，不易脱落。孢子印黄褐色。孢子

图 1055-1

长纺锤形，光滑或有疣，11～14μm×4～6μm。

生态习性　夏秋季生针叶林或针阔叶混交林中地上，散生、群生、近丛生。又属于松等树木的外生菌根菌。

分　布　分布于甘肃、四川、陕西、西藏、吉林、福建等地。

应用情况　此菌在日本被视为味道鲜美的野生优良食菌，但有记载曾在阿拉斯加地区发生中毒事故，采食时务必注意。在四川、甘肃交界的九寨沟山林区分布广而产量大。药用抑肿瘤，对小白鼠肉瘤180及艾氏癌的抑制率均为100%。

1056　黄伞

别　名　柳蘑、多脂鳞伞、黄蘑、柳黄菇、黄柳菇、金柳菇、肥鳞耳、木黄菇、金针滑菇

拉丁学名　*Pholiota adiposa* (Batsch) P. Kumm.

英文名　Golden Pholiota, Fat Pholiota, Golden Jelly Cone

形态特征　子实体中等大。菌盖直径3～12cm，扁半球形至近平展，边缘常内卷，谷黄色、污黄色至黄褐色，很黏，有褐色近平伏的鳞片。菌肉白色或淡黄色。菌褶黄色至锈褐色，直生或近弯生，稍密，不等长。菌柄长5～15cm，粗0.5～3cm，圆柱形，与盖同色，有褐色反卷的鳞片，黏或稍黏，下部常弯曲，纤维质，内实。菌环淡黄色，膜质，生菌柄之上部，易脱落。孢子锈色，平滑，椭圆形或长椭圆形，7.5～9.5μm×5～6.3μm。褶侧囊体无色或淡褐色，棒状。

生态习性　秋季生杨、柳、桦等树树干上。导致木材杂斑状褐色腐朽。

分　布　分布于河北、山西、吉林、浙江、河南、西藏、广西、甘肃、陕西、青海、新疆、四川、云南等地。

应用情况　可食用，味道较好，可人工栽培。子实体表面有一层黏质，经盐水、温水、碱溶液或有机溶剂提取可得多糖体。抑肿瘤，对小白鼠肉瘤180及艾氏腹水癌的抑制率达80%～90%。能有效激活巨细胞，有抗氧化、抗细菌、抗辐射、调节和增强免疫系统的功能。

图 1055-2

图 1056

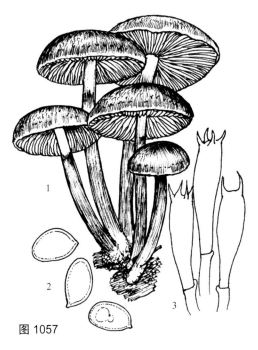

图 1057

1. 子实体；2 孢子；3. 担子

图 1058   图 1059-1

1057   苹果鳞伞

别　　名　桤生环锈伞、桤木鳞伞、少鳞黄鳞伞
拉丁学名　*Pholiota alnicola* (Fr.) Singer
英 文 名　Alder Scalycap, Alder Scale-head

形态特征　子实体较小，肉质，黄色，丛生。菌盖直径 2～7cm，干后土黄色，扁半球形，伸展后中部往往凸起，湿时稍黏，近边缘有散生的鳞片。菌肉浅黄色，中部厚。菌褶直生、宽，稍密到稠密。菌柄长 3～11cm，粗 0.6～1.2cm，常弯曲或扭曲，内实，有细毛，黄色，后呈锈色，基部向下伸延、渐细。孢子椭圆形，光滑，锈色，8～11μm×5～6μm。
生态习性　生柳树树干上。能引起树木腐朽。
分　　布　分布于新疆、西藏等地。
应用情况　可食用，但味苦。常出现在香菇、木耳的段木上，视为"杂菌"之一。

1058   金毛鳞伞

别　　名　金黄鳞伞、金毛环锈伞
拉丁学名　*Pholiota aurivella* (Batsch) P. Kumm.
英 文 名　Butter Mushroom, Golden Scalycap

形态特征　子实体一般中等大，黄色。菌盖初期扁半球形，后期扁平至平展，中部稍凸，直径 6～14cm，湿时黏，干燥时有光泽，金黄色至橘黄或锈黄色，具明显的近角状鳞片且成圈分布，中

图 1059-2

部鳞多而密，向边缘少，老后部分脱落，盖缘初期内卷附有纤毛状菌幕残片。菌肉浅黄色，菌柄基部菌肉带红褐色。菌褶直生至凹生，密，淡黄或黄褐至褐黄色。菌柄较细长，圆柱形或基部稍粗似根状，下部弯曲，长 6~15cm，粗 0.7~1.5cm，上部黄色，下部锈褐色，菌环以下具环状排列的反卷鳞片，内实。菌环近丝膜状，易消失，生菌柄之上部。孢子印锈色。孢子光滑，椭圆形，6.5~8μm×4~5μm。褶侧囊体纺锤形，无色，20~45μm×4.8~8μm。褶缘囊体棒状，无色，20~30μm×5.5~8.5μm。

生态习性　多于秋季在林中腐木上成群生长。可引起木材腐朽。

分　　布　分布于吉林、黑龙江、山西、河北、内蒙古、陕西等地。

应用情况　可食用，味道比较好。另外记载此菌有抗氧化、抗菌活性。

1059　黄鳞环锈伞

别　　名　黄鳞伞

拉丁学名　*Pholiota flammans* (Batsch) P. Kumm.

英 文 名　Yellow Pholiota, Flaming Scalycap

形态特征　子实体小至中等。菌盖直径 3~6cm，扁半球形到近平展，中部稍凸，表面干燥，亮黄色、柠檬黄或橙黄色，具黄色毛状鳞片，盖缘有菌膜残片。菌肉稍厚，黄色。菌褶密，窄，直生，不等长，黄色后期变锈色。菌柄近圆柱形，长 5~11cm，粗 0.4~0.6cm，同盖色且有反卷丛毛状鳞片，内实至变空心，下部多弯曲。菌环生柄之上部，似棉絮状纤毛，易消失。孢子黄褐色，光滑，椭圆形，3.5~6μm×2.5~3μm。侧囊体多，近纺锤形至近棒形，浅黄或带黄褐色。

图 1060

图 1061

生态习性 夏末至秋季在针叶树腐木、树桩基部丛生或群生。此菌导致木材腐朽。

分　布 分布于吉林、辽宁、香港、海南、福建、黑龙江、内蒙古、西藏等地。

应用情况 可食用。有记载有毒，食用时注意。抑肿瘤，据报道试验对小白鼠肉瘤 180 抑制率为 90%，对艾氏癌的抑制率为 100%（应建浙等，1987）。

1060　高地鳞伞

别　名 烧地鳞伞、烧地环锈伞

拉丁学名 *Pholiota highlandensis* (Peck) Quadr. et Lunghini

曾用学名 *Pholiota carbonaria* (Fr.) Singer

英文名 Bonfire Scalycap

形态特征 子实体较小。菌盖扁球形，开伞后近平展，直径 2～4cm，黄褐色至茶褐色，中部赤褐色，具浅色小鳞片，湿时黏。菌肉白色带黄，近表皮处带褐色。菌褶直生，污白黄色至褐色，较密，不等长。菌柄较盖色浅，下部浅黄色，后期具赤褐色纤毛状鳞片，长 1.5～5cm，粗 0.3～0.4cm，内部松软至中空。菌环呈丝膜状，后消失。孢子椭圆，光滑，黄色，6.5～10.2μm×3.3～5.1μm。囊体近宽棒状至近纺锤形，黄褐色，33～40μm×7.6～18μm。

生态习性 夏秋季生于林中火烧区域，群生。

分　布 分布于湖南、四川、台湾、云南、香港、西藏等地。

应用情况 可食用。日本记载有毒。此菌有抗菌、抑肿瘤活性。对小白鼠肉瘤 180 抑制率 100%，对艾氏癌的抑制率为 90%。

1061　绒圈鳞伞

别　名 绒圈环锈伞

拉丁学名 *Pholiota johnsoniana* (Peck) G. F. Atk.

形态特征 子实体中等至较大。菌盖直径 3～16cm，

图 1062

1. 子实体；2. 孢子；3. 褶缘囊体；4. 褶侧囊体

图 1063-1

扁半球形或近平展，淡黄色或淡锈色，干后浅土黄色，光滑，有时具平状的小鳞片，边缘有短条纹。菌肉白色，中央厚。菌褶白色变为淡褐至锈褐色，弯生、直生或近离生，密。菌柄长 6～11cm，粗 0.7～1.8cm，圆柱形，色淡，光滑，顶端稍有条纹，内部松软。菌环近菌柄之中部，白色，厚，似线圈，易破裂消失。孢子 6～7.5μm×4～5.2μm。褶侧囊体无色，棒状或顶端尖细。

生态习性　秋季于林中地上群生。

分　　布　分布于河北、青海等地。

应用情况　可食用。

1062　黏鳞伞

别　　名　黏环鳞伞、黏环锈伞、胶黏环锈伞

拉丁学名　*Pholiota lenta* (Pers.) Singer

英 文 名　Beech-litter Scale-head

形态特征　子实体一般小。菌盖直径 3～80cm，半球形，后扁平，中部钝，污白色至带黄色，中部色深，表面黏至胶黏，初期有白色鳞片。菌肉带白色至浅黄色，味温和。菌褶白色至淡黄色，最后呈赭肉桂色，直生至弯生，密，边缘白色絮状，不等长。菌柄近圆柱形，基部膨大，长 4～9cm，粗 0.5～1.2cm，菌环以上有白色粉粒，其下白色或带黄褐色且表面有白色棉絮状鳞片，内部实心至松软。菌环易消失。孢子印肉桂色。孢子椭圆形，平滑，带黄褐色，4.5～7μm×3～4μm。褶缘囊体近纺锤状，35～45μm×12～16μm。褶侧囊体较多，披针形至近梭形，长颈瓶状，顶部钝。

生态习性　夏秋季在针叶林中腐枝上或腐木上群生或有时丛生。

图 1063-2

图 1063-3

分　　布　分布于吉林、辽宁、台湾、云南、内蒙古、西藏等地。

应用情况　可食用。此菌试验抗菌、抑肿瘤。对小白鼠肉瘤 180 的抑制率为 80%，对艾氏癌的抑制率为 90%。

1063　黏皮鳞伞

别　　名　黏盖环锈伞、黏盖鳞伞
拉丁学名　*Pholiota lubrica* (Pers.) Singer
英 文 名　Lubricous Pholiota

形态特征　子实体小至中等。菌盖直径 3～7cm，扁半球形变至平展，中部凸起，表面黏或很黏，土黄色且中部红褐色，鳞片少，边缘色浅。菌肉污白色，近表皮下带黄色，中部厚，韧。菌褶浅近白色变赭色，褶缘色浅，直生至弯生，密，不等长。菌柄长 8～10cm，粗 0.5～1.2cm，近圆柱形，向下渐粗，基部膨大，表面具纤毛，内实。菌环污白丝膜状，易消失，生于菌柄上部。孢子淡黄褐色，光滑，椭圆形，6.3～7μm×3～4μm。褶侧囊体带褐色，多披针形。

生态习性　秋季于针阔叶混交林地上群生。

分　　布　分布于吉林、青海、台湾、云南、四川、黑龙江、西藏等地。

应用情况　可食用。也有报道有毒。试验抑肿瘤，对小白鼠肉瘤 180 及艾氏癌的抑制率均为 90%。

1064　小孢光帽伞

图 1064-1

别　　名 滑子蘑、小孢光帽鳞伞、光滑环锈伞、滑菇、滑子菇、珍珠蘑、光盖伞、光帽黄伞、光帽鳞伞、光滑鳞伞

拉丁学名 ***Pholiota microspora*** (Berk.) Sacc.

曾用学名 *Pholiota nameko* (T. Itô) S. Ito et S. Imai

英　文　名 Nameko Mushroom, Slime Mushroom

形态特征　子实体小至中等。菌盖直径3～10cm，扁半球形至近扁平，初期红褐色变黄褐色至浅黄褐色，中部色深，表面平滑有一层黏液，边缘平滑，初期内卷。菌肉白黄色至较深色，近表皮下带红褐色，软嫩，中部厚。菌褶黄至锈色，直生又延生，边缘常常波状。菌柄长2.5～8cm，粗0.4～1.5cm，近柱形，向下渐粗，菌环以上污白色至浅黄色，菌环以下同盖色，近光滑，黏，实心至空心。菌环膜质，黏性，易脱落。孢子浅黄色，光滑，宽椭圆形、卵圆形，5.8～6.4μm×2.8～4μm。褶缘囊体近棒状。

生态习性　秋季于阔叶树倒木、树桩上丛生和群生。

分　　布　分布于贵州、广西、吉林、黑龙江、西藏等地。

应用情况　可食用，味道鲜。可人工大量栽培。可药用。抑肿瘤，子实体水提取物含多糖，对小白鼠肉瘤180抑制率为86.5%。子实体氢氧化钠提取物，对小白鼠肉瘤180和艾氏癌抑制率分别为90%和70%。同时可预防葡萄球菌、大肠杆菌、肺炎杆菌、结核杆菌的感染。另有抗氧化、增强免疫力、清除自由基、降血压、降血糖作用。

图 1064-2

图 1064-3

第七章
伞菌

755

图 1065

1065　杨树白环鳞伞

别　　名　白鳞伞、白鳞环锈伞、白鳞环伞

拉丁学名　*Pholiota populnea* (Pers.) Kuyper et Tjall.-Beuk.

曾用学名　*Pholiota destruens* (Brond.) Gillet

英 文 名　Destructive Pholilota

形态特征　子实体中等至较大。菌盖直径 5～10.5cm，扁半球形至扁平，稍黏，污白黄色或淡肉色至肉桂色，覆有白色鳞片，边缘稍内卷，干后气香。菌肉白色，厚。菌褶污白色变肉桂色至深咖啡色，弯生至直生，稍密至稠密。菌柄长 3.5～5cm，粗 1.5～3.5cm，向上渐细，基部延伸成假根状，伸入腐木中，内实，白色有毛状鳞片。菌环白色，松软，生菌柄上部，易脱落，菌盖边缘有残存膜片。孢子锈黄色，平滑，有油滴，椭圆形或近卵形，7.5～10μm×4.5～5.5μm。褶缘囊体无色或稍带黄褐色，近圆柱形或棒形。

生态习性　夏秋季多在杨树或其他阔叶树干上单生至近丛生。导致树木心材腐朽。

分　　布　分布于河北、河南、黑龙江、吉林、新疆、四川、辽宁、内蒙古、陕西、云南、贵州、广东、广西、浙江、西藏等地。

应用情况　可食用。抑肿瘤。

1066　黄褐鳞伞

别　　名　黄褐环锈伞、黄黏锈伞
拉丁学名　*Pholiota spumosa* (Fr.) Singer
英 文 名　Slender Pholiota

形态特征　子实体一般较小。菌盖直径 2.5～7.5cm，扁半球形至稍平展，湿润时黏，黄色，中部黄褐色，较密，不等长，浅黄色至黄褐色。菌柄稍细长，长 4～8cm，粗 0.3～0.6cm，稍弯曲，上部黄白色而下部带褐色，内部空心。孢子椭圆形，光滑，带黄色，6～8μm×4～5μm。褶侧囊体呈长颈瓶状，35～48μm×8～14μm。

生态习性　夏秋季在林中地上及腐木上成丛生长。

分　　布　分布于黑龙江、吉林、甘肃、山西、青海、福建、四川、云南、西藏等地。

应用情况　可食用。试验抑肿瘤，对小白鼠肉瘤 180 和艾氏癌的抑制率为 70%。此种有时大量成丛生长在锯末堆上，外形特征往往近似有毒的簇生黄韧伞，采集时注意区别。

图 1066

1067　黄翘鳞伞

别　　名　翘鳞环锈伞
拉丁学名　*Pholiota squarrosa* (Vahl) P. Kumm.
英 文 名　Scaly Pholiota, Shaggy Scalycap

形态特征　子实体中等。菌盖直径 2.5～10cm，半球形至扁半球形，最后稍平展，干燥，具有带红褐色反卷或翘起的鳞片，边缘有菌幕残片。菌肉淡黄色，稍厚。菌褶浅黄色至红褐色及暗锈色，直生，密，不等长。菌柄长 4～10cm，近圆柱形，鳞片翻卷。菌环膜质，生菌柄之上部。孢子近锈色，光滑，椭圆至卵圆形，6～8μm×4.5～6μm。褶侧囊体无色或浅褐色，棒状。

生态习性　夏秋季于针、阔叶树的倒木、树桩基部成丛生长。

分　　布　分布于吉林、河北、甘肃、青海、新疆、四川、云南、西藏等地。

图 1067

图 1068-1

图 1068-2

图

应用情况 可食用，也记载中毒引起腹痛、腹泻等症状，采食和药用时注意。

1068 拟翘鳞伞

别　　名　尖鳞环锈伞

拉丁学名　***Pholiota squarrosoides*** (Peck) Sacc.

英 文 名　Sharp-scaly Pholiota, Brown-spored Mushroom

形态特征 子实体小至中等。菌盖直径 3～12cm，半球形至扁半球形，最后扁平，干燥，黄褐色或土褐色带粉红色，鳞片角锥状、刺状，色较深，中部多，易脱落，盖缘幼时内卷附着菌幕残片。菌肉白色带乳黄色。褶缘细锯齿状，不等长。菌柄长 3～12cm，粗 0.8～1.5cm，近圆柱形，基部膨大，菌环以上白色，以下具有类似盖色的颗粒状鳞片，易脱落，松软变空心。菌环膜质，上面白色，下面带褐色，易碎。孢子无色，光滑，椭圆形，7.3～8.1μm×2.3～3μm。褶侧囊体棒状，无色或浅褐色。

生态习性 夏秋季多在针叶林及混交林树桩上散生或群生。导致木材腐朽。

分　　布 分布于台湾、黑龙江、吉林、安徽、西藏、云南等地。

图 1070

应用情况 可食用。亦有腹泻、呕吐等胃肠道不适反应记载。食用、药用时注意。

1069 土生鳞伞

别　　名 地生鳞伞、土生环锈伞
拉丁学名 *Pholiota terrestris* Overh.
英 文 名 Ground Pholiota

形态特征 子实体小。菌盖直径 3～6cm，扁球形至近平展，表面淡黄褐色、褐色至暗褐色。菌肉带黄色。菌褶直生，密，不等长，淡黄至黄褐色，往往菌盖的菌柄丛毛状鳞片色深。菌柄长 3.5～7cm，粗 0.3～0.8cm，色较盖色浅，中上部被绵毛状鳞片，且有菌环，下部似条纹或纤毛状鳞片，内部松软至空心。孢子带黄色，光滑，壁厚，椭圆形至近卵圆形，5～10.2μm×3～5.4μm。褶侧囊体近棒状、纺锤状，黄色、金黄至锈黄色，38～40μm×7.6～10.2μm。
生态习性 春至秋季多生于林中地上或林缘草地上，丛生而又成群生长。
分　　布 分布于西藏、青海等地。
应用情况 可食用。据试验抑肿瘤，对小白鼠肉瘤 180 和艾氏癌的抑制率均为 60%。

图 1071-1

图 1071-2

1070 地毛柄鳞伞

别　　名 地毛柄环锈伞、地鳞伞
拉丁学名 *Pholiota terrigena* (Fr.) P. Karst.

形态特征 子实体小或中等大。菌盖直径2～10cm，扁半球形，后扁平，污黄色至黄褐色，边缘色较浅，有翘起鳞片。菌肉污白色至淡黄色，质地紧密。菌褶污黄色到污锈黄色，较稀，中部较宽，直生。菌柄长1～4cm，粗0.4～0.8cm，上下等粗或基部稍膨大，污黄色，肉质到纤维质，有毛状鳞片，中空。菌环易脱落，常留有环痕。孢子印锈褐色。孢子椭圆形，平滑，淡锈色，10.5～12μm×5.5～6.5μm。褶缘囊体无色，棒形或近球形，27.5～52μm×15～27.5μm。
生态习性 夏秋季于白杨林和其他林中地上散生或丛生。
分　　布 分布于河北、山西、青海、甘肃、西藏、云南等地。
应用情况 可食用。

1071 粉褶黄侧耳

别　　名 粉褶侧耳、粉红褶侧耳、粉褶平菇
拉丁学名 *Phyllotopsis rhodophyllus* (Bres.) Singer
曾用学名 *Pleurotus rhodophyllus* Bres.
英 文 名 Red-gilled Pleurotus, Pink Gill Oyster

形态特征 子实体小至中等大。菌盖直径2～10cm，扇形或近扇形，带粉红色，褪为白色，光滑。菌肉白色。菌褶粉红色，延生。菌柄短或近无，有菌柄时长约3cm，粗2.5cm，白色带粉红，实心。

图 1072

3-1

图 1073-2

孢子无色，长方椭圆形，6～9μm×2.5～4μm。

生态习性 于阔叶树腐木上丛生。

分　　布 分布于海南、福建、广东等地。

应用情况 可食用。能人工栽培，属高温型培养种。

1072　白小侧耳

别　　名 白平菇

拉丁学名 *Pleurotellus albellus* (Pat.) Pegler

曾用学名 *Pleurotus albellus* (Pat.) Pegler

形态特征 子实体小或中等，纯白色。菌盖直径 4～11cm，平展或下凹，扁形，近光滑，边缘稍内卷。菌肉稍薄。菌褶延生，稍密，不等长。菌柄长 1～8cm，粗 0.5～1.5cm，偏生或中生，实心，近基部相连并有毛。孢子光滑，无色，6～7μm×2.5～3μm。

生态习性 夏秋季于腐木上群生或丛生。属木腐菌。

分　　布 分布于广东、香港、四川等地。

应用情况 可食用。此种可发酵培养。

1073　白侧耳

别　　名 白平菇

拉丁学名 *Pleurotus albellus* (Pat.) Pegler

形态特征 子实体小或中等，纯白色。菌盖直径 4～11cm，平展或下凹，扁形，近光滑，边缘稍内

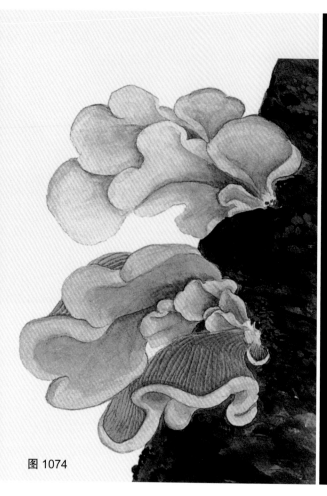

图 1074

图 1075-1

卷。菌肉稍薄。菌褶延生，稍密，不等长。菌柄长 1～4(8)cm，粗 0.5～1.5cm，偏生或中生，实心，近基部相连并有毛。孢子光滑，无色，6～7μm×2.5～3μm。

生态习性　夏秋季于腐木上群生或丛生。属木腐菌。

分　　布　分布于广东、四川等地。

应用情况　可食用。

1074　鹅毛侧耳

别　　名　鹅色侧耳、鹅黄侧耳、鹅色平菇、鹅毛色侧耳

拉丁学名　*Pleurotus anserinus* (Berk.) Sacc.

形态特征　子实体一般中等大。菌盖直径 3～12cm，扇形，浅黄白、黄褐色或稍深，边缘内卷且波状，近平滑。菌肉污白色。菌褶乳白黄带黄色，延生。菌柄短，长 0.5～1cm，粗 0.8～1.5cm，侧生。孢子无色，长椭圆形，7～9μm×3～4μm。

生态习性　生侧腐木上，近丛生。

分　　布　分布于云南、四川、广西、西藏等地。

图 1075-2

应用情况　可食用。

1075　大幕侧耳

别　　名　具盖侧耳、大幕菌
拉丁学名　*Pleurotus calyptratus* (Lindblad) Sacc.
曾用学名　*Tectella calyptrata* (Lindblad) Singer

形态特征　子实体中等大。菌盖无柄，半圆形或近肾脏形，平展，表面平滑，烟灰色至灰白色，湿润时稍黏，直径 3～14cm，边缘薄而向内卷，往往附有白色菌幕残片。菌肉白色不变，稍厚。菌褶白色，密至稍密，不等长，宽 3～5mm，后期菌褶渐变淡污黄色。菌幕白色，薄，黏性，随菌盖伸展而破碎。孢子无色，近圆柱形至长椭圆形，9～14.5μm×4.8～5.4μm。
生态习性　初夏季生于杨树树干或倒木枝干上，往往大量群生。为木腐菌。
分　　布　分布于宁夏、河南、西藏等地。
应用情况　可食用。此种目前尚未引种驯化，可作为驯化栽培种考虑。按生长季节应属于低温种，在西藏雅鲁藏布江大峡湾沿岸多见。

1076 金顶侧耳

别　　名　榆黄蘑、玉皇蘑、粗斗黄、榆黄莪、金顶蘑、榆黄侧耳、黄平菇、玉皇菇

拉丁学名　*Pleurotus citrinopileatus* Singer

曾用学名　*Pleurotus cornucopiae* var. *citrinopileatus* (Singer) Ohira

英 文 名　Golden Oyster Mushroom, Golden-cap Mushroom

形态特征　子实体一般中等大。菌盖直径3～10cm，漏斗形，草黄色至鲜黄色，边缘内卷，光滑。菌肉白色。菌褶白色或带浅粉红色，延生，密，不等长。菌柄长2～10cm，粗0.5～1.5cm，偏生，白色，内实，往往基部相连。孢子无色，光滑，圆柱形，7.5～9.5μm×2～4μm。具囊状体。

生态习性　夏秋季在榆、栎等阔叶树倒木上丛生。

分　　布　分布于河北、内蒙古、黑龙江、吉林、广东、香港、西藏等地。

应用情况　可食用，味道比较好，现已人工栽培。引起有关的树木腐朽。此菌可药用，据记载有滋补强壮的功能，亦可提高免疫力、降血脂、抑制肿瘤、治疗肾虚阳痿症和痢疾。

图 1076-1

图 1076-2

伞　菌

图 1077

1077　白黄侧耳

别　　名　紫孢平菇、姬菇、姬平菇、小平菇、小侧耳、美味侧耳、紫孢侧耳、黄白侧耳、黄
　　　　　白平菇、北风菌

拉丁学名　*Pleurotus cornucopiae* (Paulet) Rolland

英 文 名　Black Oyster Mushroom, Yellow Oyster Mushroom

形态特征　子实体中等至较大。菌盖直径5～13cm，初期扁半球形，伸展后基部下凹，幼时铅
灰色，后渐呈灰白至近白色，有时稍带浅褐色，光滑，边缘薄，平滑，幼时内卷，后期常呈波

图 1078-1

图 1078-2

状。菌肉白色，稍厚。菌褶近白色，延生而在菌柄上交织，宽，稍密。菌柄短，长 2～5cm，粗 0.6～2.5cm，扁生或侧生，内实，光滑，往往基部相连。孢子印淡紫色。孢子无色，光滑，长方椭圆形，7～11μm×3.5～4.5μm。

生态习性　于阔叶树树干上近覆瓦状丛生。

分　　布　分布于河北、北京、黑龙江、辽宁、吉林、山东、四川、安徽、甘肃、西藏、新疆等地。

应用情况　是一种人工大量栽培的食用菌，同时可用菌丝体发酵培养。含多糖，试验抑肿瘤，对小白鼠肉瘤 180 的抑制率为 60%～80%，对艾氏癌的抑制率为 60%～70%。此种由老一辈真菌工作者推荐，以北风菌闻名，其意是秋季刮北风时节开始生长。

图 1079-1   图 1079-2

1078　泡囊侧耳

别　　名　具囊侧耳、鲍鱼侧耳、囊盖菇、鲍鱼菇、亚栎侧耳、亚栎平菇、台湾平菇、高温平菇、黑鲍茸、泡囊状侧耳

拉丁学名　*Pleurotus cystidiosus* O. K. Mill.

曾用学名　*Pleurotus abalonus* Y. H. Han et al.

英 文 名　Abalone Mushroom, Cystidia Oyster

形态特征　子实体较大或大型。菌盖直径 6～12cm，扇形至平展，初期肝褐色、灰橙褐色，表面有灰黑褐色小鳞片且以中部密集呈现烟褐色。菌肉厚而繁密，白色。菌褶污白带黄，稀，延生，在柄上有交织。菌柄侧生，向下渐细呈假根状，靠基部短粗，长 1～4.5cm，粗 1～4cm，上部白色，靠下部带灰色，且往往有粗糙黄褐色毛。有分生孢子，其顶部有黑色水滴，在菌盖和试管培养基上有直径 5～10μm 的厚垣孢子。孢子近圆柱形至长椭圆形，9～15.5μm×3～5.5μm。褶缘囊体近棒状或圆柱状，壁厚，顶端钝。

生态习性　夏秋季在腐木上叠生或近丛生。

分　　布　分布于台湾、广东等地。

应用情况　可食用，现已人工栽培。具杀菌及抗氧化活性。

图 1079-3

1079　淡红侧耳

别　　名　桃红侧耳、桃红平菇、草红平菇、红平菇、红菇
拉丁学名　*Pleurotus djamor* (Rumph.) Boedijn
曾用学名　*Pleurotus salmoneostramineus* Lj. N. Vassiljeva
英 文 名　Pink Oyster Mushroom, Salmon Oyster Mushroom

形态特征　子实体一般中等大。菌盖初期贝壳形或扇形，边缘内卷，后伸展边缘呈波状，直径3～14cm，表面有细小绒毛至近光滑，幼时粉红色、鲑肉色或后变浅土黄色至鲑白色。菌肉较薄，带粉红色或近似盖色，稍密，延生，不等长。菌柄一般不明显或很短，长约1～2cm，有白色细绒毛。担子4小梗。孢子印带粉红色。孢子光滑，无色，近圆柱形，6～10.5μm×3～4.5μm。褶缘囊体近圆柱形，顶端突或膨大。
生态习性　夏秋季在阔叶树枯木、倒木、树桩上叠生或近丛生。此菌又属木腐菌。
分　　布　分布于东北、福建、广东。
应用情况　可食用并有试验人工栽培。

图 1080

图 1081

1080　栎生侧耳

别　　名　栎平菇、裂皮侧耳
拉丁学名　***Pleurotus dryinus*** (Pers.) P. Kumm.
曾用学名　*Pleurotus corticatus* (Fr.) P. Kumm.
英　文　名　Veiled Oyster Mushroom

形态特征　子实体中等至较大。菌盖直径 5～15cm，扁半球形，伸展后渐下凹，白色至灰色，有时变为浅黄色，肉质。菌褶初期极狭窄，后期变宽而延生，于菌柄部交织，稍密至稍稀。菌柄长 3～8cm，粗 1.3～2cm，偏生至几乎侧生，色与菌盖相同，或有纤毛，内实。孢子圆柱形至长方椭圆形，11～13μm×3.5～4.5μm。
生态习性　秋季在杨树的腐木上单生至丛生。此菌在新疆南北沙漠区的绿洲上，以杨树上生长最多，并引起树木木质腐朽。
分　　布　分布于黑龙江、吉林、河北、新疆等地。
应用情况　幼嫩时可食用，老后近木质而不宜食用。可药用，治肺气肿。

1081　刺芹侧耳

别　　名　刺芹菇、杏鲍菇、刺芹平菇
拉丁学名　***Pleurotus eryngii*** (DC.) Quél.
曾用学名　*Pleurotus eryngii* var. *eryngii* (Lanzi) Sacc.
英　文　名　Eryngii Mushroom, King Oyster

形态特征　子实体一般中等大。菌盖直径 3～13cm，初期半球形，扁平至边缘渐翘，后期中部下凹呈浅盘或浅杯状，浅灰青褐色至灰黄色，表面粗糙似有绒毛或龟裂，边缘内卷或呈波状。菌肉纯白色，厚。菌褶污白色，延生，密。菌柄长 3～10cm，粗 1.5～5cm，偏生，稀侧生，粗壮，实心，幼时近瓶状。
生态习性　生于刺芹茎基部。现已大量人工培养。
分　　布　川西、甘肃等地有分布。
应用情况　目前人工培养普遍。属优质食用菌，品位好。

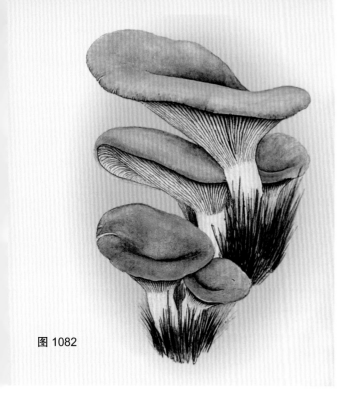

图 1082

83

1082　阿魏侧耳

别　　名	阿魏蘑、阿魏平菇、阿魏藻、阿魏菇、阿魏蘑菇、阿魏菌
拉丁学名	*Pleurotus ferulae* (Lanzi) Sacc.
曾用学名	*Pleurotus eryngii* var. *ferulae* (Lanzi) Sacc.
英 文 名	Ferula Mushroom, White Ferula Mushroom

形态特征　子实体中等至较大。菌盖直径5～15cm，扁半球形，渐平展，后期下中部凹，初期褐色后渐浅色，干时有龟裂斑纹，边缘内卷，平滑。菌肉白色，厚。菌褶白色，后淡黄或稍暗色，延生，稍密。菌柄长2～6cm，粗1～3cm，偏生，白色，内实，向下渐细。孢子无色，光滑，长方椭圆形至椭圆形，12～14μm×5～6μm，有内含物。

生态习性　春夏季在阿魏等植物的根茎上单生或近丛生。

分　　布　分布于新疆荒漠区。

应用情况　可食用，是一种味道比较好的食用菌。记载可药用治胃病。另有消积、杀虫作用，用于治腹部肿块、肝脾肿大、脘腹冷痛、肉积等。

图 1084

1. 子实体；2. 孢子

图 1085-1

图 1085-2

1083 扇形侧耳

拉丁学名 *Pleurotus flabellatus* (Berk. et Broome) Sacc.

形态特征 子实体一般较小。菌盖直径 2～7cm 或稍大，侧生呈半圆形至扇形，后平展，近基部下凹处有绒毛，表面其他部分光滑或近光滑，白色，老时稍带黄色，湿润时边缘可见细条纹或开裂。菌肉白色，靠近基部厚。菌褶白色，延生，稍密，不等长，稍宽，在柄上稍有交叉成网状。菌柄短，白色，长 0.4～3cm，粗 0.5～1cm，有绒毛，内部实心。孢子印白色。孢子椭圆形或近圆柱状，壁薄，光滑，无色透明，6～9μm×3～3.5μm。

生态习性 夏秋季生于树干上，近群生或丛生。属木腐菌。

分　布 分布于西藏东南部。此种主要分布于非洲、亚洲等热带区域。

应用情况 此菌可食用，已有驯化栽培。

1084 腐木生侧耳

别　名 腐木侧耳、木生侧耳
拉丁学名 *Pleurotus lignatilis* (Pers. : Fr.) P. Kumm.
英 文 名 Lignicole Pleurotus

形态特征 子实体较小。菌盖初期扁半球形，后期渐扁平至近扇形，中部稍下凹，表面平滑，白色或中部灰色，开始边缘内卷，直径 3～5cm。菌肉白色，具强烈气味。菌褶延生，稠密，窄，长短不一。菌柄近圆柱形，偏生，长 2～5cm，粗 0.3～0.6cm，白色，常弯曲，内实或松软至变空心。孢子印白色。孢子光滑，无色，卵圆形，5～6μm×3.5～4μm。

生态习性 夏秋季在阔叶树等腐木上群生至近丛生。侵害树木导致木材腐朽。

分　布 分布于吉林、四川、西藏、广东等地。
应用情况 可食用。

图 1086-1 图 1086-2

图 1086-3

1085　小白侧耳

拉丁学名　*Pleurotus limpidus* (Fr.) Sacc.

形态特征　子实体小。菌盖半圆形、倒卵形、肾形或扇形，直径 2～4.5cm，无后檐，光滑，水浸状，纯白色。菌肉白色，薄，脆。菌褶白色，延生，稍密或稠密，半透明。菌柄近圆柱形，侧生，白色，长2～3cm，具细绒毛，内部实心。孢子印白色。孢子无色，光滑，长方椭圆形，5.6～10.2μm×3.5～4μm。
生态习性　夏秋季生于阔叶树倒木上，常呈覆瓦状生长。此菌可导致树木木材腐朽。
分　　布　分布于吉林、台湾、广西、云南、西藏等地。
应用情况　可食用。新鲜子实体在夜晚发荧光。

1086　白灵侧耳

别　　名　白灵菇
拉丁学名　*Pleurotus nebrodensis* (Inzenga) Quél.
曾用学名　*Pleurotus eryngii* var. *nebrodensis* C. J. Mou
英 文 名　White Ferule Mushroom, White Sanctity Mushroom

形态特征　子实体一般较大。菌盖直径 5～15cm，初期近扁球形，很快扁平或平展，无后檐或稀有后檐，纯白色，厚，表面近平滑或似绒状。菌肉白色，不变色，肥厚。菌褶白色，后期带粉黄色，延生。菌柄长 3～8cm，粗 2～4cm，侧生或偏生，上部粗而基部往往细，粗糙，内部白色，质嫩脆，实心。孢子无色，光滑，含油滴，长椭圆形或柱状椭圆形，9～13.5μm×4.5～5.5μm。
生态习性　春秋季在刺芹、阿魏等植物茎基部群生、近丛生或单生。新疆阿魏灌丛荒漠中出产。
分　　布　分布于新疆荒漠区。
应用情况　可食用。菌肉较厚，纯白，口感好，高品质，是一种质味具佳的食用菌。属我国优质并广泛人工培养，闻名国内外的品种。

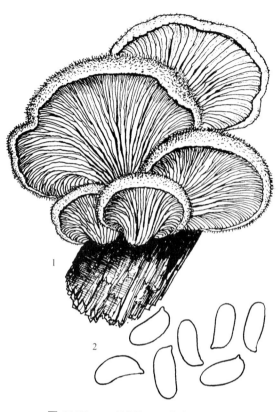

1087　黄毛侧耳

拉丁学名　***Pleurotus nidulans*** (Pers.) P. Kumm.
曾用学名　*Phyllotopsis nidulans* (Pers.) Singer
英　文　名　Orange Mock Oyster

形态特征　子实体一般小。菌盖直径 2～7cm，扁半球形或肾形，伸展后中部下凹成漏斗状，半肉质后革质，深鹅毛黄色或黄褐色，有粗毛，边缘波状，内卷或向上反起。菌肉白色至淡黄色，薄。菌褶橘黄色，稍稀，近直生至延生。无菌柄。孢子印白色。孢子无色，光滑，圆柱形，稍弯曲，5～8μm×2.5～4μm。

生态习性　在阔叶树或针叶树倒腐木上群生和近丛生。属木腐菌，可引起心材白色腐朽。

分　　布　分布于黑龙江、吉林、甘肃、新疆、青海、广西、西藏、广东、四川等地。

应用情况　有人认为可食用。

图 1087　1. 子实体；2. 孢子

1088　贝形平菇

别　　　名　糙皮侧耳、冬菇、平菇、杨树菇、青蘑、桐子菌、蛤蜊菌、蠔菇、北风菌、侧耳、蛤蛎菇、蚝菌

拉丁学名　***Pleurotus ostreatus*** (Jacq.) P. Kumm.
英　文　名　Common Oyster Mushroom

形态特征　子实体中等至大型。菌盖直径 5～21cm，扁半球形，后平展，有后檐，白色至灰白色、暗青灰色，有条纹。菌肉白色，厚。菌褶白色，延生，在菌柄上交织，稍密至稍稀。菌柄短或无，长 1～3cm，粗 1～2cm，侧生，白色，内实，基部常有白绒毛。孢子无色，光滑，近圆柱形，7～10μm×2.5～3.5μm。

生态习性　冬春季于阔叶树腐木上覆瓦状丛生。属木腐菌，使木质部分形成丝片状白色腐朽。

分　　布　分布于河北、河南、山西、陕西、甘肃、山东、江苏、浙江、福建、辽宁、吉林、黑龙江、江西、台湾、新疆、西藏等地。

应用情况　可食用，味道好。现人工普遍栽培，是我国重要食用菌之一。含 8 种必需氨基酸。子实体水提取液试验抑肿瘤，对小白鼠肉瘤 180 及艾氏癌的抑制率分别为 75% 和 60%。中药用于治腰酸腿疼、手足麻木、筋络不适。

88-1

088-2

图 1089

1089　贝形圆孢侧耳

别　　名　贝形侧耳、鹰翅菌、冻菌
拉丁学名　*Pleurotus porrigens* (Pers.) P. Kumm.
曾用学名　*Pleurocybella porrigens* (Pers.) Singer
英 文 名　Angel's Wings

形态特征　子实体小至中等。菌盖贝形、半圆形或近扇形，光滑，水浸状，白色，盖基部有绒毛，边缘内卷，直径 2.5～5cm。菌肉白色，薄。菌褶从基部放射生出，白色，分叉，窄，密，不等长。无菌柄。孢子印白色。孢子光滑无色，球形至近球形，5～7μm×3.5～6μm。

生态习性　夏秋季在针叶树等倒腐木上单生、群生，多丛生或叠生一起。属木腐菌。

分　　布　分布于福建、云南、西藏、海南、北京、甘肃、广东、吉林等地。

应用情况　可食用。可人工培养。

1090　肺形侧耳

别　　名　鲍鱼菇、肺形平菇、柳树菌、凤尾菇、凤尾侧耳、秀珍菇、印度平菇、喜马拉雅平菇、印度鲍鱼菇
拉丁学名　*Pleurotus pulmonarius* (Fr.) Quél.
英 文 名　Indian Oyster Mushroom

形态特征　子实体中等大。菌盖直径 4～8cm，可达 10cm，扁半球形至平展，倒卵形至肾形或近扇形，白色、灰白色至灰黄色，表面光滑，边缘平滑或呈波状。菌肉白色，靠近基部稍厚。菌褶白色，延生，稍密，不等长。菌柄短或几无，长 1～4cm，粗 1～12cm，白色有绒毛，后期近光滑，内部实心至松软。孢子无色透明，光滑，近圆柱形，8.1～10.7μm×3～5.1μm。

生态习性　夏秋季一般于阔叶树倒木、枯树干或木桩上丛生。属木腐菌。

分　　布　分布于西藏、河南、广西、陕西、广东、新疆等地。

图 1090

91-1

应用情况 可食用，干后气味香，味道比较好。可人工栽培。抑肿瘤。

1091 粉褶侧耳

别 名	粉红褶侧耳、粉褶平菇、美味侧耳
拉丁学名	*Pleurotus rhodophyllus* Bres.
曾用学名	*Pleurotus sapidus* (Schulzer) Sacc.
英 文 名	Red-gilled Pleurotus, Pink Gill Oyster

图 1091-2

形态特征 子实体小至中等。菌盖直径 2～10cm，扇形或近扇形，带粉红色，褪为白色，光滑。菌肉白色。菌褶粉红色，延生。菌柄短或近无，有菌柄时长约 3cm，粗 2.5cm，白色带粉红，实心。孢子无色，长方椭圆形，6～9μm×2.5～4μm。

生态习性 于阔叶树腐木上丛生。

分 布 分布于海南、福建、广东等地。

应用情况 可食用。可人工栽培，属高温型栽培种。

图 1092-1

图 1092-2

1092 灰褐侧耳

拉丁学名 *Pleurotus* sp.

形态特征 子实体中等至较大。菌盖扁平，较厚，直径5～16cm，灰褐色、污灰白色到暗褐灰色，表明稍粗糙或平滑，有纤维状条纹，边缘稍内卷。菌肉较厚，污白色，变暗色。菌褶稍厚，延生，有短菌褶，稍密到稍稀，污灰白至灰色。菌柄侧生稀偏生，多短粗，实心，稍硬，长3～7cm，粗2～3cm，污白色，后期变暗色。担子棒状，具4小梗。孢子近无色，光滑，不正椭圆至长椭圆形，12～15μm×5～5.8μm，有内含物。

生态习性 生于稀疏林地及灌丛草地上，单生或近丛生。

分 布 野生标本采集于新疆、云南等地。

应用情况 可食用，菌肉较厚，味道好。可人工培养，生产加工，并研究应用。

图 1093

1093 长柄侧耳

别 名 灰平菇、灰冻菌、灰白侧耳、长白平菇

拉丁学名 *Pleurotus spodoleucus* (Fr.) Quél.

英 文 名 Long Stalked Pleurotus

形态特征 子实体中等。菌盖3～9cm，圆形、扁半球形，后渐平展，光滑，白色，中部浅黄色。菌肉白色，稍厚。菌褶白色，延生，稍密至稍稀。菌柄长4～11cm，粗0.8～1.8cm，偏生至近侧生，白色，内实。孢子无色，光滑，圆柱形，8～10.5μm×3～4μm。

生态习性 秋季于阔叶树枯干上丛生。侵害山杨、白桦等树木、倒木、伐木等，形成白色腐朽。

分 布 分布于吉林、云南、西藏等地。

应用情况 可食用。据试验抑肿瘤，子实体的水提取液对小白鼠肿瘤抑制率为72%。

图 1094

图 1095-1

图 1095-2

1094　黑边光柄菇

别　　名　褐绒盖光柄菇

拉丁学名　*Pluteus atromarginatus* (Konrad) Kühner

曾用学名　*Pluteus tricuspidatus* Velen.

英 文 名　Black-edged Pluteus

形态特征　子实体较小。菌盖直径 6～8cm，钟形至平展，淡褐色，具黑褐色近絮状鳞片，粗糙，边缘具棱纹。菌肉白色，近表皮处褐色。菌褶白色至淡红褐色，离生，密，宽，褶缘黑褐色。菌柄长2.5～6cm，粗 0.2～1cm，近似盖色，具条纹，下部有褐色点状鳞片，扭转，松软至空心。孢子光滑，宽椭圆形，4～6.2μm×4～4.2μm。褶侧囊体近纺锤状，顶端具 2～3 角，37.4～60μm×14.5～16.6μm。褶缘囊体泡囊状或卵圆形至椭圆形。

生态习性　夏秋季于腐木上丛生、群生或单生。

分　　布　分布于吉林、甘肃、四川、西藏、香港等地。

应用情况　可食用，但味较差。

图 1095-3

图 1095-4

1095　灰光柄菇

别　　名　暗色光柄菇
拉丁学名　*Pluteus cervinus* (Schaeff.) P. Kumm.
曾用学名　*Pluteus atricapillus* (Batsch) Fayod
英 文 名　Fawn Pluteus, Fawn Mushroom

形态特征　子实体中等大。菌盖直径 5～11cm，半球形，渐平展，灰褐色至暗褐色，近光滑，稍黏。菌肉白色。菌褶白色至粉红色，离生。菌柄长 7～9cm，粗 0.4～1cm，同菌盖色，内实至松软。孢子印粉红色。孢子近卵圆形至椭圆形，6.2～8.3μm×4.5～6.2μm。褶侧和褶缘囊状体顶部具 3～5 角，梭形，52～83μm×12～16.2μm。
生态习性　夏秋季生倒腐木上，单生或散生。
分　　布　分布于吉林、河南、山西、江苏、福建、湖南、湖北、甘肃、四川、西藏、新疆等地。
应用情况　可食用，但味较差。

图 1096

图 1097

1096　粉褐光柄菇

拉丁学名　*Pluteus depauperatus* Romagn.

形态特征　子实体小。菌盖直径2.5～4cm，扁半球形或扁平至平展，粉灰色，中部色稍深，表面光滑或后期形成小鳞片或开裂，边缘有条纹。菌肉污白色，薄。菌褶粉白至粉红褐色，离生，稍密，不等长。菌柄长3～5cm，粗0.3～0.4cm，柱形，白色，下部带黄色，基部稍膨大。孢子近无色，光滑，宽椭圆形至近球形，7～8μm×5.5～6.8μm。褶囊体无色，棒状或梭形，60～180μm×15～35μm。
生态习性　秋季生阔叶树腐木上。
分　　布　分布于吉林、西藏等地。
应用情况　可食用。

1097　狮黄光柄菇

拉丁学名　*Pluteus leoninus* (Schaeff.) P. Kumm.
英 文 名　Orange-yellow Pluteus

形态特征　子实体较小。菌盖直径3～7cm，近钟形或扁半球形，后期扁平，鲜黄或橙黄色，顶部色深或有皱凸，湿润，边缘有细条纹。菌肉白色带黄。菌褶白色、粉红色到肉色，离生。菌柄长3～8cm，粗0.4～1cm，基部稍膨大，黄白色，有纵条纹或深色纤毛状鳞片，松软至空心。孢子印肉色。孢子带浅黄色，光滑，近球形，5.5～7μm×4.5～6μm。褶侧囊体近纺锤状。
生态习性　夏至秋季于阔叶树倒腐木或锯末上群生或丛生。
分　　布　分布于北京、河北、辽宁、吉林、黑龙江、河南、四川、云南、西藏、香港等地。
应用情况　有记载可食用。

1098　长条纹光柄菇

拉丁学名　*Pluteus longistriatus* (Peck) Peck
英 文 名　Pleated Pluteus

形态特征　子实体较小。菌盖直径2.5～6cm，半球形至平展，表面有放射状深色条纹和皱纹或小疣，褐灰色。菌肉稍厚，白色。菌褶离生，密，稍宽，不等长，初期近白带粉色，后变至粉红色。菌柄较细长，圆柱形，上部色浅稍细，而向下渐粗呈褐色，具有深纤毛状条纹或鳞片。孢子印浅粉红色。孢子近椭圆形或宽椭圆形，光滑，稍带浅黄色，6～7.5μm×5～5.5μm。

图 1098

图 1099

生态习性　夏秋季在腐木上单生或群生。

分　　布　分布于广东、香港等地。

应用情况　记载可食用。

1099　白光柄菇

拉丁学名　*Pluteus pellitus* (Pers.) P. Kumm.

英 文 名　White Pluteus

形态特征　子实体较小。菌盖直径5～7cm，扁半球形至近钟形，中部凸起，纯白色至污白色，中部浅黄褐色，边缘波状或开裂且有短条棱。菌肉白色。菌褶粉色至肉粉色，离生。菌柄白色，长4～7cm，粗1～1.2cm，质脆，有条纹，松软至空心。孢子光滑，短圆柱形，5～7.5μm×4.5～6.5μm。

生态习性　生腐木上，单生或群生。

分　　布　分布于广东、广西、香港等地。

应用情况　记载可食用。

1100　帽盖光柄菇

拉丁学名　*Pluteus petasatus* (Fr.) Gillet
英 文 名　Cap Pluteus

形态特征　子实体中等至较大。菌盖直径5～18cm，扁半球形，呈帽状，后期近平展，污白至近乳白色，中部带褐色凸起或有鳞片，边缘白色，平滑。菌肉白色，较厚，松软，不变色。菌褶初期污白至粉色，后呈粉肉色，离生，宽，边缘伤处色稍变深。菌柄粗壮，长6～15cm，粗1～3cm，污白色，或下部色稍深或有条纹，松软。孢子印粉红肉色。孢子浅褐黄色，光滑，近球形、宽椭圆形，5.4～8.4μm×4.3～5.4μm。褶侧囊体壁厚，近瓶状，顶部有角。

生态习性　夏末至秋季于林地或腐朽木上群生或近丛生，稀单生。
分　　布　分布于河北、吉林、黑龙江、台湾等地。黑龙江、吉林多野生。
应用情况　可食用。味道较差。可研究人工培养。

图 1100-2

图 1101

1101　裂盖光柄菇

拉丁学名　*Pluteus rimosus* Murrill

形态特征　子实体较小。菌盖直径2～7cm，扁半球形至扁平或近平展，灰褐色至褐色，表皮有条纹，多开裂。菌肉白色，稍厚。菌褶污白至粉红色，离生，不等长。菌柄长3～8cm，粗0.5～0.8cm，圆柱形，污白色，或有灰褐色长条纹，内实，松软。孢子近无色，光滑，近球形，6～7.5μm×4～6.5μm。

生态习性　夏秋季生林中。

分　　布　分布于甘肃、黑龙江等地。

应用情况　可能食用。有认为食毒不明。

1102　柳生光柄菇

别　　名　柳木光柄菇

拉丁学名　*Pluteus salicinus* (Pers.) P. Kumm.

形态特征　子实体较小。菌盖直径2～5.5cm，初期半球形至扁半球形，后期平展中部稍凸起，表面灰色带绿灰褐色，中部暗灰色，湿润时有细条纹。菌肉盖部和柄基部污白色或带灰色。菌褶白色带粉红色，不等长，离生，较密。菌柄细长，柱形，往往向下稍膨大，长5～7cm，粗0.3～0.7cm，光滑，白色或变至同盖色。孢子印粉红色。孢子椭圆形，光滑，8～10μm×6～8μm。褶侧囊体梭形。

生态习性　夏秋季在腐木上群生或单生。

分　　布　分布于吉林、甘肃、山西、陕西、河北、黑龙江、新疆、西藏等地。

应用情况　可食用。

1103　亚灰光柄菇

拉丁学名　*Pluteus subcervinus* (Berk. et Broome) Sacc.

英 文 名　Deer Mushroom

形态特征　子实体较小。菌盖直径2～6cm，

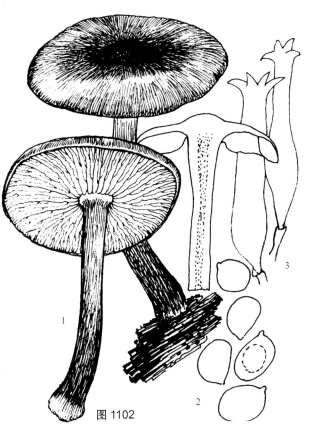

图 1102

1. 子实体；2. 孢子；3. 囊体

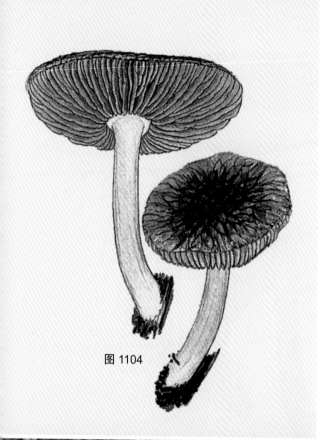

图 1104

扁半球形至近平展，浅灰褐色、黄褐色，中部色较深，有时表皮开裂，边缘平滑。菌肉白色。菌褶污白至肉粉色，离生，稍密，不等长。菌柄长3～7cm，粗0.3～0.6cm，柱形，白色至稍带黄，有条纹。孢子光滑，宽椭圆形，4.5～6.5μm×3.5～5μm。褶侧囊体50～70μm×12～16μm。

生态习性 生腐朽木及腐枝上，单生或散生。

分　　布 分布于陕西秦岭、吉林长白山、黑龙江等地。

应用情况 可食用。

1104　皱盖光柄菇

拉丁学名 *Pluteus umbrosus* (Pers.) P. Kumm.
英 文 名 Velvet Shield Cap

形态特征 子实体小或中等。菌盖直径3～9cm，半球形至扁平，褐色有绒毛，中部呈暗褐色网纹状。菌肉污白色。菌褶污白或粉红至近褐色，离生，褶缘暗色。菌柄长3.5～9cm，粗0.4～1.4cm，污白色，有绒毛或小鳞片，松软，基部稍膨大。孢子污黄色，近球形，6～7.2μm×4～5.5μm。

生态习性 夏秋季生于腐朽木上。属木腐菌。

分　　布 分布于新疆、甘肃、青海等地。

应用情况 可食用。

1105　草地小脆柄菇

拉丁学名 *Psathyrella campestris* (Earle) A. H. Sm.

形态特征 子实体较小。菌盖直径2.5～6cm，钟形、扁半球形至近平展，灰褐色或黄褐色，中部深褐色，表面干，似有绒毛，边缘有细条棱纹，内卷。菌肉灰白色，薄，无明显气味。菌褶灰褐色，老后近黑褐紫色，近直生至近弯生，密，不等长。菌柄细长，长5～12cm，粗0.4～0.5cm，柱形，白色，有纤毛及长条纹，质脆，空心。孢子褐黄色，光滑，有芽孔，含油球，卵圆形至椭圆形，5～8μm×4～5μm。无褶侧囊体和褶缘囊体。

图 1105

6-1

生态习性　春至秋季于阔叶林中地上单生、群生或簇生。

分　　布　分布于广东、河北等地。

应用情况　新鲜时可食用。其质地易碎。

1106　黄白小脆柄菇

图 1106-2

别　　名　黄白花边伞、白黄小脆柄菇、白黄脆柄菇、薄花边伞

拉丁学名　*Psathyrella candolleana* (Fr.) G. Bertrand

曾用学名　*Hypholoma appendiculatum*

英文名　Common Psathyrella, Fringed Crumble Cap

形态特征　子实体较小。菌盖直径 3～7cm，钟形到斗笠形，水浸状，浅蜜黄色至褐色，干时皱呈污白色，顶部深色，盖缘附有白色菌幕残片。菌肉白色，较薄。菌褶灰白至褐紫灰色，直生，较窄，密，褶缘粗糙。菌柄细长，易脆，长 3～8cm，粗 0.2～0.7cm，圆柱形，白色，质脆，有纵条纹或纤毛，稍弯曲，空心。孢子光滑，有芽孔，椭圆形，6.5～9μm×3.5～5μm。褶缘囊体无色，袋状至窄的长颈瓶状。

生态习性　夏秋季于林中、草地、林缘、道旁腐朽木周围大量群生、近丛生。

分　　布　分布于河北、山西、黑龙江、吉林、辽宁、内蒙古、新疆、青海、宁夏、甘肃、四川、云南、福建、台湾、湖南、广西、贵州、西藏、香港等地。

应用情况　新鲜时可食用，亦怀疑有毒。在四川西昌当地有人采食野生新鲜品。

图 1107

1107 喜湿小脆柄菇

别　　名	喜湿脆柄菇、喜湿花边伞
拉丁学名	*Psathyrella hydrophila* (Bull.) A. H. Sm.
英　文　名	Clustered Psathyrella

形态特征　子实体较小，质脆。菌盖直径2～5cm，半球形至扁半球形，中部凸，浅褐色至暗褐色，干时色浅，湿润时水浸状，边缘平滑或有细条纹，盖边沿有菌幕残片。菌柄长3～7cm，粗0.4～0.5cm，圆柱形，稍弯曲，污白色，质脆易断，空心。孢子带紫褐色，椭圆形，5.6～7μm×3.5～4μm。褶缘囊体顶部钝圆，宽棍棒状。

生态习性　夏秋季于林内腐朽木处大量群生。

分　　布　分布于河北、河南、吉林、黑龙江、山东、浙江、江苏、福建、广东、广西、香港、海南、陕西、山西、甘肃、江西、湖南、湖北、安徽、四川、云南、青海等地。

应用情况　新鲜时可食用。其质脆，味道一般。

1108　土黄小脆柄菇

拉丁学名　*Psathyrella pyrotricha* (Holmsk.) Konrad et Maubl.

形态特征　子实体小。菌盖半球形至扁半球形，土黄色或近橙红色。孢子10～12.5μm×6～7μm。其他特征同毡毛小脆柄菇 *Psathyrella velutina*。
分　布　分布于香港等地。
应用情况　有记载食用。

1109　皱盖小脆柄菇

拉丁学名　*Psathyrella rugocephala* (G. F. Atk.) A. H. Sm.
英 文 名　Corrugated-cap Psathyrella

形态特征　子实体较小或中等。菌盖直径4～10cm，初期半球形或扁半球形，后期斗笠形至近平

图 1109

图 1110

图 1111-1

图 1112-1

展，中部突起且有皱棱纹，老后有时边缘上翘，表面褐色至褐黄色，中部深褐或带棕褐色，周边色浅而无明显条纹，无毛，水浸状。菌肉污白色，无特殊气味。菌褶直生，密而宽，初期污白色，后变紫褐至黑色。菌柄细长，光滑，长6～12cm，粗0.6～1cm，白色或下部浅黄色，空心。菌环白色，薄，膜质，残留柄上部或附着菌盖边缘。孢子印紫褐黑色。孢子近卵圆形或宽椭圆形，光滑或近粗糙，具发芽孔，8.5～11μm×6～7.8μm。

生态习性 夏秋季生阔叶树木桩基部或附近，群生或丛生。

分　布 现见于香港等地。

应用情况 国外亦有记载可食用，其质脆，味较差。

1110　灰褐小脆柄菇

拉丁学名 *Psathyrella spadiceogrisea* (Schaeff.) Maire

形态特征 子实体一般较小。菌盖直径2.5～6cm，钟形至半球形，褐色、暗褐色、浅棕褐色，有放射条纹，幼时有白色残膜，干时色稍浅。菌肉污白。菌褶污白带紫褐色至暗灰褐色，直生。菌柄直立，长5～9cm，粗0.3～0.5cm，白色近平滑，内部实心至变空心。孢子椭圆形，6.5～10μm×4～5μm。

生态习性 生阔叶树林中腐木桩上。

分　布 分布于贵州等地。

应用情况 可食用。

1111　鳞小脆柄菇

拉丁学名 *Psathyrella squamosa* (P. Karst.) M. M. Moser

形态特征 子实体较小。菌盖直径2～3.5cm，半球形、钟形至斗笠形或近扁平，浅赭黄、浅草黄色，表面及边缘有白色鳞片，湿润时盖上往往有一宽的环带。菌肉白色。菌褶污白色、黄褐至紫褐色，直生。菌柄长3～5cm，粗0.3～0.5cm，柱形，白色，质脆，有白色小鳞片，内部松软。

生态习性 秋季于林地腐木桩上近丛生。

分　布 分布于河北、北京等地。

应用情况 可食用。

图 1112-2

1112　毡毛小脆柄菇

别　　名　疣孢花边伞、毡毛小脆柄菇、毡毛垂幕菌、毡绒垂幕菇

拉丁学名　*Psathyrella velutina* (Pers. : Fr.) Singer

曾用学名　*Hypholoma velutinum* (Pers.) P. Kumm.; *Psathyrella lacrymabunda* (Bull.) M. M. Moser ex A. H. Sm.; *Lacrymaria lacrymabunda* (Bull.) Pat.

英 文 名　Velvety Psathyrella, Weeping Widow

形态特征　子实体较小。菌盖直径 3～6cm，钟形到近斗笠形，暗黄色、土褐色，中部浅朽叶色到黄褐色，密被平伏的毛状鳞片，具辐射状皱纹，近边缘具灰褐色长毛和白色菌幕残片。菌肉近白色，质脆。菌褶污黄色至灰黑色，褶缘色浅，直生到离生，密，窄。菌柄长 3～9cm，粗 0.3～0.7cm，圆柱形，同盖色，有毛状鳞片，上部色较浅，质脆，空心，基部稍膨大。有菌环痕迹。孢子浅黑褐色，具小疣，近卵圆形至椭圆形，9～12.3μm×6～7.4μm。褶缘囊体无色，透明，近梭形。

生态习性　春至秋季于林中地上或肥土处群生。

分　　布　分布于广东、海南、香港、台湾、河北、河南、云南、四川、西藏等地。

应用情况　可食用，质味差，亦有中毒记载。采集食用或配药用时注意。

1113　灰假杯伞

別　　名　灰杯伞
拉丁学名　***Pseudoclitocybe cyathiformis*** (Bull.) Singer
曾用学名　*Clitocybe cyathiformis* (Bull.) P. Kumm.
英文名　Goblet

图 1113

形态特征　子实体中等大。菌盖初期半球形，后渐平展至杯状或浅漏斗状，直径 3～7cm，光滑，灰色至棕灰色，水浸状，初期菌盖边缘明显内卷。菌肉松软，较盖色浅，比较薄。菌褶延生，稀或较密，窄，不等长，较盖色浅。菌柄长 4～7cm，粗 0.4～0.8cm，细长呈柱状或基部膨大亦有白色绒毛，内部松软。孢子印白色。孢子光滑，无色，卵圆至椭圆形，7.6～10μm×4.5～6.1μm。

生态习性　夏秋季在林中地上或腐朽后的倒木上散生、近丛生或成群生长。

分　　布　分布于吉林、河北、山西、陕西、四川、内蒙古、青海、西藏等地。

应用情况　可食用，此菌干后气味很香。抑肿瘤，对小白鼠肉瘤 180 和艾氏癌的抑制率分别为 80% 和 70%。

图 1114-1

1114　条纹假杯伞

別　　名　条缘灰杯伞、条缘灰杯蕈
拉丁学名　***Pseudoclitocybe expallens*** (Pers.) M. M. Moser
曾用学名　*Clitocybe expallens* (Pers.) P. Kumm.

形态特征　子实体小。菌盖直径 3～4.5cm，中部下凹脐状至杯形，深棕灰色，光滑，水浸后半透明，边缘有条纹。菌肉灰色，薄。菌褶鼠灰色，稍稀，延生。菌柄与菌盖色相近，长 5～7cm，粗 4～6mm，中空，上部近柱形，基部稍膨大。孢子无色，光滑，近卵圆形，4.5～6μm×3.5～5μm。

生态习性　秋季生于林中地上。

分　　布　分布于吉林等地。

应用情况　可食用。

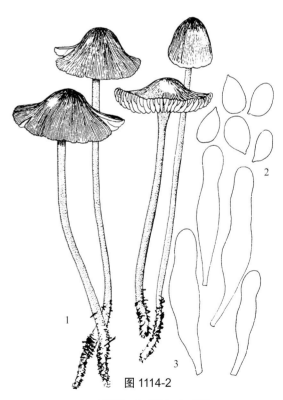

图 1114-2

1. 子实体；2. 孢子；3. 囊体

图 1115-1　　　　　　　　　　　　　　　　　　　　　图 1115-2

1115　喜粪生裸盖菇

拉丁学名　*Psilocybe coprophila* (Bull.) P. Kumm.

形态特征　菌盖直径 1～2.5cm，凸镜形至半球形，伸展后中部脐凹，稍黏至黏，光滑，近边缘具细毛，灰褐色至暗褐色，干后灰黄褐色。菌肉薄，白色，无特殊气味。菌褶直生，灰褐色至深紫褐色，稍稀，幅宽，不等长，褶缘粗糙有颗粒。菌柄长 2～6cm，直径 0.1～0.3cm，圆柱形，近等粗，黄褐色至灰褐色，中部略深，上有绒毛，干燥，空心。菌环无。孢子 10.5～13μm×7.5～8.5μm，正面宽椭圆形至近六角形，侧面椭圆形，光滑，暗褐色。

生态习性　夏秋季群生于粪堆上。

分　　布　各牧区多有分布。

应用情况　有神经性毒素，可研究应用医疗有关病症。

1116　古巴光盖伞

别　　名　暗蓝光盖伞、牛屎菇、暗花褶伞、暗蓝花褶菌

拉丁学名　***Psilocybe cubensis*** (Earle) Singer
曾用学名　*Stropharia cyanescens* Murrill; *Psilocybe cyanescens* Wakef.; *Panaeolus cynescens* Berk. et Broome
英　文　名　Potent Psilocybe, Bluing Psilocybe, Blue-staining Panaeolus

图 1116

1. 子实体；2. 孢子；3. 褶侧囊体

形态特征　子实体小。菌肉、菌盖、菌柄伤处速变暗蓝色。菌盖直径1～4.5cm，半球形至钟形，淡褐色、稀灰白色，后为深褐色至栗色，中部有时黑褐色，光滑，湿时黏，盖边缘有时具条纹或稍皱，初期内卷，灰白色，呈齿状。菌褶呈灰黑斑，褶缘白色，直生，不等长。菌柄长3～11.5cm，粗0.2～0.6cm，空心，炭白或肉粉色上部有条纹，下部带黄色或淡褐色，表面粉末状。孢子黑褐色，光滑，卵圆形或近柠檬形，8.5～13.2μm×6～9μm。褶缘囊体金黄色或黄褐色，稀疏，顶部壁厚，有时具结晶，梭形、纺锤形。

生态习性　于林中或草地牛粪上群生。

分　　布　分布于福建、北京等地。

应用情况　有毒，中毒后出现头痛、头晕、嗜睡、无力及喉头麻木，还发生腿脚麻木等症状。所含毒素psilocybin和psilocin，可研究应用于精神分裂、神经失调疾病的诊断及治疗。还用在丛发性头痛治疗、帮助戒毒、减轻晚期癌症病人痛苦、辅助精神治疗、定向催眠和解酒等方面。

1117　黄褐光盖伞

别　　名　黄裸盖菇、褐光盖伞、黄光盖伞
拉丁学名　***Psilocybe fasciata*** Hongo

形态特征　子实体小。菌盖直径2～4cm，半球形，变扁半球形至近钟形，灰褐色至浅黄褐色，边缘色浅，干时灰白黄色，中部平、凸，幼时边缘附着纤维状残膜，平滑，黏，湿时边缘有细条纹。菌肉污白色，受伤处变青蓝色，薄。菌褶初期灰白色，后期灰褐色至暗褐紫色，边缘近白色，直生又弯生。菌柄细长4～8cm，粗0.2～0.5cm，圆柱形，白色，伤处变青色，向下渐粗，上部粉状，变空心，基部有白色粗绒毛。孢子光滑，一端平截，椭圆形或卵圆形，9～10.5μm×4.5～6μm。褶

图 1117

图 1118

缘囊状体近纺锤状。

生态习性 夏秋季于林中地上群生或单生。

分 布 首次见于香港地区。原发现于日本。

应用情况 有毒，可能含有致幻觉、精神错乱等中枢神经中毒症状。

1118 毒光盖伞

别 名 毒裸盖伞、毒光裸伞

拉丁学名 *Psilocybe venenata* (S. Imai) Imazeki et Hongo

曾用学名 *Stropharia venenata* S. Imai

形态特征 子实体较小。菌盖直径 1～4cm，初期近锥状，开伞后稍平展，中部稍凸起，褐色或带红褐色或变浅灰绿色，受伤部位变蓝绿色，幼时稍有鳞片，后光滑，黏。菌褶浅灰紫褐色，直生至凹生，褶缘有白色絮状物。菌柄长 4～7cm，粗 0.4～0.6cm，柱形，下部有纤毛，内部松软至空心。菌环膜质易消失。孢子椭圆形至宽椭圆形，8～12μm×5.5～7μm。褶缘囊体纺锤形，17～36μm×4.4～7.5μm。

生态习性 夏秋季于林中地上、路旁等处的牲畜粪肥上群生或丛生。

分 布 分布于新疆、山西等地。此种原发现于日本。

应用情况 有毒，中毒后产生精神异常兴奋、烦躁不安、幻觉等反应。应用同古巴光盖伞。

1119　乳酪金钱菌

别　　名　乳酪粉金钱菌、乳酪粉红金钱菌、乳
　　　　　酪小皮伞
拉丁学名　***Rhodocollybia butyracea*** (Bull.) Lennox
曾用学名　*Collybia butyracea* (Bull.) P. Kumm.;
　　　　　Marasimius butyraceus P. Karst.
英 文 名　Buttery Rhodocollybia

形态特征　子实体一般小。菌盖直径2～7cm，初
期半球形，后开伞平展中部凸起，表面常常呈水
浸状，通常暗红褐色或褐色，带黄色、土黄色或
褐至污白色，顶部色深，平滑，有时边缘近波状。
菌肉白色或带粉褐色，中部厚，边缘薄，气味温
和。菌褶白色至污白色，直生至近离生，宽、密、
薄、边缘锯齿状，不等长。菌柄细长，圆柱形，长
4～8cm，粗0.3～0.8cm，往往上部变细而下部渐粗
至基部膨大，淡黄色或带褐色，有纵条纹，基部有
细毛，内部空心。孢子印白色。孢子椭圆形，光滑，
6.5～7.6μm×3～4.5μm。
生态习性　夏秋季主要生于针叶林中地上，往往成
群生长，稀单生。
分　　布　分布于云南、香港、台湾、河南、四川、
西藏、河北、山西、甘肃等地。
应用情况　无毒，可食用。

图 1119

1120　红斑粉金钱菌

别　　名　斑粉金钱菌、斑金钱菌
拉丁学名　***Rhodocollybia maculata*** (Alb. et Schwein.)
　　　　　Singer
曾用学名　*Collybia maculata* (Alb. et Schwein.) P.
　　　　　Kumm.
英 文 名　Spotted Tough Shank

形态特征　子实体小至中等。菌盖直径6～10cm，
扁半球形至近扁平，中部钝或凸起，表面白色或污
白，常有锈褐色斑点或斑纹，老后表面带黄色或

图 1120

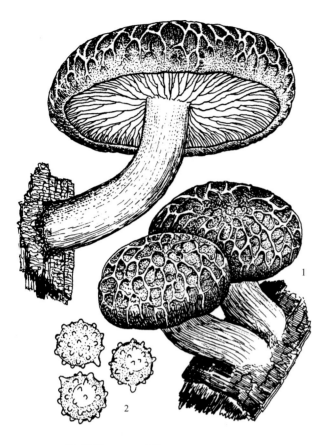

图 1121　1. 子实体；2. 孢子

褐色，平滑无毛，边缘幼期卷无条棱。菌肉白色，中部厚，气味温和或有淀粉味。菌褶直生或离生，白色或带黄色，很密，窄，不等长，褶缘锯齿状，常常出现带红褐色斑痕。菌柄圆柱形，细长，近基部常弯曲，长5.5～12cm，粗0.5～1.2cm，有时中下部膨大和基部处延伸呈根状，具纵长条纹或扭曲的纵条沟，软骨质，内部松软至空心。孢子印近白色。孢子近球形，无色，光滑，6～7.6μm×4～6.5μm。无囊状体。

生态习性　夏秋季在林中腐枝、腐朽木或地上群生或近丛生。

分　　布　分布于甘肃、陕西、西藏、新疆、云南、江西、四川等地。

应用情况　可食用，味较好。子实体生长后期出现红褐色斑，是此菌突出特点。

1121　网盖红褶伞

别　　名　缘网粉菇、掌状玫耳

拉丁学名　***Rhodotus palmatus*** (Bull.) Maire

英　文　名　Netted Rhodotus, Wrinkled Peach

形态特征　子实体小或中等大，粉红色或粉肉色。菌盖直径5～13cm，半球形至扁球形，后期近平展，中部稍下凹，边缘内卷，表面平滑，幼时盖表面或盖缘具有浅色网棱。菌肉近白色或带粉红色，稍厚，气味香。菌褶粉红色至粉黄色，直生，稍宽，较密，不等长。菌柄较短，等粗近柱形，长3～7cm，粗0.5～1.5cm，较盖色浅，有条纹，纤维质，内部实心。无菌环。孢子印粉红色。孢子带粉红色，近球形，粗糙有小疣，5～8μm×4.5～7.5μm。

生态习性　夏秋季在林内倒腐木上单生或群生。

分　　布　分布于吉林长白山等地。

应用情况　可食用，但往往带苦味。有试验人工驯化。

1122　冷杉红菇

拉丁学名　***Russula abietina*** Peck

英　文　名　Green-Staining Coral

形态特征　子实体小。菌盖直径2～15cm，扁半球形或扁平，中部稍下凹，浅紫色或灰紫色或带柠

图 1122

檬绿色，色彩多变且中部色深暗，边缘色淡，有沟条棱，表面黏，光滑。菌肉白色，薄，质脆。菌褶白色变浅黄色，近直生或离生，较密。菌柄长 2～4cm，粗 0.5～0.7cm，柱形，白色，松软至空心。孢子浅黄色，粗糙有疣，近球形，7.5～10.5μm×6.7～9μm。

生态习性　于针阔叶混交林地上群生或散生。属树木外生菌根菌。

分　　布　分布于西藏高山冷杉林区。

应用情况　可食用。

1123　烟色红菇

别　　名　火炭菇、黑菇

拉丁学名　*Russula adusta* (Pers.) Fr.

英 文 名　Winecork Brittlegill

形态特征　子实体中等大。菌盖直径 9.5～11cm，扁半球形，中部下凹，初带污白色，后变淡烟色、棕灰色至深棕灰色，受伤处灰黑色，平滑，不黏或湿时黏。菌肉白色，受伤时不变红色而变灰色或灰褐色，最后呈黑色，较厚，味道柔和。菌褶白色，受伤变黑色，直生或稍延生，稍密而薄，不等长。菌柄长 1.5～6.5cm，粗 1～2.8cm，近圆柱形，白色，老后同菌盖色，伤处变暗，实心，肉质。孢子印白色。孢子无色，有小疣和不完整网纹，近球形，6.9～9.1μm×5.8～7.3μm。褶侧囊体近梭

图 1123

形，顶端常呈乳头状，52～100μm×7.3～10.9μm。

生态习性　夏秋季于林中地上单生或群生。可与松、栎等树木形成外生菌根。

分　　布　分布于河北、吉林、江苏、广东、广西、湖南、贵州、甘肃、西藏等地。

应用情况　可食用。抑肿瘤，子实体热水提取物对小白鼠肉瘤 180 及艾氏癌的抑制率均为 80%。

1124　铜绿红菇

别　　名　铜绿菇、铜绿白柄红菇

拉丁学名　*Russula aeruginea* Fr.

英 文 名　Tacky Green Russula, Green Russula, Verdigris Russule

形态特征　子实体中等大。菌盖直径 4～8cm，扁半球形至平展，中部稍下凹，暗铜绿色、深葡萄绿至暗灰绿色，中部色较深，湿时黏，边缘有条纹，表皮易剥离。菌肉白色，中部较厚，味道柔和。菌褶初白色，后象牙白色，老后变污，直生，中等密，等长或具少量小菌褶，基部稍有分叉，具横脉。菌柄长 3～8cm，粗 0.8～2cm，白色，光滑，等粗或向下稍细或稍粗，松软变中空。孢子印乳黄色。孢子无色，有小疣，有时疣间相连，近球形或近卵圆形，6.4～8.7μm×5.5～7.3μm。褶侧囊体梭形，58～95μm×6.5～12.7μm。

图 1124-1　　　　　　　　　图 1124-2

生态习性　夏秋季于松林或混交林地上单生或群生。属树木外生菌根菌。

分　　布　分布于四川、云南、吉林、广东、西藏、湖北、湖南等地。

应用情况　可食用，也有认为有毒，不宜食用。是中药"舒筋丸"的配料。

1125　小白红菇

别　　名　小白菇、白红菇

拉丁学名　*Russula albida* Peck

形态特征　子实体一般较小，白色。菌盖直径 2.5～6cm，扁平，中部稍下凹，无毛，表皮黏而易撕开，边缘平滑或有不明显的短条棱。菌肉白色，脆。菌褶白色，长短一致，稍密，直生至凹生，褶间有横脉。菌柄白色，圆柱形，长 2.2～6cm，粗 0.5～1.5cm，内部松软。孢子印白色。孢子有小刺，近球形，直径 8～9μm。褶侧囊体梭形，42～50μm×7～10μm。

生态习性　夏秋季于林中地上单生或群生。属树木的外生菌根菌。

分　　布　分布于安徽、江苏、福建、四川、云南、广东、吉林、西藏等地。

应用情况　记载可食用。

图 1125

图 1126

1126　白黑红菇

拉丁学名　*Russula albonigra* (Krombh.) Fr.
英 文 名　Blackening Russula, Integrated Russula

形态特征　子实体中等大。菌盖直径 5.5～15cm，扁半球形至平展，中部凹或深凹，白色或污白色，很快变灰褐色至黑色，稍黏，边缘内卷，无条纹。菌肉白色，老后或伤后很快变黑色，味道柔和或稍辛辣。菌褶带白色、浅灰色，最终黑色，延生，密而窄。菌柄长 2.5～6.5cm，粗 1～4cm，近柱形或向下略细，白色，后浅灰色，很快变浅黑色。孢子印白色。孢子无色，小疣连成微细不完整网纹，近球形，6.7～8μm×5.8～7μm。褶缘囊体近梭形，有的顶端乳突状，55～118μm×7.3～9.8μm。

生态习性　夏秋季于混交林地上散生或群生。属树木外生菌根菌。

分　　布　分布于江西、广西、四川、云南、贵州、西藏等地。

应用情况　可食用。

1127　革质红菇

别　　名　大红菇
拉丁学名　*Russula alutacea* (Fr.) Fr.
英 文 名　Giant Russula

形态特征　子实体一般较大。菌盖直径 6～18cm，扁半球形，后平展而中部下凹，深苋菜红色、鲜紫红或暗紫红色，湿时黏，边缘平滑或有不明显条纹。菌肉白色，味道柔和。菌褶乳白色后淡赭黄色，直生或近延生，少数在基部分叉，褶间有横脉，褶前缘常常带红色，等长或几乎等长。菌柄长 3.5～13cm，粗 1.5～3.5cm，近圆柱形，白色，常于上部或一侧带粉红色或全部粉红色而向下渐淡。孢子印黄色。孢子近球形，淡黄色，有小刺或疣组成棱纹或近网状，8～10.9μm×7～9.7μm。褶侧囊体近梭形，67～123μm×9～15μm。

生态习性　夏秋季于林中地上散生。属树木外生菌根菌。

分　　布　分布于河北、黑龙江、吉林、江苏、安徽、福建、河南、甘肃、湖北、广东、陕西、云南、西藏等地。

应用情况　可食用。子实体的氨基酸含量高达

图 1127

图 1128

26.53%，并含有 Zn、Fe、Si、Cu、Mn、Ni、Cr 等 7 种人体必需的矿物质。加工不熟时产生胃肠道不适反应。另外民间药用。制成"舒筋散"，治腰腿疼痛、手足麻木、筋骨不适、四肢抽搐。有通筋活络，抑肿瘤活性。

1128　怡红菇

别　　名　俏红菇、非白红菇
拉丁学名　*Russula amoena* Quél.
曾用学名　*Russula pulchella* Borszcz;
　　　　　　Russula exalbicans (Pers.) Melzer et Zvára
英 文 名　Pastel Russula, Lovely Russula, Bleached Brittlegill

形态特征　子实体中等大。菌盖中部下凹，直径 6～12cm，半球形至渐平展，浅苋菜红至暗血红色，中部素红色，表面湿时黏，边缘平滑或具短条。菌肉白色，质脆。菌褶白色至灰白色，近弯生至离生，稍密，褶间有横脉，长短一致。菌柄长 4～7cm，粗 1～2cm，近圆柱形，白色至灰白色，下部有皱纹，内部松软。孢子印白色至乳白色。孢子无色，有小刺，近球形，直径 8～9μm。褶侧囊体梭形，55～70μm×8～15μm。
生态习性　夏秋季于针叶林或混交林地上散生或群生。属树木外生菌根菌。
分　　布　分布于吉林、江苏、云南、辽宁、黑龙江、安徽、福建、湖南、西藏等地。
应用情况　记载可食用。

1129　鸭绿红菇

拉丁学名　*Russula anatina* Romagn.

形态特征　菌盖宽 3.5～14cm，初呈半球形，后扁半球形至垫状，最终平展，中部脐状至深下凹，盖缘平滑，或老后有不明显的短条纹，中部暗橄榄色、橄榄色、黄棕灰色，盖缘橄榄灰色，表皮易撕离，被绒毛，糠麸状龟裂形同变绿红菇的盖表。但本种菌盖表面龟裂斑较细且被细微绒毛，盖表结构无球状胞及顶生联丝而有盖囊体，易与变绿红菇相区别。菌肉白色。菌褶近延生，初期密，后较稀，乳白色带赭色，有小褶片和分叉，尤以近菌柄处为多，褶间具横脉。菌柄长 15～7cm，粗 1～2.5cm，圆柱形，向上增粗或向下渐细，白色，基部染有褐色。担子 38～52μm×7～11.5μm。孢子印乳黄色。孢子无色，6.5～9μm×5.6～8μm，近球形，有疣，疣间罕有连线或有极细而少之连线。

囊状体梭形，60～130μm×6.7～12μm。

生态习性　生于阔叶林中地上。属树木外生菌根菌。

分　　布　分布于贵州贵阳、云南等地。

应用情况　可食用，见于产地农贸市场。味道柔和，幼嫩时口感稍辛辣，气味不显著。

1130　黑紫红菇

别　　名　*Russula atropurpurea* (Krombh.) Britzelm.

英文名　Blackish Red Russula, Purple Black Russula

形态特征　子实体一般中等。菌盖直径4～10cm，半球形后平展，中部下凹，紫红色、紫色或暗紫色，中央色更暗，湿时黏，干后光滑，边缘色浅，常常褪色，边缘薄，平滑。菌肉白色，表皮下淡红紫色，味道柔和或辛辣。菌褶白色稍带乳黄色，直生，基部变窄，前端宽，等长。菌柄长2～8cm，粗0.8～3cm，圆柱形，白色，有时中部粉红色，基部稍赭石色，老后变灰，实心变空心。孢子印白色。孢子无色，有小疣或小刺可相连，近球形，7.3～9.7μm×6.1～7.5μm。褶侧囊体近梭形。

生态习性　夏秋季于林中地上单生或群生。与松、栎、山毛榉等树木形成外生菌根。

分　　布　分布于河北、河南、黑龙江、吉林、陕西、四川、云南、西藏等地。

应用情况　可食用。

图 1130

1131　黄斑红菇

别　　名　橙黄红菇、金黄菇、股状红菇、黄褶红菇、金红菇

拉丁学名　*Russula aurea* Pers.

曾用学名　*Russula aurata* (With.) Fr.

英文名　Green Quilt Russula, Orange-yellow Russula, Gilled Brittlegill

形态特征　子实体中等大。菌盖直径5～8cm，扁半球形，后平展至中部稍下凹，橘红色至橘黄色，中部色较深或带黄色，老后边缘有或不明显条纹。菌肉白

图 1131

图 1132

色，近表皮处橘红色或黄色，味道柔和或微辛辣，气味好闻。菌褶淡黄色，直生至几乎离生，稍密，褶间具横脉，近菌柄处分叉，等长有时不等长。菌柄长 3.5～7cm，粗 1～1.8cm，圆柱形，淡黄色或白色或部分黄色，肉质，松软变中空。孢子印黄色。孢子淡黄色，有小刺或棱，相连近网状，7.3～10.9μm×6.7～9.1μm。褶侧囊体少，近无色，棱形。

生态习性　夏秋季于混交林中地上单生或群生。属树木外生菌根菌。

分　　布　分布于河北、河南、黑龙江、吉林、安徽、四川、贵州、湖北、广东、西藏等地。

应用情况　可食用。抑肿瘤，其子实体热水提取物对小白鼠肉瘤 180 及艾氏癌的抑制率分别为 70% 和 80%。

1132　橙红菇

拉丁学名　*Russula aurora* (Krombh.) Bres.
曾用学名　*Russula rosea* (Bull.) Fr.
英　文　名　Dawn Brittlegill

形态特征　子实体一般中等大。菌盖直径 5～8cm，扁半球形到近平展，中部下凹，粉红色、红色至灰紫红色，中部往往色深，被绒毛，湿时黏，边缘平滑或无条纹，干时有白色粉末。菌肉白色，味不明显。菌褶白色，近直生，等长。菌柄长 5～9cm，粗 0.7～2.5cm，圆柱形或近棒状，基部稍膨大，白色或带粉紫色，绒状或有条纹。孢子有刺及网纹，近球形或球形，7～9.5μm×6～8μm。褶侧及褶缘囊体顶部尖细，梭形。

生态习性　夏秋季于阔叶林地上单生或散生。属树木外生菌根菌。

分　　布　分布于广东、河北、河南、山西等地。

应用情况　可食用。

1133　葡紫红菇

别　　名　天兰红菇
拉丁学名　*Russula azurea* Bres.
英 文 名　Parasol Mushroom

形态特征　子实体较小。菌盖直径 2.5～6cm，扁半球形，后展平，中部稍下凹，有粉或微细颗粒，边缘没有条纹，丁香紫色、浅葡萄紫色或紫褐色。菌肉白色，味道柔和或略不适口，无气味或生淀粉气味。菌褶白色，分叉，等长，直生或稍延生。菌柄白色，中部略膨大或向下渐细，长 2.5～6cm，粗 0.5～1.2cm，内部松软。孢子印近白色。孢子无色，近梭形，有小疣，7.3～9.1μm×6.3～7.3μm。褶侧囊体近梭形至棒状，45～60μm×6.4～9.1μm。

生态习性　夏秋季生针叶林或针、栎混交林中地上。与树木形成外生菌根。

分　　布　分布于云南、西藏、四川、湖南、湖北、海南等。

应用情况　可食用。

1134　短柄红菇

拉丁学名　*Russula brevipes* Peck

形态特征　菌盖宽 9～20cm，宽扁半球形，中部下凹，不黏，白色染有污黄或褐色，盖缘初内卷，后伸展，不具条纹，被茸毛。菌肉白色。菌褶延生，白色，密或稠密，有时分叉，褶间具横脉。菌柄长

图 1133

图 1135

图 1136

2～4.5cm，粗 2～5cm，圆柱形，较短，无毛，白色带褐。担子 45～58μm×7.2～12μm。孢子印乳黄色。孢子无色，8～11μm×6.5～10μm，近球形，有疣及脊。囊状体梭形，58～85μm×7.2～12.6μm。

生态习性　于云杉林中地上散生。

分　　布　分布于四川、云南、河北、福建等地。

应用情况　可食用，但味道稍辛辣。

1135　紫褐红菇

拉丁学名　*Russula brunneoviolacea* Crawshay

形态特征　子实体较小。菌盖直径 3～7cm，扁半球形至近平展，中部下凹呈漏斗状，表面堇紫褐色至暗酒红色，边缘平滑或有时开裂或有条纹。菌肉白色，气味温和。菌褶白色至乳白色，离生。菌柄长 3～7cm，粗 0.8～1.5cm，柱形或近棒状，白色，内部松软。孢子有疣和连线，卵圆形，7～9μm×6～8μm。

生态习性　夏秋季于阔叶林中地上散生。属树木外生菌根菌。

分　　布　分布于内蒙古大兴安岭等地。

应用情况　可食用。

1136　蓝紫红菇

拉丁学名　*Russula caerulea* (Pers.) Fr.
英 文 名　Humpback Brittlegill

形态特征　子实体小或中等大。菌盖直径 3～8cm，半球形至扁平，往往中部稍凸，表面蓝紫色或暗紫色。菌肉白色。菌褶白色或带黄色，直生，不等长。菌柄长 5～9cm，粗 1～2cm，圆柱形，白色或带粉红色，往往向下粗且内部松软。孢子无色，有疣刺，椭圆状球形，8～11μm×7～9μm。

生态习性　夏秋季生松等林中地上。属树木外生菌根菌。

分　　布　分布于四川、云南、青海、西藏等地。

应用情况　可食用。

1137　灰绿红菇短孢变种

别　　名　短孢黄绿红菇
拉丁学名　*Russula chloroides* var. *parvispora* Romagn.

形态特征　子实体中等大。菌盖直径 5～10.5cm，平展至近扁平，淡黄色至黄褐色，干时微带青黄白色，表面干，光滑，边缘内卷而撕裂。菌肉白色，伤不变色或变淡黄色，厚，无味至有辣味，或具腥臭味。菌褶淡黄色，密或稍稀，分叉，直生，不等长，边缘平滑，波状。菌柄圆柱形，长1.7～5cm，粗1.2～3.4cm，白色至淡黄色，肉质光滑，内部实心，表面有凹窝。孢子6.5～7.8μm×6～6.8μm，近球形至宽椭圆形，具小疣，网纹极不完整，无色。褶侧囊体长梭形至近柱形，微黄色，60～110μm×7～9.5μm。

生态习性　在阔叶林中地上散生、群生或单生。属外生菌根菌。

分　　布　分布于广东、四川、云南等地。

应用情况　可食用。

1138　蜜黄红菇

别　　名　土黄红菇、黄白红菇

拉丁学名　*Russula citrina* Gillet

曾用学名　*Russula ochroleuca* (Pers.) Fr.; *Russula granulosa* Cooke

英 文 名　Ochre Brittlegill, Common Yellow Russula

形态特征　子实体中等大。菌盖直径3～10cm，扁半球形，平展后中部稍下凹，蜜黄色，湿润时黏，边缘平滑。菌肉白色。菌褶白色，弯生，稍密，褶间有横脉，不等长。菌柄长4～7cm，粗1.5～2cm，圆柱形，白色，干时灰白色。孢子无色，有小刺，近球形，8～10μm×7～9μm。褶侧囊体梭形。

生态习性　夏秋季于针、阔叶林中地上单生。与云杉、山毛榉、疣皮桦、杨等树木形成外生菌根。

分　　布　分布于辽宁、吉林、黑龙江、甘肃、江苏、安徽、广东、广西、福建、四川、西藏、贵州、云南、新疆等地。

应用情况　可食用。

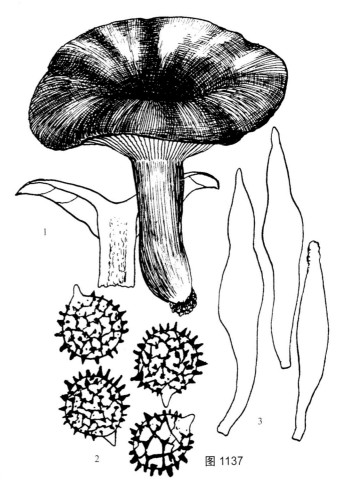

图 1137

1. 子实体；2. 孢子；3. 褶侧囊体

图 1138

图 1139

1139 赤黄红菇

拉丁学名 **_Russula compacta_** Frost
英 文 名 Firm Russula

形态特征 子实体中等大。菌盖直径 6～10cm，扁球形，边缘伸展后中部下凹呈浅漏斗状，浅污土黄色，表面湿时黏。菌肉白色，伤处变红褐色，厚而硬，气味不宜人。菌褶污白，伤处变色，近离生，密。菌柄长 3～6cm，粗 1～2cm，柱形，污白有纵条纹及花纹，内部松软至变空心。孢子有细网纹，近球形，8～9.5μm×7.5～8μm。有褶缘和褶侧囊体。

生态习性 夏秋季生林地上。属树木外生菌根菌。

分 布 分布于贵州、海南、福建、云南、四川等地。

应用情况 可食用。

1140 浅榛色红菇

拉丁学名 **_Russula cremeoavellanea_** Singer

形态特征 子实体一般中等。菌盖直径 3.5～9cm，扁半球形至近平展，中部稍凹，有时不规则，乳黄色或柠檬黄或浅栗褐色，表皮可剥离，黏，干后稍有光泽。菌肉白色，味微甜。菌褶污白至浅赭黄色，近直生，有时基部分叉，等长。菌柄长 4～7cm，粗 0.7～2.3cm，圆柱形，白色，老后浅灰色，松软至空心。孢子有小疣和连线，近卵圆形，7.5～9.5μm×6.5～8.5μm。囊体梭形，顶部尖。

生态习性 于阔叶林中地上散生。属树木外生菌根菌。

分 布 分布于四川、广东、广西、湖南等地。

应用情况 可食用。

图 1140

1141 黄斑红菇

图 1141

别　　名　污黄斑红菇、壳状红菇、黄斑红菰、黄斑绿菇

拉丁学名　*Russula crustosa* Peck

英 文 名　Green Quilt Russula

形态特征　子实体中等大。菌盖直径5～10cm，扁半球形，平展后中部下凹，浅土黄色或浅黄褐色，中部色略深，表面有斑状龟裂，湿时黏，老后边缘有条纹。菌肉白色，味道柔和，无特殊气味。菌褶白色变为暗乳黄色，直生或凹生，前缘宽，近菌柄处窄，少数分叉。菌柄长3～6cm，粗1.5～2.5cm，近柱形或中部膨大，白色，松软。孢子印白色。孢子有小疣，近球形，6.1～8.4μm×5.8～6.9μm。褶侧囊体近梭形，47～66μm×7.3～9.1μm。

生态习性　夏秋季于阔叶林中地上散生或群生。为树木外生菌根菌。

分　　布　分布于河北、江苏、安徽、福建、广东、广西、贵州、湖北、陕西、四川、河南、山西、云南等地。

应用情况　可食用。抑肿瘤，记载其子实体热水提取物对小白鼠肉瘤180及艾氏癌的抑制率均为70%。

1142 花盖红菇

图 1142

别　　名　蓝黄红菇、多变蓝黄红菇、梨红菇

拉丁学名　*Russula cyanoxantha* (Schaeff.) Fr.

曾用学名　*Russula cyanoxantha* f. *peltereaui* Singer

英 文 名　Charcoal Burner, Variegated Russula

形态特征　子实体中等至稍大。菌盖直径5～12cm，扁半球形，伸展后下凹，暗紫灰色、紫褐色或紫灰色带绿，老后呈淡青褐色、绿灰色或各色混杂，黏，表皮薄易自边缘剥离或开裂，边缘平滑或具不明显条纹。菌肉白色，表皮下淡红色或淡紫色，无气味，味道好。菌褶白色，近直生，较密，分叉，褶间有横脉，老后有锈色斑点，不等长。菌柄长4.5～9cm，粗1.3～3cm，圆柱形，白色，肉质，内部松软。孢子印白色。孢子有小疣，近球形，7.3～9μm×6.1～7.3μm。褶侧囊体近棒状或梭形，54～93μm×5～9μm。

生态习性　夏秋季于阔叶林中地上散生至群生。与树木形成外生菌根。

图 1143

分　　布　分布于吉林、辽宁、黑龙江、江苏、安徽、福建、河南、广西、陕西、青海、云南、湖南、湖北、广东、贵州、山东、四川、西藏、新疆等地。

应用情况　可食用，味道较好。抑肿瘤，子实体热水提取物对小白鼠肉瘤180及艾氏癌的抑制率分别为70%和60%。

1143　拟土黄红菇

拉丁学名　*Russula decipiens* (Singer) Kühner et Romagn.

形态特征　子实体中等或稍大。菌盖直径6～11cm，扁半球形或近扁平，中部稍下凹，浅土黄褐或淡污黄红色，表面近平滑，边缘色淡且有不明显条纹。菌肉污白色。菌褶污白至带黄色，直生，稍密。菌柄长4～9cm，粗1～2cm，圆柱形，污白或较盖色浅，表面近平滑，内部松软至变空。孢子近无色，有疣刺，近球形，7～12μm×6.8～10.5μm。

生态习性　于阔叶林地上单生或散生。属树木外生菌根菌。

分　　布　见于甘肃。

应用情况　食毒不明。

14-1

1144　橙黄红菇

拉丁学名　*Russula decolorans* (Fr.) Fr.
英 文 名　Copper Brittlegil, Graying Russula

图 1144-2

形态特征　子实体一般中等大。菌盖直径 4.5～12cm，半球形、扁半球形至平展，中部下凹，浅红色、橙红色或橙褐色，部分可褪至深蛋壳色或蛋壳色，或褪色为土黄色或肉桂色，黏，边缘薄，平滑，老后有短条纹。菌肉白色，老后或伤后变灰色、灰黑色，菌柄菌肉老后杂有黑色点，味道柔和，气味不明显。菌褶白色、乳黄色至浅黄赭色，变灰黑色或褶缘黑色，弯生至离生，有分叉，具横脉。菌柄长 4.5～10cm，粗 1～2.5cm，常呈圆柱形，或向上细而基部近棒状，白色后浅灰色，内实，后松软。孢子印乳黄色至浅赭石色。孢子近无色，有小刺，椭圆形或倒卵圆形，9.1～11.8μm×7.4～9.6μm。褶侧囊体梭形。

生态习性　夏秋季于松林地上单生或散生。属树木外生菌根菌。
分　　布　分布于河北、吉林、四川、江苏、西藏等地。
应用情况　可食用。

图 1145

1145 美味红菇

別　　名　大白菇、背泥菌
拉丁学名　***Russula delica*** Fr.
英 文 名　Milk White Brittlegill, Short Stalked White Russula, Milk-white Russula

形态特征　子实体中等至较大。菌盖直径 3～14cm，扁半球形，中央脐状或伸展后下凹呈漏斗形，污白色，变为米黄色或蛋壳色，或有时具锈褐色斑点，无毛或具细绒毛，不黏，边缘内卷后伸展，无条纹。菌肉白色或近白色，伤处不变色，味道柔和至微麻或稍辛辣，有水果气味。菌褶白色或近白色，褶缘稍带淡蓝色，近延生，中等密，不等长。菌柄长 1～4cm，粗 1～2.5cm，圆柱形或粗短至向下渐细，伤处不变色，内实，光滑或上部具微细绒毛。孢子印白色。孢子无色，小刺显著，稍有网纹，近球形，7.6～10.6μm×6.9～8.8μm。褶侧囊体甚多，梭形，49～112μm×7.3～10.9μm。

生态习性　夏秋季于针叶林或混交林中地上单生或散生。与树木形成外生菌根。

分　　布　分布于吉林、河北、安徽、江苏、浙江、甘肃、四川、贵州、西藏、云南、新疆等地。

应用情况　可食用，其味较好。新鲜子实体中含 1 种可高效抑制 HIV-1 病毒反转录酶活性的凝集素。对多种病原菌有明显抵抗作用。抑肿瘤，对小白鼠肉瘤 180 及艾氏癌的抑制率均达 100%。

图 1146

1146 密褶红菇

别　　名	火炭菇、密褶黑菇、小黑菇
拉丁学名	**_Russula densifolia_** Secr. ex Gillet
英文名	Dense Gilled Black Russula, Reddening Russula, Crowded Brittlegill, Dense-gilled Russula

形态特征　子实体中等大。菌盖直径5～10cm，扁半球形，中部脐状，伸展后呈漏斗状，污白色后呈灰褐色至暗褐色，受伤处变红色后变黑色，边缘无条纹。菌褶污白色变至暗褐色，直生至近延生，窄，很密，不等长。菌柄较短粗，长2～5cm，粗1～2cm，同盖色，实心，往往基部渐细。孢子印白色。孢子具小疣及网棱纹，近球形，7～10μm×6～9μm。褶侧囊体近梭形，45～50μm×7～8μm。
生态习性　夏秋季于阔叶林地上群生。与多种树木形成外生菌根。
分　　布　分布于吉林、河北、陕西、湖北、江苏、安徽、江西、福建、云南、山东、广东、广西、贵州、四川等地。
应用情况　含胃肠道刺激物及其他毒素，在广西曾发生吃中毒者母奶的婴儿也中毒。可药用。福建民间用来治疗痢疾有效，是中药"舒筋丸"成分之一，可治腰腿疼痛、手足麻木、筋骨不适、四肢抽搐。据研究，此种抑肿瘤。

图 1147　　　　　　　　　　　　　　　　　　　　　　　　　图 1148

1147　苋菜红菇

拉丁学名　*Russula depallens* Fr.

形态特征　子实体中等大。菌盖直径6～12cm，半球形，平展后中部下凹，浅苋菜红，中央枣红色，干时变暗或变青黄色，边缘平滑或有短条棱。菌肉白色，薄，脆。菌褶白色变灰色，近凹生，稍密，褶间有横脉，不等长。菌柄长4～10cm，粗1～2.5cm，近圆柱形，白色变灰色，松软。孢子印白色。孢子无色，有小刺，近球形，7.8～9μm×7～8μm。褶侧囊体梭形，50～68μm×8～15μm。
生态习性　夏秋季于针叶林或混交林地上单生、散生或群生。属树木外生菌根菌。
分　　布　分布于吉林、江苏、云南、湖南、新疆、西藏等地。
应用情况　可食用，且味道较好。

1148　毒红菇

别　　名　呕吐红菇、小红脸菌
拉丁学名　*Russula emetica* (Schaeff.) Pers.
英　文　名　Emetic Russula, Russula, The Sickener

形态特征　子实体一般较小。菌盖直径5～9cm，扁半球形至平展，老后中部稍下凹，珊瑚红色，有

图 1149

时褪至粉红色，光滑，黏，表皮易剥落，边缘有条棱。菌肉白色，近表皮处粉红色，薄，味麻辣。菌褶白色，近凹生，较稀，褶间有横脉，不等长。菌柄长 4～8cm，粗 1～2cm，白色或部分粉红色，松软。孢子印白色。孢子无色，有小刺，近球形，8～10.2μm×7～9μm。褶侧囊体近披针形或近梭形。

生态习性　夏秋季于林中地上散生或群生。属树木外生菌根菌。

分　　布　分布于河北、吉林、河南、江苏、安徽、福建、湖南、四川、甘肃、陕西、广东、广西、西藏、云南等地。

应用情况　此菌有毒，误食后主要引起胃肠炎症状，剧烈恶心、呕吐、腹痛、腹泻，一般及时催吐治疗，严重者面部肌肉抽搐或心脏衰弱或血液循环衰竭而死亡。抑肿瘤，对小白鼠肉瘤 180 及艾氏癌的抑制率分别为 100% 和 90%。对此种一定要注意区别，不误食和不做配伍。

1149　山毛榉红菇

拉丁学名　***Russula faginea*** Romagn. ex Adamčík
曾用学名　*Russula faginea* Romagn.
英 文 名　Shrimp Russula

形态特征　子实体较大。菌盖直径 10～20cm，扁半球形至中部下凹，红色，湿时黏。菌肉白色。菌褶浅黄色，等长，有横脉。菌柄圆柱形，长 9.5～11cm，粗 2.5～4cm，内部疏松至空心。孢子近球形至球形，浅黄色至黄色，有明显小刺，6.7～10μm×5.8～9μm。褶侧囊体梭形，较多 75～100μm×11～15μm。

图 1150

生态习性　于阔叶林地上散生。属树木外生菌根菌。

分　布　分布于广东、河北、吉林等地。

应用情况　可食用。

1150　粉柄红菇

别　　名　粉柄黄红菇、臭辣菇

拉丁学名　*Russula farinipes* Romell

英 文 名　Yellow Russula

形态特征　子实体中等大。菌盖直径 5～8cm，幼时半球形，后渐平展中部凹呈浅漏斗状，暗黄色至土黄色，有时稍带灰绿色，中央颜色较深，常被深色小鳞片，边缘条棱上有疣状小点，表面湿时黏，表皮可剥离。菌肉白色，脆。菌褶直生，稍稀，污白色，等长或有的不等长。菌柄圆柱形，长 4～6cm，粗 1～1.5cm，白色或淡黄色，基部缩小，内部松软至变空心。孢子印白色。孢子无色，有小刺，近球形至宽卵圆形，直径 6～8μm。褶侧囊体近纺锤状，60～80μm×8～10μm，顶端小头状。

生态习性　夏秋季在阔叶林地上群生或散生。此菌为阔叶树的外生菌根菌。

分　　布　分布于湖南、云南等地。

应用情况　可食用，但味辛、辣、苦及腥臭气味，晒干后备食用。有认为含微毒，煮洗加工后方可食用。可药用。

1151　土黄褐红菇

别　　名　苦红菇

拉丁学名　*Russula fellea* (Fr.) Fr.

英 文 名　Bitter Russula, Geranium-Scented Russula

形态特征　子实体较小或中等。菌盖直径 4～9.5cm，扁半球形或近平展，中部平或稍下凹或有时平凸，草黄色、浅赭色至近皮革色，湿时稍黏，边缘平整或后期稍有条棱及开裂。菌肉白色或乳黄色，具强烈刺激性味道。菌褶乳白色，近直生，较密。菌柄长 2～6.5cm，粗 0.9～2cm，圆柱形，较盖色浅，基部色较深，内实。孢子具明显的疣刺，卵状球形，7.5～9.5μm×6～7.5μm。

生态习性　夏秋季于林中地上散生。

分　　布　分布于云南等地。

应用情况　此菌有毒，刺激肠胃，引起呕吐。采食用菌及药用菌时需注意鉴别。

图 1152-1

图 1152-2

1152 姜黄红菇

拉丁学名 *Russula flavida* Frost
英 文 名 Golden Russula

形态特征 子实体一般中等。菌盖直径 3～8cm，初期扁半球形，中部下凹呈漏斗状，呈鲜金黄色或姜黄色，黏，渐呈现粗糙似粉状，边缘无或有条棱。菌肉白色，麻辣及不愉快之气味。菌褶污白色，直生至近离生，密至稀，褶间有横脉或分叉，等长。菌柄长 3～8cm，粗 0.8～2.3cm，一般呈圆柱状，基部细或变粗，表面粗糙而往往有纵的条沟窝，老金黄色或深姜黄色，松软。孢子有刺棱及网纹，近球形，7.5～9.5μm×6～8μm。褶侧或褶缘囊体顶端尖细，近棱形或近棒状。

生态习性 夏秋季于混交林中地上单生或群生。属树木外生菌根菌。

分　布　分布于四川、云南、河北、吉林、山西等地。

应用情况　产菌季节可见于云南野菇市场。有认为可食，但有认为不宜食用，食用及药用时注意。

1153　臭红菇

别　　名　臭黄红菇、臭黄菇、鸡屎菌、黄辣子、臭辣菇、油辣菇、腥红菇、牛犊菌
拉丁学名　*Russula foetens* (Pers.) Pers.
英文名　Stinking Russula, Foetid Russula

形态特征　子实体中等大。菌盖直径7～10cm，扁半球形，平展后中部下凹，土黄至浅黄褐色，中部土褐色，表面黏滑，边缘有小疣组成的明显粗条棱。菌肉污白色，质脆，具腥臭气味，麻辣苦。菌褶污白至浅黄色，有斑痕，弯生或近离生，较厚，一般等长。菌柄较粗壮，长3～9cm，粗1～2.5cm，圆柱形，污白色至淡黄褐色，老后常出现深色斑痕，松软至空心。孢子印白色。孢子无色，有明显小刺及棱纹，近球形，直径7.5～12.5μm。褶侧囊体近梭形。

生态习性　夏秋季于林地上群生或散生。属树木外生菌根菌。

图 1154-1

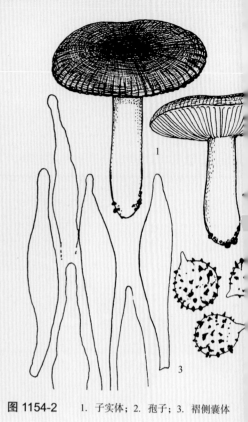

图 1154-2　　1. 子实体；2. 孢子；3. 褶侧囊体

分　　布　分布于吉林、黑龙江、内蒙古、河北、河南、山西、江苏、安徽、四川、贵州、云南、福建、西藏等地。

应用情况　晒干煮洗后食用，但往往食后中毒，主要表现为胃肠道病症，如恶心、呕吐、腹痛、腹泻，甚至精神错乱、昏睡、面部肌肉抽搐、牙关紧闭等症状。一般发病快，初期及时催吐可减轻病症。可药用。传统中药"舒筋丸"的原料，治腰腿疼痛、手足麻木、筋骨不适、四肢抽搐。抑肿瘤，子实体热水提取物对小白鼠肉瘤 180 及艾氏癌的抑制率均为 70%。

1154　脆弱红菇

别　　名　小毒红菇、小红盖子
拉丁学名　*Russula fragilis* (Pers. : Fr.) Fr.
英　文　名　Fragile Russula

形态特征　子实体小。菌盖深粉红色，老后褪色，黏，表皮易脱落，边缘具粗条棱。菌盖直径 5～6cm，扁半球形，平展后中部下凹，边缘薄。菌肉白色，味苦，薄。菌褶白色至淡黄色，稍密，弯生，长短不一，少数分叉。菌柄圆柱形，长 2～5cm，粗 0.6～1.5cm，白色，内部松软。孢子印白色。孢子球形至近球形，有小刺，7.9～11μm×6.3～9μm。褶侧囊体近梭形，45～89μm×5.1～10μm，顶端小头状。
生态习性　夏秋季在林中地上分散生长。此菌是树木的外生菌根菌。

分　　布　分布于河北、河南、黑龙江、辽宁、吉林、江苏、安徽、浙江、福建、湖南、广东、广西、西藏、台湾、云南等地。

应用情况　此种含胃肠道刺激物，食后会引起中毒。但也有晒干和充分清洗，煮后食用。

1155　叉褶红菇

别　　名　黏绿红菇

拉丁学名　*Russula furcata* (Pers.) Fr.

形态特征　子实体中等大。菌盖扁半球形，渐伸展中部下凹，直径5～12cm，乳黄色、浅草绿色、褐绿至橄榄绿色，湿时黏，干后有龟裂，边缘有条棱。菌肉白色，表皮处同盖色，致密。菌褶直生至凹生，少数有分叉，等长，密至稍密。菌柄圆柱形或下部稍粗，白色，长3.5～8cm，粗0.8～2.3cm，内部松软。孢子印白色。孢子近球形，有小疣，6～8.5μm×5～7μm。褶侧囊体近梭形，60～70μm×8～10μm。

生态习性　夏秋季生于阔叶树或针叶树林中地上，群生或散生。属外生菌根菌，与云杉、山毛榉、栎等多种树木形成菌根。

分　　布　分布于吉林、陕西、四川、安徽、江苏、云南、福建、河北、河南、广东、贵州、西藏等地。

应用情况　记载可食用。

图 1156-1

图 1156-2

1156 乳白红菇

别　　名　乳白绿菇

拉丁学名　*Russula galochroa* (Fr.) Fr.

形态特征　子实体小或中等。菌盖直径 3.5～7cm，扁半球形，伸展后中部下凹，乳白色、污白色，中部浅灰绿色至浅灰褐绿色，湿时黏，表皮可剥离，边缘平滑或有条纹。菌肉白色，味道柔和，无特殊气味。菌褶白色带黄色，直生，薄，密，有分叉，具横脉。菌柄长 2.5～5cm，粗 0.8～1.8cm，白色，等粗或向下略细，实心至松软，近基部带灰褐色。孢子印浅乳黄色。孢子无色，有小疣，疣间罕相连，近球形或倒卵形，5.9～7.1μm×5.5～6.3μm。褶侧囊体较多，近梭形，60～73μm×6.4～11.3μm。

生态习性　夏秋季于林中地上群生或单生。属树木外生菌根菌。

分　　布　分布于福建、四川、贵州、广东等地。

应用情况　可食用。

1157 绵粒红菇

别　　名　绵粒黄菇、绵粒黄红菇

拉丁学名　*Russula granulata* Peck

形态特征　子实体中等大。菌盖直径 3～7cm，初扁半球形，平展后中部下凹至脐状，较薄，边

826　中国食药用菌物
Edible and Medical Fungi in China

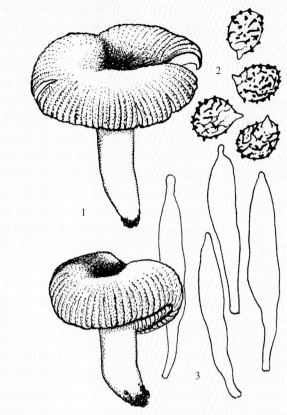

图 1157
1. 子实体；2. 孢子；3. 褶侧囊体

缘初内卷，老后开裂并具长而粗的条纹，很黏，带白色或米黄色，中部土黄色，边缘有淡黄色绵绒状颗粒，中部的较密集而色也较深。菌肉白色，较薄，味道柔和，气味香。菌褶白色，后乳黄色，直生，密，近柄处分叉，具横脉。菌柄长 3～5.5cm，粗 0.8～1.5cm，近柱形，内部松软后中空，白色，基部带暗褐色，上部被微柔毛。孢子印乳黄色。孢子无色，宽卵圆形或近球形，7.3～8.5μm×6.1～7.3μm。褶侧囊体多，有褐色内含物，近梭形，44～62μm×7.3～10.5μm。

生态习性　夏秋季于阔叶林中草地上，单生或群生。与栎、栗等树木形成菌根。

分　　布　分布于广东、四川、吉林、北京等地。

应用情况　可食用，味好。注意与臭黄菇相区别。

1158　可爱红菇

别　　名　拟臭红菇、桂樱红菇、拟臭黄菇

拉丁学名　*Russula grata* Britzelm.

曾用学名　*Russula laurocerasi* Melzer

英 文 名　Almond-scented Russula, Bitter Almond Brittlegill

形态特征　子实体中等至较大。菌盖直径 3～15cm，扁半球形后渐平展，中央下凹浅漏斗状，淡黄色、土黄色或污黄褐至草黄色，黏至黏滑，边缘有明显由颗粒或疣组成的条棱。菌肉污白色。菌褶污白色，有污褐色或浅赭色斑点，直生至近离生，稍密或稍稀。菌柄长 3～14cm，粗 1～1.5cm，近圆柱形，中空，表面污白至浅黄色或浅土黄色。孢子近无色，具刺棱，近球形，8.5～13.5μm×7.5～10μm。

图 1158

图 1159-1

图 1160-1

中国食药用菌物

Edible and Medical Fungi in China

褶侧囊体圆锥状，44～89μm×7.5～10.5μm。

生态习性 夏秋季于阔叶林地上群生或单生。属树木外生菌根菌。

分　　布 分布于河南、辽宁、贵州、江西、西藏、四川、湖北等地。

应用情况 成熟后有腥臭味，认为有毒，也有经煮沸浸泡后可食用。含抑肿瘤物质，子实体热水提取物对小白鼠肉瘤 180 及艾氏癌的抑制率分别为 90% 和 80%。

1159　暗灰褐红菇

拉丁学名 ***Russula grisea*** (Batsch) Fr.
英 文 名 Oil-slick Brittlegill, Furate Russula

形态特征 子实体一般中等大。菌盖直径 5～10cm，扁球形至扁平，中央稍下凹，暗褐至灰褐色或朽叶色，中部往往色浅。菌肉白色，稍厚。菌褶污白带粉红色，近离生，稍密。菌柄长 3～7cm，粗 1～2.5cm，中下部膨大，表面白色平滑，内部松软。孢子有疣，近球形，6.5～8μm×5.5～6μm。

生态习性 夏秋季生林中地上。属树木外生菌根菌。

分　　布 分布于四川等地。

应用情况 可食用。

1160　红菇

别　　名 大红菌、灰肉红菇、大红菇
拉丁学名 ***Russula griseocarnosa*** X. H. Wang et al.
英 文 名 Big Red Mushroom

形态特征 子实体中等至较大。菌盖直径 9～15cm，初为扁半球形，后平展，中央呈浅凹，红色、胭脂红、大红色。菌肉肥厚致密，灰色，新鲜时气味水果香味，烘干时具浓郁香味。菌褶等长，新鲜时纯白色或边缘淡红色，伤后变灰色或干时灰色。菌柄近圆柱形，中生，长 5～9cm，白色或基部或一侧带粉红色，幼时中实，老后松软。孢子无色，近球形，9～10μm×10～11μm。

生态习性 生于壳斗科植物林中地上。为树木外生菌根菌。

分　　布 分布于云南、福建、广东、海南等地。

应用情况 著名食用菌。含咖啡酸、槲皮素及原儿茶酸 3 种抗氧化活性物质，具有抗菌和抗氧作用。福建民间作为补血之用。

图 1161

1161 叶绿红菇

别　　名	异褶红菇
拉丁学名	***Russula heterophylla*** (Fr.) Fr.
英　文　名	Green Russula, Greasy Green Brittlegill, Furcata Russula

形态特征 子实体中等至稍大。菌盖直径5～12cm，扁半球形后平展至中部下凹，微蓝绿色、淡黄绿色或灰绿色，中部带淡黄色或淡橄榄褐色，色调深浅多变，湿时黏，表皮边缘可剥离，边缘平滑无条棱。菌肉白色，味道柔和，无特殊气味。菌褶白色，近延生，密，有分叉，一般等长。菌柄长3～8cm，粗1～3cm，白色，等粗或向下略粗。孢子印白色。孢子无色，有小疣，近球形，5.8～7.6μm×5.3～6.4μm。褶侧囊体梭形或近梭形。

生态习性 夏秋季于杂木林中地上单生或群生。属树木外生菌根菌。

分　　布 分布于河北、河南、黑龙江、江苏、四川、云南、福建、广东、海南等地。

应用情况 可食用。另有抑肿瘤活性。

1162 肉色红菇

拉丁学名	***Russula incarnata*** Quél.

形态特征 子实体中等大。菌盖直径3～8cm，初期半球形、扁半球形，后渐平展，中部下凹近漏斗状，玫瑰红部分褪为黄白色，表面光滑，黏，边缘平滑。菌肉白色，稍厚，脆。菌褶白色，直生，稍密，等长，有分叉。菌柄圆柱形，有的中部稍粗，长2～6cm，粗1～2.7cm，表面有皱，内部松软或变空心。孢子印白色。孢子近球形，有细疣和网纹，8～8.5μm×6.5～7μm。褶侧囊体棒状，顶部细尖，38～42μm×6.5～7.5μm。

生态习性 夏秋季生杜鹃丛中或苔原地带，群生或散生。属外生菌根菌。

分　　布 分布于吉林长白山等地。

应用情况 记载可食用。

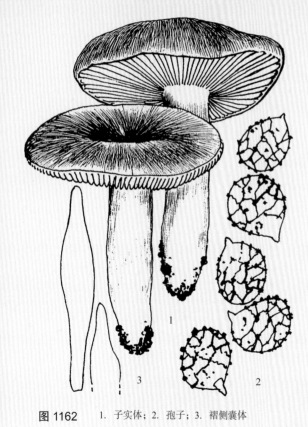

图 1162 1. 子实体；2. 孢子；3. 褶侧囊体

图 1163-1

1163　全缘红菇

别　　名　变色红菇

拉丁学名　*Russula integra* (L.) Fr.

英 文 名　Variant Russula, Entire Russula

形态特征　子实体一般中等大。菌盖直径5～12cm,扁半球形后平展而中部稍下凹,红色至红褐色、栗褐色、淡紫色至紫红色等,有时部分褪色为深蛋壳色,颜色变异大,湿时黏,表皮可部分剥离,边缘薄,平滑后有棱纹。菌肉白色,表皮下呈葡萄紫色,味道柔和,气味弱。菌褶白色后渐变淡黄至谷黄色,直生至几乎离生,稍密,褶间有横脉,常有分叉。菌柄长3～8cm,近柱形,白色,基部偶带红色,松软后中空。孢子印黄色。孢子淡黄色,有小刺,近球形至广椭圆形,7.7～10.9μm×7～9.2μm。褶侧囊体近梭形,56～94μm×7～12.7μm。

图 1163-2

生态习性　夏秋季于林中地上单生或群生。属树木外生菌根菌。

分　　布　分布于河北、吉林、江苏、福建、云南、陕西、四川、新疆、贵州等地。

应用情况　可食用,味道好。可药用,是"舒筋丸"的成分之一,可治腰腿疼痛、手足麻木、筋骨不适、四肢抽搐。

图 1164

1164　白红菇

拉丁学名　*Russula lactea* (Pers.) Fr.

形态特征　子实体中等大。菌盖直径 5～9cm，扁半球形，伸展后下凹，白色，中部略带淡黄色，不黏，无毛，边缘平滑。菌肉白色，味道柔和，无气味。菌褶白色，近直生或离生，稍稀，宽而厚，有分叉和少量小菌褶。菌柄长 4～6cm，粗 1.5～2cm，圆柱状，白色，内部松软。孢子印白色。孢子无色，有小刺，近球形，7.3～8.1μm×6.1～6.8μm。无褶侧和褶缘囊体。

生态习性　夏秋季于混交林中地上单生或群生。属树木外生菌根菌。

分　布　分布于广东、安徽、四川等地。

应用情况　可食用，其味一般。

1165　细绒盖红菇

别　名　怡人色红菇、怡色红菇、鳞盖色红菇
拉丁学名　*Russula lepidicolor* Romagn.

形态特征　子实体较小。菌盖半球形，直径 2.5～7cm，盖表面红色，部分黄色，不黏，有细鳞绒毛，表皮不易剥离，无条棱。菌肉白色。菌褶黄白色或淡黄色，直生，等长。菌柄白色带红色，圆柱状，基部略膨大，长 2.7～8cm，粗 0.8～1.3cm，表面被粉末或绒毛，内实。孢子无色至带微黄，有小疣，6.5～8μm×5.5～6.5μm。褶侧囊体梭形或长柱状，黄色，50～100μm×5～15μm。

生态习性　夏秋季生阔叶林地上，单生。属树木外生菌根菌。
分　布　分布于广东、云南、江西、河北等地。
应用情况　可食用。

1166　紫红菇

别　名　丹红菇、淡紫红菇
拉丁学名　*Russula lilacea* Quél.
曾用学名　*Russula carnicolor* (Bres.) Rea
英　文　名　Lilac Russula

形态特征　子实体较小。菌盖直径 2.5～6cm，扁半球形，后平展至中部下凹，浅丁香紫或粉紫

图 1165

图 1166

图 1167   图 1168-1

色，中部色较深并有微颗粒或绒状，湿时黏，边缘具条纹。菌肉白色。菌褶白色，直生，有分叉及横脉，不等长。菌柄长 3～6cm，粗 0.4～1cm，圆柱形，白色，基部稍带浅紫色，内部松软或中空。孢子印白色。孢子有分散或个别相连小刺，近球形，8.1～9.5μm×7.2～8.1μm。褶侧囊体梭形或近梭形。

生态习性 夏秋季于混交林中地上单生或群生。是树木的外生菌根菌。

分　　布 分布于福建、广东、广西、陕西、云南等地。

应用情况 可食用。抑肿瘤，子实体热水提取物对小白鼠肉瘤 180 及艾氏癌的抑制率分别达 60% 和 70%。

1167　黄红菇

别　　名 黄菇

拉丁学名 *Russula lutea* (Huds.) Gray

英　文　名 Bright Yellow Russula

形态特征 子实体中等大。菌盖直径 3～9.5cm，扁半球形至近平展，中部下凹，芥黄至琥珀黄色，黏，平滑，边缘有不明显条棱。菌肉白色，薄，脆，味道柔和，不明显气味。菌褶黄色，近离生，等长，部分基部分叉，稍密或稍稀。菌柄圆柱形，长 4～6cm，粗 0.7～1.5cm，白色，松软至变空

图 1168-2

心。孢子印黄色。孢子带黄色，有小刺，近球形，7.1～8.8μm×6.7～7.1μm。褶侧囊体梭形至棒状，74～89μm×10～11μm。

生态习性　夏秋季在阔叶林或针叶林地上散生或群生。属外生菌根菌。

分　布　分布于河北、河南、吉林、安徽、江苏、广东、四川、云南、西藏等地。

应用情况　可食用。

1168　红黄红菇

别　名　土黄红菇、触黄红菇

拉丁学名　*Russula luteotacta* Rea

形态特征　子实体一般中等大。菌盖直径3～8cm，扁平至近平展，中部稍下凹，红色或粉红色，部分区域褪色为白黄色，平滑，边缘条纹不明显。菌肉白色。菌褶浅乳黄色，延生，密。菌柄长3～8cm，粗0.5～1.5cm，白色或粉红色，柱形或向基部变细，内松软。孢子有疣或连线，近球形，7～6μm×8～9μm。

生态习性　夏秋季于林中地上散生或群生。

分　布　分布于广东、福建、云南、西藏等地。

应用情况　记载有毒。其形色与多种食用菌近似，采食、药用时注意。

图 1169

1169 绒盖红菇

别　　名　绒紫红菇

拉丁学名　*Russula mariae* Peck

英 文 名　Powdered Russula, Mary's Russula, Purple Bloom Russula

形态特征　子实体中等大。菌盖直径 3.5～9cm，扁半球形，后平展至中部下凹，不黏，玫瑰红或玫瑰紫红色，中部色较深，有微细绒毛，边缘幼时内卷，老后有不明显条纹。菌肉白色，有时表皮下为淡红色，中部厚，边缘薄，味道柔和无气味。菌褶白色，后污乳黄色，直生或稍下延，稍密，分叉，有横脉，等长。菌柄长 2.5～5cm，粗 1～2cm，近圆柱形或向下渐细，粉红至暗淡紫红色，有的基部白色，内实后松软。孢子印淡乳黄色。孢子无色，有小刺和网纹，球形或近球形，7～9.1μm×7～7.6μm。褶侧囊体多，近梭形，60～127μm×7.5～13μm。

生态习性　夏秋季于阔叶林中地上单生或群生。属树木外生菌根菌。

分　　布　分布于江苏、吉林、广西、贵州、河南等地。

应用情况　可食用。

图 1170

1170 蜜味红菇

拉丁学名 *Russula melliolens* Quél.

形态特征 菌盖宽 4～10cm，扁半球形，老后浅杯状，盖缘内卷，后平直，盖表皮易剥离，稍黏、深红色、鲜橙红色，略带紫红或洋红色、朱砂红，受伤处有赭褐色或黄色斑，平滑无毛，稍皱。菌肉厚实，白色，近表皮处淡红色，变黄色，味道柔和，鲜时无气味，最后有蜜气味，尤其是干标本气味明显。菌褶近离生，不等长，有分叉，褶间有横脉，白色至乳白色，褶之前缘常带红色。菌柄长 4～6cm，粗 1～2.5cm，常弯曲，近菌褶处或基部膨大，内实，后中空，白色，最后变为黄褐色，稍皱。担子 43～50μm×8.8～13.8μm。孢子印浅乳黄色。孢子无色，8～10μm×8～9.4μm，近球形，有小疣，疣间有连线形成网纹。囊状体近梭形至圆柱形，50～90μm×8～10μm。

生态习性 夏季生阔叶林中地上。

分　布 分布于四川等地。

应用情况 可食用，很好吃。

图 1171

1171　较小红菇

拉丁学名　*Russula minutus* Fr.

形态特征　子实体较小。菌盖直径 3~6cm，扁半球形，平展后中部稍凹，粉红至深红色，有时边缘褪色为黄白色，湿时黏，表皮易撕开。菌肉白色。菌褶白色至奶油黄色，直生至稍延生，等长。菌柄长 2~7cm，粗 0.5~1cm，白色，近光滑，空心。孢子有小疣刺，近球形，6~8.5μm×5.5~7.5μm。褶侧或褶缘囊体顶端尖，近梭形，35~70μm×6~10μm。

生态习性　于混交林地上单生或散生。

分　　布　分布于广东、福建等地。

应用情况　经浸泡、煮洗后加工食用。

1172　软红菇

拉丁学名　*Russula mollis* Quél.

形态特征　子实体较小。菌盖直径 4~7cm，扁半球形至平展，中部稍下凹，白色带浅黄褐或蓝绿

72

色，伤处变灰色，表面黏，平滑，边缘初期内卷。菌肉白色至污白色，伤处变色不明显，无味。菌褶黄白色，直生至延生，等长。菌柄长 3～5cm，粗 1.2～2cm，圆柱形，白色或带青灰色，肉质，实心。孢子黄色，有小刺，近球形，6～7μm×5～6μm。褶侧囊体与褶缘囊体相似，棒状或近梭形，3.9～8.5μm×7～11.5μm。

生态习性　秋季于阔叶林中地上散生或群生。属树木外生菌根菌。

分　　布　分布于广东、云南等地。

应用情况　可食用。

1173　赭盖红菇

别　　名　赭菇、厚皮红菇
拉丁学名　*Russula mustelina* Fr.
曾用学名　*Russula elephatina* Fr.
英 文 名　Russet Brittlegill

形态特征　子实体中等至稍大。菌盖直径 5～12cm，初扁半球形，后平展而中部下凹，谷黄色、深肉桂色至深棠梨色，黏，边缘平滑或老后有不明显的短条纹。菌肉白色，后趋于变黄，最终变褐色，味道柔和，气味不显著。菌褶初白色，后米黄色，直生至弯生，颇密至稍稀，分叉，褶间具横脉。菌柄长 3～8cm，粗 1.2～2.2cm，圆柱形，内部松软，白色，略带黄色，后变淡褐色或与菌盖色

图 1173-1

图 1173-2

相近。孢子印乳黄色。孢子无色，有小刺，部分相连或近网状，近球形，8.2～9.1μm×7.3～8.7μm。褶侧囊体近梭形。

生态习性　夏秋季于林中地上散生至群生。与树木形成外生菌根。

分　　布　分布于江苏、四川、广东、云南、西藏、吉林、青海等地。

应用情况　可食用。

1174　厌味红菇

拉丁学名　*Russula nauseosa* (Pers.) Fr.

形态特征　子实体小。菌盖直径2～5.5cm，扁半球形，平展后中部稍下凹，颜色多样，酒红色至红色、浅灰红色、浅褐色、污淡黄色或带浅绿色，黏，盖缘有条纹，表皮易剥离。菌肉白色，薄，气味不显著，或有令人不愉快的气味，味道柔和或稍辛辣。菌褶凹生至近离生，稍密，不分叉或几不分叉，基部有横脉相连，乳黄色，后深赭石色。菌柄长2～7cm，粗0.5～1cm，近圆柱形，向两端稍细，白色，常呈浅褐色或淡黄色，内实后松软。担子35～55μm×10～13μm。孢子印浅赭石色至赭石色。孢子近无色，7～10.8μm×6～9μm，卵圆形至椭圆形，有疣，疣间偶有连线。囊状体近梭形，50～78μm×9～12.6μm。

生态习性　夏秋季于混交林中地上单生。与松属、云杉属、栎属、水青冈属的一些树种形成外生菌根。

分　　布　分布于云南、四川、广东等地。

应用情况　可食用，但其味较差。

1175 稀褶黑红菇

别　　名　黑红菇、变黑稀褶菇、稀褶黑菇、变黑菇、老鸦菌、猪仔菇、火炭菌、火炭菇、大黑菇

拉丁学名　*Russula nigricans* (Bull.) Fr.

英 文 名　Blackening Brittlegill, Blackening Russula

形态特征　子实体一般较大。菌盖直径 5～15cm，扁半球形，中部下凹，表面平滑，老后边缘有不明显的条棱。菌肉污白色，受伤处开始变红色后变黑色，较厚。菌褶污白色，直生后期近凹生，宽，稀而薄，褶间有横脉，不等长。菌柄粗壮，长 3～8cm，粗 1～2.5cm，初期污白色后变黑褐色，实心，脆。孢子具疣及网纹，近球形，7.5～8.7μm×6.3～7.5μm。褶侧囊体棒状，37～56μm×5～9μm。

生态习性　夏秋季于阔叶林或混交林地上群生或散生。与树木形成外生菌根。

分　　布　分布于吉林、江苏、浙江、安徽、江西、福建、广东、广西、陕西、四川、云南、西藏、甘肃、贵州、湖北、湖南、台湾等地。

应用情况　在广西、江西等地发生过中毒。误食后引起恶心、呕吐、腹部剧痛、流唾液、筋骨痛或全身发麻、神志不清等反应，中毒严重者有肝肿大、黄疸等直至死亡。可药用，福建民间用来治疗痢疾，制成"舒筋丸"，可治腰腿疼痛、手足麻木、筋骨不适、四肢抽搐。抑肿瘤，子实体热水提取物对小白鼠肉瘤 180 及艾氏癌的抑制率均为 60%。

图 1175

1176 光亮红菇

拉丁学名　*Russula nitida* (Pers.) Fr.

英 文 名　Purple Swamp Brittlegill

形态特征　子实体小。菌盖直径 2～6cm，初期扁半球形，后期中部下凹或近平展，表面湿润而光亮，色彩较多变，浅紫褐色、灰紫褐色、酒紫褐色或带红紫褐色，往往色彩不均，或中部色彩深，边缘平直有细条棱及老

图 1176

图 1177-1

图 1178

图 1177-2

后形裂。菌肉白色，质脆，稍麻。菌褶直生至离生，一般等长，有时靠近柄部分叉，乳黄色或稍深。菌柄近棒状柱形，白色或部分带玫瑰红色，表面近平滑，质脆，内部松软。孢子印近奶油色。孢子近卵圆形，有刺，8~10.5μm×6~8.5μm。褶侧囊体柱状或近棒状。

生态习性 夏秋季于阔叶林中地上单生或群生。属外生菌根菌。

分　布 分布于四川、云南等地。

应用情况 可食用。

1177　青黄红菇

别　　名 黄褐红菇
拉丁学名 *Russula olivacea* (Schaeff.) Pers.
英 文 名 Olive Brittlegill

形态特征 子实体中等至较大。菌盖直径6~16cm，扁半球形后平展至中部下凹，橄榄色、浅叶色，有时边缘和中部带浅紫红色或全部紫红色、紫色或红褐色，颜色多样，不黏。菌肉白色，趋于变黄，略带水果气味，味道柔和。菌褶米黄色渐变为赭黄色，直生至几乎离生，密后稍稀，分叉，褶间有横脉，不等长。菌柄长4~12cm，粗1~4cm，近柱形，白色或上部粉红色，罕见全部为粉红色，内实后松软。孢子印深黄色。孢子黄色，有分散小刺或刺间相连，近球形或倒卵圆形，8.5~12μm×7.5~9.8μm。褶侧囊体梭形或披针形。

生态习性 夏秋季于混交林地上散生、单生或群生。与山杨、桦、楸等树木形成外生菌根。

分　布 分布十分广泛。

应用情况 可食用。

1178　橄榄色红菇

别　　名 青黄红菇、黄褐红菇
拉丁学名 *Russula olivascena* (Schaeff.) Pers.

形态特征 子实体一般中等。菌盖直径3.5~9cm，初期扁半球形，后渐平展中部下凹，黄绿色、灰绿色或浅黄绿色，中部色较深，表面黏，边缘平滑。菌肉白色，稍

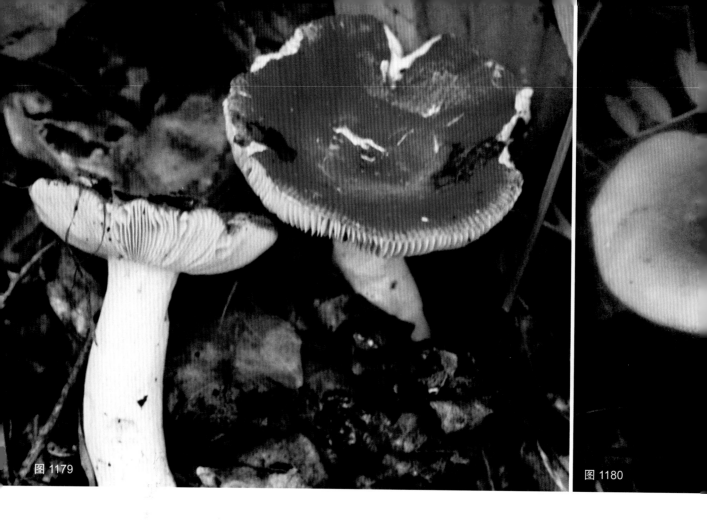

图 1179　　　　　　　　　　　　　　　　　　　　　　　　图 1180

厚，无特殊气味。菌褶初期乳黄色，后期深乳黄色，直生至近离生，密至稍密，不等长。菌柄圆柱形，有时向上略细，长 3.5～8.5cm，粗 1～1.4cm，内部松软，表面白色至污白色。孢子印乳黄色。孢子带黄色，卵圆形，有小刺，10.9～14.5μm×9.1～12.4μm。褶侧囊体近梭形，较多，63～91μm×9.1～14.6μm。

生态习性　夏秋季在针叶树等林中地上群生。属外生菌根菌，与云杉、杨等树木形成菌根。

分　　布　分布于新疆、辽宁、黑龙江、吉林、台湾、江苏、云南、贵州、广西、湖北、四川、青海等地。

应用情况　可食用。

1179　沼泽红菇

拉丁学名　*Russula paludosa* Britzelm.
曾用学名　*Russula integra* var. *paludosa* (Britzelm.) Singer
英 文 名　Tall Russula

形态特征　子实体中等大。菌盖直径 5～11cm，扁半球形后平展中部下凹，红色或橘红色，很少褪色，中部淡红黄色，边缘平滑，老后有短条纹。菌肉白色，表皮下稍带淡红色，味道柔和或稍辛辣，气味不显著。菌褶白色，后乳黄色，边缘常带红色，直生，很密，常有分叉，褶间有横脉，等长。

图 1181-1

菌柄长 6～14cm，粗 2～3cm，近圆柱形或向上略细，白色有时带粉红色，实心变松软至空心。孢子印深乳黄色。孢子有小刺相连成脊或近网状，近球形，8～10μm×7.3～9μm。褶侧囊体近梭形。

生态习性 夏秋季于针叶林或混交林下潮湿地上散生或群生。属树木外生菌根菌。

分　　布 分布于黑龙江、吉林、四川、云南、西藏、广东、甘肃、河北等地。

应用情况 可食用。

1180　青灰红菇

别　　名 似天蓝红菇

拉丁学名 *Russula parazurea* Jul. Schäff.

英 文 名 Powdery Brittlegill

形态特征 子实体小至中等。菌盖直径 3～8cm，半球形到近平展，中部稍下凹，青灰色，边缘平滑或有条纹。菌肉白色。菌褶浅黄色，近直生，等长。菌柄长 5～9cm，粗 0.8～1.3cm，白色或带粉色。孢子有小疣，近球形，6～8.5μm×5～6.3μm。囊状体近柱形或近梭形。

生态习性 于阔叶林地上单生或散生。属树木外生菌根菌。

分　　布 分布于内蒙古等地。

应用情况 可食用。

图 1181-2

图 1182

图 1183-1

图 1183-2

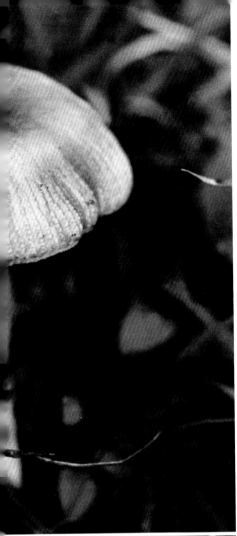

1181　篦边红菇

别　　名　篦形红菇
拉丁学名　*Russula pectinata* (Bull.) Fr.

形态特征　子实体一般较小。菌盖直径3～9cm，初期扁半球形，后平展中稍下凹，米黄色或黄褐色，老后似栗褐色，表面湿时黏，平滑或有微细鳞片，边缘条棱长而显著，其上有疣状小点组成。菌肉白色，薄，稍致密。菌褶直生又弯生至近离生，稍密，稍宽，基本等长，稍分叉，有横脉，白色至污白色，老后常有深色斑点。菌柄圆柱形，白色至污白色，下部常有红褐色斑点，长3～7cm，粗0.6～1.5cm，内部松软至空心。孢子印污白色。孢子无色，近球形，有小刺，8～10μm×7.5～8μm。褶侧囊体梭形，50～80μm×7～10μm。

生态习性　在针叶或阔叶林地上群生或散生。属树木的外生菌根菌，与栎、栗、马尾松等树木形成菌根。

分　　布　分布于江苏、黑龙江、云南、湖南、福建、广东、湖北、吉林、辽宁等地。

应用情况　可食用，但有辛辣味。

1182　拟篦边红菇

拉丁学名　*Russula pectinatoides* Peck

形态特征　子实体小至中等大。菌盖直径3～7cm，扁半球形至平展，中部下凹呈浅漏斗状，浅褐黄色或暗茶褐色，中央色深，表面湿时黏，平滑无鳞片，干后为暗茶褐色，边缘有小疣组成的条棱。菌肉白色，中部稍厚而边缘薄。菌褶白色，伤处变浅锈褐色，直生，稍密或稍稀，有分叉，褶间具横脉，等长或有短菌褶。菌柄长3～6cm，粗0.4～1.4cm，圆柱状，稍弯曲，白色或浅灰褐色，表面平滑，松软至空心。孢子无色，有小刺，近球形，直径6～8μm。褶侧囊体近梭形至近棒状。

生态习性　夏秋季于针叶或阔叶林地上单生或散生。属树木外生菌根菌。

分　　布　分布于广东、贵州、吉林、福建、湖南等地。

应用情况　可食用。

图 1184

1183 假大白红菇

别　　名　拟美味红菇、假美味红菇、假大白菇
拉丁学名　*Russula pseudodelica* J. E. Lange

形态特征　子实体中等或较大。菌盖直径 6.5～14cm，半球形且中部下凹呈漏斗形，污白色后期浅赭
黄色或污黄色，表面干，稍呈粉状或有龟裂，边缘内卷后平展至上翘。菌肉白色，厚，致密。菌褶白色
后变乳黄色至赭黄色，近延生至离生，稠密，窄，薄，有分叉。菌柄长 5～6.5cm，粗 1.5～3cm，近基部
渐细，内实。孢子印浅赭黄色。孢子有小刺，球形，6.1～7.9μm×5.9～7μm。褶侧囊体和褶缘囊体顶端
乳头状，30～100μm×7.5～11.5μm。
生态习性　夏秋季于混交林地上群生。属树木外生菌根菌。
分　　布　分布于福建、吉林等地。
应用情况　可食用。抑肿瘤，子实体热水提取物对小白鼠肉瘤 180 及艾氏癌的抑制率均为 80%。

1184 拟全缘红菇

别　　名	假全缘红菇、拟变色红菇
拉丁学名	*Russula pseudointegra* Arnould et Goris
英 文 名	Scarlet Brittlegill

形态特征　子实体小至中等大。菌盖直径4~11cm，半球形或扁半球形至近平展，中部稍凹，朱红至珊瑚红色，有时部分色浅，湿时黏，边缘平滑。菌肉白色，微苦。菌褶淡金黄色，离生。菌柄长3~7.5cm，粗1.2~3cm，白色，等粗或下部稍膨大，松软。孢子浅黄色，有疣，近球形，7.5~9μm×6.5~8.2μm。

生态习性　夏秋季生阔叶林中地上。属树木外生菌根菌。

分　　布　分布于云南、河北等地。

应用情况　可食用。

图 1187

1185 拟罗梅尔红菇

别　　名　假罗梅尔红菇

拉丁学名　*Russula pseudoromellii* J. Blum

形态特征　子实体一般中等大。菌盖宽 6.5～12cm，扁半球形至垫状，不久平展，中部下凹，盖缘初内卷后平直，老后有棱纹，酒红色，罕为橄榄色，不黏，表皮可撕离。菌肉幼嫩时结实，白色，味道柔和，气味不显著。菌褶直生，初乳黄色，后深黄色，密，后稍稀，等长，近柄处有分叉，褶间具横脉，前缘钝，褶缘色泽浅于褶面。菌柄长 5～9.5cm，粗 1.2～2.7cm，等粗或向下自全长 1/3 处增粗，但在基部又稍细，白色，基部染有污褐色斑，内实，后松软至中空。担子30～47μm×10～13μm。孢子印黄色。孢子淡黄色，近球形或卵圆形，7.5～10.6μm×6.3～7.6μm，有小疣，疣间可相连，形成短脊及个别网眼。囊状体 49～72μm×9～14.4μm，梭形。

生态习性　于阔叶林中地上单生。属外生菌根菌。

分　　布　分布于云南宾川等地。

应用情况　可食用，味道佳美。

1186 美丽红菇

别　　名 紫薇红菇、美红菇
拉丁学名 *Russula puellaris* Fr.
英 文 名 Yellowing Brittlegill, Yellow Staining Russula

形态特征 子实体小。菌盖直径 3～5cm，扁半球形，渐开展后中部下凹，淡紫褐色至深紫薇色，中央色深，边缘有条棱，表面平滑无毛，黏。菌肉白色，中部稍厚。菌褶白色，后变为淡黄色，凹生，不等长，稍密，褶间有横脉。菌柄近圆柱形，长 3～6cm，粗 0.5～1.4cm，白色，内部松软至空心。褶侧囊体棒状至近梭形，55～66μm×8～12μm。孢子印乳黄色。孢子淡黄色，近球形，有小刺，6.5～8μm×6～7μm。

生态习性 夏秋季生于林中地上，往往单生和散生。属树木的外生菌根菌。

分　　布 分布于江苏、西藏、广东、贵州、四川、湖南等地。

应用情况 可食用。

图 1188

1187 紫红菇

拉丁学名 *Russula punicea* W. F. Chiu

形态特征 子实体较小。菌盖直径 2.5～5cm，扁半球形至扁平，虾粉红色及秋海棠玫瑰色，表面细粉质，中央色较暗，边缘平滑，无条棱或不明显，略带波状。菌肉白色。菌褶白色，后赭色，稠密，近菌柄处分叉。菌柄长 1～3cm，粗 0.9～2.5cm，圆锥形或球基状，白色或带粉红色，光滑，内部松软。孢子具疣点和棱纹，球形，6.5～7.5μm×5～6.5μm。

生态习性 于林中地上散生。属树木外生菌根菌。

分　　布 分布于云南等地。

应用情况 可食用，但需浸泡洗后加工食用。

图 1189

图 1190-1

1188 微紫红菇

拉丁学名 *Russula purpurina* Quél. et Schulzer

生态习性 于海拔 2800m 云南松、栎类林地上群生。属外生菌根菌。
分　　布 分布于四川、云南、台湾等地。
应用情况 可食用。据分析，含 17 种氨基酸，其中有人体必需氨基酸 7 种。

1189 褐紫红菇

拉丁学名 *Russula queletii* Quél. et Schulzer

形态特征 子实体小或中等。菌盖宽 6～8cm，肉质，紫红褐色、紫葡萄酒色，湿时黏，边缘有时开裂并有棱纹。菌肉白色，厚，味很苦。菌褶密，直生，白色或近白色，后期乳黄色。菌柄长 4～8cm，粗 0.8～1.7cm，微红色，脆，基部常有黄色斑点。孢子印白色。孢子乳黄色，广椭圆形，9～11μm×8.6～9μm，有刺或稍连接成网。囊状体 90～110μm×8.6～14μm，顶端有结晶。
生态习性 夏秋季于林中地上单生或群生。

分　　布　分布于福建、新疆等地。

应用情况　味很苦，记载有毒，中毒时出现恶心、呕吐、腹痛、腹泻等反应。

1190　矮狮红菇

别　　名　粉黄红菇、鸡冠红菇

拉丁学名　*Russula risigallina* (Batsch) Sacc.

曾用学名　*Russula chamaeleontina* (Lasch) Fr.

英 文 名　Golden Brittlegill

形态特征　子实体小。菌盖宽 2～6cm，扁半球形，后平展至中部下凹，黏，后干燥，边缘钝，初平滑，后有条纹，颜色多变化，大多为红色、紫色，中部黄色可褪至淡黄色，边缘粉红或红色，有时全部白色，表皮可剥离。菌肉白色，薄，味道柔和。菌褶薄而密，直生，等长，分叉，褶间具横脉，淡黄色至浅黄褐色。菌柄长 3～4.2cm，粗 0.3～1.2cm，肉质，白色，内部松软后中空，圆柱形或向下稍粗。孢子印黄色。孢子近球形，有小刺，7～10.6μm×6.7～8.8μm。囊状体梭形，52～88μm×7.5～9.1μm。

生态习性　夏秋季于林中地上散生或群生。属外生菌根菌。

分　　布　分布于台湾、河南、青海等地。

应用情况　可食用。

图 1191　　　　图 1192

1191　罗梅尔红菇

拉丁学名　*Russula romellii* Maire

形态特征　子实体中等至较大。菌盖直径6～15cm，初扁半球形，成熟后平展中部微下凹，呈碟状，边缘常内卷或下垂，表面浅红色、酒红色、紫红色、橄榄紫色、褐紫色或青紫色，有时中部褪色，带赭黄色、浅黄绿色、奶油色至黄褐色，湿时黏，干燥后有光泽，表皮从菌盖边缘到中央方向可剥离1/2，盖缘常有条纹。菌肉初坚实，后较脆，白色，老后变柠檬黄色，气味不显著，有甜味或略有辛辣味道。菌褶宽0.6～1.6cm，密集至稍稀疏，直生至近离生，等长，褶间具明显横脉，罕见分叉，顶端钝圆，无小菌褶或小菌褶较少，初白色，后浅黄色至浅橙黄色。菌柄圆柱形至近圆柱形，长3～9cm，粗2～4cm，近基部处略粗，白色，老后渐变奶油色至浅黄色，初内实，后松软，表面光滑，老后有皱纹。担子36～44μm×11～14μm，棒状，中部至近顶端处略有膨大，具2～4个小梗，无色透明。孢子印深黄色。孢子8～11.5μm×7.1～10.3μm，宽椭圆形至椭圆形，少数近球形至球形，微黄色至黄色，表面纹饰高0.5～1.0μm，呈现连线状，形成鸡冠状突起至不完整网纹。侧生囊状体41～56μm×8～12μm，近圆柱形至近梭形，较少，顶端尖锐或钝圆，黄色，表面有轻微的纹饰。菌盖表皮菌丝栅栏状，宽2.5～5.8μm，无色至微黄色，透明，有分隔，末端近尖锐至钝圆。菌盖表皮囊状体未见。菌柄表皮菌丝宽1.7～5.8μm，有隔，无色透明。菌柄表皮囊状体未见。

生态习性 夏秋季生于阔叶林中地上。

分　　布 分布于西藏、四川、云南等地。

应用情况 可食用。

1192　玫瑰红菇

别　　名 桃花菌

拉丁学名 *Russula rosacea* (Pers.) Gray

英 文 名 Rosy Russula

形态特征 子实体小或中等。菌盖直径4～7cm，初期半球形至扁半球形，后期渐平展且中部下凹，玫瑰红或近血红色或带朱红色，湿润时稍黏，边缘平滑无条棱。菌肉白色，稍厚。菌褶近白色，稍密，等长或不等长，近直生至稍延生，有分叉。菌柄圆柱形，白色带粉红色，稍有皱，长4～7cm，粗1.5～1.6cm，内部松软至空心。孢子印白色。孢子无色，近球形，有小刺，8～9μm×7～8μm。褶侧囊体多，梭形，64～120μm×8～16μm。

生态习性 夏秋季在针阔叶混交林地上散生或群生。为树木的外生菌根菌。

分　　布 分布于辽宁、河南、四川、吉林、湖南、广东、云南、浙江、福建等地。

应用情况 可食用，但味辛、辣、苦，晒干煮洗水漂后方可食用。子实体含四环三萜酸化合物苦红菇酸A和B以及两个甾醇类化合物。

图 1193-1

图 1193-2

图 1194

1193　红色红菇

别　　名	红菇、美丽红菇、鳞盖红菇
拉丁学名	*Russula rosea* Pers.
曾用学名	*Russula lepida* Fr.
英 文 名	Red Mushroom, Firmfleshed Russula, Rosy Brittlegill

形态特征　子实体中等大。菌盖直径 4～9cm，扁半球形后平展至中部下凹，珊瑚红色或更鲜艳，可带苋菜红色，边缘有时为杏黄色，部分或全部褪至粉肉桂色或淡白色，不黏，无光泽或绒状，中部有时被白粉，边缘无条纹。菌肉白色，厚，常被虫吃，味道及气味好，经嚼后慢慢有点辛辣味或薄荷味感觉。菌褶白色，老后变为乳黄色，近盖缘处可带红色，稍密至稍稀，有分叉，褶间具横脉。菌柄长 3.5～5cm，粗 0.5～2cm，圆柱形或向下渐细，白色，一侧或基部带浅珊瑚红色，中实或松软。孢子印浅乳黄色。孢子无色，有小疣，近球形，7.5～9μm×7.3～8.1μm。褶侧囊体近梭形，51～85μm×8～13μm。

生态习性　夏秋季于林中地上群生或单生。属树木外生菌根菌。

分　　布　分布于辽宁、吉林、江苏、福建、广东、广西、四川、云南、甘肃、陕西、西藏等地。

应用情况　可食用，有人因其辛辣味而不食用。有抑肿瘤活性，子实体热水提取物对小白鼠肉瘤 180 及艾氏癌的抑制率分别为 100% 和 90%。

1194　玫瑰柄红菇

别　　名	蔷薇红菇
拉丁学名	*Russula roseipes* Secr. ex Bres.
英 文 名	Purple Swamp Brittlegill

形态特征　子实体一般中等大。菌盖凸形至平展中凹形，直径 6.5～10.5cm，红色，湿时黏，有时被白粉末，偶有表皮开裂，肉质，盖缘整齐，延伸。菌肉白色，伤后不变色，近柄处厚 4.5mm，或更厚，无味或无明显气味。菌褶淡黄色，直生，等长，盖缘处每厘米 7～12 片，宽 0.6～1cm，具横脉，褶缘平滑。菌柄中生，海绵质，实心至中空，白带点苋菜红色，圆柱状，长 4～6cm，近柄顶部粗 1.2～1.5cm，无附属物。担子棍棒状，35～50μm×10～13μm，4 孢，小梗长 2～4μm，淡黄色。孢子近球形，6～10.5μm×5.5～9μm，有钝小刺，黄色。侧生囊体散生，近梭状至披针形，40～100μm×6～13μm，近无色至浅黄色。

生态习性　夏末秋初于阔叶林地上散生或群生。

分　　布　分布于广东等地。

应用情况　可食用。

图 1195-1　　图 1195-2

1195　变黑红菇

别　　名　伤变黑红菇

拉丁学名　*Russula rubescens* Beardslee

形态特征　子实体中等。菌盖直径 5～8.5cm，扁半球形后平展至中部下凹，暗红带黄色，老后可褪色，边缘有条棱，湿时黏。菌肉白色，老后变灰色，渐变红色后变黑色，味道柔和，无气味。菌褶初白色后乳黄色，或部分变黑色，近直生，分叉，褶间具横脉，等长。菌柄长 3～5.5cm，粗 1.2～2cm，等粗或向下稍细，白色，最后变灰，部分渐变红后变黑色，实心变空心。孢子印浅黄色。孢子有小刺，近球形，7.5～9.5μm×6.5～7.5μm。褶侧囊体无色，近棒状或近梭形。

生态习性　夏秋季于阔叶林或混交林中地上散生或群生。属树木外生菌根菌。

分　　布　分布于河南、吉林等地。

应用情况　可食用。抑肿瘤，子实体热水提取物对小白鼠肉瘤 180 及艾氏癌的抑制率分别为 70% 和 60%。

图 1196

1196　大朱红菇

别　　名　胭脂红菇
拉丁学名　*Russula rubra* (Fr.) Fr.
英 文 名　Bright Red Mushroom

形态特征　子实体中等大。菌盖直径4～10cm，半球形后平展中部稍下凹，红色，老后色变暗，边缘粉红色或带白色，不黏，有微细绒毛或变光滑，边缘平滑或有不明显条纹。菌肉白色，表皮下粉红色，味道辛辣。菌褶白色，后浅赭黄色，离生或略延生，密，有分叉，具横脉。菌柄长3.5～8cm，粗1～2.5cm，等粗或向下稍细，白色，偶尔在基部或一侧带粉红色，实心后变空心。孢子印黄色。孢子有疣或微刺，疣间罕有连线，近球形，8～9μm×7～8μm。褶侧囊体梭形。
生态习性　夏秋季于林中地上单生或散生。属树木外生菌根菌。
分　　布　分布于黑龙江、吉林、福建、四川、云南、湖北等地。
应用情况　可食用，味较好。

图 1197-1　　图 1197-2

图 1197-3

1197　血红菇

别　　名　血色红菇
拉丁学名　*Russula sanguinea* (Bull.) Fr.
英 文 名　Blood-red Russule, Rosy Russula

形态特征　子实体一般中等大。菌盖直径 3～10cm，扁半球形，平展至中部下凹，大红色或血红色，干后带紫色，老后局部或成片状褪色。菌肉白色，不变色，味辛辣。菌褶白色老后变乳黄色，延生，稍密，等长。菌柄长 4～8cm，粗 1～2cm，近圆柱形或近棒状，通常珊瑚红色，罕为白色，老后或伤处带橙黄色，内实。孢子印淡黄色。孢子无色，有小疣，疣间有连线，但不形成网纹，球形至近球形，7～8.5μm×6.1～7.3μm。褶侧囊体极多，大多呈梭形，有的圆柱形或棒状，其内含物在 KOH 溶液中呈淡黄褐色。

生态习性　夏秋季于松林地上散生或群生。属树木外生菌根菌。

分　　布　分布于河南、河北、浙江、福建、云南等地。

应用情况　可食用。抑肿瘤，子实体热水提取物对小白鼠肉瘤 180 及艾氏癌的抑制率均为 90%。

1198　红肉红菇

拉丁学名　*Russula sardonia* Fr.
英 文 名　Primrose Brittlegill

形态特征　子实体一般中等大。菌盖直径 3～10cm，扁半球形至扁平，中部稍下凹或稍凸，暗红紫色，表面往往有颗粒状凸起。菌肉稍厚，有水果香味。菌褶黄色，近直生，密。菌柄长 3.5～8.5cm，粗 0.8～1.2cm，红色，内部实或松软。孢子有疣，宽椭圆形，7～9μm×6～8μm。

生态习性　夏秋季于松树等林中地上散生或群生。属树木外生菌根菌。

分　　布　分布于云南、湖北、广西、贵州、青海、西藏等地。

应用情况　可食用。

1199　点柄黄红菇

别　　名　点柄臭黄菇、鱼鳃菇、辣红菇、点柄臭红菇

拉丁学名　*Russula senecis* S. Imai

形态特征　子实体中等大。菌盖直径 3～9.5cm，扁半球形，平展后中部稍下凹，污黄至黄褐色，黏，边缘表皮常龟裂成小疣组成的明显粗条棱。菌肉污白色。菌褶污白色至淡黄褐色，直生至稍延生，褶缘色深且粗糙，等长或不等长。菌柄长 8～10cm，粗 0.6～1.5cm，圆柱形，有时细长且基部渐细，污黄色，具明显的褐黑色小腺点，松软至空心，质脆。孢子印白色。孢子淡黄，具明显刺棱，近球形，9～11μm×8.7～10μm。褶侧囊体带黄色，近棱形。

生态习性　夏秋季于混交林地上单生或群生。属树木外生菌根菌。

分　　布　分布于河南、河北、江西、湖北、广东、广西、西藏、香港、四川、贵州、云南、台湾等地。

应用情况　有毒，食后常引起中毒，表现为恶心、呕吐、腹痛、腹泻等胃肠炎症状。抑肿瘤，试验子实体热水提取物对小白鼠肉瘤 180 及艾氏癌的抑制率分别为 80% 和 70%。

图 1198

1200　茶褐红菇

别　　名　黄茶红菇

拉丁学名　*Russula sororia* Fr.

英 文 名　Heaped Russula, Comb Russula

形态特征　子实体一般中等大。菌盖直径 3～9cm，扁半球形后平展，中部下凹，有的棕褐黑色，湿时黏，无毛，盖缘处表皮易剥离，边缘具小疣组成的棱纹，土黄色或茶褐色，中部色较深。菌肉白色，变淡灰色，味道辛辣，气味不明显。菌褶白色，变为淡灰色，窄生，离生，中部宽，边缘处锐，密，褶间有横脉，不等长。菌柄长 2～8cm，粗 1～2.5cm，近等粗或向下变细，白色，变淡灰色，

图 1199-1　　　　图 1199-2

图 1201

稍被绒毛，松软至空心。孢子印乳黄色。孢子有刺或疣，近球形，6～7.6μm×5～7.2μm。褶侧囊体近梭形或近披针形。

生态习性 于林中地上单生或群生。属树木外生菌根菌。

分　　布 分布于四川、辽宁、浙江、广西、吉林、云南等地。

应用情况 抑肿瘤，子实体热水提取物对小白鼠肉瘤 180 及艾氏癌的抑制率均为 60%。

1201　粉红菇

拉丁学名 *Russula subdepallens* Peck
英 文 名 Milk-white Brittlegill

形态特征 子实体中等大。菌盖直径 5～11cm，扁半球形后平展至下凹，老后边缘上翘，粉红色，中部暗红色老后色变淡，部分米黄色，黏，边缘有条纹。菌肉白色老后变灰色，薄，味道柔和，无特殊气味。菌褶白色，直生，较稀，褶间具横脉，等长。菌柄长 4～8cm，粗 1～3cm，近圆柱形，白色，内部松软。孢子印白色。孢子有小刺并相连，近球形，7.5～10μm×6.5～9μm。褶侧囊体梭形，顶端渐尖。

02

生态习性　夏秋季于混交林中地上群生。属树木外生菌根菌。

分　　布　分布于吉林、江苏、福建、云南、西藏、河南等地。

应用情况　可食用。

1202　亚稀褶黑红菇

拉丁学名　*Russula subnigricans* Hongo

英文名　Rank Russula

形态特征　子实体中等大。菌盖直径 6～11.8cm，扁半球形，中部下凹呈漏斗状，浅灰色至煤灰黑色，表面干燥有微细绒毛，边缘色浅而内卷无条棱。菌肉白色，受伤处变红色而不变黑色。菌褶浅黄白色，伤变红色，直生或近延生，稍稀疏，不等长，厚而脆，不分叉，有横脉。孢子无色，近球形，7～9μm×6～7μm。

生态习性　夏秋季于阔叶林及混交林地上散生或群生。属树木外生菌根菌。

分　　布　分布于湖南、江西、四川、福建等地。

应用情况　此种有毒，含有剧毒红菇素 (russuphelins)。误食中毒发病率 70% 以上，半小时后发生

图 1203

图 1205

图 1204

吐泻、血尿、心脏衰竭等症状，死亡率达 70%。曾在福建发生多起误食中毒死亡事件。在野外采集食用和药用菌时务必特别注意。抑肿瘤，对小白鼠肉瘤 180 和艾氏癌抑制率均高达 100%。

1203　黄孢紫红菇

拉丁学名　*Russula turci* Bres.
英 文 名　Iodoform-scented Russula

形态特征　子实体较小。菌盖直径 2.5～7cm，扁半球形或扁平至近平展，中部稍下凹，紫红色至淡紫色，中部色较深后期变淡，有时变黄色或浅黄色，盖表形成微颗粒或小龟裂，边缘平滑或稍有条纹。菌肉白色。菌褶浅黄白色，直生，厚而脆，不分叉，有横脉。菌柄长 3～5cm，粗 0.8～1.5cm，圆柱形或棒状，白色，实心变松软至空心。孢子无色，有小疣，棱脊相连近网状，近球形，7～9μm×6～7μm。褶侧囊体近梭形或具短尖，45～65μm×7～10μm。

生态习性　夏秋季于松林中地上群生。属树木的外生菌根菌。

分　　布　分布于云南等地。

应用情况　可食用。

1204　细裂皮红菇

别　　名　细皮囊体红菇
拉丁学名　*Russula velenovskyi* Melzer et Zvára
英 文 名　Coral Brittlegill

形态特征　子实体小至中等大。菌盖直径 3.5～8cm，暗红色或朱红色，部分褪色为橙黄或黄白色，黏，表皮裂成小斑块或可撕离，边缘完整或后期有条纹。菌肉白色。菌褶带黄色，直生，具横脉，等长或有分叉。菌柄长 3～6cm，粗 0.8～1.8cm，圆柱形，白色，部分粉红色或带玫瑰红色，内部松软至空心。孢子浅黄色，有小刺，近球形，7～8.5μm×6～7μm。褶侧囊体长棒状至近梭状，55～60μm×7～8μm。

生态习性　于混交林地上散生或群生。属树木外生菌根菌。

分　　布　分布于江苏、广东、福建、内蒙古等地。

应用情况　可食用。

图 1206

图 1207-1

1205　菱红菇

别　　名　细弱红菇
拉丁学名　*Russula vesca* Fr.
英 文 名　Bared Teeth Russula, Bare-toothed Russula

形态特征　子实体中等大。菌盖直径 3.5～11cm，近半圆形、扁半球形，最后平展中部下凹，颜色变化多，酒褐色、浅红褐色、浅褐色或菱色等，边缘老时具短条纹，盖表皮短不及盖边缘，有微皱或平滑。菌肉白色，趋于变污淡黄色，气味不显著，味道柔和。菌褶白色或稍带乳黄色，直生，密，常分叉，褶间具横脉，褶缘常有锈褐色斑点。菌柄长 2～6.6cm，粗 1～2.8cm，圆柱形或基部略细，白色，基部略变黄或变褐色，实心后松软。孢子印白色。孢子无色，有小疣，近球形，6.4～8.5μm×4.9～6.7μm。褶侧囊体近梭形。

生态习性　夏秋季于针、阔叶林中地上单生或散生。与栎、松等树木形成外生菌根。

分　　布　分布于江苏、福建、湖南、广西、云南等地。

应用情况　可食用，子实体蛋白质及其中 8 种人体必需氨基酸含量高，常食用有助于增强消化。抑肿瘤，报道对小白鼠肉瘤 180 及艾氏癌的抑制率均为 90%。

1206　正红菇

别　　名　福建大红菇、真红菇、葡酒红菇
拉丁学名　*Russula vinosa* Lindblad
曾用学名　*Russula obscura* (Romell) Peck
英 文 名　Vinous Russula

形态特征　子实体一般中等大。菌盖直径 5～12cm，扁半球形后平展中部下凹，不黏，大红色带紫，中部暗紫黑色，边缘平滑。菌肉白色，近表皮处淡红色或浅紫红色，味道柔和，无特殊气味。菌褶白至乳黄色，老后变灰色，褶之前缘浅紫红色，不等长，具横脉，直生。菌柄长 4.5～10cm，粗 1.5～2.5cm，白色或有红色斑或全部为淡粉红至粉红色，内部松软。孢子印干后呈淡乳黄色。孢子近球形，有小刺，8.5～11.8μm×7.3～10.6μm。褶侧囊体多，梭形。

生态习性　夏秋季于阔叶林中地上群生。属树木外生菌根菌。

分　　布　分布于福建、广东、四川、台湾等地，以闽西北地区多产。

应用情况 可食用。民间药用，作为产妇的补品等。治疗贫血。子实体热水提取物对细菌、酵母菌、霉菌均有一定抑制效果。子实体水溶性多糖具有较高抗癌活性，对超氧阴离子自由基和羟基自由基均具有明显的清除作用。

1207 堇紫红菇

拉丁学名 *Russula violacea* Quél.

形态特征 子实体较小。菌盖直径3～6.5cm，扁半球形至近平展，中部下凹，堇紫色、丁香紫色或有时带绿，湿时黏，边缘平滑或稍有条纹。菌肉白色，味辛辣。菌褶初期纯白色后呈乳黄色，直生又弯生，较密，有分叉。菌柄长3～6cm，粗0.5～1.3cm，近棒状，白色，后期稍变黄色，内实至松软。孢子无色，有小刺且无连线，近球形，8.1～8.5μm×6.5～7.3μm。囊体梭形，40～69μm×9.5～14μm。

生态习性 夏秋季于阔叶林中地上单生或散生。属树木外生菌根菌。

分 布 分布于云南、贵州等地。

应用情况 可食用。

图 1207-2

1208 微紫柄红菇

别 名 紫柄红菇

拉丁学名 *Russula violeipes* Quél.

曾用学名 *Russula heterophylla* var. *chlora* Gillet

英 文 名 Velvet Brittlegill

形态特征 子实体中等大。菌盖直径4～8cm，半球形或扁平至平展，中部下凹，似有粉末，灰黄色、橄榄色或部分红色至紫红，甚至酒红色斑纹，边缘平整或开裂。菌肉白色。菌褶离生，稍密，等长，浅黄色。菌柄长4.5～10cm，粗1～2.6cm，微紫，表面似有粉末，白色或污黄且部分或紫红色，基部往往变细。孢子近球形，有疣和网纹，6.5～10μm×6～8.5μm。有褶侧囊体。

生态习性 夏秋季生针阔叶混交林地上。属树木外生菌根菌。

分 布 分布于广东、海南、福建、河北等地。

应用情况 可食用。

图 1208

图 1209-1

图 1209-2

1209 变绿红菇

别　　名　绿豆菌、青豆菌、青脸菌、青蛙菌、青堂菌、青头菌、青菌子、青盖子、清汤菌、绿菇、青菌

拉丁学名　*Russula virescens* (Schaeff.) Fr.

英 文 名　Quilted Green Russula, Green-cracking Russula, Greenish Russula, Virescent Russula

形态特征　子实体中等至稍大。菌盖直径3～12cm，半球形，很快变扁半球形并渐伸展，中部稍下凹，不黏，浅绿色至灰绿色，表皮往往斑块状龟裂，老时边缘有条棱。菌肉白色，味道柔和，无特殊气味。菌褶白色，近直生或离生，较密，具横脉，等长。菌柄长2～9.5cm，粗0.8～3.5cm，实心或松软。孢子印白色。孢子无色，有小疣，可连成微细不完整之网纹，近球形至卵圆形或近卵圆形，6.1～8.2μm×5.1～6.7μm。褶侧囊体较少，梭形，有的顶端分叉。

生态习性　夏秋季于林中地上单生或群生。与栎、桦、栲、栗形成外生菌根。

分　　布　分布于黑龙江、吉林、辽宁、江苏、福建、河南、甘肃、陕西、广东、广西、西藏、四川、云南、贵州等地。

应用情况　可食用和药用。《滇南本草图说》记载"青头菌，其味甘甜，微酸，无毒。主治眼目不

明，能泻肝经之火，散热舒气，妇人气郁，服之最良，但不可多食，食之宜以姜为使"。抑肿瘤，子实体热水提取物对小白鼠肉瘤 180 和艾氏癌的抑制率均为 60%～70%。子实体中含有抗癌活性极强的铁屎米酮和 3β-羟基-5α,8α-过氧化麦角甾-6,22-二烯。

1210　红边绿菇

别　　名　绿边红菇、青蛙菌
拉丁学名　*Russula viridi-rubrolimbata* J. Z. Ying

形态特征　子实体中等大。菌盖直径 4～8cm，初期扁半球形后平展中部略下凹，表面不黏，中部浅棕绿色至棕绿色，边缘粉红色至浅珊瑚红色，盖中部有细裂纹，向外斑块状龟裂且靠近边缘渐小，边缘开裂具有粗条棱。菌肉白色，不变色，味辣，无特殊气味。菌褶白色，直生至离生，较密，等长，有分叉，褶间具横脉。菌柄长 3～6cm，粗 1～1.7cm，白色，肉质变空心，等粗或向下略变细，表皮由致密交织的菌丝组成。担子棒状，具 2～4 小梗，36～47μm×7.3～10.9μm。孢子印白色。孢子近球形或宽椭圆形，6.3～9.7μm×4.9～7.3μm，具分散小疣，疣高 0.6～1.2μm。褶侧囊体薄壁，近梭形或梭形，有的顶端具乳突或具内含物，散生。

生态习性　于针阔叶混交林中地上群生。属树木外生菌根菌。

分　　布　分布于广西、云南、贵州等地。

应用情况　可食用。

图 1211

图 1212-1

图 1212-2

1211　黄孢红菇

别　　名　黄孢花盖菇、红柄红菇
拉丁学名　***Russula xerampelina*** (Schaeff.) Fr.
曾用学名　*Russula erythropus* Fr. ex Pelt.
英 文 名　Shrimp Russula, Crab Brittlegill, Shellfish-scented Russula

形态特征　子实体中等至较大。菌盖直径 4～13cm，扁半球形，平展后中部下凹，深褐紫色或暗紫红色，中部色更深，不黏或湿时稍黏，边缘平滑，老后有不明显条纹，表皮不易剥离。菌肉白色后变淡黄或黄色，味道柔和，有蟹气味。菌褶淡乳黄色后变淡黄褐色，直生，稍密至稍稀，少分叉，褶间具横脉，等长。菌柄长 5～8cm，粗 1.5～2.6cm，实心后松软，白色或部分或全部为粉红色，尤其在菌柄基部伤变黄褐色。孢子印深乳黄色或浅赭色。孢子淡黄色，有小疣，近球形，8.5～10.6μm×7.6～8.8μm。褶侧囊体梭形。

生态习性　夏秋季于针叶林中地上单生或群生。与云杉、松、杨、榛等树木形成外生菌根。

分　　布　分布于江苏、辽宁、吉林、黑龙江、广东、湖北、河南、云南、新疆等地。

应用情况　可食用。抑肿瘤，子实体热水提取物对小白鼠肉瘤 180 及艾氏癌的抑制率分别为 70% 和 80%。

1212　裂褶菌

别　　名　白参、白蕈、树花、鸡毛菌、鸡冠菌、小柴菇、天花菌
拉丁学名　***Schizophyllum commune*** Fr.
英 文 名　Common Splitgill, Common Pelit Gill, Split Gill Fungus

形态特征　子实体小。菌盖直径 0.6～4.2cm，扇形或肾形，白色至灰白色，质韧，被有绒毛或粗毛，具多数裂瓣。菌肉白色，薄。菌褶窄，从基部辐射状生出，白色或灰白色，有时淡粉紫色，沿边缘纵裂而反卷。菌柄短或无。孢子无色，短棍状，5～5.5μm×2μm。

生态习性　春至秋季生于阔叶树和针叶树的枯枝及腐木上，大量群生。属木腐菌，使木质部产生白色腐朽。

分　　布　分布于河北、河南、辽宁、吉林、黑龙江、内蒙古、山西、陕西、宁夏、甘肃、山东、江苏、江西、浙江、安徽、广东、广西、福建、台湾、香港、海南、澳门、西藏、青海、新疆、贵州等地。

应用情况　可食用。含裂褶菌多糖，试验抑肿瘤，对小白鼠肉瘤 180 及艾氏癌的抑制率均为 70%。对大白鼠吉田瘤和小白鼠肉瘤 37 的抑制率为 70%～100%。云南民间常把此菌同鸡蛋炖服，妇女治白带病有效。云南称之 "白参"，食用有滋补、治疗神经衰弱、强身的作用。中医认为味甘，性平。入肾经。补肾益精，滋补强壮，用于身体虚弱、气血不足、阳痿早泄、月经量少、白带异常等，还有消炎作用。

1213　大囊松果伞

拉丁学名　*Strobilurus stephanocystis* (Hora) Singer

形态特征　子实体小。菌盖直径 1.5～3cm，扁平至平展呈盘状，初期黑褐色，后为灰黄褐色或灰白色，表面平滑。菌肉薄，柔软。菌褶白色，密。菌柄细长，长 3～6.5cm，粗 0.1～0.2cm，有细绒毛，上部白色，下部红黄褐色，基部根状生土中或枯枝层中松球果上。孢子无色，椭圆形，5～5.6μm×2.5～3.2μm。褶侧和褶缘囊体近宽棒状，顶部有附属物。

生态习性　秋季生松林等针叶林地上。

分　　布　分布于陕西、甘肃等地。

应用情况　可食用。

图 1213

1214　绒松果伞

别　　名　嗜球果伞

拉丁学名　*Strobilurus tenacellus* (Pers.) Singer

曾用学名　*Pseudohiatula tenacella* (Pers.) Métrod

形态特征　子实体小。菌盖直径 1～2.5cm，扁半球形至扁平，中部稍凸，暗赭褐色至灰红褐色，顶部有时色浅，表面干，平滑。菌肉白色，有香气。菌褶白色或灰白色，直生又弯生，密。菌柄长 3～8cm，粗 0.1～0.2cm，柱形，上部白色，向下渐变黄褐色，平滑，有细小鳞片，基部有白色毛。孢子无色，光滑，近柱状，4.5～6.5μm×2～2.5μm。褶侧和褶缘囊体近梭形，有颗粒状内含物，顶部有附属物。

生态习性　夏秋季生松林地上或松果枯枝叶腐物上。

分　　布　见于河北、北京等地。

应用情况　可食用。

1215　铜绿球盖菇

别　　名　黄铜绿球盖菇

拉丁学名　*Stropharia aeruginosa* (Curtis) Quél.

英　文　名　Small Blue Roundhead

形态特征　子实体小至中等。菌盖直径 3～7cm，半球形至扁半球形，光滑，淡绿色至灰黄绿色，后呈黄带绿色，湿

图 1215.1

图 1214

图 1215-2

图 1216

润时黏，往往近边缘有白色附属物。菌肉白色，中部稍厚。菌褶污白色至青褐色或带紫褐，中等密，不等长，直生至弯生。菌柄白色，下部带淡绿黄色，直或稍弯曲，长5～7cm，粗0.3～0.7cm，幼时菌环以下常有白色毛状鳞片，内部松软。菌环生中部或近上部，其上面有条纹，膜质。孢子光滑，近卵圆形或近椭圆形，6.5～10μm×4～7μm。褶缘囊体近纺锤状或近棒状，25～50μm×4.5～10μm。

生态习性　生林中腐枝落叶层或肥沃处，单生或群生。

分　布　分布于台湾、陕西、甘肃等地。

应用情况　记载有毒，不宜食用。应用同古巴光盖伞。

1216　黄褐球盖菇

拉丁学名　*Stropharia aeruginosa* f. *brunneola* Hongo

形态特征　此种与黄铜绿球盖菇形态特征相同，唯有菌盖呈灰褐色或褐色。

生态习性　多见于湿润的林地。

分　布　分布于吉林、陕西、甘肃等地。

应用情况　可食用。

1217　齿环球盖菇

拉丁学名　*Stropharia coronilla* (Bull.) Quél.

英 文 名　Garland Stropharia, Garland Roundhead, Garland Slimehead

形态特征　子实体小。菌盖直径2.5～4cm，半球形至扁半球形，乳白色、浅黄色，边缘无条纹。菌肉白色，中部稍厚。菌褶浅灰紫或紫灰色，褶缘近灰白色，直生至近弯生，稍密，不等长。菌柄长2.5～5cm，粗0.4～1cm，柱形，白色，近光滑。菌环生柄之中上部，较厚，上面具沟纹，边缘呈齿轮状凸起。孢子紫褐色，光滑，壁稍厚，椭圆至卵圆形，6.8～9.4μm×5～6μm。褶侧囊体色深，近纺锤形。褶缘囊体多，呈棒状或梨形。

生态习性　于林中、山坡草地、路旁、公园等处有牲畜粪肥的地方单生或群生。

分　布　分布于河南、新疆、内蒙古、西藏、云南、广西、山西、陕西、甘肃、青海等地。

应用情况　有记载可食，也有说具毒，故不宜食用。

图 1217

1218　浅赭色球盖菇

别　　名　浅褐色球盖菇

拉丁学名　**Stropharia hornemannii** (Fr.) S. Lundell et
　　　　　Nannf.

英 文 名　Conifer Roundhead, Lacerated Stropharia

形态特征　子实体较小至中等。菌盖直径4～8cm，半球形或扁半球形至近平展，污黄褐至褐色，表面粗糙，湿时黏，边缘有白色菌幕残片。菌肉白色，稍厚。菌褶灰白紫色至灰紫黑色，直生。菌柄长6～8cm，粗0.7～1.1cm，白色，具毛状鳞片。菌环膜质，其上有条纹。孢子9～12μm×5～6.5μm。

生态习性　秋季生针、阔叶林中腐枝上。

分　　布　分布于陕西、甘肃等地。

应用情况　可食用。

图 1218

1219　皱环球盖菇

别　　名　齿环球盖菇、大球盖菇、酒红球盖菇、裴氏球盖菇

拉丁学名　**Stropharia rugosoannulata** Farl. ex Murrill

曾用学名　*Geophila rugosoannulata* (Farl. ex Murrill)
　　　　　Kühner et Romagn.; *Naematoloma rugosoannulatum* f. *rugosoannulatum* (Farl. ex Murrill)
　　　　　S. Ito

英 文 名　Wine-red Stropharia, Wine-cap Stropharia,
　　　　　King Stropharia

形态特征　子实体中等至较大。菌盖直径5～15cm，扁半球形至扁平，褐色至灰褐色或锈褐色，平滑或有纤毛状鳞片，湿时稍黏，干时有光泽，盖边缘初期内卷且附着菌幕残片。菌肉白色，稍厚。菌褶初期污白，渐变灰紫至暗褐紫色，直生，密。菌柄长5～12cm，粗0.5～2cm，近圆柱形，基部稍膨大，菌环以上污白，近光滑，菌环以下带黄色细条纹，松软变空心。菌环白色或带黄色，膜质，较厚，双层似齿轮状，生菌柄中上部，往往上面落有孢子，呈紫褐色。孢子棕褐色，光滑，具发芽孔，椭圆形，

图 1219-1

11.4～15.5μm×8.9～10.9μm。褶缘囊体棒形。褶侧囊体近纺锤形，顶部有凸起。

生态习性 夏秋季生林中或林缘草地上。

分　　布 分布于台湾、香港、四川、陕西、甘肃、云南、吉林、西藏等地。

应用情况 可食用，可人工栽培。本菌抑肿瘤，对小白鼠肉瘤180及艾氏癌的抑制率均为70%。另含酚类物质和黄酮类化合物，能抗氧化。

图1219-2

1220　皱环球盖菇浅黄变型

别　　名 浅黄色皱环球盖菇

拉丁学名 *Stropharia rugosoannulata* f. *lutea* Hongo

形态特征 子实体浅黄色，孢子稍小，其他形态特征同皱环球盖菇。

生态习性 夏秋季生混交林中地上，单生或群生。

分　　布 分布于陕西、甘肃，秦岭等地。

应用情况 记载可食用。

1221　半球盖菇

别　　名 半球假黑伞

拉丁学名 *Stropharia semiglobata* (Batsch) Quél.

英文名 Hemispherical Stropharia, Dung Roundhead, Dung Slime-head, Round Stropharia

形态特征 子实体较小。菌盖直径1.5～3.5cm，半球形，黄色至柠檬黄色，中部色深，边缘黄白至浅玉米黄色，光滑，湿时黏。菌肉污白色，薄。菌褶初期青灰色变暗灰褐色，边缘色浅呈白色，直生，比较宽，稍密，不等长。菌柄长4～10cm，粗0.2～0.5cm，圆柱形，同盖色，光滑，黏，变空心。菌环膜质，薄，上表面往往落有孢子呈黑褐色，生菌柄之上部，易脱落。孢子蓝紫色，光滑，椭圆形，15～18μm×9～10μm。褶缘囊体近纺锤状。

生态习性 夏秋季于林中草地、草原、田野、路旁等有牛马粪肥处群生或单生。

分　　布 分布于吉林、河北、江苏、甘肃、青海、

图1219-3

图 1220-1

图 1220-2

图 1221-1

图 1221-2

宁夏、四川、香港、云南、山西、湖南、新疆、西藏、内蒙古、山东等地。

应用情况 记载可食用，也有记载有毒或怀疑有毒。其毒素为光盖伞素 (psilocybin) 和光盖伞辛 (psilocin)。误食后会引起神经症状和幻觉反应。

1222　白褐鳞半球盖菇

别　　名　浅褐色球盖菇、鳞盖韧伞、多鳞沿丝伞

拉丁学名　*Hemistropharia albocrenulata* (Peck) Jacobsson et E. Larss.

曾用学名　*Naematoloma squamosum* (Pers.) Singer; *Stropharia squamosum* (Pers.) Singer

英 文 名　Scaly-stalked Psilocybe

形态特征　子实体较小，表面有近中等、白黄色鳞片，黏。菌盖直径 3~8.5cm，半球形至扁半球形，中部凸起，黄褐色至橙褐色，纤毛黄色，边缘鳞片呈白色。菌肉白色。菌褶浅黄色至灰紫褐色，边缘具白色絮状物，直生至离生，不等长。菌柄长 7~12cm，粗 0.6~0.8cm，环以上有白色小鳞片，环以下密被浅黄至橙黄褐色小鳞片，有时基部膨大并有许多纤毛。菌环浅黄色，

膜质，易碎，菌柄悬挂菌环残物。孢子光滑，至近纺锤状椭圆形，11～15μm×6～8μm。褶缘囊体宽棍棒状。

生态习性 夏秋季于腐木上单生或数个生长在一起。

分　　布 分布于陕西、西藏、黑龙江等地。

应用情况 记载有毒，有记载可食，但最好不要采食。可抑肿瘤，对小白鼠肉瘤 180 及艾氏癌的抑制率分别为 90% 和 100%。

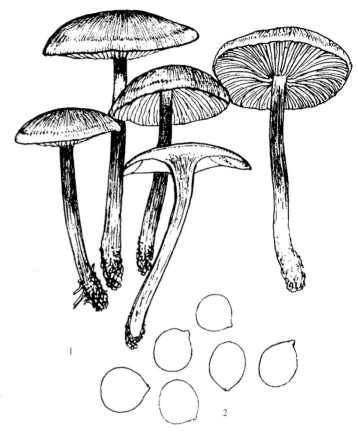

图 1223　1. 子实体；2. 孢子

1223　黑灰顶伞

别　　名 炭色离褶伞

拉丁学名 ***Tephrocybe anthracophila*** (Lasch) P. D. Orton

曾用学名 *Lyophyllum carbonarium* (Velen.) M. M. Moser

形态特征 子实体较小。菌盖直径 0.7～2cm，初期呈馒头形，后渐平展，往往中央有小乳头状突起，中部稍低凹，表面橄榄褐色、暗褐色至黑褐色，光滑，湿润时有小条纹。菌肉薄，与菌盖同色，老熟时呈咖啡色。菌褶密或稍稀，色较菌盖淡，与菌柄直生。菌柄近圆柱形，长 1～3cm，粗 1～2mm，与菌盖同色，顶部粉状。孢子球形，无色，光滑，直径 4～5.5μm。

生态习性 夏秋季生于针、阔叶林中地上，群生，少数丛生。

分　　布 分布于云南、西藏等地。

应用情况 可食用，味道比较好。抑肿瘤，此菌对小白鼠肉瘤 180 的抑制率为 70%，对艾氏癌的抑制率为 80%。

1224　金黄白蚁伞

别　　名 黄白蚁伞、黄鸡㙡、土黄鸡㙡、金黄蚁巢伞

拉丁学名 ***Termitomyces aurantiacus*** (R. Heim) R. Heim

曾用学名 *Termitomyces striatus* var. *aurantiacus* R. Heim

英文名 Yellow Termitomyces

形态特征 子实体中等至较大。菌盖直径 5～10cm，幼时圆锥形、钟形或斗笠形，后期近平展，中部尖凸，表面土黄至土红色，边缘波状或开裂呈花瓣状。菌肉纯白色至污白色。菌褶白色，离生，稍稀，不等长。菌柄细长，长 8～15cm，粗 0.8～1.2cm，圆柱形，白色，光滑，基部稍粗而向下延

图 1224-1

图 1224-2

图 1225

图 1226-1

图 1226-2

伸连接蚁巢，实心，纤维质。担子棒状，具4小梗。孢子印奶油色。孢子无色，光滑，卵圆或宽椭圆形，5.6～7.5μm×3.8～5μm。囊状体近纺锤形，顶部钝圆或稍尖，厚壁，无色。

生态习性 夏秋季于白蚁巢上群生。

分　　布 发现于云南，西双版纳地区多见。

应用情况 可食用，味鲜美。

1225　乌黑白蚁伞

别　　名 乌黑鸡枞

拉丁学名 *Termitomyces badius* Otieno

形态特征 子实体一般中等。菌盖直径2～5cm，幼时圆锥形、斗笠形至扁半球形或扁平，中央有明显凸尖，黑色、黑灰色，表面平滑，或稍粗糙，湿时黏，后期边缘开裂。菌肉白色。菌褶纯白至污白色，老后带奶油色，较密，不等长。菌柄长4～8cm，粗0.3～0.9cm，柱形，白色，近平滑，基础延伸呈假根且与白蚁巢相连。孢子无色，光滑，近卵圆形或宽椭圆形，5～8.5μm×3.2～4.3μm。有褶缘和褶侧囊体。

生态习性 生林中地上。

分　　布 分布于云南等地。

应用情况 可食用。与小白蚁伞及尖盾白蚁伞近似。

1226　尖盾白蚁伞

别　　名 盾尖鸡菌枞、盾形蚁巢伞、斗鸡菇、白蚁伞

拉丁学名 *Termitomyces clypeatus* R. Heim

英 文 名 Cylindrical Termitomyces

形态特征 子实体较小或中等。菌盖直径3～10cm，锥形、斗笠形，中部明显尖凸，污白灰或褐色至暗褐黑色，有辐射状长条纹，有时边缘开裂上翘。菌肉白色。菌褶污白色，离生，不等长，边缘锯齿状。菌柄长5～13cm，粗0.4～0.7cm，白色，有条纹，基部稍膨大又延伸成白色假根。担子棒状，具4小梗。孢子卵圆形，5～7μm×3～4μm。褶侧缘囊状体近棒状，顶部钝圆。

生态习性 秋季于阔叶林地下白蚁巢上生出，群生。

分　　布 分布于贵州、广东、广西、云南、四川、海南、台湾、福建等地。

应用情况 可食用，味鲜美。此种在云南分布较广泛并见于昆明等许多集市上出售鲜品。

伞　菌

图 1227

图 1228-1

1227　粉褶白蚁伞

别　　名	黑盖蚁巢伞、粉褶蚁巢菌、粉褶鸡枞
拉丁学名	***Termitomyces entolomoides*** R. Heim
英文名	Termitomyces

形态特征　子实体小至近中等。菌盖直径 3～4.5cm，幼时圆锥形至钟形，斗笠形顶部显著凸起，灰褐色或褐色至浅土黄色，中央色暗，老后辐射状开裂，有时边缘翻起。菌肉白色。菌褶白色至乳白色，微带粉色，老后带粉红色，弯生或近离生，边缘波状，稠密，窄，不等长。菌柄较粗壮，柄长 4.5～5.5cm，粗 0.5～0.7cm，白色或同盖色，内实，基部膨大具细长表面黑褐色假根，与地下黑翅土白蚁窝相连。孢子印奶油色或带粉红色。孢子无色，光滑，椭圆形，7.5～8.5μm×4.5～5.5μm。褶缘和褶侧囊状体宽棒状。

生态习性　多在山地阔叶林地白蚁巢上单生或群生。

分　　布　分布于广东、云南等地。

应用情况　可食用，气味浓香，味道鲜美。

图 1228-2

1228 根白蚁伞

别　　名　根鸡枞菌、真根鸡枞、伞把菇、鸡肉丝菇、斗鸡菇、根白蚁菌、鸡肉丝菌、白蚁菇、三大菇、鸡枞、灰鸡枞菌

拉丁学名　**Termitomyces eurhizus** (Berk.) R. Heim

曾用学名　*Termitomyces albuminosus* (Berk.) R. Heim

英 文 名　Rooting Termitomyces

形态特征　子实体较大。菌盖直径6～21cm，幼时近锥形、斗笠形到扁平，顶部尖凸，浅灰色、污白色、浅灰褐色，中央色暗，成熟时或干时色加深，边缘色淡及开裂上翘。菌肉白色，较致密。菌褶白色或带粉红，离生，褶缘近锯齿状，密，不

图 1228-3

图1229

等长。菌柄长8～15cm，粗0.8～1.5cm，白色，有细条纹，实心，基部稍膨大向下延伸成根状，黑褐色且附有泥土，假根长达20～45cm，与白蚁巢相连。担子棒状，具4小梗。孢子近无色，光滑，椭圆形，6～8.3μm×4.5～5.8μm。褶侧和褶缘囊状体近棒状。

生态习性 夏秋季生于混交林中或山坡草地白蚁巢上。

分　　布 分布于台湾、香港、福建、海南、云南、贵州、四川、西藏等地。

应用情况 属我国著名食用菌。此前我国将云南产鸡㙡菌常定名 *Termitomyces albuminosus*，现根据海姆（R. Heim）研究改名为根鸡㙡菌 *Termitomyces eurhizus*。在西藏墨脱雅鲁藏布大峡谷较多。据明代李时珍《本草纲目》记载有"益胃、清神、治痔"等功效。在云南昆明等市场主要是此种食用菌。有认为此种还能抑肿瘤。

1229　烟灰白蚁伞

别　　名 亮盖蚁巢伞、亮盖鸡㙡菌
拉丁学名 *Termitomyces fuliginosus* R. Heim
曾用学名 *Termitomyces robustus* var. *fuliginosus* (R. Heim) R. Heim

形态特征 子实体中等至较大。菌盖直径5～13cm，可达20cm，初期近斗笠形，后期近平展，顶部具钝尖而粗糙，表面近平滑，烟灰色、灰褐色至浅茶褐色，有放射状撕裂痕迹而露出白色的菌肉，边缘初期内卷，呈波状，有条纹或有时开裂。菌肉纯白色，中部稍厚。菌褶白色，离生，不等长，稍宽。菌柄圆柱形，长6～15cm，粗1～2cm，中上部稍粗，下部渐伸长根状连至蚁巢，表皮呈黑褐色。菌柄顶端与菌盖接连处有一圈较为紧密的菌丝组织。担子棒状，具4小梗。孢子卵圆形，无色，光滑，含1大油滴，7～10μm×4.5～5μm。褶侧囊体棒状，16～25μm×6～12μm。

生态习性 夏秋季在林中地下白蚁巢上生出，群生。

分　　布 分布于广东、广西、海南、福建、台湾、香港、四川、云南西双版纳、西藏雅鲁藏布江沿岸。分布在海拔1200m以下地区。

应用情况 可食用，且味鲜美。在云、贵、川市场常见鲜品。

图1230

1230 球盖白蚁伞

拉丁学名 *Termitomyces globulus* R. Heim et Goosens

形态特征　子实体较大。菌盖直径 10～18cm，初期半球形，后扁半球形至平展，中部凸起，表面乌色，边缘浅黄褐色，光滑至稍呈纤毛状，或有裂纹，边缘初期内卷而后期开裂。菌肉白色。菌褶离生，白色至浅酒褐色，宽，不等长。菌柄长 10.5～15cm，粗 1.5～2.2cm，长圆柱形、柱形，内部实心，表面白色，有纤毛，基部延长呈根状，黑褐色。孢子印肉粉色。孢子光滑，宽卵圆至宽椭圆形，带粉色，厚壁，6～9µm×3.3～5µm。褶缘囊体近棍棒状或近椭圆形，34～40µm×3～18µm。褶侧囊体稀少，近纺锤状，25～35µm×13～20µm。

生态习性　夏季生于林缘、林地等处白蚁巢上。

分　　布　分布于云南等地。

应用情况　可食用，味鲜美。

图 1231-1

1231 谷堆白蚁伞

别　　名　海姆蚁巢伞、海姆鸡㙡、海姆白蚁伞、白蚁谷堆鸡㙡菌、谷堆鸡㙡

拉丁学名 *Termitomyces heimii* Natarajan

形态特征　子实体中等至较大。菌盖直径 5～12cm，初期呈钟形至斗笠形，后稍平展，中部凸起顶端钝圆，亦有菌盖两侧偏压，表面灰白色，有淡褐色及褐色膜质小鳞片，还有辐射状条纹，向边缘色浅变淡，湿时稍黏，后期开裂。菌肉白色，中部厚。菌褶初期白色，后期变奶油色，不等长，离生，稍密，边缘粗糙有颗粒。菌柄松软至空心，基部以下色变暗，延长成根状并伸入地下蚁巢上。菌环常存在为双层膜质。孢子印带粉红色。孢子椭圆形，无色，光滑，7～9.5µm×4.5～6.5µm。褶侧囊体棒状或倒梨形，稀少，壁稍薄。

生态习性　夏季由白蚁巢地上生出。

分　　布　分布于云南等地。

应用情况　据记载此种在西双版纳当地视为佳品之一，产季多见于当地市场。一般生于白蚁巢上的土堆上，当地称为"白蚁谷堆鸡㙡"或"谷堆菌"。

图 1231-2

图 1232

图 1233-1

1232　粉褐白蚁伞

拉丁学名　*Termitomyces letestui* (Pat.) R. Heim

形态特征　子实体中等至大型。菌盖直径 10～20cm，近球形至扁半球形或近扁平，表面粉黄色，中部暗褐色或呈红褐色，有小的鳞片，中央有突尖。菌肉白色，中部稍厚。菌褶白色，后带粉色或稍暗色，离生，稍宽，较密，不等长。菌柄长 10～12cm，粗 0.5～1.8cm，柱形，白色或污白色，光滑，深入土中假根达 1m 左右，与白蚁巢相连。菌环膜质，厚。孢子无色，光滑，卵圆形到宽椭圆形，6～8.9μm×3.5～4.8μm。褶缘或褶侧囊体近棒状、柱状或近梭形，20～45μm×7～20μm。

生态习性　生常绿阔叶林中地上。

分　　布　分布于云南等地。

应用情况　可食用。

33-2

图 1233

1233 乳头盖白蚁伞

别　　名	乳头鸡㙡、乳头盖蚁巢伞、灰顶华鸡㙡
拉丁学名	*Termitomyces mammiformis* R. Heim
英文名	Mammiform Termitomyces

形态特征　子实体一般中等大。菌盖直径4～8.5cm，近球形或半球形至扁半球形，白色，平滑，中央具褐黑色似乳头状突起，表面纯白色，平滑或有鳞片，后期边缘有裂纹。菌肉白色。菌褶白色，离生，密，不等长。菌柄长8～18cm，近柱形，白色，较粗，菌环以下似有环状鳞片，向下渐弯细，或中部稍粗，伸至蚁巢可达20cm余，纤维质，内实或变松软。孢子无色，光滑，椭圆至卵圆形，6.2～9μm×3.5～5.2μm。褶侧囊状体宽棒状或近纺锤状，26～48μm×6～19μm。褶缘囊体近似侧囊体。

生态习性　在林中地白蚁巢上群生。

分　　布　见于云南西双版纳地区，分布稀少。

应用情况　可食用，味鲜美。菌盖似乳头状而得名。

图 1234-1

图 1234-2

图 1234-3

1234 纯白乳头盖白蚁伞

拉丁学名 ***Termitomyces mammiformis*** f. ***albus*** R. Heim

形态特征 子实体中等大，纯白色。此变种菌盖白色或顶部微带浅褐色，盖顶乳头状球体不发育、不很凸起。其他形态特征同乳头盖白蚁伞。
生态习性 生白蚁巢上。
分　　布 见于云南西双版纳等热带林区。
应用情况 可食用，味鲜美。当地群众采集食用。

1235 中型白蚁伞

别　　名 中型蚁巢伞
拉丁学名 ***Termitomyces medius*** R. Heim et Grassé

形态特征 子实体较小。菌盖直径 2～5cm，

图 1235-1

幼时锥形顶端尖，后呈钟形或扁半球形，有
不明显的条纹，边缘完整或凹凸不平或有开
裂，初期稍内卷，污白色，中央色稍深，光
滑，有不明显细条纹。菌肉白色，中部较
厚，具香气味。菌褶直生至离生，较密，不
等长，边缘粗糙。菌柄近圆柱形，白色至污
白色，向基部渐粗，表面有纵条纹和鳞片，
长 5～6cm，粗 0.3～0.4cm，内部实至松软，
基部以下延伸不明显且与蚁巢相连。担子棒
状，具 4 小梗。孢子近卵圆形或宽椭圆形，
光滑，无色，6.5～8μm×4～5μm。褶缘囊
体椭圆形或宽棒状，或倒瓶状，顶部钝圆，
薄壁，11～25μm×2.5～4.5μm。侧生囊体
更大，均有横隔。

生态习性　在白蚁巢上生长出。

分　　布　分布于海南、云南、广东等地。

应用情况　可食用，味道鲜美。当地居民采
食，并在市场销售。

图 1235-2

图 1236-1

1236 小白蚁伞

别 名	斗篷鸡、小白蚁菌、小果鸡枞菌、小鸡枞、鸡枞花
拉丁学名	***Termitomyces microcarpus*** (Berk. et Broome) R. Heim
曾用学名	*Collybia microcarpus* (Berk. et Broome) Höhn.; *Mycena microcarpa* (Berk.) Pat.
英 文 名	Minute-cap Termite Mushroom, Small Termitomyces

形态特征 子实体小型。菌盖直径 0.3～3.5cm，初期近球形或圆锥形至斗笠形，中部具突尖，光滑，具灰色、灰褐色至淡棕褐色放射状的纤毛细条纹，边缘开裂。菌肉白色，薄。菌褶白色，凹生或近离生，密，不等长。菌柄长 4～6cm，粗 0.2～0.4cm，白色，纤维质，具丝光，基部钝或近假根状，常黏附泥土及细砂粒等。孢子印带粉红色。孢子无色，平滑，宽椭圆至近卵圆形，6.3～7.5μm×3.3～5μm。囊状体和褶缘囊状体近棒状至宽椭圆形，翻端钝圆至稍凸。

生态习性 夏季于林中地上群生或近丛生。生白蚁巢附近疏松土地上，有的生白蚁活动的土路上。

分 布 分布于云南、福建、贵州、四川、广东、广西、台湾、香港等地。

应用情况 子实体弱小，却味道好。

图 1237

1237　粗柄白蚁伞

别　　名　粗柄鸡枞

拉丁学名　*Termitomyces robustus* (Beeli) R. Heim

形态特征　子实体中等至较大。菌盖直径
8～20cm，初期圆锥形，后伸展，中部凸起，表面
粗糙至近光滑，中部茶褐色，周围呈赭褐色或淡褐
色，老时边缘有撕裂。菌肉白色。菌褶离生，白色
至乳黄色，密，不等长。菌柄粗壮，靠地面部位
明显膨大，长 5～10cm，粗 1～3.5cm，膨大处可
达 4cm，基部向下延伸呈假根，其长短与白蚁巢位
置深浅有关。担子 19～25μm×7～8μm。孢子印乳
黄色。孢子无色，光滑，椭圆、卵圆至宽卵圆形，
5～7.6μm×4～4.5μm。褶侧囊体和褶缘囊体多呈
粗棒状至纺锤状，24～60μm×10.2～20μm，顶部
钝圆。

图 1236-2

生态习性　生林缘草地或空旷处白蚁巢上。与数种白蚁有关。

分　　布　分布于云南、广东、海南等地。

应用情况　可食用，味道鲜美。

图 1238-1　图 1238-2　图 1239-1　图 12

1238　裂纹白蚁伞

拉丁学名　*Termitomyces schimperi* (Pat.) R. Heim

形态特征　子实体大。菌盖直径6~18cm，初期近球形、扁半球形至近扁平，中央稍凸，赭褐色或红褐色条纹，中部色深，湿时黏，似有细小绒毛鳞片，边缘色变淡且开裂。菌肉白色。菌褶白色或带奶油色，离生，不等长。菌柄长8~12cm，粗1~2.5cm，柱形，较盖色浅，实心，基部膨大呈纺锤状，假根长20cm左右，白色，与白蚁巢相连。有质环且消失。孢子无色，光滑，宽椭圆形，6~8.5μm×3~5μm。褶侧囊体柱形或近梭形，30~60μm×8.5~15μm。

生态习性　生林中地上。

分　　布　分布于云南地区。

应用情况　可食用，味鲜美。

图 1239-3

1239 尖顶白蚁伞

拉丁学名 *Termitomyces spiniformis* R. Heim

形态特征 子实体一般中等大。菌盖直径5~9cm，幼时锥形、斗笠形，后期近平展，中央具明显粗糙的突尖，浅黄褐色至赭黄色，表面稍干燥，有长条纹，边缘波状或开裂。菌肉白色，中部稍厚。菌褶白色至带浅草黄色，近离生，较密，不等长。菌柄长8~10cm，粗1~1.8cm，柱形、污白色或带草黄色，平滑或有条纹，基部延伸呈假根，与白蚁巢相连。孢子无色、光滑、椭圆或宽椭圆形，5.6~7μm×4.5~5.5μm。有褶缘及褶侧囊体。

生态习性 生常绿阔叶林中地上。

分　　布 分布于香港、云南等地。

应用情况 可食用，味鲜美。

图 1240-1

1240　条纹白蚁伞

别　　名　条纹鸡枞菌、鸡枞、纹盖鸡枞菌、条纹蚁巢伞
拉丁学名　*Termitomyces striatus* (Beeli) R. Heim

形态特征　子实体中等至大型。菌盖直径 4～14cm，最大可达 25cm，开伞后中部突起较明显，浅
黄褐色至黄褐色，老后可褪至较浅，顶部深色，表面黏，具辐射状纤细条纹，边缘可开裂向上翘

图 1240-2

图 1241-1

起。菌肉纯白色，较厚。菌褶初期白色，后带黄色，不等长，较密，离生，边缘细锯齿状。菌柄近柱形，长 8～14cm，可达 25cm，粗 0.6～2.5cm，白色带黄色，平滑，纤维质，内部实心至松软，上部有菌幕残迹，具纵条纹和纵裂，基部稍膨大又延伸成假根。孢子光滑，宽椭圆至卵圆形，无色，5～10.2μm×4～5.4μm。褶缘和褶侧囊体无色，近棒状，28～38μm×6.3～13μm。

生态习性　夏季于阔叶林草地上群生，其假根与白蚁巢相连。

分　布　分布于云南、广东、西藏、四川、湖南、海南、贵州等地。

应用情况　可食用，其味鲜美。在云南多见于市场销售。藏南墨脱门巴族称之"乌巴母"，传统采食。

图 1241-2

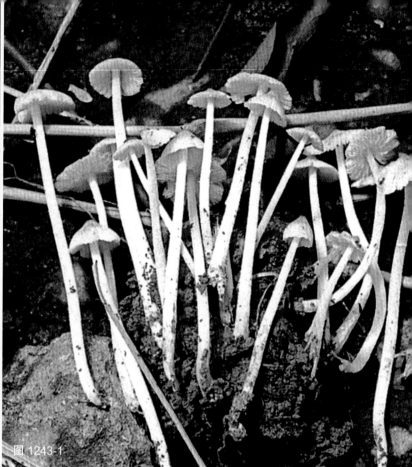
图 1243-1

图 1242

1241　灰褐白蚁伞

别　　名　灰褐纹白蚁伞
拉丁学名　*Termitomyces striatus* f. *griseus* R. Heim

形态特征　此变型种菌盖中央灰褐色至灰黑色，其他部分为灰色，区别于白色的变形。子实体较大。其他特征同条纹白蚁伞。
生态习性　从地下白蚁巢上生出。
分　　布　标本见于西双版纳。
应用情况　可食用。为当地人所喜欢采食。

1242　黄褐纹白蚁伞

拉丁学名　*Termitomyces striatus* f. *ochraceus* R. Heim

形态特征　此变型种菌盖可达 15cm，浅赭色或黄褐色。其他特征同条纹白蚁伞。
应用情况　可食用，味道鲜。

1243　端圆白蚁伞

别　　名　端圆鸡枞菌、鸡枞花、端圆蚁巢伞
拉丁学名　*Termitomyces tylerianus* Otieno

形态特征　子实体中等至大型。菌盖直径3～
36cm，圆锥形至钟形，顶部为比较宽的突起，中
部褐色向边缘变至污白色，有时表面全部呈浅紫
褐色，光滑或边缘有皱纹，湿时黏，边缘薄和不
规则开裂。菌肉白色。菌褶直生至离生，带白黄
色至粉肉色，老时色深，宽达10mm，不等长，较
密。菌柄长4～20cm，粗0.6～2cm，向上部渐细或
柱状，稍硬，白色，有细纤毛状条纹，向下延伸
成长根状，基部膨大处达3cm，假根可达1m或更
长，并有1个硬的盘与白蚁巢相连。幼时在柄上部
有内菌幕。孢子印带粉红色。孢子光滑，无色，壁
薄，椭圆形或宽卵圆形，6.1～10.2μm×3.8～5.6μm。
褶侧囊体26～40μm×10～24μm。褶缘囊体21～
50μm×10.2～18μm。

生态习性　夏秋季生于林缘及草地上，子实体由
白蚁巢中生出，分散或成群生长。

分　　布　分布于广东、西藏等地。

应用情况　可食用，其味道鲜美。

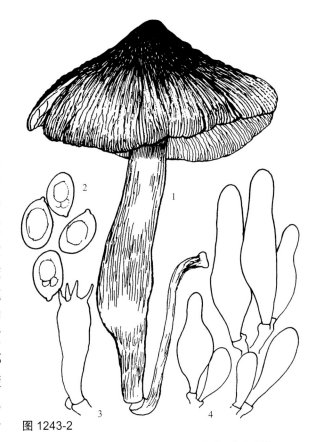

图 1243-2

1. 子实体；2. 孢子；3. 担子；4. 褶缘和褶侧囊体

1244　苦口蘑

别　　名　酸涩口蘑、苦蘑
拉丁学名　*Tricholoma acerbum* (Bull.) Quél.
英 文 名　Bitter Agaric, Bitter Knight

形态特征　子实体中等至较大。菌盖直径7～
12cm，肉质，扁半球形或稍平展，浅黄褐或黄褐

图 1244

色，边缘内卷。菌褶浅黄带粉红色，弯生，窄而密。菌柄长3～7cm，粗1.5～3cm，基部膨大，浅黄色，
实心，上部有粉粒。孢子光滑，近球形至卵圆形，4～6μm×3～3.5μm。

生态习性　夏秋季于林地上群生。属阔叶树外生菌根菌。

分　　布　分布于黑龙江、河北、青海等地。

应用情况　味苦辣，据记载含轻微毒素，生食有不适反应。试验抑肿瘤，对小白鼠肉瘤180和艾[]
癌的抑制率均为70%。

图 1245   图 1246

1245　淡褐口蘑

别　　名　白棕口蘑
拉丁学名　*Tricholoma albo-branneum* (Pers.) P. Kumm.
英 文 名　White and Brown Tricholoma

形态特征　子实体中等大。菌盖近半球形至近平展，中部稍有凸起，直径 3.5～8cm，表面黏，红褐色至浅棕褐色，边缘色浅，光滑，似有内生纤毛。菌肉白色，近表皮下带褐色，稍厚。菌褶白色，后期变色，稍宽，弯生，不等长。菌柄圆柱状，长 4～8cm，粗 1～2cm，表面干，上部白色粉状，下部具带红色的条纹，实心。孢子印白色。孢子近圆形至近球形，光滑，4～6μm×3～4μm。
生态习性　秋季在松树等针叶林地上群生或单生，有时生针阔叶混交林地上。属树木的外生菌根菌。
分　　布　分布于云南、西藏等地。
应用情况　可食用，但日本曾记载食后会引起下痢等胃肠道病症。野外采集食用和药用菌时注意。此种试验抑肿瘤，对小白鼠肉瘤 180 抑制率为 80%，对艾氏癌的抑制率为 70%。

1246　乳白口蘑

别　　名　白口蘑、苦白口蘑
拉丁学名　*Tricholoma album* (Schaeff.) P. Kumm.
英 文 名　White Knight

形态特征　子实体较小或中等大，白色。菌盖直径 5～12cm，扁半球形至近平展，白色至污白色，

图 1247

边缘平滑内卷。菌肉白色或乳白色，较薄。菌褶白色，弯生，较密，边缘波状，不等长。菌柄长5～7cm，粗1～2cm，圆柱形，白色至乳黄色，粗糙，中部以上具短纤毛状鳞片，内实，基部稍膨大。孢子印白色。孢子无色，光滑，卵圆形至宽椭圆形，7.7～10μm×5～5.5μm。

生态习性　夏秋季于混交林地上群生或散生，有时近丛生或形成蘑菇圈。属树木外生菌根菌，与栎等林木形成外生菌根。

分　　布　分布于吉林、陕西、青海、湖南等地。

应用情况　试验抑肿瘤，对小白鼠肉瘤180及艾氏癌的抑制率分别为80%和90%。有人认为可食，但也有人视为有毒。野外采集食用和药用菌时需要注意。

1247　银灰口蘑

拉丁学名　*Tricholoma argyreum* (Kalehbrenner) Singer

形态特征　子实体小至中等。菌盖直径3～7cm，半球形至扁平及平展，污白至灰白或银白色，有灰色鳞片，中部色深或裂为暗色斑点，有时边缘有絮毛。菌肉白色带灰，较厚。菌褶污白色，或有色斑，弯生，较密。菌柄较粗，长4～7.5cm，粗0.7～1.2cm，白色带灰色，中下部有暗色小鳞片。孢子无色，近球形，5～6μm×3.5～4μm。

生态习性　秋季于林地上群生。属树木外生菌根菌。

分　　布　分布于青海、山西、四川等地。

应用情况　可食用。

1248 黑鳞口蘑

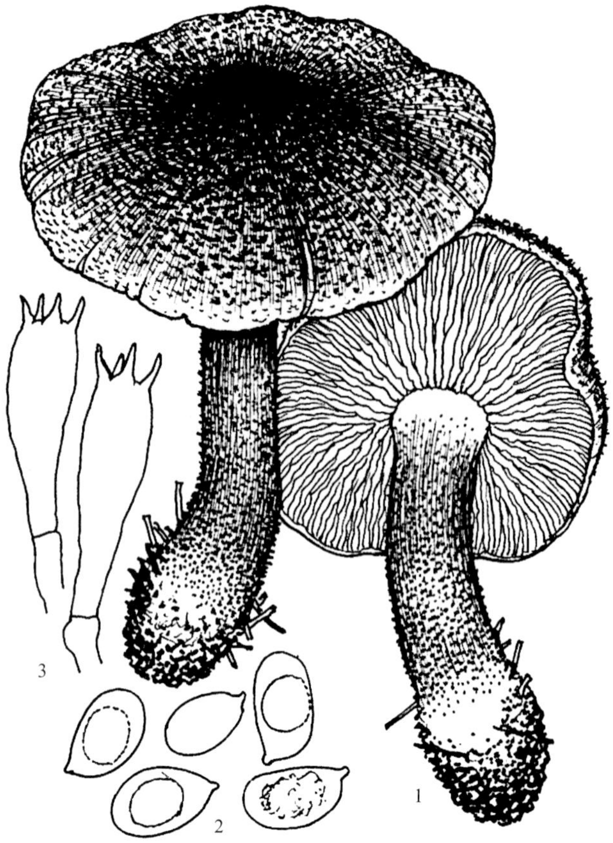

图1248 1. 子实体；2. 孢子；3. 担子

拉丁学名 *Tricholoma atrosquamosum* (Chevall.) Sacc.

英 文 名 Dark Scaled Knight-Cap

形态特征 子实体中等至稍大。菌盖直径3~12cm，初期扁半球形，后渐扁平，中部稍凸，表面污白，被黑色至黑褐色纤毛状或绒毛状鳞片，往往中部鳞片多而密，边缘鳞片带红褐色。菌肉较薄，污白色，具水果香气。菌褶灰白色，宽，边缘平滑，直生至弯生，不等长，部分呈现褐红色或暗色。菌柄近圆柱形，长4~9cm，粗0.5~1.6cm，下部白色或褐色，有鳞片，顶端白色至污白色，基部稍膨大，且有白色细绒毛，内部松软至变空心。孢子印白色。孢子光滑，无色，宽椭圆至近卵圆形，含油球，6.6~8μm×3.5~5μm。

生态习性 夏秋季生阔叶或针叶林中地上，散生或群生。属树木的外生菌根菌。

分　　布 分布于西藏、甘肃等地。

应用情况 可食用，味道一般。

1249 黑鳞口蘑多鳞变种

别　　名 多鳞口蘑

拉丁学名 *Tricholoma atrosquamosum* var. *squarrulosum* (Bres.) Mort. Chr. et Noordel.

曾用学名 *Tricholoma squarrulosum* Bres.

形态特征 子实体中等大。菌盖直径4~8cm，半球形，后期扁半球形，中部钝凸，表面干燥，褐色，密被黑褐色鳞片，中部鳞片黑色，盖边缘有絮状淡色鳞片。菌肉白色带灰，无明显气味。菌褶弯生至离生，灰白色，密，宽，触摸处变褐色，不等长。菌柄长4~10cm，粗0.6~1cm，圆柱形，基部往往膨大，被褐黑色鳞片及纤毛，内部实心变空心。孢子印白色。孢子光滑，无色，椭圆至卵圆形，5.6~9μm×3.5~5μm。

生态习性 夏秋季在针、阔叶林中地上，单生或散生。属外生菌根菌。

分　　布 分布于西藏等地。

应用情况 可食用。

1249

1250 假松口蘑

别　　名　傻松口蘑、假松茸、青杠松茸、假
　　　　　松茸

拉丁学名　***Tricholoma bakamatsutake*** Hongo

形态特征　子实体中等或稍大。菌盖直径5～
10cm，半球形，后平展，中部微凹，被栗褐色、
褐色平伏的鳞片和绒毛，盖缘内卷，有絮状绒片。
菌肉白色，味清香。菌褶白色，弯生。菌柄近柱
形，基部稍膨大，长6～12cm，粗1.3～1.8cm，

图 1250

环以下有近轮生的褐色鳞片。菌环膜质。孢子近球形至宽椭圆形，5.5～7μm×4.5～5.5μm。褶缘囊
状体烧瓶状，21～31μm×4.5～9.3μm。

生态习性　夏末至秋季生于栎属 *Quercus* 和锥栗属 *Castanopsis* 等树下并形成菌根。

分　　布　分布于河南、四川、云南等地。

应用情况　可食用，味美，与松口蘑 *Tricholoma matsutake* 形色近似。另记载有抑肿瘤活性。

1251 欧洲松口蘑

别　　名　欧洲松茸
拉丁学名　***Tricholoma caligatum*** (Viv.) Ricken
英 文 名　Brown Matsutake

形态特征　子实体中等至较大。菌盖直径 5～12.5cm，扁半球形到近扁平，老后中部鼓起而边缘稍上翘，表面干燥，有纤毛状、丝毛状鳞片，浅褐、灰褐、棕褐色。菌肉白色，较厚，气味香，不变色。菌褶直生至弯生，密，稍宽，白色变带浅黄色，不等长。菌柄圆柱形，或下部稍弯曲，长 5～10cm，粗 2～3cm，菌环以上白色似有粉状小颗粒．环以下有棕褐色环带状鳞片，内实，基部变细或钝。菌环膜质或丝毛质，白色，生柄上部。孢子宽椭圆形，无色，光滑，6～7.5μm×4.5～5.5μm。

生态习性　夏秋季生于云杉、栎等林带沙地上。属外生菌根菌。

分　　布　分布于新疆、山西等地。

应用情况　可食用。其味较松口蘑不及。

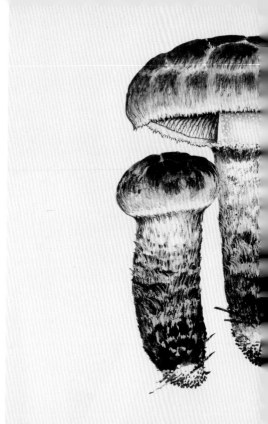

图 1251

1252 灰环口蘑

别　　名　灰蘑、绒环口蘑
拉丁学名　***Tricholoma cingulatum*** (Almfelt) Jacobashch
英 文 名　Girdled Knight

形态特征　子实体较小，灰色。菌盖直径 3～6cm，扁半球形至半球形，边缘内卷，近平展，中部稍凸，表面有灰色至灰褐色鳞片。菌肉白色，具清香气味。菌褶灰白色，凹生，较密。菌柄长 3～7cm，粗 0.5～1.2cm，柱形，白色变褐色，有毛状鳞片，基部稍膨大或有白绒毛，内部松软。菌环白色，絮毛状，生柄上部。孢子无色，光滑，椭圆形，4～6.5μm×2.5～3.2μm。

生态习性　夏秋季生针、阔叶林地上。属外生菌根菌。

分　　布　分布于河北、吉林、黑龙江、山西、内蒙古等地。

应用情况　可食用。其味一般，近似棕灰口蘑。

图 1252-2

图 1252-1

图 1252-3

图 1253-1

图 1253-2

1253　蜜环口蘑

拉丁学名　*Tricholoma colossum* (Fr.) Quél.

形态特征　子实体中等至大型。菌盖直径 2～14cm，半球形、扁半球形至近平展，黄褐色或土褐色，湿时黏。菌肉白色，伤后变褐色，较厚。菌褶污白至淡肉褐色，弯生，较密，不等长。菌柄长 4～12cm，粗 1.5～2.5cm，菌环仅形成退际，菌环以上污白色，菌环以下与菌盖同色并有点状或纤毛状鳞片，内实至松软，基部渐膨大。孢子光滑，宽椭圆形至近球形，6.4～6.6μm×3.8～4.5μm。

生态习性　云杉林地上群生多见。此种分布于新疆天山云杉林带，野生量大，可收集利用。属树木外生菌根菌。

分　　布　分布于新疆天山。

应用情况　可食用。

1254　银白毛口蘑

别　　名　白毛口蘑

拉丁学名　*Tricholoma columbetta* (Fr.) P. Kumm.

英　文　名　Blue Spot Knight

形态特征　子实体一般中等大。菌盖直径 3～10cm，半球形或扁半球形，后扁平中部钝，白色，表面干燥有光泽，后期有绢毛或细鳞片，边缘初期内卷。菌肉白色，味温和，稍厚。菌褶白色，密，较宽，弯生至近离生，不等长，褶缘波状。菌柄近圆柱形，白色，长5～10cm，粗1～1.5cm，顶部有粉状物及丝状物，向下有纵条纹，内部实心至变空心。孢子印白色。孢子无色，平滑，椭圆形，7～8μm×4～5μm。

生态习性 夏秋季在林中地上群生或单生。与栎形成外生菌根。

分　　布 分布于吉林、甘肃等地。

应用情况 可食用。

1255　油黄口蘑

图 1254

别　　名 油蘑、油口蘑、黄丝蘑、黄丝菌

拉丁学名 *Tricholoma flavovirens* (Pers.) S. Lundell

曾用学名 *Tricholoma equestre* (L.) P. Kumm.

英　文　名 Man on Horseback, Yellow Knight, Canary Trich

形态特征 子实体中等，黄色。菌盖宽5～10cm，扁半球形至平展，顶部稍凸起，淡黄色、柠檬黄色，具褐色鳞片，黏，边缘平滑易开裂。菌肉白色至带淡黄色，稍厚。菌褶同盖色，淡黄至柠檬黄色，稍密，弯生，不等长，边缘锯齿状。菌柄长4.5～7cm，粗0.8～2cm，圆柱形，淡黄色，具纤毛状小鳞片，内实至松软，基部稍膨大。孢子印白色。孢子无色，光滑，卵圆形至宽椭圆形，6～7.5μm×4～5μm。

生态习性 夏秋季在林中地上单生或群生。与栎、榛、松等形成菌根。

分　　布 分布于黑龙江、江苏、青海、四川、云南、西藏等地。

应用情况 此种味道鲜美，属优良食用菌，中国未见有中毒报道。国外有人怀疑有毒。在四川称作黄丝菌，是比较好的野生食用蘑菇之一。试验有抑肿瘤作用，对小白鼠肉瘤180抑制率为60%，对艾氏癌的抑制为70%。另有抑制和抗某些细菌的作用。

图 1255-1

图 1255-2   图 1256

1256　黄褐松口蘑

别　　名　栗褐松口蘑、黄褐松茸、青杠菌、栗褐口蘑
拉丁学名　*Tricholoma fulvocastaneum* Hongo

形态特征　子实体小至中等。菌盖直径5～11cm，扁半球形至近扁平且中央凸起，表面土黄褐色至栗褐色，中部茶褐色，鳞片平伏纤毛状，边缘内卷又常开裂。菌肉白色，中部厚且边缘较薄。菌褶弯生，白色，不等长，稍密。菌柄圆柱状，长6～13cm，粗1.5～2.5cm，内实，向下部渐细，菌环以上白色，以下有鳞片同盖色。菌环膜质。孢子宽椭圆形，光滑，无色，6～7.5μm×4.5～5.6μm。
生态习性　夏末秋初生于松、壳斗科树木混交林中地上。属外生菌根菌。
分　　布　分布于四川、云南等地。
应用情况　可食用。西藏产的又称藏松茸。

1257　黄褐口蘑

别　　名　草黄口蘑
拉丁学名　*Tricholoma fulvum* (DC.) Bigeard et H. Guill.
英 文 名　Birch Knight

形态特征　子实体较小。菌盖直径3～7cm，半球形、扁半球形至近平展，中部稍凸，棕褐

图 1257

色，湿时黏，具细纤毛鳞片，边缘内卷。菌肉近白色。菌褶黄色至暗黄色，弯生，稍密，不等长。菌柄长 3～3.5cm，粗 0.6～1cm，上部色浅，中空，基部稍膨大。孢子无色，光滑，近球形，6.2～7.5μm×4.9～5.5μm。

生态习性 秋季生于林中地上，散生或群生。属外生菌根菌。

分　　布 分布于四川、吉林、辽宁、西藏等地。

应用情况 可食用，但具臭气味不宜食用，甚至中毒产生胃肠道反应症状。试验抑肿瘤，对小白鼠肉瘤 180 及艾氏癌的抑制率分别为 80% 和 70%。

1258　鳞盖口蘑

别　　名 鳞皮蘑

拉丁学名 *Tricholoma imbricatum* (Fr.) P. Kumm.

英　文　名 Imbricated Tricholoma, Shingled Trich

形态特征 子实体中等大。菌盖直径 5～8cm，扁半球形至近平展，浅朽叶色至淡褐色，具平伏的褐色纤毛状鳞片，不黏，边缘初期内卷。菌肉白色变红色斑点。菌褶近白色，弯生，稍密，不等长。菌柄长 5～9cm，粗 1～1.5cm，柱形顶部白色，下部渐褐色，基部膨大且向下渐细。孢子无色，6.2～7μm×3.5～5μm。

生态习性 秋季生林中地上。与针叶树形成外生菌根。

分　　布 分布于青海、四川、甘肃、云南、陕西、西藏等地。

应用情况 可食用，其味一般。

图 1258

图 1259

1259 土豆口蘑

拉丁学名 *Tricholoma japonicum* Kawam.
英 文 名 Tapan Tricholoma

形态特征 子实体中等大。菌盖直径 4～10cm，扁半球形至扁平，污白色、蛋壳色至土黄色，表面平滑，湿时黏，边缘内卷。菌肉白色，微带苦。菌褶污白至浅粉褐色，不等长。菌柄长 3～6cm，粗 1.5～1.8cm，基部稍膨大，内实，同盖色，上部有细粉末。孢子光滑，椭圆形，4.6～5.8μm×2.5～3.5μm。

生态习性 夏季于针阔叶混交林地上群生或形成蘑菇圈。属树木外生菌根菌。

分 布 见于黑龙江、内蒙古等地林区。尤其

1260

在内蒙古人造杨树区产量大，便于收集加工。

应用情况　可食用，但加工不熟时会引起胃肠道中毒反应。

1260　草黄口蘑

拉丁学名　*Tricholoma lascivum* (Fr.) Gillet
英 文 名　Aromatic Knight, Oak Knight Cap

形态特征　子实体中等大。菌盖扁半球形至近平展，直径4～9cm，表面光滑，干，浅赭黄色、浅褐色，边缘渐呈污白色，或较中部色淡，边缘向内卷。菌肉白色，稍厚，具香气味。菌褶近白色或稍暗，密，不等长，直生至弯生。菌柄长7.5～11cm，粗1～1.5cm，污白色至浅褐色，近圆柱形，向下渐膨大，有纤毛而顶部白色具粉末。孢子印白色。孢子椭圆形，无色，光滑，6～7.5μm×3.5～5.5μm，

生态习性　夏秋季生阔叶林中地上。属树木的外生菌根菌。

分　　布　分布于西藏、甘肃等地。

应用情况　记载可食用，但也有怀疑有毒。

图 1261-1

图 1261-2

图 1261-5

图 1261-4

1261 松口蘑

别　　名	松蘑、松蕈、鸡肉丝菌、鸡丝菌、松菌、松茸、松树蘑、萨漠然巴（藏语）

拉丁学名 *Tricholoma matsutake* (S. Ito et S. Imai) Singer

曾用学名 *Tricholoma zangii* Z. M. Cao, Y. J. Yao et Pegler

英 文 名 Matsutake, Pine Mushroom

形态特征　子实体中等至较大。菌盖直径 5～15cm，扁半球形至近平展，污白色，具黄褐色至栗褐色平伏的丝毛状鳞片，表面干燥。菌肉白色，厚，具特殊气味。菌褶白色或稍带乳黄色，弯生，密，不等长。菌柄较粗壮，长 6～13.5cm，粗 2～2.6cm，菌环以上污白色并有粉粒，环以下具栗褐色纤毛状鳞片，内实，基部有时稍膨大。菌环上表面白色，丝膜状，生菌柄的上部。孢子印白色。孢子无色，光滑，宽椭圆形至近球形，6.5～7.5μm×4.5～6.2μm。

生态习性　秋季于松林或针阔叶混交林地上群生或形成蘑菇圈。与松树形成外生菌根。

分　　布　分布于黑龙江、吉林、四川、甘肃、贵州、云南、西藏等地。在福建和台湾产有台湾松口蘑。

应用情况　风味独特。在日本视为菇中之珍品，经济价值很高，受广泛关注。目前仅处于半人工栽培状态。具有滋补强身、益肠胃、止痛、理气化痰之功效，亦可治疗支气管炎。子实体提取物抑肿瘤，对小白鼠肉瘤 180 及艾氏癌的抑制率分别为 91.8% 和 70%。

图 1262-1

图 1262-2

图 1263

图 1262-3

1262 蒙古口蘑

别　　名　白蘑、口蘑、珍珠蘑
拉丁学名　*Tricholoma mongolicum* S. Imai
曾用学名　*leucocalocybe mongolicum* (S. Imai) X. D. Yu et Y. J. Yao
英 文 名　Mongolian Mushroom

形态特征　子实体中等至较大。菌盖直径 5～17cm，半球形、扁半球形至近平展，白色，光滑，初期边缘内卷。菌肉白色，厚，具香气，菌肉肥厚，质地细嫩。菌褶白色，弯生，稠密，不等长。菌柄粗壮至肥大，长 3.5～7cm，粗 1.5～4.6cm，基部稍膨大，白色，内实。孢子印白色。孢子无色，光滑，椭圆形，6～9.5μm×3.5～4μm。

生态习性　夏秋季于草原上群生并形成蘑菇圈。

分　　布　仅分布于河北、内蒙古、黑龙江、吉林、辽宁等地。

应用情况　可食用，味道鲜美，郁香醇正，是我国北方草原盛产的"口蘑"之上品，传统畅销于国内外市场。此口蘑生态环境受到不同程度的破坏，资源产量逐年减少。目前已驯化栽培成功（田绍义和黄文胜，1992）。传统药用，将干品切碎水煎服用治小儿麻疹欲出不出，烦躁不安。宣肠益气，散血热。有抑肿瘤活性。

1263 毒蝇口蘑

拉丁学名　*Tricholoma muscarium* A. Kawam.
英 文 名　Fly Tricholoma

形态特征　子实体较小。菌盖直径 3.5～5cm，近斗笠状，表面灰色带绿色，有似放射状细条纹，边缘往往开裂。菌褶白色，弯生，稍密，不等长。菌肉白色。菌柄长 3～5cm，粗 0.8～1cm，圆柱形，表面污白色有纵条纹，内部松软。孢子无色，光滑，椭圆形，6.1～8.1μm×3.5～5μm。褶缘囊状体近棒状。

生态习性　夏秋季于阔叶林中地上群生。

分　　布　见于湖南、湖北等地，此种原发现于日本。

应用情况　此菌气味香鲜。对苍蝇中毒致死很敏感。将火烤过的子实体放于桌上，苍蝇嗅到气味而食，1～2min 即毒死。在日本作为食用菌，同时又视为毒菌。据日本抑肿瘤试验，对小

图 1264-1

白鼠肉瘤 180 及艾氏癌的抑制率分别为 60% 和 70%。其多糖显著增强小鼠 T 细胞的吞噬能力，对小鼠皮下肉瘤 180 的抑制率为 67%。

1264　棕灰口蘑

别　　名　灰蘑菇、灰褶口蘑、丝膜灰口蘑、灰蘑、小灰蘑
拉丁学名　*Tricholoma myomyces* (Pers.) J. E. Lange
曾用学名　*Tricholoma terreum* (Schaeff.) P. Kumm.
英 文 名　Earth-colored Tricholoma, Mouse Trich

形态特征　子实体中等。菌盖直径 2～9cm，半球形至平展，中部凸起，灰褐至褐灰色，干燥，具暗灰褐色纤毛状小鳞片，边缘开裂。菌肉白色，稍厚。菌褶白色变灰色，弯生，不等长。菌柄长 2.5～8cm，粗 1～1.2cm，柱形，白色至污白色，具细软毛，松软至中空，基部稍膨大。孢子无色，光滑，椭圆形，6.2～8μm×4.7～5μm。
生态习性　在松林或混交林中地上群生或散生，野生量大。与多种树木形成外生菌根。
分　　布　分布于台湾、广东、广西、福建、香港、浙江、湖南、河北、河南、江西、安徽、陕西、甘肃、四川、云南、贵州、青海、西藏、辽宁、吉林、新疆等地。
应用情况　可食用，味道较好。

64-2

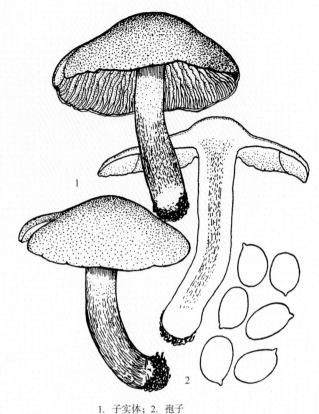

1. 子实体；2. 孢子

图 1265

1265 粉红褶口蘑

别　　名　红褶口蘑、粉褶蘑

拉丁学名　*Tricholoma orirubens* Quél.

英 文 名　Blushing Tricholoma

形态特征　子实体一般较小。菌盖直径 3～8cm，扁半球形至近扁平，中部往往凸起，表面灰褐至褐色，中央色深至黑褐色，初期粗糙，后期的颗粒状或翘起的细小鳞片越来越多。菌肉白色，受伤处变浅红色，质脆，稍厚。菌褶白色带粉红色，后变肉粉至稍深，较稀，宽，弯生，不等长。菌柄圆柱形或向下膨大，长 4～8cm，粗 0.4～1.5cm，白色带粉红色，具纤毛，顶部有污白色粉末，内部实心至松软。孢子印白色。孢子近椭圆形至卵圆形，光滑，无色，4.5～7.7μm×3.8～5μm。

生态习性　秋季在混交林地上成群生长。属树木的外生菌根菌。

分　　布　分布于西藏、四川、云南等地。

应用情况　可食用。据试验有抑肿瘤作用，对小白鼠肉瘤 180 和艾氏癌的抑制率分别为 70% 和 60%。

图 1266

1266 豹斑口蘑

别　　名　虎斑口蘑、灰褐鳞口蘑
拉丁学名　**Tricholoma pardinum**
(Pers.) Quél.

形态特征　子实体较小至中等大。菌盖表面显得干，并有灰褐色鳞片，直径 3.5～5cm。菌肉白色，稍厚。菌褶白色或污白色，弯生。菌柄近圆柱形，直生或弯生，长 5.5～10cm，粗 1.5～2cm，表面粉白色，干燥，光滑无毛。孢子印白色。孢子宽椭圆形，

光滑，7.5～10μm×5.5～6.5μm。
分　　布　分布于云南、四川、吉林、山西、陕西等地。
应用情况　有毒。含有胃肠道刺激物，中毒后产生恶心、呕吐等症状。此种与口蘑属棕灰口蘑等色形相近，采食或药用时注意。

1267 锈色口蘑

别　　名　锈蘑、锈褐色口蘑
拉丁学名　**Tricholoma pessundatum** (Fr.) Quél.
英　文　名　Golden Orange Tricholoma, Tacked Knight

形态特征　子实体中等大。菌盖直径 4～14cm，扁半球形至平展，锈褐色至栗褐色，黏滑。菌肉白色，较厚。菌褶白色或带土褐色，有锈色小斑点，弯生，不等长。菌柄长 3.5～10cm，粗 0.8～2.7cm，圆柱形，上部具颗粒状小点，中下部有锈褐色纤毛状鳞片，实心至空心。孢子无色，光滑，椭圆形，6～6.6μm×4～4.5μm。
生态习性　夏秋季生于针叶或阔叶林地上。属树木外生菌根菌。
分　　布　多见于西南等地。

图 1267-1

应用情况　味略苦，被视为有毒。经水煮浸泡后可以食用。

1268　杨树口蘑

拉丁学名　*Tricholoma populinum* J. E. Lange
英 文 名　Poplar Trich, Poplar Knight Sand Mushroom

形态特征　子实体中等至较大。菌盖直径 4～15cm，扁半球形至平展，边缘内卷变至平展和波状，黏，浅褐色，趋向边缘色浅，被棕褐色细小鳞片，气味香。菌肉较厚，污白色，伤处变暗。菌褶密，较窄，污白色带浅红褐色，不等长，伤处色变暗。菌柄比较粗壮，内实至松软，长 3～8cm，粗 1～3cm，有的下部膨大，白色擦伤处带红褐色。孢子印白色。孢子卵圆形至近球形，光滑，无色，5.6～8μm×3.5～5.4μm。
生态习性　秋季在杨树林中沙质的土地上群生、散生。此菌与杨树形成外生菌根。靠近杨树干基附近生长时对树木有危害。
分　　布　分布于内蒙古、河北、山西、黑龙江等地。
应用情况　可食用，味道较好，常食对治疗过敏性血管炎有辅助作用。此种菌在我国北方人工杨树林带的沙地上出产量大，尤其在内蒙古、黑龙江一带，群众广泛采食，是一种很有食用价值的野生食用菌。

1269　灰褐纹口蘑

别　　名　灰褐口蘑
拉丁学名　*Tricholoma portentosum* (Fr.) Quél.
英 文 名　Charbonnier, Sticky Gray Trich

形态特征　子实体中等至稍大。菌盖直径5～12cm，初期半球形，后期近扁平，中部凸起，表面近光滑，具放射暗色条纹，老后有纤毛状鳞片，边缘内卷至后期往往撕裂。菌肉白色，后期带黄色，稍薄，无明显气味。菌褶直生至弯生，不等长，白色带黄色。菌柄近圆柱形，近棒状，稍粗，长3.5～10cm，粗0.5～1.6cm，白色，下部有时呈现黄褐斑块，表面近光滑，上部有白色小鳞片，内部松软，有时具毛状环痕。孢子光滑，卵圆形或近球形，5～6.5μm×3.5～5μm。
生态习性　夏末至秋季在松、云杉、冷杉林或针阔叶混交林地上群生或散生。属外生菌根菌。
分　　布　分布于甘肃、辽宁、吉林、内蒙古等地。
应用情况　记载可食用且味好。经试验抑肿瘤，对小白鼠肉瘤180和艾氏癌的抑制率分别为70%和60%。

图 1268

1270　青冈松口蘑

别　　名　藏口蘑、藏松茸
拉丁学名　*Tricholoma quericola* M. Zang

形态特征　子实体中等或较大。菌盖直径6～20cm，半球形，后平展至扁平，中部凹，初白色、淡褐灰色，密被黄褐色、栗色的鳞片和绒毛，平伏和微翘，盖缘早期与菌柄相连，展后内卷。菌肉白色，脆，细，嫩，味美，肉质为松茸类之冠。菌褶白色，直生、离生。菌柄长6～12cm，粗1.5～3.5cm，粗壮，圆柱形，表面被淡棕色鳞片和绒毛。菌环白色，膜质。担子棒状，16～26μm×7～12μm。孢子无色，非淀粉质，近多角形，不规则圆形，6.5～10.7μm×5～6.5μm。褶缘囊状体腹鼓状，25～30μm×13～19μm。
生态习性　生于横断山区和东喜马拉雅的高山栎及高山松混交林带，分布海拔3100～4000m处。
分　　布　分布于四川、云南、西藏等地。
应用情况　与松口蘑食用价值等同，是中国特有种。

图 1269-2

图 1270-1

图 1269-1

图 1269-3

图 1270-2

图 1271

图 1272

1271 环鳞柄根口蘑

别　　名　鳞柄白口蘑
拉丁学名　*Tricholoma radicans* Hongo

形态特征　子实体小至中等，白色。菌盖半圆形至近扁平，直径 2.5~7cm，表面近平整渐呈现片状鳞片。菌肉白色，较厚。菌褶直生至近延生。菌柄直立，柱状，较粗壮，长 6~11cm，粗 0.7~1.2cm，基部稍缩似根状。菌环厚膜质，其下形成近环状多层大鳞片。
生态习性　秋季生针、阔叶林中地上，单生至群生。可能为外生菌根菌。
分　　布　分布于云南、山西等地。此种食用菌是 Hongo 原发现于日本，中国罕见。
应用情况　记载可食用，具香气。此种与白色的鹅膏菌相似，千万注意区别，不可有误。

1272 闪光口蘑

拉丁学名　*Tricholoma resplendens* (Fr.) P. Karst.

形态特征　子实体较小，纯白色。菌盖直径 3.5~7.6cm，扁半球形或扁平，表面光滑，黏。菌肉白色，松软，气味香。菌褶白色，直生至弯生，密。菌柄长 3.5~12.5cm，粗 1~1.5cm，柱形，白色，

图 1273

平滑，干，松软至空心。孢子无色，光滑，椭圆形，5～7μm×3.5～5.2μm。

生态习性 夏秋季于阔叶林地上单生或群生。属树木外生菌根菌。

分　　布 分布于河北、青海等地。

应用情况 可食用。此种纯白色，注意此菌与个别鹅膏菌相似，避免误采误食。

1273　粗壮口蘑

别　　名 粗壮松口蘑

拉丁学名 *Tricholoma robustum* (Alb. et Schwein.) Ricken

英　文　名 Thick Mushroom

形态特征 子实体中等大。菌盖直径5～10cm，半球形至平展，表面干燥，有深褐色至茶褐色鳞片，边缘内卷附丝棉状菌膜。菌肉白色，厚。菌褶白色，直生至弯生，稍密。菌柄长3～9cm，粗1～1.5cm，菌环以上白色有粉末，菌环以下有鳞片，内实，基部向下变细。菌环膜质，生柄上部。孢子无色，光滑，宽椭圆至卵圆形，5.3～7μm×4～5μm。

生态习性 秋季于林中地上单生或群生。与树木形成外生菌根。

分　　布 分布于陕西、辽宁等地。

应用情况 可食用，味道似松口蘑。试验抑肿瘤，对小白鼠肉瘤180及艾氏癌的抑制率均为100%。

图 1274

1274 皂味口蘑

拉丁学名 *Tricholoma saponaceum* (Fr.) P. Kumm.
英文名 Soapy Trich

形态特征 子实体小至中等大。菌盖直径 3～12cm，半球形至近平展，中部稍凸起，幼时白色、污白色，后期带灰褐色或浅绿灰色，湿润时黏，边缘内卷且平滑。菌肉白色，伤处变橘红色，稍厚。菌褶白色，伤处变红，弯生，中等密至较密，不等长。菌柄长 5～12cm，粗 1.2～2.5cm，白色，往往向下膨大近纺锤形，基部根状，内部松软。孢子无色，光滑，椭圆形至近卵圆形，5.6～8μm×3.8～5.3μm。
生态习性 夏秋季于云杉等林中地上群生。与云杉等形成外生菌根。
分　　布 分布于云南、新疆等地。
应用情况 可食用，但也有记载不宜食用。报道抗细菌。

1275 雕纹口蘑

拉丁学名 *Tricholoma scalpturatum* (Fr.) Quél.
英文名 Scaly Trich, Yellowing Knight

形态特征 子实体小或中等大。菌盖直径 4～7cm，半球形至平展，中部稍凸，暗灰白色，干燥，具平伏的灰色纤毛状小鳞片，干时边缘开裂。菌肉白色，薄。菌褶白色带灰色或有黄斑，较密，不等

长。菌柄长 4～5cm，粗 0.8～1cm，柱形，白色，上部有小鳞片及丝膜状残迹，中下部具短细毛。孢子无色，光滑，椭圆形至卵圆形，4.5～6.2μm×3～4μm。

生态习性 秋季生林中落叶层地上。属外生菌根菌。

分　布 分布于黑龙江、青海、河北、新疆等地。

应用情况 可食用。也有报道有毒。采食和药用时注意。

1276　黄绿口蘑

拉丁学名 *Tricholoma sejunctum* (Sowerby) Quél.
英文名 Deceiving Knight, Separating Tricholoma

形态特征 子实体中等大。菌盖初期近锥形，后近平展至平展，中部凸起，直径 4.5～8cm，表面湿润时稍黏，带黄绿色，中部色深，近光滑，具暗绿色纤毛状条纹，边缘平滑或波状。菌肉稍厚，白色且近表皮处带黄色，稍带苦味。菌褶白色带淡黄，弯生，密，较宽，不等长。菌柄白色带黄色，较长，圆柱形，基部稍粗，长 4.5～12cm，粗 0.6～2cm，实心至松软，表面光滑。孢子印白色。孢子近球形至宽椭圆形，无色，光滑，非淀粉反应，6.5～7.5μm×3.5～4.5μm。

生态习性 秋季在针阔叶混交林地上群生。属树木的外生菌根菌，与云杉或高山松及高山栎可能形成菌根。

分　布 分布于甘肃、西藏等地。

应用情况 可食用。往往产量多，可收集加工。试验有抑肿瘤作用，对小白鼠肉瘤 180 抑制率为 90%，对艾氏癌的抑制率为 90%。

图 1276

图 1277-1

中国食药用菌物

Edible and Medical Fungi in China

1277　多鳞口蘑

拉丁学名 *Tricholoma squarrulosum* Bres.

形态特征　子实体通常中等大。菌盖直径4～8cm，半球形，后期扁半球形，中部钝凸，表面干燥，褐色，密被黑褐色鳞片，中部鳞片黑色，盖边缘有絮状淡色鳞片。菌肉白色带灰，无明显气味。菌褶弯生至离生，灰白色，密，宽，触摸处变褐色，不等长。菌柄长4～10cm，粗0.6～1cm，圆柱形，基部往往膨大，被褐黑色鳞片及纤毛，内部实心变空心。孢子印白色。孢子光滑，无色，椭圆至卵圆形，5.6～9μm×3.5～5μm。

生态习性　夏秋季在针、阔叶林中地上，单生或散生。属外生菌根菌。

分　　布　分布于西藏等地。

应用情况　可食用。

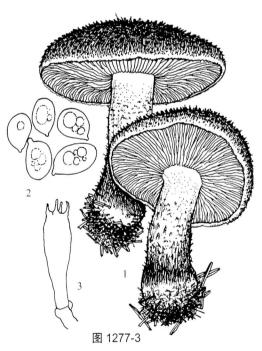

图 1277-3

1. 子实体；2. 孢子；3. 担子

图 1278

1278　硫磺口蘑

别　　名　硫色口蘑、硫磺色口蘑
拉丁学名　*Tricholoma sulphureum* (Bull.) P. Kumm.
英 文 名　Gasworks Knight-cap, Sulphur Tricholoma

形态特征　子实体一般中等大，黄色。菌盖直径
4～8cm，初期半球形，后渐平展，或中部稍凸起，带
褐色，表面稍有毛至光滑，湿时有黏性。菌肉硫黄
色至黄色，中部稍厚，有一种刺激性的气味。菌褶硫
黄色至黄色，较宽，直生至弯生，不等长。菌柄长
5～15cm，粗0.8～1cm，圆柱形，往往细长，表面有纵
条纹，同盖色，内部松软。孢子无色，椭圆形，光滑，
6.5～11μm×5～8μm。

生态习性　秋季生于阔叶林地上，有时生针叶林中，
散生或群生。属树木的外生菌根菌。

分　　布　分布于青海、新疆、四川等地。

应用情况　据记载可食用，但有一种刺激性气味。可
抑肿瘤，对小白鼠肉瘤180和艾氏癌的抑制率分别为
90%和80%。

1279　褐黑口蘑

拉丁学名　*Tricholoma ustale* (Fr.) P. Kumm.
英 文 名　Burnt Knight

形态特征　子实体中等大。菌盖直径4～10cm，扁半
球形至扁平，顶部钝或凸起，红褐黑色、棕褐色或暗栗
褐色、黏、光亮、边缘内卷。菌肉白色或部分带红色。
菌褶白色后带红色，伤处变红褐色，弯生，稍宽。菌柄
圆柱形，长4～8cm，粗0.8～2cm，上部污白色，下部
带红色，有细粉末，基部似根状，内部松软至变空心。
孢子无色，光滑，椭圆至卵圆形，6～8μm×4～5μm。

生态习性　夏秋季生于林中地上。为外生菌根菌。

分　　布　分布于台湾、河南、湖北等地。

应用情况　记载食后中毒，出现吐泻、腹疼等症。有
人认为无毒可食用。试验对小白鼠肉瘤180及艾氏癌的
抑制率均为90%。

图 1279

280-1

1280　红鳞口蘑

拉丁学名　*Tricholoma vaccinum* (Schaeff.) P. Kumm.
英 文 名　Scaly Knight, Russet Scaly Tricholoma

形态特征　子实体中等大。菌盖直径 3～8cm，幼时近钟形，后期近平展且中部钝凸，土黄褐色至土褐色，被红褐色毛状鳞片，表面干燥。菌肉白色，伤变红褐色，稍厚。菌褶白色至污白色，伤处变红褐色，弯生，不等长。菌柄长 4～8cm，粗 1～3cm，圆柱形下部膨大，近似盖色，具纤毛状鳞片，松软至空心。孢子无色，光滑，椭圆至近球形，6.6～7.6μm×4.5～6μm。
生态习性　于云杉、冷杉等针叶林地上群生，有时似蘑菇圈。与云杉等树木形成外生菌根。
分　　布　分布于西北、西南及东北等地。
应用情况　可食用，略有苦味。试验抑肿瘤，对小白鼠肉瘤 180 及艾氏癌的抑制率分别为 70% 和 60%。

图 1280-2

图 1281

图 1282

1281　突顶口蘑

别　　名　条纹口蘑、凸顶口蘑、突顶蘑、条纹口蘑

拉丁学名　*Tricholoma virgatum* (Fr.) P. Kumm.

英 文 名　Ashen Knight, Streaked Tricholoma

形态特征　子实体较小。菌盖直径4～6cm，中央凸出呈乳头状，表面灰色至灰褐色，具放射状条纹，边缘内卷。菌肉白色或带肉色。菌褶白至灰白色，弯生，不等长。菌柄长可达15cm，粗达1.2cm，基部膨大，近白色具有纵条纹。孢子无色，宽椭圆形至近球形，6～7.5μm×5.5～6μm。

生态习性　夏秋季于林中地上散生或群生。属树木外生菌根菌。

分　　布　分布于吉林、四川、山西等地。

应用情况　有毒，其味苦麻，气味腥臭，食后产生腹痛、吐泻等胃肠道反应，甚至严重时出现脱水、痉挛等症状。试验对小白鼠肉瘤180及艾氏癌的抑制率分别为70%和60%。突顶口蘑形态特征似棕灰口蘑，容易误食，注意区别。

1282　竹林拟口蘑

别　　名　浅黄拟口蘑

拉丁学名　*Tricholomopsis bambusina* Hongo

英 文 名　Bambusa Tricholomopsis

形态特征　子实体中等大。菌盖直径3～8cm，浅土黄色，中部带浅土红色，半球至扁球形，表面粗糙，边缘内卷。菌肉较厚。菌褶近直生，稍密，浅土黄色，不等长。菌柄粗，基部较膨大，长3～6cm，粗1～1.8cm，内实。

生态习性　秋季生于竹林中腐木上，丛生。

分　　布　分布于福建、广西、湖北、黑龙江等地。

应用情况　记载有毒，但有些地方食用。需慎食。据试验抑肿瘤，对小白鼠肉瘤180和艾氏癌的抑制率均为60%。

图 1283

1283　黄拟口蘑

拉丁学名　***Tricholomopsis decora*** (Fr.) Singer
英 文 名　Decorated Mop, Prunes and Custard, Decorated Mop

形态特征　子实体小，黄色。菌盖直径 2.5～6cm，半球形至扁平，密布褐色小鳞片，中部黑褐色，边缘内卷。菌肉黄色，薄。菌褶直生又延生至近离生，密，不等长。菌柄长 2～6.5cm，粗 0.3～0.7cm，污黄色至褐黄色，具细小鳞片，弯曲。孢子无色，光滑，宽椭圆至卵圆形，5.5～7μm×4～5.4μm。褶缘囊体宽棍棒状至近纺锤形。
生态习性　夏秋季在腐木上群生、丛生或单生。
分　　布　分布于吉林、四川、西藏等地。
应用情况　可食用。

1284　银丝草菇

别 　 名　银丝菇
拉丁学名　***Volvariella bombycina*** (Schaeff.) Singer
英 文 名　Silky Rosegill, Tree Volvariella

形态特征　子实体中等至较大。菌盖直径 4～9cm 或更大，近半球形、钟形至稍平展，白色至稍带

284-1　　　　　　　　　　　　　　　图 1284-2

鹅毛黄色，具银丝状柔毛，边缘表皮延伸。菌肉白色。菌褶白色后变粉红色或肉红色，离生。菌柄长 5～11cm，粗 0.6～1.2cm，白色，光滑，稍弯曲，实心。菌托污白色或带浅褐色，呈苞状，大而厚，具绒毛状鳞片。孢子近无色，光滑，宽椭圆形至卵圆形，7～10μm×4.5～5.7μm。褶缘囊体近纺锤形，顶端钝或尾状，37.9～101μm×17.7～25μm。褶侧囊状体近似褶缘囊状体。

生态习性　夏秋季于阔叶树腐木上单生或群生。

分　　布　分布于河北、山东、福建、甘肃、云南、新疆、西藏、广东、广西、吉林、四川等地。

应用情况　可食用，味道一般。可人工驯化培养。

1285　美味草菇

别　　名　食用草菇、可食小包脚菇

拉丁学名　*Volvariella esculenta* (Massee) Singer

形态特征　子实体中等至较大。菌盖直径 2～12cm，幼时卵圆形至钟形，开展后近似斗笠形，灰色至灰蓝色，光滑，干燥，中部色较暗，边缘具细条纹。菌肉白色。菌褶离生，白色至肉粉色，稠密，不等长。菌柄中生，白色，长 5～10cm，粗 0.4～1cm，表面光滑，内部松软或近似空心。菌托韧肉质，宽，边缘呈瓣状，同菌盖色。孢子印粉红色。孢子光滑，淡粉红色，椭圆形，6～9μm×4～6μm。

生态习性　生于热带、亚热带地区的草堆上。

分　　布　分布于香港、广东、广西、福建、湖南、安徽等地。

应用情况　可食用，味好。可人工大量培养生产，色彩深，个体大。香港的草菇，有的菌盖色很深，而湖南培养的草菇则色浅而个体较小，质味好。

图 1286

图 1288

1286 黏盖草菇

别 名	黏盖美丽草菇、毒草菇、美丽黏草菇、黏盖包脚菇
拉丁学名	***Volvariella gloiocephala*** (DC.) Boekhout et Enderle
曾用学名	*Volvariella speciosa* var. *gloiocephala* (DC.) Singer
英 文 名	Stubble Rosegill, Smooth Volvariella

形态特征　子实体中等大。菌盖直径 6～10cm，扁半球形、卵圆形至近钟形，后期近斗笠形至近平展，中部凸起，表面光滑或光亮，粉灰褐色至藕粉色，中部棕灰色，边缘具细条纹。菌肉污白色。菌褶离生，幼期白色后呈粉红色。菌柄细长，似盖色，长 6～15cm，粗 0.7～1.2cm，内实至松软。菌托白色，苞状。孢子光滑，椭圆形，浅粉红色，9.5～14μm×6.5～8μm。

生态习性　夏秋季生阔叶林下或草地上。

分　布　分布于湖南、新疆、香港等地。

应用情况　有认为可食，但也有记载含微毒。可浸泡、淘洗等加工处理，食用和药用时注意鉴别。

1287 矮小包脚菇

拉丁学名	***Volvariella pusilla*** (Pers. : Fr.) Singer
曾用学名	*Agaricus pusilla* Pers. : Fr.

形态特征　子实体小。菌盖宽 1～3cm，初圆锥形，后钟形至平展，白色，中部带黄色，初期稍黏，干后具纤毛，边缘具条纹。菌肉白色，无明显气味，薄。菌褶白色至粉红色，较稀，离生。菌柄长 2.5～15cm，粗 0.2～0.4cm，圆柱形，白色，光滑或略具纤毛。菌托杯状，膜质，白色。孢子粉色，椭圆形，光滑，5～7μm×3.2～4μm。侧囊体和缘囊体同形，纺锤状，42～58μm×10～20μm。

生态习性　夏秋季生于草地或林中地上，散生。

分　布　分布于贵州、河北、山西、江苏、广西、青海等地。

应用情况　可食用。

289-1

1288　美丽草菇

拉丁学名　*Volvariella speciosa* (Fr.) Singer

形态特征　子实体一般中等大。菌盖直径 3～10cm，初期钟形至近开展，后中部凸起，白色至污白色，表面光滑而黏，边缘具长条棱。菌肉白色至污白色。菌褶白色或粉肉色至粉红色，离生，稍密，不等长。菌柄细长，长 6～13cm，粗 0.8～1.2cm，圆柱形，白色，内部实心至松软，基部膨大。无菌环。菌托白色，近苞状至杯状。孢子印粉红色。孢子浅粉红色，光滑，含 1 大油滴，椭圆形，9.5～15.5μm×7～8.5μm。褶侧和褶缘囊体梭形或棒状，74～84μm×20～28μm。

生态习性　夏秋季于草地或阔叶林中地上单生或群生。

分　布　分布于广东、吉林、湖南、香港等地。

应用情况　有记载可食用，也有记载是毒菌。

图 1289-2

图 1290

1289 草菇

别　　名	美味草菇、美味苞脚菇、兰花菇、秆菇、麻菇、中国菇、稻草菇、包脚菇、草蘑菇、贡菇
拉丁学名	*Volvariella volvacea* (Bull. : Fr.) Singer
英　文　名	Straw Mushroom, Chinese Mushroom, Paddy Straw Mushroom

形态特征　子实体较大。菌盖直径 5～19cm，近钟形，后伸展且中部稍凸起，灰色至灰褐色，中部色深，干燥，具辐射的纤毛状线条。菌肉白色，松软，中部稍厚。菌褶白色到粉红色，离生，稍密，宽，不等长。菌柄长 5～18cm，粗 0.8～1.5cm，圆柱形，白色或稍带黄色，光滑，内实。菌托污白色至灰黑色，较大，杯状，厚。孢子印粉红色。孢子光滑，椭圆形，6～8.4μm×4～5.6μm。褶缘囊状体棍棒状，顶端凸尖，95～100μm×16～35μm。

生态习性　秋季于稻草堆上群生。最早发现于广东南华寺，用稻草培养，并作为高品位贡菇。

分　　布　分布于广东、广西、香港、福建、台湾、湖南、海南、四川等南方地区。另外在河北、藏南林区亦有分布。

应用情况　草菇脆嫩，味鲜美，是我国著名的栽培食用菌之一，我国南方传统多用稻草进行人工栽培。据记载草菇含 17 种氨基酸，其中有 8 种必需氨基酸，以及磷、钙、铁、钠、钾等矿盐，维生素

图1291

C、B1、B2及PP等。草菇药用，可治疗坏血症、白血病，抑制肿瘤。其性寒、味甘，主治暑热烦渴、体质虚弱、头晕乏力、降胆固醇、降高血压。

1290　黄干脐菇

别　　名	钟形脐菇、钟形干脐菇、铃形干脐菇、黄脐伞
拉丁学名	*Xeromphalina campanella* (Batsch) Kühner et Maire
曾用学名	*Omphalia campanella* (Batsch) P. Kumm.
英 文 名	Golden Trumpets

形态特征　子实体小。菌盖直径1～2.5cm，最大3cm，中部下凹成脐状，后近似漏斗状，橙黄色至橘黄色，表面湿润，光滑，边缘具条纹。菌肉黄色，膜质。菌褶黄白色后呈污黄色，直生至延生，稍宽，不等长，褶间有横脉。菌柄长1～3cm，粗0.2～0.3cm，上部稍粗呈黄色，下部暗褐色至黑褐色，基部有浅色毛，内部松软至空心。孢子无色，光滑，椭圆形，5.8～7.6μm×2～3.3μm。囊状体无色，棒状或瓶状。

生态习性　夏秋季于林中腐朽木桩上大量群生。属树木外生菌根菌。

分　布　分布于云南、四川、贵州、香港、海南、广东、广西、浙江、福建、河南、河北、山西、陕西、台湾、山东、青海、吉林、黑龙江、西藏等地。

应用情况　记载可食用。试验对小白鼠肉瘤180及艾氏癌的抑制率均为70%。

1291　皱盖干脐菇

| 拉丁学名 | *Xeromphalina tenuipes* (Schwein.) A. H. Sm. |

形态特征　子实体一般较小。菌盖直径3～8cm，扁平至平展，浅黄褐色或黄白色，表面近绒状，中央色深且有条纹。菌肉白黄色，柔，薄。菌褶浅黄白色，直生，稀，较宽，有横脉。菌柄长3～10cm，粗0.3～0.6cm，同盖色且下部带褐色，似有微毛，松软至空心。孢子椭圆形，6.5～8μm×4.5～5μm。褶侧囊体长梭形。褶缘囊体有分枝。

生态习性　夏秋季生林中倒腐木上及枯枝层上。

分　布　分布于香港等地。

应用情况　可食用。

图 1292

1292 中华干蘑

拉丁学名 *Xerula sinopudens* R. H. Petersen et Nagas.

形态特征 子实体较小，菌盖直径 1～4.5cm，扁半球形至凸镜形，中央突起，淡灰色、淡褐色至黄褐色，密被灰褐色至褐色硬毛。菌肉薄，白色至灰白色。菌褶弯生至直生，白色至米色，较稀。菌柄长 3～10cm，粗 3～5mm，圆柱形，被褐色硬毛。担孢子 10.5～13.5μm×9.5～12.5μm，近球形至宽椭圆形，光滑，无色。侧生囊状体薄壁，无结晶。

生态习性 夏季生于热带和亚热带林中地上。

分　　布 分布于广东、福建、湖北、广西、海南等地。

应用情况 可食用。

第八章

牛 肝 菌

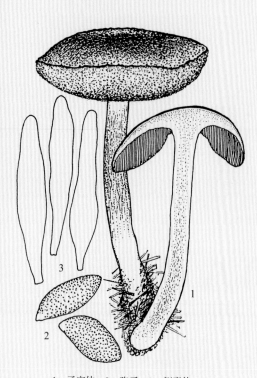

1. 子实体；2. 孢子；3. 侧囊体

图 1293

1293　细南牛肝菌

拉丁学名　***Austroboletus gracilis*** (Peck) Wolfe
英　文　名　Graceful Bolete

形态特征　子实体一般中等大。菌盖直径4～8cm，可达12cm，扁半球形，厚，表面干燥，湿润时黏，被绒毛状鳞片，龟裂状，偶有光滑，暗褐色或带红褐色，或带黄褐色。菌肉近白色。子实层近离生，初期污白色，后变粉肉色至暗色，管孔小。菌柄细长，近圆柱形，长6～12cm，粗0.5～0.7cm，有近似菌盖色的鳞片或细条纹，上部色浅，向下稍膨大，色浅呈白色或带淡黄色，内部实心至松软。孢子褐色至浅粉褐色，宽椭圆形或椭圆纺锤形，近光滑至粗糙具微细小点，11.4～17.8μm×4～7.6μm。侧囊体近梭形。

生态习性　秋季生云杉及其针阔叶混交林中地上，单生或散生。此菌为树木的外生菌根菌。

分　　布　分布于西藏东南部。

应用情况　可食用。

1294　西藏金牛肝菌

别　　　名　藏南牛肝菌、西藏粉牛肝菌、西藏牛肝菌
拉丁学名　***Aureoboletus thibetanus*** (Pat.) Hongo et Nagas.
曾用学名　*Suillus thibetanus* (Pat.) F. L. Tai; *Pulveroboletus thibetanus* (Pat.) Singer

形态特征　子实体小至中等。菌盖半球形至扁半球形或近平展，直径4～8cm，栗红褐色、赭褐色，有瘤状突起，表面黏，边缘有残片。菌肉淡黄色或白色，伤后微变红色，稍厚。菌管层直生至近弯生，菌管长4～9mm，柠檬黄色至黄绿色，管口小，角型，辐射状，橄榄色。菌柄长5～8cm，粗0.3～0.6cm，近圆柱形，表面黏，有纵纹或疣，比盖色淡，内部实心。孢子平滑，黄色，近纺锤形，含1～2油滴，9.5～13μm×4.5～6μm。管侧囊体及管缘囊体近纺锤状或棒状，35～60μm×9.5～14.5μm。

生态习性　夏秋季于林中地上单生或散生。属于树木的外生菌根菌。

分　　布　分布于四川、云南、西藏等地。

应用情况　记载可食用。

图 1294-1

1295　金色条孢牛肝菌

别　　名　毛鳞小牛肝菌
拉丁学名　*Boletellus chrysenteroides* (Snell) Snell
英 文 名　Red-cracked Bolete

形态特征　子实体较小。菌盖直径4~6cm，初期半球形，后渐平展，酱色、淡黄色，受伤处变蓝色。菌柄圆柱形，稍弯曲或向下渐细，覆有一层红色粉粒，褐色且顶部黄色，伤处变蓝色，长4.5~5cm，粗5~10mm，内部实心。子实层菌管绿黄色，凹生，伤处变蓝色，管口多角形，直径约1mm。孢子印褐色。孢子浅黄褐色，椭圆形，有条棱，10~14μm×6~7.5μm。侧囊体近菱形，50~65μm×10~13μm。

生态习性　生林中地上。与树木形成外生菌根。

分　　布　分布于江苏、广东、浙江、云南等地。

应用情况　可食用。但记载有毒。采食时要注意，最好不食用。

图 1294-2

1296　木生条孢牛肝菌

别　　名　条孢小牛肝菌、木生小牛肝菌
拉丁学名　*Boletellus emodensis* (Berk.) Singer
曾用学名　*Boletellus formis* Imazeki
英 文 名　Emodus Boletus, Shaggy Cap

形态特征　子实体一般较小。菌盖直径4~9cm，扁半球形至稍扁平，淡紫红色，被毛毡状大型鳞片，边缘延伸，常有菌幕残片悬垂。菌肉黄色，稍厚，伤处变蓝色。菌管层米黄色，离生，管口椭圆形至多角形，每毫米2个。菌柄圆柱形，稍弯曲，长7~9cm，粗0.8~1cm，淡紫红色，有纤毛状条纹，内实，基部膨大稍呈球根状。孢子长椭圆或近纺锤形，有纵条棱及横纹，19~24μm×8~13μm。侧囊体无色或浅黄色，近梭形。

生态习性　夏秋季生针、阔叶林中腐朽树桩或腐枝上。

分　　布　分布于福建、香港、吉林、青海、云南、西藏东南部等地。

应用情况　记载可食用，但也有记载有毒。

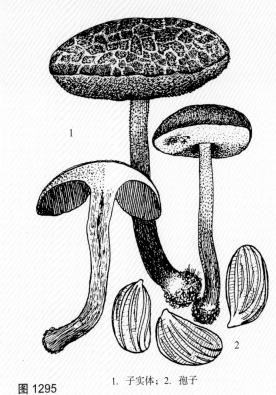
图 1295　　　　1. 子实体；2. 孢子

图 1296-1　　　　　　　　　　　　　　　图 1296-2

1297　长柄条孢牛肝菌

拉丁学名　***Boletellus longicollis*** (Ces.) Pegler et T. W. K. Young

形态特征　子实体较小或中等。菌盖半球至扁平，直径 3.5～6cm，红褐色至浅土红褐色，初期色深，表面粗糙或凹凸不平，边缘菌幕残物。菌肉厚，浅黄色，表皮下带褐红色，不变色。菌管层浅黄色至暗绿褐色，弯生至近离生。菌柄细长柱形，较盖色浅至污白色，表面黏，有条纵纹，直或稍弯曲，内实，长 10～18cm，粗 0.5～0.8cm。菌环生菌柄顶部，膜质。孢子浅黄褐色，椭圆形，12～16μm×10～12μm。

生态习性　夏秋季生松林地上。属树木外生菌根菌。

分　　布　分布于福建等地。

应用情况　记载有毒。

图 1297

1. 子实体; 2. 孢子

图 1299

1298 赭黄褐孔小牛肝菌

拉丁学名 ***Boletellus ochraceoroseus*** (Snell) Pomerleau et A. H. Sm.
曾用学名 *Fuscoboletinus ochraceoroseus* Snell
英 文 名 Rosy Larch Bolete

形态特征 子实体中等至大型。菌盖直径可达 25cm，初半圆形，后平展而中凹，盖表干，具放射状排列的绒毛和鳞片，柠檬黄色、砖红色、黄褐色，色泽多端。菌盖肉厚，锑黄色，伤后不变色。菌管随菌柄而下延，稻秆黄色，至深褐色，管孔狭长而连接成放射的褶片状，复孔。菌柄长 1.5～4cm，粗 1～1.2cm，短而近等粗，茎部多有臼状膨大，初有菌环位于上端，与基部呈托状相连，后期脱落。孢子 7.5～9.5μm×2.5～3.2μm，长纺锤形，两侧不对称。侧缘囊状体纺锤形，30～48μm×9～15μm。菌丝遇 KOH 液呈红色。

图 1300

生态习性 生于落叶松林下。为落叶松属的外生菌根菌，尤多见于高山带的湿润地区。

分　布 分布于云南绿春、贵州梵净山、四川木里、青海、西藏等地。

应用情况 可食用。

1299　大孢条孢牛肝菌

别　　名 大孢牛肝菌
拉丁学名 ***Boletellus projectellus*** (Murrill) Singer
英　文　名 Graceful Bolete

形态特征 子实体中等至较大。菌盖直径6～12cm，扁半球形，密被细绒毛及有微小的龟裂，浅赤褐色至深栗色，盖表面伸长超过边缘菌管层，不黏。菌肉厚，带浅粉红色。菌管层近离生，初期黄色，后呈绿黄色，管口直径0.5～1mm，与管里同色。菌柄长9～14cm，粗1～1.8cm，近似盖色，往往上部渐细，基部膨大，中部以上有网纹。孢子梭形至长椭圆形，光滑，壁厚，淡褐红色或淡锈色，20～24μm×7.5～10μm。

生态习性 秋季于冷杉林或混交林中地上群生、单生。属外生菌根菌。

分　布 分布于四川、广东、西藏等地。

应用情况 可食用。

1300　棱柄条孢牛肝菌

别　　名 棱柄小牛肝菌
拉丁学名 ***Boletellus russellii*** (Frost) E.-J. Gilbert
英　文　名 Russell's Bolete Cap

形态特征 子实体一般中等或较大。菌盖宽8～13cm，半球形到中央凸起，边缘内卷，表面干燥，有茸毛呈鳞片状，淡褐黄色或淡粉红色。菌肉带淡黄色。菌管直生或凹陷，淡绿黄色或橄榄绿色，受伤时不变色，管口大，多角形，宽1～2mm。菌柄长8.5～18cm，粗1～2cm，圆柱形或向下渐细，基部常弯曲，内实，淡红褐色，具突起的粗糙网棱。孢子印暗橄榄色。孢子椭圆形到卵圆形，有纵棱，淡黄褐色，

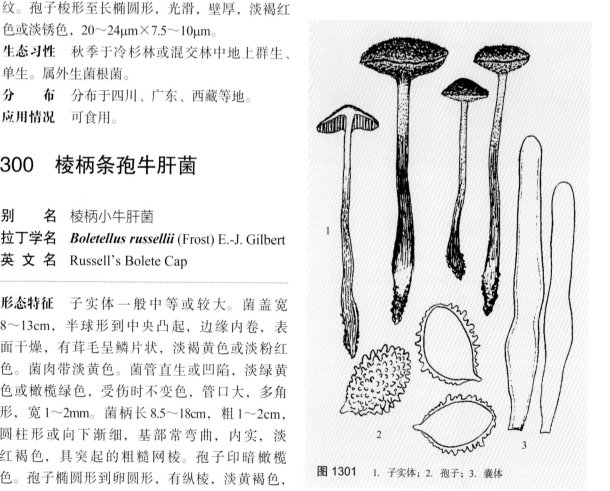

图 1301　1. 子实体；2. 孢子；3. 囊体

16～21μm×8.5～12μm。囊状体多呈棒状，30～50μm×8～11μm。

生态习性　夏秋季于阔叶或针叶林中地上单生或散生。属外生菌根菌。

分　　布　产于安徽、云南、广东等地。

应用情况　可食用，菌肉厚。

1301　小条孢牛肝菌

别　　名　小小牛肝菌

拉丁学名　*Boletellus shichianus* (Teng et L. Ling) Teng

形态特征　子实体小，受伤处不变色。菌盖直径1.5～2.5cm，扁半球形，逐渐平展，干，有小鳞片，深肉桂色至浅茶褐色。菌肉薄，色淡。菌柄柱形，平滑或有丝状条纹，上部同菌盖色，下部黄色，长4～6cm，粗3～5cm，内部松软。孢子印褐色。孢子黄色，椭圆形至近球形，有细疣，内含1～2个油球，8～12μm×7～8.5μm。

生态习性　生于林中地上。

分　　布　分布于浙江、广东、云南等地。

应用情况　有记载可食用。

1302　灰黑拟牛肝孔菌

拉丁学名　*Boletopsis grisea* (Peck) Bondartsev et Singer

形态特征　子实体大型。菌盖直径达15cm，平展，灰黑色、黑褐色，光滑无鳞片，肉质，湿时黏。菌肉味柔和，暗白色，水浸状。菌管层厚3～5mm，延生至柄上呈褶片状，管孔大，质感近似褶片状，幼时白色，成熟后灰褐色，管孔同色，伤后变褐色。菌柄3～5cm×2.5～3cm，基部幼时白色，成熟后褐色，短粗。孢子多角形，无色。菌丝具锁状联合，4～5.5μm×4～4.5μm。

生态习性　生于阔叶林地上。

分　　布　现见于云南等地。

应用情况　可食用。具有对5-脂氧化酶专一的抑制活性，可能成为治疗哮喘、牛皮癣、风湿性关节炎等疾病的药物。

图 1303

1303　白黑拟牛肝孔菌

别　　名　白黑拟牛肝多孔菌、白黑多孔菌

拉丁学名　*Boletopsis leucomelaena* (Pers.) Fayod

曾用学名　*Boletopsis leucomelas* (Fr.) Fayod

英 文 名　Black False Bolete

形态特征　子实体中等至大型，新鲜时或幼嫩时肉质。菌

盖直径5～20cm，初期扁半球形，后期平展中部下凹，初期浅灰褐色，后呈鼠灰褐或暗褐、黑褐色或稍带紫色，表面有细绒毛。菌肉白色伤变浅红褐色，较厚。菌管近白色，延生，后期呈灰色，管孔长1～2mm。菌柄较短，有时长，长2～10cm，粗1～3.5cm，肉质后变硬，实心，上部同管孔色，下部近似盖色，内部菌肉灰色。担子较细长，棒状，无色，35～45μm×6.5～8μm。孢子无色，近球形，有疣，直径4.5～6μm。

生态习性 秋季生于针叶林地上，群生。可能与树木形成外生菌根。

分　　布 分布于云南、四川等地。

应用情况 幼嫩时可食用。此菌有苦味，煮漂加工后可食用。

图 1304

1304　铜色牛肝菌

别　　名 黑牛肝菌、牛肝菌
拉丁学名 *Boletus aereus* Bull.
曾用学名 *Boletus aeripes* Bull.
英 文 名 Black Cap, Queen Bolete, Bronze Bolete

形态特征 子实体中等至较大。菌盖直径3～12cm，半球形至扁半球形，表面灰褐色至深栗褐色或煤烟色，具微细绒毛或光滑，不黏。菌肉近白色，受伤处有时带红色或淡黄色，较厚。菌管白色至带粉红色，近直生至近离生，管口直径0.5～1mm，灰白色，单孔，圆形，长4～8mm。菌柄长4～9cm，粗1.5～5cm，圆柱形，一般上部较细，有时中部或下部膨大或等粗，近似菌盖色或上部色浅，表面有深褐色粗糙网纹，实心。孢子光滑，长椭圆形、近梭形，直径9～12μm。管侧囊体近纺锤形。

生态习性 夏秋季生栎等林中地上。属树木外生菌根菌。

分　　布 分布于云南、四川、广西等地。

应用情况 可食用，菌肉厚，味道好，近似美味牛肝菌。

1305 黄靛牛肝菌

别　　名 缘盖牛肝菌、黄肉牛肝菌
拉丁学名 *Boletus appendiculatus* Schaeff.
曾用学名 *Boletus edulis* f. *appendiculatus* Schaeff . : Fr.
英 文 名 Butter Bolete, Oak Bolete

形态特征　子实体中等至大型。菌盖直径 6～18cm，扁半球形至近扁平，表面似绒状到近平滑或近干燥，浅褐色、近褐棕色至带红褐色，边缘稍内卷。菌肉乳白黄色，伤处变色不明显，表面平滑或有少许粉末。菌柄顶部似有细网纹，下部有时有浅土红色斑，基部有黄色菌丝状物。孢子近梭状或近长椭圆形，12.5～16μm×3.6～5.5μm，淡黄色，光滑。另有囊状体。
生态习性　生阔叶或针叶林中地上。属外生菌根菌。
分　　布　分布于浙江、四川、辽宁等地。
应用情况　可食用，菌肉厚，风味好。可用于治疗腰酸腿疼、手足麻木等 (吴学谦等，2005)。

图 1306

图 1307-1

图 1307-2

1306 金黄柄牛肝菌

别　　名　黄肉牛肝菌
拉丁学名　*Boletus auripes* Peck
英 文 名　Yellow-Stalked Bolete

形态特征　子实体中等至大型。菌盖初中凸而后平展，直径 6～15cm，盖表干而微具绒质，近光滑，后期多皱褶而微开裂，黄褐色、橘褐色。菌肉黄色，伤后不变色。菌管口淡黄色，菌管长 12～22mm，孔口黄色、淡黄色，圆至多角形。菌柄长 6～8cm，粗 6～12mm，棒状，茎微呈臼状，具纵长条纹，仅上部有网络，柄基具白色绒毛状菌丝。担孢子长椭圆形、长纺锤形，淡黄绿色或微透明，9.5～15μm×3.5～5μm。
生态习性　夏末秋初多生于栎属等壳斗科林地上。为壳斗科植物的外生菌根菌。
分　　布　据臧穆考察，在云南丽江、中甸，四川木里多产，湖南、广东、广西等地亦有分布。
应用情况　食用菌。

1307 黑褐牛肝菌

别　　名　褐绒盖牛肝菌
拉丁学名　*Boletus badius* (Fr.) Fr.
曾用学名　*Xerocomus badius* (Fr.) Kühner
英 文 名　Bay Bolete

形态特征　子实体一般中等大。菌盖直径 6～18cm，扁半球形，后期近平展，表面褐色，受伤后变蓝色，中部色深呈酱色或茶褐色，具细绒毛，湿时黏。菌肉白色至黄白色。菌管黄色后变绿黄色，凹生，多角形，每毫米 1～2 个管孔。菌柄长 4～8cm，粗 1～2.5cm，淡黄褐色，上部色浅，圆柱形，稍弯曲。孢子青褐色，光滑，含 1 油滴，长椭圆形，11～15μm×4～5.5μm。侧囊体稀少。
生态习性　夏秋季于针阔叶林地上成群生长，有时近丛生或单生。与云杉、松、栎等树木形成外生菌根。
分　　布　分布于四川、云南、贵州、湖南、河南、福建、江西等地。
应用情况　一般认为可食用，亦有反映食后引起腹泻，故采食时需注意。

1308 双色牛肝菌

别　　名　牛肝菌
拉丁学名　*Boletus bicolor* Raddi
英 文 名　Bicolor Bolete, Two-colored Bolete

形态特征　子实体大。菌盖直径5～15cm，中凸呈半球形，有时不甚规则，盖表干燥，有绒状感，或有不等的凹凸，盖缘全缘，有时微具薄缘膜延出，深苹果红色、深玫瑰红色、红褐色、黄褐色、污褐而不明亮。菌肉黄色，坚脆，伤后初不变色，渐渐变蓝，后而还原。菌管长1cm，每毫米有1～2孔，蜜黄色、柠檬黄色，成熟后多有污色斑，近污红色，近柄处下陷。菌柄长5～10cm，粗1～3cm，等粗，基部渐膨大，表面光滑，上部黄色，渐下呈苹果红色，在放大镜下可见在柄的上端多具草黄色颗粒，但无网纹，菌柄肉色与盖菌肉色同。孢子印深橄榄褐色。孢子光滑，近无色，8～11μm×3.5～4.5μm。管侧囊体近梭形，35～50μm×7～12μm。
生态习性　单生或群生于松、栎混交林下，有时也见于冷杉林下。属树木外生菌根菌。
分　　布　分布于四川、云南、西藏等地。
应用情况　可食用。新鲜时有清香气味，生尝有微甜味感。

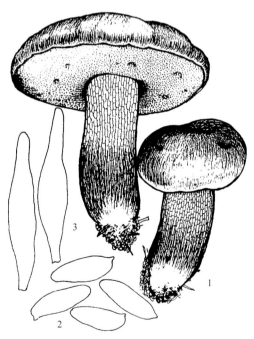

图 1309-1

图 1309-2

1309　褐盖牛肝菌

别　　　名	茶褐色牛肝菌、黑荞巴菌、黑牛肝
拉丁学名	***Boletus brunneissimus*** W. F. Chiu
英 文 名	Brown-cap Bolete

形态特征　子实体中等大。菌盖直径 3～10cm，半球形或扁半球形，土茶褐色，干时色较暗，有小绒毛，不黏，有时表皮龟裂。菌肉黄色，伤处变蓝色，较厚。菌管黄色，渐变为棕色，长约 1cm，每厘米 15～20 个管孔，延生或离生，管孔微小，初期暗肝褐色，渐成为褐色，褪为土橙色或土黄色。菌柄长 4～9cm，粗 1～2.5cm，近柱形，浅肉桂色，后期呈甘草黄色，其上部密集深褐色小粒及纤维状物，但顶部光滑，有的向下渐细，基部粉红色，伤处变蓝色。孢子浅橄榄色，椭圆形，9～12μm×4～5μm。

生态习性　夏秋季生油杉、松、栲等混交林中地上。为外生菌根菌。

分　　　布　分布于四川、云南、广西等地。

应用情况　可食用。此种裘维蕃原发现于云南，并记载可食用。夏秋季见于当地农贸市场。

1310　丽柄牛肝菌

别　　　名	美柄牛肝菌
拉丁学名	***Boletus calopus*** Fr.
英 文 名	Bitter Beech Bolete

形态特征　子实体中等大。菌盖土褐色，具龟裂状鳞片，受伤处变蓝色，菌盖直径 4～8.5cm，扁半球形至近平展。菌肉浅黄色，味苦。菌管层淡黄色，靠近柄处凹陷，管口小，每毫米 3～4 个小孔。菌柄较粗壮，玫瑰红色，网纹且十分清晰、美观，长 4.5～10cm，内部实心。孢子椭圆形，浅褐色，光滑，12.7～16.4μm×5.5～5.8μm。管缘囊体近梭形。

生态习性　夏秋季生长在林中地上。属外生菌根菌。

分　　　布　分布于云南、陕西、甘肃、福建、广东、广西、海南、贵州、西藏等地。

应用情况　据报道有毒，需浸泡、淘洗及加工后食用。

1. 子实体；2. 孢子；3. 褶缘囊体

图 1310

1311 橙香牛肝菌

别　　名　橙香菌

拉丁学名　*Boletus citrifragrans* W. F. Chiu et M. Zang

形态特征　子实体大型。菌盖直径 15～25cm，中央凸起，后期中凸而平展，表面干，光滑或微具绒毛，后期具网状裂纹和龟裂，金黄色至金黄褐色，后期呈鹿皮褐色或近革黄色，初期盖面极度凹凸不平边缘内卷，菌盖表皮层菌丝相互交织，圆形或半球形。菌管黄色，长 1～2cm，凹陷或弯生，管孔角形或不规则角形，每毫米 2～3 个。菌柄长 10～15cm，粗 3～5cm，棒状，近等粗或圆柱形，上部浅黄色、黄色或金黄色，基部呈浅黄褐色。孢子近狭椭圆形或近纺锤形，光滑，透明而微黄，含 1～2 个油滴，9.8～15μm×3.5～5.5μm。管侧囊体近梭状或腹鼓状，8～14μm×24～35μm。

生态习性　夏季生于栎、桦和冷杉等林中地上。

分　　布　分布于保山、衡山、德钦等地。

应用情况　可食用，具浓郁橙香味，加工后味更好。

1. 子实体；2. 孢子；3. 管侧囊体

图 1311

1312 土红牛肝菌

拉丁学名　*Boletus craspedius* Massee

形态特征　子实体中等至大。菌盖直径 8～22cm，半球形至扁半球形，暗红色至红褐色，边缘幼时内卷，表面干，有绒毛。菌肉黄色，伤处变深蓝色，较厚。菌管面红色，直生至近离生，管孔较小。菌柄粗壮，较短，长 4～10cm，粗 1.8～3.5cm，柱形，同盖色或基部稍深，实心，表面粗糙，上部有细网纹，变蓝色。孢子暗青黄色，9～11μm×4.5～5μm。囊体近柱形或近梭形，20～40μm×3～8μm。

生态习性　生林中地上。属树木外生菌根菌。

分　　布　分布于四川等地。

应用情况　可食用。子实体大，菌肉厚，可加工。

图 1312-1

图 1312-2

图 1313-1

图 1313-2

图 1313-4

图 1313-5

图 1313-3

1313　美味牛肝菌

别　　名　白牛肝菌、白牛肝、大脚菇
拉丁学名　***Boletus edulis*** Bull.
英 文 名　King Bolete, Porcini, Cep

形态特征　子实体中等至较大。菌盖直径4~15cm，扁半球形或稍平展，不黏，光滑，边缘钝，黄褐色、土褐色或赤褐色。菌肉白色，厚，受伤不变色。菌管初期白色，后呈淡黄色，直生或近弯生，或在柄之周围凹陷，管口圆形，每毫米2~3个。柄长5~12cm，粗2~3cm，近圆柱形或基部稍膨大，淡褐色或淡黄褐色，内实，全部有网纹或网纹占柄长的2/3。孢子印橄榄褐色。孢子近纺锤形或长椭圆形，平滑，淡黄色，10~15.2μm×4.5~5.7μm。管侧囊体无色，棒状。

生态习性　夏秋季于林中地上单生或散生。与多种树木形成外生菌根。

分　　布　分布于河南、台湾、黑龙江、四川、贵州、云南、西藏、吉林、甘肃、内蒙古、福建、山西、辽宁、青海、广东、广西、安徽、江苏、湖北、湖南、浙江、河北等地。

应用情况　可食用。这是一种著名、味道鲜美的野生食用菌。含有人体必需的氨基酸。据记载产生腺嘌呤 (adenine)、胆碱 (choline) 和腐胺 (putrescine) 等生物碱。可利用菌丝体进行深层发酵培养。可药用治腰腿疼痛、手足麻木、筋骨不舒、四肢抽搐。有记载曾作抑癌试验。子实体的水提取物有肽类或蛋白质，对小白鼠肉瘤180的抑制率为100%，对艾氏癌的抑制率为90%。

图 1314

1314 红柄牛肝菌

拉丁学名 *Boletus erythropus* Pers.
英文名 Wolf 's Bolete, Ouelet's Bolete

形态特征 子实体中等至较大。菌盖直径5~20cm，扁半球形或近扁平，锈红、砖红至锈褐或栗褐色，边缘色较浅，开始有细绒毛后变光滑，湿时黏。菌肉黄色，受伤处变蓝色或暗蓝色。菌管层靠近菌柄部凹生，黄色，伤处变蓝色，管口红色，每毫米1~2个。菌柄粗壮，长4.5~14.5cm，粗1.2~5cm，圆柱形，有时基部膨大，顶部黄色密被红色小点，伤处变蓝色至暗蓝色。孢子浅黄色，光滑，近梭形，10~15μm×3.5~5μm。管缘和管侧囊体梭形或棒状，25~60μm×5~10μm。

生态习性 夏秋季于阔叶林或混交林地上单生或群生。属树木外生菌根菌。

分　　布 分布于河北、云南、安徽、江苏等地。

应用情况 可食用，菌肉肥厚，味道鲜美，为著名野生食用菌之一。药用清热、养血、祛风散寒、舒筋活血、补虚提神，治腰腿疼痛、手足麻木、筋骨不舒、四肢抽搐等症。还有抗流感、抗病毒及防治感冒的作用。实验可抑肿瘤，对小白鼠肉瘤 180 及艾氏癌的抑制率均为 100%。

1315　锈褐牛肝菌

别　　名 砖红绒盖牛肝菌

拉丁学名 *Boletus ferrugineus* Schaeff.

曾用学名 *Xerocomus spadiceus* (Fr.) Quél.

形态特征 子实体中等至大型。菌盖直径 8～19cm，半球形至扁平，土红色或砖红色，被绒毛，有时龟裂。菌肉淡白色或黄白色，伤处变蓝色，厚达 2cm。菌管淡黄色后呈暗黄色，伤处变蓝色，直生至延生，管口同色，角形，宽 0.5～2mm，复式。菌柄长 6～11cm，粗 2.5～5.5cm，上下略等粗或基部稍膨大，深玫瑰红色或暗紫红色，顶端有网纹，下部被绒毛，内实。孢子印橄榄褐色。孢子带绿褐色，长椭圆形或近纺锤形，10.4～13μm×3.9～5.2μm。管侧囊体无色，纺锤形或长颈瓶状，35～55μm×10～14μm。

生态习性 夏秋季于林中地上单生或群生。属树木外生菌根菌。

分　　布 分布于广西、四川等地。

应用情况 可食用，味道较好。

图 1315

图 1316

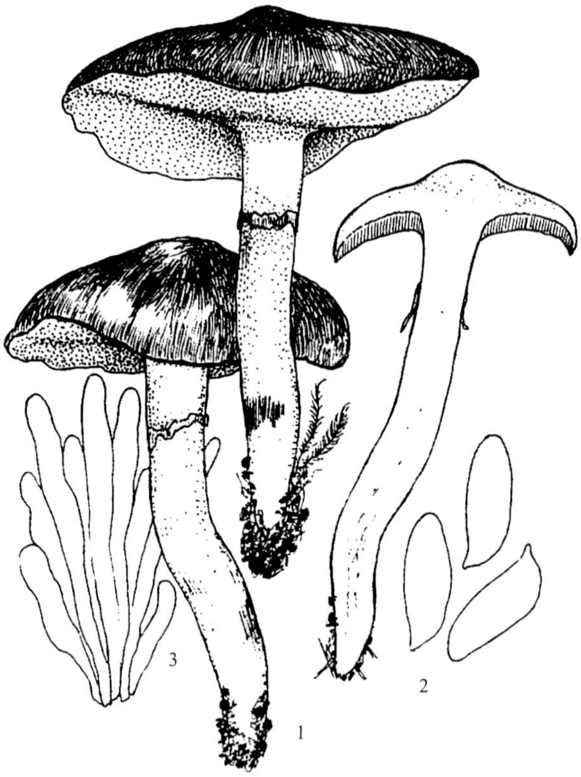

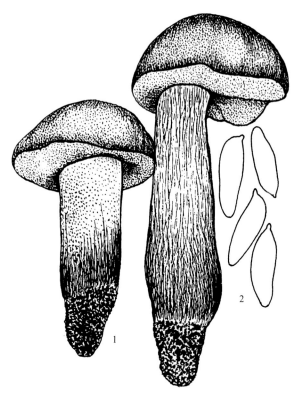

1. 子实体; 2. 孢子; 3. 管缘囊体

图1317

1. 子实体; 2. 孢子

图1318

1316 血红绒牛肝菌

拉丁学名 *Boletus flammans* E. A. Dick et Snell

形态特征 子实体中等至大。菌盖直径5～13cm，扁球形或扁平，幼时深红或褐红色，变暗红或粉红色，湿时黏，似绒毛或有小颗粒状绒毛或呈斑块状纹毛，后期光滑。菌肉浅黄色，伤处变青蓝色。菌管红色，管孔黄色，凹生，伤处变青蓝色。菌柄粗壮，长7～12cm，粗1～2.5cm，同盖色，伤处变青蓝色，有红色细网纹或绒状点，基部稍膨大往往浅黄，实心。孢子浅褐黄色，光滑，近柱状椭圆形或椭圆形，9.5～14.5μm×3.8～4.8μm。

生态习性 生针阔叶混交林中地上。属外生菌根菌。

分　布 分布于四川等地。

应用情况 记载可食用。

1317 黄牛肝菌

别　名 黄乳牛肝菌、松黄牛肝菌、橙黄黏盖鹅膏菌

拉丁学名 *Boletus flavus* With.

曾用学名 *Suillus flavus* (With.) Singer

形态特征 子实体较小。菌盖宽2～6cm，扁半球形，后期平展而中凹，盖缘向下卷曲，不向上翘卷，湿时较黏，干后有光泽，松花黄色、帝国黄色、明艳的金黄色，后期盖表略粗糙，无鳞片和毛绒。菌肉淡黄色，伤后不变色或缓慢呈微蓝色。菌管顺柄延生，苯胺黄色，渐成草褐色，管孔多角形，复孔式，宽达2mm，近盖缘处小于2mm，近菌柄处延长略呈褶毛状。菌柄长4～7cm，粗0.6～1.2cm，基部白色，向下渐细。菌环膜污白色，生于柄上端表面有褐色孢子印。孢子椭圆形，8～11μm×3.5～4.5μm。侧生囊状体纺锤形，40～50μm×7～15μm。

生态习性 于华山松林、栎林地上散生。为五针松的外生菌根菌。

分　布 分布于云南、贵州、西藏、湖北、陕西、四川、甘肃、山西等地。

应用情况 可食用。

1318　美丽牛肝菌

拉丁学名　*Boletus formosus* Corner

形态特征　子实体小或中等。菌盖直径6～9cm，中凸而后平展，具绒状覆盖，深紫红色、赭红紫色、浅紫红色。菌肉乳黄色，菌柄肉淡褐色，伤后变蓝色，成熟的子实体变色不明显。菌管贴生，黄色，后呈橄榄黄色，孔径0.5～0.8mm。菌柄棒状，近等粗，高5～8cm，粗9～13mm，紫红色，有网络，网眼较狭长，多布于柄上端，并被有秕糠状片粒，柄基菌丝白色。担孢子狭长型，11～15.5μm×4.5～5.5μm。菌管髓层菌丝呈双叉分列。

生态习性　生于热带林下。为阔叶树的外生菌根菌。

分　　布　分布于云南等地。

应用情况　可食用，但野生量少。

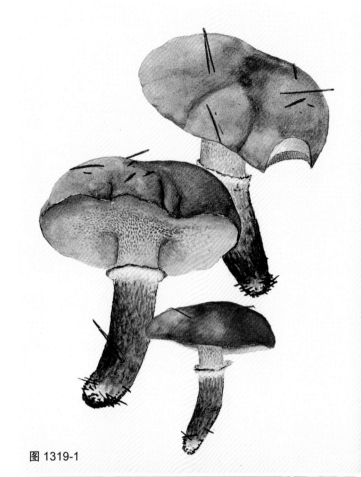

图1319-1

1319　兄弟牛肝菌

拉丁学名　*Boletus fraternus* Peck

形态特征　子实体小。菌盖直径2～7cm，初期扁半球形，后平展或稍平展，表面干燥，开始红褐色，后渐呈红色带黄色，伤处变蓝色，被绒毛状细鳞片。菌肉白色带黄色，稍厚，伤处变蓝色。菌管鲜黄色，管孔每毫米2个，管口圆形至角形，靠柄部延生似褶棱，伤处变蓝色。菌柄较细长，近圆柱形，向下有时变细，长3～6cm，粗0.4～1cm，中生，深红色，粗糙条纹，伤变蓝色，内部实心，基部有黄色菌丝体。孢子长椭圆形或近纺锤状，光滑，带黄色，9～15μm×3.7～5.5μm。管侧囊体近梭形。

生态习性　夏秋季于阔叶树等林中地上群生。是树木外生菌根菌。

分　　布　分布于广东、福建等地。

应用情况　此菌日本记载可食用。

图1319-2

图 1319-3

图 1319-4

320

1320　褐网柄牛肝菌

别　　名　盖氏牛肝菌、网柄牛肝菌
拉丁学名　*Boletus gertrudiae* Peck
英 文 名　Gertrude's Bolete

形态特征　子实体小至较大。菌盖直径 5～12cm，中凸，肉质，盖表光滑，橘黄色、褐黄色，稀呈艳黄色，不变色。菌肉乳白色。菌管黄色至褐黄色，长 5～12mm，管口小于 1mm，近柄处尤较小，贴生。菌柄长 9～14cm，宽 0.7～1.2cm，金黄色、褐黄色，较菌盖色淡，具深黄褐色的绒点和网络，中上部尤为显著，柄基部光滑，菌柄肉与菌盖肉色相同，伤后不变色。孢子印橄榄黄色。孢子 13～17μm×4～55μm，光滑，芽孔不明显。
生态习性　夏季于针阔叶混交林下单生或群生，喜生于砂质土壤。属外生菌根菌。
分　　布　分布于四川、云南等地。
应用情况　可食用，质嫩脆。

图 1321

1321 裂盖疣柄牛肝菌

拉丁学名 *Boletus hortonii* A. H. Sm. et Thiers
曾用学名 *Leccinum hortonii* (A. H. Sm. et Thiers) Hongo et Nagas.

形态特征 子实体中等至较大。菌盖宽 4～12cm，中央初期微凸起，后盖表具凹凸皱褶或为凹窝状高低不平，赭红色、朱褐色、土红色。菌肉黄色，伤后渐变蓝。菌管贴生，近离生，黄色，菌管长 8mm，孔口宽 1～2mm。菌柄狭棒状，表面光滑，长 6～10cm，粗 10～20mm，表面淡黄色，覆盖有秕糠状鳞片，柄肉淡黄色。孢子狭长椭圆形，12～15μm×3.5～4.5μm，不对称，光滑。菌柄的基部菌丝白色，不形成根状延伸。

生态习性 生针阔叶混交林中地上。为树木外生菌根菌。

分　　布 分布于云南、四川、西藏、贵州等地。

应用情况 据产地群众反映可以食用。

1322 黄褐牛肝菌

别　　名 大脚菇
拉丁学名 ***Boletus impolitus* Fr.**
英 文 名 Iodine Bolete

图 1322

形态特征　子实体中等至较大。菌盖直径 5～23cm，半球形后近扁平，淡黄褐色、黄褐色或橙褐色，边缘内卷。菌肉污白色，表皮下淡黄色，伤处不变蓝色。菌管淡黄色到黄色，几乎离生或离生，管口鲜黄色，近圆形，每毫米 2～3 个。菌柄长 4～13cm，粗 1.8～4.5cm，淡黄白色，圆柱形或下部稍膨大，内实，柄顶部纵纹似网状。孢子印淡橄榄褐色。孢子带淡黄色或带淡绿黄色，近椭圆形或近纺锤形，10.4～13.3μm×4.5～5.5μm。管侧囊体无色，顶端狭细，瓶状或近纺锤形，35～60μm×8～10μm。

生态习性　夏秋季于混交林中地上散生或丛生。与树木形成外生菌根。

分　　布　分布于福建、吉林、贵州、云南、青海、西藏、四川等地。

应用情况　可食用。含多种氨基酸。可药用，有治疗手足麻木，抑肿瘤等功效。

1323 斜脚牛肝菌

拉丁学名 ***Boletus instabilis* W. F. Chiu**

形态特征　子实体较小。菌盖半球形并倾斜，赭土红褐色，直径 6～7cm，表面稍光滑或呈龟裂状，边缘有缺刻。菌肉白色，伤处变粉红色，柄部菌肉则有褐色纤丝状条纹。菌管长 10mm，黄色，受伤处变蓝色，延生，管口直径 0.5～1mm，近圆形，同菌管色。菌柄极显著偏生至近侧生，长 6～7cm，粗 1.5～2.5cm。孢子橄榄色，椭圆形至近纺锤形，9～14μm×4～5μm，多为 11μm×4.5μm。

生态习性　生于林中地上。属树木外生菌根菌。

分　　布　分布于四川、云南、贵州等地。

应用情况　记载可食用。

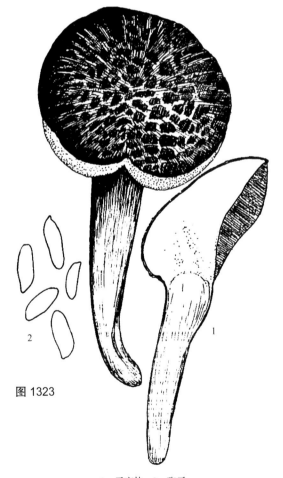

图 1323

1. 子实体；2. 孢子

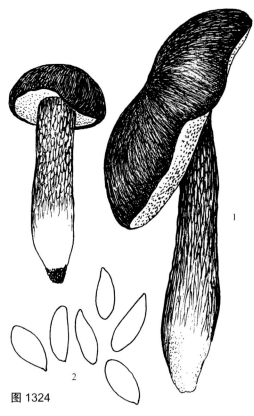

图 1324

1. 子实体；2. 孢子

1324　丽江牛肝菌

别　　名　考夫曼牛肝菌

拉丁学名　*Boletus kauffmanii* Lohwag

形态特征　子实体近中等大。菌盖近半球形，直径
4～8cm，干时淡赭色，有紧贴而不明显的小鳞片。菌肉
玫瑰色至灰色，由无色、疏松而交织且直径 3～6μm 的菌
丝组成。盖表皮厚 60～90μm，由带黄色又紧密交织在一
起的菌丝组成。菌管层干时棕色，一般厚达 7mm，管口
直径 1mm 左右，延生。菌髓菌丝宽 4～5μm。孢子长椭
圆形，橄榄色至淡黄色，13～15μm×5～6μm。管侧囊体
下部膨大，40～60μm×9μm。

生态习性　在林中地上散生。属树木的外生菌根菌。

分　　布　分布于云南、四川、广西、河南、安徽、新
疆等地。

应用情况　据记载可食用。

1325　红网牛肝菌

别　　名　黄牛肝、土红牛肝

拉丁学名　*Boletus luridus* Schaeff.

英 文 名　Lurid Bolete

形态特征　子实体比较大。菌盖直径 6～17cm，扁半球
形，浅土褐色或浅茶褐色，表面干燥，具平伏细绒毛，
常龟裂成小斑块。菌肉与菌管接触面带红色。菌管层黄
色，受伤处变蓝色，离生，管口橘红色，圆形至角形。
菌柄粗壮，长 8～10cm，粗 1.3～2.2cm，圆柱形，上部
橘黄至紫红色，下部紫红褐色，尤其基部色更深，肉质，
具红色网纹。孢子印青褐色。孢子淡黄色，光滑，椭圆
形，11～14μm×5～6μm。管侧囊体近无色，近梭形或近
柱形，35～60μm×5～9μm。

生态习性　夏秋季于阔叶林或混交林地上群生或散生。
与树木形成外生菌根。

分　　布　分布于河北、河南、江西、四川、云南等地。

应用情况　在新疆有人采食，南方则有中毒发生。国外
亦记载有毒，不宜食用。

图 1325

图 1326

1326　华丽牛肝菌

拉丁学名　***Boletus magnificus*** W. F. Chiu

英 文 名　Magnificent Bolete

形态特征　子实体一般中等大。菌盖直径5～11cm，扁半球形，鲜红色、血红色或褐红色，有时带珊瑚红色，具小绒毛，有时光滑，边缘初期内卷或呈波状，表面不黏。菌肉黄色，伤变蓝色，离生。管口小，红色。菌柄长5～15cm，粗2～6cm，上部杏黄色，下部近似盖色，带有红色小点或红色丝状物，或顶端稍有网纹，上下等粗或基部稍膨大。孢子淡棕褐色，椭圆至梭状圆形，9～13μm×4～6μm。

生态习性　夏秋季生林中地上。属树木外生菌根菌。

分　　布　分布于云南、西藏、贵州、四川、广西等地。

应用情况　一般可食用，但在云南地区有中毒记载，症状同小美牛肝菌，出现"小人国幻视症"。此种最好不要采食。

1327　青黄牛肝菌

別　　名　黄见手青
拉丁学名　***Boletus miniato-olivaceus*** Frost
曾用学名　*Boletus sensibilis* Peck; *Ceriomyces miniato-olivaceus* (Frost) Murrill

形态特征　子实体大型。菌盖近平展，宽5～20cm，盖表初具小毛绒后光滑，老后盖表皱褶不平，蔷薇红色、深红色，边缘有时近橙红色，菌表和菌肉伤后立即变蓝色。菌肉黄色，生尝微甘。菌管贴生而下延，菌管黄色，管孔小，直径2～3mm，多角形。菌柄棒形，近等粗，上部具网络，中下部往往具秕糠状毛绒，淡黄色，高6～14cm，粗1～5cm。孢子狭长椭圆形，10～14μm×3.5～4.5μm。柄基的菌丝污白色至明黄色。

生态习性　多生于栎树林下，夏秋季较多见。为壳斗科树木的外生菌根菌。

分　　布　分布于云南、四川、西藏等地。

应用情况　可食用。在四川有群众采集食用并在市场出售。

1328　绒斑牛肝菌

別　　名　棱柄小牛肝、绒斑条孢牛肝菌、
　　　　　奇特牛肝菌
拉丁学名　***Boletus mirabilis*** Murrill
曾用学名　*Boletellus mirabilis* (Murrill)
　　　　　Singer
英 文 名　Admirable Bolete

形态特征　子实体中等至较大。菌盖半球形至扁平，直径5～13cm，表面干，具绒毛状小鳞片或密集成疣状，暗红褐或紫褐色，有浅色近圆形斑纹，边缘表皮延伸近膜质。菌肉黄白色，近盖表皮呈黄色至带紫色，伤处色变暗。菌管层离生，较长，初期浅黄色，逐渐呈污黄色，管口1mm左右，圆形或多角形，伤处污黄色。菌柄长8～12cm，粗1～3cm，稍粗壮，呈棒状，往往基部膨大，较盖色浅或顶部近黄色，中上部有长形的网纹，内部实心呈黄白色或近表皮处带红色。孢子长椭圆形或近梭形，光滑，带黄色，16～25μm×6.5～9μm。

生态习性　夏秋季于针叶林腐朽木处单生、

图 1328

散生。属外生菌根菌。

分　布　分布于西藏、四川、河北、台湾、云南香格里拉等地。

应用情况　有记载可食用。

1329　暗红盖牛肝菌

别　名　暗赭色牛肝菌、暗赭褐牛肝菌
拉丁学名　*Boletus obscureumbrinus* Hongo

形态特征　子实体较小。菌盖直径 3～6cm，扁半球形至扁平，浅紫红色至深紫红色，表面干，粗糙有小鳞片或颗粒。菌肉浅黄色，伤处微变青色，味苦。菌管面初期黄绿色至绿黄色，孔口与管孔同色，多角形。菌柄长 4～8cm，粗 0.5～1cm，柱形，向基部膨大，实心，表面有粉红色条纹，上部色深且有细小鳞片。孢子长椭圆形，14～20μm×5～7μm。
生态习性　生林中地上。属树木外生菌根菌。
分　布　分布于云南及甘肃南部。
应用情况　对此种牛肝菌需慎食。

图 1329

1330　金黄牛肝菌

拉丁学名　*Boletus ornatipes* Peck
英 文 名　Ornatipes, Ornate-Stalked Bolete

形态特征　子实体中等至稍大。菌盖直径 6～11cm，半球形至扁半球形，开展后顶平，表面灰黄色、淡黄到浅土黄色，近平整。菌肉厚，污白色带黄色。菌管层黄白至黄色，离生，管孔较密。菌柄较粗壮，淡黄色，表面粗糙，肉质，菌柄长 7～8cm，粗 1～1.5cm，基部稍膨大。
生态习性　夏秋季于混交林地上群生或散生。属外生菌根菌。
分　布　分布于四川、云南、福建、广东、江苏、安徽、海南等地。
应用情况　可食用。云南丽江喜采食此种牛肝菌。

图 1330

图 1331

1331 土褐牛肝菌

别　　名	苍白牛肝菌
拉丁学名	***Boletus pallidus*** Frost
英 文 名	Pale Bolete

形态特征　子实体中等或较大。菌盖直径 4～15cm，半球形后平展，淡褐色到深土褐色，光滑或具细绒毛，老后部分龟裂。菌肉白色，受伤处变褐色。菌管粉白色，后变淡粉红色，离生到稍延生，管口每毫米 1～2 个。菌柄长 5～6cm，粗 1～1.5cm，无网纹，被污白色粉末，内实。孢子印近橄榄褐色。孢子多近椭圆形或基部圆，顶端狭，平滑，橄榄黄色，9.2～12μm×4～5μm。囊状体无色，近纺锤形，40～50μm×4～8μm。

生态习性　夏秋季于松等树林中地上单生、群生或近丛生。属外生菌根菌。

分　　布　分布于四川、云南、广东、广西、贵州、湖南、西藏等地。

应用情况　可食用，个体大，菌肉厚。

332

1332　小牛肝菌

| 别　　名 | 泽生牛肝菌、泽生假牛肝菌、湿褐孔小牛肝菌 |

别　　名　泽生牛肝菌、泽生假牛肝菌、湿褐孔小牛肝菌
拉丁学名　***Boletus paluster*** Peck
曾用学名　*Boletinus paluster* (Peck) Peck; *Fuscoboletinus paluster* (Peck) Porn.
英 文 名　Swamp Bolete

形态特征　子实体小至中等大。菌盖直径 2～10cm，初期半球形或近钟形，后渐平展、扁半球形至近平展，中部有宽的凸起，表面有紫色至近血红色，具纤毛状小鳞片或丛毛状小鳞片，边缘后期近波状，湿时黏。菌肉黄色，近表皮处红色，伤处变色，中部稍厚，稍有酸味。菌管延生，黄色至污黄色，放射状排列，管口角形。菌柄较细，圆柱形，长 3～8cm，粗 0.5～0.9cm，顶部具有网纹，下部污黄色，有红色绵毛或纤毛状鳞片或花纹，内部实心。菌环膜质，很薄，浅褐色，易碎破。孢子椭圆形至近椭圆形，光滑，浅黄色，7～8μm×3～3.5μm。有管缘和管侧囊体，近纺锤形或柱形，40～80μm×7.5～13μm。

生态习性　夏秋季生于针叶林及针阔叶混交林中地上，有时生于腐朽木上，散生或群生。属外生菌根菌。

分　　布　分布于内蒙古、黑龙江、吉林等地。

应用情况　可食用。

图 1333

1333 松林小牛肝菌

别　　名	松林假牛肝
拉丁学名	***Boletus pinetorum*** (W. F. Chiu) Teng
曾用学名	*Boletinus pinetorum* (W. F. Chiu) Teng
英 文 名	Pine woods Bolete

形态特征　子实体小至中等。菌盖直径4～10cm，扁半球形至近平展，肉桂色，边缘色浅，呈淡黄褐色，表面光滑，很黏。菌肉白色，近表皮处粉红色。菌管蜜黄色，稍延生，辐射状排列，管孔复式，管口蜜黄色，多角形，直径1～1.5mm，往往口缘有褐色小腺点。菌柄近柱形，长3～7cm，粗4～10mm，近似盖色且上部浅黄色，实心。孢子黄色，光滑，椭圆形，7～10μm×3.5～4μm。

生态习性　夏秋季于松林地上群生。与树木形成外生菌根。

分　　布　分布于四川、云南、贵州、青海、西藏等地。

应用情况　可食用，有记载会引起轻的中毒，采食时注意。

1334 松林牛肝菌

别　　名 褐红盖牛肝菌、土褐牛肝菌
拉丁学名 *Boletus pinophilus* Pilát et Dermek
曾用学名 *Boletus edulis* subsp. *pinicola* (Vittad.) Konrad et Maubl.
英 文 名 Pine Bolete, Pine Wood King Bolete

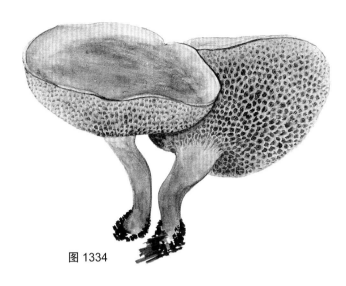
图 1334

形态特征　子实体中等至大型。菌盖直径 7～20cm，半球形或扁半球形，表面干燥似绒状，暗褐色至棕红褐色，向边缘色渐淡，边缘平滑。菌肉白色，厚，伤处渐渐变成粉褐色，气味好闻。菌管层幼时白色、乳白色，渐呈黄褐色、橄榄褐色。菌管长 1～2.5cm，浅灰黄色，近凹生。菌柄长 5～14cm，粗 3.5～9cm，粗壮而肥大，内部实心，基部膨大呈粗棒状或近似纺锤状，表面浅红褐色，有白色纲纹，基部白色并往往有白色菌丝体。孢子长梭形或柱状椭圆形，光滑，浅黄色，15～20μm×4.5～5.6μm。管侧囊体近棒状或梭形，40～60μm×7～11μm。

生态习性　夏秋季生松林或针阔叶混交林地上，单生或群生。
分　　布　分布于黑龙江、内蒙古呼伦贝尔等地。
应用情况　可食用，菌肉厚，味道好。此菌与美味牛肝菌形态极相似。

图 1335

1335 削脚牛肝菌

别　　名 见手青、红脚牛肝菌
拉丁学名 *Boletus queletii* Schulzer
英 文 名 Quelet's Bolete

形态特征　子实体大型。菌盖直径 11～20cm，扁半球形至扁平或平展，污黄色或黄褐色，后呈褐色，有绒毛。菌肉带黄色，受伤处变蓝色。菌管黄色或黄绿色，直生或近延生或凹生，管口每毫米 1～2 个。菌柄长 5.5～8cm，粗 2～2.2cm，上部黄色，下部带紫红色，受伤变蓝色，向下渐细，内实。孢子印橄褐色。孢子微带黄褐色，平滑，椭圆形或近纺锤形，10.4～12μm×5～6μm。

管侧囊体无色，淡黄色至淡褐色，棒状，顶端有时稍尖，30～60μm×7～13μm。
生态习性　夏秋季于阔叶林中地上群生或丛生。与疣皮桦、杨等树木形成外生菌根。
分　　布　分布于云南、四川、安徽、河北、江苏、福建等地。
应用情况　可食用。也有怀疑有毒，需慎食。

图 1336

1. 子实体；2. 孢子；3. 管缘囊体

1336　拟根牛肝菌

别　　名　根牛肝菌、根柄牛肝菌
拉丁学名　***Boletus radicans*** Pers.
曾用学名　*Boletus albidus* Roques
英 文 名　Rooting Bolete

形态特征　子实体中等至较大型。菌盖直径8～25cm，半球形或扁半球形，后期近扁平，表面粗糙，有污白色或灰白色或浅灰褐色细绒毛，后期呈浅褐色，边缘往往延伸其下方无管层。菌肉白色或黄色，厚，受伤处速变蓝色，具特殊香气味。菌管金红色或柠檬黄色，后变青褐到褐色，菌管长1～1.5cm，同表面色，伤处变蓝色，与菌柄上明显凹生或近离生。菌柄粗壮，长6～13cm，粗3～6cm，幼时近球状，后渐呈纺锤状到粗棒状，基部延伸近似根状，初期浅黄色或黄色细网纹，有时还呈现浅红色环带，后期变浅褐色，基部白色有绒毛，内部实心。孢子椭圆状梭形，光滑，近无色，11～15μm×5～7μm。管侧囊体小，梭形，30～60μm×5～9μm。

生态习性　夏秋季生于阔叶林中地上，群生、散生或单生。属树木外生菌根菌。
分　　布　分布于江苏、四川、云南、西藏等地。
应用情况　记载可食用。此种与细网牛肝菌相近似，但后者基部不呈根状。

1337　桃红牛肝菌

别　　名　桃红色牛肝、见手青
拉丁学名　***Boletus regius*** Krombh.
英 文 名　Regal Bolete, Red-capped Butter Bolete

形态特征　子实体中等至较大。菌盖直径8～15cm，近球形、半球形，后呈扁半球形，边缘钝圆，桃红色至绣球紫色，表面干燥，初期有微细毛后变光滑。菌肉黄色至硫黄色，菌柄基部菌肉为桃红色，受伤不变色，肥厚，致密，味温和。菌管离生，管孔细小，淡黄色，长1cm左右，管口微小，圆形或稍呈角形，硫黄色，老时有青绿斑。菌柄长6～12cm，粗2.5～3cm，

图 1337

圆柱形，有网，基部膨大近球状，黄色，有时下部带紫褐色，表面红褐色。孢子带黄色，光滑，椭圆形，10～13μm×3～5μm。管侧囊体中部膨大呈纺锤形，50～70μm×12～15μm。

生态习性　夏秋季于阔叶林地上散生、群生。多为壳斗科树木的外生菌根菌。

分　　布　分布于福建、四川、广东、云南、贵州等地。

应用情况　可食用。据报道含抗癌物质，对小白鼠肉瘤 180 抑制率和艾氏瘤抑制率分别为 80% 和 90%。

1338　美网柄牛肝菌

拉丁学名　*Boletus reticulatus* Schaeff.
英 文 名　Summer Bolete, Summer King Bolete

形态特征　子实体中等至大型。菌盖直径 5～23cm，半球形或扁半球形，渐呈扁平，暗灰褐色、浅咖啡褐色至浅土黄褐色，初期有微

图 1338-1

图 1338-2

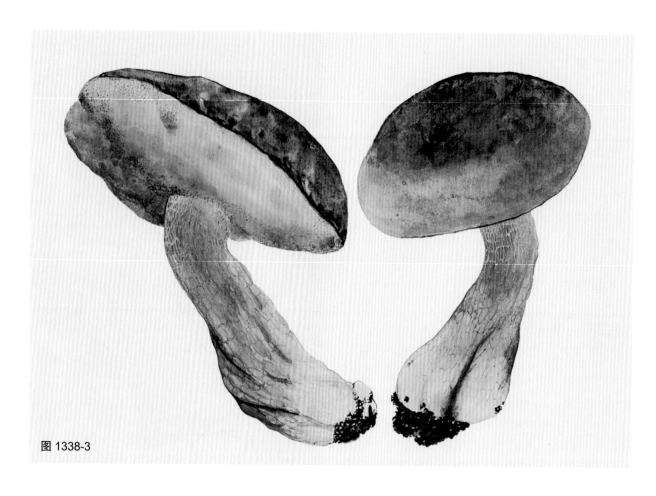

图 1338-3

细绒毛或中部有的粗糙似鳞片，后变光滑，湿时黏，边缘平滑或凹凸不平。菌肉白色，后呈乳白色，厚，表皮下稍有褐色，伤处稍变褐色，干燥有香气味。菌管白色或污白色带黄色，后期管孔带青褐绿色，管长 1～3mm，近凹生，管孔细小，圆形。菌柄粗壮，长 7～18cm，粗 3～5cm，近梭形或棒状圆柱形，浅褐色至浅灰褐色，基部白色且有白色细绒毛，网纹初期白色后变褐色可达菌柄基部，实心。孢子浅黄色，光滑，近梭形，13～17.5μm×4～5.5μm。管侧囊体棒状或近圆柱形或近纺锤形，18～46μm×8～15μm。

生态习性　夏秋季于青杠、榛子林或松林等混交林地上散生或单生。属树木外生菌根菌。

分　布　分布于河南、河北、广东、四川、辽宁、吉林、黑龙江、甘肃等地。

应用情况　可食用，味鲜美，菌肉厚。此种与美味牛肝菌 Boletus edulis 外形相似，风味好。在吉林地区广泛采集食用。

1339　网盖牛肝菌

别　名　网盖金牛肝菌

拉丁学名　*Boletus reticuloceps* (M. Zang et al.) Q. B. Wang et Y. J. Yao

曾用学名　*Aureoboletus reticuloceps* (M. Zang et al.) Q. B. Wang et Y. J. Yao

形态特征　子实体大。菌盖宽 12～20cm，中央凸起，后期中凸而平展，具不规则斑点，表面粗糙，具网络状脊条突起，盖中央网眼较大，盖缘网眼较小，黄色、褐黄色、棕褐色或灰褐色。盖表菌丝粗 8~19μm，相互交织。盖部菌肉厚 1.5~2cm，黄色、金黄色，伤后不变色，肉味淡，生尝有清香味。子实体层金黄色，菌孔单孔式，菌管长 0.6~2cm，黄色，明亮，贴生至弯曲贴生，管口多角形或不规则形，每厘米 6~10 孔，菌管髓菌丝平行列。菌柄长棒形，基部渐膨大，微弯曲，菌柄长 8~10cm，粗 2~3cm，柄表具明显网络，黄色、土黄色至褐黄色，柄基菌丝黄色或浅黄色。担孢子椭圆形、狭椭圆形，19~22μm×5.2~7μm，光滑，脐上端压缩向下凹明显，透明金黄色。侧生囊状体 27~35μm×9~13μm，纺锤形。管缘囊状体 30~45μm×10~13μm，棒状。无锁状联合。

生态习性　见于西南高山针叶林带，多分布在海拔 3000m 以上。与之相组合的树种有冷杉、云杉、高山桦等。

分　　布　分布于四川、云南、贵州、藏南等地。

应用情况　可食用，菌肉清淡微甜。在川滇地区销售收购。

1340　裂皮牛肝菌

拉丁学名　*Boletus rimosellus* Peck

形态特征　子实体中等。菌盖半球形，后期平展，径 6~10cm，棕蜜色、黄褐色至肉桂褐色，多具龟裂，盖缘初期与菌柄相衔接，后期撕裂，环膜脱落。菌肉白色，伤后不变色。菌管长 8~10mm，管径 1~2mm，香槟黄色、橄榄黄色，后期呈棕褐色。柄长 8~10cm，粗 1~2.2cm，棒状，基部粗壮，色与盖同，具网络，后期呈松果状瓣裂，内实。孢子梭形、长椭圆形，9~14μm×4.5~5.5μm。

生态习性　夏秋季生于针阔叶混交林下。与树木形成外生菌根。

分　　布　分布于云南、贵州、四川等地。

应用情况　可食用。肉味微甘。生长季节市场有鲜品出售。

1341　红色牛肝菌

拉丁学名　*Boletus rubeus* Frost

形态特征　子实体一般中等。菌盖半圆形，后近平展，干，表具微细毛绒，后期光秃或凹凸不平，宽 5~10cm，红色、砖红色、深红色，干后呈褐红色，且具红黄色斑点。菌肉白色和微黄色，伤后立刻呈蓝色。菌管贴生和近下延，黄色，管口多角形，径 1~2mm，长 0.8~1cm，菌管伤后先变蓝而后转红色。菌柄长 7~9cm，粗 1~1.5cm，柱状，近等粗，红色，有纵向的条纹，而不具网络，柄基有白色絮状菌丝。孢子长椭圆形、长纺锤形，一端脐突压扁，淡黄色，7.5~11μm×3.5~4.7μm。

生态习性　8~9 月生于针阔叶混交林下。子实层表和菌盖易被霉菌寄生，常有白色菌丝裹于外表。

分　　布　分布于云南、贵州、福建等地。

图 1342

应用情况 食用菌。据臧穆先生考察，云南德钦藏族将此菌加盐烘烤食用更有特色风味。

1342　土黄牛肝菌

别　　名	金红牛肝
拉丁学名	***Boletus rufo-aureus*** Massee
英 文 名	Red-yellow Bolete

形态特征 子实体中等至较大。菌盖直径 6.5～12cm，扁半球形至近平展，鲜橘黄色至橙红色或橙黄色，表面干，有细绒状鳞片。菌肉浅黄色，较厚。菌管金黄色至青黄色，直生至近离生，管孔小，伤处变蓝色。菌柄长 6～13cm，粗 1～2cm，柱形，同盖色，基部稍膨大，内实，后期色变深或呈红色。孢子青褐色，11～14μm×4～5μm。囊状体无色，纺锤形，45～80μm×9～12μm。

生态习性 生林中地上。属外生菌根菌。

分　　布 分布于福建、云南、贵州等地。

应用情况 可食用。

1343　细网牛肝菌

别　　名	细网柄牛肝菌、魔王牛肝菌、仔牛犊
拉丁学名	***Boletus satanas*** Lenz
英 文 名	Satan's Bolete, Devil's Bolete

形态特征 子实体较大。菌盖直径 6～10cm，近球形后变半球形，污白至浅褐色，初期有细绒毛，后变光滑，边缘内卷。菌肉近白色或部分带黄色，伤处变蓝色，厚。菌管层离生，管口小，幼时黄色，后呈红色，伤变蓝色。菌柄短粗，长 3～5cm，粗 1.5～2.5cm 或更大，中部以上有红色细网纹，上部黄色，中部玫瑰红色，基部淡黄至浅褐色，受伤处变

图 1343-1

蓝色。孢子印青褐色。孢子橄榄褐色，光滑，椭圆形或长椭圆形，8.5～12.8μm×5～6.3μm。管侧囊体瓶状或近纺锤形，25～32μm×7.5～10μm。

生态习性 夏秋季于林中地上单生或群生。属外生菌根菌。

分　　布 分布于云南、四川、西藏等地。

应用情况 误食后口、舌、喉部麻木，胃部难受，还出现头晕、胃痉挛甚至吐血等症状。生食有更

明显的胃肠道病症。此种牛肝菌试验抑癌，对小白鼠肉瘤180及艾氏癌的抑制率均为100%。

1344 迟生褐孔小牛肝菌

别　　名 晚生褐孔牛肝菌
拉丁学名 *Boletus serotinus* (Frost) A. H. Sm. et Thiers
曾用学名 *Fuscoboletinus serotinus* (Frost) A. H. Sm. et Thiers

形态特征 子实体中等至大型。菌盖直径 5～12cm，后期阔而平展，盖表具黏液层，枣褐色、巧克力褐色，成熟后，色泽加深，黏液层也趋干涸，具灰褐色绒毛覆盖，盖缘有残膜，但易脱落。菌肉污白色，伤后变蓝再转褐色。菌管淡灰色至酒褐色，下延，菌管长 8～15mm，等圆多角形。菌柄等粗，内实，高 5～9cm，宽 9～17mm，有膜状菌环和绒毛，上部灰黄褐色，基部红褐色。孢子 8～11μm×4～5μm，长椭圆形，光滑，不等边，遇 Melzer 试剂呈深褐色。囊状体透明，遇 KOH 液微显褐色。

生态习性 生针叶林地上，单生或群生。属于外生菌根菌。

分　　布 分布于云南、贵州、四川、西藏等地。

应用情况 可食用。

图 1343-2

1345 中华牛肝菌

别　　名 中国粉孢牛肝菌
拉丁学名 *Boletus sinicus* W. F. Chiu
曾用学名 *Tylopilus sinicus* W. F. Chiu

形态特征 子实体中等大。菌盖半球形至扁平呈垫状，直径 9～11cm，有纤毛状鳞片，深褐红色，边缘色较浓且呈波浪状。菌肉白色带黄色，伤处变蓝色。菌管层凹生，菌管长 4mm，玉米黄色，伤变蓝色，管口小，直径不及 0.5mm，牛血红色。菌柄近圆柱形，基部稍膨大，长 8～9cm，粗 1.3～3.6mm，同盖色或稍淡，上部黄色，有突起的红色网纹且显著。孢子浅橄榄色，短椭圆形或卵圆形，7.5～11μm×4.5～9.5μm。

生态习性 夏秋季生于林中地上。

分　　布 分布于云南、四川等地。

应用情况 可食用。但在云南曾发现有中毒，食用时需特别注意。

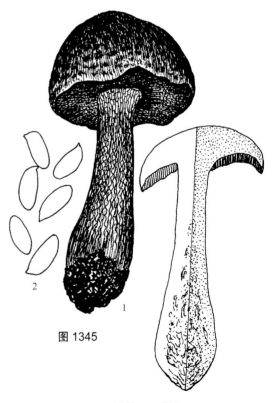

图 1345

1. 子实体；2. 孢子

图 1346-1

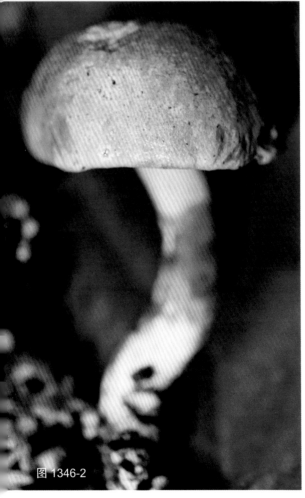

图 1346-2

1346　华美牛肝菌

别　　名　小美牛肝菌、红见手青、红荞巴、粉盖牛肝菌、见手青

拉丁学名　*Boletus speciosus* Frost

英 文 名　Bonny Bolete

形态特征　子实体较大。菌盖直径 8～16cm，扁半球形至扁平，浅粉肉桂色至浅土黄色，具绒毛。菌管层绿黄色，凹生，管口圆形，每毫米 2～3 个。菌柄长 4.5～11cm，粗 1.8～4cm，上部黄色，下基部近似盖色，受伤处变蓝色，具网纹。孢子浅黄色，光滑，近梭形，10～12μm×3.5～4μm。管侧囊体梭形至长纺锤形，50～65μm×9～15μm。

生态习性　夏秋季于混交林地上散生或群生。属树木外生菌根菌。

分　　布　分布于云南、四川、贵州等地。

应用情况　可食用，味道较好，但食量过多或煮调不当会引起中毒，潜伏期长则 6～24h，短则 1～2h，更短者仅 10 余分钟发病，多为精神症状及幻觉反应，出现"小人国幻视症"，到处皆是不及 30cm 高的小人，面目各异，穿红着绿，性格活泼，极为调皮，不断对病人挑衅、围攻、纠缠不放，病人十分恼怒，对小人表现出指责、驱赶，严重者多表现精神分裂症状、痴呆和木僵，一般随着毒性的消失而症状减轻，直至恢复正常，很少有后遗症。又记载此菌可药用治消化不良及腹胀。另有抑肿瘤作用。

1347　鳞柄牛肝菌

别　　名　棕顶菌

拉丁学名　*Boletus squamulistipes* M. Zang

形态特征　子实体近中等。菌盖宽 6～8cm，中央凸起，后期平展，干，光滑，褐色至棕黑色。菌肉厚 2～4cm，黄色，伤后变蓝色。菌管长 1～2cm，褐色，伤后也变蓝色，凹生至弯曲凹生，管口具棱角至六角形，每毫米 2～4 个。菌柄长 5～7cm，粗 2～3cm，等粗，有时呈棒状或基部膨大，干，外被鳞片或硬毛，褐色。菌丝黄色或褐色。孢子 9～11.5μm×4～5.5μm，椭圆形至近纺锤形，透明而微黄，遇 KOH 液呈棕褐色。侧生囊状体 7～14μm×25～35μm，腹鼓状具喙。

生态习性　多生于平坦的山地林下，尤以石栎属 *Lithocarpus* 树林下较普遍。为外生菌根菌。

分　　布　分布于云南等地。

应用情况　可食用。

1348　近光柄牛肝菌

拉丁学名　*Boletus subglabripes* Peck

形态特征　子实体较大。菌盖平凸，盖缘有流苏状膜，盖径 3～15cm，盖表干而光滑，有时皱突，栗褐色、红褐色、黑褐色。菌肉柔软，海绵质，淡黄色，近盖表处微红色。菌管贴生，后期沿柄部而下陷，管长而细，孔小，径不及 1mm。菌柄长 5～8cm，粗 0.5～7.5cm，黄色和褐黄色，下部微红色，具有不甚清晰的斑点，无网络，只具纵长条纹。菌体伤后几不变色。孢子近纺锤形，13～14μm×3.5～4μm，我国高山带的标本孢子有时较短，为 8.5～11μm×4～5μm。

生态习性　西南地区多见于高山松 *Pinus densata* 林下及云杉林下。为外生菌根菌。

分　　布　分布于云南、四川、西藏等地。

应用情况　当地有认为可食用。

1349　亚光亮牛肝菌

别　　名　黄褐牛肝菌

拉丁学名　*Boletus subsplendidus* W. F. Chiu

形态特征　子实体较小。菌盖直径 2.5～6cm，半球形至近扁平，被微绒毛，不黏，橙褐色至酱红色，边缘常有帝黄色块斑，手指触摸（伤处）变蓝色。菌肉黄色，其盖部变淡蓝色，而柄部变淡绿色。菌管幼短，成熟后长达7mm，帝黄色，育生至近延生，管口微小，与菌管同色，伤处变蓝色。菌柄长 6～9cm，粗 1.5～2cm，浅黄色，基部常带土红色，稍膨大或上下略不等粗，有细条纹或绒毛，有时具有不明显的网纹，伤处变褐色。孢子橄榄色，椭圆形，9～12μm×4～5μm，大多为 9μm×4.5μm。

图 1346-3

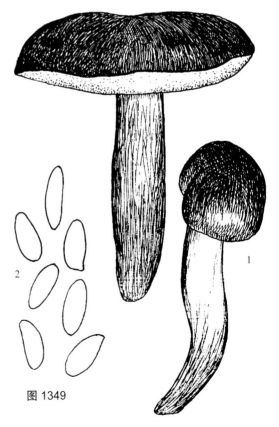

图 1349

1. 子实体；2. 孢子

图 1350

生态习性　夏秋季在针阔叶混交林中地上单生或散生。属树木外生菌根菌。

分　布　分布于云南、四川等地。

应用情况　记载可食用。

1350　细绒牛肝菌

别　　名　亚绒盖牛肝菌

拉丁学名　*Boletus subtomentosus* L. : Fr.

曾用学名　*Xerocomus subtomentosus* (L.) Quél.

英 文 名　Suede Bolete, Yellow-cracked Bolete

形态特征　子实体中等至较大。菌盖直径4.2～15cm，扁半球形至近扁平，黄褐色、土黄色或深土褐色，老后呈猪肝色，干燥，被绒毛，有时龟裂。菌肉淡白色至带黄色，伤处不变蓝色。菌管黄绿色或淡硫黄色，直生或凹生，有时近延生，管口同色，角形，直径1～3mm。菌柄长5～8cm，粗1～1.2cm，淡黄色或淡黄褐色，略等粗或趋向基部渐粗，无网纹或顶部有时有不显著的网纹或由菌管下延的棱纹，内实。孢子印黄褐色。孢子带淡黄褐色，平滑，椭圆形或近纺锤形，11～14μm×4.5～5.2μm。管缘囊体无色，纺锤形、棒形，35～67μm×10～18μm。

生态习性　夏秋季于林中地上散生。与树木形成外生菌根。

图1351-1 图1351-2

分　　布　分布于吉林、辽宁、河南、湖南、浙江、福建、台湾、海南、江苏、安徽、陕西、云南、贵州、广东等地。

应用情况　可食用。

1351　褐绒柄牛肝菌

别　　名　亚绒柄牛肝菌

拉丁学名　***Boletus subvelutipes*** Peck

英 文 名　Red-mouth Bolete

形态特征　子实体中等至大型。菌盖坚脆，宽5～18cm，表面柔软，幼时微黏，被细绒毛，土黄色，有橄榄色斑点，后期红褐色、黄褐色。菌肉黄色，伤后呈淡蓝色。菌管贴生而微下延，黄色，伤后变绿，管长达3cm，孔圆形，管孔褐色。菌柄棒状，等粗，表具点状毛绒或秕糠状鳞毛，尤在柄基集成绒团簇生状，上端微具不清晰的网络，上部黄色，下部红褐，长5～11cm，粗6～30mm。孢子长椭圆形、纺锤形，少呈梨形，13～15μm×4.5～5.5μm。柄基菌丝黄色。

生态习性　生于针阔叶混交林下。或为外生菌根菌。

分　　布　分布于云南、四川、内蒙古、西藏等地。

应用情况　可食用，在云南说有毒，食用和药用时注意。

1352　林地牛肝菌

别　　名　林牛肝菌
拉丁学名　*Boletus sylvestris* Petch

形态特征　子实体较小。菌盖宽 2~6cm，中凸，干，平滑，有细绒毛，盖中央多龟裂，鹿皮褐色或酒红色，中央色深。菌肉白色，近盖表和柄表处呈微褐色，伤后变色不明显，渐现淡红褐色。菌管长 4~7mm，孔径 1mm 左右，贴生，淡黄色，伤后不变色，多角形，复孔式。菌柄长 3.5~4cm，粗 1cm，近等粗，褐红色、土褐色，光滑。孢子 8.5~11μm×4~5.3μm，较钝圆，呈长卵形。侧生囊状体腹鼓状，顶钝，30~50μm×8~15μm。管髓菌丝中心交织，微有两侧叉分。盖表菌丝层呈柱状栅列。
生态习性　多于松、栎混交林下散生或群生。是松属的菌根菌。
分　　布　分布于云南、福建、广西、四川、贵州、辽宁、吉林、江苏、浙江、安徽、河北、河南、湖南、广东、台湾、陕西、新疆、西藏等地。
应用情况　可食用，但菌味较差，肉质较粗。

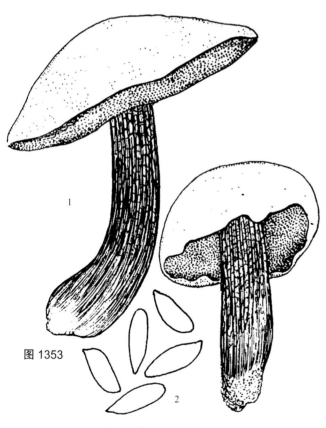

图 1353

1. 子实体；2. 孢子

1353　戴氏牛肝菌

别　　名　灰盖牛肝菌
拉丁学名　*Boletus taianus* W. F. Chiu

形态特征　子实体较小。菌盖直径 5~7cm，半球形至近扁平，光滑，不黏，橙褐色至酱红色，淡青灰色，边缘常呈波浪状。菌肉白色，坚实，基盖部分变淡蓝色，而柄部变为粉红色，纤维状。菌管长 5~8mm，黄色，伤变蓝色，直生，管口直径约 1mm，血红色或暗大红色，角形。菌柄长 6~8cm，粗 1.5~2cm，基部褐色，上部海棠玫瑰色，上半部有网纹，向上略渐细。孢子淡橄榄色或近无色，椭圆形至近纺锤形，8~9μm×3~4μm，大多 9μm×3μm。
生态习性　生于林中地上。属树木外生菌根菌。
分　　布　分布于云南、四川等地。
应用情况　记载可食用。此菌名称是裘维蕃先生为纪念老师戴芳澜教授而命名，故名戴氏牛肝菌。

54-1

1354　绒柄牛肝菌

拉丁学名　*Boletus tomentipes* Earle

形态特征　子实体较大。菌盖直径 5～13cm，扁半球形至扁平，暗褐或棕褐色，被细绒毛，老后稍变光滑或有龟裂，边缘平或内卷。菌肉污白色，伤处变蓝色。菌管面锑黄或土黄色，管口微小，小于 1mm，离生，近角形。菌柄长 6～8cm，粗 1.5～2.6cm，圆柱形或粗壮，顶部暗红色，下部同盖色，被细绒毛，内实，有的基部膨大。孢子棕褐色，光滑，椭圆形，9～12.5μm×5～6μm。

生态习性　秋季于混交林中地上散生。

分　　布　分布于云南等地。

应用情况　可食用。

图 1354-2

图 1355-1

图 1355-2

1355　栗色牛肝菌

别　　名　褐孔牛肝菌
拉丁学名　*Boletus umbriniporus* Hongo

形态特征　子实体中等至较大。菌盖直径 4.5～8cm，可达14cm，半球形至扁半球形，表面似细毛状或干燥，暗褐色，边缘内卷。菌肉黄色，菌柄基部菌肉带暗红色，伤处变深青蓝色。菌管近离生，黄色至黄绿色，伤后变蓝色，孔口茶色，伤后变蓝色至近黑色，每毫米2～3个。菌柄长4～8cm，粗0.8～1.2cm，质硬，表面平滑或密布暗褐色小点，基部稍粗，且有黄褐色菌丝状毛。孢子带黄色，光滑，近纺锤状，9.5～13μm×4～5.2μm。褶缘囊体纺锤状至梭形。
生态习性　夏秋季生于林中地上，群生或单生。
分　　布　分布于广东等地。此种原发现于日本。
应用情况　可食用。

图 1355-3

1356　全褐牛肝菌

别　　名　黑牛肝
拉丁学名　*Boletus umbrinus* Pers.

形态特征　子实体较小或中等。菌盖宽4～8cm，半圆形，渐成平弧形，焦褐色、茶褐色，干燥，光滑，柔软，初有柔毛绒，后期光滑，并有不规则裂纹。菌肉坚实，凝白色，遇空气后微显暗红色或污红色。菌管长5～8mm，弯生，纵面观呈腹鼓状，管孔径1mm，多角形，深褐色。菌柄长4～9cm，粗1～4cm，茶褐色，光滑无网纹或上端略具网纹。孢子9～12μm×3.7～5μm，梭形，脐上区扁斜，有渐尖，遇KOH液变深棕色。侧生囊状体圆棒状，顶钝圆，17～22μm×9～12μm。管髓菌丝中心束居中，两侧菌丝呈平行列。
生态习性　生于松栎混交林地上。
分　　布　分布于云南昆明、黑龙潭及山西、宁夏等地区有分布。
应用情况　据记载此种可食用，质味一般，不易腐烂和虫蛀蚀。

1357　污褐牛肝菌

拉丁学名　*Boletus variipes* Peck

形态特征　子实体中等至较大。菌盖宽10～15cm，半球形到近平展，淡污褐色、污褐色或深土黄色，光滑，有时龟裂成小鳞片，干时边缘稍向上反卷。菌肉白色，受伤不变色。菌管带绿黄褐色，直生到弯生或稍延生，管口同色，近圆形，每毫米1～2个。菌柄长5.5～12cm，粗1.5～3cm，全柄有网纹，淡土褐色。孢子印土黄褐色。孢子带绿黄色，长椭圆形，11～16μm×4.5～5.5μm，有时内含物清楚。囊状体无色，棒状或近圆柱状，顶端圆钝或稍尖细，26～121μm×8～12μm。

生态习性 夏秋季于混交林中地上群生。属外生菌根菌。

分　布 分布于广西、福建、四川、贵州等地。

应用情况 可食用。具清香气，味似美味牛肝菌。

图 1358

1358　毒牛肝菌

拉丁学名 *Boletus venenatus* Nagas.

形态特征 子实体大。菌盖直径8～15cm，扁半球形至不规则凸镜形，黄褐色至褐黄色，边缘稍延生。菌肉黄色至米黄色，伤后速变暗蓝色。菌管淡黄色至黄褐色，伤后稍变蓝色，孔口淡黄色，伤后变蓝色，随后呈褐色。菌柄长7～12cm，粗1.5～3cm，圆柱形，淡黄色，近光滑，仅顶部有不清晰的网纹，基部有黄色菌丝体。孢子13～16μm×4.5～5.5μm，长椭圆形至近梭形，光滑，淡橄榄黄色。

生态习性 夏秋季生于针叶林中地上。

分　布 分布于华中等地区。

应用情况 此种学名表明有毒。野外采集食用时应注意。

1359 裘氏紫褐牛肝菌

别　　名　兰紫黑牛肝、紫褐牛肝菌
拉丁学名　*Boletus violaceo-fuscus* W. F. Chiu
英 文 名　Purple Bolete, Violet-fusco Bolete

形态特征　子实体中等或较大。菌盖直径 4～10cm，半球形，后渐平展，紫色、蓝紫色或淡紫褐色，光滑或被短绒毛，有时凹凸不平。菌肉白色，伤后不变色，致密。菌管初期白色，后变淡黄色，弯生或离生或凹生，管口近圆形，每毫米 1～2 个。菌柄长 4.5～9cm，粗 1～2cm，上下略等粗或基部膨大，蓝紫色，有明显的白色网纹。孢子印锈褐色。孢子带淡褐色，平滑，椭圆形或纺锤形，13～18μm×5.5～6.5μm。管侧囊体无色，有时顶端稍尖细，棒状，17.3～39μm×5.2～7μm。

生态习性　夏秋季于针栎混合林中地上单生或群生。

分　　布　分布于广西、四川、台湾、云南等地。

应用情况　可食用。对小白鼠肉瘤 180 及艾氏癌的抑制率均为 60%。这是一种亚洲著名的牛肝菌，自裘维蕃教授在云南发现后，在中国台湾、日本、朝鲜半岛亦发现有分布。

图 1359-1

图 1359-2

图 1360

1360 铅色短孢牛肝菌

别　　名	铅色圆孢牛肝菌
拉丁学名	***Gyrodon lividus*** (Bull.) Fr.
曾用学名	*Boletus lividus* (Bull.) Fr.
英 文 名	Livid Short-spore Boletus, Livid Bolete

形态特征　子实体中等至较大。菌盖直径 3～8cm，褐灰色、青褐色至暗褐红色，表面粗糙似有绒毛，边缘向内卷曲。菌肉黄白色，伤变蓝色，中部厚，边缘薄。菌柄长 3～6cm，粗 0.4～1cm，较盖色浅，内实，表面近光滑。菌管黄绿褐色至青褐色，延生，辐射状排列，管口大小不等。孢子带黄色，光滑，往往内含 1 大油滴，近圆球形至宽卵圆形，5～6μm×2.8～3μm。侧囊体近梭形至近纺锤形，33～40μm×5～5.4μm。

生态习性　夏秋季于冷杉、云杉、乔松等针叶林或混交林中地上散生或群生。并形成外生菌根。

分　　布　分布于云南和西藏东南部林区。

应用情况　可食用。菌肉软嫩，较厚。

1361 暗紫圆孢牛肝菌

拉丁学名 *Gyroporus atroviolaceus* (Höhn.) E.-J. Gilbert
英文名 Blackish Purple Bolete

形态特征　子实体小。菌盖直径 2.6cm，扁半球形至近平展，蓝紫色，边缘色浅带土红褐色，表面具细绒毛。菌肉污白色，中部稍厚。菌管层离生，管面白色，菌管长约 3mm，管口 0.2mm，角形，单孔白色后期变为红褐色。菌柄长 3.5cm，粗 0.4~0.9cm，上部同菌盖色，并有颗粒状绒毛，下部土红褐色且膨大，内部空心。孢子无色，光滑，卵圆形或宽椭圆形，8~11μm×6~8μm。

生态习性　生林中地上。属树木外生菌根菌。

分　　布　分布于云南、四川、贵州等地。

应用情况　可食用。

1362　褐空柄牛肝菌

图 1362

别　　名　褐圆孢牛肝菌、栗色圆孔牛肝菌、褐圆孔牛肝菌、栎牛杆菌

拉丁学名　*Gyroporus castaneus* (Bull. : Fr.) Quél.

曾用学名　*Boletus castaneus* Bull. : Fr.

英 文 名　Chestnut Bolete

形态特征　子实体小至中等大。菌盖直径 2～8cm，扁半球形，后渐平展至下凹，淡红褐色至深咖啡色，表面干，有细微的绒毛。菌肉白色，伤后不变色。菌管白色，后变淡黄色，离生或近离生，管口每毫米 1～2 个。菌柄长 2～8cm，粗 0.5～2cm，近柱形，同盖色，有微绒毛，中空。孢子近无色，平滑，椭圆形或广椭圆形，7～13μm×5～6μm。侧囊体无色，顶端略圆钝或长细颈状、棒形或近纺锤形，25～35μm×7～8μm。

生态习性　夏秋季于针阔叶混交林中地上单生、散生至群生。属外生菌根菌。

图 1363

分　　布　分布于浙江、云南、吉林、广东、江苏、湖南、西藏等地。

应用情况　可食用，云南地区反应有毒，采食时应注意。据试验抑肿瘤，对小白鼠肉瘤 180 及艾氏癌抑制率分别为 80% 和 70%，甚至可达 100%。

1363　蓝圆孢牛肝菌

别　　名　蓝圆孔牛肝菌、黄空柄牛肝
拉丁学名　***Gyroporus cyanescens*** (Bull.) Quél.
曾用学名　*Boletus cyanescens* Bull. : Fr.
英 文 名　Bluing Bolete, Cornflower Bolete

形态特征　子实体一般中等大。菌盖直径 6～10cm，半球形或扁半球形至扁平，淡稻草黄色或污黄白色，有时浅土黄褐色，粗糙或有小鳞片或较大鲜粗绒毛状鳞片。菌肉白色，伤处变浅蓝色至深蓝色。菌管淡黄白色，伤变蓝色，凹生，管口圆形，每毫米 2～3 个。菌柄长 6～11cm，粗 1～1.5cm，圆柱形，粗壮，同盖色，有时中下部表面粗糙似鳞片，伤处变蓝色，中空。孢子无色或淡黄色，光滑，近椭圆形，7.5～10μm×4～6.4μm。有囊体近棒状或近纺锤形，24～48μm×6～10μm。

生态习性　夏秋季于混交林地上散生、单生或群生。属树木外生菌根菌。

分　　布　分布于云南、西藏、广西、河南、河北、山西、贵州、四川、福建等地。

应用情况　可食用。

1364　紫褐圆孢牛肝菌

别　　名　紫褐空柄牛肝菌
拉丁学名　***Gyroporus purpurinus*** (Snell) Singer
曾用学名　*Boletus purpurinus* Snell
英 文 名　Red Gyroporus

形态特征　子实体中等大。菌盖直径 3～8cm，初期扁半球形，后期呈扁半球形至近扁平，有的中部下凹，表面干，有细绒毛，紫褐色至暗红褐色或暗葡萄酒色。菌肉白色，无明显气味。菌管直生至近离生，白色，后期带黄色，管孔小，白色，变至黄色。菌柄细或稍粗壮，呈圆柱形，同盖色或稍浅，长 3～7cm，粗 0.5～1cm，松软变至明显空心。孢子印粉黄色。孢子椭圆形，光滑，7.8～11μm×5.5～6μm。

生态习性　夏秋季在壳斗科等阔叶林中地上群生或散生。属树木的外生菌根菌。

分　　布　分布于湖南、湖北等地。

应用情况　可食用，有记载味道好。

图 1364

图 1365

图 1366-2

图 1366-3

1365 桦网孢牛肝菌

别　　名	桦条孢牛肝菌、网柄小牛肝
拉丁学名	*Heimioporus betula* (Schwein.) E. Horak
曾用学名	*Boletellus betula* (Schwein.) E.-J. Gilbert; *Austroboletus betula* (Schwein.) E. Horak
英 文 名	Birch Bolete, Shaggy-stalked Bolete

形态特征　子实体小至中等。菌盖直径3～9cm，扁半球形，中央深棠梨色，周围褐色至淡色，胶黏，光滑。菌肉淡黄色，伤处可变淡红色。菌管黄绿色至橄榄色，离生至凹生，管口近圆形或多角形，管口较大，直径1～1.5mm。菌柄细长，长10～14cm，可达27cm，粗0.5～2.3cm，近圆柱形，下部稍弯曲，向上渐细，淡黄色，有明显而粗糙的网纹，实心。孢子印暗橄榄褐色。孢子淡橄榄褐色，有小疣，长椭圆形至椭圆形，16～22μm×7.5～102μm。侧囊体棒状或近梭形。
生态习性　夏秋季生混交林中地上。与桦等阔叶树木形成外生菌根。
分　　布　分布于安徽等地。
应用情况　记载可食用。

图 1366-1

1366 黄皮小疣柄牛肝菌

别　　名	黄皮疣柄牛肝菌、黄癞头
拉丁学名	*Leccinellum crocipodium* (Letell.) Bresinsky et Manfr. Binder
曾用学名	*Leccinum crocipodium* (Letell.) Watling

形态特征　子实体一般中等。菌盖直径4～7.5cm，中凸，后微平展，盖缘幼时微内卷，无黏液，但有脂状感，少平滑，土黄色、橘黄色、褐黄色，后期多具龟裂状花纹。菌肉淡黄色、乳黄色，伤后变成酒红色，近柄处尤甚，遇$FeSO_4$液变绿色，遇KOH液呈橘褐色，鲜时无特殊气味和味道。菌管长约10mm，孔口径1.2～2mm，淡黄褐色、橄榄褐色，干后呈黄色。菌柄长5～7cm，粗2～4.5cm，锑黄色，上端有较浓的金黄色或暗红色小粒点，坚脆，少数柄基具糠麸状鳞片，易脱落。孢子印呈蜜黄色。担子短棍棒形，20～27μm×9～12μm。孢子14～20μm×6～9μm，光滑，呈纺锤状，在KOH液下呈褐黄色，

图 1367

图 1368-1

在 Melzer 试剂下呈锈褐色。管侧囊体稀少，长纺锤形，透明，38～60μm×9～15μm。管缘囊体腹鼓状、棒状，18～36μm×6～12μm。

生态习性 夏秋季生于阔叶林地上。

分　布 分布于江苏、浙江、安徽、福建、湖北、湖南、广东、台湾、广西、西藏、四川、贵州、云南等地。

应用情况 可食用。新鲜时水分较少，味美，菌肉厚，易于加工保藏。

1367　灰小疣柄牛肝菌

别　名 灰疣柄牛肝菌
拉丁学名 *Leccinellum griseum* (Quél.) Bresinsky et Manfr. Binder
曾用学名 *Leccinum griseum* (Quél.) Singer

形态特征 子实体中等或较大。菌盖直径 4～12cm，半球形至近扁平，老后表面皱凸不平，黄褐色、灰褐至橄榄褐色，湿时黏。菌肉白色或淡乳白色。菌管层白色、灰色，伤处变黑色，直生，管口小，角形。菌柄细长，长 8～13cm，粗 1～3cm，灰白具黑色点状疣，基部有白色菌丝，实心。孢子黄色，长纺锤形，10～20μm×4.2～5.7μm。管侧囊体纺锤形，18～66μm×6～13μm。

生态习性 夏秋季于针、阔叶林中单生或群生。属树木外生菌根菌。

分　布 分布于吉林、黑龙江、云南、四川、青海、新疆等地。

应用情况 可食用，味道较好。

1368　黑鳞疣柄牛肝菌

拉丁学名 *Leccinum atrostipitatum* A. H. Sm. et al.
英 文 名 Boggy Birch Bolete, Brown Birch Bolete

形态特征 子实体中等至较大。菌盖宽 4～21cm，初半球形，后宽扁半球形，盖缘表皮延伸并断裂状似菌幕残片，盖表不黏，具贴生纤毛或纤毛状微鳞，

图 1369

浅污橙黄色、淡杏黄色，渐变为浅橙褐色至淡粉黄色。菌肉白色，厚实，老后略变灰，受伤时变浅粉紫色至污褐紫色或浅灰至浅黑色，味道柔和，气味不显著。菌管直生并于菌柄周围凹陷，幼时白色至污白色，老后浅褐色，伤后变肉色至浅黑色，管口小，圆形，幼时污白色，变为浅灰褐色至浅褐色或浅黑褐色。菌柄长6~20cm，粗1~4cm，近等粗，初近白色或变为浅灰色或浅褐色，基部常染蓝绿色，自菌蕾期起，菌柄表面满布黑色粗疣或小鳞片，鳞片之下为棉绒状纤毛层。担子棒状，16~25μm×8~10μm。孢子浅黄褐色，10~17μm×3.5~5μm，光滑，近纺锤形。囊状体梭形，中部腹鼓，内含物黄褐色，29~45μm×8~12μm。

生态习性　夏季于阔叶林或混交林中地上单生或散生。为外生菌根菌。

分　布　分布于云南、四川、西藏等地。

应用情况　据资料记载可食用，是西南地区优质食用菌之一。

1369　橙黄疣柄牛肝菌

别　　名　红褐疣柄牛肝菌

拉丁学名　*Leccinum aurantiacum* (Bull.) Gray

曾用学名　*Leccinum rufum* (Schaeff.) Kreisel

英 文 名　Orange Aspen Bolete, Brown Birch Bolete, Red-capped Scaber Stalk

形态特征　子实体中等至较大。菌盖直径3~20cm，半球形，橙红色、橙黄色或变近紫红色，光滑或微被纤毛。菌肉淡白色、淡灰色、淡黄色或淡褐色，受伤不变色，厚，质密。菌管淡白色，后变污褐色，受伤时变肉色，直生、稍弯生或近离生至凹生，管口与菌盖同色，圆形，每毫米约2个。

图 1370-1

菌柄长 7～12cm，粗 1～2.5cm，等粗或基部稍粗，污白色、淡褐色或近淡紫红色，顶端多少有网纹。孢子印淡黄褐色。孢子淡褐色，长椭圆形或近纺锤形，17～20μm×5.2～6μm。管缘囊体无色，稀少，近纺锤形，顶端尖，37～55μm×8～11μm。

生态习性　夏秋季于林中地上单生或散生。与树木形成外生菌根。

分　　布　分布于辽宁、吉林、黑龙江、内蒙古、河北、河南、云南、四川、陕西、甘肃、青海、新疆、西藏等地。

应用情况　可食用，菌肉厚，质密，不易变色，其味比较好。分布广，可收集加工。

1370　红鳞疣柄牛肝菌

别　　名　红疣柄牛肝菌、色柄粉孢牛肝菌
拉丁学名　***Leccinum chromapes*** (Frost) Singer
曾用学名　*Boletus chromapes* Frost; *Tylopilus chromapes* (Frost) A. H. Sm. et Thiers
英 文 名　Chrome Footed Bolete

形态特征　子实体一般中等。菌盖直径 5～10.5cm，扁半球形，肉粉色到微带粉红色，后呈淡栗褐色，干或湿时稍黏，被细绒毛，有时变光滑。菌肉白色，表皮下带粉红色。菌管肉粉色，离生或近离生，在柄周围凹陷，管口同色，近圆形，每毫米 2～3 个。菌柄长 5～8cm，粗 2～2.2cm，柱形上下等粗或趋向顶端稍细，与菌盖同色，基部呈亮黄色，有时有条纹和褐色小点，粗糙或有细小鳞片。孢子印淡粉褐色。孢子无色或微带粉褐色，椭圆形或近纺锤形，10.5～15.5μm×4～5.2μm。管缘囊

370-2

体近无色，瓶状或棒状，顶端尖细，17～35μm×5.2～8.7μm。

生态习性 夏秋季于针阔叶混交林中地上单生、群生或散生。与松、栗、栎等树木形成外生菌根。

分　　布 分布于吉林、黑龙江、内蒙古、云南、贵州、四川、广西、安徽、浙江、青海、新疆、西藏等地。

应用情况 可食用，味道好，可收集加工。

1371　皱皮疣柄牛肝菌

拉丁学名 *Leccinum duriusculum* (Schulzer et Kalchbr.) Singer
曾用学名 *Boletus duriusculus* Schulzer
英 文 名 Slate Bolete

形态特征 子实体中等至较大。菌盖直径6～20cm，初期半球形至扁半球形，呈浅红褐色或褐色带暗土黄色，表面凹凸不平，或似有刻纹状突起，后期变至平滑。菌肉白色，带粉红色。菌柄粗壮，圆柱形，长6～15cm，粗2～3.5cm，内部实心，顶部呈酒红灰褐色。菌管白色至带浅黄色，管孔小，白色带褐色。孢子印烟褐色。孢子光滑，近棱形，14～16μm×4.5～6.2μm。管侧、管缘囊体梭形、纺锤形，浅褐色，21～35μm×8～11μm。

生态习性 夏至秋季生于杨等阔叶林中地上，单生或散生。属树木的外生菌根菌。

分　　布 分布于西藏等地。

应用情况 可食用。子实体大，菌肉厚而致密。

图 1372

1372　裂皮疣柄牛肝菌

别　　名　远东疣柄牛肝菌
拉丁学名　*Leccinum extremiorientale* (Lj. N. Vassiljeva) Singer

形态特征　子实体中等至大型。菌盖直径5.5～20cm或更大，半球形或扁半球形，褐黄色、橙褐或杏黄色到土黄色，似绒毛状，多皱，幼时呈脑状，老后常龟裂露出黄白色菌肉，边缘盖表皮厚而明显延伸。菌肉白色至淡黄色，较厚，味香。菌管层黄至黄绿色，伤处变暗，凹生至近离生，管孔小，孔口近圆形，每毫米3～4个。菌柄长7～14cm，粗2～4.5cm或更粗，同盖色，向下渐粗，肉质，表面有深色的颗粒状小点和细小鳞片。孢子印橄榄褐色。孢子带褐黄色，长椭圆形或近梭形，9.4～14μm×3.5～5μm。有近纺锤状或棒状囊体。
生态习性　夏秋季于壳斗科林中地上单生或群生。与树木形成外生菌根。
分　　布　分布于广西、湖北、贵州、四川、吉林、黑龙江、内蒙古等地。
应用情况　可食用，菌肉比较厚，味道较好。

1373　污白疣柄牛肝菌

拉丁学名　*Leccinum holopus* (Rostk.) Watling
英 文 名　Ghost Bolete

形态特征　子实体小或中等大。菌盖直径3～6cm，扁半球形，后期半球形，粗糙至光滑，白至污白色，老后呈现灰色。菌肉白色至污白色，厚。菌管污白，孔口污白色。菌柄长5～10cm，粗0.7～1.2cm，柱形或向下渐变粗，白色至污白色或呈灰白色，表面粗糙有疣，内实。孢子淡黄，壁厚，长椭圆至近梭形，15～20μm×4.5～6.2μm。
生态习性　在桦等林中地上单生或群生。属树木外生菌根菌。
分　　布　分布于青海、云南、黑龙江等地。
应用情况　可食用。

图 1373-1

1374 黑疣柄牛肝菌

别　　名　黄皮牛肝菌
拉丁学名　*Leccinum nigrescens* (Richon et Roze) Singer
曾用学名　*Boletus nigrescens* Richon et Roze

形态特征　子实体中等至大型。菌盖直径 7～14cm，半球形至扁半球形，湿时黏，土黄色，具绒毛，幼时粗糙有皱或凹凸不平，后期深龟裂，盖边缘表皮明显延伸，当幼时形成领口状，老后开裂。菌肉白色，厚，坚实，受伤处在基部时变为淡紫色，而盖部菌肉变为淡黄色。菌管长 0.8～2.3cm，近姜黄色，老后黄绿色，常离生，管口微小，直径小于 1mm，与菌管同色。菌柄粗壮，近圆柱形，长 6～12cm，粗 2～4.5cm，黄色，有时向上渐变细，内部实心。孢子黄褐色，长圆形至卵圆形，9～14μm×3～4.5μm，多为 11μm×4μm。管侧囊体近梭形，30～56μm×5～9.5μm。

生态习性　夏季生于林中地上。属树木的外生菌根菌。
分　　布　分布于江苏、四川、西藏、云南等地。
应用情况　可食用。产菌季节可见于昆明市场。

图 1373-2

1375 赭黄疣柄牛肝菌

别　　名　变色疣柄牛肝菌
拉丁学名　*Leccinum oxydabile* (Singer) Singer
曾用学名　*Leccinum variicolor* Watling
英 文 名　Mottled Bolete, Versi-colored Leccinum

形态特征　子实体中等大。菌盖直径 4.5～10cm，扁球形至扁平，鼠灰色至暗褐色，表面有细绒毛，干燥，后期变光滑和稍微黏。菌肉较厚，白色，盖部菌肉变粉红，柄部菌肉其上部带粉色而基部变蓝灰或青绿色。菌管直生至近离生，污白至奶油黄色，变粉红或葡萄红色。菌柄圆柱形，长 10～18cm，粗 1.5～2.5cm，污白色，被鼠灰或带绿黄色的疣状鳞片。孢子印褐色。孢子光滑，近梭形，13～20μm×4～6.5μm。管侧囊体近纺锤形，20～63μm×4～9μm。

生态习性　夏秋季于针阔叶混交林地上群生或散生。属树木的外生菌根菌。

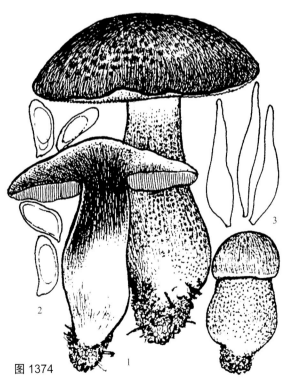

图 1374

1. 子实体；2. 孢子；3. 管侧囊体

图 1376　　　　　　　　　　　　　　　　　　　图 1377

分　　布　见于西藏东南部等地。

应用情况　可食用。此菌外形与褐疣柄牛肝菌很相似，特殊的是菌肉在盖部和柄上的变粉红色，而基部变蓝绿色。

1376　栎疣柄牛肝菌

拉丁学名　*Leccinum quercinum* Pilát
英 文 名　Orange Oak Bolete

形态特征　子实体中等或较大。菌盖直径 7.5～15cm，扁半球形，后变扁平，褐红色、巧克力褐色、青褐色，近平滑或细绒毛，边缘平，表面干。菌肉白色，较厚，松软，有香气味。菌管污白色，乳白，孔口白色。菌柄长 8～19cm，粗 1.5～3cm，棒状，有时近长梭形，乳白色，粗糙，有褐色疣，实心。孢子近梭形，13～18.5μm×4～5μm。有囊体。
生态习性　夏秋季于栎等阔叶林地上常单生。属树木外生菌根菌。
分　　布　分布于青海、甘肃等地。
应用情况　可食用。

1377　红点疣柄牛肝菌

别　　名　红点牛肝菌
拉丁学名　*Leccinum rubropunctum* (Peck) Singer
曾用学名　*Boletus rubropunctum* Peck

形态特征　子实体较小或中等。菌盖直径 3.5～8cm，初期半球形，栗褐色至红褐色，近光滑，湿时稍黏。菌肉淡黄色，伤处稍变蓝绿色。菌管层离生，管面松黄色至暗褐色，管孔小，孔径约 0.5mm，近圆形，与菌管同色。菌柄圆柱形，长 6～8cm，粗 1～2.5cm，钡黄色或淡黄色，上部有红褐色小粒点，下部有红褐色条纹，内部实心，基部稍膨大并缩小。孢子淡绿棕色，光滑，纺锤状至长椭圆形，11～17μm×4～5.5μm。管侧囊体棒状或梭形，28～60μm×8～17μm。
生态习性　生林中地上，群生或散生。属外生菌根菌。
分　　布　分布于四川、云南等地。
应用情况　可食用。

1378 红疣柄牛肝菌

拉丁学名 *Leccinum rubrum* M. Zang

形态特征 子实体中等大。菌盖直径7～10cm，中凸后渐平展，黏，光滑，红色或锈红色。盖肉厚3～6cm，白色微黄，后期呈淡褐色，伤后不变色，菌肉无特殊气味。菌管长1～2cm，红色、紫红色或锈红色，凹生至弯生凹生，腹鼓状，管口方形或不规则，每毫米1～2个。菌柄长8～14cm，粗2～3cm，柱形，等粗或基部微膨大，干，柄上端黄色或金黄色，基部黄褐色，鳞片布成斑块状，近环生，红色、紫红色。担孢子14～16μm×4～6μm，椭圆形或近纺锤形，壁光滑，微黄而透明。

生态习性 生于冷杉林下。为冷杉类树木的外生菌根菌。

分　　布 分布于云南、西藏等地。

应用情况 可食用。

1379 皱盖疣柄牛肝菌

别　　名 皱盖牛肝、皱皮牛肚、犁头菇
拉丁学名 *Leccinum rugosiceps* (Peck) Singer
英　文　名 Wrinkled Leccinum

图1379

形态特征 子实体较大或大型。菌盖直径5～18cm，半球形至扁平，表面明显凹凸不平或多龟裂，土黄色、赭色或橘褐色，平展，被绒毛和粒状小凸。菌肉白色或近浅黄色，伤处呈粉紫色。菌管层芥子黄色，近离生，管孔圆形，伤处不变色。菌柄长8～10cm，粗2～3cm，黄色、橘黄色，有颗粒状疣点和小鳞片，后时有黑色斑，基部稍膨大，空心。孢子近纺锤形，16～21μm×5～6.5μm。有管侧囊体，顶端尖，纺锤状。

生态习性 夏秋季于壳斗科树林中单生或群生。属树木外生菌根菌。

分　　布 分布于四川、云南、西藏等地。

应用情况 可食用。

1380 褐疣柄牛肝菌

别　　名 休姆（藏语）
拉丁学名 ***Leccinum scabrum*** (Bull.) Gray
曾用学名 *Boletus scarber* Bull.
英 文 名 Brown Birch Bolete, Common Scaber Stalk

形态特征 子实体较大。菌盖直径 3～13.5cm，淡灰褐色、红褐色或栗褐色，湿时稍黏，光滑或有短绒毛。菌肉白色，伤处不变色或稍变粉黄。菌管白色渐变为淡褐色，近离生，与管口同色，圆形，每毫米 1～2 个。菌柄长 4～11cm，粗 1～3.5cm，下部淡灰色，有纵棱纹并有红褐色小疣。孢子印淡褐色或褐色。孢子无色至微带黄褐色，平滑，长椭圆形或近纺锤形，15～18μm×5～6μm。管缘和管侧囊体相似，近无色，纺锤状或棒状，17～55μm×8.7～10μm。

生态习性 夏秋季于阔叶林中地上单生或散生。与桦、山毛榉、杨、柳、椴、榛、松等形成外生菌根。

分　　布 这是一种世界分布最广泛的野生牛肝菌。

应用情况 可食用。加工不熟或生食有消化不良反应。

图 1380-1

图 1380-2

图 1380-3

图 1381

1381　亚疣柄牛肝菌

别　　名　金黄牛肝菌
拉丁学名　*Leccinum subglabripes* (Peck) Singer
曾用学名　*Boletus unicolor* Frost

形态特征　子实体中等。菌盖直径6～10cm，初期半球形，后扁平至近平展，表面近光滑，湿时黏，芥子黄色或樱草黄色，后期色变较暗。菌肉淡琥珀黄色，伤处不变色。菌管层在菌柄处凹生至离生，同盖色或后期呈棕蜜色，管长3～6mm，管口直径0.5～1mm，多角形，与菌管色相同。菌柄圆柱形，同盖色，光滑，长7～10cm，粗1～2cm，受伤处不变色。孢子淡棕色，光滑，长椭圆形或近卵圆形，9～12μm×5～6μm。管缘囊体近棒状或近梭形。
生态习性　夏秋季在阔叶林中地上群生或散生。是外生菌根菌。
分　　布　分布于云南、福建、浙江、湖北、新疆、青海、西藏等地。
应用情况　记载可以食用。

1382　亚颗粒疣柄牛肝菌

拉丁学名　*Leccinum subgranulosum* A. H. Sm. et Thiers

形态特征　子实体较小。菌盖宽3～7.5cm，半球形至宽扁半球形，后近平展，污黄褐色，有颗

粒状小鳞片，老熟的菌盖在干后稍微龟裂。菌肉苍白色，伤后慢慢变为浅褐色。菌管灰白色变为暗黄褐色，长 1～1.5cm，弯生或近离生，管口小，苍白色，伤后浅褐色。菌柄长 7～11cm，粗 0.9～1.5cm，上下近等粗，基部稍膨大，污白色，有黑色小鳞片，内实。孢子长梭形，淡褐色，14.4～21.6μm×5.4～7.2μm。

生态习性　夏季于混交林中地上单生或群生。亦是外生菌根菌。

分　　布　目前仅发现于四川等地。

应用情况　可食用。

1383　污白褐疣柄牛肝菌

拉丁学名　*Leccinum subradicatum* Hongo

形态特征　子实体较小。菌盖直径 3～7.5cm，扁球形至扁半球形，表面污白色、淡褐色或淡灰褐色，平滑，湿时黏。菌肉白色，伤处变灰紫褐色。菌管面污白色，变黄白至污黄褐色，孔口小，伤处变暗色。菌柄长 6.5～9cm，粗 0.8～1.5cm，圆柱形且中部向下渐变细，基部呈根状，表面污白色，粗糙有点及似有纵向网纹，内部变空心。孢子带黄色，光滑，近纺锤状，10～19μm×4～5μm。有孔缘囊体。

生态习性　秋季于林中地上单生或散生。属树木外生菌根菌。

分　　布　现仅发现于陕西等地。

应用情况　可食用。

图 1384

图 1385

1384 异色疣柄牛肝菌

拉丁学名 *Leccinum versipelle* (Fr. et Hök) Snell
曾用学名 *Boletus versipells* Fr.
英 文 名 Orange Birch Bolete, Red-capped Scaber Stalk

形态特征 子实体较大。菌盖直径 5～15.5cm，半球形，后期扁半球形，橘黄色，干时绒毛状。菌肉白色，伤处变粉红色，有香气味。菌管污白色、灰黄色，孔口白色至灰色。菌柄圆柱形、近梭形或近棒状，长 8～19cm，粗 1.8～4cm，污白色具黑褐色疣，实心，基部变灰蓝色。孢子光滑，椭圆形，9.5～13μm×4～6μm。有囊体。

生态习性 秋季在桦等阔叶林地上单生或群生。属树木外生菌根菌。

分 布 见于陕西等地。

应用情况 此种子实体大，菌肉厚，记载可食用。

1385 暗褐脉柄牛肝菌

别 名 暗褐网柄牛肝菌
拉丁学名 *Phlebopus portentosus* (Berk. et Broome) Boedijn

形态特征 子实体大。菌盖直径 12～20cm，半球形、凸镜形至近平展，近光滑，黄褐色、褐色、绿褐色至暗褐色。菌肉厚 2.5～3cm，淡黄色，伤后渐变蓝色。菌管长 10～20mm，污黄色至淡黄色，孔口小，多角形，与菌管同色至带灰黄色。菌柄长 9～13cm，粗 4～7cm，圆柱形至棒形，粗壮，向基部膨大，被绒毛，暗褐色、金黄褐色至黄褐色，内部菌肉黄色，伤后变淡棕褐色。孢子 6～12μm×5～9μm，光滑，宽椭圆形，淡黄棕色至淡绿棕色。

生态习性 夏秋季生于阔叶林中树下。

分 布 分布于广东、湖南、湖北等地。

应用情况 可食用。据说已有人工栽培。

1386 美丽褶孔牛肝菌

拉丁学名 *Phylloporus bellus* (Massee) Corner
英文名 Gilled Bolete

形态特征 子实体较小。菌盖直径 3～5cm，半球形至平展，中部下凹似浅杯状，浅红褐色或赤褐色，稍黏，绒毛状或有小鳞片，边缘内卷或向上翘起。菌肉黄白色，伤处不变色。菌褶鲜黄或黄绿色，延生或有分叉及横脉。菌柄长 3～4cm，粗 0.6～0.8cm，往往上粗下部变细，浅黄褐色，略偏生，有纸条纹或绒毛。孢子浅黄色，光滑，长椭圆形，8～10μm×3.5～5.4μm。缘囊体棒状或柱状至纺锤状，50～78μm×9.5～20μm。

生态习性 夏秋季于林中地上单生或散生。

分　布 分布于云南、香港等南方地区。

应用情况 可食用，但会引起胃肠道不适反应。

图 1386-1

1387 灰黄褶孔牛肝菌

拉丁学名 *Phylloporus incarnatus* Corner

形态特征 子实体一般小。菌盖直径 2.5～4cm，初呈半圆形，后平展，盖缘上翘，有时微内卷，盖表光滑，近淡肉色、浅黄色、赭黄色，中央部幼时色泽较深呈污红褐色。菌肉淡黄色、白色。菌褶深黄色，后期稍淡，明显延生，长短不等，伤处变色不明显，或后期微呈橄榄色。菌柄长 4～6cm，粗 3～5mm，上下等粗，色泽与菌盖表面相似，菌柄表面光滑，内部白色、淡黄色，伤后不变色。孢子印橄榄黄色。孢子椭圆形，一端有微尖，淡黄色，表面光滑，9～12μm×4.3～5.3μm。褶侧囊体棒状，顶端较钝，60～120μm×9～20μm。

生态习性 生于阔叶树林下，成丛生长。与多种阔叶树形成外生菌根。

分　布 分布于云南、西藏等地。

应用情况 记载可食用。

图 1387　　　1. 子实体；2. 孢子；3. 褶侧囊体

图 1386-2

1388 褶孔牛肝菌

别　　名 红黄褶孔牛肝菌、褶孔牛肝

拉丁学名 *Phylloporus rhodoxanthus* (Schwein.) Bres.

英 文 名 Gilled Bolete, Golden Gilled Bolete

形态特征　子实体中等大。菌盖直径 3～11cm，扁半球形，后平展，中部稍下凹，土黄色、褐色或淡栗色，被绒毛或变光滑。菌肉淡黄色，厚。菌褶孔橘黄色，较稀，延生，不等长，褶间具横脉，有时形成褶孔。柄长 3～5cm，粗 0.7～1.4cm，圆柱形，上下略等粗或基部稍细，土黄色或橘黄色，上部有脉纹。孢子印淡黄褐色。孢子椭圆形或近纺锤形，带淡黄色，10.4～13μm×4.4～5.2μm。褶侧囊体无色，顶端常较细，无色，常有黄色内含物，棒状，50～81μm×7～12μm。

生态习性　夏秋季于林中地上群生或散生。是外生菌根菌。

分　　布　分布于江苏、福建、广东、湖南、湖北、浙江、四川、贵州、云南、西藏、海南、香港等地。

应用情况　可食用，味较好。

图 1388

1389 变青褶孔牛肝菌

别　　名　褶孔牛肝菌变青亚种
拉丁学名　*Phylloporus rhodoxanthus* subsp.
foliiporus (Murrill) Singer
英 文 名　Gilled Bolete

形态特征　子实体较小。菌盖直径
3.4～5cm，扁半球形，渐平展，中部稍下
凹，土褐色至带红褐色，具细绒毛，边缘渐
薄，有时上翘。菌肉近表皮下带粉红，伤处
变青绿色、青蓝色，中部厚。菌褶黄色，伤
处变青绿色，延生，稍宽，不等长，褶间有
横脉相连呈网状。菌柄较细，长 3.5～4cm，
粗 0.4～0.6cm，圆柱形，色较盖浅，有纤毛

图 1389

状鳞片，有时基部稍有膨大，内部实心至松软。孢子浅黄色，光滑，长椭圆形、近纺锤状椭圆形，10.5～14.5μm×4～5.6μm。

生态习性　夏秋季于阔叶林地上群生或散生。属外生菌根菌。

分　布　分布于广西、四川等地。

应用情况　可食用，其味较好。

1390　红孢牛肝菌

别　名　假糙红牛肝菌

拉丁学名　***Porphyrellus porphyrosporus*** (Fr. et Hök) E.-J. Gilbert

曾用学名　*Porphyrellus pseudoscaber* Secr. et Singer

英文名　Purple Black Bolete

形态特征　子实体中等或大型。菌盖直径4～14cm，扁圆球形，肥厚，表面干，具微细绒毛，浅肉桂灰色、浅烟色或浅烟灰色，后期带茶褐色，伤处色变暗。菌肉污白，伤变粉红色至暗褐色，初期近菌管处肉白色，较厚，致密。菌管层凹生，至近离生，似盖色，先变蓝色最后变红褐色，管口色较深，每毫米1～2个。菌柄圆柱形，或弯曲，长6～20cm，粗1～2.6cm，表面具深色粉状颗粒，内实，基部稍膨大。孢子印紫褐色。孢子长方椭圆形，至近梭形，淡锈色或更深，11～20μm×6～8.1μm。侧囊体带淡褐色，近纺锤形，63～76μm×12.7～18μm。

图 1390

生态习性　夏秋季在云杉、冷杉等针叶林地上散生或单生。并形成外生菌根。

分　布　分布于吉林、江苏、云南、四川、西藏等地。

应用情况　菌肉厚，味道较好，可食用。云南产区群众采集食用。

1391　红管粉牛肝菌

拉丁学名　***Pulveroboletus amarellus*** (Quél.) Bat.

形态特征　子实体较小。菌盖直径3～6cm，半球形至扁平，浅黄白褐至赭褐色，向盖缘呈粉红色，边缘内卷，表面细绒毛状。菌肉白色，厚。菌管面及管孔均呈粉红色、浅玫瑰红色，老后变暗红色，菌管层近弯生。菌柄粗壮，长3～4.5cm，粗1～2.3cm，圆柱形或基部膨大近纺锤状，中部粉红色或淡玫瑰红色，其下部白色又带柠檬黄色，实心。担子4小梗。孢子浅黄色，光滑，椭圆形，10～13.5μm×4.5～5.5μm。管侧囊体梭形。

图 1391

生态习性　夏秋季于阔叶及松林等地上单生或群生。属树木外生菌根菌。

分　　布　分布于云南、四川等地。

应用情况　有认为可食用或不宜食用。

1392　黄疸粉末牛肝菌

别　　名　黄粉牛肝菌、黄疸粉牛肝菌

拉丁学名　*Pulveroboletus icterinus* (Pat. et Bak.) Watling

图 1392

形态特征　菌盖宽 2.5～5cm，凸镜形至扁凸镜形，干，覆有一层厚的硫黄色粉末，菌幕从盖缘延伸一直将整个菌柄包裹，破裂后残余物挂在菌盖边缘。菌肉翻处厚约 5～8mm，黄白色，伤时变为浅蓝色，有一股硫黄气味。菌管表面橙黄色至红黄色，伤时变青绿色至蓝褐色或蓝绿色，角形，与菌柄成短延生或弯生，菌管长 2～10mm，不易剥离。菌柄中生至偏生，长 5～7cm，粗 6～10mm，圆柱形，直至微弯曲，上粗下细，鲜黄色，伤时变灰蓝色至蓝色，上覆有硫黄色粉末，初实心，后为空心。残留菌环位于柄上位，黄色，单环，易脱落，不活动。孢子椭圆形至广椭圆形，光滑，浅黄色，内含 1 个油球，8～9.5μm×3.5～5.5μm。

生态习性　生于混交林中地上。

分　　布　分布于陕西、安徽、江苏、福建、河南、四川、贵州、云南、广东、广西、海南等地。

应用情况　可药用。制成"舒筋丸"可治腰腿疼痛、手足麻木、筋络不疏、四肢抽搐。子实体表面上的黄色粉末可用于止外伤出血，有毒。

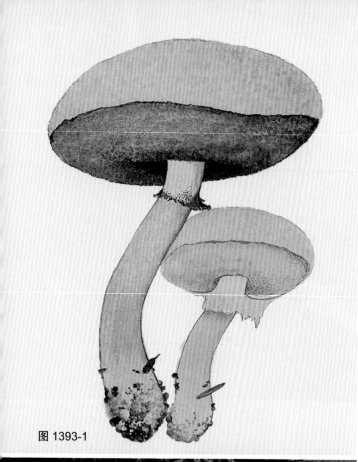

图 1393-1

图 1393-2

1393 黄粉牛肝菌

别　　名	黄粉末牛肝菌、拉氏黄粉牛肝、黄 犊菌
拉丁学名	***Pulveroboletus ravenelii*** (Berk. et M. A. Curtis) Murrill
曾用学名	*Boletus ravenelii* Berk. et M. A. Curtis
英文名	Powdery Sulfur Boletus, Veiled Sulfur Bolete

形态特征　子实体较小，受伤处变蓝色。菌盖直径 4～6.5cm，覆有柠檬黄色的粉末，湿时稍黏。菌肉白色至带黄色。菌管层浅黄至暗青褐色，管口多角形，每毫米约 2 个。菌柄近圆柱形，常弯曲，长 6～7cm，粗 1～1.5cm，内部实心。菌环膜质。孢子带褐色，椭圆形至长椭圆形，8～14.5μm×6～6.2μm。管侧囊体近纺锤状，45～70μm×10～15μm。

生态习性　夏秋季于马尾松等林中地上单生或群生。为树木的外生菌根菌。

分　　布　分布于云南、四川、广东、广西、江苏、安徽、湖南、湖北、贵州等地。

应用情况　有毒，误食后主要引起头晕、恶心、呕吐等胃肠道病症，药用时需要注意。此菌是"舒筋丸"成分之一，治疗腰腿疼痛、手足麻木、筋络不疏。民间还将盖表粉末用于外伤止血。

1394 灰褐牛肝菌

别　　名	牛肝菌、羊肚菌、浅灰色牛肝菌、 灰网柄牛肝菌
拉丁学名	***Retiboletus griseus*** (Frost) Manfr. Binder et Bresinsky
曾用学名	*Boletus griseus* Frost
英文名	Gray-cap Boletus

形态特征　子实体中等大。菌盖直径 4.5～13cm，半球形后平展，淡灰褐色、灰褐色或褐色，有时带暗绿褐色，具绒毛，光滑，有时龟裂，干

394-1

1394-2

图 1394-3

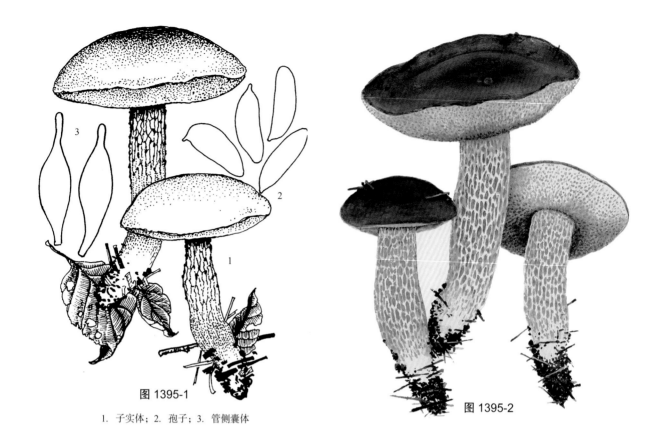

图 1395-1

1. 子实体；2. 孢子；3. 管侧囊体

图 1395-2

时边缘略反卷。菌肉白色，伤处变色。菌管白色后呈米黄色，近离生或近弯生，在菌柄周围凹陷，管口圆形，每毫米 1～2 个。菌柄长 4～12cm，粗 1～2cm，上部色淡，逐渐变灰褐色或暗褐色，柱状，基部略尖细，有时膨大，内实，老后中空，被绒毛，有黑褐色到黑色的网纹。孢子微带黄色，长椭圆形，9～13μm×3.9～5.2μm。管侧囊体近纺锤形或顶端细长，26～38μm×8.7～12μm。

生态习性　夏秋季于松林地上群生或簇生。属松类树木外生菌根菌。

分　　布　分布于香港、云南、贵州、广西、广东、黑龙江、四川、福建、甘肃、西藏等地。

应用情况　可食用。在四川西昌市场多见。含氨基酸 17 种，其中必需氨基酸 7 种。

1395　网柄牛肝菌

别　　名　粗网柄牛肝菌、金黄牛肝菌、茶子菇

拉丁学名　*Retiboletus ornatipes* (Peck) Manfr. Binder

曾用学名　*Boletus ornatipes* Peck

英 文 名　Ornate-Stalked Bolete

形态特征　子实体中等。菌盖直径 3～8cm，扁半球形至近扁平，表面黏，黄褐色、暗褐黄色，边缘有时色浅。菌肉污黄白色，细嫩，厚，伤处色变暗黄色，或变色不明显。菌管直生或稍延生，黄色至暗黄色，管口小圆形至角形，管孔与管口同色，伤后色变暗。菌柄近柱形，长 5～10cm，粗

0.5～2.5cm，较盖色浅或同色，靠近基部色浅呈黄色，表面有隆起的明显纲纹，基部有白色至橙黄色菌丝。孢子光滑，带黄色，椭圆状纺锤形，11～13.5μm×3.5～5μm。管侧囊体近梭形或纺锤形，顶端尖，40～56μm×5～8μm。

生态习性 夏秋季在阔叶林中地上群生或单生。属外生菌根菌。

分　　布 分布于广东、广西、四川、江苏、安徽、云南等地。

应用情况 可食用，但味苦或有难闻气味。

图 1397-1

1396　粉网柄牛肝菌

别　　名 网柄粉末牛肝菌、黄网柄粉牛肝菌
拉丁学名 *Retiboletus retipes* (Berk. et M. A. Curtis) Manfr. Binder
曾用学名 *Pulveroboletus retipes* (Berk. et M. A. Curtis) Singer
英 文 名 Reticulate Stalk Bolete

形态特征 子实体中等大。菌盖直径 3.5～9.5cm，扁半球形，黄色或黄褐色，表面近光滑。菌柄长 5～9.8cm，粗 1～2.3cm，近圆柱形，黄色或柠檬黄色，等粗或基部稍细，上部或全部有网纹，内实，被淡黄色粉末。孢子印淡褐色至褐色。孢子淡黄色或带褐色，平滑，近椭圆形至近纺锤形，10～14.5μm×4～4.5μm。管侧囊体无色至带黄褐色，但顶端多无色，近棒状或近纺锤形，26～35μm×8.7～10.4μm。

生态习性 夏秋季于林中地上单生或群生。属树木外生菌根菌。

分　　布 分布于江苏、安徽、广西、四川、云南等地。

应用情况 可食用。

1397　玉红牛肝菌

别　　名 锈盖粉孢牛肝菌、锈褐粉孢牛肝菌
拉丁学名 *Rubinoboletus ballouii* (Peck) Heinem. et Rammeloo
曾用学名 *Tylopilus ballouii* (Peck) Singer
英 文 名 Burnt-orange Bolete

形态特征 子实体较小或较大。菌盖直径 4～10cm，可达 15cm，半球形至扁半球形，后期近平

图 1397-2

图 1398-1

图 1398-3

展，土黄色或黄褐红色，表面近平滑或粗糙，湿时黏，边缘呈波状。菌肉白色，近表皮下带黄色，伤处微变暗色，较厚，味带苦。菌管污粉白色，后变浅褐黄色且带粉红色，菌管层直生至稍延生，管口直径 0.05～0.1cm，多角形，伤处色变污褐色。菌柄长 3～8cm，粗 1～3cm，近圆形，浅土黄或橙黄色，部分带红色，中部稍粗或向下渐细，表面平滑，靠上部色浅有网纹，基部色浅至白色，内部实心。孢子印浅土黄色。孢子近卵圆或宽椭圆形，7～8.9μm×3.5～4.5μm。管缘囊体近梭形或纺锤形。

生态习性 夏秋季于针阔叶混交林地上散生或群生。属外生菌根菌。

分　　布 分布于广东、广西、云南、四川、安徽、江苏、福建、香港等地。

应用情况 可食用。在云南见于市场销售。

1398　混淆松塔牛肝菌

别　　名 角鳞松塔牛肝菌

拉丁学名 *Strobilomyces confusus* Singer

英 文 名 Confused Pine Bolete, Old Man of the Woods, Sharpscaly Strobilomyces

形态特征 子实体小或中等大。菌盖直径 3～9.5cm，扁半球形，老后中部平展，茶褐色至黑色，具小块贴生鳞片，中部鳞片较密且直立而较尖。菌肉白色，受伤后变红色。菌管长 0.4～1.8cm，灰白色至灰色变为浅黑色，直生至稍延生，在菌柄四周稍凹陷，管口多角形。菌柄长 4.2～7.8cm，粗 1～2cm，内实，向下渐细，罕等粗，白色，受伤时变红色，后变黑灰色，在菌环以上具网纹。菌幕薄，脱落后呈片状残留于盖边缘。孢子污褐色，椭圆形至近球形，具小刺至鸡冠状凸起或具片段不完整网纹，10.5～12.5μm×9.7～10.2μm。褶侧囊体棒状至近梭形，32～61μm×7.5～26μm。

生态习性 于林中地上单生或散生。属外生菌根菌。

图 1399-1　　　　　　　　　　　　　　　　　　　　　　　图 1399-2

分　　布　分布于广东、广西、福建、四川、云南等地。
应用情况　可食用。

1399　松塔牛肝菌

别　　名　绒柄松塔牛肝菌、黑麻蛇菌、森林老人
拉丁学名　*Strobilomyces strobilaceus* (Scop.) Berk.
曾用学名　*Strobilomyces floccopus* (Vahl) P. Karst.
英 文 名　Old Man of the Woods

形态特征　子实体中等至较大。菌盖直径2～11.5cm，半球形、扁半球形至近平展，黑褐色、黑灰色或紫褐色，有粗糙的毡毛状鳞片或直立、反卷或角锥状鳞片，菌幕脱落残留在菌盖边缘。菌管污白色或灰色，渐变褐色或淡黑色，菌管层直生或稍延生，长1～1.5cm，管口多角形，每毫米0.6～1个孔，与菌管同色。菌柄长4.5～13.5cm，粗0.6～2cm，与菌盖同色，柱状或基部稍膨大，顶端有网棱，下部有鳞片和绒毛。孢子淡褐色至暗褐色，有网纹或棱纹，近球形或略呈椭圆形，

图 1400

8～12μm×7.8～10.4μm。侧囊体褐色，色淡，棒形具短尖，近瓶状，26～85μm×11～17μm。

生态习性　夏秋季于阔叶林或针阔叶混交林中地上单生或散生。与栗、松、栎形成外生菌根。

分　　布　分布于河南、河北、山东、江苏、安徽、浙江、湖南、湖北、云南、四川、贵州、广东、广西、海南、福建、西藏等地。

应用情况　可食用，但有朽木气味。其子实体的乙醇提取物，对小白鼠腹水癌和大白鼠吉田瘤均有抑制作用。

1400　酸味黏盖牛肝菌

别　　名　酸味乳牛肝菌

拉丁学名　*Suillus acidus* (Peck) Singer

形态特征　子实体小至中等。菌盖直径 3.5～10cm，半球形至扁半球形，有一层黏液，光滑，初期白色，很快变黄色至草黄色，老时浅粉褐色。菌肉浅黄白色，具酸味。菌管层柠檬黄色至赭黄色，菌管黄色，小。菌柄长 4～10cm，粗 0.5～1cm，近柱形，内实，初期近白色，后呈粉褐色或褐

图 1401

图 1402-1

图 1402-2

色，具有腺点。有菌环生柄上部。孢子印褐青色。孢子光滑，浅黄色至浅红褐色，近梭形，7.9～12μm×3.5～4.5μm。管缘囊体近柱状或棒状，黄褐色，25～60μm×4.5～8.4μm。

生态习性　夏秋季在松、杉等林地上成群生长。属外生菌根菌。

分　　布　分布于西藏、四川、辽宁等地。

应用情况　可食用。其味口感软嫩滑润。

1401　白柄黏盖牛肝菌

别　　名　白柄乳牛肝菌、白柄黏盖牛肝

拉丁学名　*Suillus albidipes* (Peck) Singer

英 文 名　White Stalked Suillus

形态特征　子实体较小。菌盖直径1.5～4cm，半球形，表面黏，白色，淡白色或带黄褐色，老后呈红褐色，幼时边缘有残留菌幕。菌肉白色，后渐变淡黄色。菌管直生或弯生，白色，管口小，近圆形，每毫米3～4个，有腺眼。柄长4～6cm，粗0.8～1.5cm，柱形，基部稍膨大，内实，初白色，后与菌盖同色，有腺眼。孢子印污肉桂色。孢子近无色，长椭圆形到圆柱形，6～9μm×3～3.2μm。管缘囊体与管侧囊体相同，无色到褐色，棒状或顶端稍细，丛生，32～55μm×5～10μm。

生态习性　夏秋季于松林中地上单生或群生。属外生菌根菌，与松等形成菌根。

分　　布　分布于辽宁、四川、广东等地。

应用情况　可食用。

1402　美洲黏盖牛肝菌

拉丁学名　*Suillus americanus* (Peck) Snell

形态特征　子实体小。菌盖直径2～6cm，扁半球形，污黄色至奶油黄色，中央有时有不明显的突起，近边缘常被有粉红色或红褐色毡状鳞片，菌盖边缘常有菌幕残余，但后期消失。菌肉淡黄色至米色，伤不变色。菌管黄色，成熟后污黄色至金黄色，伤后缓慢变淡褐色，孔口辐射状排列，与菌管同色。菌柄长4～7cm，直径0.3～1cm，圆柱形，淡黄色至米色，被红褐色至褐色点状鳞片，基部有白色至粉红色菌丝体。菌环上位，污白色至黄色，易消失。孢子8～10μm×3.5～4μm，近梭形，光滑，近无色至浅黄色。

生态习性　夏秋季生于山区松林中地上。

分　　布　分布于华中地区。

应用情况　幼时可食。

图 1403-1   图 1403-2

1403   紫红小牛肝菌

别　　名	紫红乳牛肝菌、紫红黏盖牛肝菌
拉丁学名	***Suillus asiaticus*** (Singer) Kretzer et T. D. Bruns
曾用学名	*Boletinus asiaticus* Singer

形态特征　子实体中等至较大，伤处变青蓝色。菌盖直径 3～13cm，扁半球形变近平展，紫红色或血红色，密被纤毛状平伏和近直立的鳞片，有时边缘稍翘起和附着菌幕，中部鳞片密而多直立。菌肉黄白色，稍厚。菌管黄色至褐黄色，近延生，孔口放射状。菌柄长 4～10cm，粗 0.8～1.5cm，柱形，菌环以上黄色有网纹，菌环以下同盖色，有小鳞片，实心，基部稍膨大。孢子印青褐色。孢子近纺锤状或长椭圆形，10～12.5μm×4.5～5.6μm。缘囊体 6.2～9μm×7.5～16μm。

生态习性　夏季至秋季于赤松等针叶林地苔藓或腐木桩附近单生或群生。属树木外生菌根菌。

分　　布　分布于吉林、山西、内蒙古、四川等地。

应用情况　可食用，一般采集后煮洗加工或晒干后食用。

图 1404

1404 黏盖牛肝菌

别　　名	乳牛肝菌、黏盖乳牛肝菌、黏团子、松蘑
拉丁学名	***Suillus bovinus*** (Pers.) Roussel
曾用学名	*Boletus bovinus* L.
英 文 名	Short-stemmed Slippery Jack, Cow Spunk, Jersey Cow Bolete

形态特征　子实体中等。菌盖直径3～10cm，半球形，后平展，边缘薄，初期内卷，后波状，土黄色、淡黄褐色，干后呈肉桂色，表面光滑，湿时很黏，干时有光泽。菌肉淡黄色。菌管延生，不与菌肉分离，淡黄褐色，管口复式，角形或常常放射状排列，常呈齿状，宽0.7～1.3mm。菌柄长2.5～7cm，粗0.5～1.2cm，近圆柱形，有时基部稍细，光滑，无腺点，上部比菌盖色浅，下部呈黄褐色。孢子印黄褐色。孢子淡黄色，平滑，长椭圆形、椭圆形，7.8～9.1μm×3～4.5μm。管缘囊体无色或淡黄色和淡褐色，簇生，15.6～26μm×5.2μm。

生态习性　夏秋季于针叶林中地上丛生或群生。与栎、松等形成外生菌根。

分　　布　分布于安徽、浙江、江西、福建、台湾、湖南、广东、四川、云南等地。

应用情况　可食用。试验抑肿瘤，对小白鼠肉瘤180及艾氏癌的抑制率分别为90%和100%。

图 1405　　　　　　　　　　　　　　　　　　　　　图 1406-1

1405　短柄黏盖牛肝菌

别　　名　短柄乳牛肝菌

拉丁学名　***Suillus brevipes*** (Peck) Kuntze

英 文 名　Short Stalked Suillus

形态特征　子实体一般较小。菌盖直径 4～6cm，半球形到扁半球形，后近平展，淡褐色或深褐色，表面光滑，黏。菌肉幼时白色，变淡黄，伤处不变色。菌管淡白色至黄白色，直生至延生，管口圆形，每毫米 1～2 个。菌柄长 2.5～3.5cm，粗 1～2cm，短粗，内实，淡黄白色，后变淡黄色，顶端有腺点。孢子印近肉桂色。孢子狭椭圆形、圆柱形，无色，7～8.7μm×3～3.5μm。管侧囊体棒状，无色到褐色，丛生，38～70μm×5～90μm。管缘囊体与管侧囊体相似。

生态习性　夏秋季于林中地上单生或群生。属树木外生菌根菌。

分　　布　分布于四川、云南、广东、香港、辽宁、西藏等地。

应用情况　可食用。

图 1406-2

1406 空柄黏盖牛肝菌

别　　名 空柄乳牛肝菌、空柄假牛肝菌、空柄小牛肝菌
拉丁学名 *Suillus cavipes* (Opat.) A. H. Sm. et Thiers
曾用学名 *Boletinus cavipes* (Opat.) Kalchbr.
英 文 名 Hollow Stalked Larch Suillus, Hollow Stem Tamarack Jack

---

形态特征 子实体中等至稍大。菌盖直径 4～11cm，扁半球形变平展，黄褐色或赤褐色，有绒毛并裂成鳞片状。菌肉淡黄色，后污黄土色，管口复式，角形，呈辐射状排列，口径 0.5～3mm。菌柄长5～8cm，粗 1～2cm，近圆柱形，基部稍膨大，下部中空，与菌盖略同色，有小鳞片，顶部有网纹。菌环易消失。孢子淡绿色，平滑，长椭圆形，7～10μm×3～4μm。侧囊体无色，顶端圆钝或尖细或弯曲，棒状，40～54μm×6～8μm。

生态习性 秋季于林中地上群生或丛生。与落叶松、白桦等树木形成外生菌根。

分　　布 分布广泛。

应用情况 可食用，味道较好。可药用治腰腿疼痛、手足麻木、筋络不适等。

图 1407-1

1407　褐黏盖牛肝菌

别　　名　褐乳牛肝菌
拉丁学名　*Suillus collinitus* (Fr.) Kuntze
曾用学名　*Suillus roseobasis* (J. Blum) Gröger

形态特征　子实体中等。菌盖直径 6～11cm，初期半球形至扁半球形，后期近平展，带暗玫瑰红又呈褐色、红褐色，表面平滑而黏。菌肉污白黄色带浅褐色，厚，伤处变紫蓝色，无明显气味。菌管凹生，管黄色至带褐红色，易于菌肉分离，伤处变紫蓝色，管口细小，圆形，每毫米 3～5 个，黄色。菌柄粗壮，长 4～10cm，粗 1～2cm，向基部渐粗，上部黄白色，下部带玫瑰红色至红褐色，实心，有纵条纹。孢子长椭圆形，光滑，青褐色，8～10μm×3.5～5μm。管侧囊体与管缘囊体相似，梭形，无色，40～55μm×8～10μm。

生态习性　夏秋季在松等针叶林中地上单生或群生。

分　　布　分布于四川等地。

应用情况　有人采集食用。但也有人怀疑有微毒。

1408　黄黏盖牛肝菌

别　　名　黄乳牛肝菌
拉丁学名　*Suillus flavidus* (Fr.) J. Presl

形态特征　子实体一般较小。菌盖直径3～6cm，
初期扁半球形，后期扁平且中部稍凸起，表面黄
色，黏，光滑。菌肉淡黄色，稍厚，伤后不变色。
菌管层直生或稍延生，蜜黄或橙黄色，菌管口较
大，角形，直径2mm左右。菌柄近圆柱形，黄白
至淡黄色，长3～6cm，粗0.5～1cm，顶部有细网
纹，布暗褐色腺点，内部松软至变空心，基部稍膨
大，其上部有易脱落的淡黄色膜质菌环。孢子浅黄

图 1408

色，光滑，不正形，椭圆形，8.9～13μm×3.3～5μm。管缘和管侧囊体，26～70μm×4.5～5.1μm。
生态习性　夏秋季在铁杉、云杉、冷杉、高山松等针叶林及混交林地上群生或散生。与松等针叶树
形成外生菌根。
分　　布　分布于黑龙江、陕西、四川、云南、西藏等地。
应用情况　可食用。

图 1409

1409　腺柄黏盖牛肝菌

别　　名　腺柄乳牛肝菌

拉丁学名　*Suillus glandulosipes* Thiers et A. H. Sm.

形态特征　子实体一般较小。菌盖直径 2～5cm，半球形或扁半球形至平展，浅黄色或污黄色，光滑，黏，边缘平滑。菌肉淡黄色，不伤变。菌管面橙黄色后期有暗色腺点，管孔近圆形，每毫米 3～4 个，菌管层稍延生。菌柄长 3～4cm，粗 0.5～0.7cm，圆柱形，同盖色，弯曲，实心，有黑色腺点。孢子浅黄色，光滑，椭圆形，6～7.8μm×3～3.8μm。管缘囊体色暗，丛生，长圆柱形或棍棒状，28～55μm×3～6.5μm。

生态习性　于针、阔叶林地上散生。

分　　布　分布于广东、辽宁、吉林、西藏、四川等地。

应用情况　可食用。

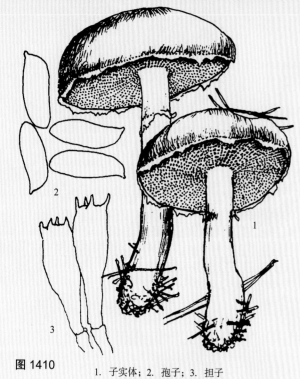

图 1410

1. 子实体；2. 孢子；3. 担子

1410　腺点黏盖牛肝菌

别　　名　腺点乳牛肝菌、黏柄褐孔小牛肝菌、腺褐小牛肝菌、腺点小牛肝菌、绒点褐孔牛肝菌

拉丁学名　*Suillus glandulosus* (Peck) Singer

曾用学名　*Fuscoboletinus glandulosus* (Peck) Pomerleau et A. H. Sm.; *Boletus glandulosus* Peck

---

形态特征　子实体小或中等。菌盖直径 3～8cm，扁平至近平展，浅橙褐色至棕红褐色，光面光滑，黏，边缘内卷，延伸且附菌幕残片，其下子实层不育。菌肉橙黄色，伤处不变色，中部较厚，无明显气味。菌管黄色至土黄色，伤处不变色，不易剥离，管口角形，每毫米 0.5～2 个，放射状排列，其上有黑色小腺点。菌柄圆柱形，长 4～5cm，粗 0.7～1cm，同盖色，表面有绒物而

图 1411-1

无腺点，内部实心。菌环常残留于盖边缘。孢子椭圆形，带浅黄色，7～9.5μm×2.8～3.5μm。管侧囊体褐色，群生，细棒状，85～130μm×70～90μm。

生态习性 春至秋季在松、云杉等林中地上群生或丛生。

分　　布 分布于云南、广东等地。

应用情况 可食用。

图 1411-2

1411　点柄黏盖牛肝菌

别　　名 点柄乳牛肝菌、黏团子、松蘑、栗壳牛肝菌
拉丁学名 ***Suillus granulatus*** (L.) Roussel
英 文 名 Dotty Slippery Jack, Granulated Boletus, Dotted Stalk Suillus

形态特征 子实体中等大。菌盖直径 5.2～10cm，扁半球形或近扁平，淡黄色或黄褐色，很黏，干后有光泽。菌肉淡黄色。菌管直生或稍延生，菌管角形。菌柄长 3～10cm，粗 0.8～1.6cm，淡黄褐色，顶端偶有约 1cm 长的网纹，菌柄一半或全部有暗色腺体和腺点。孢子无色到淡黄色，长椭圆形，6.5～9.1μm×2.6～3.9μm。管缘囊体成束，淡黄色到黄褐色，多呈棒状。

生态习性 夏秋季于松林及混交林地上散生、群生或丛生。与多种树木形成外生菌根。

分　　布 分布于河北、山东、江苏、辽宁、吉林、黑龙江、安徽、浙江、香港、台湾、河南、广东、广西、贵州、四川、云南、陕西、甘肃、西藏、福建等地。

应用情况 可食用，但有记载会产生胃肠道中毒反应。可药用。治疗大骨节病。抑肿瘤，对小白鼠肉瘤 180 及艾氏癌的抑制率分别为 80% 和 70%。

图 1411-3

1412　厚环黏盖牛肝菌

别　　名 厚环乳牛肝菌、黏团子、松蘑、雅致乳牛肝菌、台蘑
拉丁学名 ***Suillus grevillei*** (Klotzsch) Singer
曾用学名 *Suillus elegans* (Fr.) Snell
英 文 名 Larch Bolete, Tamarack Jack, Larch Suillus

形态特征 子实体中等大。菌盖直径 4～10cm，扁半球形，中

图 1411-4

图 1412-1

图 1412-2

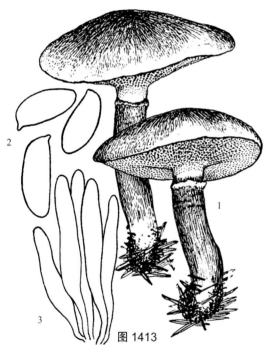

图 1413

1. 子实体；2. 孢子；3. 管缘与管侧囊体

央凸或平，赤褐色到栗褐色，光滑，黏，有时边缘有菌幕残片附着。菌肉淡黄色。菌管色淡，变淡灰黄色或淡褐黄色，伤变淡紫红色或带褐色，直生至近延生，管口较小，角形，部分复式，每毫米 1~2 个。菌柄长 4~10cm，粗 0.7~2.3cm，近柱形，上下略等粗或基部稍细，无腺点，顶端稍有网纹。菌环明显厚而大。孢子印黄褐色至栗褐色。孢子带橄榄黄色，平滑，椭圆形或近纺锤形，8.7~10.4μm×3.5~4.2μm。管缘与管侧囊体无色至淡褐色，散生至簇生，多呈棒状。

生态习性 秋季于松林中地上单生、群生或丛生。与多种树木形成外生菌根。

分　布 分布于黑龙江、吉林、辽宁、河北、云南、台湾等地。

应用情况 可食用。产生胆碱和腐胺等生物碱。治疗腰腿疼痛、手足麻木。抑肿瘤，对小白鼠肉瘤 180 及艾氏癌的抑制率均为 60%。

1413　淡褐黏盖牛肝菌

别　　名 淡褐乳牛肝菌、淡褐孔小牛肝菌、灰褐小牛肝菌、淡灰小牛肝菌、淡灰假牛肝

拉丁学名 *Suillus grisellus* (Peck) Kretzer et T. D. Bruns

曾用学名 *Fuscoboletinus grisellus* (Peck) Pomerleau et A. H. Sm.; *Boletinus grisellus* Peck

形态特征 子实体中等大。菌盖宽 3~8cm，中央凸起，后渐平展，表面黏，有不明显的紧贴

图 1414

的纤毛，淡灰色或淡黄灰色，边缘内卷，有菌幕残片。菌肉较厚，白色至微橄榄色。菌管直生至延生，淡灰色，后变褐色。管口放射状，复式，管壁厚。柄长 3～8cm，粗 0.5～1.5cm，柱形，顶端有时有网纹，下部渐粗，基部稍膨大，污白色至灰白色，后变污褐色，在柄上稀有菌环但多破裂，留有残片或消失。孢子印灰褐色。孢子长椭圆形或椭圆形，平滑，淡褐色至褐色，10.4～13μm×4.2～5.2μm。侧囊体无色至褐色，棒状至柱形，簇生，40～70μm×5～8μm。管缘囊体与侧囊体同。

生态习性　夏秋季于落叶松等林中地上单生或群生。并形成外生菌根。

分　　布　分布于黑龙江、吉林、内蒙古、山西等地。

应用情况　可食用。

1414　昆明黏盖牛肝菌

别　　名　昆明小牛肝菌、昆明乳牛肝菌

拉丁学名　*Suillus kunmingensis* (W. F. Chiu) Q. B. Wang et Y. J. Yao

曾用学名　*Boletinus kunmingensis* W. F. Chiu

形态特征　子实体较小。菌盖直径 3～5cm，初期半球形，渐变为扁半球形至稍平展，开始钡黄色，老熟时土红褐色，湿润时非常黏，光滑，盖边缘波浪状。菌肉淡黄色，盖部肉色更淡。菌管长 3～4mm，稍延生，松黄色或淡黄色，管口大，六角形，辐射状排列，上面有小颗粒状物。菌柄钡黄色，圆柱形或向下渐细，长 3～4cm，粗 5～7mm，被黑色小粒点，内部实心。孢子椭圆形，微带橄榄色，9～11μm×4～5μm，多数为 10μm×5μm。

生态习性　生于林中地上。为外生菌根菌。

分　　布　分布于四川、云南昆明等地。

应用情况　据记载可食用。含多糖，具抗癌活性。

图 1415-1

图 1415-2

1415 褐环黏盖牛肝菌

别　　名　褐环乳牛肝菌、黏团子、黄浮牛肝菌、松蘑、土色牛肝菌
拉丁学名　*Suillus luteus* (L.) Roussel
曾用学名　*Suillus luteus* (L.) Gray
英 文 名　Slippery Jack, Yellow Brown

形态特征　子实体中等。菌盖直径 3～10cm，扁半球形或凸形至扁平，淡褐色、黄褐色、红褐色或深肉桂色，光滑，很黏。菌肉淡白色或稍黄，伤后不变色，厚或较薄。菌管米黄色或芥黄色，直生或稍延生，或凹生，管口角形，每毫米 2～3 个，有腺点。菌柄长 3～8cm，粗 1～2.5cm，近柱形或基部稍膨大，蜡黄色或淡褐色，有散生小腺点，顶端有网纹。菌环在菌柄之上部，薄膜质，常落孢子，后呈褐色。孢子近纺锤形，平滑带黄色，7～10μm×3～3.5μm。管缘囊体无色到淡褐色，棒状，丛生。

生态习性　夏秋季于松林或混交林中地上单生或群生。与树木形成外生菌根。

分　　布　非常广泛，分布于河北、辽宁、吉林、黑龙江、湖南、四川、云南、广东、陕西、西藏等地。中国北方分布广，野生量大。

应用情况　可食用，但会产生腹泻等胃肠道中毒反应。一般晒干后或新鲜时煮洗清除表面黏滑物，加工食用。药用治疗大骨节病。抑肿瘤，对小白鼠肉瘤 180 及艾氏癌的抑制率分别为 90% 和 80%。

图 1415-4

图 1415-3

图 1416

图 1417

1416　虎皮黏盖牛肝菌

别　　名　虎皮乳牛肝菌、虎皮黏牛肝菌、虎皮小牛肝菌、虎皮假牛肝菌、虎皮牛肝菌
拉丁学名　*Suillus pictus* (Peck) A. H. Sm. et Thiers
曾用学名　*Boletinus pictus* (Peck) Lj. N. Vassiljeva
英 文 名　Painted Suillus, Painted Cyathus

形态特征　子实体小。菌盖宽 3～7.8cm，扁半球形，淡黄褐色，具土红褐色绒毛状鳞片，边缘有悬垂着的菌幕残片。菌肉淡土黄色，伤后微变红。菌管延生，黄褐色，辐射状排列，管口复式，角形，宽 1～1.5mm。柄长 3～6cm，粗 1～2cm，土褐色，粗糙，内实，柄之上部有残存菌环，并有网纹。孢子长椭圆形，平滑，无色到淡黄色，7.8～10.4μm×3～4μm，有时似有 1～2 个油滴。囊状体棒状，顶端钝或稍尖，有时弯曲，无色到淡褐色或褐色。
生态习性　夏秋季在林中地上散生到群生。属树木的外生菌根菌。
分　　布　分布于黑龙江、吉林、江苏等地。
应用情况　可慎食用，味较好。抑肿瘤，对小白鼠肉瘤 180 和艾氏癌的抑制率分别为 100% 和 90%。

1417　松林黏盖牛肝菌

别　　名　松林乳牛肝菌、松林小牛肝菌、松林假牛肝
拉丁学名　*Suillus pinetorum* (W. F. Chiu) H. Engel et Klofac

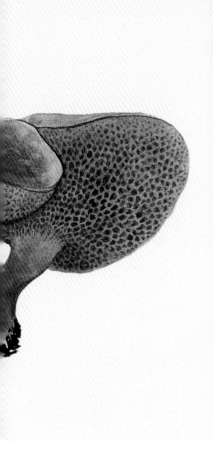

图 1418-1

曾用学名　*Boletinus pinetorum* (W. F. Chiu) Teng
英 文 名　Pine woods Bolete

形态特征　子实体小至中等。菌盖直径 4～10cm，扁半球形至近平展，肉桂色，边缘色浅，呈淡黄褐色，表面光滑，很黏。菌肉白色，近表皮处粉红色。菌柄近柱形，长 3～7cm，粗 4～10mm，近似盖色且上部浅黄色，实心。菌管蜜黄色，稍延生，辐射状排列，管孔复式，管口蜜黄色，多角形，直径 1～1.5mm，往往口缘有褐色小腺点。孢子黄色，光滑，椭圆形，7～10μm×3.5～4μm。
生态习性　夏秋季于松林中群生。与马尾松、高山松、云南松、落叶松形成外生菌根。
分　　布　分布于吉林、福建、湖南、贵州、四川、安徽、云南、西藏等地。
应用情况　可食用，有记载食后会引起轻度中毒，采食或药用时注意。

1418　黄白黏盖牛肝菌

别　　名　滑肚子、黄白乳牛肝菌、琥珀黏盖牛肝菌、黄黏盖牛肝菌、琥珀乳、白黄乳牛肝菌
拉丁学名　**Suillus placidus** (Bonord.) Singer
曾用学名　*Boletus placidus* Bonord.
英 文 名　White Suillus, Amber-colored Bolete

形态特征　子实体中等。菌盖直径 6～9cm，扁半球形后近平展，幼时白黄至鹅毛黄色，老后变污黄褐色，湿时很黏滑，干后有光泽。菌肉白色至黄白色，受伤处不变色。菌管直生至延生，管口

图 1418-2

图 1418-3

图 1418-4

黄色至污黄色，呈角形，每毫米 1～2 个孔，菌管放射状排列。菌柄长 3～5cm，粗 0.7～1.4cm，近圆柱形，实心，菌柄散布乳白至淡黄色小腺点，后变黑褐色小点。孢子印青褐色。孢子光滑，含大油滴，长椭圆形，7.5～11μm×3.5～4.5μm。管缘囊体淡黄色至暗褐色，丛生，长棒形至圆柱形。

生态习性　夏秋季于松林和青冈林中地上群生或丛生。是树木的外生菌根菌。

分　布　分布于四川、云南、广东、广西、河北、河南、吉林、辽宁、黑龙江、内蒙古、香港、西藏、青海等地。

应用情况　可食用，但食后往往引起腹泻。也有经浸泡、煮沸、淘洗后加工食用。

1419　暗黄黏盖牛肝菌

别　　名　暗黄乳牛肝菌
拉丁学名　**Suillus plorans** (Rolland) Kuntze

形态特征　子实体一般中等。菌盖直径4～13cm，半球形至扁平，黄色至橘黄褐色，表面干，边缘平展或波状，有平伏隐纤毛状条纹。菌肉黄色。菌管层直生或离生，黄色至青黄褐色。菌柄长5～10cm，粗1.5～2cm，圆柱形，黄色至黄褐色，具褐色疣，实心。孢子无色或浅褐色，光滑，椭圆形，7.5～10μm×3.6～4.5μm。管缘囊体近丛生，棒状。

生态习性　夏秋季于松等林地上单生或群生。属外生菌根菌。

分　　布　分布于宁夏、内蒙古等地。
应用情况　可食用。

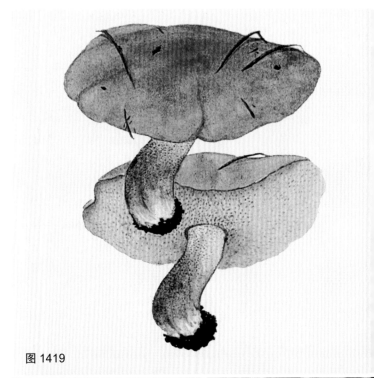

图 1419

1420　污黄黏盖牛肝菌

别　　名　污黄乳牛肝菌、西伯利亚乳牛肝菌
拉丁学名　**Suillus sibiricus** (Singer) Singer
英文名　Siberian Slippery Jack, Sibirica Suillus

形态特征　子实体一般中等。菌盖直径3～10cm，扁半球形至近扁平，黄色，黏至胶黏，污淡橄榄色至鲜黄色，有褐红色斑点，被贴生肉桂褐鳞片，边缘有黄白色菌膜残片。菌肉浅黄色，伤变褐色。菌管黄色，近离生，孔口较大。菌柄长5～7cm，粗0.5～1.2cm，柱形，污白黄色，全部被深色腺点，实心，稍弯曲，菌柄上部污赭黄色，基部伤处往往变褐红色。菌环生菌柄上部，膜质。孢子浅黄色，光滑，椭圆形，8～11μm×4～5μm。

生态习性　夏季生针叶林中地上。属树木外生菌根菌。

分　　布　分布于黑龙江、吉林、山西、内蒙古、西藏等地。

应用情况　可食用。

图 1420

图 1421-1

图 1422-1

1421　美色黏盖牛肝菌

1. 子实体；2. 孢子

图 1421-2

| 别　　名 | 美色乳牛肝菌、美观小牛肝菌、美丽小牛肝菌 |

别　　名　美色乳牛肝菌、美观小牛肝菌、美丽小牛肝菌

拉丁学名　*Suillus spectabilis* (Peck) Pomerleau et A. H. Sm.

曾用学名　*Boletus spectabilis* Peck; *Boletinus spectabilis* Peck; *Fuscoboletinus spectabilis* (Peck) Pomerleau et A. H. Sm.

形态特征　子实体中等大。菌盖直径 4～10cm，初期扁半球形，后近平展，表面黏，红色带灰色，具平伏鳞片。菌肉浅黄色，污粉渐变褐色，有香气味。菌管口约 1mm 或更大，黄色，放射状。菌柄长 4～10cm，粗 1～1.5cm，下部红色带灰色，有黑褐胶黏环点。菌环红色，绵毛状。孢子印褐色。孢子椭圆形，光滑，9～13μm×5～6.5μm。

生态习性　生于针叶林地上。属外生菌根菌。

分　　布　分布于吉林等地。

图 1422-2

应用情况　可食用，有香气味。

1422　红鳞黏盖牛肝菌

拉丁学名　*Suillus spraguei* (Berk. et M. A. Curtis) Kuntze

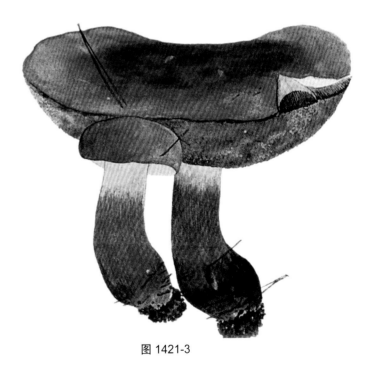

图 1421-3

形态特征　子实体一般较小，有时中等。菌盖直径 4.5～9.5cm，半球形至扁半球形，暗红色或带紫红色，可褪至褐红色，密被纤毛及绒毛状鳞片，湿时黏。菌肉伤处变色。菌管面黄色，管状放射状复孔。菌柄长 3.5～7cm，粗 0.8～1.1cm，圆柱形，稍弯曲，被红色纤毛至绒毛状鳞片，伤处变青。孢子长椭圆形，8～12μm×3～5μm。

生态习性　夏秋季生松林地上。

分　　布　分布于山西、吉林、内蒙古等地。

应用情况　味带苦，经煮洗浸泡加工后食用。

图1423

1423 亚金黄黏盖牛肝菌

别　　名 黄黏盖牛肝、亚金黄乳牛肝菌

拉丁学名 *Suillus subaureus* (Peck) Snell

英 文 名 Yellow Suillus

形态特征 子实体中等或较大。菌盖直径4～10cm，可达14cm，扁半球形后平展，亮黄色，光滑，湿时很黏。菌肉淡黄色，受伤时不变色。菌管米黄色，干后变暗色，直生至延生，管口同色，有腺点，角形，复式，宽0.6～1.5mm。菌柄长4～8cm，粗0.5～1.5cm，全部有腺点干后变黑色，上下略等粗，下部稍膨大。孢子印褐锈色。孢子无色至带黄色，长椭圆形至近纺锤形，7～10.5μm×3.5～4μm。管缘囊体无色，顶端圆钝，多呈棒形，28～43μm×5～9μm。

生态习性 夏秋季于针叶林、混交林地上散生到群生。属外生菌根菌。

分　　布 分布于辽宁、四川、吉林等地。

应用情况 可食用。辽宁、吉林地区曾大量收集上市销售。

1424　亚褐环黏盖牛肝菌

别　　名　亚褐环乳牛肝菌
拉丁学名　*Suillus subluteus* (Peck) Snell
英 文 名　Slippery Jill

形态特征　子实体小或中等。菌盖直径 2.5～6cm，半球形至扁平，污黄色至黄色或土黄色，湿时很黏。菌肉淡白色至淡黄色。菌管黄色或淡黄褐色，近延生，管口复式，有腺点，有时近辐射状排列，每毫米 1.5～2 个。菌柄长 4～8cm，粗 0.9～1.2cm，柱形或下部稍粗，白色或淡黄褐色，上部或全部有腺点，内实或稍空。菌环膜质，生菌柄之上部。孢子印锈褐色至黄褐色。孢子带淡黄色，长椭圆形或椭圆形，7～10.4μm×3～4μm。管缘囊体无色至淡褐色，顶端钝，棒状或圆柱形。

生态习性　秋季于杂木林中地上单生或散生。为树木的外生菌根菌。

分　　布　分布于河北、四川、云南、辽宁、西藏等地。

应用情况　可食用。一般野生量大，可收集晒干上市销售。

图 1425　　　　　　　　　　　　　　　　　　　　　　　　　　　　　　图 1426

1425　绒黏盖牛肝菌

别　　名　绒乳牛肝菌、绒毛乳牛肝
拉丁学名　**Suillus tomentosus** (Kauffman) Singer
英 文 名　Tomentose Suillus, Velvet Suillus

形态特征　子实体小至中等。菌盖直径 3～10cm，初期扁半球形，至扁平，后期近平展，有时边缘上翘，浅黄色至橙黄色，湿时黏，被绵毛状小鳞片，鳞片呈斑点状，褐色至红褐色。菌肉黄白色，稍厚，伤处渐变青蓝色，柄基部菌肉带粉色。菌管在柄部变生，绿黄色至黄褐色，管口小呈角形，后期呈暗褐至暗棕褐色，伤变青蓝色。菌柄长 4～10cm，粗 1～1.8cm，近圆柱形，稍弯曲或基部稍膨大，表面密被暗色腺点，上部黄色，下部近似盖色，内部实心。孢子椭圆状纺锤形，或近纺锤形，光滑，带黄色，8～9.5μm×3～4μm。管缘、管侧囊体呈棒状，褐色，30～65μm×5～11μm。
生态习性　夏秋季在松林等混交林地上散生，群生。属外生菌根菌。
分　　布　分布于广东、香港等地。
应用情况　可食用。

1426　斑黏盖牛肝菌

别　　名　斑乳牛肝菌
拉丁学名　**Suillus variegatus** (Sw.) Kuntze
英 文 名　Variegated Bolete

形态特征　子实体中等或较大。菌盖直径 6～13cm，扁半球形至扁平，边缘内卷，似有绒毛，赭

图 1427-1　　　　　　图 1427-2

褐色或青褐色斑片。菌肉白黄色，较厚。菌管竹黄色，孔口角形，黄色。菌柄长 4～10cm，粗 1～2.5cm，柱形，具细绒毛，基部稍粗，内实。孢子长椭圆形，7.5～10μm×3～4μm。有柱形囊体。

生态习性　生松林地上。属树木外生菌根菌。

分　　布　分布于陕西等地。

应用情况　可食用。

1427　灰环黏盖牛肝菌

别　　名　灰黏盖牛肝菌、灰乳牛肝菌、铜绿乳牛肝菌、变绿褐孔小牛肝菌

拉丁学名　*Suillus viscidus* (L.) Fr.

曾用学名　*Suillus aeruginascens* Secr. ex Snell; *Suillus laricinus* (Berk.) Kuntze; *Fuscoboletinus aeruginascens* (Secr.) Pomerleau et Smith; *Boletus aeruginascens* Secr.

英文名　Grayish Larch Bolete, Sticky Bolete

形态特征　子实体中等。菌盖直径 3～10cm，半球形、扁半球形，后近平展，污白色、乳酪色、黄褐色或淡褐色，黏，常有细皱。菌肉淡白色至淡黄色，伤变色不明显或稍微变蓝色。菌管污白色或藕色，管口大，角形或略呈辐射状，复式，直生至近延生，伤处微变蓝色。柄长 3～10cm，粗 1～2cm，柱形或基部稍膨大，弯曲，与菌盖同色或呈淡白色，粗糙，顶端有网纹，内菌幕很薄，柄上部常有菌环残迹。孢子印灰褐色。孢子椭圆形、长椭圆形或近纺锤形，平滑，带淡黄色，9.1～11.7μm×4～5μm。囊状体无色到淡黄褐色，棒状，31～46μm×7～10μm。

生态习性　夏秋季在落叶松林中地上散生或群生。属树木外生菌根菌。

分　　布　分布于黑龙江、四川、吉林、香港、云南等地。

应用情况　可食用。抑肿瘤。

图 1428

图 1429

1428 黑盖粉孢牛肝菌

别　　名　黑牛肝
拉丁学名　***Tylopilus alboater*** (Schwein.) Murrill
英 文 名　Black Velvet Bolete

形态特征　子实体中等至较大。菌盖直径 3.5～12cm，扁半球形至平展，深灰色、暗青灰色或近黑色，具短绒毛。菌肉白色变淡粉紫色，最后近黑色。菌管白色后呈淡紫褐色，直生或稍延生，管口同色，每毫米 1～3 个。菌柄长 5.5～11cm，粗 1.5～3cm，近圆柱形，灰青色或近黑色，上部色较浅并具网纹或全部具网纹，下部稍膨大而色较深，内实。孢子印淡粉褐色。孢子无色或近无色，平滑，长圆形、椭圆形或宽椭圆形，7.8～11.7μm×4～5μm。管缘囊体淡褐色到褐色，较多，长颈瓶状，26～47μm×10～4μm。
生态习性　夏秋季于林中地上单生、群生或丛生。属树木外生菌根菌。
分　　布　分布于安徽、福建、四川、云南、广东、广西等地。
应用情况　可食用。

1429 白粉孢牛肝菌

别　　名　白粉牛肝菌
拉丁学名　***Tylopilus albofarinaceus*** (W. F. Chiu) F. L. Tai

图 1430-1

图 1430-2

图 1430-3

曾用学名 *Boletus albofarinaceus* W. F. Chiu

形态特征 子实体小。菌盖扁半球形，白色，不黏，直径5cm，表面被大量白色粉末。菌肉白色，纤维质，稍厚，柄基部的菌肉带黄色，不变色。菌管层高生，菌管长3mm，粉葡萄酒色，管口直径0.7～1mm，暗酒红色，单孔，角形。菌柄近圆柱形，长6～7cm，粗7～8mm，表面白色，基部略带黄色，粉状，有褐色纤丝状条纹，向下渐膨大，内部实心。孢子无色，椭圆形，光滑，11～14μm×5～7μm。

生态习性 生于林中地上。此菌又是树木的外生菌根菌。

分　　布 分布于云南等地。

应用情况 可食用。

1430　粉褐粉孢牛肝菌

拉丁学名 *Tylopilus chromupes* (Frost) A. H. Sm. et Thiers

形态特征 子实体一般中等大。菌盖直径3.5～10cm，扁球形或扁平，浅红褐色，近边缘粉红色，有细绒毛至近平滑，中部色深，湿时稍黏。菌肉白色，伤后色变暗。菌孔离生，管

图 1431-1

面粉红至鲑红色，老后带褐。菌柄 6～8.6cm，粗 0.8～1.5cm，顶部稍细，中上部密布玫瑰红色粉粒或纤毛或疣状物，向基部粉红色渐变浅，呈现姜黄色。孢子近纺锤状，11.5～14μm×4.5～5μm。

生态习性 夏秋季于林中地上单生或散生。

分　布 分布于香港等地。

应用情况 可食用。

1431　紫盖粉孢牛肝菌

拉丁学名 *Tylopilus eximius* (Peck) Singer
曾用学名 *Boletus eximius* Peck
英 文 名 Lilac-brown Bolete

形态特征 子实体中等或稍大。菌盖直径 2.5～12cm，半球形后平展，暗紫红或暗紫色，稍被绒毛或光滑。菌肉暗灰褐色。菌管弯生或近直生或凹生，管口近圆形，与菌管同色，每毫米 2～3 个。菌柄长 2～10cm，粗 1～3cm，紫灰色、紫灰褐色或深栗褐色，内实，具暗紫褐色小鳞片或粗糙的颗粒，上下略等粗。孢子印暗褐色。孢子带黄褐色，平滑，长椭圆形或近纺锤形，11.7～14μm×4～5μm。管缘囊体无色，棒状，顶端圆钝或稍尖。

生态习性 夏秋季多在针叶林中地上单生。

分　布 分布于四川、贵州、云南等地。

图 1432-1

图 1432-2

应用情况　可食用，产菌季节多见于云南市场。但日本记载食后会产生腹痛、胃痛、呕吐等反应。采食时注意。

1432　苦粉孢牛肝菌

别　　名　苦牛杆菌、老苦菌、闹马菌
拉丁学名　*Tylopilus felleus* (Bull.) P. Karst.
曾用学名　*Tylopilus felleus* var. *minor* (Coker et Beers) Pat. et Dermek
英 文 名　Bitter Bolete

形态特征　子实体较大。菌盖直径3～15cm，扁半球形后平展，豆沙色、浅褐色、朽叶色或灰紫褐色，具绒毛老后近光滑。菌肉白色，伤变不明显，味很苦。菌管层近凹生，管口之间不易分离。菌柄较粗壮，长3～10cm，粗1.5～2cm，基部略膨大，上部色浅，下部深褐色，有明显或不很明显的网纹，实心。孢子印肉粉色。孢子近无色或带肉色，平滑，长椭圆形或近纺锤形，8.7～11μm×3.8～4.5μm。管缘囊体淡黄色，近梭形或披针形，25～75μm×3.5～5μm。
生态习性　夏秋季于马尾松或混交林地上单生或群生。与松、栎等形成外生菌根菌。
分　　布　分布于云南、四川、贵州、广东、江苏、河北、吉林、安徽、福建等地。
应用情况　报道有毒，不能食用。食后有腹痛、腹泻、呕吐等胃肠道反应。试验可毒死兔子和海豚。但有记载可治肝病等。

图 1433
1. 子实体；2. 孢子；3. 管缘囊体

1433　褐粉孢牛肝菌

拉丁学名　***Tylopilus indecisus*** (Peck) Murrill
曾用学名　*Boletus indecisus* Peck
英 文 名　Bitter Bolete

形态特征　子实体中等至大型。菌盖直径 5～25cm，初半球形或扁半球形，后变至近扁平，浅红褐色到暗褐色，湿时黏。菌肉较厚，白色，过后带紫褐色。菌管层初期直生后呈凹生，开始近白色，很快变葡萄紫褐色或暗紫色，管孔较小，角形，同菌管色。菌柄长 4～10cm，粗 1～2.5cm，粗壮呈棒状至近柱形，污白至带褐色，表面有细小鳞片，内部实心，基部稍膨大。孢子平滑，近梭形，浅紫褐色，10～13.5μm×3～4μm。管缘囊体近棒状，30～52μm×10～18μm。

生态习性　生于林中地上，单生或散生。

分　布　分布于福建、广东、云南、贵州、安徽、四川、广东、西藏等地。

应用情况　有认为可食用。四川民间在食用前用盐水渍浸后加工食用。在野外采集食用时注意。

1434　黑牛肝菌

拉丁学名　***Tylopilus nigerrimus*** (R. Heim) Hongo et Endo
曾用学名　*Boletus nigerrimus* R. Heim

形态特征　子实体一般中等大。菌盖半圆形，中渐凸出，盖表面干，有绒毛，紫褐色、茶紫色，直径 6～10cm。菌肉黄色，伤后变色不明显。菌管贴生，下延，管口灰褐色、土褐色，管长 1～1.5cm，孔径 2～3mm。菌柄长 1.2～2cm，粗 0.7～1.2cm，棒状近等粗，有时中部较粗，呈纺锤形，基部较细，菌柄内实，有时中空，柄表柠檬黄色、紫黄色，有极明显的深紫褐色或紫黑色突出的网络。孢子长椭圆形、纺锤形，9～14.5μm×3～16μm。菌体干后变黑色，菌肉干后亦变成黑色。

生态习性　生于阔叶林下，尤多见于热带和亚热带林区。为树木的外生菌根菌。

分　布　分布于云南丽江、四川西昌及海南等地。

应用情况　云南产区群众采食。日本报道此种有致幻觉毒素。

1435 灰紫粉孢牛肝菌

拉丁学名 *Tylopilus plumbeoviolaceus* (Snell et E. A. Dick) Snell et E. A. Dick
英 文 名 Violet-gray Bolete

形态特征 子实体一般中等。菌盖直径 3～8cm，扁半球形至扁平，浅紫色到紫褐色，老后灰褐色带紫，不黏，边缘幼时内卷。菌肉白色，伤处不变色，致密，脆嫩，无特殊气味且味很苦。菌管面乳白色变粉色至淡粉紫色，管口小，近圆形，每毫米 2～3 个。菌柄长 6～8cm，粗 1～2.5cm，圆柱形，幼时粗壮且下部膨大，紫色或紫褐色，基部有白绒，顶部色浅无网纹或不明显，实心。孢子无色，光滑，近椭圆形，9.5～13μm×3～5μm。管侧囊体黄色，且顶端细长，棒状至近纺锤状，28～36μm×7～8μm。
生态习性 秋季于阔叶林中地上群生、近丛生、单生或散生。属树木外生菌根菌。
分 布 分布于云南、四川、贵州、福建等地。
应用情况 记载可食用，但味很苦，需淘洗、浸泡加工后食用。

图 1437

1436　斑褐粉孢牛肝菌

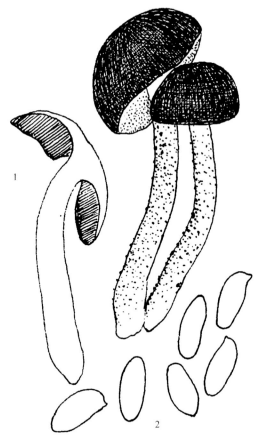

图 1436　1. 子实体；2. 孢子

别　　名　毡帽牛肝菌

拉丁学名　***Tylopilus punctata-fumosus*** (W. F. Chiu) F. L. Tai

形态特征　子实体小。菌盖半球形至扁半球形，渐变至稍扁平，直径 2～3.5cm，深土褐色，具有微细的茸毛。菌肉近白色，菌柄基部菌肉淡黄色，不变色。菌管层近直生，菌管长 7mm，白色，渐变为肉红色，管口直径不及 1mm，同菌管色，管孔单式角形。菌柄长 5～6cm，粗 7～8mm，帝黄色，近圆柱形，表面有褐色小点，向下渐增粗。孢子带棕色，椭圆形，光滑，9～11μm×5～6μm。

生态习性　生于树林地上。属树木外生菌根菌。

分　　布　分布于云南等地。

应用情况　据记载可食用。

1437　红盖粉孢牛肝菌

别　　名　小红帽牛肝菌

拉丁学名　***Tylopilus roseolus*** (W. F. Chiu) F. L. Tai

- - - - -

形态特征　子实体小。菌盖半球形至扁半球形，被微绒毛，深鲑橙色至淡褐红色，有时色非常淡，直径 2~3cm。菌肉淡黄色，稍厚。菌管层直生至近凹生，菌管长 3~5mm，肉红色，管口直径不及 1mm，同菌管色。菌柄长 4.5~7cm，粗 5~10cm，上部淡黄色，基部黄色，有时中部至基部带红色，有微毛。孢子淡橄榄色，椭圆形，光滑，9~14μm×5~6μm。

生态习性　夏秋季生于滇松等针叶树林地上。此菌可能与果松、滇松形成外生菌根。

分　　布　分布于云南等地。

应用情况　据记载可食用。裘维蕃教授首次发现于云南，是一种子实体小型的牛肝菌。

1438　垂边粉孢牛肝菌

拉丁学名　***Tylopilus velatus*** (Rostr.) F. L. Tai

- - - - -

形态特征　子实体较小。菌盖直径 1~3cm，半球形，咖啡色至栗壳褐色，有纵裂小鳞片，边缘表皮延伸而下垂。菌肉污白色，近盖表皮下常呈淡红色。菌管层离生，肉红色，菌管长 5mm，管口直径 0.5~1mm，近白色，单孔，多角形。菌柄长 4~8cm，粗 5~6mm，近圆柱形，上部带棕褐色、淡红

图 1439-1

色，下部土红褐色。孢子表面光滑，12～16μm×4～6μm。

生态习性　生油杉等林中地上。可能与油杉有菌根关系。

分　　布　分布于云南等地。

应用情况　记载可食用。

1439　绿盖粉孢牛肝菌

拉丁学名　*Tylopilus virens* (W. F. Chiu) Hongo
曾用学名　*Boletus virens* W. F. Chiu
英 文 名　Green Bolete

形态特征　子实体小至中等大。菌盖直径 2.5～8cm，半球形或扁半球形至近平展，暗绿色、暗草绿色或暗黄橘青色，老后深姜黄色至芥黄色，后期表皮龟裂常有黄橄榄色鳞片。菌肉淡黄色，伤不变色，稍厚。菌管浅刚果红色，长达 2mm，直生至离生，管口直径 1～3mm，可达 4mm，与菌管同色，近圆形。菌柄长 2～9cm，粗 7～20mm，淡青黄色或松黄色，并有黄橄榄色条纹，有时部分带红，基部带黄色或金黄色，内实。孢子淡橄榄色，光滑，椭圆形，11～14μm×5.5～6μm。管缘囊体几无色，纺锤形，16.5～38μm×5～9.5μm。

生态习性　夏秋季于林中地上单生或群生。可能同多种树木形成外生菌根。

分　　布　原发现于云南昆明，发现在台湾、四川、福建、广西等地有分布。另外在日本、朝鲜半岛亦有分布。

应用情况　可食用。但也有怀疑有毒，采集食用时注意。

439-2

图 1439-3

439-4

图 1439-5

图 1440

图 1441

1440　栗金孢牛肝菌

拉丁学名　*Xanthoconium affine* (Peck) Singer

形态特征　子实体较小或中等。菌盖直径 3～8cm，半球形至扁半球形，初期棕褐色，后呈暗褐色、褐色至浅黄褐色，湿时黏，平滑或有裂纹。菌肉白色，近表皮处黄色。菌管浅橙黄色至黄褐色，孔口较小。菌柄长 6～12cm，粗 0.8～1.2cm，圆柱形，黄褐色，有细粉末或条纹，顶部有细网纹，基部白色，实心。孢子纺锤状、椭圆形，30～65μm×9.5～10μm。管缘囊体稍小。管侧囊体近纺锤状，31～60μm×9.5～15μm。

生态习性　夏秋季于林中地上单生或散生。属树木外生菌根菌。

分　　布　分布于四川等地。

应用情况　可食用，但也记载有毒，甚至极毒。最好不要食用。

1441　血色小绒盖牛肝菌

别　　名　朱红牛肝菌、血红牛肝菌
拉丁学名　*Xerocomellus rubellus* (Krombh.) Šutara
曾用学名　*Boletus rubellus* Krombh.; *Xerocomus rubellus* (Krombh.) Quél.
英　文　名　Blood Red Bolete, Redcapped Bolete

形态特征　子实体中等大。菌盖直径 4～10cm，扁半球形至稍平展，血红色至紫褐红色，有细毛或有龟裂，初期盖缘内卷。菌肉白至带黄色，靠近表皮下带红色，伤处变蓝绿色，味柔和。菌管黄色，老后变暗，伤处变蓝绿色，直生或稍延生，管口角形或近圆形，直径 0.5～1mm。菌柄长 3～6cm，粗 0.6～1.6cm，近柱形，黄色，下部红褐色，基部稍膨大且黑褐色，顶部有网纹，内实。孢子印黄褐色。孢子淡黄色，平滑，长椭圆形，10.5～13μm×4～4.5μm。管侧囊体梭形，30～55μm×7～9.5μm。

生态习性　夏秋季于针阔叶混交林地上群生，有

时近丛生。属树木外生菌根菌。

分　　布　分布于吉林、辽宁、广东、四川、云南等地。

应用情况　可食用。抑肿瘤，据报道对小白鼠肉瘤 180 及艾氏癌的抑制率均为 80%。

1442　淡棕绒盖牛肝菌

拉丁学名　*Xerocomus alutaceus* (Morgan) E. A. Dick et Snell

形态特征　子实体较小。菌盖直径 3～6cm，扁半球形至近扁平，顶部稍凸起，粉黄红色、粉红或粉褐色，表面被细绒毛，干时边缘开裂。菌肉白色或带粉色，伤处不变色，较厚。菌管层黄绿色，近离生，菌管长 5～11mm，伤处不变色。菌柄长 5～8cm，粗 0.5～1cm，柱形，浅黄褐色，上部有网络，中下部光滑，黄褐色，内实。孢子淡黄色，光滑，椭圆形，9～12μm×4～4.5μm。侧生囊体柱状或近纺锤状，30～49μm×9～15μm。

生态习性　秋季于栎等林中地上单生。属树木外生菌根菌。

分　　布　分布于云南、四川等地。

应用情况　可食用。

图 1442

1443　肝褐绒盖牛肝菌

别　　名　肝褐牛肝菌、周氏牛肝菌
拉丁学名　*Xerocomus cheoi* (W. F. Chiu) F. L. Tai
曾用学名　*Boletus cheoi* W. F. Chiu

形态特征　子实体小。菌盖直径 1.5～5cm，半球形至扁平，中部略隆起，不黏，幼时肝褐色，后期玉桂红色，表面密被深褐色丝状鳞片。菌肉中部比较厚，污白色，受伤处变淡褐色或淡红色。菌管琥珀黄色或橙黄色，成熟后黄绿色，与菌柄直生至稍凹生，受伤处变蓝色，管长 0.4～1.2cm，与管面同色。菌柄近柱形，长 3～6cm，粗 0.3～0.7cm，常向上渐细，基部可膨大，顶部蜜绯色或棕土褐色，表面光滑，内部实心。孢子椭圆形，棕色，8～11μm×4～5μm。

生态习性　夏秋季常发生于油杉林地上。属外生菌根菌。

图 1443　　　1. 子实体；2. 孢子

图 1444

分　　布　　分布于云南的大理、昆明等地。

应用情况　　可食用。

1444　红牛肝菌

别　　名　　红绒盖牛肝菌

拉丁学名　***Xerocomus chrysenteron*** (Bull.) Quél.

曾用学名　*Boletus chrysenteron* Bull.

英 文 名　Red-cracked Bolete

形态特征　子实体中等大。菌盖直径 3.5～9cm，半球形，有时中部下凹，暗红色或红褐色，后呈污褐色或土黄色，干燥，被绒毛，常有细小龟裂。菌肉黄白色，伤变蓝色。菌管直生或在菌柄周围凹陷，管口角形，宽 1～2mm，管面不整齐。菌柄长 2～5cm，粗 0.8～1.5cm，圆柱形，基部稍粗，上部带黄色，其他部分有红色小点或近条纹，无网纹，内实。孢子印橄榄褐色。孢子带淡黄褐色，平滑，椭圆形或纺锤形，10.4～14.3μm×5～5.5μm。管侧囊体无色，顶端圆钝或稍尖，似纺锤形，38～42μm×6～10μm。

生态习性　夏秋季于林中地上散生或群生。属树木外生菌根菌。

分　　布　分布于河北、江苏、云南、贵州、甘肃、青海、广东、广西、吉林、辽宁、黑龙江、四川、香港、福建、安徽、陕西、湖南、湖北等地。

应用情况　可食用，味较好。含 17 种氨基酸，其中必需氨基酸 7 种。

1445　拟绒盖牛肝菌

拉丁学名　***Xerocomus illudens*** (Peck) Singer

形态特征　子实体中等大。菌盖直径 4～8cm，半球形、扁平或有时平展，暗褐色或淡黄褐色，有绒毛，干燥，老后近光滑。菌肉乳白色到带淡黄色，伤不变蓝色，致密。菌管乳黄色或土黄色，直生或延生，管口同色，角形或近圆形，通常宽 1mm 或大于 1mm，复式。菌柄长 4～10cm，粗 1～2cm，上下略等粗，网纹鼓起，似蜂巢状，有时几乎延伸至基部，土黄色，内实。孢子印橄榄色。孢子无色或微带黄褐色，平滑，椭圆形，稀近纺锤形，10.4～13μm×3.5～5.5μm。管侧囊体无色，多棒状，顶端钝圆或稍尖细，19～37μm×7～9μm。

生态习性　夏秋季于林中地上单生。并形成外生菌根。

分　　布　分布于四川、云南、西藏等地。

应用情况　可食用。

1446 黑斑绒盖牛肝菌

别　　名　芝麻牛肝菌
拉丁学名　*Xerocomus nigropunctatus* (W. F. Chiu) F. L. Tai
曾用学名　*Boletus nigropunctatus* W. F. Chiu

形态特征　子实体小或中等。菌盖半球形，直径6~7cm，深茶褐色，表面具暗褐色或茶褐色的颗粒状物，干而不黏。菌肉淡黄色，受伤处变蓝色，较厚。菌管直生，长约12mm，淡黄色，后期变为棕褐色，管口多角形。菌柄近柱形，长6~7cm，粗0.5~0.8cm，近似菌盖色或略浅，内部实心。孢子椭圆形，赭色，6~8μm×3~4μm。

生态习性　夏秋季生于针叶林中地上。属外生菌根菌。

分　　布　分布于云南、四川等地。
应用情况　可食用。

图 1445

1447 细绒盖牛肝菌

拉丁学名　*Xerocomus parvulus* Hongo

形态特征　子实体小。菌盖直径1~5cm，扁半球形或扁平或平展，污黄土色或稍浅，边缘往往呈淡褐色，表面平滑。菌肉淡黄色，伤处变浅青蓝色，稍厚。菌管层黄色，直生至弯生，管口角形，大。菌柄长1.5~3cm，粗0.18~0.3cm，上部污白黄色，稍带红色，中下部呈黄褐色，伤处变青蓝色，内部实心。孢子近椭圆形或卵圆形，7.5~10μm×5~6μm。管侧囊体近纺锤形，72~165μm×10~15μm。

生态习性　夏秋季于混交林中地上群生或单生。属树木外生菌根菌。

分　　布　分布于广东、香港等地。
应用情况　可食用。

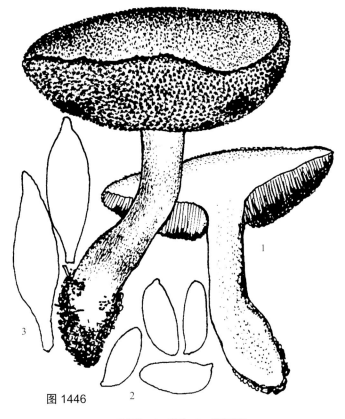

图 1446

1. 子实体；2. 孢子；3. 管侧囊体

图 1447

图 1448

1448 细粉绒盖牛肝菌

别　　名 细点牛肝菌、多粉蓝牛肝菌、粉状绒盖牛肝菌

拉丁学名 *Xerocomus pulverulentus* (Opat.) E.-J. Gilbert

曾用学名 *Boletus pulverulentus* Opat.

形态特征 子实体中等至大型。菌盖直径6～15cm，扁半球形至近扁平，土红褐色、暗红褐色或暗褐色，有绒毛，不黏。菌肉黄色，致密，受伤处变蓝色。菌管黄色，后变淡绿黄色，直生或凹生，管口复式，每毫米1.5～2个。柄长4～13cm，粗1～3.5cm，上部黄褐色，下部褐色，顶端有细条纹，全部被细点，内实，圆柱形，略等粗或基部稍膨大。孢子印橄榄褐色。孢子淡黄褐色，椭圆形或近纺锤形，12.3～14.2μm×5～5.5μm。囊状体淡黄褐色，多呈瓶状，有的棒状，43～52μm×7～8.7μm。

生态习性 夏秋季于林中地上单生。属外生菌根菌。

分　　布 分布于江苏、安徽、福建等地。

应用情况 可食用。也有报道有毒。试验可抑癌，对小白鼠肉瘤180和艾氏癌的抑制率分别为90%和80%。

1449 绒点绒盖牛肝菌

别　　名　花盖牛肝、紫点牛肝菌
拉丁学名　*Xerocomus punctilifer* (W. F. Chiu) F. L. Tai
曾用学名　*Boletus punctilifer* W. F. Chiu

形态特征　子实体小至中等大。菌盖直径 3～8cm，弧形，后平展，小绒毛集成斑块状，中央浓密，渐向盖缘而稀疏，暗黄褐色或肝褐色，以至红褐色至肉桂橙黄色，凹生。管孔宽约 1mm，多角形，土黄色，孔口略近红黄色，伤后变蓝。柄长 4～7cm，粗 7～10mm，近等粗，中部略膨大，上部粉肉桂色，下部黄色，上部有小绒点或不规则的纤丝，微粗糙，少光滑，内实。孢子印橄榄褐色。孢子宽纺锤形，7～10μm×4.5～5.5μm，内含油滴。管侧囊体纺锤形，25～35μm×8～11μm。

生态习性　生长于针阔叶混交林地上。为树木的外生菌根菌。

分　　布　分布于四川、云南等地。

应用情况　可食用，菌肉无特殊气味。

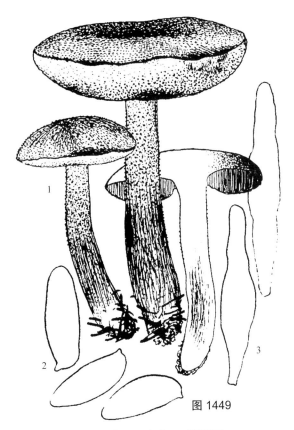

图 1449

1. 子实体；2. 孢子；3. 管侧囊体

1450 紫红绒盖牛肝菌

拉丁学名　*Xerocomus puniceus* (W. F. Chiu) F. L. Tai
曾用学名　*Boletus puniceus* W. F. Chiu

形态特征　子实体一般较小。菌盖直径 4～5cm，扁半球形至近平展，老玫瑰红色，被有细绒毛。菌肉白色，靠菌管层带黄色，伤处不变色，厚。管口大，同菌管色，圆形或多角形，直径 2～2.5mm。菌柄长 9～11cm，粗 0.8～1.2cm，近柱形，上部渐细，稍弯曲，同盖色，有密集的丝状物和小绒毛，内部实心。孢子大，橄榄色，椭圆形，12～19μm×7～8μm。

生态习性　生混交林中地上。

分　　布　分布于云南等地。

应用情况　可食用。

图 1450

图 1451

1451　长孢绒盖牛肝菌

别　　名　小粗头牛肝菌
拉丁学名　***Xerocomus rugosellus*** (W. F. Chiu) F. L. Tai
曾用学名　*Boletus rugosellus* W. F. Chiu

形态特征　子实体中等至较大。菌盖直径4.5～14.5cm，扁半球形至扁平，土红褐色，表面不黏，光滑而有光泽，初期盖面粗糙渐变平整。菌肉凝白色至淡黄色，不变色，稍厚。菌管绿黄色，离生，管口角形，单孔。菌柄柱形，长8～18cm，粗0.7～2.5cm，有的上部渐变细，具褐色丝状条纹，顶端淡黄色，下部褐色带红色，内实，表面覆有白色粉状物。孢子棕色，椭圆形或近梭形，光滑，9～17μm×4.5～5.5μm。
生态习性　夏秋季生针阔叶混交林中地上。属树木的外生菌根菌。
分　　布　分布于云南、福建等地。
应用情况　可食用。

1452　砖红绒盖牛肝菌

拉丁学名　*Xerocomus spadiceus* (Fr.) Quél.

形态特征　子实体中等至大型。菌盖直径 8～19cm，半球形至扁平，土红色或砖红色，被绒毛，有时龟裂。菌肉淡白色或黄白色，伤处变蓝色，厚达 2cm。菌管淡黄色后呈暗黄色，伤处变蓝色，直生至延生，管口同色，角形，宽 0.5～2mm，复式。菌柄长 6～11cm，粗 2.5～5.5cm，上下略等粗或基部稍膨大，深玫瑰红色或暗紫红色，顶端有网纹，下部被绒毛，内实。孢子印橄榄褐色。孢子带绿褐色，长椭圆形或近纺锤形，10.4～13μm×3.9～5.2μm。管侧囊体无色，纺锤形或长颈瓶状，35～55μm×10～14μm。

生态习性　夏秋季于林中地上单生或群生。属树木外生菌根菌。

分　　布　分布于广西、四川等地。

应用情况　可食用。

图 1452

1453　酒红绒盖牛肝菌

别　　名　酒红牛肝菌

拉丁学名　*Xerocomus subpaludosus* (W. F. Chiu) F. L. Tai

曾用学名　*Boletus subpaludosus* W. F. Chiu

形态特征　子实体小。菌盖直径 3.3～4cm，扁半球形，深葡萄酒褐色，表面光滑。菌肉黄色，受伤处变蓝色。菌管黄色，长 4～5mm，伤处变蓝色，凹生，靠近菌柄处延生，菌孔与菌管同色，宽 0.8～1mm，角形或略呈迷路状。菌柄长 4～8cm，粗 0.4～0.6cm，上下近等粗或近基部略渐细，表面浅葡萄酒肉桂色，光滑，通常有条纹，略弯曲。孢子暗橄榄色，椭圆形或卵圆形，8～12μm×4～5μm，多为 11μm×4.5μm。

生态习性　夏秋季生针阔叶混交林地上。属外生菌根菌。

分　　布　分布于云南等地。

应用情况　可食用，但有中毒现象，采食时应注意。

图 1453

图 1454

1454 亚绒盖牛肝菌

拉丁学名 *Xerocomus subtomentosus* (L. : Fr.) Quél.
曾用学名 *Boletus subtomentosus* L. : Fr.
英 文 名 Yellow-cracked Bolete

形态特征 子实体中等至较大。菌盖直径 4.2～10.5(15)cm，扁半球形至近扁平，黄褐色、土黄色或深土褐色，老后呈猪肝色，干燥，被绒毛，有时龟裂。菌肉淡白色至带黄色，伤处不变蓝色。菌管黄绿色或淡硫黄色，直生或凹生，有时近延生，管口同色，角形，直径 1～3mm。菌柄长5～8cm，粗 1～1.2cm，淡黄色或淡黄褐色，略等粗或趋向基部渐粗，无网纹或顶部有时有不显著的网纹或由菌管下延的棱纹，内实。孢子印黄褐色。孢子带淡黄褐色，平滑，椭圆形或近纺锤形，11～14μm×4.5～5.2μm。管缘囊体无色，纺锤形、棒形，35～67μm×10～18μm。
生态习性 夏秋季于林中地上散生。与树木形成外生菌根。
分 布 分布于吉林、福建、海南、广东、浙江、湖南、辽宁、江苏、安徽、台湾、河南、陕西、贵州、云南等地。
应用情况 可食用。

图 1455-1　　图 1455-2

1455　云绒盖牛肝菌

拉丁学名 *Xerocomus versicolor* (Kuntze) E.-J. Gilbert
英 文 名 Versicolored Bolete

形态特征　子实体中等大。菌盖直径 5.5～8cm，扁半球形到扁平，土黄色、紫褐色或土褐色，被绒毛，有时龟裂。菌肉淡黄色或黄白色，伤处变蓝色，厚。菌管淡黄色后呈橄榄黄或黄绿色，弯生或近直生，管口同色，角形，每毫米 1～2 个，复式。菌柄长 6～10cm，粗 1～1.3cm，等粗，紫红色或玫瑰红色，内实。孢子印橄榄褐色。孢子带淡绿色，平滑，椭圆形或近纺锤形，11.7～15.6μm×4～5.2μm。管缘囊体无色，棒状，28～33μm×8～12μm。
生态习性　夏秋季于林中地上单生、群生或丛生。属树木外生菌根菌。
分　　布　分布于四川等地。
应用情况　可食用。

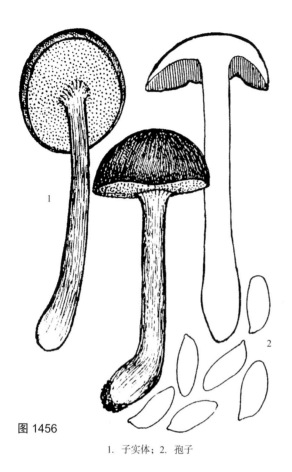

图 1456

1. 子实体；2. 孢子

1456　云南绒盖牛肝菌

别　　名　云南牛肝菌

拉丁学名　***Xerocomus yunnanensis*** (W. F. Chiu) F. L.
Tai

曾用学名　*Boletus yunnanensis* W. F. Chiu

形态特征　子实体小。菌盖直径 2.2～3.8cm，半球
形或近扁半球形，暗黄褐色，有显著的丝绒状物。菌
肉在盖部的为黄色，而在柄部的为白色，不变色。菌
管柠檬黄色，后变至青橘色，长 4～5mm，延生，管
口直径 0.7～1mm，与菌管同色，后期变成赭褐色，
多角形或多少不规则形状。菌柄近柱形或向上略渐
细，基部膨大。孢子带橄榄色，椭圆形至近椭圆形，
7.5～11μm×3～4.5μm，大多 9μm×4.5μm。

生态习性　夏秋季生于林中地上。与树木形成外生
菌根。

分　　布　分布于云南、西藏等地。

应用情况　报道可食用。

第九章

腹　菌

图 1457-1　　　　　　　　图 1457-2

1457　星头菌

拉丁学名　*Aseroe arachnoidea* E. Fisch.

形态特征　子实体较小，高5～8cm。菌托幼时未开裂前卵圆、椭圆或近球形，白色。内部充满透明胶质，直径2～2.5cm，后期不规则开裂。菌柄长5～7.5cm，呈柱形，海绵质，近白色，中空，顶端盘部有一小孔。托臂5～15枚，不分枝，中空，长3～3.5cm，产胞组织呈暗褐色黏液，产生顶盘中央及托臂靠近内侧，气味很臭。孢子无色，光滑，椭圆形，3～3.7μm×1.5～2μm。

生态习性　春夏季于湿潮的地方常群生一起。

分　　布　分布于福建、香港、云南、海南等地。

应用情况　有腥气味、形态特殊，有人认为含毒，不宜食用。

1458　硬皮地星

别　　名　地星、土星菌、土栗

拉丁学名　*Astraeus hygrometricus* (Pers.) Morgan

曾用学名　*Geastrum hygrometricum* Pers.

英文名　Water Measuring Earth-star, Barometer Earthstar

形态特征　子实体小，球形。外包被成熟后反卷裂成6～18瓣，外包被厚，分为三层，外层薄、

图1458

松、软，外表皮灰色或灰褐色，中层纤维质，内侧褐色，常有深的龟裂纹。内包被薄膜质，扁球形，直径1～3cm，灰色到褐色，顶部开裂一小孔口。孢子有小疣，球形，直径7.5～11.5μm。

生态习性 夏秋季于林内地上单生或散生。

分　　布 分布于河北、河南、黑龙江、辽宁、吉林、内蒙古、陕西、甘肃、青海、新疆、四川、云南、贵州、西藏、广东、广西、海南、福建、浙江、台湾、江西、安徽等地。

应用情况 外包被有明显吸收水分的作用，被称为"森林湿度计"。孢粉成熟后民间药用，有消炎、止血作用，可治疗冻疮。

1459　鬼笔状钉灰包

拉丁学名 *Battarrea phalloides* (Dicks.) Pers.
英　文　名 Desert Stalked Puffball, Scaly-stalked Puffball

形态特征 子实体较小。包被与帽状柄顶相连接，成熟时即由此处开裂，孢体散失后露出隆起、近白色、宽2cm的基部。柄长20～25cm，粗0.4～0.6cm，深肉桂色，有毛状鳞片，柄下部鳞片愈显著。孢子锈色，厚壁，近球形，直径4～6μm，外壁无色有凹痕。

生态习性 秋季在地上成群生长。

分　　布 分布于四川、新疆、西藏等地。

应用情况 可药用。能消肿、止血、解毒、清肺、利喉。采集后一般去掉柄部，用其头部的孢体。

1460 毛柄钉灰包

别　　名　毛柄白钉灰包、粗灰钉
拉丁学名　***Battarrea stevenii*** (Libosch.) Fr.
英 文 名　Hairy Stalked Duffbal

形态特征　子实体较小或中等。包被与帽状柄顶相连接，成熟时即由此开裂，孢体散失后露出隆起、近白色、宽 4.5cm 的基部。柄长 18～20cm，粗 1.5～2cm，淡黄色，有多数粗糙的覆瓦状鳞片。孢子锈色，厚壁，外壁有凹痕，近球形，直径 5～7μm。

生态习性　秋季生于碱滩草地上。

分　　布　分布于内蒙古、新疆等地。

应用情况　可药用。将子实体的包被部分晒干，用于消肿、止血、解毒、清肺、利喉。据刘波记述，治疗时还可与鬼笔状钉灰包同用。

1461 黑铅色灰球菌

别　　名　黑马勃
拉丁学名　***Bovista nigrescens*** Pers.
英 文 名　Nigrescent Tumbling Puffball

形态特征　子实体较小，直径 2.5～5cm，近球形，无不育基部或有短柄状基部固定在地上，初期白色或顶部色暗，或呈现浅紫褐色或变黑褐色，有鳞片或小龟裂，成熟后上部外皮层裂出暗红褐色至紫褐孢粉。孢子褐色，粗糙，近球形，直径 5.5～6.5μm，孢子小柄长 8～13μm。

生态习性　夏秋季于草地、林地上群生或单生。

分　　布　分布于青海等地。

应用情况　可药用。能消炎、止血，民间将孢粉作伤口药外敷。

图 1459　　　　　　　　　图 1460

图 1461（2）

图 1461-1

图 1461-3

图 1462-1

图 1462-2

1462　铅色灰球菌

别　　名　铅色灰球
拉丁学名　*Bovista plumbea* Pers.
英 文 名　Lead-colored Bovista, Lead-Grey Bovist, Livid Tumbling Puffball

形态特征　子实体小，直径1.5～3cm，球形、扁桃形，基部由一丛菌丝束固定在地上，成熟后脱离地面而随风四处滚动。外包被白色，薄，成熟后全部成片脱落。内包被深鼠灰色，薄，光滑，顶端不规则状开口。孢体浅烟色至深烟色。孢子褐色，光滑，有大油球，近球形至卵形，5～7.5μm×4.5～6μm，小柄透明。
生态习性　生草原上，有时生林中草地上，单生或群生。
分　　布　分布于河北、甘肃、青海、新疆、云南、西藏等地。
应用情况　幼时可食用。成熟后药用于外伤消炎、解毒、止血等。

1463　多形灰球菌

别　　名　多形马勃、多形灰包
拉丁学名　*Bovista polymorpha* (Vittad.) Kreisel
曾用学名　*Lycoperdon polymorphum* Vittad.

形态特征　子实体一般较小，近球形、梨形等形状，直径1.5～3.5cm，高与直径相近似，不孕基部小，初期近白色后土黄色，上部灰至黄色，外表皮有细微的小刺或颗粒以后可脱落，内表皮薄，平滑，顶部在成熟时破裂开口。孢体土黄色，成熟后变为浅烟色。孢子球形，光滑，黄色至浅青色，无柄，直径3～4.5μm。孢丝与孢子同色，分枝或少分枝，粗2.5～5μm。
生态习性　夏秋季在草原、草地等处的砂土地上群生。其子实体基部有根状菌丝索固着在砂土上。
分　　布　分布于河北、新疆、青海、江苏、浙江、江西、台湾、云南、西藏等地。
应用情况　幼时可食用。成熟后民间将孢粉药用，外伤消炎、解毒、止血等。

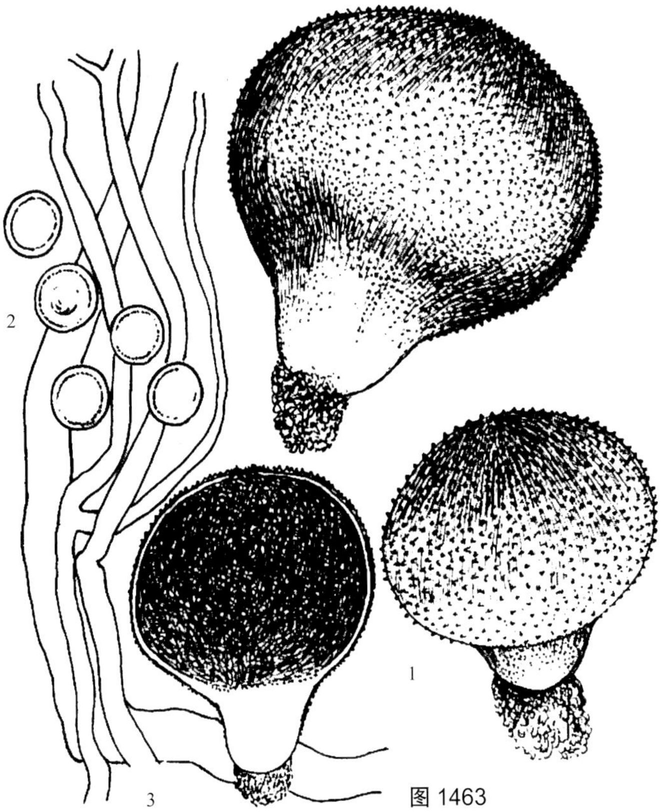

图 1463

1. 子实体；2. 孢子；3. 孢丝

图 1464-1　　　图 1464-2

1464　小灰球菌

别　　名	小马勃、小灰包、小马屁包、小药包
拉丁学名	***Bovista pusilla*** (Batsch) Pers.
曾用学名	*Lycoperdon pusillum* Batsch
英 文 名	Dwarf Puffball, Small Lycoperdon, Little Puffball

形态特征　子实体小，近球形，宽 1～1.8cm，高达 1.5～2cm，白色变土黄色及浅茶色，无不孕基部，由根状菌丝索固定于基物上。外包被由细小易脱落的颗粒组成。内包被薄，光滑，成熟时顶尖有小口，内部蜜黄色至浅茶色。孢子浅黄色，球形，近光滑，或具短柄，短柄长 3～4μm。

生态习性　夏秋季生草地上或往往在腐朽木上群生。

分　　布　分布于辽宁、河北、内蒙古、吉林、黑龙江、陕西、山西、甘肃、宁夏、江西、青海、福建、河南、新疆、江苏、云南、贵州、四川、广东、广西、海南、香港、台湾、西藏等地。

应用情况　子实体幼嫩时可食用。成熟后，孢粉可药用于止血、消肿、解毒、清肺、利喉等。

1465 长柄静灰球菌

别　　名　粗皮灰球菌
拉丁学名　***Bovistella longipedicellata*** Teng
英 文 名　Rooting Bovistella

形态特征　子实体较小，近球形或扁圆球，柔软，直径 2～3.5cm，不育基部小或几乎缺，以菌丝索固定于地上。包被早期白色，后变茶灰色和淡绿褐色至茶褐色或暗红褐色，覆盖一层颗粒状小疣，最后变光滑，由顶部开一孔口。孢体早期绿黄色，最后变成栗褐色。孢子褐色，圆球形，直径 3.5～4.5μm，内含 1 个大油球，平滑，孢子具小柄，长 18～40μm。孢丝褐色，大量分枝，隔膜稀少，向顶端渐细，主干粗 7～10μm。
生态习性　夏秋季生林内地上，单生或群生。
分　　布　分布于浙江、安徽、湖南等地。
应用情况　可食用和药用，在幼嫩时食用，老后孢体成熟，可药用消炎、止血。

图 1465

1466 大口静灰球菌

别　　名　中国静灰球
拉丁学名　***Bovistella sinensis*** Lloyd
英 文 名　China Bovistella

形态特征　子实体大，直径 6～12cm，陀螺形或近球形。外包被浅青褐色至浅烟色，薄，粉粒状，易脱落。内包被绿灰色，膜质，柔软，有光泽，成熟后上部不规则开裂成大口。孢体浅烟色。不孕基部小，海绵状，具弹性。孢子褐色，光滑或具不明显小疣，球形，直径 3.7～4.8μm，具无色透明小柄，长 3～10μm。
生态习性　夏秋季生草地上。
分　　布　分布于河北、山西、山东、吉林、江苏、广东、四川、云南、贵州、甘肃、陕西等地。

图 1466

图 1467

图 1468

应用情况 可药用。含亮氨酸、酪氨酸、尿素、麦角甾醇、类脂质、马勃素、磷酸钠等。药用止血、解毒、清肺、消肿、利喉等。还用于止咳、咽喉肿痛、扁桃体炎等。

1467 美口菌

别　　名 红皮美口菌、红皮丽口菌、红皮丽口包
拉丁学名 *Calostoma cinnabarinum* Corda
英 文 名 Stalked Puffball-inaspic, Slimy Stalked Puffball

形态特征 子实体较小。外包被两层，外层厚，胶质，透明，内层鲜红色，薄，非胶质，全部开裂成片并全部脱落。内包被表皮被朱红色的粉粒，薄，干时韧强，角质，圆球形，顶端开口处有5～7片深红色凸起的皱褶。柄长1～4.5cm，由许多条浅黄色胶质线状体交织成柱状。孢子袋浅黄色。孢子淡黄色，长方椭圆形，12～16μm×8～9.5μm，壁厚约1.5μm，有凹穴。
生态习性 秋季于阔叶林中地上群生或近丛生。
分　　布 分布于湖南、贵州、云南、广东、广西、海南等地。
应用情况 据记载，成熟后孢粉有消炎作用。美口菌亦有观赏价值。

1468 日本美口菌

别　　名 日本丽口包
拉丁学名 *Calostoma japonicum* Henn.
英 文 名 Japan Fig Puffball

形态特征 子实体很小，卵圆形，浅土黄色，表面明显粗糙的大鳞片，基部有一束发达而往往交织

图 1469　　图 1470

的根状菌索。顶部裂为 5~6 片，鲜红色。孢子长椭圆形，无色，粗糙，10~23μm×6~10μm。

生态习性　夏秋季生阔叶林中地上，往往成群或散生。

分　　布　分布于湖南、福建、香港、台湾等地。

应用情况　据试验有抑癌作用，对小白鼠肉瘤 180 和艾氏癌的抑制率均达 100%。

1469　粟粒皮秃马勃

拉丁学名　*Calvatia boninensis* S. Ito et S. Imai
英 文 名　Puffball

形态特征　子实体中等至较大，直径 3~8cm，扁球形或近似陀螺形，不孕基部宽而短，表皮细绒状，龟裂为栗色细小斑块或斑纹，褐红或棕褐色，幼时内部白色，成熟后孢粉暗褐色。

生态习性　于林中地上单生或群生。

分　　布　分布于西藏等地。

应用情况　幼时可食用。成熟后孢子粉药用。

1470　白秃马勃

别　　名　白马勃
拉丁学名　*Calvatia candida* (Rostk.) Hollós
英 文 名　White Puffball

形态特征　子实体较小或近中等。菌盖直径 6~8.5cm，扁球形、近球形或梨形，浅棕灰色，并有发达的根状菌丝索。外包被薄，粉状，有斑纹。内包被坚实而脆。孢体蜜黄色到浅茶色。孢子浅青黄

图 1471-1

色，光滑或有小疣，具小柄，球形，直径 4～5.5μm。

生态习性 夏秋季生林地或草地上。

分　　布 分布于辽宁、黑龙江、吉林、山西、陕西、河北、新疆、江苏、贵州、西藏、广东、广西、海南等地。

应用情况 幼时可食用，老后孢子粉药用，有消炎、解热、利喉、止血作用。

1471　头状秃马勃

别　　名 马屁包、头状马勃、大灰包

拉丁学名 *Calvatia craniiformis* (Schwein.) Fr.

曾用学名 *Bovista craniiformis* Schwein.

英 文 名 Skull Puffball

形态特征 子实体小至中等大，高 4.5～7.5cm，宽 3.5～6cm，陀螺形，不孕基部发达。包被两层，均膜质，很薄，紧贴在一起，淡茶色至酱色，具微细绒毛渐光滑，成熟后上部开裂并成片脱落。孢

图 1471-2　图 1471-3

体黄褐色。孢子淡青色，具极细微的小疣，球形至稍椭圆形，直径 2.8～4μm。

生态习性　夏秋季于林中地上单生至散生。

分　　布　分布于吉林、黑龙江、河北、山西、山东、河南、云南、湖南等地。

应用情况　幼时可食。成熟后孢粉可药用，有生肌、消炎、消肿、止痛作用。

1472　杯状秃马勃

拉丁学名　*Calvatia cyathiformis* (Bosc) Morgan
英 文 名　Purple-spored Puffball

形态特征　子实体较大，扁球形至陀螺形，直径 4～12cm，不孕基部发达，初期白色后呈淡紫色，上部有细小的鳞片，成熟后表皮破裂，孢粉散出。内部初期灰白带紫后呈暗紫灰色。往往当孢粉散了后遗留似杯状的基部，上面呈紫色，具细微的小疣，直径 5～6μm。孢丝浅灰褐色，粗 3～4μm。

生态习性　夏秋季生于林中地上，常生于草地上。

分　布　分布于吉林、黑龙江、河北、河南、陕西、安徽、江苏、浙江、江西、湖南、贵州、云南、香港、海南、广东、广西、福建、台湾等地。

应用情况　孢粉可药用，有消肿、止血、清喉、利喉、解毒作用。幼时可以食用。有人认为此种等于紫色秃马勃 Calvatia lilacina，但戴芳澜教授仍作为两个种（戴芳澜，1979），这里暂作为不同种处理。

1473　巨大秃马勃

别　　名　大秃马勃、大马勃、马勃、马屁包、无柄马勃、马屁勃、马粪包、巨马勃、药包
拉丁学名　**_Calvatia gigantea_** (Batsch) Lloyd
曾用学名　_Langermannia gigantean_ (Batsch : Pers.) Rostk.
英 文 名　Giant Puffball

形态特征　子实体大型，直径15～36cm 或更大，近球形至球形，无不孕基部或很小，由粗菌索与地面相连。包被白色变污白色，由膜状外包被和较厚的内包被组成，微具绒毛变光滑，脆，成熟后成块开裂脱落，露出浅青和褐色的孢体。孢子淡青黄色，光滑或有时具细微小疣，具小尖，球形，直径3.5～5.7μm。

生态习性　夏秋季于旷野草地上单生至群生，稀见在草原上生长成"蘑菇圈"。

分　布　分布于辽宁、吉林、黑龙江、内蒙古、河北、河南、山西、宁夏、甘肃、青海、新疆、西藏、江苏、贵州、福建等地。

应用情况　幼时可食用，风味特殊。成熟后可药用，是一味重要的天然中药。有消肿、止血、止痛、清肺、利喉、解毒作用。治疗慢性扁桃体炎、咽喉肿痛、声音嘶哑、鼻衄、外伤出血、疮肿、冻疮流水、皮肤真菌感染等。抑肿瘤。

图 1473-1

图 1473-2

1474　紫色秃马勃

别　　名　杯形马勃、紫色马勃、紫马勃、杯马勃、马屁包、灰菇、药包
拉丁学名　**_Calvatia lilacina_** (Mont. et Berk.) Henn.
英 文 名　Lilac Puffball, Purple Spored Puffball

形态特征　子实体中等至较大，直径5～12cm，球形或陀螺形，不孕基部发达。包被两层，薄，污褐色，光滑或有斑纹，上部常裂块逐渐脱落，内部紫色，当孢

图 1474-1

图 1474-2

图 1474-3

子及孢丝散失后遗留的不孕基部呈杯状。孢子有小刺，近球形，4~5.7μm×4.3~5.7μm。孢丝色淡，很长，分枝，有横隔，互相交织，粗2~5μm。

生态习性 于旷野的草地或草原上单生、散生或群生。

分　布 分布于辽宁、吉林、黑龙江、内蒙古、山西、陕西、新疆、西藏、安徽、江苏、四川、云南、贵州、广东、广西、海南。

应用情况 幼时可食。老后可药用，能消肿、止血、清肺、利喉、解毒。

1475　粗皮秃马勃

别　名 糙皮秃马勃、粗皮马勃
拉丁学名 *Calvatia tatrensis* Hollós

形态特征 子实体较小，近球形至陀螺形，直径3~5cm，白色至淡锈色。外包被粉末状或具成簇短刺。内包被较坚硬而脆，有不育基部且小，下部有皱褶。孢子球形，青黄色，稍粗糙至近光滑，直径4.5~6μm。孢丝与孢子同色，分枝，无隔，粗4~6.5μm。

生态习性 生于林中绿草地或空旷地上。

分　布 分布于吉林、河北、云南、贵州、福建、湖北、台湾、广东、广西、海南、四川等地。

应用情况 可药用。一般作为止血、消炎药物。

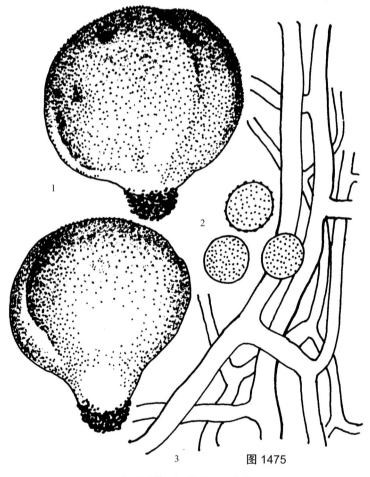

图 1475

1. 子实体；2. 孢子；3. 孢丝

1476 厚垣柄灰包

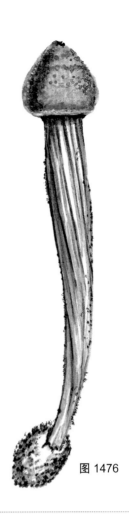

别　　名　厚垣柄灰锤
拉丁学名　***Chlamydopus meyenianus*** (Klotzsch) Lloyd
曾用学名　*Tulostoma meyenianus* Klotzsch
英 文 名　Thick-footed Puffbal

形态特征　子实体小，开始埋于地下。外包被脱落。内包被近陀螺形，高 1.2～1.4cm，直径 1.5～1.8cm，膜厚坚固，光滑，灰白色，顶端有孔口。柄柱形，上粗向下渐细，长 10～12cm，粗 0.6～0.8cm，具纵棱条纹，质硬。孢体赭色至黄色。孢子球形，浅黄色，具小疣，直径 5.5～9μm。孢丝浅黄褐色。

生态习性　生于沙漠植物梭梭林内。

分　　布　分布于新疆奇台等地。

应用情况　民间将孢粉药用，消炎止血。

图 1476

1477 细笼头菌

拉丁学名　***Clathrus gracilis*** (Berk.) Schl.

图 1478

形态特征　子实体小。菌蕾扁圆球形，直径约 2cm。包被 2～3 层。外包被膜状，白色至淡褐色，平滑，胶黏层薄至消失。内包被薄，膜质，白色。成熟时包被从顶部不规则开裂，形成菌托。托臂笼头状，网格五角形，大小不等，白色，高 3～5cm。菌托白色，表面平滑且与笼格有相应的缢痕，其内充满透明胶，以白色根状菌索固着于地上。孢体暗褐色，味臭。担孢子椭圆形，4.5～6μm×1.8～2.5μm，几乎无色或淡绿褐色。

生态习性　春至夏季生于田边、针阔叶混交林中地上，散生至群生。

分　　布　分布于福建、湖南、广西等地。

应用情况　子实体内含有能抑制某些昆虫幼虫生长的成分，可作为开发生产害虫生物防治制剂的原料。

图 1479

图 1480

图 1481

1478 红笼头菌

拉丁学名 *Clathrus ruber* P. Micheli ex Pers.

形态特征 子实体中等至较大。菌体未成熟时近圆球形，白色、灰白色，埋于地下，孢托藏于菌托内，成熟后菌托而向上张开，直径 15～30cm。由不规则的网格组成，网格深红色、朱红色，艳丽，海绵质。产孢体生于网络内侧表面，暗青褐色、墨绿色，有臭味。孢子无色，圆柱形，4～5μm×1.3～1.6μm。

生态习性 7～10月多见于竹林和阔叶混交林地上。为树木外生菌根菌。

分　　布 分布于四川、云南、西藏等地。

应用情况 子实体奇特，有观赏价值。

1479 乳白蛋巢菌

拉丁学名 *Crucibulum laeve* (Bull. ex DC.) Kambl.

形态特征 子实体小，高 0.8～1cm，杯状，杯口宽 0.4～0.8cm，向下渐细，基部有刚毛状菌丝垫。包被单层，外包被初期灰白色，有土黄色绒毛或粗毛，后期褐色，渐变光滑，初期杯口覆盖白色膜，后脱落，内侧白色变灰褐色。小包双凸镜状、扁圆形，直径1～1.5mm，外层白膜脱落后呈黑灰色，由一纤细索体固定于包被中。孢子无色，光滑，有内含颗粒，椭圆形，8～14μm×5～6μm。

生态习性 于林中落枝上群生。

分　　布 分布十分广泛。

应用情况 可分解纤维素。可消炎。

1480 白蛋巢菌

别　　名 普通白蛋巢菌

拉丁学名 *Crucibulum vulgare* Tul.

英 文 名 White-egg Bird's Nest

形态特征 子实体小，似鸟巢，内有数个扁球形的小包，包被高 0.4～1cm，顶部直径0.5～1cm，初期有深肉桂色的绒毛，以后光滑，褐色，最后变灰色，内侧光滑，灰色，成熟前有盖膜，盖膜白色，上有深肉桂色绒毛。小包扁球形，由一纤细的、有韧性的绳状体固定于包被中，直径 0.5～0.2cm，其表面有一层白色的外膜，后期变成白色，外膜脱落后变成黑色。担子棒状，细长，具 2～4 个小梗，25～30μm×4～5.5μm。孢子无色，光滑，椭圆形至近卵形，7.6～12μm×4.5～6μm。

图 1482-1

生态习性 夏秋季在林中腐木和枯枝上成群生长。

分　　布 分布于河北、山西、黑龙江、陕西、甘肃、青海、新疆、江苏、浙江、安徽、江西、湖北、湖南、云南、西藏等地。

应用情况 能产生纤维素酶，可应用于分解植物纤维素等。

1481　白被黑蛋巢菌

拉丁学名 *Cyathus pallidus* Berk. et M. A. Curtis

形态特征 子实体小，高 0.7～1cm，边缘宽 0.5～0.7cm，杯状。包被米黄白色至蛋壳色，且有粗毛，内侧米黄至乳黄色，平滑或有不明显纵纹。小包直径 1.5～2cm，扁圆，浅灰色，具外膜，由绳索状体固定于杯中，壁薄，无粗丝组成的外壁。孢子椭圆形，9～12μm×4～7μm。

生态习性 于腐木上大量群生。

分　　布 分布于四川、贵州、云南、广东、广西等地。

应用情况 可分解纤维素。可消炎。

1482-2

1482　粪生黑蛋巢菌

拉丁学名　*Cyathus stercoreus* (Schwein.) De Toni
英 文 名　Coprophilus Fairy Purse, Dung Bird's Nest

形态特征　子实体小，高 0.5～1.5cm，宽 0.3～0.5cm，小碗状、鸟窝状至杯形，有粗毛，棕黄色后变淡黄色或灰色，有时毛全脱落呈深褐色，无纵纹，内侧光滑深灰色后期近黑色。小包黑色，扁圆，直径约 2mm，由菌丝索固定其中，小包壁的外层由褐色粗丝组成。孢子球形至广椭圆形，22～38μm×18～38μm。

生态习性　在粪上或垃圾堆上群生。

分　　布　分布于河北、山西、黑龙江、内蒙古、江苏、江西、安徽、河南、福建、云南、湖南、广东、广西、海南、香港、陕西、四川、贵州等地。

应用情况　可药用止胃痛，治疗胃病及消化不良等。

图 1483

1483 隆纹黑蛋巢菌

拉丁学名 *Cyathus striatus* (Huds.) Willd.
英 文 名 Bird's Nest Fungus, Splash Cups

形态特征 子实体小，高 0.7～1.5cm，宽 0.6～0.8cm。包被杯状，由栗色的菌丝垫固定于基物上，外面有粗毛，初期棕黄色后期色渐深，褶纹常不清楚，毛脱落后纵褶明显。内表灰色至褐色无毛，具明显纵纹。小包扁圆，直径1.5～2mm，由菌襻索固定其中，内表面黑色有一层淡色而薄的外膜，无粗丝组成的外壁。孢子长方椭圆或近卵形，16～22μm×6～8μm。

生态习性 夏秋季于林中朽木或腐殖质多的地上或苔藓间群生。

分　　布 分布于云南、四川、湖南、广东、广西、江苏、浙江、福建、江西、安徽、河北、甘肃、新疆、陕西等地。

应用情况 民间用于止胃痛，治疗胃病。产生鸟巢素，抗细菌，对金色葡萄球菌有显著抑制作用。还有镇静、止血、解毒等作用。

1484 短裙竹荪

图 1484

别　　名 竹笙、竹参、面纱菌、竹菇娘、仙人笠、竹荪、仙人伞、竹菰

拉丁学名 *Dictyophora duplicata* (Bosc) E. Fisch.

英 文 名 Netted Stinkhorn

形态特征 子实体较大，高 12～18cm。菌盖高 3.5～4.5cm，宽 4～5cm，钟形，具显著网格，覆盖绿褐色臭而黏孢体，顶端平有一孔口。菌幕即菌裙，白色，从菌盖下垂直长2～3cm，宽 6～7cm，网眼圆形或角形，直径 1～4mm。菌柄白色，圆柱形，海绵状，中空，长 10～20cm，粗 2.5～3cm。菌托粉灰色，直径 4～5cm。孢子椭圆形，光滑无色，3.8～4.5μm×1.5～2.8μm。

生态习性 夏秋季于地上单生或群生。

图 1485-1

1485-2

分　　布　分布于河北、吉林、辽宁、黑龙江、江苏、浙江、四川、内蒙古等地。

应用情况　可食用，需将菌盖和菌托去掉。一般认为其煮沸液，能防菜肴变质，和肉食共烹能防腐。可药用，民间用于治痢疾。有增强免疫力，抑菌，抗衰老功效。

1485　长裙竹荪

别　　名　真菌皇后、竹笙、竹参、面纱菌、竹菇娘、仙人笠、竹荪、仙人打伞、仙人伞、竹菰、真菌之花、网纱菌

拉丁学名　*Dictyophora indusiata* (Vent.) Desv.

曾用学名　*Phallus indusiatus* Vent.

形态特征　子实体小。菌蕾高7～11cm，直径5～7.5cm，卵形至近球形，土灰色至灰褐色，具不规则裂纹，无臭无味，成熟后具菌盖、菌裙、菌柄和菌托。菌盖钟形至近锥形，高4～6cm，直径3～5cm，顶部平截，具开口。网格边缘白色至奶油色，具恶臭的孢体。产孢组织暗褐色，呈黏液状，具臭味。菌裙网状，白色，长可达菌柄基部。菌柄长8～18cm，直径2～3cm，圆柱形，白色，海绵质，空心。菌托污白色至淡褐色。孢子3～4μm×1.5～2μm，长椭圆形至短圆柱形或近椭圆形，无色，光滑，薄壁，非淀粉质。

生态习性　春至秋季单生或群生于阔叶林中地上，特别是竹林中地上。

分　　布　分布于华北、华中、华南等地区。

应用情况　著名食药兼用菌。可人工栽培。

图 1486-1

1486　长裙竹荪纯黄变型

别　　名　淡黄竹荪
拉丁学名　*Dictyophora indusiata* f. *lutea* Kobayasi
英 文 名　Long Net Stinkhorn

形态特征　子实体中等至较大，高 12～20cm，幼时卵状球形，后伸长。菌盖高宽 3～5cm，钟形，有显著网格，覆有微臭而暗绿色黏液孢体，顶端平，有一孔口。菌幕即菌裙白色，从菌盖下垂达 10cm 以上，网眼多角形，直径 5～10mm。菌柄白色，中空，海绵质，基部粗 2～3cm，向上渐细。菌托白色或带淡紫色，直径 3～5.5cm。孢子椭圆形，光滑无色，3.5～4.5μm×1.7～2.3μm。此变形基本形态同原型，唯有菌裙呈淡黄色，有的菌裙超过菌柄长度，下沿长达 40cm。另外后期菌裙褪色或暗色似杂色竹荪。

生态习性　夏秋季于竹林或其他林内或园林中地上群生、单生或散生。

分　　布　分布于台湾、广东、广西、香港、江苏、安徽、四川、海南、贵州、云南、河北等地。

图 1486-2　　　图 1486-3

应用情况　可食用，但需去掉菌盖和菌托，其味鲜，风味特殊。干品的蛋白质含量为 15%～18%，煮沸液加工可防菜肴变质，与肉共煮亦能防腐。可药用治痢疾、降低胆固醇。据试验抑肿瘤，对小白鼠肉瘤 180 及艾氏癌的抑制率分别为 60% 和 70%。

1487　皱盖竹荪

拉丁学名　*Dictyophora merulina* Berk.

形态特征　菌蕾圆球形，污白色，直径约 5cm，基部有白色根状菌丝索。菌盖覆钟状，高 2～2.5cm，宽 2.5～3cm，多皱纹，无网格，白色，表面有橄榄色黏液状恶臭的孢体。菌裙网状，白色，从菌盖处下垂 2～4cm。菌柄白色，圆柱状，向上渐狭细，9～12.5cm×2～2.5cm，海绵质，中空，顶端平截，无穿孔。菌托内有白色胶质物。担孢子长椭圆形，近透明无色，3.3～4μm×1.4～1.8μm。

分　　布　分布于海南等地。

图 1488-1

1488 黄裙竹荪

别　　名　真菌皇后、仙人伞、黄仙人伞、黄纲竹荪、网纱菇、杂色竹荪

拉丁学名　*Dictyophora multicolor* Berk. et Broome

英文名　Yellow Veiled Lady

形态特征　子实体中等至较大，高8～18cm。菌盖钟形，具网格，其上有具臭气味、暗青褐色或青褐色黏液孢体，顶平有一孔口。菌幕柠檬黄色至橘黄色，似裙子，从菌盖边沿下垂，长6.5～11cm，下缘直径8～13cm，网眼多角形，眼孔直径2～5mm。菌柄长7～15cm，粗1.6～3cm，白色或浅黄色，海绵质，中空。菌托苞状。孢子透明，光滑，椭圆形，3～4μm×1.3～1.5μm。

生态习性　夏季于竹林、阔叶林地上散生。

分　　布　分布于江苏、湖南、安徽、云南、广东、台湾、香港、海南、西藏等地。

应用情况　多认为有毒，不宜采食，但也有认为菌盖部位清洗掉腥臭味后，可食用。可供药用。治疗脚气，增强免疫力，抑菌，抗衰老。

1489 红托竹荪

拉丁学名　*Dictyophora rubrovolvata* M. Zang et al.

形态特征　子实体较小。菌蕾卵形，成熟后具菌盖、菌裙、菌柄和菌托。菌盖高4～6cm，直径4～5cm，钟形至近锥形，具网格，顶端平截，有穿孔。产孢组织暗褐色，恶臭。菌裙白色，钟形，高达7cm，网眼直径0.5～1.5cm，多角形至近圆形。菌柄长10～20cm，直径3～5cm，圆柱形，白色，海绵质，空心。菌托紫色至紫红色。担孢子4～5μm×1.5～2μm，椭圆形至长椭圆形，无色，光滑，薄壁，非淀粉质。

生态习性　夏秋季生于林中，特别是竹林中地上。

分　　布　分布于云南等地。

应用情况　可食用。可人工培养。

图 1488-2

1489-1

1488-3

图 1489-2

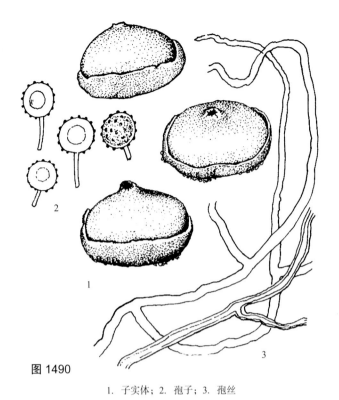

图 1490

1. 子实体；2. 孢子；3. 孢丝

图 1491

1490　脱顶小马勃

别　　名　脱盖灰包

拉丁学名　***Disciseda cervina*** (Berk.) Hollós

形态特征　子实体小，扁球形，直径 1.8～2.3cm。外包被由厚而坚实的菌丝层包围，直径 1.8～2.3cm，其上部与内包被相黏。内包被薄而韧，光滑，浅棕灰色，其基部具小口。孢体灰褐色。孢子球形，栗褐色，直径 6～8μm，有显著小疣及无色短柄。孢丝浅黄色，弯曲，分枝，无隔，粗 3.8～5.6μm。

生态习性　夏秋季生于草地上，成群生长。

分　　布　分布于广东、河北、新疆、青海、内蒙古、西藏等地。

应用情况　可食用。可药用。孢粉有消炎、止血作用。

1491　云南内笔菌

别　　名　假羊肚菌

拉丁学名　***Endophallus yunnanensis*** M. Zang et R. H. Petersen

形态特征　子实体小或中等大，长圆锥形、卵圆形而顶部微尖，高 3.4～8cm，宽 2.5～4.5cm，基部有盘状物与基部相固着。包被白色、污白色，上端由内向外透成橄榄褐色，初期呈完整的套膜状的外被，成熟后，柄延长，包被在柄基的盘状物周围环裂。包被厚 15～3mm，由三层组成，外包被膜质，由透明的菌丝交织而成，中包被胶质，厚 0.7～2mm，内包被膜质，成熟后包被脱落，不具碗状菌托。菌盖帽状，钟状顶具圆口，3～5cm×2～3.5cm。子实层为不规则的网格所组成，橄榄褐色、黑褐色。柄圆柱形，高 3～7.5cm，粗 0.5～1.5cm，近等粗，中空，海绵质，韧，白色，基部有膨大的盘状物，盘径 0.7～1.8cm，下有菌索与基质附着。担子长棒状，16～22μm×4～6μm，担子小柄纤细，具 4～10 个孢子。孢子狭长椭圆形，光滑，透明或具橄榄褐色，

1492-1

图 1492-2

$3.9\sim6\mu m\times2\sim2.3\mu m$。

生态习性 多生于竹林和阔叶混交林下，多见于以刚竹 *Phyllostachys bambusoides* 为主的林下落叶层上，单生或群生。

分　　布 发现于云南。

应用情况 可食用。成熟时，具丁香花香气。洗净孢子后，加工食用。菌肉质地和味道酷似香鬼笔菌。

1492　毛嘴地星

拉丁学名 *Geastrum fimbriatum* Fr.
曾用学名 *Geastrum rufescens* var. *minor* Pers.
英 文 名 Sessile Earthstar, Pink Earth Star

形态特征 子实体较小，未开裂之前近球形，浅红褐色。开裂后外包被反卷，基部呈浅袋状，上半部裂为5～9瓣，外层薄，部分脱落，内层肉质，灰白色至褐色，与中层紧贴一起，干时开裂并常剥落。内包被球形，无柄，直径1～2cm，灰色，咀部突出且不很明显。孢子球形，稍粗糙，褐色，直径2.5～4μm。孢丝细长，浅褐色，粗4～7μm。

生态习性 夏末秋初生于林中腐枝落叶层地上，散生或近群生，有时单生。

分　　布 分布于河北、河南、湖南、宁夏、甘肃、西藏、青海、黑龙江等地。

应用情况 孢粉可药用，有消炎、止血、解毒作用。

图 1492-3

图 1493

1494-1　图 1494-2

1493　褐红绒地星

拉丁学名　***Geastrum javanicum*** (Lév.) Teng

形态特征　子实体小，直径1～2.5cm，高1～3cm，上部近球形，收缩成陀螺形或近陀螺形。孢子暗褐色，不等边椭圆形，11.5～13.9μm×6.4～7.5μm。
生态习性　在木麻黄等树木桩上或树干上单生或群生。属木腐菌。
分　　布　分布于广东、海南、福建、云南、山西、甘肃、河北、内蒙古等地。
应用情况　孢粉消炎、止痛、止血。

1494　小地星

拉丁学名　***Geastrum minus*** (Pers.) E. Fisch.

形态特征　子实体小。外包被反卷并分裂成6～8瓣，内层肉质，褐色，有辐射状裂纹，易脱落，中层纤维质，外层易脱落。内包被灰白至棕色，有柄，球形，直径0.6～1.3cm，嘴部平滑，周围凹近呈环纹。孢子深褐色，粗糙，球形，直径4～5μm。
生态习性　秋季生云杉林中地上。
分　　布　分布于青海、宁夏等地。
应用情况　孢粉消炎、止痛、止血。

1495　木生地星

拉丁学名　***Geastrum mirabile*** (Mont.) E. Fisch.

形态特征　子实体小、直径0.5～1.5cm，初期为近球形至倒卵形。外包被包裹，外表有浅土红或土

图 1496

图 1497-1

黄褐色绵绒状鳞片，成熟时上部开裂成 5～7 瓣，向外伸屈呈星状，内侧浅粉白灰色至浅灰褐色。内包被浅粉白褐至浅灰褐色，膜质，薄，近平滑，球形，顶部孔口边缘近纤维状并有一明显环带。孢子褐色或暗褐色，表面有疣凸，球形，直径 3～5μm。孢丝浅色，壁厚细长。

生态习性　于阔叶林地上或腐朽木上群生。

分　　布　分布于香港、广东、福建、江苏、云南等地。

应用情况　孢粉消炎、止痛、止血。

1496　粉红地星

拉丁学名　***Geastrum rufescens*** Pers.

曾用学名　*Geastrum vulgatum* Vittad.

形态特征　子实体小或中等。在开裂前埋于土或地面基物下，近似球形，顶部咀部不明显。成熟后开裂，外皮层开裂为 6～9 瓣，反卷，张开时总直径可达 5～8cm，外层松软常与砂黏结成片状剥离，中层纤维质，干后外表呈蛋壳色，内侧菱色，内层肉质，新鲜时很厚，常裂成块状脱落，干后变成棕灰色至灰褐色的薄膜。内包被无柄，膜质，肉粉灰色，直径 1.5～3cm，粗糙至绒状，顶部不定形或撕裂成口。孢子球形，褐色，具小疣，直径 3.5～5.5μm。孢丝管状，厚壁，褐色，不分枝，粗 3～6.5μm 或更粗。

生态习性　夏末秋季在林间地上成群或分散生长。

分　　布　分布于河北、甘肃、新疆、青海、西藏、陕西、江苏、湖南、四川、云南等地。

应用情况　可药用。民间药用消炎、解毒及外伤止血。

1497　袋形地星

拉丁学名　***Geastrum saccatum*** Fr.

形态特征　子实体一般较小。外包被基部深，呈袋形，上半部裂为 5～8 片尖瓣，张开时直径可达

1497-2

1498

图 1496-1.

5～7cm，初期埋土中或半埋生，外包被蛋壳色，外表面光滑，内侧肉质，干后变薄，浅肉桂灰色。内包被浅棕灰色，无柄，近球形，直径1cm，顶部嘴明显，色浅，圆锥形，周围凹陷，有光泽。孢子褐色，有小疣，球形，直径3.5～5μm。孢丝浅褐色，壁厚，粗达4～6μm。

生态习性　夏秋季生于阔叶林和针阔叶混交林中地上，单生或群生。有时也生于林缘的空旷地上。

分　　布　分布于河北、甘肃、山西、青海、四川、安徽、湖南、贵州、云南、西藏等地。

应用情况　可药用。消炎、止血、解毒等作用。

1498　无柄地星

拉丁学名　*Geastrum sessile* (Sowerby) Pouzar

形态特征　子实体小，直径2～3cm，初期近球形，开裂后5～8个裂片。外包被黄褐或红褐至棕褐色，薄，内侧污白色，厚，肉质，平滑，干时变薄。内包被污白至褐色，平滑，无柄，顶部色暗且口缘纤维状，球形，直径0.8～1.8cm。孢子淡褐色，有细小疣，球形，直径3～4μm。孢丝色浅，粗4～5μm。

生态习性　秋季生林地上。

1499-2

分　　布　分布于宁夏、河北等地。
应用情况　孢粉药用消炎。

1499　尖顶地星

别　　名　土星菌
拉丁学名　*Geastrum triplex* Jungh.
曾用学名　*Geastrum michelianum* W. G. Sm.
英 文 名　Collared Earth Star

形态特征　子实体较小，初期扁球形。外包被基部浅袋形，上半部分裂为5～8瓣，裂片反卷，外表光滑，蛋壳色，内层肉质干后变薄，栗褐色，中部分离并部分脱落，仅残留基部。内包被粉灰色至烟灰色，球形，无柄，直径1.7～3cm，嘴部显著，宽圆锥形。孢子褐色，有小疣，球形，直径3～5μm。
生态习性　在林地上或苔藓间单生或散生。
分　　布　分布于河北、山西、吉林、甘肃、宁夏、青海、新疆、四川、云南、西藏等地。
应用情况　人们称这类地星为"森林湿度计"。孢粉可药用消肿、解毒、止血、清肺、利喉。

图 1500

1500 绒皮地星

拉丁学名 *Geastrum velutinum* Morgan
英文名 Velvety Earth Star

形态特征 子实体较小，初期扁球形。外包被基部呈袋状，成熟时上部分裂为 6～7 瓣，裂片两层纤维质，外层浅土黄色且密生短绒毛，内层棕灰色。内包被膜质，灰粉红色，嘴部宽圆锥形且不凸出。孢子褐色，具小疣，球形，直径 2.5～3.5μm。孢丝浅褐色，厚壁无横隔，粗达 5～5.5μm。

生态习性 夏秋季生林地上。

分　布 分布于河南、安徽、福建、浙江、湖南、四川、云南、海南等地。

应用情况 孢粉可药用消炎、止血、解毒。

1501 梭孢层腹菌

别　名 黑腹菌、含糊黑腹菌
拉丁学名 *Hymenogaster fusisporus*
　　　　　(Massee et Rodway) G. Cunn.
曾用学名 *Melanogaster ambiguus* (Vittad.)
　　　　　Tul.

形态特征 子实体较小，块状，直径 2～3cm，茶灰色，干时呈浅烟色至深烟色。包被厚 400μm，由胶质、浅黄色、粗 4～5μm 的菌丝组成，内部黑色，由胶质、无色菌丝组成斑纹。担子棒状，长可达 3.5～40μm，粗 9.5～11μm，具 2～8 个小梗。孢子梨形或柠檬形，暗褐色，光滑，10～13μm×7～10μm。

生态习性 在橡树下土中半埋生。

分　布 分布于河北等地。

应用情况 可药用。

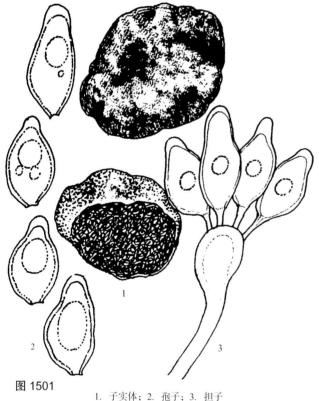

图 1501　　1. 子实体；2. 孢子；3. 担子

1502 脱皮马勃

别　　名　脱皮球马勃、脱被毛球马勃、马屁包

拉丁学名　***Langermannia fenzlii*** (Reichardt) Kreisel

曾用学名　*Lasiosphaeria fenzlii* Rchb.

英 文 名　Fenzl's Puffball

形态特征　子实体中等至更大，直径10～20cm，高9～15cm，近球形、扁球形。包被薄，易消失，外包被往往成块状并和内包被一起脱离。内包被浅烟色，薄，纸状，成熟后全部消失，留下裸露的孢子体而随风滚动。孢体灰色，可褪为浅烟色，紧密，有弹性。孢子褐色，

图 1502-1　　　　图 1502-2

有小刺，球形，直径4.6～6μm。孢丝浅褐色，长，分枝，相互交错一起，粗2～4.5μm。

生态习性　在山坡草地或草原上及林缘地上单生。

分　　布　分布于甘肃、青海、新疆、陕西、内蒙古、河北、山西、云南、贵州、黑龙江等地。

应用情况　可药用，有消肿、止血、清肺、利喉、解毒、清热作用。还可治疗慢性扁桃体炎、喉炎、嘶哑、咳嗽等症。此菌还含有亮氨酸、酪氨酸、麦角醇、脂类、马勃素、磷酸钠等。

1503 日本拟秃马勃

别　　名　香港大马勃、日本马勃

拉丁学名　***Lanopila nipponica*** (Kawam.) Kobayasi

英 文 名　Nipponian Puffball

形态特征　子实体大型，呈圆球状或扁球形，无不孕基部，由白色菌索固定在地上，直径10～20cm或更大，幼时纯白或污白色，稍黏，有弹性，后期呈褐色，表面近平滑或绒状粗糙。外表皮二层，老后呈块状萧落而内皮层上形成无数凹窝或网格状。内皮层纸质，褐色，成熟后不规则破碎并散出孢子。孢体褐色。孢子黄褐色，球形，有明显刺突，直径2～5.5μm。孢丝有分枝和隔膜。

图 1503

图 1504

生态习性　夏秋生于空旷草地或林缘草地上。

分　　布　分布于香港、台湾等地。

应用情况　据日本报道幼期可食用。成熟后孢粉药用。后期有一种难闻气味。此种原发现于日本，似大秃马勃 Calvatia gigantea。但有认为两种差异不大。

1504　粒皮马勃

拉丁学名　*Lycoperdon asperum* (Lév.) Speg.
曾用学名　*Bovista aspera* Lév.
英 文 名　Coarse Skin Puffball

形态特征　子实体较小，高 2～8cm，直径 2.5～6cm，梨形或陀螺形，不孕基部发达，蜜黄色、茶色至浅烟色。外包被粉粒状，不易脱落，老熟后只有局部脱落。内包被光滑。孢体青黄色，后变栗色。孢子球形，初期青黄色，后变褐色，直径 4～6μm，膜上有小刺，孢子有短柄。孢丝长，少分枝，与孢子同色，粗 3～7μm。

生态习性　于林中地上单生。

分　　布　分布于河北、吉林、内蒙古、新疆、云南、甘肃、陕西、青海、江苏、浙江、安徽、四川、贵州、西藏等地。

应用情况　此种可药用，有止血、抗菌作用。

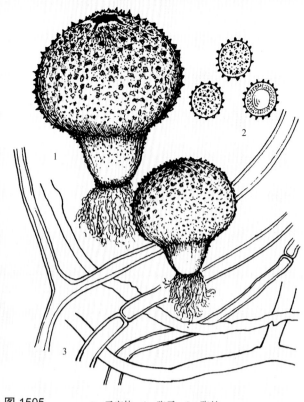

图 1505　　　　　1. 子实体；2. 孢子；3. 孢丝

1505　黑紫马勃

别　　名	大孢灰包、大孢马勃
拉丁学名	*Lycoperdon atropurpureum* Vittad.
英 文 名	Soft Puffball

形态特征　子实体小，近倒卵形，直径 2～5cm，不孕基部发达呈海绵状，由白色菌丝束固着在地上或基物上。外包被形成无数细刺且顶端成丛聚合一起，脱落后露出光滑、茶灰色至淡烟色、膜质的内包被。孢体深肝色。孢子紫色，具明显小疣，球形，直径 5～7μm。孢丝长，分枝少，与孢子同色，粗 3.5～5.5μm。
生态习性　生于林中地上，往往单个生长。
分　　布　分布于河北、山西、陕西、宁夏、青海、四川、江苏、云南、西藏等地。
应用情况　幼嫩时可食用。老熟后孢粉可药用。

1506　长刺马勃

别　　名	长刺灰包、刺猬马勃
拉丁学名	*Lycoperdon echinatum* Pers. : Pers.
英 文 名	Hedgehog Puffball

形态特征　子实体小，近球形或近梨形，直径 2～2.5cm，不育基部很短或几无，浅青色。外包被

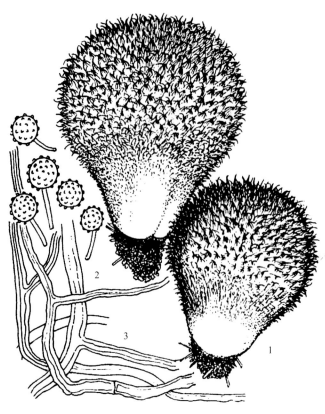

由粗壮而暗褐色的长刺组成，刺成丛生长且基部分离顶部聚集一起。后期刺脱落而周围小的刺遗留使包被呈现网状斑纹。孢体紫被色。孢子球形，褐色，有明显小疣，直径 5~6μm，有易脱落的小柄。孢丝有色，分枝少，粗 5μm。

生态习性　生于阔叶林中地上，单生或群生。

分　布　分布于安徽、湖北、四川、广东、黑龙江等地。

应用情况　幼嫩时可食用，老后孢粉可药用。

图 1506　1. 子实体；2. 孢子；3. 孢丝

1507　长柄秃马勃

别　　名	袋形秃马勃、褐孢马勃、长柄梨形马勃、褐孢大秃马勃
拉丁学名	***Lycoperdon excipuliforme*** (Scop.) Pers.
曾用学名	*Calvatia excipuliformis* (Scop.) Perdeck; *Calvatia saccata* (Vahl) Morgan; *Lycoperdon pyriforme* var. *excipuliforme* Desm.
英 文 名	Pestle Puffball

形态特征　子实体小，高可达 4~5cm，头部近圆球形，不孕基部长而发达，长 3~4cm。其他特征同梨形马勃。

生态习性　夏秋季于林中腐木上密集群生。

分　布　分布于湖南、海南、广西、四川、甘肃、陕西等地。

应用情况　幼嫩时可食用。还可药用，有消炎、解毒等作用。据试验，对小白鼠肉瘤180及艾氏癌的抑制率均为100%。

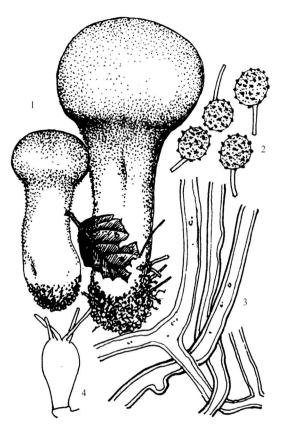

图 1507　1. 子实体；2. 孢子；3. 孢丝；4. 担子

1508　褐皮马勃

拉丁学名	***Lycoperdon fuscum*** Bonord.
英 文 名	Black Sping Puffball

形态特征　子实体一般较小，广陀螺形或梨形，直径 2~4cm，不孕基部短。包被二层，外包被由成丛的暗色至黑色小刺组成，刺长 0.5mm，易

图 1508

脱落。内包膜质，浅烟色。孢体烟色。孢子球形，青色，稍粗糙，直径 4～4.8μm，有易脱落的短柄。孢丝线形，较长，少分枝，无横隔，厚壁，色，粗 3.5～4μm。

生态习性　生于林中苔藓地上，单生至近丛生。

分　　布　分布于山西、辽宁、吉林、青海、云南、西藏、甘肃等地。

应用情况　此菌幼嫩时可食用。成熟后孢粉药用。

1509　光皮马勃

别　　名　光皮灰包

拉丁学名　*Lycoperdon glabrescens* Berk.

形态特征　子实体小，梨形或陀螺形，直径 1.5～2cm，不孕基部发达。包被茶色。外包被由易脱落的颗粒状小疣组成。内包被膜质。孢体浅烟色。孢子球形，青黄色，光滑，直径 3.5～4.5μm，具有 10～12μm 长的小柄。孢丝细

图 1509

长，分枝，相互交织，与孢子同色，粗 3～4μm。

生态习性　夏秋季生于地上。

分　　布　分布于江西、云南等地。

应用情况　幼时可食用。成熟后孢粉药用。

1510　白鳞马勃

别　　名　乳头状马勃

拉丁学名　*Lycoperdon mammiforme* Pers.

曾用学名　*Lycoperdon velatum* Vittad.

形态特征　子实体较小，直径 3～5cm，高 4～8cm，陀螺状，不育基部比较发达，初期纯白色，后期略带黄褐色，表面具有厚的白色块状或斑片状鳞片，后期鳞片脱落而光滑，顶稍凸起且成

图 1510

熟时破裂一孔口。内部孢体纯白色，成熟后呈黄褐色至暗褐色。孢子褐色，有疣，近球形，直径 4.5～5.6μm。

生态习性 夏秋季于林中草地上单生或群生。

分　　布 分布于西藏、陕西、青海、云南等地。

应用情况 可食用。孢粉可作为止血、抗菌药（卯晓岚，1998b；赵会珍等，2007）。

1511　棱边马勃

别　　名 周边少鳞马勃

拉丁学名 *Lycoperdon marginatum* Kalchbr.

英 文 名 Peeling Puffball

形态特征 子实体小。菌体圆球形至近球形，后期扁球形，具鳞片，表面白色至橄榄色，下部具短的柄部，整体似陀螺形，菌体直径 1～4cm，具有颗粒状、棱角状或星状鳞片，其鳞片的分布是越到顶部大而多，靠近菌体四周边缘较少。孢子近平展，平滑，球形，直径 2.5～4.2μm。孢丝暗灰色。

生态习性 在荒山、沙地、草场或开阔林地上成群或单个生长。

分　　布 分布于内蒙古、陕西等地。

应用情况 此种在墨西哥高山区较普遍生长。据记载只要吃一两个菌体，便处于半昏睡状态，并出现明显的听幻觉反应。孢粉可药用止血等。其化学物质及药理不清。目前国内还未发现有中毒现象。

1512　莫尔马勃

拉丁学名 *Lycoperdon molle* Peck : Fr.

形态特征 子实体较小，近梨形或近陀螺形，直径 2～5cm，高 2.5～7cm，幼时灰褐色，后变浅土黄褐色，表面有刺疣，每个刺疣由数个小疣组成呈锥刺状，老后部分可脱落。不育柄部比较发达，但较短，长 1～2cm，粗 0.5～1cm，较顶部色浅，基部污白，具小疣刺。孢粉初期白色，后呈青褐色粉末，当成熟时，顶部中央破裂，孢子散出。孢子球形，具明

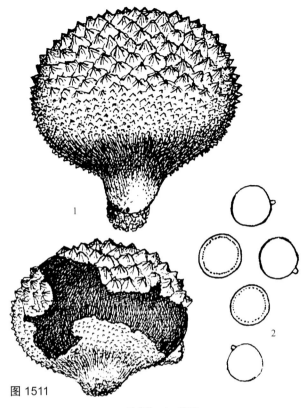

图 1511

1. 子实体；2. 孢子

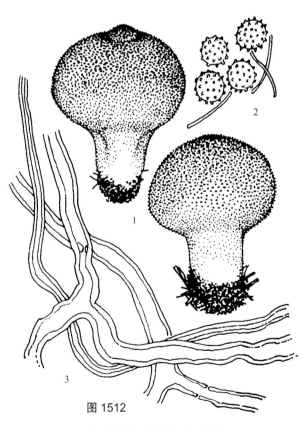

图 1512

1. 子实体；2. 孢子；3. 孢丝

图 1514-1

图 1515-1

图 1513

显的刺状小突起，浅褐色。孢子小柄无色，长 10～20μm，往往脱落。孢丝粗，厚壁，细长，褐色，粗 1.5～5.5μm。

生态习性　夏秋季生于阔叶林或针叶林中地上，群生、稀单生。

分　　布　分布于西藏、甘肃等地。

应用情况　成熟后孢粉可药用。此种与粗皮马勃 *Calvatia tatrensis* 比较相似。

1513　小柄马勃

别　　名　钩刺马勃、钩刺灰包

拉丁学名　*Lycoperdon pedicellatum* Peck

英 文 名　Pedicel Puffball, Little Stalk Puffball

形态特征　子实体小、近球形或梨形，直径 2～3cm，深肉桂色，其上有粗壮呈钩形的刺，刺长 0.5～1mm，脱落后露出淡青色的内包被，当刺刚脱落时，原来长刺处出现明显的凹点且后变光滑。孢体青黄色，不孕基部小。孢子球形或近似卵圆形，带色，光滑或粗糙，直径 4μm，含 1 大油滴。有透明的小长柄，长 10～25μm。孢丝线形，与孢子同色，分枝少，粗达 6μm。

生态习性　生于阔叶林中的腐枝落叶层上，有时生腐木上，群生。

分　　布　分布于湖南、安徽、云南、黑龙江等地。

应用情况　幼时可食用。成熟后孢子粉药用。

1514　网纹马勃

别　　名　网纹灰包

拉丁学名　*Lycoperdon perlatum* Pers.

英 文 名　Devil's Snuffbox, Gem-studded Puffball

形态特征　子实体一般小，高 3～8cm，宽 2～6cm，倒卵形至陀螺形，近白色变灰黄色至黄色，不孕基部发达。外包被由无数小疣组成，间有较大易脱落的刺，刺脱落后显出淡色光滑斑点或似网纹。孢体青黄色变为褐色，稍带紫色。孢子淡黄色具小疣，球形，直径 3.5～5μm。

图 1515-2

生态习性　夏秋季生于林中地上或腐木上，往往大量密集群生。

分　　布　分布极广泛。

应用情况　幼时可食用。成熟后可药用于消肿、抗菌、止血、解毒、清肺、利喉。

1515　草地横膜马勃

别　　名　草地马勃、横膜灰包

拉丁学名　*Lycoperdon pratense* Pers.

曾用学名　*Vascellum pratense* (Pers.) Kreisel

英 文 名　Meadow Puffball, Western Lawn Puffball

形态特征　子实体较小，宽陀螺形或近扁球形，直径2～5cm，高1～4cm，初期白色或污白色，成熟后灰褐色或茶褐色。外包被由白色小疣状短刺组成，后期脱落后，露出光滑的内包被。内部孢粉幼时白色，后呈黄白色，成熟后茶褐灰色或咖啡色。不育基部发达而粗壮，与产孢部分间有一明显的横膜隔离。孢丝无色或近无色至褐色，厚壁有隔，表面有附属物，成熟后从顶部破裂成孔口散发孢子。孢子球形，有小刺疣，浅黄色，直径3.5～4μm。

生态习性　夏秋季在草地、空旷草地、林缘草地上单生、散生或群生。

　中国食药用菌物

Edible and Medical Fungi in China

图 1516-1

分　布　分布于广东、福建、河北、云南、新疆、西藏等地。

应用情况　幼时可食用。成熟后孢粉可药用消炎、解毒等。此种与马勃属 *Lycoperdon* 的一些种相近似，但明显区别是子实体产孢部分与不育部分有一隔膜。

1516　梨形灰包

图 1516-2

别　名　梨形马勃
拉丁学名　*Lycoperdon pyriforme* Schaeff.
英文名　Pear-shaped Puffball

形态特征　子实体小，高 2～3.5cm，梨形至近球形，不孕基部发达，由白色菌丝束固定于基物上。包被色淡后呈茶褐色至浅烟色，外包被形成微细颗粒状小疣，内部橄榄色变褐色。孢子橄榄色，平滑，含 1 大油珠，球形，直径 3.5～4.5μm。

生态习性　夏秋季于林中腐木桩基部或周围散生或密集群生。

图 1517   图 1518

分　　布　分布于河北、辽宁、吉林、黑龙江、内蒙古、山西、甘肃、山东、陕西、福建、浙江、广东、广西、安徽、江西、湖南、湖北、海南、青海、四川、台湾、贵州、西藏等地。

应用情况　幼时可食用。成熟后孢粉可药用止血、消炎、解毒、清肺、利喉、抑肿瘤、抗菌。

1517　长柄梨形马勃

别　　名　梨形灰包长柄变种

拉丁学名　*Lycoperdon pyriforme* var. *excipuliforme* Desm.

英　文　名　Long Stalked Puffball

形态特征　子实体小，高可达 4～5cm，近似圆筒形，不孕基部比梨形马勃更发达，长 3～4cm。其他特征同梨形马勃。

生态习性　夏秋季成群生长于林中腐木上。

分　　布　分布于湖南、海南、广西、甘肃、云南、陕西等地。

应用情况　幼嫩时可食用，有记载味很好。据报道有抑肿瘤作用，对小白鼠肉瘤 180 和艾氏癌的抑制率均为 100%。此变种与长柄马勃有相似之处，但子实体明显小，成熟后顶部破裂开口，散放孢子。

图 1519

1518 长根静灰球菌

别　　名　长根马勃、根静灰球菌
拉丁学名　*Lycoperdon radicatum* Durieu et Mont.
曾用学名　*Bovistella radicata* (Durieu et Mont.) Pat.
英 文 名　Rooting Bovistella

形态特征　子实体中等大，直径 7～8cm，球形或扁球形，具粗壮的假根。外包被白色后呈褐色，粉状，易脱落。内包被淡褐色至浅茶褐色，薄，膜质，具光泽，由顶端开口。不孕基部占全部子实体的 1/3。孢体浅青褐色。孢子褐色，光滑，含 1 大油球，宽椭圆形至卵圆形，4.3～5μm×2.5～4μm，有透明的小柄，长 6～11μm。

生态习性　夏秋季生林内或旷野草地上。

分　　布　分布于吉林、江苏、甘肃、四川、云南等地。

应用情况　可食用。可药用。含亮氨酸、酪氨酸、尿素、麦角醇、类脂质、马勃素及磷酸钠等。外用止血、消肿，还可治疗肺热咳嗽、咽喉肿痛、衄血。

图 1520

图 1521

1519　枣红马勃

拉丁学名　***Lycoperdon spadiceum*** Pers.
曾用学名　*Lycoperdon lividum*
英 文 名　Livid-red Puffball

形态特征　子实体小，近球形或近陀螺形，直径 1.5～3cm，不育基部较短，近似赭褐色，初期粗糙有疣粒，后期可脱落，变至光滑，顶部色深，成熟后破裂成小孔口。内部孢丝初期白色，稍硬，后呈褐色粉末，孢子散发后遗留下不育基部。孢子褐色，近球形，有刺状小疣，3.5～4μm×3.5～4.5μm。
生态习性　夏秋季生于林中腐木残物及土壤上，单生或群生。
分　　布　分布于云南、香港等地。
应用情况　孢粉可药用。

1520　红马勃

拉丁学名　***Lycoperdon subincarnatum*** Peck

形态特征　子实体小，球形至扁球形，无柄或几无柄，直径 1～2.5cm，幼时表面带红色，后呈暗褐至黄褐色，被小疣或小刺，内表皮绿色，往往脱掉鳞片后留下凹状痕迹。孢子球形，黄色，直径 3.5～5.8μm，有小疣或较长的小刺。孢丝不分或少分枝，淡黄至黄色，粗 4～7.6μm。
生态习性　秋季生于阔叶林中地上腐枝或腐木桩上，其基部常有许多白色菌丝索附着。
分　　布　分布于西藏等地。
应用情况　幼时可以食用。

图 1522-1

1521　灰褐粒皮马勃

别　　名　赭褐马勃、粒皮马勃、暗褐马勃
拉丁学名　*Lycoperdon umbrinum* Pers.
英 文 名　Umber-brown Puffball, Blackish purple Puffball

形态特征　子实体小，近梨形或陀螺形，直径 2.5～4.5cm，高 3～5.5cm，不孕基部发达，初期白色，后呈浅褐色、蜜黄色至茶褐色及浅烟色。外包被粉粒状或小刺粒，不易脱落，老时仅有部分脱落露出光滑的内包被。孢体青黄色，最后呈栗色。孢子球形，由青黄变褐色，直径 3.7～6μm，有小刺和短柄。孢丝长，褐色，不分枝，粗 3～7μm。
生态习性　夏秋季生林中地上，偶生腐木上。
分　　布　分布于吉林、河北、陕西、甘肃、四川、青海、安徽、江苏、浙江、贵州、黑龙江、内蒙古、西藏等地。
应用情况　幼嫩时可食用，据报道试验用菌丝体深层发酵培养。其孢子粉可药用，有消炎、止血、抗菌作用。

1522　龟裂马勃

别　　名　龟裂秃马勃、浮雕秃马勃、浮雕马勃
拉丁学名　*Lycoperdon utriforme* Bull.
曾用学名　*Calvatia caelata* (Bull.) Morgan; *Lycoperdon caelata* (Bull.) Morgan
英 文 名　Mosaic Puffball

形态特征　子实体中等至较大，高 8～12cm，宽 6～10cm，陀螺形，白色渐变为淡锈色至浅褐色。

图 1522-2

图 1523

图 1522-3

外包被常龟裂。内包被薄，顶部裂成碎片，露出青黄色的产孢体，不孕基部较发达。孢子青黄色，光滑，含 1 油球，球形，直径 3～4.5μm。

生态习性　于草原和林缘草地上单生或群生。

分　布　分布于河南、河北、陕西、甘肃、山西、内蒙古、新疆、湖北、广西、四川、云南、贵州、吉林、香港、西藏等地。

应用情况　幼嫩时可食用。孢子粉成熟后药用消肿、解毒、止血、抗菌。

1523　白刺马勃

拉丁学名　*Lycoperdon wrightii* Berk. et M. A. Curtis
英 文 名　Winter Puffball

形态特征　子实体较小，高 0.5～2cm，直径 0.5～2.5cm。外包被有密集的白色小刺，其尖端成丛聚合呈角锥形，后期小刺脱落，露出淡色的内包被。孢体青黄色，不孕的基部小或无。孢子球形，浅黄色，稍粗糙，直径 3～4.5μm，含有 1 大油滴。孢丝线形，近无色，分枝少，壁薄，有横隔，粗 3.5～7.5μm。

图 1524-1

图 1524-2

图 1524-4

生态习性 生林地上，往往丛生一起。

分　　布 分布于河北、陕西、甘肃、青海、江苏、江西、河南、四川等地。

应用情况 孢粉可药用止血、消炎、解毒、抗菌。

1524　五棱散尾鬼笔

别　　名 棱柱散尾菌、五棱散尾鬼伞、五棱鬼伞、中华散尾鬼笔

拉丁学名 *Lysurus mokusin* (L.) Fr.

英 文 名 Lantern Stinkhorn, Five Ridged Lysurus

形态特征 子实体一般较小，细长，呈棱柱形，一般 4～5 棱，高 5～12cm，中空。顶部高 1.5～3cm，具 4～5 个爪状裂片，红色，初期裂片相互连接一起，后期从顶部彼此分离，靠内侧面产生暗褐色黏液孢体，具臭气味。菌

图 1524-3　　　　图 1525-1　　　　图 1525-2

柄浅粉至浅肉色，具 4～5 条纵行凹槽，松软呈海绵状。菌托高 2～4cm，苞状，初期卵球形，白色，基部往往有白色根状菌索。孢子在黏液孢体中，椭圆形，半透明，3.5～5μm×1.5～2μm。

生态习性　夏至秋季成群生长一起。

分　　布　分布十分广泛。此标本考察于北京怀柔喇叭沟门。

应用情况　顶部黏液孢体腥臭，常常吸引苍蝇等昆虫传播孢子。因形态特殊，多认为有毒，有记载可食用或药用，抑肿瘤。

1525　竹林蛇头菌

拉丁学名　*Mutinus bambusinus* (Zoll.) E. Fisch.

形态特征　子实体高 8～13cm 或更长。柄细长柱形，长 0.5～1.5cm，海绵状，橘红色，向基部色浅，中空。菌托白色，椭圆形或者卵圆形，高 2～3.5cm，粗 1.5cm，头部产孢，部分圆锥形，长 2～3.5cm，亮红色或者深红色，有疣状皱纹，顶端有孔口，附着黏稠暗青绿色孢体，气味臭。孢子带青绿色，近筒形，4～4.5μm×1.8～2μm。

生态习性　于竹林或竹等混交林地上单生或群生。

分　　布　分布于河南、贵州等地。

应用情况　民间药用，将子实体清洗粉碎后涂抹伤口。

1526 蛇头菌

拉丁学名 *Mutinus caninus* (Pers.) Fr.

形态特征 子实体较小，高6～8cm。菌盖鲜红色，与柄无明显界限，圆锥状，顶端具小孔，长1～2cm，表面近平滑或有疣状突起，其上有暗绿色黏稠且腥臭气味的孢体。菌柄圆柱形，似海绵状，中空，粗0.8～1cm，上部粉红色，向下部渐呈白色。菌托白色，卵圆形或近椭圆形，高2～3cm，粗1～1.5cm。孢子无色，长椭圆形，3.5～4.5μm×1.5～2μm。

生态习性 夏秋季生林中地上，往往单生或散生，有时群生。

分　　布 分布于河北、吉林、青海等地。

应用情况 记载有毒，不宜食用。

图 1526

1527 栓皮马勃

别　　名 树皮丝马勃

拉丁学名 *Mycenastrum corium* (Guers.) Desv.

英 文 名 Tough Puffball

形态特征 子实体较大，直径5～15cm，近球形，有时不规则形，白色，基部窄尖呈皱褶。外包被白色，软，渐脱落残留呈鳞片状。内包被厚，明显呈栓皮质，厚约2mm，上部不规则开裂。产孢体初期青黄色后变为浅烟色。孢子黄褐色，有网纹，球形，直径7.5～12μm。孢丝淡黄色，短，分枝，有粗壮的刺，刺粗6～12μm。

生态习性 生空旷草地和草原上，偶生戈壁沙滩上。

分　　布 分布于河北、辽宁、内蒙古、宁夏、青海、新疆等地。

应用情况 幼小时可食用。孢粉药用，有止血、消肿、清肺、利喉、解毒作用。

图 1527-1

图 1527-2

1528　多口地星

拉丁学名　*Myriostoma coliforme* (Pers.) Corda
曾用学名　*Myriostoma coliformis* (Dicks.) Corda
英 文 名　Salreshaket, Earthstar

形态特征　子实体一般较小，直径 2～6cm 或稍大，在未裂开前近球形，基部由菌索固定于地上。外包被外侧浅褐色或污白黄色，开裂呈 6～12 瓣裂片，纤维质。内包被浅褐色，呈球形或扁圆球形，表面稍粗糙，其下有数小柄，其上有许多近似圆形的口，口缘稍凸出，内部孢体组织赭褐色。孢子褐色，有疣，近球形，直径 4～5.5μm。
生态习性　夏秋季于林中或林缘草地上单生或群生。
分　　布　分布于四川等地。
应用情况　有药用价值。民间利用孢粉消炎、解毒、止血，亦可外伤用药。

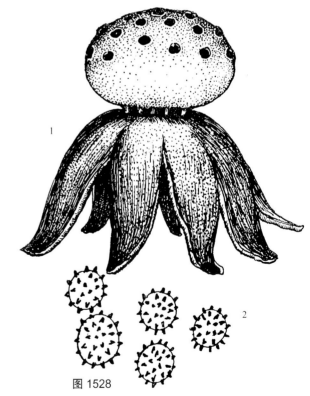

图 1528

1. 子实体；2. 孢子

图 1529

1529　白绒蛋巢菌

拉丁学名　*Nidula niveotomentosa* (Henn.) Lloyd

形态特征　子实体小，直径 0.4～0.6cm，高 0.4～0.65cm，呈杯状，白色或带浅土黄色。外侧被白色绒毛，内侧光滑，呈浅橙红或土黄色至黄褐色。小包扁圆形，明显的宽约 1mm，红褐色，后期有皱。孢子光滑，宽椭圆形，6.3～8μm×4.5～6.2μm。
生态习性　于林中枯树干或腐木上群生。
分　　布　分布于西藏、云南、贵州、广东、福建等地常绿阔叶林区。
应用情况　可分解纤维素。

1530　重脉鬼笔

拉丁学名　*Phallus costatus* (Penz.) Lloyd
英 文 名　Costate Stinkhorn

形态特征　子实体一般较小，高 8～10cm，幼时包裹在白色卵圆形的包里，当开裂时菌柄伸长。菌盖呈钟形，有不规则起突的网纹，黄色至亮黄色或呈橙黄色，具暗绿色黏液（孢体），有腥臭气味。柄近圆筒形，白黄色或浅黄色，中空呈海绵状。菌托白色，苞状，厚，高约3cm。孢子无色，长椭圆形，3.5～4μm×1.5～2μm。

生态习性 夏秋季生于林中倒腐木上，往往成群生长。

分　　布 分布于黑龙江、吉林等地。

应用情况 在日本视为食用菌。

1531　棘托竹荪

拉丁学名 *Phallus echinovolvatus* (M. Zang, D. R. Zheng et Z. X. Hu) Kreisel

曾用学名 *Dictyophora echinovolvata* M. Zang, D. R. Zheng et Z. X. Hu

形态特征 子实体较小，其形态近似长裙竹荪。菌盖近钟形，高2.5～3.5cm，宽2.5～3cm，薄而脆，具网格，有一层褐青色黏液即孢体。菌裙白色，长，网格呈多角形。菌柄较长，海绵质，白色，长9～15cm，粗2～3cm。菌托白色或浅灰色，后期渐呈褐色或稍深，具柔软的刺状突起，初白色后因失水或光照而色变深，其下面有无数须根状菌索，伤处不变色，初期托包裹时呈球形或卵圆形，直

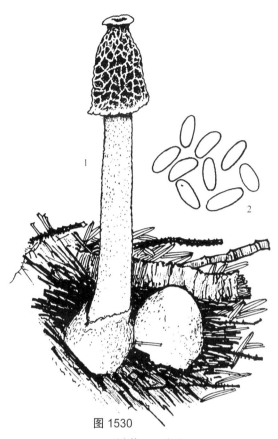

图 1530

1. 子实体；2. 孢子

径2～3cm。担子圆筒形或棒状，6～8μm×2.5～3.5μm，具4～6个小梗。孢子无色透明，呈椭圆形，3.5～4μm×2～2.3μm。

生态习性 生长期6～9月，以7～8月为生长高峰。生于竹及其混交林中，以半腐朽的竹木等废料为基物。

分　　布 此种发现于湖南西南与贵州接壤地区。

应用情况 可食用。亦能人工栽培，此种菌托生棘现象除竹荪会出现外，有时鬼笔菌托亦有出现。据臧穆先生记述，子实体生长周期相对湿度为95%以上。此菌被视为高湿型栽培竹荪。

1531

图 1532

图 1533

图 1534

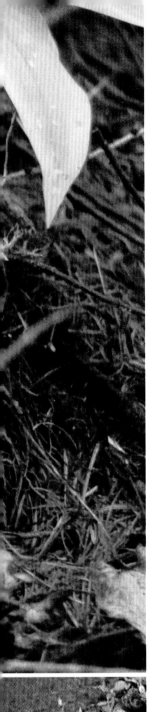

1532　香鬼笔

拉丁学名　*Phallus fragrans* M. Zang

形态特征　子实体小。菌盖圆锥形或钟形，高 3.5～4cm，宽 2.5～3cm，表面呈网格状，顶端平截或呈圆圈状，中央具穿孔，产孢层黑褐色或橄榄褐色，具有与丁香花近似的浓香气。密丝组织的细胞椭圆或近圆形。柄白色，圆柱形，质脆，表面具小孔，壁具 2 层气室，中空，高 10～16cm，粗 2～3cm，具发育不良的菌幕残片。包被中层具胶质，厚 0.5～1.9cm。孢子狭椭圆形，直或弯曲，2.5～3.7μm×0.8～1.7μm，透明或微具橄榄绿色。
生态习性　在云杉林或竹林下单生或群生一起。
分　　布　分布于西藏、云南、湖南等地。
应用情况　此种记载可以食用。具浓郁的丁香花香气。现已人工驯化栽培成功。

1533　白鬼笔

别　　名　竹生菌、鬼笔菌
拉丁学名　*Phallus impudicus* L.
曾用学名　*Phallus volvatus* Batsch
英　文　名　Stinking Polecat, Stinkhorn, Stinking

形态特征　子实体中等或较大，高 16～17cm，基部有苞状、厚而有弹性的白色菌托。菌盖钟形，高 4～5cm，宽 3.5～4cm，有深网格并生有暗绿色的黏臭孢体，成熟后顶平有一孔口。柄长 8～10.5cm，粗 1.5～2.5cm，近圆筒形，白色，海绵状，中空。孢子平滑，椭圆形至椭圆形，3.5～5μm×2～2.8μm。
生态习性　夏秋季于林中地上群生或单生。
分　　布　分布于山西、甘肃、西藏、安徽、台湾、广东等地。
应用情况　可食用，但需把菌盖和菌托去掉，还可煎汁作为食品短期的防腐剂。可药用，治风湿症，有活血、祛痛、清肺作用。德国有报道其发酵产物用紫外线照射解毒后，加若干金属盐，治疗癌症，获得主观症状改善。

1534　变红白鬼笔

拉丁学名　*Phallus impudicus* var. *iosmos* (Berk.) Cooke

形态特征　子实体幼时菌蕾呈卵圆形或近球形，白色渐变红色或带褐红色。

图 1535-1　　　　　图 1535-2　　　　　图 15

菌索白色变浅红或紫红色。柄长 5～12cm，似海绵状，白色至带浅红色。顶端呈盘状，白色至带红色，下缘平或齿状凸起。孢子无色，光滑，椭圆形，3～4.5μm×1.5～2.5μm。

生态习性　夏秋季生林地上。

分　布　分布于新疆等地。

应用情况　有认为可食用，亦有说不宜食用。

1535　红鬼笔

别　　名　深红鬼笔、蛇卵菰、鬼笔

拉丁学名　*Phallus rubicundus* (Bosc) Fr.

曾用学名　*Phallus canariensis* Mont.

英 文 名　Devil's Horn

形态特征　子实体中等或较大，高 10～20cm。菌盖高 1.5～3cm，宽 1～1.5cm，近钟形，具网格，初期上面覆盖灰黑色恶臭的黏液孢体，后呈现浅红至橘红色，顶端平，红色并有一孔口。菌

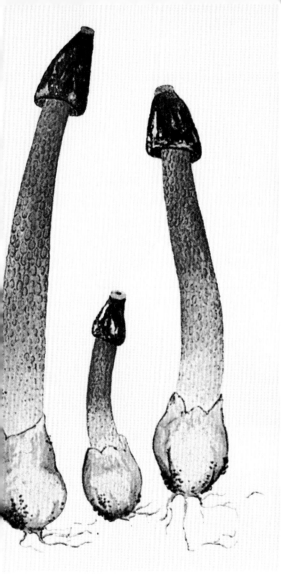

图 1535-4

柄长 9～19cm，粗 1～1.5cm，圆柱形，靠近顶部橘红至深红色，中空，海绵状，下部渐粗，色渐淡至白色。菌托苞状，长 2.5～3cm，粗 1.5～2cm，白色，有弹性。孢子几无色，椭圆形，3.5～45μm×2～2.3μm。

生态习性　夏秋季于菜园、屋旁、路边、竹林等地上群生。

分　　布　分布十分广泛。

应用情况　菌盖表面黏液腥臭，一般认为有毒或怀疑有毒。可药用，有散毒、消肿、生肌作用。将子实体除去菌盖孢体，晒干研末，和油涂之或将研末粉敷于伤处，治疗疮疽。

1536　小黄鬼笔

别　　名　黄鬼笔、细黄鬼笔

拉丁学名　*Phallus tenuis* (E. Fisch.) Kuntze

英 文 名　Yellow Stinkhorn

形态特征　子实体较小，高 7～10cm。菌盖小，钟形，高 2～25.5cm，黄色，有明显的小网格，其上有

图 1536

图 1537

黏臭、青褐色的孢体，顶端平，具一小孔口。菌柄细长，海绵状，淡黄色，长 5～7cm，粗 0.8～1.0cm，内部空心，向上渐尖细，基部有白色菌托。孢子椭圆形，光滑，无色，2.5～4.5μm×1.5～2.5μm。

生态习性 常于腐朽木及地上群生。

分　　布 分布于吉林、湖南、香港、广东、四川、西藏等地。

应用情况 此种菌盖上黏液腥臭，有认为具毒。

1537　歧裂灰孢

别　　名 德氏歧裂灰孢、歧裂灰凤梨菌、灰凤梨

拉丁学名 *Phellorinia herculeana* (Pers.) Kreisel

曾用学名 *Phellorinia inquinans* Berk.; *Phellorinia delastri* Berk.

英 文 名 Pineapple Stalked Puffbal

形态特征 子实体中等大，高 9～1.7cm，近卵圆形或呈梨形，成熟后棍棒形。外包被白色变浅黄褐色，有大块不规则状开裂的鳞片，有时脱落。内包被浅褐色，薄、膜质，光滑，头状，顶部不规则状开裂。菌柄高 8～12cm，粗 0.8～1.8cm，有纵向皱纹和裂缝，并有数层鳞片，基部菌丝与沙形成菌托。孢子密生小刺，球形，直径 3～7.5μm。

生态习性 秋季在沙地上单生。

分　　布 分布于青海、新疆等地。

应用情况 民间用于止血、消肿、消炎、治外伤出血、冻疮流水等（Liu，1984）。可将此菌孢子粉撒敷伤口处。

图 1538-1

1538 豆包菌

别　　名	豆包马勃、彩色马勃、豆色马勃、豆包、彩色豆包菌
拉丁学名	***Pisolithus arhizus*** (Scop.) Rauschert
曾用学名	*Pisolithus tinctorius* (Pers.) Coker et Couch
英 文 名	Dye Maker's False Puffball, Horse Dung Fungus, Puffball

形态特征　子实体小至中等，有时较大，直径 2.5～18cm，呈球形或近似头状，下部显然缩小形成柄状基部。菌柄长 1.5～5cm，粗 1～3.5cm，由一团青黄色的菌丝固定于基物上。包被初期米黄色变为浅锈色，最后为青褐色，薄，光滑，易碎，成熟后上部呈片状脱落，内部有无数小包，埋藏于黑色胶质物中。小包黄色或橘黄色，后变为褐色至暗褐色，扁球至不规则多角形，直径 1～4mm，包内含孢子，包壁逐渐消失，使孢子散出。孢子褐色至近咖啡色，有刺，球形，直径 8～12μm。

生态习性　夏秋季于松树等林中沙地上单生或群生。是松、杉、栎等树木的外生菌根菌，被称之为菌根"皇后"。

分　　布　分布于江苏、安徽、浙江、江西、福建、河南、甘肃、黑龙江、湖南、台湾、湖北、广东、香港、广西、四川、山东、云南等地。

应用情况　在云南幼嫩时食用并见于市场出售。此菌有消肿、止血作用。据报道，此菌所含 pisolithin A、pisolithin B 具有杀菌活性，pisosterol 具抗肿瘤活性。还可用作黄色染料。

图 1538-2

1539　小果豆包菌

拉丁学名　*Pisolithus microcarpus* (Cooke et Massee) G. Cunn.

形态特征　子实体一般较小，头部直径 2.5～5cm，陀螺形或近球形，表面褐色及有黑斑点，基部缩为柄状，甚至成为长而粗壮的菌柄，表面褐色或稍浅。顶部包被单层，成熟破碎后里面产

图 1539

孢组织呈土黄色，有暗色隔膜包裹的无数椭圆形小包。小包干后颗粒状。孢子浅黄褐色，壁厚，具密集小疣，球形，直径 5～8μm。孢丝黄色，有分枝及锁状联合。

生态习性　夏秋季于混交林中地上散生或单生。可能为树木外生菌根菌。

分　布　分布于广东、云南等地。

应用情况　子实体及孢子均比豆包菌 *Pisolithus tinctorius* 小。应用不明。

1540　轴灰包

别　　名　轴灰包菌、灰钉
拉丁学名　*Podaxis pistillaris* (L.) Fr.
曾用学名　*Scleroderma pistillare* (L.) Pers.
英 文 名　Desert Inkycap, Desert shaggy
Mane

形态特征　子实体大，高达 10～22cm，浅
黄褐色，新鲜时白色。包被长 3～10cm，粗
1.5～2.5cm，圆筒形至椭圆形，沿下部纵向
开裂，表面有易脱落的舌形薄鳞片，内部呈
暗红褐色，含有孢子和孢丝。菌柄粗，长
10～12cm，粗 0.6～1cm，基部有一团菌丝与
砂粒混杂一起，柄上端延伸至包被顶形成中
轴。孢子初期浅青黄色，成熟后褐色或红褐
色，形状大小多样，近球形、卵圆形至长方
形，9～20μm×9～16.5μm。
生态习性　生沙土地上，幼时生地下后外露。
分　　布　分布于海南、广东等地。
应用情况　可药用，有消肿、止血、清肺、
利喉、解毒作用。

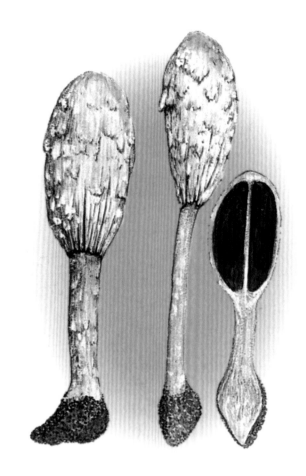

图 1540

1541　假笼头菌

拉丁学名　*Pseudoclathrus cylindrosporus* B. Liu et Bau

形态特征　子实体高 6cm。孢托由 6 根直立的托臂组成，托臂等粗，高 2.5cm，橙黄色，每个托臂
的背侧有 1 条纵沟。托臂的顶端组织相连，永不分离。孢体生长于托臂的两侧，橄榄褐色，有臭味。
菌柄藏于菌托中，长 3.5cm，两侧扁平，切面为不规则椭圆形，长径 1.5～2cm，短径 1～1.2cm，海
绵质，白色，有 6 根纵向的脊棱与 6 枚托臂相对应。菌托鞘状，白色，高 3cm。担孢子圆柱状，淡
橄榄色，2.8～4μm×1～1.3μm。
生态习性　生于山坡草地上。
分　　布　分布于北京西山等地。
应用情况　可研究药用。

图 1542-1

图 1542-2

1542 纺锤爪鬼笔

别　　名 佛手菌、佛手爪鬼笔、三叉爪鬼笔
拉丁学名 *Pseudocolus fusiformis* (E. Fisch.) Lloyd
曾用学名 *Anthurus javanicus* (Penz.) G. Cunn.; *Pseudocolus schellenbergiae* (Sumst.) Johnson
英　文　名 Stiky Squid

形态特征 子实体较小，幼时菌托污白，包裹呈卵圆形，高 1.5～2cm，直径 1～1.5cm。菌托逐渐破裂伸出菌柄，高 4～8cm，粗可达 4～5cm。柄圆柱形，中空，近白色至粉红色，上部分呈角状分枝 3～4 个，橘红色，初期分枝顶端连接，后期分离，内侧有纵向皱褶且产生暗褐色具臭气味的孢体。孢子无色透明，光滑，椭圆形，4～5μm×1.5～2.5μm。
生态习性 夏秋季于林中腐殖质多的地上或腐朽木上生长。
分　　布 分布于台湾、香港、广东、海南、安徽、云南、湖南等地。
应用情况 有记载无毒可食。因色彩艳丽、形似佛手状而得名。又因孢体具臭气味而认为有毒。有认为此种同三叉爪鬼笔 *Pseudocolus javanicus*。

图 1543

1543　浅黄根须腹菌

别　　名　淡黄根包菌
拉丁学名　*Rhizopogon luteolus* Fr. et Nordholm
英 文 名　Yellow False Truffle, Yellowish Rhizopogon

形态特征　子实体小，近球形、块茎状，直径2～3cm，表面初期白色带黄，露出地表后呈黄褐色，表皮上生出并附着许多暗色菌丝索，菌丝索往往相互联合成网状。包被膜质而较坚韧，产孢组织无中轴。孢子4～6个，长椭圆形或倒卵圆形，光滑，无色或淡黄褐色，5～8.5μm×2.5～3.5μm。
生态习性　春至秋季生于松林等地上，群生，往往半埋生于砂质土地中。属树木的外生菌根菌。
分　　布　分布于福建、云南、广东、广西等地。
应用情况　可食用，味鲜美。

图 1544-1　　　　　　　　　　　　　　　　图 1544-2

1544　变黑根须腹菌

拉丁学名　*Rhizopogon nigrescens* Coker et Couch
英 文 名　Black Rhizopogon

形态特征　子实体小，近球形或扁圆形，直径 2.5～5cm，初期白色变黄色至褐色，干后呈红褐色、黑褐色至黑色，基部有菌丝索。包被厚 200～550μm，外层菌丝具褐色色素。孢体早期白色至淡黄色，干后褐色，小腔圆形至近不规则，宽达 0.8mm，菌髓厚 50～80μm，由交织至平行的菌丝组成。孢子无色，平滑，有基痕，长椭圆形，4.5～6.5μm×2.5～3μm。
生态习性　于林中地上半埋生。属于树木的外生菌根菌。
分　　布　分布于广东、广西、四川、云南等地。
应用情况　可食用，味鲜美。

1545　黑根须腹菌

别　　名　漆黑根须腹菌、松菰、松露菌、黑络丸菌
拉丁学名　*Rhizopogon piceus* Berk. et M. A. Curtis
英 文 名　Bearded Rood Fungus

形态特征　子实体较小，直径 1.5～4cm，呈不规则球状，新鲜时表面白色、污白色，干时浅烟色或变至黑色，子实体上部菌丝索紧贴而不明显，而子实体下部菌丝索似根状。包被厚 220～250μm，单层，紧密，内部深肉桂色。孢体腔圆形，迷路状，中空，腔壁白色，厚 65～120μm。孢子无色，成

图 1545

堆时黄色，光滑，常含有 2 个油滴，长椭圆形，5～7μm×2.5～3μm。

生态习性　春秋季生混交林中地上，往往半埋生。与松树形成外生菌根。

分　布　分布于福建、广西、山西等地。

应用情况　美味可食用。有止血作用，民间将干子实体研制成粉末撒在伤口上，治疗外伤出血。

1546　里亚氏须腹菌

拉丁学名　*Rhizopogon reaii* A. H. Sm.

形态特征　子实体直径 1.5～3cm，圆球形至近球形，有时不规则，初期淡污黄色，干时黑色，有黑色菌丝索，外层直径 4～10μm，菌丝上有膨大细胞。孢体白色，后变橄榄褐色，干时更深。小腔直径 0.5～0.7mm，菌髓厚 40～60μm，由近平行的菌丝组成。孢子平滑，椭圆形，5.5～7μm×3～3.5μm。

生态习性　于林中土壤中半埋生。

分　布　分布于广东、云南等地。

应用情况　可食用。

图 1546-1

图 1546-2

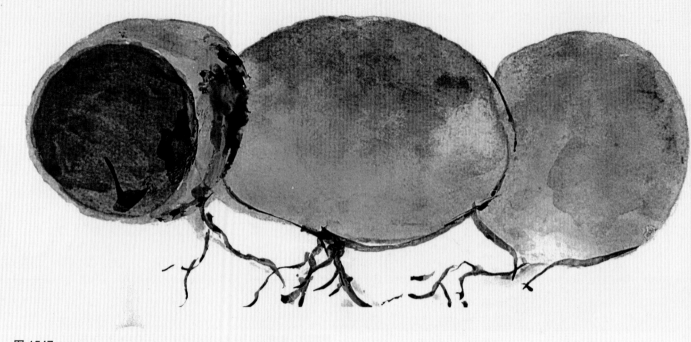

图 1547

1547　玫瑰须腹菌

| 别　　名 | 红须腹菌、红根须腹菌、松露菌、松露 |

别　　名　红须腹菌、红根须腹菌、松露菌、松露
拉丁学名　***Rhizopogon roseolus*** (Corda) Th. Fr.
曾用学名　*Rhizopogon rubescens* (Tul. et C. Tul.) Tul. et C. Tul.
英 文 名　False Truffle, Red Rhizopogon, Shyoro

形态特征　子实体一般较小，直径 1～6cm，呈扁球形至近圆球形或不规则形状，表面白色或有红色色调，成熟带淡黄褐色，伤处变红色，近平滑，表皮基部开始充实白色，后呈迷路状，变黄色或暗褐色，味温和。孢子无色，光滑，长椭圆形，9～14μm×3.5～4.5μm。
生态习性　春至秋季于林中沙质土壤里逐渐露出地面。属树木外生菌根菌。
分　　布　分布于云南、福建、香港、广东等地。
应用情况　可食用，味鲜美。抑肿瘤，试验对小白鼠肉瘤 180 及艾氏癌的抑制率均为 60%。

1548　褐黄须腹菌

拉丁学名　***Rhizopogon supericorensis*** A. H. Sm.

形态特征　子实体直径 2～3.5cm，呈椭圆、扁圆、近球形或不规则形，表面黄褐或褐黄或灰褐色。孢子浅黄褐色，光滑，椭圆形或长椭圆形，8～12μm×3～4.5μm。
生态习性　秋季生林中地上。

1548

分　　布　分布于西藏、青海等地。

应用情况　可食用，味道好。

1549　百灵庙裂顶灰锤

别　　名　裂顶灰锤

拉丁学名　*Schizostoma bailingmiaoense* B. Liu et al.

形态特征　子实体高 4.4～8cm。包被扁球形，高 0.8～1.5cm，直径 1.4～2.5cm，易从菌柄的顶端脱落。外包被由菌丝和沙粒所组成，白色，老熟后大部分脱落。内包被膜质，平滑，白色，顶端中央具不规则线状裂纹，内包被即沿此裂纹呈星状开裂或不规则破碎开裂。包领完整，短，距菌柄 0.1～0.2cm。菌柄着生于包被基部中央的圆形凹穴内，均一圆柱状或向基部渐狭细，上部直径 0.5～0.7cm，白色，直立，中空，表面具纵向条纹或纤毛状鳞片，基部具一不明显的菌托，地下部分延伸 2～3cm。孢子球形至近球形、卵圆形，平滑，淡黄色，4～6.5μm×4～5.5μm。

生态习性　生于沙地上。

分　　布　分布于内蒙古、新疆等地。

应用情况　具有止血等作用。

1550 磴口裂顶灰锤

别　　名　磴口裂顶柄灰包
拉丁学名　*Schizostoma dengkouense* B. Liu et al.

形态特征　子实体高4～7.7cm。包被扁球形，高1.4～2cm，直径1.3～2.5cm。外包被由菌丝和砂粒所组成，白色，老熟后大部分脱落。内包被膜质，平滑，白色，顶端中央具不规则线状裂纹，内包被即沿此裂纹呈星状开裂，当孢体散失后，内包被呈裂片状，其内侧黄褐色、浅红褐色至黄白色。包领大，明显，宽达0.5cm，距菌柄0.2～0.4cm。菌柄着生于包被基部中央的圆形凹穴内，圆柱状至向基部渐狭细，直径0.5～0.7cm，白色，直立，中空，表面有撕裂状大鳞片，基部具一不明显的菌托，易脱落。孢子圆球形、卵圆形至椭圆形，平滑，黄褐色，直径4.6～6.7μm或5～7μm×4.6～5.7μm。

生态习性　生于砂地上。
分　　布　分布于内蒙古、新疆等地。
应用情况　具有止血作用。

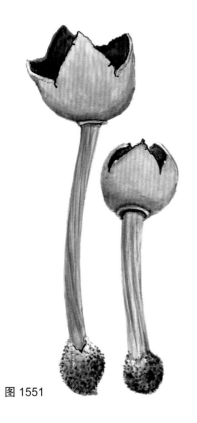

图1551

1551 裂顶灰锤

拉丁学名　*Schizostoma laceratum* Ehrenb.
曾用学名　*Tulostoma laceratum* (Ehrenb.) Fr.
英 文 名　Clearage Stalked Puffbal

形态特征　子实体小。外包被薄，开裂后脱落，在内包被基部留下衣领状的菌环。内包被直径1.2～2.2cm，高0.6～2cm，球形、扁球形，褐色、灰褐色以及灰白色，顶部不规则状或星状开裂。菌柄高6～11cm，圆柱形，近白色，有纵向皱褶数条，柄基部外包被残留呈菌托。产孢体褚石色到褐色。孢子褐色，光滑，球形或宽椭圆形，4.5～6μm×3～4.5μm。
生态习性　于灌丛沙地上散生。
分　　布　分布于新疆、内蒙古、甘肃等地。
应用情况　孢粉可药用止血、消肿、清肺、利喉、解毒。

1552 乌兰布和裂顶灰锤

别　　名　乌兰布和裂顶柄灰包
拉丁学名　*Schizostoma ulanbuhense* B. Liu et al.

形态特征　子实体高4.2～7.9cm。包被圆球形，高0.9～1.8cm，直径0.9～1.8cm。外包被由絮状菌丝和沙粒所组成，褐色，脱落极慢。内包被膜质，平滑，褐色，顶端中央具不规则线状裂纹，内包被即沿此裂纹呈星状开裂，当孢体散失后，内包被呈裂片状，其内侧褐色。包领短，明显，距菌柄0.1～0.2cm，边缘悬垂有丝膜状菌幕。柄着生于包被基部中央的圆形凹穴内，圆柱状至向基部渐狭

图 1553

细，直径 0.25～0.5cm，白色，直立，中空，表面覆盖有一层沙粒，具撕裂状大鳞片，基部具一大的菌托，高 0.7～0.8cm，宽 1.1～1.3cm，表面覆盖有一层沙粒。孢体暗褐色、黄褐色、短、厚壁，直径 4.8～9.5μm，分枝少，无隔。孢子圆球形、近球圆形、卵圆形至稍不规则，平滑，黄褐色，4.7～7.5μm×3～5.7μm。

生态习性 生于沙漠上。

分　　布 分布于内蒙古、新疆等地。

应用情况 具有止血作用。

1553　马勃状硬皮马勃

别　　名 网状硬皮马勃、马皮泡、灰包

拉丁学名 *Scleroderma areolatum* Ehrenb.

曾用学名 *Scleroderma lycoperdoides* Schwein.

英　文　名 Areolate Earthball, Leopard-spotted Earthball, Netted stone Puffball

形态特征 子实体小，扁半球形，直径 1～2.5cm，下部平，有长短不一的柄状基部，其下开散成许多菌丝束，包皮薄，浅土黄色，其上有细小暗褐色、紧贴的鳞片，顶端不规则开裂。孢子球形，深褐色，直径 7～13μm，刺长 1μm，孢子成堆时暗灰褐色。孢丝褐色，厚壁，粗 2.5～10μm，顶端膨大呈粗棒状。

生态习性 生于针叶林中地上，群生。属树木外生菌根菌。

分　　布 分布于河北、山西、甘肃、江苏、浙江、安徽、江西、福建、广东、广西、四川、云南等地。

应用情况 此菌幼嫩时可食用，老熟后可药用消炎、止血等。但有记载有毒，食用、药用时需特别注意。

图 1554

图 1555-1

图 1555-2

1554　金黄硬皮马勃

别　　名　黄硬皮马勃

拉丁学名　*Scleroderma aurantiacum* (L.) Pers.

英 文 名　Common Earthball, Pigskin Poison Puffball

形态特征　子实体中等大，球形至扁球形，直径 2.5～12cm，黄色、橙黄或黄褐色，表面龟裂成鳞片，皮层厚，开始内部带灰白色，后期变成紫蓝灰色至近黑色粉末（孢体），最后从顶部开口并散发出来。孢子球形，具网纹及小突起，黑褐色，直径 8～12μm。孢丝分枝，壁厚，粗 3.5～6μm，具锁状联合。

生态习性　夏秋季在林中地上单个或几个生长在一起。属树木外生菌根菌。

分　　布　分布于江苏、福建、台湾、西藏、广东、香港、广西等地。

应用情况　国内有记载可食用。据国外报道有毒，食后引起胃肠炎反应。老熟干后可药用，其消炎效果比较好。

图 1556-1

1555 大孢硬皮马勃

拉丁学名 *Scleroderma bovista* Fr.
英 文 名 Macrospore Stone Puffball, Potato Earth-ball

形态特征 子实体小，直径 1.5～5.5cm，高 2～3.5cm，不规则球形至扁球形，由白色根状菌索固定于地上。包被浅黄色至灰褐色，薄，有韧性，光滑或有鳞片。孢体暗青褐色。孢子暗褐色，含 1 油滴，有网棱，网眼大，周围有透明薄膜，球形，直径 10～18μm。孢丝褐色，顶端膨大，壁厚，有锁状联合，粗 2.5～5.5μm。

生态习性 夏秋季生林中地上。与树木形成外生菌根。

分　布 分布于河北、吉林、山东、江苏、浙江、河南、湖北、湖南、陕西、甘肃、四川、贵州、云南等地。

应用情况 幼时可食用，但要谨慎。老熟后药用消肿、消炎、止血。治疗外伤出血、冻疮流水，使用时可将适量孢粉敷于伤口处。

图 1556-2

图 1557-2

图 1557-1

图 1557-3

1556 光硬皮马勃

拉丁学名 *Scleroderma cepa* Pers.
英 文 名 Glabrous Stone Puffball

形态特征 子实体小，直径 1.5～5cm，近球形或扁球形，无柄或几无柄，由一团菌丝束固定于地上，初期白色，后呈土黄色、浅青褐色、红褐色或灰褐色至褐紫色，光滑，有时顶端有细小斑纹，干后包被变薄，不孕基部小。孢子球形，深褐色或紫褐色，直径 8～11μm，具尖锐小刺，长约 1μm。
生态习性 夏秋季生林中地上。属树木外生菌根菌。
分　　布 分布于江苏、浙江、河南、湖北、湖南、四川、贵州、云南等地。
应用情况 幼时可食用。药用有止血、消炎、解毒等功效。有认为此种药用同黄硬皮马勃 *Scleroderma flavidum*。

1557 橙黄硬皮马勃

拉丁学名 *Scleroderma citrinum* Pers.
英 文 名 Common Earthball

形态特征 子实体较小或中等大，近球形或扁圆形，土黄色或近橙黄色，直径 2～13cm，表面初期近平滑，渐形成龟裂状鳞片，皮层厚，剖面带红色，成熟后变浅色。内部孢体初期灰紫色，后呈黑褐紫色，后期破裂散放孢粉。孢子球形，具网纹突起，褐色，直径 9～12μm。孢丝厚壁，褐色，多分枝，有锁状联合，粗 2.5～5.5μm。

生态习性 夏秋季生松及阔叶林砂地上，群生或单生。属树木的外生菌根菌。

分　　布 分布于福建、台湾、广东、香港、西藏等地。

应用情况 含有微毒，但在有些地区在其幼时食用。孢粉有消炎作用。有认为此种同金黄硬皮马勃 *Scleroderma aurantiacum*，但也有作为两个不同种。

1558 黄硬皮马勃

别　　名 硬皮马勃
拉丁学名 *Scleroderma flavidum* Ellis et Everh.
英 文 名 Glabrous Stone Puffball

形态特征 子实体中等大，直径4～10cm，扁圆球形，佛手黄或杏黄色，后渐为黄褐至深青黄灰色，有深色小斑片和紧贴的小鳞片，成熟时呈不规则裂片，无柄或基部似柄状，由一团黄色的菌丝索固着于地上。孢体灰褐或带淡紫灰，后变深棕灰色。孢子深褐色，多刺，刺长约1μm，常相连成网纹，球形，直径 7～10μm。

生态习性 夏秋季于阔叶林地上群生或单生。与栎、马尾松形成外生菌根。

分　　布 分布于广西、香港、广东、福建、云南等地。

应用情况 成熟后孢粉药用消炎。此种食用后会产生呕吐、疲劳、头痛等不适感觉，应为有毒，不宜食用。

图 1558-1 图 1558-2

图 1559

图 1560

1559　奇异硬皮马勃

别　　名　硬皮马勃
拉丁学名　*Scleroderma paradoxum* G. W. Beaton

形态特征　子实体小，高 1.5～2.5cm，宽 2.5～4cm，呈不规则扁球形，无不育基部，由基部菌丝固着于基物上。包被浅黄褐或污白黄色，单层，较薄，干时韧，由胶质菌丝组成，后期表面龟裂呈麸皮状或斑片状，成熟时顶部不规则开裂。孢体黑色后呈粉末状。孢子茶褐色，具小疣和网纹，球形，直径 9～16μm。菌丝无色或带浅黄色，粗糙，有分枝及横隔。
生态习性　于阔叶或混交林地上单生或群生。属树木外生菌根菌。
分　　布　分布于广东、香港等地。
应用情况　子实体成熟后孢粉可消炎、解毒、止血。

1560　多根硬皮马勃

别　　名　星裂硬皮马勃、硬皮马勃
拉丁学名　*Scleroderma polyrhizum* (J. F. Gmel.) Pers.
曾用学名　*Scleroderma geaster* Fr.
英 文 名　Earthstar Scleroderma

形态特征　子实体小至中等，直径 4～8cm，近球形，有时不正形。包被厚而坚硬，初期浅黄白色后浅土黄色，表面常有龟裂纹或斑状鳞片，成熟时呈星状开裂，裂片反卷。孢体成熟后暗褐色。孢子褐色，有小疣，常相连成不完整的网纹，球形，直径 6.5～12μm。

图 1561-1   图 1561-2

生态习性   夏秋季于林间空旷地或草丛中或石缝处单生或群生。属树木外生菌根菌。

分　布   分布于江苏、浙江、福建、台湾、河南、湖南、广东、广西、四川、贵州、云南等地。

应用情况   幼时可食用。成熟可药用，有消肿、止血作用。

1561　青黄褐硬皮马勃

拉丁学名 *Scleroderma* **sp.**

形态特征   子实体较小或中等大，直径 3～8cm，近球形或扁球形，青黄褐色，下部柠檬黄色，表面粗糙，上部及顶部可有龟裂小鳞片，深裂口部黄色，基部由一团黄色菌丝索收缩呈近柄状固定于地上。产孢组织黑褐色。孢子褐色，有小刺，球形，直径 6.5～9.5μm。

生态习性   于林中地上单生、散生或群生。

分　布   分布于广东、香港等地。

应用情况   民间用孢粉消炎、止痛、止血。

1562　薄硬皮马勃

别　名   马勃状硬皮马勃

拉丁学名 *Scleroderma tenerum* Berk. et M. A. Curtis

形态特征   子实体小，扁球形，直径 1～2.5cm，下部或有柄状基部且散开成许多菌丝索。包被薄，浅土黄色，

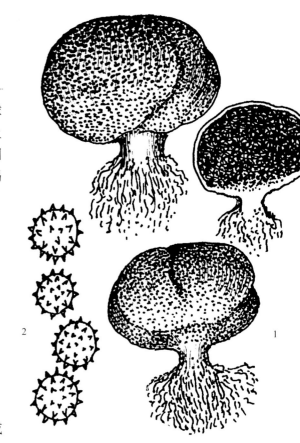

图 1562   1. 子实体；2. 孢子

图 1563-1

其上有细小暗褐色紧贴的鳞片，成熟时顶端不规则开裂。孢子深褐色，球形，直径 7～10μm，具刺且长约 1μm。

生态习性　在林中地上成群生长。属外生菌根菌。

分　布　分布于河北、山西、甘肃、四川、安徽、江苏、浙江、江西、云南、广东、广西、海南、福建、黑龙江等地。

应用情况　可药用消炎、解毒等。

图 1563-2

1563　多疣硬皮马勃

别　　名	灰疣硬皮马勃、疣硬皮马勃
拉丁学名	*Scleroderma verrucosum* (Bull.) Pers.
曾用学名	*Lycoperdon verrucosum* Bull.
英 文 名	Netted Stone Puffball

形态特征　子实体较小或中等，近球形，直径 3～9cm 或稍大，高 2.5～6cm，无柄或基部伸长似短柄，土黄色或黄褐色，有暗色细疣状颗粒，稀平滑，成熟后不规则的开裂。孢体暗褐色。孢子带暗褐色，球形，有刺，直径 7.6～13.2μm。孢丝有隔或无隔，粗 2.6～5μm。

生态习性　夏秋季生于林间砂地上。有记载与树木形成外生菌根。

分　布　分布于甘肃、河北、江苏、四川、云南、西藏等地。

应用情况　幼嫩时可食用。可药用止血。

图 1564-1

1564 白网球菌

别　　名	笼头菌、田头格柄笼头菌、围藜状柄笼头菌、黄柄笼头菌
拉丁学名	***Simblum periphragmoides*** Klotzsch
曾用学名	*Simblum gracile* Berk.
英 文 名	Yellow Stalk Clathrate Stinkhorn

形态特征　子实体小或中等大。菌盖近球形，直径 2～4cm，网格状，橘黄色，具有 12～18 个格，格径 3～10mm。柄长 6～10cm，粗 1.8～2cm，黄色，海绵质，中空，顶端开口，向下渐细，基部尖削，色淡，其下有高、宽均约 3cm 的白色菌托。孢体暗青黑褐色，有臭味，产生在格的内侧。孢子无色，光滑，椭圆形，4.5～5.1μm×1.9～2μm。

生态习性　生林中地上，散生或单生。

分　　布　分布于四川、江苏、河北、台湾、河南、北京、福建等地。

应用情况　抑肿瘤。在河南民间服用子实体治疗食管癌和胃癌。

图 1564-2

1565　球盖柄笼头菌

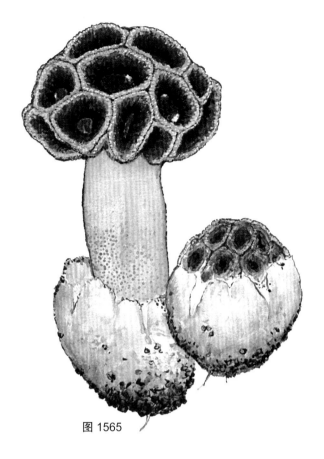

图 1565

拉丁学名　*Simblum sphaerocephalum* Schlecht.

形态特征　子实体高 8～9cm。菌柄长 5～7cm，粗 1.5～2cm，红色或带粉红色，海绵状，中空。菌托白色，高 3cm，宽 2.5cm。菌头部红色，近球形，窗格状，格径 4cm，10 个左右。孢体暗褐色，产生于格的内侧。孢子椭圆形，4.5～5μm×2μm。

生态习性　生林中或林缘等处地上。

分　布　分布于河北、青海等地。

应用情况　可研究药用。

1566　被疣柄灰包

别　名　褐灰锤

拉丁学名　*Tulostoma bonianum* Pat.

曾用学名　*Tulostoma verrucosum* Morgan

形态特征　子实体小。包被近球形，直径约 1cm，深咖啡色，具颗粒状小疣，小疣后期脱落。顶孔圆形，孔径约 1mm，灰白色，小管状，稍向外突。柄圆筒形，坚硬，同包被色，有鳞片，基部有一团菌丝，内部白色，长 3～5cm，粗 2.5～3mm，嵌于包被基部的凹穴内。孢体松软，粉质，谷黄色。孢子近球形，黄色，直径 4～5.5μm，有小疣。孢丝无色透明，粗 3.5～6.5μm，有分枝，分隔处稍膨大。

生态习性　于橡树等阔叶林中地上群生。

分　布　分布于河北、江苏、西藏等地。

应用情况　可药用，能消肿、止血、清肺、利喉、解毒。

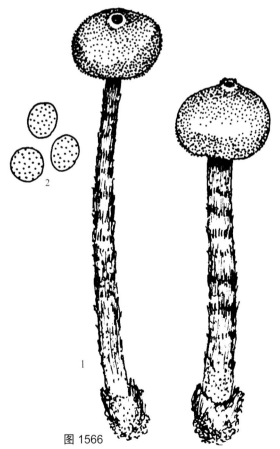

图 1566

1. 子实体；2. 孢子

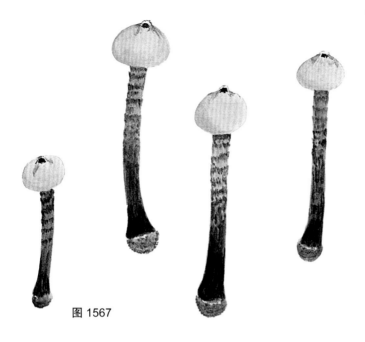

图 1567

1567　灰柄灰包

别　　名　柄灰锤
拉丁学名　***Tulostoma brumale*** Pers.
英 文 名　Common Stalked Puffbal

形态特征　子实体小。外包被基部留存。内包被直径 1.1～1.5cm，近球形，茶褐色，渐褪为浅粉灰色，光滑，膜质。顶孔圆形，小管状，直径 1.5mm，稍外凸，边缘完整，同包被色。柄长 2～4.8cm，粗 4～5mm，有纵向条纹和短的鳞片，内部白色，基部有球形的菌丝团。孢体浅土黄色。孢子黄色，有小疣，球形，直径 5～6μm。

生态习性　秋季生地上。
分　　布　分布于山西、宁夏等地。
应用情况　可药用，能消肿、止血、清肺解毒、治感冒咳嗽及外伤出血等。

1568　石灰色柄灰包

别　　名　托柄灰锤、石灰柄灰锤
拉丁学名　***Tulostoma cretaceum*** Long
曾用学名　*Tulostoma volvulatum* I. G. Borshch.
英 文 名　Volvate Stalked Puffbal

形态特征　子实体小，呈锣槌状。内包被直径 1.35～2cm，扁球形，灰白色，膜质。顶部孔口外凸，不规则状开口。柄高 2.5～3cm，粗 0.5～0.8cm，有纵向皱纹和鳞片，外包被脱落，在内包被基部残留有衣领状的菌环。孢子淡锈色，有小疣，球形至椭圆形，直径 3.6～6μm。
生态习性　于沙丘间和沙漠边缘的碱地上单生。
分　　布　分布于青海、内蒙古、新疆等地。
应用情况　孢粉可药用于止血、消炎等。

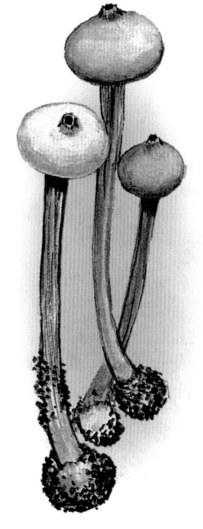

图 1568

1569　贺兰柄灰包

别　　名　柄灰包

拉丁学名　*Tulostoma helanshanense* B. Liu et al.

形态特征　子实体高 2.5cm。包被扁球形，高 1cm，直径 0.9cm。外包被膜质，老熟后部分脱落，基部永存，形成沙粒带。内包被膜质，浅赭色至白色、淡黄色，近平滑至平滑，顶端中央具一顶孔，顶孔管状突起，包领明显，与菌柄分离。菌柄中生，圆柱状，淡褐色、淡红褐色，1.5～1.7cm×0.2cm，中空，表面覆盖撕裂状细小鳞片。孢子圆球形、近球形、卵圆形至椭圆形，具明显的小疣或疣突或棱脊，淡黄色至淡黄褐色，具一小尖，5～6μm×4.3～5.3μm。

生态习性　生于沙漠上。

分　　布　分布于宁夏、河北、新疆等地。

应用情况　可药用，具有止血作用。

1570　白柄灰锤

别　　名　白柄灰包、灰锤

拉丁学名　*Tulostoma jourdanii* Pat.

形态特征　子实体小。包被扁球形，灰白色，膜质，宽 1～1.7cm，高 0.7～1.3cm，具外凸、圆形的顶孔，直径 0.15～0.2cm。菌柄圆柱形，中空，长 2～4cm，粗 0.3～0.6cm，表面撕裂成鳞片并有纵条纹，上部白色，向下部渐呈红色，内部白色，顶部插入包被基部的凹穴内。孢体深肉桂色，松软呈粉末状。孢子近球形，有色，孢壁粗糙，直径 4.5～6μm。孢丝透明，粗 3.5～8μm，有分枝，横隔少，隔膜处膨大有色。

生态习性　在云杉、杨等林中地上或草原上单生或散生。

分　　布　分布于山西、内蒙古、甘肃、青海、新疆等地。

应用情况　可药用。外用有消肿、止血、清肺、利喉、解毒作用。治扁桃体炎、咽喉炎、声音嘶哑、胃和食道出血、感冒咳嗽、冻疮流水流脓。

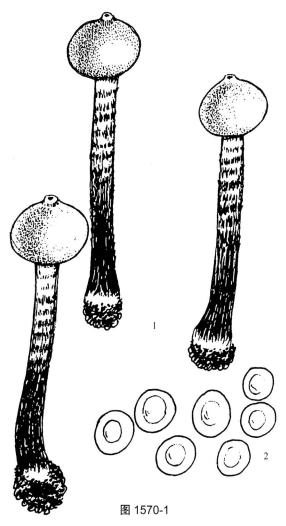

图 1570-1

1. 子实体；2. 孢子

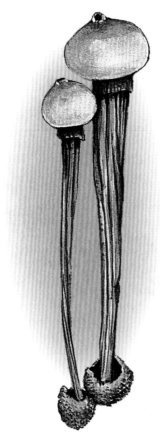

图 1570-2

图 1571

1571　小柄柄灰包

别　　名　小柄灰锤
拉丁学名　**_Tulostoma kotlabae_** Pouzar

形态特征　子实体小。外包被脱落残留内包被下形成一圈似环带。内包被球形或扁球形，直径 0.5～0.9cm，灰色或灰白色，膜质，光滑，顶端有突起的孔口。柄同包被色，柱状，长 2～5cm，粗 0.2～0.4cm，上粗向下渐细且被鳞片或纵向撕裂。基部菌丝与沙形成似苞状菌托。孢体肉桂色。孢子近球形，无色或浅黄色，直径 4.5～6μm。孢丝细长，无色，不分枝。
生态习性　生沙漠中梭梭附近。
分　　布　分布于新疆等地。
应用情况　可药用。孢粉用于止血、消炎等。

1572　柄灰锤

别　　名　灰锤、柄灰包、滴孢柄灰包
拉丁学名　**_Tulostoma lacrimisporum_** L. Fan et B. Liu

形态特征　子实体小。外包被脱落，基部留存。内包被光滑，膜质，近球形，茶褐色，渐褪为浅粉灰，直径 1～1.3cm，顶孔圆形，小管状，稍外突，边缘完整，同包被色。柄长 4.5～5.5cm，粗 3～4.5cm，朽叶色，圆柱形，有纵向条纹和短的鳞片，内部白色。孢体浅土黄色。孢子泪滴状，黄色，光滑，直径 4.5～5μm。孢丝近无色，多分枝，有稀疏横隔，横隔处不膨大，粗 5～10μm。
生态习性　生于林地上。
分　　布　分布于河南、山西、宁夏等地。
应用情况　可药用，能消肿、止血、清肺解毒，可治感冒咳嗽、外伤出血等。

1573　爱劳德氏柄灰包

别　　名　小孢灰锤
拉丁学名　**_Tulostoma lloydii_** Bres.
曾用学名　_Tulostoma finkii_ Lloyd

形态特征　子实体较小。包被扁球形，高 0.8～1.2cm，直径0.6~1.2cm。外包被膜质，淡褐色，部分脱落，基部永存。内包被膜质，浅肉桂色至褐色，平滑，顶端中央具一顶孔，与内包被明显不同。菌柄中生，圆柱状，顶端着生于包被基部的圆形凹穴内且与包被相连，褐色，长5~8cm，直径0.3~0.4cm，中空，向顶端渐狭细，菌柄基部具有菌托样结构。孢子圆球形、近球形、椭圆形至近梨形，具一突尖，3.8~4.9μm×3.6~5.3μm。

生态习性　生于阔叶林地上。

分　　布　分布于宁夏等地。

应用情况　产地民间药用，常用于止血等。

1574　沙漠柄灰包

别　　名　沙漠灰包

拉丁学名　*Tulostoma sabulosum* B. Liu et al.

图1572

形态特征　子实体小。包被扁球形，高0.6~0.8cm，直径约1cm。外包被白色，部分脱落，仅在基部永存，形成沙粒带。内包被膜质，白色，顶端中央具顶孔，顶孔管状。包领明显，距菌柄0.1~0.2cm。菌柄中生，圆柱状，顶端着生于包被基部的圆形凹穴内且与包被相连，白色，长3.1~8cm，粗0.3~0.4cm，中空，表面覆盖以沙粒，菌柄基部膨大，向下延成直根状，伸长3.8~4cm。孢子圆球形、近球形、卵圆形至椭圆形，黄色，平滑至稍粗糙，具一突尖，5~7μm×4~5.5μm或直径5.5~6μm。

生态习性　生于沙漠上。

分　　布　分布于内蒙古等地。

应用情况　可药用，具有止血作用。

第十章

黑粉菌及其他

图 1575

1575 白僵菌

别　　名　僵蚕菌、球孢白僵菌、僵蚕
拉丁学名　*Beauveria bassiana* (Bals.) Vuill.

形态特征　菌丝由寄主节缝处长出，渐覆盖寄主全体，菌丝绒毛状，成簇，后变为粉末状，白色，干后渐变为乳黄色。往往在一些昆虫上形成一层较厚的棉絮状菌丝体。分生孢子梗不分枝或分枝，筒形或瓶状。分生孢子顶生于成丛的孢子梗上，球形或卵形，无色，直径长度不等，球形者直径为 1～4μm，卵形者为 1.5～5.5μm×1～3μm。

生态习性　寄生于9目34科200多种昆虫的幼虫、蛹或成虫上。

分　　布　分布于河北、黑龙江、吉林、辽宁、江苏、安徽、广东、江西、福建、陕西、青海、四川、西藏等地。

应用情况　利用白僵菌防治玉米螟、松毛虫、茶毛虫、菜青虫、稻包虫、马铃薯甲虫、苹果蠹蛾等。可食用。中药僵蚕是利用白僵菌寄生在家蚕上形成的。白僵菌产生卵孢霉素，是抗真菌的抗生素。还可产生一种白僵菌毒素（beauvericin）。研究还发现，草酸铵是其主要药理成分；有人从僵蚕提取液中发现一种近似水蛭素的抗凝血酶活性物质。《神农本草经》把僵蚕列为中品，治小儿惊厥、中风、喉痹，外用治野火丹毒、痤疮等症。另记载祛风热，镇惊、化痰。治急慢性惊风、痉挛抽搐、头痛、急性咳炎、扁桃体炎、失音、皮肤瘙痒、丹毒等症。亦可治疗糖尿病等。

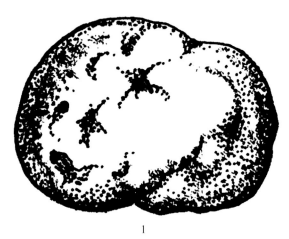

1

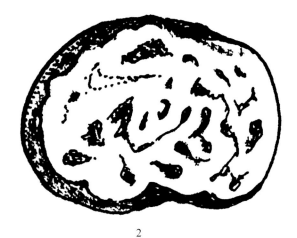

2

1. 子囊果外形；2. 子实体横切面

图 1576

1576 蜂窝孢猪地菇

拉丁学名　*Choirimyces aleveolatus* (Harkn.) Trappe
曾用学名　*Pieersonia aleveolata* Harkn.

形态特征　子囊果小，近球形或不规则，直径 0.9～3cm，新鲜时黄白色或污白色，后期或干时浅褐色至浅黄褐色，具狭窄的迷路状分枝及白色至浅黄色脉，可育部分被脉分隔开，由相向排列的子实层融合而成。子囊圆形至宽棒形，60～110μm×30～50μm，内含 2～8 个孢子。孢子球形，初期无色平滑，成熟后外壁呈蜂窝状突起，淡黄褐色，往往含 1 油球，直径 20～27.5μm。

生态习性 夏秋季生于青杆林土中，单生或群生。

分　　布 分布于山西等地。

应用情况 可食用，味道鲜美，有开发价值。

1577　麦角菌

拉丁学名 *Claviceps purpurea* (Fr.) Tul.
英 文 名 Ergot

形态特征 菌核圆柱形或角状，稍弯曲，一般长 1～2cm，粗 0.3～0.4cm，生于禾本科草类植物的子房上，初期柔软，有黏性，干燥后变硬，紫黑色或紫棕色，内部近白色，一个菌核上可生出 20～30 个子实体。子实体有暗褐色多呈弯曲的细柄，头部近球形，直径 1～2mm，红色。子壳全部生于子实体内，仅孔口稍突出，瓶状，200～250μm×150～175μm。子囊及侧丝均产于子囊壳内。子囊圆柱形，100～125μm×4μm，每个子囊内含 8 个孢子。孢子丝状，单细胞，透明无色，50～70μm×0.6～0.7μm。

生态习性 麦角菌生禾本科植物花序上，主要是小麦、大麦、黑麦、燕麦、野麦、早熟冰草、羊茅等属。菌核春季萌发，产生子实体。对小麦、黑麦等寄主造成危害。

分　　布 在全国各省区均有分布。

应用情况 经加工精制，用于妇产科产后止血及加速子宫恢复。每次 0.15～0.5g。据记载，含 12 种之多的生物碱，有麦角胺 (ergotamine)、麦角新碱 (ergotasine)、麦角高碱 (ergoloemine) 三大类。麦角是一种妇产科药物，麦角制剂直接刺激平滑肌，治疗产后出血，偏头痛等。麦角胺用于治疗神经性偏头痛。麦角碱还可以用于治疗眼睛角膜疾病，内耳管舒缩紊乱，甲状腺亢进，预防晕船、晕车、晕飞机等，另外还治疗某些伴随自主神经调节的疾病。利用深层发酵方法提取麦角新碱。误食过量引起人及牲畜中毒，甚至死亡。

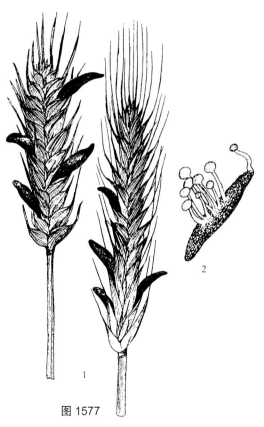

图 1577

1. 生小麦穗上的菌核；2. 菌核萌发

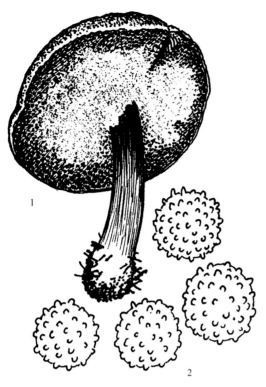

1. 寄生于牛肝菌菌管的状态；2. 孢子

图 1578

1578 金孢菌寄生菌

别　　名　黄瘤孢菌、黄麻球孢霉、黄球瘤孢霉
拉丁学名　***Hypomyces chrysospermus*** Tul. et C. Tul.
曾用学名　*Sepedonium chrysospermum* (Bull.) Fr.
英 文 名　Bolete Eater

形态特征　菌丝有横隔，分枝，匍匐，近无色，粗 3～5.5cm。孢梗短，大多分枝。分生孢子顶生于孢梗短枝的顶端，球形，有小疣，初无色，后呈黄色至金黄色，数量极多，直径 12～18μm，形成大片大堆黄色粉末。
生态习性　夏秋季生于牛肝菌等大型真菌子实体上，多见于菌管面上。
分　　布　分布于河北、江苏、安徽、福建等地。
应用情况　危害野生食用菌等。有记载将黄色孢子粉撒敷在伤口上，治外伤出血有特效。

1579 歪孢菌寄生菌

别　　名　歪孢菌寄生、歪孢毡座
拉丁学名　***Hypomyces hyalinus*** (Schwein.) Tul. et C. Tul.

形态特征　菌丝平伏生长成层，覆盖寄主表面，近白色至暗黄色，变为浅褐色。子囊壳全部或部分埋生于菌丝层中，褐色，近球形，直径约 250μm，有明显的疣状孔口。子囊有孢子部分约 120μm×6μm。孢子单行排列，两端各有一小尖，双孢且两个细胞大小不同，光滑且成熟后多疣，微带黄色，10～23μm×4.5～6μm，大多为 18～20μm×5μm。
生态习性　夏秋季多见于林区。生于红菇或牛肝菌子实体上，常覆盖其全体。
分　　布　分布于江苏、福建等地。
应用情况　此菌寄生于红菇类 *Russula* spp. 或牛肝菌 *Boletus* spp. 上后，导致菌褶或菌管不发育，子实体出现畸形和僵硬。福建群众称之"菰王"，可解毒菌中毒。

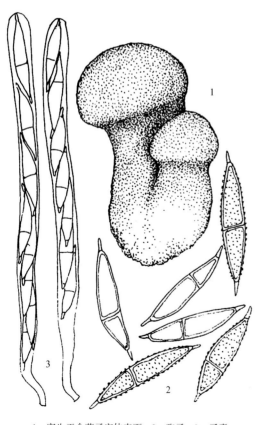

1. 寄生于伞菌子实体表面；2. 孢子；3. 子囊

图 1579

1580 紫红曲霉

别　　名 红曲、红曲霉、红糟、红大米

拉丁学名 *Monascus purpureus* Went

形态特征 菌丝体初期在粳米粒内部生长，无色，渐变为红色，并使米粒变成紫红色。菌丝体大量分枝，含橙紫红色颗粒，在分枝的顶端产生单个或成串的分生孢子。分生孢子呈球形或椭圆形，6.5～10.5μm×7～9μm，闭囊壳橙红色，近球形，含有多数子囊。子囊内含 8 个孢子，直径 25～75μm。子囊孢子卵形或近球形，光滑，透明，无色或漆红色，5.5～6μm×3.5～5μm。

生态习性 此菌自然界分布，可大量人工培养。

分　　布 河北、福建、广东等均出产。

应用情况 可食用和药用。在自然界，此菌多生于乳制品中，亦能用江米（糯米）、粳米作培养基进行人工培养，制成药用的红曲。具有消食和胃、活血止痛、健脾胃功效（Liu，1984）。治疗饮食停滞、胸膈满闷、消化不良、痰多、痢疾、跌打损伤、妇女血气痛等产后恶露不净、瘀滞腹痛。据研究分析，含乳酸、琥珀酸及少量草酸等，有抗菌作用。还可以用来酿酒、烹调、制作腐乳以及作为食品的红色染料。可产生红曲糖化酶、红曲霉素等。

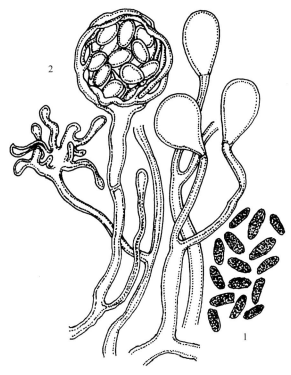

1. 生长有红曲的米粒；2. 孢子、孢子囊及菌丝

图 1580

1581 稻粒尾孢黑粉菌

别　　名 水稻粒黑粉病病菌、乌米谷、乌籽、狼尾草、腥黑粉菌

拉丁学名 *Neovossia horrida* (Takah.) Padwick et A. Khan

曾用学名 *Tilletia barclayana* (Bref.) Sacc. et P. Syd.

形态特征 孢子堆生于禾本科作物子房内，危害部分小穗，在颖壳内产生黑粉。部分受害谷粒内外颖间有一黑色舌形突起，常有黑色液体渗出。厚垣孢子 25～35μm×23～30μm，球形至宽椭圆形，黑色，密布齿状突起。齿状突起高 2.5～4μm，基部多角形，稍弯曲，顶端尖，近无色。担孢子 40～55μm×1.7～2μm，线状，无色，无隔膜。次生小孢子 10～14μm×1.8～2.1μm，圆柱形。

生态习性 寄生于水稻稻粒上。

分　　布 广泛分布于中国水稻栽培区。

应用情况 可食用和药用。此种菌对于农作物水稻是一种黑粉菌病害菌。

图 1581-1

图 1581-2

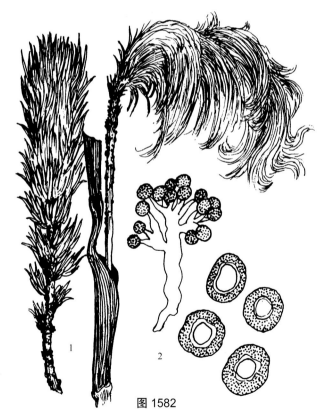

图 1582

1. 寄主谷穗形状; 2. 分生孢子及卵孢子

1582　禾生指梗霉

别　　名　谷子白发、糠谷老、粟白发、粟指梗霉、枪谷老、老谷穗

拉丁学名 *Sclerospora graminicola* (Sacc.) J. Schröt.

曾用学名 *Protomyces graminicola* Sacc.

- - -

形态特征　病原菌浸染寄主粟的花序及叶片后，特别是花序由于受刺激，组织内叶绿素消失，花序转化成为长形叶状黄白色花苞，其后变为褐色而又丝裂呈发状。孢囊梗生在寄主内部的菌丝上且由气孔伸出。孢囊梗无色，长 150～200μm，直径 16～20μm，顶部分枝 2～3 次，主枝粗，直径 8～16μm，最后小分枝呈圆锥状。孢子囊广卵圆形至近球形，13～34μm×12～23μm，透明无色，萌发时形成游动孢子。卵孢子球形、近球形至长圆形，淡黄色或黄褐色，产生于受浸染寄主变褐色的部分，直径 26～42μm。

生态习性　寄生于粟上，最后在花序部形成病穗呈狗尾状。

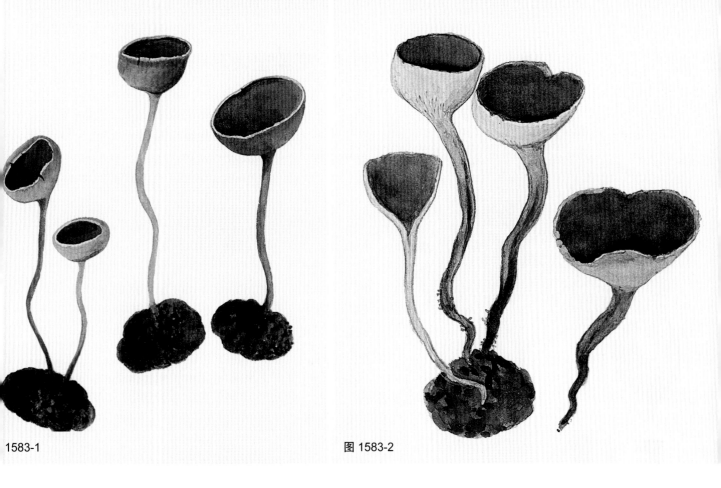

1583-1　　　　　　　　　　　　　　　　　图 1583-2

分　　布　分布于河北、山西、内蒙古、黑龙江、吉林、辽宁、山东、江苏、台湾、河南、湖北、陕西、甘肃、新疆、四川、西藏等地。

应用情况　此菌作药物有清湿热、利小便、止痢的功效，治尿道炎、体虚、浮肿、尿闭等。秋季采集病穗晒干备用。另可炒焦研末，调油涂敷治疮疖湿疹。

1583　核盘菌

拉丁学名　*Sclerotinia sclerotiorum* (Lib.) de Bary
曾用学名　*Peziza sclerotiorum* Lib.

形态特征　子实体小。子囊盘直径 0.5～1cm，呈小杯状，浅肉色至褐色，单个或几个从菌核上生出。柄长 3～5cm，褐色，细长，弯曲，向下渐细。菌核形状多样，长 0.3～1.5cm。子囊圆柱形，120～140μm×11μm。孢子通常 8 个，单行排列，椭圆形，8～14μm×4～8μm。侧丝无色，细长线形，顶部较粗。
生态习性　于林中地上群生。
分　　布　分布于四川、江苏、福建、广西等地。
应用情况　记载可食用，日本曾将此菌发酵培养制取多糖，对小白鼠肉瘤 180 有抑制作用。国内也有抑肿瘤的报道。

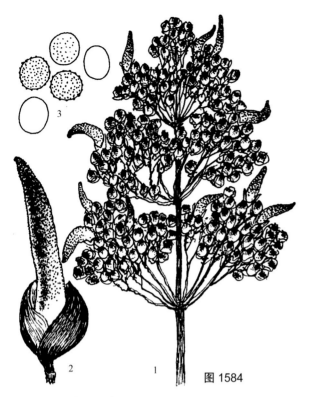

1. 孢子堆生长在高粱穗上；2. 放大的孢子堆；3. 孢子

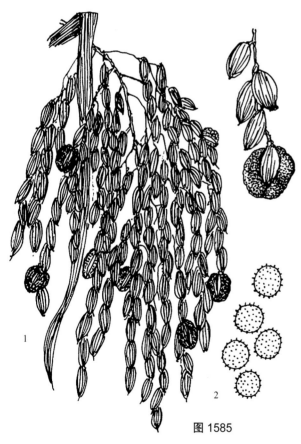

图 1585

1. 寄主稻穗及其菌核；2. 孢子

1584 高粱坚轴黑粉菌

别　　名　高粱黑粉菌、高粱坚黑粉菌、高粱乌米
拉丁学名　*Sporisorium sorghi* Ehrenb. ex Link
曾用学名　*Sphacelotheca sorghi* (Ehrenb. ex Link) G. P. Clinton; *Ustilago sorghi* (Ehrenb. ex Link) Pers.

形态特征　孢子堆生于高粱花序的子房中，椭圆柱形、圆锥形，突出颖壳之外，常弯曲，长 0.3～1.2cm，具灰色的膜包围，成熟后色变暗褐色，膜顶端破裂，露出黑褐色的孢子堆和柱状中轴。膜细胞成群分开，近球形，无色，直径 7～18μm。孢子球形至近球形，绿褐色、黑褐色至红褐色，光滑或有微细的疣刺，直径 4.5～9μm。

生态习性　寄生于高粱 *Sorghum vulgare* 穗上。

分　　布　分布于台湾、河北、山西、山东、辽宁、吉林、黑龙江、河南、湖北、陕西、甘肃、云南、内蒙古等地。

应用情况　此菌引起高粱患坚黑穗病。其孢子粉可药用，性甘味平，调经止血。治疗月经不调、血崩及便血。

1585 稻绿核菌

别　　名　稻曲菌、丰年谷、丰年穗、稻绿核、梗谷奴
拉丁学名　*Ustilaginoidea virens* (Cooke) Takah.
曾用学名　*Ustilago virens* Cooke

形态特征　菌核产生在水稻的少数小穗上，通常 3～5 粒，呈球形，不规则或扁平，直径 0.5～0.9cm，表面深橄榄绿色或墨绿色，内部橙黄色，中央呈白色，表面呈现一层粉末，即分生孢子。分生孢子呈球形，绿色，有小刺，直径 4～7μm。分生孢子萌发，可再次产生分生孢子。

生态习性　在水稻生长季节寄生于稻上。

分　　布　分布于河北、辽宁、吉林、江苏、浙江、福建、台湾、湖南、四川、广东、广西、陕西、贵州、云南等地。

应用情况　其菌核药用，能消炎、杀菌。据《本草纲目》等记载，治走马喉痹（即白喉）。

1586 谷子黑粉菌

别　　名 粟黑粉菌、粟粒黑粉菌、粟奴
拉丁学名 *Ustilago crameri* Körn.

形态特征 孢子堆生于粟、谷的小穗子房中，外面包着一层由子房壁所形成的灰色薄膜，外面由颖片包围，老熟后薄膜破裂散出黑褐色的粉末即冬孢子。冬孢子淡黄褐色至橄榄褐色，球形、卵圆形、椭圆形，表面平滑，8.5～12μm×7.9～9μm。

生态习性 寄生于禾本科植物粟、谷或狗尾草等花序的小穗上。

分　　布 几乎在全国各省区均有分布。

应用情况 此菌能利小肠，除烦懑。可以治肠胃不舒、消化不良、胸中烦懑。将粟穗上黑色孢子堆（黑粉）搜集起来晒干，备用。药用时取 3 克孢子粉，加适量蜂蜜拌匀，水冲服，日服二次。

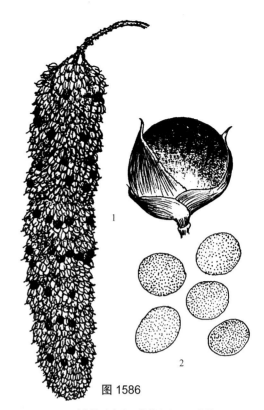

图 1586

1. 子实体（寄生于谷穗上）；2. 孢子

1587 菰黑粉菌

别　　名 茭白黑粉菌、茭白、菰菌
拉丁学名 *Ustilago esculenta* Henn.
曾用学名 *Yenia esculenta* (Henn.) Liou
英 文 名 Esculent Smut

形态特征 孢子堆和菌丝体生在菰的幼茎内，初期受害部位膨大呈纺锤形，后使内部形成线条状黑褐色的孢子堆（即冬孢子堆）。孢子近球形至椭圆形，浅红褐色，表面有小刺，6～9μm×5～7μm。

生态习性 此菌的菌丝体为多年生，存在于菰 *Zizania caduciflora* 的地下茎内，夏秋季形成茭白。

分　　布 分布于河北、江苏、浙江、安徽、江西、福建、台湾、香港、河南、湖南、湖北、海南、广东、广西、四川、云南、黑龙江等地。

应用情况 此菌及其寄主膨大部分通称茭白，味道鲜美，营养丰富。茭白可药用，能去烦热、除风热目赤、解酒毒、利二便。记载可防癌。另外，可形成异生长素即吲哚乙酸（IAA），能刺激高等植物生长，使其寄生部位膨大。日本除作为药用或食用外，还作染料和化妆品等。

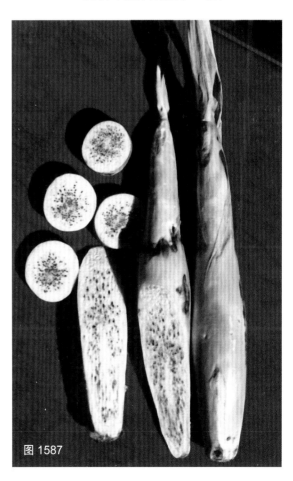

图 1587

1588　玉米黑粉菌

图 1588

别　　名　玉米黑霉
拉丁学名　*Ustilago maydis* (DC.) Corda
英 文 名　Smut Fungus, Corn Smut

形态特征　孢子堆的大小、形状不定，多呈瘤状，直径 3～15cm，初期外面有一层白色膜，往往由寄生组织形成或混杂部分，有时还带黄绿色或紫红色，成熟或老化后渐变灰白至灰色，破裂后散出大量黑色粉末即冬孢子粉。冬孢子直径 8～12μm，球形至椭圆形或不规则，表面密布小疣，黄褐或褐黑色。

生态习性　寄生在玉米抽穗和形成玉米棒期间，其各部位均可生长。冬孢子在土壤、粪肥、病株残体等处越冬，次年经空气传播到玉米株上再发生。

分　　布　分布全国玉米产区，是主要病害之一，一般均会发现。

应用情况　幼嫩时可以食用，生食有甜味，炒食另有风味。经常食用可预防和治疗肝脏系统疾病和胃肠道溃疡，并能助消化和通便。含有谷氨酸、赖氨酸等多种氨基酸。可加工药用，将新鲜的孢子堆摘下或将老熟后的孢子粉收集炼蜜丸，备用。特寒、味甘，具利肝脏、益脾和解毒作用，治神经衰弱、小儿疳积。产生黑粉菌酸，作香料工业中合成麝香类的原料。菌液对小白鼠肉瘤 180 有抑制作用。另生产一种异生长素即吲哚乙酸，能刺激高等植物生长。

1589　大麦黑粉菌

别　　名　麦散黑粉菌、麦奴、裸黑粉菌
拉丁学名　*Ustilago nuda* (C. N. Jensen) Rostr.

形态特征　子实体小，棕黑色或近黑色粉状。孢子堆散生于禾本科花序的小穗中，长 0.7～1.2cm，粒 0.4～0.6cm，外面有一层薄膜包围，孢子成熟时散出，露出黑色的穗轴。孢子球形至近球形，黄褐色，有时一边色稍淡，表面有细刺，5～9μm×5～7μm。

生态习性　春夏季或秋季寄生在小麦或大麦、青稞的花序上。

分　　布　分布于河北、黑龙江、吉林、辽宁、山西、内蒙古、山东、江苏、安徽、浙江、江西、福建、台湾、河南、湖南、湖北、广东、广西、陕西、宁夏、甘肃、青海、新疆、西藏、四川、贵州、云南、海南等地。

应用情况 可药用。其性温、味淡，具发汗、止痛作用。利用收集的孢子堆制成麦奴丸，用于治疗伤寒、气象病、头痛、无汗、热极、烦闷、口噤，又可治疗妇女血崩等症。

1590 小麦黑粉菌

别　　名 小麦散黑粉菌

拉丁学名 *Ustilago tritici* C. Bauhin

形态特征 孢子堆通常生在花序的每个小穗中，无膜包围，偶尔也生在叶、叶鞘和茎上。孢子团黑褐色，粉状。孢子球形、近球形、椭圆形或卵圆形，黄褐色或橄榄褐色，一边色浅，具稀疏的刺，5.5～9.5μm×4.5～7.5μm。

生态习性 寄生在小麦上。

分　　布 分布于河南等小麦产区。

应用情况 药用具有发汗、止痛的作用。全国小麦产区有可能发生有关病害。

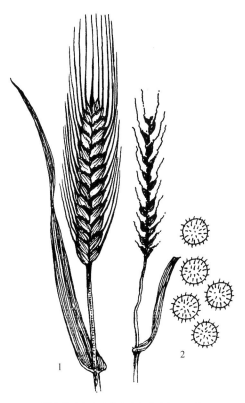

1. 子实体（在小麦穗上生长状态）；2. 担子

图 1589

参 考 文 献

白云鹏, 1990. 长白山区平伏多孔菌科的初步研究. 见: 第三届全国真菌地衣学术讨论会论文及论文摘要汇编. 北京: 第三届全国真菌地衣学术讨论会

包海鹰, 2006. 毒蘑菇化学成分与药理活性的研究. 呼和浩特: 内蒙古教育出版社, 1-230

包海鹰, 李玉, 2002. 桔黄裸伞提取物对人乳腺癌细胞 (MCF-7) 抑制作用的研究. 吉林农业大学学报, 24: 56-58

包海鹰, 图力古尔, 李玉, 2005. 七种鹅膏菌真菌毒素的 HPLC 分析. 菌物研究, 3 (1): 13-16

包海鹰, 张影, 图力古尔, 等, 2004. 金顶侧耳化学成分的研究. 菌物学报, 23: 262-269

北京药品生物制品检定所, 中国科学院植物研究所, 1972. 中药鉴别手册 (1 册). 北京: 科学出版社

北京药品生物制品检定所, 中国科学院植物研究所, 1979. 中药鉴别手册 (2 册). 北京: 科学出版社

毕志树, 1987. 我国香菇属的已知种类. 中国食用菌, 2 (24): 18-19

毕志树, 李泰辉, 章卫民, 等, 1997. 海南伞菌初志. 广州: 广东科学技术出版社, 1-388

毕志树, 郑国杨, 李秦辉, 等, 1990. 粤北山区大型真菌志. 广州: 广东科学技术出版社

边杉, 叶波平, 奚涛, 等, 2004. 灰树花多糖的研究进展. 药物生物技术, 11: 60-63

曹春蕾, 崔宝凯, 戴玉成, 2012. 桑木层孔菌液体培养条件的研究. 生物技术通报, 30 (2): 486-490

曹晋忠, 范黎, 刘波, 1990. 中国鹿花菌属志略. 真菌学报, 9 (2): 100-108

曾宏彬, 李泰辉, 宋斌, 等, 2009. 广东虫草抗氧化活性的研究. 天然产物研究与开发, 21: 201-204

曾庆田, 赵军宁, 邓治文, 等, 1991. 金针菇多糖的抗肿瘤作用. 中国食用菌, (2): 11-13

曾先录, 1990. 吉林省多孔菌科层孔菌类的分类研究. 见: 第三届全国真菌地衣学术讨论会论文及摘要汇编. 北京: 第三届全国真菌地衣学术讨论会

曾小龙, 胡高蒙, 2007. 虎奶菇的化学成分与药理作用研究. 中国食用菌, 26 (5): 3-7

陈安徽, 陈宏伟, 夏成润, 等, 2007a. 几种虫草无性型菌株深层发酵菌丝体的有效成分分析. 徐州工程学院学报, 22 (2): 5-9

陈安徽, 胡丰林, 丁婷, 等, 2007b. 古尼拟青霉小孢变种核苷类成分分析. 食品科学, 28 (6): 184-188

陈国良, 陈惠, 2000. 食用菌治百病. 上海: 上海科学技术出版社

陈君琛, 李怡彬, 吴俐, 等, 2010. 大球盖菇黄酮类化合物提取及抑菌性研究. 北京工商大学学报 (自然科学版), 28 (6): 9-13

陈俐彤, 曹红峰, 黄文芳, 2005. 蛹虫草的化学成分、药效及应用. 现代食品科技, 21: 192-197

陈青君, 刘松, 2013. 北京野生大型真菌图册. 北京: 中国林业出版社, 1-177

陈若云, 2005. 灵芝化学研究. 见: 首届药用真菌产业发展暨学术研讨会论文集. 北京: 首届药用真菌产业发展暨学术研讨会, 100-105

陈若云, 2015. 灵芝化学成分与质量控制方法的研究综述. 食药用菌, 23 (5): 270-275

陈士瑜, 1988. 食用菌生产大全. 北京: 农业出版社

陈士瑜, 陈海英, 2000. 蕈菌医方集成. 上海: 上海科学技术文献出版社

陈宛如, 楼真安, 蒋琳瑛, 1987. 杭州西湖山区大型真菌调查. 食用菌, 3: 2-3

陈湘莲, 李泰辉, 沈亚恒, 2011. 花脸香蘑发酵物的体外抗氧化及抗肿瘤活性研究. 安徽农业科学, 39: 8276-8278

陈新华, 2010. 广东商品红菇形态和分子鉴定、营养成分分析及其生物活性研究. 中南大学博士学位论文

陈艳秋, 张立秋, 郭晓帆, 2006. 桦褐孔菌的人工驯化栽培. 东北林业大学学报, 34 (3): 9-10

陈永强, 陈先晖, 孙勇, 等, 2011. 20 种多孔类真菌乙醇提取物体外抗氧化和抗肿瘤活性的比较研究. 食品科学, 32 (5): 27-31

陈作红, 2014. 2000 年以来有毒蘑菇研究新进展. 菌物学报, 33 (3): 493-516

陈作红, 张志光, 梁宋平, 等, 1999. 四种剧毒鹅膏菌肽类毒素的 HPLC 分离与鉴定. 实用预防医学, 18: 415-419

陈作红, 张志光, 张平, 2003. 我国 28 种鹅膏菌主要肽类毒素的检测分析. 菌物系统, 22 (4): 565-573

程超, 李伟, 汪兴平, 2005. 平菇水溶性多糖结构表征与体外抗氧化作用. 食品科学, 26: 55-57

程红艳, 常鼎然, 冯翠萍, 等, 2012. 巴氏蘑菇多糖对铅中毒大鼠脾脏细胞因子 mRNA 表达的影响. 菌物学报, 31: 258-266

程显好, 袁建国, 高先岭, 等, 2005. 虫花菌菌丝体糖蛋白的分离、纯化及其性质研究. 食品与药品 A 版, 7 (6): 34-36

程鑫颖, 包海鹰, 丁燕, 等, 2011. 瓦宁木层孔菌中多酚和黄酮类成分分离及清除自由基活性的研究. 菌物学报, 30: 281-287

迟会敏, 刘玉, 2003. 马勃治疗足癣的疗效观察. 中国社区医师, 18: 43

崔波, 申进文, 2002. 河南大型真菌. 西安: 西安地图出版社

崔红燕, 李泰辉, 宋斌, 等, 2010. 广东虫草脂肪酸的 GC-MS 分析. 食用菌学报, 17 (2): 89-92

崔旻, 张好建, 安利国, 2002. 鸡腿蘑多糖对肿瘤生长的抑制作用. 世界华人消化杂志, 10: 287-290.

戴芳澜, 1979. 中国真菌总汇. 北京: 科学出版社, 1-1527

戴芳澜, 1982. 南京的鬼笔. 真菌学报, 1 (1): 1-9

戴贤才, 李泰辉, 等, 1994. 四川甘孜州菌类志. 成都: 四川科学技术出版社

戴玉成, 2003. 药用担子菌—鲍氏层孔菌（桑黄）的新认识. 中草药, 34: 94-95

戴玉成, 2005a. 中国林木病原腐朽菌图志. 北京: 科学出版社

戴玉成, 2005b. 异担子菌及其病害防治的研究现状. 林业科学研究, 18: 615-620

戴玉成, 2009. 中国多孔菌名录. 菌物学报, 28 (3): 315-327

戴玉成, 2012. 中国木本植物病原木材腐朽菌研究. 菌物学报, 31: 493-509

戴玉成, 李玉, 2011. 中国六种重要药用真菌名称的说明. 菌物学报, 30: 515-518

戴玉成, 图力古尔, 2007. 中国东北野生食药用真菌图志. 北京: 科学出版社, 1-229

戴玉成, 图力古尔, 崔宝凯, 等, 2013. 中国药用真菌图志. 哈尔滨: 东北林业大学出版社, 1-653

戴玉成, 杨祝良, 2008. 中国药用真菌名录及部分名称的修订. 菌物学报, 27 (6): 801-824

戴玉成, 周丽伟, 杨祝良, 等, 2010. 中国食用菌名录. 菌物学报, 29 (1): 1-21

戴玉成, 庄剑云, 2010. 中国菌物已知种数. 菌物学报, 29 (5): 625-628

邓军, 莫天砚, 1992. 热带灵芝的生理特性研究及化学成分分析. 广西农业大学学报, (4): 15-23

邓叔群, 1964. 中国的真菌. 北京: 科学出版社, 1-808

邓志鹏, 孙隆儒, 2006. 中药马勃的研究进展. 中药材, 29: 996-998

邸铁锁, 1993. 舒筋散药用蘑菇. 中国食用菌, 15 (5): 3-4

董丁, 李广义, 1991. 乳菇属真菌的化学成分和活性研究概况. 天然产物研究与开发, (4): 66-80

董露璐, 赵敏, 安晓丽, 等, 2009. 裂蹄木层孔菌子实体水提物诱导 HepG2 细胞凋亡的初步研究. 菌物学报, 28: 451-455

董晓宇, 宁安红, 曹婧, 等, 2005. 香菇及其药理作用研究进展. 大连大学学报, 26: 13-15

杜德尧, 陈永强, 陈先晖, 等, 2011. 木蹄层孔菌石油醚组分的成分分析及抗肿瘤活性研究. 药物分析杂志, (2): 261-265

段爱莉, 杨颖, 2013. 乳菇属真菌营养功能成分研究进展. 食品工业科技, 34 (6): 372-376

范黎, 刘波, 1990. 假芝属一新种. 真菌学报, 9 (3): 202-205

冯娜, 张劲松, 唐庆九, 等, 2010. 毛头鬼伞子实体中甾类化合物的结构鉴定及其抑制肿瘤细胞增殖活性的研究. 菌物学报, 29: 249-253

甘长飞, 2014. 灰树花及其药理作用研究进展. 食药用菌, 220 (5): 264-281

高锦明, 董泽军, 刘吉开, 2000. 蓝黄红菇的化学成分. 植物分类与资源学报, 22 (1): 85-89

高锦明, 董泽军, 杨雪, 等, 2002. 紫丁香蘑的化学成分. 中草药, 33: 398-401

高锦明, 沈杰, 杨雪, 等, 2001. 黄白红菇的化学成分. 植物分类与资源学报, 23 (3): 385-393

高明燕, 郑林川, 余梦瑶, 等, 2011. 尖顶羊肚菌菌丝体水提液对实验型胃溃疡的作用. 菌物学报, 30: 325-330

龚庆芳, 武守华, 谭宁华, 等, 2008. 黑柄炭角菌发酵菌丝中抗氧化及抗肿瘤活性的有效成分研究. 食品科技, 33 (12): 28-31

龚翔, 李少华, 2000. 野生虎皮香菇驯化栽培研究. 食用菌, (2): 8-9

广东省科学院丘陵山区综合科学考察队, 1991. 广东山区大型真菌资源. 广州: 广东科学技术出版社

郭淑英, 冯波, 孙雪松, 等, 2010. 阿里红多糖的提取工艺研究及抗肿瘤作用初探. 中国卫生检验杂志, 20 (9): 2191-2192

郭顺星, 徐锦堂, 1990. 天麻消化紫箕小菇及蜜环菌过程中细胞超微结构变化的研究. 真菌学报, 9 (3): 213-235

郭渝南, 刘晓玲, 范娟, 2004. 竹荪的营养与药用功效. 食用菌, 4: 44-45

国家食品药品监督管理局, 2005. 中国药典. 北京: 化学工业出版社

国家中医药管理局中华本草编委会, 1999. 中华本草. 上海: 上海科学技术出版社, 1: 485-615

韩省华, 1990. 浙西南山区野生食用菌资源与利用. 见: 全国第四届食用菌学术讨论会论文及摘要汇编. 昆明: 全国第四届食用菌学术讨论会

何坚, 冯孝章, 2001. 桦褐孔菌化学成分的研究. 中草药, 32: 4-6

何培新, 张长铠, 2006. 三种裸盖伞的伴生菌—点枝顶孢生物学特性研究. 河南科技学院学报 (自然科学版), 34 (4): 1-4

何培新, 张长铠, 2007. 裸盖菇素药理学及应用研究概况. 见: 第八届海峡两岸菌物学学术研讨会论文集. 长春: 第八届海峡两岸菌物学学术研讨会

何绍昌, 1985. 贵州鸡枞菌的分类研究. 真菌学报, 4 (2): 103-108

何显, 1992. 白蘑科一新种和一新记录种. 真菌学报, 11 (1): 18-22

何英, 万德云, 张玉兴, 2010. 榆黄蘑提取物对保护肝脏作用的初步探讨. 中国实验诊断学, 14: 1368-1369

何宗智, 1991. 江西大型真菌资源及其生态分布. 江西大学学报, 15 (3): 5-13

洪震, 卯晓岚, 1992. 食用药用菌实验技术及发酸生产. 北京: 中国农业科技出版社

洪震, 岳德超, 等, 1990. 真菌药物研制的十年进度简述. 中国食用菌, 10 (2): 4-7

胡琳, 丁智慧, 刘吉开, 2002. 灰黑拟牛肝菌的化学成分. 云南植物研究, 24 (5): 1-3

胡琳, 刘吉开, 谭德勇, 2007. 真菌中的对联三苯类化合物. 天然产物研究与开发, (5): 910-916

胡鸥, 连张飞, 张君逸, 等, 2006. 樟芝的药用保健价值及开发应用 (综述). 亚热带植物科学, 35: 75-78

胡拓, 朱国胜, 刘永翔, 等, 2011. 两株古尼拟青霉菌株的镇痛差异蛋白质组学研究. 菌物学报, 30: 312-318

华巍巍, 1996. 炭角菌发酵物安全性评价初探. 食用菌学报, 18: 10-14

黄滨南, 张秀娟, 邹翔, 等, 2004. 黑木耳多糖抗肿瘤作用的研究. 哈尔滨商业大学学报 (自然科学版), 20: 650-651

黄年来, 1987. 野生菇类的采收、加工和出口. 食用菌, 4 (42): 46-47

黄年来, 1992a. 自学食用菌学. 南京: 南京大学出版社

黄年来, 1992b. 中国食用菌百科. 北京: 农业出版社

黄年来, 1998. 中国大型真菌原色图鉴. 北京: 农业出版社, 1-293

黄年来, 1999. 一种药用菌—虎乳灵芝学名的鉴定. 食用菌学报, 6 (1): 30-32

黄年来, 2002. 俄罗斯神秘的民间药用真菌—桦褐孔菌. 中国食用菌, 21: 7-8

黄年来, 2005. 中国最有开发前景的主要药用真菌. 食用菌, 1: 3-4

黄年来, 沈国华, 1983. 菇菌类的药用价值. 药用真菌, 1-2: 57-62

黄年来, 吴经纶, 1973. 福建菌类图鉴 I-II 集. 福建三明地区真菌试验站印

黄珊, 2010. 大球盖菇酚类物质的提取及其抗氧化性研究. 福州: 福建农林大学

黄亦存, 沈崇尧, 裘维蕃, 1991. 外生菌根的形态学、解剖学及分类学研究进展. 真菌学报, 11 (3): 169-181

黄毅, 1992. 食用菌生产理论与实践. 厦门: 厦门大学出版社

纪芳, 李鹏飞, 徐胜元, 等, 2003. 羧甲基茯苓多糖的制备及体内抗肿瘤作用的实验研究. 中国微生态学杂志, 15: 333-334

贾身茂, 1987. 河南省野生羊肚菌的初步考察. 中国食用菌, 4 (26): 25

贾小明, 徐晓红, 庄百川, 等, 2006. 药用竹黄菌的生物学研究进展. 微生物学通报, 33: 147-150

江苏省 "亮菌" 协作组, 1974. 假蜜环菌的研究 (I). 微生物学报, 14 (1): 9-16

江苏省 "亮菌" 协作组, 1974. 假蜜环菌的研究 (II). 微生物学报, 14 (1): 9-16

姜磊, 田成玉, 李军, 2011. 蒙山虫草的分离及规模化生产技术研究. 山东林业科技, 41 (4): 77-79

蒋长坪, 欧珠次旺, 卯晓岚, 1993. 西藏地区有毒大型真菌名录. 见: 中国菌物学会成立大会学术会议论文及摘要. 北京: 中国菌物学会成立大会学术会议

金春花, 姜秀莲, 王英军, 等, 1998. 灵芝多糖活血化淤作用实验研究. 中草药, 29: 470-472

金丽琴, 吕建新, 袁谦, 2002. 细脚拟青霉总多糖对大鼠非特异性免疫调节作用. 科技通报, 18 (4): 1232-1235

金周慧, 陈以平, 邓跃毅, 2005. 蝉花菌丝延缓肾小球硬化的作用机制研究. 中国中西医结合肾病杂志, 6 (3): 132-136

景军, 2001. 香菇多糖对人体作用的研究与应用 (综述). 中国食品卫生杂志, 13: 46-47

柯丽霞, 2002. 松乳菇的抗菌活性研究. 安徽师范大学学报 (自然科学版), 25: 63-64

赖普辉, 田光辉, 周选围, 1998. 鸡腿蘑的营养成分研究. 汉中师范学院学报 (自然科学), 16: 45-47

兰进, 徐锦堂, 1996. 我国子囊菌亚门药用真菌资源及利用. 中药材, 19: 11-13

兰进, 杨峻山, 徐锦堂, 1999. 抗肿瘤药用真菌资源及利用. 中药材, 22: 614-618

李渤生, 卯晓岚, 王宗祎, 1995. 西藏南迦巴瓦峰地区的生物. 北京: 科学出版社

李传华, 曲明清, 曹辉, 等, 2013. 中国食用菌普通名名录. 食用菌学报, 20 (3): 50-72

李春如, 2006. 35 种虫草及其无性型鉴定、活性筛选和细脚拟青霉提取物的抗抑郁作用及相关机制. 安徽医科大学博士学位论文

李国杰, 李赛飞, 文华安, 2010. 中国红菇属物种资源经济价值. 食用菌增刊, 155-160

李海平, 张树海, 张坤生, 2008. 滑菇多糖抗氧化活性研究. 食品研究与开发 (4): 50-60

李华, 包海鹰, 李玉, 2004. 羊肚菌研究进展. 菌物研究, 2: 53-60

李华, 卫敏, 薛龙龙, 等, 2011. 血红铆钉菇子实体中化学成分类型及多糖含量. 用菌学报, 18 (4): 67-68

李惠珍, 黄德鑫, 1998. 正红菇的化学成分的研究. 菌物学报, (1): 68-74

李家藻, 1981. 微生物产生物碱研究的进展和展望. 微生物学通报, 8 (1): 30-36

李建宗, 胡新文, 彭寅斌, 1993. 湖南大型真菌志. 长沙: 湖南师范大学出版社

李建宗, 彭寅斌, 1989. 食用菌制种栽培和毒菌识别. 长沙: 湖南师范大学出版社

李剑平, 邱龙新, 欧晓敏, 等, 2006. 正红菇子实体水溶性多糖的纯化及抗癌活性研究. 食用菌, (z1): 85

李静丽, 等, 1986. 新疆大型真菌调查报告 (I). 山西大学学报, 2: 80-86

李娟, 李平, 卜可华, 2007. 几种牛肝菌抗氧化能力的研究. 中国食品添加剂, 1: 49-53

李俊峰, 2003. 云芝的生物学特征、药理作用及应用前景. 安徽农业科学, 31: 509-510

李乐, 宋敏, 袁芳, 等, 2007. 食用菇类中抗氧化活性物质的研究. 南开大学学报 (自然科学版), 40 (6): 62-66

李丽嘉, 1984. 木耳属两个新种. 真菌学报, 4 (3): 149-154

李丽美, 杨晓彤, 糜可, 等, 2007. 云芝糖肽 (PSP) 诱导白血病细胞凋亡中死亡受体信号调控途径的研究. 上海师范大学硕士学位论文

李能树, 沈业寿, 王建琴, 2002. 安徽省野生食用菌、药用菌资源调查. 安徽大学学报 (自然科学版), 26: 100-106

李秦辉, 李万方, 李家汉, 1990. 四川甘孜州食药用菌资源初报. 见: 全国第四届食用菌学术讨论会论文集. 昆明: 全国第四届食用菌学术讨论会

李秦辉, 章卫民, 宋斌, 等, 1998. 南岭自然保护区的食 (药) 用菌和毒菌资源. 吉林农业大学学报, 20: 27-32

李庆典, 2006. 药用真菌高效生产新技术. 北京: 中国农业出版社

李荣芷, 何云庆, 1991. 灵芝抗衰老机理与活性成分灵芝多糖的化学与构效研究. 北京医科大学学报, 23: 473-475

李茹光, 1980. 吉林省有用和有害真菌. 长春: 吉林人民出版社

李茹光, 1998. 东北地区大型经济真菌. 长春: 东北师范大学出版社

李茹光, 王策箴, 杨成录, 等, 1992. 东北食用、药用及有毒蘑菇. 长春: 东北师范大学出版社

李时珍 (明代), 1954. 本草纲目. 上海: 商务印书馆

李士怡, 周一荻, 2006. 关于榆耳抑菌作用有效成分的研究. 中医药学刊, 24: 928-936

李树森, 钱学聪, 许家珠, 1992. 秦巴山区黑木耳、香菇生产中常见杂菌防治. 中国食用菌, 11 (3): 25-26

李思维, 邹立勇, 尹宜发, 2005. 槐耳颗粒在肿瘤临床中的应用. 中国肿瘤, 14: 668-670

李泰辉, 邓旺秋, 宋斌, 等, 2003. 海南吊罗山已知食 (药) 用菌和毒菌. 中国食用菌, 22 (1): 6-7

李涛, 王元忠, 虞泓, 等, 2006. 黄褐牛肝菌子实体营养成分分析. 食用菌学报, 13 (3): 55-60

李文虎, 秦松云, 1991. 四川大型真菌资源调查研究. 真菌学报, 10 (3): 208-216

李学兵, 2006. 金克槐耳颗粒对 III 期非小细胞肺癌患者免疫细胞活性的影响. 临床肺科杂志, 11: 472-473

李义勇, 章卫民, 张亚雄, 2009. 虫草的抗菌抗肿瘤活性研究进展. 微生物学杂志, 29 (6): 65-69

李宇, 1990. 中国蘑菇属新种和新记录种. 云南植物研究, 12 (2): 154-160

李玉, 2001. 中国黑木耳. 长春: 长春出版社

李玉, 李泰辉, 杨祝良, 等, 2015. 中国大型菌物资源图鉴. 郑州: 中原农民出版社

李月梅, 2005. 香菇的研究现状及发展前景. 微生物学通报, 32: 149-151

李跃进, 何晓兰, 李泰辉, 2010. 中国食用菌已知科属的系统排列. 食用菌学报, 17 (3): 78-86

梁伟, 包海鹰, 2011. 山野木层孔菌子实体中抑制 H22 荷瘤小鼠肿瘤的活性成分研究. 菌物学报, 30: 630-635

梁宗琦, 1983. 一种国内未见报道的虫草菌—古尼虫草. 真菌学报, 2 (4): 258-259

梁宗琦, 等, 2006. 中国真菌志 第三十二卷 虫草属. 北京: 科学出版社

梁宗琦, 刘作易, 韩燕峰, 等, 2009. 中国虫草图谱. 贵阳: 贵州科技出版社, 1-123

林碧贤, 李晔, 毛景华, 等, 2004. 药用真菌白桦茸—桦褐孔菌. 海峡药学, 16 (6): 74-76

林陈强, 林戎斌, 蔡海松, 等, 2007. 虎奶菇抑菌物质与食品防腐剂抑菌活性的比较. 食用菌学报, 14 (3): 62-66

林海, 1991. 高等真菌生物活性物质的研究概况. 海南大学学报 (自然科学版), 9 (1): 75-81

林海萍, 陈声明, 陈超龙, 2002. 一种值得开发利用的药用真菌—竹黄. 浙江林业科技, 22: 77-80

林群英, 李泰辉, 黄浩, 等, 2009a. 广东虫草人工栽培的光温条件研究. 华南农业大学学报, 30 (1): 42-45

林群英, 李泰辉, 宋斌, 等, 2009b. 广东虫草与蛹虫草及冬虫夏草的成分比较. 食用菌学报, 16 (4): 54-57

林群英, 宋斌, 李泰辉, 2006. 蛹虫草研究进展. 微生物学报, 33: 154-157

林仁心, 吴锦忠, 陈伯义, 等, 1997. 隐孔菌的发酵培养及次生产物定性分析. 海峡药学, 9: 134-135

林树钱, 2001. 中国药用菌生产与产品开发. 北京: 中国农业出版社

林玉满, 苏爱华, 2006. 斑玉蕈 (Hypsizygus marmoreus) 凝集素的部分性质和细胞凝集活性分析. 菌物学报, 25: 284-291

林志彬, 1996. 灵芝的现代研究. 北京: 北京医科大学、中国协和医科大学联合出版社

林志彬, 张志玲, 刘慧人, 等, 1979. 灵芝的药理研究——VII. 灵芝液抗放射损伤作用的初步研究. 北京医学院学报, 2: 134-135

刘安军, 祝长美, 朱振元, 等, 2008. 古尼虫草多糖对衰老模型小鼠的影响. 现代食品科技, 24: 201-203

刘蓓, 郭相, 马朋, 等, 2014. 紫溪山大型真菌物种多样性研究. 中国食用菌, 33 (1): 6-8

刘波, 1959. 蘑菇. 北京: 科学出版社

刘波, 1964. 蘑菇及其栽培门. 北京: 科学出版社

刘波, 1978. 中国药用真菌. 太原: 山西人民出版社, 1-228

刘波, 1991. 山西大型食用真菌. 太原: 山西高校联合出版社

刘波, 1992. 中国真菌志 第二卷 银耳目和花耳目. 北京: 科学出版社

刘波, 2005. 中国真菌志 第二十三卷 硬皮马勃目 柄灰包目 鬼笔目 轴灰包目. 北京: 科学出版社

刘波, 曹晋忠, 1988. 马鞍菌属新种和新记录种. 真菌学报, 7 (4): 198-204

刘波, 杜复, 曹晋忠, 1985. 马鞍菌属新种和新组合. 真菌学报, 4 (4): 208-217

刘波, 刘茵华, 1994. 中国地下真菌研究概况. 中国会刊, 9 (2): 157-165

刘波, 刘茵华, 郭有世, 1990. 灵芝. 太原: 学苑出版社

刘波, 陶恺, 1988. 中国地下真菌新种和新记录种. 真菌学报, 7 (2): 72-76

刘非燕, 2006. 90 种云南毒蕈体外抗癌活性评价及活性成分研究. 浙江大学博士学位论文

刘福文, 李建阳, 卢福元, 2002. 云芝糖肽治疗乙型病毒性肝炎 33 例. 浙江中西医结合杂志, 12: 692

刘高强, 王晓玲, 2010. 灵芝免疫调节和抗肿瘤作用的研究进展. 菌物学报, 29: 152-158

刘戈, 冯昆, 赵静, 2014. 热带灵芝研究进展. 中国食用菌, 33 (1): 1-5

刘汉彬, 包海鹰, 崔宝凯, 2011. 椭圆嗜蓝孢孔菌子实体的化学成分. 菌物学报, 30: 459-463

刘惠知, 吴胜莲, 张德元, 等, 2015. 茯苓药物成分提取分离及其药用价值研究进展. 中国食用菌, 34 (6): 1-6

刘吉开, 2004. 高等真菌化学. 北京: 中国科学技术出版社

刘吉开, 2008. 高等真菌次生代谢产物及其生物活性. 见: 中国植物学会七十五周年年会论文摘要汇编. 兰州: 中国植物学会七十五周年年会, 84-86

刘佳, 高敏, 向红, 等, 2006. 野生多汁乳菇的抗辐射作用. 中国公共卫生, 22: 453-454

刘兰芳, 李青山, 高东奇, 2006. 槐耳颗粒对老年晚期非小细胞肺癌生活质量的影响. 肿瘤学杂志, 12: 70-71

刘伦沛, 2009. 药用真菌资源及其开发利用. 凯里学院学报, 3: 50-53

刘梅森, 陈海晏, 孙红斌, 1998. 猴头菌的药用价值概述. 中国食用菌, 18: 24-25

刘培贵, 1990. 内蒙古大青山高等真菌区系初步研究. 见: 第三届全国真菌地衣学术讨论会论文及论文摘要汇编. 北京: 第

三届全国真菌地衣学术讨论会

刘庆洪, 2004. 茶树菇、鹿角炭角菌和砖红绒盖牛肝菌凝集素纯化及其免疫调节活性的研究. 中国农业大学博士学位论文

刘瑞, 侯亚义, 张伟云, 2004. 云芝子实体提取物的抗肿瘤作用研究. 医学研究生学报, 17: 413-415

刘瑞君, 李凤珍, 1990. 榆耳的抗炎性研究. 中国食用菌, 9: 9-10

刘瑞君, 李凤珍, 1992. 榆耳多糖的分离及其性质的研究. 微生物学杂志, 12: 17-22

刘曙晨, 张慧娟, 洛传环, 等, 1999. 猴头菇多糖的抗辐射作用实验研究. 中华放射医学与防护杂志, 19: 328-329

刘杏忠, 张震, 张中军, 1997. 实线虫担子菌及侧耳捕食线虫的初步研究. 中国虫生真菌研究与应用, 4: 230-234

刘学系, 罗子华, 1986. 竹红菌及其药用价值的研究. 中国食用菌, 6 (22): 7-8

刘艳芳, 张劲松, 2003. 鸡腿蘑药理活性概述. 食用菌学报, 10: 60-63

刘振伟, 史秀娟, 2001. 灰树花的研究开发现状. 食用菌, 23: 4-6

刘正南, 1985. 云南大型经济真菌资源调查初报. 食用菌, 5 (31): 4-9

刘正南, 郑淑芳, 邵玉华, 1981. 东北树木病害菌类图志. 北京: 科学出版社

柳雪枚, 肖宣, 李虹奇, 1988. 肉色杯伞抗炎蛋白的提纯及某些理化性质. 微生物学报, 28 (4): 346-349

龙正海, 1997. 羊肚菌的研究及其应用开发前景. 中国生化药物杂志, 18: 160-162

栾庆书, 2002. 血红铆钉菇研究现状及开发利用. 食用菌, 20: 2-3

罗都强, 唐宏亮, 杨小龙, 等, 2007. 从子囊菌炭球菌中分离的活性成分 L-696, 474 和 cytochalasin D 对植物病原真菌的活性. 植物保护学报, 34 (2): 113-122

罗珊珊, 凌建亚, 陈畅, 等, 2005. 蒙山九州虫草中黄酮类化合物提取、鉴定和含量分析. 中国生化药物杂志, 26 (6): 321-323

罗霞, 魏巍, 余梦瑶, 等, 2011. 尖顶羊肚菌对急性酒精性胃黏膜损伤保护作用研究. 菌物学报, 30: 319-324

罗信昌, 王家清, 王汝才, 1992. 食用菌病虫杂菌及防治. 北京: 农业出版社

吕国英, 潘慧娟, 吴永志, 等, 2009. 蛹虫草无性型菌丝体提取液体外抗氧化活性研究. 菌物学报, 28: 597-602

吕国英, 张作法, 潘慧娟, 等, 2011. 柱状田头菇 (茶树菇) 子实体物理改性后体外抗氧化活性研究. 菌物学报, 30: 355-360

麻兵继, 刘吉开, 2005. 密褶红菇化学成分研究. 天然产物研究与开发, 17 (1): 29-32

马岩, 张锐, 于小凤, 2005. 黄蘑多糖提取物的抗肝癌作用及其机制. 吉林大学学报 (医学版), 31: 886-889

卯晓岚, 1980. 毒蘑菇及其中毒. 中华预防医学杂志, 14 (3): 188-192

卯晓岚, 1981. 我国的食用菌资源及其分类. 食用菌, 3: 1-4

卯晓岚, 1982. 我国野生食用菌地理分布及资源初评. 见: (第一届全国食用菌学术讨论会) 中国植物学会真菌分会. 武汉: (第一届全国食用菌学术讨论会) 中国植物学会真菌分会, 42-43

卯晓岚, 1983a. 我国的食用菌资源及其分类. 食用菌, 3: 1-4

卯晓岚, 1983b. 药用真菌分类概述. 食用菌, 3: 47-48

卯晓岚, 1983c. 我国食用菌的地理分布. 食用菌, 4: 6-7

卯晓岚, 1983d. 我国的药用真菌. 地理知识, 12: 4-6

卯晓岚, 1984. 介绍十种有毒蘑菇. 食用菌, 5 (25): 13-15

卯晓岚, 1985a. 南迦巴瓦峰地区大型真菌资源. 真菌学报, 4 (4)197-207

卯晓岚, 1985b. 东喜马拉雅山高山大型真菌及其适应特征. 山地研究, 3 (4)299-306

卯晓岚, 1986a. 新疆食用菌资源. 食用菌, 5: 1-2

卯晓岚, 1986b. 湖南莽山大型真菌分布特征. 真菌学报 (增刊): 397-412

卯晓岚, 1987a. 中国野生食用菌资源. 见: 全国第三届食用菌学术讨论会论文及论文摘要汇编. 上海: 全国第三届食用菌学术讨论会

卯晓岚, 1987b. 毒蘑菇识别. 北京: 北京科学普及出版社

卯晓岚, 1987c. 中国毒蘑菇及其中毒类型. 微生物学通报, 14 (1): 42-47

卯晓岚, 1987d. 食用珊瑚菌. 中国食用菌, 1 (23): 22-23

卯晓岚, 1988a. 我国大型经济真菌的分布及资源评价. 自然资源, 2: 79-84

卯晓岚, 1988b. 中国野生食用真菌种类及生态习性. 真菌学报, 7 (1): 36-43

卯晓岚, 1989a. 灵芝的观赏价值. 中国食用菌, 5: 3-5

卯晓岚, 1989b. 中国的食用和药用大型真菌. 微生物学通报, 16 (5): 290-297

卯晓岚, 1989c. 中国大型真菌资源及其评价. 西北植物研究, 9 (1): 52-61

卯晓岚, 1990a. 神农架部分大型真菌. 微生物学通报, 17 (3): 183-186

卯晓岚, 1990b. 中国食用菌资源·考察·栽培. 见: 全国第四届食用菌学术讨论会论文摘要. 昆明: 全国第四届食用菌学术讨论会, 16-19

卯晓岚, 1990c. 西藏地区的经济真菌. 见: 中国青藏高原研究会成立大会及学术讨论会论文集. 北京: 中国青藏高原研究会成立大会及学术讨论会

卯晓岚, 1990d. 西藏鹅膏菌属的分类研究. 真菌学报, 9 (3): 206-217

卯晓岚, 1991a. 中国鹅膏菌科毒菌及毒素. 微生物学通报, 18 (3): 160-165

卯晓岚, 1991b. 中国灵芝科真菌的分布及药用. 灵芝研究专题讨论会论文摘要集. 北京: 灵芝研究专题讨论会

卯晓岚, 1991c. 西藏鹅膏菌属的分布特征. 真菌学报, 10 (4): 288-295

卯晓岚, 1991d. 云南—食用菌王国之行. 中国食用菌, 10 (4): 30-32

卯晓岚, 1992a. 中国食用菌百科. 北京: 农业出版社

卯晓岚, 1992b. 香港蕈菌考察. 中国食用菌, 2 (54): 3-5

卯晓岚, 1993a. 南迦巴瓦峰登山综合科学考察. 北京: 科学出版社, 131-133

卯晓岚, 1993b. 香菇资源及分布概况. 见: 93' 中国香菇专题研讨会论文集. 浙江庆元: 93' 中国香菇专题研讨会

卯晓岚, 1993c. 我国树木的外生菌根菌. 中国植物学会六十周年年会学术报告及论文摘要汇编. 北京: 中国植物学会六十周年年会

卯晓岚, 1993d. 西藏经济真菌资源. 山地研究, 11 (2): 105-112

卯晓岚, 1993e. 中国大陆的大型真菌资源及分布概况. 台中: 海峡两岸真菌学讨论会

卯晓岚, 1993f. 菌物世界点滴. 生物多样性 (创刊号), 1 (1): 56-57

卯晓岚, 1993g. 中国北方草原大型真菌概况. 见: 中国菌物学成立大会及学术讨论会论文集. 北京: 中国菌物学成立大会及学术讨论会, 1-2

卯晓岚, 1994. 香港蕈菌再探. 中国食用菌, 13 (2): 34-36

卯晓岚, 1997. 自然环境的变化对菌类的影响. 见: 刊日本应用蘑菇学会首次大会报告论文集. 日本大分: 刊日本应用蘑菇学会首次大会, 24-26

卯晓岚, 1998a. 中国经济真菌. 北京: 科学出版社, 1-736

卯晓岚, 1998b. 中国菌物物种多样性研究与资源开发利用. 吉林农业大学学报, 20 (20): 33-36

卯晓岚, 2000a. 中国食用菌物种资源回顾与展望. 中国食用菌, 107 (19): 9-11

卯晓岚, 2000b. 中国大型真菌. 郑州: 河南科学技术出版社, 1-719

卯晓岚, 2001. 欣赏中国灵芝文化之美. 健康灵芝 (台湾), 秋季号 (14): 24-30

卯晓岚, 2003a. 中国食用菌商务指南. 深圳: 中国食用菌杂志出版社, 68-177

卯晓岚, 2003b. 让灵芝再显辉煌. 食用菌市场, 25: 19-23

卯晓岚, 2004a. 中国食药菌物种名称及主要特征. 国际农产品贸易, 90: 48-51

卯晓岚, 2004b. 中国丰富的菌物资源. 食用菌市场, 3: 200-259

卯晓岚, 2004c. 世界独特的灵芝文化. 国际农产品贸易, 90: 30-32

卯晓岚, 2004d. 重视野生菌驯化选育促进我国菌业多品种发展. 见: 2004 中国食用菌产业协调发展高峰论坛文集. 江山: 2004 中国食用菌产业协调发展高峰论坛, 199-201

卯晓岚, 2005a. 促进我国食用菌珍品白灵菇的新发展. 见: 中国食用菌标准化生产研讨暨珍稀菇品种 (白灵菇) 交易会论文集. 广水: 中国食用菌标准化生产研讨暨珍稀菇品种 (白灵菇) 交易会, 25-27

卯晓岚, 2005b. 真菌王国奇趣游. 郑州: 海燕出版社, 1-194

卯晓岚, 2005c. 中国药用菌物概述. 见: 中国菌物学会首届药用真菌产业发展暨学术研讨会文集. 南通: 中国菌物学会首届药用真菌产业发展暨学术研讨会, 47-50

卯晓岚, 2005d. 源远流长、博大精深的中华灵芝文化. 见: 中国菌物学会首届药用真菌产业发展暨学术研讨会论文集. 南通: 中国菌物学会首届药用真菌产业发展暨学术研讨会, 236-241

卯晓岚, 2005e. 中国食用菌业的特色、发展前景及所处地位. 菌物学报, 24 (增刊): 7-14

卯晓岚, 2006a. 中国毒菌物种及毒素多样性. 菌物学报, 25 (3): 345-363

卯晓岚, 2006b. 试论与菌业有关的企业文化. 北京: 中国食药用菌协会研讨会, 3-15

卯晓岚, 2009a. 中国蕈菌. 北京: 科学出版社, 1-816

卯晓岚, 2009b. 发挥菌业特色, 加快持续发展. 江西庐山: 首届海峡两岸食用菌研讨会, 18-20

卯晓岚, 2013. 科学家大自然探险手册 (探索真菌世界的神奇). 济南: 明天出版社, 1-169

卯晓岚, 蒋丹, 2012. 我国重要的食用菌名称探析. 食药用菌, 20 (4): 195-201

卯晓岚, 蒋长坪, 欧珠次旺, 1993. 西藏大型经济真菌. 北京: 北京科学技术出版社, 1-651

卯晓岚, 王宽仓, 查仙芳, 1997. 宁夏大型真菌研究初报. 宁夏农林科技, 5: 1-6

卯晓岚, 杨仲亚, 1988. 盔孢伞属的极毒蘑菇. 中华预防医学杂志, 4 (22): 247-248

卯晓岚, 庄剑云, 1997. 秦岭真菌. 北京: 中国农业科技出版社, 1-181

梅德强, 2006. 古尼虫草菌丝发酵工艺优化及其多糖对肿瘤细胞免疫抑制因子的影响. 贵州大学硕士学位论文

闵三弟, 臧珍娣, 1992. 金针菇抗癌有效成分研究进展. 食用菌, (5): 44

莫顺燕, 杨永春, 石建功, 2003. 桑黄化学成分研究. 中国中药杂志, 28: 339-341

南京中医药大学, 2006. 中药大辞典. 上海: 上海科学技术出版社

聂伟, 张永祥, 周金黄, 2000. 银耳多糖的药理学研究概况. 中药药理与临床, 16: 44-46

彭金腾, 陈启桢, 华杰, 1991. 台湾野生菇彩色图鉴 (第一辑). 台中: 食品工业发展研究所

彭金腾, 陈启桢, 华杰, 1993. 台湾野生菇彩色图鉴 (第二辑). 台中: 食品工业发展研究所

彭金腾, 陈启桢, 华杰, 等, 1990. 鲍鱼菇属人工栽培彩色图鉴. 台中: 食品工业发展研究所

彭寅斌, 1982a. 银耳科的三个新种. 真菌学报, 8 (1): 1-8

彭寅斌, 1982b. 银耳属的两个新种. 真菌学报, 1 (2): 68-71

彭寅斌, 1992. 张家界国家森林公园的大型真菌资源. 中国食用菌, 2 (54): 6-7

蒲昭和, 2004. 蘑菇有望成为开发抗生素的新资源. 首都医药, 19: 37-41

普琼惠, 陈虹, 陈若芸, 2005. 松杉灵芝的化学成分研究. 中草药, 36: 502-501

裘维蕃, 1936. 食用菌栽培丛谈. 金大农专季刊 (秋季号): 15-19

裘维蕃, 1951. 中国食菌及其栽培. 北京: 中华书局

裘维蕃, 1952. 中国食用菌及其栽培. 上海: 中华书局

裘维蕃, 1957. 云南牛肝菌图志. 北京: 科学出版社

裘维蕃, 1991. 中国菌物学进展的前瞻. 真菌学报, 10 (2): 81-84

裘维蕃, 卯晓岚, 1998. 菌物学大全. 北京: 科学出版社, 1-58

裘维蕃, 余永年, 卯晓岚, 1998. 菌物学大全. 北京: 科学出版社, 1-1124

屈统友, 金小辉, 2005. 冬虫夏草在呼吸系统疾病中的应用. 海峡药学, 17: 140-141

全国中草药汇编写组, 1975. 全国中草药汇编. 北京: 人民卫生出版社

上海农业科学院食用菌研究所, 1991. 中国食用菌志. 北京: 中国林业出版社, 10-298

邵力平, 项存悌, 等, 1984. 真菌分类学. 北京: 中国林业出版社

邵雪莲, 2012. 痂状炭角菌的液体优化培养及其生物活性的研究. 福建农林大学硕士学位论文

劭力平, 项存悌, 1997. 中国森林蘑菇. 哈尔滨: 东北林业大学出版社

申进文, 余海尤, 霍云凤, 等, 2009. 斜生褐孔菌多糖组分的纯化及其生物活性研究. 菌物学报, 28: 564-570

石国昌, 刘学英, 艾赛春, 等, 1990. 陕西大巴山区食用菌资源初探. 中国食用菌, 2 (2): 25-26

宋爱荣, 王光远, 赵晨, 等, 2009. 火针层孔菌 (桑黄) 粗多糖对荷瘤小鼠的免疫调节研究. 菌物学报, 28: 295-298

宋斌, 钟月金, 邓旺秋, 等, 2007. 广东野生大型真菌资源及开发利用前景展望. 微生物学杂志, 27 (1): 59-63

宋刚, 1992. 贺兰山的主要食用菌. 中国食用菌, 11 (1): 26

宋宏, 姚方杰, 唐峻, 等, 2008. 榆耳研究概况. 中国食用菌, 27: 3-4

苏延友, 康莉, 杨志孝, 等, 2004. 黄伞多糖的提取及对小鼠腹腔巨噬细胞的激活效应研究. 泰山医学院学报, 25: 9-11

孙培龙, 徐双阳, 杨开, 等, 2006. 珍稀药用真菌桑黄的国内外研究进展. 微生物学通报, 33: 119-123

孙震, 刘萍, 陶文沂, 2002. 松口蘑菌丝体蛋白对 HeLa 细胞凋亡的影响. 营养学报, 24: 75-78

孙忠华, 肖建辉, 潘卫东, 等, 2010. 江西虫草菌丝体化学成分分析. 中药材, 33 (12): 1878-1881

汤建国, 邵红军, 刘吉开, 2008. 变绿红菇化学成分研究. 中草药, 39 (12): 1776-1778

唐超, 王清吉, 葛蔚, 等, 2010. 血红铆钉菇多糖对小鼠 S-180 肉瘤的抑制作用. 安徽农业科学, 38: 2966-2967

唐薇, 鲁新成, 1999. 美味牛肝菌多糖的生物活性及其抗 S-180 肿瘤的效应. 西南师范大学学报 (自然科学版), 24: 478-481

陶美华, 章卫民, 钟韩, 等, 2005. 针层孔菌属 (Phellinus) 中药用真菌的研究概述. 食用菌学报, 12: 65-72

滕立平, 曾红, 周忠波, 2013. 裂盖马鞍菌粗多糖体内抗氧化活性研究. 食用菌学报, 20 (3): 22-25

田汉文, 刘小康, 肖逸, 等, 2009. 猴头菇提取物颗粒对大鼠慢性萎缩性胃炎的预防作用. 中国医院药学杂志, 29: 1764-1767

田茂林, 杨廷贤, 冯栖霞, 等, 1993. 甘肃陇南大型子囊菌种类. 中国食用菌, 12 (2): 26-27

田绍义, 黄文胜, 1992. 河北坝上蒙古口蘑生态观察. 真菌学报, 11 (2): 163-166

佟春兰, 包海鹰, 图力古尔, 2010. 蒙古口蘑子实体石油醚提取物的化学成分及抑菌活性. 菌物学报, 29: 619-621

图力古尔, 2004. 大青沟自然保护区·菌物多样性. 呼和浩特: 内蒙古教育出版社

图力古尔, 包海鹰, 李玉, 2014. 中国毒蘑菇名录. 菌物学报, 33: 517-548

图力古尔, 李玉, 2003. 长白山野生食药用真菌资源及开发利用现状. 见: 第五届海峡两岸真菌学术研讨会论文集. 台湾: 第五届海峡两岸真菌学术研讨会, 4-7

汪昂 (清), 1954. 本草备要. 上海: 商务印书馆

汪虹, 2005. 金耳药理活性及其多糖结构研究进展. 食用菌学报, 12 (4): 53-56

汪雯翰, 王钦博, 张劲松, 等, 2011. 鲍姆木层孔菌 (桑黄) 脂溶性提取物对 PC12 神经元细胞衰老的保护作用. 菌物学报, 30: 760-766

王百龄, 卢少琪, 1990. 复方树舌片治疗慢性活动性肝炎 142 例. 中国新药与临床杂志, (5): 307-308

王碧涵, 李宗菊, 左奎, 等, 2016. 红菇属分子生物学研究进展. 中国食用菌, 35 (2): 1-6

王贵宾, 董露璐, 姬媛媛, 等, 2011. 鲍姆木层孔菌多糖对 HepG2 细胞增殖及侵袭相关能力的抑制作用. 菌物学报, 30: 288-294

王淮滨, 徐位坤, 1994. 苦红菇化学成分的研究. 药学学报, (1): 39-43

王慧铭, 夏明, 夏道宗, 等, 2006. 香菇多糖抗肿瘤作用及其机制的研究. 浙江中西医结合杂志, 16: 291-292

王建芳, 杨春清, 2005. 蛹虫草有效成分及药理作用研究进展. 中药研究进展, 22: 30-32

王竞, 张震宇, 江明华, 1996. 灵芝对小鼠空间分辨学习与记忆的影响. 天然产物研究与开发, 8: 25-28

王兰英, 赵晨, 田雪梅, 等, 2010. 樟薄孔菌发酵液醇沉物的急性毒性和对小鼠肝癌 H22 体内抑瘤活性. 菌物学报, 29: 612-615

王立安, 通占元, 2011. 河北省野生真菌原色图谱. 北京: 科学出版社

王利丽, 郭红光, 王青龙, 等, 2011. 鲜猴头菌口服液益智保健功效初步研究. 菌物学报, 30: 85-91

王林丽, 吴寒寅, 罗桂芳, 2000. 猪苓的药理作用及临床应用. 中国药业, 9: 58-59

王翎, 程显好, 1996. 虫花菌胞外糖蛋白的分离、纯化及其性质研究. 菌物学报, (1): 48-52

王淑蕾, 梁敬钰, 唐庆九, 2012. 香菇嘌呤的研究进展. 菌物学报, 32 (2): 151-158

王晓洁, 蔡德华, 杨立红, 等, 2005. 金顶侧耳多糖体外抗肿瘤作用的研究. 食用菌学报, 12: 9-13

王晓炜, 王峰, 陶明煊, 等, 2008. 大球盖菇提取物对 CCl4 所致肝损伤小鼠的抗氧化作用研究. 食品科学, 29 (12): 663-667

王也珍, 吴声华, 周文能, 等, 1999. 台湾真菌名录. 台中行政院农业委员会林业试验所编印, 农业委员会出版, 1-289

王一心, 杨桂芝, 狄勇, 2005. 青头菌对大鼠调节血脂及抗氧化作用的研究. 中国自然医学杂志, 7: 19-21

王玉萍, 李翔太, 尹进, 等, 2000. 富铬鸡腿蘑菌丝发酵液急性毒性和降血糖作用的初步研究. 山东大学学报 (自然科学版), 35: 117-120

王元忠, 李兴奎, 虞泓, 等, 2005. 小美牛肝菌子实体主要成分的测定. 食用菌学报, 12: 5-8

王云, 谢支锡, 1987. 块菌的研究及其在我国的开发利用展望. 见: 全国第三届食用菌学术讨论会论文摘要汇编. 上海: 全国第三届食用菌学术讨论会

王云章, 1964. 中国黑粉菌. 北京: 科学出版社

王云章, 1973. 伞菌的两个新种. 微生物学报, 13: 7-10

王振河, 霍云凤, 2006. 裂褶菌及裂褶菌多糖研究进展. 微生物学杂志, 26: 73-76

卫亚丽, 王茂胜, 连宾, 2006. 鸡油菌研究进展. 食用菌, 28: 1-3

魏秉刚, 谭德钦, 凌妙丽, 等, 1985. 广西松口蘑初报. 食用菌, 6: 1-2

魏华, 谢俊杰, 吴凌伟, 等, 1997. 金针菇的营养保健作用. 食用菌学报, 2: 59-61

温克, 陈劲, 李红, 等, 2002. 桑黄等四种抗癌药物抗癌活性比较. 吉林大学学报 (医学版), 28: 247-248

文华安, 2005. 中国西北五省区的大型药用真菌资源. 见: 中国菌物学会首届药用真菌产业暨学术研讨会论文集. 南通: 中国菌物学会首届药用真菌产业暨学术研讨会, 51-61

文华安, 李宾, 孙述霄, 1997. 河北小五台山菌物·大型真菌. 北京: 中国农业出版社, 75-102

文华安, 卯晓岚, 孙述霄, 2000. 中国热带地区伞菌资源. 见: 第五届海峡两岸真菌学术研讨会论文集. 台湾: 第五届海峡两岸真菌学术研讨会, 51-60

文镜, 陈文, 王津, 等, 1993. 金针菇抗疲劳的实验研究. 营养学报, 15: 79-81

邬利娅, 等, 2003. 阿里红多糖对小鼠免疫功能的影响. 新疆医科大学学报, 26 (6): 563-565

吴根福, 2001. 黑柄炭角菌产生的 DPPH 自由基捕捉成分. 微生物学报, 41: 363-366

吴谱 (魏),〔孙星衍、孙冯翼 (清) 合辑〕, 1955. 神农本草经. 上海: 商务印书馆

吴少雄, 王保兴, 郭祀远, 等, 2005. 云南野生食用干巴菌的营养成分分析. 现代预防医学, (11): 1548-1549

吴声华, 戴玉成, 2011. 桑黄真菌分类学研究. 见: 海峡两岸第十届菌物学暨第三届食药用菌学术研讨会论文摘要集. 武汉: 海峡两岸第十届菌物学暨第三届食药用菌学术研讨会

吴声华, 周文能, 王也珍, 等, 2000. 台湾潜在食药用真菌培养彩色图鉴. 台中: 国立自然科学博物馆

吴兴亮, 1989. 贵州大型真菌. 贵阳: 贵州人民出版社

吴兴亮, 戴玉成, 2005. 中国灵芝图鉴. 北京: 科学出版社, 1-229

吴兴亮, 卯晓岚, 图力古尔, 等, 2013. 中国药用真菌. 北京: 科学出版社

吴兴亮, 臧穆, 等, 1997. 灵芝及其他真菌彩色图志. 贵阳: 贵州科技出版社

吴学谦, 李海波, 吴庆其, 等, 2005. 黄龇牛肝菌子实体营养成分分析评价. 食用菌学报, 12 (2): 19-23

吴映明, 陈爱葵, 曾小龙, 等, 2003. 松口蘑的镇咳、祛痰、平喘作用研究. 中国食用菌, 22: 37-40

吴征镒, 1979. 论中国植物区系的分区问题. 云南植物研究, 1: 1-22

武守华, 张晓君, 张平, 等, 2010. 四种子囊菌甲醇提取物的抗氧化活性研究. 菌物学报, 29: 113-118.

夏国强, 2010. 阿里红多糖抗氧化作用研究. 新疆医学, 40 (12): 51-53

肖建辉, 方宁, 刘祖林, 等, 2008. 药用真菌江西青霉多糖抗肿瘤机制的研究. 中药材, 31 (1): 71-75

肖建辉, 梁宗琦, 胡锡阶, 等, 2005. 古尼虫草多糖及其解聚物的免疫活性. 免疫学杂志, 21: 51-54

谢福泉, 胡七金, 2005. 野生优良食药用菌花脸香蘑的研究进展. 菌物研究, 3: 52-56

徐红娟, 莫志宏, 余佳文, 等, 2009. 蝉花生物活性物质研究进展. 中国药业, 18 (4): 19-21

徐锦堂, 1997. 中国药用真菌学. 北京: 北京医科大学出版社

徐锦堂, 郭顺星, 1989. 供给天麻种子萌发营养的真菌紫箕小菇. 真菌学报, 8 (3): 221-226

徐凌川, 张华, 2002. 九洲虫草等山东野生药用真菌分布新记录. 中国野生植物资源, 21 (6): 32-33

徐文香, 郭炳冉, 徐承水, 等, 1997. 鸡腿蘑抑菌抗杂的研究. 食用菌, 19: 15-16

徐中志, 赵琪, 戚淑威, 等, 2007. 丽江主要经济真菌调查. 中国食用菌, 26: 10-12

许瑞祥, 1982. 灵芝概论. 台中: 万年出版社

许瑞祥, 1988. 灵芝的奥秘. 台北: 正义出版社

闫蕾蕾, 王谦, 2002. 金顶侧耳菌丝体提取物的动物免疫增强功能初探. 中国食用菌, 21: 38-39

闫文娟, 李泰辉, 姜子德, 等, 2010a. 广东虫草虫草酸含量的测定与分析. 食用菌, 5: 73-78

闫文娟, 李泰辉, 姜子德, 等, 2010b. 广东虫草抗禽流感病毒的初步研究. 食用菌学报, 17 (3): 64-66

闫文娟, 李泰辉, 姜子德, 等, 2011. 广东虫草抗疲劳及延寿作用的研究. 食品研究与开发, 32 (3): 164-167

闫文娟, 李泰辉, 唐芳勇, 等, 2009. 广东虫草多糖的提取及含量测定. 华南农业大学学报, 30 (4): 53-56

严茂祥, 陈芝芸, 项柏康, 等, 1999. 金针菇多糖对小鼠移植性肿瘤抗瘤效应的实验研究. 中国中医药科技, 6: 379-380

颜艳, 白文忠, 王立安, 等, 2009. 灵芝多糖对顺铂引起的呕吐具抑制作用. 菌物学报, 28: 456-462

杨明俊, 杨庆尧, 杨晓彤, 2011. 云芝糖肽的免疫和抗肿瘤药理活性研究进展. 食品工业科技, 32: 565-568

杨庆尧, 1979, 食用菌的代谢产物. 上海: 上海农业科技出版社

杨庆尧, 1981, 食用菌生物学基础. 上海: 上海科技出版社

杨珊珊, 李志超, 李宜丰, 1990. 山西优质野生食用菌铦囊菌及口蘑. 见: 全国第三届真菌地衣学术讨论会论文及摘要汇编. 北京: 全国第三届真菌地衣学术讨论会

杨珊珊, 李志超, 李宜丰, 1993. 山西野生食用菌资源调查. 见: 中国菌物学会成立大会学术讨论会论文及摘要. 北京: 中国菌物学会成立大会学术讨论会

杨上光, 于立坚, 曹淑定, 等, 1990. 常见食药用真菌. 西安: 陕西科学技术出版社

杨淑云, 林远崇, 羿红, 等, 2007. 珍稀食药用菌—蜜环菌的开发与应用. 生物学杂志, 24 (3): 52-54

杨树东, 包海鹰, 2005. 茯苓中三萜类和多糖类成分的研究进展. 菌物研究, 3: 55-61

杨树东, 包海鹰, 2006. 胶陀螺 (*Bulgaria inquinans*) 的生药学研究. 见: 中国菌物学会第二届全国菌物教学科研学术研讨会论文集. 大连: 中国菌物学会第二届全国菌物教学科研学术研讨会, 61-65

杨涛, 董彩虹, 2011. 虫草素的研究开发现状与思考. 菌物学报, 30: 180-190

杨廷贤, 田茂林, 1990. 甘肃陇南羊肚菌调查初报. 见: 全国第四届食用菌学术讨论会论文集. 昆明: 全国第四届食用菌学术讨论会论文集

杨相甫, 李发启, 韩书亮, 等, 2005. 河南大别山药用大型真菌资源研究. 武汉植物学研究, 23: 393-397

杨小龙, 刘吉开, 罗都强, 等, 2011. 黑柄炭角菌的化学成分. 天然产物研究与开发, 23: 846-849

杨晓静, 张泓巍, 张大伟, 等, 1996. 胶陀螺对血淤动物血液流变学的影响. 中草药, 27: 358-359

杨晓静, 张泓嵬, 孙红, 等, 1993. 胶陀螺的抗肿瘤作用. 特产研究, 2: 9-11

杨新美, 1988a. 中国食用菌栽培学. 北京: 中国农业出版社, 1-584

杨新美, 1998b. 食用菌研究法. 北京: 中国农业出版社

杨炎, 周昌艳, 王晨光, 等, 2000. 猴头菌多糖调节机体免疫功能的研究. 食用菌学报, 7: 19-22

杨永彬, 刘春辉, 林远崇, 等, 2007. 食药用真菌虎奶菇研究进展. 中国食用菌, 26 (3): 3-5

杨云鹏, 等, 1964. 野生麦角调查研究 (续). 药学学报, 11 (8): 551-561

杨云鹏, 岳德超, 1976. 常用药用真菌. 微生物学通报, 3 (1): 34-36

杨云鹏, 岳德超, 1988. 中国药用真菌. 哈尔滨: 黑龙江科学技术出版社

杨真威, 姜瑞芝, 陈英红, 等, 2005a. 耙齿菌糖蛋白 11-2-1 的化学研究. 中草药, 36: 1130-1132

杨真威, 姜瑞芝, 陈英红, 等, 2005b. 耙齿菌糖蛋白的提取分离、理化性质及抗炎活性. 天然产物研究与开发, 17: 280-282

杨仲亚, 1983. 毒菌中毒防治手册. 北京: 人民卫生出版社

杨祝良, 1990. 我国滇南的几种热带担子菌记述. 见: 全国第三届真菌地衣学术讨论会论文及摘要汇编. 北京: 全国第三届真菌地衣学术讨论会

杨祝良, 2002. 浅论云南野生蕈菌资源及其利用. 自然资源学报, 17: 463-469

杨祝良, 2005. 中国真菌志·22 卷·鹅膏科. 北京: 科学出版社, 35-62

杨祝良, 2015. 中国鹅膏科真菌图志. 北京: 科学出版社, 1-213

杨祝良, 臧穆, 1993. 我国西南小奥德蘑属的分类. 真菌学报, 12 (1): 16-27

姚俊, 邱美珍, 肖兵南, 2009. 松乳菇多糖对早期断奶乳猪生产性能和预防腹泻的影响. 中兽医医药杂志, 28 (2): 15-17

叶菲, 苏士杰, 曹瑞敏, 等, 1995. 黄蘑多糖对小鼠 H22 腹水肝癌细胞周期的影响. 实用肿瘤学杂志, 1: 3-4

叶明, 李世艳, 郝伟伟, 等, 2009. 金顶侧耳胞内多糖生物活性研究. 菌物学报, 28: 558-563

殷勤燕, 1996. 灵芝抗肿瘤作用的研究现状. 中国食用菌, 15: 28.

殷伟伟, 张松, 吴金凤, 2009. 尖顶羊肚菌活性提取物降血脂作用的研究. 菌物学报, 28: 873-877

应建浙, 1983. 红边绿菇及其近似种的比较研究. 真菌学报, 2 (1): 34-37

应建浙, 卯晓岚, 马启明, 等, 1987. 中国药用真菌图鉴. 北京: 科学出版社, 1-579

应建浙, 文华安, 宗毓臣, 1994a. 川西地区大型经济真菌. 北京: 科学出版社, 1-130

应建浙, 臧穆, 宗毓臣, 等, 1994b. 西南地区大型经济真菌. 北京: 科学出版社, 1-399

应建浙, 赵继鼎, 卯晓岚, 等, 1983. 食用蘑菇. 北京: 科学出版社, 1-255

应建浙, 赵继鼎, 卯晓岚, 等, 1993. 食用蘑菇. 北京: 科学出版社

游洋, 包海鹰, 2011. 不同成熟期大秃马勃子实体提取物的抑菌活性及其挥发油成分分析. 菌物学报, 30: 477-485

于荣利, 张桂玲, 秦旭升, 2005. 灰树花研究进展. 上海农业学报, 21: 101-105

余永年, 1980. 真菌与人. 北京: 科学普及出版社

余永年, 1993a. 食用蕈菌的现状和展望. 见: 中国菌物学会成立大会学术讨论会论文及论文摘要. 北京: 中国菌物学会成立大会学术讨论会

余永年, 1993b. 余永年菌物学论文选集. 北京: 化学工业出版社

余永年, 卯晓岚, 2015. 中国菌物学 100 年. 北京: 科学出版社, 1-763

余永年, 沈明珠, 2003. 中国灵芝培育史话. 菌物学报, 22: 3-9

袁博, 朱峰, 陈永强, 等, 2011. 斑点嗜蓝孢孔菌化学成分、生物活性及水提物荧光猝灭研究. 菌物学报, 30: 464-471

袁明生, 孙佩琼, 1995. 四川蕈菌. 成都: 四川科技出版社

袁明生, 孙佩琼, 2013. 中国大型真菌彩色图谱. 成都: 四川科学技术出版社, 1-664

袁云辉, 张树斌, 姚钢乾, 等, 2011. 花盖红菇菌丝体提取物的体外功效及组分分析. 食品科学, 32: 223-227

云南省药材公司, 1993. 云南中药资源名录. 北京: 科学出版社

云南卫生防疫站, 1988. 云南食用菌与毒菌图鉴. 昆明: 云南科学技术出版社

云南植物研究所分类室孢子植物组生理室菌类组, 1975. 云南经济真菌资料之 1. 云南植物研究, 1 (4): 28-34

云南植物研究所分类室孢子植物组生理室菌类组, 1976. 云南经济真菌资料之 2. 云南植物研究, 2 (4): 1-12

云南植物研究所生理室分类组, 孢子植物组, 云南丽江地区卫生局药品检验所, 1975. 新药新用—竹菌的初步研究 (一). 云南植物研究, 1: 50-53

臧穆, 1980a. 我国西藏担子菌类数新种. 微生物学报, 20 (1): 29-34

臧穆, 1980b. 滇藏高等真菌的地理分布及资源评价. 云南植物研究, 2 (2): 152-187

臧穆, 1981. 云南鸡枞菌属的分类与分布的研究. 云南植物研究, 3 (3): 367-374

臧穆, 1983. 云南牛肝菌属分组初探及两新种. 真菌学报, 2 (1): 12-17

臧穆, 1986. 滇藏热带真菌的真菌地理研究. 真菌学报增刊 I: 407-418

臧穆, 1987. 东喜马拉雅引人注目的高等真菌和新种. 菌物研究, 9: 81-88

臧穆, 1988. 一种引人寻味的食菌, 中国食用菌, 4 (23): 3-4

臧穆, 1990. 松茸群及其近缘种的分类地理研究, 真菌学报, 9 (2): 113-125

臧穆, 2006. 中国孢子植物志 第二十二卷 牛肝菌科. 北京: 科学出版社, 1-215

臧穆, 陈可可, 1990. 我国西南高山针叶林的外生菌根组合. 真菌学报, 9 (2): 128-136

臧穆, 纪大干, 1984. 我国东喜马拉雅区鬼笔科的研究. 真菌学报, 4 (2): 109-117

臧穆, 李滨, 郗建郧, 1996. 横断山区真菌. 北京: 科学出版社, 1-598

臧穆, 蒲春朝, 邬建明, 等, 1992. 印度块菌在我国分布的确认. 中国食用菌, 11 (3): 19-39

翟志武, 李成文, 韩春英, 等, 2003. 云芝糖肽研究进展. 山东医药工业, 22: 30-31

占扎君, 2004. 三种大型真菌和五种植物化学成分和生物活性的研究. 中国科学院上海药物研究所、中国科学院上海生命科学研究院上海药物研究所博士学位论文

张斌成, 余永年, 1992. 中国地下菌属 (盘菌目) 分类研究. 真菌学报, 13 (1): 44-47

张兵影, 薛志强, 邓建新, 等, 2007. 茯苓健脾作用活性部位的研究. 菌物研究, 5: 110-112

张才擎, 2001. 黑木耳药用研究的进展. 中国中医药科技, 8: 339-340

张东柱, 谢焕儒, 张瑞璋, 等, 1999. 台湾常见树木病害. 台北: 台湾省林业试验出版社

张东柱, 周文能, 王也珍, 等, 2001. 台湾大型真菌. 台北: 行政院农业委员会出版

张光亚, 1984. 云南食用菌. 昆明: 云南人民出版社

张桂香, 杨建杰, 杨琴, 等, 2015. 甘肃省食用菌产业现状及发展特点. 中国食用菌, 34 (5): 76-78

张涵, 吕圭源, 周桂芬, 2007. 巴西蘑菇抗肿瘤药理研究进展. 时珍国医国药, 18: 1237-1238

张丽萍, 苗春艳, 1994. 红缘层孔菌多糖 FP2 的结构与体外抗肿瘤作用的研究. 东北师大学报 (自然科学版), (2): 74-78

张凌, 王飞, 董泽军, 等, 2008. 橙黄网孢盘菌中的新没药烷倍半萜. 植物分类与资源学报, 30 (5): 611-613

张璐, 张鞍灵, 李晓明, 等, 2007. 日本革菌发酵液抑菌活性初步研究. 西北林学院学报, 22 (3): 135-137

张敏, 纪晓光, 贝祝春, 2006. 桑黄多糖抗肿瘤作用. 中药药理与临床, 22: 56-58

张寿橙, 赖敏男, 1993. 中国香菇栽培历史与文化. 上海: 上海科学技术出版社

张树庭, 卯晓岚, 1995. 香港蕈菌. 香港沙田: 香港中文大学出版社, 1-468

张庭延, 潘继红, 朱升学, 2003. 猴头菌制备物的抑菌活性研究. 安徽师范大学学报 (自然科学版), 26: 159-160

张万国, 胡晋红, 蔡溱, 等, 2002. 桑黄抗大鼠肝纤维化与抗脂质过氧化. 中成药, 24: 281-283

张小青, 赵继鼎, 1986. 中国湖北省神农架地区多孔菌新种. 真菌学报 (增刊), I: 273-281

张新超, 郭丽琼, 彭志妮, 等, 2011. 灰树花孔菌固体发酵基质抗氧化活性成分研究. 菌物学报, 30: 331-337

张兴礼, 1986. 地下生真菌. 微生物学通报, 13 (1): 44-47

张秀娟, 季宇彬, 曲中原, 等, 2003. 黑木耳多糖药理学研究进展. 中国微生态学杂志, 15: 373-374

张雪倩, 刘川, 杜国良, 等, 2010. 血红铆钉菇粗多糖对小鼠多巴胺能神经元保护作用的研究. 见: 中国解剖学会 2010 年年会论文集. 上海: 中国解剖学会 2010 年年会

张雪倩, 孙红, 王立安, 等, 2011. 色钉菇粗多糖对小鼠 DA 能神经元 MPTP 损伤的保护作用. 菌物学报, 30: 77-84

张影, 包海鹰, 李玉, 2003. 珍贵食药用菌金顶侧耳研究现状. 吉林农业大学学报, 25: 54-57

张玉英, 龚珊, 张惠琴, 2004. 云芝糖肽镇痛抗炎作用的实验研究. 苏州大学学报 (医学报), 24: 652-653

张芷旋, 范羽, 周清华, 等, 2006. 槐耳清膏对人高转移大细胞肺癌细胞 L9981 血管生成相关基因表达的影响. 中国肿瘤杂志, 9: 137-139

张志光, 张晓元, 李东屏, 1999. 鹅膏菌多肽毒素在生命科学研究中的应用. 卫生研究, 28 (1): 60-63

张志红, 杨璐敏, 邰丽梅, 等, 2014. 冬虫夏草生理活性成分的研究进展. 中国食用菌, 33 (4): 1-4

赵大明, 邵伟, 宋启印, 等, 1983. 对灵芝菌丝多糖的研究. 药用真菌, 1-2: 71-76

赵大振, 王朝江, 1991. 毛木耳一新变种. 真菌学报, 10 (2): 108-112

赵丰丽, 张云鸽, 宁良丹, 2009. 红菇多糖的提取分离及其抗氧化活性的研究. 中国酿造, (11): 98-101

赵根楠, 崇耕, 卯晓岚, 1990. 中国菇类栽培手册. 北京: 科学普及出版社

赵会珍, 胥艳艳, 付晓燕, 等, 2007. 马勃的食药用价值及其研究进展. 微生物学通报, 34: 367-369

赵继鼎, 1989. 中国灵芝新编. 北京: 科学出版社

赵继鼎, 徐连旺, 张小青, 1979. 中国灵芝亚科的分类研究. 微生物学报, 19 (3): 265-279

赵继鼎, 徐连旺, 张小青, 1981. 中国灵芝. 北京: 科学出版社, 1-78

赵继鼎, 徐连旺, 张小青, 1983. 中国灵芝亚科的分类研究 II. 真菌学报, 2 (3): 159-167

赵继鼎, 徐连旺, 张小青, 1984. 中国灵芝亚科的分类研究 III. 真菌学报, 3 (1): 15-23

赵继鼎, 徐连旺, 张小青, 1986a. 中国灵芝亚科的分类研究 IV. 真菌学报, 5 (2): 86-93

赵继鼎, 徐连旺, 张小青, 1986b. 中国灵芝亚科的分类研究 V. 真菌学报, 5 (4): 219-225

赵继鼎, 徐连旺, 张小青, 1987a. 中国灵芝科的分类研究 VII. 真菌学报, 6 (4): 199-210

赵继鼎, 徐连旺, 张小青, 1987b. 中国灵芝亚科的分类研究 VI. 真菌学报, 6 (1): 1-7

赵继鼎, 徐连旺, 张小青, 1988a. 中国灵芝科的分类研究 IX. 真菌学报, 7 (1): 13-22

赵继鼎, 徐连旺, 张小青, 1988b. 中国灵芝科的分类研究 X. 真菌学报, 7 (4): 205-211

赵继鼎, 徐连旺, 张小青, 1989. 中国灵芝科的分类研究 XI. 真菌学报, 8 (1): 25-34

赵继鼎, 张小青, 2000. 中国真菌志 · 灵芝科. 北京: 科学出版社, 1-204

赵经周, 1996. 森林抗癌药用真菌资源开发及应用. 林业科技通讯, 5: 40-41

赵俊霞, 郑力芬, 赵娟, 等, 2007. 滑菇多糖对 K562 白血病细胞增殖的抑制及 Caspase-3 基因表达的影响. 第四军医大学学报, 28 (15): 1393-1396

赵琪, 袁理春, 李荣春, 2004. 裂褶菌研究进展. 食用菌学报, 11: 59-61

赵琪, 张颖, 袁理春, 2006. 云南老君山药用真菌资源初步调查. 微生物学杂志, 26: 85-88

赵世光, 王林, 2009. 灵芝发酵液酸性醇提物抗慢性支气管炎疗效的研究. 菌物学报, 28: 832-837

赵学敏 (清), 1955. 本草纲目拾遗. 上海: 商务印书馆

赵友兴, 吴兴亮, 黄圣卓, 2013. 中国药用菌物化学成分与生物活性研究进展. 贵州科学, 31 (1): 18-27

赵震宇, 卯晓岚, 1986. 新疆大型真菌图鉴. 乌鲁木齐: 新疆八一农学院出版社

郑国扬, 毕志树, 莫湘涛, 1985. 粤北山区香菇段木上杂菌的调查. 中国食用菌, 3 (13): 21-23

郑克岩, 张洁, 林相友, 等, 2005. 松杉灵芝多糖的抗突变作用. 吉林大学学报, 43: 235-237

中国科学院登山科学队. 1985. 天山托木尔峰地区的生物. 乌鲁木齐: 新疆人民出版社, 267-281

中国科学院青藏高原综合科学考察队 (王云章、臧穆等), 1983. 西藏真菌. 北京: 科学出版社, 1-226

中国科学院神农架真菌地衣考察队 (卯晓岚、庄文颖、李惠中、应建浙、宗毓臣), 1989. 神农架真菌与地衣. 北京: 世界图书出版公司

中国科学院微生物研究所, 1973. 常见常用真菌. 北京: 科学出版社, 1-317

中国科学院微生物研究所真菌组, 1989. 毒蘑菇. 北京: 科学出版社

中国科学院植物研究所, 1996. 新编拉汉英植物名称 (卯晓岚承担部分大型真菌). 北京: 航空工业出版社, 1-1166

中国医学科学院中药研究所肿瘤组, 1979. 猪苓提取物对小白鼠移植性肿瘤的影响. 新医学杂志, 2: 15

周春萍, 1990. 贵州首次报道的两种新毒菌. 微生物学通报, 17 (2): 74-75

周慧萍, 刘文丽, 陈琼华, 等, 1991a. 猴头菌多糖的抗衰老作用. 中国药科大学学报, 22: 86-88

周慧萍, 孙立冰, 陈琼华, 等, 1991b. 猴头多糖的抗突变和降血糖作用. 生化药物杂志, 10: 35-36

周林, 郭尚, 赵照林, 等, 2016. 块菌资源分布特点及山西地域环境条件分析. 中国食用菌, 35 (2): 10-17

周茂新, 文华安, 2005. 中国乳菇属物种资源. 菌物学报, 24 (增刊): 61-66

周庆珍, 潘高潮, 尤梅立, 等, 2001. 贵州野生松乳菇化学成分及产品开发研究. 贵州科学, 19: 56-60

周月琴, 杨晓彤, 杨庆尧, 2005. 灵芝三萜的药理活性研究进展. 见: 首届海峡两岸食 (药) 用菌学术研讨会论文集. 福州: 首届海峡两岸食 (药) 用菌学术研讨会

周忠波, 马红霞, 图力古尔, 2005. 树舌 (*Ganoderma lipsiense*) 化学成分及药理学研究进展. 菌物研究, 3: 35-42

朱碧纯, 柴一秋, 章思思, 等, 2016. 蝉花虫草活性成分的抗惊厥作用. 菌物学报, 35 (5): 619-627

祝寿芬, 殷凤, 1999. 猴头多糖、螺旋藻对 20 例中老年胃癌患者免疫功能影响的比较. 营养学报, 21: 237

庄名扬, 1993. 拱状灵芝多糖的分离与鉴定. 天然产物研究与开发, 5 (2): 34-36

庄毅, 1993. 槐耳菌的抗癌研究. 见: 中国菌物学会成立大会学术讨论会论文及论文摘要. 北京: 中国菌物学会成立大会学术讨论会

庄毅, 1998. 中国药用真菌的现状与展望. 吉林农业大学学报, 20 (20): 40-42

宗灿华, 于国萍, 2007. 黑木耳多糖对糖尿病小鼠降血糖作用. 食用菌, 29: 60-61

邹祥, 章克昌, 2002. 姬松茸生物活性及深层培养研究进展. 山东食品发酵, 3: 22-24

本郷次雄, 上田俊穂, 伊沢正名, 1994. 山渓フィールドシクス⑩まのこいと . 東京: 溪谷社株式会社

本郷次雄, 1989. 本郷次雄教授論文選集. 滋賀大学教育学部生物学研究室

長沢栄史, 2003. 日本の毒きのこ . 東京: 株式会社学研究社

川村清一, 1954-1955. 原色日本菌類図鑑 (1-8 卷). 東京: 風間書房

吉川久彦編集, 1992. きのこ学. 東京: 共立出版株式会社

吉見昭一, 高山栄, 1986. 京都のキノコ図鑑. 京都: 京都新聞社

今関六也, 本郷次雄, 1987. 原色日本菌類図鑑 (I). 保育社, 1-325

今関六也, 本郷次雄, 1989. 原色日本菌類図鑑 (II). 保育社, 1-315

今関六也, 本郷次雄, 椿啓介, 1970. 標準原色図鑑全集, 菌類. 保育社

今関六也, 大谷吉雄, 本郷次雄, 1988. 日本のきのと . 東京: 山と溪谷社, 1-623

清水大典, 1994. 原色冬虫夏草図鉴. 东京: 诚文堂新光社, 9-377

水野卓, 川合正允, 1995. きのこの化学. 東京: 学会出版センタ

小林義雄, 清水大典, 1983. 冬虫夏草図譜. 东京: 保育社

伊藤誠哉, 1955. 日本菌類誌第 2 卷 4号. 養賢堂發行

伊藤誠哉, 1959. 日本菌類誌第 2 卷 5号. 養賢堂發行

Ainsworth G C, 1971. Ainsworth & Bisby's Dictionary of the Fungi. 6th ed. Kew: Commonwealth Mycological Institute

Anke T, Kupka J, Schramm G, et al., 1980. Antibiotics from basidiomycetes. X. Scorodonin, a new antibacterial and antifungal metabolite from *Marasmius scorodonius* (Fr.) Fr. The Journal of Antibiotics (Tokyo), 33: 463-467

Balfour-Browne F L, 1955. Some himalayan fungi. Bull. Brit. Mus. (Natural History), 1 (3): 189-218

Barros L, Baptists P, Estevinho L M, et al., 2007. Bioactive properties of the medicinal mushroom *Leucopaxillus giganteus* mycelium obtained in the presence of different nitrogen sources. Food Chemistry, 105: 179-186

Bas C, 1969. Morphology and subdivision of *Amanita* and monograph of its section *Lepidella*. Personnia, 5: 285-579

Breitenbach J, Kranzlin F, 1986. Fungi of Switzerland, Vol. 2. Lucerne: Verlag Mykologia

Cao Y, Dai Y C, Wu S H, 2012. Species clarification for the world-famous medicinal *Ganoderma* fungus "Lingzhi" distributed in East Asia. Fungal Diversity, 56: 49-62

Chang S T (张树庭), Hayes W A, 1978. The Biology and Cultivation of Edible Mushrooms. New York: Academic Press

Chang S T (张树庭), Mao X L (卯晓岚), 1991. Hong Kong mushrooms. Hong Kong: Workshop on Culture Collection and Breeding of Edible Mushrooms

Chen C H, Yang S f, Shen Y C, 1995. New steroid acids from *Antrodia cinnamomea*, a fungal parasite of *Cinnamomum micranthum*. Journal of Natural Products, 58: 1655-1661

Chiu W F (裘维蕃), 1945. The Russulaceae of Yunnan. Lloydia, 8: 31-59

Chiu W F (裘维蕃), 1949. The Amanitaceae of Yunnan. Sci. Rept. Tsing Nat. Hua Univ. , S. B. 3(3): 165-178

Corner E J H, 1950. A Monograph of *Clavaria* and Allied Genera. Ann. Bot. Mem., 1-740

Corner E J H, 1970. Supplement to "A Monograph of *Clavaria* and Allied Genera". Nova Hedwigia, 33: 1-229

Corner E J H, 1971. *Boletus* in Maloysis. Singapore Government Print

Dai Y C, 2012. Polypore diversity in China with an annotated checklist of Chinese polypores. Mycoscience, 53: 49-80

Dai Y C, Niemelā T, Qin G F, 2003. Changbai wood-rotting fungi 14. A new pleurotoid species *Panellus edulis*. Annales Botanicci Fennici, 40: 107-112

Dai Y C, Wang Z, Binder M, 2006. Phylogeny and a new species of *Sparassis* (*Polyporales*, *Basidiomycota*) evidence from mitochondrial apt6, nuclear rDNA and rpb2 genes. Mycologia, 98: 548-592

Dai Y C, Xu M Q, 1998. Studies on the medicinal polypore, *Phellinus baumii*, and its kin, *P. linteus*. Mycotaxon, 67: 191-200

Dai Y C, Yang Z L, Cui B K, et al., 2009. Species diversity and utilization of medicinal mushrooms and fungi in China (Review). International Journal of Medicinal Mushrooms, 11: 287-302

Davies D G, Hodge P, 2005. Biosynthesis of the allene (-) - marasin in *Marasmius ramealis*. Organic & Biomecular Chemistry, 3: 1690-1693

Dennis R W G, 1970. Fungus flora of Venezuela and adjacent Countries. London: Her Majesty's Stationery Office

Dickinson C, Lucas J, 1981. The encyclopedia of mushrooms. London: Orbis Publishing

Emoto Y, 1977. The *Myxomycete* of Japan. Tokyo: Sangyo Tosho Publishing Co. Ltd.

Fabian K, Lorenzen K, Anke T, et al., 1998. Five new bioactive sesquiterpenes from the fungus *Radulomyces confluens*. Z. Naturforsch. C, 53 (11-12): 939-945

Famili P, 1993. The biosynthesis of oudenone, a hypotensive agent from *Oudemansiella radicata*. Montreal: Concordia University

Furuya T, Hirotani M, Matsuzawa M, 1983. N⁶-(2'-hydroxyethyl)-adenosine, a biologically active compound from cultured mycelia of *Cordyceps* and *Isaria* species. Phytochemistry, 22 (11): 2509-2512

Grove J W, 1962. Edible and poisonous mushrooms of Canada. Ottawa, Ontario: Canada Department of Agriculture

Härkönen M, Niemelā T, Mwasurabi L, 2003. Tanzanian mushrooms. Edible, harmful and other fungi. Norrlinia, 10: 1-200

Heim R, 1957. Les champignons d'Europe, Tomel-2N. Paris: Boubee et Cie

Heim R, 1963. Les champignons Toxiques et Hallucinogénes. Paris: N. Boube e.

Heim R, 1977. Termites et Champignons. Paris: Les champignons termitophiles d'Afrique Noire et d'Asie méridionale

Hseu Y C, Chang W C, Hseu Y T, et al., 2002. Protection of oxidative damage by aqueous extract from *Antrodia camphorata* mycelia in normal human erythrocytes. Life Sciences, 71: 469-482.

Hyun J W, Kim C K, Park S H, et al., 1996. Antitumor components of *Agrocybe cylindracea*. Archives of Pharmacal Research, 19: 207-212

Ishihara T, 1999. Polysaccaride of *Agaricus blazei* Murrill. In Tanimura A (ed) Handbook of active substances in plant resources. 2nd edn. Tokyo: Science Forum

Ito Y, Kurita H, Yamaguchi T, et al., 1967. Naematolin, a new biologically active substance produced by *Naematoloma fasciculare* (Fr.) Karst. Chemical & Pharmaceutical Bulletin, 15: 2009-2010

Jenkins D T, 1986. *Amanita* of North America. Eureka: Mad River Press, Inc

Jenkins D T, 1978. A Taxonomic and Nomenclatural Study of the Genus Amanita Section Amanita for North America[J]. Mycologia, 70(2):474.

Kai-Wun Yeh (叶开温), Zuei-Ching Chen (陈瑞青), 1991. Mushroom flora of Lan-Yu Island (I). Taiwania, 36(3): 265-271

Kalyoncu F, Oskay M, Sağlam H, et al., 2010. Antimicrobial and antioxidant activities of mycelia of 10 wild mushroom species. J. Med. Food, 13 (2): 415-419

Keller C, Maillard M, Keller J, et al., 2002. Screening of European fungi for antibacterial, antifungal, larvicidal, molluscicidal, antioxidant and free-radical scavenging activities and subsequent isolation of bioactive compounds. Pharmaceutical Biology, 40: 518-525

Kim B K, Robbers J E, Chung K S, et al., 1982. Antitumor components of *Cryptoporus volvatus*. Korean Journal of Mycology, 10: 111-117

Krasnoff S B, Reategui R F, Wagenaar M M, et al., 2005. Cicadapeptins I and II: new aib-containing peptides from the entomopathogenic fungus *Cordyceps heteropoda*. J. Nat. Prod., 68 (I): 50-55

Kuznecov G, Jegina K, Kuznecovs S, et al., 2007. *Phallus impudicus* in thromboprophlyaxis in breast cancer patients undergoing chemotherapy and hormonal treatment. The Breast, 16: S56

Lai C L, Yang J S, Liu M S, 1994. Effects of gamma-irradiation on the flavor of dry shiitake (*Lentinus edodes* Sing.). J. Sci. of Food Agr., 64 (1): 19-22

Lange J E, 1935. Flora Agaricina Danica, Soc. Adv. Mycol. Vol 1. Copenhagen: Denmark &. Danish Bot. Soc.

Lange J E, 1936. Flora Agaricina Danica, Soc. Adv. Mycol. Vol 2. Copenhagen: Denmark &. Danish Bot. Soc.

León F, Brouard I, Rivera A, et al., 2006. Isolation, structure elucidation, total synthesis, and evaluation of new natural and synthetic ceramides on human SK-MEL-1 melanoma cells. J. Med. Chem., 49 (19): 5830-5839

León F, Brouard I, Torres F, et al., 2008. A new ceramide from *Suillus luteus* and its cytotoxic activity against human melanoma cells. Chem. Biodivers., 5 (1): 120-125

León F, Quintana J, Rivera A, et al., 2004. Lanostanoid triterpenes from *Laetiporus sulphureus* and apoptosis induction on HL-60 human myeloid leukemia cells. J. Nat. Prod., 67 (12): 2008-2011

Liang Z Q, Chang S J, Liu A Y, 2004. Analgesic substance from the anamorph of *Cordyceps gunnii* (Berk.) Berk. Journal of Huazhong Agricultural University, 23: 40-43

Lin Q Y, Song B, Huang H, et al., 2010. Optimization of selected cultivation parameters for *Cordyceps guangdongensis*. Lett. Appl. Microbiol., 51: 219-225

Lin Y W, Jung H S, 2003. *Irpex hydnoides*, sp. nov. is new to science, based on morphological, cultural and molecular characters. Mycologia, 95: 694-699

Lincoff G H, 1981. The audubon society field guide to North American mushrooms. New York: Alfred A. Knopf

Liu B (刘波), 1984. The Gasteromycetes of China. Vaduz: J. Cramer

Luo D, Tang H, Yang X, et al., 2007. Fungicidal activity of L-696, 474 and cytochalasin D from the ascomycete *Daldinia concentrica* against plant pathogenic fungi. Acta Phytophylacica Sinica, 34: 113-122

Mao X L (卯晓岚), 1989. Edible and pharmaceutical Fungi in China. Nanjing: International Symposium on Mushroom. Biotechnology 6-10

Mao X L (卯晓岚), 1993. Wild edible mushrooms in China. Hong Kong: First International Conference on Mushroom Biology & Mushroom Products

Mau J L, Tsai S Y, Tseng Y H, et al., 2005. Antioxidant properties of hot water extracts from *Ganoderma tsugae* Murrill. Lebensmittel-wissenschaft and Technologie-Food Science and Technology, 38: 589-597

Mazur X, Becker U, Anke T, et al., 1996. Two new bioactive diterpenes from *Lepista sordida*. Phytochemistry, 43: 405-407

Miller O K, 1972. "Mushrooms of North America". New York: E. P. Dutton

Mothana R A A, Awadh A N A, Jansen R, et al., 2003. Antiviral lanostanoid triterpenes from the fungus *Ganoderma pfeifferi*. Phytochem. Commun., 74: 177-180

Müeller-Stoll W R, 1990. The antibiotic activity of clitocybine and nebularine from *Leucopaxillus giganteus* and *Clitocybe nebularis*. Zeitschrift für Mykologie, 56: 167-186

Neda H, 2008. Correct name for "nameko". Mycoscience, 49: 88-91

Niemelä T, 2005. *Polypores*, lignicolous fungi. Norrlinia, 13: 1-320

Ohkuma T, Tanaka S, Ikekawa T, 1983. Augmentation of the host's immunity by combined cryodestruction of sarcima 180 and administration of protein-bound polysaccharide, E, isolated from *Flammulina velutipes* (Curt. ex Fr.) Sing. In ICR mice. Journal of Pharmacobiodyn, 6: 88-95

Ota Y, Hattori T, Banik M T, et al., 2009. The genus *Laetiporus* (*Basidiomycota, Polyporales*) in East Asia. Mycological Research, 113: 1283-1300

Otsuka S, Ueno S, Yoshikumi C, et al., 1973. Polysaccharides having an anticarcinogenic effect and a method of producing them from species of Basidiomycetes: UK, 1331513

Pacioni G, Lincoff G, 1981. Simon and Schuster's guide to mushrooms. New York: Simon and Schuster, 1-419

Park W H, Lee H D, 1999. Illustrated book of Korean medicinal mushrooms. Seoul: Kyohak Publisher Co., Ltd.

Pegler D N, 1977. A preliminary agaric flora of East Africa. London: Her Majesty's Stationery Office

Pegler D N, 1983. Agaric Flora of the Lesser Antilles. London: Her Majesty's Stationery Office

Pegler D N, 1986. Agaric Flora of Srilanka. London: Her Majesty's Stationery Office

Petersen J H, Farvekort, 1996. The danish mycological society's colour-chart. Greve: Foreningen til Svampekundskabens Fremme

Petersen R H, 1981. *Ramaria* subgenus Echinoramaria, Bibliotheca mycologica, Band. 79. Gremany: J. Gamer.

Phillips R, 1981. Mushrooms and other fungi of Great Britain and Europe. Hong Kong: Toppan Printing Company Ltd

Rayner R W, 1970. A mycological colour chart. Kew: Commonwealth Mycol. Inst

Ren G, Zhao Y P, Yang L, et al., 2008. Anti-proliferative effect of clitocine from the mushroom *Leucopaxillus giganteus* on human cervical cancer HeLa cells by inducing apoptosis. Cancer Letters, 262: 190-200

Riley R T, Plattner R D, 2000. Fermentation, partial purification, and use of serine palmitoyltransferase inhibitors from *Isaria* (=*Cordvceps*) sinclairii. Methods Enzymol., 311: 348-361

Romagnesi H, 1967. Les Russules durope et dfraque du Nord. Paris: Bordas

Romagnesi H, 1977. Champignons d'Europe. Paris: Tomes I-II, Bordas

Rumack B H, Salzman E, 1978. Mushrooms poisoning: diagnosis and treatment. West Palm Beach, Florida: CRC Press

Schaeffer J, 1952. *Russula* monographic. Bad Heibrunn: Klinkhardt & Biermann Verlag

Shell H W, Dick A E, 1970. The *Boleti* of Northeastern North America. Lehre, Germany: J. Cramer

Shen Y C, Wang Y H, Chou Y C, et al., 2004. Evaluation of the anti-inflammatory activity of zhankuic acids isolated from the fruiting bodies of *Antrodia camphorata*. Planta Medica, 70: 310-314

Singer R, 1975. The Agaricales in Modern Taxonomy, 3rd ed. Vaduz: J. Cramer

Smith A H , 1971. The Boletes of Michigan. Ann Arbor: Univ. Michigan Press

Smith A H, Hesler L R, 1968. The North American Species of Pholiota. New York: Hafner Publishing Co.

Takaku T, Kimura Y, Okuda H, 2001. Isolation of an antitumor compound from *Agaricus blazei* Murrill and its mechanism of action. Journal of Nutrition, 131: 1409-1413

Tan J W, Dong Z J, Liu J K, 2001. A new sesquiterpenoid from *Russula lepida*. Acta Botanica Sinica, 3: 329-330

Tan J W, Wu J B, et al., 2004. ChemInform abstract: nigricanin, the first ellagic acid derived metabolite from the Basidiomycete *Russula nigricans*. Helvetica Chemica Acta, 87: 1025-1028

Turkoglu A, Duru M E, Mercan N, 2007. Antioxidant and antimicrobial activity of *Russula delica* Fr.: an edidle wild mushroom. Eurasian Journal of Analytical Chemistry, 2: 54-66

Tyler V E, 1963. Poisonous mushrooms. Progress Chemical Toxicology, 1: 339-386

Wang D M, Wu S H, 2007. Two species of Ganoderma new to Taiwan. Mycotaxon, 102: 373-378

Wang J, Hu S, Su C, et al., 2001. Antitumor and immunoenhancing activities of polysaccharide from culture broth of *Hericium* spp. Kaohsiung Journal of Medical Science, 17: 461-467

Wen H A, 1997. Fungal flora of the Daba Mountains: Macromycetes. Mycotaxon, LXI: 35-40

Wieland O, 1965. Changes in liver. Clinical Chemistry, 11 (2): 325

Wieland T, 1968. Poisonous principal of mushrooms of the Genus *Amanita*. Science, (159): 946-952

Wilkinson J, 1989. Fungi of Britain and Europe. Austin: University of Texas Press

Wu S H, Dai Y C, Hattori T, et al., 2012. Species clarification for the medicinally valuable 'sanghuang' mushroom. Botanical Studies, 53: 135-149.

Wu S H, Ryvarden L, Chang T T, 1997. Antrodia camphorata ("niu-chang-chih"), new combination of a medicinal fungus in

Taiwan. Taiwan Botanical Bulletin of Academia Sinica, 38: 273-275

Wu S H, Zang M, 2000. *Cryptoporus sinensis* sp. nov. a new polypore found in China. Mycotaxon, 74: 415-422

Yan W J, Li T H, Lin Q Y, et al., 2010. Safety assessment of *Cordyceps guangdongensis*. Food and Chem. Toxicol., 48: 3080-3084

Yang Z L (杨祝良), 1990. Several noteworthy higher fungi from southern yunnan, China. Mycotaxon, XXXVIII: 407-416

Yin X, Fene T, Li Z H, et al., 2011. Chemical investigation on the cultures of the fungus *Xylaria carpophila*. Nat. Prod. Bioprospecting, 1 (2): 75-80

Yu J, Cui P J, Chen M Z, et al., 2009. Selenium-enriched fermentation mycelia of *Coprinus comatus* enhance the antihyperglycemia and antioxidant activities in alloxan-induced diabetic mice. Mycosystema, 28: 12-128

Yu K W, Kim K M, Suh H J, 2003. Pharmacological activities of stromata of *Cordyceps scarabaecola*. Phytother. Res., 17 (3): 244-249

Yun B S, Lcc I K, Kim J P, et al., 2000. Curtisians A-D, new free radical scavengers from the mushroom *Paxillus curtisii*. J. Antibiot., 53: 114-122

Zhao S, Zhao Y C, et al., 2010. A novel lectin with highly potent antiproliferative and HIV-1 reverse transcriptase inhibitory activities from the edible wild mushroom *Russula delica*. Glycoconjugate Journal, 27 (2): 259-265

Zheng W F, Dai Y C, Sun J, et al., 2010. Metabonomic analysis on production of antioxidant secondary metabolites by two geographically isolated strains of *Inonotus obliquus* in submerged cultures. Mycosystema, 29: 897-910

Zhuang W Y, 1998a. Alist of discomycetes in China. Mycotaxon, 67: 365-390

Zhuang W Y, 1998b. Notes on discomycetes from Qinghai, China. Mycotaxon, 66: 439-444

Zhuang W Y, 2001. Higher fungi of tropical China. Ithaca, New York: Mycotaxon Ltd

中文名索引

拉丁名索引

中国食药用菌物

Edible and Medical Fungi in China

后　　记

荀子在《劝学》中讲道："君子性非异也，善假于物也"。科学昌明，人类走向现代，"假物"的能力更是突飞猛进，由此诞生了无数系列的科学技术。由此而言，科学的实质就是"假物"，其进步的根本则是"善"。

以中国人"善假于"中药谋求健康为例，2000 多年来，中药从《神农本草经》的 365 种中药，到梁《本草经集注》增加到了 730 种，再到唐《新修本草》时增加到了 844 种，宋时《证类本草》后增加到 1744 种，明《本草纲目》后增加到 1892 种，清《本草纲目拾遗》后增加到 2600 多种，到新中国成立后中药品种已经增加到了 12 807 种之多。从数字的变化可以清晰地看到一个巨大的趋势，那就是中药边界的不断突破。

以菌物药为例，《神农本草经》记载了 13 种菌物药（含记载入桑根白条下的桑耳和木耳）；《本草经集注》增加到了 17 种；《新修本草》历史上首次以官方身份和标准确定菌物药为 15 种；《开宝重定本草》再次以官方身份和标准确定菌物药为 17 种；《嘉祐补注本草》则以官方身份和标准确定为 20 种；《本草纲目》记录的菌物药又新增到了 32 种。到现代，《中华本草》记录的菌物药则达到了 134 种之多。历时 8 年，笔者附翼卵晓岚共著本书，记载的具有食用、药用、毒性菌物则已达 1590 种之多。

以中医各类运用中药的典籍来看，新理论也不断出现，从《黄帝内经》开始，逐步演变扩增产生了中医四大经典《黄帝内经》《难经》《伤寒杂病论》《神农本草经》，以及《雷公炮炙论》《金匮要略》《温病条辨》《医学三字经》《濒湖脉学》《药性歌括》《汤头歌诀》《药性赋》等。同样可以看出一个明显趋势，那就是中医对中药的应用也在不断地深入和规范。

由此，可以基本验证"科学的实质在于'假物'，进步的根本在于'善'"的结论。而要理解"善"，就在于理解"界与戒"。界，是边界。科学进步的根本是不断的突破人们认知的边界。戒，是规范，是标准。科学进步的前提是标准化、规范化。

1969 年，美国科学家魏泰克提出了"菌物界"概念，将其从植物界中独立出来。这是一种界的突破。由此，菌物学研究突飞猛进，每年以发现 2000 个新物种的速度在递增。但如何较好的将这些新发现，服务于人类，作用于健康，这就需要规范化、标准化，也就是"戒"。

2015 年，笔者在近 20 年对数十味传统菌物药及现代新发现的百多味菌物药临床应用研究基础上，依据中医药理论，结合现代医学成果，形而上地提出了菌物医学理论，以"研究人与环境的关系"为核心，初步完善了相关体系建设工作，获得了众多中医药权威专家的认可和支持。这是笔者基于菌物科学对"界"的突破，同时必须要思考"规范化"、"标准化"应用菌物药而实践总结的一种"戒"。

这种戒的基础是"不是每一种菌物都可以用于制作药物"，进而思考的是"什么菌物可以作为药物""这些菌物怎样才能作为药物""菌物作为药物药理如何、药性如何""菌物作为药物和传统中药以及现代中药、化学药的区别联系"等等近百个系列延伸性问题的本质及答案。

卯晓岚先生一生致力于菌物科学研究，虽不断突破"界"的限制，著述无数，但更关注菌物文化的传承以及菌物对人类健康的应用，忧虑中国菌物药的理论和应用研究。在笔者追寻"菌物医学"途中，和有着同样思考的卯先生结为忘年之交，由此有了编著一本可为菌物药物研究和应用提供基础参考著作的共识。尤其是在2011年屠呦呦因从《肘后备急方》"青蒿一握，以水二升渍，绞取汁，尽服之"获得灵感，研发青蒿素，获得被誉为诺贝尔奖"风向标"的拉斯克奖后，这本可以为更多菌物药物研究工作者提供类似灵感和依据的工具书，就于第二年立项，开始了联合编著工作。

这本书主要回答的是"哪些菌物可以作为食物、药物""这些菌物具有哪些特征""这些菌物产于哪里""这些菌物已经具有了哪些科研结论""这些菌物的药理方向有哪些"等一系列问题。经过对卯晓岚先生一生科研结果的重新整理及大量文献资料的查询参考，按照"备药"这一要求，本书进行了重新编辑，是为《千菌方备药》。

编辑过程中，笔者从卯先生身上获益匪浅，体会到了科学家那严谨的研究精神和执着的纠错态度，同时反哺到笔者对菌物医学的深度思考和进一步完善过程中。

在这个过程中，笔者"承仰韶之遗泽，奉神农之经卷，习雷公之炮炙，修唐宋之药典，理本草之纲目，始得菌医之奥妙！"在这个过程中，笔者"通千菌之药性，约千菌之标准，遵千菌之君臣，成千菌之方剂。以千菌之蕙性，辨千君之病症，解天下难医之疾！"在这个过程中，笔者"匠心于菌物，崇其道，熟其用，穷其变，见其法，悟其理，创其新。"在这个过程中，笔者"恭于心，敏于行，承于智，解于法，点行于菌药，点阅于菌医。"在这个过程中，笔者"数十年如一日，耐寂寞而上下求索，涉万险乃遍尝千菌。""三千水只饮一瓢，万里路谨行足下。抗住诱惑，将心比心，道地药材诚信之守，炮制膏散济世之心！"。由此，笔者定自身所在研究机构为千菌方，并终与2015年提出了菌物医学概念，随后进一步完善了相关体系。

菌物医学不仅突破了"界"的限制，更完善了"戒"的规范，站在现代医学对"病"及"人"的研究基础上，将更多的研究重点放在了"环境"对人健康的影响及通过菌物药来平衡人与环境之间的冲突方面，就会因为角度的不同而产生一系列全新的发现和突破。

有一个事实，是所有医药工作者必须面对的。菌物界的物种预估数已高达380万，仅中国已发现的菌物物种就超过10万，同时，科学界对这些菌物进行的研究表明，不仅菌物独有的真菌多糖及多肽具有动植物所不具备的独特的营养价值，可以修复导致绝大多数疾病产生的细胞膜损伤，而且，不同于动植物药物品种还需要筛选，迄今为止发现的所有大型真菌——约6000余种——大多数具有各种明确的药理作用。但与之对应的数据显示，2020版的《中华人民共和国药典》记载的菌物药仅为9种。3 800 000：9或6000：9，都是一个巨大的矛盾的"界"。另一个事实是：西医从"抗生素"开始，不断从菌物界挖掘潜力，巨资开发了一个又一个菌物药，并畅销全球；而中药中是否需要增加菌物药新分支尚且没有获得普遍共识。中国的菌物药研究将走向何方？需不需要继续开发菌物药？开发哪些菌物药？怎样开发菌物药？突破口在哪里？

在既有的医学体系内发展菌物药是一条出路，中国中药协会就专门成立了药用菌物专业委员会，笔者在该委员会担任常务副主任委员一职，并主编了《中国菌物药》杂志，在其上发表了一系列论文。同时，笔者在中医药理论基础上创立菌物医学体系，在美国休斯敦还成立了菌物科学研究所，并与一些国际著名实验室以及国内的中医药研究机构、中医药大学等开展了一系列的联合科研工作。这些都是笔者对以上问题的探索。

人类健康问题越来越严峻，是一个不得不面对的残酷事实。现有医学理论在面对这些不断进化和复杂的健康问题时，也暴露了一系列缺点和局限性。未来的人类健康，或许就寄托在菌物身上。未来，菌物医学及菌物药、菌物食品等将和现有医学体系一样，深入到人类生存、生活的方方面面。研究菌物健康应用，也将不仅是目前这一领域的科学家，还会扩展到农业、工业、教育、文化、艺术、哲学、医学、药学、养生学、政治经济学等等方面，蕴含有无限的能量。

菌物在大自然中处于基础地位，如果将植物比作生产者而动物比作消费者的话，那么菌物就是幕后的生命能量、信息和物质的转化者。这一地位决定了地球如果没有了菌物，就不会有现在丰富多彩的生物界。人虽被称为高级动物，但依然是动物之一，是大自然的消费者，依赖于生产者。但生产者的物种在不断异化且被破坏，传导而来的就是人类的细胞异化及健康破坏，也就是说现代疾病产生的根源，均来自人类对环境的强力干扰。幸运的是，人类及时发现了菌物这一基础物种，不仅是植物和动物繁衍生息的根基所在，且科学合理的运用菌物，可以在一定程度上解决或减轻现代及未来人类面临的各种健康问题。

这就是菌物医学诞生的基本思考，也是本书的基本立意之一。在本书编辑过程中，笔者参考了大量菌物科学方面的文献著作，并得到了包括金世元、王琦、石学敏、李佃贵、张大宁、孙光荣等国医大师及（或）院士以及雷志勇、房书亭、王彦峰、陈士林、朱婉华、刘培贵、陈若芸、北京市中药研究所、江西中医药大学、贵州科学院、中国医药卫生事业发展基金会、北京民力健康传播中心等专家和机构的支持，笔者在此再次表示深深的感谢！

陈增华

2019 年 2 月 18 日